T0255615

Elektromagnetische Felder

Heino Henke

Elektromagnetische Felder

Theorie und Anwendung

6., erweiterte Auflage

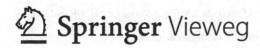

Heino Henke
Technische Universität Berlin
Berlin, Deutschland

ISBN 978-3-662-62234-6   ISBN 978-3-662-62235-3   (eBook)
https://doi.org/10.1007/978-3-662-62235-3

Die Deutsche Nationalbibliothek verzeichnet diese Publikation in der Deutschen Nationalbibliografie;
detaillierte bibliografische Daten sind im Internet über http://dnb.d-nb.de abrufbar.

Springer Vieweg

Springer Vieweg ist ein Imprint der eingetragenen Gesellschaft Springer-Verlag GmbH, DE und ist ein
Teil von Springer Nature.
Die Anschrift der Gesellschaft ist: Heidelberger Platz 3, 14197 Berlin, Germany

Vorwort zur sechsten Auflage

Auch in dieser Neuauflage gibt es wiederum eine Reihe von Verbesserungen und Ergänzungen. Neben dem Ausmerzen von hartnäckigen Druckfehlern sowie kleineren Ergänzungen und hoffentlich verbesserten Erklärungen gibt es erweiterte und neue Kapitel. Zu den erweiterten Kapiteln gehören die Berechnung der Verlustleistung in metallisch leitenden Strukturen und die Abstrahlung aus Hohlleitern und von Patch Antennen und Arrays.

Ein neues Kapitel ist der oft nachgefragten Behandlung von periodischen Strukturen gewidmet. Beispiele sind Leiternetzwerke, periodische Hohlleiter, geschichtete Medien und Streuung an periodischen Oberflächen.

Des weiteren ist nach dem letzten Kapitel eine Liste von Animationen aufgeführt, welche im Internet verfügbar sind. Diese dienen der Veranschaulichung des Stoffes und werden beständig ergänzt.

Die in den ersten Auflagen vorhandenen Übungsaufgaben mit Lösungen im Internet oder auf einer CD-Rom sind dagegen verschwunden. Dafür gibt es ein separates Übungsbuch in zweiter Auflage.

Mein besonderer Dank richtet sich an den treuen Begleiter aller Auflagen Dr. Manfred Filtz, der die Textverarbeitung einschließlich Bildern und Layout mit der gewohnten Sorgfalt durchgeführt hat und ein kritischer Leser war mit vielen Anregungen und Verbesserungsvorschlägen.

Berlin, im Herbst 2020 *Heino Henke*

Vorwort

Dieses Buch ist aus einer zweisemestrigen Vorlesung für Studenten der Elektrotechnik an der Technischen Universität Berlin enstanden. Es wendet sich aber auch an Studenten anderer Fachgebiete, wie z.B. Physik oder Technische Informatik, und an Ingenieure und Wissenschaftler, die in Forschung und Entwicklung tätig sind und mit Fragestellungen zum Elektromagnetismus zu tun haben. Die zu lehrenden Inhalte und die Reihenfolge ihrer Darstellung sind heutzutage weitgehend vereinheitlicht und die verschiedenen Lehrbücher unterscheiden sich meist nur in Stil und Form und wenig in der Auswahl des Stoffes. Dennoch gibt es unterschiedliche Gewichtungen und Präferenzen.

Die meisten Lehrbücher benutzen den induktiven Weg , um ausgehend von den einzelnen experimentellen Ergebnissen und Erkenntnissen einen einheitlichen Rahmen in Form der MAXWELL'schen Gleichungen zu schaffen. Nach meiner Erfahrung führt dieser Weg bei den Studenten oftmals zu Verwirrung, da der Stoff zu bruchstückhaft und nicht zusammenhängend erscheint. Auch trat häufig eine Art mentalen Widerstands auf, wenn abstrakte Begriffe wie Gradient, Divergenz und Rotation häppchenweise eingeführt werden. Aus diesen Gründen wurde hier die deduktive Vorgehensweise gewahlt. Nach einer kompakten Wiederholung der unvermeidlichen Vektoranalysis werden der Feldbegriff, die Quellen der Felder und schließlich die MAXWELL'schen Gleichungen (in Vakuum) in nahezu axiomatischer Form eingeführt. Darauf aufbauend behandeln nachfolgende Kapitel spezielle, vereinfachte Situationen wie Elektrostatik, Magnetostatik, stationäre Strömungen und zeitlich langsam veränderliche Felder. Dabei werden auch die nötigen Erweiterungen, die Felder in Materie erfordern, behandelt. Einen wesentlichen Teil bilden die letzten vier Kapitel, die Wellenvorgänge beschreiben und von den vollständigen MAXWELL'schen Gleichungen ausgehen. Den Abschluss und zugleich die Krönung stellt die Herleitung der Felder einer beliebig bewegten Punktladung dar. Das Ergebnis ist grundlegend für das Verständnis elektromagnetischer Felder, denn es zeigt wunderschön den statischen Feldanteil, Felder, die bei gleichförmiger Bewegung auftreten und die durch Beschleunigung erzeugten Strahlungsfelder.

Es werden zwei verschiedene Arten von Übungen unterschieden. Die einen, als Beispiele gekennzeichnet, sind mehr pädagogischer Natur und dienen der Veranschaulichung des behandelten Stoffes. Sie sind direkt in die entspre-

chenden Paragraphen eingearbeitet. Daneben wird versucht, mit einer Viel-
zahl von Aufgaben, die zur Einübung, Vertiefung und Anwendung der im
Text vermittelten Grundkenntnisse dienen, einen neuen Weg einzuschlagen.
Die Aufgabenstellungen findet man im Kapitel *Übungen*. Die ausführlichen
Lösungen können auf der WWW-Seite

`http://www-tet.ee.tu-berlin.de`

eingesehen werden, und in den Fällen, in denen sich eine numerische Auswertung anbietet, mit dem Computeralgebrapaket MuPAD bearbeitet und vi-
sualisiert werden. Damit wird beabsichtigt, zum einen ein größeres Interesse
der Studenten zu wecken und zum anderen besteht jederzeit die Möglichkeit,
die Aufgaben online zu verbessern und zu erweitern. Falls erwünscht können
die Aufgaben mit Lösungen auch in Form einer CD-Rom käuflich erworben
werden. Die Bestellung erfolgt per E-Mail unter der Adresse

`tet@tu-berlin.de` .

Besonderen Dank möchte ich an dieser Stelle Herrn Dr.-Ing. Manfred Filtz
aussprechen. Ohne ihn wäre dieses Buch nicht zustandegekommen. Er hat
alle Aufgaben ausgearbeitet, die WWW-Seite erstellt und die gesamte Textverarbeitung einschließlich der Bilder in hervorragender Weise durchgeführt.
Daneben war er immer ein kritischer Leser mit vielen wertvollen Anregungen
und Verbesserungsvorschlägen.

Danken möchte ich auch den Herren Dr.-Ing. Warner Bruns und Dipl.-Ing.
Rolf Wegner für Korrekturlesen und zahlreiche Änderungsvorschläge. Für
gute Kooperation sei Frau Hestermann-Beyerle vom Springerverlag gedankt.

Berlin, im Juli 2001   *Heino Henke*

Inhaltsverzeichnis

Zur Bedeutung der elektromagnetischen Theorie

Die elektromagnetische Theorie spielt eine herausragende Rolle in der Entwicklung der Physik und der modernen Technik. Dafür gibt es mindestens vier gewichtige Gründe:

1. Sie ist die theoretische Grundlage der Elektrotechnik.
2. Sie spielt die zentrale Rolle im Streben nach Vereinheitlichung verschiedener physikalischer Phänomene.
3. Sie ist Ausgangspunkt für mehrere physikalische Revolutionen und
4. das wahrscheinlich schönste Beispiel, wie aus experimentellen Ergebnissen unter Verwendung bestimmter Vereinfachungen und Idealisierungen eine geschlossene Theorie entsteht.

Die elektromagnetische Theorie ist die Grundlage für fast alle elektrotechnischen Gebiete. Ob es sich um die Erzeugung und Verteilung von Energie handelt, um die Entwicklung von elektronischen Geräten, um Probleme aus der Mikrowellentechnik, Radio, Fernsehen, Mikroelektronik, elektromagnetischen Verträglichkeit u.s.w., überall sind zum tieferen Verständnis Kenntnisse des Elektromagnetismus nötig. Die Spezialgebiete der Elektrotechnik, mit all ihren großartigen Erfolgen, stellen im wesentlichen Vereinfachungen der elektromagnetischen Theorie dar. Strom, Spannung, Widerstand, Induktivität und Kapazität sind Begriffe, die jedem angehenden Ingenieur geläufig sind. Weniger klar ist, dass diese lediglich Idealisierungen darstellen, die erlauben, das Verhalten von elektromagnetischen Feldern und Ladungen unter bestimmten Voraussetzungen einfacher zu beschreiben. Es ist wichtig zu wissen, wann diese Idealisierungen zulässig sind, dass z.B. die räumliche Ausdehnung des betrachteten Gebietes klein gegenüber der Wellenlänge sein muss, dass Energie nicht in Leitungen übertragen wird, sondern im Raum zwischen den Leitungen, u.s.w.. Die Bedeutung der Theorie wird vielleicht am eindrucksvollsten klar, wenn man die ungeheure Ausdehnung des Spektrums elektromagnetischer Strahlung betrachtet. Von Gleichstrom bis zu Frequenzen im Bereich von 10^{24} Hz lassen sich Strahlung und die damit verbundenen technischen Anwendungen durch einen Satz von wenigen Gleichungen beschreiben.

Die Geschichte des Elektromagnetismus begann mit der Entdeckung, dass ein elektrischer Strom ein Magnetfeld erzeugt (OERSTEDT 1819) und dass zwischen zwei stromführenden Drähten eine Kraft ausgeübt wird (AMPÈRE 1820). Aber erst FARADAY (1831) brachte eine endgültige Verknüpfung zwi-

schen Elektrizität und Magnetismus, indem er nachwies, dass auch ein zeitlich
veränderliches Magnetfeld einen elektrischen Strom erzeugen kann. Schließlich gelang es MAXWELL mit der Einführung des Verschiebungsstroms (1862)
die Theorie so zu erweitern, dass auch Wellenphänomene und damit auch die
Optik eingeschlossen werden konnten. Die Vereinheitlichung von Elektrizität, Magnetismus und Optik durch die elektromagnetische Theorie war von
großer Bedeutung wegen der damit verbundenen Vereinfachung, dem tiefer
gehenden Verständnis der Natur und der daraus entstehenden Technik. Später folgten weitere Vereinheitlichungen. Der MINKOWSKI'sche Raum vereinte
Raum und Zeit und die spezielle Relativitätstheorie fasste Masse, Energie
und Impuls zusammen. Aber die Suche nach der alles vereinenden „Weltfor-
mel" ging weiter. Heute kennt die Physik vier grundlegende Kräfte. Diese
sind mit zunehmender Stärke

> Schwerkraft,
> schwache Kernkraft,
> elektromagnetische Kraft,
> starke Kernkraft.

Alle anderen uns bekannten Kräfte, Reibung, chemische Kräfte, die Moleküle zusammenhalten, die Kräfte, die bei Zusammenstößen auftreten und
Gegenständen ihre Härte geben, all diese Kräfte sind von elektromagnetischer Natur. Unsere Welt, so wie wir sie täglich erfahren, ist elektromagnetischen Ursprungs, mit Ausnahme der Schwerkraft. Die starke Kernkraft hält
die Protonen und Neutronen in den Atomkernen zusammen. Ihre Reichweite beschränkt sich auf die Ausdehnung eines Atomkerns und ist in unserem
täglichen Leben nicht direkt „erfahrbar", obwohl sie viel stärker als die elektromagnetische Kraft ist. Die schwache Kernkraft, sie spielt eine Rolle beim
radioaktiven Zerfall, ist ebenfalls von sehr kurzer Reichweite und zusätzlich
viel schwächer als die elektromagnetische Kraft. Auch sie spielt in unserem
Leben fast keine Rolle. Die Schwerkraft hingegen erfahren wir auf jedem
Schritt und Tritt, obwohl sie sehr viel schwächer als die elektromagnetische
Kraft ist[1]. Ihre Wirkung kommt von den ungeheuren Massekonzentrationen
wie z.B. in der Erde. Anders als bei der Schwerkraft, die immer anziehend
wirkt, gibt es anziehende und abstoßende elektrische Kräfte. Dieser „glückli-
chen" Tatsache, zusammen mit einer extrem guten Balance zwischen positi-
ver und negativer Ladung, verdanken Körper ihre Festigkeit. Motiviert durch
den großartigen Erfolg der elektromagnetischen Theorie bei der Vereinheitlichung von Elektrizität, Magnetismus und Optik, wurde auch versucht den
Ursprung dieser Kräfte durch eine gemeinsame Theorie zu erklären. So gelang es zunächst, die schwache Kernkraft und die elektromagnetische Kraft
zu vereinheitlichen (elektroschwache Theorie von GLASHOW, WEINBERG und
SALAM in den Jahren 1960). Später in den 1980er Jahren wurde die starke

---

[1] Die abstoßende elektrische Kraft zwischen zwei Elektronen ist 10^{42} mal größer
als die anziehende Schwerkraft.

Kernkraft eingeschlossen. Nur die Schwerkraft hat bisher einer Vereinheitlichung widerstanden. Mit jedem Schritt dieser Entwicklung haben allerdings auch der Grad der Abstraktion und damit die mathematischen Schwierigkeiten zugenommen.

Die elektromagnetische Theorie steht aber auch am Anfang von mehreren Revolutionen, die das Zeitalter der modernen Physik einleiteten. Die damalige Zeit war von dem NEWTON–GALILEI'schen Weltbild bestimmt, in welchem Raum und Zeit voneinander unabhängig waren. Die Geschwindigkeit, mit welcher ein bewegtes Objekt von einem ebenfalls bewegten Beobachter wahrgenommen wurde, war die Differenz der Geschwindigkeiten von Objekt und Beobachter. Die MAXWELL'schen Gleichungen hingegen sagen Wellen voraus, die mit einer konstanten Geschwindigkeit wahrgenommen werden, unabhängig davon, ob sich der Beobachter bewegt oder in Ruhe ist. Auch war es zu der damaligen Zeit gänzlich undenkbar, dass sich Wellen, ohne übertragendes Medium, im Vakuum ausbreiten könnten. Genau dies sagten aber die MAXWELL'schen Gleichungen voraus. Sie wurden daher immer wieder in Frage gestellt, bis HEINRICH HERTZ (1886) die wichtigsten Voraussagen experimentell bestätigte. Insbesondere wies er elektromagnetische Strahlung nach sowie deren Polarisation, Brechung und Beugung und eine Schätzung der Ausbreitungsgeschwindigkeit. Fast zur selben Zeit (1887) konnten MICHELSON und MORLEY in ihrem berühmten Experiment die tiefergehende Frage nach einem übertragenden Medium für Wellen verneinen. Damit war die Absolutheit der Lichtgeschwindigkeit bestätigt und das NEWTON–GALILEI'sche Raum–Zeitverständnis musste verändert werden. Der Weg dazu führte über die LORENTZ-Transformation zur speziellen Relativitätstheorie von EINSTEIN (1905), in welcher der dreidimensionale EUKLIDische Raum und die Zeit zu einem vierdimensionalen Raum verschmelzen. Aber auch der makroskopische Charakter des Elektromagnetismus als Kontinuumstheorie musste modifiziert werden. Mit der Entdeckung des Elektrons durch THOMSON (1897) wurde die Ladung quantisiert und Strom als Transport von Elementarladungen erkannt. Nicht nur die Ladung stellte sich als quantisiert heraus. Mehrere Ergebnisse und Vorstellungen waren nicht mit der klassischen elektromagnetischen Theorie vereinbar. Nur unter der Annahme einer Quantisierung der Strahlung konnte PLANCK (1900) die Strahlung eines schwarzen Körpers erklären. Dies wurde später von EINSTEIN (1905) anhand des Photoeffekts bestätigt. Auch das bestehende Atommodell von um den Kern kreisenden Elektronen war nach der klassischen Theorie instabil, da beschleunigte Ladung immer abstrahlt und die Elektronen somit Energie verlieren und auf den Kern fallen. Mit der Quantisierung der atomaren Energiezustände war die Zeit endgültig reif für die Entwicklung der Quantenmechanik.

Schließlich ist die elektromagnetische Theorie für sich alleine gesehen wert studiert zu werden. Sie stellt ein sehr schönes, vielleicht sogar das schönste Beispiel einer geschlossenen Theorie dar. Ausgehend von experimentellen Befunden wurden durch Idealisierungen und Vereinfachungen grundlegende

Größen definiert und die Regeln ihres Zusammenwirkens aufgestellt. Ergän-
zend wurden fundamentale Eigenschaften postuliert. Da die Theorie auf experimentellen Befunden aufbaut, in welchen Ladungen immer in großer Zahl
auftraten, sind die Quellgrößen, nämlich Ladung und Strom, nur makroskopisch, als kontinuierliche Größen, definiert. Dasselbe gilt für die Beschreibung
von Materie. Deren atomare Struktur ist sehr viel kleiner als die makroskopische, räumliche Änderung der elektromagnetischen Größen und wird durch
ein Kontinuum beschrieben. Zusätzlich werden Quell- und Materieverteilun-
gen als stetig angenommen, damit die Größen lokal durch einen differentiellen Zusammenhang verknüpft werden können. Diskontinuierliche Anordnungen, wie z.B. Punktladungen oder Materialsprünge, sind entweder als
Grenzübergang zu beschreiben oder müssen isoliert behandelt werden. Neben den Quellgrößen sind Feldgrößen definiert. Sie drücken die Wirkung auf
eine Probeladung aus. Der Begriff des Feldes wurde von FARADAY eingeführt.
Er geht davon aus, dass der Raum, und zwar selbst der leere Raum, Träger
und Vermittler bestimmter Eigenschaften ist. Bereits durch das Einbringen
einer Ladung wird daher der Zustand des Raumes verändert. Dieser geän-
derte Zustand des Raums wird Feld genannt. Das Feld ist eine eigenständige
Größe, die unabhängig von der Quelle existieren kann. Wenn z.B. eine Ladung beschleunigt wird, „reißt" sozusagen das Feld von der Ladung ab und
breitet sich mit Lichtgeschwindigkeit aus. Mit sich trägt es Energie, Impuls
und Drehimpuls. Man spricht dann von elektromagnetischer Strahlung. Das
Feld kann man graphisch deutlich machen, indem z.B. in jedem Punkt des
betrachteten Gebietes die Kraft, die es auf eine Probeladung ausübt, durch
einen Pfeil dargestellt wird. Länge und Richtung der Pfeile geben Stärke und
Richtung der Kraft an. Die elektromagnetische Theorie handelt also mit Vektorfeldern. Deren Verhalten wird mit Hilfe der Vektoranalysis beschrieben.
Um die Theorie „handhabbarer" zu gestalten, werden meist weitere Idealisierungen angenommen. So ist es z.B. in vielen Fällen genügend, die sehr gute
Leitfähigkeit von Metallen als unendlich gut zu idealisieren. Auch Übergänge
zwischen verschiedenen Medien werden meist als unendlich scharfe Übergänge
angenommen. Nach der Definition der Größen und den gemachten Vereinfachungen sind die Regeln aufzustellen, die die Größen verknüpfen. Diese Regeln müssen die experimentellen Ergebnisse wiedergeben, aber sie bauen auch
auf grundlegenden Postulaten auf, wie z.B. die Erhaltung der Ladung und der
Energie, und einem linearen Zusammenhang der Größen, d.h. der Möglichkeit der Überlagerung. Das Ergebnis dieser exemplarischen Vorgehensweise
sind die MAXWELL'schen Gleichungen zusammen mit den konstitutiven Gleichungen für Medien und der LORENTZ'schen Kraftgleichung. Die Gleichungen
beeindrucken nicht nur durch ihre Einfachheit und ihre Fähigkeit bekannte
Ergebnisse korrekt zu beschreiben, sondern auch durch die Möglichkeit Extra-
polationen und Voraussagen zu machen. Als prominentestes Beispiel stehen
hierfür die elektromagnetischen Wellen, die bis dahin noch unbekannt waren
und auch nicht „erfahrbar" oder messbar waren.

1. Einige mathematische Grundlagen

Mathematik ist nicht nur die Sprache, die uns erlaubt, die physikalische Welt zu beschreiben, sondern sie versetzt uns in die Lage, zu abstrahieren und Modelle zu bilden, die neue Einsichten und Schlussfolgerungen zulassen. Die Eleganz und Schönheit physikalischer Gesetze wird erst durch die entsprechende mathematische Formulierung sichtbar.

Die physikalische Welt beruht auf Symmetrien (Invarianzen), d.h. bei Durchführung bestimmter Transformationen bleiben die Gesetze erhalten. Die am längsten bekannten Symmetrien, die schon der NEWTON'schen Mechanik zu Grunde liegen, sind die Invarianzen gegen Translation und Rotation. Genau diese Eigenschaft besitzen auch Vektoren. Führt man bei einer Vektorgleichung auf beiden Seiten z.B. eine Koordinatenrotation durch, bleibt die Gleichung erhalten. Die elektromagnetische Theorie (MAXWELL'sche Theorie) handelt von Vektorfeldern, d.h. von Feldern, die in jedem Punkt des Raumes durch einen Betrag und eine Richtung beschrieben werden. Uns bekannte, im täglichen Leben auftretende Vektorfelder sind z.B. die Geschwindigkeitsfelder eines Flusses oder des Windes. Daneben gibt es skalare Felder, d.h. Felder, die in jedem Punkt des Raumes durch eine skalare Größe beschrieben werden, z.B. die Temperaturverteilung in einem Raum. Eine kompakte und präzise Behandlung und Darstellung elektromagnetischer Phänomene ist nur mit der Vektorrechnung möglich. Sie ist daher von fundamentaler Bedeutung.

Das folgende Kapitel ist eine Wiederholung der Vektoralgebra und -analysis. Zugleich werden die wichtigen Integralsätze und die Potentiale eingeführt.

1.1 Vektoralgebra

Ein Vektor $\boldsymbol{A}$ ist eine gerichtete Größe mit einem Betrag $|\boldsymbol{A}| = A$ und einer Richtung, gegeben durch $\boldsymbol{e}$

$$\boldsymbol{A} = A\,\boldsymbol{e}\,. \tag{1.1}$$

$\boldsymbol{e}$ ist der *Einheitsvektor* mit dem Betrag eins. Einen Vektor kann man graphisch darstellen durch einen Pfeil, dessen Länge den Betrag angibt und des-

© Der/die Autor(en), exklusiv lizenziert durch Springer-Verlag GmbH, DE, ein Teil von Springer Nature 2020
H. Henke, *Elektromagnetische Felder*, https://doi.org/10.1007/978-3-662-62235-3_1

sen Richtung durch den Richtungssinn des Pfeils festgelegt ist (Abb. 1.1a). Vektoren kann man addieren und subtrahieren durch Aneinanderreihen in Pfeilrichtung (Abb. 1.1b). Dabei gelten

$$\boldsymbol{A} + \boldsymbol{B} = \boldsymbol{B} + \boldsymbol{A} \quad \text{kommutatives Gesetz}$$

$$(\boldsymbol{A} + \boldsymbol{B}) + \boldsymbol{C} = \boldsymbol{A} + (\boldsymbol{B} + \boldsymbol{C}) = (\boldsymbol{A} + \boldsymbol{C}) + \boldsymbol{B} \quad \text{assoziatives Gesetz}$$

$$\boldsymbol{A} - \boldsymbol{B} = \boldsymbol{A} + (-\boldsymbol{B}) \,, \tag{1.2}$$

wobei $-\boldsymbol{B}$ ein Vektor ist mit gleichem Betrag wie $\boldsymbol{B}$ aber entgegengesetzter Richtung.

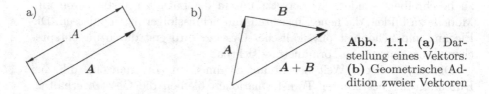

Abb. 1.1. (a) Darstellung eines Vektors. **(b)** Geometrische Addition zweier Vektoren

Es gibt mehrere Produkte mit Vektoren.

Produkt mit einem Skalar λ

$$\lambda \boldsymbol{A} = \lambda A e \tag{1.3}$$

Inneres Produkt oder Skalarprodukt (Punktprodukt)

$$\boldsymbol{A} \cdot \boldsymbol{B} = AB \cos \alpha \tag{1.4}$$

Es gibt das Produkt aus dem Betrag des einen Vektors und der Projektion des zweiten Vektors in Richtung des ersten Vektors an. Das Ergebnis ist ein Skalar. Es gilt

$$\boldsymbol{A} \cdot \boldsymbol{B} = \boldsymbol{B} \cdot \boldsymbol{A} \quad \text{kommutatives Gesetz}$$

$$(\boldsymbol{A} + \boldsymbol{B}) \cdot \boldsymbol{C} = \boldsymbol{A} \cdot \boldsymbol{C} + \boldsymbol{B} \cdot \boldsymbol{C} \quad \text{distributives Gesetz}$$

$$\lambda (\boldsymbol{A} \cdot \boldsymbol{B}) = (\lambda \boldsymbol{A}) \cdot \boldsymbol{B} = \boldsymbol{A} \cdot (\lambda \boldsymbol{B})$$

$$A^2 = \boldsymbol{A} \cdot \boldsymbol{A} \;\rightarrow\; A = \sqrt{\boldsymbol{A} \cdot \boldsymbol{A}} \,. \tag{1.5}$$

Wegen (1.4) ist das Skalarprodukt zweier aufeinander senkrecht stehender Vektoren gleich null.

Äußeres Produkt oder vektorielles Produkt (Kreuzprodukt)

$$\boldsymbol{A} \times \boldsymbol{B} = \boldsymbol{C} \quad \text{mit} \quad C = AB\sin\alpha \tag{1.6}$$

Das Kreuzprodukt zweier Vektoren $\boldsymbol{A}$ und $\boldsymbol{B}$ ist wiederum ein Vektor $\boldsymbol{C}$, dessen Betrag gleich dem Flächeninhalt des von $\boldsymbol{A}$ und $\boldsymbol{B}$ aufgespannten Parallelogramms ist. Die Richtungen von $\boldsymbol{A}$, $\boldsymbol{B}$ und $\boldsymbol{C}$ sind über die *rechte Handregel* verknüpft (Abb. 1.2a).

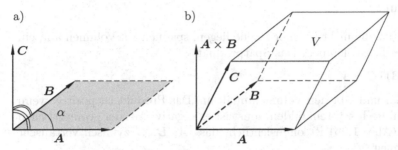

Abb. 1.2. Zur Definition des **(a)** Kreuzproduktes, **(b)** Spatproduktes

Es gilt

$$(\boldsymbol{A} + \boldsymbol{B}) \times \boldsymbol{C} = \boldsymbol{A} \times \boldsymbol{C} + \boldsymbol{B} \times \boldsymbol{C} \quad \text{distributives Gesetz}$$
$$\lambda(\boldsymbol{A} \times \boldsymbol{B}) = (\lambda\boldsymbol{A}) \times \boldsymbol{B} = \boldsymbol{A} \times (\lambda\boldsymbol{B})$$
$$\boldsymbol{A} \times \boldsymbol{B} = -\boldsymbol{B} \times \boldsymbol{A} \quad , \quad \boldsymbol{A} \times \boldsymbol{A} = \boldsymbol{0} \, . \tag{1.7}$$

Das Kreuzprodukt ist nicht kommutativ und das Produkt zweier paralleler oder antiparalleler Vektoren verschwindet.

Häufig ist eine Fläche F vorgegeben mit einem Normalenvektor $\boldsymbol{n}$, Abb. 1.3.

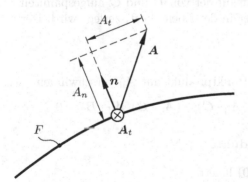

Abb. 1.3. Normal- und Tangential-komponente von $\boldsymbol{A}$ zur Fläche F

Dann gibt

$$n \cdot A = A_n$$

die Projektion von A in Richtung n an, d.h. die Normalkomponente A_n auf F. Den Betrag der zu F tangentialen Komponente A_t erhält man aus dem Kreuzprodukt

$$n \times A = A_t n \times e_{A_t} \,,$$

wobei die Richtung senkrecht zu der von n und A aufgespannten Ebene ist.

Spatprodukt

Drei Vektoren, die nicht in einer Ebene liegen, spannen ein Volumen auf, ein sogenanntes Parallelepiped. Das Spatprodukt

$$(A \times B) \cdot C = V \tag{1.8}$$

ist ein Skalar und gibt den Volumeninhalt an. Das Produkt ist positiv, wenn A, B, C ein Rechtssystem bilden, sonst ist es negativ. Aus der geometrischen Definition (Abb. 1.2b) ist offensichtlich, dass A, B, C zyklisch vertauscht werden können

$$(A \times B) \cdot C = (C \times A) \cdot B = (B \times C) \cdot A \tag{1.9}$$

Vektorielles Doppelprodukt

$$A \times (B \times C) = B(A \cdot C) - C(A \cdot B) \tag{1.10}$$

Das Produkt ist ein Vektor, der in der von B und C aufgespannten Ebene liegt. Es ist nicht assoziativ

$$(A \times B) \times C = B(A \cdot C) - A(B \cdot C) \neq A \times (B \times C) \,.$$

Die BAC-CAB Regel (1.10) lässt sich indirekt beweisen, indem der Vektor A in einen Anteil $A_\perp$, welcher senkrecht auf der von B und C aufgespannten Ebene steht, und einen Anteil $A_\parallel$, der in der Ebene liegt, zerlegt wird. Der resultierende Vektor

$$A \times (B \times C) = A_\parallel \times (B \times C)$$

steht senkrecht auf $A_\parallel$ und muss im Punktprodukt mit $A_\parallel$ verschwinden

$$A_\parallel \cdot [A_\parallel \times (B \times C)] = (A_\parallel \cdot B)(A_\parallel \cdot C) - (A_\parallel \cdot C)(A_\parallel \cdot B) = 0 \,.$$

Skalarprodukt zweier Vektorprodukte

Verwenden der Regeln (1.9) und (1.10) liefert

$$(A \times B) \cdot (C \times D) = C \cdot [D \times (A \times B)]$$
$$= (A \cdot C)(B \cdot D) - (A \cdot D)(B \cdot C) \,. \tag{1.11}$$

1.2 Koordinatensysteme

Obige Vektoroperationen wurden „koordinatenfrei" ohne ein räumliches Bezugssystem durchgeführt. Die Lösung von praktischen Problemen verlangt jedoch die Beschreibung der physikalischen Größen in einem Bezugssystem (Koordinatensystem). Das Koordinatensystem sei definiert, indem ein Punkt im dreidimensionalen Raum durch den Schnittpunkt von drei Flächen festgelegt wird. Die drei Flächenfamilien werden durch u_1 = const., u_2 = const. und u_3 = const. beschrieben. Die Flächen müssen nicht Ebenen sein, sie können gekrümmt sein. Sie sollen allerdings aufeinander senkrecht stehen d.h. ein *orthogonales Koordinatensystem* bilden (Abb. 1.4).

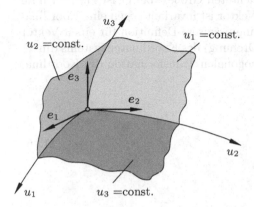

Abb. 1.4. Orthogonales, rechtshändiges, krummliniges Koordinatensystem

In jedem Punkt des Raumes gibt es Einheitsvektoren e_i, $i = 1, 2, 3$ in die drei Koordinatenrichtungen, die sogenannten *Basisvektoren*. In einem rechtshändigen, orthogonalen, krummlinigen Koordinatensystem gelten folgende Beziehungen zwischen den Einheitsvektoren

$$e_1 \times e_2 = e_3 \quad , \tag{1.12}$$

wobei die Indices zyklisch vertauscht werden können, und

$$e_i \cdot e_j = \delta_i^j \quad , \quad i, j = 1, 2, 3 . \tag{1.13}$$

Ist ein Koordinatensystem gegeben, kann jeder Vektor A durch seine *Komponenten* A_i, d.h. Projektionen in die drei Koordinatenrichtungen, ausgedrückt werden

$$A - A_1 e_1 + A_2 e_2 + A_3 e_3 \quad \text{mit} \quad A_i = A \cdot e_i , \quad i = 1, 2, 3 . \tag{1.14}$$

Die wichtigsten Vektoroperationen lauten in Komponentenschreibweise

$$\boldsymbol{A} + \boldsymbol{B} = (A_1 + B_1)\boldsymbol{e}_1 + (A_2 + B_2)\boldsymbol{e}_2 + (A_3 + B_3)\boldsymbol{e}_3$$
$$\lambda \boldsymbol{A} = \lambda A_1 \boldsymbol{e}_1 + \lambda A_2 \boldsymbol{e}_2 + \lambda A_3 \boldsymbol{e}_3$$
$$\boldsymbol{A} \cdot \boldsymbol{B} = A_1 B_1 + A_2 B_2 + A_3 B_3$$
$$\boldsymbol{A} \times \boldsymbol{B} = \begin{vmatrix} \boldsymbol{e}_1 & \boldsymbol{e}_2 & \boldsymbol{e}_3 \\ A_1 & A_2 & A_3 \\ B_1 & B_2 & B_3 \end{vmatrix} \tag{1.15}$$
$$= (A_2 B_3 - A_3 B_2)\boldsymbol{e}_1 + (A_3 B_1 - A_1 B_3)\boldsymbol{e}_2 + (A_1 B_2 - A_2 B_1)\boldsymbol{e}_3 \ .$$

Ein Punkt im Raum wird durch seine drei Koordinaten (u_1, u_2, u_3) beschrieben. Der „Vektor" $\boldsymbol{r}$, der den Koordinatenursprung mit dem Punkt verbindet, heißt *Ortsvektor*. Ein Ortsvektor ist streng genommen kein Vektor. Er entspricht zwar der Definition einer gerichteten Größe, aber er ist zusätzlich an den Ursprung gebunden. Ein echter Vektor ist invariant gegen eine Koordinatentranslation. An dieser Stelle sei eine präzisere Definition für einen Vektor gegeben. Führt man eine Rotation (Drehung) des Koordinatensystems durch, so entspricht das einer linearen, orthogonalen Transformation der Koordinaten

$$u'_1 = R_{11} u_1 + R_{12} u_2 + R_{13} u_3$$
$$u'_2 = R_{21} u_1 + R_{22} u_2 + R_{23} u_3$$
$$u'_3 = R_{31} u_1 + R_{32} u_2 + R_{33} u_3 \tag{1.16}$$

mit

$$\sum_j R_{ij} R_{kj} = \delta_i^k \ .$$

Einen Vektor, d.h. die Komponenten eines Vektors, stellt nun jedes Zahlentripel (A_1, A_2, A_3) dar, welches bei einer Koordinatentransformation wie die Koordinaten (1.16) transformiert wird. Als Beispiel sei im Zweidimensionalen die Drehung des Koordinatenkreuzes um den Winkel φ betrachtet (Abb. 1.5).

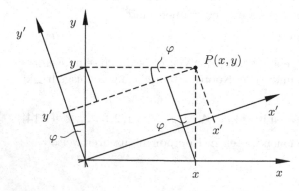

Abb. 1.5. Drehung des Koordinatenkreuzes um den Winkel φ

Der Punkt (x, y) hat im gestrichenen (gedrehten) Koordinatensystem die Koordinaten

$$x' = R_{11}x + R_{12}y = \quad \cos\varphi\, x + \sin\varphi\, y$$
$$y' = R_{21}x + R_{22}y = -\sin\varphi\, x + \cos\varphi\, y \,. \tag{1.17}$$

Jedes Zahlenpaar (A_1, A_2), das sich bei einer Koordinatendrehung wie (1.17) transformiert, stellt die Komponenten eines zweidimensionalen Vektors dar.

Man beachte, dass bei einer Koordinatenverschiebung $x' = x - a$, $y' = y - b$, $z' = z - c$, die Komponenten eines Vektors und somit auch der Vektor selber erhalten bleiben.

Wir wollen mit dem einfachsten Koordinatensystem beginnen, den

kartesischen Koordinaten (x,y,z)

Koordinatenflächen sind Ebenen $x = $ const., $y = $ const. und $z = $ const. (Abb. 1.6a).

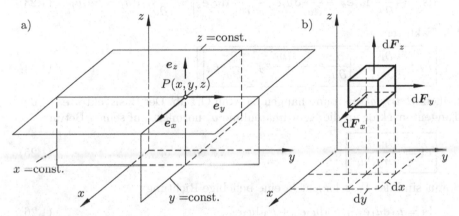

Abb. 1.6. Kartesische Koordinaten. a) Koordinatenflächen und Basisvektoren. b) Differentielles Volumenelement

Sie stehen auf den Koordinatenrichtungen $\boldsymbol{e}_i$, $i = x, y, z$, senkrecht. Der Ortsvektor lautet

$$\boldsymbol{r} = x\boldsymbol{e}_x + y\boldsymbol{e}_y + z\boldsymbol{e}_z \,. \tag{1.18}$$

Zur Durchführung von Weg-, Flächen- und Volumenintegralen werden differentielle Längenänderungen der einzelnen Koordinate benötigt. Diese erhält man aus dem totalen Differential des Ortsvektors

$$\mathrm{d}\boldsymbol{r} = \mathrm{d}x\boldsymbol{e}_x + \mathrm{d}y\boldsymbol{e}_y + \mathrm{d}z\boldsymbol{e}_z \,, \tag{1.19}$$

welches zugleich das differentielle Wegelement in eine beliebige Richtung angibt. Das differentielle Volumen ist ein Quader mit den Kantenlängen $\mathrm{d}x$, $\mathrm{d}y$, $\mathrm{d}z$

$$dV = dxdydz .\tag{1.20}$$

In jeder Koordinatenfläche $x, y, z = $ const. gibt es ein differentielles Flächen-element

$$d\boldsymbol{F}_x = dydz\boldsymbol{e}_x , \ d\boldsymbol{F}_y = dxdz\boldsymbol{e}_y , \ d\boldsymbol{F}_z = dxdy\boldsymbol{e}_z .\tag{1.21}$$

Krummlinige, orthogonale Koordinaten

Ist der Zusammenhang zwischen den Koordinaten u_i, $i = 1, 2, 3$, eines krummlinigen, orthogonalen Koordinatensystems und den kartesischen Ko-ordinaten gegeben,

$$x = x(u_1, u_2, u_3) , \ y = y(u_1, u_2, u_3) , \ z = z(u_1, u_2, u_3) ,\tag{1.22}$$

so erhält man das differentielle Längenelement in Richtung der Koordinate u_i durch das totale Differential des Ortsvektors (1.19)

$$ds_i = \left| \frac{\partial x}{\partial u_i} du_i \boldsymbol{e}_x + \frac{\partial y}{\partial u_i} du_i \boldsymbol{e}_y + \frac{\partial z}{\partial u_i} du_i \boldsymbol{e}_z \right| = \left| \frac{\partial \boldsymbol{r}}{\partial u_i} \right| du_i = h_i du_i .\tag{1.23}$$

Die Faktoren

$$h_i = \left| \frac{\partial \boldsymbol{r}}{\partial u_i} \right| = \left| \frac{\partial x}{\partial u_i} \boldsymbol{e}_x + \frac{\partial y}{\partial u_i} \boldsymbol{e}_y + \frac{\partial z}{\partial u_i} \boldsymbol{e}_z \right|\tag{1.24}$$

heißen *Metrikfaktoren* und hängen i.a. vom Ort ab. Der Basisvektor $\boldsymbol{e}_i$ ist der Tangentenvektor an die Koordinatenlinie u_i normiert auf seinen Betrag

$$\boldsymbol{e}_i = \frac{\partial \boldsymbol{r}/\partial u_i}{|\partial \boldsymbol{r}/\partial u_i|} .\tag{1.25}$$

Somit sind das Wegelement in eine beliebige Richtung

$$d\boldsymbol{s} = h_1 du_1 \boldsymbol{e}_1 + h_2 du_2 \boldsymbol{e}_2 + h_3 du_3 \boldsymbol{e}_3 ,\tag{1.26}$$

das Volumenelement

$$dV = h_1 h_2 h_3 du_1 du_2 du_3 ,\tag{1.27}$$

und die Flächenelemente

$$d\boldsymbol{F}_1 = h_2 h_3 du_2 du_3 \boldsymbol{e}_1 , \ d\boldsymbol{F}_2 = h_1 h_3 du_1 du_3 \boldsymbol{e}_2 ,$$
$$d\boldsymbol{F}_3 = h_1 h_2 du_1 du_2 \boldsymbol{e}_3 .\tag{1.28}$$

Es gibt viele orthogonale Koordinatensysteme. Hier sollen neben den kartesi-schen Koordinaten nur noch die zwei wichtigsten, nämlich die Zylinder- und Kugelkoordinaten angegeben werden. Wir verwenden dazu obigen Formalis-mus für krummlinige Koordinatensysteme.

Zylinderkoordinaten (ϱ, φ, z)

Koordinatenflächen sind Kreiszylinder ($\varrho = $ const.), Halbebenen ($\varphi = $ const.) und Ebenen ($z = $ const.) (Abb. 1.7a). Mit dem (1.22) entsprechenden Zusammenhang

$$x = \varrho \cos \varphi \quad , \quad y = \varrho \sin \varphi \quad , \quad z \tag{1.29}$$

erhält man für die Metrikfaktoren (1.24)

$$h_\varrho = 1 \quad , \quad h_\varphi = \varrho \quad , \quad h_z = 1 \tag{1.30}$$

und für die Basisvektoren (1.25)

$$\boldsymbol{e}_\varrho = \cos\varphi\,\boldsymbol{e}_x + \sin\varphi\,\boldsymbol{e}_y \,, \; \boldsymbol{e}_\varphi = -\sin\varphi\,\boldsymbol{e}_x + \cos\varphi\,\boldsymbol{e}_y \,, \; \boldsymbol{e}_z = \boldsymbol{e}_z \,. \tag{1.31}$$

Ortsvektor, Weg-, Volumen- und Flächenelemente lauten

$$\boldsymbol{r} = \varrho\,\boldsymbol{e}_\varrho + z\,\boldsymbol{e}_z \,, \; \mathrm{d}\boldsymbol{s} = \mathrm{d}\varrho\,\boldsymbol{e}_\varrho + \varrho\,\mathrm{d}\varphi\,\boldsymbol{e}_\varphi + \mathrm{d}z\,\boldsymbol{e}_z \,, \; \mathrm{d}V = \varrho\,\mathrm{d}\varrho\,\mathrm{d}\varphi\,\mathrm{d}z \,,$$

$$\mathrm{d}\boldsymbol{F}_\varrho = \varrho\,\mathrm{d}\varphi\,\mathrm{d}z\,\boldsymbol{e}_\varrho \,, \; \mathrm{d}\boldsymbol{F}_\varphi = \mathrm{d}\varrho\,\mathrm{d}z\,\boldsymbol{e}_\varphi \,, \; \mathrm{d}\boldsymbol{F}_z = \varrho\,\mathrm{d}\varrho\,\mathrm{d}\varphi\,\boldsymbol{e}_z \,. \tag{1.32}$$

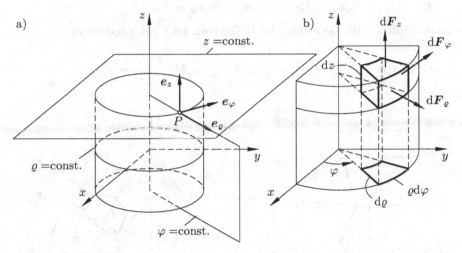

Abb. 1.7. Zylinderkoordinaten. a) Koordinatenflächen und Basisvektoren. b) Differentielles Volumenelement

Kugelkoordinaten (r, ϑ, φ)

Koordinatenflächen sind Kugeloberflächen ($r = $ const.), konische Zylinder ($\vartheta = $ const.) und Halbebenen ($\varphi = $ const.) (Abb. 1.8a). Der Zusammenhang (1.22) lautet

$$x = r \sin \vartheta \cos \varphi \,, \; y = r \sin \vartheta \sin \varphi \,, \; z = r \cos \vartheta \tag{1.33}$$

und liefert die Metrikfaktoren (1.24)

$$h_r = 1 \, , \; h_\vartheta = r \, , \; h_\varphi = r \sin \vartheta \, , \tag{1.34}$$

und Basisvektoren (1.25)

$$
\begin{aligned}
\boldsymbol{e}_r &= \sin \vartheta \cos \varphi \, \boldsymbol{e}_x + \sin \vartheta \sin \varphi \, \boldsymbol{e}_y + \cos \vartheta \, \boldsymbol{e}_z \, , \\
\boldsymbol{e}_\vartheta &= \cos \vartheta \cos \varphi \, \boldsymbol{e}_x + \cos \vartheta \sin \varphi \, \boldsymbol{e}_y - \sin \vartheta \, \boldsymbol{e}_z \, , \\
\boldsymbol{e}_\varphi &= - \sin \varphi \, \boldsymbol{e}_x + \cos \varphi \, \boldsymbol{e}_y \, .
\end{aligned}
\tag{1.35}
$$

Ortsvektor, Weg- Volumen- und Flächenelemente lauten

$$\boldsymbol{r} = r \, \boldsymbol{e}_r \, , \; \mathrm{d}\boldsymbol{s} = \mathrm{d}r \, \boldsymbol{e}_r + r \, \mathrm{d}\vartheta \, \boldsymbol{e}_\vartheta + r \sin \vartheta \, \mathrm{d}\varphi \, \boldsymbol{e}_\varphi \, , \; \mathrm{d}V = r^2 \sin \vartheta \, \mathrm{d}r \, \mathrm{d}\vartheta \, \mathrm{d}\varphi$$

$$\mathrm{d}\boldsymbol{F}_r = r^2 \sin \vartheta \, \mathrm{d}\vartheta \, \mathrm{d}\varphi \, \boldsymbol{e}_r \, , \; \mathrm{d}\boldsymbol{F}_\vartheta = r \sin \vartheta \, \mathrm{d}r \, \mathrm{d}\varphi \, \boldsymbol{e}_\vartheta \, , \; \mathrm{d}\boldsymbol{F}_\varphi = r \, \mathrm{d}r \, \mathrm{d}\vartheta \, \boldsymbol{e}_\varphi \, .$$

$$\tag{1.36}$$

Die Transformation eines Vektors von einem Koordinatensystem in ein anderes ist einfach. Will man z.B. einen gegebenen Vektor von kartesischen Koordinaten in Zylinderkoordinaten überführen, schreibt man in Komponenten

$$\boldsymbol{A} = A_x \boldsymbol{e}_x + A_y \boldsymbol{e}_y + A_z \boldsymbol{e}_z = A_\varrho \boldsymbol{e}_\varrho + A_\varphi \boldsymbol{e}_\varphi + A_z \boldsymbol{e}_z$$

und multipliziert die Gleichung der Reihe nach im Punktprodukt mit $\boldsymbol{e}_\varrho$, $\boldsymbol{e}_\varphi$, $\boldsymbol{e}_z$

$$A_\varrho = A_x (\boldsymbol{e}_x \cdot \boldsymbol{e}_\varrho) + A_y (\boldsymbol{e}_y \cdot \boldsymbol{e}_\varrho) + A_z (\boldsymbol{e}_z \cdot \boldsymbol{e}_\varrho) \quad , \quad \text{u.s.w.}$$

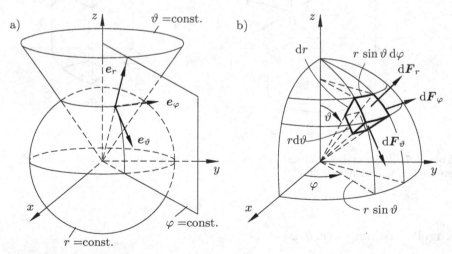

Abb. 1.8. Kugelkoordinaten. a) Koordinatenflächen und Basisvektoren. b) Differentielles Volumenelement

1.3 Vektoranalysis

1.3.1 Differentiation

Bei einer skalaren Funktion, die von mehreren Variablen abhängt, unterscheidet man zwischen der partiellen Differentiation, wenn nur eine Variable geändert wird, z.B.

$$\frac{\partial}{\partial x}\phi(x,y,z) = \lim_{\Delta x \to 0} \frac{1}{\Delta x}\left[\phi(x+\Delta x, y, z) - \phi(x,y,z)\right]\,, \tag{1.37}$$

und dem totalen Differential, wenn sich alle Variablen ändern

$$\boxed{\mathrm{d}\phi = \frac{\partial\phi}{\partial x}\mathrm{d}x + \frac{\partial\phi}{\partial y}\mathrm{d}y + \frac{\partial\phi}{\partial z}\mathrm{d}z}\,. \tag{1.38}$$

Analog unterscheidet man zwischen der partiellen Differentiation einer Vektorfunktion, z.B. nach x

$$
\begin{aligned}
\frac{\partial}{\partial x}\boldsymbol{A}(x,y,z) &= \lim_{\Delta x \to 0}\frac{1}{\Delta x}\left[\boldsymbol{A}(x+\Delta x, y, z) - \boldsymbol{A}(x,y,z)\right] \\
&= \lim_{\Delta x \to 0}\frac{1}{\Delta x}[(A_x(x+\Delta x) - A_x(x))\,\boldsymbol{e}_x \\
&\qquad\qquad + (A_y(x+\Delta x) - A_y(x))\,\boldsymbol{e}_y \\
&\qquad\qquad + (A_z(x+\Delta x) - A_z(x))\,\boldsymbol{e}_z] \\
&= \frac{\partial A_x}{\partial x}\boldsymbol{e}_x + \frac{\partial A_y}{\partial x}\boldsymbol{e}_y + \frac{\partial A_z}{\partial x}\boldsymbol{e}_z \tag{1.39}
\end{aligned}
$$

und dem totalen Differential

$$\mathrm{d}\boldsymbol{A} = \frac{\partial\boldsymbol{A}}{\partial x}\mathrm{d}x + \frac{\partial\boldsymbol{A}}{\partial y}\mathrm{d}y + \frac{\partial\boldsymbol{A}}{\partial z}\mathrm{d}z = \mathrm{d}A_x\boldsymbol{e}_x + \mathrm{d}A_y\boldsymbol{e}_y + \mathrm{d}A_z\boldsymbol{e}_z \tag{1.40}$$

mit

$$\mathrm{d}A_i = \frac{\partial A_i}{\partial x}\mathrm{d}x + \frac{\partial A_i}{\partial y}\mathrm{d}y + \frac{\partial A_i}{\partial z}\mathrm{d}z\,,\ i = x,y,z\,.$$

In kartesischen Koordinaten sind die Basisvektoren vom Ort unabhängig und die Differentiationen sind wie in (1.38), (1.39) gegeben. In krummlinigen Koordinaten hängen die Basisvektoren i.a. vom Ort ab und müssen mitdifferenziert werden. Z.B. erhält man für die Differentiation von $\boldsymbol{e}_\varrho$ in Zylinderkoordinaten nach (1.31)

$$\partial\boldsymbol{e}_\varrho/\partial\varphi = -\sin\varphi\,\boldsymbol{e}_x + \cos\varphi\,\boldsymbol{e}_y = \boldsymbol{e}_\varphi\,.$$

1.3.2 Integration

Die am häufigsten auftretenden Integrale sind Wegintegral und Flussintegral.

Unter einem *Wegintegral* versteht man die Integration der Tangentialkomponente eines Vektorfeldes $\boldsymbol{A}$ längs eines Weges S

$$\int_S \boldsymbol{A} \cdot \mathrm{d}\boldsymbol{s} = \int_S \boldsymbol{A} \cdot \boldsymbol{t}\,\mathrm{d}s = \int_S A_t\,\mathrm{d}s \;. \tag{1.41}$$

Es entsteht durch Aufteilen des Weges in einzelne Wegstücke $\Delta \boldsymbol{s}_i = \Delta s\,\boldsymbol{t}_i$ und Summation

$$\int_S \boldsymbol{A} \cdot \mathrm{d}\boldsymbol{s} = \lim_{\Delta s \to 0} \sum_i \boldsymbol{A}(x_i, y_i, z_i) \cdot \boldsymbol{t}_i\,\Delta s \;.$$

Ist der Weg in sich geschlossen, spricht man von einem *Umlaufintegral*

$$\oint_S \boldsymbol{A} \cdot \mathrm{d}\boldsymbol{s} \;. \tag{1.42}$$

Das *Flussintegral* ist die Integration der Normalkomponente eines Vektorfeldes $\boldsymbol{A}$ über eine Fläche F

$$\int_F \boldsymbol{A} \cdot \mathrm{d}\boldsymbol{F} = \int_F \boldsymbol{A} \cdot \boldsymbol{n}\,\mathrm{d}F = \int_F A_n\,\mathrm{d}F \;. \tag{1.43}$$

Es entsteht durch Aufteilen der Fläche in einzelne Elemente $\Delta \boldsymbol{F}_i = \boldsymbol{n}_i \Delta F$ und Summation

$$\int_F \boldsymbol{A} \cdot \mathrm{d}\boldsymbol{F} = \lim_{\Delta F \to 0} \sum_i \boldsymbol{A}(x_i, y_i, z_i) \cdot \boldsymbol{n}_i \Delta F \;.$$

Ist $\boldsymbol{A}$ z.B. eine Flussdichte, dann ergibt das Flächenintegral den durch die Fläche gehenden Fluss. Handelt es sich bei F um die geschlossene Oberfläche eines Volumens, spricht man von einem Oberflächenintegral

$$\oint_O \boldsymbol{A} \cdot \mathrm{d}\boldsymbol{F} \;. \tag{1.44}$$

1.3.3 Gradient

Gegeben sei ein skalares Feld, z.B. die Temperaturverteilung $T(x, y, z)$ im Raum, und man möchte wissen, wie sich T ändert, wenn man sich um ein Stück $\mathrm{d}\boldsymbol{s} = \mathrm{d}x\,\boldsymbol{e}_x + \mathrm{d}y\,\boldsymbol{e}_y + \mathrm{d}z\,\boldsymbol{e}_z$ bewegt. Offensichtlich hängt die Änderung von der Richtung der Bewegung ab. Gibt man das Wegelement vor, so erhält man die Änderung von T durch das totale Differential (1.38)

$$\mathrm{d}T = \frac{\partial T}{\partial x}\,\mathrm{d}x + \frac{\partial T}{\partial y}\,\mathrm{d}y + \frac{\partial T}{\partial z}\,\mathrm{d}z \;.$$

Dieses lässt sich als Punktprodukt identifizieren

$$\mathrm{d}T = \left(\frac{\partial T}{\partial x}\,\boldsymbol{e}_x + \frac{\partial T}{\partial y}\,\boldsymbol{e}_y + \frac{\partial T}{\partial z}\,\boldsymbol{e}_z \right) \cdot (\mathrm{d}x\,\boldsymbol{e}_x + \mathrm{d}y\,\boldsymbol{e}_y + \mathrm{d}z\,\boldsymbol{e}_z)$$
$$= \nabla T \cdot \mathrm{d}\boldsymbol{s} = |\nabla T|\,|\mathrm{d}\boldsymbol{s}|\,\cos\alpha \;,$$

wobei der Vektor

$$\nabla T = \left(\frac{\partial T}{\partial x}\,\boldsymbol{e}_x + \frac{\partial T}{\partial y}\,\boldsymbol{e}_y + \frac{\partial T}{\partial z}\,\boldsymbol{e}_z \right) = \operatorname{grad} T$$

Gradient von T genannt wird. Zeigt das Wegelement in Richtung von ∇T, ist das Punktprodukt maximal. Man kann also sagen:

> ∇T gibt die Richtung der maximalen Änderung von T an. Sein Betrag ist die Steigung in Richtung der maximalen Änderung. Senkrecht zur Richtung der maximalen Änderung, $\alpha = 90°$, ändert sich T nicht. $\nabla T \cdot \mathrm{d}s = 0$ beschreibt Flächen $T = \text{const.}$.

Allgemein gilt für eine skalare Funktion $\phi(u_1, u_2, u_3)$

$$\mathrm{d}\phi = \nabla \phi \cdot \mathrm{d}s = |\nabla \phi|\, |\mathrm{d}s| \cos \alpha \qquad (1.45)$$

und wegen (1.26)

$$\nabla \phi = \frac{1}{h_1} \frac{\partial \phi}{\partial u_1}\, e_1 + \frac{1}{h_2} \frac{\partial \phi}{\partial u_2}\, e_2 + \frac{1}{h_3} \frac{\partial \phi}{\partial u_3}\, e_3 \ . \qquad (1.46)$$

Um formal mit den folgenden Definitionen der Divergenz und Rotation übereinzustimmen, sei die Definition des Gradienten über ein Volumenelement hinzugefügt.

Definition: Das Integral einer skalaren Funktion ϕ über die Oberfläche eines Volumenelementes, geteilt durch das Volumen ΔV, ergibt im Grenzübergang $\Delta V \to 0$ den *Gradienten von ϕ*

$$\boxed{\operatorname{grad}\phi = \nabla \phi = \lim_{\Delta V \to 0} \frac{1}{\Delta V} \oint_O \phi\, \mathrm{d}F}\ . \qquad (1.47)$$

Führt man die Integration (1.47) durch, ergibt sich die Form (1.46).

1.3.4 Divergenz

Das Flächenintegral oder Flussintegral (1.43) gibt, falls A eine Flussdichte ist, den Fluss an, der durch die Fläche F geht. Erstreckt sich das Integral über eine geschlossene Oberfläche, (1.44), so gibt es den Überschuß der Ausströmung über die Einströmung in das Volumen an, d.h. die Quellstärke des Volumens. Nun interessiert normalerweise nicht die Quellstärke eines endlichen Volumens, sondern die in einem Punkt des Raumes vorhandene Quellstärke, und man lässt das Volumen gegen null gehen. Damit das Integral dann nicht verschwindet, bezieht man es auf das Volumen und erhält eine Quelldichte.

Definition: Das Integral einer Vektorfunktion A über die Oberfläche eines Volumenelementes, geteilt durch das Volumen ΔV, ergibt im Grenzübergang $\Delta V \to 0$ die *Divergenz von A*

$$\boxed{\operatorname{div} A = \nabla \cdot A = \lim_{\Delta V \to 0} \frac{1}{\Delta V} \oint_O A \cdot \mathrm{d}F}\ . \qquad (1.48)$$

Um einen Ausdruck für die Divergenz in krummlinigen Koordinaten zu finden, führt man die Integration (1.48) über ein Elementarvolumen durch (Abb. 1.9).

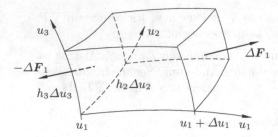

Abb. 1.9. Zur Berechnung der Divergenz in krummlinigen Koordinaten

Zunächst sei der Fluss in Richtung der Koordinate u_1 bestimmt

$$\Delta\psi_1 = \mathbf{A} \cdot (\Delta F_1 \mathbf{e}_1) = h_2 h_3 \Delta u_2 \Delta u_3 \mathbf{A} \cdot \mathbf{e}_1 = (h_2 h_3 A_1) \Delta u_2 \Delta u_3 .$$

Die Integration von $\mathbf{A}$ über die beiden Flächen bei u_1 und bei $u_1 + \Delta u_1$ ergibt

$$\Delta\psi_1(u_1 + \Delta u_1, u_2, u_3) - \Delta\psi_1(u_1, u_2, u_3) = \frac{\partial\psi_1}{\partial u_1} \Delta u_1$$

$$= \frac{\partial}{\partial u_1}(h_2 h_3 A_1) \Delta u_1 \Delta u_2 \Delta u_3 .$$

Entsprechend berechnet man die Flüsse in Richtung u_2 und u_3 und erhält

$$\nabla \cdot \mathbf{A} = \lim_{\Delta V \to 0} \frac{1}{h_1 h_2 h_3 \Delta u_1 \Delta u_2 \Delta u_3} \left[\frac{\partial}{\partial u_1}(h_2 h_3 A_1) \Delta u_1 \Delta u_2 \Delta u_3 \right.$$

$$\left. + \frac{\partial}{\partial u_2}(h_1 h_3 A_2) \Delta u_1 \Delta u_2 \Delta u_3 + \frac{\partial}{\partial u_3}(h_1 h_2 A_3) \Delta u_1 \Delta u_2 \Delta u_3 \right]$$

$$= \frac{1}{h_1 h_2 h_3} \left[\frac{\partial}{\partial u_1}(h_2 h_3 A_1) + \frac{\partial}{\partial u_2}(h_1 h_3 A_2) + \frac{\partial}{\partial u_3}(h_1 h_2 A_3) \right] . \quad (1.49)$$

1.3.5 Rotation

Das Oberflächenintegral

$$\oint_O \mathrm{d}\mathbf{F} \times \mathbf{A} = \oint_O (\mathbf{n} \times \mathbf{A}) \,\mathrm{d}F = \oint_O (\mathbf{n} \times \mathbf{A}_t) \,\mathrm{d}F$$

ergibt, falls $\mathbf{A}$ z.B. ein Spannungsfeld ist, das durch die tangentialen Kräfte (Scherkräfte) auf das Volumen ausgeübte Drehmoment. Das Integral ist ein Vektor, und seine Richtung ist, wie beim Drehimpuls, für jedes Oberflächenelement über die Rechtsschraubenregel festgelegt. Auch hier interessiert nicht die Rotation eines endlichen Volumens, sondern die Rotation (Verwirbelung) in einem Punkt. Man bezieht also das Oberflächenintegral auf das Volumen und lässt das Volumen gegen null gehen, um eine „Wirbeldichte" zu erhalten.

Definition: Das Integral der Tangentialkomponente eines Vektorfeldes $\mathbf{A}$ über die Oberfläche eines Volumenelementes, geteilt durch das Volumen ΔV, ergibt im Grenzübergang $\Delta V \to 0$ die *Rotation von* $\mathbf{A}$

$$\boxed{\operatorname{rot}\mathbf{A} = \nabla \times \mathbf{A} = \lim_{\Delta V \to 0} \frac{1}{\Delta V} \oint_O \mathrm{d}\mathbf{F} \times \mathbf{A}} . \quad (1.50)$$

Obwohl die Definition (1.50) eine schöne physikalische Interpretation erlaubt und auch analog zu den Definitionen des Gradienten (1.47) und der Divergenz (1.48) ist, wird sie meistens nicht benutzt. Statt dessen verwendet man die Definition über ein Umlaufintegral. Man kann diese aus (1.50) ableiten, indem als Volumen ein kleiner Zylinder gewählt wird (Abb. 1.10).

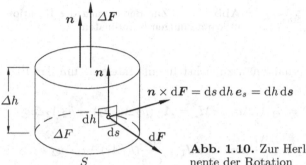

Abb. 1.10. Zur Herleitung der Normalkomponente der Rotation

Die Komponente der Rotation (1.50) in Richtung der Normalen der Fläche $\Delta \boldsymbol{F}$ ist

$$\boldsymbol{n} \cdot (\nabla \times \boldsymbol{A}) = \lim_{\Delta V \to 0} \frac{1}{\Delta V} \oint_O \boldsymbol{n} \cdot (\mathrm{d}\boldsymbol{F} \times \boldsymbol{A})$$

$$= \lim_{\Delta V \to 0} \frac{1}{\Delta V} \oint_O \boldsymbol{A} \cdot (\boldsymbol{n} \times \mathrm{d}\boldsymbol{F}) \,.$$

Die Integrale über die Boden- und Deckfläche verschwinden, und es bleibt das Integral über die Zylinderfläche

$$\boldsymbol{n} \cdot (\nabla \times \boldsymbol{A}) = \lim_{\Delta V \to 0} \frac{1}{\Delta F \Delta h} \int_0^{\Delta h} \oint_S \boldsymbol{A} \cdot \mathrm{d}\boldsymbol{s}\,\mathrm{d}h$$

$$\to \quad \boxed{(\nabla \times \boldsymbol{A})_n = \lim_{\Delta F \to 0} \frac{1}{\Delta F} \oint_S \boldsymbol{A} \cdot \mathrm{d}\boldsymbol{s}} \,. \tag{1.51}$$

Das auf die Fläche bezogene Umlaufintegral gibt im Grenzübergang $\Delta F \to 0$ die Komponente der Rotation, die in Richtung des Flächenvektors zeigt. Umlaufsinn des Integrals und Richtung der Normalkomponente der Rotation sind über die Rechtsschraubenregel verknüpft.

Den Ausdruck der Rotation in krummlinigen Koordinaten findet man am einfachsten durch die Integration von (1.51) entlang der Konturen der drei Flächenelemente.

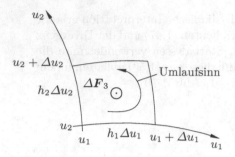

Abb. 1.11. Zur Berechnung der Rotation in krummlinigen Koordinaten

Entsprechend Abb. 1.11 erhält man zunächst für die Integrale um das Flächenelement $\Delta \boldsymbol{F}_3$

$$\Delta I_1 = \boldsymbol{A} \cdot (h_1 \Delta u_1 \boldsymbol{e}_1) = h_1 A_1 \Delta u_1 \, , \quad \Delta I_2 = \boldsymbol{A} \cdot (h_2 \Delta u_2 \boldsymbol{e}_2) = h_2 A_2 \Delta u_2$$

$$\Delta I_1(u_2 + \Delta u_2) = \Delta I_1 + \frac{\partial \Delta I_1}{\partial u_2} \Delta u_2 = \Delta I_1 + \frac{\partial}{\partial u_2}(h_1 A_1) \Delta u_1 \Delta u_2$$

$$\Delta I_2(u_1 + \Delta u_1) = \Delta I_2 + \frac{\partial \Delta I_2}{\partial u_1} \Delta u_1 = \Delta I_2 + \frac{\partial}{\partial u_1}(h_2 A_2) \Delta u_1 \Delta u_2$$

und somit für die Komponente der Rotation

$$(\nabla \times \boldsymbol{A})_3 = \lim_{\Delta u_{1,2} \to 0} \frac{1}{h_1 h_2 \Delta u_1 \Delta u_2} \left[\Delta I_1 + \Delta I_2 + \frac{\partial}{\partial u_1}(h_2 A_2) \Delta u_1 \Delta u_2 \right.$$

$$\left. - \Delta I_1 - \frac{\partial}{\partial u_2}(h_1 A_1) \Delta u_1 \Delta u_2 - \Delta I_2 \right]$$

$$= \frac{1}{h_1 h_2} \left[\frac{\partial}{\partial u_1}(h_2 A_2) - \frac{\partial}{\partial u_2}(h_1 A_1) \right] \, .$$

Die anderen Komponenten folgen durch zyklisches Vertauschen der Indices, und man kann die Rotation in Form einer Determinante schreiben

$$\nabla \times \boldsymbol{A} = \frac{1}{h_1 h_2 h_3} \begin{vmatrix} h_1 \boldsymbol{e}_1 & h_2 \boldsymbol{e}_2 & h_3 \boldsymbol{e}_3 \\ \dfrac{\partial}{\partial u_1} & \dfrac{\partial}{\partial u_2} & \dfrac{\partial}{\partial u_3} \\ h_1 A_1 & h_2 A_2 & h_3 A_3 \end{vmatrix} \, . \tag{1.52}$$

Ist die Rotation eines Vektorfeldes ungleich null, spricht man auch von einem *Wirbelfeld*, ansonsten ist das Feld wirbelfrei. Einige Beispiele zeigt Abb. 1.12. Die Umlaufintegrale um einzelne Elementarflächen verschwinden für wirbelfreie Felder und geben einen Wert ungleich null für Wirbelfelder.

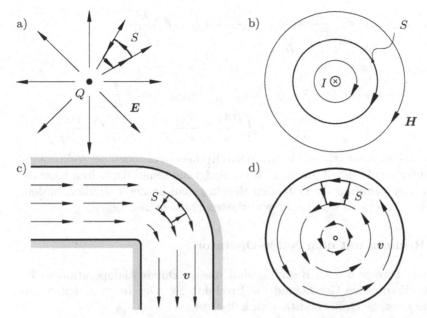

Abb. 1.12. (a) Das elektrische Feld einer Punktladung Q ist wirbelfrei. Wirbelfelder sind **(b)** das Magnetfeld eines Stromes I, **(c)** das laminare Geschwindigkeitsfeld einer Flüssigkeit in einem Krümmer, **(d)** das Geschwindigkeitsfeld einer rotierenden Scheibe

1.3.6 Nabla-Operator

Bei der Herleitung von Gradient, Divergenz und Rotation trat ein Differentialoperator ∇ auf, der als *Nabla-Operator* bezeichnet wird. Wird er einem skalaren Feld vorangestellt, wie beim Gradienten, verlangt er die Differentiation des Feldes. Zugleich hat er aber auch Vektorcharakter. Im Falle des Gradienten heißt dies, dass er nach Ausführung der Differentiation zum Vektor wird. Bei Divergenz (1.48) und Rotation (1.50) hat bereits die Verknüpfung mit dem Vektorfeld vektoriellen Charakter. Allerdings ist i.a. das Ergebnis kompliziert, da nicht nur die Komponenten des Vektorfeldes, sondern auch die Basisvektoren differenziert werden müssen.

Einfach wird der Nabla-Operator in kartesischen Koordinaten

$$\boxed{\nabla = e_x \frac{\partial}{\partial x} + e_y \frac{\partial}{\partial y} + e_z \frac{\partial}{\partial z}}, \tag{1.53}$$

wo auch die vektoriellen Verknüpfungen direkt durchgeführt werden können

$$\nabla \cdot \boldsymbol{A} = (\boldsymbol{e}_x \cdot \boldsymbol{e}_x)\frac{\partial A_x}{\partial x} + (\boldsymbol{e}_y \cdot \boldsymbol{e}_y)\frac{\partial A_y}{\partial y} + (\boldsymbol{e}_z \cdot \boldsymbol{e}_z)\frac{\partial A_z}{\partial z}$$

$$= \frac{\partial A_x}{\partial x} + \frac{\partial A_y}{\partial y} + \frac{\partial A_z}{\partial z} \tag{1.54}$$

$$\nabla \times \boldsymbol{A} = (\boldsymbol{e}_x \times \boldsymbol{e}_x)\frac{\partial A_x}{\partial x} + (\boldsymbol{e}_x \times \boldsymbol{e}_y)\frac{\partial A_y}{\partial x} + (\boldsymbol{e}_x \times \boldsymbol{e}_z)\frac{\partial A_z}{\partial x} + \dots$$

$$= \boldsymbol{e}_x\left(\frac{\partial A_z}{\partial y} - \frac{\partial A_y}{\partial z}\right) + \boldsymbol{e}_y\left(\frac{\partial A_x}{\partial z} - \frac{\partial A_z}{\partial x}\right) + \boldsymbol{e}_z\left(\frac{\partial A_y}{\partial x} - \frac{\partial A_x}{\partial y}\right).$$

Der Nabla-Operator erlaubt, komplizierte Rechenoperationen der Vektoranalysis einfach und schnell durchzuführen. Aufgrund seines doppelten Charakters müssen allerdings die geltenden Regeln genau beachtet werden. In dem folgenden Paragraph werden die wichtigsten Formeln angegeben.

1.3.7 Rechnen mit dem Nabla-Operator

Gradient, Divergenz und Rotation sind lineare Differentialoperationen. Es gilt das distributive Gesetz und die Produktregel. Der Index c deutet an, dass die jeweilige Größe konstant zu halten ist.

Regeln für den Gradienten

$$\nabla(\phi + \psi) = \nabla\phi + \nabla\psi \tag{1.55}$$

$$\nabla(k\phi) = k\nabla\phi \text{ , wenn } k \text{ eine Konstante}$$

$$\nabla(\phi\psi) = \nabla(\phi\psi_c) + \nabla(\phi_c\psi) = \psi\nabla\phi + \phi\nabla\psi$$

$$\nabla(\boldsymbol{A} \cdot \boldsymbol{B}) = \nabla(\boldsymbol{A} \cdot \boldsymbol{B}_c) + \nabla(\boldsymbol{A}_c \cdot \boldsymbol{B})$$

$$= \boldsymbol{A} \times (\nabla \times \boldsymbol{B}) + \boldsymbol{B} \times (\nabla \times \boldsymbol{A}) + (\boldsymbol{A} \cdot \nabla)\boldsymbol{B} + (\boldsymbol{B} \cdot \nabla)\boldsymbol{A}$$

Die letzte Beziehung entstand durch Anwenden der BAC-CAB Regel (1.10) auf

$$\boldsymbol{A} \times (\nabla \times \boldsymbol{B}) = \nabla(\boldsymbol{A}_c \cdot \boldsymbol{B}) - (\boldsymbol{A} \cdot \nabla)\boldsymbol{B}$$

$$\boldsymbol{B} \times (\nabla \times \boldsymbol{A}) = \nabla(\boldsymbol{A} \cdot \boldsymbol{B}_c) - (\boldsymbol{B} \cdot \nabla)\boldsymbol{A} .$$

Regeln für die Divergenz

$$\nabla \cdot (\boldsymbol{A} + \boldsymbol{B}) = \nabla \cdot \boldsymbol{A} + \nabla \cdot \boldsymbol{B} \tag{1.56}$$

$$\nabla \cdot (k\boldsymbol{A}) = k\nabla \cdot \boldsymbol{A} \text{ , wenn } k \text{ eine Konstante}$$

$$\nabla \cdot (\phi\boldsymbol{A}) = \nabla \cdot (\phi\boldsymbol{A}_c) + \nabla \cdot (\phi_c\boldsymbol{A}) = \boldsymbol{A} \cdot \nabla\phi + \phi\nabla \cdot \boldsymbol{A}$$

$$\nabla \cdot (\boldsymbol{A} \times \boldsymbol{B}) = \nabla \cdot (\boldsymbol{A} \times \boldsymbol{B}_c) + \nabla \cdot (\boldsymbol{A}_c \times \boldsymbol{B})$$

$$= \boldsymbol{B} \cdot (\nabla \times \boldsymbol{A}) - \boldsymbol{A} \cdot (\nabla \times \boldsymbol{B})$$

Die letzte Beziehung entstand durch zyklisches Vertauschen.

Regeln für die Rotation

$$\nabla \times (A + B) = \nabla \times A + \nabla \times B \tag{1.57}$$

$$\nabla \times (kA) = k\nabla \times A$$

$$\nabla \times (\phi A) = \nabla \times (\phi A_c) + \nabla \times (\phi_c A) = \nabla\phi \times A + \phi\nabla \times A$$

$$\nabla \times (A \times B) = \nabla \times (A \times B_c) + \nabla \times (A_c \times B)$$

$$= (B \cdot \nabla)A - B(\nabla \cdot A) + A(\nabla \cdot B) - (A \cdot \nabla)B$$

Die letzte Beziehung entstand wieder durch Anwenden der BAC-CAB Regel.

Ableitungen des Ortsvektors

Das totale Differential des Betrags des Ortsvektors ist

$$\mathrm{d}r = \mathrm{d}\sqrt{r \cdot r} = \frac{1}{2}\frac{1}{\sqrt{r \cdot r}}(r \cdot \mathrm{d}r + \mathrm{d}r \cdot r) = \frac{r}{r} \cdot \mathrm{d}r = (\nabla r) \cdot \mathrm{d}r \ .$$

Daraus folgt durch Vergleich

$$\nabla r = \frac{r}{r} = e_r \ . \tag{1.58}$$

Analog erhält man

$$\mathrm{d}\frac{1}{r} = \mathrm{d}\frac{1}{\sqrt{r \cdot r}} = -\frac{r}{r^3} \cdot \mathrm{d}r = \left(\nabla\frac{1}{r}\right) \cdot \mathrm{d}r$$

$$\nabla\frac{1}{r} = -\frac{r}{r^3} = -\frac{1}{r^2}e_r \ . \tag{1.59}$$

Die Divergenz (1.49) in Kugelkoordinaten (1.34) gibt

$$\nabla \cdot r = \nabla \cdot (r\,e_r) = \frac{1}{r^2 \sin\vartheta}\frac{\partial}{\partial r}\left(r^3 \sin\vartheta\right) = 3 \ , \tag{1.60}$$

und aus der Rotation (1.52) in Kugelkoordinaten folgt

$$\nabla \times r = \nabla \times (r\,e_r) = \frac{1}{r^2 \sin\vartheta}\left[r\frac{\partial r}{\partial\varphi}\,e_\vartheta - r\sin\vartheta\frac{\partial r}{\partial\vartheta}\,e_\varphi\right] = 0 \ . \tag{1.61}$$

1.3.8 Zweifache Anwendungen des Nabla-Operators

Mit Hilfe der Formeln für den Gradienten (1.46) und für die Divergenz (1.49) erhält man

$$\nabla \cdot (\nabla\phi) = \nabla^2\phi = \frac{1}{h_1 h_2 h_3}\left[\frac{\partial}{\partial u_1}\left(\frac{h_2 h_3}{h_1}\frac{\partial\phi}{\partial u_1}\right) + \frac{\partial}{\partial u_2}\left(\frac{h_1 h_3}{h_2}\frac{\partial\phi}{\partial u_2}\right)\right.$$

$$\left. + \frac{\partial}{\partial u_3}\left(\frac{h_1 h_2}{h_3}\frac{\partial\phi}{\partial u_3}\right)\right] \ . \tag{1.62}$$

∇^2 heißt *Laplace-Operator*.

Wendet man die Rotation (1.52) auf den Gradienten an, folgt

$$\nabla \times (\nabla \phi) = \frac{1}{h_1 h_2 h_3} \begin{vmatrix} h_1 \mathbf{e_1} & h_2 \mathbf{e_2} & h_3 \mathbf{e_3} \\ \partial/\partial u_1 & \partial/\partial u_2 & \partial/\partial u_3 \\ \partial \phi/\partial u_1 & \partial \phi/\partial u_2 & \partial \phi/\partial u_3 \end{vmatrix} = 0 , \tag{1.63}$$

wenn[1]

$$\frac{\partial^2 \phi}{\partial u_i \partial u_j} = \frac{\partial^2 \phi}{\partial u_j \partial u_i} .$$

Die Rotation eines Gradientenfeldes ist immer null.

Anwenden der Divergenz auf die Rotation liefert

$$\nabla \cdot (\nabla \times \mathbf{A}) = \frac{1}{h_1 h_2 h_3} \left\{ \frac{\partial}{\partial u_1} \left[\frac{\partial}{\partial u_2} (h_3 A_3) - \frac{\partial}{\partial u_3} (h_2 A_2) \right] \right.$$
$$+ \frac{\partial}{\partial u_2} \left[\frac{\partial}{\partial u_3} (h_1 A_1) - \frac{\partial}{\partial u_1} (h_3 A_3) \right]$$
$$\left. + \frac{\partial}{\partial u_3} \left[\frac{\partial}{\partial u_1} (h_2 A_2) - \frac{\partial}{\partial u_2} (h_1 A_1) \right] \right\} = 0 . \tag{1.64}$$

Die Divergenz eines Wirbelfeldes ist immer null.

Der Gradient der Divergenz hat keine spezielle Bedeutung. Er ergibt einen langen Ausdruck, der hier nicht angegeben wird.

Die Rotation einer Rotation findet man mit Hilfe der BAC-CAB Regel (1.10)

$$\nabla \times (\nabla \times \mathbf{A}) = \nabla(\nabla \cdot \mathbf{A}) - \nabla^2 \mathbf{A} . \tag{1.65}$$

1.4 Integralsätze

1.4.1 Hauptsatz der Integralrechnung

Ist $f(x)$ eine Funktion einer Variablen, dann besagt der *Hauptsatz der Integralrechnung*

$$\int_a^b f(x) \, \mathrm{d}x = \int_a^b \mathrm{d}F(x) = F(b) - F(a) , \tag{1.66}$$

mit der *Stammfunktion*

$$F(x) = \int f(x) \, \mathrm{d}x + \text{const.} \quad \text{oder} \quad \frac{\mathrm{d}F(x)}{\mathrm{d}x} = f(x) .$$

Gleichung (1.66) kann man geometrisch interpretieren. Das totale Differential

$$\mathrm{d}F = \frac{\mathrm{d}F}{\mathrm{d}x} \, \mathrm{d}x = F(x + \mathrm{d}x) - F(x)$$

gibt die Änderung von F an zwischen den Stellen x und $x + \mathrm{d}x$. Teilt man den Weg von a nach b in viele infinitesimale Wegstücke $\mathrm{d}x$ auf, so ergibt die Aufsummierung von allen Änderungen $F(b) - F(a)$.

---

[1] Die Reihenfolge der Differentiation kann vertauscht werden, wenn die gemischten Ableitungen stetig sind (SCHWARZ'scher Vertauschungssatz).

1.4.2 Wegintegral eines Gradientenfeldes

Ein Vektorfeld, das sich durch den Gradienten eines Skalarfeldes darstellen lässt,

$$\boldsymbol{A} = \nabla\phi \, , \tag{1.67}$$

kann man wegen (1.45) analog zu (1.66) integrieren

$$\int_{S_1}^{S_2} \boldsymbol{A} \cdot \mathrm{d}\boldsymbol{s} = \int_{S_1}^{S_2} \nabla\phi \cdot \mathrm{d}\boldsymbol{s} = \int_{S_1}^{S_2} \mathrm{d}\phi(s) = \phi(S_2) - \phi(S_1) \, . \tag{1.68}$$

Die Gleichung (1.68) beinhaltet zwei wichtige Schlussfolgerungen:

1) Der Wert des Integrals ist unabhängig vom gewählten Weg. Er hängt nur von den Endpunkten ab. Gilt (1.67), nennt man $\boldsymbol{A}$ ein *konservatives Feld*.
2) Das Umlaufintegral

$$\oint_S \boldsymbol{A} \cdot \mathrm{d}\boldsymbol{s} = \oint_S \nabla\phi \cdot \mathrm{d}\boldsymbol{s} = 0 \tag{1.69}$$

verschwindet, da Anfangs- und Endpunkt identisch sind.

Den Inhalt von (1.68) kann man an einem geometrischen Beispiel anschaulich erläutern. Wir nehmen an, ϕ stelle das Höhenprofil eines Berges dar. Dann messen wir einmal die Höhe, indem wir den Berg auf einem beliebigen Weg hinaufgehen und bei jedem Schritt die Höhendifferenz messen und aufaddieren. Wir können aber auch einen Höhenmesser am Fuß des Berges aufstellen und einen zweiten auf dem Gipfel und die Differenz der Messungen ermitteln. Beide Messmethoden führen zu dem selben Ergebnis.

1.4.3 Gauß'scher Integralsatz

In einer erweiterten Analogie zu den Ergebnissen in den Paragraphen 1.4.1 und 1.4.2 lässt sich das Integral einer Ableitung über ein Volumen durch die Werte der Funktion auf dem Rand, hier auf der Oberfläche, ausdrücken. Dies ist im GAUSS*'schen Satz* formuliert

$$\boxed{\int_V \nabla \cdot \boldsymbol{A} \, \mathrm{d}V = \oint_O \boldsymbol{A} \cdot \mathrm{d}\boldsymbol{F}} \, . \tag{1.70}$$

Der Satz besagt, dass das Volumenintegral über die Quelldichte $\nabla \cdot \boldsymbol{A}$ die gesamte Quellstärke ergibt und diese gleich sein muss dem Gesamtfluss aus dem Volumen heraus.

Zum Beweis des GAUSS'schen Satzes zerlegt man das betrachtete Volumen V zunächst in zwei Volumina V_1 und V_2 mit den Oberflächen $O_1 = O_{11} + O_{12}$ bzw. $O_2 = O_{22} + O_{21}$ (Abb. 1.13a).

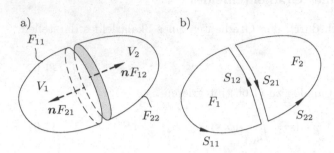

Abb. 1.13. (a) Zerlegung eines Volumens V mit Oberfläche O in zwei Volumina V_1 und V_2 mit den Flächen $F_{11} + F_{12}$ bzw. $F_{22} + F_{21}$. (b) Zerlegung einer Fläche F mit dem Rand S in zwei Flächen F_1 und F_2 mit den Rändern $S_{11}+S_{12}$ bzw. $S_{22}+S_{21}$

Das Oberflächenintegral schreibt man als

$$\oint_O \boldsymbol{A} \cdot \mathrm{d}\boldsymbol{F} = \int_{F_{11}} \boldsymbol{A} \cdot \mathrm{d}\boldsymbol{F} + \int_{F_{12}} \boldsymbol{A} \cdot \mathrm{d}\boldsymbol{F} - \int_{F_{12}} \boldsymbol{A} \cdot \mathrm{d}\boldsymbol{F} + \int_{F_{22}} \boldsymbol{A} \cdot \mathrm{d}\boldsymbol{F}$$

und da das Flächenintegral über F_{12} negativ gleich dem Flächenintegral über F_{21} ist, wird daraus

$$\oint_O \boldsymbol{A} \cdot \mathrm{d}\boldsymbol{F} = \oint_{O_1} \boldsymbol{A} \cdot \mathrm{d}\boldsymbol{F} + \oint_{O_2} \boldsymbol{A} \cdot \mathrm{d}\boldsymbol{F} \, .$$

Man zerlegt nun die Volumina immer weiter und erhält im Grenzübergang zu infinitesimalen Volumina

$$\oint_O \boldsymbol{A} \cdot \mathrm{d}\boldsymbol{F} = \lim_{I \to \infty} \sum_i^I \oint_{O_i} \boldsymbol{A} \cdot \mathrm{d}\boldsymbol{F}$$

$$= \lim_{I \to \infty} \sum_i^I \Delta V_i \frac{1}{\Delta V_i} \oint_{O_i} \boldsymbol{A} \cdot \mathrm{d}\boldsymbol{F} = \lim_{I \to \infty} \sum_i^I \nabla \cdot \boldsymbol{A}|_i \, \Delta V_i$$

$$= \int_V \nabla \cdot \boldsymbol{A} \, \mathrm{d}V \quad \text{q.e.d.}$$

Aus dem GAUSS'schen Satz lassen sich durch geeignete Wahl von $\boldsymbol{A}$ weitere verwandte Integralsätze herleiten. Zwei davon, die später benötigt werden, seien als Beispiele gegeben.

Beispiel 1.1.

Setzt man $\boldsymbol{A} = \boldsymbol{C}\phi(\boldsymbol{r})$ mit einem konstanten Vektor $\boldsymbol{C}$, so erhält man aus (1.70)

$$\int_V \nabla \cdot (\boldsymbol{C}\phi) \, \mathrm{d}V = \int_V \boldsymbol{C} \cdot \nabla \phi \, \mathrm{d}V = \boldsymbol{C} \cdot \int_V \nabla \phi \, \mathrm{d}V$$

$$= \oint_O \phi \boldsymbol{C} \cdot \mathrm{d}\boldsymbol{F} = \boldsymbol{C} \cdot \oint_O \phi \, \mathrm{d}\boldsymbol{F} \, .$$

oder

$$\boldsymbol{C} \cdot \left\{ \int_V \nabla \phi \, \mathrm{d}V - \oint_O \phi \, \mathrm{d}\boldsymbol{F} \right\} = 0 \, .$$

Da die Beziehung für jeden beliebigen, konstanten Vektor $\boldsymbol{C}$ gilt, folgt

$$\int_V \nabla\phi\,\mathrm{d}V = \oint_O \phi\,\mathrm{d}\boldsymbol{F}\;. \tag{1.71}$$

Beispiel 1.2.

Setzt man $\boldsymbol{A} = \boldsymbol{B}(\boldsymbol{r}) \times \boldsymbol{C}$ mit einem konstanten Vektor $\boldsymbol{C}$, so erhält man aus (1.70) zusammen mit (1.56)

$$\int_V \nabla\cdot(\boldsymbol{B}\times\boldsymbol{C})\,\mathrm{d}V = \int_V \boldsymbol{C}\cdot(\nabla\times\boldsymbol{B})\,\mathrm{d}V = \boldsymbol{C}\cdot\int_V \nabla\times\boldsymbol{B}\,\mathrm{d}V$$

$$= \oint_O (\boldsymbol{B}\times\boldsymbol{C})\cdot\mathrm{d}\boldsymbol{F} = \oint_O \boldsymbol{C}\cdot(\mathrm{d}\boldsymbol{F}\times\boldsymbol{B})$$

$$= -\boldsymbol{C}\cdot\oint_O \boldsymbol{B}\times\mathrm{d}\boldsymbol{F}$$

oder

$$\boldsymbol{C}\cdot\left\{\int_V \nabla\times\boldsymbol{B}\,\mathrm{d}V + \oint_O \boldsymbol{B}\times\mathrm{d}\boldsymbol{F}\right\} = 0\;.$$

Die Beziehung gilt für jeden beliebigen, konstanten Vektor und es folgt

$$\int_V \nabla\times\boldsymbol{B}\,\mathrm{d}V = -\oint_O \boldsymbol{B}\times\mathrm{d}\boldsymbol{F}\;. \tag{1.72}$$

1.4.4 Green'sche Integralsätze

Zwei Sätze, die eine wichtige Rolle in der MAXWELL'schen Theorie spielen, sind die GREEN'schen Integralsätze. Auch sie lassen sich aus dem GAUSS'schen Satz herleiten. Dazu setzt man

$$\boldsymbol{A} = \phi\nabla\psi$$

und verwendet (1.56)

$$\nabla\cdot\boldsymbol{A} = \nabla\phi\cdot\nabla\psi + \phi\nabla^2\psi\;.$$

Einsetzen in (1.70) gibt den *ersten* GREEN'*schen Satz*

$$\boxed{\int_V \left[\phi\nabla^2\psi + \nabla\phi\cdot\nabla\psi\right]\,\mathrm{d}V = \oint_O \phi\nabla\psi\cdot\mathrm{d}\boldsymbol{F}}\;. \tag{1.73}$$

Vertauscht man ϕ und ψ und subtrahiert dies von (1.73) folgt der *zweite* GREEN'*sche Satz*

$$\boxed{\int_V \left[\phi\nabla^2\psi - \psi\nabla^2\phi\right]\,\mathrm{d}V = \oint_O \left[\phi\nabla\psi - \psi\nabla\phi\right]\cdot\mathrm{d}\boldsymbol{F}}\;. \tag{1.74}$$

1.4.5 Stokes'scher Integralsatz

Eine weitere Variation des Prinzips, dass das Integral einer Ableitung über ein Gebiet, in diesem Fall eine Fläche, durch die Werte der Funktion auf dem Rand ausgedrückt werden kann, ist die Aussage des STOKES'*schen Satzes*

$$\boxed{\int_F (\nabla \times \boldsymbol{A}) \cdot \mathrm{d}\boldsymbol{F} = \oint_S \boldsymbol{A} \cdot \mathrm{d}\boldsymbol{s}} \ . \tag{1.75}$$

Das Flächenintegral über die Wirbeldichte $\nabla \times \boldsymbol{A}$ gibt den Gesamtwirbel, welcher der Verwirbelung auf dem Flächenrand entspricht. In (1.75) sind Umlaufsinn und Flächennormale durch die Rechtsschraubenregel verbunden.

Ähnlich einfach wie den GAUSS'schen Satz kann man den STOKES'schen Satz beweisen. Man zerlegt die Fläche F zunächst in zwei Teilflächen F_1 und F_2 mit den Rändern $S_1 = S_{11} + S_{12}$ bzw. $S_2 = S_{22} + S_{21}$ (Abb. 1.13b)

$$\oint_S \boldsymbol{A} \cdot \mathrm{d}\boldsymbol{s} = \int_{S_{11}} \boldsymbol{A} \cdot \mathrm{d}\boldsymbol{s} + \int_{S_{12}} \boldsymbol{A} \cdot \mathrm{d}\boldsymbol{s} - \int_{S_{12}} \boldsymbol{A} \cdot \mathrm{d}\boldsymbol{s} + \int_{S_{22}} \boldsymbol{A} \cdot \mathrm{d}\boldsymbol{s} \ .$$

Das Wegintegral entlang S_{12} ist aber negativ gleich dem Wegintegral entlang S_{21} und es wird

$$\oint_S \boldsymbol{A} \cdot \mathrm{d}\boldsymbol{s} = \oint_{S_1} \boldsymbol{A} \cdot \mathrm{d}\boldsymbol{s} + \oint_{S_2} \boldsymbol{A} \cdot \mathrm{d}\boldsymbol{s} \ .$$

Zerlegt man die Teilflächen immer weiter zu infinitesimalen Flächen, wird daraus

$$\oint_S \boldsymbol{A} \cdot \mathrm{d}\boldsymbol{s} = \lim_{I \to \infty} \sum_i^I \oint_{S_i} \boldsymbol{A} \cdot \mathrm{d}\boldsymbol{s} = \lim_{I \to \infty} \sum_i^I \Delta F_i \frac{1}{\Delta F_i} \oint_{S_i} \boldsymbol{A} \cdot \mathrm{d}\boldsymbol{s}$$

$$= \lim_{I \to \infty} \sum_i^I (\nabla \times \boldsymbol{A})_{ni} \, \Delta F_i = \lim_{I \to \infty} \sum_i^I \nabla \times \boldsymbol{A}|_i \cdot \Delta \boldsymbol{F}_i$$

$$= \int_F (\nabla \times \boldsymbol{A}) \cdot \mathrm{d}\boldsymbol{F} \quad \text{q.e.d.}$$

Zwei wichtige Anmerkungen seien zum STOKES'schen Satz gemacht:

1) Das Flächenintegral über die Rotation hängt nur vom Rand der Fläche ab, nicht von der Form der Fläche innerhalb des Randes.
2) Wird aus der Fläche eine geschlossene Oberfläche, so schrumpft der Rand zu einem Punkt und das Integral verschwindet

$$\oint_O (\nabla \times \boldsymbol{A}) \cdot \mathrm{d}\boldsymbol{F} = 0 \ . \tag{1.76}$$

Auch aus dem STOKES'schen Satz lassen sich durch geeignete Wahl von $\boldsymbol{A}$ verwandte Integralsätze herleiten.

Beispiel 1.3.

Setzt man $\boldsymbol{A} = \phi(\boldsymbol{r})\boldsymbol{C}$ mit einem konstanten Vektor $\boldsymbol{C}$, so folgt aus (1.75) zusammen mit (1.57)

$$\int_F [\nabla \times (\phi\boldsymbol{C})] \cdot \mathrm{d}\boldsymbol{F} = \int_F [\nabla\phi \times \boldsymbol{C}] \cdot \mathrm{d}\boldsymbol{F} = -\boldsymbol{C} \cdot \int_F \nabla\phi \times \mathrm{d}\boldsymbol{F}$$

$$= \oint_S \phi\boldsymbol{C} \cdot \mathrm{d}\boldsymbol{s} = \boldsymbol{C} \cdot \oint_S \phi\,\mathrm{d}\boldsymbol{s}$$

oder

$$\boldsymbol{C} \cdot \left\{ \oint_S \phi\,\mathrm{d}\boldsymbol{s} + \int_F \nabla\phi \times \mathrm{d}\boldsymbol{F} \right\} = 0\,.$$

Da die Beziehung für jeden beliebigen, konstanten Vektor $\boldsymbol{C}$ gilt, folgt

$$\int_F \nabla\phi \times \mathrm{d}\boldsymbol{F} = -\oint_S \phi\,\mathrm{d}\boldsymbol{s}\,. \tag{1.77}$$

Mit Hilfe des STOKES'schen Satzes und (1.69) lässt sich auf elegante Art und Weise die Identität (1.63) herleiten

$$\int_F [\nabla \times (\nabla\phi)] \cdot \mathrm{d}\boldsymbol{F} = \oint_S \nabla\phi \cdot \mathrm{d}\boldsymbol{s} = \oint_S \mathrm{d}\phi = 0\,,$$

und da das Integral für jede beliebige Fläche verschwindet, muss der Integrand verschwinden

$$\nabla \times (\nabla\phi) = 0\,.$$

Die zweite Identität (1.64) lässt sich ebenso elegant mit dem GAUSS'schen Satz zusammen mit (1.76) ableiten

$$\int_V \nabla \cdot (\nabla \times \boldsymbol{A})\,\mathrm{d}V = \oint_O (\nabla \times \boldsymbol{A}) \cdot \mathrm{d}\boldsymbol{F} = 0\,,$$

was wiederum für jedes beliebige Volumen gilt, so dass der Integrand verschwinden muss

$$\nabla \cdot (\nabla \times \boldsymbol{A}) = 0\,.$$

1.5 Numerische Integration

Weg-, Fluss- und Volumenintegrale wurden bisher symbolisch benutzt, um Umformungen durchzuführen, wobei über die Möglichkeit, die Integrale zu berechnen, nichts gesagt wurde. Für einige wenige, sehr einfache Anordnungen ist die analytische Berechnung möglich, aber im Allgemeinen ist man auf eine numerische Berechnung angewiesen. Dabei zerlegt man das Gebiet in kleine Teilgebiete, in welchen der Integrand als konstant anzunehmen ist, und summiert über alle Teilgebiete. In zwei und insbesondere in drei Dimensionen ist das nicht so ohne weiteres möglich und bedarf einer automatisierten Aufteilung in Teilgebiete (Meshgenerator). Dennoch soll hier an zwei einfachen Beispielen die Vorgehensweise erläutert werden.

Beispiel 1.4. Verifikation des GAUSS'schen Integralsatzes

Der GAUSS'sche Integralsatz mit dem Vektorfeld

$$\boldsymbol{A}(x,y,z) = u(x,y,z)\,\boldsymbol{e}_x + v(x,y,z)\,\boldsymbol{e}_y + w(x,y,z)\,\boldsymbol{e}_z$$

mit $u = xyz$, $v = x^{1.2}yz$, $w = xy^{1.4}\sqrt{z}$ soll für einen Quader (Abb. 1.14a) numerisch verifiziert werden.

Man teilt die Einheitslänge in N Elemente der Länge $\Delta = 1/N$. Zur Berechnung des Volumenintegrals wird das Gebiet in Würfel der Kantenlänge Δ aufgeteilt und der Integrand für jeden Würfel entwickelt

$$\nabla \cdot \boldsymbol{A}\,\Delta V = \left(\frac{\partial A_x}{\partial x} + \frac{\partial A_y}{\partial y} + \frac{\partial A_z}{\partial z}\right)\Delta^3$$

$$= \left[\frac{1}{\Delta}\Big(A_x(x+\Delta,y,z) - A_x(x,y,z)\Big) + \frac{1}{\Delta}\Big(A_y(x,y+\Delta,z)\right.$$

$$\left. -A_y(x,y,z)\Big) + \frac{1}{\Delta}\Big(A_z(x,y,z+\Delta) - A_z(x,y,z)\Big)\right]\Delta^3$$

$$= \left[A_x(x+\Delta,y,z) - A_x(x,y,z) + A_y(x,y+\Delta,z)\right.$$

$$\left. -A_y(x,y,z) + A_z(x,y,z+\Delta) - A_z(x,y,z)\right]\Delta^2\,.$$

Anschließend wird über alle Würfel summiert. Um das Oberflächenintegral zu bestimmen, betrachtet man z.B. zwei äußere Würfelflächen bei $x = 0$ und $x = 1$ mit den nach außen zeigenden Normalkomponenten $-A_x(0,y,z)$ und $A_x(1,y,z)$. Ihr Anteil am Integral ist

$$[A_x(1,y,z) - A_x(0,y,z)]\,\Delta^2\,.$$

Gleichermaßen wird mit den äußeren Flächen in y- und z-Richtung verfahren und anschließend über alle äußeren Flächen summiert.

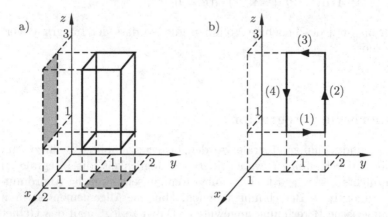

Abb. 1.14. (a) Quader im Raum, **(b)** Rechteck im Raum

Die Ergebnisse für das Volumen- und Oberflächenintegral für verschiedene N sind in Tabelle 1.1 gezeigt. Wie man sieht, ist das Oberflächenintegral bereits bei $N = 10$ auf 5 Stellen genau, während das Volumenintegral bei $N = 60$ noch Änderungen von 2‰ erfährt.

Tabelle 1.1. Volumen- und Oberflächenintegral des GAUSS'schen Satzes für verschiedene Unterteilung N der Einheitslänge

N	10	20	30	40	50	60
V-Integral	13.581	14.033	14.156	14.262	14.308	14.339
O-Integral	14.493	14.493	14.493	14.493	14.493	14.493

Außerdem ist die Abweichung zwischen den beiden Integralen selbst bei $N = 60$ noch ungefähr 1%. Der Grund für die Abweichung liegt in den unterschiedlich gewählten Punkten, in welchen das Vektorfeld entwickelt wurde. Im Falle des Oberflächenintegrals waren dies die Mittelpunkte der Oberflächen der Elementarwürfel. Im Volumenintegral hingegen wurde das Vektorfeld in einer Kante der Elementarwürfel verwendet. Wäre das Vektorfeld in den Schwerpunkten der Elementarwürfel entwickelt worden, so wäre die Konvergenz für das Volumenintegral erheblich besser (im vorliegenden Fall des rechteckigen Quaders wären die beiden Integrale sogar identisch für alle N).
Nachfolgend ist der Programmablauf für die Berechnung gezeigt.

```
Begin
u(x,y,z):=x*y*z
v(x,y,z):=x**1.2*y*z
w(x,y,z):=x*y**1.4*z**0.5
D=1/N
Kommentar:: Volumenintegral VI
VI=0
For ix=1 To N Do
   x=x+D
   y=1-D
   For iy=1 To N Do
      y=y+D
      z=1-D
      For iz=1 To 2*N Do
         z=z+D
         VI=VI+D**2*[u(x+D,y,z)-u(x,y,z)
                    +v(x,y+D,z)-v(x,y,z)
                    +w(x,y,z+D)-w(x,y,z)]
      End iz
   End iy
End ix
Kommentar:: Oberflächenintegral OI
Kommentar:: Flächen bei x=1 und x=2
OI=0
y=1-D/2
For iy=1 To N Do
   y=y+D
   z=1-D/2
   For iz=1 To 2*N Do
      z=z+D
      OI=OI+D**2*[u(2,y,z)-u(1,y,z)]
   End iz
End iy
```

```
Kommentar:: Flächen bei y=1 und y=2
x=1-D/2
For ix=1 To N Do
   x=x+D
   z=1-D/2
   For iz=1 To 2*N Do
      z=z+D
      OI=OI+D**2*[v(x,2,z)-v(x,1,z)]
   End iz
End ix
Kommentar:: Flächen bei z=1 und z=3
x=1-D/2
For ix=1 To N Do
   x=x+D
   y=1-D/2
   For iy=1 To N Do
      y=y+D
      OI=OI+D**2*[w(x,y,3)-w(x,y,1)]
   End iy
End ix
Write(VI,OI)
End
```

Beispiel 1.5. Verifikation des STOKES'schen Integralsatzes

Man verifiziere numerisch den STOKES'schen Integralsatz für das Vektorfeld des Beispiels auf Seite 30 an einem Rechteck in der Ebene $x = 1$ (Abb. 1.14b).
Nach Teilen der Einheitslänge in N Elemente, $\Delta = 1/N$, wird das Rechteck in $N * 2N$ Quadrate mit Kantenlänge Δ aufgeteilt. Das Umlaufintegral besteht aus vier Teilstrecken, (1) bis (4), in denen der Integrand für jedes Wegelement lautet

$$(1): \quad \boldsymbol{A} \cdot \Delta \boldsymbol{s} = \quad v(1,y,1)\Delta$$

$$(2): \qquad\qquad = \quad w(1,2,z)\Delta$$

$$(3): \qquad\qquad = -v(1,y,3)\Delta$$

$$(4): \qquad\qquad = -w(1,1,z)\Delta$$

Aufsummieren aller Wegelemente ergibt das Gesamtintegral. Für das Flächenintegral lautet der Anteil eines Elementarquadrats

$$(\nabla \times \boldsymbol{A}) \cdot \Delta \boldsymbol{F} = \left(\frac{\partial w}{\partial y} - \frac{\partial v}{\partial z} \right) \boldsymbol{e}_z \cdot \Delta^2 \boldsymbol{e}_z$$

$$= [w(1, y+\Delta, z) - w(1,y,z) - v(1,y,z+\Delta) + v(1,y,z)]\,\Delta\,,$$

welcher über alle Quadrate summiert wird. Die Ergebnisse für das Umlauf- und Flächenintegral für verschiedene N sind in Tabelle 1.2 gezeigt.

Tabelle 1.2. Umlauf- und Flächenintegral des STOKES'schen Satzes für verschiedene Unterteilung N der Einheitslänge

N	10	20	30	40	50	60
U-Integral	1.5852	1.5851	1.5851	1.5851	1.5850	1.5850
F-Integral	1.6248	1.6050	1.5983	1.5950	1.5930	1.5917

Auch in diesem Beispiel konvergiert das Umlaufintegral wesentlich schneller als das Flächenintegral und selbst bei $N = 60$ besteht noch eine Differenz von 4‰. Der Grund liegt wiederum in den unterschiedlich gewählten Punkten, in welchen das Vektorfeld entwickelt wurde. Beim Umlaufintegral wurden die Mittelpunkte der Wegelemente gewählt, während beim Flächenintegral die Ecke eines Elementarquadrats benutzt wurde. Wählt man den Mittelpunkt der Quadrate, ist die Konvergenz erheblich besser und im vorliegenden Fall des Rechtecks wären Umlauf- und Flächenintegral sogar identisch für alle N.

Der Programmablauf für die Berechnung lautet:

```
Begin
u(x,y,z):=x*y*z
v(x,y,z):=x**1.2*y*z
w(x,y,z):=x*y**1.4*z**0.5
D=1/N
Kommentar:: Umlaufintegral UI
UI=0
y=1-D/2
For iy=1 To N Do
   y=y+D
   UI=UI+v(1,y,1)*D
End iy
z=1-D/2
For iz=1 To 2*N Do
   z=z+D
   UI=UI+w(1,2,z)*D
End iz
y=1-D/2
For iy=1 To N Do
   y=y+D
   UI=UI-v(1,y,3)*D
End iy
z=1-D/2
For iz=1 To 2*N Do
   z=z+D
   UI=UI-w(1,1,z)*D
End iz
Kommentar:: Flächenintegral FI
FI=0
y=1-D
For iy=1 To N Do
   y=y+D
   z=1-D
   For iz=1 To 2*N Do
      z=z+D
      FI=FI+[w(1,y+D,z)-w(1,y,z)-v(1,y,z+D)+v(1,y,z)]*D
   End iz
End iy
Write(UI,FI)
End
```

1.6 Dirac'sche Deltafunktion

In der MAXWELL'schen Theorie werden häufig Idealisierungen, wie Punkt-, Linienladungen und ähnliches verwendet. Diese Anordnungen sind singulär und bei Anwendung des erlernten mathematischen Handwerkszeugs treten Schwierigkeiten auf.

Betrachtet man z.B. die Vektorfunktion

$$v = \frac{1}{r^2} \, e_r \, ,$$

so zeigt sie in radiale Richtung und man erwartet einen Wert für die Divergenz. Wendet man jedoch (1.49) in Kugelkoordinaten (1.34) an, so findet man

$$\nabla \cdot v = \frac{1}{r^2 \sin\vartheta} \frac{\partial}{\partial r} \left(r^2 \sin\vartheta \, \frac{1}{r^2} \right) = 0 \quad \text{für} \quad r \neq 0 \, .$$

Andererseits ergibt das Oberflächenintegral über eine Kugel mit Radius a

$$\oint_O v \cdot dF = \int_0^{2\pi} \int_0^{\pi} \frac{1}{a^2} \, e_r \cdot \left(a^2 \sin\vartheta \, d\vartheta \, d\varphi \, e_r \right) = 4\pi \, .$$

Offensichtlich ist der GAUSS'sche Satz für die gewählte Funktion nicht gültig. Die Ursache liegt in der Singularität bei $r = 0$. Die Divergenz von v verschwindet überall mit Ausnahme bei $r = 0$ und stellt somit keine echte Funktion dar. Man nennt eine solche Größe DIRAC'sche Delta-Funktion (δ-Funktion).

Die Delta-Funktion kann man sich als eine Folge von Funktionen vorstellen, deren Breite, bei konstanter Fläche, gegen null geht. Es gibt viele Möglichkeiten solche Folgen zu konstruieren. Zwei sind in Abb. 1.15 gezeigt.

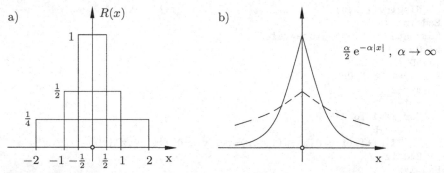

Abb. 1.15. Folgen von Funktionen mit abnehmender Breite und der Fläche eins unter der Funktion. **(a)** Folge von Rechtecken, **(b)** Folge von Exponentialfunktionen

Im Falle von einer Dimension ist also

$$\delta(x) = \begin{cases} \infty & \text{für} \quad x = 0 \\ 0 & \text{für} \quad x \neq 0 \end{cases} \quad \text{mit} \quad \int_{-\infty}^{\infty} \delta(x)\,\mathrm{d}x = 1 \,. \tag{1.78}$$

Dies ist keine Funktion mehr, da ihr Wert bei $x = 0$ nicht endlich ist. Es ist eine *verallgemeinerte Funktion* oder *Distribution*.

Die große Bedeutung der δ-Funktion liegt in ihrer „Filtereigenschaft". Man kann mit ihrer Hilfe aus einer normalen Funktion $f(x)$ einen bestimmten Funktionswert $f(x_0)$ „herausfiltern". Da das Produkt $f(x)\,\delta(x-x_0)$ überall, mit Ausnahme bei $x = x_0$, verschwindet und da $f(x)$ bei x_0 stetig sein soll, wird

$$\int_{-\infty}^{\infty} f(x)\,\delta(x-x_0)\,\mathrm{d}x = \lim_{\varepsilon \to 0} \int_{x_0-\varepsilon}^{x_0+\varepsilon} f(x)\,\delta(x-x_0)\,\mathrm{d}x$$

$$= f(x_0) \lim_{\varepsilon \to 0} \int_{x_0-\varepsilon}^{x_0+\varepsilon} \delta(x-x_0)\,\mathrm{d}x = f(x_0) \,. \tag{1.79}$$

Bei Skalierung des Argumentes gilt

$$\delta(kx) = \frac{1}{|k|}\,\delta(x) \,, \tag{1.80}$$

insbesondere

$$\delta(-x) = \delta(x) \,. \tag{1.81}$$

Beweis: Das Integral

$$\int_{-\infty}^{\infty} f(x)\,\delta(kx)\,\mathrm{d}x$$

mit einer beliebigen Funktion f wird mit Hilfe der Substitution $y = kx$ umgeformt

$$\pm\frac{1}{k} \int_{-\infty}^{\infty} f(y/k)\,\delta(y)\,\mathrm{d}y = \pm\frac{1}{k}\,f(0) = \frac{1}{|k|}\,f(0) \,,$$

wobei das negative Vorzeichen für negatives k gilt. Somit ist

$$\int_{-\infty}^{\infty} f(x)\,\delta(kx)\,\mathrm{d}x = \int_{-\infty}^{\infty} f(x) \left[\frac{1}{|k|}\,\delta(x) \right]\,\mathrm{d}x$$

und da (1.79) als Definition für δ gilt, ist (1.80) erfüllt.

Die eindimensionale δ-Funktion kann man leicht auf drei Dimensionen erweitern und schreibt

$$\delta^3(\boldsymbol{r}) = \delta(x)\delta(y)\delta(z) \tag{1.82}$$

mit

$$\int_V \delta^3(\boldsymbol{r})\,\mathrm{d}V = \int_{-\infty}^{\infty} \int_{-\infty}^{\infty} \int_{-\infty}^{\infty} \delta(x)\delta(y)\delta(z)\,\mathrm{d}x\,\mathrm{d}y\,\mathrm{d}z = 1.$$

Die Erweiterung von (1.79) lautet

$$\int_{V\to\infty} f(r)\,\delta^3(r - r_0)\,\mathrm{d}V = f(r_0) \,. \tag{1.83}$$

Mit Hilfe der δ-Funktion kann man jetzt auch das Paradox am Anfang dieses Paragraphen lösen. Offensichtlich ist

$$\nabla \cdot v = \nabla \cdot \left(\frac{e_r}{r^2}\right) = 4\pi\delta^3(r) \,, \tag{1.84}$$

denn die Divergenz verschwindet überall außer im Ursprung und das Integral über eine umschließende Kugeloberfläche ist 4π. Mit der Definition (1.84) ist der GAUSS'sche Satz wieder anwendbar.

1.7 Vektorfelder, Potentiale

Sind die Komponenten eines Vektors G eindeutige Funktionen des Ortes und i.a. der Zeit, spricht man von der Gesamtheit dieser Vektoren als Vektorfeld. Die elektromagnetische Theorie handelt von Vektorfeldern, nämlich dem elektrischen Feld E und der magnetischen Induktion B. Sie werden in den MAXWELL'schen Gleichungen über ihre Divergenz und Rotation miteinander verknüpft. Dabei entsteht die interessante mathematische Frage, ob ein Vektorfeld G durch seine Divergenz und Rotation

$$\psi = \nabla \cdot G \quad , \quad D = \nabla \times G \tag{1.85}$$

voll bestimmt ist. Die Antwort gibt das HELMHOLTZ'sche Theorem:

> Wenn $\psi = \nabla \cdot G$ und $D = \nabla \times G$ im Raum gegeben sind und ψ, D im Unendlichen genügend schnell verschwinden, dann ist G eindeutig bestimmt.

Das HELMHOLTZ'sche Theorem erlaubt einige wichtige Schlussfolgerungen:

1) Ist das Vektorfeld G wirbelfrei

$$\nabla \times G = 0 \,, \tag{1.86}$$

kann es wegen der Identität $\nabla \times (\nabla\phi) = 0$ als Gradient eines *skalaren Potentials* ϕ dargestellt werden

$$G = \nabla\phi \,. \tag{1.87}$$

Dann ist das Integral (s. §1.4.2)

$$\int_{S_1}^{S_2} G \cdot \mathrm{d}s = \int_{S_1}^{S_2} \mathrm{d}\phi = \phi(S_2) - \phi(S_1) \tag{1.88}$$

wegunabhängig und somit

$$\oint_S G \cdot \mathrm{d}s = 0 \,. \tag{1.89}$$

Die Wahl von ϕ ist nicht eindeutig. Es kann eine beliebige Konstante addiert werden, ohne G zu ändern.

2) Ist das Vektorfeld G divergenzfrei

$$\nabla \cdot G = 0 \, , \tag{1.90}$$

kann es wegen der Identität $\nabla \cdot (\nabla \times A) = 0$ als Rotation eines *Vektorpotentials* A dargestellt werden

$$G = \nabla \times A \, . \tag{1.91}$$

Dann ist das Flächenintegral (s. §1.4.5)

$$\int_F G \cdot \mathrm{d}F \tag{1.92}$$

für eine gegebene Randkontur der Fläche von der Form der Fläche innerhalb der Kontur unabhängig und somit

$$\oint_O G \cdot \mathrm{d}F = 0 \, . \tag{1.93}$$

Die Wahl von A ist nicht eindeutig. Man kann den Gradienten einer beliebigen skalaren Funktion addieren ohne G zu ändern.

3) Ein beliebiges Vektorfeld G kann immer durch ein skalares Potential und ein Vektorpotential dargestellt werden

$$G = \nabla\phi + \nabla \times A \, . \tag{1.94}$$

Fragen zur Prüfung des Verständnisses

1.1 Durch welche Eigenschaften ist ein Vektor gekennzeichnet? Hängen diese von einem bestimmten Punkt im Raum ab?

1.2 Wann sind zwei Vektoren A, B gleich?

1.3 Zwei Vektoren A, B spannen eine Ebene auf. Wie liegt ein dritter Vektor C, der eine Linearkombination von A und B ist, bezüglich dieser Ebene?

1.4 Wie groß ist die Projektion eines allgemeinen Vektors A auf die y-Achse?

1.5 Kann das Punktprodukt negativ sein?

1.6 Eine Ebene, parallel zur z-Achse, schneide die x- und y-Achse im Abstand d vom Ursprung. Wie lautet die Gleichung der Ebene?

1.7 Wie lässt sich die Fläche eines Parallelogramms mit Hilfe von Vektoren bestimmen?

1.8 Wie lauten die Projektionen der Basisvektoren e_ϱ, e_φ, e_z in kartesischen Koordinaten. Man drücke die Transformation durch eine Matrixform aus.

1.9 Bestimme mit Hilfe von Projektionen die Komponenten eines Vektors $\boldsymbol{A} = A_\varrho\, e_\varrho + A_\varphi\, e_\varphi + A_z\, e_z$ in kartesischen Koordinaten. Man stelle die Transformation durch eine Matrixform dar.

1.10 Gegeben sind $\boldsymbol{A} = e_\varrho + \frac{\pi}{4}\, e_\varphi + e_z$ und $\boldsymbol{B} = e_\varrho + \frac{\pi}{2}\, e_\varphi + 2\, e_z$. Wie lautet $\boldsymbol{C} = \boldsymbol{A} + \boldsymbol{B}$?

1.11 Wie lautet das differentielle Wegelement in Kugelkoordinaten?

1.12 Was gibt der Gradient einer skalaren Ortsfunktion an?

1.13 Was gibt die Divergenz eines Vektorfeldes an?

1.14 Was gibt die Rotation eines Vektorfeldes an?

1.15 Entwickle den Ausdruck $\nabla \times (\boldsymbol{A} \times \boldsymbol{B})$ mit Hilfe der Produkt- und BAC-CAB-Regel.

1.16 Bestimme mit Hilfe des totalen Differentials den Ausdruck ∇r^{-2}.

1.17 Erläutere, warum der GAUSS'sche Integralsatz die Erweiterung des Hauptsatzes der Integralrechnung ist.

1.18 Warum verschwindet das Flussintegral eines quellenfreien Vektorfeldes über eine geschlossene Oberfläche?

1.19 Warum verschwindet das Integral der Wirbel eines Vektorfeldes über eine geschlossene Oberfläche?

1.20 Zeige mit Hilfe des STOKES'schen Satzes, dass $\nabla \times \nabla\phi \equiv 0$.

1.21 Zeige mit Hilfe des GAUSS'schen Integralsatzes, dass $\nabla \cdot (\nabla \times \boldsymbol{A}) \equiv 0$.

1.22 Man zeige, dass eine skalare Funktion ϕ, die der Potentialgleichung $\nabla^2\phi = 0$ genügt und auf dem Rand des Gebiets verschwindet, im gesamten Gebiet verschwindet.

1.23 Man zeige, dass zwei skalare Funktionen ϕ_1, ϕ_2, die der Potentialgleichung $\nabla^2\phi = 0$ genügen und auf dem Rand gleiche Werte annehmen, im gesamten Gebiet identisch sind.

2. Maxwell'sche Gleichungen im Vakuum

Es werden die grundlegenden Elemente der MAXWELL'schen Theorie vorgestellt: Der Begriff des Feldes, Ladungs- und Stromverteilungen und die entsprechenden Gesetze.

Da die Theorie eine Kontinuumstheorie ist, die z.B. auf die atomare Struktur der Materie nicht eingeht und diese durch kontinuierliche Größen beschreibt, genügt es zunächst die Gleichungen im homogenen Raum (Vakuum) zu betrachten. Später werden dann die in Materie nötigen Modifikationen eingeführt.

> Das Kapitel dient lediglich zur Einführung der Elemente und zur Vorstellung der Gleichungen. Es ist nicht dazu gedacht Methoden zu erlernen oder Probleme zu lösen. Es ist somit auch nicht nötig, mit diesem Kapitel zu beginnen. Wer mag, kann es überspringen und mit §3 anfangen. Später wird es dann als systematischer Überblick dienen.

2.1 Feldbegriff

Die messbaren physikalischen Größen sind Kräfte. Sie werden normalerweise durch Kontakte wie Druck, Kollision oder Reibung übertragen. Elektromagnetische Kräfte hingegen brauchen weder Kontakt noch ein übertragendes Medium. Man kann daher definieren:

> „Ein elektromagnetisches Feld ist ein Gebiet, in welchem Kräfte wirken können".

Das Konzept des Feldes geht auf MICHAEL FARADAY zurück, der Flusslinien (Feldlinien) eingeführt hat, um Vektorfelder darzustellen. Feldlinien lassen sich durch ein schrittweises Vorgehen konstruieren:

1. In einem Punkt $r = r(x, y, z)$ wird die Kraft K gemessen.
2. Die Messapparatur wird ein kleines Stück Δr in Richtung der vorher gemessenen Kraft bewegt.
3. Kraftmessung im Punkt $r + \Delta r$.
4. Wiederholung der Schritte 2 und 3. Die zurückgelegte Kurve beschreibt eine Feldlinie. Das Feld G ist tangential zur Feldlinie.

© Der/die Autor(en), exklusiv lizenziert durch Springer-Verlag GmbH, DE, ein Teil von Springer Nature 2020
H. Henke, *Elektromagnetische Felder*, https://doi.org/10.1007/978-3-662-62235-3_2

5. Die Stärke der Kraft, d.h. des Feldes, kann durch die Dichte der Feldlinien dargestellt werden.

Eine Feldlinie ist somit eine Kurve im Raum, die in jedem Punkt tangential zu dem in diesem Punkt gegebenen Feldvektor verläuft. Der Richtungssinn des Feldvektors wird durch eine Pfeilspitze in der Feldlinie angegeben. Mathematisch beschreibt man Feldlinien durch Differentialgleichungen, indem man das Wegelement Δr differentiell klein und parallel zum Feldvektor wählt, so dass das Kreuzprodukt verschwindet

$$\mathrm{d}r \times G = 0 \,. \tag{2.1}$$

In kartesischen Koordinaten wird daraus

$$G_x : G_y : G_z = \mathrm{d}x : \mathrm{d}y : \mathrm{d}z \,. \tag{2.2}$$

Das Feldlinienbild eines Vektorfeldes, Abb. 2.2a, stellt die Gesamtheit aller Feldlinien im Raum dar. Die Stärke des Feldes wird durch die „Dichte" der Feldlinien ausgedrückt. Dichte der Feldlinien bedeutet hierbei die Anzahl der Linien, die durch ein Einheitsflächenelement senkrecht zu den Linien hindurchgeht. Feldlinien werden also nicht als kontinuierliche Linienschar gezeichnet, sondern eine Feldlinie repräsentiert eine „Feldröhre" oder auch *Flussröhre*, Abb. 2.1. Eine solche Flussröhre ist dadurch definiert, dass durch jeden Röhrenquerschnitt F derselbe Fluss

$$\psi = \int_F G \cdot \mathrm{d}F$$

geht.

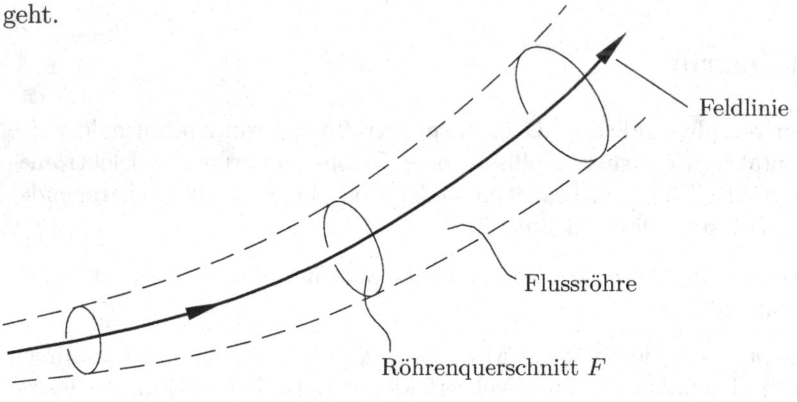

Abb. 2.1. Flussröhre mit Feldlinie

So klar und einleuchtend obige Definition eines Feldbildes ist, so wenig praktisch ist die Darstellung der Feldstärke durch die Dichte der Linien; denn die Stärke eines dreidimensionalen Feldes kann man nicht durch die Feldliniendichte im Zweidimensionalen darstellen. Dies geht nur, wenn auch die

Felder zweidimensional sind. Für die Darstellung von dreidimensionalen Feldern ist die Darstellung durch Vektoren im Raum (Abb. 2.2b) im Allgemeinen besser geeignet.

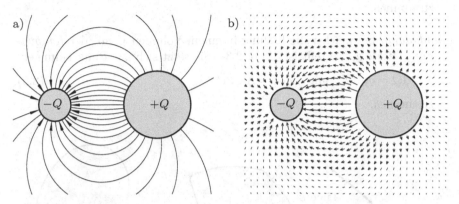

Abb. 2.2. Darstellung des elektrischen Feldes zwischen zwei Ladungsanordnungen. **(a)** Feldlinien, **(b)** Vektorbild

2.2 Ladungen. Ströme

Elektrische Ladung ist eine Eigenschaft von Elementarteilchen. Die kleinste Einheit ist die Elementarladung

$$e = 1.602 \cdot 10^{-19}\,\mathrm{C} \quad (1\,\mathrm{C} = 1\,\mathrm{As})\,.$$

Elektronen tragen die Ladung $-e$ und Protonen die Ladung $+e$. Zur Zeit MAXWELL's war es noch nicht bekannt, dass Ladung in diskreten Beträgen auftritt, und da bei Experimenten meistens sehr viele Elementarladungen gleichzeitig vorhanden sind, wird der diskrete Zustand maskiert. MAXWELL's Theorie ist daher eine Theorie kontinuierlicher Ladungsverteilungen.

Für die mathematische Behandlung ist es nützlich den Begriff der *Punktladung* einzuführen, d.h. eine Ladungsmenge Q, die sich in einem infinitesimalen Volumen befindet. Jede makroskopische Verteilung lässt sich dann als aus Punktladungen zusammengesetzt vorstellen. Man unterscheidet:

Linienladung, bei welcher die Ladung längs einer Linie L mit der *Linienladungsdichte* q_L verteilt ist, Abb. 2.3a. Sie setzt sich aus Punktladungen

$$\mathrm{d}Q = q_L \mathrm{d}L \quad \text{mit} \quad [q_L] = \mathrm{As/m} \tag{2.3}$$

zusammen.

Flächenladung, bei welcher die Ladung über eine Fläche F mit der *Flächen-ladungsdichte* q_F verteilt ist, Abb. 2.3b. Sie setzt sich aus Punktladungen

$$dQ = q_F dF \quad \text{mit} \quad [q_F] = \text{As/m}^2 \tag{2.4}$$

zusammen.

Raumladung, bei welcher die Ladung in einem Volumen V mit der *Raumla-dungsdichte* q_V verteilt ist, Abb. 2.3c. Sie setzt sich aus Punktladungen

$$dQ = q_V dV \quad \text{mit} \quad [q_V] = \text{As/m}^3 \tag{2.5}$$

zusammen.

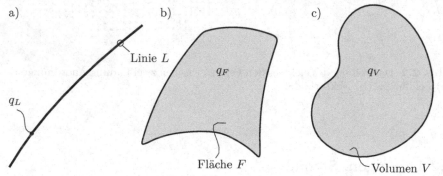

a) q_L, Linie L b) q_F, Fläche F c) q_V, Volumen V

Abb. 2.3. (a) Linienladung, (b) Flächenladung, (c) Raumladung

Ströme sind bewegte Ladungen und man unterscheidet dementsprechend:

Linienstrom

$$J_L = q_L v \quad \text{mit} \quad [J_L] = \text{A} \tag{2.6}$$

Flächenstromdichte

$$J_F = q_F v \quad \text{mit} \quad [J_F] = \text{A/m} \tag{2.7}$$

Stromdichte

$$J = q_V v \quad \text{mit} \quad [J] = \text{A/m}^2 \tag{2.8}$$

Bei der Stromdichte, der am häufigsten vorkommenden Größe, lassen wir bequemlichkeitshalber den Index V weg.

Fließt eine Stromdichte durch eine Fläche, so ergibt sich der die Fläche durchsetzende Gesamtstrom I aus der Integration der Normalkomponente

$$\boxed{I = \int_F J_n dF = \int_F \boldsymbol{J} \cdot d\boldsymbol{F}} \,. \tag{2.9}$$

Tritt ein Linienstrom J_L durch eine Fläche, ist $I = J_L$ und man benutzt daher auch I anstelle von J_L. Selbstverständlich gibt auch die bewegte Punktladung einen „Punktstrom", der aber hier nicht benötigt wird.

2.3 Coulomb'sches Gesetz. Elektrisches Feld

Die Theorie der Elektrostatik basiert auf dem Prinzip der Superposition und dem experimentellen Postulat, dass elektrische Ladungen eine gegenseitige Kraft ausüben, welche proportional dem Produkt der Beträge der Ladungen und umgekehrt proportional dem Quadrat des Abstandes ist. Sind die Ladungen gleichnamig, stoßen sie sich ab, sind sie ungleichnamig, ziehen sie sich an. Dieses Egebnis wurde von H. CAVENDISH 1772-73 experimentell ermittelt aber nicht veröffentlicht. Hingegen wurde es als COULOMB'sches Gesetz

$$\boxed{K = \frac{Q_1 Q_2}{4\pi\varepsilon_0 r^2} e_r} \quad \text{mit} \quad [K] = \text{N} = \text{mkg/s}^2 = \text{Ws/m} \qquad (2.10)$$

bekannt nach CHARLES AUGUSTIN DE COULOMB, der es 1785 mit einer völlig anderen Technik bewies. Die Konstante $1/4\pi\varepsilon_0$ ist eine Folge des gewählten MKSA-Maßsystems. ε_0 ist die *Dielektrizitätskonstante des Vakuums* und hat den Wert

$$\varepsilon_0 = 8.854 \cdot 10^{-12} \frac{\text{As}}{\text{Vm}} \approx \frac{10^{-9}}{36\pi} \frac{\text{As}}{\text{Vm}} . \qquad (2.11)$$

Das COULOMB'sche Gesetz legt die Interpretation nahe, dass eine direkte Wechselwirkung zwischen den Ladungen stattfindet. Mit Einführung des Feldbegriffs durch FARADAY und MAXWELL lag eine andere Interpretation näher. Eine Ladung, die Quelle, erzeugt ein elektrisches Feld E, das nur von der Quelle und ihrer Position abhängt. Dieses Feld übt eine Kraft auf eine zweite Ladung aus. In der Tat hat sich allgemein bestätigt, dass ein elektrisches Feld E eine Kraft auf eine Ladung Q ausübt entsprechend

$$\boxed{K = QE} . \qquad (2.12)$$

Aufgrund der Ergebnisse (2.10), (2.12) *definiert* man:

> Das elektrische Feld ist die Kraft pro Ladung, die eine infinitesimal kleine Probeladung dQ erfährt
> $$E(r) = \frac{dK(r)}{dQ} \qquad [E] = \text{V/m} \qquad (2.13)$$

2.4 Satz von Gauß

Die Größe $\varepsilon_0 E$ wird häufig als *elektrische Flussdichte* bezeichnet und das Integral über eine Fläche gibt den *elektrischen Fluss* an

$$\boxed{\psi_e = \int_F \varepsilon_0 \boldsymbol{E} \cdot \mathrm{d}\boldsymbol{F}} \ . \tag{2.14}$$

Die Begründung dafür liegt im COULOMB'schen Gesetz. Vergleicht man (2.10) mit (2.12), so ergibt sich das elektrische Feld einer Punktladung als

$$\boxed{\boldsymbol{E} = \frac{Q}{4\pi\varepsilon_0 r^2}\, \boldsymbol{e}_r} \ . \tag{2.15}$$

Wählt man für die Fläche F in (2.14) eine Kugeloberfläche mit Radius r, in deren Mittelpunkt sich Q befindet, so wird

$$\oint_O \varepsilon_0 \boldsymbol{E} \cdot \mathrm{d}\boldsymbol{F} = \int_0^{2\pi} \int_0^{\pi} \frac{Q}{4\pi r^2}\, r^2 \sin\vartheta\, \mathrm{d}\vartheta\, \mathrm{d}\varphi = Q \ , \tag{2.16}$$

d.h. der elektrische Fluss entspricht der Ladung Q. Bemerkenswerterweise ist es dabei egal, ob die Integration über eine Kugeloberfläche oder irgendeine Fläche erfolgt. Solange Q umschlossen wird, ergibt der elektrische Fluss die Ladung. Der Beweis dafür lässt sich leicht mit Hilfe des GAUSS'schen Integralsatzes führen. Man wählt ein Volumen mit der Kugeloberfläche O_1, der Verbindungsröhre F und einer beliebigen Oberfläche O (Abb. 2.4)

$$\int_V \nabla \cdot (\varepsilon_0 \boldsymbol{E})\, \mathrm{d}V = \int_F \varepsilon_0 \boldsymbol{E} \cdot \mathrm{d}\boldsymbol{F} + \oint_{O_1} \varepsilon_0 \boldsymbol{E} \cdot \mathrm{d}\boldsymbol{F} + \oint_O \varepsilon_0 \boldsymbol{E} \cdot \mathrm{d}\boldsymbol{F} \ .$$

Das gewählte Volumen schließt die Ladung aus, und da wegen (1.84) die Divergenz des elektrischen Feldes überall, mit Ausnahme am Ort der Ladung, verschwindet, ist das Volumenintegral null.

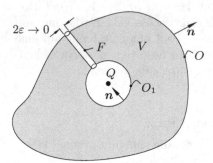

Abb. 2.4. Berechnung des elektrischen Flusses einer Punktladung

Das Integral über O_1 ist wegen der nach innen gerichteten Normalen negativ gleich dem Integral in (2.16) und das Integral über die Röhre verschwindet. Somit bleibt

$$0 = -Q + \oint_O \varepsilon_0 \boldsymbol{E} \cdot \mathrm{d}\boldsymbol{F} \ ,$$

d.h. das Flussintegral über eine beliebige Oberfläche ergibt die Ladung.

Im Falle einer Ansammlung von Ladungen oder einer Ladungsverteilung stellt man sich diese aus Punktladungen zusammensetzt vor und wegen des Superpositionsprinzips folgt, dass das Flussintegral gleich der Gesamtladung ist

$$\oint_O \varepsilon_0 \boldsymbol{E} \cdot \mathrm{d}\boldsymbol{F} = Q_{gesamt} \, . \tag{2.17}$$

Die Ladung kann aus Punktladungen, Linien-, Flächen- und Raumladungen bestehen. Benutzt man stellvertretend eine stetige Ladungsverteilung wird aus (2.17)

$$\boxed{\oint_O \varepsilon_0 \boldsymbol{E} \cdot \mathrm{d}\boldsymbol{F} = \int_V q_V \mathrm{d}V} \, . \tag{2.18}$$

Die Gleichung (2.17) und auch ihre Form (2.18) für kontinuierliche Ladungsverteilungen heißt *Satz von* GAUSS. Die Form (2.18) stellt zugleich die *dritte* MAXWELL*'sche Gleichung* in Integralform dar.

2.5 Biot-Savart'sches Gesetz. Durchflutungssatz

1819 wurde von HANS CHRISTIAN OERSTED experimentell festgestellt, dass ein konstanter Strom in einem Leiter ein Drehmoment auf eine Kompaßnadel ausübt. Damit war erstmals eine Verbindung zwischen Elektrizität und Magnetismus hergestellt. Danach gab es intensive Arbeiten von ANDRÉ-MARIE AMPÈRE, JEAN-BABTISTE BIOT und FELIX SAVART. 1825 hat AMPÈRE die grundlegende Gleichung für den Elektromotor entwickelt. Dies ist das *erste* AMPÈRE*'sche Gesetz* und lautet in moderner Schreibweise

$$\boxed{\mathrm{d}\boldsymbol{K} = \boldsymbol{I} \times \boldsymbol{B} \, \mathrm{d}l} \quad \text{mit} \quad [\boldsymbol{B}] = \frac{\mathrm{Vs}}{\mathrm{m}^2} \quad , \quad [\boldsymbol{K}] = \mathrm{N} = \frac{\mathrm{Ws}}{\mathrm{m}} \, . \tag{2.19}$$

Es gibt die Kraft an, die die magnetische Induktion $\boldsymbol{B}$ auf einen Strom $\boldsymbol{I}$ der Länge $\mathrm{d}l$ ausübt. Wendet man (2.19) auf eine Punktladung an ($\boldsymbol{I} \, \mathrm{d}l = Q\boldsymbol{v}$), die sich mit der Geschwindigkeit $\boldsymbol{v}$ bewegt, wird aus (2.19) die LORENTZ-*Kraft*

$$\boxed{\boldsymbol{K} = Q\boldsymbol{v} \times \boldsymbol{B}} \, . \tag{2.20}$$

Einen Monat nach AMPÈRE entstand das BIOT-SAVART*'sche Gesetz* (ebenfalls in moderner Schreibweise)

$$\boxed{\boldsymbol{B}(\boldsymbol{r}) = \frac{\mu_0 I}{4\pi} \int_S \frac{\mathrm{d}\boldsymbol{s}' \times (\boldsymbol{r} - \boldsymbol{r}')}{|\boldsymbol{r} - \boldsymbol{r}'|^3}} \, . \tag{2.21}$$

Es gibt die magnetische Induktion $\boldsymbol{B}$ im Punkt $\boldsymbol{r}$ an, welche durch einen dünnen, stromführenden Leiter der Form S erzeugt wird. Aus diesen Arbeiten ist dann das *zweite* AMPÈRE*'sche Gesetz* , auch *Durchflutungssatz* genannt, entstanden

$$\oint_S \boldsymbol{B} \cdot \mathrm{d}\boldsymbol{s} = \mu_0 I_{gesamt} \ . \tag{2.22}$$

Es besagt, dass das Wegintegral der magnetischen Induktion längs einer geschlossenen Kurve gleich ist dem von der Kurve eingeschlossenen Gesamtstrom. Der Strom kann aus Linien-, Flächenströmen oder Stromdichten bestehen. Betrachtet man nur stetige Stromverteilungen, wird aus (2.22)

$$\boxed{\oint_S \boldsymbol{B} \cdot \mathrm{d}\boldsymbol{s} = \mu_0 \int_F \boldsymbol{J} \cdot \mathrm{d}\boldsymbol{F}} \ , \tag{2.23}$$

wobei S den Rand der Fläche F bildet und Umlaufsinn und Flächennormale der Rechtsschraubenregel folgen. Die Konstante μ_0 ist die *Permeabilitätskonstante des Vakuums* und hat den Wert

$$\mu_0 = 4\pi \cdot 10^{-7} \ \frac{\mathrm{Vs}}{\mathrm{Am}} \ . \tag{2.24}$$

Sie ist eine Folge des gewählten MKSA-Maßsystems.

Anmerkung: μ_0 und ε_0 (2.11) hängen über die Lichtgeschwindigkeit im Vakuum zusammen

$$c_0 = \frac{1}{\sqrt{\mu_0 \varepsilon_0}} \approx 3 \cdot 10^8 \ \frac{\mathrm{m}}{\mathrm{s}} \ . \tag{2.25}$$

Der Durchflutungssatz spielt in der Magnetostatik eine ähnlich fundamentale Rolle wie der Satz von GAUSS in der Elektrostatik.

2.6 Vierte Maxwell'sche Gleichung

Das BIOT-SAVART'sche Gesetz beinhaltet eine schwerwiegende Schlussfolgerung.

Analog zu (1.59) erhält man

$$\nabla \frac{1}{|\boldsymbol{r} - \boldsymbol{r}'|} = -\frac{\boldsymbol{r} - \boldsymbol{r}'}{|\boldsymbol{r} - \boldsymbol{r}'|^3}$$

und wegen (1.57) wird

$$\nabla \times \frac{\mathrm{d}\boldsymbol{s}'}{|\boldsymbol{r} - \boldsymbol{r}'|} = \left(\nabla \frac{1}{|\boldsymbol{r} - \boldsymbol{r}'|} \right) \times \mathrm{d}\boldsymbol{s}' = \frac{\mathrm{d}\boldsymbol{s}' \times (\boldsymbol{r} - \boldsymbol{r}')}{|\boldsymbol{r} - \boldsymbol{r}'|^3} \ .$$

Einsetzen in (2.21) und Vertauschen der Integration und Differentiation gibt

$$\boldsymbol{B} = \nabla \times \left\{ \frac{\mu_0 I}{4\pi} \int_S \frac{\mathrm{d}\boldsymbol{s}'}{|\boldsymbol{r} - \boldsymbol{r}'|} \right\} \ . \tag{2.26}$$

Bei obigen Umformungen musste darauf geachtet werden, dass der Nabla-Operator auf die ungestrichenen Variablen (x, y, z) wirkt, wohingegen die gestrichenen Variablen (x', y', z') die Integrationsvariablen darstellen.

Nun kann man die Divergenz von $\boldsymbol{B}$ bilden, und da die Divergenz einer Rotation immer verschwindet (1.64), erhält man

$$\boxed{\nabla \cdot \boldsymbol{B} = 0} \; , \tag{2.27}$$

d.h. es gibt keine isolierbaren Quellen des Magnetfeldes oder anders ausgedrückt es gibt keine *magnetischen Monopole*. Durch Anwenden des GAUSS'schen Integralsatzes auf (2.27) ensteht die Integralform des Gesetzes (2.27)

$$\int_V \nabla \cdot \boldsymbol{B} \, \mathrm{d}V = \oint_O \boldsymbol{B} \cdot \mathrm{d}\boldsymbol{F} = 0 \; . \tag{2.28}$$

Die Gleichungen (2.27) und (2.28) stellen die vierte MAXWELL'sche Gleichung dar.

2.7 Induktionsgesetz

Nach der Entdeckung OERSTEDs, dass ein Strom ein Magnetfeld erzeugt, wollte FARADAY nachweisen, dass Magnetismus auch Elektrizität erzeugen kann. Dem lag der Glaube an die Vertauschbarkeit von Ursache und Wirkung zugrunde. 1831 gelang ihm der Nachweis für zeitlich veränderliche Magnetfelder. Seine Ergebnisse wurden später von MAXWELL mathematisch formuliert zum *Induktionsgesetz* (FARADAY*'sches Induktionsgesetz, zweite* MAXWELL*'sche Gleichung*)

$$\boxed{U_{ind} = \oint_S \boldsymbol{E}' \cdot \mathrm{d}\boldsymbol{s} = -\frac{\mathrm{d}}{\mathrm{d}t} \int_F \boldsymbol{B} \cdot \mathrm{d}\boldsymbol{F}} \; . \tag{2.29}$$

Es besagt, dass das Wegintegral des elektrischen Feldes entlang einer geschlossenen Kurve S gleich ist der negativ zeitlichen Änderung des magnetischen Flusses

$$\boxed{\psi_m = \int_F \boldsymbol{B} \cdot \mathrm{d}\boldsymbol{F}} \; , \tag{2.30}$$

der durch die von der Kurve S umschlossenen Fläche geht. Richtung des Flusses und Umlaufsinn sind durch die Rechtsschraubenregel verknüpft. $\boldsymbol{E}'$ ist die elektrische Feldstärke, die im Ruhesystem des Wegelements $\mathrm{d}\boldsymbol{s}$ herrscht.

Viel Verwirrung entsteht bei der Anwendung des Induktionsgesetzes im Falle von bewegten Flächen $F(t)$ mit bewegten Rändern $S(t)$. Die Gründe sind verschiedene Definitionen der induzierten Spannung U_{ind} in der Literatur und die nicht immer saubere Unterscheidung zwischen langsam und schnell (relativistisch) bewegten Größen. Eine tiefer gehende Diskussion des Induktionsgesetzes im Falle von schnell bewegten Größen erfordert das Befassen mit der speziellen Relativitätstheorie und soll hier nicht geführt werden. Sie ist auch nicht unbedingt nötig, da die meisten technischen Vorgänge eben nicht mit relativistischen Geschwindigkeiten vor sich gehen. Dennoch soll noch einmal auf den Gültigkeitsbereich der hier verwendeten Form (2.29) explizit eingegangen werden. Alle Größen, mit Ausnahme von $\boldsymbol{E}'$, sind Größen welche im ruhenden Laborsystem gemessen sind. Sie stimmen mit den Größen in langsam bewegten, $v \ll c_0$, Referenzsystemen überein. $\boldsymbol{E}'$ hingegen ist die elektrische Feldstärke, die im Ruhesystem eines langsam bewegten Wegelements d$\boldsymbol{s}$ herrscht. Sie ist nicht gleich der Feldstärke im Laborsystem sondern transformiert sich aus $\boldsymbol{E}$ und $\boldsymbol{B}$ im Laborsystem über

$$\boldsymbol{E}' = \boldsymbol{E} + \boldsymbol{v} \times \boldsymbol{B} \ .$$

Das Induktionsgesetz in der Form (2.29) ist somit immer dann gültig, wenn sich $F(t)$ und $S(t)$ gar nicht oder nur langsam und gleichförmig (nicht beschleunigt) ändern. Bei beschleunigten Bewegungen ist obige Form im Allgemeinen nicht gültig.

2.8 Verschiebungstrom. Maxwell's Gleichung

Sehr bald wurde von JAMES CLERK MAXWELL (1831-1879) ein Widerspruch im Durchflutungssatz (2.22), (2.23) festgestellt. Betrachtet man z.B. eine Leitung mit einem Kondensator, Abb. 2.5, so ergibt sich, abhängig von der gewählten Fläche, ein Strom

$$\oint_S \boldsymbol{B} \cdot \mathrm{d}\boldsymbol{s} = \mu_0 \int_{F_1} \boldsymbol{J} \cdot \mathrm{d}\boldsymbol{F} = \mu_0 I$$

oder kein Strom

$$\oint_S \boldsymbol{B} \cdot \mathrm{d}\boldsymbol{s} = \mu_0 \int_{F_2} \boldsymbol{J} \cdot \mathrm{d}\boldsymbol{F} = 0 \ ,$$

d.h. man müsste die Fläche spezifizieren, was natürlich nicht vereinbar ist mit einem Gesetz.

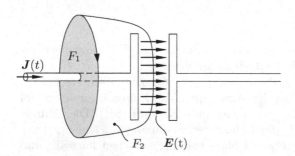

Abb. 2.5. Anwendung des Durchflutungssatzes

MAXWELL hat daraufhin die *Verschiebungstromdichte*

$$\boldsymbol{J}_{vs} = \frac{\partial}{\partial t}(\varepsilon_0 \boldsymbol{E}) \tag{2.31}$$

eingeführt und den Durchflutungssatz erweitert (MAXWELL's Gleichung)

$$\boxed{\oint_S \boldsymbol{B} \cdot \mathrm{d}\boldsymbol{s} = \mu_0 \int_F \boldsymbol{J} \cdot \mathrm{d}\boldsymbol{F} + \mu_0 \frac{\mathrm{d}}{\mathrm{d}t} \int_F \varepsilon_0 \boldsymbol{E} \cdot \mathrm{d}\boldsymbol{F}} \, . \tag{2.32}$$

In obiger Form ist der Durchflutungssatz nur bei zeitlich konstanten Flächen F mit konstanten Rändern S gültig. Sind F und S nicht konstant, müsste er, ähnlich dem Induktionsgesetz (2.29), modifiziert werden. Da dies aber ohne große technische Bedeutung ist, wird hier darauf verzichtet.

2.9 Maxwell'sche Gleichungen

Die Gleichungen (2.32), (2.29), (2.18) und (2.28) bilden die vier MAXWELL'schen Gleichungen in Integralform

$$
\boxed{
\begin{aligned}
&\text{(I)} && \oint_S \boldsymbol{B} \cdot \mathrm{d}\boldsymbol{s} = \mu_0 \int_F \boldsymbol{J} \cdot \mathrm{d}\boldsymbol{F} + \mu_0 \frac{\mathrm{d}}{\mathrm{d}t} \int_F \varepsilon_0 \boldsymbol{E} \cdot \mathrm{d}\boldsymbol{F} \\[2mm]
&\text{(II)} && \oint_S \boldsymbol{E}' \cdot \mathrm{d}\boldsymbol{s} = -\frac{\mathrm{d}}{\mathrm{d}t} \int_F \boldsymbol{B} \cdot \mathrm{d}\boldsymbol{F} \\[2mm]
&\text{(III)} && \oint_O \varepsilon_0 \boldsymbol{E} \cdot \mathrm{d}\boldsymbol{F} = \int_V q_V \mathrm{d}V \\[2mm]
&\text{(IV)} && \oint_O \boldsymbol{B} \cdot \mathrm{d}\boldsymbol{F} = 0
\end{aligned}
} \, . \tag{2.33}
$$

Die Integralform ist gut geeignet für die physikalische Interpretation. Ande rerseits ist eine solche globale Verknüpfung meistens ungeeignet zur Berech nung der Felder. Besser sind Beziehungen, die die Felder und Quellen lokal in einem Punkt des Raumes in Verbindung setzen, wie die Differentialform.

Zur Überführung der MAXWELL'schen Gleichungen I und II in Differen tialform wendet man den STOKES'schen Satz auf die linke Seite an

$$\int_F (\nabla \times \boldsymbol{B}) \cdot \mathrm{d}\boldsymbol{F} = \int_F \mu_0 \boldsymbol{J} \cdot \mathrm{d}\boldsymbol{F} + \frac{\mathrm{d}}{\mathrm{d}t} \int_F \mu_0 \varepsilon_0 \boldsymbol{E} \cdot \mathrm{d}\boldsymbol{F}$$

$$\int_F (\nabla \times \boldsymbol{E}) \cdot \mathrm{d}\boldsymbol{F} = -\frac{\mathrm{d}}{\mathrm{d}t} \int_F \boldsymbol{B} \cdot \mathrm{d}\boldsymbol{F}$$

und nimmt die Integrationsfläche als zeitlich konstant an, sowohl in Form wie in Position. Dann wird aus der Differentiation nach der Zeit eine partielle Dif ferentiation und außerdem kann man die Integration mit der Differentiation vertauschen

$$\int_F \left[\nabla \times \boldsymbol{B} - \mu_0 \boldsymbol{J} - \mu_0 \frac{\partial}{\partial t} \varepsilon_0 \boldsymbol{E} \right] \cdot \mathrm{d}\boldsymbol{F} = 0$$

$$\int_F \left[\nabla \times \boldsymbol{E} + \frac{\partial \boldsymbol{B}}{\partial t} \right] \cdot \mathrm{d}\boldsymbol{F} = 0 \, .$$

(Wie die Umformung bei nicht konstanten Flächen geht, wird in §12.1 anhand des Induktionsgesetzes vorgeführt.) Da die Beziehungen für jede Fläche gelten, kann man auch eine kleine Fläche wählen $F = \Delta F$ und den Grenzübergang $\Delta F \to 0$ durchführen. Dies ergibt die Differentialform

$$
\begin{array}{ll}
\text{(I)} & \nabla \times \boldsymbol{B} = \mu_0 \boldsymbol{J} + \mu_0 \dfrac{\partial}{\partial t}(\varepsilon_0 \boldsymbol{E}) \\[2mm]
\text{(II)} & \nabla \times \boldsymbol{E} = -\dfrac{\partial \boldsymbol{B}}{\partial t}
\end{array}
\tag{2.34}
$$

In analoger Weise überführt man die dritte und vierte MAXWELL'sche Gleichung mit Hilfe des GAUSS'schen Integralsatzes und des Grenzüberganges $\Delta V \to 0$

$$
\begin{array}{ll}
\text{(III)} & \nabla \cdot (\varepsilon_0 \boldsymbol{E}) = q_V \\[2mm]
\text{(IV)} & \nabla \cdot \boldsymbol{B} = 0
\end{array}
\tag{2.34}
$$

Die MAXWELL'schen Gleichungen in Differentialform, (2.34), sind allgemein gültig, auch wenn sich der Beobachter in einem bewegten Referenzsystem befindet und dort seine Experimente durchführt. Die Gleichungen sind linear und es gilt das Superpositionsprinzip.

An dieser Stelle sei nochmals auf die von MAXWELL eingeführte Verschiebungstromdichte eingegangen. Nimmt man die Divergenz von (2.34 I)

$$
\nabla \cdot (\nabla \times \boldsymbol{B}) = 0 = \mu_0 \nabla \cdot \boldsymbol{J} + \mu_0 \nabla \cdot \left(\frac{\partial \varepsilon_0 \boldsymbol{E}}{\partial t}\right),
$$

vertauscht die räumliche Differentiation mit der zeitlichen und verwendet (2.34 III), so erhält man die *Kontinuitätsgleichung*

$$
\nabla \cdot \boldsymbol{J} = -\frac{\partial q_V}{\partial t}.
\tag{2.35}
$$

In Integralform, nach Anwendung des GAUSS'schen Integralsatzes, lautet sie

$$
\oint_O \boldsymbol{J} \cdot \mathrm{d}\boldsymbol{F} = -\frac{\partial}{\partial t}\int_V q_V \,\mathrm{d}V = -\frac{\partial Q}{\partial t}.
\tag{2.36}
$$

Sie besagt, dass der aus einem Volumen herausfließende Strom mit der zeitlichen Abnahme der Ladung im Volumen einhergehen muss. Dies ist der Ladungserhaltungssatz. Ladungen können weder erzeugt noch vernichtet werden. Man sieht also, dass der Verschiebungstrom nötig ist, um die Erhaltung der Ladung zu garantieren.

An dieser Stelle sind einige Bemerkungen zu den MAXWELL'schen Gleichungen nötig:

Zunächst einmal stellt man fest, dass alle auftretenden Größen stetig und kontinuierlich sind. Dies ist auch der Fall, wenn die Gleichungen in Materie gegeben sind, wie wir später sehen werden. Unstetige Feldgrößen oder unstetige

Ableitungen von Feldgrößen treten lediglich bei abrupten Übergängen zwischen Gebieten mit verschiedenen Materialien auf. An solchen Übergängen sind die MAXWELL'schen Gleichungen nicht gültig und die Feldlösungen auf beiden Seiten des Übergangs müssen mit einem speziellen Verfahren angepaßt werden. Auch die in den Gleichungen auftretenden Strom- und Ladungsverteilungen sind stetig. Andererseits ist es für die Behandlung von Problemen oftmals nützlich, unstetige Verteilungen wie Punkt-, Linien- und Flächenladung oder Linien- und Flächenströme anzunehmen (siehe §2.2). Auch diese Fälle müssen besonders behandelt werden, indem die Gebiete mit den unstetigen Verteilungen zunächst aus dem Gebiet der Felder ausgeschlossen werden und anschließend die Größe der Felder durch einen Grenzübergang bestimmt wird.

Häufig werden lediglich die beiden ersten Gleichungen, (2.33 I,II) oder (2.34 I,II), als die MAXWELL'schen Gleichungen bezeichnet; denn die beiden Divergenzgleichungen (2.34 III,IV) stellen zusätzliche Bedingungen dar, welche aus den beiden ersten Gleichungen abgeleitet werden können. Nimmt man die Divergenz von (2.34 I,II)

$$\nabla \cdot (\nabla \times \boldsymbol{B}) = 0 = \mu_0 \nabla \cdot \boldsymbol{J} + \mu_0 \nabla \cdot \left(\frac{\partial}{\partial t} \varepsilon_0 \boldsymbol{E} \right) \ ,$$

$$\nabla \cdot (\nabla \times \boldsymbol{E}) = 0 = -\nabla \cdot \left(\frac{\partial \boldsymbol{B}}{\partial t} \right) \ ,$$

so folgt nämlich nach Vertauschen der räumlichen und zeitlichen Differentiation und unter Verwendung von (2.35)

$$\frac{\partial}{\partial t} \left[\nabla \cdot (\varepsilon_0 \boldsymbol{E}) - q_V \right] = 0 \quad , \quad \frac{\partial}{\partial t} (\nabla \cdot \boldsymbol{B}) = 0 \ ,$$

oder

$$\nabla \cdot (\varepsilon_0 \boldsymbol{E}) - q_V = f(\boldsymbol{r}) \quad , \quad \nabla \cdot \boldsymbol{B} = g(\boldsymbol{r}) \ ,$$

wobei f und g zeitlich konstant sind. Wenn also irgendwann in der Vergangenheit die Felder und die Ladungen nicht vorhanden waren, so müssen f und g zu allen Zeiten verschwinden und es ergeben sich die Divergenzgleichungen (2.34 III,IV). Obwohl die Divergenzgleichungen aus den Rotationsgleichungen abgeleitet werden können, sind sie nötig, um die Eindeutigkeit der Feldlösung zu gewährleisten. Wir schließen sie daher in den Satz der vier MAXWELL'schen Gleichungen ein.

2.10 Einteilung elektromagnetischer Felder

Es gibt viele Sonderfälle der MAXWELL'schen Gleichungen, wie z.B. zeitlich konstante Felder oder zeitlich langsam veränderliche Felder. Jeder Sonderfall erlaubt eine Vereinfachung der Gleichungen und es haben sich dafür spezielle Fachgebiete entwickelt.

Zeitlich konstante Felder ($\partial/\partial t = 0$) setzen ruhende oder gleichförmig bewegte Ladungen voraus. Man teilt sie ein in

1) Elektrostatische Felder

$$\oint_S \boldsymbol{E} \cdot \mathrm{d}\boldsymbol{s} = 0 \qquad\qquad \rightarrow \quad \nabla \times \boldsymbol{E} = 0$$

$$\oint_O \varepsilon_0 \boldsymbol{E} \cdot \mathrm{d}\boldsymbol{F} = \int_V q_V \mathrm{d}V \quad \rightarrow \quad \nabla \cdot (\varepsilon_0 \boldsymbol{E}) = q_V \tag{2.37}$$

Es treten keine Ströme und kein Magnetfeld auf. Das elektrische Feld ist wirbelfrei. Seine Quellen sind Ladungen.

2) Magnetostatische Felder

$$\oint_S \boldsymbol{B} \cdot \mathrm{d}\boldsymbol{s} = \mu_0 \int_F \boldsymbol{J} \cdot \mathrm{d}\boldsymbol{F} \quad \rightarrow \quad \nabla \times \boldsymbol{B} = \mu_0 \boldsymbol{J}$$

$$\oint_O \boldsymbol{B} \cdot \mathrm{d}\boldsymbol{F} = 0 \qquad\qquad \rightarrow \quad \nabla \cdot \boldsymbol{B} = 0 \tag{2.38}$$

Es sind konstante Ströme möglich. Eventuell auftretende elektrische Felder werden nicht betrachtet. Die magnetische Induktion ist quellenfrei und hat Wirbel an Stellen, an denen Ströme auftreten.

3) Stationäres Strömungsfeld

$$\oint_S \boldsymbol{E} \cdot \mathrm{d}\boldsymbol{s} = 0 \quad \rightarrow \quad \nabla \times \boldsymbol{E} = 0$$

$$\oint_O \boldsymbol{J} \cdot \mathrm{d}\boldsymbol{F} = 0 \quad \rightarrow \quad \nabla \cdot \boldsymbol{J} = 0 \tag{2.39}$$

Das elektrische Feld und die zeitlich konstante Stromdichte sind über das OHM'sche Gesetz (§7.2) verbunden

$$\boldsymbol{J} = \kappa \boldsymbol{E} \ . \tag{2.40}$$

Die bei jedem Stromfluss auftretenden Magnetfelder werden hierbei nicht betrachtet. Das Strömungsfeld ist wirbel- und quellenfrei.

Neben den statischen Feldern werden oft *quasistationäre Felder* benutzt, die sich dadurch auszeichnen, dass zwar zeitliche Änderungen vorhanden sind, die aber so langsam vor sich gehen, dass Momentanaufnahmen der Felder den statischen Feldern entsprechen. Ladungsbewegungen folgen den Feldänderungen „verzögerungsfrei", Abstrahlung findet nicht statt. Orts- und Zeitabhängigkeit sind entkoppelt und die Berechnung der Felder geschieht mit den Methoden für statische Felder.

Nimmt die Geschwindigkeit der zeitlichen Änderung zu, müssen die zeitlichen Ableitungen berücksichtigt werden. Man unterscheidet den Fall

$$\frac{\partial}{\partial t}(\varepsilon_0 \boldsymbol{E}) \neq 0 \quad , \quad \frac{\partial \boldsymbol{B}}{\partial t} = 0$$

für zeitlich veränderliche elektrische Felder, der allerdings keine große Rolle spielt und hier nicht weiter betrachtet wird, und den Fall

$$\frac{\partial}{\partial t}(\varepsilon_0 \boldsymbol{E}) = 0 \quad , \quad \frac{\partial \boldsymbol{B}}{\partial t} \neq 0 \, .$$

Dieser Fall wird hier bezeichnet mit

4) zeitlich langsam veränderliche Felder

$$\oint_S \boldsymbol{B} \cdot \mathrm{d}\boldsymbol{s} = \mu_0 \int_F \boldsymbol{J} \cdot \mathrm{d}\boldsymbol{F} \qquad \rightarrow \qquad \nabla \times \boldsymbol{B} = \mu_0 \boldsymbol{J}$$

$$\oint_S \boldsymbol{E} \cdot \mathrm{d}\boldsymbol{s} = -\frac{\mathrm{d}}{\mathrm{d}t} \int_F \boldsymbol{B} \cdot \mathrm{d}\boldsymbol{F} \qquad \rightarrow \qquad \nabla \times \boldsymbol{E} = -\frac{\partial \boldsymbol{B}}{\partial t}$$

$$\hspace{7cm} (2.41)$$

$$\oint_O \varepsilon_0 \boldsymbol{E} \cdot \mathrm{d}\boldsymbol{F} = \int_V q_V \, \mathrm{d}V \qquad \rightarrow \qquad \nabla \cdot (\varepsilon_0 \boldsymbol{E}) = q_V$$

$$\oint_O \boldsymbol{B} \cdot \mathrm{d}\boldsymbol{F} = 0 \qquad \rightarrow \qquad \nabla \cdot \boldsymbol{B} = 0$$

Die Felder sind noch an die Quellen gebunden, eine freie Ausbreitung im Raum (Wellen) ist nicht möglich. Dieser Fall gilt auch bei schnell veränderlichen Feldern in metallischen Leitern, da der Verschiebungstrom dann sehr viel kleiner als der Leitungstrom ist und vernachlässigt werden kann. Das Magnetfeld induziert allerdings ein elektrisches Feld, was zu einer Stromverdrängung führt. Die Gleichungen erlauben die Behandlung aller üblichen Induktionsvorgänge wie z.B. bei Elektromotoren, Generatoren u.s.w..

Schließlich verbleiben noch die

5) zeitlich beliebig veränderlichen Felder

Ihre Behandlung erfordert die vollständigen MAXWELL'schen Gleichungen (2.33) oder (2.34). Elektrische und magnetische Felder sind auf symmetrische Weise miteinander verkoppelt und können sich als Wellen frei ausbreiten.

Fragen zur Prüfung des Verständnisses

2.1 Was ist ein elektromagnetisches Feld?

2.2 Zeichne ansatzweise Feldlinien des elektrischen Feldes $E = \dfrac{C}{r}\, e_r$.

2.3 Eine Ladung Q ist gleichmäßig über eine runde Scheibe mit Radius R verteilt. Wie groß ist die Flächenladung?

2.4 Ein Strom I_0 ist gleichmäßig über eine Fläche der Breite a verteilt. Wie groß ist die Flächenstromdichte? Wie groß ist der durch die Fläche F, die unter einem Winkel α zur x, z-Ebene liegt, fließende Strom?

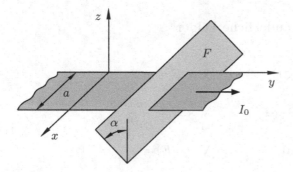

2.5 Unter Verwendung des COULOMB'schen Gesetzes und des Superpositionsprinzips gebe man formal das elektrische Feld einer Linienladung an.

2.6 Wie groß ist das elektrische Feld einer homogenen, kugelförmigen Raumladungsverteilung mit Radius R?

2.7 Sind magnetische Feldlinien in sich geschlossen oder können sie auch offen sein?

2.8 Wie klingt das Magnetfeld von endlichen, stationären Stromverteilungen im Unendlichen ab?

2.9 Wie groß ist die Kraft auf eine stromführende, geschlossene Leiterschleife im homogenen Magnetfeld?

2.10 Leite aus den MAXWELL'schen Gleichungen das Gesetz der Ladungserhaltung ab.

2.11 Was ist der physikalische Inhalt der dritten und vierten MAXWELL'schen Gleichung?

2.12 Warum sind die dritte und vierte MAXWELL'sche Gleichung nötig?

2.13 Überführe die MAXWELL'schen Gleichungen von der Integral- in die Differentialform.

2.14 Sind elektromagnetische Felder im freien Raum durch die Angabe ihrer Quellen und Wirbel vollständig bestimmt?

2.15 Leite aus den MAXWELL'schen Gleichungen die Gleichungen für das stationäre Strömungsfeld ab.

3. Elektrostatische Felder I (Vakuum. Leitende Körper)

Es wird das elektrische Feld von ruhenden Ladungen untersucht. Die Ladungen können konzentriert oder verteilt sein. Auch einfache Elektrodenanordnungen sind möglich.

> Aus den MAXWELL'schen Gleichungen folgt, dass das Feld wirbelfrei (konservativ) ist
>
> $$\oint_S \boldsymbol{E} \cdot \mathrm{d}\boldsymbol{s} = 0 \qquad \rightarrow \quad \nabla \times \boldsymbol{E} = 0 \qquad (3.1)$$
>
> und dass die alleinigen Quellen Ladungen sind
>
> $$\oint_O \varepsilon_0 \boldsymbol{E} \cdot \mathrm{d}\boldsymbol{F} = \int_V q_V \mathrm{d}V \quad \rightarrow \quad \nabla \cdot (\varepsilon_0 \boldsymbol{E}) = q_V \; . \qquad (3.2)$$
>
> Behandelt werden das COULOMB'*sche Gesetz*, zusammen mit dem Superpositionsprinzip, der GAUSS'*sche Satz* und das elektrische Skalarpotential.

3.1 Anwendung des Coulomb'schen Gesetzes

Wie in den Paragraphen 2.3 und 2.4 dargelegt, führt das COULOMB'sche Gesetz (2.10)

$$\boldsymbol{K} = \frac{Q_1 Q_2}{4\pi\varepsilon_0 r^2}\, \boldsymbol{e}_r \qquad (3.3)$$

zusammen mit dem Kraftgesetz (2.12)

$$\boldsymbol{K} = Q\boldsymbol{E} \qquad (3.4)$$

auf das Feld einer Punktladung (2.15)

$$\boldsymbol{E} = \frac{Q}{4\pi\varepsilon_0 r^2}\, \boldsymbol{e}_r \; . \qquad (3.5)$$

Wegen der Linearität von (3.1), (3.2) kann man das Feld einer Gruppe von Ladungen durch Superposition gewinnen

$$\boldsymbol{E} = \sum_i \frac{Q_i}{4\pi\varepsilon_0}\, \frac{\boldsymbol{e}_{Ri}}{R_i^2} \qquad (3.6)$$

© Der/die Autor(en), exklusiv lizenziert durch Springer-Verlag GmbH, DE, ein Teil von Springer Nature 2020
H. Henke, *Elektromagnetische Felder*, https://doi.org/10.1007/978-3-662-62235-3_3

und bei einer kontinuierlichen Ladungsverteilung durch Integration

$$\boxed{E = \frac{1}{4\pi\varepsilon_0} \int_V \frac{q_V(r')\,e_R}{R^2}\,\mathrm{d}V'}.$$

(3.7)

Die geometrischen Zusammenhänge zeigt Abb. 3.1.

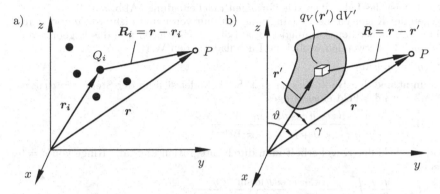

Abb. 3.1. Superposition von (a) Punktladungen und (b) Raumladung

Obwohl (3.6), (3.7) von einfacher Form sind, sind sie nicht so einfach zu benutzen, da sie eine vektorielle Addition oder Integration erfordern. Später werden wir lernen, wie dasselbe Problem viel einfacher mit Hilfe des Potentials zu lösen ist. Hier sollen nur einige Beispiele mit ausgesuchten Symmetrien behandelt werden.

Beispiel 3.1. Ringförmige Linienladung

Gesucht ist das elektrische Feld einer ringförmigen Linienladung auf der z-Achse (Abb. 3.2).

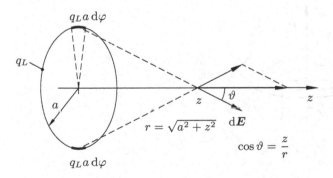

$r = \sqrt{a^2 + z^2}$ $\mathrm{d}E$

$\cos\vartheta = \dfrac{z}{r}$

Abb. 3.2. Ringförmige Linienladung

Wegen der Symmetrie der Anordnung heben sich die radialen Feldkomponenten gegenüberliegender Ladungselemente auf und es bleibt

$$E_z = \int dE \cos\vartheta = \frac{q_L a}{4\pi\varepsilon_0} \int_0^{2\pi} \frac{z\,d\varphi}{(a^2 + z^2)^{3/2}} = \frac{q_L a z}{2\varepsilon_0 (a^2 + z^2)^{3/2}}.$$

Beispiel 3.2. Kugelförmige Flächenladung

Gesucht ist das Feld einer kugelförmigen Flächenladung (Abb. 3.3).
Wegen der Kugelsymmetrie hängt das Feld nur von r und nicht von ϑ und φ ab. Man kann daher den Aufpunkt z.B. auf die z-Achse legen und das Ergebnis von Beispiel 3.1 verwenden, wobei die Linienladung den Wert

$$q_L = q_F a\,d\vartheta$$

annimmt und den Radius $a\sin\vartheta$ hat. Sie befindet sich an der Stelle $z = a\cos\vartheta$. Damit wird das Feld eines Ringes

$$dE_z = \frac{q_F a}{2\varepsilon_0} \frac{(z - a\cos\vartheta)a\sin\vartheta\,d\vartheta}{[a^2\sin^2\vartheta + (z - a\cos\vartheta)^2]^{3/2}}$$

und das Feld der Kugel erhält man durch Integration über alle Ringe von $\vartheta = 0$ bis $\vartheta = \pi$

$$E_z = \frac{q_F a}{2\varepsilon_0} \int_0^{\pi} \frac{(z - a\cos\vartheta)a\sin\vartheta\,d\vartheta}{[a^2\sin^2\vartheta + (z - a\cos\vartheta)^2]^{3/2}}.$$

Mit der Substitution $u = z(z - a\cos\vartheta)$, $du = za\sin\vartheta\,d\vartheta$ wird daraus

$$E_z = \frac{q_F a}{2\varepsilon_0} \frac{1}{z^2} \int_{z(z-a)}^{z(z+a)} \frac{u\,du}{[a^2 - z^2 + 2u]^{3/2}} = \frac{q_F a}{2\varepsilon_0} \frac{1}{z^2} \left. \frac{a^2 - z^2 + u}{[a^2 - z^2 + 2u]^{1/2}} \right|_{z(z-a)}^{z(z+a)}$$

$$= \frac{q_F a^2}{2\varepsilon_0} \frac{1}{z^2} \left[\frac{a + z}{|a + z|} - \frac{a - z}{|a - z|} \right] = \frac{q_F a^2}{\varepsilon_0} \frac{1}{z^2} \begin{cases} 0 & \text{für} & |z| < a \\ 1 & \text{für} & z > a \\ -1 & \text{für} & z < -a \end{cases}.$$

Das Feld verschwindet also innerhalb der Kugel und entspricht außerhalb dem Feld einer Punktladung (3.5) von der Größe der Gesamtladung der Kugel $Q = 4\pi a^2 q_F$. Im nächsten Paragraphen werden wir sehen, wie einfach dasselbe Problem mit dem Satz von GAUSS zu lösen ist.

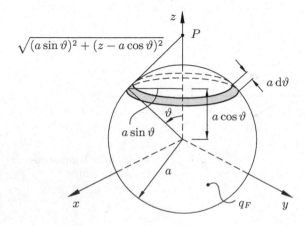

Abb. 3.3. Kugelförmige Flächenladung

3.2 Anwendung des Satzes von Gauß

Bei hochsymmetrischen Ladungsanordnungen, genauer gesagt, wenn E senkrecht auf einer möglichen Integrationsfläche steht und konstant ist, löst man das Problem am einfachsten mit Hilfe des Satzes von GAUSS (2.17) oder (2.18). Da E, nach Voraussetzung, auf der Integrationsfläche konstant ist, lässt es sich aus dem Integral herausnehmen und es verbleibt nur das Flächenintegral.

Angewandt auf Beispiel 3.2 geht dies folgendermaßen. Wegen der Kugelsymmetrie wählt man natürlich Kugelschalen als Integrationsflächen. Auf diesen gilt

$$E \cdot \mathrm{d}F = E_r \mathrm{d}F_r = \text{const.}$$

und da E_r nur von r abhängen kann, wird für $r \geq a$

$$\oint_O \varepsilon_0 E \cdot \mathrm{d}F = \varepsilon_0 E_r \oint_O \mathrm{d}F_r = \varepsilon_0 E_r 4\pi r^2 = 4\pi a^2 q_F$$

$$\rightarrow \quad E_r = \frac{q_F}{\varepsilon_0} \left(\frac{a}{r}\right)^2$$

und für $r < a$

$$\oint_O \varepsilon_0 E \cdot \mathrm{d}F = \varepsilon_0 E_r 4\pi r^2 = 0 \quad \rightarrow \quad E_r = 0 \,.$$

E_r ist, wie die Ladungsverteilung, für $r = a$ unstetig.

Beispiel 3.3. Zylindrische Raumladung

Gesucht ist das elektrische Feld eines unendlich langen Rundstabes mit homogener Raumladung (z.B. ein Elektronenstrahl), Abb. 3.4.

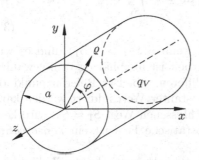

Abb. 3.4. Rundstab mit homogener Raumladung

Das Problem ist zylindersymmetrisch und das Feld kann nur eine Komponente $E_\varrho = E_\varrho(\varrho)$ besitzen. Man wählt sinnvollerweise Zylinderflächen als Integrationsflächen, auf denen

$$E \cdot \mathrm{d}F = E_\varrho \mathrm{d}F_\varrho = \text{const.}$$

gilt. Dann erhält man für einen Zylinder der Länge Δz für $\varrho \geq a$

$$\oint_O \varepsilon_0 \boldsymbol{E} \cdot \mathrm{d}\boldsymbol{F} = \varepsilon_0 E_\varrho \oint_O \mathrm{d}F_\varrho = \varepsilon_0 E_\varrho 2\pi\varrho\,\Delta z = \int_V q_V \mathrm{d}V = q_V \pi a^2 \Delta z$$

$$\rightarrow \quad E_\varrho = \frac{q_V}{2\varepsilon_0} \frac{a^2}{\varrho}$$

und für $\varrho < a$

$$\oint_O \varepsilon_0 \boldsymbol{E} \cdot \mathrm{d}\boldsymbol{F} = \varepsilon_0 E_\varrho 2\pi\varrho\,\Delta z = q_V \pi\varrho^2 \Delta z \quad \rightarrow \quad E_\varrho = \frac{q_V}{2\varepsilon_0}\varrho\ .$$

E_ϱ ist für $\varrho = a$ stetig, da die Ladungsmenge in einer Zylinderwand der Dicke $\Delta\varrho$ gegen null geht, wenn $\Delta\varrho \rightarrow 0$.

3.3 Elektrisches Potential

Das elektrostatische Feld ist nicht irgendein Vektorfeld. Es ist ein wirbelfreies Vektorfeld (3.1). Somit lässt es sich entsprechend (1.87) durch ein skalares Feld $\phi = \phi(\boldsymbol{r})$, genannt *elektrisches Potential* (oder einfach Skalarpotential), darstellen

$$\boxed{\boldsymbol{E} = -\nabla\phi} \quad \text{mit} \quad [\phi] = \mathrm{V}\ . \tag{3.8}$$

Das negative Vorzeichen ist eine übliche Konvention, damit die Feldlinien vom höheren zum niedrigeren Potentialwert zeigen.

Um das Potential in seiner physikalischen Bedeutung zu erklären, bewegt man eine Punktladung Q im elektrischen Feld um ein Stück $\mathrm{d}\boldsymbol{s}$. Dabei wird die Arbeit

$$\mathrm{d}A = -\boldsymbol{K} \cdot \mathrm{d}\boldsymbol{s} = -Q\boldsymbol{E} \cdot \mathrm{d}\boldsymbol{s}$$

aufgewendet. Bewegt man die Ladung von S_1 nach S_2, so ist die Arbeit

$$A_{12} = -Q \int_{S_1}^{S_2} \boldsymbol{E} \cdot \mathrm{d}\boldsymbol{s} = Q \int_{S_1}^{S_2} \nabla\phi \cdot \mathrm{d}\boldsymbol{s} = Q \int_{S_1}^{S_2} \mathrm{d}\phi$$

$$= Q\left[\phi(S_2) - \phi(S_1)\right]\ . \tag{3.9}$$

Es muss also Arbeit verrichtet werden, wenn $\phi(S_2) > \phi(S_1)$, und es wird Arbeit frei , wenn $\phi(S_2) < \phi(S_1)$. Die Arbeit ist unabhängig vom gewählten Weg und hängt nur von der Potentialdifferenz ab. Der Referenzpunkt des Potentials ist beliebig, da immer ein konstanter Wert addiert werden kann, ohne das Feld zu ändern. Bei einem geschlossenen Weg, $S_1 = S_2$, wird keine Arbeit frei oder verrichtet. Das elektrostatische Feld ist ein *konservatives Feld*.

Man kann nun auch das Potential, statt mathematisch, physikalisch definieren:

Das Potential ist die Arbeit, die aufgewendet werden muss, um eine Einheitsladung vom Referenzpunkt S_0 nach S zu bringen

$$\phi(S) = -\int_{S_0}^{S} \boldsymbol{E} \cdot \mathrm{d}\boldsymbol{s}\ . \tag{3.10}$$

Flächen konstanten Potentials, $\phi = \text{const.}$, heißen *Äquipotentialflächen*. Wegen

$$\mathrm{d}\phi = \nabla\phi \cdot \mathrm{d}\boldsymbol{s} = 0$$

steht $\nabla\phi$ und somit das elektrische Feld *senkrecht* auf den Äquipotentialflächen.

Anmerkungen:

1. Das elektrische Potential ist ein skalares Feld ohne direkte physikalische Bedeutung, da es nur bis auf eine Konstante bestimmt ist. Physikalische Bedeutung haben nur Potentialdifferenzen. Das Potential ist also nicht mit potentieller Energie zu verwechseln, auch wenn das Feld die Fähigkeit besitzt, an einer Ladung Arbeit zu verrichten.
2. Die Wahl der Konstanten, d.h. eines Referenzpunktes, ist willkürlich. Üblicherweise wird das Potential im Unendlichen oder am Erdungspunkt zu null gewählt.
3. Auch das Potential unterliegt dem Superpositionsprinzip. Da sich Felder verschiedener Ladungen überlagern, gilt

$$\phi(S) = -\int_{S_0}^{S} \left(\sum_i \boldsymbol{E}_i \right) \cdot \mathrm{d}\boldsymbol{s} = \sum_i \left(-\int_{S_0}^{S} \boldsymbol{E}_i \cdot \mathrm{d}\boldsymbol{s} \right) = \sum_i \phi_i(S)\,,$$

$$(3.11)$$

d.h. das Potential an einem Punkt ist die Summe der Potentiale der einzelnen Ladungen. Der große Vorteil ist dabei, dass eine Summe über skalare Werte vorliegt, wohingegen bei Feldern eine Vektorsumme nötig ist.

3.4 Potentiale verschiedener Ladungsanordnungen. Elektrischer Dipol. Multipolentwicklung

Die einfachste Ladungsanordnung ist die Punktladung (Monopol). Ihr Potential folgt aus dem kugelsymmetrischen Feld (3.5) durch Integration

$$\boldsymbol{E} = \frac{Q}{4\pi\varepsilon_0}\frac{\boldsymbol{e}_r}{r^2} = -\nabla\phi = -\frac{\partial\phi(r)}{\partial r}\boldsymbol{e}_r$$

$$\phi(r) = -\frac{Q}{4\pi\varepsilon_0}\int\frac{\mathrm{d}r}{r^2} + \phi_0 = \frac{Q}{4\pi\varepsilon_0 r}\,,$$

$$(3.12)$$

wobei $\phi(r \to \infty) = 0$ gewählt wurde. Dieses Potential erhält man auch bei einer beliebigen, endlichen Ladungsanordnung mit der Gesamtladung Q, wenn man nur weit genug entfernt ist, so dass die nicht-kugelsymmetrischen Potentialanteile, die schneller als mit r^{-1} abklingen, vernachlässigbar sind (siehe weiter unten).

Eine sehr wichtige Ladungsanordnung ist der *elektrische Dipol*. Dieser besteht aus zwei gleich großen Ladungen unterschiedlicher Polarität im Abstand d, Abb. 3.5.

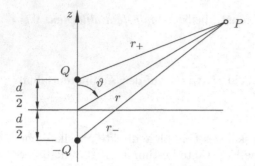

Abb. 3.5. Elektrischer Dipol

Im Aufpunkt P lautet das zylindersymmetrische Potential

$$\phi_D(\boldsymbol{r}) = \frac{Q}{4\pi\varepsilon_0}\left[\frac{1}{r_+} - \frac{1}{r_-}\right].$$

Die Abstände folgen aus dem Kosinussatz zu

$$r_\pm^2 = r^2 + \left(\frac{d}{2}\right)^2 \mp 2r\frac{d}{2}\cos\vartheta = r^2\left[1 \mp \frac{d}{r}\cos\vartheta + \left(\frac{d}{2r}\right)^2\right].$$

Für einen Aufpunkt, der weit genug entfernt ist, d.h. $r \gg d$, kann man die Binomialentwicklung verwenden und Terme höherer Ordnung als d/r vernachlässigen

$$r_\pm = r\left[1 \mp \frac{d}{2r}\cos\vartheta + O\left(\frac{d^2}{r^2}\right)\right] \approx r\left[1 \mp \frac{d}{2r}\cos\vartheta\right]$$

$$r_\pm^{-1} \approx r^{-1}\left[1 \pm \frac{d}{2r}\cos\vartheta\right].$$

Damit erhält man für das Potential

$$\phi_D(\boldsymbol{r}) \approx \frac{Q}{4\pi\varepsilon_0 r}\left[1 + \frac{d}{2r}\cos\vartheta - 1 + \frac{d}{2r}\cos\vartheta\right]$$

$$\approx \frac{Qd}{4\pi\varepsilon_0 r^2}\cos\vartheta . \tag{3.13}$$

Die fehlenden Terme sind mindestens von der Ordnung $(d/r)^2$ und wegen $d \ll r$ sehr klein. Das Potential des Dipols nimmt mit $1/r^2$ ab und damit schneller als beim Monopol, was einleuchtend ist, da sich die Wirkungen der positiven und negativen Ladungen teilweise aufheben.

Alternativ zur Forderung $r \gg d$ kann man auch den Grenzübergang $d \to 0$ durchführen, womit $r \gg d$ für alle endlichen r erfüllt ist, und damit das Potential nicht als ganzes verschwindet, wird zusätzlich $Qd = \text{const.}$ gefordert. Das Produkt aus Abstand und Ladung heißt *Dipolmoment* und es wird ihm die Richtung von der negativen zur positiven Ladung zugeordnet, also hier

$$\boldsymbol{p}_e = Qd\,\boldsymbol{e}_z . \tag{3.14}$$

Damit lautet das Potential (3.13)

$$\boxed{\phi_D(\boldsymbol{r}) = \frac{\boldsymbol{p}_e \cdot \boldsymbol{e}_r}{4\pi\varepsilon_0 r^2} = \frac{\boldsymbol{p}_e \cdot \boldsymbol{r}}{4\pi\varepsilon_0 r^3}}\,. \qquad (3.15)$$

Das elektrische Feld folgt aus (3.8) zu

$$\boldsymbol{E} = -\frac{1}{4\pi\varepsilon_0}\,\nabla\frac{\boldsymbol{p}_e \cdot \boldsymbol{r}}{r^3}\,.$$

Man entwickelt den Gradienten

$$\nabla\frac{\boldsymbol{p}_e \cdot \boldsymbol{r}}{r^3} = (\boldsymbol{p}_e \cdot \boldsymbol{r})\nabla\frac{1}{r^3} + \frac{1}{r^3}\,\nabla(\boldsymbol{p}_e \cdot \boldsymbol{r}) \quad , \quad \nabla\frac{1}{r^3} = -3\,\frac{\boldsymbol{e}_r}{r^4}\,,$$

und wegen (1.55), (1.61) ist

$$\begin{aligned}
\nabla(\boldsymbol{p}_e \cdot \boldsymbol{r}) &= \boldsymbol{p}_e \times (\nabla \times \boldsymbol{r}) + \boldsymbol{r} \times (\nabla \times \boldsymbol{p}_e) + (\boldsymbol{p}_e \cdot \nabla)\boldsymbol{r} + (\boldsymbol{r} \cdot \nabla)\boldsymbol{p}_e \\
&= (\boldsymbol{p}_e \cdot \nabla)\boldsymbol{r} \qquad\qquad\qquad\qquad\qquad (3.16) \\
&= \left(p_{ex}\frac{\partial}{\partial x} + p_{ey}\frac{\partial}{\partial y} + p_{ez}\frac{\partial}{\partial z}\right)(x\,\boldsymbol{e}_x + y\,\boldsymbol{e}_x + z\,\boldsymbol{e}_z) = \boldsymbol{p}_e\,.
\end{aligned}$$

Somit lässt sich $\boldsymbol{E}$ koordinatenfrei schreiben als

$$\boxed{\boldsymbol{E} = \frac{1}{4\pi\varepsilon_0 r^3}\,[3(\boldsymbol{p}_e \cdot \boldsymbol{e}_r)\,\boldsymbol{e}_r - \boldsymbol{p}_e]}\,, \qquad (3.17)$$

oder komponentenweise in Kugelkoordinaten

$$\begin{aligned}
E_r &= \frac{p_e}{4\pi\varepsilon_0 r^3}\,[3\cos\vartheta - \cos\vartheta] = \frac{p_e}{2\pi\varepsilon_0 r^3}\,\cos\vartheta \\
E_\vartheta &= \frac{p_e}{4\pi\varepsilon_0 r^3}\,\sin\vartheta \quad , \quad E_\varphi = 0\,. \qquad\qquad\qquad (3.18)
\end{aligned}$$

Das Feldbild ist in Abb. 3.6 gezeigt.

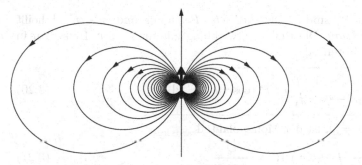

Abb. 3.6. Feldlinien des elektrischen Dipols

Der Dipol spielt eine wichtige Rolle auf vielen Gebieten. Er ist

– die einfachste nicht-kugelsymmetrische Ladungsanordnung,

– der, nach dem Monopolterm des Potentials, nächst höhere Term einer beliebigen Ladungsanordnung (siehe unten),
– die einfachste Antenne im Falle von zeitabhängigen Ladungen,
– die elementare Größe zur Beschreibung der Wechselwirkung zwischen Materie und elektrischen Feldern (siehe Kapitel 4).

Nachdem das Potential einer Punktladung (3.12) bekannt ist, kann man
durch Überlagerung, wie in (3.11) begründet, auch das Potential einer beliebigen Ladungsverteilung bestimmen. Die Integration über alle infinitesimal
kleinen Ladungsmengen (Abb. 3.1b) ergibt das COULOMB-Integral

$$\phi(\boldsymbol{r}) = \frac{1}{4\pi\varepsilon_0} \int_V \frac{q_V(\boldsymbol{r}')\,\mathrm{d}V'}{|\boldsymbol{r}-\boldsymbol{r}'|} \ . \tag{3.19}$$

Man berechnet $|\boldsymbol{r}-\boldsymbol{r}'|$ mit dem Kosinussatz

$$|\boldsymbol{r}-\boldsymbol{r}'|^2 = r^2 + r'^2 - 2rr'\cos\gamma = r^2[1+\varepsilon]$$

$$\varepsilon = \frac{r'}{r}\left(\frac{r'}{r} - 2\cos\gamma\right)$$

und entwickelt nach Potenzen von $\varepsilon < 1$

$$\frac{1}{|\boldsymbol{r}-\boldsymbol{r}'|} = \frac{1}{r}\frac{1}{\sqrt{1+\varepsilon}} = \frac{1}{r}\left[1 - \frac{1}{2}\varepsilon + \frac{3}{8}\varepsilon^2 - \frac{5}{16}\varepsilon^3 \pm \ldots\right]$$

$$= \frac{1}{r}\left[1 + \frac{r'}{r}\cos\gamma + \left(\frac{r'}{r}\right)^2 \frac{1}{2}(3\cos^2\gamma - 1)\right.$$

$$\left. + \left(\frac{r'}{r}\right)^3 \frac{1}{2}(5\cos^3\gamma - 3\cos\gamma) + \ldots\right]$$

$$= \frac{1}{r}\sum_{n=0}^{\infty}\left(\frac{r'}{r}\right)^n P_n(\cos\gamma) \ .$$

Die Koeffizienten P_n sind LEGENDRE'*sche Polynome* und $|\boldsymbol{r}-\boldsymbol{r}'|^{-1}$ heißt
generierende Funktion. Die Reihenentwicklung gilt für $r' < r$. Einsetzen in
(3.19) ergibt das Potential

$$\boxed{\phi(\boldsymbol{r}) = \frac{1}{4\pi\varepsilon_0 r}\sum_{n=0}^{\infty}\frac{1}{r^n}\int_V r'^n P_n(\cos\gamma)q_V(\boldsymbol{r}')\,\mathrm{d}V'} \ . \tag{3.20}$$

Der erste Term, $n = 0$, ist der Monopolanteil

$$\phi_0(\boldsymbol{r}) = \frac{1}{4\pi\varepsilon_0 r}\int_V q_V(\boldsymbol{r}')\,\mathrm{d}V' = \frac{Q}{4\pi\varepsilon_0 r} \ . \tag{3.21}$$

Er klingt mit $1/r$ ab und entspricht dem Potential einer Punktladung $Q = \int q_V\,\mathrm{d}V'$ im Koordinatenursprung. Der zweite Term, $n = 1$, ist der Dipolanteil

$$\phi_D(\boldsymbol{r}) = \frac{1}{4\pi\varepsilon_0 r^2}\int_V r'\cos\gamma\, q_V(\boldsymbol{r}')\,\mathrm{d}V' = \frac{\boldsymbol{p}_e \cdot \boldsymbol{e}_r}{4\pi\varepsilon_0 r^2} \tag{3.22}$$

mit dem Dipolmoment

$$p_e = \int_V r' q_V(r') \, dV' \, .$$ (3.23)

Er klingt mit $1/r^2$ ab. Der dritte Term ergibt einen Quadrupolanteil u.s.w..

Die Entwicklung (3.20) ist exakt, aber ihre Bedeutung erhält sie durch die Möglichkeit, Näherungslösungen zu finden. Je nach Abstand von der Ladung kann man die Reihe früher oder später abbrechen. Ganz analog lässt sich natürlich das Potential auch in eine Reihe über Potenzen von r/r' herleiten, d.h. für einen Aufpunkt mit $r < r'_{max}$.

Verwendet man das COULOMBintegral (3.19) zur Berechnung des Potentials innerhalb der Ladungsverteilung, verschwindet der Nenner für $r' = r$ und es erhebt sich die Frage, ob das Integral singulär wird. Dazu betrachten wir einen beliebigen aber festen Punkt im Innern der Ladung und wählen ihn als Ursprung eines Kugelkoordinatensystems. Das Potential in diesem Punkt lautet

$$\phi(0) = \frac{1}{4\pi\varepsilon_0} \int_V \frac{q_V(r')}{r'} \, dV'$$

$$= \frac{1}{4\pi\varepsilon_0} \int_0^\infty \int_0^\pi \int_0^{2\pi} \frac{q_V(r',\vartheta',\varphi')}{r'} \, r'^2 \sin\vartheta' \, d\varphi' \, d\vartheta' \, dr' \, .$$

Ist die Raumladung überall beschränkt $|q_V| \leq q_{Vmax}$ und hat eine endliche Ausdehnung $r' \leq r'_{max}$, so ist $\phi(0)$ ebenfalls beschränkt

$$\phi(0) \leq \frac{q_{Vmax}}{4\pi\varepsilon_0} \int_0^{r_{max}} \int_0^\pi \int_0^{2\pi} r' \sin\vartheta' \, d\varphi' \, d\vartheta' \, dr' = \frac{q_{Vmax} r_{max}^2}{2\varepsilon_0} \, .$$

Da dies für einen beliebigen Aufpunkt gilt, gilt allgemein

$$|\phi(r)| \leq \frac{q_{Vmax} r_{max}^2}{2\varepsilon_0}$$ (3.24)

mit der maximalen Ausdehnung r_{max} der Ladungsverteilung. Das COULOMBintegral ist für endliche q_V immer beschränkt.

Beispiel 3.4. Kugelförmige Raumladung

Gegeben ist eine kugelförmige, homogene Raumladung, $q_V = $ const., Abb. 3.7a. Das Feld der Ladung findet man am einfachsten mit Hilfe des Satzes von GAUSS, da die Anordnung kugelsymmetrisch ist und nur ein $E_r = E_r(r)$ existiert.

$$r \geq a : \quad 4\pi r^2 \varepsilon_0 E_r = q_V \frac{4}{3}\pi a^3 \quad \rightarrow \quad E_r = \frac{q_V}{3\varepsilon_0} \frac{a^3}{r^2}$$

$$r \leq a : \quad 4\pi r^2 \varepsilon_0 E_r = q_V \frac{4}{3}\pi r^3 \quad \rightarrow \quad E_r = \frac{q_V}{3\varepsilon_0} r \, .$$

Integration des Feldes

$$\phi = -\int E_r dr = \begin{cases} -\dfrac{q_V}{6\varepsilon_0} r^2 + C_1 & \text{für} \quad r \leq a \\[2mm] \dfrac{q_V a^3}{3\varepsilon_0 r} + C_2 & \text{für} \quad r \geq a \end{cases}$$

und die Forderungen nach dem Verschwinden des Potentials für $r \to \infty$ und einem stetigen Übergang des Potentials bei $r = a$ liefern

$$\phi(r) = \frac{q_V a^2}{3\varepsilon_0} \begin{cases} \dfrac{3}{2} - \dfrac{1}{2}\left(\dfrac{r}{a}\right)^2 & \text{für} \quad r \leq a \\ a/r & \text{für} \quad r \geq a \end{cases}.$$

Befindet sich die Kugel außerhalb des Ursprungs, Abb. 3.7b, kann man für $r > d + a$ die Multipolentwicklung (3.20) verwenden. Der Monopolterm ist nach wie vor durch obige Gleichung für $r > a$ gegeben. Um den Dipolterm zu berechnen, drückt man $\boldsymbol{r}'$ durch $\boldsymbol{r}''$ aus

$$\boldsymbol{r}' = d\,\boldsymbol{e}_z + \boldsymbol{r}''$$

und integriert (3.23) über alle Punkte $\boldsymbol{r}''$

$$\boldsymbol{p}_e = q_V \int_V (d\,\boldsymbol{e}_z + \boldsymbol{r}'')\,\mathrm{d}V'' = q_V \left[d\,\boldsymbol{e}_z \int_V \mathrm{d}V'' + \int_V \boldsymbol{r}''\mathrm{d}V'' \right] = d\,\frac{4}{3}\pi a^3 q_V\,\boldsymbol{e}_z.$$

Dabei verschwindet das Integral über $\boldsymbol{r}''$, da es zu jedem $\boldsymbol{r}''$ einen entgegengesetzt gerichteten Vektor gibt.

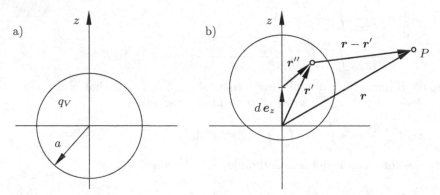

a) b)

Abb. 3.7. Kugelförmige, homogene Raumladung. **(a)** Im Ursprung und **(b)** außerhalb des Ursprungs

Beispiel 3.5. Unendlich lange Linienladung

Gesucht ist das Potential einer Linienladung. Das Potential lässt sich auf mehreren Wegen berechnen. Ein Weg ist die Integration des elektrischen Feldes einer Linienladung. Dazu verwenden wir das Ergebnis des Beispiels auf Seite 59 mit $q_L = \pi a^2 q_V$ und erhalten

$$E_\varrho = \frac{q_L}{2\pi\varepsilon_0\varrho}.$$

Integration liefert

$$\phi = -\int E_\varrho \mathrm{d}\varrho = -\frac{q_L}{2\pi\varepsilon_0}\ln\frac{\varrho}{\varrho_0}.$$

Man kann das Potential aber auch durch Integration über Punktladungen berechnen, Abb. 3.8. Da die Berechnung nicht so einfach ist, wollen wir uns mit einem kleinen Trick helfen. Wir berechnen zunächst die Potentialdifferenz zwischen den Punkten P und P_0 für eine Linienladung der Länge $2l$ und lassen anschließend l gegen unendlich gehen

$$\Delta\phi = \frac{q_L}{4\pi\varepsilon_0}\left[\int_{-l}^{l}\frac{\mathrm{d}z'}{\sqrt{z'^2+\varrho^2}} - \int_{-l}^{l}\frac{\mathrm{d}z'}{\sqrt{z'^2+\varrho_0^2}}\right].$$

Man erweitert die Integranden um auf die Form $f'(z')/f(z')$ zu kommen

$$\text{Integrand} = \frac{1}{z'+\sqrt{z'^2+\varrho^2}}\,\frac{z'+\sqrt{z'^2+\varrho^2}}{\sqrt{z'^2+\varrho^2}}$$

und integriert

$$\Delta\phi = \frac{q_L}{4\pi\varepsilon_0}\ln\left[\frac{l+\sqrt{l^2+\varrho^2}}{-l+\sqrt{l^2+\varrho^2}}\,\frac{-l+\sqrt{l^2+\varrho_0^2}}{l+\sqrt{l^2+\varrho_0^2}}\right]$$

$$= \frac{q_L}{2\pi\varepsilon_0}\ln\left[\frac{\varrho_0}{\varrho}\,\frac{l+\sqrt{l^2+\varrho^2}}{l+\sqrt{l^2+\varrho_0^2}}\right].$$

Dabei wurde die Beziehung

$$\left[\sqrt{l^2+\varrho^2}+l\right]\left[\sqrt{l^2+\varrho^2}-l\right]=\varrho^2$$

benutzt. Der Grenzübergang $l \to \infty$ ergibt das Potential der unendlich langen Linienladung

$$\boxed{\phi(\varrho) = -\frac{q_L}{2\pi\varepsilon_0}\ln\frac{\varrho}{\varrho_0}}.$$

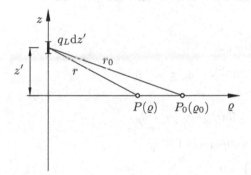

Abb. 3.8. Zur Berechnung des Potentials einer Linienladung

3.5 Laplace-, Poisson-Gleichung

Neben den oben erwähnten Vorteilen erlaubt das Potential auch die zwei vektoriellen Differentialgleichungen (3.1), (3.2) in eine skalare Differentialgleichung zweiter Ordnung zu überführen

$$\nabla \cdot \boldsymbol{E} = -\nabla \cdot \nabla\phi = \frac{q_V}{\varepsilon_0}$$

oder

$$\boxed{\nabla^2 \phi = -\frac{q_V}{\varepsilon_0}} \ . \tag{3.25}$$

Diese Gleichung heißt POISSON-*Gleichung*. In einem ladungsfreien Gebiet wird daraus die LAPLACE-*Gleichung*

$$\boxed{\nabla^2 \phi = 0} \ . \tag{3.26}$$

Beispiel 3.6. pn-Übergang

In einem pn-Übergang eines Halbleiters diffundieren die Überschußelektronen von dem n-dotierten Gebiet in die p-Region und die positiven Löcher des p-dotierten Gebietes diffundieren in die n-Region (Abb. 3.9). In guter Näherung kann man konstante Ladungsdichten $-en_n$ und en_p in den Gebieten annehmen. Die Schichtdicken seien d_n und d_p. Außerhalb des Raumladungsgebietes ist der Halbleiter nahezu neutral und das Potential konstant, d.h. das elektrische Feld ist null. Das Modell ist eindimensional und die POISSON-Gleichung (3.25) lautet

$$\nabla^2 \phi = \frac{d^2\phi(x)}{dx^2} = \frac{e}{\varepsilon} \begin{cases} n_n & \text{für} \quad -d_n \leq x \leq 0 \\ -n_p & \text{für} \quad 0 \leq x \leq d_p \end{cases} .$$

Einmalige Integration liefert das elektrische Feld

$$E_x = -\frac{d\phi}{dx} = -\frac{e}{\varepsilon} \begin{cases} n_n x + C_1 & \text{für} \quad -d_n \leq x \leq 0 \\ -n_p x + C_2 & \text{für} \quad 0 \leq x \leq d_p \end{cases} ,$$

welches außerhalb des Raumladungsgebietes verschwinden soll (kein Ladungsfluss), d.h.

$$C_1 = n_n d_n \quad , \quad C_2 = n_p d_p \ .$$

Eine weitere Integration ergibt das Potential

$$\phi = \frac{e}{\varepsilon} \begin{cases} n_n \left(\dfrac{x^2}{2} + d_n x \right) + C_3 & \text{für} \quad -d_n \leq x \leq 0 \\[2mm] -n_p \left(\dfrac{x^2}{2} - d_p x \right) + C_4 & \text{für} \quad 0 \leq x \leq d_p \end{cases} .$$

Wir legen willkürlich die p-Seite auf Nullpotential

$$\phi(x = -d_n) = \frac{e}{\varepsilon} \left(-\frac{1}{2} n_n d_n^2 + C_3 \right) = 0$$

und fordern einen stetigen Übergang von ϕ an der Stelle $x = 0$, d.h. $C_3 = C_4$. Da außerdem die diffundierten positiven und negativen Ladungen gleich sein müssen, $n_n d_n = n_p d_p$, damit der gesamte Halbleiter neutral ist, folgt schließlich

$$\phi(x) = \frac{e}{2\varepsilon} n_p d_p^2 \begin{cases} \dfrac{d_n}{d_p} + \dfrac{2x}{d_p} + \dfrac{x^2}{d_n d_p} & \text{für} \quad -d_n \leq x \leq 0 \\[3mm] \dfrac{d_n}{d_p} + \dfrac{2x}{d_p} - \dfrac{x^2}{d_p^2} & \text{für} \quad 0 \leq x \leq d_p \end{cases} .$$

Das von null auf $\frac{e}{2\varepsilon} n_p d_p^2 (1 + d_n/d_p)$ anwachsende Potential verhindert weiteres Diffundieren der Ladungsträger.

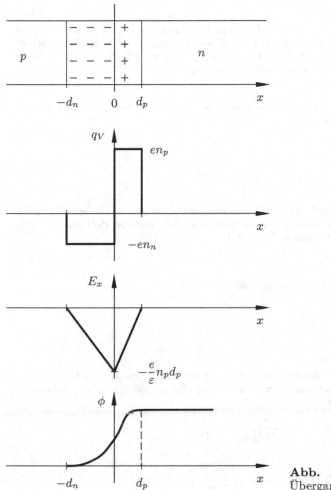

Abb. 3.9. Halbleiter pn-Übergang

Beispiel 3.7. DEBYEAbschirmung

Ein Kolloid ist eine Suspension von positiv geladenen, kleinen Teilchen in Wasser. Die Teilchen sind sehr groß im Vergleich zu Molekülen. Durch die Ladung stoßen sie sich gegenseitig ab und kleben nicht aneinander. Bringt man Salz in die Lösung, wird es sich dissoziieren. Die negativen Ionen werden von den kolloidalen Teilchen angezogen, die positiven abgestoßen.

Diesen Vorgang kann man näherungsweise mit der eindimensionalen POISSON-Gleichung beschreiben, da die kolloidalen Teilchen sehr viel größer als die Ionen sind und man ihre Oberfläche als ebene Wand ansehen kann.

Die Ionen mit den Ladungsdichten n_0 verteilen sich nun zu den Dichten n_+ und n_- und erzeugen eine Raumladung und die Frage ist, welche Ladungsverteilung und damit welches Potential stellt sich ein. Zur Berechnung benötigt man das BOLTZMANN-*Gesetz* aus der statistischen Mechanik,

$$w(x) = w_0 e^{-W(x)/kT} , \qquad (3.27)$$

welches die Wahrscheinlichkeit w für einen bestimmten Zustand angibt, wenn W die Energie in diesem Zustand ist, T die absolute Temperatur, k die BOLTZMANN-*Konstante* und wenn thermisches Gleichgewicht besteht. Man setzt nun W gleich der potentiellen Energie eines Ions der Ladung q

$$W(x) = q\phi(x)$$

und die Dichte $n(x)$ der Ladungen proportional zu ihrer Wahrscheinlichkeit. Somit lautet die Raumladung

$$q_V = qn_+ - qn_- = qn_0 e^{-q\phi/kT} - qn_0 e^{q\phi/kT}$$

und die POISSON-Gleichung

$$\frac{d^2\phi}{dx^2} = -\frac{qn_0}{\varepsilon_0} \left[e^{-q\phi/kT} - e^{q\phi/kT} \right] .$$

Die Gleichung lässt sich geschlossenen integrieren, aber der Einfachheit halber soll nur der Fall für hohe Temperaturen oder für niedrige Potentiale (dünne Lösungen) betrachtet werden. Dann gilt

$$e^{\pm q\phi/kT} \approx 1 \pm \frac{q\phi}{kT}$$

und aus der Differentialgleichung wird

$$\frac{d^2\phi}{dx^2} = 2\frac{q^2 n_0}{\varepsilon_0 kT}\phi = \frac{\phi}{D^2}$$

mit der Lösung

$$\phi = A e^{-x/D} + B e^{x/D} .$$

Die Konstante B ist zu null zu wählen, damit das Potential nicht aufklingt. Die Konstante A bestimmt man über die Oberflächenladung q_F des kolloidalen Teilchens (siehe (3.30))

$$\varepsilon_0 E_x(x = 0) = q_F = -\varepsilon_0 \left. \frac{d\phi}{dx} \right|_{x=0} = \varepsilon_0 \frac{A}{D}$$

und erhält

$$\phi(x) = \frac{q_F}{\varepsilon_0} D e^{-x/D} \quad \text{mit} \quad D = \sqrt{\frac{\varepsilon_0 kT}{2q^2 n_0}} .$$

D heißt DEBYE-*Länge* und ist ein Maß für die Dicke der Ionenschicht. Die Dicke der Ionenschicht nimmt ab mit zunehmender Ionenkonzentration oder abnehmender Temperatur. Ohne die Ionen wäre das elektrische Feld konstant $E_x = q_F/\varepsilon_0$, mit Ionen klingt es exponentiell ab. Die Ionen schirmen ab. Ist die Ionenschicht dünn genug, können die kolloidalen Teilchen zusammenkleben und aus der Suspension ausfallen. Zugabe von genügend Salz in die Lösung bewirkt also ein Ausfallen, genannt „Aussalzen".

Beispiel 3.8. Plasmafrequenz

Ein Plasma ist ein neutrales ionisiertes Gas aus Ionen und freien Elektronen. Die Ionen sind sehr viel schwerer als die Elektronen und werden als unbeweglich angesehen. Im ungestörten Gleichgewichtszustand sei n_0 die Dichte der Elektronen und, da das Gas neutral ist, auch die Dichte der Ionen.
Werden die Elektronen aus ihrem Gleichgewichtszustand verschoben, so wird sich ihre Dichte an bestimmten Stellen erhöhen und an anderen erniedrigen. Sie

werden eine elektrische Kraft in Richtung der ursprünglichen Position erfahren und beschleunigt werden. Aufgrund der gewonnenen kinetischen Energie schießen sie über die Ursprungsposition hinaus und der Prozess dreht sich um. Die Elektronen schwingen.

Der Einfachheit halber betrachten wir nur eine Dimension. Elektronen, die ursprünglich zwischen den Ebenen a und b waren, seien zum Zeitpunkt t um einen Betrag $s(x,t)$ verschoben und befinden sich zwischen den Ebenen a' und b' (Abb. 3.10).

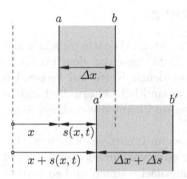

Abb. 3.10. Modell zur Erklärung von Plasmaschwingungen

Die Anzahl der Elektronen zwischen a und b ist proportional $n_0 \Delta x$. Dieselbe Anzahl ist jetzt zwischen $\Delta x + \Delta s$ und die Dichte ist

$$n = \frac{n_0 \Delta x}{\Delta x + \Delta s} = \frac{n_0}{1 + \Delta s/\Delta x} \approx n_0 \left(1 - \frac{\Delta s}{\Delta x}\right)$$

für kleine Änderungen. Die feststehenden Ionen haben die Dichte n_0 und die Ladung $+e$, somit ist die Gesamtladungsdichte

$$q_V = -e(n - n_0) \approx en_0 \frac{\mathrm{d}s}{\mathrm{d}x}\,.$$

Aus (3.2) folgt

$$\nabla \cdot \varepsilon_0 \boldsymbol{E} = q_V \quad \rightarrow \quad \frac{\partial E_x}{\partial x} = \frac{en_0}{\varepsilon_0} \frac{\mathrm{d}s}{\mathrm{d}x}$$

mit der Lösung

$$E_x = \frac{en_0}{\varepsilon_0} s + K\,,$$

wobei $K = 0$, da $E_x = 0$ für $s = 0$. Die Bewegungsgleichung für ein Elektron ist

$$m_e \frac{\mathrm{d}^2 s}{\mathrm{d}t^2} = -eE_x = -\frac{e^2 n_0}{\varepsilon_0} s$$

$$\frac{\mathrm{d}^2 s}{\mathrm{d}t^2} + \frac{e^2 n_0}{\varepsilon_0 m_e} s = 0\,.$$

Dies ist eine harmonische Schwingung mit der sogenannten *Plasmafrequenz*

$$\omega_P^2 = \frac{e^2 n_0}{\varepsilon_0 m_e}\,.$$

ω_P spielt eine wichtige Rolle bei der Ausbreitung von elektromagnetischen Wellen (siehe 19.3.2). Bei Frequenzen kleiner als ω_P können die Elektronen dem wechselnden elektrischen Feld folgen und das Plasma wirkt wie ein Spiegel. Eine einfallende Welle wird reflektiert. Ist hingegen die Frequenz größer als ω_P, so können die Elektronen aufgrund ihrer trägen Masse nicht mehr dem Feld folgen. Das Plasma wirkt wie ein Dielektrikum. Eine einfallende Welle dringt in das Plasma ein.

3.6 Leitende Körper. Randbedingungen

Bisher wurden Ladungen im freien Raum betrachtet. Als nächstes sollen metallische Leiter im Feld untersucht werden. Geht man von dem grob vereinfachten Atommodell mit einem positiv geladenen Kern und kreisenden Elektronen in verschiedenen Schalen aus, dann sind bei Leitern die Elektronen in den äußeren Schalen nur lose gebunden und können von einem Atom zum anderen wandern.

Wir nehmen zunächst an, es seien Ladungen im Innern eines Leiters. Diese erzeugen ein Feld, welches die Ladungen solange voneinander entfernt und verschiebt bis alle Ladungen auf der Leiteroberfläche sitzen und so verteilt sind, dass kein Feld mehr im Innern ist. Dasselbe passiert, wenn ein ungeladener Leiter in ein äußeres Feld gebracht wird. Somit gilt im Leiterinneren

$$\boldsymbol{E} = 0 \quad \text{und} \quad q_V = 0 . \tag{3.28}$$

Die Ladungsverteilung auf der Oberfläche hängt von deren Form und einem eventuell vorhandenen äußeren Feld ab. In jedem Fall kann keine tangentiale elektrische Feldkomponente vorhanden sein damit die Ladungen im Gleichgewicht sind. Das Feld auf der Oberfläche muss in Normalrichtung zeigen und die Leiteroberfläche muss eine Äquipotentialfläche sein

$$\boxed{\boldsymbol{n} \times \boldsymbol{E} = E_t \boldsymbol{n} \times \boldsymbol{e}_{E_t} = 0} \quad \text{und} \quad \phi = \text{const.} . \tag{3.29}$$

Die Bedingung (3.29) folgt auch aus der ersten Grundgleichung der Elektrostatik (3.1). Man wählt als Integrationsweg S einen kleinen Umlauf tangential zur Leiteroberfläche (Abb. 3.11a). Dann wird mit den Indices 1,2 für die Raumteile 1,2

$$\oint_S \boldsymbol{E} \cdot \mathrm{d}\boldsymbol{s} = 0 \quad \rightarrow \quad E_{t1} \Delta s - E_{t2} \Delta s = 0 .$$

Die Anteile über die Wege senkrecht zur Trennfläche verschwinden wegen $h \rightarrow 0$. Ferner ist nach (3.28) $E_{t2} = 0$ und es folgt die Randbedingung (3.29) für das Feld außerhalb des Leiters. Aus der zweiten Grundgleichung der Elektrostatik (3.2) lässt sich eine Bedingung für die Normalkomponente des elektrischen Feldes ableiten. Dazu legt man zunächst die Normalenrichtung als senkrecht auf der Leiteroberfläche stehend fest (oder von Raumteil 2 nach 1 zeigend). Als Integrationsvolumen wird ein kleiner Zylinder senkrecht zur Trennfläche (Abb. 3.11b) gewählt. Dann wird

$$\oint_O \varepsilon_0 \boldsymbol{E} \cdot \mathrm{d}\boldsymbol{F} = \int_V q_V \, \mathrm{d}V \quad \rightarrow \quad \varepsilon_0 E_{n1} \Delta O - \varepsilon_0 E_{n2} \Delta O = q_F \Delta O \; ,$$

da das Integral über die Mantelfläche des Zylinders wegen $h \to 0$ verschwindet und keine Raumladung q_V vorhanden ist, sondern nur eine Flächenladung q_F auf der Leiteroberfläche. Verwendet man ferner (3.28), d.h. $E_{n2} = 0$, so wird schließlich

$$\boxed{\varepsilon_0 E_{n1} = q_F} \; . \tag{3.30}$$

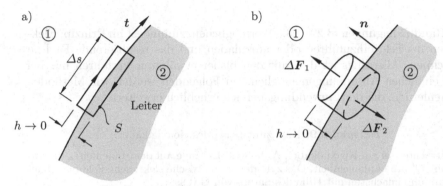

a)

b)

Abb. 3.11. (a) Weg S für das Umlaufintegral. **(b)** Oberfläche O für das Oberflächenintegral

Aus der Tatsache, dass leitende Flächen und dünne leitende Folien Äquipotentialflächen darstellen, (3.29), kann folgende Aussage abgeleitet werden:

> Ein elektrostatisches Feld mit Potential $\phi(\boldsymbol{r})$ erfährt keine Änderung, wenn eine Äquipotentialfläche $\phi(\boldsymbol{r}) = \phi_0$ in einem Bereich F als leitende, auf dem Potential ϕ_0 befindliche Folie ausgeführt wird.

Ein weiteres interessantes Ergebnis folgt aus (3.28) und (3.30):

> Ein einfach zusammenhängender Hohlraum in einem Leiter ist feldfrei und es treten keine Oberflächenladungen auf.

Den Beweis kann man leicht mit (3.1) und dem in Abb. 3.12 gezeigten Weg führen. Es ist

$$\oint_S \boldsymbol{E} \cdot \mathrm{d}\boldsymbol{s} = \int_{S_1} \boldsymbol{E}_1 \cdot \mathrm{d}\boldsymbol{s} + \int_{S_2} \boldsymbol{E}_2 \cdot \mathrm{d}\boldsymbol{s} = 0$$

und da wegen (3.28) $\boldsymbol{E}_2 = 0$, muss auch das Integral über S_1 verschwinden. Das Integral ist aber wegunabhängig und kann nur verschwinden, wenn $\boldsymbol{E}_1 = 0$ und somit $q_F = 0$. Ein Hohlraum in einem Leiter kann kein elektrisches Feld besitzen. Der Leiter schirmt ab.

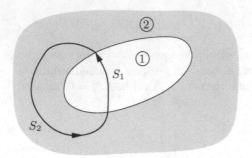

Abb. 3.12. Einfach zusammenhän-
gender Hohlraum im Leiter

Die Randbedingungen (3.29), (3.30) ermöglichen, zumindest im Prinzip, Elektroden ins Feld einzuführen oder aufzuladen und das resultierende Feld zu
berechnen. Allerdings ist dies mit den bisher erwähnten Verfahren nur bei
sehr einfachen Anordnungen möglich. Im Folgenden werden wir Methoden
kennenlernen, die den Anwendungsbereich erheblich erweitern.

Beispiel 3.9. Kapazitätsbelag des Koaxialkabels

Betrachtet sei ein Koaxialkabel, Abb. 3.13. Es trage auf dem Innenleiter die Ladung Q' pro Längeneinheit. Das zylindersymmetrische elektrische Feld berechnet
man am einfachsten mit Hilfe des Satzes von GAUSS

$$\oint \varepsilon_0 \boldsymbol{E} \cdot \mathrm{d}\boldsymbol{F} = \varepsilon_0 E_\varrho \oint \mathrm{d}F = \varepsilon_0 E_\varrho 2\pi \varrho \, \Delta z = Q' \Delta z \quad \rightarrow \quad E_\varrho = \frac{Q'}{2\pi\varepsilon_0 \varrho} \, .$$

Die Spannung ergibt sich dann aus dem Wegintegral

$$U = \int_a^b E_\varrho \mathrm{d}\varrho = \frac{Q'}{2\pi\varepsilon_0} \ln \frac{b}{a} \, .$$

Somit ist die Kapazität pro Längeneinheit (Kapazitätsbelag)

$$C' = \frac{Q'}{U} = \frac{2\pi\varepsilon_0}{\ln b/a} \, .$$

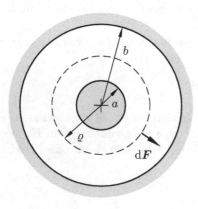

Abb. 3.13. Koaxialkabel mit Integrations-
oberfläche

3.7 Spiegelungsmethode

Außer bei Leiteroberflächen, die Koordinatenflächen darstellen, ist noch nicht klar, wie man die Randbedingungen erfüllen kann. Eine sehr einfache Methode, die allerdings auf relativ wenige und einfache Probleme beschränkt ist, ist die von LORD KELVIN[1] 1848 eingeführte *Spiegelungsmethode*. Sie erklärt sich am einfachsten am Beispiel einer Punktladung vor einem leitenden Halbraum, Abb. 3.14. Das Feld der Punktladung im freien Raum ist radial gerichtet und erfüllt nicht die Randbedingungen auf dem Leiter. Es müssen Oberflächenladungen influenziert werden so, dass die Überlagerung der Felder der Punktladung und der Oberflächenladungen die Randbedingungen erfüllen. Die Berechnung der Oberflächenladungen ist im Allgemeinen nicht einfach. Bei dem vorliegenden Beispiel hingegen ist aus Symmetriegründen klar, dass die „gedachte" zweite Ladung $-Q$ an der Stelle $z = -a$ in der Ebene $z = 0$ ein Feld erzeugt, das die negativ gleiche Tangentialkomponente besitzt wie das Feld der ursprünglichen Ladung. Diese „gedachte" Ladung heißt *Spiegelladung*, da sie am Leiter gespiegelt wurde.

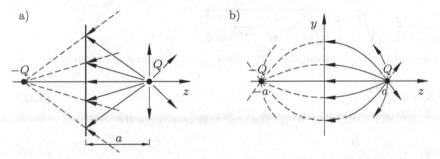

Abb. 3.14. Zur Spiegelungsmethode. **(a)** Punktladung vor leitendem Halbraum. **(b)** Ersatzladungsanordnung und elektrische Feldlinien

Formal setzt man im Raumteil außerhalb des Leiters das Primärpotential der ursprünglichen Ladung an plus ein Sekundärpotential einer unbekannten Ladung im Spiegelungspunkt

$$\phi = \phi_0(z_0 = a) + \alpha\phi_0(z_0 = -a) \quad \text{mit} \quad \phi_0 = \frac{Q}{4\pi\varepsilon_0|\boldsymbol{r} - \boldsymbol{r}_0|} \ . \tag{3.31}$$

Im Leiter verschwindet das Feld. Die Konstante α folgt aus der Randbedingung

$$\phi(x, y, z = 0) = 0 = \frac{Q}{4\pi\varepsilon_0\sqrt{x^2 + y^2 + a^2}}(1 + \alpha)$$

zu

---

[1] ursprünglicher Name WILLIAM THOMSON

$$\alpha = -1 \, , \tag{3.32}$$

was in dem Beispiel offensichtlich ist. Zur Berechnung des Feldes im Gebiet $z \geq 0$ ersetzt man nun die Anordnung „Ladung vor Halbraum" durch zwei Ersatzladungen, Abb. 3.14b.

In anderen Anordnungen muss der Ort und Wert der Spiegelladung erst gefunden werden. Dies ist nur bei relativ einfachen Problemen möglich. In manchen Aufgaben ist der Leiter isoliert und geladen mit Potential V_0. Dann muss eine Spiegelladung angesetzt werden, die das Potential $\phi = 0$ auf der Oberfläche erzeugt, plus eine zweite Ladung, die ein konstantes Potential V_0 auf der Oberfläche erzeugt.

Als zweite Anordnung sei eine Punktladung vor einer leitenden, geerde-ten Kugel betrachtet, Abb. 3.15. Der Ort der Spiegelladung liegt, wegen der Rotationssymmetrie, auf der Linie Mittelpunkt-Punktladung. Entsprechend (3.31) setzt man an

$$\phi(\boldsymbol{r}) = \frac{Q}{4\pi\varepsilon_0} \left(\frac{1}{r_1} - \frac{\alpha}{r_2} \right) \quad \text{mit} \quad r_i^2 = r^2 + s_i^2 - 2rs_i \cos\vartheta \, , \ i = 1,2 \, .$$

Auf der Kugeloberfläche $r = R$ muss das Potential verschwinden

$$\alpha = \frac{r_2}{r_1} = \sqrt{\frac{s_2}{s_1}} \, \frac{\sqrt{R^2/s_2 + s_2 - 2R\cos\vartheta}}{\sqrt{R^2/s_1 + s_1 - 2R\cos\vartheta}} \, .$$

Dies muss für alle ϑ gelten, d.h. der zweite Quotient muss konstant sein, was für

$$R = \sqrt{s_1 s_2} \tag{3.33}$$

gerade erfüllt ist und den Wert eins ergibt. Somit verbleibt

$$\alpha = \sqrt{\frac{s_2}{s_1}} = \frac{R}{s_1} \, . \tag{3.34}$$

Die Spiegelladung befindet sich im Abstand $s_2 = R^2/s_1$ und hat den Wert $-RQ/s_1$.

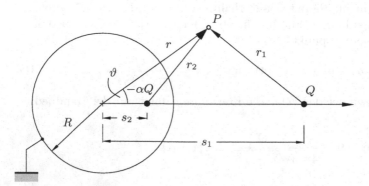

Abb. 3.15. Punktladung vor geerdeter, leitender Kugel

Bei beliebigen Ladungsverteilungen zerlegt man diese in differentielle Ladungen („Punktladungen") und wendet darauf die Spiegelungsmethode an. Diese verwendet im allgemeinen Fall das Primärpotential der anregenden Ladung, ein erstes Sekundärpotential um aus der Leiteroberfläche eine Äquipotentialfläche zu machen und ein eventuelles zweites Sekundärpotential, welches die Äquipotentialfläche nicht stört, um im Falle eines isolierten Leiters diesen zu neutralisieren

$$\boxed{\phi = \phi^p + \phi^{s1} + \phi^{s2}} \,.$$ (3.35)

Hierbei ist

$$\phi^p = \phi_0(\boldsymbol{r} - \boldsymbol{r}_0) \quad , \quad \phi^{s1} = \alpha\phi_0(\boldsymbol{r} - \boldsymbol{r}_{s1}) \quad , \quad \phi^{s2} = -\alpha\phi_0(\boldsymbol{r} - \boldsymbol{r}_{s2})$$

mit $\boldsymbol{r}_0$, $\boldsymbol{r}_{s1}$, $\boldsymbol{r}_{s2}$ dem Ort der anregenden Punktladung Q, der Spiegelladung αQ bzw. der eventuellen Kompensationsladung $-\alpha Q$. ϕ_0 ist das Potential einer Punktladung im freien Raum.

Beispiel 3.10. Spiegelung an zwei leitenden Ebenen

Eine Ladungsverteilung mit dem Potential $\phi^p(\boldsymbol{r})$ im freien Raum befindet sich zwischen zwei leitenden Ebenen, Abb. 3.16.
Wegen des Prinzips (3.35) und den im Bild angezeigten Spiegelpunkten liegt es nahe, die Lösung

$$\phi(x,y,z) = \sum_{n=-\infty}^{\infty} [\phi^p(x,y,2na + z) - \phi^p(x,y,2na - z)]$$

zu wählen. Da ϕ^p eine Lösung der POISSON-Gleichung ist, erfüllt auch die Summe die Gleichung. Desweiteren ist direkt ersichtlich, dass die Randbedingung $\phi(z = 0) = 0$ erfüllt ist. Die Randbedingung bei $z = a$ erfordert

$$\sum_n \phi^p(x,y,(2n + 1)a) = \sum_n \phi^p(x,y,(2n - 1)a) \,,$$

was ebenfalls erfüllt ist, da die rechte Seite nach Ersetzen von n durch $n + 1$ in die linke übergeht. Damit ist die Richtigkeit der Lösung nachgewiesen.

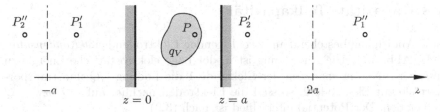

Abb. 3.16. Beliebige Ladungsverteilung zwischen zwei leitenden Ebenen

Beispiel 3.11. Linienladung vor geerdetem Zylinder

Eine Linienladung befindet sich vor einem geerdeten leitenden Kreiszylinder parallel zur Zylinderachse. Die geometrischen Zusammenhänge sind wie in Abb. 3.15. Offensichtlich muss die gespiegelte Linienladung ebenfalls parallel zur Zylinderachse sein und auf der Verbindungsgeraden Mittelpunkt-Linienladung liegen. Unter Benutzung des Potentials einer Linienladung im freien Raum (siehe Beispiel auf Seite 66) lautet das Potential

$$\phi(x,y) = -\frac{q_L}{2\pi\varepsilon_0}\left[\ln\frac{r_1}{r_{01}} - \alpha\ln\frac{r_2}{r_{02}}\right] ,$$

wobei r_{01} und r_{02} zunächst noch unbestimmte Referenzradien sind. Auf der Zylinderoberfläche $r = R$ muss das Potential verschwinden.

$$\ln\frac{r_1}{r_{01}} = \alpha\ln\frac{r_2}{r_{02}}$$

oder

$$\frac{r_1}{r_{01}} = \left(\frac{r_2}{r_{02}}\right)^\alpha \quad\rightarrow\quad \frac{r_{02}^\alpha}{r_{01}}\frac{\left(R^2 + s_1^2 - 2Rs_1\cos\vartheta\right)^{1/2}}{\left(R^2 + s_2^2 - 2Rs_2\cos\vartheta\right)^{\alpha/2}} = 1 .$$

Die Gleichung kann für alle ϑ nur erfüllt werden, wenn

$$\alpha = 1 \quad\text{und}\quad R^2 = s_1 s_2 .$$

Für die Referenzradien ergibt sich dann

$$r_{02} = \frac{s_2}{R}\,r_{01} .$$

Die gespiegelte Linienladung ist negativ gleich der ursprünglichen und ihr Abstand von der Zylinderachse ist $s_2 = R^2/s_1$. Das Potential im Außenraum des Zylinders lautet

$$\phi(r,\vartheta) = -\frac{q_L}{2\pi\varepsilon_0}\ln\left[\frac{s_2}{R}\sqrt{\frac{r^2 + s_1^2 - 2rs_1\cos\vartheta}{r^2 + s_2^2 - 2rs_2\cos\vartheta}}\right] .$$

Erwähnenswert ist noch, dass die Äquipotentialflächen zweier negativ gleich großer Linienladungen Kreiszylinder sind, deren Schnitt in einer Ebene $z = $ const. sogenannte APOLLONIUS-*Kreise* gibt. Dies sind Kreise mit konstanten Abstandsverhältnissen r_1/r_2.

3.8 Kapazität. Teilkapazität

Eine Anordnung bestehend aus zwei leitenden Elektroden heißt *Kondensator*, siehe Abb. 3.17. Die Anordnung ist in der Lage elektrostatische Energie zu speichern. Nimmt man von der Elektrode 1 die Ladung $-Q$ und transportiert sie zur Elektrode 2, so sind die Elektroden nachher auf $+Q$ bzw. $-Q$ aufgeladen. Der Potentialunterschied ist nach (3.9)

$$\int_1^2 \boldsymbol{E}\cdot\mathrm{d}\boldsymbol{s} = -\int_1^2 \nabla\phi\cdot\mathrm{d}\boldsymbol{s} = \int_2^1 \mathrm{d}\phi = \phi_1 - \phi_2 = U . \tag{3.36}$$

Andererseits ist die Ladung auf dem Leiter 1 nach (3.30)

$$Q = \oint_{O_1} q_F \mathrm{d}F = \oint_{O_1} \varepsilon_0 E_{n1} \mathrm{d}F = \varepsilon_0 \oint_{O_1} \boldsymbol{E} \cdot \mathrm{d}\boldsymbol{F} = -\varepsilon_0 \oint_{O_1} \nabla\phi \cdot \mathrm{d}\boldsymbol{F}$$

$$= -\varepsilon_0 \oint_{O_1} \frac{\partial\phi}{\partial n} \mathrm{d}F \,, \tag{3.37}$$

d.h. die Ladung berechnet sich aus der Normalableitung des Potentials. Da ϕ der linearen LAPLACE-Gleichung genügt, kann man es skalieren, $\lambda\phi$, und die Ladung auf der Elektrode skaliert entsprechend, λQ. Die Ladung ist proportional dem Potential und somit auch der Potentialdifferenz zwischen den Leitern. Die Proportionalitätskonstante heißt *Kapazität*

$$Q = CU \tag{3.38}$$

mit $\boxed{C = \varepsilon_0 \dfrac{\oint_{O_1} \frac{\partial\phi}{\partial n} \mathrm{d}F}{\phi_2 - \phi_1}}$. $\tag{3.39}$

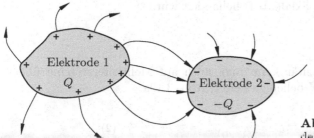

Abb. 3.17. Zwei Elektroden als Kondensator

Die in dem Kondensator gespeicherte Energie berechnet sich aus der beim Aufladen auf die Spannung U aufgewendeten Arbeit. Dazu betrachtet man einen beliebigen Zustand mit der Spannung U' und der Ladung Q'. Nun bringt man eine infinitesimale Ladung $\mathrm{d}Q'$ von der Elektrode 1 zur Elektrode 2. Dabei ist die Arbeit

$$\mathrm{d}A' = U'\mathrm{d}Q'$$

aufzuwenden. Einsetzen von (3.38) und integrieren von $Q' = 0$ bis $Q' = Q$ ergibt die gesamte aufzuwendende Arbeit

$$A = \int_0^A \mathrm{d}A' = \frac{1}{C}\int_0^Q Q'\mathrm{d}Q' = \frac{Q^2}{2C} = \frac{1}{2}CU^2 = \frac{1}{2}QU \,, \tag{3.40}$$

welche im Kondensator als elektrostatische Energie gespeichert ist.

Der einfachste Kondensator ist der Plattenkondensator, Abb. 3.18. Die am Rand der Platten auftretende Feldkrümmung ist für $a, b \gg d$ vernachlässigbar und man nimmt im Innern ein homogenes Feld an.

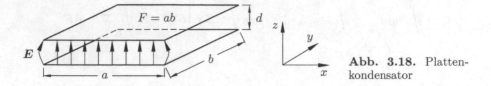

Abb. 3.18. Platten-
kondensator

Damit wird die LAPLACE-Gleichung eindimensional

$$\mathrm{d}^2\phi/\mathrm{d}z^2 = 0$$

mit der Lösung

$$\phi(z) = Az + B \quad , \quad \mathrm{d}\phi/\mathrm{d}n = \mathrm{d}\phi/\mathrm{d}z = A \,.$$

Einsetzen in (3.39) gibt die bekannte Formel

$$C = \varepsilon_0 \frac{AF}{Ad + B - B} = \frac{\varepsilon_0 F}{d} \,. \tag{3.41}$$

Ein anderer wichtiger Kondensator ist der *Zylinderkondensator*, der schon im Beispiel auf Seite 74 (Koaxialkabel) behandelt wurde.

Mehrleitersysteme

Das Konzept der Kapazität kann man auch auf Mehrleitersysteme über-tragen. Gegeben seien N beliebige Leiter, Abb. 3.19a.

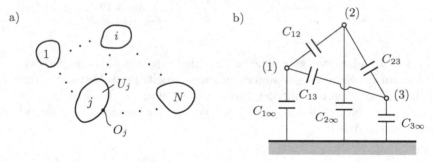

Abb. 3.19. Mehrleitersystem. **(a)** N beliebige Leiter. **(b)** Teilkapazitäten zwischen den Elektroden

Das Potential der Gesamtanordnung genügt der LAPLACE-Gleichung mit den Randwerten U_j auf dem j-ten Leiter

$$\nabla^2\phi = 0 \quad \text{mit} \quad \phi(\boldsymbol{r}_j) = U_j \quad , \quad j = 1, 2, \ldots, N \,. \tag{3.42}$$

Wegen der Linearität von (3.42) kann die Lösung als Überlagerung von Teil-lösungen ϕ_j angegeben werden, welche den Potentialwert U_j auf dem j-ten Leiter haben, während alle anderen Leiter geerdet sind

$$\phi = \sum_{j=1}^{N} \phi_j \quad \text{mit} \quad \phi_j = \begin{cases} U_j & \text{auf Leiter } j \\ 0 & \text{auf den Leitern } i \neq j, \\ & i = 1, 2, \dots, N . \end{cases} \qquad (3.43)$$

Jedes ϕ_j genügt der LAPLACE-Gleichung. Es verursacht eine Ladung auf dem i-ten Leiter entsprechend (3.37) von

$$q_{ij} = -\varepsilon_0 \oint_{O_i} \frac{\partial \phi_j}{\partial n} \, \mathrm{d}F = -\frac{\varepsilon_0}{U_j} \oint_{O_i} \frac{\partial \phi_j}{\partial n} \, \mathrm{d}F \, U_j .$$

Der Faktor von U_j ist proportional zu $\phi_j(\boldsymbol{r}_i)/\phi_j(\boldsymbol{r}_j)$ =const. und somit insgesamt eine Konstante c_{ij}

$$q_{ij} = -c_{ij} U_j .$$

Die gesamte Ladung Q_i auf dem i-ten Leiter, die sich aus der Überlagerung der Potentiale ϕ_j ergibt, ist

$$Q_i = \sum_j q_{ij} = - \sum_j c_{ij} U_j . \qquad (3.44)$$

An dieser Stelle ist es schwer die physikalische Bedeutung der Koeffizienten c_{ij} zu erkennen. Man addiert daher zu (3.44) die Identität

$$0 = \sum_{\substack{j=1 \\ j \neq i}}^{N} c_{ij} U_i - \sum_{\substack{j=1 \\ j \neq i}}^{N} c_{ij} U_i$$

und erhält

$$Q_i = \sum_{\substack{j=1 \\ j \neq i}}^{N} c_{ij}(U_i - U_j) + \sum_{j=1}^{N}(-c_{ij}U_i) = \sum_{\substack{j=1 \\ j \neq i}}^{N} C_{ij}(U_i - U_j) + C_{i\infty}U_i ,$$

$$(3.45)$$

wobei $C_{ij} = c_{ij}$ und $C_{i\infty} = -\sum_j c_{ij}$.

Die Koeffizienten C_{ij} heißen *Teilkapazitäten* und sie stellen die Kapazität zwischen den Leitern i und j dar. Für $i \neq j$ nennt man sie auch *Gegenkapazität*, da sie den Teil des elektrischen Flusses, der die Leiter i und j verbindet, mit der Potentialdifferenz $U_i - U_j$ verknüpfen. Entsprechend stellt $C_{i\infty}U_i$ den vom i-ten Leiter ins Unendliche gehenden Fluss dar, denn mit $U_\infty = 0$ stellt $C_{i\infty}(U_i - U_\infty)$ den Fluss dar, welcher den Leiter i mit der Erde verknüpft. Das Mehrleitersystem kann durch eine Ersatzschaltung dargestellt werden, wie z.B. für drei Leiter in Abb. 3.19b.

Bemerkenswert ist, dass die Teilkapazitäten symmetrisch sind

$$C_{ij} = C_{ji} . \qquad (3.46)$$

Das bedeutet, wenn der Leiter i das Potential U_0 hat, und der Leiter j geerdet ist, wird sich auf letzterem eine Ladung Q_0 einstellen. Dieselbe Ladung

Q_0 wird auf Leiter i induziert, wenn dieser geerdet ist und Leiter j auf dem Potential U_0 liegt. Zum Beweis betrachtet man zwei Zustände mit den Potentialen ϕ und ϕ'. Der zweite GREEN'sche Satz (1.74) verknüpft die beiden Zustände zu

$$0 = \oint_O [\phi \nabla \phi' - \phi' \nabla \phi] \cdot d\mathbf{F} = \sum_{i=1}^{N} \oint_{O_i} [\phi \nabla \phi' - \phi' \nabla \phi] \cdot d\mathbf{F}$$

$$= \sum_{i=1}^{N} \oint_{O_i} \left[\phi \frac{\partial \phi'}{\partial n} - \phi' \frac{\partial \phi}{\partial n} \right] dF$$

$$= \sum_{i=1}^{N} \left\{ U_i \oint_{O_i} \frac{\partial \phi'}{\partial n} dF - U_i' \oint_{O_i} \frac{\partial \phi}{\partial n} dF \right\}$$

$$= -\frac{1}{\varepsilon_0} \sum_{i=1}^{N} [U_i Q_i' - U_i' Q_i] \ . \tag{3.47}$$

Dabei wurde $\nabla^2 \phi = 0$ und $\nabla^2 \phi' = 0$ berücksichtigt. Den ersten Zustand wählt man nun so, dass der i-te Leiter auf U aufgeladen sei und alle anderen Leiter seien geerdet, und im zweiten Zustand sei der j-te Leiter auf U aufgeladen und die anderen Leiter geerdet. Dann verbleibt von der Summe (3.47)

$$U Q_i' = U Q_j \ ,$$

und da wegen (3.44)

$$Q_i' = -c_{ij} U \quad , \quad Q_j = -c_{ji} U$$

folgt

$$c_{ij} = c_{ji} \quad \text{und somit auch} \quad C_{ij} = C_{ji} \quad \text{q.e.d.}$$

Die Symmetrie der Teilkapazitäten verursacht auch eine Symmetrie in den Potentialen. Wenn man (3.44) invertiert, erhält man

$$U_i = \sum_j p_{ij} Q_j$$

mit den *Potentialkoeffizienten* p_{ij}. Auch diese sind symmetrisch

$$p_{ij} = p_{ji} \ , \tag{3.48}$$

da die Matrix c_{ij} symmetrisch ist und die Inverse einer symmetrischen Matrix wieder symmetrisch ist. Dies bedeutet, wenn man auf den Leiter i die Ladung Q_0 bringt und alle anderen Leiter ungeladen sind, dann stellt sich auf dem Leiter j ein Potential U_0 ein. Dasselbe Potential wird der Leiter i tragen, wenn Leiter j mit Q_0 aufgeladen wird und alle anderen Leiter ungeladen sind.

Aus der Symmetrie der Teilkapazitäten folgt ein Theorem:

Es soll δW_Q die Änderung der elektrostatischen Energie eines Mehrleitersystems bezeichnen, wenn die Leiter leicht verschoben werden, wobei die Ladungen konstant bleiben sollen. δW_ϕ bezeichnet die Änderung der elektrostatischen Energie, wenn dieselbe Verschiebung der Leiter stattfindet aber die Potentiale konstant bleiben. Dann ist

$$\delta W_Q = -\delta W_\phi \ . \tag{3.49}$$

Zum Beweis verwenden wir (3.40) und erhalten zusammen mit (3.44) für die Energie des Mehrleitersystems

$$W = \frac{1}{2} \sum_i Q_i U_i = -\frac{1}{2} \sum_{i,j} c_{ij} U_i U_j \ , \tag{3.50}$$

wobei die rechte Seite eine Doppelsumme darstellen soll. Der Fall konstanten Potentials liefert

$$\delta W_\phi = -\frac{1}{2} \sum_{i,j} (\delta c_{ij}) U_i U_j \ . \tag{3.51}$$

Der Fall mit konstanter Ladung ergibt

$$\delta W_Q = -\frac{1}{2} \sum_{i,j} (\delta c_{ij}) U_i U_j - \frac{1}{2} \sum_{i,j} c_{ij} (\delta U_i) U_j - \frac{1}{2} \sum_{i,j} c_{ij} U_i (\delta U_j) \tag{3.52}$$

und mit (3.44)

$$\delta Q_i = 0 = -\sum_j (\delta c_{ij}) U_j - \sum_j c_{ij} (\delta U_j) \ . \tag{3.53}$$

Vertauscht man die Indices im letzten Term von (3.52) und benutzt $c_{ij} = c_{ji}$, erkennt man, dass die beiden letzten Terme gleich sind

$$\delta W_Q = -\frac{1}{2} \sum_{i,j} (\delta c_{ij}) U_i U_j - \sum_{i,j} c_{ij} U_i (\delta U_j) \ .$$

Einsetzen von (3.53) und Vergleich mit (3.51) liefert

$$\delta W_Q = -\frac{1}{2} \sum_{i,j} (\delta c_{ij}) U_i U_j + \sum_{i,j} (\delta c_{ij}) U_i U_j = \frac{1}{2} \sum_{i,j} (\delta c_{ij}) U_i U_j = -\delta W_\phi \ .$$

Das Theorem (3.49) hat eine interessante physikalische Konsequenz. Zunächst nehmen wir an, das Mehrleitersystem sei geladen und die Leiter isoliert, so dass die Ladungen bei der Verschiebung konstant bleiben. Wenn δW_Q positiv ist, müssen wir bei der Verschiebung die Arbeit δW_Q gegen die elektrostatischen Kräfte aufwenden. Jetzt verbindet man die Leiter mit Batterien, die die Potentiale konstant halten und erhält bei der Verschiebung die Energieänderung δW_ϕ. Die Kräfte aber sind dieselben wie vorher, da sie nur von den Ladungen und Positionen der Leiter abhängen. D.h. die verrichtete mechanische Arbeit ist dieselbe wie vorher. Da ein positives δW_Q ein gleich großes negatives δW_ϕ impliziert, wird also die Energie $2\delta W_Q$ in die Batterien gesteckt.

Beispiel 3.12. Doppelleitung über Erde

Zwei dünne Leiter befinden sich über Erde, Abb. 3.20. Gesucht sind die Teilkapazitäten pro Längeneinheit, wenn $d \gg a$ gilt.

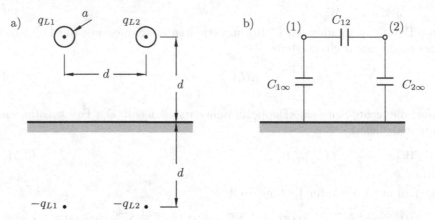

Abb. 3.20. Zwei parallele Drähte über Erde. **(a)** Geometrische Anordnung mit Ersatzlinienladungen und Spiegelladungen. **(b)** Ersatzschaltbild

Zur Berechnung des Potentials ersetzt man die Drähte durch Linienladungen auf der Achse des Drahtes. Spiegelung der Linienladungen erzwingt $\phi = 0$ auf der Erde. Mit der Gleichung für das Potential einer Linienladung, siehe Beispiel auf Seite 66, lauten die Potentiale auf den Drähten

$$2\pi\varepsilon_0\phi_1 = -q_{L1}\left[\ln a - \ln(2d-a)\right] - q_{L2}\left[\ln(d-a) - \ln(\sqrt{5}d-a)\right]$$

$$\approx -q_{L1}\ln\frac{a}{2d} + q_{L2}\ln\sqrt{5}$$

$$2\pi\varepsilon_0\phi_2 = -q_{L2}\left[\ln a - \ln(2d-a)\right] - q_{L1}\left[\ln(d-a) - \ln(\sqrt{5}d-a)\right]$$

$$\approx -q_{L2}\ln\frac{a}{2d} + q_{L1}\ln\sqrt{5}\,.$$

Man löst die Gleichungen nach $q_{L1,2}$ auf

$$q_{L1} = \frac{2\pi\varepsilon_0}{\left(\ln(2d/a)\right)^2 - \left(\ln\sqrt{5}\right)^2}\left[\ln\frac{2d}{a}\phi_1 - \ln\sqrt{5}\,\phi_2\right]$$

$$q_{L2} = \frac{2\pi\varepsilon_0}{\left(\ln(2d/a)\right)^2 - \left(\ln\sqrt{5}\right)^2}\left[-\ln\sqrt{5}\,\phi_1 + \ln\frac{2d}{a}\phi_2\right]$$

und findet durch Vergleich mit (3.45)

$$C'_{12} = C'_{21} = \frac{2\pi\varepsilon_0\ln\sqrt{5}}{\left(\ln(2d/a)\right)^2 - \left(\ln\sqrt{5}\right)^2}$$

$$C'_{1\infty} = C'_{2\infty} = 2\pi\varepsilon_0\frac{\ln(2d/a) - \ln\sqrt{5}}{\left(\ln(2d/a)\right)^2 - \left(\ln\sqrt{5}\right)^2}\,.$$

Die Ersatzschaltung ist in Abb. 3.20b gezeigt.

Zusammenfassung

Grundlegende Gleichungen

$$\oint_S \boldsymbol{E} \cdot \mathrm{d}\boldsymbol{s} = 0 \qquad\qquad \nabla \times \boldsymbol{E} = 0$$

$$\rightarrow$$

$$\oint_O \varepsilon_0 \boldsymbol{E} \cdot \mathrm{d}\boldsymbol{F} = \int_V q_V \, \mathrm{d}V \qquad \nabla \cdot (\varepsilon_0 \boldsymbol{E}) = q_V$$

Feld einer Punktladung

$$\boldsymbol{E} = \frac{Q}{4\pi\varepsilon_0 r^2} \, \boldsymbol{e}_r$$

Kraft auf eine Punktladung im Feld

$$\boldsymbol{K} = Q\boldsymbol{E}$$

Elektrisches Skalarpotential

$$\boldsymbol{E} - -\nabla\phi$$

$$\nabla^2\phi = -\frac{q_V}{\varepsilon_0} \quad \rightarrow \quad \phi(\boldsymbol{r}) = \frac{1}{4\pi\varepsilon_0} \int_V \frac{q_V(\boldsymbol{r}')}{|\boldsymbol{r} - \boldsymbol{r}'|} \, \mathrm{d}V'$$

Elektrischer Dipol

$$\phi = \frac{\boldsymbol{p}_e \cdot \boldsymbol{e}_r}{4\pi\varepsilon_0 r^2} \quad , \quad \boldsymbol{p}_e = \Delta z \, Q_0 \, \boldsymbol{e}_z$$

Randbedingungen auf leitenden Flächen

$$E_t = 0 \quad , \quad \varepsilon_0 E_n = q_F$$

Berücksichtigung leitender Elektroden im Feld

– als Randbedingung für POISSON-, LAPLACE-Gleichung (siehe Kapitel 6)
– durch Spiegelungsmethode.

Kapazität zwischen zwei leitenden Körpern

$$C = \varepsilon_0 \frac{\oint_{O_1} \partial\phi/\partial n \, \mathrm{d}F}{\phi_2 - \phi_1}$$

Fragen zur Prüfung des Verständnisses

3.1 Zwei positive Punktladungen Q befinden sich in den Punkten $(-a, 0, 0)$ und $(a, 0, 0)$. Wie groß ist das elektrische Feld im Punkt $(0, a, 0)$?

3.2 Eine dünnwandige, leitende Hohlkugel mit Radius R trage eine Ladung Q. Wie groß ist das elektrische Feld innerhalb und außerhalb der Kugel?

3.3 Um eine positive Ladung Q im elektrischen Feld vom Punkt S_1 nach S_2 zu bewegen, muss eine Arbeit W verrichtet werden. Drücke W durch das Potential aus.

3.4 Welche Richtung hat der elektrische Feldvektor auf einer Äquipotentialfläche?

3.5 Durch eine spezielle Anordnung wird in einem Raumgebiet V ein konstantes Potential erzeugt. Wie groß ist das elektrische Feld in V?

3.6 Ein langer, leitender Hohlzylinder wird in ein homogenes elektrisches Feld gebracht (Zylinderachse senkrecht zur Feldrichtung). Wie groß ist das Feld im Zylinder? Skizziere die Ladungsverteilung auf der Innen- und Außenseite des Zylinders.

3.7 Der Hohlzylinder in Aufgabe 3.6 wird auf das Potential 1 V gebracht. Wie groß ist das Potential innerhalb des Zylinders?

3.8 Gegeben sind drei geladene Kugelelektroden.

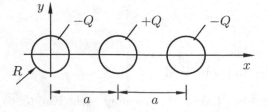

Wie groß ist das Potential in sehr großer Entfernung, $r \ggg a$?

3.9 Auf einen leitenden Körper wird eine Ladung Q aufgebracht. Wo befindet sich die Ladung, nachdem sie sich verteilt hat? Wie groß ist dann die tangentiale und normale elektrische Feldstärke auf der Oberfläche?

3.10 Eine Punktladung befindet sich im Inneren einer dünnwandigen, leitenden und geerdeten Hohlkugel.

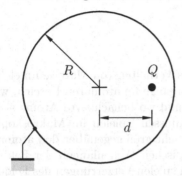

Man gebe die Ersatzladungen zur Berechnung des Potentials im Innen- und Außenraum an.

3.11 Die Hohlkugel von Aufgabe 3.10 sei jetzt nicht geerdet und ungeladen. Wie sind die Ersatzladungen?

3.12 Eine kugelförmige Elektrode trage die Ladung Q und befinde sich über einem leitenden Halbraum.

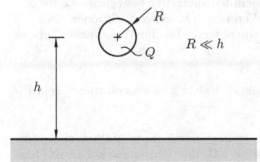

$R \ll h$

Wie groß ist die Kapazität der Anordnung?

4. Elektrostatische Felder II (Dielektrische Materie)

Eines der erstaunlichsten Phänomene ist das Verhalten von Materie im elektromagnetischen Feld. Die komplizierten Vorgänge im atomaren Bereich, wo Photonen absorbiert und emittiert werden und wo benachbarte Atome sich auf äußerst komplexe Art und Weise beeinflussen, spielen im Makroskopischen kaum eine Rolle, da die Dimensionen sehr groß gegenüber den atomaren Abmessungen sind und da auch die typischen Wellenlängen der Felder sehr viel größer sind als die Atome. Dadurch spielen Verzerrungen des Feldes und Phasenunterschiede bei der Streuung des Feldes an einzelnen Atomen nur im Mittel eine Rolle, und die Materie kann als Kontinuum betrachtet werden. Besonders einfach sind die Vorgänge in Dielektrika, und man kann sie durch sehr einfache elektrostatische Modelle im Prinzip gut erklären.

Ideale Dielektrika sind Isolatoren ohne frei bewegliche Ladungen. (Reale Dielektrika haben Verluste, d.h. einige Elektronen sind frei beweglich und erzeugen Reibungsverluste). Im Wesentlichen gibt es drei Klassen

1. *Unpolare Dielektrika*
   Die Atome und Moleküle sind nicht geladen und tragen kein Dipolmoment.
2. *Polare Dielektrika*
   Die Moleküle besitzen, bedingt durch ihren Aufbau, ein natürliches Dipolmoment, siehe z.B. das Wassermolekül, Abb. 4.2a. Allerdings sind die Dipole wegen der Wärmebewegung statistisch ausgerichtet, und ihr Mittelwert verschwindet.
3. *Ferroelektrische Materie, Elektrete*
   Die Moleküle besitzen ein natürliches Dipolmoment und haben eine starke Wechselwirkung mit benachbarten Molekülen, dergestalt, dass die Dipole sich gegenseitig ausrichten. Es gibt ein starkes mittleres Dipolmoment.

Durch Anlegen eines elektrischen Feldes wird die Materie polarisiert, d.h. es entstehen im Mittel wirksame atomare/molekulare Dipole. Diese werden makroskopisch durch ein Vektorfeld, der *Polarisation* P, beschrieben.

© Der/die Autor(en), exklusiv lizenziert durch Springer-Verlag GmbH, DE, ein Teil von Springer Nature 2020
H. Henke, *Elektromagnetische Felder*, https://doi.org/10.1007/978-3-662-62235-3_4

So wie der elektrische Dipol durch eine negative und positive Ladung gekennzeichnet ist, so sind der Polarisierung makroskopische Polarisationsladungen zugeordnet, die nicht frei beweglich sondern örtlich gebunden sind. Diese müssen in den MAXWELL'schen Gleichungen berücksichtigt werden und führen auf die Dielektrizitätskonstante.

4.1 Polarisation

Sowohl unpolare wie polare Dielektrika bilden bei Anlegen eines äußeren Feldes ein mittleres Dipolmoment $\langle \boldsymbol{p}_e \rangle$. Um den makroskopischen Effekt zu beschreiben, definieren wir ein Vektorfeld, genannt *Polarisation*,

$$\boldsymbol{P} = n \langle \boldsymbol{p}_e \rangle \tag{4.1}$$

mit der Anzahl n der Dipole pro Volumeneinheit. Es gibt die *Dipolmomentendichte* an. $\boldsymbol{P}$ ist eine glatte Funktion, und erlaubt, die Materie als Kontinuum zu beschreiben.

4.1.1 Unpolare Dielektrika

Als einfaches Modell für ein unpolares Atom nimmt man einen punktförmigen, positiv geladenen Kern der Ladung Ze und eine kugelförmige, homogene, negative Ladungsverteilung mit Radius r_0 und Gesamtladung $-Ze$, welche die Elektronenschalen darstellen soll, Abb. 4.1a. Dabei ist e die Elementarladung und Z die Ordnungszahl (Kernladungszahl).

a)   b)

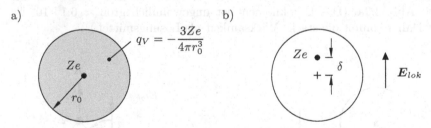

Abb. 4.1. (a) Modell eines unpolaren Atoms. **(b)** Verschiebung der Ladungsschwerpunkte aufgrund eines lokalen elektrischen Feldes.

Legt man ein elektrisches Feld E_{lok} an, so wird der Mittelpunkt der Elektronenwolke bezüglich des Kerns um eine Strecke δ verschoben, Abb. 4.1b. δ ergibt sich aus dem Gleichgewicht zwischen der äußeren Kraft ZeE_{lok} und der inneren Anziehungskraft zwischen Kern und Elektronen. Das interne Feld E_{in} im Abstand δ vom Ursprung einer homogenen Ladungskugel ergibt sich direkt aus dem Satz von GAUSS (siehe Beispiel auf Seite 65)

$$\varepsilon_0 E_{in} 4\pi\delta^2 = q_V \frac{4}{3}\pi\delta^3 \quad \rightarrow \quad E_{in} = -\frac{Ze\delta}{4\pi\varepsilon_0 r_0^3} \,,$$

so dass im Gleichgewicht

$$ZeE_{lok} = -ZeE_{in}$$

oder

$$Ze\delta = 4\pi\varepsilon_0 r_0^3 E_{lok} \,. \tag{4.2}$$

D.h. das Atom besitzt ein mittleres Dipolmoment

$$\langle \boldsymbol{p_e} \rangle = Ze\boldsymbol{\delta} = \gamma_{mol} \boldsymbol{E}_{lok} \quad \text{mit} \quad \gamma_{mol} = 4\pi\varepsilon_0 r_o^3 \,. \tag{4.3}$$

γ_{mol} wird *molekulare Polarisierbarkeit* genannt und r_0 entspricht ungefähr dem Atomradius. Obwohl dieses Modell äußerst einfach ist, gibt es brauchbare Ergebnisse für viele einfache Atome. Größere Abweichungen treten bei Molekülen auf, bei denen die Polarisierbarkeit von der Richtung abhängt, und bei Festkörpern, wenn die Wechselwirkung zwischen benachbarten Atomen eine Rolle spielt.

Neben der Verschiebung der Elektronenwolke gegenüber dem Kern, welche auch *elektronische Polarisierung* heißt, gibt es die *ionische Polarisierung*. Dabei werden geladene Ionen gegeneinander verschoben. Der Vorgang ist ähnlich der elektronischen Polarisierung aber natürlich sind die Rückstellkräfte verschieden.

4.1.2 Polare Dielektrika

In polarer Materie besitzen die Moleküle ein natürliches Dipolmoment. Im Wassermolekül z.B. zieht die höhere Ladung des Sauerstoffkerns die Elektronen der Wasserstoffatome an und stößt die H-Kerne ab und bildet so einen Dipol, Abb. 4.2a. (Das Dipolmoment ist ungewöhnlich groß $\approx 6.1 \cdot 10^{-30}$ Asm. Daher kommt die starke Wirksamkeit als Lösungsmittel.)

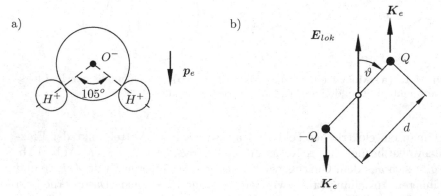

Abb. 4.2. (a) Wassermolekül mit natürlichem Dipolmoment. **(b)** Dipol im elektrischen Feld

Ohne äußeres Feld sind die Dipolmomente aufgrund der thermischen Bewegung statistisch verteilt und heben sich im Mittel auf. Legt man ein äußeres Feld an, so erfahren die Dipole ein Drehmoment, welches versucht, sie gegen die thermische Bewegung im Feld auszurichten. Im Gleichgewicht stellt sich ein mittleres Dipolmoment ein. Der Gleichgewichtszustand wird durch das BOLTZMANNsche Verteilungsgesetz (3.27) beschrieben. In diesem Fall ist die Wahrscheinlichkeit gesucht, mit welcher sich der Dipol unter dem Winkel ϑ zum Feld befindet. Dazu wird zunächst die Energie des Dipols im homogenen Feld benötigt. Sie folgt aus dem Drehmoment, Abb. 4.2b,

$$ T = 2QE_{lok}\frac{d}{2}\sin\vartheta = p_e \sin\vartheta\, E_{lok} \quad , \quad p_e = Qd \, , \tag{4.4} $$

mittels dem Prinzip der virtuellen Verrückung, d.h. aus der aufzuwendenden Arbeit $\mathrm{d}W$, wenn der Dipol um einen Winkel $\mathrm{d}\vartheta$ gedreht wird

$$ \mathrm{d}W = T\,\mathrm{d}\vartheta = p_e E_{lok} \sin\vartheta\,\mathrm{d}\vartheta \, . $$

Die gesamte benötigte Arbeit, um den Dipol von $\vartheta = 0$ nach ϑ zu drehen, ist dann

$$ W(\vartheta) = \int_0^\vartheta \mathrm{d}W = p_e E_{lok}(1 - \cos\vartheta) \, . \tag{4.5} $$

Stellt sich im thermischen Gleichgewicht ein mittlerer Winkel ϑ zum Feld ein, so ist das mittlere Dipolmoment in Richtung des Feldes

$$ \langle \boldsymbol{p_e} \rangle = p_e \langle \cos\vartheta \rangle\, \boldsymbol{e}_E \, . \tag{4.6} $$

Der mittlere Winkel $\langle \cos\vartheta \rangle$ folgt durch Gewichtung mit seiner Wahrscheinlichkeit, der BOLTZMANN*schen Verteilungsfunktion* (3.27), und Integration über alle moglichen Raumwinkel $\mathrm{d}\Omega = \sin\vartheta\,\mathrm{d}\varphi\,\mathrm{d}\vartheta$. Außerdem wird er auf die Gesamtwahrscheinlichkeit normiert

$$ \langle \cos\vartheta \rangle = \frac{\int\int \exp(-W(\vartheta)/kT)\cos\vartheta\sin\vartheta\,\mathrm{d}\varphi\,\mathrm{d}\vartheta}{\int\int \exp(-W(\vartheta)/kT)\sin\vartheta\,\mathrm{d}\varphi\,\mathrm{d}\vartheta} \, . \tag{4.7} $$

Obwohl die Integrale geschlossen berechnet werden können, ist es ausreichend, die Exponentialfunktion zu approximieren

$$ \mathrm{e}^{-W(\vartheta)/kT} \approx 1 - \frac{W(\vartheta)}{kT} = 1 - \frac{p_e E_{lok}}{kT}(1 - \cos\vartheta) \, , \tag{4.8} $$

da der Exponent bei üblicher Umgebungstemperatur und Feldstärke normalerweise sehr viel kleiner als eins ist. Z.B. gilt für Wasser, $p_e \approx 6.1 \cdot 10^{-30}$ Asm, bei Zimmertemperatur $kT \approx 4 \cdot 10^{-21}$ Ws und einer Feldstärke von 400 kV/m $\rightarrow p_e E_{lok}/kT \approx 6 \cdot 10^{-4}$.
Einsetzen von (4.8) in (4.7) liefert

$$ \langle \cos\vartheta \rangle = \frac{\int_0^\pi \left[1 - \frac{p_e E_{lok}}{kT}(1 - \cos\vartheta)\right]\cos\vartheta\sin\vartheta\,\mathrm{d}\vartheta}{\int_0^\pi \left[1 - \frac{p_e E_{lok}}{kT}(1 - \cos\vartheta)\right]\sin\vartheta\,\mathrm{d}\vartheta} = \frac{\frac{2}{3}\frac{p_e E_{lok}}{kT}}{2\left(1 - \frac{p_e E_{lok}}{kT}\right)} $$

$$ \approx \frac{1}{3}\frac{p_e E_{lok}}{kT} $$

und das mittlere Dipolmoment (4.6) wird

$$\langle \boldsymbol{p}_e \rangle = \gamma_{mol} \boldsymbol{E}_{lok} \quad \text{mit} \quad \gamma_{mol} = \frac{p_e^2}{3kT} \,. \tag{4.9}$$

4.1.3 Feld eines polarisierten Körpers

Wenn die elementaren Dipolmomente (4.3) oder (4.9) bestimmt sind (auf $\boldsymbol{E}_{lok}$ wird im nächsten Paragraphen näher eingegangen) kann man die Materie makroskopisch durch die Polarisation (4.1) beschreiben. Ein solcher polarisierter Körper besteht im Inneren aus einer kontinuierlichen, räumlichen Verteilung gebundener Ladungen, und auf seiner Oberfläche befindet sich eine flächenhafte Verteilung gebundener Ladungen. Diese Ladungen sind nicht frei beweglich, sondern entstehen, wie beschrieben, durch Verschiebung atomarer Ladungsschwerpunkte oder durch Orientierung von Elementardipolen. Das Entstehen der Ladungsverteilungen kann man sich am Beispiel einer Kette von Dipolen klarmachen, Abb. 4.3.

Abb. 4.3. Dipolkette mit resultierenden Ladungen an den Enden

Innerhalb der Kette spielen die starken Schwankungen des Feldes zwischen den Dipolen makroskopisch gesehen keine Rolle, da sie durch Mittelwertbildung verschwinden. Die positive Ladung des einen Dipols kompensiert die negative Ladung des benachbarten Dipols. Ändert sich die Zusammensetzung der Materie entlang der Kette, d.h. ändern die Dipole ihre Stärke, ist die Annullierung nicht vollständig, und es entsteht im Mittel eine Linienladung. An den beiden Enden der Kette bleibt jeweils eine Ladung ohne Nachbar und erscheint somit als Oberflächenladung. Zur Berechnung der Ladungsverteilungen betrachtet man einen Körper bestehend aus polarisierter Materie, Abb. 4.4.

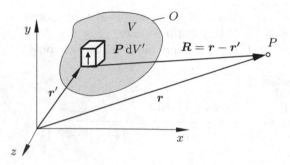

Abb. 4.4. Zur Berechnung des Potentials eines polarisierten Körpers

Jedes Elementarvolumen mit dem Dipolmoment $\boldsymbol{P}\,\mathrm{d}V'$ erzeugt ein Potential (3.15) und man erhält für den gesamten Körper

$$\boxed{\phi(\boldsymbol{r}) = \frac{1}{4\pi\varepsilon_0} \int_V \frac{\boldsymbol{P}\cdot\boldsymbol{e}_R}{R^2}\,\mathrm{d}V'}\,. \tag{4.10}$$

Unter Verwendung von (1.56) und (1.59) erhält man

$$\nabla'\cdot\left(\frac{\boldsymbol{P}}{R}\right) = \left(\nabla'\frac{1}{R}\right)\cdot\boldsymbol{P} + \frac{1}{R}\nabla'\cdot\boldsymbol{P} = \frac{\boldsymbol{P}\cdot\boldsymbol{e}_R}{R^2} + \frac{1}{R}\nabla'\cdot\boldsymbol{P}\,,$$

wobei ' die Differentiation nach den Integrationsvariablen angibt. Einsetzen in (4.10) und Anwenden des Satzes von GAUSS liefert

$$\phi(\boldsymbol{r}) = \frac{1}{4\pi\varepsilon_0}\oint_O \frac{1}{R}\boldsymbol{P}\cdot\mathrm{d}\boldsymbol{F} - \frac{1}{4\pi\varepsilon_0}\int_V \frac{1}{R}\nabla'\cdot\boldsymbol{P}\,\mathrm{d}V'\,. \tag{4.11}$$

Der erste Term auf der rechten Seite entspricht dem Potential einer Oberflächenladung, genannt *Polarisationsflächenladung*,

$$\boxed{q_{Fpol} = \boldsymbol{n}\cdot\boldsymbol{P}}\,, \tag{4.12}$$

während der zweite Term das Potential einer Raumladung (*Polarisationsraumladung*) angibt

$$\boxed{q_{Vpol} = -\nabla\cdot\boldsymbol{P}}\,. \tag{4.13}$$

Die Flächenladung ist durch die Normalkomponente der Polarisation gegeben und stellt die nicht kompensierten, gebundenen Ladungen an der Oberfläche dar. Die Raumladung ist ein Maß für die Inhomogenität (Quellstärke) der Polarisation innerhalb der Materie. Auch hier handelt es sich um gebundene Ladungen. Mathematisch kann man den dielektrischen Körper durch eine Raum- und Flächenladung ersetzen und daraus das Potential bestimmen

$$\boxed{\phi(\boldsymbol{r}) = \frac{1}{4\pi\varepsilon_0}\oint_O \frac{q_{Fpol}(\boldsymbol{r}')}{|\boldsymbol{r}-\boldsymbol{r}'|}\,\mathrm{d}F' + \frac{1}{4\pi\varepsilon_0}\int_V \frac{q_{Vpol}(\boldsymbol{r}')}{|\boldsymbol{r}-\boldsymbol{r}'|}\,\mathrm{d}V'}\,. \tag{4.14}$$

Beispiel 4.1. Homogen polarisierte Kugel

Gegeben ist eine homogen polarisierte Kugel, Abb. 4.5a. Sie kann durch eine Flächenladung auf der Oberfläche, (4.12),

$$q_{Fpol} = \boldsymbol{P}\cdot\boldsymbol{n} = P\cos\vartheta$$

ersetzt werden. Die Polarisationsraumladung verschwindet, da die Polarisation als homogen angenommen wurde. Mit q_{Fpol} könnte man nun direkt das Integral in (4.14) berechnen und das Potential erhalten. Dies ist allerdings nicht ganz einfach, und es wird hier ein anderer Weg beschritten. Eine Kugeloberfläche mit $q_{Fpol} = P\cos\vartheta$ kann erzeugt werden durch kleines gegenseitiges Verschieben entgegengesetzt geladener Kugeln (Abb. 4.5b). Außerhalb der Kugeln ist das Feld dasselbe wie von zwei um d verschobenen Punktladungen, d.h. das eines Dipols mit

$$p_e = Qd = PV = \frac{4}{3}\pi a^3 P$$

und dem Feld (3.18)

$$E_r = \frac{p_e}{2\pi\varepsilon_0 r^3}\cos\vartheta = \frac{2a^3 P}{3\varepsilon_0 r^3}\cos\vartheta$$

$$E_\vartheta = \frac{p_e}{4\pi\varepsilon_0 r^3}\sin\vartheta = \frac{a^3 P}{3\varepsilon_0 r^3}\sin\vartheta \quad , \quad E_\varphi = 0 \,.$$

Auf der Kugeloberfläche befindet sich die Ladung q_{Fpol} und die Normalkomponente von $\varepsilon_0 \boldsymbol{E}$, d.h. $\varepsilon_0 E_r$, muss von außen nach innen um q_{Fpol} abnehmen (siehe §3.6). Damit ergibt sich an der Innenseite der Kugeloberfläche

$$E_r = -\frac{P}{3\varepsilon_0}\cos\vartheta \quad , \quad E_\vartheta = \frac{P}{3\varepsilon_0}\sin\vartheta \quad , \quad E_\varphi = 0 \,,$$

oder in kartesischen Komponenten

$$E_x = \sin\vartheta\cos\varphi\, E_r + \cos\vartheta\cos\varphi\, E_\vartheta = 0$$
$$E_y = \sin\vartheta\sin\varphi\, E_r + \cos\vartheta\sin\varphi\, E_\vartheta = 0$$
$$E_z = \cos\vartheta\, E_r - \sin\vartheta\, E_\vartheta = -P/3\varepsilon_0 \,.$$

Das Feld hat nur eine z-Komponente und ist konstant. Da im Inneren keine Quellen sind, darf man voraussetzen, dass das Feld im Inneren überall die gleiche Abhängigkeit hat.[1] Das Feld einer homogen polarisierten Kugel ist im Außenraum ein elektrisches Dipolfeld und im Inneren homogen.

a)   b)

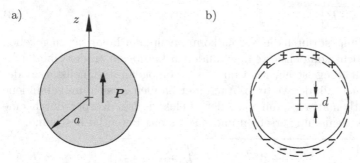

Abb. 4.5. (a) Kugel mit homogener Polarisation. **(b)** Zwei Kugeln mit homogener Raumladung, die entgegengesetzte Ladung tragen und um d gegeneinander verschoben sind

4.1.4 Makroskopische Beschreibung

Die für unpolare und polare Materie bestimmten Dipolmomente (4.3) bzw. (4.9) hängen von dem lokalen elektrischen Feld ab, welches am Ort des Dipols vorliegt. Dieses ist aber zunächst unbekannt und nicht gleich der mittleren makroskopischen Feldstärke, da benachbarte Dipole ebenfalls ein Feld erzeugen. Zur Berechnung der lokalen Feldstärke genügt ein sehr vereinfachtes Modell. Ein dielektrischer Körper wird in ein äußeres Feld $\boldsymbol{E}_0$ gebracht und

---

[1] Wäre das nicht so, wäre das Feld nicht eindeutig durch die Flächenladungen bestimmt.

dadurch polarisiert, Abb. 4.6. Um den Ort herum, an welchem das lokale Feld berechnet werden soll, schneidet man einen kugelförmigen Hohlraum aus, dessen Radius groß genug gegen die molekularen Abmessungen ist. Im Inneren der Kugel werden, wie in der Realität, diskrete Dipole angenommen, außerhalb des Hohlraums sind die Dipole soweit entfernt, dass sie als Kontinuum erscheinen und durch Polarisationsflächenladungen auf der Hohlkugel beschrieben werden. Das lokale Feld im Ursprung setzt sich dann aus vier Anteilen zusammen

$$\boldsymbol{E}_{lok} = \boldsymbol{E}_0 + \boldsymbol{E}_{Rand} + \boldsymbol{E}_{HK} + \boldsymbol{E}_D \; , \tag{4.15}$$

dem äußeren Feld $\boldsymbol{E}_0$, dem Feld $\boldsymbol{E}_{Rand}$, welches die Polarisationsladungen auf der Oberfläche des dielektrischen Körpers erzeugen, dem Feld $\boldsymbol{E}_{HK}$, von den Polarisationsladungen auf der Hohlkugel kommend, und dem Feld $\boldsymbol{E}_D$ von den diskreten Dipolen. $\boldsymbol{E}_0 + \boldsymbol{E}_{Rand}$ stellt das mittlere makroskopische Feld $\boldsymbol{E}$ im homogenen Dielektrikum dar. $\boldsymbol{E}_{HK}$ ist dasselbe Feld wie im Beispiel der homogen polarisierten Kugel auf Seite 93, wobei nur die Richtung beachtet werden muss

$$\boldsymbol{E}_{HK} = \frac{P}{3\varepsilon_0} \, \boldsymbol{e}_z \; .$$

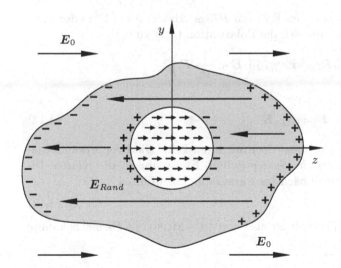

Abb. 4.6. Modell zur Berechnung des lokalen elektrischen Feldes in Dielektrika

Zur Berechnung von $\boldsymbol{E}_D$ kann man zwei verschiedene Modelle benutzen:

1. Die Dipole sind alle parallel ausgerichtet aber ihre Positionen sind statistisch verteilt (wie z.B. in Gasen).
2. Die Dipole sind ausgerichtet und regelmäßig angeordnet (wie z.B. in Kristallen).

Bei beiden Modellen verschwindet das Feld im Mittelpunkt der Kugel. Dies kann man sich am Beispiel eines kubischen Gitters mit Gitterabstand a leicht klarmachen. Im Abstand a vom Mittelpunkt befinden sich sechs Nachbarn. Die beiden Dipole bei $z = \pm a$ erzeugen nach (3.18) für $\vartheta = 0, \pi$ nur eine r-Komponente

$$E_r = E_z = \frac{p_e}{\pi \varepsilon_0 a^3} \ .$$

Die beiden Dipole bei $y = \pm a$, $z = 0$ erzeugen für $\vartheta = \pi/2$ nur eine ϑ-Komponente

$$E_\vartheta = E_z = -\frac{p_e}{2\pi \varepsilon_0 a^3} \ .$$

Dasselbe Feld wird von den Dipolen bei $x = \pm a$, $z = 0$ erzeugt, so dass das Gesamtfeld verschwindet. Im Abstand $\sqrt{2}a$ befinden sich 12 Nachbarn und auch deren Gesamtfeld verschwindet im Mittelpunkt. Dies setzt sich fort und das Gesamtfeld aller Dipole innerhalb der Kugel verschwindet. (Dabei wurde natürlich kein Dipol im Mittelpunkt angenommen.) Somit beträgt das lokale Feld (4.15)

$$\boxed{\boldsymbol{E}_{lok} = \boldsymbol{E} + \frac{1}{3\varepsilon_0}\,\boldsymbol{P}} \ . \tag{4.16}$$

Es ist gegenüber dem mittleren Feld um $P/3\varepsilon_0$ erhöht. Aus (4.3) oder (4.9) zusammen mit (4.16) ergibt sich die Polarisation (4.1) zu

$$\boldsymbol{P} = n\langle \boldsymbol{p}_e \rangle = n\gamma_{mol}\boldsymbol{E}_{lok} = n\gamma_{mol}\left(\boldsymbol{E} + \frac{1}{3\varepsilon_0}\,\boldsymbol{P}\right)$$

oder nach $\boldsymbol{P}$ aufgelöst

$$\boldsymbol{P} = \frac{n\gamma_{mol}}{1 - n\gamma_{mol}/3\varepsilon_0}\,\boldsymbol{E} = \varepsilon_0 \chi_e \boldsymbol{E} \ . \tag{4.17}$$

Die Polarisation ist proportional dem mittleren Feld. Die Proportionalitätskonstante χ_e heißt *elektrische Suszeptibilität*. Es ist üblich, die *relative Dielektrizitätskonstante*, siehe nächster Paragraph, einzuführen

$$\varepsilon_r = 1 + \chi_e \tag{4.18}$$

und die Beziehung (4.17) erhält die als CLAUSIUS-MOSOTTI-*Formel* bekannte Form

$$\boxed{\frac{n\gamma_{mol}}{3\varepsilon_0} = \frac{\chi_e}{3 + \chi_e} = \frac{\varepsilon_r - 1}{\varepsilon_r + 2}} \ . \tag{4.19}$$

Sie gibt den Zusammenhang zwischen der mikroskopischen molekularen Polarisierbarkeit γ_{mol} und den makroskopischen Größen χ_e bzw. ε_r an. Dieser Zusammenhang ist umso besser erfüllt je „dünner" die Materie ist. Er ist am besten bei Gasen erfüllt, weniger gut in Flüssigkeiten oder Festkörpern. Besonders bei Stoffen mit hoher Permittivität, d.h. großem ε_r, spielen nichtlineare Zusammenhänge eine wichtige Rolle.

4.2 Dielektrische Verschiebung

Polarisation erzeugt Verteilungen gebundener Ladungen. Diese kommen zusätzlich zu eventuellen freien Ladungen, die nicht Ergebnis einer Polarisation sind, hinzu, und die dritte MAXWELL'sche Gleichung (3.2) muss erweitert werden zu

$$\oint_O \varepsilon_0 \boldsymbol{E} \cdot \mathrm{d}\boldsymbol{F} = \int_V (q_V + q_{Vpol}) \, \mathrm{d}V \, .$$

Nach Einsetzen von (4.13) und Umformen erhält man

$$\oint_O (\varepsilon_0 \boldsymbol{E} + \boldsymbol{P}) \cdot \mathrm{d}\boldsymbol{F} = \int_V q_V \mathrm{d}V = Q_{frei} \, , \qquad (4.20)$$

d.h. der durch die Oberfläche durchgehende Fluss mit der Flussdichte $\varepsilon_0 \boldsymbol{E} + \boldsymbol{P}$ ist gleich der eingeschlossenen freien Ladung. Dieser Zusammenhang ist von solch praktischer Bedeutung, dass man ein neues Vektorfeld, genannt *dielektrische Verschiebung*,

$$\boxed{\boldsymbol{D} = \varepsilon_0 \boldsymbol{E} + \boldsymbol{P}} \quad \text{mit} \quad [\boldsymbol{D}] = \mathrm{As/m}^2 \qquad (4.21)$$

eingeführt hat. $\boldsymbol{D}$ lässt sich wegen (4.17) auch als Funktion von $\boldsymbol{E}$ alleine schreiben

$$\boldsymbol{D} = \varepsilon_0 \boldsymbol{E} + \varepsilon_0 \chi_e \boldsymbol{E} = (1 + \chi_e)\varepsilon_0 \boldsymbol{E} = \varepsilon_0 \varepsilon_r \boldsymbol{E} = \varepsilon \boldsymbol{E} \, . \qquad (4.22)$$

Dabei gibt die relative Dielektrizitätskonstante das Verhältnis der Dielektrizitätskonstanten des Mediums ε zur Dielektrizitätskonstanten des Vakuums ε_0 an[2]

$$\varepsilon_r = 1 + \chi_0 = \varepsilon/\varepsilon_0 \, . \qquad (4.23)$$

Tabelle 4.1 zeigt die relativen Dielektrizitätskonstanten einiger üblicher Stoffe.

Tabelle 4.1. Relative Dielektrizitätskonstanten (DK)

Material	rel. DK ε_r	Material	rel. DK ε_r
Vakuum	1.	Öl	2.3
Luft (trocken)	1.00054	Glas	4–10
Wasserstoff	1.00025	Quartzglas	1.5
Diamant	5.7	Gummi	2–3.5
Salz	5.9	Polyäthylen	2.3
dest. Wasser	80	Plexiglas	3.4

[2] Die oben hergeleiteten Zusammenhänge gelten nur für lineare Stoffe, in denen der lineare Zusammenhang (4.17) zwischen $\boldsymbol{P}$ und $\boldsymbol{E}$ gültig ist. In einigen speziellen Stoffen oder bei sehr hohen Feldstärken ist der Zusammenhang $\boldsymbol{P} = \boldsymbol{P}(\boldsymbol{E})$ nichtlinear. Außerdem dürfen sich die Felder zeitlich nicht zu schnell ändern. Erreichen die auftretenden Frequenzen den Bereich atomarer oder molekularer Resonanzen, so wird ε eine Funktion der Frequenz.

Beispiel 4.2. Plattenkondensator mit Dielektrikum

Der Plattenkondensator, Abb. 3.18, wird mit Material der relativen Dielektrizitätskonstanten ε_r gefüllt. Mit Hilfe der modifizierten dritten MAXWELL'schen Gleichung (4.20) erhält man für die dielektrische Verschiebung im Kondensator

$$D_z = \varepsilon_r \varepsilon_0 E_z = q_F \,,$$

mit der Flächenladung q_F auf der unteren Platte. D.h. E_z und somit die Spannung U wird um den Faktor $1/\varepsilon_r$ erniedrigt und die Kapazität um den Faktor ε_r erhöht

$$C = \frac{\varepsilon_r \varepsilon_0 F}{d} \,.$$

Dies ist neben der Erhöhung der Fläche F und Reduzierung des Plattenabstandes d ein üblicher Weg, um C zu erhöhen.

4.3 Einfluss auf die Maxwell'schen Gleichungen. Stetigkeitsbedingungen an dielektrischen Grenzflächen

Mit Einführung der dielektrischen Verschiebung schreibt man die dritte MAXWELL'sche Gleichung üblicherweise wie in (4.20)

$$\oint_O \boldsymbol{D} \cdot \mathrm{d}\boldsymbol{F} = \int_V q_V \mathrm{d}V \quad \rightarrow \quad \boxed{\nabla \cdot \boldsymbol{D} = q_V} \,. \tag{4.24}$$

Daneben muss auch die erste MAXWELL'sche Gleichung erweitert werden; denn, wenn sich q_{Vpol} zeitlich ändert, muss eine *Polarisationsstromdichte* auftreten, damit die Ladung erhalten bleibt

$$-\frac{\partial q_{Vpol}}{\partial t} = \nabla \cdot \frac{\partial \boldsymbol{P}}{\partial t} = \nabla \cdot \boldsymbol{J}_{pol} \,,$$

d.h.

$$\boldsymbol{J}_{pol} = \partial \boldsymbol{P}/\partial t \,. \tag{4.25}$$

Dies ist ganz analog zu freien Ladungen, (2.35), (2.36). Die Polarisationsstromdichte kommt zur Stromdichte der freien Ladungen in (2.33 I) hinzu

$$\oint_S \boldsymbol{B} \cdot \mathrm{d}\boldsymbol{s} = \mu_0 \int_F (\boldsymbol{J} + \boldsymbol{J}_{pol}) \cdot \mathrm{d}\boldsymbol{F} + \mu_0 \frac{\mathrm{d}}{\mathrm{d}t} \int_F \varepsilon_0 \boldsymbol{E} \cdot \mathrm{d}\boldsymbol{F}$$

und unter Verwendung von (4.25) und (4.21) wird

$$\oint_S \boldsymbol{B} \cdot \mathrm{d}\boldsymbol{s} = \mu_0 \int_F \boldsymbol{J} \cdot \mathrm{d}\boldsymbol{F} + \mu_0 \frac{\mathrm{d}}{\mathrm{d}t} \int_F (\varepsilon_0 \boldsymbol{E} + \boldsymbol{P}) \cdot \mathrm{d}\boldsymbol{F}$$

$$= \mu_0 \int_F \boldsymbol{J} \cdot \mathrm{d}\boldsymbol{F} + \mu_0 \frac{\mathrm{d}}{\mathrm{d}t} \int_F \boldsymbol{D} \cdot \mathrm{d}\boldsymbol{F}$$

$$\rightarrow \quad \boxed{\nabla \times \boldsymbol{B} = \mu_0 \boldsymbol{J} + \mu_0 \frac{\partial \boldsymbol{D}}{\partial t}} . \tag{4.26}$$

Die Stetigkeitsbedingungen der Felder an einer Trennfläche zwischen zwei Dielektrika finden wir auf dieselbe Art und Weise wie die Randbedingungen in Paragraph 3.6 mit dem Unterschied, dass jetzt das Medium 2 kein Leiter sondern ein Dielektrikum darstellt und somit $\boldsymbol{E}_2$, $\boldsymbol{D}_2$ nicht verschwinden. Aus dem Umlaufintegral des elektrischen Feldes (Abb. 3.11a) folgt

$$\boxed{E_{t1} = E_{t2}} . \tag{4.27}$$

Das Oberflächenintegral der elektrischen Flussdichte (4.24) mit einer Oberfläche wie in Abb. 3.11b liefert die zweite Stetigkeitsbedingung

$$\boxed{D_{n1} - D_{n2} = q_F} , \tag{4.28}$$

wobei der Allgemeinheit wegen eine freie Flächenladung q_F in der Trennschicht angenommen wurde.

Anstatt Stetigkeitsbedingungen für die Felder zu fordern, kann man auch Bedingungen für das Potential angeben. Die Bedingung

$$\phi_1 = \phi_2 \tag{4.29}$$

garantiert gleiche Tangentialableitungen des Potentials und damit ist automatisch (4.27) erfüllt. Aus (4.28) wird

$$\varepsilon_2 \frac{\partial \phi_2}{\partial n} - \varepsilon_1 \frac{\partial \phi_1}{\partial n} = q_F . \tag{4.30}$$

In linearen Dielektrika ist die Situation recht einfach. Über die Beziehung (4.22) lässt sich $\boldsymbol{D}$ durch $\boldsymbol{E}$ ausdrücken, oder umgekehrt, und es ist unbedeutend, ob mit $\boldsymbol{E}$ oder $\boldsymbol{D}$ gerechnet wird. Etwas komplizierter ist die Situation bei Stoffen, die eine permanente Polarisierung besitzen, sogenannte Ferroelektrika. Dann muss der Zusammenhang (4.21) verwendet werden mit $\boldsymbol{P}$ als eingeprägte Größe. An Grenzflächen, bei denen das Medium 2 ein Ferroelektrikum ist, sind dann immer noch die tangentialen elektrischen Feldstärken stetig (4.27) und aus (4.28) mit $q_F = 0$ wird

$$D_{n1} = D_{n2} = \varepsilon_0 E_{n2} + P_n .$$

Beispiel 4.3. Dielektrische Kugel im homogenen Feld

Eine dielektrische Kugel befindet sich in einem homogenen Medium mit einem homogenen elektrischen Feld, Abb. 4.7.

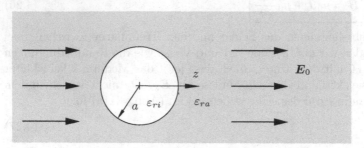

Abb. 4.7. Dielektrische Kugel im homogenen, elektrischen Feld

Das homogene Feld lautet in Kugelkoordinaten

$$\boldsymbol{E_0} = E_0 \boldsymbol{e_z} = E_0 \cos \vartheta \, \boldsymbol{e_r} - E_0 \sin \vartheta \, \boldsymbol{e_\vartheta} \ .$$

Es hat dieselbe Winkelabhängigkeit wie ein Dipol (3.18). Da die Kugel völlig symmetrisch ist, muss also auch das von ihr erzeugte Sekundärfeld dieselbe Winkelabhängigkeit besitzen. Außerdem muss es für $r \to \infty$ verschwinden. Es liegt daher nahe, für $r \geq a$ das Primärpotential des homogenen Feldes und das Sekundärpotential eines unbekannten Dipols anzusetzen

$$\phi_a = \phi^p + \phi^s = -E_0 r \cos \vartheta + C_a \left(\frac{a}{r} \right)^2 \cos \vartheta \ .$$

Auf der Kugeloberfläche ist ϕ_a proportional $\cos \vartheta$ und ϕ_i muss wegen (4.29) dieselbe Abhängigkeit haben. Das einfachste Potential mit einer solchen Abhängigkeit ist das Potential eines konstanten Feldes (wie für ϕ^p) und man setzt probehalber an

$$\phi_i = C_i \frac{r}{a} \cos \vartheta \ .$$

Die unbekannten Konstanten $C_{a,i}$ folgen aus den Stetigkeitsbedingungen (4.29), (4.30) zu

$$-E_0 a + C_a = C_i \quad , \quad \varepsilon_{ra} \left(-E_0 - 2C_a \frac{1}{a} \right) = \varepsilon_{ri} C_i \frac{1}{a}$$

oder

$$C_a = \frac{\varepsilon_{ri} - \varepsilon_{ra}}{\varepsilon_{ri} + 2\varepsilon_{ra}} \, aE_0 \quad , \quad C_i = -\frac{3\varepsilon_{ra}}{\varepsilon_{ri} + 2\varepsilon_{ra}} \, aE_0 \ .$$

Die oben gewählten Ansätze erfüllen die LAPLACE-Gleichung, die Stetigkeitsbedingungen und die Bedingung im Unendlichen und sind daher aus Gründen der Eindeutigkeit (siehe §6.1) die richtige Lösung. Die Felder lauten

$$E_{ra} = \left[1 + 2 \frac{\varepsilon_{ri} - \varepsilon_{ra}}{\varepsilon_{ri} + 2\varepsilon_{ra}} \left(\frac{a}{r} \right)^3 \right] E_0 \cos \vartheta \ ,$$

$$E_{\vartheta a} = \left[-1 + \frac{\varepsilon_{ri} - \varepsilon_{ra}}{\varepsilon_{ri} + 2\varepsilon_{ra}} \left(\frac{a}{r} \right)^3 \right] E_0 \sin \vartheta \ ,$$

$$\boldsymbol{E_i} = E_{zi} \boldsymbol{e_z} \quad \text{mit} \quad E_{zi} = \frac{3\varepsilon_{ra}}{\varepsilon_{ri} + 2\varepsilon_{ra}} \, E_0 \ .$$

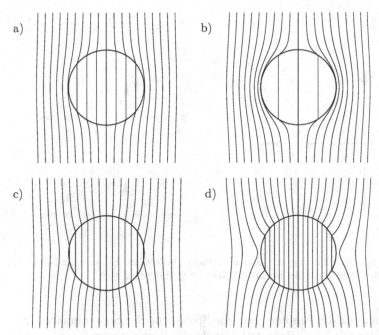

Abb. 4.8. Feldlinien von D für eine dielektrische Kugel im homogenen Feld.
(a) $\varepsilon_{ra} = 2\varepsilon_{ri}$ **(b)** $\varepsilon_{ra} = 10\varepsilon_{ri}$ **(c)** $\varepsilon_{ri} = 2\varepsilon_{ra}$ **(d)** $\varepsilon_{ri} = 10\varepsilon_{ra}$

Abb. 4.8 zeigt die Feldbilder für verschiedene Verhältnisse $\varepsilon_{ri}/\varepsilon_{ra}$. Man kann verschiedene Fälle unterscheiden:

$\varepsilon_{ri} > \varepsilon_{ra}$: $E_i < E_0$, das elektrische Feld steht mit zunehmendem ε_{ri} immer mehr senkrecht auf der Kugel.

$\varepsilon_{ri} \to \infty$: $E_i \to 0$, das elektrische Feld ist das Feld einer Metallkugel.

$\varepsilon_{ri} < \varepsilon_{ra}$: $E_i > E_0$, das elektrische Feld verläuft mit zunehmendem ε_{ra} immer mehr tangential zur Kugeloberfläche.

$\varepsilon_{ri} = 1$, $\varepsilon_{ra} \gg 1$: $E_i \approx 1.5\,E_0$, bei Lufteinschlüssen im Isoliermaterial kann das Feld bis zum 1.5-fachen überhöht sein.

4.4 Spiegelung an dielektrischen Grenzflächen

Das einfache Prinzip der Spiegelung ist auch bei einigen Anordnungen mit Dielektrika anwendbar. Auch hier soll zunächst, wie in Paragraph 3.7, die Punktladung vor einem dielektrischen Halbraum betrachtet werden, Abb. 4.9a. Im Raumteil 1, $z \geq 0$, setzt man das Primärpotential einer Punktladung im homogenen Raum mit ε_1 an plus einem Sekundärpotential einer unbekannten Ladung im Spiegelpunkt

$$\phi_1 = \phi_0(z_0 = a) + \alpha\phi_0(z_0 = -a) \qquad (4.31)$$

$$\text{mit} \quad \phi_0 = \frac{Q}{4\pi\varepsilon_1 r} \quad , \quad r = \sqrt{x^2 + y^2 + (z - z_0)^2} \ .$$

Im Raumteil 2, $z \leq 0$, setzt man nur ein unbekanntes Gesamtpotential an

$$\phi_2 = \beta\phi_0(z_0 = a) . \tag{4.32}$$

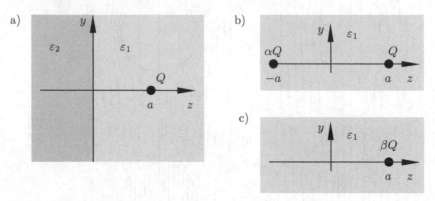

Abb. 4.9. (a) Punktladung vor dielektrischem Halbraum. Ersatzanordnung zur Berechnung des Potentials im Raumteil **(b)** $z \geq 0$ und **(c)** $z \leq 0$

Als Motivation für die Ansätze dient die Spiegelung der Sonne in einem See. Ein Beobachter am Ufer (Raumteil 1) sieht die Sonne direkt (Primärpotential) und eine auf der Wasseroberfläche gespiegelte Sonne (Sekundärpotential). Ein unter Wasser schwimmender Beobachter (Raumteil 2) sieht nur das gebrochene Licht der Sonne (ϕ_2). Weiter geht die Analogie allerdings nicht, da aufgrund der Brechung dem getauchten Beobachter die Sonne in verschobener Position erscheint, wohingegen hier die Punkte $z_0 = \pm a$ erhalten bleiben.

Die unbekannten Faktoren α, β in (4.31) und (4.32) folgen aus den Stetigkeitsbedingungen (4.29), (4.30) für $z = 0$

$$1 + \alpha = \beta \quad , \quad \varepsilon_1(1 - \alpha) = \varepsilon_2\beta$$

oder

$$\alpha = \frac{\varepsilon_1 - \varepsilon_2}{\varepsilon_1 + \varepsilon_2} \quad , \quad \beta = \frac{2\varepsilon_1}{\varepsilon_1 + \varepsilon_2} . \tag{4.33}$$

Abb. 4.10 zeigt einige Feldbilder für verschiedene Verhältnisse $\varepsilon_1/\varepsilon_2$. Man beobachtet:

- Für $\varepsilon_1 = \varepsilon_2$ ist $\alpha = 0$, $\beta = 1$. Man erhält das Potential einer Punktladung im homogenen Raum.
- Für $\varepsilon_1 > \varepsilon_2$ werden die Feldlinien im Raum 2 zum Lot (z-Achse) hin gebrochen.
- Für $\varepsilon_1 < \varepsilon_2$ werden die Feldlinien im Raum 2 vom Lot weg gebrochen.
- Für $\varepsilon_1 \ll \varepsilon_2$ und $\varepsilon_2 \to \infty$ ist $\alpha \to -1$, $\beta \to 0$. Das Medium 2 verhält sich immer mehr wie ein idealer Leiter. Die Feldlinien stehen senkrecht auf der

Trennfläche. Das elektrische Feld verschwindet im Raumteil 2. Abweichend vom Leiter gibt es ein D-Feld im Raumteil 2, da auf der Grenzfläche keine freien Ladungen influenziert werden können.

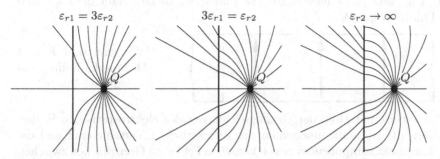

$$\varepsilon_{r1} = 3\varepsilon_{r2} \qquad\qquad 3\varepsilon_{r1} = \varepsilon_{r2} \qquad\qquad \varepsilon_{r2} \to \infty$$

Abb. 4.10. Feldlinien der dielektrischen Verschiebung für eine Punktladung vor einer dielektrischen Grenzfläche

Zusammenfassung

Polarisation

$$P = n\langle p_e \rangle$$

Polarisationsflächenladung, Polarisationsraumladung

$$q_{Fpol} = P \cdot n \quad , \quad q_{Vpol} = -\nabla \cdot P$$

Dielektrische Verschiebung (lineare Medien)

$$D = \varepsilon_0 E + P \quad , \quad D = \varepsilon_0 \varepsilon_r E$$

Grundlegende Gleichungen

$$\oint_S E \cdot \mathrm{d}s = 0 \qquad\qquad \nabla \times E = 0$$
$$\to$$
$$\oint_O D \cdot \mathrm{d}F = \int_V q_V \, \mathrm{d}V \qquad \nabla \cdot D = q_V$$

Fragen zur Prüfung des Verständnisses

4.1 Eine sehr große ferroelektrische Platte der Dicke d habe die konstante Polarisierung P_0.

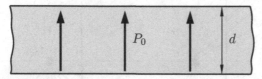

Wie groß sind $\boldsymbol{E}$ und $\boldsymbol{D}$ innerhalb und außerhalb der Platte?

4.2 Beweise mit Hilfe der Grundgleichungen des elektrostatischen Feldes, dass die Normalkomponenten der dielektrischen Verschiebung und die Tangentialkomponenten des elektrischen Feldes an Grenzflächen zwischen zwei Dielektrika stetig sind.

4.3 Die Spannung über einem Plattenkondensator U_0 wird konstant gehalten. Wie verändert sich die gespeicherte Energie, wenn der Kondensator vollständig mit einem Dielektrikum (ε_r) gefüllt wird?

4.4 Der Plattenkondensator von 4.3 sei nun isoliert, d.h. die Ladung bleibt konstant. Wie verändert sich jetzt die gespeicherte Energie bei Einbringen eines Dielektrikums?

4.5 Eine Linienladung befinde sich vor einem dielektrischen Halbraum. Man gebe Ersatzanordnungen zur Berechnung des Potentials außerhalb und innerhalb des Halbraumes an.

4.6 Ein Plattenkondensator mit Plattenabstand d sei mit einem inhomogenen Dielektrikum, $\varepsilon = \varepsilon_0/(1 + x/d)$, gefüllt und auf die Spannung U_0 aufgeladen. Wie groß ist das elektrische Feld im Kondensator?

5. Elektrostatische Felder III (Energie. Kräfte)

Im elektrostatischen Feld steckt Energie. Diese muss aufgebracht werden, wenn das Feld aufgebaut wird, d.h. wenn die Ladungen in ihre Position gebracht werden.

> Die Feldenergie wird auf zwei verschiedene Arten berechnet: Über das Potential und die Ladungsverteilung und über die Feldgrößen $\boldsymbol{E}$ und $\boldsymbol{D}$.
>
> Da Felder Kräfte ausüben, kann man der Energiedichte eine Kraftdichte zuordnen und Kräfte an inhomogenen Materialverteilungen bestimmen.

5.1 Energie einer Anordnung von Punktladungen

Bewegt man eine Ladung Q im Feld vom Punkt 1 zum Punkt 2, so ist nach (3.9) die Arbeit

$$A_{12} = Q[\phi_2 - \phi_1]$$

aufzuwenden. Um denselben Betrag muss der Energieinhalt des elektrostatischen Feldes zugenommen haben. Dies wollen wir in einem Gedankenexperiment benutzen, um den Energieinhalt einer Anordnung von Punktladungen zu bestimmen, indem wir die Ladungen aus dem Unendlichen in ihre Position bringen und die dabei aufgewandte Arbeit berechnen. Als erste sei die Ladung q_1 aus dem Unendlichen in ihre Position $\boldsymbol{r}_1$ gebracht. Dabei wird keine Arbeit verrichtet, $A_1 = 0$, da der Raum ladungs- und somit feldfrei war. Um die Ladung q_2 in ihre Position $\boldsymbol{r}_2$ zu bringen, ist die Arbeit

$$A_2 = q_2\phi_1(\boldsymbol{r}_{21}) \quad \text{mit} \quad \phi_1(\boldsymbol{r}_{21}) = \frac{q_1}{4\pi\varepsilon_0|\boldsymbol{r}_{21}|} \ , \ |\boldsymbol{r}_{21}| = |\boldsymbol{r}_2 - \boldsymbol{r}_1|$$

nötig. Die Ladung q_3 erfährt die Felder der ersten und zweiten Ladung und die zu verrichtende Arbeit ist

$$A_3 = q_3\left[\phi_1(\boldsymbol{r}_{31}) + \phi_2(\boldsymbol{r}_{32})\right] \ .$$

Schließlich benötigt die N-te Ladung die Arbeit

© Der/die Autor(en), exklusiv lizenziert durch Springer-Verlag GmbH, DE, ein Teil von Springer Nature 2020
H. Henke, *Elektromagnetische Felder*, https://doi.org/10.1007/978-3-662-62235-3_5

$$A_N = q_N \sum_{i=1}^{N-1} \phi_i(\boldsymbol{r}_{Ni}) \ .$$

Die insgesamt verrichtete Arbeit ist

$$A = \sum_{i=1}^{N} A_i = \sum_{i=2}^{N} q_i \left[\sum_{j=1}^{i-1} \phi_j(\boldsymbol{r}_{ij}) \right] = \sum_{i=2}^{N} \sum_{j=1}^{i-1} \frac{q_i q_j}{4\pi\varepsilon_0 |\boldsymbol{r}_i - \boldsymbol{r}_j|}$$

$$= \frac{1}{2} \sum_{i=1}^{N} \sum_{\substack{j=1 \\ j \neq i}}^{N} \frac{q_i q_j}{4\pi\varepsilon_0 |\boldsymbol{r}_i - \boldsymbol{r}_j|} = W_e \ . \tag{5.1}$$

Sie ist gleich der elektrostatischen Energie W_e. Bezeichnet man mit

$$\Phi_i(\boldsymbol{r}_i) = \sum_{j=1}^{N} \frac{q_j}{4\pi\varepsilon_0 |\boldsymbol{r}_i - \boldsymbol{r}_j|} \quad , \quad i \neq j \tag{5.2}$$

das Potential aller Ladungen außer der i-ten, dann wird aus (5.1)

$$W_e = \frac{1}{2} \sum_{i=1}^{N} q_i \Phi_i(\boldsymbol{r}_i) \ . \tag{5.3}$$

Die Ausdrücke (5.1) oder (5.3) geben die elektrostatische Energie an, die durch das Anordnen der Ladungen erzeugt wurde. Dabei ist es egal, in welcher Reihenfolge die Ladungen angeordnet wurden. Dieselbe Energie würde frei werden, wenn die Ladungsanordnung wieder aufgelöst würde. W_e kann positiv oder auch negativ sein, wie z.B. bei zwei Ladungen entgegengesetzten Vorzeichens, denn bei deren Anordnung wird Arbeit frei.

W_e gibt die gegenseitige Energie von allen Ladungspaaren an. Die Frage, ob Energie aufgewendet werden muss und wieviel, um eine einzelne Punktladung zusammmmenzusetzen, soll an dieser Stelle, aus guten Gründen, nicht beantwortet werden. Es wird sich nämlich herausstellen, dass diese Energie unendlich ist, was allerdings, da man Punktladungen weder zusammmmensetzen noch auseinandernehmen kann, ohne Bedeutung ist.

5.2 Energie einer kontinuierlichen Ladungsverteilung

Im Falle von kontinuierlichen Ladungsverteilungen, z.B. einer Raumladung, liegt es nahe, die Darstellung (5.3) zu benutzen und die Summe durch eine Integration zu ersetzen

$$\boxed{W_e = \frac{1}{2} \int_V q_V(\boldsymbol{r}') \phi(\boldsymbol{r}') \, \mathrm{d}V'} \ . \tag{5.4}$$

Der Integrand hat dann offensichtlich die Dimension einer Energiedichte

$$w_e(\boldsymbol{r}) = \frac{1}{2}\, q_V(\boldsymbol{r})\phi(\boldsymbol{r})\;. \tag{5.5}$$

Gleichung (5.4) gibt in der Tat die elektrostatische Energie einer Raumladung an. Allerdings ist die Definition eine andere als in (5.3), denn jetzt ist die „Selbstenergie", d.h. die Energie, die nötig ist, um die infinitesimalen Ladungen $q_V \mathrm{d}V$ zusammmmenzusetzen, mitenthalten, da nicht, wie in (5.3), die Punkte $i = j$ ausgenommen wurden. Hier erhebt sich die Frage, ob diese Vorgehensweise korrekt ist und ob die Integration über alle $\boldsymbol{r}'$, also auch $\boldsymbol{r}' = \boldsymbol{r}$, erlaubt ist. Daß dies für das Potential (3.19) erlaubt ist, wurde schon mit (3.24) bewiesen. Auch ist der Energieinhalt einer kontinuierlichen Ladungsverteilung, im Gegensatz zur Punktladung, immer endlich. Dies lässt sich einfach an einer homogen geladenen Kugel mit Radius a nachweisen. Mit Hilfe des Potentials im Beispiel auf Seite 65 und (5.4) wird

$$W_e = \frac{1}{2}\int_0^a q_V \frac{q_V a^2}{3\varepsilon_0}\left(\frac{3}{2} - \frac{1}{2}\frac{r^2}{a^2}\right)4\pi r^2 \mathrm{d}r = \frac{4\pi q_V^2 a^5}{15\varepsilon_0} \tag{5.6}$$

und W_e bleibt auch für $a \to 0$ endlich. Somit gibt (5.4) die gesamte Energie mit „Selbstenergie" an.

Will man den Energieinhalt in einem Gebiet ohne Raumladung bestimmen, muss W_e durch die Feldstärke ausgedrückt werden. Man benutzt

$$\nabla\cdot(\phi\boldsymbol{D}) = \phi\nabla\cdot\boldsymbol{D} + \boldsymbol{D}\cdot\nabla\phi = q_V\phi - \boldsymbol{E}\cdot\boldsymbol{D}$$

und setzt dies in (5.4) ein

$$W_e = \frac{1}{2}\int_V \boldsymbol{E}\cdot\boldsymbol{D}\,\mathrm{d}V' + \frac{1}{2}\int_V \nabla\cdot(\phi\boldsymbol{D})\,\mathrm{d}V'\;.$$

Der zweite Term auf der rechten Seite wird mit dem GAUSSschen Integralsatz in ein Oberflächenintegral verwandelt, welches für $r \to \infty$ verschwindet[1], da $\phi \sim 1/r$, $D \sim 1/r^2$ und $\mathrm{d}F \sim r^2$. Somit bleibt für die gespeicherte Energie

$$\boxed{W_e = \frac{1}{2}\int_V \boldsymbol{E}\cdot\boldsymbol{D}\,\mathrm{d}V'} \tag{5.7}$$

und für die Energiedichte

$$w_e(\boldsymbol{r}) = \frac{1}{2}\boldsymbol{E}(\boldsymbol{r})\cdot\boldsymbol{D}(\boldsymbol{r})\;. \tag{5.8}$$

Als erstes wollen wir (5.7) anwenden, um die Energie einer Punktladung zu berechnen.

Das elektrische Feld der Ladung lautet nach (3.5)

$$\boldsymbol{E} = \frac{Q}{4\pi\varepsilon_0 r^2}\,\boldsymbol{e}_r\;.$$

Wegen der Kugelsymmetrie nimmt man als Volumenelement eine Kugelschale der Dicke $\mathrm{d}r$ und die Energie

---

[1] natürlich nur für endlich große Ladungsverteilungen

$$W_e = \frac{\varepsilon_0}{2} \left(\frac{Q}{4\pi\varepsilon_0} \right)^2 4\pi \int_0^\infty \frac{\mathrm{d}r}{r^2} = -\frac{Q^2}{8\pi\varepsilon_0} \frac{1}{r} \Big|_0^\infty = \infty$$

ist unendlich groß.

Somit ist das Konzept einer Punktladung im Widerspruch zur Vorstellung der Energie im Feld. Elektronen besitzen eine Ruheenergie von 511 keV und würde man sie als kleine, homogene Ladungskugeln auffassen, so ergäbe sich aus der Energie ein Radius der Kugel, welcher erheblich größer ist als die bekannte obere Grenze für die Größe von Elektronen. Dieses Problem ist bis heute ungelöst und eventuell muss die elektromagnetische Theorie für sehr kleine Abstände modifiziert werden.

An dieser Stelle gibt es einige Ungereimtheiten zu klären. Als erstes halten wir fest, dass (5.4) und (5.7) immer positive Werte für W_e geben, da sie im Gegensatz zu (5.1) und (5.3) die „Selbstenergie" beinhalten. Zweitens, die Gleichungen (5.7) und (5.8) gelten auch in Dielektrika.

Drittens, die Integration in (5.4) erstreckt sich über das Raumladungsgebiet und in (5.7) über den gesamten Raum. Trotzdem ergeben beide Gleichungen denselben Wert. Lediglich ihre Anwendung ist von unterschiedlichem praktischen Wert. Oftmals erscheint (5.7) einfacher, weil das Feldgebiet leichter festzulegen ist. Viertens, (5.5) und (5.8) stellen verschiedene „Energiedichten" dar. Lediglich ihr Integral ergibt denselben Wert. So zwängt sich die Frage auf: Wo ist die Energie gespeichert, in den Ladungen, wie in (5.5) oder im Feld wie in (5.8)? Die Elektrostatik gibt darauf keine Antwort. Wir wissen lediglich, dass die Gesamtenergie erhalten sein muss. Das elektrostatische Feld kann zwar Kräfte ausüben aber es kann nicht Arbeit verrichten. So erfährt eine Probeladung im Feld eine Kraft, aber sobald die Ladung im Feld bewegt wird, ändert sich nicht die Feldenergie in der Nähe der Ladung sondern gleichzeitig im gesamten Raum. Die Frage nach der lokalen Energieerhaltung, also die Frage, an welcher Stelle und zu welcher Zeit welche Energie gespeichert ist, macht keinen Sinn.

Physikalisch richtig ist: Wird die Ladung im Feld bewegt, gibt es eine lokale Feldstörung, welche sich mit der Zeit ausbreitet. Erst nach unendlich langer Zeit, wenn die Störung im Unendlichen angekommen ist, herrschen wieder statische Zustände. Zur Beschreibung dieses Vorganges sind die vollständigen zeitabhängigen MAXWELL'schen Gleichungen nötig. Den sich daraus ergebenden Feldern lässt sich an jeder Stelle eine Energiedichte und eine Energieflussdichte zuordnen. Dann stellt in der Tat (5.8) die lokale elektrische Energiedichte dar.

5.3 Kräfte auf Körper und Grenzflächen

Ist der Energieinhalt einer Anordnung bekannt, lassen sich mit Hilfe des *Prinzips der virtuellen Verrückung* Kräfte auf Körper oder Grenzflächen berechnen.

Gegeben sei eine Anordnung von geladenen Leitern. Wird ein Volumenelement vom Feld um die Strecke ds verschoben, so wird die mechanische Arbeit

$$\delta A = \boldsymbol{K} \cdot \delta \boldsymbol{s} \tag{5.9}$$

frei. Dabei ist $\boldsymbol{K}$ die Kraft auf das Volumenelement. Es gilt nun zwei Fälle zu unterscheiden:[2]

a) Die Leiter sind isoliert und die Ladungen konstant. Es gibt keine Wechselwirkung mit der Außenwelt, und die Feldenergie muss um den Betrag der freigewordenen Arbeit abnehmen

$$\delta A = \boldsymbol{K} \cdot \delta \boldsymbol{s} = -\delta W_e \ .$$

Die Kraft in Richtung der Verrückung ist somit

$$K_s = -\delta W_e / \delta s \ . \tag{5.10}$$

Wenn das Objekt nur eine Drehbewegung durchführen kann, z.B. um die z-Achse, so ist die freiwerdende mechanische Energie

$$\delta A = T_z \delta \varphi = -\delta W_e$$

und das Drehmoment wird

$$T_z = -\delta W_e / \delta \varphi \ . \tag{5.11}$$

b) Die Leiter werden auf konstantem Potential gehalten. Durch Anschlüsse an externe Quellen, z.B. an Batterien, bleiben die Leiter während der Verrückung auf konstantem Potential. In diesem Fall gilt das Theorem (3.49) und aus (5.10), (5.11) wird

$$K_s = \delta W_e / \delta s \quad , \quad T_z = \delta W_e / \delta \varphi \ . \tag{5.12}$$

Beispiel 5.1. Kraft auf die Platten eines Plattenkondensators

Die Kraft auf die Platten eines Plattenkondensators, Abb. 3.18, ist zu bestimmen.
a) Elektroden isoliert , $Q = $ const.
Entsprechend (3.40) und (3.41) ist

$$W_e = \frac{1}{2} \frac{Q^2}{C} = \frac{Q^2}{2\varepsilon F} d$$

und die Kraft auf die obere Platte wird

$$K_z = -\frac{\delta W_e}{\delta d} = -\frac{Q^2}{2\varepsilon F} = -\frac{Q^2}{2Cd} \ .$$

b) Elektroden auf konstantem Potential

$$W_e = \frac{1}{2} CU^2 = \frac{\varepsilon F}{2d} U^2 \quad , \quad K_z = \frac{\delta W_e}{\delta d} = -\frac{\varepsilon F}{2d^2} U^2 = -\frac{Q^2}{2Cd} \ .$$

---

[2] Die Fallunterscheidungen sind nötig, weil die Berechnung der gespeicherten Energie unterschiedlich ist. Die auftretenden Kräfte sind selbstverständlich gleich bei gleichen Bedingungen, d.h. gleichen Positionen der Leiter und gleichen Ladungen auf den Leitern.

Beispiel 5.2. Druck auf die Trennfläche zweier Dielektrika

Ein Plattenkondensator ist mit zwei Dielektrika gefüllt, Abb. 5.1. Wir nehmen an, die Platten sind isoliert, und der Kondensator trägt die Ladung Q. Dann ist

$$W_e = \frac{1}{2}\frac{Q^2}{C(x)}$$

mit der Parallelschaltung der Kapazitäten

$$C(x) = \frac{\varepsilon_1 a x}{d} + \frac{\varepsilon_2 a (l-x)}{d} .$$

Der Druck auf die Trennfläche ist

$$p_x = \frac{K_x^*}{ad} = -\frac{1}{ad}\frac{\delta W_e}{\delta x} = \frac{1}{2}\frac{U^2}{d^2}(\varepsilon_1 - \varepsilon_2) = \frac{1}{2}(\varepsilon_1 - \varepsilon_2)E^2 ,$$

wobei $U = Ed$ und $D = \varepsilon E$ benutzt wurde. Das Dielektrikum mit einer höheren Dielektrizitätskonstanten wird in den Kondensator hineingezogen und übt einen Druck auf das andere Dielektrikum aus.

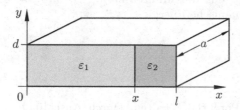

Abb. 5.1. Plattenkondensator mit geschichtetem Dielektrikum

5.4 Kraftdichte

Die in Paragraph 5.3 hergeleiteten Ausdrücke für Kräfte lassen sich verallgemeinern. Man führt dazu, in Analogie zur Energiedichte, eine *Kraftdichte* $\mathbf{k}$ ein.

Gibt es im Feld Raumladungen, wirkt auf ein Volumenelement die Kraft

$$\mathrm{d}\mathbf{K}_q = q_V \mathbf{E}\,\mathrm{d}V$$

und man erhält unmittelbar die Kraftdichte in einem Raumladungsgebiet

$$\mathbf{k}_q = q_V \mathbf{E} . \tag{5.13}$$

Schwieriger ist die Herleitung der Kraftdichte in inhomogenen, linearen Dielektrika. Man verwendet wieder das Prinzip der virtuellen Verrückung und verschiebt ein Volumenelement um eine Strecke $\delta\mathbf{s}$, wobei angenommen wird, dass die Raumladungen und vorhandene Leiter fest bleiben ebenso wie die Ladungen auf den Leitern. Dabei verrichtet das Feld die mechanische Arbeit

$$\delta\mathrm{d}A = \mathbf{k}_\varepsilon \cdot \delta\mathbf{s}\,\mathrm{d}V$$

und bei Verschieben des gesamten Volumens

$$\delta A = \int_V \boldsymbol{k}_\varepsilon \cdot \delta \boldsymbol{s} \, \mathrm{d}V = -\delta W_e \,, \tag{5.14}$$

welche der Abnahme der Feldenergie entspricht. $\boldsymbol{k}_\varepsilon$ ist die Kraftdichte im Dielektrikum. Die Änderung der Feldenergie (5.7) ist

$$\delta W_e = \frac{1}{2} \int_V \delta(\boldsymbol{E} \cdot \boldsymbol{D}) \, \mathrm{d}V = \frac{1}{2} \int_V \delta \left(\frac{1}{\varepsilon} \boldsymbol{D}^2 \right) \mathrm{d}V$$

$$= -\frac{1}{2} \int_V \frac{\delta \varepsilon}{\varepsilon^2} \boldsymbol{D}^2 \, \mathrm{d}V + \int_V \frac{1}{\varepsilon} \boldsymbol{D} \cdot \delta \boldsymbol{D} \, \mathrm{d}V$$

$$= -\frac{1}{2} \int_V \delta \varepsilon \boldsymbol{E}^2 \, \mathrm{d}V + \int_V \boldsymbol{E} \cdot \delta \boldsymbol{D} \, \mathrm{d}V \,. \tag{5.15}$$

Man formt den Integranden des zweiten Integrals um

$$\boldsymbol{E} \cdot \delta \boldsymbol{D} = -\nabla \phi \cdot \delta \boldsymbol{D} = -\nabla \cdot (\phi \, \delta \boldsymbol{D}) + \phi \nabla \cdot (\delta \boldsymbol{D}) = -\nabla \cdot (\phi \, \delta \boldsymbol{D}) \,,$$

wobei wegen $\nabla \cdot \boldsymbol{D} = q_V = \text{const.}$ die Divergenz von $\delta \boldsymbol{D}$ verschwindet[3]. Somit kann man das Integral in ein Oberflächenintegral überführen über die unendlich ferne Hülle F_∞, die Leiteroberflächen F_L und die Verbindungskanäle F_K dazwischen

$$\int_V \boldsymbol{E} \cdot \delta \boldsymbol{D} \, \mathrm{d}V = -\oint_O \phi \, \delta \boldsymbol{D} \cdot \mathrm{d}\boldsymbol{F}$$

$$= -\int_{F_\infty} \phi \, \delta \boldsymbol{D} \cdot \mathrm{d}\boldsymbol{F} + \int_{F_L} \phi \, \delta \boldsymbol{D} \cdot \mathrm{d}\boldsymbol{F} - \int_{F_K} \phi \, \delta \boldsymbol{D} \cdot \mathrm{d}\boldsymbol{F} \,.$$

Das Integral über F_∞ verschwindet wie bereits bei der Herleitung von (5.7). Ebenso verschwindet das Integral über F_K. Für das Integral über F_L folgt wegen der konstanten Leiterpotentiale ϕ_L und der festen Leiterladung Q_L

$$\int_{F_L} \phi \, \delta \boldsymbol{D} \cdot \mathrm{d}\boldsymbol{F} = \phi_L \int_{F_L} \delta \boldsymbol{D} \cdot \mathrm{d}\boldsymbol{F} = \phi_L \delta \int_{F_L} \boldsymbol{D} \cdot \mathrm{d}\boldsymbol{F} = \phi_L \delta Q_L = 0 \,.$$

Das zweite Integral auf der rechten Seite von (5.15) verschwindet also insgesamt.

Im ersten Integral muss $\delta \varepsilon$ berechnet werden. Aufgrund der Verschiebung des Volumenelementes ist jetzt an der Position $\boldsymbol{s}$ dasjenige Element, das vorher an der Stelle $\boldsymbol{s} - \delta \boldsymbol{s}$ war

$$\delta \varepsilon(\boldsymbol{s}) = \varepsilon(neu) - \varepsilon(alt) = \varepsilon(\boldsymbol{s} - \delta \boldsymbol{s}) - \varepsilon(\boldsymbol{s}) = -\nabla \varepsilon \cdot \delta \boldsymbol{s} \,. \tag{5.16}$$

Einsetzen von (5.16) in (5.15) und in (5.14) liefert

$$\int_V \boldsymbol{k}_\varepsilon \cdot \delta \boldsymbol{s} \, \mathrm{d}V = -\frac{1}{2} \int_V \nabla \varepsilon \cdot \delta \boldsymbol{s} \, \boldsymbol{E}^2 \mathrm{d}V$$

und somit die Kraftdichte im inhomogenen Dielektrikum

---

[3] Die Felder $\boldsymbol{D}(\varepsilon)$ und $\boldsymbol{D}(\varepsilon + \delta \varepsilon)$ haben dieselben Quellen und ihre Differenz ist quellenfrei.

$$\boxed{k_\varepsilon = -\frac{1}{2}E^2\nabla\varepsilon}\,. \tag{5.17}$$

Die räumliche Kraftdichte spielt in der Praxis eine relativ geringe Rolle, da sowohl Ladungen wie Inhomogenitäten in Dielektrika meist nur in Grenzflächen auftreten. Im Falle von Flächenladungen muss man einfach in (5.13) q_V durch q_F ersetzen und erhält die Kraft pro Flächenelement, also den Druck. Bei unstetigen Dielektrika macht man einen Grenzübergang. Man betrachtet den Übergang als eine dünne Schicht, in welcher sich die Dielektrizitätskonstante kontinuierlich von ε_1 nach ε_2 ändert, Abb. 5.2. Anschließend lässt man die Dicke der Schicht gegen null gehen. Da die Kraftdichte (5.17) in Richtung abnehmender Dielektrizitätskonstanten zeigt, sei dies die Normalenrichtung $\boldsymbol{n}$. Zur Berechnung der Kraft auf ein kleines Volumen wählt man einen Zylinder der Grundfläche ΔF und der Höhe gleich der Schichtdicke.

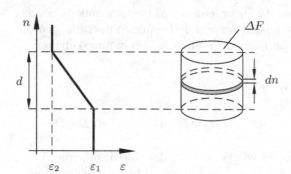

Abb. 5.2. Zur Berechnung der mechanischen Spannung in einer dielektrischen Grenzschicht

Tangential zur Schicht ändert sich ε nicht und $\nabla\varepsilon$ hat nur eine Normalkomponente. Integration von (5.17) über den Zylinder gibt die Kraft auf den Zylinder

$$\Delta\boldsymbol{K} = -\frac{1}{2}\Delta F \int_0^d E^2 \frac{\mathrm{d}\varepsilon}{\mathrm{d}n}\,\boldsymbol{n}\mathrm{d}n$$

oder den Druck auf die Grenzschicht

$$p_n = \frac{\Delta K_n}{\Delta F} = -\frac{1}{2}\int_0^d E^2\frac{\mathrm{d}\varepsilon}{\mathrm{d}n}\,\mathrm{d}n\,.$$

Das Integral kann man nicht auswerten, da E unbekannt ist. Andererseits ist

$$E^2 = E_t^2 + E_n^2 = E_t^2 + D_n^2/\varepsilon^2$$

und sowohl E_t wie D_n sind stetig, d.h. unabhängig von n, wenn die Schicht dünn ist. Man kann sie vor das Integral ziehen und erhält für den Druck

$$p_n = -\frac{1}{2} E_t^2 \int_{\varepsilon_1}^{\varepsilon_2} \mathrm{d}\varepsilon - \frac{1}{2} D_n^2 \int_{\varepsilon_1}^{\varepsilon_2} \frac{1}{\varepsilon^2}\mathrm{d}\varepsilon$$

$$= -\frac{1}{2}\left[E_t^2(\varepsilon_2 - \varepsilon_1) - D_n^2\left(\frac{1}{\varepsilon_2} - \frac{1}{\varepsilon_1}\right)\right]$$

$$= \frac{1}{2}(\varepsilon_1 - \varepsilon_2)\left(E_t^2 + \frac{D_n^2}{\varepsilon_1\varepsilon_2}\right) = \frac{1}{2}(\varepsilon_1 - \varepsilon_2)(E_{t1}E_{t2} + E_{n1}E_{n2})$$

$$\rightarrow \qquad \boxed{p_n = \frac{1}{2}(\varepsilon_1 - \varepsilon_2)\boldsymbol{E}_1 \cdot \boldsymbol{E}_2}\ . \tag{5.18}$$

Man beachte, dass der Grenzübergang $d \to 0$ gar nicht mehr ausgeführt wurde. Offensichtlich war er indirekt bereits durch die Stetigkeit von E_t und D_n vollzogen. Das Ergebnis (5.18) besagt, dass bei sprunghafter Änderung der Dielektrizitätskonstanten auf das Gebiet mit höherem ε ein Zug ausgeübt wird, während das Medium mit kleinerem ε auf Druck beansprucht wird[4].

Zusammenfassung

Feldenergie bei einer Ansammlung von Punktladungen q_i an den Stellen $\boldsymbol{r}_i$

$$W_e = \frac{1}{2}\sum_i q_i\, \phi_i(\boldsymbol{r}_i)\ ,$$

wobei ϕ_i das Potential aller Ladungen außer der i-ten ist.

Energiedichte bei kontinuierlichen Ladungsverteilungen

$$w_e(\boldsymbol{r}) = \frac{1}{2}\, q_V(\boldsymbol{r})\,\phi(\boldsymbol{r}) = \frac{1}{2}\,\boldsymbol{E}(\boldsymbol{r}) \cdot \boldsymbol{D}(\boldsymbol{r})$$

Kraft, Drehmoment auf Leiter im Feld

$$K_s = -\frac{\delta W_e}{\delta s}\quad , \quad T_z = -\frac{\delta W_e}{\delta \varphi}\qquad Q \text{ konstant}$$

$$K_s = \frac{\delta W_e}{\delta s}\quad , \quad T_z = \frac{\delta W_e}{\delta \varphi}\qquad U \text{ konstant}$$

---

[4] Dies wurde im Beispiel auf Seite 110 mit dem Prinzip der virtuellen Verrückung hergeleitet.

Kraftdichte im Dielektrikum

$$k_e = -\frac{1}{2}\, \boldsymbol{E}^2 \nabla \varepsilon$$

Druck auf Grenzfläche von Medium 1 nach 2

$$p_n = \frac{1}{2}\,(\varepsilon_1 - \varepsilon_2)\boldsymbol{E}_1 \cdot \boldsymbol{E}_2$$

Fragen zur Prüfung des Verständnisses

5.1 Kann eine Anordnung von mehreren Punktladungen negative Feldenergie besitzen?

5.2 Ist elektrostatische Energie im Feld oder in den Ladungen gespeichert?

5.3 Berechne mit Hilfe des COULOMB'schen Gesetzes die Energie zweier negativer Punktladungen im Abstand d.

5.4 Berechne die Energie einer kugelförmigen, homogenen Raumladung auf zwei verschiedenen Wegen.

5.5 Mit einer *Spannungswaage* mißt man die Kraft zwischen zwei Kondensatorplatten. Bestimme daraus die Spannung zwischen den Platten.

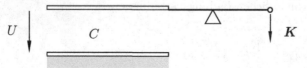

5.6 Auf der Grenzfläche zwischen zwei Dielektrika gibt es ein elektrisches Feld $\boldsymbol{E}_1$ unter einem Winkel α_1 zur Normalenrichtung.

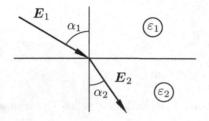

Wie groß sind $\boldsymbol{E}_2$ und α_2? Wie groß ist der Druck auf die Grenzschicht?

6. Elektrostatische Felder IV (Spezielle Lösungsmethoden)

Die in den vorherigen Paragraphen eingeführten Methoden zur Lösung von Potentialproblemen, wie COULOMB'sches Gesetz, Satz von GAUSS, Spiegelungsmethode oder die Integration der eindimensionalen LAPLACE- und POISSON-Gleichung, erlauben nur die Lösung von sehr einfachen Problemen. Im Folgenden werden wir allgemeinere und systematischere Vorgehensweisen behandeln.

> Eine allgemeine Methode, die insbesondere gut zur numerischen Lösung geeignet ist, ist die Lösung der LAPLACE-Gleichung unter Berücksichtigung von Randbedingungen.

Die damit gefundene Lösung ist eindeutig. Im Falle einer analytischen Lösung besteht sie aus einer Reihe über Eigenfunktionen.

Für viele ebene Probleme sind analytische Lösungen möglich mit Hilfe der konformen Abbildung.

> Die Aufgabe ist dabei eine Abbildungsfunktion zu finden, die die gegebene komplizierte Leiteranordnung in eine einfachere überführt, in welcher das Problem lösbar ist.

Die allgemeinste Vorgehensweise ist die numerische Simulation.

> Der Problemraum wird in viele kleine Unterräume eingeteilt, in welchen sich das Feld nur wenig ändert, so dass es entweder als konstant angenommen werden kann oder durch einfache Funktionen beschreibbar ist. Die Summe der Unterräume führt auf ein lineares Gleichungssystem für die unbekannten Koeffizienten der Felddarstellung in den Unterräumen.

6.1 Eindeutigkeit der Lösung

Gegeben sei eine Anordnung mit leitenden Körpern, Ladungen und einem homogenen, linearen Dielektrikum. Das zugehörige Potential genügt der POISSON-Gleichung.

Es seien ϕ_1, ϕ_2 zwei Lösungen, die zur selben Ladungsverteilung gehören

$$\nabla^2 \phi_i = -q_V/\varepsilon \quad , \quad i = 1, 2 .$$

© Der/die Autor(en), exklusiv lizenziert durch Springer-Verlag GmbH, DE, ein Teil von Springer Nature 2020
H. Henke, *Elektromagnetische Felder*, https://doi.org/10.1007/978-3-662-62235-3_6

Die beiden Lösungen können sich um eine Lösung der LAPLACE-Gleichung unterscheiden, denn es ist

$$\nabla^2(\phi_1 - \phi_2) = \nabla^2\phi_1 - \nabla^2\phi_2 = 0 \,. \tag{6.1}$$

Das heißt, die POISSON-Gleichung hat zunächst unendlich viele Lösungen, die erst durch Randbedingungen festgelegt werden.

Um die Frage zu beantworten, unter welchen Bedingungen die LAPLACE-Gleichung eindeutige Lösungen hat, geht man vom ersten GREEN'schen Satz (1.73) aus und setzt $\phi = \psi = \phi_1 - \phi_2$

$$\int_V (\phi_1 - \phi_2)\nabla^2(\phi_1 - \phi_2)\,\mathrm{d}V + \int_V |\nabla(\phi_1 - \phi_2)|^2\,\mathrm{d}V$$

$$= \oint_O (\phi_1 - \phi_2)\frac{\partial}{\partial n}(\phi_1 - \phi_2)\,\mathrm{d}F \,.$$

Der erste Term verschwindet wegen (6.1). Die rechte Seite verschwindet, wenn auf dem Rand gilt

1. $\phi_1 = \phi_2$ oder
2. $\partial\phi_1/\partial n = \partial\phi_2/\partial n$ oder
3. $\phi_1 = \phi_2$ auf einem Teil und $\partial\phi_1/\partial n = \partial\phi_2/\partial n$ auf dem anderen.

Unter diesen Voraussetzungen bleibt

$$\int_V |\nabla(\phi_1 - \phi_2)|^2\,\mathrm{d}V = 0 \tag{6.2}$$

und da der Integrand immer größer oder gleich null ist, muss gelten

$$\nabla(\phi_1 - \phi_2) = 0 \quad \text{oder} \quad \phi_1 - \phi_2 = \text{const.}\,. \tag{6.3}$$

ϕ_1 und ϕ_2 können sich höchstens um eine Konstante unterscheiden. Für die Bedingungen 1 und 3 haben die Potentiale zumindest stückweise gleiche Randwerte und die Konstante muss null sein. Ist die Normalableitung auf dem Rand vorgegeben, können sich die Potentiale um eine Konstante unterscheiden.

Aus obigem folgt die Aussage:

> Genügt das Potential der LAPLACE-Gleichung und verschwinden das Potential oder seine Normalableitung auf dem Rand, so verschwindet das Potential im gesamten Raum oder ist konstant.

6.2 Separation der Laplace-Gleichung

Die wichtigste analytische Methode zur Lösung von partiellen Differentialgleichungen ist die *Separation* durch einen *Produktansatz nach* BERNOULLI. Dieser überführt die im allgemeinen dreidimensionale Differentialgleichung in drei eindimensionale, gewöhnliche Differentialgleichungen. Das Produkt ihrer Lösungen ergibt die Lösung des dreidimensionalen Problems. Im Folgenden sei die Methode am einfachsten Beispiel, dem der kartesischen Koordinaten, erläutert.

6.2.1 Kartesische Koordinaten

In kartesischen Koordinaten lautet die LAPLACE-Gleichung

$$\boxed{\nabla^2\phi = \frac{\partial^2\phi}{\partial x^2} + \frac{\partial^2\phi}{\partial y^2} + \frac{\partial^2\phi}{\partial z^2} = 0}\;. \tag{6.4}$$

Der BERNOULLI'sche Ansatz schreibt ϕ als Produkt

$$\phi(x,y,z) = X(x)Y(y)Z(z)\,, \tag{6.5}$$

welches in (6.4) eingesetzt wird

$$YZ\frac{\mathrm{d}^2X}{\mathrm{d}x^2} + XZ\frac{\mathrm{d}^2Y}{\mathrm{d}y^2} + XY\frac{\mathrm{d}^2Z}{\mathrm{d}z^2} = 0\,.$$

Division durch ϕ ergibt

$$\frac{1}{X}\frac{\mathrm{d}^2X}{\mathrm{d}x^2} + \frac{1}{Y}\frac{\mathrm{d}^2Y}{\mathrm{d}y^2} + \frac{1}{Z}\frac{\mathrm{d}^2Z}{\mathrm{d}z^2} = 0\,. \tag{6.6}$$

In dieser Gleichung hängt jeder Term nur von einer einzigen Variablen ab und muss daher konstant sein, damit bei einer Variation dieser Variablen die anderen Terme nicht verändert werden. Man setzt also z.B.

$$\frac{1}{X}\frac{\mathrm{d}^2X}{\mathrm{d}x^2} = -k_x^2 \quad,\quad \frac{1}{Y}\frac{\mathrm{d}^2Y}{\mathrm{d}y^2} = -k_y^2 \quad,\quad \frac{1}{Z}\frac{\mathrm{d}^2Z}{\mathrm{d}z^2} = -k_z^2\,. \tag{6.7}$$

Die Konstanten heißen *Separationskonstanten*. Sie erfüllen die *Gleichung der Separationskonstanten*

$$\boxed{k_x^2 + k_y^2 + k_z^2 = 0}\;. \tag{6.8}$$

Aus (6.8) ist ersichtlich, dass mindestens ein Term negativ sein muss und die Konstante wird imaginär. Ohne Einschränkung der Allgemeinheit sei hier k_z imaginär gewählt

$$k_z = \pm\mathrm{j}\sqrt{k_x^2 + k_y^2} = \pm\mathrm{j}\beta_z \quad \text{mit} \quad k_{x,y}^2 \geq 0\,. \tag{6.9}$$

Die Lösungen der drei gewöhnlichen Differentialgleichungen (6.7) lauten dann

$$\begin{aligned}
X &= \left\{\begin{array}{c}\cos k_x x \\ \sin k_x x\end{array}\right\} \quad \text{oder} \quad \left\{\begin{array}{c}\mathrm{e}^{\mathrm{j}k_x x} \\ \mathrm{e}^{-\mathrm{j}k_x x}\end{array}\right\} \quad \text{für} \quad k_x \neq 0 \\
&= A_0 x + B_0 \quad \text{für} \quad k_x = 0 \\[4pt]
Y &= \left\{\begin{array}{c}\cos k_y y \\ \sin k_y y\end{array}\right\} \quad \text{oder} \quad \left\{\begin{array}{c}\mathrm{e}^{\mathrm{j}k_y y} \\ \mathrm{e}^{-\mathrm{j}k_y y}\end{array}\right\} \quad \text{für} \quad k_y \neq 0 \\
&= C_0 y + D_0 \quad \text{für} \quad k_y = 0 \\[4pt]
Z &= \left\{\begin{array}{c}\cosh\beta_z z \\ \sinh\beta_z z\end{array}\right\} \quad \text{oder} \quad \left\{\begin{array}{c}\mathrm{e}^{\beta_z z} \\ \mathrm{e}^{-\beta_z z}\end{array}\right\} \quad \text{für} \quad \beta_z \neq 0 \\
&= E_0 z + F_0 \quad \text{für} \quad \beta_z = 0\,.
\end{aligned} \tag{6.10}$$

Dabei bedeuten die geschweiften Klammern eine Linearkombination der enthaltenen Funktionen. Die beiden angegebenen Schreibweisen sind, wegen $\exp(j\alpha) = \cos\alpha + j\sin\alpha$, äquivalent. Ihre Auswahl ist eine reine Frage der Angepaßtheit an das Problem. Zwei der Separationskonstanten sind zunächst noch frei wählbar und werden erst durch die Randbedingungen festgelegt. Die dritte Konstante folgt dann aus (6.8). Sind die Konstanten festgelegt, ergibt dies eine spezielle Lösung. Die allgemeine Lösung entsteht durch Überlagerung aller denkbaren speziellen Lösungen, d.h. mit allen möglichen Werten von k_x, k_y, k_z.

Beispiel 6.1. Randwertproblem in kartesischen Koordinaten

Gegeben ist eine quaderförmige, leitende Schachtel. Alle Seitenwände seien geerdet mit Ausnahme des Deckels bei $z = c$, der isoliert ist und das Potential ϕ_0 habe, Abb. 6.1.

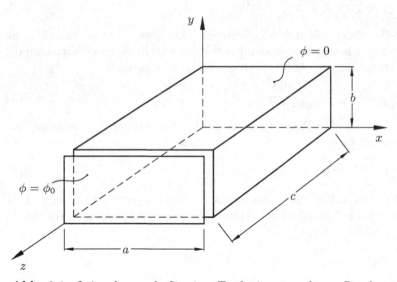

Abb. 6.1. Leitender quaderförmiger Topf mit vorgegebenen Randwerten

Als erstes sind die Randbedingungen in die separierten Gleichungen (6.10) einzuarbeiten. Dies soll ausführlich für die Funktion X geschehen, wobei die cos/sin-Schreibweise gewählt wird

$$X = \begin{cases} A_k \cos k_x x + B_k \sin k_x x & \text{für} \quad k_x \neq 0 \\ A_0 x + B_0 & \text{für} \quad k_x = 0 . \end{cases}$$

Die Randbedingung $\phi(x = 0) = 0$ erfordert

$$A_k = B_0 = 0$$

und $\phi(x = a) = 0$ ist nur erfüllbar mit

$$A_0 = 0 \quad \text{und} \quad \sin k_x a = 0 ,$$

d.h. wenn

$$k_x a = m\pi \quad \text{oder} \quad k_x = k_{xm} = \frac{m\pi}{a} \quad , \quad m = 1, 2, \ldots .$$

Man erhält

$$X = B_m \sin k_{xm} x .$$

Jetzt ist auch ersichtlich, warum der trigonometrische Ansatz gewählt wurde. Bei dieser Wahl ergibt sich für X nur die Sinusfunktion, hätte man die Exponentialform gewählt, würden beide Funktionen auftreten.

Die Randbedingungen $\phi(y = 0, b) = 0$, $\phi(z = 0) = 0$ werden ganz analog eingearbeitet und man erhält

$$\phi_{mn} = G_{mn} \sin k_{xm} x \sin k_{yn} y \sinh \beta_{zmn} z \quad , \quad m, n = 1, 2, \ldots ,$$

wobei sich die zunächst willkürliche Wahl (6.9) als richtig erwiesen hat, da sowohl k_{xm}^2 wie k_{yn}^2 positiv sind.

ϕ_{mn} stellt für jedes m, n eine spezielle Lösung der LAPLACE-Gleichung dar unter Berücksichtigung der Randbedingungen bei $x = 0, a$, $y = 0, b$ und $z = 0$. Damit auch die Randbedingung $\phi(z = c) = \phi_0$ erfüllt werden kann, benötigt man die allgemeine Form, die durch Überlagerung aller speziellen Lösungen entsteht

$$\phi = \sum_{m=1}^{\infty} \sum_{n=1}^{\infty} G_{mn} \sin \frac{m\pi x}{a} \sin \frac{n\pi y}{b} \sinh \beta_{zmn} z .$$

Die Indices laufen nur über die positiven ganzen Zahlen. Dies stellt keine Einschränkung der Allgemeinheit dar, da $\sin \alpha = -\sin(-\alpha)$ und somit keine neuen Funktionen entstehen. Zur Einarbeitung der letzten Randbedingung

$$\phi = \phi_c(x, y, z = c) = \phi_0$$

wird ϕ_c in eine *zweidimensionale* FOURIER-*Reihe* entwickelt. Man benutzt dazu die sogenannten *Orthogonalitätsrelationen*

$$\int_0^a \sin \frac{m\pi x}{a} \sin \frac{p\pi x}{a} \, \mathrm{d}x = \frac{a}{2} \delta_m^p \quad , \quad m, p \geq 0$$

$$\int_0^b \sin \frac{n\pi y}{b} \sin \frac{q\pi y}{b} \, \mathrm{d}y = \frac{b}{2} \delta_n^q \quad , \quad n, q \geq 0 .$$

δ_m^n ist das KRONECKER-*Symbol*

$$\delta_m^n = \begin{cases} 1 & \text{für} \quad m = n \\ 0 & \text{für} \quad m \neq n . \end{cases}$$

Multiplikation von ϕ_c mit $\sin(p\pi x/a) \sin(q\pi y/b)$ und Integration über $0 \leq x \leq a$, $0 \leq y \leq b$ ergibt nach Vertauschen der Integration und Summation

$$\phi_0 \int_0^a \int_0^b \sin \frac{p\pi x}{a} \sin \frac{q\pi y}{b} \, \mathrm{d}x \, \mathrm{d}y = G_{pq} \frac{a}{2} \frac{b}{2} \sinh \beta_{zpq} c ,$$

d.h. von der zweifach unendlichen Summe bleibt nur ein Term $m = p$, $n = q$ übrig. Auswerten des Integrals gibt schließlich die Konstante

$$G_{pq} = \begin{cases} 0 & \text{für} \quad p, q = 2, 4, 6, \ldots \\ \left(\dfrac{4}{\pi}\right)^2 \dfrac{\phi_0}{pq} \sinh^{-1} \beta_{zpq} c & \text{für} \quad p, q = 1, 3, 5, \ldots \end{cases}$$

und die Lösung des Potentialproblems lautet

$$\phi(x, y, z) = \left(\frac{4}{\pi}\right)^2 \phi_0 \sum_{m=1,3}^{\infty} \sum_{n=1,3}^{\infty} \frac{1}{mn} \sin \frac{m\pi x}{a} \sin \frac{n\pi y}{b} \frac{\sinh \beta_{zmn} z}{\sinh \beta_{zmn} c}$$

mit $\beta_{zmn} = \sqrt{(m\pi/a)^2 + (n\pi/b)^2}$. ϕ erfüllt die LAPLACE-Gleichung und alle Randbedingungen. Es ist somit die einzige Lösung aufgrund des Eindeutigkeitsbeweises (Paragraph 6.1).

6.2.2 Vollständige, orthogonale Funktionensysteme

Die Separationsmethode ist auch auf Probleme in anderen Koordinatensystemen anwendbar, allerdings keineswegs immer. Neben den kartesischen Koordinaten, Zylinderkoordinaten und Kugelkoordinaten gibt es noch acht weitere orthogonale Koordinatensysteme, die die Separation der LAPLACE-Gleichung gestatten, siehe z.B. [Moon]. Darüber hinaus gibt es beliebig viele zylindrische Koordinatensysteme, in denen die zweidimensionale LAPLACE-Gleichung separierbar ist.

Als Lösung der separierten Gleichungen haben wir sogenannte vollständige, orthogonale Funktionensysteme erhalten (siehe Beispiel auf Seite 118). Eine Funktion eines solchen Systems, z.B. $\sin k_{xm}x$, heißt *Eigenfunktion*, da sie sowohl die Differentialgleichung wie auch die Randbedingungen erfüllt. Die an die Randbedingungen angepaßte Separationskonstante, hier k_{xm}, heißt *Eigenwert*. Diese Zusammenhänge lassen sich verallgemeinern. Jede separierte Gleichung kann in folgender Form geschrieben werden

$$\frac{\mathrm{d}}{\mathrm{d}x}\left(u(x)\frac{\mathrm{d}X}{\mathrm{d}x}\right) + [v(x) + f(\lambda)w(x)]\,X = 0 \qquad (6.11)$$

mit allgemeinen Randbedingungen

$$c_1\frac{\mathrm{d}X}{\mathrm{d}x} + c_2 X = 0 \quad \text{für} \quad x = a\,,$$

$$c_3\frac{\mathrm{d}X}{\mathrm{d}x} + c_4 X = 0 \quad \text{für} \quad x = b\,, \qquad (6.12)$$

wobei c_i Konstanten sind. Ist $c_1 = c_3 = 0$, spricht man vom DIRICHLET*'schen Randwertproblem*, für $c_2 = c_4 = 0$ vom NEUMANN*'schen Randwertproblem*, ansonsten von einem *gemischten Randwertproblem*. Die Gleichungen (6.11) und (6.12) bilden ein STURM-LIOUVILLE-*System*. Die Funktion $w(x)$ in (6.11) hat einen speziellen Namen und heißt *Gewichtsfunktion*. Der Parameter λ enthält Separationskonstanten.

Die Randbedingungen (6.12) sind normalerweise nur für diskrete Werte λ_i erfüllbar. Diese heißen *Eigenwerte* und zu jedem Eigenwert gibt es eine *Eigenfunktion* $X_i = X_i(x, \lambda_i)$.[1] Die Eigenfunktionen sind orthogonal zueinander. Dies lässt sich einfach nachweisen. Man schreibt (6.11) für zwei verschiedene Eigenwerte λ_m und λ_n

$$[uX_m']' + (v + f(\lambda_m)w)\,X_m = 0$$
$$[uX_n']' + (v + f(\lambda_n)w)\,X_n = 0\,,$$

multipliziert die erste Gleichung mit X_n, die zweite mit X_m und subtrahiert die Gleichungen

$$[uX_m'X_n - uX_n'X_m]' = [f(\lambda_n) - f(\lambda_m)]\,wX_mX_n\,.$$

---

[1] Manchmal treten mehrere Eigenfunktionen für denselben Eigenwert auf. Dann ist das System nicht mehr orthogonal und es müssen spezielle Maßnahmen getroffen werden, um es zu orthogonalisieren.

Integration der Gleichung über das Intervall $a \le x \le b$.

$$u(b)\left[X'_m(b)X_n(b) - X'_n(b)X_m(b)\right] - u(a)\left[X'_m(a)X_n(a) - X'_n(a)X_m(a)\right]$$

$$= \left[f(\lambda_n) - f(\lambda_m)\right]\int_a^b wX_mX_n\mathrm{d}x .$$

und Einsetzen der Randbedingungen (6.12) liefert

$$\left[f(\lambda_m) - f(\lambda_n)\right]\int_a^b wX_mX_n\mathrm{d}x = 0 . \tag{6.13}$$

Da die Eigenwerte als verschieden angenommen wurden, muss das Integral verschwinden. Man sagt die Eigenfunktionen sind hinsichtlich der Gewichtsfunktion orthogonal. Bei gleichen Eigenwerten ergibt das Integral das Quadrat der *Norm* N_m

$$\int_a^b wX_m^2\mathrm{d}x = N_m^2$$

und man kann die Eigenfunktionen auf N_m normieren, so dass sie *orthonormal* sind

$$\boxed{\int_a^b wX_mX_n\mathrm{d}x = \delta_m^n} . \tag{6.14}$$

Die große Bedeutung der Eigenfunktionen liegt darin, dass weitgehend beliebige Funktionen mit Randbedingungen (6.12) im Intervall $a \le x \le b$ in eine Reihe über das System der Eigenfunktionen entwickelt werden können

$$f(x) = \sum_{n=0}^{\infty} a_nX_n(x) . \tag{6.15}$$

Multipliziert man die Entwicklung mit wX_m und integriert über das Intervall, erhält man wegen (6.14) die Koeffizienten

$$a_m = \int_a^b wfX_m\mathrm{d}x . \tag{6.16}$$

Das System der Eigenfunktionen ist *vollständig*. Es ist nämlich nach Einsetzen von a_n in (6.15) und Vertauschen von Summation und Integration

$$f(x) = \sum_n X_n(x)\int_a^b w(x')f(x')X_n(x')\,\mathrm{d}x'$$

$$= \int_a^b f(x')\left\{\sum_n w(x')X_n(x)X_n(x')\right\}\mathrm{d}x' .$$

Vergleicht man das Integral mit der Definition der DIRAC'schen Deltafunktion (1.79), erhält man die *Vollständigkeitsrelation*

$$\boxed{\delta(x - x') = \sum_n w(x')X_n(x)X_n(x')} . \tag{6.17}$$

D.h. mit dem System der Eigenfunktionen kann man selbst eine solch pathologische Funktion, wie die Deltafunktion mit ihrer unendlich scharfen Filtereigenschaft darstellen.

Vollständigkeit heißt aber auch, dass der mittlere quadratische Fehler zwischen der Funktion $f(x)$ und ihrer Entwicklung (6.15) verschwindet

$$\int_a^b \left| f - \sum_n a_n X_n \right|^2 w\,dx = 0\,.$$

Ausmultiplizieren des Integranden liefert zusammen mit (6.14) und (6.16)

$$\int_a^b \left[wf^2 - 2\sum_n a_n wfX_n + \sum_m \sum_n a_n a_m wX_n X_m \right]\,dx$$

$$= \int_a^b wf^2 dx - 2\sum_n a_n \int_a^b wfX_n dx + \sum_m \sum_n a_n a_m \int_a^b wX_n X_m dx$$

$$= \int_a^b wf^2 dx - \sum_n a_n^2 = 0\,. \tag{6.18}$$

Dies ist die PARSEVAL'sche Gleichung, die ebenfalls Vollständigkeitsrelation genannt wird und Bedingung ist, damit der mittlere quadratische Fehler verschwindet.

Die Entwicklung nach Eigenfunktionen (6.15) nennt man auch Orthogonalentwicklung. Die bekannte FOURIER-Entwicklung ist ein Sonderfall der Orthogonalentwicklung.

6.2.3 Zylinderkoordinaten. Zylinderfunktionen

In Zylinderkoordinaten lautet die LAPLACE-Gleichung

$$\boxed{\frac{1}{\varrho}\frac{\partial}{\partial\varrho}\left(\varrho\frac{\partial\phi}{\partial\varrho}\right) + \frac{1}{\varrho^2}\frac{\partial^2\phi}{\partial\varphi^2} + \frac{\partial^2\phi}{\partial z^2} = 0}\,. \tag{6.19}$$

Mit dem BERNOULLI-Ansatz

$$\phi = R(\varrho)\Phi(\varphi)Z(z) \tag{6.20}$$

erhält man daraus

$$\frac{1}{\varrho R}\frac{d}{d\varrho}\left(\varrho\frac{dR}{d\varrho}\right) + \frac{1}{\varrho^2\Phi}\frac{d^2\Phi}{d\varphi^2} + \frac{1}{Z}\frac{d^2Z}{dz^2} = 0\,. \tag{6.21}$$

Die beiden ersten Terme sind von z unabhängig und man kann setzen

$$\frac{1}{Z}\frac{d^2Z}{dz^2} = -k_z^2 = \beta_z^2 \tag{6.22}$$

mit der Lösung wie in (6.10). Einsetzen von (6.22) in (6.21) gibt

$$\frac{\varrho}{R}\frac{\mathrm{d}}{\mathrm{d}\varrho}\left(\varrho\,\frac{\mathrm{d}R}{\mathrm{d}\varrho}\right) + \beta_z^2\varrho^2 + \frac{1}{\varPhi}\frac{\mathrm{d}^2\varPhi}{\mathrm{d}\varphi^2} = 0\,. \tag{6.23}$$

Man kann weiter separieren

$$\frac{1}{\varPhi}\frac{\mathrm{d}^2\varPhi}{\mathrm{d}\varphi^2} = -k_\varphi^2 = -m^2\,,$$

$$\varPhi = \begin{Bmatrix} \cos m\varphi \\ \sin m\varphi \end{Bmatrix} \quad \text{für}\quad m \neq 0\,,$$
$$= C_0\varphi + D_0 \quad \text{für}\quad m = 0\,. \tag{6.24}$$

Hierbei haben wir, unter Einschränkung der Allgemeinheit, k_φ ganzzahlig gleich m gewählt. Dadurch werden nur 2π-periodische Funktionen zugelassen. Probleme mit Randbedingungen bei beliebigen Werten φ sind damit nicht lösbar. Andererseits ergibt (6.23)

$$\varrho\,\frac{\mathrm{d}}{\mathrm{d}\varrho}\left(\varrho\,\frac{\mathrm{d}R}{\mathrm{d}\varrho}\right) + \left[\beta_z^2\varrho^2 - m^2\right]R = 0$$

einfachere Lösungen und wir wollen diese Einschränkung hier in Kauf nehmen. Die Gleichung ist die BESSEL'*sche Differentialgleichung* und wird normalerweise in der Standardform

$$\frac{\mathrm{d}^2R}{\mathrm{d}\zeta^2} + \frac{1}{\zeta}\frac{\mathrm{d}R}{\mathrm{d}\zeta} + \left[1 - \left(\frac{m}{\zeta}\right)^2\right]R = 0 \tag{6.25}$$

mit $\zeta = \beta_z\varrho$ angegeben. Die Differentialgleichung (6.25) führt nur für den Spezialfall $\beta_z = 0$, d.h. für z-unabhängige Probleme, auf elementare Funktionen. Die sich dann ergebende Gleichung

$$\frac{\mathrm{d}^2R}{\mathrm{d}\varrho^2} + \frac{1}{\varrho}\frac{\mathrm{d}R}{\mathrm{d}\varrho} - \frac{m^2}{\varrho^2}R = 0 \tag{6.26}$$

löst man mit dem Ansatz $R = \varrho^\lambda$ und findet

$$R = A\,\varrho^m + B\,\varrho^{-m} \quad \text{für}\quad m \neq 0\,. \tag{6.27}$$

Für $m = 0$ lässt sich (6.26) direkt integrieren

$$R = A + B\ln\frac{\varrho}{\varrho_0}\,. \tag{6.28}$$

Im Allgemeinen führt (6.25) auf *Zylinderfunktionen* bestehend aus den zwei unabhängigen Lösungen

$$R = A\,J_m(\zeta) + B\,N_m(\zeta)\,. \tag{6.29}$$

J_m ist die BESSEL'*sche Funktion*, N_m die NEUMANN'*sche Funktion*, Abb. 6.2. Im Folgenden werden einige der wichtigsten Eigenschaften angegeben. Für kleine Argumente, $|\zeta| \ll 1$, verhalten sie sich asymptotisch wie

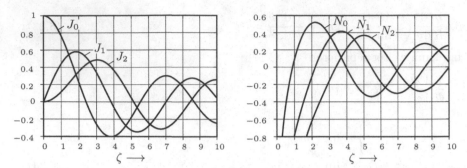

Abb. 6.2. BESSEL'sche und NEUMANN'sche Funktion für die drei niedrigsten Indices

$$J_m(\zeta) \sim \frac{1}{m!} \left(\frac{\zeta}{2}\right)^m$$

$$N_0(\zeta) \sim \frac{2}{\pi} \ln\left(\frac{\gamma}{2}\zeta\right) \quad , \quad \gamma = 1.781$$

$$N_m(\zeta) \sim -\frac{(m-1)!}{\pi} \left(\frac{2}{\zeta}\right)^m , \tag{6.30}$$

d.h. J_m ist proportional ζ^m und N_m divergiert. Für große Argumente, $\zeta \to \infty$, verhalten sie sich asymptotisch wie abnehmende Winkelfunktionen

$$J_m(\zeta) \sim \sqrt{\frac{2}{\pi\zeta}} \cos\left(\zeta - \frac{\pi}{4} - m\frac{\pi}{2}\right) ,$$

$$N_m(\zeta) \sim \sqrt{\frac{2}{\pi\zeta}} \sin\left(\zeta - \frac{\pi}{4} - m\frac{\pi}{2}\right) . \tag{6.31}$$

Bezeichnet $R_m(\zeta)$ eine der beiden Zylinderfunktionen, gilt ferner

$$\frac{2m}{\zeta} R_m = R_{m+1} + R_{m-1} \quad , \quad R_{-m} = (-1)^m R_m$$

$$2R'_m = R_{m-1} - R_{m+1}$$

$$[\zeta^m R_m]' = \zeta^m R_{m-1} \quad , \quad [\zeta^{-m} R_m]' = -\zeta^{-m} R_{m+1} . \tag{6.32}$$

Bisher wurde für die Differentialgleichung (6.22) die Separationskonstante β_z gewählt, d.h. für Z wurden die hyperbolischen Funktionen oder Exponentialfunktionen (6.10) angesetzt. Oftmals erfordert das Problem aber harmonische Lösungen, und es ist geschickter, gleich mit harmonischen Ansätzen, wie für X oder Y in (6.10), zu operieren anstatt mit hyperbolischen Funktionen und imaginärem Argument, z.B. $\cosh \beta_z z = \cosh \mathrm{j}k_z z = \cos k_z z$. Genauso wie die harmonischen Funktionen mit imaginärem Argument in hyperbolische Funktionen übergehen, gehen die Zylinderfunktionen durch

$$\zeta = \beta_z \varrho = \mathrm{j}k_z \varrho = \mathrm{j}\xi \tag{6.33}$$

in *modifizierte Zylinderfunktionen* über. Die beiden unabhängigen Funktionen sind die *modifizierte* BESSEL-*Funktion erster Art* (Abb. 6.3).

$$I_m(\xi) = \mathrm{j}^{-m} J_m(\mathrm{j}\xi) \tag{6.34}$$

und die *modifizierte* BESSEL-*Funktion zweiter Art* (Abb. 6.3)

$$K_m(\xi) = \frac{\pi}{2} \mathrm{j}^{m+1} \left[J_m(\mathrm{j}\xi) + \mathrm{j}\, N_m(\mathrm{j}\xi) \right] \;. \tag{6.35}$$

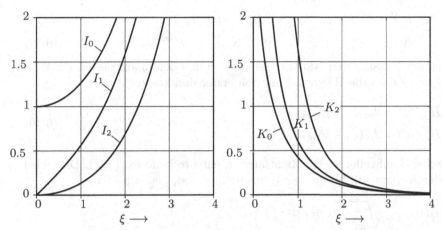

Abb. 6.3. Modifizierte BESSEL-Funktionen erster und zweiter Art

Sie genügen der *modifizierten* BESSEL*schen Differentialgleichung*, die aus (6.25) durch die Substitution (6.33) entsteht

$$\frac{\mathrm{d}^2 R}{\mathrm{d}\xi^2} + \frac{1}{\xi}\frac{\mathrm{d}R}{\mathrm{d}\xi} - \left[1 + \left(\frac{m}{\xi}\right)^2 \right] R = 0 \;. \tag{6.36}$$

Für kleine Argumente, $0 < \xi \ll 1$, verhalten sie sich ähnlich wie die Funktionen J_m und N_m

$$I_m(\xi) \sim \frac{1}{m!} \left(\frac{\xi}{2}\right)^m$$

$$K_0(\xi) \sim -\ln\left(\frac{\gamma}{2}\xi\right) \quad, \quad \gamma = 1.781$$

$$K_m(\xi) \sim \frac{(m-1)!}{2} \left(\frac{2}{\xi}\right)^m \;. \tag{6.37}$$

Für große Argumente, $\xi \to \infty$, jedoch verhalten sie sich wie Exponentialfunktionen

$$I_m(\xi) \sim \frac{1}{\sqrt{2\pi\xi}}\, \mathrm{e}^{\xi} \quad, \quad K_m(\xi) \sim \sqrt{\frac{\pi}{2\xi}}\, \mathrm{e}^{-\xi} \;. \tag{6.38}$$

Die (6.32) entsprechenden Relationen lauten

$$\frac{2m}{\xi} I_m = I_{m-1} - I_{m+1} \quad , \quad I_{-m} = I_m$$

$$2I'_m = I_{m-1} + I_{m+1}$$

$$\frac{2m}{\xi} K_m = K_{m+1} - K_{m-1} \quad , \quad K_{-m} = K_m$$

$$-2K'_m = K_{m-1} + K_{m+1}$$

$$\left[\xi^m I_m\right]' = \xi^m I_{m-1} \quad , \quad \left[\xi^{-m} I_m\right]' = \xi^{-m} I_{m+1}$$

$$\left[\xi^m K_m\right]' = -\xi^m K_{m-1} \quad , \quad \left[\xi^{-m} K_m\right]' = -\xi^{-m} K_{m+1} \ . \tag{6.39}$$

Neben der BESSEL- und NEUMANN-Funktion und den modifizierten Funktionen gibt es noch die HANKEL-Funktion erster und zweiter Art

$$H_m^{(1)}(\zeta) = J_m(\zeta) + jN_m(\zeta)$$

$$H_m^{(2)}(\zeta) = J_m(\zeta) - jN_m(\zeta) \ . \tag{6.40}$$

Sie geben Laufwellen in $\pm\zeta$-Richtung an, entsprechend $\exp(\pm j\zeta)$. Dies wird aus der Asymptotik für große Argumente, $\zeta \to \infty$, deutlich

$$H_m^{(1)}(\zeta) \sim \sqrt{\frac{2}{\pi\zeta}}\, e^{j(\zeta - m\pi/2 - \pi/4)}$$

$$H_m^{(2)}(\zeta) \sim \sqrt{\frac{2}{\pi\zeta}}\, e^{-j(\zeta - m\pi/2 - \pi/4)} \ . \tag{6.41}$$

Für kleine Argumente, $\zeta \to 0$, gilt

$$H_0^{(1)}(\zeta) \sim j\frac{2}{\pi} \ln \zeta \quad , \quad H_0^{(2)}(\zeta) \sim -j\frac{2}{\pi} \ln \zeta$$

$$H_m^{(1)}(\zeta) \sim -\frac{j}{\pi}\, \Gamma(m) \left(\frac{1}{2}\zeta\right)^{-m}$$

$$H_m^{(2)}(\zeta) \sim +\frac{j}{\pi}\, \Gamma(m) \left(\frac{1}{2}\zeta\right)^{-m} \ . \tag{6.42}$$

Für beide HANKEL-Funktionen gelten selbstverständlich auch die Rekursionsformeln (6.32).

6.2.4 Fourier-Bessel-Entwicklung

Im Sinne von Paragraph 6.2.2 können BESSEL-Funktionen in einem Intervall $a \le \varrho \le b$ ein vollständiges, orthogonales Funktionensystem bilden. Damit kann man auch eine beliebige Funktion $f(\varrho)$ im Intervall $[a, b]$ in eine FOURIER-BESSEL-*Reihe* entwickeln.

Der Einfachheit halber sei ein Intervall $[0, a]$ betrachtet mit der Randbedingung $f(\varrho = a) = 0$. Die Entwicklung der Funktion f lautet dann

$$f(\varrho) = \sum_{n=1}^{\infty} a_n J_m \left(j_{mn} \frac{\varrho}{a} \right) , \tag{6.43}$$

wobei j_{mn} die n-te, nicht verschwindende Nullstelle der BESSEL-Funktion J_m ist. Erwähnenswert ist, dass die Entwicklung (6.43) für jedes m möglich ist. Die Orthogonalitätsrelation für BESSEL-Funktionen lautet

$$\int_0^1 \frac{\varrho}{a} J_m \left(j_{mp} \frac{\varrho}{a} \right) J_m \left(j_{mq} \frac{\varrho}{a} \right) \mathrm{d}\frac{\varrho}{a} = \frac{1}{2} J_m'^2(j_{mp}) \delta_p^q \tag{6.44}$$

mit der Gewichtsfunktion $w = \varrho/a$. Damit wird aus den Entwicklungskoeffizienten

$$a_n = \frac{\displaystyle\int_0^1 f \left(a\frac{\varrho}{a} \right) \frac{\varrho}{a} J_m \left(j_{mn} \frac{\varrho}{a} \right) \mathrm{d}\frac{\varrho}{a}}{\dfrac{1}{2} J_m'^2(j_{mn})} . \tag{6.45}$$

Häufig wird auch die Orthogonalitätsrelation

$$\int_0^1 \frac{\varrho}{a} J_m \left(j_{mp}' \frac{\varrho}{a} \right) J_m \left(j_{mq}' \frac{\varrho}{a} \right) \mathrm{d}\frac{\varrho}{a} = \frac{j_{mp}'^2 - m^2}{2 j_{mp}'^2} J_m^2(j_{mp}') \delta_p^q \tag{6.46}$$

benötigt. Hierbei ist j_{mp}' die p-te nicht verschwindende Nullstelle der Ableitung der BESSEL-Funktion, $J_m'(j_{mp}') = 0$.

Beispiel 6.2. Randwertproblem in Zylinderkoordinaten

Gegeben ist ein leitender, zylinderförmiger Topf. Der Boden und die Zylinderwand seien geerdet, und der Deckel, Fläche $z = c$, ist isoliert und habe das Potential ϕ_0, Abb. 6.4.

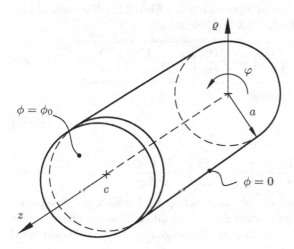

Abb. 6.4. Leitender, kreiszylindrischer Topf mit vorgegebenen Potentialwerten

Das Problem ist zylindersymmetrisch und die φ-Abhängigkeit verschwindet, $m = 0$, $C_0 = 0$ in (6.24). Desweiteren muss R für $\varrho \to 0$ endlich bleiben und es folgt

$B = 0$ in (6.29). Die Randbedingung $R(\varrho = a) = 0$ legt dann die Konstante β_z in der BESSEL-Funktion fest

$$J_0(\beta_z a) = 0 \quad \rightarrow \quad \beta_z a = j_{0n} \quad , \quad n = 1, 2, \dots \ .$$

Berücksichtigt man noch die Randbedingung $Z(z = 0) = 0$ wird aus (6.10)

$$Z = \sinh \beta_z z$$

und man erhält die spezielle Lösung

$$\phi_n = G_n J_0 \left(j_{0n} \frac{\varrho}{a} \right) \sinh \left(j_{0n} \frac{z}{a} \right) \ .$$

Die allgemeine Lösung ist wieder die Überlagerung aller speziellen Lösungen

$$\phi = \sum_{n=1}^{\infty} G_n J_0 \left(j_{0n} \frac{\varrho}{a} \right) \sinh \left(j_{0n} \frac{z}{a} \right) \ .$$

Schließlich bleibt die letzte Randbedingung

$$\phi = \phi_c(\varrho, z = c) = \phi_0 \ ,$$

die mit Hilfe von (6.45) und (6.32) die Konstanten festlegt

$$\phi_0 \int_0^1 \frac{\varrho}{a} J_0 \left(j_{0n} \frac{\varrho}{a} \right) \, \mathrm{d}\frac{\varrho}{a} = G_n \frac{1}{2} J_0'^2(j_{0n}) \sinh \left(j_{0n} \frac{c}{a} \right)$$

$$\phi_0 \frac{1}{j_{0n}} J_1(j_{0n}) = G_n \frac{1}{2} J_1^2(j_{0n}) \sinh \left(j_{0n} \frac{c}{a} \right) \ .$$

Die Lösung des Potentialproblems ist somit

$$\phi(\varrho, z) = 2\phi_0 \sum_{n=1}^{\infty} \frac{J_0(j_{0n}\varrho/a)}{j_{0n} J_1(j_{0n})} \frac{\sinh(j_{0n}z/a)}{\sinh(j_{0n}c/a)} \ .$$

6.2.5 Kugelkoordinaten. Kugelfunktionen

Einsetzen von (1.46) in (1.49) und Verwenden der Metrikkoeffizienten in Kugelkoordinaten (1.34) gibt die LAPLACE-Gleichung

$$\boxed{\frac{1}{r^2} \frac{\partial}{\partial r} \left(r^2 \frac{\partial \phi}{\partial r} \right) + \frac{1}{r^2 \sin \vartheta} \frac{\partial}{\partial \vartheta} \left(\sin \vartheta \frac{\partial \phi}{\partial \vartheta} \right) + \frac{1}{r^2 \sin^2 \vartheta} \frac{\partial^2 \phi}{\partial \varphi^2} = 0} \ . \quad (6.47)$$

Mit dem BERNOULLI-Produktansatz

$$\phi = R(r)\Theta(\vartheta)\Phi(\varphi) \tag{6.48}$$

wird daraus

$$\frac{\sin^2 \vartheta}{R} \frac{\mathrm{d}}{\mathrm{d}r} \left(r^2 \frac{\mathrm{d}R}{\mathrm{d}r} \right) + \frac{\sin \vartheta}{\Theta} \frac{\mathrm{d}}{\mathrm{d}\vartheta} \left(\sin \vartheta \frac{\mathrm{d}\Theta}{\mathrm{d}\vartheta} \right) + \frac{1}{\Phi} \frac{\mathrm{d}^2 \Phi}{\mathrm{d}\varphi^2} = 0 \ . \tag{6.49}$$

Die beiden ersten Terme sind unabhängig von φ und man kann Φ separieren wie in (6.24), wobei wir wiederum eine ganzzahlige Separationskonstante $k_\varphi = m$ wählen, d.h. nur 2π-periodische Funktionen zulassen. Damit wird aus (6.49)

$$\frac{1}{R} \frac{\mathrm{d}}{\mathrm{d}r} \left(r^2 \frac{\mathrm{d}R}{\mathrm{d}r} \right) + \frac{1}{\sin \vartheta \, \Theta} \frac{\mathrm{d}}{\mathrm{d}\vartheta} \left(\sin \vartheta \frac{\mathrm{d}\Theta}{\mathrm{d}\vartheta} \right) - \frac{m^2}{\sin^2 \vartheta} = 0 \ . \tag{6.50}$$

Der erste Term hängt nur von r ab und der zweite und dritte nur von ϑ. Also kann man setzen

$$\frac{1}{R}\frac{\mathrm{d}}{\mathrm{d}r}\left(r^2\frac{\mathrm{d}R}{\mathrm{d}r}\right) = -k_r^2 = n(n+1) \quad , \quad n = 0,1,2,\dots . \tag{6.51}$$

Die an dieser Stelle nicht einsichtige Wahl der Separationskonstanten begründet sich darin, dass die verbleibende Gleichung (6.50) auf ein vollständiges Funktionensystem führt. Die Lösung von (6.51) findet man mit dem Ansatz $R = r^\lambda$ zu

$$R = A_n r^n + \frac{B_n}{r^{n+1}} . \tag{6.52}$$

Schließlich bleibt von (6.50) die sogenannte *verallgemeinerte* LEGENDRE*'sche Differentialgleichung*

$$\frac{1}{\sin\vartheta}\frac{\mathrm{d}}{\mathrm{d}\vartheta}\left(\sin\vartheta\frac{\mathrm{d}\Theta}{\mathrm{d}\vartheta}\right) + \left[n(n+1) - \frac{m^2}{\sin^2\vartheta}\right]\Theta = 0 . \tag{6.53}$$

Die beiden unabhängigen Lösungen

$$\Theta = C\,P_n^m(\cos\vartheta) + D\,Q_n^m(\cos\vartheta) \tag{6.54}$$

sind die *zugeordnete Kugelfunktion erster Art* $P_n^m(\cos\vartheta)$ und die *zugeordnete Kugelfunktion zweiter Art* $Q_n^m(\cos\vartheta)$. P_n^m ist endlich auf der gesamten Kugel, d.h. im Bereich $0 \le \vartheta \le \pi$, wohingegen Q_n^m an den Polen $\vartheta = 0$ und $\vartheta = \pi$ singulär ist. Treten Randbedingungen bei anderen Winkeln als $\vartheta = 0$ und $\vartheta = \pi$ auf, so ist n nicht ganzzahlig und auch P_n^m hat dann Singularitäten. Hier sollen diese Fälle ausgeschlossen werden und nur Randwertprobleme betrachtet werden, die im gesamten Bereich $0 \le \vartheta \le \pi$ gültig sind. Eine weitere Einschränkung wurde durch die Wahl ganzzahliger Werte m in der φ-Abhängigkeit getroffen. Diese erlaubt nur 2π-periodische Probleme.

Die einfachsten Kugelfunktionen sind die LEGENDRE*'schen Polynome* $P_n(x)$ mit $x = \cos\vartheta$, die man für $m = 0$ erhält,

$$P_0(x) = 1 \quad , \quad P_1(x) = x \quad , \quad P_2(x) = \frac{1}{2}(3x^2 - 1) \quad , \quad \dots \tag{6.55}$$

Wir haben diese schon bei der Multipolentwicklung in (3.20) kennengelernt. Die LEGENDRE*'schen Funktionen zweiter Art* $Q_n(x)$ werden singulär für $x = \pm 1$ ($\vartheta = 0, \pi$)

$$Q_0(x) = \frac{1}{2}\ln\frac{1+x}{1-x} \quad , \quad Q_1(x) = \frac{x}{2}\ln\frac{1+x}{1-x} - 1 ,$$

$$Q_2(x) = \frac{3x^2 - 1}{4}\ln\frac{1+x}{1-x} - \frac{3x}{2} \quad , \quad \dots \tag{6.56}$$

Aus den Funktionen $P_n(x)$, $Q_n(x)$ gewinnt man die zugeordneten Kugelfunktionen über die Vorschrift

$$K_n^m(x) = (-1)^m(1 - x^2)^{m/2}\frac{\mathrm{d}^m}{\mathrm{d}x^m}K_n(x) , \tag{6.57}$$

wobei K für P oder Q steht. Einige weitere Zusammenhänge seien im folgenden gegeben

$$P_1^1(x) = -\sqrt{(1-x^2)} \quad , \quad P_2^1(x) = -3x\sqrt{(1-x^2)} \, ,$$

$$P_3^1(x) = -\frac{3}{2}\sqrt{1-x^2}(5x^2-1) \quad , \quad \cdots$$

$$P_n^m(x) = 0 \quad \text{für} \quad m > n$$

$$(x^2-1)\frac{\mathrm{d}}{\mathrm{d}x}P_n^m(x) = nx\,P_n^m(x) - (n+m)\,P_{n-1}^m(x)$$

$$(n-m+1)P_{n+1}^m(x) = (2n+1)xP_n^m(x) - (n+m)P_{n-1}^m(x)$$

$$\int_{-1}^{1} P_i^m(x)P_j^m(x)\,\mathrm{d}x = \frac{2(i+m)!}{(2i+1)(i-m)!}\,\delta_i^j \, . \tag{6.58}$$

Beispiel 6.3. Randwertproblem in Kugelkoordinaten

Das schon bekannte Beispiel einer dielektrischen Kugel im homogen Feld (siehe Seite 99) soll hier mit Hilfe des allgemeinen Potentials in Kugelkoordinaten noch einmal gelöst werden.

Das Problem ist zylindersymmetrisch und daher von φ unabhängig, d.h. $m = 0$, $\Phi = 1$. Desweiteren treten im gesamten Bereich $0 \le \vartheta \le \pi$ keine Singularitäten auf und es ist in (6.54) $D = 0$ zu wählen. Im Inneren der Kugel, $0 \le r \le a$ ist das Potential endlich für $r \to 0$ und damit $B_n = 0$ in (6.52), so dass

$$\phi_i = \sum_{n=0}^{\infty} A_n \left(\frac{r}{a}\right)^n P_n(\cos\vartheta) \, .$$

Außerhalb der Kugel, $a \le r < \infty$, setzt man das Primärpotential

$$\phi^p = -E_0 r \cos\vartheta$$

plus ein Sekundärpotential, das für $r \to \infty$ verschwindet ($A_n = 0$ in (6.52)), an

$$\phi_a = \phi^p + \phi^s = -E_0 r \cos\vartheta + \sum_{n=0}^{\infty} B_n \left(\frac{a}{r}\right)^{n+1} P_n(\cos\vartheta) \, .$$

Bei $r = a$ muss das Potential stetig sein, (4.29),

$$\sum_n A_n P_n = -E_0 a \cos\vartheta + \sum_n B_n P_n$$

und die Normalableitung muss (4.30) erfüllen

$$\varepsilon_{ri} \sum_n A_n \frac{n}{a} P_n = -\varepsilon_{ra} E_0 \cos\vartheta - \varepsilon_{ra} \sum_n B_n \frac{n+1}{a} P_n \, .$$

Da die beiden Gleichungen für alle ϑ gelten, kann man einen Koeffizientenvergleich machen

$$A_n = B_n - E_0 a\,\delta_n^1$$

$$\varepsilon_{ri} n A_n = -\varepsilon_{ra} \left[(n+1)B_n + E_0 a\,\delta_n^1\right] \, .$$

Die Gleichungen haben nur die Lösung

$$A_n = B_n = 0 \quad \text{für} \quad n \ne 1$$

und für $n = 1$

$$A_1 = B_1 - E_0 a$$

$$\varepsilon_{ri} A_1 = -\varepsilon_{ra}(2B_1 + E_0 a)$$

oder

$$A_1 = -\frac{3\varepsilon_{ra}}{\varepsilon_{ri} + 2\varepsilon_{ra}}\, aE_0 \quad , \quad B_1 = \frac{\varepsilon_{ri} - \varepsilon_{ra}}{\varepsilon_{ri} + 2\varepsilon_{ra}}\, aE_0 \; .$$

Die resultierenden Potentiale innerhalb und außerhalb der Kugel stimmen mit denen im Beispiel auf Seite 99 überein. Allerdings wurden sie hier durch einen viel systematischeren Weg gefunden.

6.3 Konforme Abbildung

Konforme Abbildung ist eine Methode zur Lösung ebener Randwertprobleme, d.h. von Problemen, die unabhängig von einer kartesischen Koordinate sind. Dies sei hier, willkürlich, die z-Koordinate. Feldlinien sind dann durch Linien in einer Ebene $z = $ const. vollständig bestimmt, ebenso die Äquipotentialflächen durch ihre Spur in dieser Ebene.

Eine Vielzahl solch ebener Probleme lässt sich mit Hilfe komplexer Funktionen (konformer Abbildung) lösen.

6.3.1 Darstellung ebener Felder durch komplexe Funktionen

In einem ladungsfreien Gebiet und bei Unabhängigkeit von z gilt

$$\nabla \times \mathbf{E} = \frac{\partial E_z}{\partial y}\, \mathbf{e}_x - \frac{\partial E_z}{\partial x}\, \mathbf{e}_y + \left(\frac{\partial E_y}{\partial x} - \frac{\partial E_x}{\partial y}\right)\, \mathbf{e}_z = 0 \; , \tag{6.59}$$

$$\nabla \cdot \mathbf{E} = \frac{\partial E_x}{\partial x} + \frac{\partial E_y}{\partial y} = 0 \; . \tag{6.60}$$

Aus der x- und y-Komponente in (6.59) folgt, dass E_z räumlich konstant sein muss und es ist hier ohne Interesse. Die z-Komponente ist mit einer beliebigen Funktion $\phi(x, y)$ erfüllbar, wenn

$$E_x = -\frac{\partial \phi}{\partial x} \quad , \quad E_y = -\frac{\partial \phi}{\partial y} \quad \rightarrow \quad \mathbf{E} = -\nabla \phi \; . \tag{6.61}$$

Dies ist die bekannte Darstellung des elektrischen Feldes durch das Potential. Die Gleichung (6.60) ist mit einer beliebigen Funktion $\psi(x, y)$ erfüllt, falls

$$E_x = -\frac{\partial \psi}{\partial y} \quad , \quad E_y = \frac{\partial \psi}{\partial x} \quad \rightarrow \quad \mathbf{E} = -\nabla \times (\psi\, \mathbf{e}_z) \; . \tag{6.62}$$

Die Funktion ψ heißt *Stromfunktion*. Das elektrische Feld ist also sowohl aus dem Potential wie aus der Stromfunktion bestimmbar. ϕ und ψ sind nicht unabhängig voneinander sondern gehören zusammen und beschreiben dasselbe Feld. Sie sind über die CAUCHY-RIEMANN'*schen Differentialgleichungen* verknüpft

$$\boxed{\frac{\partial \phi}{\partial x} = \frac{\partial \psi}{\partial y} \quad , \quad \frac{\partial \phi}{\partial y} = -\frac{\partial \psi}{\partial x}} \; .$$

(6.63)

Beide Funktionen erfüllen die LAPLACE-Gleichung, wie durch Einsetzen von (6.61) in (6.60) oder von (6.62) in (6.59) sofort ersichtlich wird.

Wie der Name Stromfunktion bereits andeutet, hängt ψ eng mit dem elektrischen Fluss ψ_e zusammen. Zum einen sind Linien mit $\psi = $ const. parallel zum elektrischen Feld, denn $\boldsymbol{E}$ steht senkrecht auf $\nabla \psi$

$$\boldsymbol{E} \cdot \nabla \psi = E_x \frac{\partial \psi}{\partial x} + E_y \frac{\partial \psi}{\partial y} = E_x E_y - E_y E_x = 0 \; ,$$

und da $\nabla \psi$ senkrecht zu $\psi = $ const. ist, muss $\boldsymbol{E}$ dazu tangential sein. Zum anderen ist der Fluss pro Längeneinheit in z-Richtung zwischen zwei Flächen $\psi = $ const. (siehe Abb. 6.5a)

$$\psi_e = \psi_e' \Delta z = \varepsilon \int_F \boldsymbol{E} \cdot \mathrm{d}\boldsymbol{F} = -\varepsilon \int_F (\nabla \times \psi \, \boldsymbol{e}_z) \cdot \mathrm{d}\boldsymbol{F}$$

$$= -\varepsilon \oint_S \psi \, \boldsymbol{e}_z \cdot \mathrm{d}\boldsymbol{s} = -\varepsilon (\psi_2 \Delta z - \psi_1 \Delta z)$$

durch die Differenz der Stromfunktion gegeben

$$\psi_e' = \varepsilon (\psi_1 - \psi_2) \; .$$

(6.64)

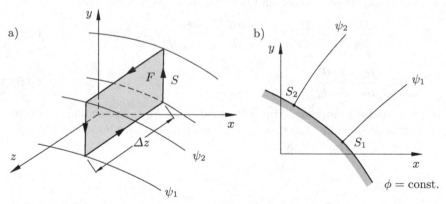

Abb. 6.5. (a) Zur Bestimmung des elektrischen Flusses zwischen zwei Flächen der Stromfunktion $\psi = $ const.. **(b)** Oberfläche eines leitenden Körpers und Flächen $\psi = $ const.

Linien konstanter Stromfunktion geben die Richtung des elektrischen Flusses an. Sie stehen senkrecht auf den Spuren der Äquipotentialflächen $\phi = $ const. in einer Ebene $z = $ const.. $\psi = $ const. und $\phi = $ const. bilden ein orthogonales Netz zwei aufeinander senkrecht stehender Kurvenscharen.

Erwähnenswert ist an dieser Stelle noch die Anwendung von (6.64). Stellt eine Äquipotentialfläche $\phi = $ const. die Oberfläche eines idealen Leiters dar (Abb. 6.5b), so ist die Flächenladung, pro Längeneinheit in z-Richtung, zwischen den Punkten 1 und 2 durch die Differenz der Stromfunktion gegeben

$$q'_F \Delta z = \int_F \boldsymbol{D} \cdot \mathrm{d}\boldsymbol{F} = \varepsilon \int_F \boldsymbol{E} \cdot \mathrm{d}\boldsymbol{F} = \psi'_e \Delta z = \varepsilon(\psi_1 - \psi_2)\Delta z \; . \qquad (6.65)$$

Die gleichen Beziehungen, die zwischen der Potential- und Stromfunktion bestehen, bestehen auch zwischen dem Real- und Imaginärteil einer komplexen Funktion. Man kann also das gesamte Handwerkszeug der Theorie komplexer Funktionen benutzen, um Potentialprobleme in der Ebene zu lösen. Wir führen dazu eine komplexe Variable ein

$$z = x + \mathrm{j}y = r\,\mathrm{e}^{\mathrm{j}\varphi} = r\cos\varphi + \mathrm{j}r\sin\varphi \quad \text{mit}$$

$$r = \sqrt{x^2 + y^2} \quad , \quad \tan\varphi = \frac{y}{x} \quad , \quad x, y \text{ reell} \; . \qquad (6.66)$$

Sie beschreibt, ähnlich wie ein Ortsvektor $\boldsymbol{r}$, einen Punkt $(x, \mathrm{j}y)$ in der komplexen z-Ebene.[2]

Man kann nun Funktionen komplexer Variablen bilden

$$w = w(z) = u(x, y) + \mathrm{j}v(x, y) \; , \qquad (6.67)$$

deren Real- und Imaginärteil reelle Funktionen von x und y sind. Verändert man z kontinuierlich, so bilden die Punkte z eine Kurve K_1 in der z-Ebene. In der w-Ebene verändert sich w entsprechend und es ergibt sich eine Kurve K_2. Damit die Zuordnung von K_1 und K_2 eindeutig ist, muss die Änderung von w, nämlich Δw, eindeutig einer Änderung Δz zugeordnet sein. Dies ist jedoch i.a. nicht gegeben.

Bildet man die Ableitung

$$\frac{\mathrm{d}w}{\mathrm{d}z} = \lim_{\Delta z \to 0} \frac{w(z + \Delta z) - w(z)}{\Delta z}$$

$$= \lim_{\Delta x, \Delta y \to 0} \left\{ \frac{u(x + \Delta x, y + \Delta y) - u(x, y)}{\Delta x + \mathrm{j}\Delta y} \right.$$

$$\left. +\mathrm{j}\, \frac{v(x + \Delta x, y + \Delta y) - v(x, y)}{\Delta x + \mathrm{j}\Delta y} \right\}$$

$$= \lim_{\Delta x, \Delta y \to 0} \left\{ \frac{u(x, y) + \frac{\partial u}{\partial x}\Delta x + \frac{\partial u}{\partial y}\Delta y - u(x, y)}{\Delta x + \mathrm{j}\Delta y} \right.$$

$$\left. +\mathrm{j}\, \frac{v(x, y) + \frac{\partial v}{\partial x}\Delta x + \frac{\partial v}{\partial y}\Delta y - v(x, y)}{\Delta x + \mathrm{j}\Delta y} \right\}$$

$$= \lim_{\Delta x, \Delta y \to 0} \frac{\left(\frac{\partial u}{\partial x} + \mathrm{j}\frac{\partial v}{\partial x}\right)\Delta x + \left(-\mathrm{j}\frac{\partial u}{\partial y} + \frac{\partial v}{\partial y}\right)\mathrm{j}\Delta y}{\Delta x + \mathrm{j}\Delta y} \; , \qquad (6.68)$$

---

[2] z hat hier und im folgenden nichts mit der kartesischen Koordinate z zu tun.

so ist diese nur dann eindeutig, wenn sie von der Richtung von Δz unabhängig ist. Setzt man

$$\Delta y = \alpha \Delta x \,,$$

legt α die Richtung von Δz fest. Einsetzen in (6.68) ergibt die Ableitung

$$\frac{\mathrm{d}w}{\mathrm{d}z} = \lim_{\Delta x \to 0} \frac{\left(\frac{\partial u}{\partial x} + \mathrm{j}\,\frac{\partial v}{\partial x}\right) + \left(-\mathrm{j}\frac{\partial u}{\partial y} + \frac{\partial v}{\partial y}\right)\mathrm{j}\alpha}{1 + \mathrm{j}\alpha} \,,$$

die nur dann von α unabhängig ist, wenn die beiden Klammerausdrücke im Zähler gleich sind

$$\frac{\partial u}{\partial x} + \mathrm{j}\,\frac{\partial v}{\partial x} = -\mathrm{j}\frac{\partial u}{\partial y} + \frac{\partial v}{\partial y}$$

oder

$$\frac{\partial u}{\partial x} = \frac{\partial v}{\partial y} \,, \quad \frac{\partial u}{\partial y} = -\frac{\partial v}{\partial x} \,. \tag{6.69}$$

Dies sind, wie in (6.63), die Cauchy-Riemann'schen Differentialgleichungen. Sie stellen die *notwendige und hinreichende* Bedingung dar für die eindeutige Differenzierbarkeit der Funktion $w(z)$. Die Funktion w heißt *analytisch* oder *regulär* in einem Gebiet, wenn die Cauchy-Riemann'schen Beziehungen erfüllt sind. Ist jedoch an sogenannten *singulären Punkten* die Ableitung $\mathrm{d}w/\mathrm{d}z = 0$ oder ∞, so ist w an diesen Punkten nicht analytisch. Ist w analytisch, so erfüllen sowohl der Realteil u wie der Imaginärteil v die LAPLACE-Gleichung. Differenziert man nämlich (6.69) partiell nach x und y

$$\frac{\partial^2 u}{\partial x^2} = \frac{\partial^2 v}{\partial x \partial y} \,, \quad \frac{\partial^2 u}{\partial y^2} = -\frac{\partial^2 v}{\partial y \partial x}$$

und eliminiert die gemischten Ableitungen, so erhält man

$$\frac{\partial^2 u}{\partial x^2} + \frac{\partial^2 u}{\partial y^2} = 0 \tag{6.70}$$

und bei Vertauschen der Reihenfolge der Differentiation entsprechend

$$\frac{\partial^2 v}{\partial x^2} + \frac{\partial^2 v}{\partial y^2} = 0 \,. \tag{6.71}$$

Sowohl u wie v können Potentiale von zweidimensionalen, elektrostatischen Problemen darstellen. Ist die eine der beiden Funktionen Potentialfunktion, so ist die andere Stromfunktion. Das elektrische Feld folgt dann direkt aus der komplexen Funktion $w(z)$, (6.67), auch *komplexes Potential* genannt. Zweckmäßigerweise setzt man $\boldsymbol{E}$ als komplexe Feldstärke an

$$E = E_x + \mathrm{j}E_y \tag{6.72}$$

und erhält, falls u Potentialfunktion ist, zusammen mit (6.69)

$$E = -\frac{\partial u}{\partial x} - \mathrm{j}\,\frac{\partial u}{\partial y} = -\left(\frac{\partial u}{\partial x} - \mathrm{j}\,\frac{\partial v}{\partial x}\right) = -\left(\frac{\mathrm{d}w}{\mathrm{d}z}\right)^* \tag{6.73}$$

und falls v Potentialfunktion ist

$$E = -\frac{\partial v}{\partial x} - \mathrm{j}\,\frac{\partial v}{\partial y} = -\mathrm{j}\left(-\mathrm{j}\,\frac{\partial v}{\partial x} + \frac{\partial u}{\partial x}\right) = -\mathrm{j}\left(\frac{\mathrm{d}w}{\mathrm{d}z}\right)^* . \tag{6.74}$$

Dabei wurde die Unabhängigkeit der Ableitung von der Richtung benutzt, d.h.

$$\frac{\mathrm{d}w}{\mathrm{d}z} = \frac{\partial w}{\partial x} = -\mathrm{j}\,\frac{\partial w}{\partial y} = \frac{\partial w}{\partial(\mathrm{j}y)} . \tag{6.75}$$

und w^* ist der konjugiert komplexe Wert von w.

6.3.2 Prinzip der konformen Abbildung. Beispiele

Die komplexe Funktion $w(z)$ ordnet jedem Punkt in der z-Ebene einen Punkt in der w-Ebene zu. Man spricht von einer Abbildung der z-Ebene auf die w-Ebene. Die Geraden $x = x_c$, $y = y_c$ werden in Kurvenscharen $v = v(u; x_c)$ bzw. $v = v(u; y_c)$ in der w-Ebene überführt. Ebenso werden die Koordinatenlinien $u = u_c$, $v = v_c$ in Kurvenscharen $y = y(x; u_c)$ bzw. $y = y(x; v_c)$ in der z-Ebene überführt. Diese Abbildung ist eine *konforme Abbildung*, d.h. eine winkel- und streckentreue Abbildung, wenn w analytisch ist. Dann ist die Ableitung (6.68) unabhängig von der Richtung von Δz und ist in einem Punkt z_0 eine Konstante

$$\left.\frac{\mathrm{d}w}{\mathrm{d}z}\right|_{z=z_0} = C\,\mathrm{e}^{\mathrm{j}\alpha}$$

mit $|\mathrm{d}w| = C|\mathrm{d}z|$ und $\mathrm{arc}(\mathrm{d}w) = \alpha + \mathrm{arc}(\mathrm{d}z)$. Winkel- und streckentreu bedeutet, dass alle von einem Punkt z_0 ausgehenden infinitesimalen Ortsvektoren bei der Abbildung um denselben Winkel α gedreht und um denselben Faktor C gestreckt werden. Die Abbildung ist im Kleinen ähnlich. Infinitesimal kleine Dreiecke der z-Ebene werden auf ähnliche Dreiecke in der w-Ebene abgebildet.

Um mit Hilfe der konformen Abbildung Potentialprobleme zu lösen, sucht man Funktionen $w = w(z)$, die eine gegebene, komplizierte Leiteroberfläche in der z-Ebene in einfachere Anordnungen in der w-Ebene überführt. Lässt sich dafür das Potentialproblem lösen, ist wegen (6.73), (6.74) auch E bestimmt. Im Folgenden werden einige komplexe Funktionen $w(z)$ untersucht, um zu sehen, welche Randwertprobleme dadurch gelöst werden. Der umgekehrte Weg, zu einem gegebenen Randwertproblem die zugehörige komplexe Funktion zu finden, ist wesentlich schwieriger. Wenn eine geeignete Funktion $w(z)$ gefunden ist, muss diese so modifiziert werden, dass entweder ihr Realteil oder ihr Imaginärteil das Potential in der w-Ebene darstellt.

Die Funktion $w = z^\lambda$

Eine geeignete Wahl von λ, z.B. $\lambda = \pi/\alpha$, bildet einen Winkel in der z-Ebene mit Öffnungswinkel α auf die obere w-Halbebene ab.

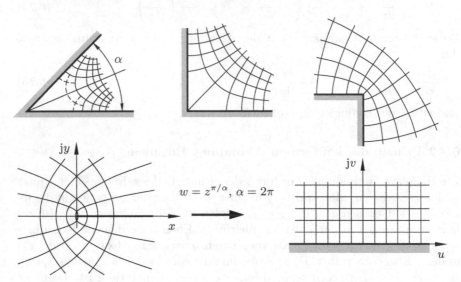

Abb. 6.6. Beispiele für die Abbildung $w = z^{\pi/\alpha}$

Z.B. wird für den rechten Winkel $\alpha = \pi/2 \rightarrow \lambda = 2$

$$w = u + \mathrm{j}v = z^2 = x^2 - y^2 + \mathrm{j}2xy\,. \tag{6.76}$$

Den Koordinatenlinien $u = u_c$ und $v = v_c$ entsprechen in der z-Ebene Hyperbeln

$$\frac{x^2}{u_c} - \frac{y^2}{u_c} = 1 \quad \text{und} \quad y = \frac{v_c}{2x}\,. \tag{6.77}$$

Abb. 6.6 zeigt einige Beispiele für $w = z^{\pi/\alpha}$.

Beispiel 6.4. Elektrostatische Quadrupollinse

Eine elektrostatische Quadrupollinse besteht aus hyperbolisch geformten, leitenden Elektroden, die abwechselnd die Spannung $\pm V_0$ tragen (Abb. 6.7a). Die Elektroden stellen Kurven $u = u_c$ in (6.76) dar. Die entsprechenden Werte für u erhält man über ausgewählte, „einfache" Punkte

$$y = 0\,, \quad x = \pm d \quad \rightarrow \quad u = x^2 - y^2 = d^2$$
$$x = 0\,, \quad y = \pm d \quad \rightarrow \quad u = -d^2\,,$$

d.h. die beiden Elektroden mit dem Potential $-V_0$ gehen in eine Elektrode bei $u = d^2$ über und die Elektroden mit dem Potential $+V_0$ in eine Elektrode bei $u = -d^2$, Abb. 6.7b.

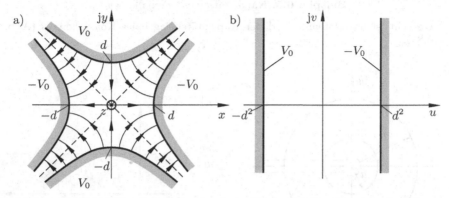

Abb. 6.7. **(a)** Elektrostatische Quadrupollinse. **(b)** Der Quadrupol in der w-Ebene

Das Potential in der w-Ebene erhält man sofort durch Integration der eindimensionalen LAPLACE-Gleichung

$$\phi(u) = c_1 u + c_2$$

und nach Einarbeiten der Randbedingungen

$$\phi(u) = -V_0 \frac{u}{d^2} \ .$$

Um den Realteil von w zur Potentialfunktion zu machen, multipliziert man (6.76) mit $-V_0/d^2$

$$w = -V_0 \left(\frac{z}{d}\right)^2$$

und erhält für das elektrische Feld nach (6.73)

$$E = -\left(\frac{\mathrm{d}w}{\mathrm{d}z}\right)^* = 2V_0 \frac{z^*}{d^2} = 2V_0 \frac{x}{d^2} - \mathrm{j}2V_0 \frac{y}{d^2} = E_x + \mathrm{j}E_y \ .$$

Eine senkrecht zur Tafelebene (z-Richtung) fliegende Ladung erfährt eine Kraft $K_y = QE_y$, die zur z-Achse hin zeigt (Fokussierung) und eine Kraft $K_x = QE_x$, die von der z-Achse wegzeigt (Defokussierung). Eine Fokussierung in beiden Ebenen erreicht man, wenn endlich lange Elektroden in z-Richtung hintereinander geschaltet werden und dabei die Potentiale abwechseln. Damit kann man Elektronenstrahlen fokussieren.

Die Funktion $w = A \ln z + B$

Es ist mit $z = r\,\mathrm{e}^{\mathrm{j}\varphi}$

$$w = u + \mathrm{j}v = A \ln r + \mathrm{j}A\varphi + B \ . \tag{6.78}$$

Ist u Potentialfunktion, erkennt man das Potential einer Linienladung oder eines geladenen Zylinders. Wählt man v zur Potentialfunktion, ergibt sich das Potential eines leitenden Winkels, dessen zwei Schenkel im Ursprung getrennt sind und verschiedenes Potential haben

Beispiel 6.5. Kapazität eines Koaxialkabels

Gesucht ist das Potential und der Kapazitätsbelag eines Koaxialkabels (Abb. 6.8a).

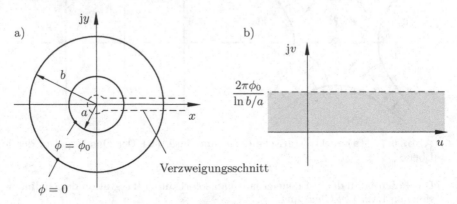

Abb. 6.8. Koaxialleitung in der **(a)** z-Ebene, **(b)** w-Ebene

u ist Potentialfunktion und aus (6.78) folgt

$$\begin{aligned} u(r=b) &= 0 = A\ln b + B \\ u(r=a) &= \phi_0 = A\ln a + B \end{aligned} \rightarrow A = \frac{-\phi_0}{\ln b/a} \ , \ B = -A\ln b$$

$$w(z) = \phi_0 \frac{\ln b/z}{\ln b/a} = \phi_0 \frac{\ln b/r}{\ln b/a} - \mathrm{j}\frac{\phi_0}{\ln b/a}\,\varphi \ .$$

Der Kapazitätsbelag ist

$$C' = \frac{Q'}{\phi_0} \ ,$$

und da nach (6.65) die Ladung auf dem Außenleiter

$$Q' = \varepsilon\,[v(\varphi=0) - v(\varphi=2\pi)] = \frac{2\pi\varepsilon\phi_0}{\ln b/a}$$

ist, wird

$$C' = \frac{2\pi\varepsilon}{\ln b/a} \ ,$$

was wir bereits im Beispiel auf Seite 74 erhalten haben[3].

---

[3] In diesem Beispiel wurden unterschiedliche Werte für v an der Stelle $\varphi = 0$ und an der Stelle $\varphi = 2\pi$ benutzt. Der Grund dafür liegt im Verhalten des Logarithmus in den Punkten $r = 0$ und ∞. Dort hat der Logarithmus Singularitäten, die *Verzweigungspunkte* genannt werden. In diesen ist die Abbildung nicht konform. Die gesamte z-Ebene mit einem vollen Umlauf $0 \le \varphi \le 2\pi$ wird nur in den Streifen $0 \le v \le 2\pi\phi_0/\ln(b/a)$ abgebildet (Abb. 6.8b). Man erlaubt nun einen zweiten Umlauf $2\pi \le \varphi \le 4\pi$, der in den Streifen $2\pi\phi_0/\ln(b/a) \le v \le 4\pi\phi_0/\ln(b/a)$ abgebildet wird, einen dritten Umlauf, u.s.w.. Um also eine eindeutige Zuordnung der w-Ebene zur z-Ebene zu bekommen, muss man sich letztere in unendlich

Die Funktion $z/a = \cos w$

Man löst die Gleichung auf in Real- und Imaginärteil

$$z = x + jy = a \cos w = a \cos(u + jv) =$$
$$= a \cos u \cosh v - ja \sin u \sinh v \qquad (6.79)$$

und erhält die Kurven $u = u_c$ oder $v = v_c$ durch Elimination

$$\frac{x^2}{a^2 \cosh^2 v_c} + \frac{y^2}{a^2 \sinh^2 v_c} = 1 \quad , \quad \frac{x^2}{a^2 \cos^2 u_c} - \frac{y^2}{a^2 \sin^2 u_c} = 1 . \qquad (6.80)$$

Dies sind Ellipsen und Hyperbeln in der z-Ebene (Abb. 6.9).

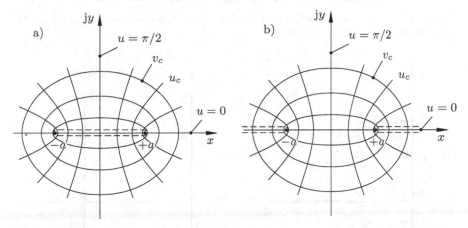

Abb. 6.9. Konfokale Ellipsen und Hyperbeln mit verschiedener Wahl des Verzweigungsschnittes

Je nach Wahl der Potentialfunktion kann jede Koordinatenfläche eine Elektrode sein, z.B.

- elliptischer Zylinder oder flaches Band im freien Raum
- ein flaches Band in einem elliptischen Zylinder
- zwei konfokale hyperbolische Zylinder
- eine dünne Platte über einer Ebene

---

vielen Lagen vorstellen, den sogenannten RIEMANN'*schen Flächen*. Nach jedem vollen Umlauf um den Ursprung kommt man auf eine neue Fläche, die einem neuen Streifen in der w-Ebene entspricht. In der Abb. 6.8a ist der Übergang von einer Fläche zur nächsten durch einen gestrichelten Schnitt angedeutet. Der Schnitt heißt *Verzweigungsschnitt* und verbindet die Verzweigungspunkte bei $r = 0$ und $r = \infty$. Der Verzweigungsschnitt ist hier, willkürlich, auf die positive x-Achse gelegt worden. Erlaubt ist aber jede beliebige Verbindung zwischen den beiden Verzweigungspunkten, und die Wahl ist nur eine Frage nach der einfachsten mathematischen Darstellung.

– zwei sich gegenüber stehende dünne Platten.

In (6.79) stellen die Focii Verzweigungspunkte dar, denn die Ableitung

$$\frac{dz}{dw} = -a\,\sin w = -a\,\sin u\,\cosh v - \mathrm{j}a\,\cos u\,\sinh v$$

verschwindet für $v = 0$ und $u = 0, \pi$ und dw/dz ist singulär. Die Verzweigungspunkte kann man auf zwei „sinnvolle" Weisen mit einem Verzweigungsschnitt verbinden (Abb. 6.9), nämlich von Punkt $(-a, 0)$ nach $(+a, 0)$ oder von $(-a, 0)$ über $-\infty$ nach $+\infty$ und nach $(+a, 0)$. Die Wahl wird durch das Problem bestimmt.

Beispiel 6.6. Leitende Platte vor leitender Halbebene

Eine dünne, leitende Platte mit Potential ϕ_0 befindet sich im Abstand a vor einem leitenden Halbraum, Abb. 6.10.

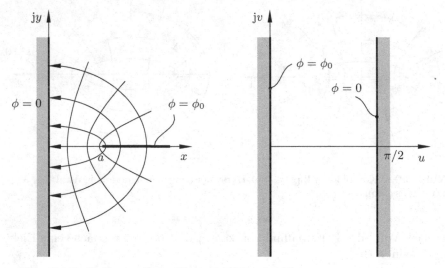

Abb. 6.10. Halbunendliche Platte vor leitender Ebene

Nach (6.80) stellen die beiden Elektroden Hyperbeln mit $u = u_c$ dar, d.h. u ist Potentialfunktion. In der w-Ebene entsprechen den Elektroden die Ebenen $u = 0$ mit Potential ϕ_0 und $u = \pi/2$ mit Potential null (Abb. 6.10). Der Verzweigungsschnitt wird sinnvollerweise vom Punkt $(+a, 0)$ nach $(+\infty, 0)$ gelegt, damit v über den gesamten Bereich $-\infty \leq v \leq \infty$ geht.

In der w-Ebene lautet das Potential (siehe Beispiel auf Seite 136)

$$\phi(u) = \left(1 - \frac{u}{\pi/2}\right)\phi_0\,.$$

Damit der Realteil von w Potentialfunktion $\phi(u)$ wird, modifiziert man (6.79)

$$w(z) = \arccos\frac{z}{a} \quad \rightarrow \quad w(z) = \left[1 - \frac{2}{\pi}\arccos\frac{z}{a}\right]\phi_0\,.$$

Das elektrische Feld folgt dann aus (6.73) zu

$$E = E_x + \mathrm{j}E_y = -\left(\frac{\mathrm{d}w}{\mathrm{d}z}\right)^* = -\frac{2}{\pi}\phi_0\frac{1}{\sqrt{a^2 - z^2}^{*}}$$

und nach Ziehen der Wurzel unter Beachtung der richtigen Wahl des Vorzeichens wird daraus

$$E_x = -\frac{\sqrt{2}}{\pi}\frac{\phi_0}{c}\sqrt{1 + \frac{a^2 - x^2 + y^2}{c^2}}$$

$$E_y = \frac{\sqrt{2}}{\pi}\frac{\phi_0}{c}\sqrt{1 - \frac{a^2 - x^2 + y^2}{c^2}} \quad \text{mit} \quad c^4 = (a^2 - x^2 + y^2)^2 + (2xy)^2 \; .$$

6.3.3 Schwarz-Christoffel-Abbildung

Bisher wurden vorgegebene Abbildungsfunktionen untersucht, um die zugehörigen Elektrodenanordnungen zu finden. Einige Methoden lassen aber auch den umgekehrten, interessanteren Weg zu, nämlich für eine gegebene Anordnung die Abbildungsfunktion zu finden. Dazu gehört die SCHWARZ-CHRISTOFFEL-*Abbildung*. Sie bildet, wie die Funktion $w = z^{\pi/\alpha}$, Abb. 6.6, eine Elektrodenanordnung in der z-Ebene auf die obere Hälfte der w-Ebene ab.

Zur Erläuterung betrachten wir die um u_i verschobene und mit einer komplexen Konstanten C skalierte Funktion

$$C(w - u_i) = z^{\pi/\beta_i} \; .$$

Sie bildet einen Winkel in der z-Ebene auf die obere w-Halbebene ab. Man betrachtet nun die Umkehrfunktion, ersetzt den inneren Winkel β_i durch den äußeren α_i, Abb. 6.11, und nimmt die Ableitung

$$\frac{\mathrm{d}z}{\mathrm{d}w} = C_1(w - u_i)^{-\alpha_i/\pi} \; . \tag{6.81}$$

Als nächstes untersucht man die Richtung von differentiell kleinen Beiträgen $\mathrm{d}z$, wenn w längs der u-Achse von $-\infty$ bis $+\infty$ variiert wird. Da

$$w - u_i = \begin{cases} |w - u_i|\mathrm{e}^{\mathrm{j}\pi} & \text{für} \quad w < u_i \\ |w - u_i| & \text{für} \quad w > u_i \, , \end{cases}$$

folgt für die Richtung der Beiträge $\mathrm{d}z$

$$\mathrm{arc}(\mathrm{d}z) = \begin{cases} \mathrm{arc}(C_1) - \alpha_i & \text{für} \quad w < u_i \\ \mathrm{arc}(C_1) & \text{für} \quad w > u_i \, , \end{cases} \tag{6.82}$$

d.h. alle Beiträge $\mathrm{d}z$ haben die gleiche Richtung, solange $w < u_i$ und an der Stelle $w = u_i$ ändern sie ihre Richtung um $+\alpha_i$. Danach, für $w > u_i$, bleibt die Richtung wieder gleich. Man integriert nun alle Beiträge (6.81)

$$z(w) = C_1 \int (w - u_i)^{-\alpha_i/\pi}\mathrm{d}w + C_2 = \int \mathrm{d}z + C_2$$

und erhält eine Kurve wie z.B. in Abb. 6.11. Diese Vorgehensweise lässt sich

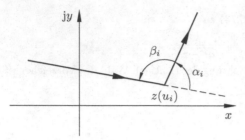

Abb. 6.11. Abbildung der reellen Achse in der w-Ebene auf die z-Ebene

erweitern auf mehrere Knicke und man erhält die SCHWARZ-CHRISTOFFEL'sche Gleichung, die die reelle Achse in der w-Ebene auf einen Polygonzug in der z-Ebene abbildet

$$
z(w) = C_1 \int (w - u_1)^{-\alpha_1/\pi} (w - u_2)^{-\alpha_2/\pi} \ldots \\
\ldots (w - u_N)^{-\alpha_N/\pi} \mathrm{d}w + C_2
$$
(6.83)

Die Punkte $z(u_i)$ sind Knickpunkte des Polygons mit den Knickwinkeln α_i (oder $\beta_i = \pi - \alpha_i$). Die multiplikative Konstante C_1 bewirkt eine Drehung und Streckung und die additive Konstante C_2 eine Verschiebung. Für die Punkte u_i, die die Knicke bestimmen, soll die Ordnung

$$u_1 < u_2 < \ldots < u_N$$

gelten.

Ein *offener Polygonzug* mit N Knickstellen ist eindeutig bestimmt, wenn die Koordinaten der Knickpunkte, sowie der erste und N-te Knickwinkel bekannt sind. Dies erfordert $2N+2$ Parameter. Die Abbildungsfunktion (6.83) hat hingegen $2N + 4$ Freiheitsgrade und man kann über zwei Parameter frei verfügen. Ist der *Polygonzug geschlossen*, so ist er durch die Koordinaten der Knickpunkte eindeutig festgelegt und man benötigt nur $2N$ Parameter. Da die Summe der Knickwinkel 2π ergeben muss, verfügt (6.83) über $2N + 3$ Freiheitsgrade und man kann über drei Parameter frei verfügen.

Nach Festlegung der Parameter in (6.83), auch der frei zu wählenden, führt man die Integration durch und bildet die Umkehrfunktion $w(z)$. Diese wird in das bekannte komplexe Potential für die obere w-Halbebene (unendlich ausgedehnter Plattenkondensator) eingesetzt und liefert das gesuchte komplexe Potential in der z-Ebene.

Beispiel 6.7. Leitende Kante auf leitender Ebene

Ein häufiges Problem in der Praxis ist eine scharfe, leitende Kante auf einer leitenden Ebene, Abb. 6.12a. Mit den in der Abbildung gezeigten Winkeln wird

$$\alpha_1 = \pi/2 \quad , \quad \alpha_2 = -\pi \quad , \quad \alpha_3 = \pi/2 .$$

Die Knickpunkte werden nach

$$u_1 = -a \quad , \quad u_2 = 0 \quad , \quad u_3 = +a$$

gelegt, wobei, wegen der Symmetrie des Problems, $u_3 = -u_1$ sein muss, die Wahl $u_1 = -a$ aber willkürlich erfolgte. Damit wird die Abbildungsfunktion (6.83)

$$z(w) = C_1 \int (w+a)^{-1/2} w(w-a)^{-1/2} \mathrm{d}w + C_2 =$$

$$= C_1 \int \frac{w\,\mathrm{d}w}{\sqrt{w^2 - a^2}} + C_2 = C_1 \sqrt{w^2 - a^2} + C_2 \;.$$

Die Konstanten legt man mit Hilfe der Punkte $z(u_i)$ fest

$$z(u_{1,3} = \mp a) = 0 = C_2 \quad, \quad z(u_2 = 0) = \mathrm{j}a = \mathrm{j}aC_1$$

und man erhält

$$z(w) = \sqrt{w^2 - a^2}$$

mit der Umkehrfunktion

$$w(z) = \sqrt{z^2 + a^2} \;.$$

In der w-Ebene wird die Leiteranordnung von Abb. 6.12 in die obere Halbebene abgebildet und das Potential lautet

$$\phi(v) = \phi_0 \frac{v}{a} = \phi_0 \mathrm{Im}\left\{ \sqrt{1 + \left(\frac{z}{a}\right)^2} \right\} ,$$

wobei willkürlich $\phi = \phi_0$ für $v = a$ gesetzt wurde. Damit ist also der Imaginärteil von w Potentialfunktion ϕ, wenn w mit ϕ_0/a multipliziert wird

$$w = \phi_0 \sqrt{1 + (z/a)^2} \;.$$

Die Äquipotentiallinien $\phi = \alpha\phi_0/a$, Abb. 6.12b, erhält man nach Ziehen der Wurzel zu

$$\alpha = \frac{1}{\sqrt{2}} \sqrt{-(a^2 + x^2 - y^2) + \sqrt{(a^2 + x^2 - y^2)^2 + (2xy)^2}}$$

und das elektrische Feld entweder aus (6.74), was eine ziemlich aufwendige Rechnung erfordert, oder über Linien konstanter Stromfunktion

$$\psi = \alpha \frac{\phi_0}{a} = \mathrm{Re}\left\{ w \right\}$$

$$\alpha = \frac{1}{\sqrt{2}} \sqrt{(a^2 + x^2 - y^2) + \sqrt{(a^2 + x^2 - y^2)^2 + (2xy)^2}} \;.$$

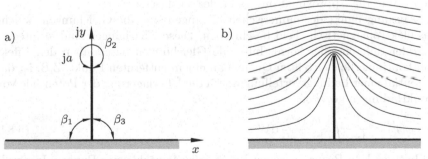

Abb. 6.12. Scharfe, leitende Kante auf einer leitenden Ebene. **(a)** Winkel für die Abbildungsfunktion. **(b)** Äquipotentiallinien

6.4 Beispiele für numerische Simulation

Die bisher behandelten analytischen Methoden führen auf exakte, explizite mathematische Darstellungen der Felder. Andere analytische Methoden, wie z.B. die Störungsrechnung, welche hier nicht behandelt werden, geben ebenfalls explizite Ergebnisse, die allerdings nur näherungsweise oder asymptotisch, d.h. für Grenzfälle gültig sind. In jedem Fall ist das Ergebnis eine mathematische Beschreibung, die es erlaubt den Einfluss von Parametern und Größen direkt zu sehen und so das wesentliche physikalische Verhalten zu studieren. Analytische Methoden sind somit wichtig, um ein Gefühl und damit auch ein tieferes Verständnis für das Verhalten elektromagnetischer Felder zu entwickeln.

Nachteilig ist, dass sie nur die Lösung sehr einfacher und beschränkter Probleme erlauben. So setzt die Anwendung des GAUSS'schen Satzes symmetrische Ladungsverteilungen im freien Raum voraus, die Spiegelungsmethode ist nur bei einigen einfachen Elektrodenanordnungen anwendbar, die Separation ist nur in speziellen Koordinatensystemen möglich und die konforme Abbildung verlangt ebene, durch Funktionen beschreibbare Anordnungen. Reale Probleme erfüllen aber nur selten diese Anforderungen. Will man reale Probleme lösen und kann sich nicht mit vereinfachten Modellen zufrieden geben, so muss man eine numerische Methode verwenden. Als nicht zu unterschätzender, wertvoller Nebeneffekt erweist sich dabei die graphische Darstellung am Rechner in Form von Kontur- und Vektorplots, farbigen Intensitätsverteilungen und sogar animierten Bildern. Sie machen die Lösung attraktiv und verständlicher.

Das allgemeine Prinzip numerischer Methoden ist einfach. Man teilt den kontinuierlichen Problemraum in kleine diskrete Unterräume, in welchen sich das Feld nur wenig ändert, so dass es entweder als konstant angenommen werden kann oder durch einfache mathematische Funktionen beschreibbar ist. Die Summe der Unterräume führt auf ein lineares Gleichungssystem für die unbekannten Koeffizienten der Felddarstellung in den einzelnen Unterräumen. Ist die Lösung nicht gut genug, verkleinert man die Unterräume. Dadurch erhöht sich zwar ihre Anzahl und die Ordnung des Gleichungssystems aber die Approximation des Feldes wird besser.

Ausgangspunkt der numerischen Lösungen sind die Gleichungen, welche das elektromagnetische Feld beschreiben. Diese Gleichungen sind in integraler oder differentieller Form. Integrale Gleichungen beschreiben den Effekt von kontinuierlich verteilten Quellen an einem entfernten Punkt. Z.B. ist das Potential einer Ladungsverteilung durch die Überlagerung der Potentiale von Punktladungen gegeben

$$\phi(\boldsymbol{r}) = \frac{1}{4\pi\varepsilon} \int_V \frac{q_V(\boldsymbol{r}')}{|\boldsymbol{r} - \boldsymbol{r}'|} \, \mathrm{d}V' \; . \tag{6.84}$$

Es besteht kein Bezug zwischen Potentialen benachbarter Punkte. Integrale Gleichungen sind daher von Vorteil, wenn das Feld nur in bestimmten Punk-

ten oder Bereichen gesucht ist. Sie beinhalten außerdem bereits die Fern-
feldbedingung, im obigen Fall das Abklingen des Potentials mit $|\boldsymbol{r} - \boldsymbol{r}'|^{-1}$.
Schwierigkeiten entstehen an Inhomogenitäten, an welchen man Sekundär-
quellen annehmen muss. Da das Integral über alle Quellpunkte geht, ist das
resultierende lineare Gleichungssystem relativ klein, durch die Anzahl der
Quellpunkte gegeben, aber voll besetzt.

Das Potential in (6.84) kann auch durch einen lokalen Zusammenhang in
Form der POISSON-Gleichung beschrieben werden

$$\nabla^2 \phi(\boldsymbol{r}) = -\frac{1}{\varepsilon}\, q_V(\boldsymbol{r})\,. \tag{6.85}$$

Der Differentialoperator ∇^2 gibt an, wie sich das Potential in der Nachbarschaft eines Punktes ändert. Man kann also von einem Punkt ausgehen,
bestimmt das Potential in der Nachbarschaft, geht von da aus weiter, bis das
gesamte Gebiet überdeckt ist, d.h. es muss das Potential in allen Punkten
des Problemraumes bestimmt werden. Andererseits beschreibt (6.85) den Zusammenhang benachbarter Punkte und in dem resultierenden linearen Gleichungssystem treten in jeder einzelnen Gleichung nur wenige Unbekannte
auf. Die Systemmatrix ist dünn besetzt und es gibt effiziente Speicher- und
Lösungsverfahren.

6.4.1 Einfache Integral-Methode

Die einfachste Form der Integral-Methode tritt bei Quellen im freien Raum
auf, so wie z.B. in (6.84). Treten zusätzlich leitende Elektroden auf, so stellen diese Äquipotentialflächen dar und ihre Oberflächenladungen werden als
Quellen aufgefasst. Die Vorgehensweise sei am Beispiel eines geladenen, recht-
eckförmigen Leiters im freien Raum, Abb. 6.13, erläutert.

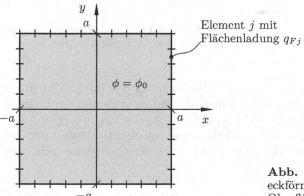

Abb. 6.13. Geladener recht-
eckförmiger Leiter mit diskreten
Oberflächenladungen q_{Fj}

Wie wir bereits gelernt haben, verteilt sich die Ladung des Leiters auf der Oberfläche, und zwar so, dass diese eine Äquipotentialfläche darstellt. Da die Verteilung zunächst unbekannt ist, teilen wir die Oberfläche in kleine Elemente der Länge Δs und nehmen in jedem Element j eine unbekannte aber konstante Flächenladung q_{Fj} an. Die Flächenladungen bestehen aus Linienladungen $q_{Fj}\mathrm{d}s$, deren Potential bekannt ist (Beispiel auf Seite 66)

$$\mathrm{d}\phi_j = -\frac{q_{Fj}\mathrm{d}s}{2\pi\varepsilon_0} \ln \frac{\varrho}{\varrho_0} \ .$$

Das Potential in einem Punkt i besteht somit aus der Superposition der Linienladungen in einem Element und anschließender Summierung über alle Elemente

$$\phi_i = -\frac{1}{2\pi\varepsilon_0} \sum_j q_{Fj} \int_{-\Delta s/2}^{\Delta s/2} \ln\left(|\varrho_i - \varrho_j - s_j|\right) \mathrm{d}s_j \ , \qquad (6.86)$$

wobei ϱ_i, ϱ_j die Ortsvektoren des Aufpunkts i und des Mittelpunkts des Elements j angeben und s_j die Koordinate entlang des Elements j ist, Abb. 6.14. Der beliebige Bezugsradius ϱ_0 wurde zu Eins gewählt.

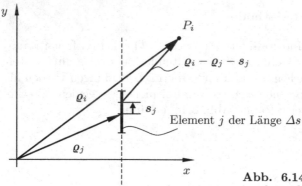

Abb. 6.14. Geometrischer Zusammenhang der Größen in (6.86)

Als nächstes machen wir eine weitere Näherung, um das Integral in (6.86) auszurechnen. Liegt der Aufpunkt i außerhalb und nicht zu nah am Element j, so ändert sich offensichtlich der Abstand $\varrho_i - \varrho_j - s_j$ nur wenig während der Integration und man kann ihn als konstant annehmen (später, in Abb. 6.16, sieht man dass diese Näherung in der Nähe der Oberfläche nicht sehr gut ist). Aus (6.86) wird

$$\phi_i = -\frac{\Delta s}{2\pi\varepsilon_0} \sum_j q_{Fj} \ln \varrho_{ij} \ , \quad \varrho_{ij} = |\varrho_i - \varrho_j| \ . \qquad (6.87)$$

Liegt hingegen der Aufpunkt auf einem Element j, hat der Logarithmus für $s_j = 0$ eine Singularität und man muss das Integral besonders entwickeln. Man nimmt nur den Hauptwert des Integrals

$$I_j = \int_{-\Delta s/2}^{\Delta s/2} \ln|s_j| \, \mathrm{d}s_j = 2 \lim_{\varepsilon \to 0} \left\{ \int_{\varepsilon}^{\Delta s/2} \ln s_j \, \mathrm{d}s_j \right\} ,$$

welcher sich mit Hilfe des totalen Differentials

$$\mathrm{d}(s \ln s) = s \, \mathrm{d}(\ln s) + \ln s \, \mathrm{d}s$$
$$= s \frac{\mathrm{d}(\ln s)}{\mathrm{d}s} \, \mathrm{d}s + \ln s \, \mathrm{d}s = \mathrm{d}s + \ln s \, \mathrm{d}s$$

entwickeln lässt

$$I_j = 2 \lim_{\varepsilon \to 0} \left\{ \int_{\varepsilon}^{\Delta s/2} \mathrm{d}(s_j \ln s_j) - \int_{\varepsilon}^{\Delta s/2} \mathrm{d}s_j \right\} = \Delta s \left(\ln \frac{\Delta s}{2} - 1 \right) .$$

Aus (6.86) wird

$$\phi_i = -\frac{\Delta s}{2\pi\varepsilon_0} \left[q_{Fi} \left(\ln \frac{\Delta s}{2} - 1 \right) + \sum_{j \neq i} q_{Fj} \ln \varrho_{ij} \right] . \qquad (6.88)$$

Da die Leiteroberfläche eine Äquipotentialfläche ist, gilt $\phi_i = \phi_0$ für alle Punkte i auf der Oberfläche und aus (6.88) wird ein lineares Gleichungssystem

$$\mathsf{MQ} = -2\pi\varepsilon_0 \frac{\phi_0}{\Delta s} \, \mathbb{I} \qquad (6.89)$$

mit

$$\mathsf{Q} = \begin{bmatrix} q_{F1} \\ q_{F2} \\ \vdots \end{bmatrix} \quad , \quad \mathbb{I} = \begin{bmatrix} 1 \\ 1 \\ \vdots \end{bmatrix} \quad , \quad m_{ii} = \ln \frac{\Delta s}{2} - 1 \quad , \quad m_{ij} = \ln \varrho_{ij} .$$

Die Lösung sind die Oberflächenladungen q_{Fj}. Das Potential in einem beliebigen Aufpunkt (auch innerhalb des Leiters) ist durch (6.88) gegeben.

Bei Problemen mit vielen Unbekannten ist es meist sinnvoll oder sogar notwendig, eventuelle Symmetrien der Anordnung auszunutzen, um die Ordnung des Gleichungssystems zu reduzieren. Im vorliegenden Beispiel bedeutet dies, dass nur die Flächenladungen auf einem Achtel der Oberfläche benötigt werden, da sie auf jedem Achtel gleich groß sind. Bei der Summation über j in (6.88) fasst man daher alle acht gleich großen Flächenladungen explizit zusammen, Abb. 6.15, und erhält für die Elemente von M in (6.89)

$$m_{ii} = \ln\frac{\Delta s}{2} - 1 + \ln(2i\Delta s) + \ln(2a) + \ln\sqrt{4a^2 + 4i^2\Delta s^2}$$
$$+ \ln\left(\sqrt{2}(a - i\Delta s)\right) + 2\ln\sqrt{(a - i\Delta s)^2 + (a + i\Delta s)^2}$$
$$+ \ln\left(\sqrt{2}(a + i\Delta s)\right),$$

$$m_{ij} = \ln(|i - j|\Delta s) + \ln([i + j]\Delta s) + \ln\sqrt{4a^2 + (i - j)^2\Delta s^2}$$
$$+ \ln\sqrt{4a^2 + (i + j)^2\Delta s^2} + \ln\sqrt{(a - j\Delta s)^2 + (a - i\Delta s)^2}$$
$$+ \ln\sqrt{(a + j\Delta s)^2 + (a - i\Delta s)^2} + \ln\sqrt{(a - j\Delta s)^2 + (a + i\Delta s)^2}$$
$$+ \ln\sqrt{(a + j\Delta s)^2 + (a + i\Delta s)^2} \quad \text{für} \quad i \neq j.$$

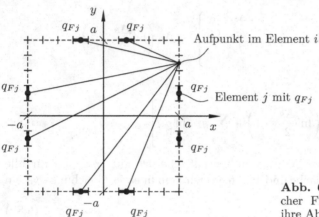

Abb. 6.15. Punkte mit gleicher Flächenladung q_{Fj} und ihre Abstände zum Aufpunkt

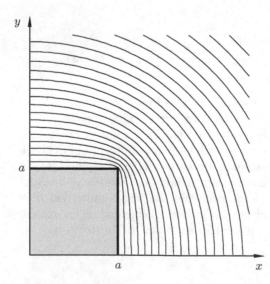

Abb. 6.16. Äquipotentialflächen des geladenen Leiters von Abb. 6.13

Die sich ergebende Potentialverteilung des Rechteckleiters zeigt Abb. 6.16. Sie wurde mit einem einfachen Programm[4] berechnet, wobei die Länge a 40-fach unterteilt wurde. Wie man sieht, ist trotz der feinen Unterteilung das Potential in der Nähe der Oberfläche relativ schlecht wiedergegeben als Folge der in (6.87) und (6.88) gemachten Näherung für das Integral.

6.4.2 Einfache Differentiations-Methode (Finite Differenzen Methode)

Die Finite Differenzen Methode (FDM) geht von einer lokalen Beschreibung des Feldes durch eine Differentialgleichung aus. Sie ist die älteste numerische Methode mit Ursprüngen, die auf GAUSS zurückgehen. Bei der FDM wird der kontinuierliche Problemraum durch ein Gitter ersetzt, räumlich sowie zeitlich, falls das Problem zeitabhängig ist. Das Gitter ist durch diskrete Gitterpunkte definiert. In einem nächsten Schritt werden die in der Differentialgleichung auftretenden Differentiale durch Differenzen ersetzt und die kontinuierliche Feldfunktion durch eine diskrete Funktion, die nur auf den Gitterpunkten gegeben ist. Die resultierenden algebraischen Finite-Differenzen-Gleichungen werden schließlich unter Berücksichtigung von Anfangs- und Randbedingungen in ein lineares Gleichungssystem überführt.

Die Herleitung von Differenzen sei zunächst in einer Dimension erläutert. Die kontinuierliche Funktion $f(x)$ wird an einer Stelle $x + \Delta x$ durch eine TAYLOR-Reihe approximiert

$$f(x + \Delta x) = f(x) + \Delta x f'(x) + \frac{1}{2} \Delta x^2 f''(x) + \dots .$$

Daraus folgt

$$\frac{f(x + \Delta x) - f(x)}{\Delta x} = f'(x) + O(\Delta x) .$$

Die Ableitung der Funktion ist durch Funktionswerte in zwei Gitterpunkten, x und $x + \Delta x$, gegeben mit einem Fehler der Ordnung Δx, was nicht sehr gut ist. Einen Fehler der Ordnung Δx^2 erhält man, wenn f' nicht durch eine *Vorwärtsdifferentiation* sondern durch eine *zentrale Differentiation* gegeben ist

$$f(x + \Delta x) = f(x) + \Delta x f'(x) + \frac{1}{2} \Delta x^2 f''(x) + \frac{1}{6} \Delta x^3 f'''(x) + O(\Delta x^4)$$

$$f(x - \Delta x) = f(x) - \Delta x f'(x) + \frac{1}{2} \Delta x^2 f''(x) - \frac{1}{6} \Delta x^3 f'''(x) + O(\Delta x^4)$$

und nach Subtraktion

$$\frac{f(x + \Delta x) - f(x - \Delta x)}{2 \Delta x} = f'(x) + O(\Delta x^2) . \tag{6.90}$$

Die Summe obiger TAYLOR-Entwicklungen führt direkt auf die zweite Ableitung

---

[4] http://www.tet.tu-berlin.de/fileadmin/fg277/ElektromagnetischeFelder/

$$\frac{f(x + \Delta x) - 2f(x) + f(x - \Delta x)}{\Delta x^2} = f''(x) + O(\Delta x^2) . \tag{6.91}$$

Wie in Abb. 6.17 angedeutet, wird nun die kontinuierliche Funktion $f(x)$ in eine diskrete Funktion $f_i = f(x_i)$ überführt und aus den Ableitungen wird

$$f'(x_i) \approx \frac{1}{2\Delta x} (f_{i+1} - f_{i-1}) ,$$

$$f''(x_i) \approx \frac{1}{\Delta x^2} (f_{i+1} - 2f_i + f_{i-1}) . \tag{6.92}$$

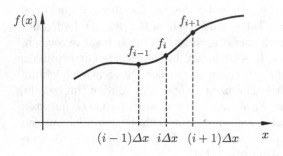

Abb. 6.17. Diskretisierung der kontinuierlichen Funktion $f(x)$

Die Erweiterung auf zwei Dimensionen ist einfach.

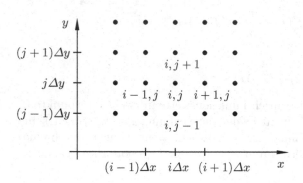

Abb. 6.18. Räumliche Diskretisierung in zwei Dimensionen

Man ersetzt die Fläche durch ein Gitter mit numerierten Gitterpunkten (i,j), Abb. 6.18, und überführt die in der Differentialgleichung auftretenden Differentiale entsprechend (6.92) in Differenzen. Im Falle der LAPLACE-Gleichung wird daraus mit $\Delta x = \Delta y$

$$\nabla^2 \phi = \frac{\partial^2 \phi}{\partial x^2} + \frac{\partial \phi}{\partial y^2}$$

$$\approx \frac{1}{\Delta x^2} (\phi_{i+1,j} + \phi_{i,j+1} + \phi_{i-1,j} + \phi_{i,j-1} - 4\phi_{i,j}) = 0$$

und das Potential im Gitterpunkt (i, j) stellt den Mittelwert der benachbarten Potentiale dar

$$\phi_{i,j} = \frac{1}{4} \left(\phi_{i+1,j} + \phi_{i,j+1} + \phi_{i-1,j} + \phi_{i,j-1} \right) . \tag{6.93}$$

Die Gleichungen (6.93) für alle Punkte (i, j) ergeben, nach Einarbeitung von Randwerten, ein lineares Gleichungssystem zur Bestimmung von $\phi_{i,j}$.

Die genaue Vorgehensweise wollen wir am Beispiel eines zweidimensionalen Plattenkondensators erläutern, Abb. 6.19a.

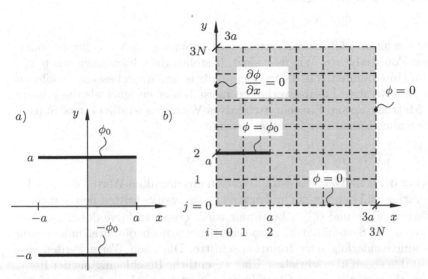

Abb. 6.19. (a) Zweidimensionaler Plattenkondensator. (b) Diskretisierung eines Viertels des Plattenkondensators mit endlichem Rechenvolumen, $0 \leq x, y \leq 3a$

Die Anordnung besitzt zwei Symmetrieebenen, $x = 0$ und $y = 0$. In x muss das Potential gerade sein und in y ungerade, d.h.

$$\left. \frac{\partial \phi}{\partial x} \right|_{x=0} = 0 \quad , \quad \phi(y = 0) = 0 . \tag{6.94}$$

Es ist daher ausreichend, nur ein Viertel der Anordnung zu diskretisieren, Abb. 6.19b. Zusätzlich, um ein endliches Rechengebiet zu erhalten, wurde eine ideal leitende Berandung angebracht in einer Entfernung, von der wir glauben, dass das Feld des Kondensators vernachlässigbar wenig gestört wird. Der Einfachheit halber wird die Schrittweite in x- und y-Richtung gleich groß gewählt, $\Delta x = \Delta y$. Die Nummerierung der Gitterpunkte erfolgt zeilenweise mit $0 \leq i, j \leq 3N$, d.h. das Maß a wird N-fach unterteilt. Die verschwindende Ableitung in $x = 0$ (6.94) bedeutet wegen (6.92) $\phi_{1,j} = \phi_{-1,j}$. Man führt also eine zusätzliche Ebene $i = -1$ ein, in welcher das Potential gleich dem Potential in der Ebene $i = +1$ ist. Somit lauten die Differenzengleichungen

$$\phi_{i+1,j} + \phi_{i,j+1} + \phi_{i-1,j} + \phi_{i,j-1} - 4\phi_{i,j} = 0 \qquad (6.95)$$

$$\text{für} \quad 0 \le i \le 3N - 1 \quad , \quad 1 \le j \le 3N - 1$$

mit Randbedingungen

$$\phi_{i,0} = \phi_{i,3N} = \phi_{3N,j} = 0 \quad \text{für} \quad 0 \le i, j \le 3N \ ,$$

$$\phi_{i,N} = \phi_0 \quad \text{für} \quad 0 \le i \le N$$

und den Symmetriebedingungen

$$\phi_{-1,j} = \phi_{1,j} \quad \text{für} \quad 0 \le j \le 3N \ .$$

Dies ist ein lineares Gleichungssystem der Ordnung $3N(3N-1)$ für die unbekannten Potentialwerte. Wie man sieht, bestehen die Gleichungen aus maximal fünf Unbekannten, d.h. die Systemmatrix ist nur dünn besetzt. In solchen Fällen sind iterative Lösungsverfahren meist besser geeignet als die Lösung durch Matrixinversion. Ein sehr attraktives Verfahren ist die GAUSS-SEIDEL *Iteration* auch LIEBMANN *Iteration* genannt

$$\phi_{i,j}^{(k)} = \frac{1}{4} \left(\phi_{i+1,j}^{(k-1)} + \phi_{i,j+1}^{(k-1)} + \phi_{i-1,j}^{(k)} + \phi_{i,j-1}^{(k)} \right) \ , \qquad (6.96)$$

in welcher der neue Wert der k-ten Iteration aus den alten Werten der $(k-1)$-ten Iteration und den bereits in den zwei vorherigen Schritten neu berechneten Werten $\phi_{i-1,j}^{(k)}$ und $\phi_{i,j-1}^{(k)}$ bestimmt wird. Das Attraktive dabei ist, dass man weder die Systemmatrix abspeichern muss noch die alten und neuen Werte aufeinanderfolgender Iterationsschritte. Die alten Werte werden einfach mit den neuen überschrieben. Eine wesentliche Beschleunigung der Iteration erreicht man mit einem *Überrelaxationsverfahren*. Man addiert zu (6.96) den verschwindenden Term $\phi_{i,j}^{(k-1)} - \phi_{i,j}^{(k-1)} = 0$

$$\phi_{i,j}^{(k)} = \phi_{i,j}^{(k-1)} + \frac{1}{4} \left(\phi_{i+1,j}^{(k-1)} + \phi_{i,j+1}^{(k-1)} - 4\phi_{i,j}^{(k-1)} + \phi_{i-1,j}^{(k)} + \phi_{i,j-1}^{(k)} \right)$$

und interpretiert den Klammerausdruck auf der rechten Seite als Korrekturterm. Eine Verstärkung der Korrektur durch einen *Relaxationsfaktor* R mit $1 < R < 2$

$$\phi_{i,j}^{(k)} = \phi_{i,j}^{(k-1)} + \frac{R}{4} \left(\phi_{i+1,j}^{(k-1)} + \phi_{i,j+1}^{(k-1)} - 4\phi_{i,j}^{(k-1)} + \phi_{i-1,j}^{(k)} + \phi_{i,j-1}^{(k)} \right) \qquad (6.97)$$

beschleunigt die Iteration. Für $R \to 2$ wird die Iteration instabil. Den günstigsten Wert R findet man durch Probieren, wobei $R = 1.6$ normalerweise ein guter Kompromiß ist.

Abb. 6.20 zeigt die Äquipotentiallinien des Plattenkondensators. Sie wurden mit einem einfachen Programm[5] berechnet. Dabei wurde a zehnfach unterteilt und das Potential zu Anfang der Iteration null gesetzt. Nach 41

---

[5] http://www.tet.tu-berlin.de/fileadmin/fg277/ElektromagnetischeFelder/

Iterationsschritten mit $R = 1.8$ war die relative Änderung aller $\phi_{i,j}$ kleiner als 1% und die Iteration wurde beendet.

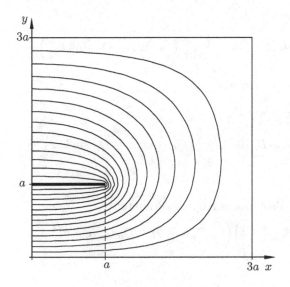

Abb. 6.20. Äquipotentialflächen des Plattenkondensators von Abb. 6.19

Zusammenfassung

Separation der LAPLACE-Gleichung durch Produktansatz

• Ebenes kartesisches Problem

$$\phi(x,y) = (A_0 + B_0\, x)(C_0 + D_0\, y)$$
$$+ \sum_{p \neq 0} (A_p \cos k_p x + B_p \sin k_p x)\,(C_p \cosh k_p y + D_p \sinh k_p y)$$

Ist das Problem z.B. in y-Richtung offen, ist eine Linearkombination von $\exp(k_p y)$ und $\exp(-k_p y)$ besser geeignet.

• Ebenes Problem in Polarkoordinaten

$$\phi(\varrho,\varphi) = (A_0 + B_0 \ln \frac{\varrho}{\varrho_0})(C_0 + D_0\, \varphi)$$
$$+ \sum_{p \neq 0} (A_p\, \varrho^p + B_p\, \varrho^{-p})\,(C_p \cos p\varphi + D_p \sin p\varphi)$$

• Rotationssymmetrisches Problem in Zylinderkoordinaten

orthogonale Funktionen in ϱ-Richtung

$$\phi(\varrho, z) = (A_0 + B_0 \ln \frac{\varrho}{\varrho_0})(C_0 + D_0 z)$$

$$+ \sum_{p \neq 0} \left(A_p \, J_0(k_p\varrho) + B_p \, N_0(k_p\varrho) \right) \left(C_p \cosh k_p z + D_p \sinh k_p z \right)$$

orthogonale Funktionen in z-Richtung

$$\phi(\varrho, z) = (A_0 + B_0 \ln \frac{\varrho}{\varrho_0})(C_0 + D_0 z)$$

$$+ \sum_{p \neq 0} \left(A_p \, I_0(k_p\varrho) + B_p \, K_0(k_p\varrho) \right) \left(C_p \cos k_p z + D_p \sin k_p z \right)$$

• Rotationssymmetrisches Problem in Kugelkoordinaten

$$\phi(r, \vartheta) = \sum_n \left(A_n \, r^n + B_n \, \varrho^{-n-1} \right) \left(C_n \, P_n(\cos \vartheta) + D_n \, Q_n(\cos \vartheta) \right)$$

Konforme Abbildung für ebene Probleme

Potential-/Stromfunktion

$$\left. \begin{array}{l} \boldsymbol{E} = -\nabla \phi \\[2.5em] \boldsymbol{E} = -\nabla \times (\psi \, \boldsymbol{e}_z) \end{array} \right\} \quad \begin{array}{ll} \dfrac{\partial \phi}{\partial x} = \dfrac{\partial \psi}{\partial y} & , \quad \nabla^2 \phi = 0 \\[1.5em] \dfrac{\partial \phi}{\partial y} = -\dfrac{\partial \psi}{\partial x} & , \quad \nabla^2 \psi = 0 \end{array}$$

Komplexe Funktion

$$w = w(z) = u(x, y) + \mathrm{j}\, v(x, y) \quad , \quad z = x + \mathrm{j}\, y$$

u, v genügen derselben Gleichung wie ϕ, ψ

$$E = E_x + \mathrm{j}\, E_y = -\left(\frac{\partial w}{\partial z} \right)^* \qquad \text{falls } u \text{ Potentialfunktion}$$

$$= -\mathrm{j} \left(\frac{\partial w}{\partial z} \right)^* \qquad \text{falls } v \text{ Potentialfunktion}$$

Fragen zur Prüfung des Verständnisses

6.1 Es liegt eine Lösung der LAPLACE-Gleichung vor, die die Randbedingungen erfüllt. Muß nach weiteren Lösungen gesucht werden?

6.2 Die Normalableitung des Potentials verschwinde auf dem Rand eines abgeschlossenen Gebiets. Welche Werte kann das Potential im Gebiet annehmen?

6.3 Wie lautet die Gleichung der Separationskonstanten bei einem Problem in kartesischen Koordinaten?

6.4 Können bei einem dreidimensionalen kartesischen Problem alle drei Abhängigkeiten aus harmonischen Funktionen bestehen?

6.5 Erläutere Eigenwerte und Eigenfunktionen.

6.6 Sind Eigenfunktionen immer orthogonal zueinander?

6.7 Erläutere die Aufgabe der Gewichtsfunktion.

6.8 Was heißt ein System von Eigenfunktionen ist vollständig?

6.9 Wie ist die radiale Abhängigkeit eines ebenen Problems in Polarkoordinaten?

6.10 Ein Problem in Zylinderkoordinaten sei 2π-periodisch und in z-Richtung aperiodisch. Wie lautet die radiale Abhängigkeit?

6.11 Das Problem von 6.10 sei jetzt harmonisch in z. Wie lautet die radiale Abhängigkeit?

6.12 Welches Verhalten zeigen die Funktionen $J_m(z)$, $N_m(z)$, $I_m(z)$, $K_m(z)$ für kleine z?

6.13 Gib eine Orthogonalitätsrelation für BESSEL-Funktionen an.

6.14 Wie ist die radiale Abhängigkeit eines Problems in Kugelkoordinaten?

6.15 Wie ist die azimutale Abhängigkeit eines achsialsymmetrischen Problems in Kugelkoordinaten?

6.16 Wie lautet der Ansatz des Potentials für einen langen dünnen Draht über Erde?

6.17 Was geben die Potential- und Stromfunktion bei ebenen Problemen an? Wie hängen sie zusammen?

6.18 Warum lassen sich komplexe Funktionen zur Lösung von ebenen Potentialproblemen verwenden?

6.19 Wann ist eine komplexe Funktion analytisch oder regulär?

6.20 Gib eine komplexe Funktion an, die einen leitenden Winkel, Öffnungswinkel α, auf die obere Halbebene abbildet.

6.21 Was macht die SCHWARZ-CHRISTOFFEL-Abbildung?

6.22 Skizziere einen Lösungsweg, um das Potential einer Leiteranordnung mit einer Integral-Methode numerisch zu berechnen.

6.23 Gib die zentrale Differentiation von $f(x)$ an. Welcher Ordnung ist der Fehler?

6.24 Das Potential sei in diskreten Gitterpunkten gegeben. Wie hängt der Wert eines Punktes (i, j) mit den benachbarten Potentialen zusammen?

7. Stationäres Strömungsfeld

Die Elektrostatik handelt von elektrischen Feldern, die von ruhenden Ladungen erzeugt werden. Wenn sich die Ladungen bewegen, d.h. wenn ein Strom fließt und dessen zeitliche Änderung so langsam ist, dass sowohl der Verschiebungsstrom wie auch induzierte Magnetfelder vernachlässigt werden können, spricht man vom *stationären Strömungsfeld*. Die dabei auftretenden elektrischen und magnetischen Felder können als zeitlich konstant aufgefasst werden und sind somit wiederum statisch. Da die Behandlung von Magnetfeldern Inhalt der nächsten Kapitel ist, wird sie zunächst zurückgestellt und es wird nur das elektrische Feld betrachtet.

> Es werden die grundlegenden Größen, Stromdichte, Leitfähigkeit und OHM'sches Gesetz erläutert. Anschließend wir der Begriff der elektromotorischen Kraft eingeführt und die KIRCHHOFF'schen Sätze von einem feldtheoretischen Standpunkt aus betrachtet. Als diejenige Zeitkonstante, die entscheidet, ob ein Vorgang stationär ist oder nicht, wird die Relaxationszeit angegeben.

7.1 Stromdichte. Kontinuitätsgleichung

Ladungen können weder erzeugt noch vernichtet werden. Somit stellen Ströme immer Ladungstransport dar. In metallischen Leitern sind die Ladungsträger Elektronen. In Plasmen oder gasförmigen Leitern tragen sowohl Elektronen wie positive Ionen zum Ladungstransport bei und in Halbleitern Elektronen und „Elektronenlöcher", die sich wie positive Ladungen verhalten. Der genaue Mechanismus des Ladungstransportes ist vielschichtig und kompliziert und wird hier nicht weiter untersucht. Es sei lediglich vorausgesetzt, dass die Ladungsträger Teilchen sind, die sich im thermischen Gleichgewicht mit ihrer Umgebung befinden, d.h. jedes Teilchen führt eine thermische Bewegung und eine Driftbewegung aus. Die aktuelle thermische Geschwindigkeit ist viel größer als die Driftgeschwindigkeit, aber sie ist stochastisch und führt zu keinem organisierten Ladungstransport. Die Driftbewegung hingegen ist nicht stochastisch und beschreibt den organisierten Ladungstransport. Strom, in dem im Folgenden benutzten Sinne, entsteht also durch die Driftbewegung. Die stochastische, thermische Bewegung braucht nicht berücksichtigt werden.

H. Henke, *Elektromagnetische Felder*, https://doi.org/10.1007/978-3-662-62235-3_7

Betrachtet sei ein Medium mit nur einer Art von Ladungsträgern, der Ladung q und der Dichte n. Die Ladungsträger bewegen sich mit der mittleren Driftgeschwindigkeit $\boldsymbol{v}_d$. Dann ist die *Stromdichte* definiert als die Ladungsmenge, die pro Zeiteinheit Δt durch eine Fläche ΔF transportiert wird. Entsprechend Abb. 7.1 ist dies

$$J = \frac{nq\Delta F\Delta s}{\Delta F\Delta t} = nq\frac{\Delta s}{\Delta t} = nq\boldsymbol{v}_d = q_V\boldsymbol{v}_d \ . \tag{7.1}$$

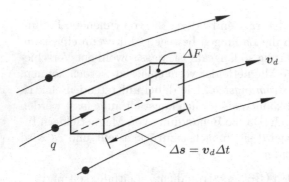

Abb. 7.1. Zur Definition der Stromdichte

Der durch eine beliebige Fläche F durchgehende Gesamtstrom ergibt sich durch die Integration der Normalkomponente der Stromdichte

$$I = \int_F J_n \mathrm{d}F = \int_F \boldsymbol{J} \cdot \mathrm{d}\boldsymbol{F} \ . \tag{7.2}$$

Entsprechend (7.1) hängen Stromdichte und Raumladungsdichte zusammen. Dieser Zusammenhang bedeutet nichts anderes als die Erhaltung der Ladung, denn nimmt man den aus einem Volumen V mit der Oberfläche O herausfließenden Strom

$$I = \oint_O \boldsymbol{J} \cdot \mathrm{d}\boldsymbol{F} = \int_V \nabla \cdot \boldsymbol{J} \, \mathrm{d}V \ ,$$

so muss dieser, bei Erhaltung der Ladung, gleich der Abnahme der im Volumen enthaltenen gesamten Ladung Q sein

$$I = -\frac{\mathrm{d}Q}{\mathrm{d}t} = -\frac{\mathrm{d}}{\mathrm{d}t}\int_V q_V \mathrm{d}V = -\int_V \frac{\partial q_V}{\partial t} \, \mathrm{d}V \ .$$

Hierbei wurde ein konstantes Volumen vorausgesetzt, und aus der absoluten Differentiation nach der Zeit wurde eine partielle Differentiation, da q_V eine Funktion des Ortes und der Zeit ist. Die beiden Gleichungen kann man umschreiben zu

$$\int_V \left[\nabla \cdot \boldsymbol{J} + \frac{\partial q_V}{\partial t}\right] \mathrm{d}V = 0 \ ,$$

was für ein beliebiges Volumen gilt und somit auch für $V \to 0$. Dann wird daraus die *Kontinuitätsgleichung* (siehe (2.35))

$$\boxed{\nabla \cdot \boldsymbol{J} = -\frac{\partial q_V}{\partial t}} \, . \tag{7.3}$$

Sie besagt, dass die Abnahme der Ladung in einem Punkt einem aus diesem Punkt herausfließenden Strom entspricht. Im stationären Strömungsfeld ist die Raumladungsdichte zeitlich konstant und die Stromdichte quellenfrei und zeitlich konstant

$$\nabla \cdot \boldsymbol{J} = 0 \quad \to \quad \oint_O \boldsymbol{J} \cdot \mathrm{d}\boldsymbol{F} = 0 \quad , \quad \frac{\partial \boldsymbol{J}}{\partial t}, \frac{\partial q_V}{\partial t} = 0 \, . \tag{7.4}$$

7.2 Leitfähigkeit. Ohm'sches Gesetz. Verlustleistung

Die Stromleitung in einem guten Leiter kann man sich mit einem einfachen mikroskopischen Modell erklären. Ein Teilchen mit der Ladung q und der Masse m wird in einem elektrischen Feld beschleunigt. Im freien Raum würde seine Geschwindigkeit ständig zunehmen, in einem Medium hingegen stellt sich eine konstante, mittlere Driftgeschwindigkeit ein, d.h. im Mittel muss die auf das Teilchen wirkende Kraft verschwinden. Das Medium übt eine bremsende Kraft aus durch Kollisionen des Teilchens mit Gitterionen. Integration der Bewegungsgleichung

$$m\frac{\mathrm{d}\boldsymbol{v}}{\mathrm{d}t} = q\boldsymbol{E}$$

liefert

$$v = \frac{q}{m} \, Et \quad , \quad x = \frac{1}{2}\frac{q}{m} \, Et^2 \, . \tag{7.5}$$

Ist die mittlere Zeit zwischen Kollisionen τ und die zugehörige mittlere freie Wegstrecke l_f, so erhält man für die mittlere Driftgeschwindigkeit[1]

$$v_d = \frac{1}{2}\frac{q}{m} \, E\tau = \sqrt{\frac{1}{2} \, l_f \frac{q}{m} \, E}$$

d.h. $v_d \sim \sqrt{E}$ im Gegensatz zu dem OHM'schen Gesetz, welches $v_d \sim E$ verlangt. Der Grund liegt in der thermischen Geschwindigkeit, welche viel größer als die mittlere Driftgeschwindigkeit ist. Dadurch ist auch die Zeit zwischen Kollisionen viel kürzer

$$\tau = \frac{l_f}{v_{therm}} \tag{7.6}$$

und die mittlere Driftgeschwindigkeit wird

---

[1] Der Faktor $1/2$ kommt von der Mittelung über das sägezahnförmige Geschwindigkeitsprofil.

$$v_d = \frac{1}{2}\frac{q}{m}E\tau = \frac{1}{2}\frac{q}{m}\frac{l_f}{v_{therm}}E . \qquad (7.7)$$

Einsetzen von (7.7) in (7.1) ergibt den Zusammenhang

$$J = nq v_d = \frac{nq^2 l_f}{2mv_{therm}}E \quad \rightarrow \quad \boxed{J = \kappa E} , \qquad (7.8)$$

mit der *elektrischen Leitfähigkeit*

$$\kappa = \frac{nq^2 l_f}{2mv_{therm}} \quad , \quad [\kappa] = \frac{S}{m} = \frac{1}{\Omega m} , \qquad (7.9)$$

als Proportionalitätsfaktor zwischen elektrischem Feld und Stromdichte. Dieser lineare Zusammenhang ist das OHM*'sche Gesetz* in feldtheoretischer Schreibweise. Es ist eine sehr gute Näherung für viele leitende Materialien. Tabelle 7.1 gibt die Leitfähigkeiten für einige Materialien an.

Tabelle 7.1. Elektrische Leitfähigkeiten in S/m

Material	κ	Material	κ
Isolatoren		*schlechte Isolatoren*	
Quartzglas	$\approx 10^{-17}$	trockener, sandiger Boden	$\approx 10^{-3}$
Polystyren	$\approx 10^{-16}$	Wasser	$\approx 10^{-2}$
Hartgummi	$\approx 10^{-15}$		
Porzellan	$\approx 10^{-14}$	*schlechte Leiter*	
Glas	$\approx 10^{-12}$	Muskelgewebe	$0.08 - 0.35$
Bakelit	$\approx 10^{-9}$	Germanium	2
dest. Wasser	$\approx 10^{-4}$		
Leiter			
Seewasser	≈ 4	Ferrite	$\approx 10^{2}$
Silizium	10^{3}	Graphit	$\approx 10^{5}$
Quecksilber	10^{6}	Stahl	10^{6}
Messing	10^{7}	Aluminium	$2 - 3 \cdot 10^{7}$
Gold	$4.1 \cdot 10^{7}$	Kupfer	$5.7 \cdot 10^{7}$

Üblicherweise ist das OHM'sche Gesetz als Relation zwischen Strom und Spannung bekannt. Man betrachtet einen dünnen Leiter mit der Querschnittsfläche F und der Länge l. Der Leiter sei so dünn, dass die Stromdichte als homogen angenommen werden kann. Dann wird aus (7.2) zusammen mit (7.8)

$$I = JF = \kappa FE = \frac{\kappa F}{l}lE = \frac{\kappa F}{l}U$$

oder

$$U = RI \quad \text{mit} \quad R = \frac{l}{\kappa F} \,, \tag{7.10}$$

d.h. die Spannung über dem Stück Leiter (Potentialdifferenz $\phi_0 - \phi_l = lE$) ist proportional dem Strom. Die Proportionalitätskonstante R ist der *Widerstand* des Leiters.

Durch die Kollisionen der Ladungsträger mit den Gitterionen verlieren diese ihren Impuls und damit Energie. Das elektrische Feld muss Arbeit verrichten, um die mittlere Driftgeschwindigkeit aufrecht zu erhalten. Es entsteht Verlustleistung, die in Gitterschwingungen (Wärme) umgesetzt wird. Die Leistung, d.h. die Arbeit, die das Feld pro Zeiteinheit aufwenden muss, um die Ladung ΔQ in einem Elementarquader (siehe Abb. 7.1) um eine Strecke Δs zu verschieben, ist

$$P = \frac{\Delta A}{\Delta t} = \Delta Q E \frac{\Delta s}{\Delta t} = q_V \Delta F \Delta s E v_d = \Delta F \Delta s J E = \Delta F \Delta s \frac{1}{\kappa} J^2$$

und man definiert eine *Verlustleistungsdichte*, auch OHM'*sche Verlustleistungsdichte* genannt,

$$p_v = \lim_{\Delta V \to 0} \frac{P}{\Delta V} = \frac{1}{\kappa} J^2 \quad \to \quad \boxed{p_v = \boldsymbol{E} \cdot \boldsymbol{J}} \,. \tag{7.11}$$

Für dünne Leiter mit Querschnittsfläche F und Länge l wird daraus, zusammen mit (7.10),

$$P = p_v lF = \frac{lF}{\kappa} J^2 = \frac{l}{\kappa F} I^2 = RI^2 = UI \,. \tag{7.12}$$

7.3 Elektromotorische Kraft (EMK)

Im elektrostatischen Feld gilt (3.1) und somit wegen (7.8)

$$\oint_S \boldsymbol{E} \cdot \mathrm{d}\boldsymbol{s} = \oint_S \frac{1}{\kappa} \boldsymbol{J} \cdot \mathrm{d}\boldsymbol{s} = 0 \,, \tag{7.13}$$

d.h. es kann kein stationärer Strom in einer geschlossenen Schleife existieren. Ein einmal vorhandener Strom muss wegen der Verluste abnehmen.

Soll ein konstanter Strom aufrecht erhalten werden, so muss eine nicht konservative Kraft $\boldsymbol{K}$ vorhanden sein, zumindest in einem Teil des Kreises, die die Ladungen in Bewegung hält. Diese auf die Einheitsladung normierte Kraft heißt *elektromotorische Kraft (EMK)* und ist definiert als

$$\boxed{U_{emk} = \frac{1}{q} \oint_S \boldsymbol{K} \cdot \mathrm{d}\boldsymbol{s} = \oint_S \boldsymbol{E}_{emk} \cdot \mathrm{d}\boldsymbol{s}} \,. \tag{7.14}$$

Man ordnet der normierten Kraft ein EMK-Feld zu, welches in einem Teil der Schleife oder in der ganzen Schleife wirkt und eine Spannung U_{emk} erzeugt. Diese Definition gilt für jede geschlossene Schleife, auch wenn die Schleife nicht durch einen Leiter gebildet wird, sondern eine im Raum gedachte Schleife darstellt.

Es gibt verschiedene Arten elektromotorischer Kräfte. Eine ist z.B. die elektromagnetische Induktion, die in jedem Punkt der Schleife ein elektrisches Feld $\boldsymbol{E}_{ind}$ induziert, so dass das geschlossene Integral nicht verschwindet (siehe §12.1). Dies ist eine *verteilte EMK*, und sie existiert unabhängig von Leitern und Leiterschleifen auch im Vakuum. Daneben gibt es eine *lokale EMK*, z.B. an Grenzschichten zwischen verschiedenen Materialien oder Konzentrationen, bei Thermoelementen, Photozellen u.s.w..

Mit Einführung der EMK nach der Definition (7.14) besteht das effektive Feld in der Schleife aus der Überlagerung des EMK-Feldes und des elektrostatischen Feldes und das OHM'sche Gesetz (7.8) muss modifiziert werden zu

$$\boldsymbol{J} = \kappa(\boldsymbol{E} + \boldsymbol{E}_{emk}) \ . \tag{7.15}$$

setzt man dies in das Umlaufintegral (7.13) ein

$$\oint_S \frac{1}{\kappa} \boldsymbol{J} \cdot \mathrm{d}\boldsymbol{s} = \oint_S (\boldsymbol{E} + \boldsymbol{E}_{emk}) \cdot \mathrm{d}\boldsymbol{s} = \oint_S \boldsymbol{E}_{emk} \cdot \mathrm{d}\boldsymbol{s} = U_{emk} \ , \tag{7.16}$$

so wird deutlich, dass die „interne" Spannung U_{emk} einen konstanten Strom aufrecht erhalten kann. Das Umlaufintegral über das elektrostatische Feld verschwindet. Die EMK verrichtet dabei Arbeit, indem sie in der Umlaufzeit T die Gesamtladung Q um die Schleife transportiert

$$A_{emk} = QU_{emk} \ ,$$

was einer Leistung von

$$P_{emk} = \frac{A_{emk}}{T} = \frac{Q}{T} U_{emk} = IU_{emk} \tag{7.17}$$

entspricht. Fließt die Ladung in einer Leiterschleife, wird die von der EMK gelieferte Leistung in Wärme umgesetzt. Fließt die Ladung hingegen im Vakuum, so wird die kinetische Energie der Ladungsträger erhöht.

Beispiel 7.1. Schaltkreis mit Batterie

Ein Schaltkreis bestehe aus einer Serienschaltung einer Batterie und eines externen Widerstandes, Abb. 7.2. Die Batterie habe einen Innenwiderstand R_{in}, der Strom im Kreis ist I und das EMK-Feld sei konstant in der Batterie. Die Verbindungsdrähte seien verlustfrei. Dann gilt das Umlaufintegral (7.16)

$$\oint_S \frac{1}{\kappa} \boldsymbol{J} \cdot \mathrm{d}\boldsymbol{s} = IR + IR_{in} = \oint_S \boldsymbol{E} \cdot \mathrm{d}\boldsymbol{s} + \int_c^d \boldsymbol{E}_{emk} \cdot \mathrm{d}\boldsymbol{s} \ .$$

Das Umlaufintegral über $\boldsymbol{E}$ verschwindet und das Integral über das EMK-Feld gibt U_{emk}. Somit ist

$$U_{ab} = \int_a^b \boldsymbol{E} \cdot \mathrm{d}\boldsymbol{s} = IR = U_{emk} - IR_{in} \ .$$

Andererseits sind die Punkte a und d mit einem idealen Leiter verbunden und liegen auf demselben Potential, d.h. $U_{ab} = U_{dc}$. Die an den Batterieklemmen auftretende Spannung ist gleich der EMK minus dem Spannungsabfall am Innen-widerstand. Im Leerlauf ist $U_{ab} = U_{dc} = U_{emk}$. Die von der Batterie gelieferte Leistung ist nach (7.17)

$$P_{emk} = I U_{emk} = I U_{dc} + I^2 R_{in} = I^2 (R + R_{in}) \, .$$

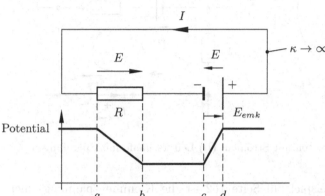

Abb. 7.2. Serienschaltung von Batterie und Widerstand mit Potentialverlauf

7.4 Kirchhoff'sche Sätze

Die feldtheoretischen Aussagen der Quellenfreiheit eines stationären Stromes (7.4) und des Umlaufintegrals (7.16) ermöglichen Aussagen über Netzwerke.

Betrachtet man eine Stromverzweigung, Abb. 7.3a, und wendet (7.4) auf die Hüllfläche O an

$$\oint_O \boldsymbol{J} \cdot \mathrm{d}\boldsymbol{F} = \sum_i \int_{F_i} \boldsymbol{J}_i \cdot \mathrm{d}\boldsymbol{F} = 0 \quad \rightarrow \quad \boxed{\sum_i I_i = 0} \, , \tag{7.18}$$

so erhält man die KIRCHHOFF'*sche Knotenregel*, auch *erster* KIRCHHOFF'*scher Satz* genannt. Er besagt, dass die Summe aller aus einem Knoten herausflie-ßenden Ströme verschwindet. Als nächstes betrachten wir eine Leiterschleife, Abb. 7.3b, und wenden das Umlaufintegral (7.16) an

$$\oint_S \frac{1}{\kappa} \boldsymbol{J} \cdot \mathrm{d}\boldsymbol{s} = \sum_i R_i I_i + \sum_j R_{in,j} I_j = \oint_S \boldsymbol{E} \cdot \mathrm{d}\boldsymbol{s} + \sum_j \int_{S_j} \boldsymbol{E}_{emk,j} \cdot \mathrm{d}\boldsymbol{s} \, .$$

Das Umlaufintegral über das konservative Feld $\boldsymbol{E}$ verschwindet, und man erhält

$$\sum_i R_i I_i + \sum_j (R_{in,j} I_j - U_{emk,j}) = 0 \, .$$

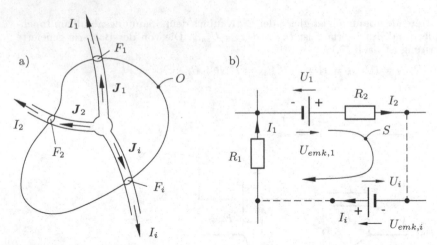

Abb. 7.3. (a) Leiterknoten mit Strömen. (b) Leiterschleife mit Spannungen

Entsprechend dem Beispiel auf Seite 162 ist die Klemmenspannung einer Batterie, von plus nach minus gezählt, $U_j = U_{emk,j} - R_{in,j}I_j$, und man erhält

$$\sum_i R_i I_i - \sum_j U_j = 0 \quad \rightarrow \quad \boxed{\sum_k U_k = 0} .$$ (7.19)

Die Summe aller Spannungen in einer Schleife verschwindet. Dies ist die KIRCHHOFF'*sche Maschenregel* oder der *zweite* KIRCHHOFF'*sche Satz.*[2]

7.5 Grundlegende Gleichungen

Wie oben ausgeführt, gelten die Gleichungen

$$\nabla \times \boldsymbol{E} = 0 \quad \rightarrow \quad \boldsymbol{E} = -\nabla \phi$$ (7.20)

und (7.4) und (7.15)

$$\nabla \cdot \boldsymbol{J} = 0$$

$$\boldsymbol{J} = \kappa(\boldsymbol{E} + \boldsymbol{E}_{emk}) .$$ (7.21)

Die Annahme der Gültigkeit des OHM'schen Gesetzes erzwingt das Verschwinden der Raumladung, d.h. positive und negative Ladungen müssen sich gegenseitig kompensieren, denn für $\varepsilon, \kappa = $ const. folgt

---

[2] In (7.19) muss natürlich auf die Vorzeichen der Spannungen geachtet werden. Die negativen Vorzeichen der U_j drücken die dem Umlaufsinn entgegengerichteten Spannungen der Batterien aus. Die Summe über k bedeutet die Summe aller Spannungen, die an Widerständen abfallen und die an Klemmen von Spannungsquellen auftreten.

$$\nabla \cdot \boldsymbol{D} = \varepsilon \nabla \cdot \boldsymbol{E} = \frac{\varepsilon}{\kappa} \nabla \cdot \boldsymbol{J} = 0 \ .$$

In Gebieten ohne EMK liegt daher eine weitgehende Analogie zum raumladungsfreien elektrostatischen Feld vor.

stationäres Strömungsfeld	elektrostatisches Feld
$\boldsymbol{J} = \kappa \boldsymbol{E} \ , \quad \nabla \cdot \boldsymbol{J} = 0$	$\boldsymbol{D} = \varepsilon \boldsymbol{E} \ , \quad \nabla \cdot \boldsymbol{D} = 0$
$I = \int_F \boldsymbol{J} \cdot \mathrm{d}\boldsymbol{F}$	$\psi_e = \int_F \boldsymbol{D} \cdot \mathrm{d}\boldsymbol{F}$
$\nabla \cdot \boldsymbol{J} = \kappa \nabla \cdot \boldsymbol{E} + \boldsymbol{E} \cdot \nabla \kappa = 0$	$\nabla \cdot \boldsymbol{D} = \varepsilon \nabla \cdot \boldsymbol{E} + \boldsymbol{E} \cdot \nabla \varepsilon = 0$
$\nabla^2 \phi + \frac{1}{\kappa} \nabla \kappa \cdot \nabla \phi = 0$	$\nabla^2 \phi + \frac{1}{\varepsilon} \nabla \varepsilon \cdot \nabla \phi = 0$
für $\kappa =$const.: $\nabla^2 \phi = 0$	für $\varepsilon =$const.: $\nabla^2 \phi = 0$

Stetigkeitsbedingungen an Grenzschichten

$$\oint_S \boldsymbol{E} \cdot \mathrm{d}\boldsymbol{s} = 0 \rightarrow E_{t1} = E_{t2} \tag{7.22}$$

$$\oint_O \boldsymbol{J} \cdot \mathrm{d}\boldsymbol{F} = 0 \rightarrow J_{n1} = J_{n2} \ \Bigg| \ \oint_O \boldsymbol{D} \cdot \mathrm{d}\boldsymbol{F} = 0 \rightarrow D_{n1} = D_{n2} \tag{7.23}$$

Bei der Stetigkeitsbedingung für die normale Komponente der Stromdichte wurde vorausgesetzt, dass keine Flächenstromdichte existiert, d.h. dass die Leitfähigkeiten endlich sind. Allerdings stellt sich eine Flächenladung ein

$$\oint_O \boldsymbol{D} \cdot \mathrm{d}\boldsymbol{F} = \int_F q_F \, \mathrm{d}F \quad \rightarrow \quad D_{n1} - D_{n2} = q_F \ , \tag{7.24}$$

denn ohne q_F wären (7.23) und (7.24) nicht erfüllbar.

Generell sind also die Feldgleichungen des stationären Strömungsfeldes von gleicher Form wie die Gleichungen der Elektrostatik. Somit sind auch die Lösungsmethoden die gleichen. Der Unterschied liegt lediglich in den Rand- und Stetigkeitsbedingungen.

Beispiel 7.2. Spiegelungsmethode im stationären Strömungsfeld

Eine linienförmige Stromquelle mit einer Stromstärke I' pro Längeneinheit befindet sich vor einer Trennschicht zwischen zwei leitfähigen Halbräumen, Abb. 7.4. Es liegt nahe, die Aufgabe mit der Methode der Spiegelung zu lösen, ähnlich wie bei dielektrischen Halbräumen (siehe §4.4).
Im Raumteil 1, $y \gtrless 0$, setzt man das Primärpotential einer Linienquelle im freien Raum an plus ein Sekundärpotential einer unbekannten Quelle im Spiegelpunkt

$$\phi_1 = \phi_0(y_0 = a) + \alpha \phi_0(y_0 = -a) \ .$$

Im Raumteil 2, $y \le 0$, gibt es nur ein unbekanntes Gesamtpotential

$$\phi_2 = \beta \phi_0(y_0 = a) \ .$$

Eine Linienquelle im freien Raum ergibt ein radial gerichtetes, zylindrisches Strömungsfeld der Stärke

$$\int_0^{2\pi} J_\varrho \varrho \, \mathrm{d}\varphi = 2\pi \varrho J_\varrho = I'$$

und dem Potential

$$\boldsymbol{J} = \kappa \boldsymbol{E} = -\kappa \nabla \phi_0 = -\kappa \frac{\partial \phi_0}{\partial \varrho} \, \boldsymbol{e}_\varrho$$

$$\phi_0 = -\frac{I'}{2\pi\kappa} \int \frac{\mathrm{d}\varrho}{\varrho} = -\frac{I'}{2\pi\kappa} \ln \frac{\varrho}{\varrho_0} \,,$$

wobei ϱ_0 ein beliebiger Referenzradius ist. Damit lauten die Potentiale in den Raumteilen

$$\phi_1 = -\frac{I'}{2\pi\kappa_1} \left[\ln \frac{\varrho_1}{\varrho_0} + \alpha \ln \frac{\varrho_2}{\varrho_0} \right] \quad , \quad \phi_2 = -\frac{\beta I'}{2\pi\kappa_1} \ln \frac{\varrho_1}{\varrho_0}$$

mit

$$\varrho_1^2 = x^2 + (y-a)^2 \quad , \quad \varrho_2^2 = x^2 + (y+a)^2 \,.$$

In der Ebene $y = 0$ gelten die Stetigkeitsbedingungen $E_{x1} = E_{x2}$

$$-\frac{\partial \phi_1}{\partial x} = \frac{I'}{2\pi\kappa_1} \frac{\partial}{\partial x} \left[\ln \frac{\varrho_1}{\varrho_0} + \alpha \ln \frac{\varrho_2}{\varrho_0} \right] = -\frac{\partial \phi_2}{\partial x} = \frac{\beta I'}{2\pi\kappa_1} \frac{\partial}{\partial x} \ln \frac{\varrho_1}{\varrho_0}$$

und $J_{n1} = J_{n2}$

$$-\kappa_1 \frac{\partial \phi_1}{\partial y} = \frac{I'}{2\pi} \frac{\partial}{\partial y} \left[\ln \frac{\varrho_1}{\varrho_0} + \alpha \ln \frac{\varrho_2}{\varrho_0} \right] = -\kappa_2 \frac{\partial \phi_2}{\partial y} = \frac{\beta I'}{2\pi} \frac{\kappa_2}{\kappa_1} \frac{\partial}{\partial y} \ln \frac{\varrho_1}{\varrho_0}$$

oder

$$\frac{x}{\varrho_1^2} + \alpha \frac{x}{\varrho_2^2} = \beta \frac{x}{\varrho_1^2} \quad , \quad \frac{-a}{\varrho_1^2} + \alpha \frac{a}{\varrho_2^2} = -\beta \frac{\kappa_2}{\kappa_1} \frac{a}{\varrho_1^2} \,.$$

Da $\varrho_1 = \varrho_2$ für $y = 0$, wird daraus

$$1 + \alpha = \beta \quad , \quad 1 - \alpha = \beta \frac{\kappa_2}{\kappa_1}$$

mit der Lösung

$$\alpha = \frac{\kappa_1 - \kappa_2}{\kappa_1 + \kappa_2} \quad , \quad \beta = \frac{2\kappa_1}{\kappa_1 + \kappa_2} \,.$$

Die Abb. 7.4 zeigt das Strömungsfeld für zwei Grenzfälle:

$\kappa_2 = 0$: $\alpha = 1$, $\beta = 2$

Im Raumteil 2 gibt es ein Potential und ein elektrisches Feld aber wegen $\boldsymbol{J}_2 = \kappa_2 \boldsymbol{E}_2$ keinen Strom. Die Normalkomponente von $\boldsymbol{J}_1$ muss an der Grenzfläche verschwinden.

$\kappa_2 \to \infty$: $\alpha \to -1$, $\beta \to 0$

Im ideal leitenden Raum 2 verschwindet das Potential und das elektrische Feld. Die Stromdichte aber ist

$$\boldsymbol{J}_2 = \kappa_2 \boldsymbol{E}_2 = -\kappa_2 \frac{\partial \phi_2}{\partial \varrho_1} \, \boldsymbol{e}_{\varrho 1} = \frac{\kappa_2 \beta I'}{2\pi\kappa_1} \frac{\partial}{\partial \varrho_1} \left(\ln \frac{\varrho_1}{\varrho_0} \right) \boldsymbol{e}_{\varrho 1} = \frac{I'}{\pi \varrho_1} \, \boldsymbol{e}_{\varrho 1} \,.$$

Der Strom scheint aus dem Mittelpunkt $x = 0$, $y = a$ zu kommen.

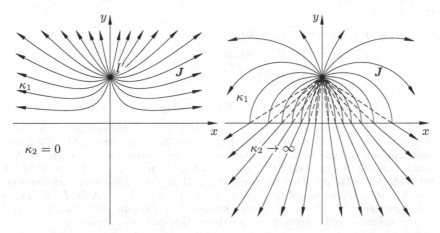

Abb. 7.4. Linienförmige Stromquelle vor nicht- bzw. ideal leitendem Halbraum

7.6 Relaxationszeit

Ladungen, die in einen Leiter eingebracht werden, fließen zur Oberfläche und verteilen sich dort so, dass das Leiterinnere ladungs- und feldfrei wird. Dies ist der elektrostatische Gleichgewichtszustand. Im Folgenden wird abgeschätzt, wie schnell sich dieser Zustand einstellt.

In ein homogenes Medium mit Leitfähigkeit κ und Dielektrizitätskonstante ε wird abrupt eine Ladung eingebracht und sich selbst überlassen. Die Geschwindigkeit, mit der sich die Ladung verteilt, folgt aus der Kontinuitätsgleichung (7.3) zusammen mit (7.8)

$$\nabla \cdot \boldsymbol{J} = \kappa \nabla \cdot \boldsymbol{E} = \frac{\kappa}{\varepsilon} \nabla \cdot \boldsymbol{D} = \frac{\kappa}{\varepsilon} q_V = -\frac{\partial q_V}{\partial t}$$

$$\frac{\partial q_V}{\partial t} + \frac{\kappa}{\varepsilon} q_V = 0 \,. \tag{7.25}$$

Die Lösung von (7.25)

$$q_V(t) = q_{V0} \mathrm{e}^{-t/T_r} \quad , \quad \boxed{T_r = \frac{\varepsilon}{\kappa}} \tag{7.26}$$

erreicht den Gleichgewichtszustand exponentiell mit der Zeitkonstanten T_r, genannt *Relaxationszeit*. T_r ist eine charakteristische Zeit des Mediums, indem sie angibt, in welcher Zeit stationäre Bedingungen erreicht werden. Für zeitliche Vorgänge, deren typische Zeiteinheit sehr viel größer ist als T_r, verhält sich das Medium wie ein idealer Leiter. Bei metallischen Leitern mit sehr hoher Leitfähigkeit gilt (7.26) nicht mehr, da das Modell der mittleren Driftgeschwindigkeit für so kurze Zeiteinheiten wie T_r dann versagt. In diesen

Fällen gilt annähernd $T_r \approx \tau$, der mittleren Driftzeit. Typische Relaxationszeiten sind

$$
\begin{aligned}
\text{destilliertes Wasser} \quad & T_r = 10^{-6}\,\text{s} \\
\text{Teflon} \quad & T_r \approx 30\,\text{min} \\
\text{Kupfer} \quad & T_r \approx 2.5 \cdot 10^{-14}\,\text{s}\,.
\end{aligned}
$$

Beispiel 7.3. Elektrokardiogramm

Die Elektroden messen auf der Körperoberfläche Potentialdifferenzen in der Größenordnung von 1 mV, die durch die Herzaktivitäten entstehen (Abb. 7.5a). Die Leitfähigkeit und die Dielektrizitätskonstante des Körpers entsprechen im Wesentlichen den Werten von Salzwasser $\kappa = 0.2\,\Omega^{-1}\text{m}^{-1}$, $\varepsilon_r = 81$. Der Puls sei 60 Schläge pro Minute. Den Körper und das Herz kann man im einfachsten Fall durch eine leitfähige Kugel und einen Stromdipol simulieren, Abb. 7.5b. In den Extremitäten wird sehr wenig Strom induziert, so dass die Potentiale ungefähr denen auf der Kugel entsprechen. Die Relaxationszeit des Körpers ist

$$
T_r = \frac{\varepsilon_r \varepsilon_0}{\kappa} = 3.6 \cdot 10^{-9}\,\text{s}\,.
$$

Sie ist sehr viel kürzer als die Periodendauer eines Herzschlages und man kann quasistatisch rechnen.

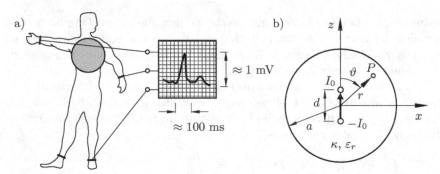

Abb. 7.5. **(a)** Schematische Anordnung eines Elektrokardiogramms. **(b)** Leitende Kugel und Stromdipol als Modell für Körper und Herz

Der Stromdipol besteht aus einer punktförmigen Stromquelle und einer Senke. Eine Quelle mit der Stärke I_0 im freien Raum erzeugt ein elektrisches Feld

$$
\oint \boldsymbol{J} \cdot \mathrm{d}\boldsymbol{F} = \kappa \oint \boldsymbol{E} \cdot \mathrm{d}\boldsymbol{F} = 4\pi\kappa r^2 E_r = I_0
$$

und hat das Potential

$$
E_r = -\frac{\partial \phi_0}{\partial r} \quad \rightarrow \quad \phi_0 = -\int E_r \mathrm{d}r = \frac{I_0}{4\pi\kappa r}\,.
$$

Das Potential des Dipols ergibt sich durch Überlagerung und den Grenzübergang $d \to 0$ mit $dI_0 = \text{const.}$ zu

$$
\begin{aligned}
\phi_D &= \phi_0(z_0 = d/2) - \phi_0(z_0 = -d/2) \\
&\approx \frac{I_0}{4\pi\kappa} \left[\frac{1}{r - \frac{d}{2}\cos\vartheta} - \frac{1}{r + \frac{d}{2}\cos\vartheta} \right] = \frac{dI_0}{4\pi\kappa r^2}\cos\vartheta\,.
\end{aligned}
$$

Auf der Kugeloberfläche kann sich wegen der kurzen Relaxationszeit keine Ladung ansammeln und die Radialkomponente der Stromdichte muss verschwinden

$$J_r(r = a) = 0 \ .$$

Um diese Randbedingung erfüllen zu können, setzt man noch ein quellenfreies (nicht singuläres) Sekundärpotential mit gleicher Winkelabhängigkeit an

$$\phi^s = Ar \, \cos\vartheta \ .$$

Dies ist eine Lösung der LAPLACE-Gleichung in Kugelkoordinaten mit $m = 0$, $B_n = 0$ in (6.52), $D = 0$ und $n = 1$ in (6.54). Die Konstante A wird so bestimmt, dass J_r auf der Kugeloberfläche verschwindet

$$J_r = \kappa E_r = -\kappa \, \frac{\partial}{\partial r} \left(\phi_D + \phi^s\right)\Big|_{r=a} =$$

$$= \frac{dI_0}{2\pi a^3} \, \cos\vartheta - \kappa A \, \cos\vartheta = 0$$

und das Gesamtpotential lautet

$$\phi = \frac{dI_0}{4\pi\kappa a^2} \left[\left(\frac{a}{r}\right)^2 + 2\frac{r}{a}\right] \cos\vartheta \ .$$

Nimmt man z.B. $a = 25$ cm und eine Potentialdifferenz von 1 mV zwischen Punkten bei $\vartheta = 45°$ und $\vartheta = 135°$ auf der Kugeloberfläche, so folgt für den Stromdipol $dI_0 = 3.7 \cdot 10^{-5}$ Am.
Eine typische Stromdichte tritt im Punkt $r = a/2$, $\vartheta = 0$ auf

$$J_z = \kappa E_z = -\kappa\frac{\partial\phi}{\partial r} = \frac{dI_0}{2\pi a^3} \left[\left(\frac{a}{r}\right)^3 - 1\right] \cos\vartheta = 0.26\mu\text{A/cm}^2 \ .$$

Diese Stromdichte ist ungefähr zwei- bis dreimal höher als die Stromdichte, die sich im Körper einstellt, wenn man unter einer 10 m hohen 100 kV Hochspannungsleitung steht.

Zusammenfassung

Kontinuitätsgleichung (Erhaltung der Ladung)

$$\nabla \cdot \boldsymbol{J} = -\frac{\partial q_V}{\partial t} \ \to = 0$$

OHM'sches Gesetz

$$\boldsymbol{J} = \kappa \boldsymbol{E}$$

Verlustleistungsdichte

$$p_V = \boldsymbol{E} \cdot \boldsymbol{J}$$

Elektromotorische Kraft

$$U_{emk} = \oint_S \boldsymbol{E}_{emk} \cdot \mathrm{d}\boldsymbol{s}$$

Modifiziertes OHM'sches Gesetz

$$\boldsymbol{J} = \kappa(\boldsymbol{E} + \boldsymbol{E}_{emk})$$

Relaxationszeit

$$T_r = \frac{\varepsilon}{\kappa}$$

Fragen zur Prüfung des Verständnisses

7.1 Erläutere mit einem einfachen Modell, warum die Stromdichte proportional $\boldsymbol{E}$ ist.

7.2 Wie kann in einem stationären Stromkreis ein Strom existieren?

7.3 Erläutere die KIRCHHOFF'sche Knoten- und Maschenregel mit feldtheoretischen Mitteln.

7.4 Ein isolierter Kondensator, der mit Teflon gefüllt ist, sei auf die Spannung U_0 aufgeladen. Wie groß ist die Entladezeitkonstante?

7.5 Besitzt das stationäre Strömungsfeld Quellen?

7.6 Wie lauten die Stetigkeitsbedingungen des Strömungsfeldes beim Übergang von einem leitenden in ein nichtleitendes Medium?

7.7 Ein konstanter Strom fließt über die Trennschicht zwischen zwei Materialien verschiedener Leitfähigkeit, dabei entsteht in der Trennschicht eine Flächenladung. Erkläre den Vorgang.

8. Magnetostatische Felder I (Vakuum)

Es wird das magnetische Feld von zeitlich konstanten Strömen untersucht. Die Ströme können konzentriert oder verteilt sein.

In den MAXWELL'schen Gleichungen (2.34) verschwindet die direkte Verkopplung zwischen elektrischen und magnetischen Feldern und es liegt nur eine indirekte Kopplung über den Strom vor. Von Interesse ist hier aber nur das magnetische Feld mit den stationären Strömen als Quellen

$$\oint_S \boldsymbol{B} \cdot \mathrm{d}\boldsymbol{s} = \mu_0 \int_F \boldsymbol{J} \cdot \mathrm{d}\boldsymbol{F} \quad \rightarrow \quad \nabla \times \boldsymbol{B} = \mu_0 \boldsymbol{J} \,, \tag{8.1}$$

$$\oint_O \boldsymbol{B} \cdot \mathrm{d}\boldsymbol{F} = 0 \quad\quad\quad \rightarrow \quad \nabla \cdot \boldsymbol{B} = 0 \,. \tag{8.2}$$

Behandelt werden Lösungswege basierend auf dem Durchflutungssatz (8.1), dem ersten AMPÈRE'schen Gesetz (2.19) und dem BIOT-SAVART'schen Gesetz (2.21). Auch mathematisch mehr formale Vorgehensweisen mit dem magnetischen Skalarpotential und dem Vektorpotential, welche oftmals einfacher sind, werden vorgestellt.

8.1 Anwendung des Durchflutungssatzes

Wegen der globalen Verknüpfung der Feldgrößen im Durchflutungssatz (2.23), (8.1) ist er sinnvoll nur anwendbar bei hochsymmetrischen Anordnungen, d.h. wenn $\boldsymbol{B} \cdot \mathrm{d}\boldsymbol{s}$ längs der Integrationskontur konstant ist.

Als Beispiel sei ein gerader Leiter mit einer homogenen Stromdichte betrachtet, Abb. 8.1. Wegen der Zylindersymmetrie verwendet man Zylinderkoordinaten und konzentrische Kreise als Integrationswege. Auf S ist

$$\boldsymbol{B} \cdot \mathrm{d}\boldsymbol{s} = B_\varphi \varrho \, \mathrm{d}\varphi = \text{const.}$$

und man erhält für

© Der/die Autor(en), exklusiv lizenziert durch Springer-Verlag GmbH, DE, ein Teil von Springer Nature 2020
H. Henke, *Elektromagnetische Felder*, https://doi.org/10.1007/978-3-662-62235-3_8

$$\varrho \geq a: \quad \oint_S \boldsymbol{B} \cdot \mathrm{d}\boldsymbol{s} = 2\pi\varrho B_\varphi = \mu_0 \int_{F(a)} \boldsymbol{J} \cdot \mathrm{d}\boldsymbol{F} = \mu_0 J_0 \pi a^2 = \mu_0 I_0$$

$$B_\varphi = \frac{\mu_0 J_0 a^2}{2\varrho} = \frac{\mu_0 I_0}{2\pi\varrho} \;, \tag{8.3}$$

$$\varrho \leq a: \quad \oint_S \boldsymbol{B} \cdot \mathrm{d}\boldsymbol{s} = 2\pi\varrho B_\varphi = \mu_0 \int_{F(\varrho)} \boldsymbol{J} \cdot \mathrm{d}\boldsymbol{F} = \mu_0 J_0 \pi \varrho^2$$

$$B_\varphi = \frac{\mu_0 J_0 \varrho}{2} = \frac{\mu_0 I_0}{2\pi} \frac{\varrho}{a^2} \;. \tag{8.4}$$

Gleichung (8.3) gilt natürlich auch für einen Linienstrom $J_L = I_0$.

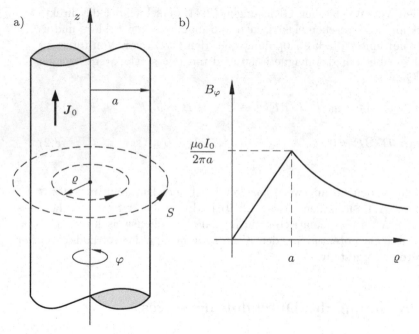

Abb. 8.1. **(a)** Gerader Leiter mit homogener Stromdichte $\boldsymbol{J}_0$, **(b)** Verlauf von B_φ über dem Radius ϱ

Beispiel 8.1. Feld einer Toroidspule

Gesucht ist das magnetische Feld einer geschlossenen, dicht bewickelten Toroid-spule mit N Windungen und dem Strom I, Abb. 8.2. Wendet man den Durch-flutungssatz (8.1) für verschiedene Integrationswege S an, so folgt für

$S_1:$ $\oint_{S_1} \boldsymbol{B} \cdot \mathrm{d}\boldsymbol{s} = 0$ $\to$ $B_\varphi = 0$ für $\varrho < a$,

da kein Strom umschlossen wird;

$S_2:$ $\oint_{S_2} \boldsymbol{B} \cdot \mathrm{d}\boldsymbol{s} = 2\pi\varrho B_\varphi = -\mu_0 N I$

$\to$ $B_\varphi = -\dfrac{\mu_0 N I}{2\pi\varrho}$ für $a \leq \varrho \leq b$;

$S_3:$ $\oint_{S_3} \boldsymbol{B} \cdot \mathrm{d}\boldsymbol{s} = 0$ $\to$ $B_\varphi = 0$ für $\varrho > b$,

da der Gesamtstrom, der durch die von S_3 umschlossene
Fläche fließt, verschwindet.

Die magnetische Induktion hat, wie erwartet, eine φ-Komponente und befindet
sich nur innerhalb der Spule. Ihr Betrag ist proportional zu $N I$. Daneben gibt
es aber noch eine Dipolfeld. Betrachtet man nämlich den Umlauf S_4, so ist

$$\oint_{S_4} \boldsymbol{B} \cdot \mathrm{d}\boldsymbol{s} = \mu_0 I \,.$$

Das Feld ist sehr schwach im Vergleich zu B_φ, da es nur proportional zu I ist.
Weit weg von der Spule ist dies ein magnetisches Dipolfeld (siehe §8.5).

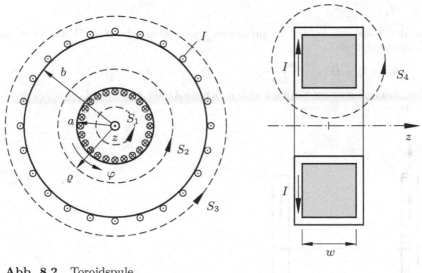

Abb. 8.2. Toroidspule

8.2 Anwendung des ersten Ampère'schen Gesetzes

Das erste AMPÈRE'sche Gesetz gibt die Kraft an, die auf ein Stück dl eines
stromführenden Leiters im Magnetfeld wirkt

$$\mathrm{d}\boldsymbol{K} = \boldsymbol{I} \times \boldsymbol{B} \, \mathrm{d}l \,. \tag{8.5}$$

Fließt der Strom nicht in einem dünnen Leiter, sondern ist in einem leitenden Medium räumlich verteilt als Stromdichte $\boldsymbol{J}(\boldsymbol{r})$, dann folgt die Kraft durch Integration der Stromdichte

$$\boxed{\boldsymbol{K} = \int_V \boldsymbol{J}(\boldsymbol{r}') \times \boldsymbol{B}(\boldsymbol{r}') \, \mathrm{d}V'} \,. \tag{8.6}$$

Aus (8.6) erhält man auch die Kraft auf eine bewegte Punktladung. Die Punktladung Q mit der Geschwindigkeit $\boldsymbol{v}(\boldsymbol{r})$ entspricht der Stromdichte

$$\boldsymbol{J}(\boldsymbol{r}') = Q\boldsymbol{v}(\boldsymbol{r}')\delta^3(\boldsymbol{r} - \boldsymbol{r}') \,, \tag{8.7}$$

wobei δ^3 die DIRAC'sche Deltafunktion (§1.6) ist. Einsetzen von (8.7) in (8.6) ergibt die LORENTZ-*Kraft*

$$\boldsymbol{K}(\boldsymbol{r}) = Q \int_V \boldsymbol{v}(\boldsymbol{r}') \times \boldsymbol{B}(\boldsymbol{r}')\delta^3(\boldsymbol{r} - \boldsymbol{r}') \, \mathrm{d}V' = Q\boldsymbol{v}(\boldsymbol{r}) \times \boldsymbol{B}(\boldsymbol{r}) \,. \tag{8.8}$$

Beispiel 8.2. Kraft zwischen parallelen Strömen

Gesucht ist die Kraft zwischen zwei parallelen, stromführenden Drähten, Abb. 8.3. Nach (8.3) erzeugt der Strom I_1 eine magnetische Induktion

$$\boldsymbol{B}_1 = \frac{\mu_0 I_1}{2\pi a} \, \boldsymbol{e}_\varphi$$

an der Stelle des Leiters 2. Auf diesen wirkt entsprechend (8.5) die Kraft pro Längeneinheit

$$\boldsymbol{K}' = \boldsymbol{I}_2 \times \boldsymbol{B}_1 = -\frac{\mu_0 I_1 I_2}{2\pi a} \, \boldsymbol{e}_\varrho \,. \tag{8.9}$$

Bei gleichgerichteten Strömen ziehen sich die Leiter an, bei entgegengerichteten Strömen stoßen sie sich ab.

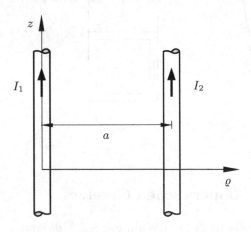

Abb. 8.3. Zur Berechnung der Kraft zwischen zwei stromführenden Drähten

Die in diesem Beispiel besprochene Anordnung dient zur Definition der *Maßeinheit Ampère*:

1 A entspricht demjenigen Strom, der in zwei dünnen, parallelen Leitern mit 1 m Abstand die Kraft $2 \cdot 10^{-7}$ N pro Meter Länge erzeugt. Da 1 Nm einer Ws entspricht, folgt aus (8.9) und der Definition des Ampères die Größe von μ_0, (2.24),

$$\mu_0 = \frac{2\pi a K'}{I^2} = 4\pi \cdot 10^{-7} \, \frac{\mathrm{N}}{\mathrm{A}^2} = 4\pi \cdot 10^{-7} \, \frac{\mathrm{Vs}}{\mathrm{Am}} \ .$$

Mit Hilfe von (8.5) erhält man die Kraft auf eine dünne stromführende Leiterschleife mit der Kontur S im Magnetfeld zu

$$\boldsymbol{K} = \oint_S \boldsymbol{I} \times \boldsymbol{B} \, \mathrm{d}s = I \oint_S \mathrm{d}\boldsymbol{s} \times \boldsymbol{B} \ . \tag{8.10}$$

Ist das Magnetfeld inhomogen (ortsabhängig), so lässt sich (8.10) nicht weiter vereinfachen. Im Falle eines homogenen Feldes folgt

$$\boldsymbol{K} = I \left(\oint_S \mathrm{d}\boldsymbol{s} \right) \times \boldsymbol{B} = \boldsymbol{0} \ , \tag{8.11}$$

da die Summe (Integration) aller infinitesimalen Tangentenvektoren für eine geschlossene Schleife verschwindet.

Betrachtet man die Kraft auf ein Stück d$\boldsymbol{s}$ der Schleife, welches sich im Abstand $\boldsymbol{r}$ von einer Drehachse befindet, so entsteht ein Drehmoment

$$\mathrm{d}\boldsymbol{T} = \boldsymbol{r} \times \mathrm{d}\boldsymbol{K} = I\boldsymbol{r} \times (\mathrm{d}\boldsymbol{s} \times \boldsymbol{B}) \ .$$

Für die gesamte Schleife ist das Drehmoment

$$\boldsymbol{T} = I \oint_S \boldsymbol{r} \times (\mathrm{d}\boldsymbol{s} \times \boldsymbol{B}) \ . \tag{8.12}$$

Auch (8.12) lässt sich bei inhomogenem Feld nicht weiter vereinfachen. Ist das Feld dagegen homogen, kann das Integral vereinfacht werden. Man stellt zunächst fest, dass d$\boldsymbol{s}$ der Änderung von $\boldsymbol{r}$ entspricht, d$\boldsymbol{s} = \mathrm{d}\boldsymbol{r}$, und wendet die BAC-CAB Regel (1.10) an

$$\boldsymbol{T} = I \oint \boldsymbol{r} \times (\mathrm{d}\boldsymbol{r} \times \boldsymbol{B}) = I \oint (\boldsymbol{r} \cdot \boldsymbol{B}) \, \mathrm{d}\boldsymbol{r} - I \left(\oint \boldsymbol{r} \cdot \mathrm{d}\boldsymbol{r} \right) \boldsymbol{B} \ .$$

Das zweite Integral auf der rechten Seite verschwindet, da $\boldsymbol{r} \cdot \mathrm{d}\boldsymbol{r} = \frac{1}{2}\mathrm{d}(\boldsymbol{r}^2)$ ein totales Differential ist und über eine geschlossene Kurve integriert wird. Auf den Integranden im ersten Integral wendet man den Satz (1.77) zusammen mit (3.16) an

$$\oint (\boldsymbol{r} \cdot \boldsymbol{B}) \, \mathrm{d}\boldsymbol{r} = \oint (\boldsymbol{r} \cdot \boldsymbol{B}) \, \mathrm{d}\boldsymbol{s} = \int \mathrm{d}\boldsymbol{F} \times \nabla (\boldsymbol{r} \cdot \boldsymbol{B}) - \left(\int \mathrm{d}\boldsymbol{F} \right) \times \boldsymbol{B}$$

und erhält

$$\boldsymbol{T} = I \left(\int \mathrm{d}\boldsymbol{F} \right) \times \boldsymbol{B} = \boldsymbol{p}_m \times \boldsymbol{B} \ , \tag{8.13}$$

$$\boldsymbol{p}_m = I \int \mathrm{d}\boldsymbol{F} \tag{8.14}$$

wobei $\boldsymbol{p}_m$ das *magnetische Dipolmoment* (siehe §8.5) der Schleife darstellt. Gleichung (8.13) gibt das Drehmoment auf eine stromführende Schleife im homogenen Magnetfeld an, wenn die Schleife das Dipolmoment (8.14) besitzt.

8.3 Anwendung des Biot-Savart'schen Gesetzes

Das BIOT-SAVART'sche Gesetz (2.21) ist wie das erste AMPÈRE'sche Gesetz das Ergebnis von sehr umfangreichen und schwierigen Experimenten. Es spielt in der Magnetostatik eine ähnlich wichtige Rolle wie das COULOMB'sche Gesetz in der Elektrostatik. So wie das COULOMB'sche Gesetz zur Quellstärke des elektrischen Feldes (2.17) führt und durch Überlagerung die Berechnung des Feldes beliebiger Ladungsverteilungen im freien Raum erlaubt, so führt das BIOT-SAVART'sche Gesetz zur Quellenfreiheit des magnetischen Feldes (siehe §2.6) und erlaubt die Berechnung des Feldes beliebiger Linienströme

$$\boldsymbol{B}(\boldsymbol{r}) = \frac{\mu_0 I}{4\pi} \int_S \frac{\mathrm{d}\boldsymbol{s}' \times (\boldsymbol{r} - \boldsymbol{r}')}{|\boldsymbol{r} - \boldsymbol{r}'|^3} . \qquad (8.15)$$

Natürlich lässt sich das BIOT-SAVART'sche Gesetz auch bei Stromverteilungen anwenden, die nicht linienförmig sind, indem diese durch Linienströme dargestellt werden. Dazu nimmt man I unter das Integral

$$\boldsymbol{B}(\boldsymbol{r}) = \frac{\mu_0}{4\pi} \int_S \frac{I\,\mathrm{d}\boldsymbol{s}' \times (\boldsymbol{r} - \boldsymbol{r}')}{|\boldsymbol{r} - \boldsymbol{r}'|^3} = \frac{\mu_0}{4\pi} \int_S \frac{\boldsymbol{I} \times (\boldsymbol{r} - \boldsymbol{r}')}{|\boldsymbol{r} - \boldsymbol{r}'|^3} \,\mathrm{d}s'$$

und ersetzt $\boldsymbol{I}\,\mathrm{d}\boldsymbol{s}'$ durch $\boldsymbol{J}(\boldsymbol{r}')\,\mathrm{d}V'$

$$\boxed{\boldsymbol{B}(\boldsymbol{r}) = \frac{\mu_0}{4\pi} \int_V \frac{\boldsymbol{J}(\boldsymbol{r}') \times (\boldsymbol{r} - \boldsymbol{r}')}{|\boldsymbol{r} - \boldsymbol{r}'|^3} \,\mathrm{d}V'} . \qquad (8.16)$$

Wir werden in §8.6 die Form (8.16) nochmals genauer begründen.

Beispiel 8.3. Magnetfeld eines Linienstromes

In §8.1 wurde das Magnetfeld eines geraden Leiters berechnet, welches natürlich auch für dünne Leiter und Linienströme gilt. Zur Erläuterung sei dasselbe Problem mit Hilfe des BIOT-SAVART'schen Gesetzes gelöst, obwohl dieser Weg schwieriger ist.
Nach Abb. 8.4 gilt

$$\mathrm{d}\boldsymbol{s}' \times (\boldsymbol{r} - \boldsymbol{r}') = \mathrm{d}z'\boldsymbol{e}_z \times (\boldsymbol{r} - \boldsymbol{r}') = |\boldsymbol{r} - \boldsymbol{r}'|\sin\vartheta\,\mathrm{d}z'\boldsymbol{e}_\varphi$$

$$\sin\vartheta = \cos\alpha = \frac{\varrho}{|\boldsymbol{r} - \boldsymbol{r}'|}$$

$$\cos\alpha\,\mathrm{d}z' = |\boldsymbol{r} - \boldsymbol{r}'|\,\mathrm{d}\alpha$$

und es wird aus (8.15)

$$B = \frac{\mu_0 I}{4\pi} \int_{-\infty}^{\infty} \frac{|r - r'| \sin\vartheta \, dz'}{|r - r'|^3} \, e_\varphi = \frac{\mu_0 I}{4\pi} \int_{-\pi/2}^{\pi/2} \frac{d\alpha}{|r - r'|} \, e_\varphi$$

$$= \frac{\mu_0 I}{4\pi\varrho} \int_{-\pi/2}^{\pi/2} \cos\alpha \, d\alpha \, e_\varphi = \frac{\mu_0 I}{2\pi\varrho} \, e_\varphi \, .$$

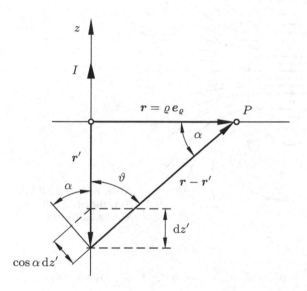

Abb. 8.4. Zur Berechnung des Magnetfeldes eines Linienstromes

Beispiel 8.4. Feld auf der Achse einer Helmholtz-Spule

Unter einer HELMHOLTZ-*Spule* versteht man eine Anordnung von zwei kurzen Spulen, Abb. 8.5a, die so dimensioniert werden, dass in einem beschränkten Bereich in der Mitte ein möglichst homogenes Feld erzeugt wird.

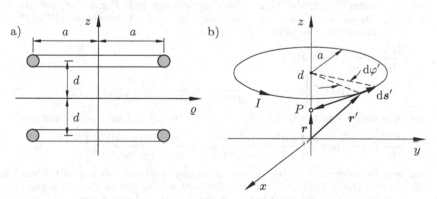

Abb. 8.5. **(a)** HELMHOLTZ-Spule, **(b)** Geometriebeziehungen

Zunächst wird das Feld einer Spule berechnet. Aus Symmetriegründen hat das Feld auf der Achse nur eine z-Komponente, und entsprechend Abb. 8.5b gilt in

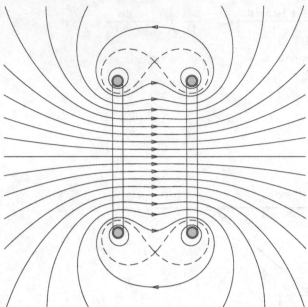

Abb. 8.6. Feldbild der HELMHOLTZ-Spule von Abb. 8.5a für $2d = a$

Zylinderkoordinaten

$$\boldsymbol{r}' = (a, 0, d) \quad , \quad \mathrm{d}\boldsymbol{s}' = (0, a\,\mathrm{d}\varphi', 0) \quad , \quad \boldsymbol{R} = \boldsymbol{r} - \boldsymbol{r}' = (-a, 0, z - d) ,$$

$$\left[\mathrm{d}\boldsymbol{s}' \times (\boldsymbol{r} - \boldsymbol{r}')\right]_z = a^2 \mathrm{d}\varphi'$$

und aus (8.15) wird

$$B_{z1} = \frac{\mu_0 I}{4\pi} \int_0^{2\pi} \frac{a^2 \mathrm{d}\varphi'}{[a^2 + (z - d)^2]^{3/2}} = \frac{1}{2} \frac{\mu_0 a^2 I}{[a^2 + (z - d)^2]^{3/2}} .$$

Das Feld der zweiten Spule B_{z2} folgt aus B_{z1}, indem d durch $-d$ ersetzt wird. Bei gegebenem Radius der Spulen ist d der einzige freie Parameter, um B_z zu variieren. Diesen wählt man so, dass möglichst viele Ableitungen $\mathrm{d}B^n/\mathrm{d}z^n$ in $z = 0$ verschwinden. Die erste Ableitung lautet

$$\frac{\mathrm{d}B_z}{\mathrm{d}z} = \frac{\mathrm{d}}{\mathrm{d}z}\left(B_{z1} + B_{z2}\right)$$

$$= -\frac{3}{2}\mu_0 a^2 I \left\{ \frac{z - d}{[a^2 + (z - d)^2]^{5/2}} + \frac{z + d}{[a^2 + (z + d)^2]^{5/2}} \right\}$$

und verschwindet in $z = 0$, d.h. B_z ist gerade in z. Die zweite Ableitung lautet

$$\frac{\mathrm{d}^2 B_z}{\mathrm{d}z^2} = -\frac{3}{2}\mu_0 a^2 I \left\{ \frac{a^2 - 4(z - d)^2}{[a^2 + (z - d)^2]^{7/2}} + \frac{a^2 - 4(z + d)^2}{[a^2 + (z + d)^2]^{7/2}} \right\}$$

und verschwindet an der Stelle $z = 0$, wenn der Abstand gleich dem Radius ist, d.h. $2d = a$. Die dritte Ableitung verschwindet wiederum, da B_z in z gerade ist, u.s.w.. Schließlich lautet die TAYLOR-Reihe von B_z auf der Achse

$$B_z(z) = B_z(0) + z \left.\frac{dB_z}{dz}\right|_{z=0} + \frac{z^2}{2} \left.\frac{d^2 B_z}{dz^2}\right|_{z=0} + \dots$$

$$= B_z(0) \left[1 - 7.7 \cdot 10^{-4} \left(\frac{z}{d}\right)^4 + \dots\right] \quad \text{mit} \quad B_z(0) = \frac{8}{5^{3/2}} \frac{\mu_0 I}{a} .$$

Für $|z| < a/10$ ist die Abweichung von $B_z(0)$ kleiner als $1.2 \cdot 10^{-6}$. Das Feldbild für die Spule ist in Abb. 8.6 gegeben.

8.4 Magnetisches Skalarpotential

Liegt der Aufpunkt außerhalb eines stromführenden Gebietes, so ist das Feld wirbelfrei

$$\nabla \times \boldsymbol{B} = 0 \tag{8.17}$$

und man kann entsprechend §1.7 die magnetische Induktion durch ein *magnetisches Skalarpotential* darstellen[1]

$$\boxed{\boldsymbol{B} = -\mu_0 \nabla \phi_m} \quad \text{mit} \quad [\phi_m] = \text{A} . \tag{8.18}$$

Setzt man (8.18) in (8.2) ein, so folgt, dass das magnetische Potential, ebenso wie das elektrische Potential, die LAPLACE-Gleichung erfüllt

$$\nabla \cdot \boldsymbol{B} = -\mu_0 \nabla^2 \phi_m = 0 . \tag{8.19}$$

Somit können alle Techniken zur Lösung der LAPLACE-Gleichung verwendet werden und man muss lediglich die entsprechenden Rand- und Stetigkeitsbedingungen berücksichtigen. Im Gegensatz zum elektrischen Potential besitzt das magnetische Potential keine direkte physikalische Bedeutung. Es soll hier lediglich als mathematisches Hilfsmittel verstanden werden.

Anders als in der Elektrostatik ist die Beschreibung durch ein Potential (8.18) nur möglich, wenn das betrachtete Gebiet quellenfrei, d.h. stromfrei oder auch *einfach zusammenhängend* ist. Bei *mehrfach zusammenhängenden* Gebieten mit stromführenden Bereichen ist ϕ_m mehrdeutig. Dies kann man sich klar machen, wenn man den Potentialunterschied zwischen zwei Punkten A, B in einem stromfreien Bereich, Abb. 8.7a, betrachtet. Wählt man für das Umlaufintegral im Durchflutungssatz den Weg $S_1 + S_2$

$$\oint_S \boldsymbol{B} \cdot d\boldsymbol{s} = \int_{S_1} \boldsymbol{B} \cdot d\boldsymbol{s}_1 + \int_{S_2} \boldsymbol{B} \cdot d\boldsymbol{s}_2 = \mu_0 n I ,$$

so wird

$$\int_A^B \boldsymbol{B} \cdot d\boldsymbol{s}_1 = \int_A^B \boldsymbol{B} \cdot d\boldsymbol{s}_2 + \mu_0 n I ,$$

---

[1] Das negative Vorzeichen und die Einführung von μ_0 sind reine Konvention, um mit der gängigen Literatur in Übereinstimmung zu sein.

d.h. das Integral von A nach B ist nur bis auf ein ganzzahliges Vielfaches von $\mu_0 I$ festgelegt. Andererseits ist

$$\int_A^B \boldsymbol{B} \cdot \mathrm{d}\boldsymbol{s} = -\mu_0 \int_A^B \nabla \phi_m \cdot \mathrm{d}\boldsymbol{s} = -\mu_0 \left[\phi_m(B) - \phi_m(A) \right]$$

$$\phi_m(B) = \phi_m(A) - \frac{1}{\mu_0} \int_A^B \boldsymbol{B} \cdot \mathrm{d}\boldsymbol{s}$$

und auch das Potential ist nur bis auf ein ganzzahliges Vielfaches von I festgelegt. Um ϕ_m eindeutig zu machen, muss das Gebiet so aufgeschnitten werden, dass es einfach zusammenhängend wird, Abb. 8.7b. S ist dann z.B. ein zulässiger Weg.

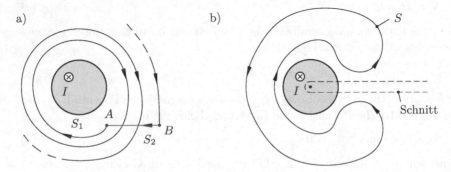

Abb. 8.7. **(a)** Unzulässiger Integrationsweg $S_1 + S_2$ in einem mehrfach zusammenhängenden Gebiet. **(b)** Einfach zusammenhängendes Gebiet mit zulässigem Integrationsweg

8.5 Stromdurchflossene Leiterschleife. Magnetischer Dipol

Die stromdurchflossene Leiterschleife spielt eine wichtige Rolle in der Magnetostatik. Zum einen ergibt eine kleine Schleife einen magnetischen Dipol, der eine ähnlich fundamentale Rolle spielt wie der elektrische Dipol, zum anderen kann z.B. ein kurzer Dauermagnet durch einen Ringstrom ersetzt werden oder ein Ringstrom durch eine Flächenbelegung von Elementardipolen.

Betrachtet sei eine geschlossene Leiterschleife. Der Aufpunkt liege außerhalb des Leiters, so dass die magnetische Induktion wirbelfrei ist und ein magnetisches Potential verwendet werden kann, Abb. 8.8. Der Raumwinkel, unter dem die Schleife vom Aufpunkt aus gesehen wird, sei Ω. Zur Wiederholung sei kurz der Begriff des Raumwinkels erläutert. So wie ein normaler Winkel definiert ist durch das Verhältnis der Länge des Kreissegmentes zum Radius

$$\alpha = \frac{L}{r} = \frac{r\alpha}{r} \,,$$

so ist der Raumwinkel definiert durch das Verhältnis der Fläche der Kugel-
kalotte zum Quadrat des Radius

$$\Omega = \frac{F}{r^2} = \frac{r^2\Omega}{r^2} \,.$$

Diese Definition kann man verallgemeinern zu dem Sichtwinkel, unter welchem eine geschlossene Kurve von einem Punkt aus gesehen wird.

Wir wenden dies an, um die Änderung des Raumwinkels $\mathrm{d}\Omega$ zu bestimmen, wenn P um ein Stück $\mathrm{d}l$ verschoben wird (Abb. 8.8).

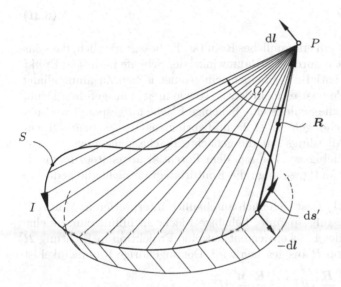

Abb. 8.8. Zur Be-
rechnung der Ände-
rung des Raumwinkels
einer stromdurchflos-
senen Leiterschleife

Dieselbe Änderung ergibt sich durch Verschieben der Schleife um $-\mathrm{d}l$. Dann
setzt sich $\mathrm{d}\Omega$ aus den Änderungen zusammen, die zu jedem kleinen Parallelogramm $-\mathrm{d}l \times \mathrm{d}s'$ gehören. Die Änderung, die zu einem Parallelogramm
gehört, ist die Projektion der Fläche in Richtung $\boldsymbol{R}$ geteilt durch das Quadrat
des Abstandes

$$\mathrm{d}^2\Omega = -\frac{1}{R^2}\,(\mathrm{d}l \times \mathrm{d}s') \cdot e_R = -(\mathrm{d}l \times \mathrm{d}s') \cdot \frac{\boldsymbol{R}}{R^3} \,.$$

Die gesamte Änderung folgt aus der Integration über die Schleife

$$\mathrm{d}\Omega = -\oint_S \frac{\boldsymbol{R}}{R^3} \cdot (\mathrm{d}l \times \mathrm{d}s') = -\mathrm{d}l \cdot \left[\oint_S \frac{\mathrm{d}s' \times \boldsymbol{R}}{R^3} \right] \,.$$

Zugleich kann $\mathrm{d}\Omega$ durch den Gradienten ausgedrückt werden

$$\mathrm{d}\Omega = \nabla\Omega \cdot \mathrm{d}l$$

und man erhält durch Vergleich

$$\nabla \Omega = - \oint_S \frac{\mathrm{d}s' \times R}{R^3} \, . \tag{8.20}$$

Der Aufpunkt P ist durch den Ortsvektor r festgelegt und der Integrationspunkt durch r'. Damit ist $R = r - r'$ und ein Vergleich von (8.20) mit dem BIOT-SAVART'schen Gesetz (8.15) ergibt

$$B = \frac{\mu_0 I}{4\pi} \oint_S \frac{\mathrm{d}s' \times (r - r')}{|r - r'|^3} = -\frac{\mu_0 I}{4\pi} \nabla \Omega = -\mu_0 \nabla \phi_m$$

oder

$$\boxed{\phi_m(r) = \frac{I}{4\pi} \, \Omega} \, . \tag{8.21}$$

Das Ergebnis (8.21) ist ein erstaunliches Resultat. Es besagt nämlich, dass das Potential im Aufpunkt r durch den Raumwinkel der Schleife in diesem Punkt bestimmt ist. Das Potential ist auf einen rein geometrischen Zusammenhang zurückgeführt. Außerdem ist es mehrdeutig, so wie in §8.4 ausgeführt. Denn, denkt man sich durch die Schleife eine beliebige Fläche aufgespannt und nähert sich P dieser Fläche, geht $\Omega \to 2\pi$ und springt nach -2π beim Durchdringen der Fläche. Allerdings hat die gedachte Fläche keine physikalische Bedeutung, da sie beliebig ist. Die aus dem Potential abgeleitete magnetische Induktion ist eindeutig, solange die Konturintegrale nicht die gedachte Fläche durchqueren.

Die Gleichung (8.21) lässt sich auch anschaulich interpretieren. Man teilt die durch die Schleife aufgespannte, beliebige Fläche in infinitesimal kleine Elemente $\mathrm{d}F'$ auf. Jedes Flächenelement hat eine Projektion in Richtung R von $\mathrm{d}F' \cdot e_R$, welche von P aus gesehen wird. Der zugehörige Raumwinkel ist

$$\mathrm{d}\Omega = \frac{\mathrm{d}F' \cdot e_R}{R^2} = \frac{R}{R^3} \cdot \mathrm{d}F' = \frac{R \cdot n}{R^3} \, \mathrm{d}F'$$

und die Integration über alle Flächenelemente ergibt den gesamten Raumwinkel

$$\Omega = \int_F \frac{R \cdot n}{R^3} \, \mathrm{d}F' \, . \tag{8.22}$$

Einsetzen in (8.21) liefert für das Potential

$$\phi_m = \frac{I}{4\pi} \int_F \frac{n \cdot e_R}{R^2} \, \mathrm{d}F' = \frac{1}{4\pi} \int_F \frac{(In) \cdot e_R}{R^2} \, \mathrm{d}F' \, . \tag{8.23}$$

Ein Vergleich des Integranden mit dem Potential eines elektrischen Dipols (3.15) zeigt, dass das magnetische Potential der Leiterschleife durch eine magnetische Dipolbelegung auf der gedachten Fläche entsteht. Die Dipolbelegung der Fläche ist

$$p_{mF} = In \, . \tag{8.24}$$

Eine solche Flächenbelegung heißt *magnetische Doppelschicht*. Ein einzelner Elementardipol hat das Potential

$$\phi_{mD} = \frac{(\boldsymbol{p}_{mF}\mathrm{d}F') \cdot \boldsymbol{e}_R}{4\pi R^2} \; . \tag{8.25}$$

Beschreibt man jeden Elementardipol durch einen kleinen Kreisstrom, Abb. 8.9, und führt die Integration (8.23) durch, so heben sich benachbarte Elementarströme gegenseitig auf und es bleibt nur der ursprüngliche Strom über die Randkontur übrig. Die Belegung der Fläche mit Elementardipolen führt auf dieselbe magnetische Induktion wie der Schleifenstrom. Die Form der Fläche ist dabei beliebig, da nur die Projektion in Richtung P eingeht.

Der wichtige Fall des magnetischen Dipols folgt direkt aus (8.23). Man wählt S als kleinen Kreis im Ursprung mit dem Radius $a \to 0$ und hält das Produkt $\pi a^2 I$ konstant. Dann ist der Integrand konstant über die Fläche und $\boldsymbol{R}$ geht gegen $\boldsymbol{r}$, d.h. das Potential wird

$$\phi_m = \frac{I}{4\pi} \frac{\boldsymbol{n} \cdot \boldsymbol{e}_r}{r^2} \int_F \mathrm{d}F' = \frac{\pi a^2 I}{4\pi} \frac{\boldsymbol{n} \cdot \boldsymbol{e}_r}{r^2} = \frac{\boldsymbol{p}_m \cdot \boldsymbol{e}_r}{4\pi r^2} \tag{8.26}$$

mit dem *magnetischen Dipolmoment*

$$\boldsymbol{p}_m = \pi a^2 I \, \boldsymbol{n} \; . \tag{8.27}$$

$\boldsymbol{n}$ gibt die Normalenrichtung der Schleife an und zeige hier in z-Richtung. Die Stromrichtung hängt mit der Normalenrichtung über die Korkenzieherregel zusammen. Die magnetische Induktion lautet

$$B_r = -\mu_0 \frac{\partial \phi_m}{\partial r} = \frac{\mu_0 p_m}{2\pi r^3} \cos\vartheta$$

$$B_\vartheta = -\mu_0 \frac{1}{r} \frac{\partial \phi_m}{\partial \vartheta} = \frac{\mu_0 p_m}{4\pi r^3} \sin\vartheta \; . \tag{8.28}$$

Ein Vergleich von (8.28) mit dem Feld des elektrischen Dipols (3.18) zeigt, dass das Feld des magnetischen Dipols aus dem Feld des elektrischen Dipols hervorgeht durch die Substitution

$$\boldsymbol{E} \to \boldsymbol{B} \quad , \quad \boldsymbol{p}_e \to \boldsymbol{p}_m \quad , \quad \varepsilon_0^{-1} \to \mu_0 \; . \tag{8.29}$$

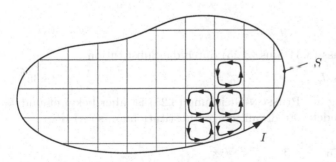

Abb. 8.9. Zerlegung eines Schleifenstromes I in elementare Kreisströme (Elementardipole)

8.6 Magnetisches Vektorpotential

Die magnetische Induktion ist ein divergenzfreies Vektorfeld und kann nach §1.7 aus einem *Vektorpotential* hergeleitet werden

$$\boxed{\boldsymbol{B} = \nabla \times \boldsymbol{A}} \quad , \quad [A] = \frac{\mathrm{Vs}}{\mathrm{m}} \, . \tag{8.30}$$

Mit diesem Ansatz ist (8.2) automatisch erfüllt. Die Einschränkungen, die beim skalaren Potential auftraten, welches nur in einem stromfreien Gebiet gilt, sind hier nicht vorhanden. Allerdings ist $\boldsymbol{A}$ nur bis auf den Gradienten einer skalaren Ortsfunktion bestimmt. Diese Freiheit wird benutzt, um über die Divergenz von $\boldsymbol{A}$ zu verfügen.

Einsetzen von (8.30) in (8.1) und Umformen mit Hilfe von (1.65) liefert

$$\nabla \times \boldsymbol{B} = \nabla \times (\nabla \times \boldsymbol{A}) = \nabla(\nabla \cdot \boldsymbol{A}) - \nabla^2 \boldsymbol{A} = \mu_0 \boldsymbol{J} \, .$$

Man verfügt über die Divergenz von $\boldsymbol{A}$

$$\nabla \cdot \boldsymbol{A} = 0 \tag{8.31}$$

und erhält die *vektorielle* POISSON-*Gleichung*

$$\boxed{\nabla^2 \boldsymbol{A} = -\mu_0 \boldsymbol{J}} \, . \tag{8.32}$$

Die Wahl (8.31) heißt *Eichung* von $\boldsymbol{A}$. Sie ist möglich, weil man eine sogenannte *Eichtransformation* durchführen kann

$$\boldsymbol{A} = \boldsymbol{A}^* + \nabla\psi \, , \tag{8.33}$$

ohne das B-Feld zu ändern, wobei die skalare Funktion ψ so gewählt wird, dass (8.31) erfüllt ist

$$\nabla \cdot (\boldsymbol{A}^* + \nabla\psi) = \nabla \cdot \boldsymbol{A}^* + \nabla^2\psi = 0 \, ,$$

d.h.

$$\nabla^2\psi = -\nabla \cdot \boldsymbol{A}^* \, .$$

Die Gleichung (8.32) ist am einfachsten zu lösen mit einem Rückgriff auf vorherige Ergebnisse. Dazu schreibt man die Gleichung in kartesischen Koordinaten

$$\nabla^2 A_i = -\mu_0 J_i \quad , \quad i = x, y, z \, . \tag{8.34}$$

Ein Vergleich zeigt, dass (8.34) aus (3.25) durch die Substitution

$$\phi \to A_i \quad , \quad q_V \to J_i \quad , \quad \varepsilon_0^{-1} \to \mu_0 \tag{8.35}$$

hervorgeht. Die Lösung der POISSON-Gleichung (3.25) ist aber bekannt und in (3.19) gegeben. Wendet man darauf obige Substitution an, so wird

$$A_i = \frac{\mu_0}{4\pi} \int_V \frac{J_i(\boldsymbol{r}')}{|\boldsymbol{r} - \boldsymbol{r}'|} \, \mathrm{d}V' \quad , \quad i = x, y, z$$

und in vektorieller Schreibweise

$$\boxed{\boldsymbol{A}(\boldsymbol{r}) = \frac{\mu_0}{4\pi} \int_V \frac{\boldsymbol{J}(\boldsymbol{r}')}{|\boldsymbol{r} - \boldsymbol{r}'|} \, \mathrm{d}V'} \ . \tag{8.36}$$

Obwohl das Vektorpotential eine formal ähnliche Vorgehensweise wie in der Elektrostatik erlaubt, d.h. die Lösung der beiden Gleichungen (8.1) und (8.2) wird in die Lösung einer Differentialgleichung zweiter Ordnung (8.32) überführt, bleiben die Probleme wegen des vektoriellen Charakters der Gleichung recht aufwendig. Dennoch ist das Vektorpotential ein wichtiges mathematisches Hilfsmittel. Eine physikalische Bedeutung soll hier nicht gegeben werden. Diese wird erst offensichtlich, wenn man bewegte Vorgänge mit relativistischen Geschwindigkeiten untersucht.

Als erstes soll das Vektorpotential zur Berechnung des magnetischen Flusses benutzt werden. Der *magnetische Fluss* ist definiert als das Flächenintegral über die magnetische Induktion

$$\psi_m = \int_F \boldsymbol{B} \cdot \mathrm{d}\boldsymbol{F} \ , \tag{8.37}$$

in völliger Analogie zum elektrischen Fluss (2.14). Einsetzen von (8.30) und Anwenden des STOKES'schen Satzes gibt

$$\psi_m = \int_F (\nabla \times \boldsymbol{A}) \cdot \mathrm{d}\boldsymbol{F} = \oint_S \boldsymbol{A} \cdot \mathrm{d}\boldsymbol{s} \ . \tag{8.38}$$

Das Umlaufintegral des Vektorpotentials ergibt den magnetischen Fluss.

Aus dem Vektorpotential folgt auch das BIOT-SAVART'sche Gesetz. Einsetzen der Lösung (8.36) in den Ansatz (8.30)

$$\boldsymbol{B} = \nabla \times \left\{ \frac{\mu_0}{4\pi} \int_V \frac{\boldsymbol{J}(\boldsymbol{r}')}{|\boldsymbol{r} - \boldsymbol{r}'|} \, \mathrm{d}V' \right\} = \frac{\mu_0}{4\pi} \int_V \nabla \times \left\{ \frac{\boldsymbol{J}(\boldsymbol{r}')}{|\boldsymbol{r} - \boldsymbol{r}'|} \right\} \, \mathrm{d}V'$$

und Umformen des Integranden mit Hilfe von (1.57) und (1.59)

$$\nabla \times \left\{ \frac{\boldsymbol{J}(\boldsymbol{r}')}{|\boldsymbol{r} - \boldsymbol{r}'|} \right\} = -\boldsymbol{J}(\boldsymbol{r}') \times \nabla \frac{1}{|\boldsymbol{r} - \boldsymbol{r}'|} = \boldsymbol{J}(\boldsymbol{r}') \times \frac{\boldsymbol{r} - \boldsymbol{r}'}{|\boldsymbol{r} - \boldsymbol{r}'|^3}$$

liefert das BIOT-SAVART'sche Gesetz (8.16)

$$\boldsymbol{B}(\boldsymbol{r}) = \frac{\mu_0}{4\pi} \int_V \frac{\boldsymbol{J}(\boldsymbol{r}') \times (\boldsymbol{r} - \boldsymbol{r}')}{|\boldsymbol{r} - \boldsymbol{r}'|^3} \, \mathrm{d}V' \ .$$

Bei der Herleitung wurde berücksichtigt, dass ∇ auf die ungestrichenen Koordinaten wirkt und nicht auf die gestrichenen, welche die Integrationsvariablen sind. Dadurch konnten die Differentiation und Integration vertauscht werden. Somit ist das BIOT-SAVART'sche Gesetz, welches experimentell gefunden wurde, auch mathematisch als Lösung der Gleichungen (8.1) und (8.2) begründet.

Beispiel 8.5. Rotierende, kugelförmige Flächenladung

Eine Kugelschale mit Radius a trägt eine gleichförmige Flächenladung q_F und dreht sich mit der Winkelgeschwindigkeit ω, Abb. 8.10a.

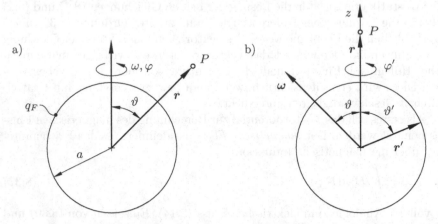

Abb. 8.10. Rotierende Kugelschale mit Flächenladung. **(a)** Ursprüngliche Anordnung. **(b)** Richtung des Koordinatensystems

Die rotierende, geladene Kugel erzeugt eine Flächenstromdichte

$$J_F(r') = q_F v(r') = q_F \omega \times r'$$

und aus dem Vektorpotential (8.36) wird

$$A(r) = \frac{\mu_0 q_F}{4\pi} \, \omega \times F$$

mit

$$F = \int_O \frac{r' \mathrm{d}F'}{|r - r'|} \, .$$

Das Integral ist leichter auszuwerten, wenn man das Koordinatenkreuz in die r-Richtung dreht, denn dann läuft r' symmetrisch um r bei der Integration über φ', Abb. 8.10b. Für F erhält man

$$F = e_r \int_0^\pi \int_0^\pi \frac{2a \cos \vartheta' \, a^2 \sin \vartheta' \, \mathrm{d}\varphi' \mathrm{d}\vartheta'}{\sqrt{r^2 + a^2 - 2ra \cos \vartheta'}}$$

$$= 2\pi a^3 \int_0^\pi \frac{\cos \vartheta' \sin \vartheta' \mathrm{d}\vartheta'}{\sqrt{r^2 + a^2 - 2ra \cos \vartheta'}} \, e_r \, .$$

Mit der Substitution $u = \cos \vartheta'$ wird daraus

$$F = 2\pi a^3 e_r \int_{-1}^1 \frac{u \, \mathrm{d}u}{\sqrt{r^2 + a^2 - 2rau}}$$

$$= -\frac{2\pi a}{3r^2} \left(r^2 + a^2 + rau \right) \sqrt{r^2 + a^2 - 2rau} \, \Big|_{-1}^1 \, e_r$$

$$= -\frac{2\pi a}{3r^2} \left[\left(r^2 + a^2 + ra \right) |r - a| - \left(r^2 + a^2 - ra \right) (r + a) \right] e_r$$

$$F = \begin{cases} \dfrac{4\pi}{3}\dfrac{a^4}{r^2}\,e_r & \text{für} \quad r \geq a \\[3mm] \dfrac{4\pi}{3}\,ar\,e_r & \text{für} \quad r \leq a \end{cases}$$

und das Vektorpotential lautet

$$A(r) = \frac{\mu_0 q_F}{3} \begin{cases} \dfrac{a^4}{r^3}\,\omega \times r = \dfrac{a^4}{r^2}\omega \sin\vartheta\,e_\varphi \ , \ r \geq a \\[3mm] a\omega \times r = ar\omega \sin\vartheta\,e_\varphi \quad , \ r \leq a \ . \end{cases}$$

Außerhalb der Kugel stellt sich das Feld eines magnetischen Dipols ein

$$B = \nabla \times A = \frac{e_r}{r\sin\vartheta}\frac{\partial}{\partial\vartheta}(\sin\vartheta\,A_\varphi) - \frac{e_\vartheta}{r}\frac{\partial}{\partial r}(rA_\varphi) =$$

$$= \frac{\mu_0 p_m}{4\pi r^3}\,[2\cos\vartheta\,e_r + \sin\vartheta\,e_\vartheta] \ ,$$

wobei p_m das Dipolmoment der gesamten Kugel bezeichnet

$$p_m = \int_0^\pi \pi(a\sin\vartheta)^2 J_F a\,\mathrm{d}\vartheta = \frac{4}{3}\pi a^4 q_F\omega \ .$$

Innerhalb der Kugel ist das Feld konstant

$$B = \frac{2}{3}\mu_0 a q_F\omega\,(\cos\vartheta\,e_r - \sin\vartheta\,e_\vartheta) = \frac{2}{3}\mu_0 a q_F\omega \ .$$

Dies ist ein vereinfachtes Modell des Erdmagnetfeldes oder auch für den Spin (magnetischer Dipol) eines Elektrons oder Protons.

Beispiel 8.6. Vektorpotential eines magnetischen Dipols

Gegeben ist eine dünne, kreisförmige Leiterschleife, Abb. 8.11.

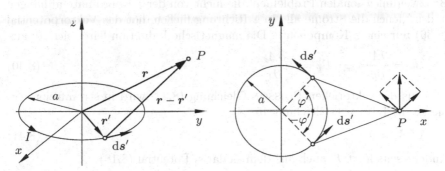

Abb. 8.11. Dünne, kreisförmige Leiterschleife

Wegen der Zylindersymmetrie kann der Aufpunkt an irgendeine Stelle φ, z.B. $\varphi = 0$ gelegt werden. Dann heben sich die x-Komponenten der Wegelemente an den Stellen $-\varphi'$ und φ' auf und es bleibt

$$\mathrm{d}s'(\varphi') + \mathrm{d}s'(-\varphi') = 2a\cos\varphi'\,\mathrm{d}\varphi'e_y \ .$$

Ferner gilt

$$e_r' = \cos\varphi'e_x + \sin\varphi'e_y \quad , \quad e_r = \sin\vartheta\,e_x + \cos\vartheta\,e_z$$

und für $a \ll r$ wird

$$|r - r'| \approx r - a\, e_r' \cdot e_r = r - a\cos\varphi' \sin\vartheta$$

$$|r - r'|^{-1} \approx \frac{1}{r}\left(1 + \frac{a}{r}\cos\varphi' \sin\vartheta\right) \, .$$

Im Falle einer dünnen Leiterschleife ist

$$J(r')\, dV' = I\, ds'(r')$$

und aus dem Vektorpotential (8.36) wird

$$\begin{aligned}
A(r) &= \frac{\mu_0 I}{4\pi} \oint \frac{ds'}{|r - r'|} \\
&= \frac{\mu_0 I}{4\pi}\frac{2a}{r}\, e_y \int_0^\pi \cos\varphi'\left(1 + \frac{a}{r}\cos\varphi' \sin\vartheta\right) d\varphi' \\
&= \frac{\mu_0 a I}{2\pi r}\, e_y \int_0^\pi \left(\cos\varphi' + \frac{a}{2r}\sin\vartheta + \frac{a}{2r}\cos 2\varphi' \sin\vartheta\right) d\varphi' \\
&= \frac{\mu_0 \pi a^2 I}{4\pi r^2}\sin\vartheta\, e_y = \frac{\mu_0 p_m}{4\pi r^2}\sin\vartheta\, e_y \, .
\end{aligned}$$

Da alle Punkte φ gleichwertig sind, kann statt $\varphi = 0$ auch ein beliebiger Winkel genommen werden und das Vektorpotential zeigt statt in y-Richtung in φ-Richtung, d.h.

$$A(r) = \frac{\mu_0 p_m}{4\pi r^2}\sin\vartheta\, e_\varphi = \frac{\mu_0 p_m \times e_r}{4\pi r^2} \, . \tag{8.39}$$

8.7 Vektorpotential im Zweidimensionalen (Komplexes Potential)

Bei zweidimensionalen Problemen, die nicht von der z-Koordinate abhängen und in denen die Ströme alle in z-Richtung fließen, hat das Vektorpotential (8.36) nur eine z-Komponente. Die magnetische Induktion leitet sich ab aus

$$B_x = \frac{\partial A_z}{\partial y} \quad , \quad B_y = -\frac{\partial A_z}{\partial x} \tag{8.40}$$

und aus der vektoriellen POISSON-Gleichung (8.32) wird in stromfreien Gebieten die LAPLACE-Gleichung für A_z

$$\nabla^2 A_z = 0 \, . \tag{8.41}$$

Andererseits folgt B auch aus dem skalaren Potential (8.18)

$$B_x = -\mu_0\frac{\partial \phi_m}{\partial x} \quad , \quad B_y = -\mu_0\frac{\partial \phi_m}{\partial y} \tag{8.42}$$

und ϕ_m erfüllt ebenfalls die LAPLACE-Gleichung. Vergleicht man nun (8.42) mit (6.61) und (8.40) mit (6.62), so spielt $\mu_0\phi_m$ die Rolle des elektrischen Potentials und $-A_z$ die Rolle der Stromfunktion. Man kann also die umfangreichen Methoden der konformen Abbildung zur Berechnung von zweidimensionalen Problemen der Magnetostatik verwenden.

Da ferner die Ströme in z-Richtung angenommen wurden, soll für einen Linienstrom herausgefunden werden, ob A_z der Real- oder der Imaginärteil eines komplexen Potentials ist. Nach dem Beispiel auf Seite 176 ist die magnetische Induktion eines Linienstromes

$$\boldsymbol{B} = \frac{\mu_0 I}{2\pi\varrho}\, \boldsymbol{e}_\varphi = -\frac{\partial A_z}{\partial \varrho}\, \boldsymbol{e}_\varphi \tag{8.43}$$

und für das Vektorpotential erhält man nach Integration

$$\boxed{A_z = -\frac{\mu_0 I}{2\pi} \ln \frac{\varrho}{\varrho_0}} . \tag{8.44}$$

Dies ist ähnlich dem Realteil der Funktion (6.78). In der Tat, wählt man ein komplexes Potential

$$w(z) = -\frac{\mu_0 I}{2\pi} \ln \frac{z}{\varrho_0} = -\frac{\mu_0 I}{2\pi} \ln \frac{\varrho}{\varrho_0} - \mathrm{j}\,\frac{\mu_0 I}{2\pi}\, \varphi \quad , \quad z = \varrho\, \mathrm{e}^{\mathrm{j}\varphi} , \tag{8.45}$$

so ist sein Realteil gleich dem Vektorpotential (8.44). Der Imaginärteil ist dann gleich $\mu_0 \phi_m$ oder

$$\phi_m = -\frac{I\varphi}{2\pi} . \tag{8.46}$$

Linien $\mathrm{Re}\{w(z)\} = $ const. stellen Feldlinien dar, und das Wegintegral der magnetischen Induktion zwischen zwei Linien $\mathrm{Im}\{w(z)\} = c_1$ und $\mathrm{Im}\{w(z)\} = c_2$ weist immer[2] den gleichen Wert auf.

Wie in der Elektrostatik kann man aus dem komplexen Potential auch die komplexe magnetische Induktion bestimmen. Verwendet man (8.43) und (8.45), folgt

$$B = B_x + \mathrm{j}\, B_y = -B_\varphi \sin\varphi + \mathrm{j}\, B_\varphi \cos\varphi = \frac{\mu_0 I}{2\pi\varrho}(-\sin\varphi + \mathrm{j}\cos\varphi)$$

$$= \mathrm{j}\,\frac{\mu_0 I}{2\pi\varrho}\, \mathrm{e}^{\mathrm{j}\varphi} = \mathrm{j}\,\frac{\mu_0 I}{2\pi z^*} = -\mathrm{j}\left(\frac{\partial w}{\partial z}\right)^* . \tag{8.47}$$

Lösungen für Anordnungen bestehend aus mehreren Linienströmen oder aus dünnen Leitern folgen durch Summation der komplexen Potentiale und bei Strombelägen durch Integration.

Beispiel 8.7. Magnetischer Liniendipol

Zwei entgegengerichtete, parallele Ströme I mit Abstand $d \to 0$ und $dI = $ const. bilden einen magnetischen Liniendipol, Abb. 8.12. Das komplexe Potential ist

$$w(z) = -\frac{\mu_0 I}{2\pi} \ln \frac{z - (z' + d/2)}{z - (z' - d/2)} = -\frac{\mu_0 I}{2\pi} \ln \frac{1 - (d/2)/(z - z')}{1 + (d/2)/(z - z')} ,$$

und da $|d/2| \ll |z - z'|$, wird mit der Näherung

$$\ln(1 \pm \varepsilon) \approx \pm\varepsilon$$

---

[2] wie zwischen Äquipotentialflächen

$$w(z) = -\frac{\mu_0 I}{2\pi}\left[\ln\left(1-\frac{d/2}{z-z'}\right)-\ln\left(1+\frac{d/2}{z-z'}\right)\right] \approx \frac{\mu_0 I}{2\pi}\frac{d}{z-z'}.$$

Die magnetische Induktion erhält man aus der Beziehung (8.47)

$$B(z) = j\,\frac{\mu_0 I}{2\pi}\frac{d}{(z^*-z'^*)^2} = \frac{\mu_0}{2\pi}\left[\frac{p_m'}{(z-z')^2}\right]^*,$$

wobei

$$p_m' = -jdI$$

das Dipolmoment pro Längeneinheit bezeichnet.

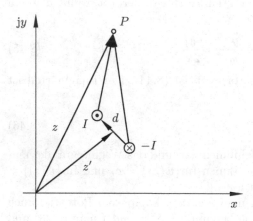

Abb. 8.12. Magnetischer Linien-dipol

Zusammenfassung

Grundlegende Gleichungen

$$\oint_S \boldsymbol{B}\cdot\mathrm{d}\boldsymbol{s} = \mu_0 \int_F \boldsymbol{J}\cdot\mathrm{d}\boldsymbol{F} \qquad \nabla\times\boldsymbol{B} = \mu_0\boldsymbol{J}$$
$$\rightarrow$$
$$\oint_O \boldsymbol{B}\cdot\mathrm{d}\boldsymbol{F} = 0 \qquad \nabla\cdot\boldsymbol{B} = 0$$

1-tes AMPÈRE'sches Gesetz

$$\boldsymbol{K} = \int_V \boldsymbol{J}(\boldsymbol{r}')\times\boldsymbol{B}(\boldsymbol{r}')\,\mathrm{d}V' \;\rightarrow\; = I\int_S \mathrm{d}\boldsymbol{s}\times\boldsymbol{B}(\boldsymbol{r}')$$

Kraft auf eine bewegte Punktladung

$$\boldsymbol{K}(\boldsymbol{r}) = Q\boldsymbol{v}(\boldsymbol{r})\times\boldsymbol{B}(\boldsymbol{r})$$

BIOT-SAVART'sches Gesetz

$$B(r) = \frac{\mu_0}{4\pi} \int_V \frac{J(r') \times (r - r')}{|r - r'|^3} \, dV'$$

Magnetisches Skalarpotential im stromfreien Gebiet

$$B = -\mu_0 \nabla \phi_m \quad \text{mit} \quad \nabla^2 \phi_m = 0$$

Magnetisches Vektorpotential

$$B = \nabla \times A$$

$$\nabla^2 A = -\mu_0 J \quad \rightarrow \quad A(r) = \frac{\mu_0}{4\pi} \int_V \frac{J(r')}{|r - r'|} \, dV'$$

Magnetischer Dipol

$$\phi_m = \frac{p_m \cdot e_r}{4\pi r^2}$$

$$A = \frac{\mu_0 p_m \times e_r}{4\pi r^2} \quad , \quad p_m = \pi a^2 I_0 \, n$$

Fragen zur Prüfung des Verständnisses

8.1 Eine Ladung bewegt sich entlang magnetischer Feldlinien. Welche Kraft wirkt auf die Ladung?

8.2 Eine Ladung Q bewegt sich auf einer Trajektorie r_0 im freien Raum. Wie groß ist das von ihr erzeugte magnetische Feld?

8.3 Ist das magnetische Feld im Allgemeinen ein konservatives Feld?

8.4 Was bedeutet $\nabla \cdot B = 0$?

8.5 Gegeben ist ein stromführender Draht, der einen rechten Winkel bildet. Kann man das Magnetfeld mit dem Durchflutungssatz berechnen?

8.6 Zwei Punktladungen fliegen parallel zur z-Achse im Abstand d. Wie groß ist die Kraft zwischen den Ladungen?

8.7 Wie groß ist das Drehmoment auf eine stromführende Leiterschleife im homogenen Magnetfeld?

8.8 Ein gerader Hohlzylinder mit Radius a führt einen Strom I_0. Wie groß ist das Magnetfeld innerhalb und außerhalb des Zylinders?

8.9 Was ist ein magnetischer Dipol? Wie unterscheidet er sich von einem elektrischen Dipol?

8.10 Wann und warum kann man ein magnetisches Skalarpotential verwenden?

8.11 Wie lässt sich das Skalarpotential einer beliebigen stromführenden Leiterschleife berechnen?

8.12 Begründe die Einführung des Vektorpotentials.

8.13 Wie lässt sich der magnetische Fluss aus dem Vektorpotential berechnen?

8.14 Wie lautet das Vektorpotential einer gegebenen Stromverteilung?

8.15 Ist das BIOT-SAVART'sche Gesetz ein zusätzliches Gesetz oder folgt es aus den MAXWELL'schen Gleichungen?

8.16 Wodurch unterscheidet sich das Vektorpotential vom Skalarpotential?

8.17 Das Magnetfeld ist quellenfrei, $\nabla \cdot \boldsymbol{B} = 0$. Ist das mit dem BIOT-SAVART'schen Gesetz berechnete Feld ebenfalls quellenfrei?

8.18 Wie sind ϕ_m und $\boldsymbol{A}$ bei ebenen Problemen miteinander verknüpft? Was hat diese Verknüpfung für Vorteile?

9. Magnetostatische Felder II (Magnetisierbare Materie)

Nach dem BOHR'schen Atommodell kreisen die Elektronen eines Atoms um den Kern. Sie bilden somit kleine Kreisströme und erzeugen einen magnetischen Dipol. Ihre Umlaufzeit ist

$$T_e = 2\pi r_e / v_e \; ,$$

wenn r_e der Bahnradius ist und v_e die Geschwindigkeit. Das Dipolmoment ist

$$p_m = \pi r_e^2 I_e = \pi r_e^2 \frac{e}{T_e} = \frac{1}{2} e r_e v_e \; . \tag{9.1}$$

Die Quantenmechanik verlangt eine Quantisierung des Drehimpulses

$$L_e = m_e v_e r_e = r \frac{h}{2\pi} \quad , \quad r = 1, 2, \ldots$$

und somit auch des Dipolmomentes

$$p_m = \frac{e}{2} \frac{L_e}{m_e} = r \frac{eh}{4\pi m_e} = r \mu_B \quad , \quad \mu_B = 9.3 \cdot 10^{-24} \, \text{Am}^2 \; . \tag{9.2}$$

Dabei ist h die PLANCK'sche *Konstante*, μ_B das BOHR'sche *Magneton* und r die Quantenzahl. Die Quantisierung ist in Einheiten vom BOHR'schen Magneton. Darüber hinaus besitzen die Elektronen einen *Spin*, den man sich als Eigenrotation einer kleinen, geladenen Kugel vorstellen kann und der ebenfalls quantisiert ist. Zu dieser Spinbewegung gehört entsprechend dem Beispiel auf Seite 186 ein Dipolmoment. Auch die Protonen des Kerns haben einen Spin und ein magnetisches Dipolmoment, welches allerdings wegen der höheren Masse um ungefähr drei Größenordnungen kleiner ist als das der Elektronen. Das Gesamtdipolmoment eines Atoms setzt sich daher im Wesentlichen aus der Summe der Dipolmomente der Elektronen zusammen.

Grob unterteilt gibt es drei Kategorien von Materie:

1. *Diamagnetische Materie.* Die Atome besitzen eine gerade Anzahl von Elektronen, deren Dipolmomente sich gegenseitig aufheben. Es gibt keinen makroskopischen Effekt. Legt man ein äußeres Magnetfeld an, werden die der Kreisbewegung der Elektronen zugeordneten Dipolmomente abhängig von ihrer Richtung verschieden verändert und es entsteht ein schwacher makroskopischer Effekt.

© Der/die Autor(en), exklusiv lizenziert durch Springer-Verlag GmbH, DE, ein Teil von Springer Nature 2020
H. Henke, *Elektromagnetische Felder*, https://doi.org/10.1007/978-3-662-62235-3_9

Dieser ist in jeder Materie vorhanden, wird aber meist von anderen Effekten überdeckt. Kupfer, Quecksilber, Blei, Germanium, Silber, Gold, Diamanten und Wasser sind Beispiele für diamagnetische Materie.

2. *Paramagnetische Materie.* Die Atome besitzen eine ungerade Anzahl von Elektronen und ein natürliches Dipolmoment. Makroskopisch sind die Dipole durch die thermische Bewegung statistisch ausgerichtet und zeigen keinen Effekt. Erst durch Anlegen eines äußeren Feldes richten sie sich aus und es entsteht ein schwacher Effekt. In diese Kategorie gehören z.B. Aluminium, Platin, Titan, Magnesium und Wolfram.

3. *Ferromagnetische Materie.* Die Atome besitzen ein natürliches Dipolmoment und es bestehen starke Kopplungen zwischen den Spins benachbarter Atome, so dass sie sich gegenseitig ausrichten. Dies findet in kleinen Bereichen statt mit einer typischen Größe von einigen μm bis zu 1 mm. Die starken Dipolmomente einzelner Bereiche sind statistisch verteilt, um den Gesamtenergieinhalt zu minimieren. Ein makroskopischer Effekt kann durch ein äußeres Feld in stark nichtlinearer Art und Weise beeinflusst werden. Der Effekt ist um mehrere Größenordnungen stärker als in paramagnetischer Materie. Beispiele sind Eisen, Nickel und Kobalt.

In manchen Materialien richtet sich die eine Hälfte der Dipole in eine Richtung und die andere Hälfte in entgegengesetzte Richtung aus. Solche Materialien heißen *antiferromagnetisch*, wenn die Dipole alle gleiche Stärke haben und *ferrimagnetisch* (auch *Ferrite*), wenn die Dipole in eine Richtung eine andere Stärke haben als in die andere Richtung. Mangan, Manganoxyd und Chrom sind antiferromagnetisch. Beispiele für Ferrite sind Fe_3O_4, $NiFe_2O_4$ und $MnFe_3O_4$.

Ist die Materie magnetisiert, d.h. es existiert ein mittleres magnetisches Dipolmoment, dann wird dies makroskopisch durch ein Vektorfeld, der *Magnetisierung* M, beschrieben. So wie der magnetische Dipol durch einen Kreisstrom gekennzeichnet ist, so sind der Magnetisierung makroskopische Magnetisierungsströme zugeordnet, die nicht frei beweglich sondern örtlich gebunden sind. Diese sind in den MAXWELL'schen Gleichungen zu berücksichtigen und führen auf die Permeabilitätskonstante.

9.1 Magnetisierung

Durch Anlegen einer äußeren magnetischen Induktion entstehen Elementardipole oder richten sich Elementardipole aus und es bildet sich ein resultierendes, mittleres Dipolmoment $\langle p_m \rangle$. Makroskopisch beschreibt man den Effekt durch eine Dipolmomentendichte, genannt *Magnetisierung*,

$$M = n\langle p_m \rangle \tag{9.3}$$

mit der Anzahl n der Dipole pro Volumeneinheit. M ist eine glatte Funktion und erlaubt die Materie als Kontinuum zu beschreiben.

9.1.1 Diamagnetismus

Zugrunde gelegt wird das BOHR'sche Atommodell mit einem kreisenden Elektron. Der Bahnradius sei r_e, die Geschwindigkeit v_e und die Masse m_e. Ohne äußerem Feld kreist das Elektron im Gleichgewicht zwischen der Anziehungskraft des Kernes K_K und der Fliehkraft

$$K_K = m_e \frac{v_e^2}{r_e} = m_e \omega_e^2 r_e . \tag{9.4}$$

Dies gibt einen magnetischen Dipol mit der Richtung entgegengesetzt zur Umlaufrichtung. Legt man nun ein äußeres Feld B_{lok} an (senkrecht zur Kreisebene), so erfährt das Elektron eine zusätzliche radiale Kraft $-e v_e \times B_{lok}$. Da es aber an dieselbe Kreisbahn gebunden ist, muss es entweder schneller oder langsamer kreisen, abhängig davon, ob das Feld parallel oder antiparallel zur Kreisbewegung ist

$$K_K \pm e \omega_e r_e B_{lok} = m_e \omega^2 r_e . \tag{9.5}$$

Einsetzen von (9.4) in (9.5) liefert

$$\pm e \omega_e B_{lok} - m_e \left(\omega^2 - \omega_e^2 \right) = m_e (\omega + \omega_e)(\omega - \omega_e)$$

und bei kleinen Abweichungen $\Delta\omega = \omega - \omega_e$, $\Delta\omega \ll \omega_e$,

$$\pm e \omega_e B_{lok} \approx 2 m_e \omega_e \Delta\omega \quad \rightarrow \quad \Delta\omega = \pm \frac{e}{2m_e} B_{lok} = \pm \omega_L = \pm \frac{\omega_Z}{2} . \tag{9.6}$$

ω_L heißt LARMOR-*Frequenz* und ω_Z *Zyklotronfrequenz*. ω_Z gibt diejenige Kreisfrequenz an, bei welcher sich ein im homogenen Magnetfeld kreisendes Elektron im Gleichgewichtszustand zwischen Fliehkraft und magnetischer Kraft befindet. Die Änderung der Umlauffrequenz (9.6) verursacht eine Änderung der Kreisstromes und somit eine Änderung des Dipolmomentes

$$\Delta p_m = \pi r_e^2 \Delta I = \pi r_e^2 \frac{e \Delta v}{2\pi r_e} = \frac{1}{2} e r_e^2 \Delta\omega = \pm \frac{e^2 r_e^2}{4m_e} B_{lok} . \tag{9.7}$$

D.h. das Dipolmoment nimmt zu, wenn das Feld parallel zur Umlaufrichtung (antiparallel zum Dipolmoment) ist, und es nimmt ab, wenn das Feld antiparallel (parallel zum Dipolmoment) ist. Betrachtet man ein Ensemble von Atomen, das ohne äußeres Feld unmagnetisch ist, so entsteht durch Anlegen eines äußeren Feldes ein entgegengesetzt gerichtetes Dipolmoment, dessen Stärke proportional dem Feld ist

$$\langle \boldsymbol{p}_m \rangle = \gamma_{mol} \boldsymbol{B}_{lok} \quad , \quad \gamma_{mol} = -\frac{e^2 r_e^2}{2m_e} \; . \tag{9.8}$$

Dies ist im Wesentlichen der diamagnetische Effekt. Er ist sehr schwach und immer vorhanden.

9.1.2 Paramagnetismus

In paramagnetischen Materialien sind die von der Spinbewegung herrührenden magnetischen Dipolmomente nicht kompensiert, da die Atome eine ungerade Anzahl von Elektronen besitzen. Diese Dipolmomente sind wegen der thermischen Bewegung statistisch verteilt und das Material ist unmagnetisch. Erst durch Anlegen eines äußeren Magnetfeldes werden die Elementardipole ausgerichtet und es entsteht ein makroskopischer Effekt. Richtung und Betrag des Gesamtdrehimpulses eines Atoms und somit auch sein Dipolmoment sind quantisiert.

Wird ein äußeres Feld an das Atom angelegt, so übt dieses nach (8.13) ein Drehmoment auf den Dipol aus, welches der zeitlichen Änderung des Drehimpulses entspricht, Abb. 9.1,

$$\boldsymbol{T} = \boldsymbol{p}_m \times \boldsymbol{B}_{lok} = \mathrm{d}\boldsymbol{L}/\mathrm{d}t \tag{9.9}$$

oder

$$\Delta \boldsymbol{L} = p_m B_{lok} \sin \vartheta \, \Delta t \, \boldsymbol{e}_\varphi \; .$$

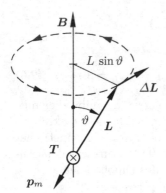

Abb. 9.1. Präzessionsbewegung des Drehimpulses im Feld

Das Feld versucht den Dipol durch Ausüben des Drehmomentes parallel auszurichten aber der Dipol reagiert wie ein Kreisel und präzessiert um die Feldrichtung. Der Drehimpuls ändert sich in der Zeit Δt um den Winkel $\Delta \varphi$

$$\Delta \varphi = \frac{\Delta L}{L \sin \vartheta} = p_m B_{lok} \frac{\Delta t}{L} \; ,$$

was einer Winkelgeschwindigkeit (*Präzessionsfrequenz*) von

$$\omega_P = \frac{\Delta\varphi}{\Delta t} = \frac{p_m B_{lok}}{L} \tag{9.10}$$

entspricht. Dieser Effekt wird bei der *paramagnetischen Elektronenresonanz-Methode (EPR)* ausgenutzt. Eine Materialprobe wird in ein starkes, konstantes Magnetfeld gebracht. Ein senkrecht dazu angeordnetes, hochfrequentes Magnetfeld der Frequenz f_P regt Präzessionsbewegungen an. Nach einem abrupten Abschalten des HF-Feldes kann man die zur Präzessionsbewegung gehörenden Magnetfelder messen und zur Diagnose verwenden. Da auch die Teilchen der Atomkerne ein magnetisches Dipolmoment besitzen, lässt sich natürlich auch deren Präzessionsbewegung anregen und messen und man spricht von der Methode der *magnetischen Kernspinresonanz (NMR)*.

In paramagnetischer Materie sind die Drehimpulse (Dipolmomente) benachbarter Atome nicht gekoppelt, und obwohl die erlaubten Richtungen quantisiert sind, kann man in guter Näherung ein Kontinuum annehmen, da es viele Richtungen gibt. Somit erfolgt die Ausrichtung der Dipolmomente durch das äußere Feld gegen die thermische Bewegung in weitgehender Analogie zur Ausrichtung der elektrischen Dipole in Dielektrika, siehe §4.1.2. Es ist lediglich $p_e E_{lok}$ durch $p_m B_{lok}$ zu ersetzen. Die Integrale in (4.7) sind mittels der Substitution $u = \cos\vartheta$ leicht zu lösen und man erhält das Analogon zu (4.6) als

$$\langle \boldsymbol{p_m} \rangle = p_m \langle \cos\vartheta \rangle \boldsymbol{e}_B \tag{9.11}$$

mit dem mittleren Winkel

$$\langle \cos\vartheta \rangle = \coth\left(\frac{p_m B_{lok}}{kT}\right) - \frac{kT}{p_m B_{lok}} \, . \tag{9.12}$$

Für kleine Argumente, d.h. wenn T nicht zu niedrig ist, gilt $\coth x \approx \frac{1}{x} + \frac{x}{3}$ und es wird

$$\langle \cos\vartheta \rangle \approx \frac{1}{3}\frac{p_m B_{lok}}{kT} \, .$$

Dann ist das Dipolmoment (9.11) proportional zu B_{lok} und zeigt in Richtung von $\boldsymbol{B}_{lok}$

$$\langle \boldsymbol{p_m} \rangle = \gamma_{mol} \boldsymbol{B}_{lok} \quad , \quad \gamma_{mol} = \frac{1}{3}\frac{p_m^2}{kT} \, . \tag{9.13}$$

Auch Paramagnetismus ist ein schwacher Effekt, aber ein bis zwei Größenordnungen stärker als Diamagnetismus. Dadurch wird der diamagnetische Effekt, der auch in paramagnetischer Materie auftritt, völlig überdeckt.

9.1.3 Feld eines magnetisierten Körpers

Wir nehmen an, die Elementardipole eines Körpers seien ausgerichtet, d.h. der Körper sei magnetisiert. (Die Berechnung der Magnetisierung erfolgt im nächsten Paragraph, da bei den mittleren Dipolmomenten (9.8) und (9.11),

(9.12), (9.13) noch das lokale Feld steht, welches unbekannt ist.) Jedes Elementarvolumen mit dem Dipolmoment $\boldsymbol{M}\,\mathrm{d}V'$ erzeugt ein Vektorpotential (8.39) und das Gesamtpotential lautet (Abb. 9.2)

$$\boxed{\boldsymbol{A}(\boldsymbol{r}) = \frac{\mu_0}{4\pi} \int_V \frac{\boldsymbol{M}(\boldsymbol{r}') \times \boldsymbol{e}_R}{R^2}\,\mathrm{d}V'} \ . \tag{9.14}$$

Mit Hilfe von (1.57) und (1.59) formt man um

$$\nabla' \times \left(\frac{\boldsymbol{M}(\boldsymbol{r}')}{R}\right) = \frac{1}{R}\nabla' \times \boldsymbol{M} - \boldsymbol{M} \times \left(\nabla'\frac{1}{R}\right)$$

$$= \frac{1}{R}\nabla' \times \boldsymbol{M} - \frac{\boldsymbol{M} \times \boldsymbol{e}_R}{R^2}$$

und aus (9.14) wird

$$\boldsymbol{A} = \frac{\mu_0}{4\pi}\int_V \frac{\nabla' \times \boldsymbol{M}}{R}\,\mathrm{d}V' - \frac{\mu_0}{4\pi}\int_V \nabla' \times \left(\frac{\boldsymbol{M}}{R}\right)\mathrm{d}V' \ .$$

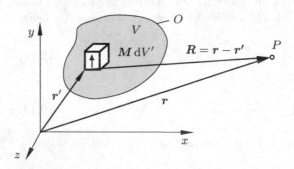

Abb. 9.2. Zur Berechnung des Vektorpotentials eines magnetisierten Körpers

Der zweite Term auf der rechten Seite wird mit Hilfe des modifizierten GAUSS'schen Satzes (1.72) umgewandelt in ein Oberflächenintegral

$$\boldsymbol{A}(\boldsymbol{r}) = \frac{\mu_0}{4\pi}\int_V \frac{\nabla' \times \boldsymbol{M}(\boldsymbol{r}')}{R}\,\mathrm{d}V' + \frac{\mu_0}{4\pi}\oint_O \frac{\boldsymbol{M}(\boldsymbol{r}') \times \boldsymbol{n}'}{R}\,\mathrm{d}F' \ . \tag{9.15}$$

Vergleicht man (9.15) mit (8.36), so ergibt der erste Term das Vektorpotential einer *Magnetisierungsstromdichte*

$$\boxed{\boldsymbol{J}_{mag} = \nabla \times \boldsymbol{M}} \ , \tag{9.16}$$

und der zweite Term das Potential einer durch die Magnetisierung hervorgerufenen Flächenstromdichte

$$\boxed{\boldsymbol{J}_{Fmag} = \boldsymbol{M} \times \boldsymbol{n}} \ . \tag{9.17}$$

Die Flächenstromdichte ist durch die Tangentialkomponente der Magnetisierung bestimmt. Sie entsteht, wie in §8.5, Abb. 8.9 erläutert, durch die atomaren Kreisströme, die sich innerhalb eines homogenen Materials gegenseitig aufheben aber auf der Oberfläche „erscheinen". Ist das Material nicht homogen, so heben sich die atomaren Kreisströme auch innerhalb des Materials nicht auf, und es resultiert eine Stromdichte, die durch die Rotation der Magnetisierung bestimmt ist. Beide Ströme sind gebundene „atomare" Ströme und ein Transport von freien Ladungsträgern findet nicht statt. Mathematisch kann man den magnetisierten Körper durch die Magnetisierungsstromdichte und durch die Magnetisierungsflächenstromdichte ersetzen. Das Vektorpotential lautet dann

$$\boxed{\boldsymbol{A}(\boldsymbol{r}) = \frac{\mu_0}{4\pi} \int_V \frac{\boldsymbol{J}_{mag}(\boldsymbol{r}')}{R}\, \mathrm{d}V' + \frac{\mu_0}{4\pi} \oint_O \frac{\boldsymbol{J}_{Fmag}(\boldsymbol{r}')}{R}\, \mathrm{d}F'}\ . \tag{9.18}$$

Beispiel 9.1. Homogen magnetisierte Kugel

Gesucht ist die magnetische Induktion einer homogen magnetisierten Kugel vom Radius a, Abb. 9.3. Die magnetisierte Kugel kann durch einen Magnetisierungsflächenstrom (9.17)

$$\boldsymbol{J}_{Fmag} = \boldsymbol{M} \times \boldsymbol{n} = M \sin\vartheta\, \boldsymbol{e}_\varphi$$

ersetzt werden. Dieser entspricht dem Strom im Beispiel auf Seite 186, wobei $q_F a\omega$ durch M zu ersetzen ist. Somit besteht außerhalb der Kugel ein Dipolfeld

$$\boldsymbol{B} = \frac{\mu_0 p_m}{4\pi r^3} \left[2\cos\vartheta\, \boldsymbol{e}_r + \sin\vartheta\, \boldsymbol{e}_\vartheta\right] \tag{9.19}$$

mit

$$p_m = \frac{4}{3}\pi a^3 M\,,$$

und innerhalb der Kugel ist das Feld konstant

$$\boldsymbol{B} = \frac{2}{3}\mu_0 \boldsymbol{M}\,. \tag{9.20}$$

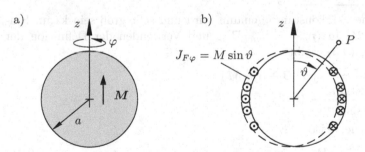

Abb. 9.3. (a) Homogen magnetisierte Kugel. (b) Ersatzanordnung mit Magnetisierungsflächenstromdichte

9.1.4 Makroskopische Beschreibung

Zur Bestimmung der lokalen magnetischen Induktion in (9.8) und (9.11), (9.13) geht man ganz analog wie bei der Polarisierung in §4.1.4 vor.

Im homogenen Raum mit einer makroskopischen magnetischen Induktion B denkt man sich einen kugelförmigen Hohlraum herausgeschnitten, dessen Radius groß gegen die molekularen Abmessungen ist (ähnlich Abb. 4.6). Innerhalb der Kugel werden diskrete Dipole angenommen, außerhalb des Hohlraumes erscheint eine kontinuierliche Magnetisierung. Das Feld im Ursprung (lokales Feld) setzt sich dann aus drei Anteilen zusammen

$$B_{lok} = B + B_{HK} + B_D \ . \tag{9.21}$$

Das Feld B_{HK}, welches durch die Magnetisierungsflächenstromdichte auf der Oberfläche des Hohlraumes entsteht, ist gleich dem negativen Feld einer homogen magnetisierten Kugel (9.20)

$$B_{HK} = -\frac{2}{3}\,\mu_0 M \ . \tag{9.22}$$

Das Feld der Dipole B_D verschwindet im Ursprung, wie in §4.1.4 abgeleitet. Somit ist

$$B_{lok} = B - \frac{2}{3}\,\mu_0 M \ . \tag{9.23}$$

(9.23) ist das Analogon zu der von H. A. LORENTZ erstmals hergeleiteten Beziehung (4.16) für das lokale Feld in dielektrischer Materie. Allerdings ist obige Beziehung für magnetische Effekte von geringer Bedeutung, da diese meist im Zusammenhang mit Festkörpern oder bestimmten Flüssigkeiten auftreten und es dabei eine starke Wechselwirkung zwischen benachbarten Dipolen gibt. Diese Wechselwirkung kann viele Größenordnungen stärker sein als in (9.23) und ist quantenmechanischer Natur. Aus diesem Grund hat P. WEISS den Zusammenhang zwischen lokalem und mittlerem Feld folgendermaßen postuliert

$$\boxed{B_{lok} = B + \alpha\mu_0 M \ ,} \tag{9.24}$$

wobei α interne Feldkonstante genannt wird und sehr groß sein kann. Einsetzen von (9.24) in $\langle p_m \rangle = \gamma_{mol} B_{lok}$ und Verwenden der Definition der Magnetisierung (9.3) ergibt

$$M = n\langle p_m \rangle = \gamma_{mol} n\,(B + \alpha\mu_0 M)$$
$$M = \frac{\gamma_{mol} n}{1 - \alpha\gamma_{mol} n\mu_0}\,B \ .$$

Man setzt üblicherweise

$$\mu_0 M = \frac{\chi_m}{1 + \chi_m}\,B \ , \tag{9.25}$$

wobei

$$\chi_m = \frac{\mu_0\gamma_{mol} n}{1 - (1 + \alpha)\mu_0\gamma_{mol} n} \tag{9.26}$$

und nach (9.8), (9.13)

$$\gamma_{mol} = \begin{cases} -\dfrac{e^2 r_e^2}{2m_e} \\[2mm] \dfrac{1}{3}\dfrac{p_m^2}{kT} \end{cases} \text{für} \begin{cases} \text{diamagnetische} \\ \text{paramagnetische} \end{cases} \text{Stoffe .}$$

Die Magnetisierung ist proportional der mittleren magnetischen Induktion. Die Konstante χ_m heißt *magnetische Suszeptibilität*. χ_m ist negativ bei diamagnetischen Stoffen und positiv bei paramagnetischen Stoffen. In beiden Fällen ist ihr Betrag sehr klein, $|\chi_m| \approx 10^{-4} - 10^{-6}$. Die Gleichungen (9.25), (9.26) geben den Zusammenhang zwischen der mikroskopischen „Magnetisierbarkeit" γ und den makroskopischen Größen χ_m, M und B an.

9.1.5 Ferromagnetismus

In ferromagnetischen Stoffen sind die Dipolmomente (Spins) einzelner Atome oder Moleküle verkoppelt. Dieser quantenmechanische Effekt ist so stark, dass praktisch alle Dipole in einem kleinen Bereich parallel ausgerichtet sind. Die Bereiche heißen WEISS'*sche Bezirke* und ihre Größe kann stark schwanken, zwischen einigen μm und 1 mm. Die Dipolmomente der einzelnen Bereiche sind statistisch verteilt, um den Energieinhalt zu minimieren. Zwischen den Bereichen gibt es eine Übergangszone, ungefähr 100 Atomlagen dick, die sogenannten BLOCH-*Wände*.

Obwohl Ferromagnetismus ein quantenmechanisches Phänomen ist und eigentlich nicht mit klassischen Methoden beschrieben werden kann, ist es dennoch möglich, das prinzipielle Verhalten mit dem obigen einfachen Modell klar zu machen. Man geht von dem Modell des Paramagnetismus aus und macht zwei Annahmen. Als erstes nimmt man an, die Dipole können nur parallel oder antiparallel zum angelegten Feld gerichtet sein. Die Wahrscheinlichkeit für eine der beiden Richtungen ist durch das BOLTZMANN'sche Verteilungsgesetz (3.27) gegeben, d.h. die Anzahl der Dipole, die in Richtung $\vartheta = 0$ oder $\vartheta = \pi$ zeigen ist

$$n(\vartheta = 0) = n_0 \quad , \quad n(\vartheta = \pi) = n_0 e^{-2p_m B_{lok}/kT} ,$$

wobei, entsprechend (4.5), die Energie eines Dipols im magnetischen Feld

$$W(\vartheta) = p_m B_{lok}(1 - \cos\vartheta)$$

ist. Die Anzahl aller Dipole pro Volumeneinheit ist

$$n = n(\vartheta = 0) + n(\vartheta = \pi) = n_0 \left(1 + e^{-2p_m B_{lok}/kT}\right) .$$

Man eliminiert n_0 und erhält für das mittlere Dipolmoment

$$\langle p_m \rangle = \frac{1}{n}\left[n(\vartheta = 0)p_m - n(\vartheta = \pi)p_m\right] =$$

$$= p_m \tanh\left(\frac{p_m B_{lok}}{kT}\right) . \tag{9.27}$$

Der Zusammenhang zwischen p_m und B_{lok} ist nun nicht mehr linear.

Die zweite Annahme folgt aus der Tatsache, dass die Magnetisierung viel stärker ist als das mittlere Feld. Letzteres kann sogar verschwinden und die Magnetisierung besteht weiter. Man verwendet (9.24)

$$\boldsymbol{B}_{lok} = \boldsymbol{B} + \alpha\mu_0\boldsymbol{M}\,, \tag{9.28}$$

wobei α im Bereich von einigen hundert liegt. Einsetzen von (9.28) in (9.27) und Benutzen der Definition der Magnetisierung (9.3) liefert

$$M = n\langle p_m\rangle = np_m \tanh\left(\frac{p_m B}{kT} + \alpha\frac{\mu_0 p_m}{kT}M\right)$$

oder

$$y = \tanh x(y) \quad \text{mit} \quad y = \frac{M}{np_m}\,, \quad x = \frac{p_m B}{kT} + \alpha\frac{\mu_0 np_m^2}{kT}y\,. \tag{9.29}$$

Das Modell ist also als Grenzfall des Paramagnetismus aufzufassen mit einer sehr starken Magnetisierung. Die implizite Gleichung (9.29) lässt sich graphisch interpretieren, Abb. 9.4.

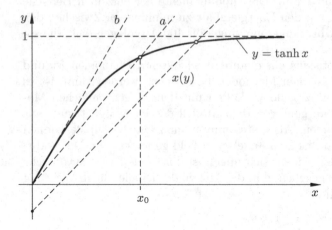

Abb. 9.4. Zur graphischen Lösung von (9.29)

Die implizite Kurve $x(y)$ ist eine Gerade, deren Schnittpunkte mit der Kurve $y = \tanh x$ Lösungen der Gleichung darstellen. Von besonderem Interesse ist der Fall der *spontanen Magnetisierung*, d.h. einer Magnetisierung bei verschwindendem Feld $\boldsymbol{B}$. Bei niedrigen Temperaturen ist die Steigung der Geraden $y(x)$ klein, und es ergibt sich ein Schnittpunkt bei $x = x_0$ (Kurve a in Abb. 9.4). Die Elementardipole richten sich gegenseitig aus und es ergibt sich eine spontane Magnetisierung, die zugleich eine *Sättigungsmagnetisierung* ist. Wird die Temperatur erhöht, gibt es einen Grenzfall, die CURIE*temperatur* T_C, bei der die Lösung verschwindet und die Gerade $y(x)$ tangential an der

Kurve $y = \tanh x$ anliegt (Kurve b in Abb. 9.4). Die spontane Magnetisierung verschwindet. Für noch höhere Temperaturen gibt es keine Lösung, und es liegt normales paramagnetisches Verhalten vor.

Obiges Modell ist natürlich nur anwendbar innerhalb der WEISS'schen Bezirke, die, abhängig von der Vorgeschichte, irgendwie verteilt sind. Legt man an einen größeren Körper, der zu Beginn unmagnetisch sein soll, ein äußeres Feld an, so richtet sich ein Teil der WEISS'schen Bezirke im Feld aus, andere vergrößern sich auf Kosten benachbarter Bezirke. Es entsteht eine Magnetisierung. Dieser Prozess der Ausrichtung und Verschiebung der BLOCH-Wände benötigt Energie, welche nachher im Material als magnetische Energie gespeichert ist.

Der Vorgang ist stark nichtlinear und durchläuft die sogenannte *Neukurve*, Abb. 9.5. Ist das angelegte Feld klein genug, z.B. bis zum Punkt P_1, so ist der Vorgang reversibel. Erhöht man dagegen das Feld bis P_2, so sind die Bewegungen der BLOCH-Wände nicht mehr reversibel. Erniedrigt man nun das angelegte Feld bis P_2', zeigt die Kurve einen anderen Verlauf als bei einer Erhöhung von P_2' nach P_2.

Eine weitere Erhöhung des Feldes bringt die Magnetisierung in eine Sättigung, die Bezirke sind im Wesentlichen alle ausgerichtet. Erniedrigt man nun B, durchläuft M eine andere Kurve, die bei $B = 0$ eine Restmagnetisierung (*Remanenz*) aufweist. Erst ein Gegenfeld, das sogenannte *Koerzitivfeld*, bringt M zum Verschwinden. Ein hinreichend starkes negatives Feld führt in eine negative Sättigung. Umkehren des Zyklus zu positiven Werten von B ergibt eine im Ursprung gespiegelte Kurve. Der Zyklus zeigt *Hysteresecharakter*.

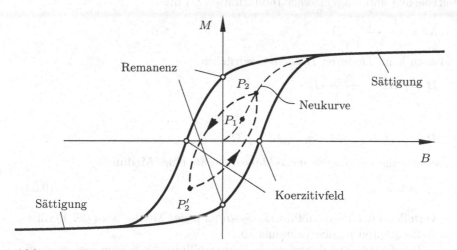

Abb. 9.5. Hysteresekurve eines ferromagnetischen Materials

9.2 Magnetische Feldstärke

Magnetisierung der Materie erzeugt „gebundene" Stromdichten, (9.16). Diese müssen im Durchflutungssatz (8.1) neben den Stromdichten, die durch den Transport freier Ladungsträger entstehen, berücksichtigt werden

$$\oint_S \boldsymbol{B} \cdot \mathrm{d}\boldsymbol{s} = \mu_0 \int_F (\boldsymbol{J} + \boldsymbol{J}_{mag}) \cdot \mathrm{d}\boldsymbol{F}$$

$$= \mu_0 \int_F \boldsymbol{J} \cdot \mathrm{d}\boldsymbol{F} + \int_F (\nabla \times \mu_0 \boldsymbol{M}) \cdot \mathrm{d}\boldsymbol{F}$$

$$= \mu_0 \int_F \boldsymbol{J} \cdot \mathrm{d}\boldsymbol{F} + \oint_S \mu_0 \boldsymbol{M} \cdot \mathrm{d}\boldsymbol{s}$$

oder

$$\oint_S (\boldsymbol{B} - \mu_0 \boldsymbol{M}) \cdot \mathrm{d}\boldsymbol{s} = \mu_0 \int_F \boldsymbol{J} \cdot \mathrm{d}\boldsymbol{F} = \mu_0 I_{frei} \, . \tag{9.30}$$

Der Zusammenhang (9.30) besagt, dass der eine Fläche durchsetzende Strom freier Ladungsträger gleich ist dem Umlaufintegral der Differenz zwischen magnetischer Induktion und Magnetisierung. Auch hier ist es angebracht, um die Eigenschaften des Materials besser und leichter beschreiben zu können, ein neues Vektorfeld $\boldsymbol{H}$, genannt *magnetische Feldstärke*, einzuführen

$$\boxed{\boldsymbol{B} = \mu_0(\boldsymbol{H} + \boldsymbol{M})} \quad \text{mit} \quad [\boldsymbol{H}] = \frac{\mathrm{A}}{\mathrm{m}} \, . \tag{9.31}$$

In dia- und paramagnetischer Materie ist der Zusammenhang zwischen Magnetisierung und magnetischer Induktion (9.25) linear

$$\boldsymbol{M} = \frac{1}{\mu_0} \frac{\chi_m}{1 + \chi_m} \boldsymbol{B}$$

und man kann $\boldsymbol{H}$ durch $\boldsymbol{B}$ allein ausdrücken

$$\boldsymbol{B} = \mu_0 \boldsymbol{H} + \frac{\chi_m}{1 + \chi_m} \boldsymbol{B}$$

oder

$$\boldsymbol{B} = \mu_0(1 + \chi_m)\boldsymbol{H} = \mu_r \mu_0 \boldsymbol{H} = \mu \boldsymbol{H} \, . \tag{9.32}$$

Dabei gibt die *relative Permeabilitätskonstante* eines Mediums

$$\mu_r = 1 + \chi_m = \frac{\mu}{\mu_0} \tag{9.33}$$

das Verhältnis der Permeabilitätskonstanten μ des Mediums zu der Permeabilitätskonstanten μ_0 des Vakuums an.

In Tabelle 9.1 sind die relativen Permeabilitätskonstanten einiger Stoffe angegeben. Für diamagnetische Stoffe sind sie etwas kleiner als eins und für paramagnetische Stoffe etwas größer als eins. Für ferromagnetische Stoffe sind sie sehr groß und variieren in einem weiten Bereich. Daher werden nur die Maximalwerte angegeben.

Tabelle 9.1. Relative Permeabilitätskonstanten

Material	μ_r	Material	μ_r
Silber	0.99998	Nickel	600
Kupfer	0.999991	Eisen	5000
Wasser	0.999991	Permalloy	150000
Aluminium	1.00002	Superalloy	1000000

9.3 Einfluss auf die Maxwell'schen Gleichungen. Stetigkeitsbedingungen an permeablen Grenzflächen

Im allgemeinen Fall, wenn die Materie polarisierbar und magnetisierbar ist, müssen in der ersten MAXWELL'schen Gleichung (2.33 I) die Polarisations- und Magnetisierungsstromdichte berücksichtigt werden

$$\oint_S \boldsymbol{B} \cdot \mathrm{d}\boldsymbol{s} = \mu_0 \int_F (\boldsymbol{J} + \boldsymbol{J}_{pol} + \boldsymbol{J}_{mag}) \cdot \mathrm{d}\boldsymbol{F} + \mu_0 \frac{\mathrm{d}}{\mathrm{d}t} \int_F (\varepsilon_0 \boldsymbol{E}) \cdot \mathrm{d}\boldsymbol{F} \; .$$

Einsetzen von (4.25) und (9.16) und Umformen liefert

$$\oint_S \boldsymbol{B} \cdot \mathrm{d}\boldsymbol{s} = \mu_0 \int_F \boldsymbol{J} \cdot \mathrm{d}\boldsymbol{F} + \int_F (\nabla \times \mu_0 \boldsymbol{M}) \cdot \mathrm{d}\boldsymbol{F}$$

$$+ \mu_0 \frac{\mathrm{d}}{\mathrm{d}t} \int_F \boldsymbol{P} \cdot \mathrm{d}\boldsymbol{F} + \mu_0 \frac{\mathrm{d}}{\mathrm{d}t} \int_F \varepsilon_0 \boldsymbol{E} \cdot \mathrm{d}\boldsymbol{F}$$

$$\oint_S (\boldsymbol{B} - \mu_0 \boldsymbol{M}) \cdot \mathrm{d}\boldsymbol{s} = \mu_0 \int_F \boldsymbol{J} \cdot \mathrm{d}\boldsymbol{F} + \mu_0 \frac{\mathrm{d}}{\mathrm{d}t} \int_F (\varepsilon_0 \boldsymbol{E} + \boldsymbol{P}) \cdot \mathrm{d}\boldsymbol{F}$$

und mit (4.21) und (9.31)

$$\oint_S \boldsymbol{H} \cdot \mathrm{d}\boldsymbol{s} = \int_F \boldsymbol{J} \cdot \mathrm{d}\boldsymbol{F} + \frac{\mathrm{d}}{\mathrm{d}t} \int_F \boldsymbol{D} \cdot \mathrm{d}\boldsymbol{F}$$

$$\rightarrow \quad \boxed{\nabla \times \boldsymbol{H} = \boldsymbol{J} + \frac{\partial \boldsymbol{D}}{\partial t}} \; . \tag{9.34}$$

Die anderen MAXWELL'schen Gleichungen werden durch magnetisierbare Medien nicht beeinflusst.[1]

Die Stetigkeitsbedingungen der Felder an einer Trennfläche zwischen zwei permeablen Medien findet man auf dieselbe Art und Weise wie die Stetigkeitsbedingungen in §3.6. Für das Umlaufintegral (9.34) wählt man den Weg in Abb. 3.11a und erhält, falls ein Oberflächenstrom vorhanden ist,

---

[1] Bei der Umwandlung der integralen Form von (9.34) in die differentielle Form haben wir zum wiederholten Mal den Übergang von der absoluten zur partiellen Differentiation nach der Zeit ohne Begründung durchgeführt. Dies wird in §12.1.3 nachgeholt.

$$\oint_S \boldsymbol{H} \cdot \mathrm{d}\boldsymbol{s} = \int_F \boldsymbol{J} \cdot \mathrm{d}\boldsymbol{F} + \int_F \frac{\partial \boldsymbol{D}}{\partial t} \cdot \mathrm{d}\boldsymbol{F} \; \rightarrow \; H_{t1}\Delta s - H_{t2}\Delta s = J_F \Delta s$$

oder, da Umlaufsinn und Strom über die Rechtsschraubenregel verknüpft sind

$$\boxed{\boldsymbol{n} \times (\boldsymbol{H}_1 - \boldsymbol{H}_2) = \boldsymbol{J}_F} \; . \tag{9.35}$$

Die Stetigkeit der Normalkomponente folgt aus dem Oberflächenintegral (8.2) über das Volumen in Abb. 3.11b zu

$$\boxed{B_{n1} = B_{n2}} \; . \tag{9.36}$$

Ohne Flächenstrom sind also die Tangentialkomponenten von $\boldsymbol{H}$ und die Normalkomponenten von $\boldsymbol{B}$ stetig. Die Richtung des Magnetfeldes auf den beiden Seiten der Trennfläche ist

$$\frac{\tan \alpha_1}{\tan \alpha_2} = \frac{H_{t1}/H_{n1}}{H_{t2}/H_{n2}} = \frac{\mu_1}{\mu_2} \; , \tag{9.37}$$

wobei α der Winkel des Feldes zur Flächennormalen ist. Im Grenzfall eines hochpermeablen Raumteils 2 (z.B. ferromagnetisches Material) gilt $\mu_2 \to \infty$, $\mu_1/\mu_2 \to 0$, und es gibt zwei Möglichkeiten. Entweder geht $\alpha_1 \to 0$ und $\boldsymbol{H}_1$ steht senkrecht auf der Trennfläche, oder es geht $\alpha_2 \to \pi/2$ und $\boldsymbol{H}_2$ verläuft tangential zur Trennfläche. Welcher Fall eintritt, hängt von der Anregung ab.

Als erstes betrachten wir Quellen, die sich im hochpermeablen Material befinden, z.B. eine Stromschleife in einer Kugel, Abb. 9.6a. In diesem Fall gibt es geschlossene Konturen innerhalb des hochpermeablen Materials, die den Strom umschließen. Die magnetische Induktion innerhalb der Kugel ist sehr groß und außerhalb sehr klein. Dies erfordert im Wesentlichen ein tangentiales Feld auf der Trennfläche, so wie in Abb. 9.6a gezeigt.

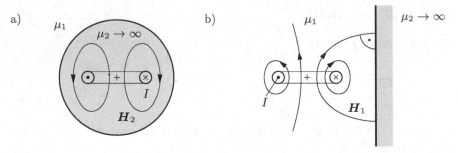

Abb. 9.6. **(a)** Hochpermeable Kugel mit stromführender Schleife. **(b)** Stromführende Schleife vor hochpermeablem Halbraum

Im zweiten Fall seien die Quellen außerhalb des hochpermeablen Materials, z.B. eine Stromschleife vor einem Halbraum, Abb. 9.6b. Das Magnetfeld im Raum 2 geht gegen null und im Raumteil 1 steht es senkrecht auf der Trennfläche. Drückt man in diesem Fall das Magnetfeld durch ein magnetisches Skalarpotential aus, so folgt entlang der Oberfläche

$$H_{t1} = -\frac{\partial \phi_m}{\partial s} = 0 \, , \tag{9.38}$$

d.h. die hochpermeable Oberfläche stellt eine Äquipotentialfläche dar.[2]

Ist das permeable Medium linear, ist die Situation wieder recht einfach, denn es gilt die Beziehung (9.32) und man kann B oder H gleichberechtigt verwenden. Bei Permanentmagneten mit konstanter Magnetisierung dagegen ist (9.31) zu verwenden mit dem eingeprägten Feld M. An Grenzflächen, bei denen das Medium 2 der Permanentmagnet ist, sind dann die tangentialen magnetischen Feldstärken stetig, (9.35) mit $J_F = 0$, und aus (9.36) wird

$$B_{n1} = B_{n2} = \mu_0(H_{n2} + M_n) \, .$$

Bei ferromagnetischen Stoffen ist der Zusammenhang zwischen M und B nichtlinear und die Beziehung (9.31)

$$B = \mu_0 H + \mu_0 M(B)$$

führt auf ein nichtlineares Problem, welches hier nicht behandelt werden soll.

9.4 Spiegelung an permeablen Grenzflächen

Eine dünne, stromführende Leiterschleife befindet sich vor einem permeablen Halbraum $z < 0$, Abb. 9.7.

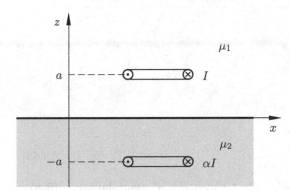

Abb. 9.7. Stromführende Leiterschleife und Spiegelschleife in permeablen Halbräumen

Das Magnetfeld außerhalb der Schleife soll aus einem Skalarpotential hergeleitet werden

$$H = -\nabla \phi_m \, . \tag{9.39}$$

---

[2] Eine Ausnahme zum zweiten Fall bilden zweidimensionale Anordnungen, wenn sich stromführende Leiter im Raumteil 1 befinden und dieser ganz von einem hochpermeablen Material umgeben ist. Ist die Summe der Ströme in den Leitern nicht null, so darf $\oint H \cdot ds$ über die Randkontur von Gebiet 1 nicht verschwinden und die Feldlinien stehen *nicht* senkrecht auf der Trennfläche.

In Analogie zur Behandlung des dielektrischen Halbraumes, §4.4, setzt man im Raumteil 1, $z > 0$, das Primärpotential des homogenen Raumes mit der Permeabilitätskonstanten μ_1 an plus ein Sekundärpotential

$$\phi_{m1} = \phi_{m0}(z_0 = a) + \alpha\phi_{m0}(z_0 = -a) . \tag{9.40}$$

Im Raumteil 2, $z < 0$, setzt man nur ein unbekanntes Gesamtpotential an

$$\phi_{m2} = \beta\phi_{m0}(z_0 = a) . \tag{9.41}$$

An der Trennfläche $z = 0$ müssen die Stetigkeitsbedingungen (9.35), (9.36) gelten

$$\frac{\partial\phi_{m0}(z_0 = a)}{\partial x} + \alpha\frac{\partial\phi_{m0}(z_0 = -a)}{\partial x} = \beta\frac{\partial\phi_{m0}(z_0 = a)}{\partial x}$$

$$\frac{\partial\phi_{m0}(z_0 = a)}{\partial y} + \alpha\frac{\partial\phi_{m0}(z_0 = -a)}{\partial y} = \beta\frac{\partial\phi_{m0}(z_0 = a)}{\partial y}$$

$$\mu_1\left[\frac{\partial\phi_{m0}(z_0 = a)}{\partial z} + \alpha\frac{\partial\phi_{m0}(z_0 = -a)}{\partial z}\right] = \mu_2\beta\frac{\partial\phi_{m0}(z_0 = a)}{\partial z} , \tag{9.42}$$

und da nach (8.21)

$$\phi_{m0}(\boldsymbol{r}) = \frac{I}{4\pi}\,\Omega ,$$

gilt offensichtlich für $z = 0$

$$\frac{\partial\phi_{m0}(z_0 = a)}{\partial x} = -\frac{\partial\phi_{m0}(z_0 = -a)}{\partial x} , \quad \frac{\partial\phi_{m0}(z_0 = a)}{\partial y} = -\frac{\partial\phi_{m0}(z_0 = -a)}{\partial y} ,$$

$$\frac{\partial\phi_{m0}(z_0 = a)}{\partial z} = \frac{\partial\phi_{m0}(z_0 = -a)}{\partial z} .$$

Somit ist

$$1 - \alpha = \beta \quad , \quad \mu_1(1 + \alpha) = \mu_2\beta$$

oder

$$\alpha = \frac{\mu_2 - \mu_1}{\mu_2 + \mu_1} \quad , \quad \beta = \frac{2\mu_1}{\mu_1 + \mu_2} . \tag{9.43}$$

Mit den Konstanten (9.43) sind alle Größen der Potentialansätze (9.40), (9.41) bekannt.

Zusammenfassung

Magnetisierung

$$\boldsymbol{M} = n\langle\boldsymbol{p}_m\rangle$$

Magnetisierungsstromdichte, -flächenstromdichte

$$J_{mag} = \nabla \times M \quad , \quad J_{Fmag} = M \times n$$

Magnetische Feldstärke

$$B = \mu_0(H + M) \quad , \quad B = \mu_0\mu_r H \quad , \quad \text{lineare Medien}$$
$$M = M(B) \quad , \quad \text{nichtlineare (ferromagnetische) Medien}$$

Grundlegende Gleichungen

$$\oint_S H \cdot ds = \int_F J \cdot dF \qquad \nabla \times H = J$$
$$\to$$
$$\oint_O B \cdot dF = 0 \qquad \nabla \cdot B = 0$$

Fragen zur Prüfung des Verständnisses

9.1 Wie hängt die Magnetisierung mit der magnetischen Induktion zusammen?

9.2 Was sind Dia- und Paramagnetismus?

9.3 Gib eine elektrische Ersatzanordnung für einen runden Stabmagnet mit homogener Magnetisierung an.

9.4 Skizziere graphisch den Zusammenhang zwischen Magnetisierung und magnetischer Induktion für ferromagnetisches Material.

9.5 Wie lauten die Stetigkeitsbedingungen an einer Trennfläche zwischen zwei permeablen Medien?

9.6 Wie verlaufen die H-Feldlinien an der Oberfläche eines hochpermeablen ($\mu \to \infty$) Körpers, wenn die Quellen außerhalb oder innerhalb liegen?

9.7 Ein stromführender Leiter befinde sich über einem hochpermeablen ($\mu \to \infty$) Halbraum. Gib eine Ersatzanordnung zur Berechnung an.

10. Magnetostatische Felder III (Induktivität. Energie. Magnetische Kreise)

Stromkreise erzeugen magnetische Felder und speichern magnetische Energie.

> Eine Größe, die den Strom und den magnetischen Fluss verknüpft, ist die Induktivität. Man unterscheidet zwischen der Gegen- und Selbstinduktivität.

Die Energie, die im magnetostatischen Feld steckt, lässt sich an dieser Stelle noch nicht allgemein bestimmen. Dazu wird das Induktionsgesetz benötigt.

> Daher wird hier die Energie mit Hilfe eines Analogieschlusses hergeleitet.
> Energiedichte bedingt Kraftdichte und übt Druck an inhomogenen Materialverteilungen aus.

Am Ende werden kurz magnetische Kreise eingeführt. Sie sind möglich, da magnetische Flusslinien geschlossene Kurven bilden.

10.1 Induktivität

Gegeben seien zwei dünne Leiterschleifen mit den Konturen $S_{1,2}$ und den Flächen $F_{1,2}$, Abb. 10.1. Ein Strom I_1 in der Leiterschleife 1 erzeugt eine magnetische Induktion $\boldsymbol{B}_1$. Ein Teil des magnetischen Flusses, der zu $\boldsymbol{B}_1$ gehört, durchsetzt die Leiterschleife 2

$$\psi_{m12} = \int_{F_2} \boldsymbol{B}_1 \cdot \mathrm{d}\boldsymbol{F} \, . \tag{10.1}$$

Nach dem BIOT-SAVART'schen Gesetz ist $\boldsymbol{B}_1$ proportional zu I_1 und somit ist auch der Fluss proportional zu I_1

$$\psi_{m12} = L_{12} I_1 \quad \text{mit} \quad [L] = \frac{\mathrm{Vs}}{\mathrm{A}} = \mathrm{H} \, . \tag{10.2}$$

Die Proportionalitätskonstante L_{12} heißt *Gegeninduktivität*. Besteht die Schleife 2 aus N_2 Windungen, durch die derselbe Fluss hindurchgeht, so durchsetzt $\boldsymbol{B}_1$ sozusagen N_2 mal die Fläche F_2 und man spricht von dem mit der Schleife 2 verketteten Fluss

© Der/die Autor(en), exklusiv lizenziert durch Springer-Verlag GmbH, DE, ein Teil von Springer Nature 2020
H. Henke, *Elektromagnetische Felder*, https://doi.org/10.1007/978-3-662-62235-3_10

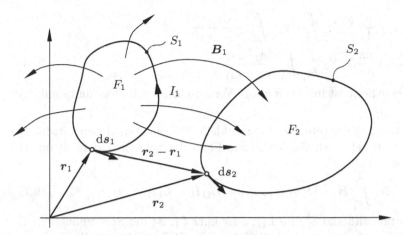

Abb. 10.1. Zur Berechnung der Gegeninduktivität dünner Leiterschleifen

$$\Psi_{m12} = N_2 \int_{F_2} \boldsymbol{B}_1 \cdot \mathrm{d}\boldsymbol{F} = N_2 \psi_{m12} = L_{12} I_1 \ . \tag{10.3}$$

Man definiert die Gegeninduktivität als den mit der Schleife 2 verketteten Fluss pro Einheitsstrom der erzeugenden Schleife 1. Die Anregung lässt sich natürlich auch umkehren. Ein Strom I_2 in der Schleife 2 erzeugt ein Feld $\boldsymbol{B}_2$, welches in der Schleife 1 (mit N_1 Windungen) einen verketteten Fluss

$$\Psi_{m21} = N_1 \int_{F_1} \boldsymbol{B}_2 \cdot \mathrm{d}\boldsymbol{F} = N_1 \psi_{m21} = L_{21} I_2 \tag{10.4}$$

verursacht. Die Gegeninduktivitäten L_{12} und L_{21} sind gleich und werden oftmals mit M bezeichnet

$$L_{12} = L_{21} = M \ . \tag{10.5}$$

Beweis: Nach (10.3) ist

$$L_{12} = \frac{\Psi_{m12}}{I_1} = \frac{N_2}{I_1} \int_{F_2} \boldsymbol{B}_1 \cdot \mathrm{d}\boldsymbol{F} \ .$$

Man drückt $\boldsymbol{B}_1$ durch das Vektorpotential aus und wendet den STO-KES'schen Satz an

$$L_{12} = \frac{N_2}{I_1} \int_{F_2} (\nabla \times \boldsymbol{A}_1) \cdot \mathrm{d}\boldsymbol{F} = \frac{N_2}{I_1} \oint_{S_2} \boldsymbol{A}_1 \cdot \mathrm{d}\boldsymbol{s} \ .$$

Einsetzen des Vektorpotentials (8.36) einer Leiterschleife

$$\boldsymbol{A}_1(\boldsymbol{r}_2) = \frac{\mu_0 N_1 I_1}{4\pi} \oint_{S_1} \frac{\mathrm{d}\boldsymbol{s}}{|\boldsymbol{r}_2 - \boldsymbol{r}_1|}$$

ergibt die NEUMANN'*sche Formel* für die Gegeninduktivität

$$L_{12} = \frac{\mu_0}{4\pi} N_1 N_2 \oint_{S_2} \mathrm{d}\boldsymbol{s}_2 \cdot \oint_{S_1} \frac{\mathrm{d}\boldsymbol{s}_1}{|\boldsymbol{r}_2 - \boldsymbol{r}_1|}$$

$$= \frac{\mu_0}{4\pi} N_1 N_2 \oint_{S_1} \oint_{S_2} \frac{\mathrm{d}\boldsymbol{s}_2 \cdot \mathrm{d}\boldsymbol{s}_1}{|\boldsymbol{r}_2 - \boldsymbol{r}_1|} . \tag{10.6}$$

Die rechte Seite ist invariant gegen Vertauschen der Indices und somit ist $L_{12} = L_{21}$.

So wie z.B. der verkettete Fluss der Schleife 2 proportional zum Strom I_1 ist, so ist natürlich auch der verkettete Fluss der Schleife 1 dem Strom I_1 proportional

$$\Psi_{m11} = N_1 \int_{F_1} \boldsymbol{B}_1 \cdot \mathrm{d}\boldsymbol{F} = N_1 \psi_{m11} = L_{11} I_1 = L_1 I_1 . \tag{10.7}$$

Die Proportionalitätskonstante L_{11}, oder kurz L_1, ist die *Selbstinduktivität*.

Bei der Berechnung der Selbstinduktivität (10.7) tritt nun allerdings ein Problem auf. Nimmt man die Schleife als unendlich dünn an, so wird das Flussintegral unendlich groß, wegen $B \sim \varrho^{-1}$ im Abstand $\varrho \to 0$ vom Leiter. Bei endlich dicken Leitern ist die Fläche F_1 nicht definiert. Um dieses Dilemma zu umgehen, zerlegt man die Selbstinduktivität in zwei Anteile, in die *innere* und die *äußere* Induktivität. Dies sei mit Hilfe der Abb. 10.2 erläutert.

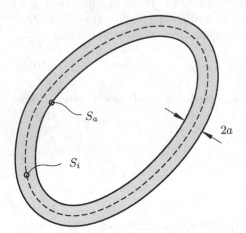

Abb. 10.2. Dicke Leiterschleife mit Leiterradius a

Die äußere Induktivität gehört zu dem Fluss, der durch die Kontur S_a, gegeben durch die Innenkante des Leiters, geht. Die innere Induktivität hingegen ordnet man dem Fluss im Leiter zu. Zur Berechnung der inneren Induktivität nehmen wir der Einfachheit halber an, dass zwar der Leiter dick ist aber der Krümmungsradius der Schleife viel größer als der Leiterradius ist. Unter diesen Umständen ist das Feld im Leiter dem Feld eines gleich dicken, geraden und unendlich langen Leiters (8.4)

$$B_\varphi = \frac{\mu_0 I}{2\pi} \frac{\varrho}{a^2}$$

sehr ähnlich. Wie wir im nächsten Paragraphen lernen werden, hängt die innere Induktivität pro Längeneinheit L_i' mit der magnetischen Energie zusammen, die sich im Leiter pro Längeneinheit befindet

$$L_i' = 2\,\frac{W_m'}{I^2} = \frac{1}{I^2} \int_0^a \int_0^{2\pi} H_\varphi B_\varphi\, \varrho\, \mathrm{d}\varphi\, \mathrm{d}\varrho = \frac{\mu_0}{8\pi}\;. \tag{10.8}$$

Zur Berechnung der äußeren Induktivität nehmen wir den gesamten Leiterstrom im Mittelpunkt des Leiters (Kontur S_i) konzentriert an. Das Problem entspricht jetzt der Berechnung der Gegeninduktivität zweier Schleifen mit S_i und S_a und wir können die Formel (10.6) verwenden

$$L_a = \frac{\mu_0}{4\pi} \oint_{S_i} \oint_{S_a} \frac{\mathrm{d}\boldsymbol{s}_i \cdot \mathrm{d}\boldsymbol{s}_a}{|\boldsymbol{r}_i - \boldsymbol{r}_a|}\;. \tag{10.9}$$

Somit ist die Selbstinduktivität der Schleife in Abb. 10.2 durch

$$L_1 = L_i + L_a = L_i' S_i + L_a \tag{10.10}$$

gegeben. Bei dünnen Leitern ist L_i meist klein gegenüber L_a.

Beispiel 10.1. Selbstinduktivität einer Toroidspule

Gesucht ist die Selbstinduktivität der Toroidspule im Beispiel auf Seite 172. Die magnetische Induktion innerhalb der Spule ist

$$B_\varphi = \frac{\mu_0 N I}{2\pi \varrho}$$

und der verkettete Fluss

$$\Psi_m = N \int_a^b B_\varphi w\, \mathrm{d}\varrho = \frac{\mu_0 N^2 I}{2\pi}\, w \ln \frac{b}{a}\;.$$

Somit ist die Selbstinduktivität

$$L = \frac{\Psi_m}{I} = \frac{\mu_0 N^2}{2\pi}\, w \ln \frac{b}{a}\;.$$

10.2 Magnetische Energie

Die Bestimmung der magnetischen Energie ist nicht so direkt möglich wie bei der elektrischen Energie. Bei der Verschiebung einer Ladung im magnetischen Feld stehen Kraft und Weg senkrecht aufeinander und es wird keine Arbeit verrichtet. Man kann auch nicht eine bestimmte Stromverteilung aufbauen, indem Stromfäden aus dem Unendlichen herbeigeführt werden, denn dabei wird nicht Arbeit aufgewendet, sondern es wird Arbeit frei. Die Schwierigkeit bei der Bestimmung der magnetischen Energie liegt im FARADAY'schen Induktionsgesetz begründet, welches mit zeitabhängigen Vorgängen zu tun hat. Dies wird erst im nächsten Kapitel behandelt, und deswegen soll die magnetische Energie hier nur mit Hilfe eines Analogieschlusses hergeleitet werden.[1]

Man betrachtet eine Flächenstromdichte, die die magnetische Induktion $B/2$ erzeugt, Abb. 10.3a. Der Durchflutungssatz (8.1), mit einem Umlauf wie im Bild gezeigt, ergibt

$$\frac{1}{2}B\Delta l + \frac{1}{2}B\Delta l = \mu_0 J_F \Delta l \quad \to \quad J_F = \frac{B}{\mu_0} \;. \tag{10.11}$$

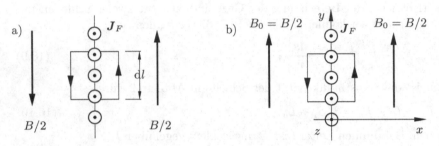

Abb. 10.3. Flächenstrom im äußeren Magnetfeld B_0

Jetzt wird der Flächenstrom in ein äußeres Feld $B_0 = B/2$ gebracht, Abb. 10.3b, so dass der Halbraum $x < 0$ feldfrei wird und im Halbraum $x > 0$ ein Feld B herrscht. Nach (8.5) übt das äußere Feld einen Druck auf die Stromdichte aus

$$\boldsymbol{\sigma} = \boldsymbol{J}_F \times \boldsymbol{B}_0 = -\frac{1}{2\mu_0}B^2 \boldsymbol{e}_x = -\frac{1}{2}HB\,\boldsymbol{e}_x \;. \tag{10.12}$$

Die magnetische Energiedichte im Halbraum $x > 0$ berechnet man nach dem Prinzip der virtuellen Verrückung. Bei einem Verschieben des Flächenstromes um ein Stück Δx ist pro Flächenelement ΔF die Arbeit

$$\Delta A = -\sigma_x \Delta F \Delta x = \frac{1}{2}HB\Delta F \Delta x$$

aufzuwenden. Diese entspricht der Erhöhung der magnetischen Energie

$$\Delta W_m = \Delta A$$

und man erhält durch Vergleich die magnetische Energiedichte

$$w_m = \frac{1}{2}HB = \frac{1}{2}\boldsymbol{H}\cdot\boldsymbol{B} \;. \tag{10.13}$$

---

[1] Es erscheint zunächst überraschend, warum man Energie aufwenden muss, um ein statisches Magnetfeld zu erzeugen, da das Magnetfeld selber keine Arbeit verrichten kann. Die Erklärung liegt in der nötigen zeitlichen Änderung des Feldes während des Aufbaus. In dieser Phase werden wegen der zweiten MAXWELL'schen Gleichung (2.33 II) elektrische Felder erzeugt, die durch Verschieben der Ladungen Arbeit verrichten.

Die vektorielle Schreibweise ist allgemein gültig, wie wir später sehen werden.

Als nächstes soll die Energie durch das Vektorpotential und die Stromdichte ausgedrückt werden. Wegen (10.13) ist die magnetische Energie in einem Volumen V

$$W_m = \int_V w_m \mathrm{d}V = \frac{1}{2} \int_V \boldsymbol{H} \cdot \boldsymbol{B}\, \mathrm{d}V = \frac{1}{2\mu} \int_V \boldsymbol{B}^2 \mathrm{d}V \ . \tag{10.14}$$

Unter Verwendung des Vektorpotentials $\boldsymbol{A}$, des Durchflutungssatzes (8.1) und (1.56) erhält man

$$\nabla \cdot (\boldsymbol{A} \times \boldsymbol{B}) = \boldsymbol{B} \cdot (\nabla \times \boldsymbol{A}) - \boldsymbol{A} \cdot (\nabla \times \boldsymbol{B}) = \boldsymbol{B}^2 - \mu \boldsymbol{A} \cdot \boldsymbol{J}$$

und kann $\boldsymbol{B}^2$ in (10.14) ersetzen

$$\begin{aligned} W_m &= \frac{1}{2} \int_V \boldsymbol{A} \cdot \boldsymbol{J}\, \mathrm{d}V + \frac{1}{2\mu} \int_V \nabla \cdot (\boldsymbol{A} \times \boldsymbol{B})\, \mathrm{d}V \\ &= \frac{1}{2} \int_V \boldsymbol{A} \cdot \boldsymbol{J}\, \mathrm{d}V + \frac{1}{2\mu} \oint_O (\boldsymbol{A} \times \boldsymbol{B}) \cdot \mathrm{d}\boldsymbol{F} \ . \end{aligned}$$

Hat die Stromverteilung eine endliche Ausdehnung, dann ist für $r \to \infty$ nach (8.16) $|\boldsymbol{B}| \sim r^{-2}$ und nach (8.36) $|\boldsymbol{A}| \sim r^{-1}$, d.h. das Oberflächenintegral verschwindet, wenn über den unendlichen Raum integriert wird. Somit verbleibt für die magnetische Energie

$$\boxed{W_m = \frac{1}{2} \int_V \boldsymbol{A} \cdot \boldsymbol{J}\, \mathrm{d}V} \tag{10.15}$$

und der Integrand hat die Dimension einer Energiedichte

$$w_m = \frac{1}{2} \boldsymbol{A} \cdot \boldsymbol{J} \ . \tag{10.16}$$

Die Gleichungen (10.14), (10.15) geben die magnetische Energie an. Sie entsprechen den Ausdrücken für die elektrische Energie (5.7), (5.4). Bei der Frage nach der Energiedichte gilt Entsprechendes wie im letzten Absatz von §5.2. Der allgemein gültige Ausdruck für die magnetische Energiedichte ist (10.13).

Im Falle einer dünnen, geschlossenen Leiterschleife mit dem Strom I kann man die magnetische Energie auch durch die Selbstinduktivität ausdrücken. Der magnetische Fluss durch die Schleife mit der Fläche F ist nach (8.38) und (10.7)

$$\psi_m = \int_F \boldsymbol{B} \cdot \mathrm{d}\boldsymbol{F} = \oint_S \boldsymbol{A} \cdot \mathrm{d}\boldsymbol{s} = LI \ . \tag{10.17}$$

Einsetzen in (10.15) liefert

$$W_m = \frac{1}{2} \int_V \boldsymbol{A} \cdot \boldsymbol{J}\, \mathrm{d}V = \frac{1}{2} I \oint_S \boldsymbol{A} \cdot \mathrm{d}\boldsymbol{s} = \frac{1}{2} \psi_m I = \frac{1}{2} LI^2 \ . \tag{10.18}$$

Die in der Umgebung einer stromführenden Leiterschleife gespeicherte magnetische Energie ist proportional dem Quadrat des Stromes mit der Selbstinduktivität als Proportionalitätskonstante. Bei dieser Vorgehensweise muss nicht zwischen normalem und verkettetem Fluss unterschieden werden, denn bei der Berechnung von W_m ist sowohl $\boldsymbol{H}$ wie $\boldsymbol{B}$ von NI abhängig und die Windungszahl wird richtig berücksichtigt.

Mit Hilfe von (10.18) ist man nun in der Lage, die Selbstinduktivität von Leiteranordnungen, insbesondere Massivleitern, zu berechnen.

Beispiel 10.2. Selbstinduktivität einer Koaxialleitung

Gesucht ist die Selbstinduktivität eines Koaxialkabels mit massivem Innenleiter und dünnem Außenleiter, Abb. 10.4. Der Strom im Innenleiter sei homogen und fließe in z-Richtung. Wegen der Zylindersymmetrie hat das Magnetfeld nur eine φ-Komponente. Anwenden des Durchflutungssatzes (8.1) liefert

im Innenleiter, $\varrho < a$,

$$2\pi\varrho B_{\varphi i} = \mu_0 \frac{\pi\varrho^2}{\pi a^2} I \quad \rightarrow \quad B_{\varphi i} = \frac{\mu_0 I}{2\pi a}\frac{\varrho}{a} \tag{10.19}$$

im Zwischenraum, $a < \varrho < b$,

$$2\pi\varrho B_{\varphi a} = \mu_0 I \quad \rightarrow \quad B_{\varphi a} = \frac{\mu_0 I}{2\pi\varrho} . \tag{10.20}$$

Die magnetische Energie pro Längeneinheit berechnet sich dann aus (10.14) zu

$$W'_{mi} = \frac{1}{2\mu_0} \int_0^{2\pi} \int_0^a B_{\varphi i}^2 \varrho \, d\varphi \, d\varrho = \frac{\mu_0 I^2}{16\pi}$$

$$W'_{ma} = \frac{1}{2\mu_0} \int_0^{2\pi} \int_a^b B_{\varphi a}^2 \varrho \, d\varphi \, d\varrho = \frac{\mu_0 I^2}{4\pi} \ln \frac{b}{a} .$$

Einsetzen in (10.18) gibt die Selbstinduktivität pro Längeneinheit

$$L' = \frac{\mu_0}{8\pi} + \frac{\mu_0}{2\pi} \ln \frac{b}{a} = L'_i + L'_a . \tag{10.21}$$

Der erste Term ist die sogenannte *innere Selbstinduktivität*, da er die Energie im Leiter berücksichtigt, und der zweite Term heißt *äußere Selbstinduktivität*, da er für die Energie außerhalb der Leiter steht.

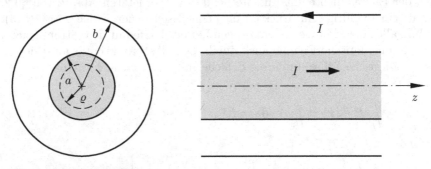

Abb. 10.4. Koaxialkabel

Beispiel 10.3. Selbstinduktivität einer Zweidrahtleitung

Gesucht ist die Selbstinduktivität einer Zweidrahtleitung, Abb. 10.5. Der Strom in den Leitern sei homogen.

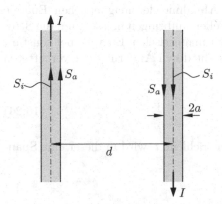

Abb. 10.5. Zweidrahtleitung

Entsprechend §10.1 teilen wir die Induktivität auf in eine innere und äußere Induktivität. Nach (10.19), (10.20) ist die magnetische Induktion innerhalb und außerhalb der Leiter

$$B_{\varphi i} = \frac{\mu_0 I}{2\pi a} \frac{\varrho}{a} \quad , \quad B_{\varphi a} = \frac{\mu_0 I}{2\pi \varrho} \; .$$

Für die innere Induktivität pro Längeneinheit eines Leiters verwendet man (10.14) und (10.18)

$$W_m' = \frac{1}{2\mu_0} \int_F B_{\varphi i}^2 \, \mathrm{d}F = \frac{1}{2} L_i' I^2 \; ,$$

wobei die Integration nur über den Querschnitt F der Leiter geht

$$W_m' = \frac{1}{2\mu_0} \left(\frac{\mu_0 I}{2\pi a^2} \right)^2 \int_0^a \int_0^{2\pi} \varrho^3 \, \mathrm{d}\varrho \, \mathrm{d}\varphi = \frac{1}{2} I^2 \frac{\mu_0}{8\pi} = \frac{1}{2} L_i' I^2 \; .$$

Für die äußere Induktivität nimmt man die Gegeninduktivität zwischen den zwei Schleifen S_i und S_a und nimmt den Strom als in S_i konzentriert an. Dann folgt die äußere Induktivität zu

$$\psi_m' = \int_a^{d-a} B_{\varphi a} \, \mathrm{d}\varrho = \frac{\mu_0 I}{2\pi} \int_a^{d-a} \frac{\mathrm{d}\varrho}{\varrho} = \frac{\mu_0 I}{2\pi} \ln \frac{d-a}{a} = L_a' I \; .$$

Fügt man noch die Faktoren 2 hinzu, da zwei Leiter vorliegen und auch der Fluss ψ_m' zwischen den Leitern doppelt so groß ist, wird

$$L' = 2L_i' + 2L_a' = \frac{\mu_0}{4\pi} \left[1 + 4 \ln \frac{d-a}{a} \right] \; . \tag{10.22}$$

10.3 Kräfte auf Körper und Grenzflächen

Auf alle stromführenden Leiter im Magnetfeld wirken Kräfte. Zu ihrer Bestimmung verwenden wir, wie in §5.3, das Prinzip der virtuellen Verrückung.

Wir gehen von einem System von N stromführenden Leiterschleifen aus, die an externe Stromquellen angeschlossen sind. Wird eine Schleife vom Feld um eine Strecke δs verschoben, so wird die Arbeit

$$\delta A = \boldsymbol{K} \cdot \delta \boldsymbol{s} = -\delta W_m + \delta W_Q \qquad (10.23)$$

frei. Sie besteht aus zwei Teilen, der Abnahme der magnetischen Energie $-\delta W_m$ und der Arbeit δW_Q, die die Quellen aufbringen müssen, um die Ströme konstant zu halten. Die Änderung der magnetischen Energie, bei konstanten Strömen und Schleifenformen, entsteht durch Änderung der verketteten Flüsse (10.18)

$$\delta W_m = \frac{1}{2} \sum_{i=1}^{N} I_i \delta \Psi_{mi} \;. \qquad (10.24)$$

Verändert sich aber der Fluss durch eine Schleife i, wird in dieser eine Spannung

$$U_i = -\frac{\delta \Psi_{mi}}{\delta t}$$

induziert.[2] Die Quellen halten die Ströme konstant gegen die induzierte Spannung und liefern die Energie

$$\delta W_Q = - \sum_{i=1}^{N} U_i I_i \delta t = \sum_{i=1}^{N} I_i \delta \Psi_{mi} = 2 \delta W_m \;. \qquad (10.25)$$

Einsetzen von (10.24), (10.25) in (10.23) liefert durch Vergleich die Kraft auf die betrachtete Schleife in Richtung der Verrückung

$$K_s = \frac{\delta W_m}{\delta s} \;. \qquad (10.26)$$

Wenn die Schleife nur eine Drehbewegung durchführen kann, z.B. um die z-Achse, so wird

$$\delta A = T_z \delta \varphi = \delta W_m$$

und das Drehmoment auf die Schleife ist

$$T_z = \frac{\delta W_m}{\delta \varphi} \;. \qquad (10.27)$$

In manchen interessanten Fällen bleibt der Fluss durch die Schleifen konstant und es wird keine Spannung induziert. Dann liefern die externen Quellen keine Energie, $\delta W_Q = 0$, und das System kann als isoliert angesehen werden.[3] Die verrichtete Arbeit (10.23) wird ausschließlich aus dem Feld genommen

$$\delta A = \boldsymbol{K} \cdot \delta \boldsymbol{s} = -\delta W_m$$

---

[2] dies ist der Inhalt des nächsten Kapitels

[3] Selbstverständlich müssen die Quellen immer Leistung liefern, um in verlustbehafteten Leitern die Ströme aufrecht zu erhalten. Dies wird hier nicht betrachtet.

und man erhält

$$K_s = -\frac{\delta W_m}{\delta s} \qquad\qquad (10.28)$$

$$T_z = -\frac{\delta W_m}{\delta \varphi} \; . \qquad\qquad (10.29)$$

Beispiel 10.4. Elektromagnet

Gegeben ist ein Elektromagnet nach Abb. 10.6. Wegen der Stetigkeitsbedingung (9.36)

$$\mu_0 H_a = \mu_r \mu_0 H_i$$

ist das Magnetfeld H_a im Luftspalt μ_r mal größer als das Feld im Eisen. Da ferner μ_r ungefähr 1000 ist, ist die magnetische Energie im Luftspalt konzentriert und der Anteil im Eisen kann vernachlässigt werden

$$W_m = \frac{1}{2} H_a B_a F 2x = \frac{\psi_m^2}{\mu_0 F} x \; .$$

Bei einer kleinen Verschiebung des Eisenjochs in x-Richtung hat man zwei Möglichkeiten. Man kann den Strom konstant halten und der Fluss ψ_m ändert sich oder man hält den Fluss konstant und der Strom ändert sich. Im letzteren Fall gibt (10.28) die Kraft auf das Joch an

$$K_x = -\frac{\delta W_m}{\delta x} = -\frac{\psi_m^2}{\mu_0 F} \; .$$

Die Kraft wirkt der Vergrößerung des Luftspaltes entgegen, da dieses eine Erhöhung der magnetischen Energie bedeutet.

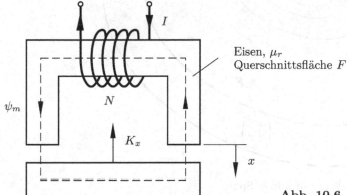

Eisen, μ_r
Querschnittsfläche F

Abb. 10.6. Elektromagnet

Zur Bestimmung des Druckes auf Grenzflächen geht man völlig analog zu §5.4 vor. Für die Kraftdichte im inhomogenen permeablen Material erhält man

$$\boxed{k_\mu = -\frac{1}{2}H^2\nabla\mu}$$

(10.30)

und der Druck auf eine Grenzfläche in Richtung abnehmender Permeabilität,$\mu_1 > \mu_2$, ist

$$\boxed{p_n = \frac{1}{2}(\mu_1 - \mu_2)H_1 \cdot H_2}.$$

(10.31)

10.4 Magnetische Kreise

Magnetische Flusslinien bilden geschlossene Kurven. Wenn der Fluss, der zu einem bestimmten erregenden Strom gehört, auf einen wohldefinierten Bereich beschränkt ist, spricht man von einem *magnetischen Kreis* und man kann die gleichen Methoden zur Berechnung verwenden wie in einem elektrischen Netzwerk.

Wir betrachten z.B. einen permeablen Ringkern, auf den eine kurze Spule gewickelt ist, Abb. 10.7.

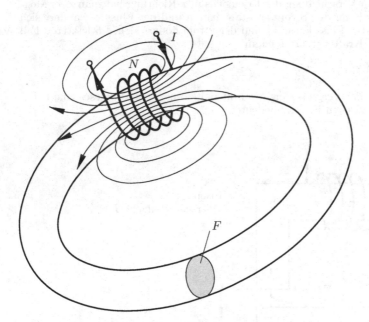

Abb. 10.7. Ringkern mit kurzer Spule

Bei einem Kern mit niedriger Permeabilität ergibt sich ein Feld wie gezeichnet. Es ist stark im Bereich der Spule und nimmt mit zunehmendem Abstand von der Spule ab, da es einen starken Streufluss gibt. Mit zunehmender Permeabilität nimmt die Magnetisierung zu und das Feld wird immer mehr in den Kern „hineingezogen" bis es fast ausschließlich im Kern verläuft. Der Streufluss außerhalb des Kernes ist dann klein und kann vernachlässigt werden. Es liegt ein magnetischer Kreis vor mit einer Erregung NI und einem Fluss $\psi_m = \mu F H$.

Die Grundlage der Methode bilden (8.1) und (8.2). Gleichung (8.2) besagt, dass das magnetische Feld keine Quellen hat und die Feldlinien geschlossen sind. Umschließt das Umlaufintegral in (8.1) eine stromführende Spule mit N Windungen, so folgt

$$\oint_S \boldsymbol{H} \cdot \mathrm{d}\boldsymbol{s} = NI \ . \tag{10.32}$$

Nach Voraussetzung ist das Magnetfeld auf einen wohldefinierten Bereich beschränkt und man drückt H durch den magnetischen Fluss aus

$$\psi_{mi} = B_i F_i = \mu_i F_i H_i \quad , \quad i = 1, 2, \ldots, N \ , \tag{10.33}$$

wobei der Kreis aus stückweise konstanten Gebieten i mit Querschnittsfläche F_i, Länge l_i und Permeabilität μ_i bestehen soll. Einsetzen von (10.33) in (10.32) liefert

$$\oint_S \boldsymbol{H} \cdot \mathrm{d}\boldsymbol{s} = \sum_{i=1}^{N} \frac{l_i}{\mu_i F_i} \psi_{mi} = NI = V_m \ . \tag{10.34}$$

Die Größe NI spielt eine ähnliche Rolle wie die EMK im elektrischen Feld und wird *magnetische Spannung* V_m oder *magnetomotorische Kraft* (MMK) genannt. Der Fluss spielt die Rolle des Stromes und wird *magnetischer Strom* I_m genannt

$$\psi_m = I_m \tag{10.35}$$

und die Koeffizienten in (10.34)

$$R_m = \frac{l}{\mu F} \tag{10.36}$$

heißen *magnetische Widerstände*. Man bildet nun ein äquivalentes Netzwerk und analysiert dieses mit Hilfe der KIRCHHOFF'schen Knoten- und Maschengleichungen

$$\sum_i I_{mi} = 0 \quad , \quad \sum_i V_{mi} - \sum_j R_{mj} I_{mj} = 0 \ . \tag{10.37}$$

Der Elektromagnet im Beispiel auf Seite 219 bildet einen magnetischen Kreis mit dem Netzwerk wie in Abb. 10.8.

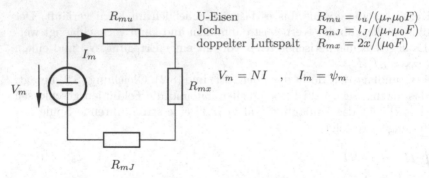

U-Eisen $\qquad R_{mu} = l_u/(\mu_r \mu_0 F)$
Joch $\qquad R_{mJ} = l_J/(\mu_r \mu_0 F)$
doppelter Luftspalt $\quad R_{mx} = 2x/(\mu_0 F)$

$$V_m = NI \quad , \quad I_m = \psi_m$$

Abb. 10.8. Ersatzkreis des Elektromagneten von Abb. 10.6

Beispiel 10.5. Magnetischer Kreis

Ein ferromagnetischer Kern wird durch zwei Spulen erregt, Abb. 10.9a. Der Ersatzkreis setzt sich zusammen aus den beiden Spannungsquellen und den Widerständen der beiden Schenkel und dem Verbindungsstück, Abb. 10.9b. Die Ersatzgrößen lauten

$$V_{m1} = N_1 I_1 \quad , \quad V_{m2} = N_2 I_2 \quad , \quad R_{mi} = \frac{l_i}{\mu F_i} \quad , \quad i = 1, 2, 3 \; .$$

Anwenden der Maschen- und Knotenregel

$$V_{m1} - R_{m3} I_{m3} - R_{m1} I_{m1} = 0$$
$$V_{m2} - R_{m3} I_{m3} - R_{m2} I_{m2} = 0$$

$$I_{m3} = I_{m1} + I_{m2}$$

und Auflösen nach I_{m3} gibt z.B. den Fluss ψ_{m3}

$$I_{m3} = \frac{R_{m2} V_{m1} + R_{m1} V_{m2}}{R_{m1} R_{m2} + R_{m1} R_{m3} + R_{m2} R_{m3}} = \psi_{m3} \; .$$

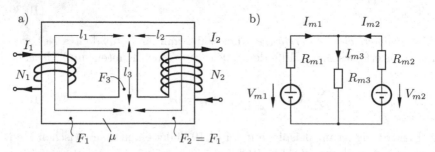

Abb. 10.9. (a) Permeabler Kern mit Spulen. (b) Magnetischer Ersatzkreis

Zusammenfassung

Gegen-, Selbstinduktivität

$$\Psi_{m12} = N_2 \int_{F_2} \boldsymbol{B}_1 \cdot \mathrm{d}\boldsymbol{F} = L_{12}I_1$$

$$\Psi_{m11} = N_1 \int_{F_1} \boldsymbol{B}_1 \cdot \mathrm{d}\boldsymbol{F} = L_{11}I_1$$

Energiedichte

$$w_m(\boldsymbol{r}) = \frac{1}{2}\,\boldsymbol{H}(\boldsymbol{r}) \cdot \boldsymbol{B}(\boldsymbol{r}) = \frac{1}{2}\,\boldsymbol{A}(\boldsymbol{r}) \cdot \boldsymbol{J}(\boldsymbol{r})$$

In einer stromführenden Schleife gespeicherte Energie

$$W_m = \frac{1}{2}\,LI^2$$

Kraft, Drehmoment auf stromführende Leiter im Feld

$$K_s = \frac{\delta W_m}{\delta s} \quad , \quad T_z = \frac{\delta W_m}{\delta \varphi} \qquad I \text{ konstant}$$

$$K_s = -\frac{\delta W_m}{\delta s} \quad , \quad T_z = -\frac{\delta W_m}{\delta \varphi} \qquad \psi_m \text{ konstant}$$

Kraftdichte im permeablen Material

$$\boldsymbol{k}_\mu = -\frac{1}{2}\,H^2 \nabla \mu$$

Druck auf Grenzfläche von Medium 1 nach 2

$$p_n = \frac{1}{2}\,(\mu_1 - \mu_2)\boldsymbol{H}_1 \cdot \boldsymbol{H}_2$$

Fragen zur Prüfung des Verständnisses

10.1 Was geben die Selbst-, Gegeninduktivität an?

10.2 Was bedeutet verketteter Fluss?

10.3 Welche Schwierigkeit tritt bei Schleifen aus dicken Leitern auf?

10.4 Gib zwei Wege zur Berechnung der magnetischen Energie an.

10.5 In einer Spule mit der Induktivität L fließt der Strom I. Wie groß ist die gespeicherte Energie?

10.6 In einem dicken Leiter fließt der Strom I. Ist die magnetische Energie im Strom oder im Feld gespeichert?

10.7 Eine stromführende Leiterschleife mit Dipolmoment p_m befinde sich drehbar gelagert in einem magnetischen Gleichfeld.

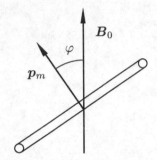

Wie groß ist die „potentielle Energie" der Schleife in Abhängigkeit des Winkels φ?

10.8 Gib die Begründung für magnetische Kreise an.

10.9 Was sind magnetische Spannung und magnetischer Strom?

10.10 Ein permeabler Stab habe die Länge l und Querschnitt F. Wie groß ist der magnetische Widerstand?

11. Bewegung geladener Teilchen in statischen Feldern

Die Bewegung geladener Teilchen in elektromagnetischen Feldern ist von breitem technischen Interesse. Anwendungen erstrecken sich von der Kathodenstrahlröhre über Plasmaphysik, Tintenstrahldrucker u.s.w. bis hin zu Beschleunigern in der Hochenergiephysik. Hier werden wir uns auf die einfachsten Grundlagen beschränken, nämlich die nicht-relativistische Bewegung in statischen Feldern.

Das zweite NEWTON'sche Gesetz für ein Teilchen mit der Ladung q und der konstanten Masse m_0, welches der LORENTZ-Kraft unterliegt, lautet dann

$$m_0 \frac{\mathrm{d}^2 r}{\mathrm{d}t^2} = q \left(E + \frac{\mathrm{d}r}{\mathrm{d}t} \times B \right) , \tag{11.1}$$

wobei $r = r(t)$ der Ortsvektor des Teilchens zum Zeitpunkt t ist. Zur vollständigen Bestimmung der Bahnkurve des Teilchens werden zusätzlich zu (11.1) Anfangswerte wie z.B. $r_0 = r(t = t_0)$ und $v_0 = v(t = t_0)$ benötigt.

11.1 Homogenes elektrisches Feld

Im homogenen elektrischen Feld reduziert sich die Bewegungsgleichung (11.1) zu

$$\frac{\mathrm{d}^2 r}{\mathrm{d}t^2} = \frac{q}{m_0} E \tag{11.2}$$

mit der durch Integration erhaltenen Lösung

$$v(t) = \frac{\mathrm{d}r}{\mathrm{d}t} = \frac{q}{m_0} E\,t + v_0$$

$$r(t) = \frac{1}{2} \frac{q}{m_0} E\,t^2 + v_0 t + r_0 . \tag{11.3}$$

Das elektrische Feld beeinflusst nur die Geschwindigkeitskomponente, die parallel zum Feld ist. Die senkrechten Geschwindigkeitskomponenten und die endgültige Trajektorie sind durch die Anfangswerte bestimmt. Dies ist vergleichbar mit der Bahnkurve eines Massepunktes im Gravitationsfeld, welche eine Parabel darstellt.

Bewegt sich das Teilchen vom Punkt r_1 nach r_2, so verrichtet das Feld Arbeit und das Teilchen ändert seine kinetische Energie. Die Arbeit folgt aus der Integration der zum Weg parallelen Kraftkomponente in (11.2)

$$A = q \int_{r_1}^{r_2} \boldsymbol{E} \cdot \mathrm{d}\boldsymbol{s} = -q \int_{r_1}^{r_2} \nabla\phi \cdot \mathrm{d}\boldsymbol{s} = -q \int_{r_1}^{r_2} \mathrm{d}\phi = q[\phi_1 - \phi_2]$$

$$= m_0 \int_{r_1}^{r_2} \frac{\mathrm{d}^2\boldsymbol{r}}{\mathrm{d}t^2} \cdot \mathrm{d}\boldsymbol{s} = m_0 \int_{t_1}^{t_2} \frac{\mathrm{d}\boldsymbol{v}}{\mathrm{d}t} \cdot \boldsymbol{v} \, \mathrm{d}t = \frac{1}{2} m_0 \int_{t_1}^{t_2} \frac{\mathrm{d}}{\mathrm{d}t}(\boldsymbol{v}^2) \, \mathrm{d}t$$

$$= \frac{1}{2} m_0 v_2^2 - \frac{1}{2} m_0 v_1^2 = T_2 - T_1 \; . \tag{11.4}$$

Durchläuft das Teilchen eine Potentialdifferenz V, so ergibt qV die Differenz der kinetischen Energie

$$q[\phi_1 - \phi_2] = qV = T_2 - T_1 \; . \tag{11.5}$$

Aus (11.5) folgt direkt der Satz von der Erhaltung der Energie

$$T_1 + q\phi_1 = T_2 + q\phi_2 = \text{const.} \, ,$$

wobei $q\phi$ die potentielle Energie des Teilchens im Feld darstellt.

Startet das Teilchen aus der Ruhelage, $v_1 = 0$, ist seine kinetische Energie nach Durchlaufen der Potentialdifferenz V

$$qV = \frac{1}{2} m_0 v^2 \, ,$$

d.h. es besitzt die Geschwindigkeit

$$v = \sqrt{2 \frac{q}{m_0} V} \; . \tag{11.6}$$

Ein Elektron, welches eine Potentialdifferenz von 1 V durchläuft, erzielt einen Energiezuwachs von $1.6 \cdot 10^{-19}$ J. Dieser Energiebetrag ist eine praktische Einheit, um die Energie von Teilchen zu beschreiben und heißt *Elektronenvolt* (eV). Die Geschwindigkeit, die ein Elektron mit der kinetischen Energie von 1 eV besitzt, ist $v = 590$ km/s und somit sehr viel kleiner als die Lichtgeschwindigkeit. Erst bei einer Energie von 2.5 keV erreicht ein Elektron ungefähr ein Zehntel der Lichtgeschwindigkeit. Bei noch höheren Energien muss die hier angenommene nicht-relativistische Bewegung modifiziert werden und der Massenzuwachs des Teilchens muss berücksichtigt werden.

Beispiel 11.1. Kathodenstrahlröhre

In einer Kathodenstrahlröhre treten Elektronen aus einer geheizten Kathode aus, durchlaufen eine Beschleunigungsspannung V_0 und werden im elektrischen Feld zweier Ablenkelektroden abgelenkt, bevor sie auf einen Schirm auftreffen, Abb. 11.1.

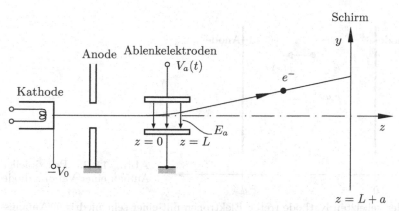

Abb. 11.1. Prinzip der Kathodenstrahlröhre mit elektrischer Ablenkung

Eine solche Anordnung erlaubt durch Anlegen einer Wechselspannung an die Ablenkelektroden eine sehr schnelle Änderung der Strahlposition auf dem Schirm. Nach Durchlaufen der Beschleunigungsspannung V_0 besitzen die Elektronen die Geschwindigkeit (11.6) und haben bei Eintritt in das Gebiet der Ablenkelektroden die Anfangsbedingungen

$$v_z(z=0) = v_0 = \sqrt{2\,\frac{e}{m_0}\,V_0}\,, \quad v_y(z=0) = 0\,, \quad y(z=0) = 0\,.$$

Zwischen den Elektroden erfahren sie eine vertikale Ablenkung und besitzen bei Austritt, $z = L$, nach (11.3) folgende Werte

$$L = v_0 t_L\,, \quad y_L = \frac{1}{2}\,\frac{e}{m_0}\,E_a\left(\frac{L}{v_0}\right)^2$$

$$v_{zL} = v_0\,, \quad v_{yL} = \frac{e}{m_0}\,E_a\,\frac{L}{v_0}\,.$$

Danach fliegen sie kräftefrei weiter, bis sie zum Zeitpunkt $t = (L+a)/v_0$ den Schirm erreichen und einen Versatz von

$$y_S = y_L + \frac{v_{yL}}{v_{zL}}\,a = \frac{e}{m_0}\,E_a\,\frac{aL}{v_0^2}\left[1 + \frac{1}{2}\,\frac{L}{a}\right]$$

haben. Um die Empfindlichkeit der Röhre zu erhöhen, d.h. um bei einer bestimmten Ablenkspannung eine höhere Ablenkung zu erreichen, kann man entweder V_0 oder den Abstand zwischen den Elektroden erniedrigen oder aber L oder a erhöhen. Alternativ kann die Ablenkung durch ein Magnetfeld erfolgen (siehe Beispiel auf Seite 233).

Beispiel 11.2. Vakuumdiode

In ihrer einfachsten Form besteht eine Vakuumdiode aus zwei ebenen Elektroden, zwischen denen eine Spannung V_0 liegt. Die eine Elektrode ist als Kathode ausgebildet, die andere stellt die Anode dar, Abb. 11.2. Der Abstand zwischen den Elektroden ist klein gegenüber den transversalen Abmessungen, so dass Randeffekte vernachlässigt werden können.

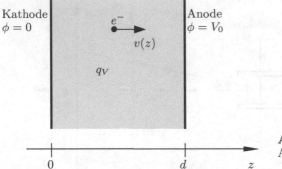

Abb. 11.2. Prinzipieller Aufbau einer Vakuumdiode

Aus der geheizten Kathode treten Elektronen mit einer sehr niedrigen Anfangs-geschwindigkeit aus, die vernachlässigt wird. Die Stromdichte sei nicht durch die Ergiebigkeit der Kathode beschränkt. Im Raum zwischen den Elektroden gilt die POISSON-Gleichung

$$\frac{\mathrm{d}^2\phi}{\mathrm{d}z^2} = \frac{e}{\varepsilon_0}\, n_e\,,$$

mit der Elektronendichte n_e. Unter Verwendung der Stromdichte $J = e n_e v$ und der Geschwindigkeit (11.6) wird daraus

$$\frac{\mathrm{d}^2\phi}{\mathrm{d}z^2} = \sqrt{\frac{m_0}{2e\phi}}\, \frac{J}{\varepsilon_0}\,.$$

Man multipliziert die Gleichung mit $2\,\mathrm{d}\phi/\mathrm{d}z$ und integriert

$$2\frac{\mathrm{d}\phi}{\mathrm{d}z}\frac{\mathrm{d}^2\phi}{\mathrm{d}z^2} = \frac{\mathrm{d}}{\mathrm{d}z}\left(\frac{\mathrm{d}\phi}{\mathrm{d}z}\right)^2 = 2\frac{J}{\varepsilon_0}\sqrt{\frac{m_0}{2e}}\frac{1}{\sqrt{\phi}}\frac{\mathrm{d}\phi}{\mathrm{d}z}$$

$$\left(\frac{\mathrm{d}\phi}{\mathrm{d}z}\right)^2 = \frac{4}{\varepsilon_0}\, J\sqrt{\frac{m_0}{2e}}\,\sqrt{\phi} + C_1\,. \tag{11.7}$$

Die Integrationskonstante C_1 bestimmt man durch folgende Überlegung. Man startet mit einer kalten Kathode, an welcher das Feld $E = -V_0/d$ anliegt. Er-wärmt man die Kathode, treten Elektronen aus und es entsteht eine negative Raumladung mit einem Feld, welches dem ursprünglichen entgegenwirkt. Solan-ge das Gesamtfeld an der Kathode negativ ist, werden die emittierten Elektronen beschleunigt und zur Anode transportiert. Dabei nimmt die Raumladung immer mehr zu bis das durch die Raumladung erzeugte Feld gerade negativ gleich groß dem angelegten Feld ist. Die Elektronen werden nicht mehr beschleunigt und die Stromdichte bleibt konstant. Man spricht von einer raumladungsbeschränkten Stromdichte. Bei verschwindendem Feld ist aber $\mathrm{d}\phi/\mathrm{d}z = 0$ und aus (11.7) wird

$$\frac{\mathrm{d}\phi}{\mathrm{d}z} = 2\left(\frac{J}{\varepsilon_0}\right)^{1/2}\left(\frac{m_0}{2e}\,\phi\right)^{1/4}\,.$$

Integration nach der Methode der Trennung der Variablen und Einarbeiten der Randbedingungen $\phi(z=0) = 0$, $\phi(z=d) = V_0$ liefert

$$\frac{4}{3}\,V_0^{3/4} = 2\left(\frac{J}{\varepsilon_0}\right)^{1/2}\left(\frac{m_0}{2e}\right)^{1/4} d$$

und nach Auflösen nach J

$$J = \frac{4}{9}\,\varepsilon_0 \sqrt{2\,\frac{e}{m_0}}\,\frac{V_0^{3/2}}{d^2} \tag{11.8}$$

oder

$$\frac{J}{\text{A/m}^2} = 2.33 \cdot 10^{-6} \frac{(V_0/\text{V})^{3/2}}{(d/\text{m})^2}\;.$$

(11.8) ist das CHILD-LANGMUIR-*Gesetz*. Es gibt die maximal mögliche Stromdichte an, welche in einer Diode mit der Spannung V_0 und dem Elektrodenabstand d erreicht werden kann, wenn die Kathode nicht durch thermische Emission beschränkt ist.

11.2 Elektrostatische Linsen

Strahlen geladener Teilchen müssen fokussiert werden, da sich die Teilchen gegeneinander abstoßen und sich der Strahl aufweitet. Bei niedrigen Geschwindigkeiten geschieht dies normalerweise mit einer Elektrode, die eine kreisförmige Öffnung hat und an welcher eine Spannung anliegt. Solch eine Elektrode beschleunigt und fokussiert zugleich.

Eine allgemeine Behandlung von elektrostatischen Linsen ist kompliziert und in vielen Fällen gar nicht geschlossen durchführbar. Andererseits sind meistens die Strahlen und die Anordnungen zylindersymmetrisch und somit auch die Felder. Ferner folgen die Teilchen Trajektorien, die nahe an der Symmetrieachse liegen, d.h. sie fliegen im Wesentlichen nahe und parallel zur Achse mit transversalen Geschwindigkeiten sehr viel kleiner als die longitudinale Geschwindigkeit. In diesen Fällen kann man die sogenannte *parachsiale Näherung* für die Trajektorien und die Felder benutzen.

Man entwickelt das Potential in der Nähe der Symmetrieachse, hier die z-Achse, in eine Potenzreihe nach ϱ

$$\phi(\varrho, z) = f(z) + f_1(z)\,\varrho + f_2(z)\,\varrho^2 + f_3(z)\,\varrho^3 + f_4(z)\,\varrho^4 + \dots\,,$$

welche die LAPLACE-Gleichung erfüllen muss

$$\frac{\partial^2 \phi}{\partial \varrho^2} + \frac{1}{\varrho}\frac{\partial \phi}{\partial \varrho} + \frac{\partial^2 \phi}{\partial z^2} = 0 = 2\,f_2 + 6\,f_3\,\varrho + 12\,f_4\,\varrho^2 + \dots$$

$$+ \frac{1}{\varrho}\,f_1 + 2\,f_2 + 3\,f_3\,\varrho + 4\,f_4\,\varrho^2 + \dots + f'' + f_1''\,\varrho + f_2''\,\varrho^2 + \dots\;.$$

Nach Koeffizientenvergleich lassen sich die Funktionen f_i durch f ausdrücken

$$f_1 = 0$$

$$4\,f_2 + f'' = 0 \qquad\qquad f_2 = -\frac{1}{2^2}\,f''$$

$$9\,f_3 + f_1'' = 0 \qquad \rightarrow \qquad f_3 = 0$$

$$16\,f_4 + f_2'' = 0 \qquad\qquad f_4 = -\frac{1}{16}\,f_2'' = \frac{1}{2^2 4^2}\,f''''$$

$$\vdots \qquad\qquad\qquad \vdots$$

und das Potential wird

$$\phi(\varrho, z) = f(z) - \frac{1}{2^2}\, f''(z)\, \varrho^2 + \frac{1}{2^2 4^2}\, f''''(z)\, \varrho^4 \mp \dots \ . \tag{11.9}$$

Daraus ergibt sich das elektrische Feld in der Nähe der Achse zu

$$E_z(0, z) = -\left.\frac{\partial \phi}{\partial z}\right|_{\varrho=0} = -f'(z)\,,$$

$$E_\varrho(\varrho, z) \approx \frac{1}{2}\, f''(z)\, \varrho = -\frac{\varrho}{2}\, \frac{\partial}{\partial z}\, E_z(0, z)\,,$$

$$E_z(\varrho, z) \approx -f' + \frac{\varrho^2}{4}\, f''' = E_z(0, z) - \frac{\varrho^2}{4}\, \frac{\partial^2}{\partial z^2}\, E_z(0, z)\,. \tag{11.10}$$

Interessant ist dabei, dass Potential und Feld vollständig durch den Verlauf $f(z)$ des Potentials auf der Achse bestimmt sind.

Die elektrostatische Aperturlinse besteht aus einer Elektrode mit einer kreisförmigen Öffnung, die sich zwischen zwei Gittern mit verschiedenen Potentialen befindet, Abb. 11.3. Oftmals werden anstelle von Gittern auch Elektroden mit Öffnungen verwendet.

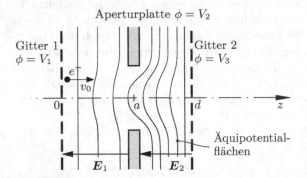

Abb. 11.3. Elektrostatische Aperturlinse

Zusätzlich zur parachsialen Näherung wollen wir folgende vereinfachende Annahmen treffen:

- Die Elektronen erfahren beim Durchfliegen durch die Aperturplatte einen transversalen Impuls, verändern aber nur vernachlässigbar wenig ihre transversale Position. Dies ist die Näherung für *dünne Linsen*.
- Die relative Änderung der achsialen Geschwindigkeit sei klein.

Einsetzen von E_ϱ aus (11.10) in die Bewegungsgleichung (11.2) für die radiale Richtung liefert

$$m_0\, \frac{\mathrm{d}v_\varrho}{\mathrm{d}t} = m_0 v_z\, \frac{\mathrm{d}v_\varrho}{\mathrm{d}z} = -e\, E_\varrho \approx \frac{e}{2}\, \varrho\, \frac{\partial}{\partial z}\, E_z(0, z)\,.$$

Dies lässt sich unter den oben getroffenen Annahmen integrieren

$$v_\varrho(z=d) - v_\varrho(z=0) \approx \frac{1}{2}\frac{e}{m_0}\varrho \int_0^d \frac{\partial E_z(0,z)}{\partial z}\frac{\mathrm{d}z}{v_z}$$

$$\approx \frac{1}{2}\frac{e}{m_0}\frac{\varrho}{v_z(z=a)}(E_1 - E_2)\,,$$

wobei die achsiale Geschwindigkeit v_z als nahezu konstant angenommen und durch den mittleren Wert $v_z(z=a)$ angenähert wurde. Da ferner $v_\varrho(z=0) = 0$, erhält man für den Ablenkwinkel an der Stelle $z=d$

$$\frac{v_\varrho(z=d)}{v_z(z=d)} \approx -\frac{1}{2}\frac{e}{m_0}\frac{\varrho\,(E_2 - E_1)}{v_z(z=a)\,v_z(z=d)} = -\frac{\varrho}{f}\,,$$

und die Brennweite der Linse ist

$$f = 2\frac{m_0}{e}\frac{v_z(z=a)\,v_z(z=d)}{E_2 - E_1} \approx 2\frac{m_0}{e}\frac{v_z^2(z=d)}{E_2 - E_1} = 4\frac{V_3}{E_2 - E_1}\,. \qquad (11.11)$$

Bei der Herleitung der letzten Gleichung wurde $v_z(z=a)\,v_z(z=d)$ durch $v_z^2(z=d)$ angenähert und die Beziehung (11.6) verwendet. Für $E_2 > E_1$ hat die Linse eine positive Brennweite, die Elektronen werden fokussiert. Im Falle von $E_2 < E_1$ ist die Linse defokussierend.

11.3 Homogenes magnetisches Feld

Im homogenen, magnetischen Feld reduziert sich die Bewegungsgleichung (11.1) zu

$$\frac{\mathrm{d}\boldsymbol{v}}{\mathrm{d}t} = \frac{q}{m_0}\boldsymbol{v}\times\boldsymbol{B}\,. \qquad (11.12)$$

Da die Kraft immer senkrecht auf der Geschwindigkeit steht, wird an der Ladung keine Arbeit verrichtet, ihre kinetische Energie bleibt konstant.

Um die Bahnkurve des Teilchens zu berechnen, zerlegt man (11.12) in die drei Koordinatenrichtungen, z.B. in kartesischen Koordinaten, wobei wir ohne Einschränkung der Allgemeinheit annehmen, dass $\boldsymbol{B}$ in die z-Richtung zeigt

$$\dot{v}_x = \omega_Z\,v_y\,,\quad \dot{v}_y = -\omega_Z\,v_x\,,\quad \dot{v}_z = 0 \qquad (11.13)$$

mit der Abkürzung

$$\omega_Z = \frac{q}{m_0}B\,, \qquad (11.14)$$

die *Zyklotronfrequenz* genannt wird. Aus der dritten Gleichung in (11.13) folgt, dass die longitudinale Geschwindigkeitskomponente v_z konstant ist und durch $\boldsymbol{B}$ nicht beeinflusst wird. Die beiden ersten Gleichungen ergeben nach Differentiation und gegenseitigem Einsetzen die Schwingungsdifferentialgleichung

$$\ddot{v}_x = -\omega_Z^2\,v_x$$

mit den transversalen Geschwindigkeiten

$$v_x = \;\; v_{x0}\,\cos\omega_Z t + v_{y0}\,\sin\omega_Z t$$
$$v_y = -v_{x0}\,\sin\omega_Z t + v_{y0}\,\cos\omega_Z t \;.$$
(11.15)

Nochmalige Integration führt auf die Ortskoordinaten

$$x - x_0 = \frac{v_{x0}}{\omega_Z}\,\sin\omega_Z t + \frac{v_{y0}}{\omega_Z}\,(1 - \cos\omega_Z t)$$
$$y - y_0 = \frac{v_{x0}}{\omega_Z}\,(\cos\omega_Z t - 1) + \frac{v_{y0}}{\omega_Z}\,\sin\omega_Z t$$
$$z - z_0 = v_{z0}t \;,$$
(11.16)

wobei die mit 0 indizierten Größen die Werte zur Zeit $t = 0$ angeben. Die Form der Bahnkurve ist aus (11.16) schwer ersichtlich. Diese wird deutlich, wenn man aus den Gleichungen für x und y die cos- und sin-Funktion durch Umformen, Quadrieren und Summieren eliminiert

$$\left[x - \left(x_0 + \frac{v_{y0}}{\omega_Z}\right)\right]^2 + \left[y - \left(y_0 - \frac{v_{x0}}{\omega_Z}\right)\right]^2 = \frac{v_{x0}^2 + v_{y0}^2}{\omega_Z^2} \;.$$
(11.17)

Dies ist eine Kreisgleichung mit dem Radius

$$R = \sqrt{\frac{v_{x0}^2 + v_{y0}^2}{\omega_Z^2}} = \frac{v_{\perp0}}{\omega_Z} = \frac{m_0\,v_{\perp0}}{q\,B} \;.$$
(11.18)

Zugleich nimmt die z-Koordinate linear mit der Zeit zu und die Bahnkurve stellt eine Schraubenlinie dar, Abb. 11.4. Ihr Radius (11.18) heißt LARMOR-Radius und die Umlauffrequenz ist die Zyklotronfrequenz. Auf dem sich einstellenden Radius R der Bahn ist die Zentrifugalkraft gerade im Gleichgewicht mit der vom Magnetfeld herrührenden Zentripetalkraft

$$m_0\,\frac{v_{\perp0}^2}{R} = q\,v_{\perp0}\,B \;.$$

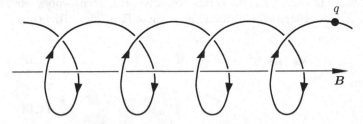

Abb. 11.4. Bahnkurve eines geladenen Teilchens im homogenen Magnetfeld

Der kreisenden Ladung lässt sich quasi ein magnetisches Moment durch Strom × Kreisfläche zuordnen

$$p_m = \frac{q}{2\pi R/v_{\perp0}}\,\pi R^2 = \frac{1}{2}\,q\,v_{\perp0}\,R = \frac{T_\perp}{B}$$
(11.19)

mit der transversalen kinetischen Energie $T_\perp = \frac{1}{2} m_0 v_{\perp 0}^2$.

Beispiel 11.3. Magnetische Ablenkung eines Kathodenstrahls

Die Ablenkung des Elektronenstrahls einer Kathodenstrahlröhre wird häufig, statt mit elektrischen Feldern, wie im Beispiel auf Seite 226 mit Magnetfeldern erzeugt. Dazu durchfliegen die Elektronen ein Gebiet der Länge L mit einem homogenen Magnetfeld senkrecht zur Ausbreitungsrichtung, um danach kräftefrei bis zum Schirm zu driften, Abb. 11.5.

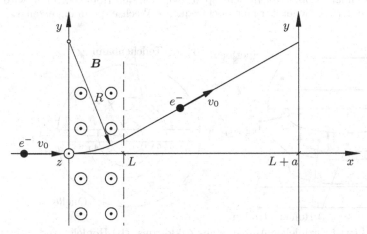

Abb. 11.5. Magnetische Ablenkung von Elektronenstrahlen

Bei Eintritt in das Magnetfeld besitzt ein Elektron z.B. die Anfangswerte

$$x_0 = y_0 = z_0 = 0 , \quad v_{y0} = v_{z0} = 0 , \quad v_{x0} = v_0 .$$

An der Stelle $x = L$ lauten dann seine Koordinaten nach (11.16)

$$x = L = \frac{v_0}{\omega_Z} \sin \omega_Z t$$

$$y(x = L) = \frac{v_0}{\omega_Z} (\cos \omega_Z t - 1) = \frac{v_0}{\omega_Z} \left(\sqrt{1 - (\omega_Z L / v_0)^2} - 1 \right)$$

$$z = 0 ,$$

und der Winkel zur x-Achse ist

$$\tan \alpha = \left. \frac{dy}{dx} \right|_{x=L} = - \frac{\omega_Z L / v_0}{\sqrt{1 - (\omega_Z L / v_0)^2}} .$$

Normalerweise gilt $\omega_Z L / v_0 \ll 1$ und man erhält

$$y(x = L) \approx -\frac{1}{2} \frac{\omega_Z}{v_0} L^2 = \frac{1}{2} \frac{e}{m_0} \frac{B}{v_0} L^2 ,$$

$$\tan \alpha \approx -\frac{\omega_Z}{v_0} L = \frac{e}{m_0} \frac{B}{v_0} L ,$$

so dass die Ablenkung des Elektrons auf dem Schirm

$$y_S = \frac{e}{m_0} \frac{B}{v_0} L a \left[1 + \frac{L}{2a} \right]$$

beträgt. Ein Vergleich mit der elektrischen Ablenkung, Beispiel auf Seite 226, zeigt, dass hier $v_0 B$ die Rolle des elektrischen Feldes E_a spielt.

Beispiel 11.4. Zyklotron

Das 1929 von ERNEST O. LAWRENCE erfundene *Zyklotron* dient zur Beschleunigung von schweren Teilchen. Es war der erste erfolgreiche Beschleuniger, um hochenergetische Teilchen zu erzeugen ohne eine entsprechend hohe Spannung anzulegen. Ein Zyklotron besteht in seiner einfachsten Ausführung aus zwei halbkreisförmigen Hohlelektroden, die sich zwischen den Polen eines großen Elektromagneten befinden, Abb. 11.6. In dem Spalt zwischen den Hohlelektroden wird durch einen externen Generator eine hochfrequente Wechselspannung erzeugt.

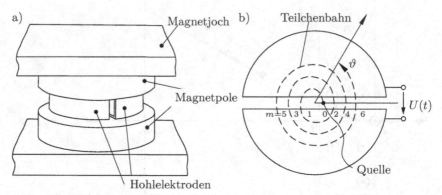

Abb. 11.6. (a) Prinzipieller Aufbau eines Zyklotrons. (b) Hohlelektroden mit Wechselspannung und Teilchenbahn

Im Mittelpunkt der Anordnung entstehen in einer Quelle Ionen, welche sich im Magnetfeld auf kreisförmigen Bahnen bewegen. Die am Spalt anliegende HF-Spannung muss nun so synchronisiert sein, dass bei jedem Durchlauf der Ionen durch den Spalt eine beschleunigende Spannung anliegt. Dadurch nehmen die Ionen Energie auf und bewegen sich auf Kreisbögen mit immer größer werdendem Radius. Die Bahnkurve ist spiralähnlich bis an der Peripherie der Hohlelektroden durch eine Elektrode mit negativem Potential die Ionen extrahiert werden.

Die Frequenz eines Umlaufs ist durch die Zyklotronfrequenz (11.14) gegeben, und da sowohl q wie B konstant sind und sich m_0 bei nicht-relativistischen Geschwindigkeiten nicht ändert, bleibt ω_Z konstant, während die Teilchen beschleunigt werden und immer größere Umläufe durchführen. Die Endgeschwindigkeit und Energie sind durch den maximalen Radius nach (11.18) bestimmt

$$v_{max} = \frac{q}{m_0} B R_{max} \quad , \quad W_{max} = \frac{1}{2} m_0 v_{max}^2 = \frac{1}{2} \frac{q^2}{m_0} B^2 R_{max}^2 \ .$$

Die insgesamt durchlaufene Spannung ist

$$V = \frac{W_{max}}{q} = \frac{1}{2} \frac{q}{m_0} B^2 R_{max}^2 \ .$$

Ein relativ kleines Zyklotron mit $R_{max} = 0.5 \, \text{m}$ und $B = 1.5 \, \text{T}$, welches schweres Wasser (Deuterium, $q = e$, $m_0 = 3.34 \cdot 10^{-27} \, \text{kg}$) beschleunigt, erreicht somit eine Energie

$$W_{max} = \frac{1.6 \cdot 10^{-19} \, \text{As} \, \text{m}^2 \, \text{e}}{2 \cdot 3.34 \cdot 10^{-27} \, \text{VAs}^3} \left(1.5 \, \frac{\text{Vs}}{\text{m}^2} \, 0.5 \, \text{m} \right)^2 = 13.5 \, \text{MeV} \ .$$

11.4 Inhomogenes Magnetfeld (Magnetischer Spiegel)

Die Berechnung von Teilchenbahnen in inhomogenen Feldern ist i.a. nur numerisch möglich. Als eine der wenigen analytisch lösbaren Ausnahmen soll hier ein magnetischer Spiegel behandelt werden.

Gegeben sei ein langsam konvergierendes, nahezu homogenes Magnetfeld, welches zylindersymmetrisch zur z-Achse ist, Abb. 11.7. Die Teilchenbewegung kann in diesem Fall als Störung der schraubenförmigen Bahn, Abb. 11.4, aufgefasst werden und wird wie in Abb. 11.7 aussehen. Man betrachtet die z-Komponente der Bewegungsgleichung (11.12)

$$m_0 \frac{dv_z}{dt} = q\,v_\perp\,B_\varrho = K_z \ . \tag{11.20}$$

Mit Hilfe der Divergenzgleichung

$$\nabla \cdot \boldsymbol{B} = \frac{1}{\varrho}\frac{\partial}{\partial \varrho}\,(\varrho\,B_\varrho) + \frac{\partial}{\partial z}\,B_z = 0$$

und der Annahme eines schwach konvergenten Feldes, in welchem $\partial B_z/\partial z$ als annähernd konstant während eines Umlaufs angenommen werden kann, lässt sich B_ϱ nach Integration durch $\partial B_z/\partial z$ ausdrücken

$$B_\varrho \approx -\frac{\varrho}{2}\frac{\partial}{\partial z}\,B_z \ .$$

Einsetzen in (11.20) zusammen mit (11.19) liefert

$$m_0 \frac{dv_z}{dt} = -\frac{1}{2}\,q\,\varrho\,v_\perp\,\frac{\partial}{\partial z}\,B_z = -p_m\,\frac{\partial}{\partial z}\,B_z \ . \tag{11.21}$$

Wie aus (11.21) ersichtlich ist, wirkt auf das Teilchen eine Kraft in negative z-Richtung, d.h. in Richtung schwächeren Magnetfelds. Geschwindigkeit v_z und kinetische Energie T_z in longitudinale Richtung nehmen ab. Da aber die Gesamtenergie $T = T_z + T_\perp$ konstant bleiben muss (die LORENTZ-Kraft wirkt immer senkrecht zur Geschwindigkeit), muss die transversale Energie zunehmen. Das Teilchen zirkuliert schneller. Dabei wird der Bahnradius kleiner, wie aus der folgenden Überlegung klar wird.

Man multipliziert (11.21) mit v_z

$$m_0\,v_z\,\frac{dv_z}{dt} = \frac{d}{dt}\left(\frac{1}{2}\,m_0\,v_z^2\right) = -p_m\,v_z\,\frac{\partial B_z}{\partial z} = -p_m\,\frac{dB_z}{dt} \tag{11.22}$$

und vergleicht dies mit der zeitlichen Ableitung der longitudinalen Energie unter Verwendung von (11.19)

$$\frac{d}{dt}\left(\frac{1}{2}\,m_0\,v_z^2\right) = \frac{d}{dt}\,(T - T_\perp) = -\frac{dT_\perp}{dt} = -\frac{d}{dt}\,(p_m\,B_z) \ . \tag{11.23}$$

Offensichtlich muss das magnetische Dipolmoment des zirkulierenden Teilchens eine Konstante sein, jedenfalls in der hier angenommenen Näherung.

Wenn aber das Dipolmoment konstant bleibt und die transversale Geschwindigkeit zunimmt, dann muss der Bahnradius abnehmen. Dies wird auch dadurch ersichtlich, dass die Bahnkurve auf der Oberfläche einer magnetischen Flussröhre liegt. Der von der Bahn umschlossene Fluss ist nämlich unter Verwendung von (11.18) und (11.19)

$$\psi = B_z\, \pi\, R^2 = \pi\, R\, \frac{m_0}{q}\, v_\perp = 2\pi\, \frac{m_0}{q^2}\, \frac{1}{2}\, v_\perp\, q\, R = 2\pi\, \frac{m_0}{q^2}\, p_m \tag{11.24}$$

und somit wegen $p_m = $ const. ebenfalls konstant.

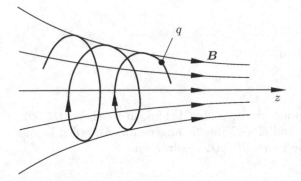

Abb. 11.7. Bahnkurve eines geladenen Teilchens im inhomogenen Magnetfeld

Tritt das Teilchen in ein Gebiet mit konvergierendem Magnetfeld ein, wird es also in longitudinaler Richtung gebremst, v_z nimmt ab. Zugleich nimmt wegen der Erhaltung der Energie die transversale Geschwindigkeit v_φ zu und der Bahnradius wird kleiner entsprechend dem Radius einer Flussröhre. Bei genügend starker Konvergenz des Feldes wird das Teilchen in longitudinaler Richtung völlig abgebremst und anschließend in das Gebiet schwächeren Magnetfelds reflektiert. Es liegt ein *magnetischer Spiegel* vor.

Allerdings werden nicht alle Teilchen reflektiert. Wenn die longitudinale Energie zu groß ist, können Teilchen durch den Bereich des konvergierenden Feldes hindurchfliegen. Bezeichnet man mit dem Index 0 ein Gebiet mit homogenem Magnetfeld und mit dem Index 1 den Bereich des Umkehrpunktes, so gilt wegen des konstanten Dipolmoments

$$\frac{T_{\perp 0}}{B_0} = \frac{T_{\perp 1}}{B_1}\,.$$

Am Umkehrpunkt besitzt aber das Teilchen nur transversale Energie, $T_{\perp 1} = T$, und außerdem sollte B_1 etwas größer sein als oben angegeben, damit das Teilchen auch wirklich reflektiert wird, d.h.

$$B_1 > \frac{T}{T_{\perp 0}}\, B_0\,. \tag{11.25}$$

Nimmt man ferner eine Anfangsgeschwindigkeit v_0 an und einen Winkel ϑ_0 zwischen der Bahnrichtung und der z-Achse

$$v_{z0} = v_0 \cos \vartheta_0 \quad , \quad v_{\varphi 0} = v_0 \sin \vartheta_0 \; ,$$

wird aus obigem Kriterium

$$\frac{T_{\perp 0}}{T} = \frac{\frac{1}{2} m_0 v_0^2 \sin^2 \vartheta_0}{\frac{1}{2} m_0 v_0^2 \cos^2 \vartheta_0 + \frac{1}{2} m_0 v_0^2 \sin^2 \vartheta_0} = \sin^2 \vartheta_0 > \frac{B_0}{B_1} \; . \qquad (11.26)$$

Dies bedeutet, dass z.B. ein Spiegelfeld mit $B_1 = 50\,B_0$ diejenigen Teilchen nicht reflektiert, deren Bahn einen Winkel von weniger als 8° mit der z-Achse bildet.

Magnetische Spiegel benutzt man, um Teilchen oder Plasmen einzusperren. Im Prinzip werden dafür zwei gegenüber stehende Spiegel verwendet, die eine Falle, auch *magnetische Flasche* genannt, formen.

Die wichtigste magnetische Flasche stellt das Erdmagnetfeld dar, Abb. 11.8.

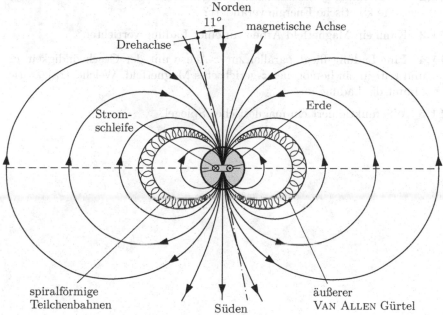

Abb. 11.8. Schematische Darstellung des Erdmagnetfeldes mit Teilchen auf spiralförmigen Bahnen

Grob vereinfacht kann man sich das Erdmagnetfeld durch einen Ringstrom von flüssigem Eisen in der Kern-Mantelgrenze vorstellen. Dieser stellt einen magnetischen Dipol dar, der gegenüber der Drehachse um 11° geneigt ist und sich mit der Drehung hin- und herbewegt. Nahe der Erdoberfläche, am Nord- und Südpol, ist das Magnetfeld viel stärker als weiter draußen und konvergiert. Es wirkt somit wie eine magnetische Flasche, in welcher geladene Teilchen auf spiralförmigen Bahnen zwischen Nord- und Südpol hin- und herpendeln. Obwohl die Realität sehr viel komplizierter ist und auch die Magnetosphäre auf Grund des Sonnenwindes nicht symmetrisch sondern stark verformt ist, gibt dieses einfache Modell dennoch den wesentlichen Mechanismus wieder.

Fragen zur Prüfung des Verständnisses

11.1 Eine Ladung Q bewegt sich senkrecht zu einem homogenen elektrischen Feld vom Punkt r_1 nach Punkt r_2. Wie groß ist die verrichtete Arbeit?

11.2 Eine Ladung Q durchläuft eine Potentialdifferenz $\Delta\phi$. Um wieviel hat sich ihre kinetische Energie verändert?

11.3 Kann ein Magnetfeld Arbeit an einer Ladung verrichten?

11.4 Eine Ladung fliegt parallel zur z-Achse mit der Geschwindigkeit v_0 und tritt in ein homogenes z-gerichtetes Magnetfeld. Welche Trajektorie nimmt die Ladung an?

11.5 Wie funktioniert ein magnetischer Spiegel?

12. Zeitlich langsam veränderliche Felder

Unter zeitlich langsam veränderlichen Feldern werden Vorgänge verstanden, bei denen entweder in der ersten MAXWELL'schen Gleichung der Verschiebungsstrom $\partial D/\partial t$ vernachlässigt werden kann oder in der zweiten MAXWELL'schen Gleichung der Term $\partial B/\partial t$. Letzteres führt auf statische elektrische Felder und stationäre Ströme und das Magnetfeld ist eine „Folgeerscheinung". Dieser Fall ist nicht von größerer Bedeutung und wird hier nicht betrachtet.

Bei Vernachlässigung des Verschiebungsstroms wird aus den MAXWELL'schen Gleichungen

$$(\text{I}) \qquad \oint_S \boldsymbol{H} \cdot \mathrm{d}\boldsymbol{s} = \int_F \boldsymbol{J} \cdot \mathrm{d}\boldsymbol{F} \qquad\qquad \nabla \times \boldsymbol{H} = \boldsymbol{J}$$

$$(\text{II}) \qquad \oint_S \boldsymbol{E} \cdot \mathrm{d}\boldsymbol{s} = -\frac{\mathrm{d}}{\mathrm{d}t}\int_F \boldsymbol{B} \cdot \mathrm{d}\boldsymbol{F} \qquad\qquad \nabla \times \boldsymbol{E} = -\frac{\partial \boldsymbol{B}}{\partial t}$$

$$\rightarrow \qquad (12.1)$$

$$(\text{III}) \qquad \oint_O \boldsymbol{D} \cdot \mathrm{d}\boldsymbol{F} = \int_V q_V \mathrm{d}V \qquad\qquad \nabla \cdot \boldsymbol{D} - q_V$$

$$(\text{IV}) \qquad \oint_O \boldsymbol{B} \cdot \mathrm{d}\boldsymbol{F} = 0 \qquad\qquad \nabla \cdot \boldsymbol{B} = 0$$

Behandelt werden Induktionsvorgänge, eine exakte Herleitung der magnetischen Energie, die Diffusion elektromagnetischer Felder, Skineffekt, Wirbelströme und Abschirmung elektromagnetischer Felder.

Die Vernachlässigung des Verschiebungsstromes kann man begründen durch einen Vergleich mit dem Leitungsstrom

$$|\boldsymbol{J}| = \kappa |\boldsymbol{E}| \gg \left|\frac{\partial \boldsymbol{D}}{\partial t}\right| = \varepsilon \left|\frac{\partial \boldsymbol{E}}{\partial t}\right| .$$

Wenn also die Zeitdauer Δt, in welcher eine relative Änderung $|\Delta E/E|$ stattfindet, sehr viel größer als die Relaxationszeit ist

$$\frac{\Delta t}{T_r} \gg \left|\frac{\Delta \boldsymbol{E}}{\boldsymbol{E}}\right| \quad , \quad T_r = \varepsilon/\kappa , \qquad\qquad (12.2)$$

kann der Verschiebungsstrom vernachlässigt werden. Bei zeitharmonischen Feldern wird aus (12.2)

H. Henke, *Elektromagnetische Felder*, https://doi.org/10.1007/978-3-662-62235-3_12

$$\kappa|\boldsymbol{E}| \gg \omega\varepsilon|\boldsymbol{E}| \quad \rightarrow \quad \frac{1}{\omega} = \frac{T}{2\pi} \gg T_r \;. \tag{12.3}$$

Diese Näherung erlaubt die Berechnung von Induktionsvorgängen wie Wirbelströme, Skineffekt, elektromagnetische Kraftübertragung u.s.w., aber sie erlaubt nicht die Herleitung von Wellen, bei welchen der Verschiebungsstrom eine entscheidende Rolle spielt.

12.1 Induktionsgesetz

Entsprechend dem Induktionsgesetz erzeugen zeitlich veränderliche Magnetfelder ein elektrisches Feld. Dies ist von großer technischer Bedeutung und wir wollen daher genauer darauf eingehen und dabei im Wesentlichen der Argumentation von [Jack] folgen.

In §7.3 wurden *lokale elektromotorische Kräfte* vorgestellt, z.B. eine Batterie, die einen Strom durch einen Widerstand treibt. Induktion hingegen erzeugt *verteilte elektromotorische Felder* die wir, wie in der Literatur üblich, mit $\boldsymbol{E}'$ bezeichnen. In einer dünnen, ruhenden Leiterschleife der Form S und der Fläche F entsteht also die EMK

$$U_{ind} = \oint_S \boldsymbol{E}' \cdot \mathrm{d}\boldsymbol{s} \;.$$

Mit dem magnetischen Fluss,

$$\psi_m = \int_F \boldsymbol{B} \cdot \mathrm{d}\boldsymbol{F} \;,$$

der die Leiterschleife durchsetzt, lauten die Ergebnisse der FARADAY'schen Experimente

$$\boxed{U_{ind} = \oint_S \boldsymbol{E}' \cdot \mathrm{d}\boldsymbol{s} = -\frac{\mathrm{d}\psi_m}{\mathrm{d}t} = -\frac{\mathrm{d}}{\mathrm{d}t}\int_F \boldsymbol{B} \cdot \mathrm{d}\boldsymbol{F}} \;. \tag{12.4}$$

Die induzierte EMK ist gleich der zeitlichen Abnahme des magnetischen Flusses. Umlaufsinn der Schleife und Richtung des Flusses sind dabei über die rechte Handregel verknüpft.

Nun gilt aber nach dem relativistischen Prinzip, dass physikalische Gesetze in jedem beliebigen Inertialsystem gleich lauten, d.h. dass man in einem mit konstanter Geschwindigkeit bewegten Referenzsystem experimentell nicht feststellen kann, ob sich das System bewegt und mit welcher Geschwindigkeit.[1] Ist die Geschwindigkeit v, mit der sich das System bewegt, sehr viel kleiner als die Lichtgeschwindigkeit c, dann stellt der Übergang von dem ruhenden Bezugssystem 0 zum bewegten System $0'$

$$\boldsymbol{r}' = \boldsymbol{r} + \boldsymbol{v}t \quad , \quad t' = t \tag{12.5}$$

---

[1] Man sagt, die Gesetze sind invariant gegenüber einer LORENTZ-Transformation.

eine GALILEI-*Transformation* dar. Von dieser soll im Folgenden ausgegangen werden und daher $v \ll c$ angenommen werden. Es soll also das Induktionsgesetz (12.4) invariant gegenüber (12.5) sein. Dies ist bei einer bewegten Leiterschleife mit konstanter Form offensichtlich; denn ob die Schleife gegenüber dem Kreis bewegt wird, der das Magnetfeld erzeugt, oder ob sie in Ruhe ist und der erzeugende Kreis mit $-v$ bewegt wird, der induzierte Strom wird in beiden Fällen dergleiche sein.

Für bewegte Schleifen lautet das Induktionsgesetz

$$\oint_{S(t)} \boldsymbol{E}' \cdot \mathrm{d}\boldsymbol{s} = -\frac{\mathrm{d}}{\mathrm{d}t} \int_{F(t)} \boldsymbol{B} \cdot \mathrm{d}\boldsymbol{F} \; . \tag{12.6}$$

Es stellt eine weitreichende Verallgemeinerung von (12.4) dar. So entsteht ein induziertes EMK-Feld $\boldsymbol{E}'$ durch eine zeitliche Änderung der magnetischen Induktion, durch eine Bewegung der Schleife im inhomogenen Feld aber auch durch eine Änderung der Form oder Orientierung der Schleife. Die Schleife muss auch nicht eine Leiterschleife darstellen, sondern kann eine gedachte, geschlossene Kurve im Raum sein. In diesem Fall ergibt (12.6) einen Zusammenhang zwischen dem elektrischen und magnetischen Feld. Allerdings ist zu beachten, dass $\boldsymbol{E}'$ das elektrische Feld im Ruhesystem des Wegelements $\mathrm{d}\boldsymbol{s}$ darstellt, denn es ist dieses Feld, welches im Falle einer Leiterschleife den Strom treibt. Einschränkend gilt bei der Anwendung des Gesetzes, dass die Bewegung der Schleife nicht völlig frei wählbar ist, wenn leitende Materialien vorhanden sind.

Derjenige Teil einer Schleife, der durch leitendes Material geht, muss im Leiter ruhen.

Die totale Ableitung des magnetischen Flusses in (12.6) lässt sich in zwei Anteile zerlegen. Diese folgen aus dem Grenzübergang

$$U_{ind} = - \lim_{\Delta t \to 0} \frac{1}{\Delta t} \left\{ \int_{F(t+\Delta t)} \boldsymbol{B}(\boldsymbol{r}, t+\Delta t) \cdot \mathrm{d}\boldsymbol{F} - \int_{F(t)} \boldsymbol{B}(\boldsymbol{r}, t) \cdot \mathrm{d}\boldsymbol{F} \right\} ,$$

d.h. aus der Differenz zwischen dem Fluss, der zum Zeitpunkt $t + \Delta t$ durch die Fläche $F(t + \Delta t)$ geht, und dem Fluss, der zur Zeit t durch die Fläche $F(t)$ geht, Abb. 12.1. Nach Entwickeln von $\boldsymbol{B}(t + \Delta t)$ in eine TAYLOR-Reihe

$$\boldsymbol{B}(t + \Delta t) = \boldsymbol{B}(t) + \frac{\partial \boldsymbol{B}}{\partial t} \Delta t + O\left(\Delta t^2\right)$$

ergibt sich daraus

$$U_{ind} = - \lim_{\Delta t \to 0} \frac{1}{\Delta t} \left\{ \int_{F(t+\Delta t)} \boldsymbol{B}(\boldsymbol{r}, t) \cdot \mathrm{d}\boldsymbol{F} + \Delta t \int_{F(t+\Delta t)} \frac{\partial \boldsymbol{B}}{\partial t} \cdot \mathrm{d}\boldsymbol{F} - \int_{F(t)} \boldsymbol{B}(\boldsymbol{r}, t) \cdot \mathrm{d}\boldsymbol{F} \right\}$$

oder

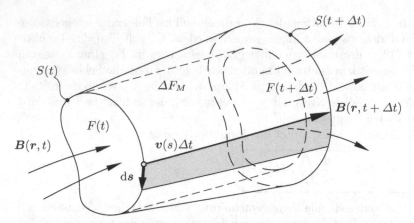

Abb. 12.1. Anordnung zur Bestimmung der Ableitung des magnetischen Flusses

$$U_{ind} = -\int\limits_{F(t)} \frac{\partial \boldsymbol{B}}{\partial t} \cdot \mathrm{d}\boldsymbol{F} - \lim_{\Delta t \to 0} \frac{1}{\Delta t} \left\{ \int\limits_{F(t+\Delta t)} \boldsymbol{B}(\boldsymbol{r},t) \cdot \mathrm{d}\boldsymbol{F} - \int\limits_{F(t)} \boldsymbol{B}(\boldsymbol{r},t) \cdot \mathrm{d}\boldsymbol{F} \right\}.$$

$$(12.7)$$

Wenn sich die Fläche $F(t)$ nach $F(t+\Delta t)$ bewegt, beschreibt sie ein Volumen ΔV mit den Oberflächen $F(t)$, $F(t + \Delta t)$ und der Mantelfläche ΔF_M. Das letzte Integral in (12.7) über $F(t)$ ist aber negativ gleich groß wie das Integral über den Oberflächenteil $F(t)$ (bei einer Oberfläche zeigt der Flächenvektor aus dem Volumen heraus). Somit lassen sich die beiden Integrale im Limes von (12.7) durch das Integral über die geschlossene Oberfläche ΔO von ΔV abzüglich dem Integral über die Mantelfläche darstellen

$$U_{ind} = -\int\limits_{F(t)} \frac{\partial \boldsymbol{B}}{\partial t} \cdot \mathrm{d}\boldsymbol{F} - \lim_{\Delta t \to 0} \frac{1}{\Delta t} \left\{ \oint\limits_{\Delta O} \boldsymbol{B} \cdot \mathrm{d}\boldsymbol{F} - \int\limits_{\Delta F_M} \boldsymbol{B} \cdot \mathrm{d}\boldsymbol{F} \right\}.$$

Das Integral über die Oberfläche wird mit Hilfe des GAUSS'schen Satzes in ein Volumenintegral über $\nabla \cdot \boldsymbol{B}$ umgewandelt und verschwindet wegen der Quellenfreiheit von $\boldsymbol{B}$. Beim Integral über die Mantelfläche verwendet man ein Flächenelement

$$\mathrm{d}\boldsymbol{F} = \mathrm{d}\boldsymbol{s} \times \boldsymbol{v}\,\Delta t$$

und überführt das Integral in ein Umlaufintegral über $S(t)$. Es verbleibt

$$U_{ind} = -\int\limits_{F(t)} \frac{\partial \boldsymbol{B}}{\partial t} \cdot \mathrm{d}\boldsymbol{F} + \lim_{\Delta t \to 0} \frac{1}{\Delta t} \Delta t \int\limits_{S(t)} \boldsymbol{B} \cdot (\mathrm{d}\boldsymbol{s} \times \boldsymbol{v}(s))$$

$$= -\int\limits_{F} \frac{\partial \boldsymbol{B}}{\partial t} \cdot \mathrm{d}\boldsymbol{F} + \oint\limits_{S} (\boldsymbol{v} \times \boldsymbol{B}) \cdot \mathrm{d}\boldsymbol{s}\,. \qquad (12.8)$$

Der erste Term heißt *Transformator-EMK* und der zweite Term *Bewegungs-EMK*.

Gl. (12.8) ist nach wie vor das Induktionsgesetz für bewegte Schleifen. Allerdings werden jetzt weder die Fläche $F(t)$ noch deren Kontur $S(t)$ differenziert und man kann sie als momentane, feste Größen ansehen. Nach Umschreiben von (12.8) zu

$$\oint_S (\boldsymbol{E}' - \boldsymbol{v} \times \boldsymbol{B}) \cdot \mathrm{d}\boldsymbol{s} = - \int_F \frac{\partial \boldsymbol{B}}{\partial t} \cdot \mathrm{d}\boldsymbol{F} \,, \tag{12.9}$$

wenden wir das relativistische Prinzip, d.h. die GALILEI-Transformation (12.5) an. Dieses besagt, dass das Induktionsgesetz in einem bewegten System (12.9) gleich sein muss dem Gesetz im ruhenden Laborsystem

$$\oint_S \boldsymbol{E} \cdot \mathrm{d}\boldsymbol{s} = - \int_F \frac{\partial \boldsymbol{B}}{\partial t} \cdot \mathrm{d}\boldsymbol{F} \,,$$

wobei $\boldsymbol{E}$ jetzt das elektrische Feld im Laborsystem ist. Daraus ergibt sich nach Vergleich

$$\boldsymbol{E} = \boldsymbol{E}' - \boldsymbol{v} \times \boldsymbol{B} \,. \tag{12.10}$$

Als Konsequenz der Invarianz des Induktionsgesetzes gegenüber der GALILEI-Transformation muss das elektrische Feld $\boldsymbol{E}'$ eines bewegten Beobachters gleich der Summe $\boldsymbol{E} + \boldsymbol{v} \times \boldsymbol{B}$ sein. Dies kann man sich auch leicht über die LORENTZ'sche Kraftgleichung plausibel machen. Die Kraft

$$\boldsymbol{K} = Q(\boldsymbol{E} + \boldsymbol{v} \times \boldsymbol{B}) \,, \tag{12.11}$$

die eine bewegte Ladung erfährt, erscheint im mitbewegten System, d.h. im Ruhesystem der Ladung, wie die Kraft eines elektrischen Feldes $\boldsymbol{E}' = \boldsymbol{E} + \boldsymbol{v} \times \boldsymbol{B}$. [2]

12.1.1 Transformator-EMK

Wie oben ausgeführt, bezeichnet man als Transformator-EMK das durch eine zeitliche Änderung der magnetischen Induktion $\boldsymbol{B}$ induzierte elektrische Feld

$$\boxed{U_{ind} = \oint_S \boldsymbol{E}' \cdot \mathrm{d}\boldsymbol{s} = - \int_F \frac{\partial \boldsymbol{B}}{\partial t} \cdot \mathrm{d}\boldsymbol{F}} \,, \tag{12.12}$$

wobei die Schleife S als konstant angenommen ist und eine gedachte Linie darstellt. Die Linie kann sich im freien Raum befinden oder auch eine dünne Leiterschleife darstellen. Als Beispiel betrachten wir das Einführen eines Stabmagneten in eine Leiterschleife, Abb. 12.2.

---

[2] Jetzt lässt sich obige Einschränkung erklären, dass derjenige Teil der Schleife, der durch leitendes Material geht, im Leiter ruhen muss. Da es bei bewegten Leitern keine eindeutig definierte Schleifenform gibt (siehe Beispiele in §12.1.4), ist es besser zur Berechnung der induzierten Spannung die LORENTZ-Kraft zu verwenden, die auf die Ladungen im Leiter wirkt, d.h. das auf die Ladungen wirkende Feld $\boldsymbol{v} \times \boldsymbol{B}$ plus ein eventuell im Laborsystem vorhandenes Feld $\boldsymbol{E}$.

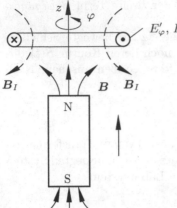

Abb. 12.2. Einführen eines Stabmagneten in eine Leiterschleife

Bei Annäherung des Magneten an die Schleife nimmt der Fluss durch die Schleife zu und induziert ein Feld $\boldsymbol{E}'$ in negative φ-Richtung (Korkenzieherregel). Dieses bewegt die Leitungselektronen in positive φ-Richtung, was wiederum einem technischen Strom in negative φ-Richtung entspricht. Man beachte, dass der induzierte Strom ein Magnetfeld $\boldsymbol{B}_I$ erzeugt, welches dem ursprünglichen Feld entgegengesetzt gerichtet ist. Der zunehmende Primärfluss erfährt einen „Widerstand", und zwischen Magnet und Schleife wirkt eine abstoßende Kraft. Dieser Zusammenhang ist in der LENZ'*schen Regel* (H.F. LENZ, 1834) formuliert:

> Der in einer Leiterschleife induzierte Strom fließt immer in die Richtung, in welcher der von ihm erzeugte Fluss der ursprünglichen Feldänderung entgegenwirkt.

Der induzierte Sekundärfluss ist häufig viel kleiner als der erregende Primärfluss.

Ströme, die in Massivleitern, nicht in dünnen Leitern, induziert werden heißen *Wirbelströme*.

Beispiel 12.1. Betatron

Teilchen der Ladung q zirkulieren auf einer Kreisbahn in der Symmetrieebene zwischen zwei Polschuhen eines Elektromagneten, Abb. 12.3. Ein zeitliches Ansteigen des Magnetfeldes induziert auf der Kreisbahn eine EMK, die die Teilchen beschleunigt. Das induzierte beschleunigende Feld folgt aus (12.12) zu

$$\oint_S \boldsymbol{E}' \cdot \mathrm{d}\boldsymbol{s} = 2\pi R E_\varphi = -\frac{\mathrm{d}\psi_m}{\mathrm{d}t} = -\pi R^2 \frac{\mathrm{d}\overline{B}}{\mathrm{d}t} \, ,$$

wobei $\overline{B}$ die von der Bahn eingeschlossene mittlere magnetische Induktion angibt. Bei einem konstanten Bahnradius müssen sich Zentrifugalkraft und Zentripetalkraft aufheben

$$\frac{mv_\varphi^2}{R} = -qv_\varphi B \, ,$$

welches in die Bewegungsgleichung eingesetzt wird

$$\frac{\mathrm{d}}{\mathrm{d}t}(mv_\varphi) = -qR\frac{\mathrm{d}B}{\mathrm{d}t} = +qE_\varphi = -\frac{1}{2}qR\frac{\mathrm{d}\overline{B}}{\mathrm{d}t}$$

und

$$2\frac{\mathrm{d}B}{\mathrm{d}t} = \frac{\mathrm{d}\overline{B}}{\mathrm{d}t} \quad \rightarrow \quad 2B = \overline{B}$$

ergibt, d.h. das mittlere Feld muss doppelt so groß sein wie das Feld am Ort der Teilchenbahn, damit das Teilchen auf einer Bahn mit konstantem Radius beschleunigt werden kann. Dies ist ein Beispiel für eine EMK, die im freien Raum wirkt und nicht an eine Leiterschleife gebunden ist.

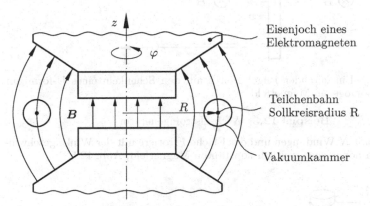

Abb. 12.3. Prinzipieller Aufbau eines Betatrons

12.1.2 Bewegungs-EMK

Als Bewegungs-EMK bezeichnet man das elektrische Feld, das durch Bewegung oder Veränderung der Schleife induziert wird

$$\boxed{U_{ind} = \oint_S \boldsymbol{E}' \cdot \mathrm{d}\boldsymbol{s} = \oint_S (\boldsymbol{v} \times \boldsymbol{B}) \cdot \mathrm{d}\boldsymbol{s}} \, . \tag{12.13}$$

Sie ist von großer technischer Bedeutung, da u.a. Elektrogeneratoren und Elektromotoren darauf beruhen.

Beispiel 12.2. Bewegungsinduktion

Eine Leiterschleife befindet sich in einem homogenen Magnetfeld, Abb. 12.4. Die Schleife besteht aus einem ideal leitenden U-Stück und einem Bügel mit dem OHM'schen Widerstand R. Der Bügel gleitet mit der konstanten Geschwindigkeit $\boldsymbol{v}$ auf den Schenkeln des U-Stückes. Nach (12.8) und wegen $\partial \boldsymbol{B}/\partial t = 0$ wird eine Spannung

$$U_{ind} = \oint_S (\boldsymbol{v} \times \boldsymbol{B}) \cdot \mathrm{d}\boldsymbol{s} = \int_w^0 (-vB\,\boldsymbol{e}_y) \cdot (-\mathrm{d}y\,\boldsymbol{e}_y) = -wvB$$

induziert. Diese erzeugt einen Elektronenfluss im Uhrzeigersinn oder einen entgegengesetzt gerichteten, technischen Strom von

$$I = -\frac{U_{ind}}{R} = \frac{wvB}{R} .$$

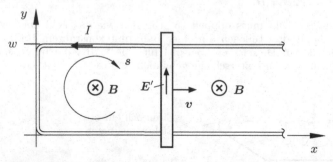

Abb. 12.4. Ein leitender Bügel gleitet auf den Schenkeln eines U-förmigen Leiters im homogenen Magnetfeld

Beispiel 12.3. Wechselstromgenerator

Eine Spule mit N Windungen und der Fläche F rotiere mit der Winkelgeschwindigkeit ω im homogenen, zeitlich konstanten Magnetfeld, Abb. 12.5.

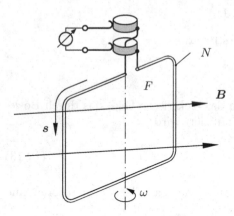

Abb. 12.5. Prinzipieller Aufbau eines Wechselstromgenerators

Der die Spule durchsetzende, verkettete Fluss ist

$$\Psi_m = N \int_{F(t)} \boldsymbol{B} \cdot \mathrm{d}\boldsymbol{F} = NBF \cos\omega t .$$

Die induzierte Spannung errechnet sich damit aus (12.6) zu

$$U_{ind} = -\frac{\mathrm{d}\Psi_m}{\mathrm{d}t} = \omega NBF \sin\omega t .$$

Dies ist das Prinzip des Wechselstromgenerators.

12.1.3 Lokale Formulierung (differentielle Form)

Die integrale Form des Induktionsgesetzes (12.6) und (12.8) ist oftmals nicht gut geeignet zur Berechnung von Feldern, da sie zum einen eine globale Verknüpfung der Größen darstellt und zum anderen E', das Feld im mitbewegten System, verwendet. In vielen Anwendungen ist es einfacher, die Felder des Laborsystems zu verwenden und die lokale (differentielle) Verknüpfung zu benutzen.

Unter der Voraussetzung von Bewegungen, die mit sehr viel kleineren Geschwindigkeiten als die Lichtgeschwindigkeit vor sich gehen, gilt die Gleichung (12.9), welche mit Hilfe des STOKES'schen Satzes umgeformt wird

$$\oint_S (E' - v \times B) \cdot ds = \int_F [\nabla \times (E' - v \times B)] \cdot dF = -\int_F \frac{\partial B}{\partial t} \cdot dF \,.$$

Dies ist für jede beliebige Fläche gültig, also auch für $F \to 0$ und man erhält

$$\nabla \times (E' - v \times B) = -\frac{\partial B}{\partial t} \,.$$

Die Größe $E' - v \times B$ ist entsprechend (12.10) das elektrische Feld E im Laborsystem. Somit lautet die differentielle Form des Induktionsgesetzes

$$\boxed{\nabla \times E = -\frac{\partial B}{\partial t}} \,. \tag{12.14}$$

Obwohl wir bei der Herleitung langsame Bewegungen vorausgesetzt haben, ist (12.14) ebenso wie (12.11) ohne Einschränkung gültig. Es werden ausschließlich Größen im Laborsystem verwendet und die Gleichungen sind auch bei beliebig schnell bewegten Vorgängen gültig.

12.1.4 Bemerkungen

Die am Ende des §12.1 angedeuteten Schwierigkeiten im Falle von leitenden Materialien lassen sich am besten an speziellen Beispielen diskutieren.

Als erstes Beispiel betrachten wir einen unendlich langen, metallischen Stab, der sich in einem homogenen, statischen Magnetfeld B_0 mit der Geschwindigkeit v_0 bewegt, Abb. 12.6a. Senkrecht zum Stab befindet sich eine feststehende Leiterschleife mit einem hochohmigen Messinstrument und Schleifkontakten an den Längsseiten des Stabs. Die Anwendung des Induktionsgesetzes erscheint zunächst nicht möglich, da von der Schleife kein Fluss umfasst wird. Andererseits kann man direkt das Induktionsgesetz in der Form (12.8) anwenden und erhält wegen $\partial B/\partial t = 0$ eine induzierte Spannung

$$U_{ind} = \int_0^b (v \times B) \cdot ds = \int_0^b (-v_0 B_0 \, e_x) \cdot (dx \, e_x) = -v_0 B_0 b \,.$$

Diese Spannung wird von dem Messinstrument gemessen werden. Kehrt man den Vorgang um und bewegt die Schleife während der Stab in Ruhe bleibt, wird eine EMK im Zweig CD induziert. Das Instrument zeigt eine gleich große negative Spannung an.

Will man auf dieses Problem das Induktionsgesetz in der Form (12.6) anwenden, so muss man die in §12.1 gemachte Einschränkung berücksichtigen. Zum Zeitpunkt t besteht die Schleife aus der Strecke AB und dem äußeren Schleifenteil, Abb. 12.6b. Zu einem späteren Zeitpunkt $t + \Delta t$ setzt sie sich wiederum aus dem äußeren Teil zusammen plus der Strecke AA'+A'B'+B'B. Die Änderung des die Schleife durchsetzenden Flusses ist somit

$$\frac{\mathrm{d}\psi_m}{\mathrm{d}t} = \lim_{\Delta t \to 0} \frac{1}{\Delta t} \left(v_0 \Delta t\, b B_0 - 0\right) = v_0 b B_0 \,,$$

welche die richtige induzierte Spannung $U_{ind} = -\mathrm{d}\psi_m/\mathrm{d}t$ ergibt.[3]

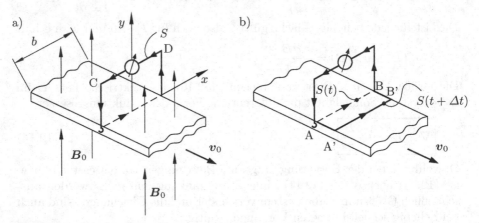

Abb. 12.6. Gleichförmig bewegter, leitender Stab im Magnetfeld. **(a)** Prinzipielle Anordnung. **(b)** Schleifenform zum Zeitpunkt t und $t + \Delta t$

Beispiel 12.4. Unipolarmaschine

Obiges Prinzip ist bei der Unipolarmaschine in eine technisch nutzbare Anordnung umgewandelt.

Eine Scheibe aus leitendem Material dreht sich mit konstanter Winkelgeschwindigkeit ω in einem zeitlich konstanten, homogenen und parallel zur Achse verlaufenden Magnetfeld, Abb. 12.7. Wir gehen wie in dem gerade besprochenen Beispiel vor. Die Geschwindigkeit eines Punktes auf der Scheibe ist

$$\boldsymbol{v} = \omega \varrho\, \boldsymbol{e}_\varphi$$

und somit die induzierte Spannung nach (12.8)

$$U_{ind} = \int_a^0 (\boldsymbol{v} \times \boldsymbol{B}) \cdot \mathrm{d}\boldsymbol{s} = \int_a^0 (-\omega \varrho B_0\, \boldsymbol{e}_\varrho) \cdot (-\mathrm{d}\varrho\, \boldsymbol{e}_\varrho) = -\frac{1}{2}\,\omega a^2 B_0 \,.$$

---

[3] In diesem Beispiel und in den beiden folgenden Beispielen wird vorausgesetzt, dass die durch die induzierten Ströme erzeugten sekundären Magnetfelder vernachlässigbar sind.

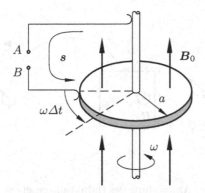

Abb. 12.7. Unipolarmaschine

Verwendet man das Induktionsgesetz in der Form (12.6), so muss der Teil des Integrationsweges, der durch die Scheibe verläuft, mitbewegt werden. Da die Scheibe sich im Zeitintervall Δt um den Winkel $\omega\Delta t$ dreht, ergibt sich die Flussänderung

$$\frac{\mathrm{d}\psi_m}{\mathrm{d}t} = \lim_{\Delta t \to 0} \frac{1}{\Delta t}\frac{1}{2}\omega\Delta t\, a^2 B_0 = \frac{1}{2}\omega a^2 B_0$$

und die induzierte Spannung

$$U_{ind} = -\frac{\mathrm{d}\psi_m}{\mathrm{d}t} = -\frac{1}{2}\,\omega a^2 B_0\;.$$

Der Vorgang lässt sich natürlich auch umkehren, indem an den Klemmen AB ein Strom eingespeist wird und die Scheibe sich dreht. Diese Anordnung heißt BARLOW'*sches Rad.*

Beispiel 12.5. Versuch von Hering (1908)

Gegeben ist ein C-Magnet, Abb. 12.8a. Der magnetische Fluss sei nur im Eisen und im Luftspalt vorhanden, d.h. der Streufluss sei vernachlässigbar. Bewegt man eine Leiterschleife mit Federkontakten und einem Messinstrument von Position P1 nach Position P2, so ändert sich der Fluss durch die Schleife und eine induzierte Spannung wird gemessen. Beim Bewegen von der Position P2 zur Position P3 passiert nichts. Der Fluss ändert sich nicht. Zieht man nun die Schleife über den Schenkel des Magneten von Position P3 in die Position P4, wobei die Federkontakte auf dem Metall schleifen, so wird wiederum keine induzierte Spannung gemessen, obwohl der Fluss durch die Schleife von seinem Maximalwert auf null absinkt.

Der letzte Vorgang sei an Hand der Abb. 12.8b diskutiert. Wendet man die Beziehung (12.10) an, so wird offensichtlich kein Feld induziert, da $\boldsymbol{E} = 0$ und die bewegten Teile sich nicht im Magnetfeld befinden, d.h. $v \times \boldsymbol{D}_0$ null ergibt. Die Anwendung des Induktionsgesetzes wirkt bei diesem Beispiel besonders wenig einleuchtend. Wendet man nämlich die in §12.1 gemachte Einschränkung an, so muss die Schleife über die Oberfläche des Schenkels des Magneten geschlossen werden, Abb. 12.8b. D.h., es gibt keine Flussänderung in der Schleife und somit keine induzierte Spannung.

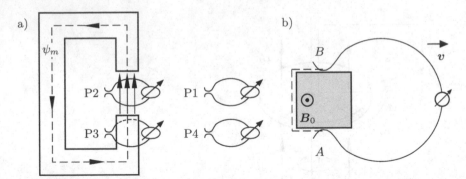

Abb. 12.8. (a) Versuch von Hering. (b) Zur Anwendung des Induktionsgesetzes mit Verformung der Schleife (gestrichelte Linie)

12.2 Grundlegende Gleichungen

Die vereinfachten MAXWELL'schen Gleichungen für zeitlich langsam veränderliche Felder in linearen Medien lauten

$$\nabla \times \boldsymbol{H} = \boldsymbol{J} \quad , \quad \nabla \times \boldsymbol{E} = -\frac{\partial \boldsymbol{B}}{\partial t} \, ,$$

$$\nabla \cdot \boldsymbol{D} = q_V \quad , \quad \nabla \cdot \boldsymbol{B} = 0 \, , \tag{12.15}$$

$$\boldsymbol{D} = \varepsilon \boldsymbol{E} \quad , \quad \boldsymbol{B} = \mu \boldsymbol{H} \quad , \quad \boldsymbol{J} = \kappa \boldsymbol{E} \, .$$

Dies sind im Wesentlichen die Gleichungen (2.41), wobei jetzt Medien mit den Materialkonstanten κ, ε und μ zugelassen sind.

Wegen der Quellenfreiheit der magnetischen Induktion ist diese durch ein Vektorpotential ausdrückbar, siehe §1.7,

$$\boxed{\boldsymbol{B} = \nabla \times \boldsymbol{A}} \, . \tag{12.16}$$

Einsetzen in (12.15) und Vertauschen der zeitlichen und räumlichen Differentiation liefert

$$\nabla \times \boldsymbol{E} = -\frac{\partial}{\partial t}(\nabla \times \boldsymbol{A}) \quad \rightarrow \quad \nabla \times \left(\boldsymbol{E} + \frac{\partial \boldsymbol{A}}{\partial t} \right) = 0$$

und man kann $\boldsymbol{E} + \partial \boldsymbol{A}/\partial t$ durch ein Skalarpotential darstellen

$$\boxed{\boldsymbol{E} = -\nabla \phi - \frac{\partial \boldsymbol{A}}{\partial t}} \, . \tag{12.17}$$

Mit den Ansätzen (12.16) und (12.17) wird aus (12.15)

$$\nabla \cdot \boldsymbol{D} = -\varepsilon \nabla^2 \phi - \varepsilon \frac{\partial}{\partial t}(\nabla \cdot \boldsymbol{A}) = q_V$$

$$\nabla \times \boldsymbol{H} = \frac{1}{\mu} \nabla \times \boldsymbol{B} = \frac{1}{\mu} \nabla \times (\nabla \times \boldsymbol{A})$$

$$= \frac{1}{\mu} \nabla(\nabla \cdot \boldsymbol{A}) - \frac{1}{\mu} \nabla^2 \boldsymbol{A} = \boldsymbol{J} \,. \tag{12.18}$$

An dieser Stelle sind drei Fälle zu unterscheiden:

1. Die Stromdichte $\boldsymbol{J}$ und die Raumladungsdichte q_V sind eingeprägte Quellen. Dann wird aus (12.18) mit der Eichung $\nabla \cdot \boldsymbol{A} = 0$, (8.31),

$$\nabla^2 \phi = -\frac{q_V}{\varepsilon} \quad , \quad \nabla^2 \boldsymbol{A} = -\mu \boldsymbol{J} \,. \tag{12.19}$$

   Die Ladungen sind die Quellen für das Skalarpotential und den konservativen Teil des Feldes. Die Ströme sind die Quellen des Vektorpotentials und des nicht-konservativen, induzierten Teils des Feldes.

2. Die Quellen der Felder liegen außerhalb des betrachteten Gebietes. Dann sind die Ströme Wirkungen, $\boldsymbol{J} = \kappa \boldsymbol{E}$, und da die Ladungen normalerweise kompensiert sind, gibt es kein Skalarpotential. Aus (12.18) wird zusammen mit (12.17)

$$\boxed{\nabla^2 \boldsymbol{A} - \mu\kappa \frac{\partial \boldsymbol{A}}{\partial t} = 0} \,. \tag{12.20}$$

   Dies ist eine *vektorielle Diffusionsgleichung*. In skalarer Form tritt sie bei der Diffusion von Wärme oder Teilchen auf und daher kommt auch der Name. Aufgrund der ersten Zeitableitung beschreibt sie *irreversible* Vorgänge, d.h. die Gleichung ist nicht invariant gegen eine Zeitumkehr. Ersetzt man t durch $-t$, ändert sich die Gleichung. Im vorliegenden Fall liegt die Irreversibilität an der OHM'schen Verlustleistung (Wärmeentwicklung), die die Ströme verursachen. Die Umkehrung, aus Wärme einen gerichteten Strom zu erzeugen, ist nicht möglich. Vektorielle Diffusionsgleichungen, wie in (12.20), erhält man auch für die elektrische Feldstärke $\boldsymbol{E}$ sowie für die magnetische Feldstärke $\boldsymbol{H}$, indem man von den beiden ersten Gleichungen in (12.15) die Rotation bildet und gegenseitig einsetzt[4]

$$\nabla^2 \boldsymbol{E} - \mu\kappa \frac{\partial \boldsymbol{E}}{\partial t} = 0 \quad , \quad \nabla^2 \boldsymbol{H} - \mu\kappa \frac{\partial \boldsymbol{H}}{\partial t} = 0 \,. \tag{12.21}$$

3. Im betrachteten, leitenden Gebiet gibt es eingeprägte und induzierte Ströme. Dies ist z.B. bei gespeisten Leitern der Fall. Dann ist normalerweise $q_V = 0$ und die stromtreibende eingeprägte Feldstärke $\boldsymbol{E}^e = -\nabla \phi^e$. Aus (12.18) wird zusammen mit $\nabla \cdot \boldsymbol{A} = 0$ und (12.17)

---

[4] Im Kapitel 14 wird eine ähnliche Gleichung, allerdings mit der zweiten Zeitableitung auftreten, die sogenannte Wellengleichung. Diese ist gegen eine Zeitumkehr invariant und beschreibt Vorgänge, die in der Zeit vorwärts oder rückwärts ablaufen können.

$$\nabla^2 \phi = 0 , \quad \nabla^2 \boldsymbol{A} = -\mu \boldsymbol{J} = -\mu\kappa \boldsymbol{E} = \mu\kappa\nabla\phi^e + \mu\kappa \frac{\partial \boldsymbol{A}}{\partial t} . \qquad (12.22)$$

12.3 Herleitung der magnetischen Energie (Hystereseverluste)

Wie in §10.2 erwähnt, benötigt man zur exakten Herleitung der magnetischen Energie den zeitlichen Aufbau des Feldes. Dies sei hier für zeitlich langsam veränderliche (quasistationäre) Felder nachgeholt, d.h. für Felder, deren räumliche Verteilung sich nicht ändert (jedenfalls nicht im betrachteten Zeitintervall) sondern nur ihr zeitlicher Verlauf.

Betrachtet sei eine quasistationäre Stromverteilung im elektrischen Feld. Diese bedingt, wegen (12.19), ein Vektorpotential. Multipliziert man die Stromverteilung mit einem Faktor α, muss auch das Vektorpotential $\boldsymbol{A}$ mit diesem Faktor multipliziert werden. Man startet zu einem Zeitpunkt t mit einem Faktor $\alpha(t)$ und erhöht diesen im Zeitintervall dt um $d\alpha$. Dadurch wird nach (12.17) ein elektrisches Feld induziert

$$\boldsymbol{E} = -\frac{d\alpha}{dt} \boldsymbol{A} ,$$

welches nach der LENZ'schen Regel der ursprünglichen Stromdichte $\alpha \boldsymbol{J}$ entgegengesetzt gerichtet ist. Werden die Ladungen um $d\boldsymbol{s}$ verschoben, so verrichtet das Feld an den Ladungen pro Zeiteinheit die Arbeit

$$\frac{dW}{dt} = -\int_V \left(\alpha q_V dV \, \boldsymbol{E} \cdot \frac{d\boldsymbol{s}}{dt} \right) = -\int_V \alpha q_V \boldsymbol{v} \cdot \boldsymbol{E} \, dV$$

$$= -\alpha \int_V \boldsymbol{J} \cdot \boldsymbol{E} \, dV = \alpha \frac{d\alpha}{dt} \int_V \boldsymbol{J} \cdot \boldsymbol{A} \, dV . \qquad (12.23)$$

Da die Kräfte gegen den Aufbau des Stromes wirken, muss die gespeicherte magnetische Energie zunehmen

$$dW_m = \frac{dW}{dt} \, dt .$$

Einsetzen von (12.23) und Integration von $\alpha = 0$ bis $\alpha = 1$ ergibt die gesamte magnetische Energie

$$W_m = \int \frac{dW}{dt} \, dt = \int_{\alpha=0}^{\alpha=1} \alpha \frac{d\alpha}{dt} \, dt \int_V \boldsymbol{J} \cdot \boldsymbol{A} \, dV = \frac{1}{2} \int_V \boldsymbol{J} \cdot \boldsymbol{A} \, dV \qquad (12.24)$$

und die Energiedichte

$$w_m = \frac{1}{2} \boldsymbol{J} \cdot \boldsymbol{A} . \qquad (12.25)$$

Dies ist das Ergebnis (10.15), (10.16), welches damals nur plausibel gemacht werden konnte.

Die magnetische Energiedichte kann (siehe §10.2) auch durch die Feldgrößen ausgedrückt werden

$$w_m = \frac{1}{2} \boldsymbol{H} \cdot \boldsymbol{B} \, . \tag{12.26}$$

Die Form (12.26) ist, wie später gezeigt wird, allgemein gültig, also auch für schnell veränderliche Felder.

In nichtlinearen Medien kann obige Integration über die Zeit nicht durchgeführt werden. Man verwendet vielmehr anstelle von $\boldsymbol{E} = -(\mathrm{d}\alpha/\mathrm{d}t)\boldsymbol{A}$ die Beziehung $\boldsymbol{E} = -\partial \boldsymbol{A}/\partial t$ und erhält für (12.23)

$$\frac{\mathrm{d}W}{\mathrm{d}t} = \int_V \boldsymbol{J} \cdot \frac{\partial \boldsymbol{A}}{\partial t} \, \mathrm{d}V$$

und somit für die Änderung der magnetischen Energie

$$\mathrm{d}W_m = \frac{\mathrm{d}W}{\mathrm{d}t} \, \mathrm{d}t = \int_V \boldsymbol{J} \cdot \mathrm{d}\boldsymbol{A} \, \mathrm{d}V \, . \tag{12.27}$$

Mit Hilfe von

$$\nabla \cdot (\mathrm{d}\boldsymbol{A} \times \boldsymbol{H}) = \boldsymbol{H} \cdot (\nabla \times \mathrm{d}\boldsymbol{A}) - \mathrm{d}\boldsymbol{A} \cdot (\nabla \times \boldsymbol{H}) = \boldsymbol{H} \cdot \mathrm{d}\boldsymbol{B} - \boldsymbol{J} \cdot \mathrm{d}\boldsymbol{A}$$

und unter Verwendung des STOKES'schen Satzes wird aus (12.27)

$$\mathrm{d}W_m = \int_V \boldsymbol{H} \cdot \mathrm{d}\boldsymbol{B} \, \mathrm{d}V - \oint_O (\mathrm{d}\boldsymbol{A} \times \boldsymbol{H}) \cdot \mathrm{d}\boldsymbol{F} \, .$$

Das Oberflächenintegral verschwindet für $r \to \infty$, da $|\mathrm{d}\boldsymbol{A}| \sim r^{-1}$, $|\boldsymbol{H}| \sim r^{-2}$ und $|\mathrm{d}\boldsymbol{F}| \sim r^2$, und die gesamte magnetische Energie wird zu

$$W_m = \int_V \left\{ \int_0^B \boldsymbol{H} \cdot \mathrm{d}\boldsymbol{B} \right\} \mathrm{d}V \, , \tag{12.28}$$

wenn die magnetische Induktion von null auf $\boldsymbol{B}$ erhöht wird. Die Energiedichte ist

$$\boxed{w_m = \int_0^B \boldsymbol{H} \cdot \mathrm{d}\boldsymbol{B}} \, . \tag{12.29}$$

Die Ausdrücke (12.28), (12.29) erlauben die Bestimmung der magnetischen Energie in nichtlinearen, z.B. ferromagnetischen Materialien. Von besonderem Interesse sind dabei die *Hystereseverluste*, die im zyklischen Betrieb, wie bei einem Transformator auftreten. Betrachtet wird ein Umlauf 12341 einer Hystereseschleife, Abb. 12.9. Der Ausdruck $\boldsymbol{H} \cdot \mathrm{d}\boldsymbol{B}$ stellt die Fläche des kleinen Rechteckes mit den Seiten H und $\mathrm{d}B$ dar. Auf dem Integrationsweg von 1 nach 2 ist sowohl H wie $\mathrm{d}B$ positiv und das Integral stellt die aufgewendete Arbeit dar, um von dem Magnetisierungszustand 1 zum Zustand 2 zu gelangen. Es ist gleich der einfach schraffierten Fläche. Auf dem Weg vom Magnetisierungszustand 2 zum Zustand 3 ist H immer noch positiv aber $\mathrm{d}B$ negativ. Bei Änderung der Magnetisierung vom Zustand 2 zum Zustand 3

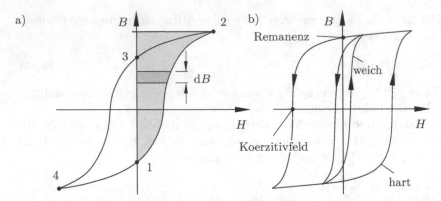

Abb. 12.9. **(a)** Zur Berechnung der Hystereseverluste bei einem Umlauf. **(b)** Hystereseschleifen für magnetisch weiches und hartes Material

wird also Energie frei. Diese entspricht der Fläche zwischen der Kurve durch die Punkte 2 und 3 und der B-Achse. Vom Punkt 3 zum Punkt 4 ist sowohl H wie dB negativ und es muss Energie aufgewendet werden entsprechend der Fläche zwischen der Kurve durch die Punkte 3 und 4 und der B-Achse. Auf dem verbleibenden Weg vom Magnetisierungszustand 4 zurück zum Zustand 1 ist H negativ aber dB positiv, so dass wieder Energie frei wird, welche der Fläche zwischen der Kurve durch die Punkte 4 und 1 und der B-Achse entspricht. Die bei einem vollen Umlauf aufgewendete Arbeit wird also durch die von der Hystereseschleife umschlossene Fläche angegeben. Diese Arbeit wird im Material in Wärme umgesetzt und stellt die unvermeidbaren Hystereseverluste dar. Bei schmaler Hystereseschleife, d.h. niedrigen Verlusten, heißt das Material *magnetisch weich*, bei breiter Hystereseschleife mit hohen Verlusten *magnetisch hart*. In der Tabelle 12.1 sind Remanenzwerte und Koerzitivfelder einiger Materialien angegeben.

Tabelle 12.1. Magnetische Eigenschaften einiger Werkstoffe

magnetisch weiche Materialien	Sättigungsfeldstärke B_S/T	$\mu_{r,max}$
Stahl	2	500
Permalloy (Fe-Ni)	1.1	150000
MnZn (Ferrit)	0.5	6000
permanent magnetische Materialien	Remanenz/T	Koerzitivfeld/$\frac{\text{A}}{\text{m}}$
Chrom-Stahl	1	4000
Alnico	0.6	76000
Platin-Kobalt	0.6	210000

12.4 Diffusion magnetischer Felder durch dünnwandige Leiter

Der Vorgang der Felddiffusion beruht auf der Wechselwirkung des erregenden Feldes mit dem induzierten Feld. Schaltet man ein Magnetfeld bei Anwesenheit eines Leiters an, so wird ein Strom induziert, der wiederum ein Feld erzeugt, welches nach der LENZ'schen Regel dem erregenden Feld entgegenwirkt. Mit der Zeit klingt der Strom und das induzierte Feld ab und das erregende Feld dringt in den Leiter ein.

Besonders einfach zu behandeln ist der Vorgang bei dünnwandigen Leitern, bei denen sich die Stromverteilung über die Wanddicke nicht ändert.

12.4.1 Zylinder parallel zum Magnetfeld

Ein langer, dünnwandiger Metallzylinder befindet sich in einem axial gerichteten Magnetfeld, Abb. 12.10.

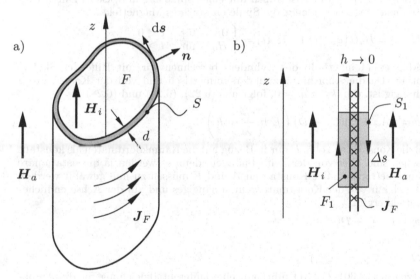

Abb. 12.10. (a) Metallzylinder im axialen Magnetfeld. (b) Schnitt durch die Wand mit Flächenstromdichte und Umlauf

Bei zeitlich veränderlichem Magnetfeld wird in der Wand ein Strom in azimutaler Richtung induziert, der über die Dicke der Wand konstant sei. Der Zusammenhang zwischen dem tangentialen Magnetfeld und dem Wandstrom folgt aus dem Durchflutungssatz. Unter Bezug auf Abb. 12.10b wird

$$\oint_{S_1} \boldsymbol{H} \cdot \mathrm{d}\boldsymbol{s} = \int_{F_1} \boldsymbol{J} \cdot \mathrm{d}\boldsymbol{F} \quad \rightarrow \quad H_i \Delta s - H_a \Delta s = J_F \Delta s$$

$$H_i - H_a = J_F \ . \tag{12.30}$$

Den zeitlichen Zusammenhang bestimmt das Induktionsgesetz von FARADAY

$$\oint_S \boldsymbol{E} \cdot \mathrm{d}\boldsymbol{s} = \frac{1}{\kappa} \oint_S \boldsymbol{J} \cdot \mathrm{d}\boldsymbol{s} = \frac{1}{\kappa d} \oint_S \boldsymbol{J}_F \cdot \mathrm{d}\boldsymbol{s} = \frac{S}{\kappa d} J_F(t)$$

$$= -\frac{\mathrm{d}}{\mathrm{d}t} \int_F B_i \mathrm{d}F \ . \tag{12.31}$$

Hierbei ist S der Umfang des Zylinders. Die beiden Gleichungen (12.30) und (12.31) beschreiben vollständig das Problem. Vorausgesetzt wurde lediglich, dass $\boldsymbol{J}_F$ ortsunabhängig ist und nur von der Zeit abhängt. Die Ortsunabhängigkeit ist eine Folge der vorausgesetzten Konstanz über die Wanddicke und der Divergenzfreiheit

$$\nabla \cdot (\nabla \times \boldsymbol{H}) = \nabla \cdot \boldsymbol{J} = 0 \ .$$

Beispiel 12.6. Dünnwandiger Kreiszylinder im axialen Magnetfeld

Gegeben ist ein langer, metallischer Kreiszylinder mit dem Radius a und der Wanddicke d. Der Zylinder ist außen mit einer Spule eng umwickelt. Durch Einschalten eines Stromes erzeugt die Spule ein äußeres Magnetfeld

$$\boldsymbol{H}_a(t) = H_a(t)\,\boldsymbol{e}_z \quad \text{mit} \quad H_a(t) = \begin{cases} 0 & \text{für} \quad t < 0 \\ H_0 & \text{für} \quad t \geq 0 \end{cases} \ .$$

Das Magnetfeld innerhalb des Zylinders berechnen wir mit Hilfe des Skalarpotentials. Da die Anordnung zylindersymmetrisch und von der Koordinate z unabhängig ist, d.h. $k_z = m = 0$, folgt aus (6.22), (6.24) und (6.28)

$$\phi_i = (A\varphi + B)(Cz + D)\left(E \ln \frac{\varrho}{\varrho_0} + F\right) \ ,$$

wobei die Konstanten A bis F nur in Bezug auf die Raumkoordinaten als konstant anzusehen sind aber von der Zeit abhängen, denn es werden ja quasistationäre Vorgänge betrachtet. Die Konstanten A und E müssen zu null gewählt werden, damit sich ein von der Koordinate φ unabhängiges und auf der Achse endliches Magnetfeld ergibt,

$$\phi_i = C(t)z + D(t)$$

und man erhält

$$\boldsymbol{H}_i = -\nabla \phi_i = -C(t)\,\boldsymbol{e}_z \ .$$

Einsetzen in (12.30), (12.31) führt auf eine Differentialgleichung für die Amplitude $C(t)$

$$J_F(t) = -C(t) - H_a(t)$$

$$\frac{2\pi a}{\kappa d} J_F(t) = \mu_0 \pi a^2 \frac{\mathrm{d}C(t)}{\mathrm{d}t}$$

oder

$$\frac{\mathrm{d}C(t)}{\mathrm{d}t} + \frac{1}{\tau_D}C(t) = -\frac{1}{\tau_D}H_a(t) \quad \text{mit} \quad \tau_D = \frac{1}{2}\mu_0\kappa ad \ .$$

Die Lösung der Differentialgleichung besteht aus der Lösung der homogenen Differentialgleichung und einer Partikularlösung

$$C(t) = C_0 \mathrm{e}^{-t/\tau_D} - H_0 \quad \text{für} \quad t \geq 0 \ .$$

τ_D heißt *Diffusionskonstante* und gibt die Zeitkonstante an, mit welcher der Diffusionsprozess stattfindet. Als letztes bleibt C_0 zu bestimmen aus der Bedingung

$$H_i(t = -0) = 0 = C_0 - H_0$$

und man erhält

$$\boldsymbol{H}_i(t) = \left(1 - e^{-t/\tau_D}\right) H_0 \boldsymbol{e}_z \ .$$

Das Feld steigt exponentiell mit der Zeitkonstanten τ_D an und erreicht asymptotisch den Wert H_0. Mit zunehmender Wanddicke, zunehmendem Zylinderradius oder zunehmender Leitfähigkeit nimmt die Fähigkeit der Abschirmung des Zylinders zu. Ideale Leiter mit $\kappa \to \infty$ und $\tau_D \to \infty$ schirmen auch ideal ab.

12.4.2 Zylinder senkrecht zum Magnetfeld

Als nächstes sei das Magnetfeld senkrecht zu einem langen, dünnwandigen Metallzylinder gerichtet, Abb. 12.11.

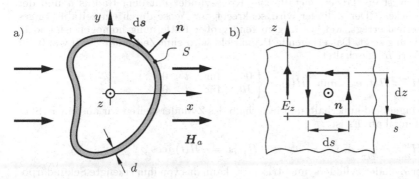

Abb. 12.11. (a) Magnetfeld senkrecht zum Metallzylinder. (b) Wandausschnitt mit Umlauf

Da nach Voraussetzung die Zylinderwand dünn ist, ändert sich die magnetische Induktion $\boldsymbol{B}$ nicht über die Wanddicke und aus der Stetigkeitsbedingung (9.36) wird

$$B_{ni} = B_{na} = B_n \ . \tag{12.32}$$

Der Wandstrom und das elektrische Feld sind rein axial gerichtet. Anwenden des FARADAY'schen Induktionsgesetzes auf einen Umlauf über ein differentielles Flächenelement, Abb. 12.11b, liefert

$$-E_z(s)\mathrm{d}z + \left(E_z(s) + \frac{\partial E_z}{\partial s}\,\mathrm{d}s\right)\mathrm{d}z = \frac{\partial E_z}{\partial s}\,\mathrm{d}s\,\mathrm{d}z = -\frac{\partial}{\partial t}(B_n\mathrm{d}s\,\mathrm{d}z)$$

oder

$$\frac{\partial E_z}{\partial s} = -\frac{\partial B_n}{\partial t} \ .$$

Mit dem Zusammenhang zwischen der elektrischen Feldstärke $\boldsymbol{E}$ und der Stromdichte $\boldsymbol{J}$

$$J_z d = J_{Fz} = \kappa d E_z$$

und der Stetigkeitsbedingung (9.35)

$$H_{sa} - H_{si} = J_{Fz}$$

wird daraus

$$\frac{1}{\kappa d}\frac{\partial}{\partial s}(H_{sa} - H_{si}) = -\frac{\partial B_n}{\partial t} \ . \tag{12.33}$$

Dabei sind H_s und B_n von der Koordinate z unabhängig und hängen nur von den transversalen Koordinaten und der Zeit ab.

Beispiel 12.7. Dünnwandiger Kreiszylinder im transversalen Magnetfeld

Gegeben ist ein langer, metallischer Kreiszylinder mit dem Radius a und der Wanddicke d. Der Zylinder wird senkrecht zur Achse durch ein zeitabhängiges Magnetfeld erregt, welches in genügend großer Entfernung homogen ist und in x-Richtung zeigt. Das erregende Primärfeld wird zum Zeitpunkt $t = 0$ von 0 auf den Wert H_0 geschaltet

$$\boldsymbol{H}^p = H(t)\,\boldsymbol{e}_x \quad \text{mit} \quad H(t) = \begin{cases} 0 & \text{für} \quad t < 0 \\ H_0 & \text{für} \quad t \geq 0 \ . \end{cases}$$

Das Magnetfeld außerhalb und innerhalb des Zylinders leiten wir aus einem Skalarpotential ab. Es ist

$$\boldsymbol{H}^p = -\frac{\partial \phi^p}{\partial x}\,\boldsymbol{e}_x \quad \rightarrow \quad \phi^p = -H(t)x = -H(t)\varrho\cos\varphi \ .$$

Da der Zylinder zylindersymmetrisch ist, kann das von ihm erzeugte Sekundärpotential nur dieselbe φ-Abhängigkeit wie die Anregung aufweisen und man erhält aus (6.24), (6.27)

$$\phi_a^s = \left(A\varrho + \frac{B}{\varrho}\right)\cos\varphi$$

$$\phi_i^s = \left(C\varrho + \frac{D}{\varrho}\right)\cos\varphi \ .$$

Für $\varrho \rightarrow \infty$ muss ϕ_a^s verschwinden, d.h. es ist $A = 0$ zu wählen, und für $\varrho \rightarrow 0$ muss ϕ_i endlich bleiben, d.h. es ist $D = 0$. Somit wird

$$\phi_a^s = \frac{1}{\varrho}B\cos\varphi \quad , \quad \phi_i^s = \varrho C\cos\varphi$$

und die Felder lauten

$$H_{\varphi i} = -\frac{1}{\varrho}\frac{\partial \phi_i^s}{\partial \varphi} = C\sin\varphi$$

$$H_{\varphi a} = -\frac{1}{\varrho}\frac{\partial}{\partial \varphi}(\phi^p + \phi_a^s) = \left(-H + \frac{1}{\varrho^2}B\right)\sin\varphi$$

$$B_{\varrho i} = -\mu_0\frac{\partial \phi_i^s}{\partial \varrho} = -\mu_0 C\cos\varphi$$

$$B_{\varrho a} = -\mu_0 \frac{\partial}{\partial \varrho}\left(\phi^p + \phi_a^s\right) = \mu_0 \left(H + \frac{1}{\varrho^2}B\right)\cos\varphi\ ,$$

wobei wir festhalten, dass H, B und C von der Zeit t abhängen. Aus der Stetig-keitsbedingung (12.32) folgt dann

$$-C = H + \frac{1}{a^2}B$$

und aus (12.33) wird unter Verwendung von $\mathrm{d}s = a\mathrm{d}\varphi$

$$\frac{1}{\kappa d a}\left(-H + \frac{1}{a^2}B - C\right) = \mu_0 \frac{\mathrm{d}C}{\mathrm{d}t}\ .$$

Gegenseitiges Einsetzen führt auf eine Differentialgleichung für C

$$\frac{\mathrm{d}C}{\mathrm{d}t} + \frac{1}{\tau_D}C = -\frac{1}{\tau_D}H \quad \text{mit} \quad \tau_D = \frac{1}{2}\mu_0\kappa a d\ .$$

Ihre Lösung ist unter Verwendung von $C(t = -0) = 0$

$$C(t) = -\left(1 - e^{-t/\tau_D}\right)H_0$$

und man erhält für das Feld im Innern des Zylinders

$$\boldsymbol{H}_i = -\nabla\phi_i = -C\left(\cos\varphi\,\boldsymbol{e}_\varrho - \sin\varphi\,\boldsymbol{e}_\varphi\right) = -C\,\boldsymbol{e}_x$$
$$= \left(1 - e^{-t/\tau_D}\right)H_0\boldsymbol{e}_x\ .$$

Das Feld ist räumlich konstant und x-gerichtet. Es steigt zeitlich mit der Zeit-konstanten τ_D an bis es asymptotisch den Wert H_0 erreicht. Die Zeitkonstante ist identisch mit der Zeitkonstanten im Beispiel auf Seite 256. Abb. 12.12 zeigt das Eindringen des Feldes in den Zylinder zu verschiedenen Zeitpunkten.

$$\frac{t}{\tau_D} = 0 \qquad\qquad \frac{t}{\tau_D} = 0.5 \qquad\qquad \frac{t}{\tau_D} = 1$$

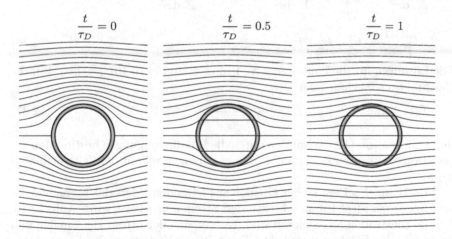

Abb. 12.12. Magnetische Feldlinien zu verschiedenen Zeitpunkten

12.5 Separation der Diffusionsgleichung

Die Diffusionsgleichung kann man ganz analog zur LAPLACE-Gleichung wie in §6.2 mit einem Produktansatz nach BERNOULLI separieren. Die Zeit nimmt dabei die Rolle einer zusätzlichen Dimension ein. Allerdings ist die Felddiffusionsgleichung im Allgemeinen vektoriell und nur eingeschränkt lösbar. Wir werden uns deswegen auf zwei Fälle beschränken, bei denen nur eine kartesische Komponente auftritt und die Gleichung skalar wird.

12.5.1 Kartesische Koordinaten

In kartesischen Koordinaten zerfällt die Diffusionsgleichung in drei unabhängige Gleichungen der Form

$$\frac{\partial^2 H_i}{\partial x^2} + \frac{\partial^2 H_i}{\partial y^2} + \frac{\partial^2 H_i}{\partial z^2} - \mu\kappa\frac{\partial H_i}{\partial t} = 0 \quad , \quad i = x, y, z \ . \tag{12.34}$$

Mit dem Produktansatz

$$H_i = X(x)Y(y)Z(z)T(t) \tag{12.35}$$

wird daraus

$$\frac{1}{X}\frac{d^2 X}{dx^2} + \frac{1}{Y}\frac{d^2 Y}{dy^2} + \frac{1}{Z}\frac{d^2 Z}{dz^2} - \frac{\mu\kappa}{T}\frac{dT}{dt} = 0 \ .$$

Jeder Term hängt nur von einer einzigen Variablen ab und muss konstant sein

$$\frac{1}{X}\frac{d^2 X}{dx^2} = -k_x^2 \quad , \quad \frac{1}{Y}\frac{d^2 Y}{dy^2} = -k_y^2 \quad , \quad \frac{1}{Z}\frac{d^2 Z}{dz^2} = -k_z^2 \quad ,$$

$$-\frac{\mu\kappa}{T}\frac{dT}{dt} = k_x^2 + k_y^2 + k_z^2 \ . \tag{12.36}$$

Die Lösungen für die Funktionen X, Y und Z sind in (6.10) gegeben. Für die Zeitfunktion T erhält man

$$T(t) = T_0 e^{-t/\tau_D} \quad , \quad \tau_D = \frac{\mu\kappa}{k_x^2 + k_y^2 + k_z^2} \ . \tag{12.37}$$

Jede Lösung von (12.34) mit den durch die Randbedingungen bestimmten Separationskonstanten k_x, k_y und k_z klingt exponentiell mit der Zeitkonstanten τ_D ab.

Als Beispiel sei ein langer Quader aus leitendem Material betrachtet, in den über zwei ideal leitende Elektroden Strom eingespeist wird, Abb. 12.13. Da die Elektroden ideal leitend sind, verteilt sich der Strom gleichmäßig und wirkt wie eine Flächenstromdichte. Der zeitliche Verlauf sei eine Sprungfunktion

$$\boldsymbol{J}_F = J_F \boldsymbol{e}_x \quad , \quad J_F = \begin{cases} 0 & \text{für} \quad t < 0 \\ J_{F0} & \text{für} \quad t \geq 0 \ . \end{cases} \tag{12.38}$$

Der Quader ist nach Voraussetzung lang in y-Richtung, so dass die Endeffekte vernachlässigt werden können und das Feld von der Koordinate y unabhängig ist. Desweiteren ist die Anordnung in z-Richtung eben und das Feld ist auch von der Koordinate z unabhängig. Somit kann es nur eine Stromkomponente in z-Richtung geben und wegen des Durchflutungssatzes nur eine y-Komponente der magnetischen Feldstärke $\boldsymbol{H}$. Aus (12.34) wird

$$\frac{\partial^2 H_y}{\partial x^2} - \mu\kappa\frac{\partial H_y}{\partial t} = 0$$

und aus (12.36)

$$\frac{\mathrm{d}^2 X}{\mathrm{d}x^2} = -k_x^2 X \quad , \quad \frac{\mathrm{d}T}{\mathrm{d}t} = -\frac{1}{\tau_D}T \quad \text{mit} \quad \tau_D = \frac{\mu\kappa}{k_x^2} \ .$$

Die Diffusionskonstante hängt von den Materialeigenschaften ab und von der räumlichen Abhängigkeit in x-Richtung. Mit den Lösungen (6.10) für die Ortsfunktion $X(x)$ und (12.37) für die Zeitfunktion $T(t)$ lautet das Magnetfeld

$$H_y = \left[A\cos k_x x + B\sin k_x x \right] \mathrm{e}^{-t/\tau_D} + Cx + D \ , \tag{12.39}$$

wobei die Separationskonstante k_x zunächst noch unbestimmt ist und im Fall $k_x = 0$ keine Zeitabhängigkeit auftritt, d.h. $\partial H_y/\partial t = 0$. Die Konstanten sind durch die Rand- und Anfangsbedingungen bestimmt. Die Stromquelle, die erste Elektrode, der Materialblock sowie die zweite Elektrode bilden eine Stromschleife mit der Flächenstromdichte $\boldsymbol{J}_F$.

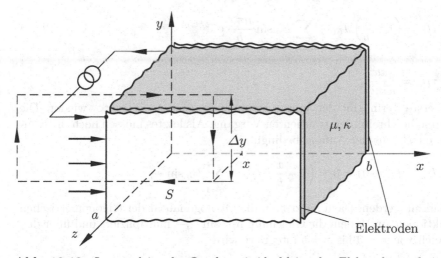

Abb. 12.13. Langer, leitender Quader mit ideal leitenden Elektroden und eingeprägtem Strom

Ein Umlauf in der xy-Ebene, Abb. 12.13, schließt den gesamten Strom der Quelle ein abzüglich des Stromes, der im Bereich von $x = 0$ bis x fließt. Bei $x = -\infty$ soll das Magnetfeld verschwinden. Wir nehmen $t > 0$ an, wenden

den Durchflutungssatz an und wählen zuerst $x = 0$, so dass der gesamte Strom der Quelle umschlossen wird

$$-H_y(x = 0, t)\Delta y = -J_{F0}\Delta y \; .$$

Einarbeiten in (12.39) liefert

$$A\,\mathrm{e}^{-t/\tau_D} + D = J_{F0} \quad \rightarrow \quad A = 0 \quad , \quad D = J_{F0} \; . \tag{12.40}$$

Als nächstes wählt man $x = b$, so dass der resultierende eingeschlossene Strom verschwindet

$$-H_y(x = b, t)\Delta y = 0$$

und es folgt aus (12.39) zusammen mit (12.40)

$$B \sin k_x b\, \mathrm{e}^{-t/\tau_D} + Cb + J_{F0} = 0 \; .$$

Eine Lösung wäre $B = 0$, $Cb = -J_{F0}$, aber dies würde bedeuten, dass das Feld für $t > 0$ konstant ist, was nicht sein kann. Daher muss

$$\sin k_x b = 0 \quad \rightarrow \quad k_x = k_{xn} = \frac{n\pi}{b} \quad , \quad n = 1, 2, \dots$$

$$Cb = -J_{F0} \tag{12.41}$$

gewählt werden. Einsetzen der Konstanten und Summation über alle Separationskonstanten k_{xn} ergibt für (12.39)

$$H_y = \left(1 - \frac{x}{b}\right) J_{F0} + \sum_{n=1}^{\infty} B_n \sin \frac{n\pi x}{b}\, \mathrm{e}^{-t/\tau_{Dn}} \; , \tag{12.42}$$

$$\tau_{Dn} = \frac{\mu\kappa b^2}{n^2\pi^2} \; .$$

Der erste Term gibt den eingeschwungenen Zustand, $t \to \infty$, wieder. Die Summe beschreibt den transienten Vorgang. Als letztes müssen noch die Konstanten B_n aus der Anfangsbedingung

$$H_y(x, t = -0) = 0 = \left(1 - \frac{x}{b}\right) J_{F0} + \sum_{n=1}^{\infty} B_n \sin \frac{n\pi x}{b}$$

bestimmt werden. Dazu nutzt man die Orthogonalität der trigonometrischen Funktionen aus, indem die Gleichung mit $\sin \frac{m\pi x}{b}$ multipliziert und über den Bereich von $x = 0$ bis $x = b$ integriert wird

$$J_{F0} \int_0^b \left(1 - \frac{x}{b}\right) \sin \frac{m\pi x}{b}\, \mathrm{d}x + \frac{1}{2} B_m b = \frac{bJ_{F0}}{m\pi} + \frac{1}{2} B_m b = 0$$

$$\rightarrow \quad B_m = -\frac{2}{m\pi} J_{F0} \; .$$

Nun sind alle Konstanten bestimmt und das Magnetfeld (12.42) lautet für $t > 0$

$$H_y(x,t) = J_{F0} \left\{ 1 - \frac{x}{b} - \frac{2}{\pi} \sum_{n=1}^{\infty} \frac{1}{n} \sin \frac{n\pi x}{b} \, e^{-t/\tau_{Dn}} \right\} , \qquad (12.43)$$

$$\tau_{Dn} = \frac{\mu \kappa b^2}{(n\pi)^2} .$$

Der Verlauf des magnetischen Feldes H_y ist in Abb. 12.14 für verschiedene Zeiten dargestellt. Für kleine Zeiten ist H_y nur in unmittelbarer Umgebung von $x = 0$ vorhanden und klingt schnell mit zunehmender Entfernung ab. Mit fortschreitender Zeit diffundiert das Feld immer weiter in den Quader hinein bis es schließlich für $t \to \infty$ zeitlich konstant ist und mit der Koordinate x räumlich linear abnimmt.

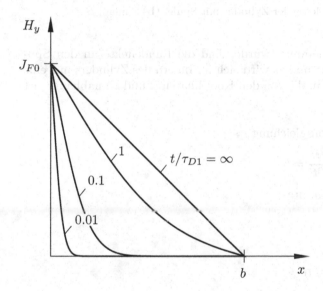

Abb. 12.14. Verlauf des Magnetfeldes über der Koordinate x für verschiedene Zeitpunkte

12.5.2 Zylinderkoordinaten

In Zylinderkoordinaten führt die vektorielle Diffusionsgleichung im allgemeinen auf zwei gekoppelte skalare Gleichungen für die ϱ- und φ-Komponenten und eine entkoppelte skalare Gleichung für die z-Komponente. Die gekoppelten Gleichungen sind oft nicht lösbar und wir wollen uns auf Probleme beschränken, die nur die z-Komponente der magnetischen Feldstärke H_z erfordern.

Gegeben sei z.B. ein langer, leitender Zylinder, der mit einer stromführenden Spule mit N' Windungen pro Längeneinheit dicht bewickelt ist, Abb. 12.15. Zum Zeitpunkt $t = 0$ wird der Strom I_0 schlagartig abgeschaltet. Da

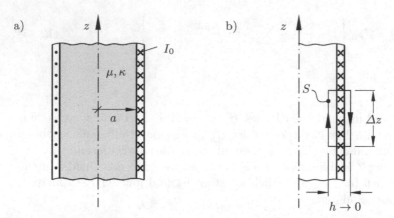

Abb. 12.15. (a) Langer, leitender Zylinder mit Spule. (b) Umlauf S

die Spule als lang angenommen wurde, sind die Randeffekte an den Spulenenden vernachlässigbar und es wird sich im Innern des Zylinders nur eine H_z-Komponente einstellen, die von den Koordinaten φ und z unabhängig ist

$$\boldsymbol{H} = H(\varrho, t)\,\boldsymbol{e}_z \ .$$

Die resultierende Diffusionsgleichung

$$\frac{1}{\varrho}\frac{\partial}{\partial \varrho}\left(\varrho \frac{\partial H}{\partial \varrho}\right) - \mu\kappa \frac{\partial H}{\partial t} = 0 \tag{12.44}$$

wird mit einem Produktansatz

$$H(\varrho, t) = R(\varrho)T(t)$$

separiert

$$\frac{\mathrm{d}^2 R}{\mathrm{d}\varrho^2} + \frac{1}{\varrho}\frac{\mathrm{d}R}{\mathrm{d}\varrho} + k_\varrho^2 R = 0$$

$$\frac{\mathrm{d}T}{\mathrm{d}t} = -\frac{1}{\tau_D}T \quad \text{mit} \quad \tau_D = \frac{\mu\kappa}{k_\varrho^2} \ .$$

Die Lösungen sind, entsprechend §6.2.3, BESSEL- und NEUMANN-Funktionen für $k_\varrho \neq 0$ und eine Konstante plus einem natürlichen Logarithmus für $k_\varrho = 0$

$$H(\varrho, t) = \left[A\,J_0(k_\varrho \varrho) + B\,N_0(k_\varrho \varrho)\right]\mathrm{e}^{-t/\tau_D} + C + D\ln\frac{\varrho}{\varrho_0} \ . \tag{12.45}$$

Die Konstanten B und D sind zu null zu wählen aufgrund der Singularität der NEUMANN-Funktion und des Logarithmus im Ursprung. Die Konstante C verschwindet, da für $t \to \infty$ das Feld im Leiter abgeklungen sein muss. Somit bleibt die Bestimmung der Konstanten A und der Separationskonstanten k_ϱ aus den Rand- und Anfangsbedingungen.

Wegen der idealisierten Verhältnisse (keine Randeffekte) ist auch das Magnetfeld im Außenraum vernachlässigbar. Nach Abschalten des Stromes, $t > 0$, muss das Magnetfeld auf der Zylinderoberfläche stetig sein und somit die Randbedingung

$$H(\varrho = a - 0, t) = H(\varrho = a + 0, t) = 0$$

erfüllen. Daraus folgt

$$J_0(k_\varrho a) = 0 \quad \rightarrow \quad k_\varrho = \frac{j_{0n}}{a} \quad , \quad n = 1, 2, \ldots ,$$

wobei j_{0n} die Nullstellen der BESSEL-Funktion J_0 sind. Nach Summation über alle möglichen Lösungen n wird aus dem Lösungsansatz

$$H(\varrho, t) = \sum_{n=1}^{\infty} A_n J_0 \left(j_{0n} \frac{\varrho}{a} \right) \mathrm{e}^{-t/\tau_{Dn}} , \tag{12.46}$$

$$\tau_{Dn} = \frac{\mu \kappa a^2}{j_{0n}^2} .$$

Die noch freien Konstanten A_n folgen aus der Anfangsbedingung

$$H(\varrho, t = -0) \Delta z = N' I_0 \Delta z$$

oder

$$N' I_0 = \sum_{n=1}^{\infty} A_n J_0 \left(j_{0n} \frac{\varrho}{a} \right) ,$$

welche der Durchflutungssatz mit dem Umlauf S in Abb. 12.15b erzwingt. Ähnlich wie die FOURIER-Entwicklung im vorigen Paragraphen macht man hier eine FOURIER-BESSEL-Entwicklung (§6.2.4), indem die Gleichung mit $\varrho J_0(j_{0m}\varrho/a)$ multipliziert und anschließend über den Orthogonalitätsbereich $0 \leq \varrho \leq a$ integriert wird

$$N' I_0 \int_0^a \varrho J_0 \left(j_{0m} \frac{\varrho}{a} \right) \mathrm{d}\varrho = \sum_{n=1}^{\infty} A_n \int_0^a \varrho J_0 \left(j_{0n} \frac{\varrho}{a} \right) J_0 \left(j_{0m} \frac{\varrho}{a} \right) \mathrm{d}\varrho .$$

Die Formel (6.32) liefert für das Integral auf der linken Seite

$$\frac{a^2}{j_{0m}} J_1 (j_{0m})$$

und aus der rechten Seite wird wegen (6.44)

$$A_m a^2 \frac{1}{2} J_0'^2 (j_{0m}) = \frac{1}{2} a^2 J_1^2 (j_{0m}) A_m .$$

Somit sind auch die Konstanten A_n bestimmt und das resultierende Magnetfeld (12.46) lautet

$$H(\varrho, t) = 2 N' I_0 \sum_{n=1}^{\infty} \frac{J_0(j_{0n} \varrho/a)}{j_{0n} J_1(j_{0n})} \mathrm{e}^{-t/\tau_{Dn}} \quad , \quad \tau_{Dn} = \frac{\mu \kappa a^2}{j_{0n}^2} . \tag{12.47}$$

Abb. 12.16 zeigt anschaulich die zeitliche Abnahme des Feldes im Zylinder nach Abschalten des Stromes.

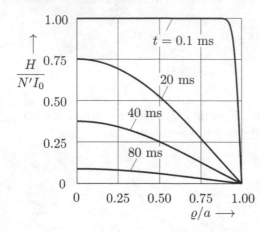

Abb. 12.16. Verlauf des Magnetfeldes über der Koordinate ϱ für verschiedene Zeitpunkte (Kupferzylinder mit $\kappa = 51 \cdot 10^6\,\mathrm{S/m}$, $a = 5$ cm, $\mu = \mu_0$, $\tau_{D1} \approx 28$ ms)

12.6 Komplexe Zeiger (Phasoren)

Bevor im Folgenden zeitharmonische Vorgänge behandelt werden, soll kurz der Begriff des komplexen Zeigers oder Phasors erläutert werden.

Sind die vorhandenen Materialien linear und die anregenden Größen zeitharmonisch mit der Kreisfrequenz ω, so sind auch alle Feldgrößen zeitharmonisch und schwingen mit der Frequenz ω. In komplexer Schreibweise heißt dies, dass sie proportional $\exp(\mathrm{j}\omega t)$ sind und in der komplexen Ebene mit ωt rotieren. Das komplexe Magnetfeld lautet dann z.B.

$$\boldsymbol{H}(\boldsymbol{r},t) = \boldsymbol{H}(\boldsymbol{r})\,\mathrm{e}^{\mathrm{j}\varphi_0}\mathrm{e}^{\mathrm{j}\omega t} = \widetilde{\boldsymbol{H}}(\boldsymbol{r})\,\mathrm{e}^{\mathrm{j}\omega t}\;. \tag{12.48}$$

Der Realteil von $\boldsymbol{H}(\boldsymbol{r},t)$ stellt die physikalische Größe dar

$$\mathrm{Re}\left\{\boldsymbol{H}(\boldsymbol{r},t)\right\} = \boldsymbol{H}(\boldsymbol{r})\cos(\omega t + \varphi_0)\;. \tag{12.49}$$

$\widetilde{\boldsymbol{H}}(\boldsymbol{r})$ ist eine komplexe, vektorielle Größe und wird *komplexer Zeiger* oder *Phasor* genannt. Sein Winkel φ_0 in der komplexen Ebene

$$\tan\varphi_0 = \frac{\mathrm{Im}\{\widetilde{\boldsymbol{H}}\}}{\mathrm{Re}\{\widetilde{\boldsymbol{H}}\}} \tag{12.50}$$

gibt den *Phasenwinkel* in Bezug auf die Position bei $\omega t = 0$ an. Für einen mitrotierenden Beobachter steht der Zeiger still. Der Vorteil dieser Darstellung ist rechentechnischer Art. Zum einen kann man in einer mitrotierenden, komplexen Ebene die Zeiger wie Vektoren grafisch darstellen und mit ihnen rechnen. Zum anderen lassen sich Multiplikationen oder Divisionen komplexer Zeiger, im Gegensatz zu cos- oder sin-Funktionen, direkt ausführen. Für die folgenden Kapitel soll nun der Einfachheit halber folgende Konvention gelten:

> Alle zeitharmonischen Größen werden als Phasoren behandelt, d.h. der Faktor $\exp(j\omega t)$ wird weggelassen, außer an Stellen, wo er der Klarheit wegen explizit erwähnt wird.
> Da alle zeitharmonischen Größen Phasoren darstellen, wird die Tilde weggelassen.
> Die reelle physikalische Größe ist der Realteil des rotierenden Phasors.

12.7 Skineffekt

Zeitharmonische Felder induzieren in leitfähiger Materie Ströme, sogenannte Wirbelströme, die die Tendenz haben, sich in einer Schicht an der Oberfläche des Materials zu konzentrieren. Die Dicke der Schicht nimmt mit zunehmender Frequenz und Leitfähigkeit ab. Dieser Effekt heißt *Skineffekt* und die Dicke der Schicht ist die *Skintiefe* oder *Eindringtiefe*.

Unter der Annahme zeitharmonischer Vorgänge wird aus der Diffusionsgleichung (12.21) die *vektorielle* HELMHOLTZ-*Gleichung*

$$\nabla^2 \boldsymbol{H} - j\omega\mu\kappa\boldsymbol{H} = 0 \quad \rightarrow \quad \nabla^2 \boldsymbol{H} + k^2\boldsymbol{H} = 0 \tag{12.51}$$

mit der komplexen Wellenzahl

$$k = \sqrt{-j\omega\mu\kappa} = (1-j)\sqrt{\frac{1}{2}\omega\mu\kappa} = \frac{1-j}{\delta_S} = \beta - j\alpha\,. \tag{12.52}$$

Die Größe

$$\boxed{\delta_S = \sqrt{\frac{2}{\omega\mu\kappa}}} \tag{12.53}$$

ist die Eindringtiefe oder Skintiefe.

Die Erklärung des Skineffektes wollen wir anhand des Beispiels in §12.5.1 vollziehen. Statt einer sprunghaften Stromanregung (12.38) setzen wir einen zeitharmonischen Strom voraus

$$J_F = J_{F0}\mathrm{e}^{j\omega t}\,. \tag{12.54}$$

Aus der vektoriellen HELMHOLTZ-Gleichung wird eine skalare

$$\frac{\partial^2 H_y}{\partial x^2} + k^2 H_y = 0 \quad \text{mit} \quad k = \beta - j\alpha = \frac{1}{\delta_S} - \frac{j}{\delta_S} \tag{12.55}$$

mit der Lösung

$$H_y = A\,\mathrm{e}^{-jkx} + B\,\mathrm{e}^{jkx}\,.$$

Die Randbedingungen sind wie in §12.5.1

$$H_y(x = 0) = J_{F0} \quad , \quad H_y(x = b) = 0$$

und bestimmen die Konstanten A und B zu

$$A = J_{F0} \frac{e^{jkb}}{e^{jkb} - e^{-jkb}} \quad , \quad B = -J_{F0} \frac{e^{-jkb}}{e^{jkb} - e^{-jkb}} \; .$$

Somit lautet das Magnetfeld

$$
\begin{aligned}
H_y &= J_{F0} \frac{e^{-jk(x-b)} - e^{jk(x-b)}}{e^{jkb} - e^{-jkb}} \\
&= J_{F0} \frac{e^{(1+j)(b-x)/\delta_S} - e^{-(1+j)(b-x)/\delta_S}}{e^{(1+j)b/\delta_S} - e^{-(1+j)b/\delta_S}} \; .
\end{aligned}
\tag{12.56}
$$

Dies ist eine Überlagerung von Feldern, die in x-Richtung auf- und abklingen. Von besonderem Interesse sind die beiden Grenzfälle $\delta_S \gg b$ und $\delta_S \ll b$.

Für $\delta_S \gg b$ benutzt man die Näherung

$$e^x \approx 1 + x \quad \text{für} \quad |x| \ll 1$$

und erhält für H_y

$$
\begin{aligned}
H_y &\approx J_{F0} \frac{1 + (1+j)(b-x)/\delta_S - 1 + (1+j)(b-x)/\delta_S}{1 + (1+j)b/\delta_S - 1 + (1+j)b/\delta_S} \\
&= J_{F0} \left(1 - \frac{x}{b} \right) \; .
\end{aligned}
$$

Dies ist die lineare Abhängigkeit von der Koordinate x, die sich bei der sprunghaften Stromänderung im eingeschwungenen Zustand einstellt.

Im Grenzfall $\delta_S \ll b$ ist

$$e^{b/\delta_S} \gg e^{-b/\delta_S} \quad , \quad e^{-b/\delta_S} \ll 1$$

und aus (12.56) wird für kleine x

$$H_y \approx J_{F0} \left[e^{-(1+j)x/\delta_S} - e^{(1+j)x/\delta_S - 2(1+j)b/\delta_S} \right] \approx J_{F0} e^{-x/\delta_S} e^{-jx/\delta_S} \; .$$

Die zugehörige Stromdichte folgt aus dem Durchflutungssatz

$$\boldsymbol{J} = \nabla \times \boldsymbol{H} \quad \rightarrow \quad J_z = \frac{\partial H_y}{\partial x} = -J_{F0} \frac{1+j}{\delta_S} e^{-x/\delta_S - jx/\delta_S} \; . \tag{12.57}$$

Der Strom klingt nach der Eindringtiefe $x = \delta_S$ auf ein e-tel ab. Innerhalb der exponentiellen Einhüllenden findet man eine „Diffusionswelle", die sich in x-Richtung ausbreitet, Abb. 12.17. Damit ist die Bedeutung der Skintiefe offensichtlich. Mit zunehmender Frequenz, Permeabilität oder Leitfähigkeit wird die Eindringtiefe δ_S immer kleiner und die magnetische Feldstärke wie auch die Stromdichte klingen immer stärker mit x ab. Sie konzentrieren sich mehr an der Oberfläche $0 \le x \le \delta_S$.

Die physikalische Stromdichte ergibt sich aus (12.57) zu

$$J_z = \mathrm{Re}\left\{ -J_{F0}\frac{1+\mathrm{j}}{\delta_S}\,\mathrm{e}^{-x/\delta_S}\mathrm{e}^{\mathrm{j}(\omega t - x/\delta_S)} \right\}$$

$$= -J_{F0}\frac{\sqrt{2}}{\delta_S}\,\mathrm{e}^{-x/\delta_S}\cos\left(\omega t - \frac{x}{\delta_S} + \frac{\pi}{4}\right)$$

mit einem zeitlichen quadratischen Mittelwert von

$$\overline{J_z^2} = J_{F0}^2\frac{1}{\delta_S^2}\,\mathrm{e}^{-2x/\delta_S}\;.$$

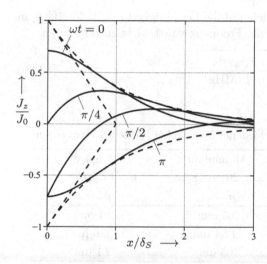

Abb. 12.17. „Diffusionswelle" im Quader von Abb. 12.13 normiert auf $J_0 = -J_{F0}\sqrt{2}/\delta_S$ mit $b/\delta_S = 3$

Die Verlustleistung, (7.11), die pro Flächeneinheit der Oberfläche $x = 0$ erzeugt wird, ist deshalb im zeitlichen Mittel

$$\int_0^b \frac{1}{\kappa}\overline{J_z^2}\,\mathrm{d}x \approx \frac{J_{F0}^2}{2\kappa\delta_S} = \frac{1}{2}R_w J_{F0}^2\;. \tag{12.58}$$

Zugleich ist der physikalische Gesamtstrom pro Längeneinheit in y-Richtung im Falle von $b \gg \delta_S$

$$J_{Fz} = \mathrm{Re}\left\{ \int_0^b \tilde{J}_z\,\mathrm{d}x\,\mathrm{e}^{\mathrm{j}\omega t} \right\} \approx -J_{F0}\cos\omega t\;.$$

Sein Effektivwert ist gleich dem Effektivwert der Stromdichte auf der Oberfläche multipliziert mit der Eindringtiefe

$$\sqrt{\overline{J_{Fz}^2}} = \frac{1}{\sqrt{2}}J_{F0}\;.$$

Stellt man sich vor, dass dieser Strom in einer Oberflächenschicht der Dicke δ_S fließt, so erzeugt er eine Verlustleistung pro Flächenelement $\Delta y\Delta z$ von

$$\frac{1}{2}\frac{\Delta z}{\kappa\delta_S\Delta y}\,(J_{F0}\Delta y)^2\,\frac{1}{\Delta y\Delta z} = \frac{J_{F0}^2}{2\kappa\delta_S}\;.$$

Dies ist gleich der in (12.58) berechneten Leistung. Man kann also anstatt mit einer exponentiell abklingenden Stromdichte mit einer konstanten Stromdichte, die in einer Oberflächenschicht der Dicke δ_S fließt, rechnen. Daher heißt δ_S auch *äquivalente Leitschichtdicke* und die Größe

$$R_w = \frac{1}{\kappa\delta_S} \qquad\qquad\qquad\qquad (12.59)$$

stellt den *Oberflächenwiderstand* dar.

Es ist praktisch, die Eindringtiefe auf die Leitfähigkeit $\kappa_{Cu} = 57\cdot 10^6\,\mathrm{S/m}$ von elektrolytischem Kupfer und die Frequenz von 1 MHz zu normieren

$$\delta_S = \sqrt{\frac{2}{\omega\mu_r\mu_0\kappa}} = 66.6\,\mathrm{\mu m}\sqrt{\frac{\kappa_{Cu}/\kappa}{\mu_r f/\mathrm{MHz}}}\;. \qquad (12.60)$$

Tabelle 12.2. Eindringtiefen verschiedener Metalle bei speziellen Frequenzen

f	Stahl $\kappa = 10^6\,\mathrm{S/m}$ $\mu_r = 500$	Aluminium $\kappa = 20\cdot 10^6\,\mathrm{S/m}$ $\mu_r = 1$	Kupfer $\kappa = 57\cdot 10^6\,\mathrm{S/m}$ $\mu_r = 1$
1 kHz	0.71 mm	3.5 mm	2.1 mm
1 MHz	22.5 μm	112.4 μm	66.6 μm
1 GHz	0.71 μm	3.5 μm	2.1 μm

In Tabelle 12.2 sind Eindringtiefen für einige Metalle bei verschiedenen Frequenzen gegeben.

12.8 Numerische Lösung des Skineffektes im Rechteckleiter

Die numerische Behandlung von Wirbelstromproblemen ist im Allgemeinen nicht ganz einfach, da neben der Differential- oder Integralgleichung Zusatzbedingungen zu erfüllen sind. Interessierte Leser seien z.B. an [Kost] und [Zhou] verwiesen. Hier soll der Rechteckleiter, Abb. 12.18a, als einfaches zweidimensionales Problem behandelt werden. Unter den verschiedenen Lösungsmethoden wählen wir eine Integral-Methode aus, ähnlich der in §6.4.1 benutzten Methode. Dabei wird der Problemraum, d.h. das stromführende Gebiet, in rechteckige Elemente unterteilt, Abb. 12.18b, in welchen die Stromdichte als konstant angesehen wird.

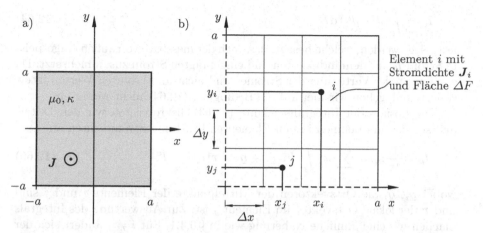

Abb. 12.18. (a) Stromführender rechteckiger Leiter. (b) Diskretisierung eines Leiterviertels

Wir gehen von den Gleichungen (12.16), (12.17) und (12.22) aus. Im zweidimensionalen Fall zeigen die Ströme und somit das elektrische Feld in z-Richtung. Damit das eingeprägte Feld divergenzfrei wird, $q_V = 0$, muss $\boldsymbol{E}^e = -\nabla\phi^e$ räumlich konstant sein und man setzt

$$\boldsymbol{J}^e = \kappa\boldsymbol{E}^e = -\kappa\nabla\phi^e \ . \tag{12.61}$$

Multiplikation von (12.17) mit κ

$$\kappa\boldsymbol{E} = -\kappa\nabla\psi^e - \kappa\frac{\partial\boldsymbol{A}}{\partial t}$$

gibt dann für zeitharmonische Vorgänge nur eine Komponente in z-Richtung

$$\boldsymbol{J} + \mathrm{j}\omega\kappa\boldsymbol{A} = \boldsymbol{J}^e \ . \tag{12.62}$$

Den Strom im Leiter setzt man aus Linienströmen $J\mathrm{d}F$ zusammen mit dem bekannten Vektorpotential (8.44)

$$\mathrm{d}A = -\frac{\mu_0}{2\pi}\,J\ln\frac{\varrho}{\varrho_0}\,\mathrm{d}F \ .$$

Einsetzen in (12.62) und Integration über den Leiterquerschnitt führt auf eine FREDHOLM'*sche Integralgleichung*

$$J(\boldsymbol{\varrho}) - \frac{\mathrm{j}}{2\pi}\,\omega\mu_0\kappa\int_F J(\boldsymbol{\varrho}')\ln\frac{\varrho'}{\varrho_0}\,\mathrm{d}F' = J^e \ . \tag{12.63}$$

An dieser Stelle treten zwei Probleme auf: Die Wahl des Bezugsradius ϱ_0 und der eingeprägten konstanten Stromdichte J^e. Schreibt man den Logarithmus als Differenz, so gibt das Integral mit ϱ_0 den gesamten induzierten Strom also eine Konstante wie J^e. Eine spezielle Wahl von ϱ_0 bedeutet nichts anderes wie ein Verändern von J^e und wir wählen daher den Einheitsabstand. J^e hingegen muss durch die Nebenbedingung

$$I_0 = \int_F (J + J^e)\,\mathrm{d}F \tag{12.64}$$

festgelegt werden, welche besagt, dass sich der messbare von außen eingespeiste Strom I_0 aus dem induzierten und eingeprägten Strom zusammensetzt. Da wir nur an der Verteilung des Stromes und nicht an absoluten Werten interessiert sind, gehen wir hier auf die Bedingung (12.64) nicht weiter ein.

Zur Lösung der Integralgleichung (12.63) diskretisieren wir den Leiterquerschnitt und nehmen in den Elementen konstante Stromdichten an

$$J_i - \frac{\mathrm{j}}{2\pi}\,\omega\mu_0\kappa \sum_j J_j \int_{F_j} \ln|\boldsymbol{\varrho}_i - \boldsymbol{\varrho}_j - \boldsymbol{r}|\,\mathrm{d}F = J^e \,, \tag{12.65}$$

wobei $\boldsymbol{\varrho}_i$, $\boldsymbol{\varrho}_j$ die Ortsvektoren der Mittelpunkte der Elemente i und j sind und $\boldsymbol{r}$ der lokale Ortsvektor im Element j ist. Zur Auswertung des Integrals machen wir eine ähnliche Näherung wie in §6.4.1. Für $i \neq j$ ändert sich der Abstand nur wenig und wir nehmen ihn als konstant an, $|\boldsymbol{\varrho}_i - \boldsymbol{\varrho}_j - \boldsymbol{r}| \approx |\boldsymbol{\varrho}_i - \boldsymbol{\varrho}_j| = \varrho_{ij}$. Für $i = j$ und $\Delta y = \Delta x$ lässt sich das Integral analytisch lösen

$$\int_{F_j} \ln r\,\mathrm{d}F = \int_{-\Delta x/2}^{\Delta x/2} \int_{-\Delta x/2}^{\Delta x/2} \ln\sqrt{x^2 + y^2}\,\mathrm{d}x\,\mathrm{d}y$$

$$= \Delta x^2 \left[\frac{\pi}{4} - \frac{3}{2} + \ln\frac{\Delta x}{\sqrt{2}}\right] = \Delta x^2 \left[-0.7146 + \ln(0.7071\Delta x)\right] \,.$$

Damit schreiben wir das lineare Gleichungssystem (12.65) in Matrizenform

$$\mathsf{M}\,\mathsf{J} = \mathsf{J}^e \,, \tag{12.66}$$

mit

$$m_{ij} = -\frac{\mathrm{j}\Delta x^2}{\pi\delta_S^2} \ln\varrho_{ij} \quad,\quad \varrho_{ij} = |\boldsymbol{\varrho}_i - \boldsymbol{\varrho}_j| \quad,\quad \delta_S = \sqrt{\frac{2}{\omega\mu_0\kappa}} \,,$$

$$m_{ii} = 1 - \frac{\mathrm{j}\Delta x^2}{\pi\delta_S^2} \left[-0.7146 + \ln(0.7071\Delta x)\right] \,,$$

$$\mathsf{J} = \alpha \begin{bmatrix} J_1 \\ J_2 \\ \vdots \end{bmatrix} \quad,\quad \mathsf{J}^e = \alpha \begin{bmatrix} 1 \\ 1 \\ \vdots \end{bmatrix} \,.$$

Den Wert von α findet man über den extern eingespeisten Strom I_0 (12.64).

Abb. 12.19 zeigt Linien konstanter Stromdichte für einen Aluminiumleiter mit $\kappa = 17 \cdot 10^6\,\Omega^{-1}\mathrm{m}^{-1}$, $a = 1$ cm und zwei verschiedenen Frequenzen. Der Skineffekt für höhere Frequenzen ist dabei deutlich zu sehen. Das zugehörige Programm findet man im Internet[5]. Die Anordnung ist symmetrisch bezüglich der x- und y-Achse und es ist ausreichend, nur ein Viertel des Leiters zu

---

[5] http://www.tet.tu-berlin.de/fileadmin/fg277/ElektromagnetischeFelder/

a)   b)

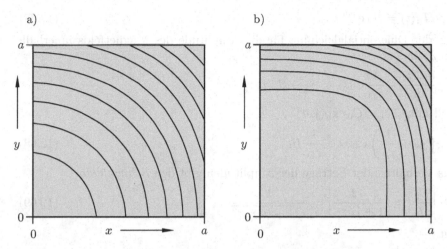

Abb. 12.19. Linien konstanter Stromdichte des Leiters in Abb. 12.18, **(a)** für 50 Hz, **(b)** für 5 kHz

verwenden, so wie in Abb. 12.18b gezeigt. Genau genommen ist die Anordnung auch noch bezüglich der Geraden $y = x$ symmetrisch und man könnte sich mit einem Leiterachtel begnügen. Dann wird allerdings der Programmablauf etwas aufwendig und es wurde darauf verzichtet. Zunächst werden die Elemente mit Position (i, j) zeilenweise einer einfach indizierten Position (iz) zugeordnet. Die Abstände zwischen zwei Elementen (iz) und (is) entsprechen dann den Abständen zwischen den Elementen (i, j) und (k, l). Nach Lösung des Gleichungssystems wird aus dem einfach indizierten Lösungsvektor „strom" wieder eine doppelt indizierte Größe „mat" abgeleitet, in welcher die Indices der geometrischen Position entsprechen. Diese wird geplottet.

12.9 Abschirmung

In den Kapiteln 12.4 und 12.5 wurde deutlich, wie das Magnetfeld mit einer Zeitkonstante τ_D durch Leiter hindurch oder in Leiter hinein diffundiert. Wechselt das anregende Feld seine Richtung, wie z.B. bei einer harmonischen Anregung, und geschieht dies in einem Intervall von der Größenordnung der Zeitkonstanten, so kann das Feld nicht vollständig diffundieren und es findet ein abschirmender Effekt statt. Dies wird am Beispiel eines dünnwandigen Zylinders und eines dicken Blechs genauer beschrieben.

12.9.1 Dünnwandiger Kreiszylinder

Betrachtet wird ein langer, dünnwandiger, metallischer Kreiszylinder mit Radius a wie im Beispiel auf Seite 256. Das anregende, äußere Magnetfeld verändert sich zeitharmonisch

$$\boldsymbol{H}_a(t) = H_0 \, \mathrm{e}^{\mathrm{j}\omega t} \, \boldsymbol{e}_z \; . \tag{12.67}$$

Aus der Differentialgleichung für die Amplitude des Magnetfelds innerhalb des Zylinders

$$\frac{\mathrm{d}C(t)}{\mathrm{d}t} + \frac{1}{\tau_D} \, C(t) = -\frac{1}{\tau_D} \, H_a(t)$$

wird mit $C(t) = C_0 \exp(\mathrm{j}\omega t)$

$$\left(\mathrm{j}\omega + \frac{1}{\tau_D} \right) C_0 = -\frac{1}{\tau_D} \, H_0 \; . \tag{12.68}$$

Das Verhältnis der Beträge der Amplituden gibt den *Schirmfaktor*

$$\left| \frac{C_0}{H_0} \right| = \left| \frac{-1}{1 + \mathrm{j}\omega\tau_D} \right| = \frac{1}{\sqrt{1 + (\omega\tau_D)^2}} \; . \tag{12.69}$$

Mit

$$\tau_D = \frac{1}{2} \, \mu_0 \kappa a d$$

und der Eindringtiefe $\delta_S = \sqrt{2/\omega\mu_0\kappa}$ wird

$$\omega\tau_D = \frac{ad}{\delta_S^2} \; .$$

Da es sich um einen dünnwandigen Zylinder handelt, nehmen wir z.B. $\delta_S = 10d$ und erhalten eine Abschirmung von $1/\sqrt{2}$ bei einem Radius $a = 100d$. Man sieht, die Abschirmung ist schwach, solange die Wand sehr viel dünner als die Eindringtiefe ist.

12.9.2 Dickes Blech

Um die Rechnung einfach zu gestalten, wählen wir folgende Anordnung.

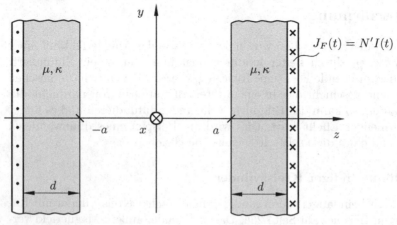

Abb. 12.20. Zwei große, dicke Bleche mit Spule

Zwei Bleche der Dicke d befinden sich im Abstand $2a$ zueinander, Abb. 12.20. Sie sind außen mit einer Spule eng umwickelt. Höhe und Breite der Bleche sind sehr viel größer als a und d, so dass Randeffekte vernachlässigbar sind und die Anordnung eindimensional wird mit $\partial/\partial x = \partial/\partial y = 0$. Die Spule mit N' Windungen pro Länge wird mit einem Wechselstrom gespeist, was einem Flächenstrom mit dem Phasor

$$\boldsymbol{J}_F = N'I_0\,\boldsymbol{e}_x \quad \text{für} \quad z = a+d \tag{12.70}$$

entspricht. Da die Anordnung eindimensional ist mit einem anregenden Strom in x-Richtung, folgt aus dem Durchflutungssatz nur eine H_y-Komponente. Diese genügt der HELMHOLTZ-Gleichung (12.51)

$$\frac{\partial^2 H_y}{\partial z^2} + k^2 H_y = 0 \quad \text{mit} \quad k = \sqrt{-j\omega\mu\kappa} = \frac{1-j}{\delta_S}, \tag{12.71}$$

in den Blechen und der LAPLACE-Gleichung

$$\frac{\partial^2 H_y}{\partial z^2} = 0 \tag{12.72}$$

im Zwischenraum. Die allgemeinen Lösungen von (12.71) und (12.72) sind

$$H_y^{(b)} = A\,e^{jk(z-a)} + B\,e^{-jk(z-a)} \quad \text{für} \quad a \le z \le a+d$$

$$H_y^{(i)} = Cz + D \quad \text{für} \quad -a \le z \le a. \tag{12.73}$$

Die vier Bedingungen zur Bestimmung der Konstanten lauten:

1. H_y ist wegen der Anregung gerade in $z \rightarrow C = 0$

2. $H_y^{(i)}(z=a) = H_y^{(b)}(z=a)$ oder $D = A + B$

3. $H_y^{(b)}(z=a+d) = A\,e^{jkd} + B\,e^{-jkd} = J_F = N'I_0$

4. Entsprechend (12.31) gilt bei einem Umlauf in der x,z-Ebene

$$\frac{1}{\kappa}\left[J_x(z=a+0)\Delta x - J_x(z=-a-0)\Delta x\right] = -j\omega\mu_0 2a H_y^{(i)}\Delta x,$$

woraus wegen

$$\nabla \times \boldsymbol{H} = \boldsymbol{J} \quad \rightarrow \quad -\frac{\partial H_y}{\partial z} = J_x$$

und wegen J_x ungerade in z wird

$$-\frac{2}{\kappa}\left.\frac{\partial H_y^{(b)}}{\partial z}\right|_{z=a} = -j\omega\mu_0 2a H_y^{(i)}$$

oder

$$jk(A - B) = j\omega\mu_0\kappa aD.$$

Dies lässt sich in Matrizenform schreiben

$$
\begin{bmatrix}
1 & 1 & -1 \\
\mathrm{e}^{\mathrm{j}kd} & \mathrm{e}^{-\mathrm{j}kd} & 0 \\
1 & -1 & -\dfrac{2a}{k\delta_S^2}\dfrac{\mu_0}{\mu}
\end{bmatrix}
\begin{bmatrix} A \\ B \\ D \end{bmatrix}
=
\begin{bmatrix} 0 \\ N'I_0 \\ 0 \end{bmatrix}
\tag{12.74}
$$

mit der Lösung für D

$$
D = H_y^{(i)} = \frac{N'I_0}{\cos kd + \mathrm{j}\dfrac{2a}{k\delta_S^2}\dfrac{\mu_0}{\mu}\sin kd} \; .
\tag{12.75}
$$

Nach Einsetzen von $k = (1-\mathrm{j})/\delta_S$ und einigem Umformen wird für $a/\delta_S \gg 1$

$$
\left|\frac{H_y^{(i)}}{N'I_0}\right| \approx \frac{(\delta_S/a)(\mu/\mu_0)}{\sqrt{2}\sqrt{\sin^2 d/\delta_S + \sinh^2 d/\delta_S}} \; .
\tag{12.76}
$$

Ist zusätzlich $d/\delta_S \gtrsim \pi/2$, kann man den sinh durch $\exp(d/\delta_S)/2$ nähern und erhält

$$
\left|\frac{H_y^{(i)}}{N'I_0}\right| \approx \sqrt{2}\,\frac{\delta_S}{a}\,\frac{\mu}{\mu_0}\,\mathrm{e}^{-d/\delta_S} \; .
\tag{12.77}
$$

Das Feld zwischen den Platten wird umso besser abgeschirmt umso größer a bei gegebenem δ_S ist und umso größer d/δ_S wird.

12.10 Wirbelströme (Induktives Heizen. Levitation. Linearmotor)

Zeitlich veränderliche Magnetfelder induzieren in leitenden Materialien *Wirbelströme*. Diese verursachen OHM'sche Verluste und erzeugen wiederum Magnetfelder, die nach der LENZ'schen Regel der Anregung entgegenwirken.

Obwohl die Wirbelströme bei vielen Anordnungen einen negativen Nebeneffekt darstellen, z.B. beim Transformator, sind sie auch vielseitig nutzbar. Man verwendet sie zum Erhitzen (Induktionsheizung, Hyperthermie), als Wirbelstrombremse, in Antrieben oder auch zum Anheben (Levitation).

Beispiel 12.8. Induktionsheizung

Ein Graphitzylinder mit der Leitfähigkeit κ befinde sich in einer langen Solenoidspule. Die Spule wird mit einem niederfrequenten Strom $I(t) = I_0\cos\omega t$ gespeist, Abb. 12.21. In einem langen Solenoid ist das Magnetfeld im Innern stark und homogen und außen ähnlich einem Dipolfeld. Somit ist das Feld außen an der Spule sehr klein und wird vernachlässigt. Der Durchflutungssatz angewendet auf den Umlauf S ergibt dann

$$
H_z^i \Delta z = N'I\Delta z \; .
$$

Die induzierte EMK, (12.12), ist azimutal gerichtet und hat den Wert

$$2\pi\varrho E_\varphi^i = -\mu_0\pi\varrho^2 N' I_0 \frac{\mathrm{d}}{\mathrm{d}t}\cos\omega t = \mu_0\pi\varrho^2 N' I_0\omega\sin\omega t \ .$$

Mit (7.11) findet man für die Verlustleistung pro Längeneinheit im Graphitzylinder

$$P'_V = \int_a^b \int_0^{2\pi} \frac{1}{\kappa}\boldsymbol{J}^2 \varrho\,\mathrm{d}\varphi\mathrm{d}\varrho = \kappa \int_a^b \int_0^{2\pi} E_\varphi^2 \varrho\,\mathrm{d}\varphi\mathrm{d}\varrho$$

$$= \frac{\pi}{2\kappa}(N' I_0)^2 \frac{b^4 - a^4}{\delta_S^4}\sin^2\omega t$$

und für die mittlere Verlustleistung

$$\overline{P'_V} = \frac{1}{T}\int_0^T P'_V(t)\,\mathrm{d}t = \frac{\pi}{4\kappa}(N' I_0)^2 \frac{b^4 - a^4}{\delta_S^4}\ .$$

Dies gibt für einen Graphitzylinder mittlerer Größe

$$a = 10\,\mathrm{cm} \quad,\quad b = 15\,\mathrm{cm} \quad,\quad \kappa = 10^5\,\frac{\mathrm{S}}{\mathrm{m}}$$

bei einer Frequenz von 50 Hz, einem Effektivstrom von $I_{eff} = I_0/\sqrt{2} = 100\,\mathrm{A}$ und einer Spule mit 200 Windungen pro m

$$\delta_S = 22.5\,\mathrm{cm} \quad,\quad \overline{P'_V} \approx 1\,\mathrm{kW/m}\ .$$

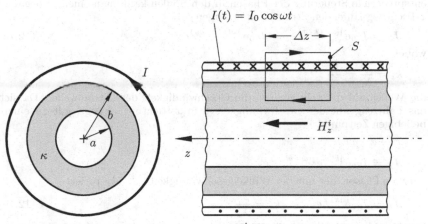

N' Windungen pro Längeneinheit

Abb. 12.21. Graphitzylinder in langer Solenoidspule

Beispiel 12.0. Magnetschwebebahn

Es gibt viele verschiedene Techniken des Schwebens und des reibungsfreien Antriebs. Im Falle des elektrodynamischen Schwebens (EDS-Technik) wird das Fahrzeug durch Wirbelströme zum Schweben gebracht und durch einen Langstatorlinearmotor angetrieben.

Hier wollen wir eine Technik untersuchen, bei der sich im Fahrzeug Spulen befinden, die von Wechselströmen variabler Phase gespeist werden. Das Fahrzeug befindet sich über einer leitenden, permeablen Platte, in welcher Wirbelströme induziert werden, deren Felder das Fahrzeug anheben und antreiben sollen (Abb. 12.22a).

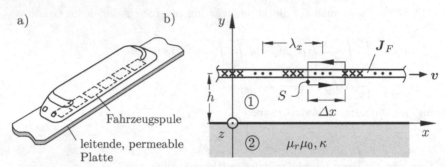

Abb. 12.22. **(a)** Magnetschwebebahn. **(b)** Strombelag über leitendem, permeablem Halbraum als Ersatzanordnung für die Magnetschwebebahn

Zur Vereinfachung wollen wir ein zweidimensionales Modell zugrunde legen. Die Spulen seien flach und so gewickelt, dass sich näherungsweise ein sinusförmiger Strombelag in x-Richtung ergibt, Abb. 12.22b. Ferner seien die Spulen viel breiter als die halbe Wellenlänge λ_x und als der Abstand h von der Platte und können daher als ebene, zweidimensionale Anordnung behandelt werden. Durch entsprechende Steuerung der Phasen in den Spulen kann man einen in negative x-Richtung laufenden Strombelag erzeugen

$$\boldsymbol{J}_F = J_{F0}\mathrm{e}^{\mathrm{j}(\omega t + k_x x)}\boldsymbol{e}_z = J_{F0}\mathrm{e}^{\mathrm{j}\omega(t + x/v_x)}\boldsymbol{e}_z \; , \tag{12.78}$$

wobei

$$k_x = \frac{2\pi}{\lambda_x} = \frac{\omega}{v_x}$$

die Wellenzahl darstellt und v_x die Geschwindigkeit der „Stromwelle". Da sich das Fahrzeug mit der Geschwindigkeit v in x-Richtung bewegt, gilt zu einem beliebigen Zeitpunkt

$$x \to x - vt$$

$$\boldsymbol{J}_F = J_{F0}\mathrm{e}^{\mathrm{j}k_x x}\mathrm{e}^{\mathrm{j}(\omega - vk_x)t}\boldsymbol{e}_z \; ,$$

oder als Phasor, der mit der Winkelgeschwindigkeit $\omega - vk_x$ rotiert

$$\boldsymbol{J}_F = J_{F0}\mathrm{e}^{\mathrm{j}k_x x}\boldsymbol{e}_z \quad , \quad k_x = \frac{2\pi}{\lambda_x} \; . \tag{12.79}$$

Der Strombelag bedingt in den verschiedenen Raumteilen z-gerichtete Vektorpotentiale mit gleicher x-Abhängigkeit, da die Anordnung in x-Richtung gleichförmig ist

$$\boldsymbol{A}(x,y) = A(y)\,\mathrm{e}^{\mathrm{j}k_x x}\boldsymbol{e}_z \; , \tag{12.80}$$

wobei die Funktion $A(y)$ für die verschiedenen Raumteile unterschiedlich gewählt wird. Die magnetische Induktion folgt aus dem Vektorpotential zu

$$\boldsymbol{B} = \nabla \times \boldsymbol{A} = \left[\frac{\mathrm{d}A(y)}{\mathrm{d}y}\,\boldsymbol{e}_x - \mathrm{j}k_x A(y)\,\boldsymbol{e}_y\right]\mathrm{e}^{\mathrm{j}k_x x} \; . \tag{12.81}$$

Im Raumteil 1, $y \geq 0$, setzt man ein Primärpotential an, welches die Spulen im freien Raum erzeugen würden, und ein Sekundärpotential, welches die Wirbelströme im leitenden Halbraum erzeugen. Da der obere Halbraum nicht leitend ist, wird aus der Diffusionsgleichung (12.20) mit $\kappa = 0$ und zunächst verschwindendem Strom

$$\nabla^2 \boldsymbol{A} = \left[-k_x^2 A(y) + \frac{\mathrm{d}^2 A(y)}{\mathrm{d}y^2} \right] \mathrm{e}^{\mathrm{j}k_x x} \boldsymbol{e}_z = 0 .$$

Die Lösung lautet

$$A(y) = \left\{ \begin{matrix} \mathrm{e}^{k_x y} \\ \mathrm{e}^{-k_x y} \end{matrix} \right\}$$

und für das Primärpotential, welches für $y > h$ und $y < h$ abklingen muss, wird dann

$$\boldsymbol{A}^p = C^p \mathrm{e}^{\mathrm{j}k_x x} \mathrm{e}^{-k_x |y-h|} \boldsymbol{e}_z .$$

Der Strombelag an der Stelle $y = h$ bedingt eine Unstetigkeit in der tangentialen magnetischen Induktion und bestimmt die Konstante C^p über den Durchflutungssatz mit einem Umlauf wie in Abb. 12.22b

$$B_x^p(x, y = h - 0) - B_x^p(x, y = h + 0) = \mu_0 J_{F0} \mathrm{e}^{\mathrm{j}k_x x}$$

zu

$$2k_x C^p = \mu_0 J_{F0} .$$

Das Sekundärpotential soll für $y > 0$ abklingen und man wählt

$$\boldsymbol{A}^s = C^s \mathrm{e}^{\mathrm{j}k_x x} \mathrm{e}^{-k_x y} \boldsymbol{e}_z .$$

Somit lautet der Phasor des gesamten Vektorpotentials im Raumteil 1

$$\boldsymbol{A}_1 = \boldsymbol{A}^p + \boldsymbol{A}^s = \left[\frac{\mu_0 J_{F0}}{2k_x} \mathrm{e}^{-k_x |y-h|} + C^s \mathrm{e}^{-k_x y} \right] \mathrm{e}^{\mathrm{j}k_x x} \boldsymbol{e}_z . \tag{12.82}$$

Der Raumteil 2, $y < 0$, ist leitend und aus der Diffusionsgleichung (12.20) wird

$$\nabla^2 \boldsymbol{A} + k^2 \boldsymbol{A} = \left[-k_x^2 A(y) + \frac{\mathrm{d}^2 A(y)}{\mathrm{d}y^2} - \mathrm{j}\mu\kappa(\omega - vk_x)A(y) \right] \mathrm{e}^{\mathrm{j}k_x x} \boldsymbol{e}_z = 0$$

mit der Lösung

$$A(y) = \left\{ \begin{matrix} \mathrm{e}^{k_x q y} \\ \mathrm{e}^{-k_x q y} \end{matrix} \right\} \quad , \quad q = \sqrt{1 + \mathrm{j}\omega\mu\kappa \frac{1 - v/v_x}{k_x^2}} .$$

Da das Vektorpotential für $y \to -\infty$ abklingen soll, wählt man im Raumteil 2

$$\boldsymbol{A}_2 = C_2 \mathrm{e}^{\mathrm{j}k_x x} \mathrm{e}^{k_x q y} \boldsymbol{e}_z \quad , \quad q = \sqrt{1 + \mathrm{j}\omega\mu\kappa \frac{1 - v/v_x}{k_x^2}} . \tag{12.83}$$

An der Grenzschicht $y = 0$ gelten die Stetigkeitsbedingungen (9.35) und (9.36)

$$H_{x1} = H_{x2} \quad \to \quad \frac{1}{2} J_{F0} \mathrm{e}^{-k_x h} - \frac{k_x}{\mu_0} C^s = \frac{k_x q}{\mu_r \mu_0} C_2$$

$$B_{y1} = B_{y2} \quad \to \quad \frac{\mu_0 J_{F0}}{2k_x} \mathrm{e}^{-k_x h} + C^s = C_2 .$$

Auflösen nach den Konstanten gibt

$$C^s = \frac{\mu_r - q}{\mu_r + q} \frac{\mu_0}{2k_x} J_{F0} \mathrm{e}^{-k_x h} \quad , \quad C_2 = \frac{2\mu_r}{\mu_r + q} \frac{\mu_0}{2k_x} J_{F0} \mathrm{e}^{-k_x h} \tag{12.84}$$

und man erhält z.B. für die magnetische Induktion des Störfeldes im Raumteil 1

$$\boldsymbol{B}^s = -(\boldsymbol{e}_x + \mathrm{j}\,\boldsymbol{e}_y) k_x C^s \mathrm{e}^{\mathrm{j}k_x x} \mathrm{e}^{-k_x y} . \tag{12.85}$$

Dieses Störfeld übt entsprechend (8.6) eine Kraft auf den Strombelag (die Spulen) aus. Sie folgt aus den physikalischen Größen (Realteile von Phasor mal Zeitabhängigkeit) und ist pro Flächeneinheit in der xz-Ebene

$$\boldsymbol{K}'' = \mathrm{Re}\left\{\boldsymbol{J}_F \mathrm{e}^{\mathrm{j}\omega(1-v/v_x)t}\right\} \times \mathrm{Re}\left\{\boldsymbol{B}^s(y=h)\mathrm{e}^{\mathrm{j}\omega(1-v/v_x)t}\right\}$$

$$= \frac{1}{2}\mathrm{Re}\left\{\boldsymbol{J}_F \times \boldsymbol{B}^s(y=h)\mathrm{e}^{\mathrm{j}2\omega(1-v/v_x)t}\right\} + \frac{1}{2}\mathrm{Re}\left\{\boldsymbol{J}_F \times \boldsymbol{B}^{s*}(y=h)\right\}\ .$$

Im zeitlichen Mittel verschwindet der erste Term und es bleibt

$$\overline{\boldsymbol{K}''} = \frac{1}{2}\mathrm{Re}\left\{\boldsymbol{J}_F \times \boldsymbol{B}^{s*}(y=h)\right\} = -\frac{1}{2}k_x J_{F0}\mathrm{e}^{-k_x h}\mathrm{Re}\left\{(\mathrm{j}\,\boldsymbol{e}_x + \boldsymbol{e}_y)C^{s*}\right\}$$

$$= \frac{\mu_0}{4}J_{F0}^2 \mathrm{e}^{-2k_x h}\left[\mathrm{Im}\left\{\frac{\mu_r - q^*}{\mu_r + q^*}\right\}\boldsymbol{e}_x - \mathrm{Re}\left\{\frac{\mu_r - q^*}{\mu_r + q^*}\right\}\boldsymbol{e}_y\right]\ .$$

Nach (12.83) ist

$$q^2 = 1 + \mathrm{j}\omega\mu\kappa\frac{1-v/v_x}{k_x^2} = 1 + \mathrm{j}2\frac{1-v/v_x}{(k_x\delta_S)^2}$$

und mit den Abkürzungen

$$q^2 = 1 + \mathrm{j}m\ ,\quad m = 2\frac{1-v/v_x}{(k_x\delta_S)^2}$$

$$qq^* = \sqrt{(1+\mathrm{j}m)(1-\mathrm{j}m)} = \sqrt{1+m^2} = p$$

$$q = \sqrt{1+\mathrm{j}m} = \sqrt{\frac{1}{2}(1+p)} + \mathrm{j}\sqrt{\frac{1}{2}(-1+p)}$$

lässt sich schreiben

$$\frac{\mu_r - q^*}{\mu_r + q^*} = \frac{\mu_r - q^*}{\mu_r + q^*}\cdot\frac{\mu_r + q}{\mu_r + q} = \frac{\mu_r^2 - p + \mathrm{j}\mu_r\sqrt{2(-1+p)}}{\mu_r^2 + p + \mu_r\sqrt{2(1+p)}}\ .$$

Die normierte Kraft pro Flächeneinheit ist dann

$$\frac{4\overline{\boldsymbol{K}''}}{\mu_0 J_{F0}^2}\mathrm{e}^{2k_x h} = \boldsymbol{f}(m) = \frac{\mu_r\sqrt{2(-1+p)}\,\boldsymbol{e}_x - (\mu_r^2 - p)\,\boldsymbol{e}_y}{\mu_r^2 + p + \mu_r\sqrt{2(1+p)}} \tag{12.86}$$

mit

$$p = \sqrt{1+m^2}\ ,\quad m = 2\frac{1-v/v_x}{(k_x\delta_S)^2}\ .$$

Von besonderem Interesse sind die Sonderfälle

1) *Gleichstromfall, $\omega \to 0$, $m \to 0$, $p \to 1$*

$$\boldsymbol{f}(0) = \frac{1-\mu_r}{1+\mu_r}\,\boldsymbol{e}_y\ .$$

Für $\mu_r \gg 1$ ist die normierte Kraft auf das Fahrzeug anziehend und betragsmäßig gleich eins. In x-Richtung gibt es keine Kraft.

2) *Die Kraft in y-Richtung verschwindet, $p \to \mu_r^2$, $m^2 \to \mu_r^4 - 1$.* Dies tritt für $\mu_r \gg 1$ bei einer Kreisfrequenz von

$$\omega\mu\kappa\frac{1-v/v_x}{k_x^2} \approx \mu_r^2 \quad\to\quad \frac{\omega}{2\pi} \approx \frac{2\pi\mu_r}{\mu_0\kappa\lambda_x^2(1-v/v_x)}$$

auf. Im Falle eines Halbraumes aus Stahl mit einer relativen Permeabilitätskonstanten $\mu_r = 800$ und einer Leitfähigkeit von $\kappa = 10^7$ S/m sowie einer räumlichen

Wellenlänge von $\lambda_x = 1\,\mathrm{m}$ der Spule und einer Geschwindigkeit $v = 0.1 v_x$ tritt dies bei einer Frequenz $f = \omega/(2\pi) = 440\,\mathrm{Hz}$ auf.

In x-Richtung herrscht eine positive Kraft von

$$f_x(m^2 = \mu_r^4 - 1) = \frac{1}{1 + \sqrt{2}} = 0.41\ .$$

3) *Hochfrequenzfall, $m \gg \mu_r^2 \gg 1$, $p \approx m$*

$$\boldsymbol{f}(m) \approx \frac{\sqrt{2}\mu_r}{\sqrt{2}\mu_r + \sqrt{m}}\, \boldsymbol{e}_x + \frac{\sqrt{m}}{\sqrt{2}\mu_r + \sqrt{m}}\, \boldsymbol{e}_y\ .$$

In y-Richtung ist die normierte Kraft abstoßend und geht für sehr hohe Frequenzen betragsmäßig gegen eins. In x-Richtung ist die Kraft positiv und nimmt für sehr hohe Frequenzen ab. Es muss also ein Kompromiß zwischen ω und μ_r gewählt werden, der eine gute Levitationskraft und zugleich eine gute Antriebskraft ergibt. Dabei muss v immer kleiner als v_x sein. Abb. 12.23 zeigt die Abhängigkeit der normierten Kraft (12.86) vom Parameter m für verschiedene μ_r. Dies ist eine der Möglichkeiten zur elektrodynamischen Levitation und zum Antreiben ähnlich einem Linearmotor.

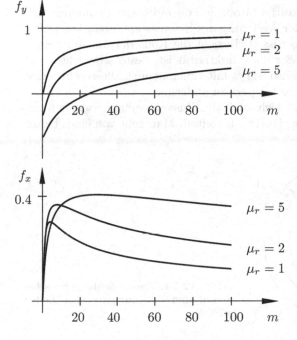

Abb. 12.23. Normierte Levitations- und Antriebskraft in Abhängigkeit von m und μ_r nach Gleichung (12.86)

12.11 Induktivität (Ergänzung)

In §10.1 wurde die Induktivität als Proportionalitätskonstante zwischen dem magnetischen Fluss und dem Strom eingeführt

$$\psi_{mij} = L_{ij} I_i\ , \tag{12.87}$$

d.h. zwischen dem Anteil des Flusses, der vom Strom im Kreis i erzeugt wird und den Kreis j durchsetzt, und dem erzeugenden Strom I_i. Ändert sich I_i zeitlich, so ändert sich auch ψ_{mij} und verursacht eine induzierte Spannung im j-ten Kreis

$$U_{ind,j} = -\frac{\mathrm{d}\psi_{mij}}{\mathrm{d}t} = -L_{ij}\frac{\mathrm{d}I_i}{\mathrm{d}t} \; .$$

Die induzierte Spannung ist gleich der negativen Klemmenspannung U_j und die an einer Induktivität abfallende Spannung ist proportional der zeitlichen Änderung des erregenden Stromes

$$U_j = -U_{ind,j} = L_{ij}\frac{\mathrm{d}I_i}{\mathrm{d}t} \; . \tag{12.88}$$

Dies gilt sowohl für die Gegen- als auch für die Selbstinduktivität. Die Änderung des Stromes muss allerdings langsam genug erfolgen, damit ein quasistationärer Zustand bestehen bleibt (z.B. keine Abstrahlung), da (12.87) auf dem BIOT-SAVART'sche Gesetz beruht, welches stationäre Ströme voraussetzt.

Die Induktivität ist eine positive Größe und die induzierte Spannung wirkt nach der LENZ'schen Regel der Änderung des Stromes entgegen. Die Induktivität spielt daher in einer gewissen Hinsicht die Rolle der Masse in einem mechanischen System. Je größer die Induktivität ist, desto schwieriger wird es, den Strom zu ändern, genauso wie es mit zunehmender Masse schwieriger wird, die Geschwindigkeit eines Körpers zu ändern.

Mit Hilfe von (12.88) lässt sich auch der Zusammenhang zwischen magnetischer Energie und Strom, (10.18), herleiten. Man geht von einer Leiterschleife aus, Abb. 12.24.

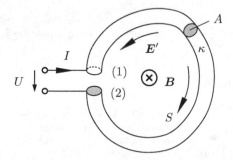

Abb. 12.24. Zusammenhang zwischen Strom und Spannung in einer Leiterschleife

Dem Strom I in der Schleife ist über das OHM'sche Gesetz ein Feld $\boldsymbol{E}$ zugeordnet. Ändert sich der Strom zeitlich, wird ein zusätzliches Feld $\boldsymbol{E}'$ induziert, welches dem ursprünglichen entgegenwirkt. Die KIRCHHOFF'sche Maschenregel liefert

$$\oint_S (\boldsymbol{E} - \boldsymbol{E}') \cdot \mathrm{d}\boldsymbol{s} = \int_1^2 \boldsymbol{E} \cdot \mathrm{d}\boldsymbol{s} + \int_2^1 \boldsymbol{E} \cdot \mathrm{d}\boldsymbol{s} - \oint_S \boldsymbol{E}' \cdot \mathrm{d}\boldsymbol{s} = 0 \; .$$

Das erste Integral wird

$$\int_1^2 \boldsymbol{E} \cdot \mathrm{d}\boldsymbol{s} = \frac{1}{\kappa A} \int_1^2 A\boldsymbol{J} \cdot \mathrm{d}\boldsymbol{s} = \frac{l}{\kappa A} I = RI \,,$$

und das zweite Integral gibt die negative Klemmenspannung

$$\int_2^1 \boldsymbol{E} \cdot \mathrm{d}\boldsymbol{s} = -U$$

an und das dritte Integral ergibt die durch die Stromänderung induzierte Spannung (12.88)

$$-\oint_S \boldsymbol{E}' \cdot \mathrm{d}\boldsymbol{s} = -U_{ind} = L\frac{\mathrm{d}I}{\mathrm{d}t} \,.$$

Somit ist die an den Klemmen auftretende Spannung, wenn der Strom I im Zeitintervall $\mathrm{d}t$ um $\mathrm{d}I$ geändert wird

$$U = RI + L\frac{\mathrm{d}I}{\mathrm{d}t} \,. \tag{12.89}$$

Die von der externen Quelle aufzubringende Leistung ist

$$P_{ext} = UI = \frac{\mathrm{d}W_{ext}}{\mathrm{d}t} = RI^2 + LI\frac{\mathrm{d}I}{\mathrm{d}t} \,. \tag{12.90}$$

Der erste Term auf der rechten Seite stellt die OHM'schen Verluste dar, die auch bei konstantem Strom auftreten. Der zweite Term gibt die gegen die induzierte Spannung aufzuwendende Leistung an. Er ist gleich der Änderung der magnetischen Energie

$$\frac{\mathrm{d}W_m}{\mathrm{d}t} = LI\frac{\mathrm{d}I}{\mathrm{d}t} = \frac{1}{2}L\frac{\mathrm{d}}{\mathrm{d}t}I^2 \,.$$

Eine Integration über die Zeit liefert die gespeicherte magnetische Energie

$$\boxed{W_m = \frac{1}{2}LI^2 = \frac{1}{2}\int_V \boldsymbol{H} \cdot \boldsymbol{B} \,\mathrm{d}V} \,. \tag{12.91}$$

Dieser Zusammenhang, der bereits in §10.2 angegeben wurde, zeigt den üblichen Weg zur Berechnung der Selbstinduktivität. Seine Herleitung macht auch deutlich, wie das Magnetfeld, welches selbst keine Arbeit verrichten kann, bei zeitlicher Änderung eine Spannung induziert und diese dann an den Ladungen Arbeit leistet.

Zusammenfassung

Induktionsgesetz

$$U_{ind} = \oint_S \boldsymbol{E}' \cdot \mathrm{d}\boldsymbol{s} = -\frac{\mathrm{d}\psi_m}{\mathrm{d}t} = -\frac{\mathrm{d}}{\mathrm{d}t}\int_F \boldsymbol{B} \cdot \mathrm{d}\boldsymbol{F}$$

Transformator-EMK

$$U_{ind} = \oint_S \boldsymbol{E} \cdot \mathrm{d}\boldsymbol{s} = -\int_F \frac{\partial \boldsymbol{B}}{\partial t} \cdot \mathrm{d}\boldsymbol{F}$$

Bewegungs-EMK

$$U_{ind} = \oint_S \boldsymbol{E}' \cdot \mathrm{d}\boldsymbol{s} = \oint_S (\boldsymbol{v} \times \boldsymbol{B}) \cdot \mathrm{d}\boldsymbol{s}$$

Potentiale

$$\boldsymbol{B} = \nabla \times \boldsymbol{A} \quad , \quad \boldsymbol{E} = -\nabla\phi - \frac{\partial \boldsymbol{A}}{\partial t}$$

$$\left.\begin{aligned} \nabla^2 \phi &= -\frac{q_V}{\varepsilon} \\ \nabla^2 \boldsymbol{A} &= -\mu \boldsymbol{J} \end{aligned}\right\} \quad q_V, \ \boldsymbol{J} \text{ eingeprägte Quellen}$$

$$\nabla^2 \boldsymbol{A} - \mu\kappa \frac{\partial \boldsymbol{A}}{\partial t} = 0 \quad \rightarrow \quad \boldsymbol{J} = \kappa \boldsymbol{E} \text{ keine Quellen}$$
$$\text{im betrachteten Gebiet}$$

Magnetische Energiedichte

$$w_m = \frac{1}{2} \boldsymbol{A} \cdot \boldsymbol{J} \quad , \quad w_m = \frac{1}{2} \boldsymbol{H} \cdot \boldsymbol{B} \quad \text{lineare Medien}$$

$$w_m = \int_0^{\boldsymbol{B}} \boldsymbol{H} \cdot \mathrm{d}\boldsymbol{B} \quad \text{nichtlineare Medien}$$

Diffusionsgleichung

$$\nabla^2 \boldsymbol{F} - \mu\kappa \frac{\partial \boldsymbol{F}}{\partial t} = 0 \quad , \quad \boldsymbol{F} = \text{Feldgröße } \boldsymbol{E}, \boldsymbol{H}, \boldsymbol{A}$$

Eindringtiefe

$$\delta_S = \sqrt{\frac{2}{\omega\mu\kappa}}$$

Strom/Spannungs-Relation an der Spule

$$U = -U_{ind} = \frac{\mathrm{d}\psi_m}{\mathrm{d}t} = L\frac{\mathrm{d}I}{\mathrm{d}t}$$

Fragen zur Prüfung des Verständnisses

12.1 Wie hängen die Richtungen des Umlaufintegrals und des magnetischen Flusses beim Induktionsgesetz zusammen?

12.2 Was besagt die LENZ'sche Regel?

12.3 Ein Massivleiter wird im Magnetfeld bewegt. Wird eine Spannung induziert? Warum?

12.4 Drücke das magnetische und elektrische Feld durch Potentiale aus.

12.5 Was bedeutet Eichung und warum ist sie möglich?

12.6 Warum sind Diffusionsvorgänge irreversibel?

12.7 Das magnetische Feld kann keine Arbeit an Ladungen verrichten. Warum wird dann beim Aufbau eines Stromes magnetische Energie erzeugt?

12.8 Wieviel Energie ist in einem Permanentmagnet gespeichert?

12.9 In der HF-Technik möchte man Ferrite mit möglichst wenig Verlusten haben. Wie muss die Hysteresekurve aussehen?

12.10 Eine Messeinrichtung ist empfindlich gegen schnelle Änderungen des magnetischen Feldes und soll durch ein Blech geschützt werden. Welche Materialeigenschaften soll das Blech besitzen?

12.11 Was versteht man unter Felddiffusion?

12.12 Wie groß ist die Skintiefe? Warum dringt ein Feld nicht tiefer ein?

12.13 Auf der Oberfläche eines Leiters ist das Magnetfeld bekannt. Wie kann man die Verlustleistung pro Flächenelement berechnen?

12.14 Was sind Wirbelströme?

12.15 Eine Spule habe den Widerstand R und die Induktivität L. Wie lautet der Zusammenhang zwischen Strom und Spannung?

13. Zeitlich beliebig veränderliche Felder I (Erhaltungssätze)

Zeitlich beliebig veränderliche Felder werden durch die vollständigen MAX-WELL'schen Gleichungen beschrieben

$$
\begin{aligned}
\text{(I)} \quad & \nabla \times \boldsymbol{H} = \boldsymbol{J} + \frac{\partial \boldsymbol{D}}{\partial t} \\[2mm]
\text{(II)} \quad & \nabla \times \boldsymbol{E} = -\frac{\partial \boldsymbol{B}}{\partial t} \\[2mm]
\text{(III)} \quad & \nabla \cdot \boldsymbol{D} = q_V \\[2mm]
\text{(IV)} \quad & \nabla \cdot \boldsymbol{B} = 0 \,.
\end{aligned}
\tag{13.1}
$$

Die Materialien seien linear, zeitunabhängig und örtlich zumindest stückweise konstant, so dass

$$
\boldsymbol{D} = \varepsilon \boldsymbol{E} \quad , \quad \boldsymbol{B} = \mu \boldsymbol{H} \quad , \quad \boldsymbol{J} = \kappa \boldsymbol{E}
\tag{13.2}
$$

gilt.

Bevor wir in späteren Kapiteln die Lösungen der Gleichungen behandeln, wollen wir uns hier einige Gedanken über allgemeine Eigenschaften der Felder machen.

Wir werden lernen, dass sie Energie besitzen, was schon bekannt ist, und dass sie einen Impuls und einen Drehimpuls haben. Diese Größen folgen, wie in der Mechanik, Erhaltungssätzen. Beginnen werden wir mit dem bekannten Gesetz der Ladungserhaltung.

13.1 Ladungserhaltung

Ladung kann weder erzeugt noch vernichtet werden. Wenn sich die Ladung in einem Volumen ändert, dann muss genau diese Ladungsmenge durch die Oberfläche des Volumens transportiert werden. Ladungserhaltung ist keine

© Der/die Autor(en), exklusiv lizenziert durch Springer-Verlag GmbH, DE, ein Teil von Springer Nature 2020
H. Henke, *Elektromagnetische Felder*, https://doi.org/10.1007/978-3-662-62235-3_13

unabhängige Annahme. Sie folgt direkt aus den MAXWELL'schen Gleichungen. Nimmt man die Divergenz von (13.1 I) und setzt (13.1 III) ein, so ergibt sich die *Kontinuitätsgleichung*

$$\nabla \cdot (\nabla \times H) = 0 = \nabla \cdot J + \nabla \cdot \frac{\partial D}{\partial t}$$

$$\nabla \cdot J = -\frac{\partial}{\partial t} \nabla \cdot D = -\frac{\partial q_V}{\partial t} . \tag{13.3}$$

Sie besagt, dass die lokale Änderung einer Ladungsdichte die Quelle einer Stromdichte ist.

13.2 Energieerhaltung. Poynting'scher Satz

Gegeben seien Ladungen im Feld. Bewegt man die Ladungsmenge im Volumen dV im Zeitraum δt um ein Stück δs, so ist die verrichtete Arbeit

$$d\,\delta W = dK \cdot \delta s = q_V dV (E + v \times B) \cdot \delta s = E \cdot q_V v\,\delta t\,dV = E \cdot J\,\delta t\,dV$$

und die Rate, mit welcher Arbeit an allen Ladungen im Volumen V verrichtet wird, folgt zu

$$\frac{\delta W}{\delta t} = \int_V J \cdot E\,dV = \int_V p_V dV . \tag{13.4}$$

Dies ist die bereits bekannte Gleichung (7.11). Als nächstes wird die Verlustleistungsdichte p_v durch die Feldgrößen ausgedrückt. Man multipliziert (13.1 I) skalar mit der elektrischen Feldstärke E

$$E \cdot J = E \cdot (\nabla \times H) - E \cdot \frac{\partial D}{\partial t}$$

und erhält unter Verwendung von (1.56)

$$\nabla \cdot (E \times H) = H \cdot (\nabla \times E) - E \cdot (\nabla \times H)$$

und (13.1 II) den POYNTING'*schen Satz* in Differentialform

$$E \cdot J = -\nabla \cdot (E \times H) - H \cdot \frac{\partial B}{\partial t} - E \cdot \frac{\partial D}{\partial t}$$

$$= -\nabla \cdot (E \times H) - \frac{\partial}{\partial t} \left[\frac{1}{2} H \cdot B + \frac{1}{2} E \cdot D \right] . \tag{13.5}$$

Seine Interpretation ist einfacher in integraler Form, die sich durch Einsetzen in (13.4) und Anwenden des GAUSS'schen Integralsatzes ergibt

$$\frac{\delta W}{\delta t} = \int_V E \cdot J\,dV$$

$$= -\oint_O (E \times H) \cdot dF - \frac{\partial}{\partial t} \int_V \left[\frac{1}{2} H \cdot B + \frac{1}{2} E \cdot D \right] dV . \tag{13.6}$$

Das Integral auf der linken Seite gibt die OHM'sche Verlustleistung an. Das zweite Integral auf der rechten Seite lässt sich als die im Feld gespeicherte elektrische und magnetische Energie interpretieren (siehe auch (5.7) und (12.26)). Der Integrand des ersten Integrals auf der rechten Seite hat die Dimension einer Flussdichte und das Integral stellt offensichtlich den Fluss elektromagnetischer Energie aus dem Volumen heraus dar.

Somit besagt der POYNTING'sche Satz:

> Die Abnahme der elektromagnetischen Energie ist gleich der in Wärme umgewandelten Verlustleistung und der aus dem Volumen herausfließenden elektromagnetischen Energie.

Die lokale *Energieflussdichte*

$$\boxed{S = E \times H} \quad \text{mit} \quad [S] = \frac{\text{W}}{\text{m}^2} \tag{13.7}$$

heißt POYNTING*'scher Vektor*.

Natürlich erhöht die an den Ladungen verrichtete Arbeit ihre mechanische (kinetische, potentielle) Energie

$$\frac{\delta W}{\delta t} = \frac{\partial}{\partial t} \int_V w_{mech} \, \mathrm{d}V \tag{13.8}$$

und man kann den POYNTING'schen Satz in kompakter Form schreiben

$$\boxed{-\frac{\partial}{\partial t} \int_V (w_{mech} + w_{em}) \, \mathrm{d}V = \oint_O S \cdot \mathrm{d}F} \tag{13.9}$$

oder

$$-\frac{\partial}{\partial t} (w_{mech} + w_{em}) = \nabla \cdot S . \tag{13.10}$$

Die Gleichungen (13.9) und (13.10) stellen den Energieerhaltungssatz dar:

> Die Abnahme der Energie in einem Volumen ist gleich der aus dem Volumen herausfließenden Energie.

13.3 Komplexer Poynting'scher Satz

Die in §13.2 hergeleiteten Beziehungen gelten für beliebige Zeitabhängigkeiten. Die Feldgrößen stellen die Momentanwerte dar. Bei zeitharmonischen Größen wie z.B. Energie und Leistung hingegen ist meistens nicht der Momentanwert von Interesse, sondern der über eine Periode gemittelte Wert. Dieser lässt sich leicht aus dem Momentanwert gewinnen, wenn man das Feld als Realteil des rotierenden Phasors darstellt, z.B.

$$E = \mathrm{Re}\left\{ \tilde{E} \, \mathrm{e}^{\mathrm{j}\omega t} \right\} = \frac{1}{2} \left[\tilde{E} \, \mathrm{e}^{\mathrm{j}\omega t} + \tilde{E}^* \, \mathrm{e}^{-\mathrm{j}\omega t} \right] .$$

Anwendung dieser Zerlegung auf die elektrische Energiedichte

$$w_e = \frac{1}{2} \boldsymbol{E} \cdot \boldsymbol{D}$$

$$= \frac{1}{8} \left[\widetilde{\boldsymbol{E}} \cdot \widetilde{\boldsymbol{D}} \, \mathrm{e}^{\mathrm{j}2\omega t} + \widetilde{\boldsymbol{E}}^* \cdot \widetilde{\boldsymbol{D}}^* \, \mathrm{e}^{-\mathrm{j}2\omega t} \right] + \frac{1}{8} \left[\widetilde{\boldsymbol{E}} \cdot \widetilde{\boldsymbol{D}}^* + \widetilde{\boldsymbol{E}}^* \cdot \widetilde{\boldsymbol{D}} \right]$$

$$= \frac{1}{4} \mathrm{Re} \left\{ \widetilde{\boldsymbol{E}} \cdot \widetilde{\boldsymbol{D}} \, \mathrm{e}^{\mathrm{j}2\omega t} \right\} + \frac{1}{4} \mathrm{Re} \left\{ \widetilde{\boldsymbol{E}} \cdot \widetilde{\boldsymbol{D}}^* \right\}$$

und Mittelung über eine Periode liefert die *mittlere elektrische Energiedichte*

$$\overline{w_e} = \frac{1}{4} \mathrm{Re} \left\{ \widetilde{\boldsymbol{E}} \cdot \widetilde{\boldsymbol{D}}^* \right\} = \frac{1}{4} \widetilde{\boldsymbol{E}} \cdot \widetilde{\boldsymbol{D}}^* \,, \tag{13.11}$$

wobei eine reelle Dielektrizitätskonstante ε vorausgesetzt wurde. Entsprechend erhält man für die *mittlere magnetische Energiedichte* bei reeller Permeabilitätskonstanten μ

$$\overline{w_m} = \frac{1}{4} \mathrm{Re} \left\{ \widetilde{\boldsymbol{H}} \cdot \widetilde{\boldsymbol{B}}^* \right\} = \frac{1}{4} \widetilde{\boldsymbol{H}} \cdot \widetilde{\boldsymbol{B}}^* \,, \tag{13.12}$$

für die *mittlere Verlustleistungsdichte*

$$\overline{p_V} = \frac{1}{2} \widetilde{\boldsymbol{E}} \cdot \widetilde{\boldsymbol{J}}^* \tag{13.13}$$

und für die *mittlere Energieflussdichte*

$$\overline{\boldsymbol{S}} = \frac{1}{2} \mathrm{Re} \left\{ \widetilde{\boldsymbol{E}} \times \widetilde{\boldsymbol{H}}^* \right\} \,. \tag{13.14}$$

Der Vektor

$$\boxed{\boldsymbol{S}_k = \frac{1}{2} \widetilde{\boldsymbol{E}} \times \widetilde{\boldsymbol{H}}^*} \tag{13.15}$$

heißt *komplexer* POYNTING*'scher Vektor*. Seine Bedeutung lässt sich am besten mit Hilfe der komplexen Form des POYNTING'schen Satzes erklären. Man schreibt (13.1 I) und (13.1 II) für harmonische Vorgänge

$$\text{(I)} \quad \nabla \times \boldsymbol{H} = \boldsymbol{J} + \mathrm{j}\omega \boldsymbol{D}$$

$$\text{(II)} \quad \nabla \times \boldsymbol{E} = -\mathrm{j}\omega \boldsymbol{B} \,, \tag{13.16}$$

wobei die Größen jetzt Phasoren darstellen sollen. Eine skalare Multiplikation von (13.16 II) mit $\boldsymbol{H}^*$ bzw. eine skalare Multiplikation der für konjugiert komplexe Feldgrößen umgeschriebenen Gleichung (13.16 I) mit $\boldsymbol{E}$ und anschließende Subtraktion der beiden Gleichungen liefert

$$\boldsymbol{H}^* \cdot (\nabla \times \boldsymbol{E}) - \boldsymbol{E} \cdot (\nabla \times \boldsymbol{H}^*) = -\mathrm{j}\omega \boldsymbol{H}^* \cdot \boldsymbol{B} - \boldsymbol{E} \cdot \boldsymbol{J}^* + \mathrm{j}\omega \boldsymbol{E} \cdot \boldsymbol{D}^* \,.$$

Man formt die linke Seite entsprechend (1.56) um, führt den Faktor 1/2 ein und erhält den *komplexen* POYNTING*'schen Satz*

$$-\nabla \cdot \left(\frac{1}{2} \boldsymbol{E} \times \boldsymbol{H}^* \right) = \frac{1}{2} \boldsymbol{E} \cdot \boldsymbol{J}^* + \mathrm{j}2\omega \left(\frac{1}{4} \boldsymbol{H} \cdot \boldsymbol{B}^* - \frac{1}{4} \boldsymbol{E} \cdot \boldsymbol{D}^* \right)$$

oder

$$-\nabla \cdot \boldsymbol{S}_k = \overline{p_V} + \mathrm{j}2\omega(\overline{w_m} - \overline{w_e})$$ (13.17)

bzw. in Integralform

$$\boxed{-\oint_O \boldsymbol{S}_k \cdot \mathrm{d}\boldsymbol{F} = \int_V \overline{p_V}\,\mathrm{d}V + \mathrm{j}2\omega \int_V (\overline{w_m} - \overline{w_e})\,\mathrm{d}V}\,.$$ (13.18)

Da $\overline{p_V}$, $\overline{w_m}$ und $\overline{w_e}$ reell und zeitunabhängig sind, stellt der Realteil der Gleichung

$$\overline{P_V} = \int_V \overline{p_V}\,\mathrm{d}V = -\oint_O \mathrm{Re}\{\boldsymbol{S}_k\} \cdot \mathrm{d}\boldsymbol{F}$$ (13.19)

die mittleren OHM'schen Verluste dar und $\mathrm{Re}\{\boldsymbol{S}_k\}$ ist offensichtlich die Flussdichte der Energie, also die Wirkleistung, die durch eine Einheitsfläche transportiert wird. Der Imaginärteil der Gleichung

$$-\oint_O \mathrm{Im}\{\boldsymbol{S}_k\} \cdot \mathrm{d}\boldsymbol{F} = 2\omega \int_V (\overline{w_m} - \overline{w_e})\,\mathrm{d}V$$ (13.20)

gibt die in das Volumen einströmende mittlere Blindleistung. Sie ist proportional zu der Differenz zwischen magnetischer und elektrischer Energie und proportional zur doppelten Frequenz.

Beispiel 13.1. Leistungstransport im Koaxialkabel

Ein kurzes Koaxialkabel mit ideal leitendem Außenleiter und einem Innenleiter der Leitfähigkeit κ sei mit einem Widerstand R abgeschlossen und wird mit einer niederfrequenten Spannung $V(t) = V_0 \cos \omega t$ gespeist, Abb. 13.1.

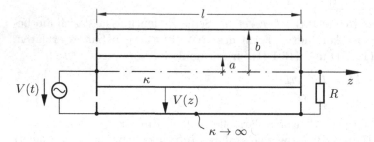

Abb. 13.1. Koaxialkabel mit Speisespannung und Abschlusswiderstand

Die Länge l des Kabels sei sehr viel kürzer als die Wellenlänge, und die Frequenz sei so niedrig, dass keine Stromverdrängung auftritt. Somit ist der Strom konstant über die Länge und homogen über den Innenleiter verteilt. Der induktive Spannungsabfall sei vernachlässigbar.
Mit dem Widerstand des Innenleiters der Länge z

$$R_i(z) = \frac{z}{\kappa \pi a^2}$$

erhält man aus der KIRCHHOFF'schen Maschenregel für die Phasoren

$$V_0 - I_0 R - I_0 R_i(l) = 0 \quad \rightarrow \quad I_0 = \frac{V_0}{R + R_i(l)}$$

$$V_0 - V(z) - I_0 R_i(z) = 0 \quad \rightarrow \quad V(z) = V_0 \left(1 - \frac{z}{l + \kappa \pi a^2 R}\right) .$$

Das Magnetfeld im Innenleiter $H_\varphi^{(i)}$ und im Zwischenraum $H_\varphi^{(a)}$ ist nach (10.19), (10.20)

$$H_\varphi^{(i)} = \frac{I_0}{2\pi a}\frac{\varrho}{a} \quad , \quad H_\varphi^{(a)} = \frac{I_0}{2\pi \varrho} .$$

Das elektrische Feld ist im Innenleiter z-gerichtet

$$E_z^{(i)} = \frac{1}{\kappa} J_z = \frac{I_0}{\kappa \pi a^2} .$$

Im Zwischenraum folgt es aus der Lösung für das Potential nach §6.2.3. Mit $m = k_z = 0$ ist

$$\phi = \left(A + B \ln \frac{\varrho}{\varrho_0}\right) \left(1 + \frac{z}{z_0}\right)$$

und daher

$$\boldsymbol{E}^{(a)} = -\nabla \phi = -\frac{\partial \phi}{\partial \varrho}\,\boldsymbol{e}_\varrho - \frac{\partial \phi}{\partial z}\,\boldsymbol{e}_z =$$

$$= -\frac{B}{\varrho}\left(1 + \frac{z}{z_0}\right)\boldsymbol{e}_\varrho - \left(A + B \ln \frac{\varrho}{\varrho_0}\right)\frac{1}{z_0}\,\boldsymbol{e}_z .$$

Einarbeiten der Randbedingungen

$$E_z^{(a)}(\varrho = a) = E_z^{(i)} = -\left(A + B \ln \frac{a}{\varrho_0}\right)\frac{1}{z_0}$$

$$E_z^{(a)}(\varrho = b) = 0 = -\left(A + B \ln \frac{b}{\varrho_0}\right)\frac{1}{z_0}$$

und der Anfangsbedingung

$$V_0 = \int_a^b E_\varrho(\varrho, z = 0)\, \mathrm{d}\varrho = -B \ln \frac{b}{a}$$

liefert die Konstanten

$$B = -\frac{V_0}{\ln b/a} \quad , \quad A = V_0 \frac{\ln b/\varrho_0}{\ln b/a} \quad , \quad \frac{1}{z_0} = -\frac{I_0/V_0}{\kappa \pi a^2} = -\frac{1}{l + \kappa \pi a^2 R} .$$

Das elektrische Feld im Zwischenraum lautet somit

$$E_\varrho^{(a)} = \frac{V_0}{\varrho \ln b/a}\left(1 - \frac{z}{l + \kappa \pi a^2 R}\right) \quad , \quad E_z^{(a)} = V_0 \frac{\ln b/\varrho}{\ln b/a}\frac{1}{l + \kappa \pi a^2 R} .$$

Der komplexe POYNTING'sche Vektor gibt die Energieflussdichte an

$$\boldsymbol{S}_k^{(i)} = \frac{1}{2}\boldsymbol{E}^{(i)} \times \boldsymbol{H}^{(i)*} = -\frac{1}{2}E_z^{(i)} H_\varphi^{(i)*}\boldsymbol{e}_\varrho$$

$$\boldsymbol{S}_k^{(a)} = \frac{1}{2}\boldsymbol{E}^{(a)} \times \boldsymbol{H}^{(a)*} = -\frac{1}{2}E_z^{(a)} H_\varphi^{(a)*}\boldsymbol{e}_\varrho + \frac{1}{2}E_\varrho^{(a)} H_\varphi^{(a)*}\boldsymbol{e}_z .$$

Er ist reell, d.h. es wird nur Wirkleistung transportiert. Die radial nach innen fließende Energie

$$-\int_0^l \boldsymbol{S}_k^{(i)}(\varrho = a) \cdot (2\pi a\, \mathrm{d}z\,\boldsymbol{e}_\varrho) = \frac{1}{2}R_i(l)I_0^2$$

gibt die im Innenleiter in Wärme umgesetzte Leistung an, d.h. die im Widerstand R_i des Innenleiters erzeugte Verlustleistung.
Im Zwischenraum wird die Wirkleistung

$$\int_a^b \boldsymbol{S}_k^{(a)} \cdot (2\pi\varrho\,\mathrm{d}\varrho\,\boldsymbol{e}_z) = \frac{1}{2}I_0 V(z)$$

in axiale Richtung transportiert. An der Stelle $z = 0$ ist diese gleich der von der Quelle abgegebenen Leistung

$$\frac{1}{2}I_0 V(0) = \frac{1}{2}\frac{V_0^2}{R + R_i(l)} \ .$$

13.4 Impulserhaltung. Maxwell'scher Spannungstensor

An einem einfachen Beispiel wird deutlich, dass das Feld einen Impuls haben muss. Gegeben seien zwei Punktladungen, die mit konstanter Geschwindigkeit auf zwei sich kreuzenden Trajektorien fliegen, Abb. 13.2a.

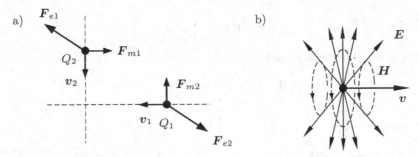

Abb. 13.2. **(a)** Zwei sich kreuzende Punktladungen. **(b)** Feld einer gleichförmig bewegten Punktladung

Das elektrische Feld einer gleichförmig bewegten Punktladung ist nicht mehr durch das COULOMB'sche Gesetz gegeben und das magnetische Feld nicht durch das Gesetz von BIOT-SAVART. Dennoch ist das elektrische Feld im Wesentlichen radial gerichtet und das magnetische Feld azimutal (siehe Abb. 13.2b, das genaue Feld wird in §16.11.3 hergeleitet). Analysiert man die Kräfte der sich kreuzenden Ladungen, so stellt man fest, dass die elektrische Kraft für beide abstoßend ist. Die magnetischen Kräfte dagegen haben verschiedene Richtungen und das dritte NEWTON'sche Gesetz, actio=reactio, scheint verletzt (in der Elektrostatik und der Magnetostatik ist das dritte NEWTON'sche Gesetz immer erfüllt). Damit scheint auch die Impulserhaltung nicht mehr gewährleistet, da sie auf der gegenseitigen Annulierung der Kräfte beruht. Nur wenn das Feld einen Impuls besitzt, kann die Summe der Impulse der Ladungen und der zugehörigen Felder erhalten bleiben.

Zur Herleitung des Feldimpulses wollen wir hier der Einfachheit halber Raumladungen und Felder im Vakuum annehmen. Dann ist die Gesamtkraft auf die Ladungen

$$\boldsymbol{K} = \int_V q_V (\boldsymbol{E} + \boldsymbol{v} \times \boldsymbol{B}) \, \mathrm{d}V = \int_V (q_V \boldsymbol{E} + \boldsymbol{J} \times \boldsymbol{B}) \, \mathrm{d}V \ .$$

Die im Integral erscheinende Kraftdichte

$$\boldsymbol{k} = q_V \boldsymbol{E} + \boldsymbol{J} \times \boldsymbol{B} \tag{13.21}$$

formt man mit Hilfe von (13.1 I) und (13.1 III) um

$$\boldsymbol{k} = \varepsilon_0 (\nabla \cdot \boldsymbol{E}) \boldsymbol{E} + \frac{1}{\mu_0} (\nabla \times \boldsymbol{B}) \times \boldsymbol{B} - \varepsilon_0 \frac{\partial \boldsymbol{E}}{\partial t} \times \boldsymbol{B} \ .$$

Einsetzen von

$$\frac{\partial \boldsymbol{E}}{\partial t} \times \boldsymbol{B} = \frac{\partial}{\partial t} (\boldsymbol{E} \times \boldsymbol{B}) - \boldsymbol{E} \times \frac{\partial \boldsymbol{B}}{\partial t}$$

zusammen mit (13.1 II) liefert

$$\boldsymbol{k} = \varepsilon_0 \left[(\nabla \cdot \boldsymbol{E}) \boldsymbol{E} - \boldsymbol{E} \times (\nabla \times \boldsymbol{E}) \right] - \frac{1}{\mu_0} \boldsymbol{B} \times (\nabla \times \boldsymbol{B}) - \varepsilon_0 \frac{\partial}{\partial t} (\boldsymbol{E} \times \boldsymbol{B}) \ .$$

Die Gleichung lässt sich symmetrisieren durch Addition des verschwindenden Terms $\mu_0^{-1} (\nabla \cdot \boldsymbol{B}) \boldsymbol{B}$

$$\boldsymbol{k} = \varepsilon_0 \left[(\nabla \cdot \boldsymbol{E}) \boldsymbol{E} - \boldsymbol{E} \times (\nabla \times \boldsymbol{E}) \right] + \frac{1}{\mu_0} \left[(\nabla \cdot \boldsymbol{B}) \boldsymbol{B} - \boldsymbol{B} \times (\nabla \times \boldsymbol{B}) \right]$$

$$- \varepsilon_0 \frac{\partial}{\partial t} (\boldsymbol{E} \times \boldsymbol{B}) \ .$$

Ersetzt man nun die doppelten Kreuzprodukte mit Hilfe von (1.55)

$$\nabla \boldsymbol{F}^2 = 2 \boldsymbol{F} \times (\nabla \times \boldsymbol{F}) + 2 (\boldsymbol{F} \cdot \nabla) \boldsymbol{F}$$

so wird daraus

$$\boldsymbol{k} = \varepsilon_0 \left[(\nabla \cdot \boldsymbol{E}) \boldsymbol{E} + (\boldsymbol{E} \cdot \nabla) \boldsymbol{E}) \right] + \frac{1}{\mu_0} \left[(\nabla \cdot \boldsymbol{B}) \boldsymbol{B} + (\boldsymbol{B} \cdot \nabla) \boldsymbol{B}) \right]$$

$$- \nabla \left[\frac{1}{2} \varepsilon_0 \boldsymbol{E}^2 + \frac{1}{2 \mu_0} \boldsymbol{B}^2 \right] - \varepsilon_0 \frac{\partial}{\partial t} (\boldsymbol{E} \times \boldsymbol{B}) \ . \tag{13.22}$$

Gleichung (13.22) ist im Prinzip die endgültige, symmetrisierte Form, welche die Kraftdichte durch die Feldgrößen ausdrückt. Allerdings ist die Gleichung kompliziert und unübersichtlich und man füllt normalerweise den Maxwell'schen *Spannungstensor* T ein, um die Gleichung in eine elegante Form zu bringen.[1] Die Komponenten des Tensors lauten

---

[1] Der Tensor T mit zwei Indices ist ein Tensor zweiter Stufe, in diesem Fall mit der Dimension 3. Ein Tensor erster Stufe ist einfach indiziert. Einen Tensor erster Stufe kann man sich wie einen Vektor vorstellen und einen Tensor zweiter Stufe wie eine Matrix. Man kann den Tensor T von rechts oder von links mit einem

$$T_{ij} = \varepsilon_0 \left[E_i E_j - \frac{1}{2} \delta_i^j E^2 \right] + \frac{1}{\mu_0} \left[B_i B_j - \frac{1}{2} \delta_i^j B^2 \right] \qquad (13.23)$$

mit $i, j = x, y, z$.

Die Divergenz des Spannungstensors gibt einen Vektor (Tensor erster Stufe) mit den kartesischen Komponenten

$$(\nabla \mathsf{T})_j = \sum_i \frac{\partial}{\partial x_i} T_{ij}$$

$$= \sum_i \left\{ \varepsilon_0 \left(\frac{\partial E_i}{\partial x_i} E_j + E_i \frac{\partial E_j}{\partial x_i} \right) + \frac{1}{\mu_0} \left(\frac{\partial B_i}{\partial x_i} B_j + B_i \frac{\partial B_j}{\partial x_i} \right) \right\}$$

$$- \frac{\varepsilon_0}{2} \frac{\partial E^2}{\partial x_j} - \frac{1}{2\mu_0} \frac{\partial B^2}{\partial x_j}$$

$$= \varepsilon_0 \left[(\nabla \cdot \boldsymbol{E}) E_j + (\boldsymbol{E} \cdot \nabla) E_j - \frac{1}{2} \nabla_j E^2 \right]$$

$$+ \frac{1}{\mu_0} \left[(\nabla \cdot \boldsymbol{B}) B_j + (\boldsymbol{B} \cdot \nabla) B_j - \frac{1}{2} \nabla_j B^2 \right] . \qquad (13.24)$$

Dieser Vektor entspricht den ersten drei Termen in (13.22) und man kann unter Zuhilfenahme des POYNTING'schen Vektors die Kraftdichte als

$$\boldsymbol{k} = \nabla \mathsf{T} - \mu_0 \varepsilon_0 \frac{\partial \boldsymbol{S}}{\partial t} \qquad (13.25)$$

schreiben. Die Gesamtkraft auf alle Ladungen ist

$$\boldsymbol{K} = \int_V \boldsymbol{k} \, \mathrm{d}V = \int_V \nabla \mathsf{T} \, \mathrm{d}V - \frac{\partial}{\partial t} \int_V (\mu_0 \varepsilon_0 \boldsymbol{S}) \, \mathrm{d}V$$

$$= \oint_O \mathsf{T} \, \mathrm{d}\boldsymbol{F} - \frac{\partial}{\partial t} \int_V (\mu_0 \varepsilon_0 \boldsymbol{S}) \, \mathrm{d}V , \qquad (13.26)$$

wobei der GAUSS'sche Integralsatz verwendet wurde, um das Volumenintegral in ein Oberflächenintegral umzuwandeln. Dies ist mit Tensorfeldern genauso möglich wie mit Vektorfeldern.

Jetzt sind wir auch in der Lage, die Komponenten des Tensors T zu interpretieren. Die Komponente T_{ij} ist die Kraft pro Flächeneinheit in Richtung i auf ein Flächenelement, das in Richtung j zeigt, d.h. die Komponente T_{ii} stellt den Druck auf ein Flächenelement in Richtung i dar und die Komponenten T_{ij} mit $i \neq j$ sind die Scherspannungen auf das Flächenelement. Im statischen Fall, wenn der zweite Term in (13.26) verschwindet, ist die Kraft

---

Tensor erster Stufe $\boldsymbol{b}$ multiplizieren

$$\boldsymbol{a} = \mathsf{T}\boldsymbol{b} \; \rightarrow \; (\boldsymbol{a})_i = \sum_j T_{ij} b_j \quad , \quad \boldsymbol{a} = \boldsymbol{b}\mathsf{T} \; \rightarrow \; (\boldsymbol{a})_j = \sum_i T_{ij} b_i \; .$$

auf die Ladungsanordnung vollständig durch die Oberflächenspannungen (erster Term) gegeben.

Mit der Kraft auf die Ladungsanordnung und dem zweiten NEWTON'schen Gesetz erhält man den mechanischen Impuls $\boldsymbol{P}_{mech}$

$$\boldsymbol{K} = \frac{\mathrm{d}}{\mathrm{d}t}\boldsymbol{P}_{mech} = \oint_O \mathsf{T}\,\mathrm{d}\boldsymbol{F} - \frac{\partial}{\partial t}\int_V (\mu_0\varepsilon_0\boldsymbol{S})\,\mathrm{d}V \ . \tag{13.27}$$

Dieser Ausdruck ähnelt dem POYNTING'schen Satz (13.6) und es liegt eine Interpretation der Terme durch einen Vergleich nahe. In (13.6) stellen die Größen die mechanische Energie, die elektromagnetische Energieflussdichte und die elektromagnetische Energiedichte dar. In (13.27) sind $\boldsymbol{P}_{mech}$ der mechanische Impuls, $-\mathsf{T}$ die elektromagnetische Impulsflussdichte und

$$\boldsymbol{p}_{em} = \mu_0\varepsilon_0\boldsymbol{S} \tag{13.28}$$

die elektromagnetische Impulsdichte. Definiert man ferner die mechanische Impulsdichte

$$\boldsymbol{P}_{mech} = \int_V \boldsymbol{p}_{mech}\,\mathrm{d}V \ , \tag{13.29}$$

so wird aus (13.27) der *Impulserhaltungssatz*

$$\boxed{-\frac{\partial}{\partial t}\int_V (\boldsymbol{p}_{mech} + \boldsymbol{p}_{em})\,\mathrm{d}V = \oint_O (-\mathsf{T})\,\mathrm{d}\boldsymbol{F}} \tag{13.30}$$

oder in differentieller Form

$$-\frac{\partial}{\partial t}(\boldsymbol{p}_{mech} + \boldsymbol{p}_{em}) = \nabla(-\mathsf{T}) \ . \tag{13.31}$$

Die Abnahme des Gesamtimpulses ist gleich dem pro Zeiteinheit aus dem Volumen herausströmenden Impuls.

Die Impulsflussdichte $-\mathsf{T}$ nimmt in der Formel eine analoge Rolle ein wie die Stromdichte $\boldsymbol{J}$ bei der Ladungserhaltung oder der POYNTING'sche Vektor $\boldsymbol{S}$ bei der Energieerhaltung. Die Komponente $-T_{ij}$ ist der Impuls in Richtung i, der pro Zeiteinheit durch die Einheitsfläche in Richtung j fließt.[2]

13.5 Feldbegriff (Anmerkungen)

An dieser Stelle liegt es nahe, die Eigenschaften des Feldes zusammenzufassen. Dies soll mit einem kurzen historischen Rückgriff geschehen.

In der Zeit vor NEWTON konnte man sich die Ausübung einer Kraft nur durch direkten Kontakt oder mittels eines übertragenden Mediums vorstellen.

---

[2] Der Vektor $\boldsymbol{S}$ und der Tensor T spielen beide eine Doppelrolle. $\boldsymbol{S}$ ist die elektromagnetische Energieflussdichte und $\mu_0\varepsilon_0\boldsymbol{S}$ ist die elektromagnetische Impulsdichte. T ist der Spannungstensor und $-\mathsf{T}$ ist die Impulsflussdichte.

Mit seiner Gravitationstheorie hat NEWTON eine neue, revolutionäre Sichtweise eingeführt, in welcher die Wirkung zwischen zwei Körpern unverzüglich stattfindet und unabhängig ist von dem sich im Raum befindlichen Medium. Die Idee der *Fernwirkung* war geboren. Diese Sichtweise schien sich zunächst durch die Arbeiten von COULOMB, OERSTED, AMPÈRE, BIOT und SAVART zu bestätigen. Die ersten Zweifel erzeugten die Experimente von FARADAY in den Jahren 1830, in welchen nachgewiesen wurde, dass die elektrische Kraft zwischen zwei Körpern sehr wohl von dem dazwischen liegenden Medium abhängt. Zur Erklärung hat sich FARADAY Flussröhren[3] vorgestellt, die sich von dem einen geladenen Körper ausgehend zum anderen Körper erstrecken und von dem dazwischen liegenden Medium beeinflusst werden. So entstand die Vorstellung des Feldes, in welcher Kraftlinien durch Gesetze festgelegt sind. Diese Darstellung hat MAXWELL mit seinen Gleichungen zu einer Theorie erweitert, die ausschließlich auf dem Feldbegriff basiert. Nicht die Kräfte zwischen den Körpern werden durch Gleichungen beschrieben, wie beim Gravitationsgesetz und beim COULOMB'schen Gesetz, sondern der dynamische Zusammenhang der Feldgrößen. Körper interagieren nicht direkt miteinander sondern über das Feld. Das Feld hat sich zu einer eigenständigen Größe verselbstständigt mit einer Energiedichte

$$w_{em} = \frac{1}{2} \boldsymbol{E} \cdot \boldsymbol{D} + \frac{1}{2} \boldsymbol{H} \cdot \boldsymbol{B}$$

und mit einer Impulsdichte

$$\boldsymbol{p}_{em} = \mu_0 \varepsilon_0 \boldsymbol{S} = \mu_0 \varepsilon_0 (\boldsymbol{E} \times \boldsymbol{H}) \,.$$

Natürlich hat es, da es einen Impuls besitzt, auch eine *Drehimpulsdichte*

$$\boldsymbol{l}_{em} = \boldsymbol{r} \times \boldsymbol{p}_{em} = \mu_0 \varepsilon_0 \boldsymbol{r} \times (\boldsymbol{E} \times \boldsymbol{H}) \,.$$

Diese Eigenständigkeit des Feldes kann man sich leicht an einem Gedankenexperiment klarmachen. Gegeben seien zwei ruhende Ladungen im freien Raum. Da die Ladungen der COULOMBkraft unterliegen und in Ruhe sind, muss eine andere Kraft der COULOMBkraft entgegen wirken. Impuls und kinetische Energie der Anordnung sind null. Nun bewegt man eine Ladung sehr schnell und bringt sie wieder in ihrer ursprünglichen Position zur Ruhe. Wenn dies schnell genug stattgefunden hat und beide Ladungen in ihrer ursprünglichen Position sind, scheint das System zunächst keine Energieänderung erfahren zu haben. Nach einer Zeit $\Delta t = d/c$ (Abstand durch Lichtgeschwindigkeit) jedoch wird die zweite Ladung eine Kraft erfahren und sich zu bewegen anfangen, d.h. sie nimmt Impuls und kinetische Energie auf. Somit ändert sich auch Energie und Impuls des Gesamtsystems und ihre Erhaltung scheint verletzt. Die Lösung bringt das Feld. Bei der Bewegung der ersten Ladung muss Arbeit aufgewendet werden, welche lokal die Feldenergie erhöht. Die Feldstörung breitet sich mit Lichtgeschwindigkeit aus und überträgt beim Erreichen der zweiten Ladung Impuls und kinetische Energie. Durch ihre Bewegung

---

[3] siehe § 2.1

erzeugt auch die zweite Ladung eine Feldstörung, die sich ausbreitet u.s.w.. Energie und Impuls des gesamten Systems, die zwei Ladungen und das Feld, bleiben zu jedem Zeitpunkt erhalten.

So ist das elektromagnetische Feld eine eigenständige, physikalische Größe mit Energie und Impuls. Die räumliche und zeitliche Entwicklung der Feldgrößen wird durch partielle Differentialausdrücke, den MAXWELL'schen Gleichungen, beschrieben. Die Wechselwirkung des Feldes mit Medien wird durch die Stoffgleichungen (konstitutive Gleichungen) ausgedrückt.

Zusammenfassung

Kontinuitätsgleichung (Ladungserhaltung)

$$\nabla \cdot \boldsymbol{J} = -\frac{\partial q_V}{\partial t}$$

POYNTING'scher Vektor/Satz

Momentanwerte

$$w_e = \frac{1}{2}\boldsymbol{E} \cdot \boldsymbol{D} \quad , \quad w_m = \frac{1}{2}\boldsymbol{H} \cdot \boldsymbol{B} \quad , \quad p_V = \boldsymbol{E} \cdot \boldsymbol{J}$$

$$\boldsymbol{S} = \boldsymbol{E} \times \boldsymbol{H}$$

$$\oint_O \boldsymbol{S} \cdot \mathrm{d}\boldsymbol{F} = -\frac{\partial}{\partial t}\int_V (w_e + w_m)\,\mathrm{d}V - \int_V p_V\,\mathrm{d}V$$

zeitliche Mittelwerte

$$\overline{w_e} = \frac{1}{4}\boldsymbol{E} \cdot \boldsymbol{D}^* \quad , \quad \overline{w_m} = \frac{1}{4}\boldsymbol{H} \cdot \boldsymbol{B}^* \quad , \quad \overline{p_V} = \frac{1}{2}\boldsymbol{E} \cdot \boldsymbol{J}^*$$

$$\boldsymbol{S}_k = \frac{1}{2}\boldsymbol{E} \times \boldsymbol{H}^*$$

$$\oint_O \boldsymbol{S}_k \cdot \mathrm{d}\boldsymbol{F} = -\mathrm{j}\,2\omega \int_V (\overline{w_m} - \overline{w_e})\,\mathrm{d}V - \int_V \overline{p_V}\,\mathrm{d}V$$

Impulsdichte, Drehimpulsdichte

$$\boldsymbol{p}_{em} = \mu_0\varepsilon_0\boldsymbol{E} \times \boldsymbol{H} \quad , \quad \boldsymbol{l}_{em} = \boldsymbol{r} \times \boldsymbol{p}_{em} = \mu_0\varepsilon_0\boldsymbol{r} \times (\boldsymbol{E} \times \boldsymbol{H})$$

Fragen zur Prüfung des Verständnisses

13.1 Erläutere auf zwei verschiedenen Wegen, warum im allgemeinen Fall die Verschiebungsstromdichte in der ersten MAXWELL'schen Gleichung unbedingt nötig ist.

13.2 Was sagt der POYNTING'sche Satz für Momentanwerte aus?

13.3 Was bedeutet der POYNTING'sche Vektor?

13.4 Was bedeutet der komplexe POYNTING'sche Vektor?

13.5 Wie hängt die mittlere Verlustleistung in einem Volumen mit dem komplexen POYNTING'schen Vektor zusammen?

13.6 In ein Volumen V wird im zeitlichen Mittel keine Blindleistung eingestrahlt. Was bedeutet dies für die elektrische und magnetische Energie in V?

13.7 Ein Draht mit Radius a und Leitfähigkeit κ führt einen Gleichstrom I_0. Wie groß ist die Verlustleistung pro Länge? In welche Richtung zeigt der Leistungsfluss?

13.8 Kann ein elektromagnetisches Feld Druck ausüben? Warum? Erläutere den Zusammenhang.

14. Zeitlich beliebig veränderliche Felder II (Homogene Wellengleichung)

Dieses Kapitel behandelt Felder in Gebieten, in denen keine Ladungen und Ströme als Quellen existieren. Ströme in leitenden Materialien, die über das OHM'sche Gesetz mit der elektrischen Feldstärke $\boldsymbol{E}$ verbunden sind, seien selbstverständlich möglich. Die Quellen, die die Felder erzeugen, liegen außerhalb des betrachteten Gebietes, typischerweise im Unendlichen. Eventuell vorhandene Materialien seien linear, zeitunabhängig und örtlich zumindest stückweise konstant. Unter diesen Umständen wird aus den MAXWELL'schen Gleichungen

$$
\begin{array}{ll}
\text{(I)} & \nabla \times \boldsymbol{H} = \kappa \boldsymbol{E} + \varepsilon \dfrac{\partial \boldsymbol{E}}{\partial t} \\[2ex]
\text{(II)} & \nabla \times \boldsymbol{E} = -\mu \dfrac{\partial \boldsymbol{H}}{\partial t} \\[2ex]
\text{(III)} & \nabla \cdot \boldsymbol{E} = 0 \\[2ex]
\text{(IV)} & \nabla \cdot \boldsymbol{H} = 0 \, .
\end{array}
\tag{14.1}
$$

Die einfachste Lösung dieser Gleichungen sind ebene Wellen im freien Raum. An Trennschichten zwischen zwei Materialien werden diese reflektiert und gebrochen.

Unter Ausnutzung des Reflexionsverhaltens wird die geführte Wellenausbreitung längs einer dielektrischen Platte und in einer Parallelplattenleitung hergeleitet.

Im Dreidimensionalen wird die Wellengleichung durch Separation gelöst und man erhält Wellen im Rechteck- und Rundhohlleiter sowie stehende Wellen in Resonatoren. Abschließend werden Kugelwellen behandelt, welche die natürliche Form darstellen für Wellen, die durch endlich ausgedehnte Quellen erzeugt werden.

14.1 Homogene Wellengleichung

Die Wellengleichung beschreibt die Ausbreitung eines bestimmten Zustandes mit konstanter Form und konstanter Geschwindigkeit $\boldsymbol{v}$. Als Beispiel sei ein eindimensionaler Vorgang in kartesischen Koordinaten betrachtet, Abb. 14.1.

H. Henke, *Elektromagnetische Felder*, https://doi.org/10.1007/978-3-662-62235-3_14

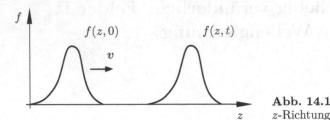

Abb. 14.1. Zustand f, der sich in z-Richtung ausbreitet

Offensichtlich ist der Zustand an der Stelle z und zum Zeitpunkt t derselbe wie der um vt in negative z-Richtung verschobene Zustand zu dem früheren Zeitpunkt $t = 0$

$$f(z,t) = f(z - vt, 0) \,.$$

Jede Funktion mit dem Argument $z - vt$ erfüllt dies. Ist das Argument $z + vt$, so breitet sich der Zustand in negative z-Richtung aus. Die Funktionen

$$f(z - vt) \quad , \quad g(z + vt) \tag{14.2}$$

beschreiben demnach Wellenvorgänge und müssen die Wellengleichung erfüllen. Sie heißen D'ALEMBERT'*sche Lösungen.*

Natürlich handelt es sich hier um eine mathematische Idealisierung. Jedes reale Medium hat Verluste und die Amplitude des Vorganges nimmt ab. Sehr oft ist auch die Ausbreitungsgeschwindigkeit v von der zeitlichen Änderung der Felder, z.B. der Frequenz, abhängig, und die Form des Zustandes verändert sich im Laufe der Ausbreitung.

Am anschaulichsten lässt sich die Wellengleichung für eine schwingende Saite herleiten.

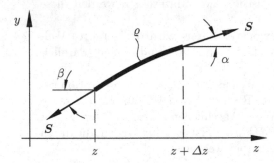

Abb. 14.2. Differentiell kleines Stück einer schwingenden Saite mit Massenbelegung ϱ und Spannung S

Die Saite habe eine Masse ϱ pro Längeneinheit, eine Spannung S und es seien nur kleine Auslenkungen zugelassen. Dann gilt für ein kleines Stück Δz der Saite, Abb. 14.2, die transversale Kraftgleichung

$$\Delta K_y = S \sin \alpha - S \sin \beta = \varrho \, \Delta z \frac{\partial^2 y}{\partial t^2} \,.$$

Bei kleinen Auslenkungen und nicht zu starker Krümmung sind die Winkel α und β klein und $\sin\beta$ ist ungefähr gleich $\tan\beta = \partial y/\partial z$, so dass

$$\Delta K_y = S\left(\left.\frac{\partial y}{\partial z}\right|_{z+\Delta z} - \left.\frac{\partial y}{\partial z}\right|_z\right) = S\frac{\partial^2 y}{\partial z^2}\,\Delta z\ .$$

Die Kombination der beiden Gleichungen ergibt die *Wellengleichung*

$$\frac{\partial^2 y(z,t)}{\partial z^2} - \frac{1}{v^2}\frac{\partial^2 y(z,t)}{\partial t^2} = 0 \quad\text{mit}\quad v = \sqrt{\frac{S}{\varrho}}\ . \tag{14.3}$$

Es ist einfach zu verifizieren, dass die Funktionen (14.2) die Wellengleichung (14.3) erfüllen und die allgemeine Lösung lautet

$$y(z,t) = f(z - vt) + g(z + vt)\ . \tag{14.4}$$

Anders als in der Diffusionsgleichung, z.B. (12.20), tritt in der Wellengleichung die zweite Zeitableitung auf. Daher ergibt eine Spiegelung der Zeit, $t \to -t$, wieder dieselbe Gleichung und die zugehörigen Vorgänge sind reversibel. Ein in der Zeit rückwärts laufender Vorgang ist möglich und entspricht dem in entgegengesetzte Raumrichtung laufenden Vorgang.

Elektromagnetische Felder genügen einer vektoriellen Wellengleichung. Nimmt man z.B. die Rotation von (14.1 II) und setzt (14.1 I) (hier mit $\kappa = 0$) sowie (14.1 III) ein

$$\nabla \times (\nabla \times \boldsymbol{E}) = \nabla(\nabla \cdot \boldsymbol{E}) - \nabla^2\boldsymbol{E} = -\mu\frac{\partial}{\partial t}(\nabla \times \boldsymbol{H}) = -\mu\varepsilon\frac{\partial^2 \boldsymbol{E}}{\partial t^2}\ ,$$

so erhält man die Wellengleichung für das elektrische Feld

$$\boxed{\nabla^2\boldsymbol{E} - \frac{1}{c^2}\frac{\partial^2 \boldsymbol{E}}{\partial t^2} = 0}\quad\text{mit der Lichtgeschwindigkeit}\quad c = \frac{1}{\sqrt{\mu\varepsilon}}\ . \tag{14.5}$$

Analog ergibt sich eine Wellengleichung für das magnetische Feld. Zusätzlich zur Wellengleichung müssen die Felder noch die Bedingung der Divergenzfreiheit, (14.1 III) und (14.1 IV), erfüllen. Die Lösung der vektoriellen Wellengleichung ist ein schwieriges Problem und es ist meist einfacher, die Felder von Potentialen abzuleiten, die ihrerseits die Wellengleichung erfüllen. Der Ansatz

$$\boldsymbol{H} = \nabla \times \boldsymbol{A} \tag{14.6}$$

erfüllt (14.1 IV) und führt nach Einsetzen in (14.1 II) zu

$$\nabla \times \left(\boldsymbol{E} + \mu\frac{\partial \boldsymbol{A}}{\partial t}\right) = 0$$

und somit zu einem Ansatz für $\boldsymbol{E}$

$$\boldsymbol{E} = -\nabla\phi - \mu\frac{\partial \boldsymbol{A}}{\partial t}\ . \tag{14.7}$$

Einsetzen von (14.6), (14.7) in die verbleibenden MAXWELL'schen Gleichungen (14.1 I,III) ergibt

$$\nabla \times \boldsymbol{H} = \nabla \times (\nabla \times \boldsymbol{A}) = \nabla(\nabla \cdot \boldsymbol{A}) - \nabla^2 \boldsymbol{A}$$

$$= \varepsilon \frac{\partial \boldsymbol{E}}{\partial t} = -\nabla \left(\varepsilon \frac{\partial \phi}{\partial t} \right) - \mu\varepsilon \frac{\partial^2 \boldsymbol{A}}{\partial t^2} \tag{14.8}$$

$$\nabla \cdot \boldsymbol{E} = -\nabla^2 \phi - \mu \frac{\partial}{\partial t} \nabla \cdot \boldsymbol{A} = 0 \ .$$

Sowohl das Vektorpotential $\boldsymbol{A}$ als auch das Skalarpotential ϕ sind nicht eindeutig bestimmt, und man benutzt diesen Freiheitsgrad bei der Bestimmung, um eine sogenannte LORENZ-*Eichung*[1] durchzuführen

$$\nabla \cdot \boldsymbol{A} = -\varepsilon \frac{\partial \phi}{\partial t} \ . \tag{14.9}$$

Dadurch werden die beiden Gleichungen in (14.8) entkoppelt und ergeben die Wellengleichungen

$$(\mathrm{I}) \quad \nabla^2 \phi - \frac{1}{c^2} \frac{\partial^2 \phi}{\partial t^2} = 0 \quad , \quad c = \frac{1}{\sqrt{\mu\varepsilon}} \ ,$$

$$(\mathrm{II}) \quad \nabla^2 \boldsymbol{A} - \frac{1}{c^2} \frac{\partial^2 \boldsymbol{A}}{\partial t^2} = 0 \ . \tag{14.10}$$

Die Lösung der vier MAXWELL'schen Gleichungen hat sich auf die Lösung von zwei Wellengleichungen reduziert.

In manchen Fällen erweist sich jedoch eine andere Vorgehensweise als zweckmäßiger. Wegen (14.1 III und IV) macht man zwei getrennte Ansätze

$$(\mathrm{I}) \quad \boldsymbol{E}^H = \nabla \times \boldsymbol{A}^H \quad \mathrm{mit} \quad \boldsymbol{A}^H = A^H(\boldsymbol{r}, t)\, \boldsymbol{e}_i \ ,$$

$$(\mathrm{II}) \quad \boldsymbol{H}^E = \nabla \times \boldsymbol{A}^E \quad \mathrm{mit} \quad \boldsymbol{A}^E = A^E(\boldsymbol{r}, t)\, \boldsymbol{e}_i \ , \tag{14.11}$$

wobei $\boldsymbol{A}$ jeweils nur eine Komponente in Richtung des Einheitsvektors $\boldsymbol{e}_i$ hat und A^H, A^E die beiden erforderlichen unabhängigen Lösungen darstellen. Für beide Ansätze ergibt sich das Gleichungssystem (14.10), allerdings unterscheiden sich die LORENZ-Eichungen. Der Ansatz $\boldsymbol{H} = \nabla \times \boldsymbol{A}$ hat die Eichung (14.9) und der Ansatz $\boldsymbol{E} = \nabla \times \boldsymbol{A}$ die Eichung

$$\nabla \cdot \boldsymbol{A} = \mu \frac{\partial \phi}{\partial t} \ .$$

Dies ist aber ohne Bedeutung, da das Skalarpotential nicht benötigt wird, weil divergenzfreie Felder vorausgesetzt wurden und diese nach dem HELMHOLTZ'schen Theorem[2] durch ihre Wirbel (14.11) voll bestimmt sind. Die zu (14.11) gehörenden anderen Feldkomponenten werden nun nicht mit Hilfe des Skalarpotentials sondern direkt aus den MAXWELL'schen Gleichungen

---

[1] Siehe z.B. § 16.1.
[2] Siehe § 1.7

bestimmt. Diese Vorgehensweise ist angebracht, wenn i eine kartesische Koordinate oder die r-Koordinate in Kugelkoordinaten darstellt und wenn es sich um zeitharmonische Felder handelt. Dann geht die vektorielle Wellengleichung (14.10 II) in eine skalare HELMHOLTZ-Gleichung über und die zu den Ansätzen (14.11) gehörenden Feldkomponenten berechnen sich aus

$$-\mathrm{j}\omega\mu \boldsymbol{H}^H = \nabla \times \boldsymbol{E}^H = \nabla \times (\nabla \times \boldsymbol{A}^H) \,,$$
$$\mathrm{j}\omega\varepsilon \boldsymbol{E}^E = \nabla \times \boldsymbol{H}^E = \nabla \times (\nabla \times \boldsymbol{A}^E) \,. \tag{14.12}$$

Stellt die Koordinate i in (14.11) außerdem die Ausbreitungsrichtung der Wellen dar, so bezeichnen die Indices E, H der beiden unabhängigen Lösungen sogenannte E- bzw. H-Wellen. E-Wellen haben in Richtung $\boldsymbol{e}_i$ nur eine E- und keine H-Komponente und H-Wellen nur eine H- und keine E-Komponente. E- bzw. H-Wellen heißen in der englischsprachigen Literatur *TM-Wellen (transverse magnetic)* bzw. *TE-Wellen (transverse electric)*. Daneben gibt es noch *TEM-Wellen (transverse electromagnetic)*, die weder eine E- noch eine H-Komponente in Richtung der Ausbreitung besitzen.

14.2 Ebene Wellen

Ebene Wellen sind die einfachsten Lösungen der Wellengleichung. Sie sind nur von einer Ortskoordinate, die zugleich die Ausbreitungsrichtung angibt, abhängig. Betrachtet man zu einem festen Zeitpunkt die Flächen gleichen Zustandes, so sind dies Ebenen (daher der Name ebene Wellen). Ihr „natürliches" Koordinatensystem sind die kartesischen Koordinaten und man wählt z.B. die z-Koordinate als Variable

$$\boldsymbol{E} = \boldsymbol{E}(z,t) \quad , \quad \boldsymbol{H} = \boldsymbol{H}(z,t) \,. \tag{14.13}$$

Einsetzen von (14.13) in die beiden ersten MAXWELL'schen Gleichungen (14.1) ergibt

$$-\frac{\partial H_y}{\partial z} = \varepsilon \frac{\partial E_x}{\partial t} \quad , \quad \frac{\partial E_x}{\partial z} = -\mu \frac{\partial H_y}{\partial t} \,,$$

$$\frac{\partial H_x}{\partial z} = \varepsilon \frac{\partial E_y}{\partial t} \quad , \quad -\frac{\partial E_y}{\partial z} = -\mu \frac{\partial H_x}{\partial t} \,, \tag{14.14}$$

$$0 = \varepsilon \frac{\partial E_z}{\partial t} \quad , \quad 0 = -\mu \frac{\partial H_z}{\partial t} \,.$$

Die drei Zeilen von (14.14) sind untereinander nicht verkoppelt und es liegen drei Sätze von unabhängigen Gleichungen vor. Die erste Zeile besteht aus einem Satz für E_x und H_y, die zweite Zeile für E_y und H_x und die dritte Zeile beschreibt zeitlich konstante Felder, die hier nicht weiter betrachtet werden. Da die zweite Zeile aus der ersten durch Vertauschen

$$E_x \to H_x \quad , \quad H_y \to -E_y \quad , \quad \mu \to \varepsilon \quad , \quad \varepsilon \to \mu$$

hervorgeht, genügt es, nur einen Satz zu behandeln, z.B. die erste Zeile. Differenzieren und gegenseitiges Einsetzen führt auf die eindimensionale Wellengleichung z.B. für H_y

$$\frac{\partial^2 H_y}{\partial z^2} - \frac{1}{c^2} \frac{\partial^2 H_y}{\partial t^2} = 0 \quad , \quad c = \frac{1}{\sqrt{\mu\varepsilon}} \; . \tag{14.15}$$

Die Lösung ist eine Linearkombination entsprechend (14.4)

$$H_y = H_y^+(z - ct) + H_y^-(z + ct) \; . \tag{14.16}$$

Die elektrischen Feldkomponenten gewinnt man durch Einsetzen von (14.16) in (14.14)

$$\frac{\partial E_x}{\partial z} = \mu c \left(H_y^{+'} - H_y^{-'} \right) \quad , \quad \frac{\partial E_x}{\partial t} = -\frac{1}{\varepsilon} \left(H_y^{+'} + H_y^{-'} \right)$$

und anschließender Integration

$$E_x = \mu c \left(H_y^+ - H_y^- \right) + f(t) \quad , \quad E_x = \frac{1}{\varepsilon c} \left(H_y^+ - H_y^- \right) + g(z) \; .$$

Ein Vergleich zeigt, dass die „Integrationsfunktionen" f und g gleich und somit konstant sein müssen und, da hier nur zeitlich veränderliche Felder interessieren, zu null gewählt werden können. Somit lautet das elektrische Feld

$$E_x = E_x^+(z - ct) + E_x^-(z + ct) = Z H_y^+(z - ct) - Z H_y^-(z + ct), \tag{14.17}$$

wobei die Konstante

$$\boxed{Z = \sqrt{\frac{\mu}{\varepsilon}}} \tag{14.18}$$

das Verhältnis

$$\frac{E_x^+}{H_y^+} = -\frac{E_x^-}{H_y^-} = Z \tag{14.19}$$

angibt und *Wellenwiderstand* heißt. Die Geschwindigkeit

$$\boxed{c = \frac{1}{\sqrt{\mu\varepsilon}}} \tag{14.20}$$

mit der sich die ebene Welle ausbreitet, ist zugleich die Lichtgeschwindigkeit in dem entsprechenden Medium. Im Vakuum ist

$$c = c_0 = \frac{1}{\sqrt{\mu_0 \varepsilon_0}} \approx \left[4\pi \cdot 10^{-7} \frac{\text{Vs}}{\text{Am}} \frac{1}{36\pi} \cdot 10^{-9} \frac{\text{As}}{\text{Vm}} \right]^{-1/2} = 3 \cdot 10^8 \frac{\text{m}}{\text{s}}$$

$$Z = Z_0 = \sqrt{\frac{\mu_0}{\varepsilon_0}} \approx 120\pi \, \Omega = 377 \, \Omega \; . \tag{14.21}$$

Aus (14.16), (14.17) ist ersichtlich, dass E_x^+, H_y^+, e_z und E_x^-, H_y^-, $-e_z$ jeweils ein Rechtssystem bilden.

Allgemein gilt für ebene Wellen:

- Die elektrische Feldstärke E und die magnetische Feldstärke H stehen senkrecht zur Ausbreitungsrichtung. Die Welle ist rein transversal.
- Bezeichnet der Einheitsvektor e_a die Ausbreitungsrichtung, so bilden E^+, H^+, e_a und E^-, H^-, $-e_a$ Rechtssysteme.
- Die Feldstärken E^+, H^+ und E^-, H^- liegen in einer Ebene. Ihre Beträge stehen in einem festen Verhältnis zueinander, welches den Wellenwiderstand darstellt.
- Flächen konstanten Argumentes, $x_a \pm ct = $ const., mit der Koordinate x_a in Ausbreitungsrichtung, sind Ebenen.

14.2.1 Feldpuls

Als erstes Beispiel sei ein ebener Feldpuls behandelt. Er entsteht z.B. durch eine Flächenladung, die impulsartig auf eine Geschwindigkeit v gebracht wird und einen Flächenstrom

$$J_F = q_F v\, [h(t) - h(t-T)]\, e_x \quad , \quad h(t) = \begin{cases} 0 & \text{für} \quad t < 0 \\ 1 & \text{für} \quad t \geq 0 \end{cases} \,,$$

erzeugt. Der Strom verursacht ein Magnetfeld und dieses durch Induktion ein elektrisches Feld. Auf beiden Seiten des Stromes entsteht ein Feldpuls, der von der Quelle wegläuft. Die Amplitude folgt aus dem Durchflutungssatz mit einem Umlauf wie in Abb. 14.3a

$$-H_y^+(z = +0)\Delta y + H_y^-(z = -0)\Delta y = J_{Fx}\Delta y \,,$$

wobei die umlaufende Fläche so klein gewählt wurde ($\delta \to 0$), dass der sie durchsetzende Verschiebungsstrom verschwindet.

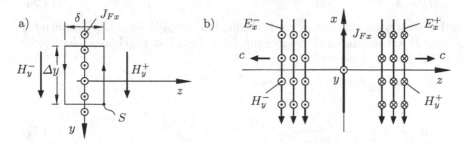

Abb. 14.3. (a) Flächenstrom J_{Fx} und Umlauf S. (b) Ebene Feldpulse

Wegen der Symmetrie der Anordnung ist ferner

$$H_y^+(z = +0) = -H_y^-(z = -0)$$

und somit

$$H_y^+(z = +0) = -\frac{1}{2}J_{Fx} = -\frac{1}{2}q_F v\, [h(t) - h(t-T)] \;.$$

Die beliebige Funktion H_y^+ muss also für $z \to +0$ in eine Impulsfunktion übergehen. Ferner kann man anstelle von $z - ct$ auch das Argument $t - z/c$ benutzen, da (14.15) durch die Transformation

$$z \to -z/c \quad , \quad t \to -t/c$$

in sich selbst übergeht. Offensichtlich ist daher die Lösung

$$H_y^+ = -\frac{1}{2}q_F v\left[h(t - z/c) - h(t - T - z/c)\right] \quad , \quad E_x^+ = Z H_y^+ . \quad (14.22)$$

Dies ist ein rechteckiges Feldpaket der zeitlichen Dauer T, das sich in z-Richtung ausbreitet, Abb. 14.3b. Innerhalb des Paketes sind die Feldstärken E_x, H_y konstant, außerhalb verschwinden sie. Ein entsprechendes Paket läuft in negative z-Richtung.

14.2.2 Zeitharmonische Welle

Bei harmonischer Zeitabhängigkeit gilt $\partial/\partial t = \mathrm{j}\omega$ und aus (14.14) wird

$$-\frac{\partial H_y}{\partial z} = (\kappa + \mathrm{j}\omega\varepsilon)E_x \quad , \quad \frac{\partial E_x}{\partial z} = -\mathrm{j}\omega\mu H_y .$$

Hier haben wir im Gegensatz zu (14.14) Verluste, $\kappa \neq 0$, zugelassen. Differentiation und Einsetzen führt auf eine HELMHOLTZ-Gleichung für die magnetische Feldstärke H_y

$$\frac{\partial^2 H_y}{\partial z^2} + k^2 H_y = 0 \quad \text{mit} \quad k = \omega\sqrt{\mu\varepsilon\left(1 - \mathrm{j}\frac{\kappa}{\omega\varepsilon}\right)} . \quad (14.23)$$

Ihre Lösung lautet unter Berücksichtigung der Zeitabhängigkeit $\exp(\mathrm{j}\omega t)$

$$H_y = A\,\mathrm{e}^{\mathrm{j}(\omega t - kz)} + B\,\mathrm{e}^{\mathrm{j}(\omega t + kz)} \quad (14.24)$$

und besteht wiederum aus in $\pm z$-Richtung laufenden Wellen. Die Amplituden A und B werden durch die Anregung festgelegt. Das zugehörige elektrische Feld folgt aus (14.19) zu

$$E_x = Z\left[A\,\mathrm{e}^{\mathrm{j}(\omega t - kz)} - B\,\mathrm{e}^{\mathrm{j}(\omega t + kz)}\right]$$

$$\text{mit} \quad Z = \sqrt{\frac{\mu}{\varepsilon(1 - \mathrm{j}\kappa/\omega\varepsilon)}} . \quad (14.25)$$

Die *komplexe Wellenzahl* k zerlegt man in Real- und Imaginärteil

$$k = \omega\sqrt{\mu\varepsilon}\sqrt{1 - \mathrm{j}\frac{\kappa}{\omega\varepsilon}} = \beta - \mathrm{j}\alpha , \quad (14.26)$$

wobei

$$\alpha = \omega\sqrt{\mu\varepsilon}\sqrt{\frac{1}{2}\left(-1 + \sqrt{1 + \left(\frac{\kappa}{\omega\varepsilon}\right)^2}\right)} \quad (14.27)$$

die *Dämpfungskonstante* ist und

$$\beta = \omega\sqrt{\mu\varepsilon}\sqrt{\frac{1}{2}\left(1+\sqrt{1+\left(\frac{\kappa}{\omega\varepsilon}\right)^2}\right)} \tag{14.28}$$

die *Phasenkonstante*. Die Dämpfungskonstante α bestimmt die durch die Verluste verursachte Abnahme der Felder. Die Phasenkonstante β legt die Ausbreitungsgeschwindigkeit und die Wellenlänge λ fest

$$\beta(z+\lambda) - \beta z = 2\pi \quad \rightarrow \quad \lambda = 2\pi/\beta \ . \tag{14.29}$$

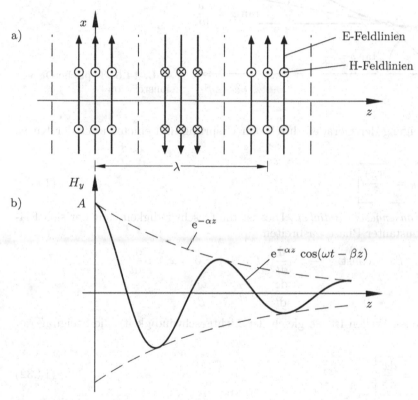

Abb. 14.4. Momentanaufnahmen ($t = 0$) der Felder einer in z-Richtung laufenden, ebenen Welle. **(a)** Feldlinien. **(b)** Amplitude des magnetischen Feldes zum Zeitpunkt $t = 0$

Das physikalische Feld ist der Realteil von (14.24), (14.25) und man erhält für das elektromagnetische Feld der vorwärts laufenden Wellen

$$H_y^+ = A\,\mathrm{e}^{-\alpha z}\cos(\omega t - \beta z) \quad , \quad E_x^+ = ZA\,\mathrm{e}^{-\alpha z}\cos(\omega t - \beta z) \ .$$

Es ist in Abb. 14.4 dargestellt. Die inverse Form von (14.28)

$$\omega = \omega(\beta) = \frac{2\beta^2 c}{\sqrt{(2\beta)^2 + \kappa^2 \mu/\varepsilon}} \tag{14.30}$$

heißt *Dispersionsrelation*. Sie ist im Allgemeinen sehr unterschiedlich und hat auch verschiedene Ursachen. Typisch ist eine mit der Phasenkonstanten β zunehmende Frequenz, Abb. 14.5.

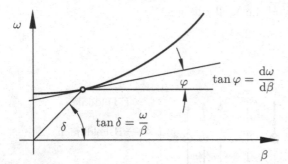

Abb. 14.5. Typische Dispersionsrelation

Die Steigung der Geraden durch den Ursprung und einen Punkt der Kurve $\omega(\beta)$

$$\boxed{v_{ph} = \frac{\omega(\beta)}{\beta}} \tag{14.31}$$

heißt *Phasengeschwindigkeit*. Dies ist die Geschwindigkeit, mit der sich Flächen konstanter Phase ausbreiten

$$\omega t \mp \beta z = \text{const.} \quad \rightarrow \quad \frac{\mathrm{d}}{\mathrm{d}t}(\omega t \mp \beta z) = 0 = \omega \mp \beta \frac{\mathrm{d}z}{\mathrm{d}t}$$

$$\frac{\mathrm{d}z}{\mathrm{d}t} = v_{ph} = \pm\frac{\omega}{\beta}\,.$$

Bei ebenen Wellen ist sie gleich der Lichtgeschwindigkeit. Die Steigung der Kurve $\omega(\beta)$

$$\boxed{v_g = \frac{\mathrm{d}\omega}{\mathrm{d}\beta}} \tag{14.32}$$

heißt *Gruppengeschwindigkeit*. Sie gibt normalerweise die Ausbreitungsgeschwindigkeit von Signalen und der elektromagnetischen Energie an. Die Definition einer Signalgeschwindigkeit macht nur Sinn, wenn die Bandbreite des Signals schmal genug ist, so dass die Relation $\beta(\omega)$ am Arbeitspunkt β_0 linearisiert werden kann. Dies kann man sich am einfachsten an Hand eines Signals klarmachen, welches nur aus zwei Frequenzen besteht

$$\omega_1 = \omega_0 + \Delta\omega \quad , \quad \beta_1 \approx \beta_0 + \left.\frac{\partial\beta}{\partial\omega}\right|_{\omega_0} \Delta\omega$$

$$\omega_2 = \omega_0 - \Delta\omega \quad , \quad \beta_2 \approx \beta_0 - \left.\frac{\partial\beta}{\partial\omega}\right|_{\omega_0} \Delta\omega \ .$$

Die Summe (Überlagerung) der beiden Felder gibt

$$\begin{aligned}
\boldsymbol{E} &= \boldsymbol{E}_0 \, \mathrm{e}^{\,\mathrm{j}(\omega_1 t - \beta_1 z)} + \boldsymbol{E}_0 \, \mathrm{e}^{\,\mathrm{j}(\omega_2 t - \beta_2 z)} \\
&\approx \boldsymbol{E}_0 \left[\mathrm{e}^{\,\mathrm{j}\Delta\omega\left(t - \frac{\partial\beta}{\partial\omega} z\right)} + \mathrm{e}^{\,-\mathrm{j}\Delta\omega\left(t - \frac{\partial\beta}{\partial\omega} z\right)} \right] \mathrm{e}^{\,\mathrm{j}(\omega_0 t - \beta_0 z)} \\
&= 2\boldsymbol{E}_0 \cos\left[\Delta\omega \left(t - \frac{\partial\beta}{\partial\omega} z \right) \right] \mathrm{e}^{\,\mathrm{j}(\omega_0 t - \beta_0 z)} \ ,
\end{aligned}$$

d.h. der hochfrequente Teil (Träger) hat die Phasengeschwindigkeit $v_{ph} = \omega_0/\beta_0$ und das Signal (hier Schwebung) breitet sich mit der Gruppengeschwindigkeit $v_g = \partial\omega/\partial\beta$ aus.

Im verlustfreien Medium ($\kappa = 0$) gilt

$$\alpha = 0 \quad , \quad \beta = \omega\sqrt{\mu\varepsilon} = \omega/c = k \quad , \quad v_{ph} = v_g = c \ . \tag{14.33}$$

Die Amplitude bleibt konstant und die Phasen- und Gruppengeschwindigkeit sind unabhängig von der Frequenz.

Im Medien mit geringen Verlusten ist

$$\frac{\kappa}{\omega\varepsilon} = \frac{1}{\omega T_r} \ll 1$$

und somit

$$\alpha \approx \frac{\kappa}{2}\sqrt{\frac{\mu}{\varepsilon}} \quad , \quad \beta \approx \omega\sqrt{\mu\varepsilon} = \frac{\omega}{c} \quad , \quad v_{ph} \approx v_g \approx c \ . \tag{14.34}$$

Die Welle ist schwach gedämpft und breitet sich annähernd mit der gleichen Geschwindigkeit wie in verlustfreien Medien aus.

In gut leitenden (metallischen) Medien ist

$$\frac{\kappa}{\omega\varepsilon} = \frac{1}{\omega T_r} \gg 1$$

und

$$\alpha \approx \beta \approx \sqrt{\frac{1}{2}\omega\kappa\mu} = \frac{1}{\delta_S} \quad , \quad v_{ph} \approx \sqrt{\frac{2\omega}{\mu\kappa}} = \omega\delta_S = \frac{1}{2}v_g \ . \tag{14.35}$$

Das Feld klingt in einem Abstand von δ_S auf 1/e-tel ab und hat eine sehr kurze „Wellenlänge" $\lambda = 2\pi\delta_S$ und eine niedrige Geschwindigkeit.

Von Interesse ist noch der Fall, dass sich die ebene Welle in eine beliebige Richtung, beschrieben durch den Einheitsvektor $\boldsymbol{e}_a$, ausbreitet. Man definiert dann einen *Wellenvektor*

$$\boldsymbol{k} = k\,\boldsymbol{e}_a \tag{14.36}$$

und die Ebenen konstanter Phase, die senkrecht auf dem Einheitsvektor e_a stehen, ergeben sich aus dem Punktprodukt mit dem Ortsvektor $k \cdot r = \text{const.}$, Abb. 14.6. Die Felder lassen sich in der kompakten Form

$$H = H_0 e^{j(\omega t - k \cdot r)} \quad , \quad E = Z(H \times e_a) \tag{14.37}$$

schreiben.

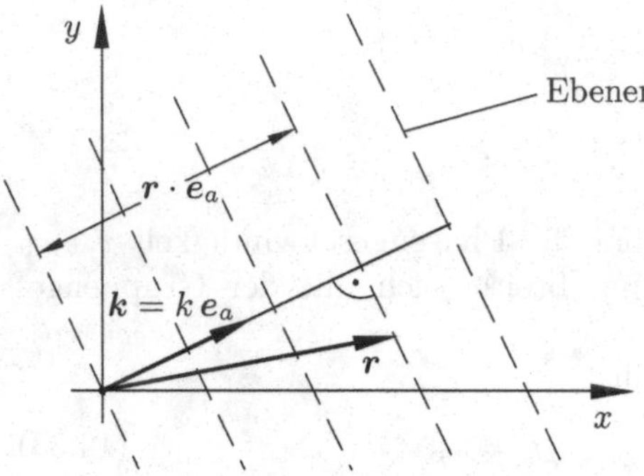

Abb. 14.6. Ebenen konstanter Phase einer in Richtung des Einheitsvektors e_a laufenden, ebenen Welle

14.2.3 Energie. Impuls

Eine ebene Welle, (14.37), hat nach (13.11), (13.12) eine mittlere Energiedichte von

$$\overline{w} = \overline{w}_e + \overline{w}_m = \frac{\varepsilon}{4}|E|^2 + \frac{\mu}{4}|H|^2 = \frac{1}{2}\mu|H_0|^2 \tag{14.38}$$

und transportiert nach (13.14) im Mittel pro Einheitsfläche die Leistung

$$\overline{S} = \text{Re}\{S_k\} = \frac{1}{2}\text{Re}\{E \times H^*\} = \frac{1}{2}Z|H_0|^2 e_a = S_k \ . \tag{14.39}$$

Die elektrische Energiedichte ist gleich der magnetischen, sowohl im zeitlichen Mittel als auch zu jedem Zeitpunkt. Die Energiegeschwindigkeit

$$v_E = \frac{\overline{S}}{\overline{w}} = \frac{1}{\sqrt{\mu\varepsilon}} = v_g = c \tag{14.40}$$

ist gleich der Gruppengeschwindigkeit und gleich der Lichtgeschwindigkeit. Entsprechend (13.28) besitzt die Welle eine mittlere Impulsdichte von

$$\overline{p}_{em} = \mu\varepsilon S_k = \frac{\mu}{2c}|H_0|^2 e_a \ . \tag{14.41}$$

Trifft die Welle auf einen perfekten Absorber auf, so gibt sie ihren Impuls an den Absorber ab. Der in einer Zeitspanne $\Delta t = \Delta s/c$ auf die Fläche F übertragene Impuls ist

$$\Delta p = \bar{p}_{em} F \Delta s = \bar{p}_{em} F c \Delta t$$

und die Welle übt einen *Strahlungsdruck*

$$\sigma = \frac{K}{F} = \frac{1}{F} \frac{\Delta p}{\Delta t} = c\bar{p}_{em} = \frac{1}{2}\mu |\boldsymbol{H}_0|^2 \qquad (14.42)$$

auf die Fläche aus.

Im Falle eines perfekten Reflektors ist der Strahlungsdruck doppelt so groß, da die reflektierte Welle eine gleich große aber entgegengesetzt gerichtete Impulsdichte wie die einfallende Welle hat. Qualitativ lässt sich der Strahlungsdruck durch die Elektronen in der Oberfläche erklären. Das elektrische Feld der Welle bewegt die Elektronen und über ihre Bewegung im magnetischen Feld entsteht eine Kraft.

14.2.4 Polarisation des Feldes

Betrachtet man die Spitze des elektrischen Feldvektors einer ebenen Welle in einer festen Ebene senkrecht zur Ausbreitung und zwar in Ausbreitungsrichtung gesehen, so durchläuft diese eine Gerade, Abb. 14.7a. Man sagt die Welle ist *linear polarisiert*. Die Richtung der Geraden ist die *Polarisationsrichtung*.

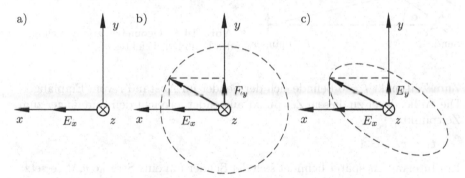

Abb. 14.7. Elektrischer Feldvektor in der Ebene $z = 0$ für eine in z-Richtung laufende, **(a)** linear, **(b)** zirkular und **(c)** elliptisch polarisierte Welle

Als nächstes betrachten wir die Überlagerung zweier senkrecht zueinander polarisierter, ebener Wellen gleicher Frequenz. Ihre Amplituden seien gleich groß, $E_{01} = E_{02} = E_0$ und es bestehe ein Phasenunterschied von $\pm\pi/2$ zwischen den Wellen. Der resultierende elektrische Feldvektor in der Ebene $z = 0$

$$\boldsymbol{E} = E_{01} \cos \omega t \, \boldsymbol{e}_x + E_{02} \cos \left(\omega t \pm \frac{\pi}{2}\right) \boldsymbol{e}_y = E_0 \left[\cos \omega t \, \boldsymbol{e}_x \mp \sin \omega t \, \boldsymbol{e}_y\right]$$

beschreibt mit seiner Spitze einen Kreis. Die Welle ist *zirkular polarisiert*, Abb. 14.7b. Das obere Vorzeichen gehört zu einer *links zirkular polarisierten* Welle (Umlauf gegen den Uhrzeigersinn), das untere Vorzeichen zu einer *rechts zirkular polarisierten* Welle (Umlauf im Uhrzeigersinn). Sind die Amplituden unterschiedlich, $E_{01} \neq E_{02}$ oder ist der Phasenunterschied ungleich $\pm\pi/2$, beschreibt die Spitze des resultierenden Feldvektors eine Ellipse, Abb. 14.7c. Die Welle heißt *elliptisch polarisiert*.

14.2.5 Doppler-Effekt

Bei elektromagnetischen Wellen wie auch bei den Schallwellen gibt es den DOPPLER-*Effekt* (nach C. DOPPLER, 1803-1853), d.h. eine Quelle, die sich auf den Empfänger zubewegt, erscheint mit höherer Frequenz als die Sendefrequenz und eine Quelle, die sich vom Empfänger wegbewegt, erscheint mit niedrigerer Frequenz.

Gegeben sei ein Sender, der eine ebene Welle der Frequenz f abstrahlt und sich mit der Geschwindigkeit v relativ zu einem Empfänger bewegt, Abb. 14.8.

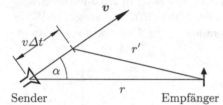

Sender   Empfänger

Abb. 14.8. Geometrie zur Berechnung des DOPPLER-Effektes

Zum Zeitpunkt $t = 0$ befinde sich der Sender im Abstand r vom Empfänger. Die Welle, die er zu diesem Zeitpunkt aussendet, erreicht den Empfänger zum Zeitpunkt

$$t_1 = r/c_0 \ .$$

Ein Intervall Δt später befindet sich der Sender um eine Strecke $v\Delta t$ versetzt und die Welle, die er dann aussendet, erreicht den Empfänger zum Zeitpunkt

$$t_2 = \Delta t + \frac{r'}{c_0} = \Delta t + \frac{1}{c_0}\sqrt{r^2 + (v\Delta t)^2 - 2rv\Delta t \cos\alpha}$$

$$\approx \Delta t + \frac{r}{c_0}\left(1 - \frac{v}{r}\Delta t \cos\alpha\right) \quad \text{für} \quad v\Delta t \ll r \ .$$

Somit ist das Intervall, das der Empfänger zwischen den beiden empfangenen Wellen mißt

$$\Delta t' = t_2 - t_1 = \Delta t \left(1 - \frac{v}{c_0}\cos\alpha\right) \ .$$

Entspricht nun das Zeitintervall Δt genau einer Periode des gesendeten Signals, $\Delta t = 1/f$, dann ist die Periode der empfangenen Wellen $T' = \Delta t'$ und ihre Frequenz

$$f' = \frac{1}{\Delta t'} \approx \frac{1}{\Delta t}\left(1 + \frac{v}{c_0}\cos\alpha\right) = \left(1 + \frac{v}{c_0}\cos\alpha\right)f \qquad (14.43)$$

für $v \ll c_0$. Die Formel ist eine Näherungsformel, zum einen wegen der gemachten Näherungen und zum anderen wegen der Annahme einer vom Sender abgestrahlten ebenen Welle, wodurch Werte für den Winkel α in der Nähe von $\pi/2$ auszuschließen sind. Dennoch zeigt die Formel klar, dass für einen sich annähernden Sender, $0 < \alpha < \pi/2$, die empfangene Frequenz erhöht ist und für einen sich entfernenden Sender, $\pi/2 < \alpha < \pi$, erniedrigt.

Der Effekt findet vielseitige Anwendung. Man mißt z.B. die Fluchtgeschwindigkeit von Sternen durch die Rotverschiebung (Frequenzerniedrigung) des von ihnen ausgesendeten Lichtes. Natürlich gibt es denselben Effekt auch, wenn der Sender in Ruhe ist und der Empfänger sich bewegt (so wird z.B. die Geschwindigkeit von vorbeifahrenden Fahrzeugen gemessen).

14.3 Rand- und Stetigkeitsbedingungen

Die Stetigkeitsbedingungen an Trennflächen folgen aus den MAXWELL'schen Gleichungen in Integralform. Für die Tangentialkomponenten verwendet man die beiden ersten Gleichungen

$$\oint_S \boldsymbol{H}\cdot \mathrm{d}\boldsymbol{s} = \int_F \boldsymbol{J}\cdot \mathrm{d}\boldsymbol{F} + \frac{\mathrm{d}}{\mathrm{d}t}\int_F \boldsymbol{D}\cdot \mathrm{d}\boldsymbol{F}$$

$$\oint_S \boldsymbol{E}\cdot \mathrm{d}\boldsymbol{s} = -\frac{\mathrm{d}}{\mathrm{d}t}\int_F \boldsymbol{B}\cdot \mathrm{d}\boldsymbol{F}$$

mit dem Umlauf S und der Fläche F wie in Abb. 14.9a.

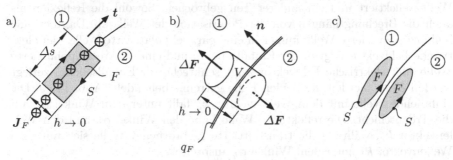

Abb. 14.9. Zur Herleitung der Stetigkeitsbedingungen. **(a)** Umlauf S und eingeschlossene Fläche F. **(b)** Oberfläche O und eingeschlossenes Volumen V. **(c)** Umläufe S bei nicht vorhandener Flächenstromdichte und Flächenladungsdichte $J_F = q_F = 0$

Man erhält

$$\boxed{\boldsymbol{n} \times (\boldsymbol{H}_1 - \boldsymbol{H}_2) = \boldsymbol{J}_F} \quad , \quad \boxed{\boldsymbol{n} \times (\boldsymbol{E}_1 - \boldsymbol{E}_2) = 0} \, . \tag{14.44}$$

Dabei wurde durch den Grenzübergang $h \to 0$ gewährleistet, dass der Verschiebungsstrom und der magnetische Fluss, die die Fläche F durchsetzen und stetig sind, verschwinden.

Zur Herleitung der Bedingungen für die Normalkomponenten verwendet man die dritte und vierte MAXWELL'sche Gleichung

$$\oint_O \boldsymbol{D} \cdot \mathrm{d}\boldsymbol{F} = \int_V q_V \mathrm{d}V \quad , \quad \oint_O \boldsymbol{B} \cdot \mathrm{d}\boldsymbol{F} = 0$$

mit der Oberfläche O und dem eingeschlossenen Volumen V wie in Abb. 14.9b. Man erhält

$$\boxed{\boldsymbol{n} \cdot (\boldsymbol{D}_1 - \boldsymbol{D}_2) = q_F} \quad , \quad \boxed{\boldsymbol{n} \cdot (\boldsymbol{B}_1 - \boldsymbol{B}_2) = 0} \, . \tag{14.45}$$

Das Integral über die stetige Raumladung verschwindet wegen des verschwindenden Volumens, $h \to 0$.

Befinden sich auf der Trennfläche keine Flächenströme und keine Flächenladungen, genügen die beiden Gleichungen (14.44), da die beiden Bedingungen (14.45) dann automatisch erfüllt sind.[3] Wenn das Medium 2 ideal leitend ist, verschwinden die Felder in diesem Medium und aus (14.44), (14.45) werden die Randbedingungen

$$H_{t1} = J_F \quad , \quad E_{t1} = 0 \quad , \quad D_{n1} = q_F \quad , \quad B_{n1} = 0 \, . \tag{14.46}$$

14.4 Reflexion und Brechung ebener Wellen

Bei Einfall einer ebenen Welle auf eine Trennschicht zwischen zwei Materialien mit den Materialkonstanten ε_1, μ_1, κ_1 und ε_2, μ_2, κ_2 wird ein Teil der Welle reflektiert und ein anderer Teil gebrochen. Sowohl die Reflexion als auch die Brechung hängen von der Polarisation der Welle ab. Da aber eine beliebig polarisierte Welle immer in eine parallel polarisierte Welle (der elektrische Feldvektor liegt in der Einfallsebene) und eine senkrecht polarisierte Welle (der elektrische Feldvektor zeigt senkrecht zur Einfallsebene) zerlegt werden kann, werden die beiden Fälle getrennt behandelt, Abb. 14.10. Die einfallende Welle mit dem Wellenvektor $\boldsymbol{k}_e$ fällt unter dem Winkel α_e auf die Trennschicht. Die reflektierte Welle habe den Winkel α_r und den Wellenvektor $\boldsymbol{k}_r$, während die transmittierte (gebrochene) Welle sich mit dem Wellenvektor $\boldsymbol{k}_t$ unter dem Winkel α_t ausbreitet.

---

[3] Zum Beweis verwenden wir wieder die beiden ersten MAXWELL'schen Gleichungen, legen aber die Integrationsflächen parallel zur Trennfläche und zwar einmal im Medium 1 und einmal im Medium 2, Abb. 14.9c. Da die Tangentialkomponenten der elektrischen und magnetischen Feldstärke stetig sind, sind die Umlaufintegrale in den beiden Raumteilen gleich und somit auch die durch die Flächen hindurchtretenden Flüsse, d.h. der elektrische Fluss, $D_{n1}F = D_{n2}F$, und der magnetische Fluss, $B_{n1}F = B_{n2}F$.

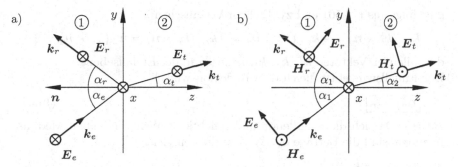

Abb. 14.10. Reflexion und Brechung ebener Wellen. (a) Senkrechte Polarisation. (b) Parallele Polarisation

Man setzt an

$$E_e = E_{0e}\, e^{j(\omega t - k_e \cdot r)} \quad , \quad E_r = E_{0r}\, e^{j(\omega t - k_r \cdot r)}$$

$$E_t = E_{0t}\, e^{j(\omega t - k_t \cdot r)} \quad , \quad ZH = e_k \times E \quad , \quad k = k\,e_k\,. \tag{14.47}$$

Die Stetigkeitsbedingungen (14.44) erzwingen

$$(E_e + E_r)_{tan} = (E_t)_{tan} \quad , \quad (H_e + H_r)_{tan} = (H_t)_{tan}\,. \tag{14.48}$$

Da die Stetigkeitsbedingungen für alle Zeiten und für alle Punkte $r = r_0 = (x, y, 0)$ erfüllt sein müssen, ist offensichtlich, dass nicht nur die Frequenzen der drei Wellen gleich sein müssen, sondern auch die Phasen

$$k_e \cdot r_0 = k_r \cdot r_0 = k_t \cdot r_0\,. \tag{14.49}$$

Die Bedingung (14.49) hat drei wichtige Konsequenzen:

1) Die Wellenvektoren k_e, k_r, k_t und der Normalenvektor n liegen in einer Ebene, der sogenannten *Einfallsebene*. Zum Beweis setzen wir

$$n \times (n \times r_0) = n(n \cdot r_0) - r_0(n \cdot n) = -r_0$$

in (14.49) ein. Verwenden der Vertauschungsregel für das Spatprodukt

$$k_e \cdot [n \times (n \times r_0)] = (n \times r_0) \cdot (k_e \times n)$$
$$= (n \times r_0) \cdot (k_r \times n)$$
$$= (n \times r_0) \cdot (k_t \times n)$$

liefert

$$k_e \times n = k_r \times n = k_t \times n\,, \tag{14.50}$$

da $n \times r_0$ ein beliebiger Vektor ist. Der Vektor $k_e \times n$ definiert die Einfallsebene, d.h. die Ebene, in welcher der Wellenvektor k_e und die Flächennormale n liegen. Da ferner für einen beliebigen Vektor a

$$a \cdot (a \times n) = 0$$

gilt, folgt aus (14.50) und zyklischem Vertauschen

$$\mathbf{k}_e \cdot (\mathbf{k}_e \times \mathbf{n}) = -\mathbf{k}_r \cdot (\mathbf{k}_e \times \mathbf{n}) = -\mathbf{k}_t \cdot (\mathbf{k}_e \times \mathbf{n}) = \mathbf{n} \cdot (\mathbf{k}_e \times \mathbf{n}) = 0 \ ,$$

d.h. alle vier Vektoren $\mathbf{k}_e$, $\mathbf{k}_r$, $\mathbf{k}_t$, $\mathbf{n}$ liegen in der Einfallsebene.

2) Der Einfallswinkel ist gleich dem Reflexionswinkel

$$\boxed{\alpha_e = \alpha_r} \ . \tag{14.51}$$

Beweis: Da sich die einfallende und reflektierte Welle im selben Medium befinden, sind die Beträge der Wellenvektoren gleich

$$k_e = k_r = k_1$$

und aus (14.49) folgt für $\mathbf{r}_0$ in der Einfallsebene

$$k_1 r_0 \cos\left(\frac{\pi}{2} - \alpha_e\right) = k_1 r_0 \cos\left(\frac{\pi}{2} - \alpha_r\right)$$

oder

$$\alpha_e = \alpha_r = \alpha_1 \ .$$

3) Einfallswinkel und Brechungswinkel folgen dem Gesetz von SNELLIUS. Setzt man $\alpha_e = \alpha_r = \alpha_1, \alpha_t = \alpha_2, k_e = k_r = k_1, k_t = k_2$, so folgt aus (14.50)

$$k_1 \sin \alpha_1 = k_2 \sin \alpha_2$$

oder mit $k = \omega\sqrt{\mu\varepsilon}$ und reellen Materialkonstanten μ, ε

$$\boxed{\frac{\sin \alpha_1}{\sin \alpha_2} = \frac{k_2}{k_1} = \sqrt{\frac{\mu_2\varepsilon_2}{\mu_1\varepsilon_1}} = \frac{n_2}{n_1}} \ . \tag{14.52}$$

Der Brechungsindex n ist definiert als das Verhältnis der Lichtgeschwindigkeit im Vakuum zur Lichtgeschwindigkeit im entsprechenden Medium

$$n = \frac{c_0}{c} = \sqrt{\frac{\mu\varepsilon}{\mu_0\varepsilon_0}} = \sqrt{\mu_r\varepsilon_r} \ . \tag{14.53}$$

Das SNELLIUS'sche Brechungsgesetz folgt auch aus dem FERMAT'schen *Prinzip*[4], das besagt, dass sich das Licht immer entlang dem Weg ausbreitet, welcher der kürzesten Laufzeit entspricht. In einem homogenen Medium ist der Weg natürlich eine Gerade. An einer Grenzschicht tritt Brechung auf; denn läuft das Licht von einem Punkt A im Medium 1 über den Punkt C nach B im Medium 2, Abb. 14.11, so ist die Laufzeit

$$T(x) = \frac{\overline{AC}}{c_1} + \frac{\overline{CB}}{c_2} = \frac{1}{c_1}\sqrt{(x - A_x)^2 + A_y^2} + \frac{1}{c_2}\sqrt{(B_x - x)^2 + B_y^2} \ .$$

Die minimale Laufzeit bei Variation von x folgt aus

$$\frac{\mathrm{d}T}{\mathrm{d}x} = \frac{x - A_x}{\overline{AC}c_1} - \frac{B_x - x}{\overline{CB}c_2} = \frac{\sin \alpha_1}{c_1} - \frac{\sin \alpha_2}{c_2} = 0 \ ,$$

---

[4] PIERRE DE FERMAT(1601-1665) gilt als der Begründer der Variationsrechnung.

welches das SNELLIUS'sche Gesetz darstellt.

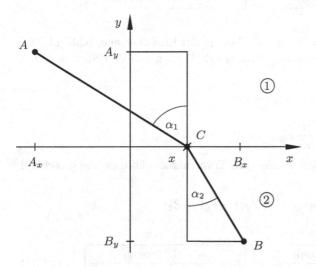

Abb. 14.11. Zur Herleitung des Brechungsgesetzes aus dem FERMAT'schen Prinzip

Als nächstes sollen die Amplituden der reflektierten Welle E_{0r} und der transmittierten Welle E_{0t} in Abhängigkeit der Amplitude der einfallenden Welle E_{0e} bestimmt werden. Dazu muss man die Polarisationsrichtung unterscheiden.

Senkrechte Polarisation

Die elektrische Feldstärke zeigt in x-Richtung, Abb. 14.10a. Es ist

$$e_{ke} = \sin\alpha_1\, e_y + \cos\alpha_1\, e_z$$
$$e_{kr} = \sin\alpha_1\, e_y - \cos\alpha_1\, e_z \qquad (14.54)$$
$$e_{kt} = \sin\alpha_2\, e_y + \cos\alpha_2\, e_z$$

und aus (14.48) folgt mit (14.47) und (14.54)

$$E_{0e} + E_{0r} = E_{0t}$$

$$\frac{1}{Z_1}\left(\cos\alpha_1\, E_{0e} - \cos\alpha_1\, E_{0r}\right) = \frac{1}{Z_2}\cos\alpha_2\, E_{0t}\ .$$

Man definiert einen *Reflexionsfaktor* r_s und einen *Transmissionsfaktor* t_s

$$r_s = \frac{E_{0r}}{E_{0e}} \quad , \quad t_s = \frac{E_{0t}}{E_{0e}} \qquad (14.55)$$

und erhält

$$1 + r_s = t_s \quad , \quad Z_2(1 - r_s)\cos\alpha_1 = Z_1 t_s \cos\alpha_2$$

mit der Lösung

$$r_s = \boxed{\frac{Z_2 \cos\alpha_1 - Z_1 \cos\alpha_2}{Z_2 \cos\alpha_1 + Z_1 \cos\alpha_2}} \quad , \quad t_s = \boxed{\frac{2 Z_2 \cos\alpha_1}{Z_2 \cos\alpha_1 + Z_1 \cos\alpha_2}} . \quad (14.56)$$

Parallele Polarisation

Der Vektor der elektrischen Feldstärke liegt in der Einfallsebene, Abb. 14.10b. Unter Zuhilfenahme von (14.47), (14.54) erhält man aus den Stetigkeitsbedingungen (14.48)

$$E_{0e} \cos\alpha_1 + E_{0r} \cos\alpha_1 = E_{0t} \cos\alpha_2$$

$$\frac{1}{Z_1}\left(-E_{0e} + E_{0r}\right) = -\frac{1}{Z_2} E_{0t}$$

und nach Einsetzen des Reflexions- und Transmissionsfaktors entsprechend (14.55)

$$(1 + r_p)\cos\alpha_1 = t_p \cos\alpha_2 \quad , \quad Z_2(1 - r_p) = Z_1 t_p$$

mit der Lösung

$$r_p = \boxed{\frac{Z_2 \cos\alpha_2 - Z_1 \cos\alpha_1}{Z_2 \cos\alpha_2 + Z_1 \cos\alpha_1}} \quad , \quad t_p = \boxed{\frac{2 Z_2 \cos\alpha_1}{Z_2 \cos\alpha_2 + Z_1 \cos\alpha_1}} . \quad (14.57)$$

Die Gleichungen (14.56) und (14.57) heißen FRESNEL'*sche Beziehungen*. Sie geben die Amplituden der reflektierten und gebrochenen Wellen an bezogen auf die Amplitude der einfallenden Welle. Da eine beliebig polarisierte Welle in senkrecht und parallel polarisierte Wellen zerlegt werden kann, liegt die vollständige Lösung des Problems eines Einfalls einer ebenen Welle auf eine Trennschicht vor.

Bemerkung: Definiert man die komplexe Wellenzahl (14.26) mittels einer komplexen Dielektrizitätskonstanten

$$\varepsilon_k = \varepsilon\left(1 - j\,\frac{\kappa}{\omega\varepsilon}\right) , \quad (14.58)$$

so gelten die in diesem Paragraphen hergeleiteten Formeln auch für verlustbehaftete Medien. Man muss allerdings bei der Interpretation der Formeln aufpassen, da z.B. komplexe Winkel auftreten können.

Von besonderem Interesse ist der Fall verlustfreier Dielektrika mit den Materialkonstanten $\kappa = 0$, $\mu = \mu_0$ und $\varepsilon = \varepsilon_r \varepsilon_0$. Man erweitert die Ausdrücke (14.56), (14.57) mit $\sqrt{\varepsilon_1 \varepsilon_2}$ und schreibt den Reflexionsfaktor r sowie den Transmissionsfaktor t als Funktion der Brechungsindices

$$r_s = \frac{n_1 \cos\alpha_1 - n_2 \cos\alpha_2}{n_1 \cos\alpha_1 + n_2 \cos\alpha_2} \quad , \quad t_s = \frac{2 n_1 \cos\alpha_1}{n_1 \cos\alpha_1 + n_2 \cos\alpha_2} ,$$

$$r_p = \frac{n_1 \cos\alpha_2 - n_2 \cos\alpha_1}{n_1 \cos\alpha_2 + n_2 \cos\alpha_1} \quad , \quad t_p = \frac{2 n_1 \cos\alpha_1}{n_1 \cos\alpha_2 + n_2 \cos\alpha_1} . \quad (14.59)$$

Einarbeiten des SNELLIUS'schen Gesetzes (14.52) ergibt schließlich

$$r_s = \frac{\sin(\alpha_2 - \alpha_1)}{\sin(\alpha_2 + \alpha_1)} \quad , \quad t_s = \frac{2\cos\alpha_1 \sin\alpha_2}{\sin(\alpha_2 + \alpha_1)} \; ,$$

$$r_p = \frac{\sin\alpha_2 \cos\alpha_2 - \sin\alpha_1 \cos\alpha_1}{\sin\alpha_2 \cos\alpha_2 + \sin\alpha_1 \cos\alpha_1} = \frac{\sin 2\alpha_2 - \sin 2\alpha_1}{\sin 2\alpha_2 + \sin 2\alpha_1} =$$

$$= \frac{\sin(\alpha_2 - \alpha_1)\cos(\alpha_2 + \alpha_1)}{\sin(\alpha_2 + \alpha_1)\cos(\alpha_2 - \alpha_1)} = \frac{\tan(\alpha_2 - \alpha_1)}{\tan(\alpha_2 + \alpha_1)} \tag{14.60}$$

$$t_p = \frac{2\cos\alpha_1 \sin\alpha_2}{\sin\alpha_1 \cos\alpha_1 + \sin\alpha_2 \cos\alpha_2} = \frac{2\cos\alpha_1 \sin\alpha_2}{\sin(\alpha_1 + \alpha_2)\cos(\alpha_1 - \alpha_2)} \; .$$

14.4.1 Verschwinden der Reflexion. Totalreflexion

Es seien verlustfreie Dielektrika vorausgesetzt. Dann verschwindet die Reflexion bei senkrechter Polarisation, (14.60), wenn $\alpha_1 = \alpha_2$, d.h. wenn nach dem Brechungsgesetz von SNELLIUS $n_1 = n_2$ gilt und damit der triviale Fall identischer Medien vorliegt.

Im Falle paralleler Polarisation hingegen verschwindet der Reflexionsfaktor r_p, neben dem trivialen Fall, auch für

$$\alpha_1 + \alpha_2 = \pi/2 \; , \tag{14.61}$$

d.h. wenn die durchgehende Welle senkrecht auf der reflektierten steht, $\boldsymbol{k}_t \cdot \boldsymbol{k}_r = 0$. Der Einfallswinkel genügt nach dem Brechungsgesetz von SNELLIUS der Beziehung

$$\frac{\sin\alpha_1}{\sin(\pi/2 - \alpha_1)} = \tan\alpha_1 - \frac{n_2}{n_1} \tag{14.62}$$

und heißt BREWSTER'scher *Polarisationswinkel*. Bei einer beliebig polarisierten Welle, die unter diesem Winkel einfällt, wird nur der senkrecht polarisierte Anteil reflektiert.[5]

Ein anderes, technisch sehr bedeutungsvolles Phänomen ist die *Totalreflexion*. Nach dem Brechungsgesetz von SNELLIUS ist

$$\sin\alpha_2 = \frac{n_1}{n_2} \sin\alpha_1 \; .$$

---

[5] Den Effekt erkärt man am einfachsten durch die in der Trennschicht liegenden Atome oder Moleküle, welche Elementardipole darstellen. Im Falle einer senkrecht polarisierten Welle werden die Dipole in x-Richtung zum Schwingen angeregt und, wie wir in §16.3 sehen werden, sie strahlen senkrecht zur Schwingungsachse isotrop ab, d.h. sie strahlen in der (y,z)-Ebene und es gibt immer eine reflektierte und durchgehende Welle. Im Falle einer parallel polarisierten Welle hingegen schwingen die Dipole in der (y,z)-Ebene senkrecht zum Wellenvektor der transmittierten Welle $\boldsymbol{k}_t$. Dies ist nach (14.61) die Richtung der Reflexion. Die Strahlung eines Dipols ist aber in Richtung seiner Schwingungsachse unterdrückt und es gibt keine reflektierte Welle.

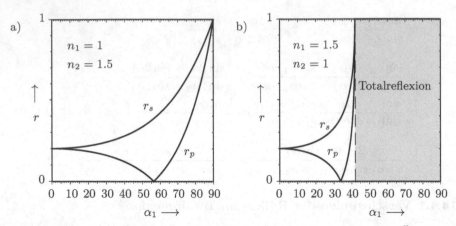

Abb. 14.12. Reflexionsfaktoren für verschiedene Einfallswinkel α_1. **(a)** Übergang Luft→Glas. **(b)** Übergang Glas→Luft

Ist nun $n_1 > n_2$ ($\varepsilon_1 > \varepsilon_2$), so spricht man von einem Übergang vom „optisch dichteren" zum „optisch dünneren" Medium. Die Welle wird vom Lot weggebrochen, $\alpha_2 > \alpha_1$. Ab einem bestimmten Einfallswinkel α_{1G} würde obige Gleichung $\sin\alpha_2 > 1$ ergeben, was für reelle Winkel α_2 nicht möglich ist. In diesem Fall wird die einfallende Welle vollständig reflektiert und es gibt keine gebrochene Welle. Der Winkel α_{1G}

$$\boxed{\sin\alpha_{1G} = \frac{n_2}{n_1} = \sqrt{\frac{\mu_2\varepsilon_2}{\mu_1\varepsilon_1}}}\,, \tag{14.63}$$

bei welchem $\alpha_2 = \pi/2$ ist, heißt *Grenzwinkel der Totalreflexion*. Jedoch ist auch bei Totalreflexion das Medium 2 keineswegs feldfrei. Es ist nämlich

$$\boldsymbol{k}_t = k_2\left(\sin\alpha_2\,\boldsymbol{e}_y + \cos\alpha_2\,\boldsymbol{e}_z\right) = \tag{14.64}$$

$$= k_2\left[\frac{n_1}{n_2}\sin\alpha_1\,\boldsymbol{e}_y\,(\mp)\,\mathrm{j}\,\sqrt{\left(\frac{n_1}{n_2}\sin\alpha_1\right)^2 - 1}\,\boldsymbol{e}_z\right] = \beta\,\boldsymbol{e}_y - \mathrm{j}\alpha\,\boldsymbol{e}_z\,,$$

wobei $(n_1/n_2)\sin\alpha_1 > 1$ benutzt wurde. Das Vorzeichen der Wurzel wurde so gewählt, dass die gebrochene Welle, (14.47),

$$\boldsymbol{E}_t = t\,\boldsymbol{E}_{0e}\,\mathrm{e}^{-\alpha z}\,\mathrm{e}^{\mathrm{j}(\omega t - \beta y)}\,, \tag{14.65}$$

die in y-Richtung läuft, in z-Richtung exponentiell abklingt. Dies ist keine ebene Welle mehr. Aufschlussreich ist der POYNTING'sche Vektor

$$\boldsymbol{S}_k = \frac{1}{2}\boldsymbol{E}_t \times \boldsymbol{H}_t^* = \frac{1}{2Z_2}\boldsymbol{E}_t \times (\boldsymbol{e}_{kt}^* \times \boldsymbol{E}_t^*) = \frac{1}{2Z_2}|\boldsymbol{E}_t|^2\boldsymbol{e}_{kt}^*$$

$$= \frac{1}{2k_2 Z_2}|t\,E_{oe}|^2\,\mathrm{e}^{-2\alpha z}(\beta\,\boldsymbol{e}_y + \mathrm{j}\alpha\,\boldsymbol{e}_z)\,. \tag{14.66}$$

Wirkleistungstransport findet nur in y-Richtung statt. In z-Richtung fließt Blindleistung, so wie bei einer Totalreflexion zu erwarten ist. Die Welle im Medium 2 nennt man *Oberflächenwelle*. Zur Demonstration des Brewster-Winkels und der Totalreflexion sind in Abb. 14.12 die Reflexionsfaktoren gegeben bei einem Übergang Luft→Glas bzw. Glas→Luft.

14.4.2 Dielektrische Platte als Wellenleiter

Bei geeigneter Wahl der Parameter kann man das Phänomen der Totalreflexion benutzen, um Wellen in einem dielektrischen Medium zu führen. Die einfachste Form eines solchen Wellenleiters ist die dielektrische Platte.

Gegeben seien zwei ebene Wellen, die sich unter den Winkeln α_1 und $-\alpha_1$ mit $\alpha_1 > \alpha_{1G}$ in einer dielektrischen Platte ausbreiten, Abb. 14.13.

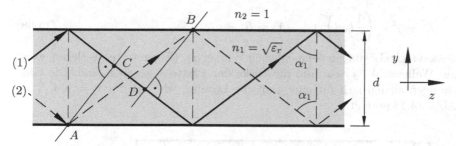

Abb. 14.13. Zur Wellenausbreitung in einer dielektrischen Platte

Die Wellen erfahren eine ständige Totalreflexion am Übergang Platte→Luft. Gesucht ist eine bestimmte Feldverteilung, welche sich mit konstanter Form längs der Platte ausbreitet. Dies nennt man *Wellentyp* oder *Mod.* Damit sich ein konstantes, in z-Richtung laufendes Wellenbild ergibt, müssen die Ebenen konstanter Phasen beider Wellen übereinstimmen. Das bedeutet z.B. für die Welle (2), dass die Phasenänderung von einem Punkt kurz vor A bis zu einem Punkt kurz hinter B gleich sein muss der Phasenänderung der Welle (1) vom Punkt C bis zum Punkt D plus einem ganzzahligen Vielfachen von 2π

$$\operatorname{arc}(r) + \overline{AB}k_1 + \operatorname{arc}(r) = \overline{CD}k_1 + 2\pi n \ .$$

Mit der Geometriebeziehung

$$\overline{CD} = \overline{AB} - 2d\cos\alpha_1$$

wird daraus

$$\operatorname{arc}(r) = n\pi - k_1 d \cos\alpha_1 \ . \tag{14.67}$$

Als Beispiel betrachten wir *parallel polarisierte* Wellen. Ihr Reflexionsfaktor (14.59) lautet unter Verwendung des Brechungsgesetzes von Snellius,
$\sin\alpha_2 = \sqrt{\varepsilon_r}\sin\alpha_1 > 1$,

$$r_p = \frac{\sqrt{\varepsilon_r}\cos\alpha_2 - \cos\alpha_1}{\sqrt{\varepsilon_r}\cos\alpha_2 + \cos\alpha_1} = \frac{j\sqrt{\varepsilon_r}\sqrt{\varepsilon_r\sin^2\alpha_1 - 1} - \cos\alpha_1}{j\sqrt{\varepsilon_r}\sqrt{\varepsilon_r\sin^2\alpha_1 - 1} + \cos\alpha_1}$$

und hat einen Phasenwinkel von

$$\arc(r_p) = -2\arctan\left(\sqrt{\varepsilon_r}\,\frac{\sqrt{\varepsilon_r\sin^2\alpha_1 - 1}}{\cos\alpha_1}\right) + \pi\;.$$

Mit den Abkürzungen

$$\xi = \frac{1}{2}k_1 d\cos\alpha_1\;\;,\;\;\;\eta = \frac{1}{2}k_0 d\sqrt{\varepsilon_r\sin^2\alpha_1 - 1}\;\;,\;\;\;k_0 = \omega\sqrt{\mu_0\varepsilon_0} = \frac{\omega}{c_0}$$

erhält man ein System von zwei Gleichungen

$$\tan\left(\xi - (n-1)\frac{\pi}{2}\right) = \left\{\begin{array}{ll}\tan\xi & \text{für}\quad n = 1,3,\ldots \\ -\cot\xi & \text{für}\quad n = 2,4,\ldots\end{array}\right\} = \varepsilon_r\frac{\eta}{\xi}$$

$$\xi^2 + \eta^2 = \left(\frac{1}{2}k_0 d\right)^2(\varepsilon_r - 1) = R^2\;, \tag{14.68}$$

dessen reelle Lösungen die möglichen Winkel α_{1i} (Eigenwerte) festlegen, wenn die Wellenzahl $k_0 \sim \omega$ und die Dicke der Platte d gegeben sind. Die Gleichungen eignen sich für eine grafische Lösung, wie z.B. für $n = 2,4,\ldots$ in Abb. 14.14 gezeigt.

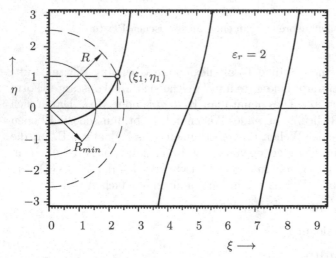

Abb. 14.14. Ortskurven der Eigenwertgleichung (14.68) zur Bestimmung der Eigenwerte α_{1i}

Die Schnittpunkte (ξ_i, η_i) der beide Kurvenscharen für $\eta > 0$ stellen die Lösungen dar und bestimmen, entsprechend (14.64), die Ausbreitungskonstanten der Wellen

$$\beta_i = k_2 \frac{n_1}{n_2} \sin \alpha_{1i} = k_1 \sin \alpha_{1i} = \sqrt{\left(\frac{2\eta_i}{d}\right)^2 + k_0^2} \ .$$

Die Bedingung $\eta > 0$ stellt das Abklingen der Felder außerhalb der Platte für $|y| \to \infty$ sicher. Es gilt nämlich

$$\boldsymbol{E}_2 \sim \mathrm{e}^{-\mathrm{j}\boldsymbol{k}_t \cdot \boldsymbol{r}} = \mathrm{e}^{-\mathrm{j}k_0 \cos \alpha_2 y - \mathrm{j}k_0 \sin \alpha_2 z}$$

und bei Totalreflexion

$$k_0 \cos \alpha_2 = \mp \mathrm{j}k_0 \sqrt{\sin^2 \alpha_2 - 1} = \mp \mathrm{j}k_0 \sqrt{\varepsilon_r \sin^2 \alpha_1 - 1} = \mp \mathrm{j} \frac{2}{d} \eta \ ,$$

wobei das negative Vorzeichen der Wurzel für $y > d/2$ gilt und das positive Vorzeichen für $y < -d/2$.

Wie man sieht, gibt es einen minimalen Radius und damit eine Grenzfrequenz

$$R_{min} = \frac{\pi}{2} = \frac{1}{2} k_{0min} d \sqrt{\varepsilon_r - 1} \ , \tag{14.69}$$

unterhalb der keine Wellen möglich sind. Mit wachsender Frequenz (wachsendem Radius R) treten Schnitte mit weiteren Ästen der cot-Funktion auf. Die Anzahl der existenzfähigen Wellen nimmt zu. Jede Welle transportiert Wirkleistung nur in z-Richtung. Außerhalb der Platte klingen die Felder in $\pm y$-Richtung exponentiell ab. Wird eine solche Welle, die man auch *Mod* oder *Eigenwelle* nennt, angeregt, läuft sie mit konstanter Amplitude und konstantem Feldmuster längs der Platte.

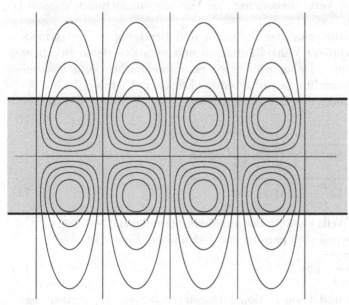

Abb. 14.15. Feldlinien der dielektrischen Verschiebung der niedrigsten Eigenwelle

Abb. 14.15 zeigt das Feldbild des niedrigsten Mods ($\pi/2 < \xi_1 < \pi$).

Im Bereich der Mikrowellen verwendet man für die Platte eines der üblichen Dielektrika und man spricht von einem *dielektrischen Wellenleiter*. Bei optischen Frequenzen verwendet man hochreines Quarzglas, das sehr transparent ist (über viele Kilometer) und die Platte stellt einen *optischen Wellenleiter* dar. Das Beispiel der Platte dient hier zur Beschreibung des Prinzips der Wellenführung. Technische Ausführungen sind normalerweise rechteckförmige oder runde Stäbe.

Das Phänomen der Wellenführung bleibt erhalten, wenn der Leiter gekrümmt ist. Zwar erzeugt jede Krümmung Strahlungsverluste, aber diese können klein gehalten werden, wenn die Krümmung nicht zu stark ist.

14.4.3 Reflexion am metallischen Halbraum. Skineffekt

Das Medium 2 sei ein guter (metallischer) Leiter und das Medium 1 Luft. Für die üblichen technischen Frequenzen gilt dann

$$\frac{\kappa_2}{\omega \varepsilon_2} = \frac{1}{\omega T_r} \gg 1$$

$$k_2^2 = \omega^2 \mu_2 \varepsilon_2 \left(1 - \mathrm{j}\, \frac{\kappa_2}{\omega \varepsilon_2} \right) \approx -\mathrm{j} \omega \mu_2 \kappa_2$$

$$k_2 = \beta - \mathrm{j}\alpha = \frac{1 - \mathrm{j}}{\sqrt{2/\omega \mu_2 \kappa_2}} = \frac{1 - \mathrm{j}}{\delta_S} \ . \tag{14.70}$$

Dies entspricht der Vernachlässigung des Verschiebungsstromes gegenüber dem Leitungsstrom (siehe (12.1)).

Die exakte Bestimmung der Reflexion und Brechung ist einigermaßen kompliziert, da komplexe Winkel auftreten und man sich deren Bedeutung genau überlegen muss. Daher wollen wir eine vereinfachte Vorgehensweise wählen, die aber immerhin die auftretenden Effekte gut wiedergibt.

Unter Verwendung des Brechungsgesetzes von SNELLIUS (14.52) und (14.70) wird

$$\cos \alpha_2 = \sqrt{1 - \sin^2 \alpha_2} = \sqrt{1 - \left(\frac{k_1}{k_2} \sin \alpha_1 \right)^2}$$

$$\approx \sqrt{1 - \mathrm{j}\omega \frac{\mu_0 \varepsilon_0}{\mu_2 \kappa_2} \sin^2 \alpha_1} \approx 1 \ . \tag{14.71}$$

Die durchgehende Welle verläuft also annähernd parallel zur z–Achse, $\alpha_2 \approx 0$, und ihre Phasenebenen sind parallel zur Trennfläche. Ferner ist

$$\left| \frac{Z_1}{Z_2} \right| \approx \left| \sqrt{\frac{\mu_0}{\varepsilon_0} \frac{\kappa_2}{\mathrm{j}\omega \mu_2}} \right| \gg 1 \tag{14.72}$$

und die Reflexions- und Transmissionsfaktoren (14.56), (14.57) werden wegen (14.71), (14.72)

$$r_s \approx \frac{\cos\alpha_1 - Z_1/Z_2}{\cos\alpha_1 + Z_1/Z_2} \to -1 \quad , \quad t_s \approx \frac{2\cos\alpha_1}{\cos\alpha_1 + Z_1/Z_2} \to 0$$

$$r_p \approx \frac{1 - Z_1/Z_2 \cos\alpha_1}{1 + Z_1/Z_2 \cos\alpha_1} \to -1 \quad , \quad t_p \approx \frac{2\cos\alpha_1}{1 + Z_1/Z_2 \cos\alpha_1} \to 0 \,. \qquad (14.73)$$

Die Welle wird reflektiert, wobei das elektrische Feld der reflektierten Welle entgegengerichtet zur einfallenden Welle ist und somit $E_{tan} \approx 0$ auf der Trennfläche wird (ähnlich einem idealen Leiter).

Der Wellenvektor der durchgehenden Welle lautet mit (14.52), (14.70) und (14.71)

$$\boldsymbol{k}_t = k_2 \left(\sin\alpha_2\, \boldsymbol{e}_y + \cos\alpha_2\, \boldsymbol{e}_z\right) \approx k_1 \sin\alpha_1\, \boldsymbol{e}_y + k_2\, \boldsymbol{e}_z \approx$$

$$\approx k_1 \sin\alpha_1\, \boldsymbol{e}_y + \frac{1-\mathrm{j}}{\delta_S}\, \boldsymbol{e}_z$$

und für das Feld erhält man

$$\boldsymbol{E}_t = t\, \boldsymbol{E}_{0e}\, \mathrm{e}^{\mathrm{j}(\omega t - \boldsymbol{k}_t \cdot \boldsymbol{r})} = t\, \boldsymbol{E}_{0e}\, \mathrm{e}^{-z/\delta_S}\, \mathrm{e}^{\mathrm{j}(\omega t - k_1 \sin\alpha_1 y - z/\delta_S)} \,. \qquad (14.74)$$

Da $\delta_S^{-1} \gg k_1 \sin\alpha_1$, läuft die durchgehende Welle im wesentlichen in z-Richtung und ist exponentiell gedämpft mit der Skintiefe δ_S als Dämpfungskonstante. Man findet dieselben Verhältnisse wie in §12.7 wieder, was auch nicht verwunderlich ist, da die Annahme $\omega T_r \ll 1$ der Vernachlässigung des Verschiebungsstromes wie in Kapitel 12 entspricht.

14.4.4 Reflexion am ideal leitenden Halbraum. Parallelplattenleitung

Betrachtet sei der schräge Einfall auf einen ideal leitenden Halbraum am Beispiel einer parallel polarisierten, ebenen Welle, Abb. 14.16.

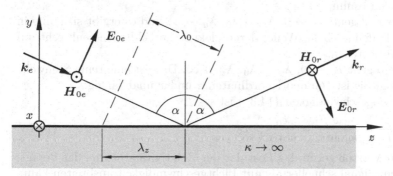

Abb. 14.16. Reflexion einer ebenen Welle am ideal leitenden Halbraum

Entsprechend der Abbildung ist

$$\boldsymbol{k}_e \cdot \boldsymbol{r} = k_0 \left(-\cos\alpha\,\boldsymbol{e}_y + \sin\alpha\,\boldsymbol{e}_z\right) \cdot \left(y\,\boldsymbol{e}_y + z\,\boldsymbol{e}_z\right) = k_0 \left(-y\cos\alpha + z\sin\alpha\right)$$

$$\boldsymbol{E}_{0e} = E_0 \left(\sin\alpha\,\boldsymbol{e}_y + \cos\alpha\,\boldsymbol{e}_z\right) \quad,\quad Z_0\boldsymbol{H}_{0e} = \boldsymbol{e}_{ke} \times \boldsymbol{E}_{0e} = -E_0\boldsymbol{e}_x$$

$$\boldsymbol{k}_r \cdot \boldsymbol{r} = k_0 \left(\cos\alpha\,\boldsymbol{e}_y + \sin\alpha\,\boldsymbol{e}_z\right) \cdot \left(y\,\boldsymbol{e}_y + z\,\boldsymbol{e}_z\right) = k_0 \left(y\cos\alpha + z\sin\alpha\right)$$

$$\boldsymbol{E}_{0r} = -E_0 \left(-\sin\alpha\,\boldsymbol{e}_y + \cos\alpha\,\boldsymbol{e}_z\right) \quad,\quad Z_0\boldsymbol{H}_{0r} = \boldsymbol{e}_{kr} \times \boldsymbol{E}_{0r} = -E_0\boldsymbol{e}_x \; ,$$

wobei $r_p = -1$ aus (14.73) verwendet wurde. Das Gesamtfeld im Raumteil $y \geq 0$ lautet

$$\boldsymbol{E} = \boldsymbol{E}_{0e}\mathrm{e}^{\mathrm{j}(\omega t - \boldsymbol{k}_e \cdot \boldsymbol{r})} + \boldsymbol{E}_{0r}\mathrm{e}^{\mathrm{j}(\omega t - \boldsymbol{k}_r \cdot \boldsymbol{r})}$$

$$\begin{aligned}
E_y &= E_0 \sin\alpha \left(\mathrm{e}^{\mathrm{j}k_0 y \cos\alpha} + \mathrm{e}^{-\mathrm{j}k_0 y \cos\alpha}\right) \mathrm{e}^{\mathrm{j}(\omega t - k_0 z \sin\alpha)} \\
&= 2E_0 \sin\alpha \cos(k_0 y \cos\alpha)\,\mathrm{e}^{\mathrm{j}(\omega t - k_0 z \sin\alpha)}
\end{aligned}$$

$$E_z = \mathrm{j}2E_0 \cos\alpha \sin(k_0 y \cos\alpha)\,\mathrm{e}^{\mathrm{j}(\omega t - k_0 z \sin\alpha)}$$

$$Z_0 H_x = -2E_0 \cos(k_0 y \cos\alpha)\,\mathrm{e}^{\mathrm{j}(\omega t - k_0 z \sin\alpha)} \; . \tag{14.75}$$

Dies ist eine inhomogene (nicht ebene) Welle mit Stehwellencharakter in y-Richtung der Wellenlänge

$$k_y = k_0 \cos\alpha = \frac{2\pi}{\lambda_y} \quad\rightarrow\quad \lambda_y = \frac{2\pi}{k_0 \cos\alpha} = \frac{\lambda_0}{\cos\alpha} \; . \tag{14.76}$$

In z-Richtung breitet sich die Welle aus mit der Phasenkonstanten k_z und der Wellenlänge λ_z

$$k_z = k_0 \sin\alpha = \frac{2\pi}{\lambda_z} \quad\rightarrow\quad \lambda_z = \frac{2\pi}{k_0 \sin\alpha} = \frac{\lambda_0}{\sin\alpha} \; . \tag{14.77}$$

Die Größen k_0 bzw. λ_0 sind die Wellenzahl bzw. die Wellenlänge der ebenen Welle im freien Raum.

Für $\alpha \to \pi/2$ geht $E_z \to 0$, $\lambda_z \to \lambda_0$, $\lambda_y \to \infty$ und es ergibt sich eine in z-Richtung laufende ebene Welle, deren elektrische Feldlinien senkrecht auf dem Halbraum stehen.

Für $\alpha \to 0$ geht $E_y \to 0$, $\lambda_y \to \lambda_0$, $\lambda_z \to \infty$. Dies ist eine reine Stehwelle in y-Richtung. Sie ist von den Koordinaten z und x unabhängig.

Die Phasengeschwindigkeit (14.31) ist

$$v_{phz} = \frac{\omega}{k_z} = \frac{\omega}{k_0 \sin\alpha} = \frac{c_0}{\sin\alpha} > c_0 \; . \tag{14.78}$$

Dies ist kein Verstoß gegen das Postulat der Relativitätstheorie, das besagt, dass sich kein Signal schneller als mit Lichtgeschwindigkeit ausbreiten kann, denn die Phasengeschwindigkeit ist keine Signal-oder Energiegeschwindigkeit. Sie gibt lediglich die Geschwindigkeit an, mit welcher sich die Phase längs der Koordinate z ausbreitet. Nach Abb. 14.16 wird die Strecke λ_z in der Zeit einer Wellenperiode zurückgelegt. Demnach ist

$$v_{phz} = \frac{\lambda_z}{T} = \frac{2\pi f}{k_z} = \frac{\omega}{k_z}$$

die Phasengeschwindigkeit (14.78).

Die Formel für die Gruppengeschwindigkeit (14.32) muss mit Vorsicht verwendet werden. Eine Welle ist definiert für ein konstantes Feldmuster, d.h. in diesem Fall für eine konstante y-Abhängigkeit, $k_y = \text{const.}$, und man erhält

$$k_z = k_0 \sin\alpha = \sqrt{k_0^2 - (k_0 \cos\alpha)^2} = \sqrt{k_0^2 - k_y^2}$$

$$v_{gz} = \frac{\mathrm{d}\omega}{\mathrm{d}k_z} = c_0 \sin\alpha < c_0 \; . \tag{14.79}$$

Das Produkt aus Phasen-und Gruppengeschwindigkeit ist

$$v_{phz} \cdot v_{gz} = c_0^2 \; . \tag{14.80}$$

Die Feldlinien erhält man aus den Realteilen der Felder in (14.75), die in jedem Punkt die folgende Differentialgleichung erfüllen müssen

$$\frac{\mathrm{Re}\{E_y\}}{\mathrm{Re}\{E_z\}} = \frac{\mathrm{d}y}{\mathrm{d}z} = -\frac{\sin\alpha \cos(k_y y) \cos(\omega t - k_z z)}{\cos\alpha \sin(k_y y) \sin(\omega t - k_z z)} \; . \tag{14.81}$$

Nach Umformung und Integration

$$k_y \int \tan(k_y y)\,\mathrm{d}y = -k_z \int \cot(\omega t - k_z z)\,\mathrm{d}z$$

$$-\ln\left(\cos k_y y\right) = \ln\left(\sin(\omega t - k_z z)\right) - \ln C$$

ergibt sich die Gleichung der Feldlinien

$$C = \cos(k_y y)\sin(\omega t - k_z z) \; . \tag{14.82}$$

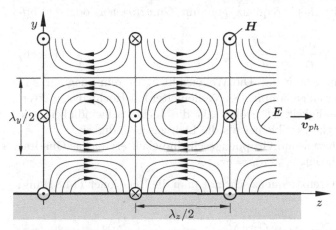

Abb. 14.17. Feldbild einer schräg auf einen ideal leitenden Halbraum einfallenden ebenen Welle zum Zeitpunkt $t = 0$

Abb. 14.17 zeigt einen Ausschnitt aus dem Feld zum Zeitpunkt $t = 0$. Mit der Zeit wandert das Feldbild mit der Phasengeschwindigkeit in z-Richtung. In den Ebenen

$$y = n\frac{\lambda_y}{2} \quad , \quad n = 1, 2, \ldots \tag{14.83}$$

verschwindet die z-Komponente des elektrischen Feldes. Das elektrische Feld steht damit senkrecht auf den Ebenen. Man kann daher in diesen Ebenen ideal leitende Platten einziehen, ohne dass sich das elektromagnetische Feld zwischen den Platten verändern würde. Solch eine Anordnung heißt *Parallelplattenleitung*. Ist der Abstand d zwischen den Platten fest vorgegeben, $d = n\lambda_y/2$, so ist

$$\lambda_{yn} = \frac{2d}{n} \quad , \quad k_{yn} = \frac{2\pi}{\lambda_{yn}} = n\frac{\pi}{d}$$

und nach (14.79)

$$k_{zn} = \sqrt{k_0^2 - k_{yn}^2} \quad , \quad \lambda_{zn} = \frac{\lambda_0}{\sqrt{1 - (n\lambda_0/2d)^2}} \quad , \quad n = 1, 2, \ldots \tag{14.84}$$

Die Phasen-und Gruppengeschwindigkeit sind

$$v_{phz} = \frac{\omega}{k_{zn}} = \frac{c_0}{\sqrt{1 - (n\lambda_0/2d)^2}}$$

$$v_{gz} = \frac{\mathrm{d}\omega}{\mathrm{d}k_z} = c_0\sqrt{1 - (n\lambda_0/2d)^2} \; . \tag{14.85}$$

Dies ist nach der dielektrischen Platte (§14.4.2) das zweite Beispiel eines Wellenleiters. Die Leitung zeigt das typische Verhalten der meisten Wellenleiter:

– Die Wellenlänge λ_z, die Phasengeschwindigkeit v_{phz} sowie die Gruppengeschwindigkeit v_{gz} sind frequenzabhängig.
– Unterhalb einer kritischen Frequenz, genannt *Grenzfrequenz* oder *cut-off-Frequenz*

$$k_{cn} = k_{yn} \quad \rightarrow \quad \frac{\omega_{cn}}{c_0} = n\frac{\pi}{d} \tag{14.86}$$

erfolgt keine Wellenausbreitung. Die Wellenzahl k_z ist rein imaginär und das Feld ist exponentiell gedämpft. Der Wellenleiter hat Hochpaßcharakter.
– Die Phasengeschwindigkeit ist größer als die Lichtgeschwindigkeit, die Gruppengeschwindigkeit ist kleiner als die Lichtgeschwindigkeit.
– Das Produkt aus Phasen-und Gruppengeschwindigkeit ergibt das Quadrat der Lichtgeschwindigkeit, $v_{ph} \cdot v_{gr} = c^2$.

Unter Benutzung der Grenzfrequenz schreibt man die Relationen (14.84) und (14.85) auch als

$$k_{zn} = \sqrt{k_0^2 - k_{cn}^2} = k_0\sqrt{1 - \left(\frac{\omega_{cn}}{\omega}\right)^2} \quad , \quad \lambda_{zn} = \frac{\lambda_0}{\sqrt{1 - (\omega_{cn}/\omega)^2}}$$

$$v_{phz} = \frac{c_0}{\sqrt{1 - (\omega_{cn}/\omega)^2}} \quad , \quad v_{gz} = c_0 \sqrt{1 - (\omega_{cn}/\omega)^2} \; . \qquad (14.87)$$

Die Frequenzabhängigkeit der Phasen- und Gruppengeschwindigkeit ist in Abb. 14.18 gezeigt.

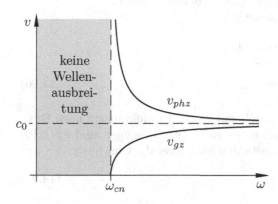

Abb. 14.18. Phasen- und Gruppengeschwindigkeit in der Parallelplattenleitung für eine Eigenwelle der Ordnung n

Schließlich sei noch ein Sonderfall erwähnt. Für $\alpha \to \pi/2$ wird aus (14.75)

$$E_y = 2E_0 \mathrm{e}^{\mathrm{j}(\omega t - k_0 z)} \quad , \quad Z_0 H_x = -2E_0 \mathrm{e}^{\mathrm{j}(\omega t - k_0 z)} \quad , \quad E_z = 0 \; . \quad (14.88)$$

Dies ist, wie bereits weiter oben erwähnt, eine ebene Welle. Sie hat keine Grenzfrequenz und Phasen- und Gruppengeschwindigkeit sind gleich der Lichtgeschwindigkeit. Da die Welle in Ausbreitungsrichtung keine Feldkomponenten hat, also nur transversale Feldkomponenten besitzt, heißt sie *TEM-Welle* (transversal elektromagnetische Welle). Auch dies ist typisch. TEM-Wellen besitzen generell keine Grenzfrequenz und breiten sich mit Lichtgeschwindigkeit aus. Sie benötigen mindestens zwei voneinander isolierte Leiter, auf denen die elektrischen Feldlinien enden. In einem Querschnitt $z = \mathrm{const.}$ und zu einem festen Zeitpunkt sieht das elektrische Feldbild wie das elektrostatische Feld zwischen geladenen Leitern aus und das magnetische Feldbild wie das magnetostatische Feld bei stationären Strömen.

14.5 Separation der Helmholtz-Gleichung

Es werden zeitharmonische Felder angenommen und, wie in §14.1 ausgeführt, ein Vektorpotential mit nur einer kartesischen Komponente. Dann geht die vektorielle Wellengleichung (14.10 II) in eine skalare HELMHOLTZ-Gleichung über

$$\boxed{\nabla^2 A(\boldsymbol{r}) + k^2 A(\boldsymbol{r}) = 0} \quad , \quad k = \frac{\omega}{c} = \omega\sqrt{\mu\varepsilon} \; . \qquad (14.89)$$

Die wichtigste Methode zur Lösung der HELMHOLTZ-Gleichung ist wie bei der LAPLACE-Gleichung die Separationsmethode mit einem Produktansatz nach BERNOULLI. Dadurch lässt sich, in einigen wenigen Koordinatensystemen, die dreidimensionale Gleichung in drei eindimensionale Gleichungen überführen.

14.5.1 Kartesische Koordinaten (Rechteckhohlleiter. Rechteckhohlraumresonator)

In kartesischen Koordinaten lautet (14.89)

$$\boxed{\frac{\partial^2 A}{\partial x^2} + \frac{\partial^2 A}{\partial y^2} + \frac{\partial^2 A}{\partial z^2} + k^2 A = 0}\,. \tag{14.90}$$

Man geht wie in §6.2.1 vor und erhält mit einem Produktansatz nach BERNOULLI die drei separierten Gleichungen (6.7). Ihre Lösungen sind in (6.10) gegeben, wobei die Separationskonstanten jetzt über die Gleichung

$$\boxed{k^2 = k_x^2 + k_y^2 + k_z^2} \tag{14.91}$$

zusammenhängen.

Rechteckhohlleiter. Ein Rechteckhohlleiter ist ein zylindrischer Wellenleiter mit rechteckigem Querschnitt und metallischen Wänden, Abb. 14.19.

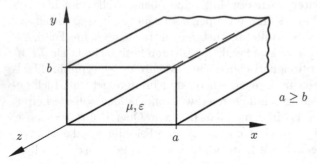

Abb. 14.19. Rechteckhohlleiter

Die Achse des Hohlleiters zeigt in z-Richtung, welche auch die Richtung der Wellenausbreitung ist. Der Einfachheit halber nehmen wir ideal leitende Wände an. Dies ist eine sehr gute Näherung, wenn man die Form der Felder berechnen will, da bei metallischen Leitern $E_{tan} \approx 0$ gilt (siehe z.B. §14.4.3) und das elektrische Feld damit senkrecht auf der Wand steht. Die Verluste in der Wand berechnet man natürlich für endliche Leitfähigkeit unter Verwendung der Wandströme, die mittels (14.46) aus dem Magnetfeld des ideal leitenden Hohlleiters bestimmt werden.

Man wählt geschickterweise die Ansätze (14.11) mit einem Vektorpotential, das in die Ausbreitungsrichtung (z-Richtung) zeigt und die skalare

HELMHOLTZ-Gleichung (14.90) erfüllt. Für die Abhängigkeiten von den transversalen Koordinaten ist die Schreibweise mit Stehwellen angebracht und für die Ausbreitungsfunktion die Schreibweise mit Laufwellen.

- *E-Wellen*

$$\boldsymbol{H}^E = \nabla \times \left(X^E Y^E \mathrm{e}^{\mp \mathrm{j}k_z z} \, \boldsymbol{e}_z \right)$$

$$= \left[X^E \frac{\mathrm{d}Y^E}{\mathrm{d}y} \, \boldsymbol{e}_x - Y^E \frac{\mathrm{d}X^E}{\mathrm{d}x} \, \boldsymbol{e}_y \right] \mathrm{e}^{\mp \mathrm{j}k_z z}$$

$$\mathrm{j}\omega\varepsilon \boldsymbol{E}^E = \nabla \times \boldsymbol{H}^E \tag{14.92}$$

$$= \left[\mp \mathrm{j}k_z \left(Y^E \frac{\mathrm{d}X^E}{\mathrm{d}x} \, \boldsymbol{e}_x + X^E \frac{\mathrm{d}Y^E}{\mathrm{d}y} \, \boldsymbol{e}_y \right) + (k_x^2 + k_y^2) X^E Y^E \boldsymbol{e}_z \right] \mathrm{e}^{\mp \mathrm{j}k_z z} \, .$$

Die z-Komponente des elektrischen Feldes muss auf den Wänden verschwinden, d.h. aus (6.10) folgt

$$X^E(x = 0, a) = 0 \quad \rightarrow \quad X^E \sim \sin k_{xm} x$$

$$Y^E(y = 0, b) = 0 \quad \rightarrow \quad Y^E \sim \sin k_{yn} y \tag{14.93}$$

$$\text{mit} \quad k_{xm} = \frac{m\pi}{a} \quad , \quad k_{yn} = \frac{n\pi}{b} \quad , \quad m, n = 1, 2, \ldots$$

und die Felder lauten unter Weglassen des gemeinsamen Faktors $\exp(\mp \mathrm{j}k_z z)$

$$H_{xmn}^E = A_{mn}^E k_{yn} \sin k_{xm} x \cos k_{yn} y$$

$$H_{ymn}^E = -A_{mn}^E k_{xm} \cos k_{xm} x \sin k_{yn} y$$

$$\mathrm{j}\omega\varepsilon E_{xmn}^E = \mp \mathrm{j} A_{mn}^E k_{xm} k_{zmn} \cos k_{xm} x \sin k_{yn} y$$

$$\mathrm{j}\omega\varepsilon E_{ymn}^E = \mp \mathrm{j} A_{mn}^E k_{yn} k_{zmn} \sin k_{xm} x \cos k_{yn} y$$

$$\mathrm{j}\omega\varepsilon E_{zmn}^E = A_{mn}^E k_{cmn}^2 \sin k_{xm} x \sin k_{yn} y \, . \tag{14.94}$$

Die Ausbreitungskonstanten k_{zmn} sind durch (14.91) zusammen mit (14.93) bestimmt zu

$$k_{zmn} = \frac{2\pi}{\lambda_{zmn}} = \sqrt{k^2 - k_{cmn}^2}$$

$$\text{mit} \quad k_{cmn}^2 = k_{xm}^2 + k_{yn}^2 = \left(\frac{m\pi}{a} \right)^2 + \left(\frac{n\pi}{b} \right)^2 \, . \tag{14.95}$$

Wie bei der Parallelplattenleitung, §14.4.4, wird die Ausbreitungskonstante k_z für Frequenzen unterhalb der Grenzfrequenz k_c rein imaginär und es gibt keine Wellenausbreitung. Die Hohlleiterwellenlänge λ_z ist immer größer als die Freiraumwellenlänge. An der Grenzfrequenz ist sie unendlich. Phasen-

und Gruppengeschwindigkeit sind wie in (14.87) gegeben allerdings mit der Grenzfrequenz $\omega_{cmn} = ck_{cmn}$ aus (14.95).

Wie aus (14.94) ersichtlich, ist das Verhältnis der transversalen elektrischen Feldstärke zur transversalen magnetischen Feldstärke von den Koordinaten unabhängig und hat die Dimension einer Impedanz

$$\frac{E^E_{xmn}}{H^E_{ymn}} = -\frac{E^E_{ymn}}{H^E_{xmn}} = \pm \frac{k_{zmn}}{\omega\varepsilon} = \pm Z\sqrt{1 - \left(\frac{k_{cmn}}{k}\right)^2} = \pm Z^E_{Fmn} \, . \quad (14.96)$$

Es heißt *Feldwellenwiderstand* Z_F und sein Wert liegt zwischen null an der Grenzfrequenz und dem Wellenwiderstand $Z = \sqrt{\mu/\varepsilon}$ des homogenen Raumes für $k \to \infty$. Das obere bzw. unter Vorzeichen gilt für in positive bzw. negative z-Richtung laufende Wellen. Die transversalen Feldkomponenten E_x, H_y und $-E_y$, H_x sind mit der Ausbreitungsrichtung $\pm e_z$ über die Rechtsschraubenregel verbunden.

Die Energieflussdichte

$$\boldsymbol{S}_k = \frac{1}{2}\boldsymbol{E}^E \times \boldsymbol{H}^{E*}$$

$$= -\frac{1}{2}E^E_z H^{E*}_y \, \boldsymbol{e}_x + \frac{1}{2}E^E_z H^{E*}_x \, \boldsymbol{e}_y + \frac{1}{2}\left(E^E_x H^{E*}_y - E^E_y H^{E*}_x\right)\boldsymbol{e}_z$$

ist in x- und y-Richtung rein imaginär, da die Wände als ideal leitend angenommen wurden. In z-Richtung erhält man mit (14.96)

$$S_{kz} = \pm\frac{1}{2}Z^E_{Fmn}\left(\left|H^E_{xmn}\right|^2 + \left|H^E_{ymn}\right|^2\right)$$

$$= \begin{cases} \text{imaginär} & \text{für} \quad k < k_{cmn} \\ 0 & \text{für} \quad k = k_{cmn} \\ \text{reell} & \text{für} \quad k > k_{cmn} \end{cases} \quad (14.97)$$

Wirkleistung wird nur oberhalb der Grenzfrequenz transportiert.

- *H-Wellen*

$$\boldsymbol{E}^H = \nabla \times \left(X^H Y^H \mathrm{e}^{\mp\mathrm{j}k_z z} \, \boldsymbol{e}_z\right)$$

$$= \left[X^H\frac{\mathrm{d}Y^H}{\mathrm{d}y}\,\boldsymbol{e}_x - Y^H\frac{\mathrm{d}X^H}{\mathrm{d}x}\,\boldsymbol{e}_y\right]\mathrm{e}^{\mp\mathrm{j}k_z z}$$

$$-\mathrm{j}\omega\mu\boldsymbol{H}^H = \nabla \times \boldsymbol{E}^H \quad\quad\quad (14.98)$$

$$= \left[\mp\mathrm{j}k_z\left(Y^H\frac{\mathrm{d}X^H}{\mathrm{d}x}\,\boldsymbol{e}_x + X^H\frac{\mathrm{d}Y^H}{\mathrm{d}y}\,\boldsymbol{e}_y\right) + (k_x^2 + k_y^2)X^H Y^H\boldsymbol{e}_z\right]\mathrm{e}^{\mp\mathrm{j}k_z z}$$

Die Randbedingungen lauten in diesem Fall

$$E_x(y = 0, b) = E_y(x = 0, a) = 0$$

und erfordern

$$\frac{\mathrm{d}Y^H}{\mathrm{d}y}(y = 0, b) = 0 \quad \to \quad Y^H \sim \cos k_{yn}y$$

$$\frac{\mathrm{d}X^H}{\mathrm{d}x}(x=0,a)=0 \quad \rightarrow \quad X^H \sim \cos k_{xm}x$$

$$\text{mit} \quad k_{yn}=\frac{n\pi}{b} \quad , \quad k_{xm}=\frac{m\pi}{a} \quad , \quad m,n=0,1,2,\dots \qquad (14.99)$$

wobei die Indices m und n nicht gleichzeitig null sein dürfen, da dies den Trivialfall verschwindender Felder bedeutet.

Somit ergibt sich für die Felder (unter Weglassen des gemeinsamen Faktors $\exp(\mp\mathrm{j}k_z z)$)

$$E_{xmn}^H = -A_{mn}^H k_{yn}\cos k_{xm}x\,\sin k_{yn}y$$

$$E_{ymn}^H = A_{mn}^H k_{xm}\sin k_{xm}x\,\cos k_{yn}y$$

$$-\mathrm{j}\omega\mu H_{xmn}^H = \pm\mathrm{j}A_{mn}^H k_{xm}k_{zmn}\sin k_{xm}x\,\cos k_{yn}y$$

$$-\mathrm{j}\omega\mu H_{ymn}^H = \pm\mathrm{j}A_{mn}^H k_{yn}k_{zmn}\cos k_{xm}x\,\sin k_{yn}y$$

$$-\mathrm{j}\omega\mu H_{zmn}^H = A_{mn}^H k_{cmn}^2\cos k_{xm}x\,\cos k_{yn}y \ . \qquad (14.100)$$

Die Ausbreitungskonstanten k_{zmn} sind die gleichen wie für E-Wellen, (14.95), mit Ausnahme des Wertebereiches für die Indices m und n.

Für den Feldwellenwiderstand erhält man

$$\frac{E_{xmn}^H}{H_{ymn}^H} = -\frac{E_{ymn}^H}{H_{xmn}^H} = \pm\frac{\omega\mu}{k_{zmn}} = \pm\frac{Z}{\sqrt{1-(k_{cmn}/k)^2}} = \pm Z_{Fmn}^H \qquad (14.101)$$

und für die Energieflussdichte in z-Richtung

$$S_{kz} = \frac{1}{2}\left(E_{xmn}^H H_{ymn}^{H*} - E_{ymn}^H H_{wmn}^{H*}\right)$$

$$= \pm\frac{1}{2Z_{Fmn}^{H*}}\left(\left|E_{xmn}^H\right|^2 + \left|E_{ymn}^H\right|^2\right) \ . \qquad (14.102)$$

Jede einzelne E_{mn}- bzw. H_{mn}-Welle ist eine Eigenlösung (Mod) der HELMHOLTZ-Gleichung mit den entsprechenden Randbedingungen. Wird eine solche Welle im Hohlleiter angeregt, so breitet sie sich mit konstanter Amplitude und Form im Hohlleiter aus. Die Feldbilder der niedrigsten Moden sind in Abb. 14.20 gezeigt. Aus diesen Bildern kann man den jeweils nächsthöheren Mod durch Spiegeln an den Ebenen $x=a$ und/oder $y=b$ und anschließender Reduktion

$$2a \rightarrow a \quad , \quad 2b \rightarrow b$$

gewinnen.

Ein beliebiges Feld im Hohlleiter muss man durch die vollständige Lösung darstellen, d.h. durch die Linearkombination aller möglichen Eigenlösungen

$$\boldsymbol{E} = \sum_m \sum_n \left(\boldsymbol{E}_{mn}^E + \boldsymbol{E}_{mn}^H\right) \quad , \quad \boldsymbol{H} = \sum_m \sum_n \left(\boldsymbol{H}_{mn}^E + \boldsymbol{H}_{mn}^H\right) \ . \ (14.103)$$

Dies ist z.B. nötig, wenn sich im Hohlleiter Störungen befinden, oder Speiseanordnungen, die normalerweise nicht nur den gewünschten Mod anregen, sondern zusätzlich viele andere.

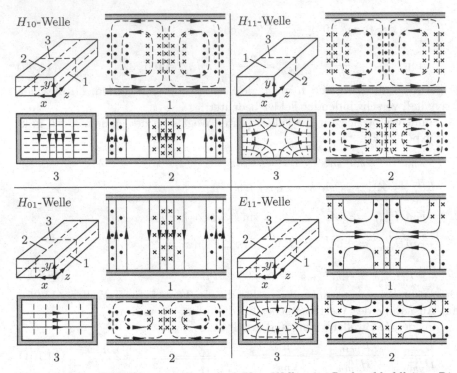

Abb. 14.20. Feldbilder von E_{mn}- und H_{mn}-Wellen im Rechteckhohlleiter. Die durchgezogenen Linien zeigen das elektrische Feld, die gestrichelten das magnetische Feld

Rechteckhohlraumresonator. Schwingkreise werden bei niedrigen Frequenzen aus diskreten Elementen wie Widerstand R, Induktivität L und Kapazität C aufgebaut. Als Bedingung für die Gültigkeit dieser Ersatzelemente muss die typische Dimension eines Elementes sehr viel kleiner als die Wellenlänge sein. Bei höheren Frequenzen, oberhalb einiger 100 MHz, wird es immer schwieriger, diskrete Elemente zu realisieren. Die Elemente fangen an, Energie abzustrahlen und mit anderen Teilen des Schaltkreises zu interferieren. Außerdem nimmt aufgrund des Skineffektes der Widerstand zu und die Verluste steigen. Für hohe Frequenzen sind abgeschlossene, metallische Hohlräume besser geeignet, um Resonanzkreise zu bauen. Sie strahlen nicht ab und interferieren nicht mit benachbarten Elementen. Außerdem besitzen sie eine große Oberfläche, auf die sich die Wandströme verteilen und damit niedrigere Verluste verursachen. Die einfachste Ausführung eines Hohlraumresonators ist ein Rechteckhohlleiter, der bei $z = 0$ und $z = l$ mit metallischen Wänden (hier wiederum ideal leitenden Wänden) abgeschlossen ist. Das Feld setzt sich dann aus Stehwellen in allen drei Koordinatenrichtungen zusammen mit den Wellenzahlen k_{xm}, k_{yn} und k_{zp}. Diese bestimmen über den Zusammenhang (14.91) die Resonanzfrequenz

$$k_{mnp} = \frac{\omega_{mnp}}{c} = \sqrt{k_{xm}^2 + k_{yn}^2 + k_{zp}^2} \; . \tag{14.104}$$

Als Beispiel wird eine H_{101}-Resonanz betrachtet. Sie entsteht aus der Überlagerung einer vorwärts und einer rückwärts laufenden H_{10}-Welle im Rechteckhohlleiter nach (14.100)

$$E_y = A\,k_{x1} \sin k_{x1}x \left(e^{-jk_z z} + B\,e^{jk_z z} \right)$$

mit den Randbedingungen

$$E_y(z = 0, l) = 0 \quad \rightarrow \quad B = -1 \quad , \quad k_z = k_{zp} = \frac{p\pi}{l} \quad ,$$

$$p = 1, (2, 3, \dots) \; .$$

Die Felder der H_{101}-Resonanz lauten somit

$$k_{x1} = \frac{\pi}{a} \quad , \quad k_y = 0 \quad , \quad k_{z1} = \frac{\pi}{l} \quad , \quad k^2 = k_{x1}^2 + k_{z1}^2$$

$$E_x = H_y = 0$$

$$E_y = -j2A\frac{\pi}{a} \sin \frac{\pi x}{a} \sin \frac{\pi z}{l}$$

$$H_x = -\frac{2}{\omega\mu}A\frac{\pi}{a}\frac{\pi}{l} \sin \frac{\pi x}{a} \cos \frac{\pi z}{l}$$

$$H_z = \frac{2}{\omega\mu}A\left(\frac{\pi}{a}\right)^2 \cos \frac{\pi x}{a} \sin \frac{\pi z}{l} \; . \tag{14.105}$$

Die Resonanzfrequenz ist

$$\omega_{101} = k_{101}c = c\sqrt{\left(\frac{\pi}{a}\right)^2 + \left(\frac{\pi}{l}\right)^2} \; . \tag{14.106}$$

Hohlraumresonatoren werden durch Koppellöcher mit einem Hohlleiter gespeist, Abb. 14.21a, oder mit Koaxialleitungen über kapazitive Antennen, Abb. 14.21b, oder über induktive Schleifen, Abb. 14.21c.

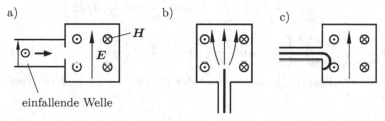

a)   b)   c)

einfallende Welle

Abb. 14.21. Ankopplungen an einen Hohlraumresonator. **(a)** Koppelloch. **(b)** Kapazitive Kopplung. **(c)** Induktive Kopplung

Wie die Eigenwellen im Hohlleiter ist jede mnp-Eigenresonanz (Mod) für sich existenzfähig und nur bei Störungen im Resonator müssen Überlagerungen von Eigenresonanzen angesetzt werden. Jeder Mod speichert elektromagnetische Energie W_{mnp} und erzeugt über die Wandströme Verluste P_{vmnp}. Die gespeicherte Energie setzt sich aus der elektrischen und der magnetischen Energie zusammen, deren zeitliche Mittelwerte im Falle von Resonatoren gleich sind, d.h. nach (13.11), (14.105) ist

$$\overline{W}_{101} = \overline{W}_e + \overline{W}_m = 2\overline{W}_e = \frac{1}{2}\int_V \boldsymbol{E}\cdot\boldsymbol{D}^*\mathrm{d}V \qquad (14.107)$$

$$= \frac{\varepsilon}{2}\left(2\frac{\pi}{a}\right)^2|A|^2\int_0^a\int_0^b\int_0^l\sin^2\frac{\pi x}{a}\sin^2\frac{\pi z}{l}\,\mathrm{d}x\mathrm{d}y\mathrm{d}z = \frac{\pi^2}{2}\varepsilon\frac{b}{a}l|A|^2\ .$$

Die Verlustleistung berechnet man über die Wandströme, (14.46), welche über die Eindringtiefe als konstant angenommen werden (siehe §12.7). Damit ergibt sich die Verlustleistung pro Oberflächeneinheit mit dem Wandwiderstand R_w nach (12.59) zu

$$\overline{P}_v'' = \frac{1}{2}R_w|\boldsymbol{J}_F|^2 = \frac{1}{2}\frac{1}{\kappa\delta_S}|\boldsymbol{H}_{tan}|^2 \qquad (14.108)$$

und die Gesamtverlustleistung zu

$$\overline{P}_{v101} = \frac{1}{\kappa\delta_S}\left\{\int_0^b\int_0^l|H_z(x=0)|^2\mathrm{d}y\mathrm{d}z + \int_0^a\int_0^b|H_x(z=0)|^2\mathrm{d}x\mathrm{d}y\right.$$

$$\left. + \int_0^a\int_0^l\left[|H_x(y=0)|^2 + |H_z(y=0)|^2\right]\mathrm{d}x\mathrm{d}z\right\}$$

$$= \frac{1}{\kappa\delta_S}\left(\frac{2|A|}{\omega\mu}\frac{\pi}{a}\right)^2\left\{\left(\frac{\pi}{a}\right)^2 b\int_0^l\sin^2\frac{\pi z}{l}\,\mathrm{d}z\right.$$

$$+ \left(\frac{\pi}{l}\right)^2 b\int_0^a\sin^2\frac{\pi x}{a}\,\mathrm{d}x$$

$$+ \left(\frac{\pi}{l}\right)^2\int_0^a\int_0^l\sin^2\frac{\pi x}{a}\cos^2\frac{\pi z}{l}\,\mathrm{d}x\mathrm{d}z$$

$$\left. + \left(\frac{\pi}{a}\right)^2\int_0^a\int_0^l\cos^2\frac{\pi x}{a}\sin^2\frac{\pi z}{l}\,\mathrm{d}x\mathrm{d}z\right\}$$

$$= \frac{1}{\kappa\delta_S}\left(\frac{|A|\pi}{\omega\mu a}\right)^2\left\{(a+2b)l\left(\frac{\pi}{a}\right)^2 + (l+2b)a\left(\frac{\pi}{l}\right)^2\right\}\ . \qquad (14.109)$$

Ein Maß für die Qualität des Resonators ist der *Gütewert* oder auch *Q-Wert*

$$Q = \frac{\omega\overline{W}}{\overline{P}_v}\ ,$$

der die Bandbreite $B = \omega/Q$ der Resonanz bestimmt und die Zeitkonstante $\tau = 2Q/\omega$, mit welcher ein einmal erzeugtes Feld abklingt. Einsetzen der

Energie W_{101} (14.107), der Verlustleistung P_{v101} (14.109) und der Resonanzfrequenz ω_{101} (14.106) in die Formel für den Q-Wert liefert

$$\delta_S Q_{101} = \frac{(a^2 + l^2)abl}{2b(a^3 + l^3) + al(a^2 + l^2)} \ . \tag{14.110}$$

Als einfache Abschätzung gilt: $\delta_S Q$ ist in der Größenordnung von Volu-
men/Oberfläche des Hohlraums.

Beispiel: Kubischer H_{101}-Hohlraumresonator für 3 GHz, Wandmaterial Kupfer mit $\kappa = 57 \cdot 10^6 \Omega^{-1} \mathrm{m}^{-1}$. Aus (14.106) folgt für $a = b = l$

$$2\pi f_{101} = \sqrt{2}\, c \frac{\pi}{a} \quad \rightarrow \quad a = 7.07\,\mathrm{cm} \ .$$

Die Eindringtiefe (12.60) ist $\delta_S = 1.2\,\mu\mathrm{m}$ und der Gütewert (14.110)

$$Q_{101} = \frac{1}{3} \frac{a}{\delta_S} = 19640 \ .$$

Im Bereich der Mikrowellen besitzen Hohlraumresonatoren die besten Güten.
Sie werden als schmalbandige Schwingkreise in HF-Schaltungen, als Filter-
element, in HF-Röhren oder zum Beschleunigen geladener Teilchen benutzt.

14.5.2 Zylinderkoordinaten (Koaxialkabel. Rundhohlleiter. Dielektrischer Rundstab)

Wie in §14.5.1 verwenden wir wieder die Ansätze (14.11) mit Vektorpoten-
tialen in Richtung der kartesischen z-Koordinate. Dann geht die vektorielle
Wellengleichung (14.10 II) in die skalare HELMHOLTZ-Gleichung über. Diese
lautet in Zylinderkoordinaten

$$\boxed{\frac{1}{\varrho} \frac{\partial}{\partial \varrho} \left(\varrho \frac{\partial A}{\partial \varrho} \right) + \frac{1}{\varrho^2} \frac{\partial^2 A}{\partial \varphi^2} + \frac{\partial^2 A}{\partial z^2} + k^2 A = 0} \ . \tag{14.111}$$

Analog zur Vorgehensweise wie in §6.2.3 erhält man mit dem Produktan-
satz nach BERNOULLI für die φ-Abhängigkeit die Lösung (6.24), für die z-
Abhängigkeit die Gleichung (6.22) mit den Lösungen $\exp(\mp\mathrm{j}k_z z)$ und für die
ϱ-Abhängigkeit die Gleichung

$$\frac{\mathrm{d}^2 R}{\mathrm{d}\varrho^2} + \frac{1}{\varrho} \frac{\mathrm{d}R}{\mathrm{d}\varrho} + \left(k^2 - k_z^2 - \frac{m^2}{\varrho^2} \right) R = 0$$

mit den Lösungen

$$R(\varrho) = \begin{Bmatrix} J_m(K\varrho) \\ N_m(K\varrho) \end{Bmatrix} \quad \text{oder} \quad \begin{Bmatrix} I_m(p\varrho) \\ K_m(p\varrho) \end{Bmatrix} \quad \text{oder} \quad \begin{Bmatrix} H_m^{(1)}(K\varrho) \\ H_m^{(2)}(K\varrho) \end{Bmatrix}$$

$$\text{für} \quad K = \mathrm{j}p = \sqrt{k^2 - k_z^2} \neq 0$$

$$= \begin{Bmatrix} \varrho^m \\ \varrho^{-m} \end{Bmatrix} \qquad \text{für} \quad k = k_z \ , \ m \neq 0$$

$$= A + B \ln \frac{\varrho}{\varrho_0} \qquad \text{für} \quad k = k_z \ , \ m = 0 \ . \tag{14.112}$$

Alle drei Fundamentalsysteme der Zylinderfunktionen sind möglich. Sie unterscheiden sich lediglich darin, dass abhängig von dem Problem eine Art besser angepasst ist als die beiden anderen und weniger Aufwand erfordert. Erwartet man bei dem gegebenen Problem Stehwellen, wählt man geschickterweise (J_m, N_m). Dies entspricht der Wahl $(\cos, \sin)$ in kartesischen Koordinaten. Erwartet man aber in ϱ-Richtung laufende Wellen, so ist die Wahl $(H_m^{(1)}, H_m^{(2)})$ angebracht, welche im kartesischen System $\exp(\pm jkz)$ entspricht. Bei auf- oder abklingenden Feldern ist (I_m, K_m) am besten geeignet entsprechend $\exp(\pm\alpha z)$ im kartesischen System.

Koaxialkabel (TEM-Welle). Mit dem Ansatz (14.11) und Zylinderwellen nach (14.112) erhält man E- und H-Wellen im Koaxialkabel ähnlich wie im Rechteckhohlleiter. Diese haben jedoch nur eine geringe technische Bedeutung und wir wollen statt dessen die Besonderheit des Koaxialkabels verwenden, nämlich, dass es aus zwei Leitern besteht und eine TEM-Welle mit $k_z = k$ führen kann. Wie sich herausstellt, sind die Randbedingungen bei $k_z = k$ nicht für $m > 0$ erfüllbar und es bleibt der Ansatz für E-Wellen mit $m = 0$

$$\boldsymbol{A}(\varrho, z) = \left(A + B \ln \frac{\varrho}{\varrho_0} \right) \mathrm{e}^{\mp jkz}\, \boldsymbol{e}_z$$

$$\boldsymbol{H} = \nabla \times \boldsymbol{A} = -\frac{\partial A_z}{\partial \varrho}\, \boldsymbol{e}_\varphi = -B\frac{1}{\varrho}\, \mathrm{e}^{\mp jkz}\, \boldsymbol{e}_\varphi$$

$$\mathrm{j}\omega\varepsilon\boldsymbol{E} = \nabla \times \boldsymbol{H} = -\frac{\partial H_\varphi}{\partial z}\, \boldsymbol{e}_\varrho + \frac{1}{\varrho}\frac{\partial}{\partial \varrho}(\varrho H_\varphi)\, \boldsymbol{e}_z = \mp \mathrm{j}k\frac{B}{\varrho}\, \mathrm{e}^{\mp jkz}\, \boldsymbol{e}_\varrho$$

$$E_\varrho = \mp Z\frac{B}{\varrho}\, \mathrm{e}^{\mp jkz} = \pm ZH_\varphi \ . \tag{14.113}$$

Dies ist tatsächlich eine reine TEM-Welle mit dem Wellenwiderstand des homogenen Raumes als Feldwellenwiderstand. Das elektrische Feld steht senkrecht auf dem Innen- und Außenleiter und erfüllt automatisch die Randbedingungen. Die Welle ist sehr ähnlich der TEM-Welle in der Parallelplattenleitung, §14.4.4. Wird die Differenz der Radien des Außen- und Innenleiters $b - a$ sehr viel kleiner als der Radius des Innenleiters a, d.h. $(b - a)/a \ll 1$, so geht die TEM-Welle des Koaxialkabels in die der Parallelplattenleitung über.

Koaxialkabel, auch in rechteckiger Form, spielen eine wichtige Rolle in der Hochfrequenztechnik. Zum einen sind sie durch den eigenen Außenleiter abgeschirmt und zum anderen sind die Querdimensionen im Fall der TEM-Welle unabhängig von der Wellenlänge. Der Durchmesser des Kabels kann sehr viel kleiner als die Wellenlänge sein und dennoch besitzt das Kabel teilweise die Vorzüge von Hohlleitern.

Rundhohlleiter. Ein Rundhohlleiter ist ein zylindrischer Wellenleiter mit kreisförmigem Querschnitt und metallischen Wänden, Abb. 14.22a. Die Achse des Hohlleiters sei die z-Achse und zugleich die Richtung der Wellenausbreitung. Die Wand sei ideal leitend.

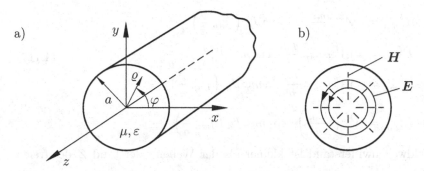

Abb. 14.22. (a) Rundhohlleiter. (b) Feldbild der H_{10}-Welle

Wir wählen wiederum die Ansätze (14.11) mit einem Vektorpotential in z-Richtung. Für die Abhängigkeit in ϱ-Richtung wählen wir die Zylinderfunktionen mit Stehwellencharakter, in Ausbreitungsrichtung Laufwellen und in φ-Richtung müssen die Felder 2π-periodisch sein

$$\boldsymbol{A}(\varrho,z) = A \left\{ \begin{matrix} \cos m\varphi \\ \sin m\varphi \end{matrix} \right\} \left\{ \begin{matrix} J_m(K\varrho) \\ N_m(K\varrho) \end{matrix} \right\} \mathrm{e}^{\mp \mathrm{j}k_z z} \boldsymbol{e}_z \ .$$

Wegen der Zylindersymmetrie legt man $\varphi = 0$ so, dass nur die cos-Funktion benötigt wird. Ferner muss das Feld auf der Achse endlich sein und man kann die NEUMANN-Funktion ausschließen. Es bleibt

$$\boldsymbol{A}(\varrho,z) = A \cos m\varphi \, J_m(K\varrho) \, \mathrm{e}^{\mp \mathrm{j}k_z z} \, \boldsymbol{e}_z \quad , \quad K = \sqrt{k^2 - k_z^2} \ . \tag{14.114}$$

• *E-Wellen*

$$\boldsymbol{H}^E = \nabla \times \boldsymbol{A}^E = \frac{1}{\varrho} \frac{\partial A_z^E}{\partial \varphi} \boldsymbol{e}_\varrho - \frac{\partial A_z^E}{\partial \varrho} \boldsymbol{e}_\varphi$$

$$\mathrm{j}\omega\varepsilon \boldsymbol{E}^E = \nabla \times \boldsymbol{H}^E = \frac{\partial^2 A_z^E}{\partial \varrho \partial z} \boldsymbol{e}_\varrho + \frac{1}{\varrho} \frac{\partial^2 A_z^E}{\partial \varphi \partial z} \boldsymbol{e}_\varphi \tag{14.115}$$

$$+ \frac{1}{\varrho} \left[-\frac{\partial}{\partial \varrho} \left(\varrho \frac{\partial A_z^E}{\partial \varrho} \right) - \frac{1}{\varrho} \frac{\partial^2 A_z^E}{\partial \varphi^2} \right] \boldsymbol{e}_z$$

Die Randbedingung lautet

$$E_\varphi^E(\varrho = a) = 0 \quad \rightarrow \quad J_m(Ka) = 0 \quad \rightarrow \quad K_{mn}a = j_{mn} \ , \ n = 1,2,\dots \tag{14.116}$$

mit j_{mn} der n-ten nicht verschwindenden Nullstelle der BESSEL-Funktion J_m. Mit (14.116) erhält man aus (14.115) die Eigenwellen (der gemeinsame Faktor $\exp(\mp jk_z z)$ ist weggelassen)

$$H^E_{\varrho mn} = -A^E \frac{m}{\varrho} \sin m\varphi\, J_m \left(j_{mn} \frac{\varrho}{a} \right)$$

$$H^E_{\varphi mn} = -A^E \frac{j_{mn}}{a} \cos m\varphi\, J'_m \left(j_{mn} \frac{\varrho}{a} \right)$$

$$j\omega\varepsilon E^E_{\varrho mn} = \mp j A^E k_{zmn} \frac{j_{mn}}{a} \cos m\varphi\, J'_m \left(j_{mn} \frac{\varrho}{a} \right) \tag{14.117}$$

$$j\omega\varepsilon E^E_{\varphi mn} = \pm j A^E k_{zmn} \frac{m}{\varrho} \sin m\varphi\, J_m \left(j_{mn} \frac{\varrho}{a} \right)$$

$$j\omega\varepsilon E^E_{zmn} = A^E \left(\frac{j_{mn}}{a} \right)^2 \cos m\varphi\, J_m \left(j_{mn} \frac{\varrho}{a} \right) \; .$$

Der Feldwellenwiderstand ist kleiner als der Wellenwiderstand Z des freien Raumes

$$\frac{E^E_{\varrho mn}}{H^E_{\varphi mn}} = -\frac{E^E_{\varphi mn}}{H^E_{\varrho mn}} = \pm \frac{k_{zmn}}{\omega\varepsilon} = \pm Z \sqrt{1 - \left(\frac{j_{mn}}{2\pi} \frac{\lambda}{a} \right)^2} = \pm Z^E_{Fmn} \; .$$

$$\tag{14.118}$$

- **H-Wellen**

$$\boldsymbol{E}^H = \nabla \times \boldsymbol{A}^H = \frac{1}{\varrho} \frac{\partial A^H_z}{\partial \varphi}\, \boldsymbol{e}_\varrho - \frac{\partial A^H_z}{\partial \varrho}\, \boldsymbol{e}_\varphi$$

$$-j\omega\mu \boldsymbol{H}^H = \nabla \times \boldsymbol{E}^H = \frac{\partial^2 A^H_z}{\partial\varrho\partial z}\, \boldsymbol{e}_\varrho + \frac{1}{\varrho} \frac{\partial^2 A^H_z}{\partial\varphi\partial z}\, \boldsymbol{e}_\varphi + K^2 A^H_z\, \boldsymbol{e}_z \tag{14.119}$$

Die Randbedingung lautet in diesem Fall

$$E^H_\varphi(\varrho = a) = 0 \quad\rightarrow\quad J'_m(Ka) = 0 \quad\rightarrow\quad K_{mn} a = j'_{mn} \,, \; n = 1,2,\dots \tag{14.120}$$

mit j'_{mn} der n-ten nicht verschwindenden Nullstelle der Ableitung der BESSEL-Funktion. Für die Felder erhält man, wiederum unter Weglassen des gemeinsamen Faktors $\exp(\mp jk_z z)$,

$$E^H_{\varrho mn} = -A^H \frac{m}{\varrho} \sin m\varphi\, J_m \left(j'_{mn} \frac{\varrho}{a} \right)$$

$$E^H_{\varphi mn} = -A^H \frac{j'_{mn}}{a} \cos m\varphi\, J'_m \left(j'_{mn} \frac{\varrho}{a} \right)$$

$$-j\omega\mu H^H_{\varrho mn} = \mp j A^H k_{zmn} \frac{j'_{mn}}{a} \cos m\varphi\, J'_m \left(j'_{mn} \frac{\varrho}{a} \right) \tag{14.121}$$

$$-j\omega\mu H^H_{\varphi mn} = \pm j A^H k_{zmn} \frac{m}{\varrho} \sin m\varphi\, J_m \left(j'_{mn} \frac{\varrho}{a} \right)$$

$$-j\omega\mu H^H_{zmn} = A^H \left(\frac{j'_{mn}}{a} \right)^2 \cos m\varphi\, J_m \left(j'_{mn} \frac{\varrho}{a} \right) \; .$$

Der Feldwellenwiderstand ist bei H-Wellen größer als der Wellenwiderstand Z des freien Raumes

$$\frac{E_{\varrho mn}^{H}}{H_{\varphi mn}^{H}} = -\frac{E_{\varphi mn}^{H}}{H_{\varrho mn}^{H}} = \pm\frac{\omega\mu}{k_{zmn}} = \pm\frac{Z}{\sqrt{1 - \left(\frac{j'_{mn}}{2\pi}\frac{\lambda}{a}\right)^{2}}} = \pm Z_{Fmn}^{H}. \quad (14.122)$$

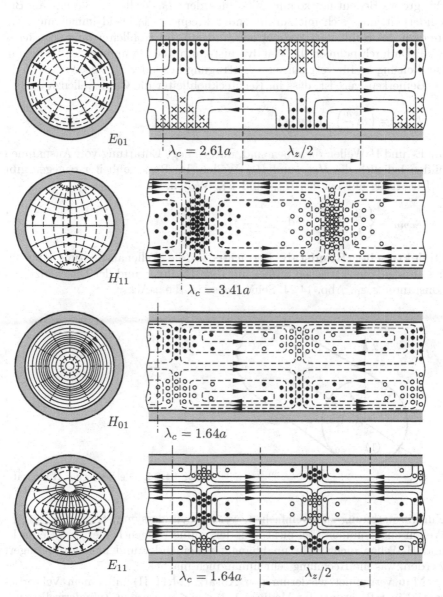

Abb. 14.23. Feldbilder von E_{mn}- und H_{mn}-Wellen im Rundhohlleiter. Die durchgezogenen Linien zeigen das elektrische Feld, die gestrichelten das magnetische Feld.

Abb. 14.23 zeigt die Feldbilder einiger niedriger Eigenwellen. Die niedrigste Grenzfrequenz hat dabei die H_{11}-Welle mit

$$k_{c11} = \frac{\omega_{c11}}{c_0} = \frac{j'_{11}}{a} = \frac{1.84}{a} \,.$$

Die größte Bedeutung kommt allerdings der H_{01}-Welle zu. Sie hat als Besonderheit, dass sich mit zunehmender Frequenz das Feld immer mehr im Inneren des Hohlleiters konzentriert und auf der Hohlleiterwand schwächer wird. Dadurch nehmen die Wandverluste, d.h. die Dämpfung der Welle, ab. Die Leitung ist für verlustarme Übertragung besonders gut geeignet.

Bemerkenswert ist, dass im Rechteckhohlleiter die Grenzwellenzahlen

$$k_{cmn}^2 = \left(m\,\frac{\pi}{a} \right)^2 + \left(n\,\frac{\pi}{b} \right)^2$$

für E- und H-Wellen dieselben sind, d.h. es liegt Entartung vor. Ausnahmen bilden lediglich die H_{m0}- und H_{0n}-Wellen. Im Rundhohlleiter dagegen gibt es Entartung nur bei den H_{0n}- und E_{1n}-Wellen, da

$$k_{cmn} = \begin{cases} j'_{mn}/a \\ j_{mn}/a \end{cases} \quad \text{und} \quad j'_{0n} = j_{1n} \,.$$

Dielektrischer Rundstab. Betrachtet sei die Wellenausbreitung längs eines runden, dielektrischen Stabes mit dem Radius a und der Dielektrizitätskonstanten $\varepsilon_r \varepsilon_0$, Abb. 14.24. Seine Achse ist die z-Achse.

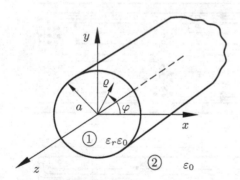

Abb. 14.24. Dielektrischer Rundstab

Um die Rechnung zu vereinfachen, werden zylindersymmetrische, $m = 0$, E-Wellen angenommen (bei nicht zylindersymmetrischen Feldern existieren E- und H-Wellen nicht mehr unabhängig voneinander und müssen überlagert werden, was die Rechnung sehr unhandlich macht).

Man verwendet wiederum den Ansatz (14.11 II) mit einem Vektorpotential in z-Richtung. Im Medium 1, $0 \leq \varrho \leq a$, werden Zylinderwellen mit Stehwellencharakter (14.112) angesetzt

$$\boldsymbol{A}_1 = A_1 J_0(K\varrho)\,\mathrm{e}^{\mp \mathrm{j} k_z z}\,\boldsymbol{e}_z \quad , \quad K = \sqrt{k_1^2 - k_z^2}\,, \tag{14.123}$$

wobei nur die BESSEL-Funktion zu verwenden ist, da die NEUMANN-Funktion für $\varrho \to 0$ eine logarithmische Singularität hat. Im Medium 2, $a < \varrho$, sucht man nach Feldern, die für $\varrho \to \infty$ exponentiell abklingen, und man setzt die modifizierte BESSEL-Funktion an

$$\boldsymbol{A}_2 = A_2 K_0(p\varrho)\,\mathrm{e}^{\mp \mathrm{j} k_z z}\,\boldsymbol{e}_z \quad , \quad p = \sqrt{k_z^2 - k_0^2}\,. \tag{14.124}$$

Die Ausbreitungskonstante k_z muss in beiden Raumteilen gleich sein, damit die Stetigkeitsbedingungen

$$H_{\varphi 1}(\varrho = a) = H_{\varphi 2}(\varrho = a) \quad , \quad E_{z1}(\varrho = a) = E_{z2}(\varrho = a) \tag{14.125}$$

für alle Werte der Koordinate z erfüllt werden können. Mit den Ansätzen (14.123), (14.124) und (14.11 II) lauten die Felder in den beiden Raumteilen[6]

$$H_{\varphi 1} = A_1 K\, J_1(K\varrho) \quad , \quad H_{\varphi 2} = A_2 p\, K_1(p\varrho)$$

$$\mathrm{j}\omega \varepsilon_r \varepsilon_0 E_{z1} = A_1 K^2 J_0(K\varrho) \quad , \quad \mathrm{j}\omega \varepsilon_0 E_{z2} = -A_2 p^2 K_0(p\varrho)\,.$$

An der Trennfläche $\varrho = a$ gelten die Stetigkeitsbedingungen (14.125)

$$A_1 K\, J_1(Ka) = A_2 p\, K_1(pa) \quad , \quad \frac{1}{\varepsilon_r} A_1 K^2 J_0(Ka) = -A_2 p^2 K_0(pa)$$

und eine Division der beiden Gleichungen führt auf die Eigenwertgleichung

$$\frac{\varepsilon_r J_1(Ka)}{Ka\, J_0(Ka)} + \frac{K_1(pa)}{pa\, K_0(pa)} = 0\,, \tag{14.126}$$

deren Lösung die Ausbreitungskonstante k_z bei gegebener Freiraumwellenzahl $k_0 \sim \omega$ ist. Diskrete, reelle Lösungen existieren im Bereich

$$k_0 < k_z \le \sqrt{\varepsilon_r} k_0\,. \tag{14.127}$$

Oberhalb von $\sqrt{\varepsilon_r} k_0$ gibt es keine Lösungen. Unterhalb der Freiraumwellenzahl k_0 ist die Ausbreitungskonstante k_z komplex und kontinuierlich, d.h. es gibt ein kontinuierliches Spektrum von Wellen, die Energie nicht nur in Ausbreitungsrichtung transportieren, sondern auch abstrahlen. Diese Wellen heißen *Leckwellen* (leaky waves). Für jeden diskreten Wert der Ausbreitungskonstanten k_z im Bereich (14.127) gibt es eine Grenzfrequenz ω_c, oberhalb der eine ausbreitungsfähige Welle existiert, die entlang des Leiters geführt wird. Nahe der Grenzfrequenz gilt $k_z \to k_0$ und das Argument $p\varrho$ der modifizierten BESSEL-Funktion verschwindet. Die Welle klingt für $\varrho \to \infty$ nicht mehr ab und breitet sich mit Lichtgeschwindigkeit aus. Für hohe Frequenzen, $\omega \gg \omega_c$, gilt $k_z \to \sqrt{\varepsilon_r} k_0$ und die Welle wird immer mehr in das Dielektrikum „hineingezogen", bis sie sich mit der Lichtgeschwindigkeit im Dielektrikum ausbreitet. Der Verlauf der Ausbreitungskonstanten über der Frequenz ist in Abb. 14.25 gegeben.

---

[6] unter Weglassen des gemeinsamen Faktors $\exp(\mp \mathrm{j} k_z z)$

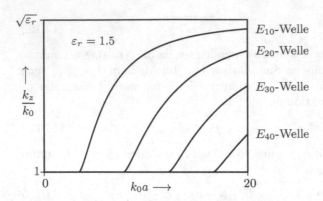

Abb. 14.25. Ausbreitungskonstanten von zylindersymmetrischen E-Wellen in einem dielektrischen Stab

Dielektrische Stäbe aus hochreinem Quarzglas werden als Glasfaser benutzt, um Licht zu übertragen. Die technische Ausführung besteht dabei im Wesentlichen aus drei Schichten. Die Dielektrizitätskonstante ε_{r1} des Kerns ist leicht erhöht gegenüber der Dielektrizitätskonstanten ε_{r2} der umgebenden Schale. Dadurch wird das Licht im Kern durch Totalreflexion (siehe §14.4.1) geführt. In der Schale, deren Dicke entsprechend gewählt ist, klingt das Feld bis auf einen tolerierbaren Minimalwert exponentiell ab. Um die Schale herum befindet sich ein verlustbehafteter Mantel, der zugleich die mechanische Stabilität gewährleistet.

14.5.3 Kugelkoordinaten (Kugelresonator)

In Kugelkoordinaten gibt es keine kartesische Komponente und man wählt eine etwas andere Vorgehensweise. Man setzt das Vektorpotential in radiale Richtung an, was meistens auch die Ausbreitungsrichtung ist,

$$\boldsymbol{A} = A(r, \vartheta, \varphi)\, \boldsymbol{e}_r \, . \tag{14.128}$$

Dann erhält man z.B. für H_r-Wellen

$$\boldsymbol{E} = \nabla \times \boldsymbol{A} \quad \rightarrow \quad \nabla \times \boldsymbol{H} = \mathrm{j}\omega\varepsilon\boldsymbol{E} = \nabla \times (\mathrm{j}\omega\varepsilon\boldsymbol{A})$$

und somit wegen $\nabla \times (\nabla\psi) \equiv 0$

$$\boldsymbol{H} = \mathrm{j}\omega\varepsilon\boldsymbol{A} - \nabla\psi \, .$$

Einsetzen in die zweite MAXWELL'sche Gleichung gibt

$$\nabla \times \boldsymbol{E} = \nabla \times (\nabla \times \boldsymbol{A}) = -\mathrm{j}\omega\mu\boldsymbol{H} = k^2\boldsymbol{A} + \mathrm{j}\omega\mu\nabla\psi$$

und in Komponentenschreibweise

$$-\frac{1}{r^2 \sin\vartheta} \left[\frac{\partial}{\partial\vartheta} \left(\sin\vartheta \frac{\partial A}{\partial\vartheta} \right) + \frac{1}{\sin\vartheta} \frac{\partial^2 A}{\partial\varphi^2} \right] = k^2 A + \mathrm{j}\omega\mu \frac{\partial\psi}{\partial r}$$

$$\frac{1}{r}\frac{\partial}{\partial\vartheta}\left(\frac{\partial A}{\partial r}\right) = \mathrm{j}\omega\mu\frac{1}{r}\frac{\partial\psi}{\partial\vartheta}$$

$$\frac{1}{r\sin\vartheta}\frac{\partial}{\partial\varphi}\left(\frac{\partial A}{\partial r}\right) = \mathrm{j}\frac{\omega\mu}{r\sin\vartheta}\frac{\partial\psi}{\partial\varphi} \ .$$

Wie ersichtlich, handelt es sich um drei gekoppelte, skalare Gleichungen. Verfügt man allerdings auf geschickte Art und Weise über die Divergenz des Vektorpotentials (Eichung) in der Form

$$\frac{\partial A}{\partial r} = \mathrm{j}\omega\mu\psi \ , \tag{14.129}$$

so sind die zweite und dritte Gleichung automatisch erfüllt und aus der ersten wird

$$\boxed{\frac{\partial^2 A}{\partial r^2} + \frac{1}{r^2\sin\vartheta}\frac{\partial}{\partial\vartheta}\left(\sin\vartheta\frac{\partial A}{\partial\vartheta}\right) + \frac{1}{r^2\sin^2\vartheta}\frac{\partial^2 A}{\partial\varphi^2} + k^2 A = 0} \ . \tag{14.130}$$

Diese partielle Differentialgleichung überführt man mit dem Produktansatz von BERNOULLI

$$A = R(r)\Theta(\vartheta)\Phi(\varphi)$$

in die Form

$$\frac{r^2\sin^2\vartheta}{R}\frac{\mathrm{d}^2 R}{\mathrm{d}r^2} + \frac{\sin\vartheta}{\Theta}\frac{\mathrm{d}}{\mathrm{d}\vartheta}\left(\sin\vartheta\frac{\mathrm{d}\Theta}{\mathrm{d}\vartheta}\right) + \frac{1}{\Phi}\frac{\mathrm{d}^2\Phi}{\mathrm{d}\varphi^2} + k^2 r^2\sin^2\vartheta = 0 \ ,$$

in welcher man die Funktion Φ separieren kann

$$\frac{1}{\Phi}\frac{\mathrm{d}^2\Phi}{\mathrm{d}\varphi^2} = -k_\varphi^2 = -m^2$$

mit den üblichen harmonischen Lösungen (6.24). Auch hier wurde wieder $k_\varphi = m$ ganzzahlig gewählt, d.h. die Lösungsvielfalt ist auf 2π-periodische Funktionen beschränkt. In der verbleibenden Gleichung

$$\frac{r^2}{R}\frac{\mathrm{d}^2 R}{\mathrm{d}r^2} + k^2 r^2 + \frac{1}{\sin\vartheta\,\Theta}\frac{\mathrm{d}}{\mathrm{d}\vartheta}\left(\sin\vartheta\frac{\mathrm{d}\Theta}{\mathrm{d}\vartheta}\right) - \frac{m^2}{\sin^2\vartheta} = 0 \tag{14.131}$$

separiert man die Funktion R

$$\frac{r^2}{R}\frac{\mathrm{d}^2 R}{\mathrm{d}r^2} + k^2 r^2 = -k_r^2 = n(n+1) \quad , \quad n = 0, 1, 2, \ldots \tag{14.132}$$

bzw.

$$\frac{\mathrm{d}^2 R}{\mathrm{d}(kr)^2} + \left[1 - \frac{n(n+1)}{(kr)^2}\right] R = 0 \ .$$

Die Gleichung wird mit der Substitution

$$R = \sqrt{kr}\, f(kr)$$

in die BESSEL'sche Differentialgleichung (6.25) überführt

$$\frac{\mathrm{d}^2 f}{\mathrm{d}(kr)^2} + \frac{1}{kr}\frac{\mathrm{d}f}{\mathrm{d}(kr)} + \left[1 - \frac{(n+1/2)^2}{(kr)^2}\right] f = 0$$

und die Lösungen R lauten

$$R(r) = \sqrt{kr}\left\{ \begin{matrix} J_{n+1/2}(kr) \\ N_{n+1/2}(kr) \end{matrix} \right\} . \tag{14.133}$$

Einsetzen von (14.132) in (14.131) führt schließlich auf die verallgemeinerte LEGENDRE'sche Differentialgleichung (6.53) mit den Lösungen (6.54). Somit lautet das Vektorpotential

$$\begin{aligned} A_{mn} &= \sqrt{kr}\left\{ \begin{matrix} J_{n+1/2}(kr) \\ N_{n+1/2}(kr) \end{matrix} \right\}\left\{ \begin{matrix} P_n^m(\cos\vartheta) \\ Q_n^m(\cos\vartheta) \end{matrix} \right\}\left\{ \begin{matrix} \cos m\varphi \\ \sin m\varphi \end{matrix} \right\} \\ &= R_{n+1/2}(r)\,\Theta_n^m(\vartheta)\,\Phi_m(\varphi) . \end{aligned} \tag{14.134}$$

Die Wahl $k_r^2 = -n(n+1)$ in (14.132) bedeutet ebenfalls eine Einschränkung der Lösungsvielfalt auf Funktionen $\Theta_n^m(\vartheta)$, die im gesamten Bereich $0 \leq \vartheta \leq \pi$ gültig sind.

Die Vorgehensweise für E_r-Wellen ist völlig analog und die allgemeine Form des Vektorpotentials ist die gleiche. Lediglich die Eichbeziehung (14.129) lautet etwas anders.

$$\frac{\partial A}{\partial r} = -\mathrm{j}\omega\varepsilon\psi . \tag{14.135}$$

Das Vektorpotential (14.134) gehört zu Eigenwellen, die in r-Richtung laufen, 2π-periodisch sind mit m Maxima und m Minima über den Umfang und mit $n - m + 1$ Maxima und Minima in $0 \leq \vartheta \leq \pi$. Abhängig von dem Problem lässt sich dieses in vielen Fällen vereinfachen. Man kann den Ursprung $\varphi = 0$ so legen, dass nur die cos-Funktion benötigt wird. $Q_n^m(\cos\vartheta)$ ist singulär an den Punkten $\vartheta = 0$ und $\vartheta = \pi$ und kann eventuell wegfallen.

Die einfachsten Kugelwellen ergeben sich für $m = 0$, $n = 1$. Wie wir später sehen werden (§16.3 und §16.4), sind dies die Wellen, die ein schwingender elektrischer oder magnetischer Dipol erzeugt. Allgemein finden Kugelwellen immer dann Anwendung, wenn die Strahlung von räumlich begrenzten Quellen in den freien Raum untersucht werden soll.

Interessant sind die Lösungen der HELMHOLTZ-Gleichung (14.130) auch bei Atomen. Sie sind von der Form her auch Lösungen der SCHRÖDINGER-Gleichung und geben die Verteilungswahrscheinlichkeiten der Elektronenwolken an.

Der Einfachheit halber wollen wir hier nur die achsensymmetrischen, $m = 0$, Felder angeben. In diesem Fall gibt es Wellen mit Komponenten H_φ, E_r, E_ϑ und Wellen mit H_r, H_ϑ, E_φ.

- E_r-*Wellen*

$$\boldsymbol{H}^E = \nabla \times (A^E \boldsymbol{e}_r) \quad , \quad \mathrm{j}\omega\varepsilon\boldsymbol{E}^E = \nabla \times \boldsymbol{H}^E$$

mit den Komponenten

$$H_\varphi^E = -\frac{1}{r}\frac{\partial A^E}{\partial \vartheta} = -\frac{1}{r} R_{n+1/2}(r)\, \Theta_n'(\vartheta)$$

$$j\omega\varepsilon E_r^E = \frac{1}{r\sin\vartheta}\frac{\partial}{\partial\vartheta}(\sin\vartheta\, H_\varphi^E) = \frac{1}{r^2} R_{n+1/2}(r)\, n(n+1)\,\Theta_n(\vartheta)$$

$$j\omega\varepsilon E_\vartheta^E = -\frac{1}{r}\frac{\partial}{\partial r}(rH_\varphi^E)$$

$$= \frac{k}{r}\left[R_{n-1/2}(r) - \frac{n}{kr} R_{n+1/2}(r)\right]\Theta_n'(\vartheta)\,. \tag{14.136}$$

Bei der Ableitung der in (14.136) auftretenden Funktionen wurden die verallgemeinerte LEGENDRE'sche Differentialgleichung (6.53) und die Relationen (6.32) für Zylinderfunktionen benutzt. Die auftretenden Kugelfunktionen sind LEGENDRE'sche Polynome erster und zweiter Art, $P_n(\cos\vartheta)$, $Q_n(\cos\vartheta)$. Die Zylinderfunktionen in (14.136) erscheinen immer mit dem Vorfaktor $1/\sqrt{r}$ und es ist üblich, neue Funktionen zu definieren, nämlich *sphärische* BESSEL-*Funktionen erster Art*

$$j_n(z) = \sqrt{\frac{\pi}{2z}}\, J_{n+1/2}(z) \tag{14.137}$$

und *sphärische* BESSEL-*Funktionen zweiter Art*

$$y_n(z) = \sqrt{\frac{\pi}{2z}}\, N_{n+1/2}(z)\,. \tag{14.138}$$

Die sphärischen BESSEL-Funktionen sind durch algebraische Kombinationen von trigonometrischen Funktionen darstellbar

$$j_0(z) = \frac{\sin z}{z}\quad,\quad j_1(z) = \frac{\sin z}{z^2} - \frac{\cos z}{z}\quad,$$

$$j_2(z) = \left(\frac{3}{z^3} - \frac{1}{z}\right)\sin z - \frac{3}{z^2}\cos z\quad,\quad \ldots$$

$$y_0(z) = -\frac{\cos z}{z}\quad,\quad y_1(z) = -\frac{\cos z}{z^2} - \frac{\sin z}{z}\quad,$$

$$y_2(z) = \left(-\frac{3}{z^3} + \frac{1}{z}\right)\cos z - \frac{3}{z^2}\sin z\quad,\quad \ldots \tag{14.139}$$

Bei den meisten Problemen laufen die Wellen in radiale Richtung und es ist geschickt mit Linearkombinationen

$$j_n \pm j\, y_n$$

zu arbeiten, da diese wegen der EULER'schen Formel

$$e^{\pm jz} = \cos z \pm j\sin z$$

auf Wellen proportional zu $\exp(\pm jkr)$ führen.

• H_r-*Wellen*

Die Felder der H-Wellen wollen wir aus den Feldern der E-Wellen mit Hilfe des Prinzips der *Dualität der Felder* ableiten. Die Dualität ist eine direkte Folge der Symmetrie der quellenfreien MAXWELL'schen Gleichungen

$$\nabla \times \boldsymbol{H} = j\omega\varepsilon\boldsymbol{E}$$

$$\nabla \times \boldsymbol{E} = -j\omega\mu\boldsymbol{H} \ .$$

Man schreibt die Gleichungen um zu

$$\nabla \times (Z\boldsymbol{H}) = jk\boldsymbol{E}$$

$$\nabla \times \boldsymbol{E} = -jkZ\boldsymbol{H} \quad \text{mit} \quad k = \omega\sqrt{\mu\varepsilon} \quad , \quad Z = \sqrt{\frac{\mu}{\varepsilon}} \tag{14.140}$$

und stellt fest, dass die erste Gleichung durch die Transformation

$$\boldsymbol{E} \to Z\boldsymbol{H} \quad , \quad \boldsymbol{H} \to -\boldsymbol{E}/Z \tag{14.141}$$

in die zweite Gleichung übergeht und die zweite in die erste. Die Divergenzgleichungen sind ebenso erfüllt.

Somit erhält man die Felder der H-Wellen aus (14.136) durch die Transformation

$$\boldsymbol{E}^E \to Z\boldsymbol{H}^H \quad , \quad \boldsymbol{H}^E \to -\boldsymbol{E}^H/Z \ . \tag{14.142}$$

E$_{101}$-Kugelresonator.[7] Als einfaches Beispiel sei der niedrigste Mod in einem Kugelresonator, einer ideal leitenden Kugel mit Radius a, angegeben. Da der Ursprung, $r = 0$, zum Gebiet dazu gehört, muss man die NEUMANN-Funktion ausschließen und man erhält für (14.136) zusammen mit (14.134), (14.139), (6.55)

$$H_\varphi^E = C\sqrt{\frac{k}{r}}\, J_{3/2}(kr)\sin\vartheta$$

$$= -C\sqrt{\frac{2}{\pi}}\, k\left[\frac{\cos kr}{kr} - \frac{\sin kr}{(kr)^2}\right]\sin\vartheta$$

$$E_r^E = -j2CZ\,\frac{1}{\sqrt{kr}\,r}\, J_{3/2}(kr)\cos\vartheta$$

$$= j2\sqrt{\frac{2}{\pi}}\, C\,\frac{Z}{r}\left[\frac{\cos kr}{kr} - \frac{\sin kr}{(kr)^2}\right]\cos\vartheta \tag{14.143}$$

$$E_\vartheta^E = j\,\frac{C}{\omega\varepsilon}\,\frac{k^2}{\sqrt{kr}}\left(J_{1/2}(kr) - \frac{1}{kr}\, J_{3/2}(kr)\right)\sin\vartheta$$

$$= j\sqrt{\frac{2}{\pi}}\, CZk\left[\frac{\sin kr}{kr} + \frac{\cos kr}{(kr)^2} - \frac{\sin kr}{(kr)^3}\right]\sin\vartheta \ .$$

---

[7] Man beachte, dass abweichend von der Reihenfolge der Koordinaten (r, ϑ, φ) der erste Index die r- der zweite die φ- und der dritte die ϑ-Abhängigkeit angibt.

Für $r = a$ gilt die Randbedingung $E_\vartheta^E = 0$ und somit

$$\left[1 - \frac{1}{(ka)^2}\right] \sin ka + \frac{\cos ka}{ka} = 0$$

$$\tan ka = \frac{ka}{1 - (ka)^2} \ . \tag{14.144}$$

Die erste Lösung der transzendenten Gleichung (14.144) ist

$$ka \approx 2.74 \quad \text{oder} \quad \lambda \approx 2.29 \, a$$

und bezeichnet den E_{101}-Mod mit dem Feldbild in Abb. 14.26.

a)   b)

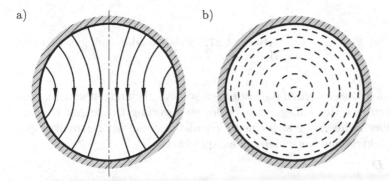

Abb. 14.26. E_{101}-Mod im Kugelresonator. **(a)** Elektrisches Feld in der Ebene der Achse. **(b)** Magnetfeld in der Äquatorebene

14.6 Verlustleistung in metallisch leitenden Strukturen

Die Berechnung von Verlusten in komplexeren Strukturen ist sehr kompliziert. Analytisch gelingt das eigentlich nur, wenn in einzelnen Bereichen mit homogener Materialfüllung vollständige Systeme von Eigenfunktionen existieren. Beispiele sind die Parallelplattenleitung und der Rundhohlleiter. Im Falle eines Rechteckhohlleiters sind im Außenbereich schon mehrere Gebiete mit Eigenfunktionen nötig und die Rechnung wird äußerst kompliziert.

Andererseits ist es wegen der guten Leitfähigkeit in Metallen möglich, eine sehr gute Näherung herzuleiten, die auf den Feldern der ideal leitenden Struktur aufbaut.

14.6.1 Felder an der Oberfläche eines Leiters (Impedanzrandbedingung)

Wir betrachten die Grenzfläche zwischen einem Leiter und einem nichtleitenden Medium. Die Flächennormale zeige in das nichtleitende Medium und die Normalenkoordinate sei z und gehe von der Oberfläche in das Leiterinnere, Abb. 14.27.

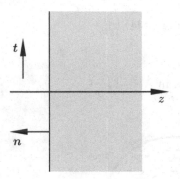

Abb. 14.27. Nichtleitender und gut leitender Halbraum

In einem idealen Leiter werden die Ladungen so beweglich angenommen, dass sie den Änderungen des anliegenden Feldes verzögerungsfrei folgen können. Auf seiner Oberfläche bilden sich eine Flächenladung, die der Normalkomponente der dielektrischen Verschiebung entspricht

$$q_F = \boldsymbol{n} \cdot \boldsymbol{D}\,,$$

und ein Flächenstrom, der durch das tangentiale H-Feld gegeben ist

$$\boldsymbol{J}_F = \boldsymbol{n} \times \boldsymbol{H}\,.$$

Die tangentiale elektrische Feldstärke und die normale magnetische Induktion verschwinden

$$\boldsymbol{n} \times \boldsymbol{E} = 0\,, \quad \boldsymbol{n} \cdot \boldsymbol{B} = 0\,.$$

Bei einem guten, aber nicht idealen Leiter müssen sich die Felder an der Oberfläche ähnlich verhalten wie bei einem idealen Leiter. Allerdings gehen sie nicht sprungartig auf Null, sondern klingen innerhalb der normalerweise sehr kleinen Eindringtiefe exponentiell ab.

Man zerlegt die Felder in longitudinale, zur Oberfläche senkrecht stehende, Komponenten und transversale Komponenten, ebenso den Nablaoperator

$$\boldsymbol{E} = \boldsymbol{E}_t + E_z\,\boldsymbol{e}_z\,, \quad \boldsymbol{H} = \boldsymbol{H}_t + H_z\,\boldsymbol{e}_z$$

$$\nabla = \nabla_t + \boldsymbol{e}_z\,\frac{\partial}{\partial z}\,. \tag{14.145}$$

Im Leiter wird der Verschiebungsstrom vernachlässigt. Somit lauten die transversalen und longitudinalen Anteile der beiden ersten MAXWELL'schen Gleichungen

$$(I) \qquad \boldsymbol{E}_t = -\frac{1}{\kappa}\, \boldsymbol{e}_z \times \nabla_t H_z + \frac{1}{\kappa}\, \boldsymbol{e}_z \times \frac{\partial \boldsymbol{H}_t}{\partial z}$$

$$(II) \qquad \boldsymbol{H}_t = -\frac{j}{\omega \mu_0}\, \boldsymbol{e}_z \times \nabla_t E_z + \frac{j}{\omega \mu_0}\, \boldsymbol{e}_z \times \frac{\partial \boldsymbol{E}_t}{\partial z}$$

$$(III) \qquad E_z\, \boldsymbol{e}_z = \frac{1}{\kappa}\, \nabla_t \times \boldsymbol{H}_t$$

$$(IV) \qquad H_z\, \boldsymbol{e}_z = -\frac{j}{\omega \mu_0}\, \nabla_t \times \boldsymbol{E}_t .$$

$$(14.146)$$

Bevor man eine Näherung für (14.146) ableiten kann, muss die Größenordnung der einzelnen Terme abgeschätzt werden. Die typische Länge, über welcher sich die Felder in transversale Richtung ändern, ist die Wellenlänge λ_0 und man ersetzt die Differentiation durch Multiplikation mit λ_0^{-1}. In z-Richtung ist die typische Länge die Skintiefe δ_S. Wir nehmen ferner an, dass $\delta_S \ll \lambda_0$. Damit erhält man für (14.146 III), (14.146 IV)

$$|E_z| \sim \frac{1}{\kappa \lambda_0} |\boldsymbol{H}_t| = \pi \left(\frac{\delta_S}{\lambda_0}\right)^2 Z_0 |\boldsymbol{H}_t|, \quad \delta_S = \sqrt{\frac{2}{\omega \mu_0 \kappa}},$$

$$Z_0 |H_z| \sim \frac{1}{\omega \mu_0} \frac{Z_0}{\lambda_0} |\boldsymbol{E}_t| = \frac{1}{2\pi} |\boldsymbol{E}_t|,$$

$$(14.147)$$

d.h. $Z_0 |H_z|$ ist von derselben Größenordnung wie $\boldsymbol{E}_t$ und $|E_z|$ ist $(\delta_S/\lambda_0)^2$ mal kleiner als $Z_0 |\boldsymbol{H}_t|$. Für die ersten Terme auf den rechten Seiten von (14.146 I), (14.146 II) folgt

$$\left| \frac{1}{\kappa}\, \boldsymbol{e}_z \times \nabla_t H_z \right| \sim \frac{1}{\kappa \lambda_0} |H_z| = \pi \left(\frac{\delta_S}{\lambda_0}\right)^2 Z_0 |H_z|$$

$$\left| \frac{j}{\omega \mu_0}\, \boldsymbol{e}_z \times \nabla_t E_z \right| \sim \frac{1}{\omega \mu_0 \lambda_0} |E_z| = \frac{1}{2\pi Z_0} |E_z|,$$

$$(14.148)$$

und man sieht, zusammen mit (14.147), dass sie $(\delta_S/\lambda_0)^2$ mal kleiner als die Terme auf der linken Seite und somit vernachlässigbar sind.

Es bleibt von (14.146 I) und (14.146 II)

$$\kappa \boldsymbol{E}_t \approx \frac{\partial}{\partial z}(\boldsymbol{e}_z \times \boldsymbol{H}_t)$$

$$j\omega \mu_0 \boldsymbol{H}_t \approx -\boldsymbol{e}_z \times \frac{\partial \boldsymbol{E}_t}{\partial z}.$$

$$(14.149)$$

Man bildet das Kreuzprodukt der zweiten Gleichung mit $\boldsymbol{e}_z$ und setzt sie in die nach z differenzierte erste Gleichung ein

$$\kappa \frac{\partial \boldsymbol{E}_t}{\partial z} \approx \frac{\partial^2}{\partial z^2}(\boldsymbol{e}_z \times \boldsymbol{H}_t) \approx j\omega \mu_0 \kappa (\boldsymbol{e}_z \times \boldsymbol{H}_t)$$

oder

$$\frac{\partial^2 \boldsymbol{H}_t}{\partial z^2} + k^2 \boldsymbol{H}_t = 0, \quad k = \sqrt{-j\omega \mu_0 \kappa} = (1-j)\frac{1}{\delta_S}.$$

$$(14.150)$$

Die Lösung von (14.150) ist die bekannte Abhängigkeit

$$H_t = H_{t0}\, e^{-z/\delta_S} e^{-jz/\delta_S}\,,\qquad\qquad\qquad (14.151)$$

wobei H_{t0} die tangentiale Komponente auf der Oberfläche darstellt. Das Feld breitet sich in z-Richtung aus und klingt dabei exponentiell ab innerhalb δ_S. Das transversale elektrische Feld folgt aus (14.149) zu

$$E_t \approx -\frac{1+j}{\kappa\delta_S}\, e_z \times H_t\,.$$

Betrachtet man die Beziehung auf der Oberfläche des Leiters

$$E_{t0} \approx Z_W(n \times H_{t0}) \quad \text{mit} \quad Z_W = \frac{1+j}{\kappa\delta_S}\,,\qquad\qquad (14.152)$$

so stellt diese eine *Impedanzrandbedingung* für die tangentialen Feldstärken dar.

Zusammenfassend kann man sagen, dass im Leiter die Feldkomponenten im wesentlichen parallel zur Oberfläche liegen und dass sie sich in Richtung des Leiterinneren ausbreiten und dabei abklingen. Zwischen E_t und H_t besteht eine Phasenverschiebung von 45°. Außerhalb dagegen ist H parallel und E normal zur Oberfläche.

14.6.2 Berechnung der Verlustleistung. Dämpfung in Wellenleitern

Die Impedanzrandbedingung (14.152) ist das Hilfsmittel zur Berechnung von Verlustleistung in metallischen Bewandungen. Die pro Flächeneinheit ΔF in die Wand strömende Leistung errechnet sich mit Hilfe des POYNTING'schen Vektors zu

$$\begin{aligned}\frac{\Delta P_V}{\Delta F} &= -n \cdot \text{Re}\{S_k\} = -\frac{1}{2}\,\text{Re}\{n \cdot (E_t \times H_t^*)\} \\ &= -\frac{1}{2}\,\text{Re}\{Z_W n \cdot [(n \times H_{t0}) \times H_{t0}^*]\} = \frac{1}{2}\,\text{Re}\{Z_W\}|H_{t0}|^2 \\ &= \frac{1}{2\kappa\delta_S}\,|H_{t0}|^2\,,\end{aligned}\qquad (14.153)$$

und die Integration über die metallische Oberfläche ergibt die gesamte Verlustleistung. H_{t0} ist dabei die tangentiale magnetische Feldstärke in der ideal leitenden Struktur. $1/\kappa\delta_S$ spielt die Rolle eines Oberflächenwiderstandes des Leiters.

Im Falle von Wellenleitern kann man ebenfalls die Impedanzrandbedingung benutzen, um die Dämpfung auszurechnen. Wir werden uns dabei auf den Fall beschränken, dass auf der Leitung nur ein einziger Wellentyp ausbreitungsfähig ist.

Man stellt die Leistungsbilanz für ein Leitungselement der Länge dz auf. Die in das Element eingespeiste Leistung $P(z)$ muss gleich sein der Summe von Verlustleistung $P_V'dz$ und austretender Leistung $P(z + dz)$, Abb. 14.28.

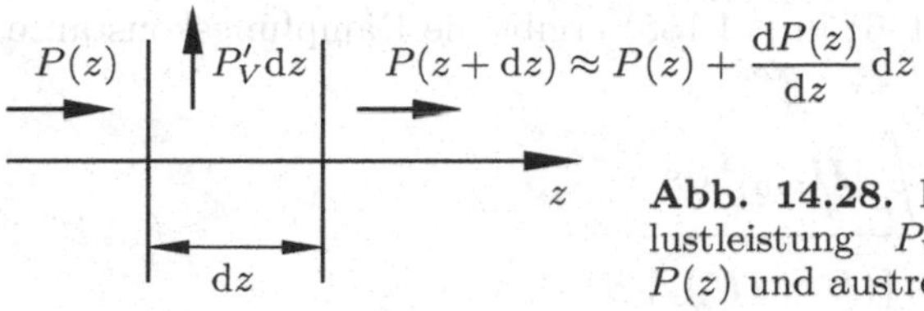

$$P(z) \quad \Big\uparrow P'_V \mathrm{d}z \Big| \quad P(z+\mathrm{d}z) \approx P(z) + \frac{\mathrm{d}P(z)}{\mathrm{d}z}\,\mathrm{d}z$$

Abb. 14.28. Leistungsbilanz zwischen Verlustleistung $P'_V\,\mathrm{d}z$, eingespeister Leistung $P(z)$ und austretender Leistung $P(z+\mathrm{d}z)$

Für die eingespeiste Leistung verwendet man den über den Leitungsquerschnitt integrierten komplexen POYNTING'schen Vektor

$$
\begin{aligned}
P(z) &= \int_F \mathrm{Re}\{S_{kz}\}\,\mathrm{d}F = \frac{1}{2}\int_F \mathrm{Re}\left\{(\boldsymbol{E}\times\boldsymbol{H}^*)_z\right\}\,\mathrm{d}F \\
&= \frac{1}{2}\int_F \mathrm{Re}\left\{[Z_F(\boldsymbol{H}_t\times\boldsymbol{e}_z)\times\boldsymbol{H}_t^*]_z\right\}\,\mathrm{d}F \\
&= \frac{1}{2}\,\mathrm{Re}\{Z_F\}\int_F |\boldsymbol{H}_t|^2\mathrm{d}F \\
&= P'_V\,\mathrm{d}z + P(z+\mathrm{d}z) \approx P'_V\,\mathrm{d}z + P(z) + \frac{\mathrm{d}P}{\mathrm{d}z}\,\mathrm{d}z\,, \qquad (14.154)
\end{aligned}
$$

wobei der für homogene Wellenleiter allgemein gültige Zusammenhang zwischen den transversalen Feldkomponenten

$$\boldsymbol{E}_t = Z_F(\boldsymbol{H}_t\times\boldsymbol{e}_z)$$

verwendet wurde (siehe z.B. (14.96), (14.101), (14.118), (14.122)). Aus der Leistungsbilanz (14.154)

$$\frac{\mathrm{d}P(z)}{\mathrm{d}z} = -P'_V$$

und der Proportionalität zwischen Verlustleistung und transportierter Leistung

$$P'_V(z) = 2\alpha P(z)$$

erhält man die Differentialgleichung

$$\frac{\mathrm{d}P(z)}{\mathrm{d}z} = -P'_V = -2\alpha P(z) \qquad (14.155)$$

mit der Lösung

$$P(z) = P_0\,\mathrm{e}^{-2\alpha z}\,.$$

Die Leistung klingt mit 2α ab, und da $P\sim|\boldsymbol{E}|^2$ oder $\sim|\boldsymbol{H}|^2$, ist α die Dämpfungskonstante der Felder. Die Verlustleistung pro Längeneinheit erhält man durch Integration von (14.153) über den Rand Γ des Leiters

$$P'_V = \frac{1}{2\kappa\delta_S}\oint_\Gamma |\boldsymbol{H}_{\mathrm{tan}}|^2\,\mathrm{d}s\,. \qquad (14.156)$$

Einsetzen von (14.154), (14.156) in (14.155) ergibt die Dämpfungskonstante gut leitender Wellenleiter

$$\alpha = \frac{1}{2}\frac{P_V'}{P} = \frac{1}{2\kappa\delta_S}\frac{\oint_\Gamma |\boldsymbol{H}_{tan}|^2\,\mathrm{d}s}{\int_F \mathrm{Re}\left\{(\boldsymbol{E}\times\boldsymbol{H}^*)_z\right\}\,\mathrm{d}F}.\tag{14.157}$$

Hierbei sind die Felder der ideal leitenden Leitung zu verwenden und die Integrationen gehen über die Querschnittsfläche F und den Rand Γ. $\boldsymbol{H}_{tan}$ ist die zur Wand tangentiale Komponente. Diese Vorgehensweise zur Dämpfungsberechnung heißt *Power-Loss-Methode*.

Beispiel 14.1. H_{10}-Welle im Rechteckhohlleiter

Gesucht ist die Dämpfung der H_{10}-Welle in einem Rechteckhohlleiter mit den Seitenlängen a und b, siehe Abb. 14.19. Wir verwenden das Feld des ideal leitenden Hohlleiters wie in § 14.5.1 gegeben.

$$-\mathrm{j}\omega\mu H_{x10}^H = \mathrm{j}A_{10}^H\frac{\pi}{a}k_{z10}\sin\frac{\pi x}{a}\,,\quad E_{y10}^H = -Z_{F10}^H H_{x10}^H$$

$$-\mathrm{j}\omega\mu H_{z10}^H = A_{10}^H\left(\frac{\pi}{a}\right)^2\cos\frac{\pi x}{a}$$

$$Z_{F10}^H = \frac{\omega\mu}{k_{z10}}\,,\quad k_{z10} = k\sqrt{1-(k_{c10}/k)^2} = k\sqrt{1-(f_{c10}/f)^2}\,,\quad f_{c10} = \frac{c_0}{2a}$$

Die in z-Richtung transportierte Wirkleistung ist

$$P = \int_0^a\int_0^b \mathrm{Re}\left\{\frac{1}{2}\boldsymbol{E}_{10}^H\times\boldsymbol{H}_{10}^{H*}\right\}_z\,\mathrm{d}x\,\mathrm{d}y = \frac{1}{2}Z_{F10}^H\int_0^a\int_0^b\left|H_{x10}^H\right|^2\,\mathrm{d}x\,\mathrm{d}y$$

$$= \frac{1}{2}\left|A_{10}^H\right|^2\frac{k_{z10}}{\omega\mu}\left(\frac{\pi}{a}\right)^2\frac{1}{2}ab\,,$$

und die Verlustleistung pro Längeneinheit

$$P_V' = \frac{1}{2\kappa\delta_S}\left[2\int_0^a\left(\left|H_{x10}^H(y=0)\right|^2 + \left|H_{z10}^H(y=0)\right|^2\right)\mathrm{d}x\right.$$

$$\left. + 2\int_0^b\left|H_{z10}^H(x=0)\right|^2\,\mathrm{d}y\right]$$

$$= \frac{1}{2\kappa\delta_S}\left|A_{10}^H\right|^2\frac{1}{(\omega\mu)^2}\left(\frac{\pi}{a}\right)^2 ak^2\left[1+2\frac{b}{a}\left(\frac{\pi}{ka}\right)^2\right].$$

Somit ist die Dämpfung (14.157)

$$\alpha_{10}^H = \frac{P_V'}{2P} = \frac{1}{\kappa\delta_S bZ}\frac{1+2\dfrac{b}{a}\left(\dfrac{\pi}{ka}\right)^2}{\sqrt{1-(f_{c10}/f)^2}}.\tag{14.158}$$

(14.158) ist eine sehr gute Näherung für Frequenzen, die nicht zu nahe an der Grenzfrequenz liegen. Abb. 14.29 zeigt die Dämpfung für einen WR284 Hohlleiter mit versilberter Wand, $\kappa = 61 \cdot 10^6 \,\Omega^{-1}\mathrm{m}^{-1}$, und $a = 7.214\,\mathrm{cm}$, $b = a/2$. Der Hohlleiter ist für das S-Band, d.h. 2.6–3.95 GHz.

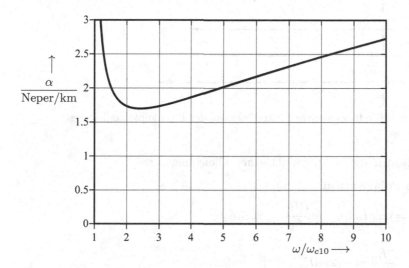

Abb. 14.29. Dämpfung der H_{10}-Welle in einem WR284 Rechteckhohlleiter

14.7 Numerische Berechnung der Felder auf der Parallelplattenleitung

Obwohl sich die Eigenwellen der Parallelplattenleitung auf einfache Art und Weise analytisch herleiten lassen, durch Reflexion am leitenden Halbraum wie in § 14.4.4 oder durch Separation der HELMHOLTZ-Gleichung, so sollen sie hier dennoch als Beispiel für ein numerisches Eigenwertproblem behandelt werden.

Wir suchen Wellen auf der Parallelplattenleitung, Abb. 14.30, die x-unabhängig sind, $\partial/\partial x = 0$, und die sich in z-Richtung ausbreiten, d.h. deren z-Abhängigkeit durch $\exp(-\mathrm{j}k_z z)$ gegeben ist. Wie wir aus § 14.4.4 wissen, gibt es bei x-Unabhängigkeit parallel polarisierte Wellen mit Komponenten H_x, E_y, E_z und senkrecht polarisierte Wellen mit Komponenten E_x, H_y, H_z.

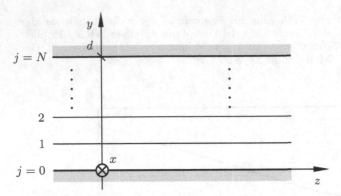

Abb. 14.30. Eindimensionale Diskretisierung der Parallelplattenleitung

Aus den beiden ersten MAXWELL'schen Gleichungen wird

parallele Polarisation

$$\frac{\partial H_x}{\partial z} = j\omega\varepsilon_0 E_y \quad , \quad -\frac{\partial H_x}{\partial y} = j\omega\varepsilon_0 E_z \; ,$$

$$\frac{\partial E_z}{\partial y} - \frac{\partial E_y}{\partial z} = -j\omega\mu_0 H_x \; ,$$

und mit $H_x = Y^p(y)\,\mathrm{e}^{-jk_z z}$

$$\frac{\mathrm{d}^2 Y^p}{\mathrm{d}y^2} + (k_0^2 - k_z^2)Y^p = 0 \quad , \quad k_0 = \omega\sqrt{\mu_0\varepsilon_0} \tag{14.159}$$

senkrechte Polarisation

$$\frac{\partial H_z}{\partial y} - \frac{\partial H_y}{\partial z} = j\omega\varepsilon_0 E_x \; ,$$

$$\frac{\partial E_x}{\partial z} = -j\omega\mu_0 H_y \quad , \quad -\frac{\partial E_x}{\partial y} = -j\omega\mu_0 H_z \; ,$$

und mit $E_x = Y^s(y)\,\mathrm{e}^{-jk_z z}$

$$\frac{\mathrm{d}^2 Y^s}{\mathrm{d}y^2} + (k_0^2 - k_z^2)Y^s = 0 \; . \tag{14.160}$$

Für beide Polarisationen ergibt sich eine eindimensionale HELMHOLTZ-Gleichung für die y-Abhängigkeit der x-Komponente. Diese soll mit einem einfachen Finite-Differenzen Verfahren , so wie in § 6.4.2 vorgestellt, gelöst werden.

Als erstes betrachten wir die senkrechte Polarisation. Überführen der Differentiationen in (14.160) nach Differenzen, entsprechend (6.92), ergibt

$$\frac{1}{\Delta y^2}\left(Y_{j+1}^s - 2Y_j^s + Y_{j-1}^s\right) + (k_0^2 - k_z^2)Y_j^s = 0$$

oder

$$-Y_{j-1}^s + 2Y_j^s - Y_{j+1}^s = \Delta y^2 (k_0^2 - k_z^2) Y_j^s \; . \tag{14.161}$$

Auf der Leitung gelten die Randbedingungen

$$E_x(y = 0) = E_x(y = d) = 0 \quad \text{oder} \quad Y_0^s = Y_N^s = 0 \; ,$$

so dass aus der ersten, $j = 1$, und letzten, $j = N - 1$, Gleichung von (14.161) wird

$$2Y_1^s - Y_2^s = \Delta y^2 (k_0^2 - k_z^2) Y_1^s \; ,$$
$$-Y_{N-2}^s + 2Y_{N-1}^s = \Delta y^2 (k_0^2 - k_z^2) Y_{N-1}^s \; .$$

Die Gleichungen bilden ein homogenes, lineares Gleichungssystem der Ordnung $(N - 1) * (N - 1)$. Die bekannte Konstante k_0 beinhaltet die Frequenz und die unbekannte Ausbreitungskonstante k_z folgt aus der Bedingung des Verschwindens der Gleichungsdeterminante. Es liegt ein Eigenwertproblem vor

$$\boldsymbol{M}_s \boldsymbol{Y}^s = \lambda \boldsymbol{Y}^s \quad , \quad \lambda = \Delta y^2 (k_0^2 - k_z^2) \; , \tag{14.162}$$

mit

$$\boldsymbol{M}_s = \begin{bmatrix} 2 & -1 & 0 & 0 & \cdots \\ -1 & 2 & -1 & 0 & \cdots \\ 0 & -1 & 2 & -1 & \cdots \\ 0 & 0 & -1 & 2 & \cdots \\ \vdots & \vdots & \vdots & \vdots & \ddots \end{bmatrix} \quad , \quad \boldsymbol{Y}^s = \begin{bmatrix} Y_1^s \\ Y_2^s \\ Y_3^s \\ Y_4^s \\ \vdots \end{bmatrix} \; .$$

Die Lösungen λ_i von

$$|\boldsymbol{M}_s - \lambda \mathbf{1}| = 0 \tag{14.163}$$

sind die Eigenwerte, die die Ausbreitungskonstante festlegen. Die zugehörigen Eigenvektoren $\boldsymbol{Y}^{s(i)}$ ergeben die y-Abhängigkeit von $E_x^{(i)}$.

Ein einfaches Programm zur Darstellung von $E_x^{(i)}$ findet man im Internet[8]. Zunächst wird die Matrix $\boldsymbol{M}_s$ aufgestellt und die Eigenwerte $k_z^{(i)}$ und die Eigenvektoren $\boldsymbol{Y}^{s(i)}$ berechnet. Anschließend wird eine zweidimensionale, diskrete Darstellung des Feldes erstellt. Die Diskretisierung in y-Richtung ist durch $\boldsymbol{Y}^{s(i)}$ gegeben und die Diskretisierung in z-Richtung durch

$$\mathrm{Re}\left\{ \mathrm{e}^{-\mathrm{j}k_z^{(i)}k\Delta z} \right\} = \cos(k_z^{(i)} k \Delta z) \; .$$

Abb. 14.31 zeigt Linien konstanten $E_x^{(i)}$'s für die beiden ersten Eigenwellen. Die Linien sind zugleich H-Feldlinien, denn

$$\mathrm{d}E_x = \frac{\partial E_x}{\partial y} \, \mathrm{d}y + \frac{\partial E_x}{\partial z} \, \mathrm{d}z = \mathrm{j}\omega\mu_0 (H_z \mathrm{d}y - H_y \mathrm{d}z)$$
$$= -\mathrm{j}\omega\mu_0 |\boldsymbol{H} \times \mathrm{d}\boldsymbol{s}| = 0 \; , \tag{14.164}$$

---

[8] http://www.tet.tu-berlin.de/fileadmin/fg277/ElektromagnetischeFelder/

d.h. Linien mit konstantem E_x, $dE_x = 0$, sind Linien parallel zum H-Feld, $H \times d\mathbf{s} = 0$. Die Eigenwelle $i = 1$ hat ein Maximum in y-Richtung und die Eigenwelle $i = 2$ zwei Maxima. In z-Richtung ist jeweils eine volle Wellenlänge $\lambda_z^{(i)} = 2\pi/k_z^{(i)}$ zu sehen.

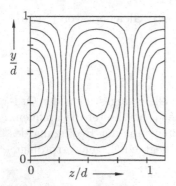 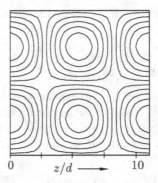

Abb. 14.31. H-Feldlinien der beiden niedrigsten Eigenwellen der Parallelplatten-leitung (senkrechte Polarisation), $d = 1$ m, $f = 300$ MHz

Im Falle der parallelen Polarisation sind lediglich die Randbedingungen andere als bei senkrechter Polarisation

$$\left.\frac{\partial H_x}{\partial y}\right|_{y=0} = \left.\frac{\partial H_x}{\partial y}\right|_{y=d} = 0$$

oder wegen (6.92)

$$Y_{-1}^p = Y_1^p \quad , \quad Y_{N-1}^p = Y_{N+1}^p \; .$$

Die erste, $j = 0$, und die letzte, $j = N$, Gleichung von (14.161) lauten somit

$$2Y_0^p - 2Y_1^p = \Delta y^2 (k_0^2 - k_z^2) Y_0^p \; ,$$
$$-2Y_{N-1}^p + 2Y_N^p = \Delta y^2 (k_0^2 - k_z^2) Y_N^p \; ,$$

und es ergibt sich ein Eigenwertproblem der Ordnung $(N + 1) * (N + 1)$ mit der Systemmatrix

$$\mathbf{M}_p = \begin{bmatrix} 2 & -2 & 0 & 0 & \cdots \\ -1 & 2 & -1 & 0 & \cdots \\ 0 & -1 & 2 & -1 & \cdots \\ 0 & 0 & -1 & 2 & \cdots \\ \vdots & \vdots & \vdots & \vdots & \ddots \end{bmatrix} \; . \tag{14.165}$$

Abb. 14.32 zeigt Linien konstanten $H_x^{(i)}$'s, welche, analog zur Herleitung (14.164), E-Feldlinien darstellen.

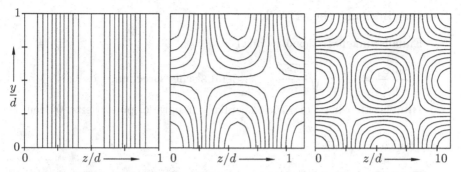

Abb. 14.32. E-Feldlinien der drei niedrigsten Eigenwellen der Parallelplattenleitung (parallele Polarisation), $d = 1$ m, $f = 300$ MHz

Gezeigt sind die ersten drei Eigenwellen. Die Eigenwelle $i = 1$ stellt den Sonderfall der TEM-Welle dar, siehe § 14.4.4 $\alpha \to \pi/2$. Die Felder haben keine y-Abhängigkeit und die Ausbreitungskonstante ist die des freien Raumes, $k_z^{(1)} = k_0$. Die Eigenwellen $i = 2$ und $i = 3$ haben zwei bzw. drei Maxima in y-Richtung. Das zugehörige Programm, ähnlich aufgebaut wie das für senkrechte Polarisation, findet man im Internet[9].

Zusammenfassung

Wellengleichung

$$\nabla^2 \boldsymbol{F} - \frac{1}{c^2}\frac{\partial^2 \boldsymbol{F}}{\partial t^2} = 0 \quad , \quad \boldsymbol{F} = \text{Feldgröße } \boldsymbol{E}, \boldsymbol{H}, \boldsymbol{A}$$

$$\boldsymbol{F}(\boldsymbol{r},t) = \widetilde{\boldsymbol{F}}(\boldsymbol{r})\,\mathrm{e}^{\mathrm{j}\omega t} = \boldsymbol{F}_0(x_1,x_2)\,\mathrm{e}^{\mathrm{j}(\omega t - k_3 x_3)}$$

bei Wellenausbreitung in x_3-Richtung

Ebene Wellen

Flächen konstanter Phase, $\omega t - k_3 x_3 = \text{const.}$, sind Ebenen.

Bei Ausbreitung in x_3-Richtung:

$$\boldsymbol{E}(x_3,t) = \boldsymbol{E}_0\,\mathrm{e}^{\mathrm{j}(\omega t - k_3 x_3)} \quad , \quad k = \omega\sqrt{\mu\varepsilon} = \frac{2\pi}{\lambda}$$

$$Z\boldsymbol{H}(x_3,t) = \boldsymbol{e}_3 \times \boldsymbol{E} \quad , \quad Z = \sqrt{\frac{\mu}{\varepsilon}}$$

---

[9] http://www.tet.tu-berlin.de/fileadmin/fg277/ElektromagnetischeFelder/

Reflexion/Brechung ebener Wellen

Einfallswinkel=Reflexionswinkel

$$\frac{\sin\alpha_1}{\sin\alpha_2} = \frac{k_2}{k_1} = \sqrt{\frac{\mu_2\varepsilon_2}{\mu_1\varepsilon_1}} \ , \qquad \text{SNELLIUS'sches Brechungsgesetz}$$

BREWSTER'scher Polarisationswinkel für parallel polarisierte Wellen

$$\tan\alpha_1 = \sqrt{\frac{\mu_2\varepsilon_2}{\mu_1\varepsilon_1}}$$

Totalreflexion bei Übergang vom optisch dichteren zum optisch dünneren Medium für

$$\sin\alpha_1 \geq \sqrt{\frac{\mu_2\varepsilon_2}{\mu_1\varepsilon_1}}$$

Zylindrische Wellenleiter (x_1, x_2, z)

$$\boldsymbol{A}^P(\boldsymbol{r},t) = A_t^P(x_1,x_2)\,\mathrm{e}^{\mathrm{j}(\omega t - k_z z)}\boldsymbol{e}_z \quad , \quad P = E, H$$

$$\nabla^2 A_t^P + (k^2 - k_z^2)A_t^P = 0$$

$$\boldsymbol{H}^E = \nabla \times \boldsymbol{A}^E \quad \rightarrow \quad \text{E-Wellen } (H_z^E = 0)$$
$$\boldsymbol{E}^H = \nabla \times \boldsymbol{A}^H \quad \rightarrow \quad \text{H-Wellen } (E_z^H = 0)$$

Grenzwellenzahl, -wellenlänge, -frequenz

$$k_c = \sqrt{k^2 - k_z^2} = \frac{2\pi}{\lambda_c} = \frac{\omega_c}{c_0}$$

Wellenausbreitung für $k > k_c$

Phasengeschwindigkeit $\quad v_{ph} = \dfrac{\omega}{k_z} = \dfrac{c_0}{\sqrt{1 - (\omega_c/\omega)^2}}$

Gruppengeschwindigkeit $\quad v_g = \dfrac{\mathrm{d}\omega}{\mathrm{d}k_z} = c_0\sqrt{1 - (\omega_c/\omega)^2}$

Feldwellenwiderstand

$$Z_F^E = \frac{k_z}{\omega\varepsilon} \quad \text{für E-Wellen}$$

$$Z_F^H = \frac{\omega\mu}{k_z} \quad \text{für H-Wellen}$$

$$Z_F^{TEM} = Z = \sqrt{\frac{\mu}{\varepsilon}} \quad \text{für TEM-Wellen}$$

Kugelkoordinaten (r, ϑ, φ)

$$A(r,t) = \sqrt{kr} \left\{ \begin{matrix} J_{n+\frac{1}{2}}(kr) \\ N_{n+\frac{1}{2}}(kr) \end{matrix} \right\} \left\{ \begin{matrix} P_n^m(\cos\vartheta) \\ Q_n^m(\cos\vartheta) \end{matrix} \right\} \cos m\varphi \, e^{j\omega t} \, e_z$$

Fragen zur Prüfung des Verständnisses

14.1 Was ist der Unterschied zwischen der Diffusions- und Wellenglei-chung? Was sind die Konsequenzen daraus?

14.2 Wodurch zeichnen sich Wellen aus? Was sind Amplituden- und Pha-senfunktion?

14.3 Was sind ebene Wellen?

14.4 Zeichne die Feldlinien einer ebenen Welle.

14.5 Was ist die Phasengeschwindigkeit ebener Wellen?

14.6 Wie ist die Gruppengeschwindigkeit definiert und was bedeutet sie?

14.7 Was bedeutet Polarisation einer ebenen Welle und welche Polarisatio-nen gibt es?

14.8 Wie groß ist die Impulsdichte einer ebenen Welle? Welchen Druck übt sie auf einen perfekten Absorber aus?

14.9 Wie lauten die Stetigkeitsbedingungen an der Trennschicht zwischen zwei Dielektrika?

14.10 Wie ist die Einfallsebene definiert?

14.11 Eine ebene Welle fällt vom optisch dichteren Medium kommend auf die Trennschicht zwischen zwei Ferriten. Ist der Brechungswinkel größer oder kleiner als der Einfallswinkel?

14.12 Eine beliebig polarisierte ebene Welle fällt auf eine Trennschicht zwi-schen zwei Dielektrika. Gibt es einen Betriebszustand, in welchem die reflektierte Welle eine eindeutige Polarisationsrichtung hat?

14.13 Eine ebene Welle fällt unter einem Winkel, der größer als der Win-kel der Totalreflexion ist, auf eine Trennschicht zwischen zwei Medien. Beschreibe das transmittierte Feld.

14.14 Warum können Wellen in einem dielektrischen Wellenleiter geführt werden?

14.15 Was ist eine Grenzfrequenz?

14.16 Ist die Wellenlänge in einem Wellenleiter größer oder kleiner als im freien Raum?

14.17 Warum können Phasengeschwindigkeiten größer als die Lichtgeschwindigkeit sein?

14.18 Was sind E-/H-Wellen?

14.19 Zeichne das Feldbild der H_{10}-Welle im Rechteckhohlleiter.

14.20 Zeichne das Feldbild der E_{11}-Welle im Rechteckhohlleiter. Wie lässt sich daraus das Feldbild der E_{21}-Welle gewinnen?

14.21 Wie groß ist die Grenzwellenzahl im Rechteckhohlleiter?

14.22 Wie lauten die Zusammenhänge zwischen E_x^E, H_y^E und E_y^H, H_x^H im Rechteckhohlleiter?

14.23 Zeichne das Feldbild einer H_{102}-Resonanz im Rechteckresonator.

14.24 Was ist die einfachste Welle im Koaxialkabel? Zeichne das Feldbild.

14.25 Zeichne das Feldbild einer H_{10}-Welle im Rundhohlleiter.

14.26 Gibt es für einen dielektrischen Stab Grenzfrequenzen? Wenn ja, wie sieht das Feld außerhalb des Stabs aus?

14.27 In welchem Bereich liegen die Ausbreitungskonstanten beim dielektrischen Stab?

14.28 Gibt es in Kugelkoordinaten E- und H-Wellen? Welche Komponente setzt man für das Vektorpotential an?

15. Zeitlich beliebig veränderliche Felder III (TEM-Wellenleiter)

In diesem Kapitel wird der Vorgang der Wellenausbreitung auf Leitungen genauer behandelt. Wir wählen dazu TEM-Wellen, da sie die einfachsten Wellen auf Leitungen sind, mit vielen Eigenschaften der ebenen Wellen, und da sie am besten geeignet sind, die Methoden zur Behandlung der Wellenausbreitung zu erklären.

> Wie bereits bekannt, besitzen TEM-Wellen keine longitudinalen Feldkomponenten
>
> $$E_z = H_z = 0 \, , \tag{15.1}$$
>
> d.h. keine Feldkomponenten in Ausbreitungsrichtung, die hier die z-Richtung ist. Leitungen, die TEM-Wellen tragen können, bestehen aus mindestens zwei Leitern und heißen *TEM-Wellenleiter*.

Die bekanntesten Beispiele, Abb. 15.1, sind:

- Parallelplattenleitung, die im Bereich der Mikrowellen als Mikrostrip ausgeführt wird,
- Zweidrahtleitung, die als Hochspannungsleitung, Telefonleitung und als Leitung für Fernsehantennen Anwendung findet,
- Koaxialleitung, die völlig abgeschirmt ist und bei Telefon, Fernsehen, Datennetzen und vielen weiteren Hochfrequenzanwendungen zum Einsatz kommt.

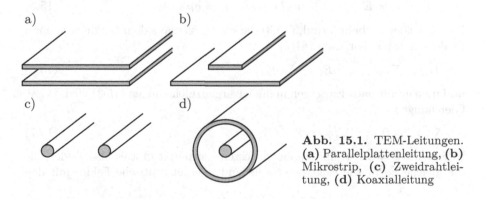

a) b) c) d)

Abb. 15.1. TEM-Leitungen. (a) Parallelplattenleitung, (b) Mikrostrip, (c) Zweidrahtleitung, (d) Koaxialleitung

H. Henke, *Elektromagnetische Felder*, https://doi.org/10.1007/978-3-662-62235-3_15

15.1 TEM-Wellen

Das Medium zwischen den Leitern sei homogen und verlustbehaftet mit den Materialkonstanten μ, ε, κ und die Leiter seien ideal leitend. Man zerlegt den Nabla-Operator in einen transversalen und einen longitudinalen Anteil

$$\nabla = \nabla_t + e_z\,\frac{\partial}{\partial z} \tag{15.2}$$

und erhält für die homogenen MAXWELL'schen Gleichungen (14.1)

$$\nabla_t \times H + \frac{\partial}{\partial z}(e_z \times H) = \kappa E + \varepsilon\frac{\partial E}{\partial t}$$

$$\nabla_t \times E + \frac{\partial}{\partial z}(e_z \times E) = -\mu\frac{\partial H}{\partial t}$$

$$\nabla_t \cdot E + \frac{\partial}{\partial z}(e_z \cdot E) = \nabla_t \cdot E = 0$$

$$\nabla_t \cdot H + \frac{\partial}{\partial z}(e_z \cdot H) = \nabla_t \cdot H = 0\,,$$

die ebenfalls in longitudinale und transversale Anteile zerfallen

$$\begin{aligned}
&\text{(I)} &&\nabla_t \times H = 0 \quad,\quad \nabla_t \cdot H = 0 \\
&\text{(II)} &&\nabla_t \times E = 0 \quad,\quad \nabla_t \cdot E = 0
\end{aligned} \tag{15.3}$$

$$\begin{aligned}
&\text{(I)} &&\frac{\partial}{\partial z}(e_z \times H) = \kappa E + \varepsilon\frac{\partial E}{\partial t} \\
&\text{(II)} &&\frac{\partial}{\partial z}(e_z \times E) = -\mu\frac{\partial H}{\partial t}
\end{aligned} \tag{15.4}$$

Zusätzlich müssen die elektrische Feldstärke E und die magnetische Feldstärke H die Randbedingungen auf den Leitern erfüllen

$$\begin{aligned}
&\text{(I)} &&n \times H = J_F \quad,\quad n \cdot H = 0 \\
&\text{(II)} &&n \times E = 0 \quad,\quad n \cdot D = \varepsilon n \cdot E = q_F\,.
\end{aligned} \tag{15.5}$$

Da die Felder wirbelfrei sind, (15.3), lassen sie sich aus dem Gradienten eines Skalarpotentials herleiten (§1.7)

$$H = -\nabla_t \phi_m \quad,\quad E = -\nabla_t \phi_e \tag{15.6}$$

und man erhält nach Einsetzen in die Divergenzgleichungen (15.3) die LAPLACE-Gleichungen

$$\nabla_t^2 \phi_m = 0 \quad,\quad \nabla_t^2 \phi_e = 0\,. \tag{15.7}$$

In Ebenen $z = $ const. und zu einem festen Zeitpunkt gibt es also Felder, die die gleiche Form wie elektrostatische und magnetostatische Felder mit den

Randbedingungen (15.5) haben. Mit der Zeit und mit der Koordinate z ändern sich jedoch die elektrische Feldstärke $\boldsymbol{E}$ und die magnetische Feldstärke $\boldsymbol{H}$ und sie sind dabei über (15.4) miteinander verknüpft.

Da die Felder lokal und zu einem festen Zeitpunkt statischen Charakter haben, kann man, wiederum lokal, eine Spannung zwischen den Leitern und einen Strom in den Leitern definieren. Mit Bezug auf Abb. 15.2a ergibt sich die Spannung aus dem Wegintegral

$$V(z,t) = \int_A^B \boldsymbol{E} \cdot \mathrm{d}\boldsymbol{l} \, , \tag{15.8}$$

welches wegen (15.3 II) wegunabhängig ist und die Spannung V somit eindeutig bestimmt. Der Strom ergibt sich aus der integralen Form der ersten MAXWELL'schen Gleichung

$$\oint_{S_1} \boldsymbol{H} \cdot \mathrm{d}\boldsymbol{s} = \int_F \boldsymbol{J} \cdot \mathrm{d}\boldsymbol{F} + \varepsilon \frac{\mathrm{d}}{\mathrm{d}t} \int_F \boldsymbol{E} \cdot \mathrm{d}\boldsymbol{F} \, , \tag{15.9}$$

wobei Umlauf und Fläche in Abb. 15.2b definiert sind. Die Stromdichte setzt sich aus zwei Anteilen zusammen: Die Oberflächenstromdichte $\boldsymbol{J}_F$ auf dem Leiter 1 und die Stromdichte $\boldsymbol{J}_t = \kappa\boldsymbol{E}$, die zwischen den Leitern fließt. Da aber das elektrische Feld $\boldsymbol{E}$ und die Stromdichte $\boldsymbol{J}_t$ senkrecht auf dem Flächenelement $\mathrm{d}\boldsymbol{F}$ stehen, wird aus (15.9)

$$\oint_{S_1} \boldsymbol{H} \cdot \mathrm{d}\boldsymbol{s} = \int_S J_F \, \mathrm{d}s = I(z,t) \, . \tag{15.10}$$

Auch der Stom I ist eindeutig bestimmt, denn das Umlaufintegral über die magnetische Feldstärke ist ebenfalls wegunabhängig.

a)   b)

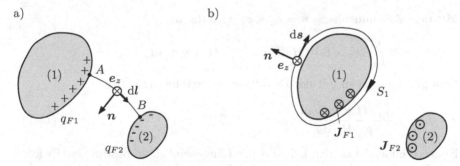

Abb. 15.2. Querschnitt einer Zweidrahtleitung mit den Integrationswegen zur Berechnung von Spannung und Strom

Nachdem es gelungen ist, Strom und Spannung auf TEM-Leitungen eindeutig festzulegen, kann man auch Ersatzschaltungsgrößen definieren.

Die Kapazität pro Längeneinheit ist die Proportionalitätskonstante zwischen Ladung pro Längeneinheit und Spannung

$$C' = \frac{Q'(z,t)}{V(z,t)} \ . \tag{15.11}$$

Die Ladung pro Längeneinheit Q' folgt aus (15.5 II) zu

$$Q' = \oint_{S_1} q_F \, ds = \varepsilon \oint_{S_1} \boldsymbol{n} \cdot \boldsymbol{E} \, ds \ .$$

Den Integranden kann man wegen $\boldsymbol{n} = \boldsymbol{e}_s \times \boldsymbol{e}_z$ (siehe Abb. 15.2b) umformen

$$\boldsymbol{n} \cdot \boldsymbol{E} = (\boldsymbol{e}_s \times \boldsymbol{e}_z) \cdot \boldsymbol{E} = \boldsymbol{e}_s \cdot (\boldsymbol{e}_z \times \boldsymbol{E})$$

und man erhält aus (15.11) zusammen mit der Definition der Spannung (15.8)

$$C' = \varepsilon \, \frac{\oint_{S_1} (\boldsymbol{e}_z \times \boldsymbol{E}) \cdot d\boldsymbol{s}}{\int_A^B \boldsymbol{E} \cdot d\boldsymbol{l}} \ . \tag{15.12}$$

Die Kapazität pro Längeneinheit C' ist weder vom Ort noch von der Zeit abhängig, da sich die z- und t-Abhängigkeit der elektrischen Feldstärke $\boldsymbol{E}$ herauskürzt. Es ist eine rein statische Größe bestimmt durch die Geometrie. Dies gilt auch für die weiteren Ersatzschaltungsgrößen, die im Folgenden abgeleitet werden.

Die Induktivität pro Längeneinheit ist die Proportionalitätskonstante zwischen magnetischem Fluss pro Längeneinheit und Strom

$$L' = \frac{\psi'_m(z,t)}{I(z,t)} \ . \tag{15.13}$$

Den Fluss zwischen den Leitern berechnet man entsprechend Abb. 15.2a

$$\psi'_m = \mu \int_A^B \boldsymbol{n} \cdot \boldsymbol{H} \, dl \ .$$

Mit dem Zusammenhang $\boldsymbol{n} = \boldsymbol{e}_z \times \boldsymbol{e}_l$ wird daraus

$$\psi'_m = \mu \int_A^B (\boldsymbol{e}_z \times \boldsymbol{e}_l) \cdot \boldsymbol{H} \, dl = \mu \int_A^B (\boldsymbol{H} \times \boldsymbol{e}_z) \cdot d\boldsymbol{l} \ .$$

Dies gibt zusammen mit der Definition des Stromes (15.10)

$$L' = \mu \, \frac{\int_A^B (\boldsymbol{H} \times \boldsymbol{e}_z) \cdot d\boldsymbol{l}}{\oint_{S_1} \boldsymbol{H} \cdot d\boldsymbol{s}} \ . \tag{15.14}$$

Ebenso einfach ist es, den Leitwert pro Längeneinheit zu bestimmen. Er folgt aus dem Verhältnis des zwischen den Leitern pro Längeneinheit fließenden Stromes und der Spannung

$$G' = \frac{I'(z,t)}{V(z,t)} = \frac{1}{V(z,t)} \oint_{S_1} \boldsymbol{n} \cdot \boldsymbol{J} \, ds = \frac{\kappa}{V(z,t)} \oint_{S_1} \boldsymbol{n} \cdot \boldsymbol{E} \, ds$$

$$= \kappa \, \frac{\oint_{S_1} (\boldsymbol{e}_z \times \boldsymbol{E}) \cdot d\boldsymbol{s}}{\int_A^B \boldsymbol{E} \cdot d\boldsymbol{l}} \ . \tag{15.15}$$

Dabei wurde dieselbe Umformung wie in (15.12) benutzt.

Ein interessanter Zusammenhang besteht zwischen der Kapazität C' und dem Leitwert G' pro Längeneinheit. Einsetzen von (15.12) in (15.15) liefert

$$C' = \frac{\varepsilon}{\kappa} G' = T_r G' \ . \tag{15.16}$$

Das Verhältnis $C'/G' = Q'/I'$ ist gleich der Relaxationszeit. Dies wird verständlich, wenn man z.B. die Entladung eines Plattenkondensators betrachtet. Die Zeitkonstante, mit der der Entladungsvorgang vor sich geht, ist die Relaxationszeit

$$T_r = \frac{\varepsilon}{\kappa} = \frac{\varepsilon A}{d} \cdot \frac{d}{\kappa A} = CR = \frac{C}{G} \ .$$

Offensichtlich verhält sich jedes kleine Stück Δz der TEM-Leitung wie ein Kondensator.

Einen weiteren interessanten Zusammenhang gibt es zwischen L' und C'. Bei TEM-Wellen sind E und H über den Wellenwiderstand im homogenen Raum verknüpft und bilden ein Dreibein mit der Ausbreitungsrichtung

$$\boldsymbol{E} = Z \boldsymbol{H} \times \boldsymbol{e}_z \ . \tag{15.17}$$

Einsetzen in (15.12) ergibt für den Kapazitätsbelag

$$C' = \varepsilon \frac{Z \oint_{S_1} [\boldsymbol{e}_z \times (\boldsymbol{H} \times \boldsymbol{e}_z)] \cdot \mathrm{d}\boldsymbol{s}}{Z \int_A^B (\boldsymbol{H} \times \boldsymbol{e}_z) \cdot \mathrm{d}\boldsymbol{l}} = \varepsilon \frac{\oint_{S_1} \boldsymbol{H} \cdot \mathrm{d}\boldsymbol{s}}{\int_A^B (\boldsymbol{H} \times \boldsymbol{e}_z) \cdot \mathrm{d}\boldsymbol{l}}$$

und nach Multiplikation mit (15.14)

$$C' L' = \mu \varepsilon = \frac{1}{c^2} \quad \rightarrow \quad c = \frac{1}{\sqrt{L'C'}} \ . \tag{15.18}$$

L' und C' bestimmen die Ausbreitungsgeschwindigkeit von TEM-Wellen (siehe § 15.3), welche gleich der Lichtgeschwindigkeit ist.

Nachdem die transversale Abhängigkeit der Felder formuliert ist, gilt es die zeitliche und longitudinale Variation zu untersuchen. Dazu multipliziert man (15.4 I) vektoriell mit dem Einheitsvektor $\boldsymbol{e}_z$ und bildet das Umlaufintegral

$$\oint_{S_1} \frac{\partial}{\partial z} [\boldsymbol{e}_z \times (\boldsymbol{e}_z \times \boldsymbol{H})] \cdot \mathrm{d}\boldsymbol{s} = -\frac{\partial}{\partial z} \oint_{S_1} \boldsymbol{H} \cdot \mathrm{d}\boldsymbol{s}$$

$$= \kappa \oint_{S_1} (\boldsymbol{e}_z \times \boldsymbol{E}) \cdot \mathrm{d}\boldsymbol{s} + \varepsilon \frac{\partial}{\partial t} \oint_{S_1} (\boldsymbol{e}_z \times \boldsymbol{E}) \cdot \mathrm{d}\boldsymbol{s} \ .$$

Einsetzen von (15.10), (15.12) und (15.15) liefert

$$\boxed{\frac{\partial I}{\partial z} = -G'V - C'\frac{\partial V}{\partial t}} \ . \tag{15.19}$$

Die Gleichung (15.4 II) wird ebenfalls vektoriell mit dem Einheitsvektor $\boldsymbol{e}_z$ multipliziert und von A nach B integriert

$$\int_A^B \frac{\partial}{\partial z} \left[(e_z \times E) \times e_z \right] \cdot dl = \frac{\partial}{\partial z} \int_A^B E \cdot dl = -\mu \frac{\partial}{\partial t} \int_A^B (H \times e_z) \cdot dl \; .$$

Einsetzen von (15.8) und (15.14) liefert

$$\boxed{\frac{\partial V}{\partial z} = -L' \frac{\partial I}{\partial t}} \; . \tag{15.20}$$

Die Gleichungen (15.19) und (15.20) sind die *Leitungsgleichungen*, welche die Veränderung von Strom und Spannung auf einer Leitung beschreiben. In dieser Form gelten die Gleichungen für verlustfreie Leiter aber verlustbehaftete Medien zwischen den Leitern. Sind auch die Leiter verlustbehaftet, gibt es streng genommen keine reinen TEM-Wellen mehr. Dies wird im folgenden Paragraphen behandelt.

15.2 Verlustbehaftete Leitungen

Reale Leiter haben eine endliche Leitfähigkeit und es tritt wegen des longitudinalen Stromes und des OHM'schen Gesetzes auch ein longitudinales elektrisches Feld auf. Die Wellen sind keine reinen TEM-Wellen mehr. Allerdings ist die longitudinale Komponente sehr viel kleiner als die transversale und man kann mit sehr guter Näherung mit TEM-Wellen rechnen.

Zur Abschätzung der Größe der z-Komponente des elektrischen Feldes E_z, nehmen wir eine Stromdichte an, die homogen über die Skintiefe verteilt ist. Dann folgt aus dem Durchflutungssatz, entsprechend der Randbedingung (14.46),

$$H_{tan} = J_{Fz} \approx \delta_S J_z = \kappa \delta_S E_z$$

für das Magnetfeld auf der Leiteroberfläche. Ferner gilt wie bei TEM-Wellen in jedem Punkt und somit auch auf der Leiteroberfläche

$$E_n \approx Z H_{tan} \; .$$

Nach Elimination des magnetischen Feldes H_{tan} erhält man das Verhältnis

$$\frac{E_z}{E_n} \approx \frac{1}{\kappa \delta_S Z} \; . \tag{15.21}$$

Bei einer Frequenz von 1 GHz und einem Leiter aus Kupfer ist die Skintiefe $\delta_S \approx 2.1 \, \mu\text{m}$, (12.60), und das Verhältnis wird

$$\frac{E_z}{E_n} \approx 2.3 \cdot 10^{-5} \; .$$

Selbst bei einer Frequenz von 100 GHz ist das Verhältnis immer noch $2.3 \cdot 10^{-4}$ und man kann in sehr guter Näherung außerhalb der Leiter reine TEM-Wellen verwenden. Die Verluste pro Längeneinheit in den Leitern berechnet man mit Hilfe von (14.108) und Integration über den Umfang der Leiter 1 und 2

$$\frac{1}{2}R'I^2 = \frac{1}{2\kappa\delta_S}\left\{\oint_{S_1}|\boldsymbol{H}|^2\,\mathrm{d}s + \oint_{S_2}|\boldsymbol{H}|^2\,\mathrm{d}s\right\}\,.$$

Dies ergibt den Leiterwiderstand pro Längeneinheit von

$$R' = \frac{1}{\kappa\delta_S I^2}\left\{\oint_{S_1}|\boldsymbol{H}|^2\,\mathrm{d}s + \oint_{S_2}|\boldsymbol{H}|^2\,\mathrm{d}s\right\}\,. \tag{15.22}$$

Auch der Widerstand R' ist unabhängig von der Koordinate z aber nicht unabhängig von der Zeit t (bei harmonischen Vorgängen nicht unabhängig von der Frequenz ω), da sich die Eindringtiefe δ_S mit der Geschwindigkeit der zeitlichen Änderung (Frequenz) ändert. Dadurch wird im Allgemeinen die Berücksichtigung des Widerstandes R' sehr unhandlich, so dass man meistens in erster Näherung mit dem Gleichstromwiderstand rechnet. Dies ist auch dadurch gerechtfertigt, dass die Induktivität normalerweise, zumindest bei verlustarmen Leitungen, einen größeren Einfluss hat. Mit den Leiterverlusten R', an denen eine Spannung $R'I$ abfällt, lauten die Leitungsgleichungen (15.19), (15.20)

$$\boxed{\begin{aligned}\frac{\partial I(z,t)}{\partial z} &= -G'V(z,t) - C'\frac{\partial V(z,t)}{\partial t}\\[2mm]\frac{\partial V(z,t)}{\partial z} &= -R'I(z,t) - L'\frac{\partial I(z,t)}{\partial t}\end{aligned}}\,. \tag{15.23}$$

Für die Leitungsgleichungen (15.23) kann man als Ersatzschaltbild ein kurzes Stück Leitung der Länge Δz angeben, Abb. 15.3.

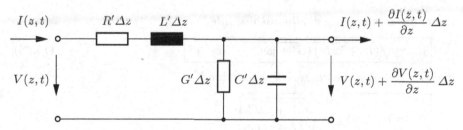

Abb. 15.3. Ersatzschaltbild für die Leitungsgleichungen (15.23)

Anstelle von zwei partiellen Differentialgleichungen erster Ordnung (15.23) kann man auch eine Gleichung zweiter Ordnung angeben. Differentiation und gegenseitiges Einsetzen liefert z.B. für die Spannung

$$\boxed{\frac{\partial^2 V}{\partial z^2} = L'C'\frac{\partial^2 V}{\partial t^2} + (R'C' + G'L')\frac{\partial V}{\partial t} + R'G'V}\,. \tag{15.24}$$

Diese Gleichung wird *Telegraphengleichung* genannt. Die allgemeinen, zeitabhängigen Leitungsgleichungen (15.23) spielen immer dann eine Rolle, wenn die Vorgänge nicht zeitharmonisch sind, wie z.B. digitale Signale (Pulse) auf

Leitungen oder auch abrupte Änderungen auf Hochspannungsleitungen. Will man diese im Zeitbereich lösen, sind sehr spezifische auf das Problem zugeschnittene Vorgehensweisen erforderlich. Allgemeiner und meistens auch einfacher ist die Lösung im Frequenzbereich, aus der mit Hilfe der FOURIER-Transformation auch beliebige Zeitabhängigkeiten gewonnen werden können.

15.3 Zeitharmonische Vorgänge

Für zeitharmonische Vorgänge wird aus (15.23) in Phasorschreibweise

$$\boxed{\frac{dI}{dz} = -\left(G' + j\omega C'\right)V} \quad , \quad \boxed{\frac{dV}{dz} = -\left(R' + j\omega L'\right)I} \ . \tag{15.25}$$

Die Lösungen der Gleichungen findet man am einfachsten, wenn man das Gleichungssystem in eine Differentialgleichung zweiter Ordnung überführt

$$\frac{d^2V}{dz^2} = \left(R' + j\omega L'\right)\left(G' + j\omega C'\right)V = -k_z^2 V \ . \tag{15.26}$$

Dies ist die Schwingungsdifferentialgleichung mit den Lösungen

$$V = V^+ \, e^{-jk_z z} + V^- \, e^{jk_z z} \tag{15.27}$$

$$I = -\frac{dV/dz}{R' + j\omega L'} = \frac{1}{Z_L} \left(V^+ \, e^{-jk_z z} - V^- \, e^{jk_z z}\right)$$
$$= I^+ \, e^{-jk_z z} + I^- \, e^{jk_z z} \ ,$$

wobei die *komplexe Ausbreitungskonstante*

$$\boxed{jk_z = \sqrt{\left(R' + j\omega L'\right)\left(G' + j\omega C'\right)} = \alpha + j\beta} \tag{15.28}$$

und der *komplexe Leitungswellenwiderstand*

$$\boxed{Z_L = R_L + jX_L = \sqrt{\frac{R' + j\omega L'}{G' + j\omega C'}}} \tag{15.29}$$

eingeführt wurden.

Die Ersatzgrößen Strom und Spannung breiten sich auf der Leitung wie ebene Wellen aus. Es gibt vorwärts und rückwärts laufende „Spannungswellen" und „Stromwellen" mit der Ausbreitungskonstanten $k_z = \beta - j\alpha$, der Phasengeschwindigkeit $v_{ph} = \omega/\beta$ und dem Verhältnis Z_L zwischen Spannung und Strom, analog zum Wellenwiderstand Z, der das Verhältnis zwischen elektrischer und magnetischer Feldstärke E/H angibt.

Die Zeit- und Ortsabhängigkeit z.B. einer vorwärts laufenden Spannungswelle lässt sich folgendermaßen beschreiben:

– An einem festen Ort $z = $ const. beobachtet man eine zeitlich abklingende Schwingung der Periodendauer

$$T = \frac{2\pi}{\omega} = \frac{1}{f} , \tag{15.30}$$

denn das physikalische Feld ist

$$V = \mathrm{Re}\left\{ V^+ \, \mathrm{e}^{\mathrm{j}(\omega t - k_z z)} \right\} = V^+ \cos(\omega t - \beta z) \, \mathrm{e}^{-\alpha t} .$$

– Greift man dagegen einen festen Zeitpunkt $t = $ const. heraus und macht eine „Momentanaufnahme" längs der Leitung, so ergibt sich eine gedämpfte Schwingung, Abb. 15.4. Der Abstand zweier Orte mit gleicher Phase ist die Wellenlänge

$$\lambda_z = \frac{2\pi}{\mathrm{Re}\{k_z\}} = \frac{2\pi}{\beta} . \tag{15.31}$$

Die Geschwindigkeit, mit welcher sich ein Ort konstanter Phase längs z ausbreitet, ist die Phasengeschwindigkeit

$$v_{ph} = \frac{\omega}{\beta} . \tag{15.32}$$

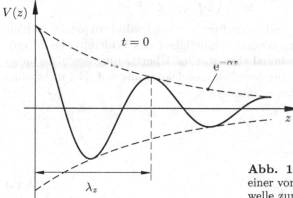

Abb. 15.4. „Momentanaufnahme" einer vorwärts laufenden Spannungswelle zum Zeitpunkt $t = 0$

Man unterscheidet folgende Spezialfälle:

1. Verlustlose Leitung, $R' = G' = 0$

$$k_z = \beta = \omega\sqrt{L'C'} = \frac{\omega}{c} \quad , \quad \alpha = 0$$

$$Z_L = R_L = \sqrt{\frac{L'}{C'}} \quad , \quad X_L = 0$$

$$v_{ph} = \frac{\omega}{\beta} = \frac{1}{\sqrt{L'C'}} = c \, . \tag{15.33}$$

Obwohl dieser Fall eine Idealisierung ist, ist er z.B. bei kurzen, verlustarmen Leitungen, die dadurch sehr gut angenähert werden, von Interesse.

2. Leitungen mit niedrigen Verlusten, $R' \ll \omega L'$, $G' \ll \omega C'$

$$jk_z = j\omega\sqrt{L'C'}\sqrt{\left(1 - j\frac{R'}{\omega L'}\right)\left(1 - j\frac{G'}{\omega C'}\right)}$$

$$\approx j\omega\sqrt{L'C'}\left(1 - \frac{j}{2}\frac{R'}{\omega L'} - \frac{j}{2}\frac{G'}{\omega C'}\right)$$

$$\beta \approx \omega\sqrt{L'C'} \quad , \quad \alpha \approx \frac{1}{2}\left(\frac{R'}{R_L} + G'R_L\right)$$

$$Z_L = \sqrt{\frac{L'}{C'}}\sqrt{\frac{1 - jR'/\omega L'}{1 - jG'/\omega C'}} \approx \sqrt{\frac{L'}{C'}}\left(1 - \frac{j}{2}\frac{R'}{\omega L'} + \frac{j}{2}\frac{G'}{\omega C'}\right)$$

$$= R_L + jX_L$$

$$R_L \approx \sqrt{\frac{L'}{C'}} \quad , \quad X_L \approx -\frac{1}{2}R_L\left(\frac{R'}{\omega L'} - \frac{G'}{\omega C'}\right) \, . \tag{15.34}$$

Phasengeschwindigkeit und Dämpfungskonstante sind frequenzunabhän-
gig, wenn man von der Frequenzabhängigkeit des Widerstandes R' aufgrund des Skineffektes einmal absieht. Eine Übertragung geschieht nahezu verzerrungsfrei. Es tritt lediglich eine Dämpfung auf. Bei nicht allzu
hohen Frequenzen ist ferner meistens

$$\frac{R'}{R_L} \gg G'R_L$$

und die Dämpfung ist

$$\alpha \approx \frac{1}{2}\sqrt{\frac{C'}{L'}}\,R' \sim \frac{1}{\sqrt{L'}} \, . \tag{15.35}$$

Durch Erhöhung der Induktivität, z.B. durch zusätzliche Spulen in der
Leitung oder durch Umwickeln der Leitung mit ferromagnetischem Material (PUPIN, 1900), kann die Dämpfung reduziert werden.

3. Verzerrungsfreie Leitung, $R'/L' = G'/C'$

$$jk_z = \sqrt{\frac{C'}{L'}}\sqrt{(R' + j\omega L')^2} = \frac{R'}{R_L} + j\omega\sqrt{L'C'}$$

$$\alpha = \frac{R'}{R_L} \quad , \quad \beta = \omega\sqrt{L'C'}$$

$$Z_L = \sqrt{\frac{L'}{C'}} = R_L \quad , \quad X_L = 0 \, . \tag{15.36}$$

Die verzerrungsfreie Leitung hat die Übertragungseigenschaften der ver-lustfreien Leitung mit Ausnahme der Dämpfung. Verzerrungsfreie Über-tragung setzt eine frequenzunabhängige Phasengeschwindigkeit und Däm-pfung voraus. Beides ist bei niedrigen Frequenzen erfüllt, solange der Skineffekt noch keine Rolle spielt. Allerdings ist normalerweise $R'/L' \gg G'/C'$ und die Bedingung für verzerrungsfreie Übertragung muss durch Einfügen von Spulen erreicht werden.

15.4 Eingangsimpedanz. Reflexionsfaktor

Man geht von den Spannungs- und Stromwellen (15.27) aus, wobei die Am-plituden unbestimmt sind und durch das entsprechende Problem festgelegt werden. Als erstes sei eine Leitung der Länge l und dem Leitungswellenwi-derstand Z_L betrachtet, die am Ende mit der Impedanz Z abgeschlossen ist, Abb. 15.5.

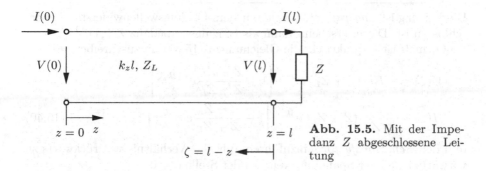

Abb. 15.5. Mit der Impe-danz Z abgeschlossene Lei-tung

Am Leitungsende besteht der Zusammenhang

$$V(l) = V^+ \, \mathrm{e}^{-\mathrm{j}k_z l} + V^- \, \mathrm{e}^{\mathrm{j}k_z l}$$

$$I(l) = \frac{V(l)}{Z} = \frac{1}{Z_L} \left(V^+ \, \mathrm{e}^{-\mathrm{j}k_z l} - V^- \, \mathrm{e}^{\mathrm{j}k_z l} \right) \, ,$$

den man nach den Koeffizienten V^+ und V^- auflöst

$$V^+ = \frac{1}{2} \left[V(l) + Z_L I(l) \right] \mathrm{e}^{\mathrm{j}k_z l} = \frac{1}{2} I(l)(Z + Z_L) \, \mathrm{e}^{\mathrm{j}k_z l}$$

$$V^- = \frac{1}{2} \left[V(l) - Z_L I(l) \right] \mathrm{e}^{-\mathrm{j}k_z l} = \frac{1}{2} I(l)(Z - Z_L) \, \mathrm{e}^{-\mathrm{j}k_z l}$$

und in (15.27) einsetzt

$$V(z) = \frac{1}{2}I(l)\left[(Z + Z_L)\,e^{jk_z(l-z)} + (Z - Z_L)\,e^{-jk_z(l-z)}\right]$$

$$I(z) = \frac{1}{2Z_L}I(l)\left[(Z + Z_L)\,e^{jk_z(l-z)} - (Z - Z_L)\,e^{-jk_z(l-z)}\right]. \qquad (15.37)$$

Wegen der auftretenden Differenz $l - z$ ist es sinnvoll, eine neue Koordinate $\zeta = l - z$ einzuführen, die den Abstand vom Leitungsende angibt. Desweiteren verwendet man anstelle der Exponentialfunktionen hyperbolische Funktionen und erhält

$$\boxed{\begin{aligned} V(\zeta) &= I(l)\left[Z\cosh(\alpha + j\beta)\zeta + Z_L\sinh(\alpha + j\beta)\zeta\right] \\ I(\zeta) &= \frac{I(l)}{Z_L}\left[Z_L\cosh(\alpha + j\beta)\zeta + Z\sinh(\alpha + j\beta)\zeta\right] \end{aligned}} \qquad (15.38)$$

Die Gleichungen geben den Verlauf des Stromes und der Spannung auf einer Leitung an, die mit der Impedanz Z abgeschlossen ist. Das Verhältnis von V und I stellt die *Eingangsimpedanz* an der Stelle ζ dar

$$\boxed{Z_i(\zeta) = \frac{V(\zeta)}{I(\zeta)} = Z_L\frac{Z + Z_L\tanh(\alpha + j\beta)\zeta}{Z_L + Z\tanh(\alpha + j\beta)\zeta}}. \qquad (15.39)$$

Die Leitung ist *angepaßt*, wenn sie mit dem Leitungswellenwiderstand abgeschlossen ist. Dieser erscheint dann als Eingangsimpedanz $Z_i(\zeta) = Z_L$.

Oftmals ist es praktisch, die Gleichungen (15.37) umzuschreiben

$$V(\zeta) = \frac{1}{2}\,I(l)\,(Z + Z_L)\,e^{jk_z\zeta}\left[1 + \frac{Z - Z_L}{Z + Z_L}\,e^{-j2k_z\zeta}\right]$$

$$I(\zeta) = \frac{1}{2}\frac{I(l)}{Z_L}\,(Z + Z_L)\,e^{jk_z\zeta}\left[1 - \frac{Z - Z_L}{Z + Z_L}\,e^{-j2k_z\zeta}\right] \qquad (15.40)$$

und den *Reflexionsfaktor* einzuführen, d.h. das Verhältnis von rückwärts zu vorwärts laufender Spannungswelle an der Stelle $\zeta = 0$

$$\boxed{\Gamma = \frac{Z - Z_L}{Z + Z_L} = |\Gamma|\,e^{j\phi_\Gamma}}. \qquad (15.41)$$

Dann wird aus der Eingangsimpedanz

$$Z_i(\zeta) = Z_L\frac{1 + \Gamma\,e^{-2(\alpha + j\beta)\zeta}}{1 - \Gamma\,e^{-2(\alpha + j\beta)\zeta}}. \qquad (15.42)$$

15.5 Verlustlose Leitungen als Schaltungselement

Wegen der großen Bedeutung von Leitungen in Schaltungen soll hier wenigstens eine kurze Einführung gegeben werden. Wir verwenden zur einfacheren Darstellung verlustfreie Leitungen, da sie, mit Ausnahme der Dämpfung, die

Erklärung der wesentlichen Effekte erlauben. Zusätzlich ist die Annahme dadurch gerechtfertigt, dass bei kurzen Leitungen der Länge l

$$\alpha l \ll 1$$

gilt und die Dämpfung vernachlässigt werden kann.

Aus der Eingangsimpedanz (15.39) wird zusammen mit (15.41)

$$Z_i(\zeta) = R_L \frac{Z + jR_L \tan \beta\zeta}{R_L + jZ \tan \beta\zeta} = R_L \frac{1 + \Gamma e^{-j2\beta\zeta}}{1 - \Gamma e^{-j2\beta\zeta}} . \tag{15.43}$$

Von besonderer Bedeutung sind Leitungen als Schaltungselemente oberhalb von einigen 100 MHz. Bei diesen Frequenzen sind konzentrierte Elemente schwierig herzustellen und außerdem spielen Streufelder eine immer größere Rolle. Leitungsstücke übernehmen dann die Rolle von Impedanztransformatoren, Impedanzinvertern, kapazitiven und induktiven Elementen, u.s.w.. Wichtige Spezialfälle sind:

1. Leerlaufende Leitung, $Z \to \infty$.

   Die Eingangsimpedanz (15.43)

   $$Z_i(\zeta) = Z_{leer} = -jR_L \cot \beta\zeta \tag{15.44}$$

   ist rein reaktiv und wird kapazitiv oder induktiv je nach dem Wert des Argumentes $\beta\zeta$. Ist die Leitung zusätzlich noch sehr kurz, $\beta\zeta \ll 1$, kann man $\tan \beta\zeta$ durch $\beta\zeta$ ersetzen und die Eingangsimpedanz ist kapazitiv

   $$Z_i(\zeta) \approx -j\frac{R_L}{\beta\zeta} = \frac{1}{j\omega C'\zeta} . \tag{15.45}$$

   In der Praxis ist jedoch die Realisierung eines Leerlaufs schwierig, da das Leitungsende Streukapazitäten aufweist und abstrahlt.

2. Kurzgeschlossene Leitung, $Z \to 0$.

   Die Eingangsimpedanz ist ebenfalls reaktiv

   $$Z_i(\zeta) = Z_{kurz} = jR_L \tan \beta\zeta . \tag{15.46}$$

   Sie ist gleich der Impedanz der leerlaufenden Leitung mit $l \to l + \lambda/4$. Ist die Leitung sehr kurz, $\beta\zeta \ll 1$, stellt die Eingangsimpedanz eine Induktivität dar

   $$Z_i(\zeta) = jR_L\beta\zeta = j\omega L'\zeta . \tag{15.47}$$

3. $\lambda/4$-Leitung, $\zeta = \lambda/4$, $\beta\zeta = \pi/2$.

   Aus der Eingangsimpedanz wird

   $$Z_i\left(\frac{\lambda}{4}\right) = \frac{R_L^2}{Z} . \tag{15.48}$$

   Die Leitung wirkt als *Impedanzinverter*, auch $\lambda/4$-*Transformator* genannt.

4. $\lambda/2$-Leitung, $\zeta = \lambda/2$, $\beta\zeta = \pi$.

Die Eingangsimpedanz

$$Z_i\left(\frac{\lambda}{2}\right) = Z \tag{15.49}$$

ist gleich der Abschlussimpedanz.

Die Parameter der Leitung, Phasenkonstante und Leitungswellenwiderstand, lassen sich am einfachsten durch eine Kurzschluss- und Leerlaufmessung bestimmen

$$R_L = \sqrt{Z_{leer} Z_{kurz}}$$

$$\beta\zeta = \arctan\sqrt{-\frac{Z_{kurz}}{Z_{leer}}} \ . \tag{15.50}$$

Schließlich soll noch das *Stehwellenverhältnis* eingeführt werden. Man schreibt den Betrag der Spannung (15.40) mit Hilfe des Reflexionsfaktors (15.41)

$$|V(\zeta)| = \frac{1}{2}|I(l)||Z + R_L|\sqrt{[1 + |\Gamma|\cos(\phi_\Gamma - 2\beta\zeta)]^2 + |\Gamma|^2 \sin^2(\phi_\Gamma - 2\beta\zeta)} \ .$$

Er ist periodisch in ζ mit den Maxima

$$|V|_{max} = \frac{1}{2}|I(l)||Z + R_L|\,(1 + |\Gamma|) \tag{15.51}$$

an den Stellen

$$\phi_\Gamma - 2\beta\zeta = -n2\pi \quad , \quad n = 0, 1, 2, \ldots \tag{15.52}$$

und den Minima

$$|V|_{min} = \frac{1}{2}|I(l)||Z + R_L|\,(1 - |\Gamma|) \tag{15.53}$$

an den Stellen

$$\phi_\Gamma - 2\beta\zeta = -(2n - 1)\pi \quad , \quad n = 1, 2, \ldots \ . \tag{15.54}$$

Das Verhältnis

$$S = \frac{|V|_{max}}{|V|_{min}} = \frac{1 + |\Gamma|}{1 - |\Gamma|} \tag{15.55}$$

heißt *Stehwellenverhältnis* (voltage standing wave ratio, VSWR). Es ist bei

Anpassung, $Z = R_L$, $\Gamma = 0$: $S = 1$
Leerlauf, $Z = \infty$, $\Gamma = 1$: $S = \infty$
Kurzschluss, $Z = 0$, $\Gamma = -1$: $S = \infty$.

Abb. 15.6 zeigt den Betrag der Spannung $V(\zeta)$ am Beispiel $Z = R_L/2$.

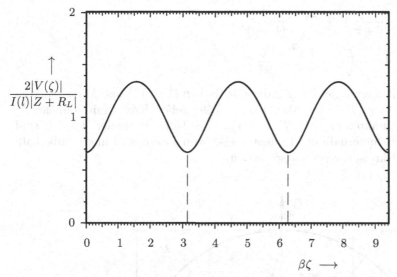

Abb. 15.6. Stehwelle auf einer Leitung mit dem Abschlusswiderstand $Z = R_L/2$

15.6 Smith-Diagramm

Die Berechnung von Reflexionsfaktor, Eingangsimpedanz u.s.w. erfordert das mühselige Hantieren mit komplexen Zahlen. Als praktisches Hilfsmittel hat sich dabei eine graphische Darstellung, das SMITH-Diagramm, erwiesen. Dieses gibt normierte Impedanzen in der Reflexionsfaktor-Ebene an.

Man normiert die Abschlussimpedanz in Abb. 15.5 auf den Leitungswellenwiderstand

$$z = \frac{Z}{R_L} = r + \mathrm{j}x \tag{15.56}$$

und schreibt für den Reflexionsfaktor (15.41)

$$\Gamma = \Gamma_r + \mathrm{j}\Gamma_i = \frac{z-1}{z+1} = \frac{r + \mathrm{j}x - 1}{r + \mathrm{j}x + 1}. \tag{15.57}$$

Auflösen von (15.57) nach r und x gibt

$$r = \frac{1 - \Gamma_r^2 - \Gamma_i^2}{(1 - \Gamma_r)^2 + \Gamma_i^2},$$

$$x = \frac{2\Gamma_i}{(1 - \Gamma_r)^2 + \Gamma_i^2}.$$

Durch einfaches Umformen der beiden Gleichungen folgen die Locii $r = \text{const.}$ und $x = \text{const.}$ in der Γ_r/Γ_i-Ebene

$$\left(\Gamma_r - \frac{r}{1+r}\right)^2 + \Gamma_i^2 = \frac{1}{(1+r)^2} , \qquad\qquad (15.58)$$

$$(\Gamma_r - 1)^2 + \left(\Gamma_i - \frac{1}{x}\right)^2 = \frac{1}{x^2} . \qquad\qquad (15.59)$$

(15.58) stellen Kreisgleichungen dar mit Radien $(1+r)^{-1}$ und Mittelpunkten $(\Gamma_r = r/(1+r), \Gamma_i = 0)$, Abb. 15.7. (15.59) geben Kreise mit Radien x^{-1} und Mittelpunkten $(\Gamma_r = 1, \Gamma_i = 1/x)$, Abb. 15.7. Da immer $|\Gamma| \leq 1$, sind nur die Teile innerhalb des Einheitskreises von Interesse. Punkte außerhalb des Einheitskreises werden weggelassen.

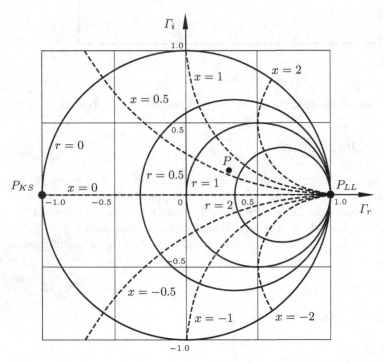

Abb. 15.7. Locii $r = $ const. und $x = $ const. von (15.57) in der Γ_r/Γ_i-Ebene

Die besonderen Eigenschaften des SMITH-Diagramms sind

1. Der $r = 0$ Kreis ist der Einheitskreis.
2. Die r-Kreise werden immer kleiner mit zunehmendem r, bis sie im Punkt $(\Gamma_r = 1, \Gamma_i = 0)$ liegen für den Leerlauffall.
3. Die x-Kreise liegen oberhalb der Γ_r-Achse für induktive z und unterhalb für kapazitive z.
4. Rein reelle z ($x = 0$) liegen auf der Γ_r-Achse.

Jeder Schnittpunkt zwischen einem r- und x-Kreis definiert eine normierte Abschlussimpedanz. Daher ist das Diagramm besonders für verlustfreie Leitungen $(Z_L = R_L)$ geeignet. Z.B. liegt der Punkt P in Abb. 15.7 auf dem Schnittpunkt $(r = 1.7, x = 0.6)$. Der Punkt P_{KS} hat $(r = 0, x = 0)$ oder $(\Gamma_r = -1, \Gamma_i = 0)$ und entspricht einem Kurzschluss, wohingegen P_{LL} bei $(r = \infty, x = 0)$ oder $(\Gamma_r = +1, \Gamma_i = 0)$ liegt und den Leerlauf angibt.

Bisher wurde das SMITH-Diagramm als die Abbildung der Γ_r/Γ_i-Ebene auf die z-Ebene betrachtet. Andererseits ist aber auch die Eingangsimpedanz (15.43)

$$z_i = \frac{Z_i}{R_L} = \frac{1 + \Gamma\,\mathrm{e}^{-\mathrm{j}2\beta\zeta}}{1 - \Gamma\,\mathrm{e}^{-\mathrm{j}2\beta\zeta}} = \frac{1 + |\Gamma|\,\mathrm{e}^{\mathrm{j}\phi}}{1 - |\Gamma|\,\mathrm{e}^{\mathrm{j}\phi}} \qquad (15.60)$$

$$\text{mit} \quad \phi = \phi_\Gamma - 2\beta\zeta \quad , \quad \Gamma = |\Gamma|\,\mathrm{e}^{\mathrm{j}\phi_\Gamma} \; ,$$

d.h. (15.60) ist von der gleichen Form wie (15.57) nach z aufgelöst

$$z = \frac{1 + \Gamma}{1 - \Gamma} = \frac{1 + |\Gamma|\,\mathrm{e}^{\mathrm{j}\phi_\Gamma}}{1 - |\Gamma|\,\mathrm{e}^{\mathrm{j}\phi_\Gamma}} \; . \qquad (15.61)$$

Statt Γ für ein bestimmtes z zu finden, kann man daher auch z_i zu einem gegebenen Γ bestimmen. Man hält $|\Gamma|$ konstant und zieht von ϕ_Γ im Uhrzeigersinn $2\beta\zeta = 4\pi\zeta/\lambda$ ab. Dies lokalisiert $|\Gamma|\,\exp(\mathrm{j}\phi)$ und somit z_i. Zu diesem Zweck sind am äußeren Rand des Einheitskreises zwei zusätzliche Skalen für $\Delta\zeta/\lambda$ angebracht, Abb. 15.8. Die eine, im Uhrzeigersinn, ist für einen Weg von der Last zum Eingang und die andere, entgegen dem Uhrzeigersinn, für einen Weg vom Eingang zum Abschluss. Ebenso ist der Winkel ϕ_Γ des Reflexionsfaktors angezeigt. Der Betrag $|\Gamma|$ liegt auf Kreisen mit Mittelpunkt $\Gamma_r = \Gamma_i = 0$ und Radius $|\Gamma|$.

Beispiel 15.1. Verlustfreie Leitung

Eine verlustfreie Leitung der Länge $l = 0.3\lambda$ und Leitungswellenwiderstand $R_L = 50\,\Omega$ ist mit einer Impedanz $Z = 100\,\Omega + \mathrm{j}\,60\,\Omega$ abgeschlossen. Bestimme den Reflexionsfaktor, das Stehwellenverhältnis, die Eingangsimpedanz und die Position des Spannungsmaximums auf der Leitung.
Der normierte Abschlusswiderstand

$$z = \frac{Z}{R_L} = 2 + \mathrm{j}\,1.2 \quad \text{(Punkt } P_1 \text{ in Abb. 15.8)}$$

liegt auf einem $|\Gamma|$-Kreis mit Radius 0.48 und hat einen Winkel von 28° (Linie $\overline{OP_1}$ in Abb. 15.8), d.h.

$$|\Gamma| = 0.48 \quad , \quad \phi_\Gamma = 28° \; .$$

Das Stehwellenverhältnis (15.55) hat dieselbe Form wie (15.61) für $\phi_\Gamma = 0$ und ist somit gleich z bei $\phi_\Gamma = 0$, d.h. 2.8 (Punkt P_S in Abb. 15.8).
Die Eingangsimpedanz findet man, indem man vom Abschluss $l/\lambda = 0.3$ in Richtung des Eingangs geht, d.h. man addiert im Uhrzeigersinn 0.3 zum Punkt P_1' und kommt zum Punkt P_2', $\zeta/\lambda = 0.21 + 0.3 = 0.5 + 0.01$. Die Linie $\overline{OP_2'}$ schneidet den $|\Gamma| = 0.48$ Kreis bei $z_i = 0.36 + \mathrm{j}\,0.065$ (Punkt P_2) oder

$$Z_i = R_L z_i = 18\ \Omega + \mathrm{j}\, 3.3\ \Omega\ .$$

Nach (15.52) tritt das erste Spannungsmaximum ($n = 0$) bei

$$2\beta\zeta = \phi_\Gamma$$

auf, d.h. es wird in (15.60) $\phi = 0$ und der Ausdruck gleich dem VSWR. Dies entspricht nach dem äußeren Kreis einer Entfernung $\zeta/\lambda = 0.25 - 0.21 = 0.04$ vom Abschluss.

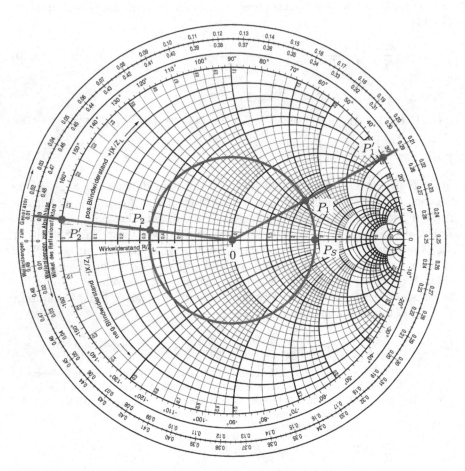

Abb. 15.8. Smith-Diagramm

Bei einer verlustbehafteten Leitung mit $Z_L \approx R_L$ ist $2\alpha\zeta$ in (15.42) normalerweise nicht mehr vernachlässigbar. Somit wird

$$z_i = \frac{Z_i}{R_L} = \frac{1 + \Gamma\,\mathrm{e}^{-2\alpha\zeta}\mathrm{e}^{-\mathrm{j}2\beta\zeta}}{1 - \Gamma\,\mathrm{e}^{-2\alpha\zeta}\mathrm{e}^{-\mathrm{j}2\beta\zeta}} = \frac{1 + |\Gamma|\,\mathrm{e}^{-2\alpha\zeta}\mathrm{e}^{\mathrm{j}\phi}}{1 - |\Gamma|\,\mathrm{e}^{-2\alpha\zeta}\mathrm{e}^{\mathrm{j}\phi}} \tag{15.62}$$

mit $\phi = \phi_\Gamma - 2\beta\zeta$.

Man kann also nicht mehr einfach auf Kreisen $|\Gamma| = \mathrm{const.}$ entlang gehen, sondern muss die Abnahme $\exp(-2\alpha\zeta)$ berücksichtigen.

Beispiel 15.2. Verlustbehaftete Leitung

Die Eingangsimpedanz einer kurzgeschlossenen, verlustbehafteten Leitung ist $Z_i = 30\ \Omega + \mathrm{j}\,150\ \Omega$. Die Leitung ist 2 m lang und hat einen Wellenwiderstand von (ungefähr) 50 Ω.
Bestimme Dämpfungs- und Phasenkonstante der Leitung. Wie verändert sich die Eingangsimpedanz, wenn der Kurzschluss durch eine Impedanz $Z = 40\ \Omega - \mathrm{j}\,30\ \Omega$ ersetzt wird?

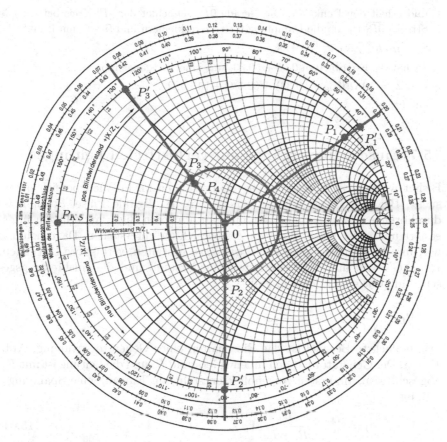

Abb. 15.9. SMITH-Diagramm für Beispiel 15.2

Der Kurzschluss entspricht dem Punkt P_{KS} in Abb. 15.9 und die normierte Eingangsimpedanz $z_i = 0.6 + \mathrm{j}\,3$ dem Punkt P_1. Die Strecke $\overline{0P_1}$ ist 0.88 und gibt die Dämpfung $\exp(-2\alpha l)$ an

$$\alpha = \frac{1}{2l} \ln \frac{1}{0.88} = \frac{1}{4 \text{ m}} \, 0.128 = 0.032 \, \frac{\text{Np}}{\text{m}} \; .$$

Der Bogen von P_{KS} nach P_1' gehört zu $\Delta\zeta/\lambda = 0.2$ in Richtung Eingang und somit ist die Phasenkonstante

$$2\beta l = 4\pi \Delta\zeta/\lambda \quad \rightarrow \quad \beta = 2\pi \frac{\Delta\zeta}{l\lambda} = 0.63 \text{ m}^{-1} \; .$$

Nun wird der Kurzschluss durch

$$z = \frac{Z}{R_L} = 0.8 - \text{j}\, 0.6 \quad (\text{Punkt } P_2)$$

ersetzt. Die verlängerte Gerade $\overline{0P_2}$ liefert P_2' mit dem Abstandsmaß $\Delta\zeta/\lambda = 0.375$ vom Eingang. Man addiert dazu die Leitungslänge $l/\lambda = 0.2$ (Bogen zwischen P_{KS} und P_1')

$$0.375 + 0.2 = 0.5 + 0.075$$

und erhält den Punkt P_3'. Die Gerade $\overline{0P_3'}$ schneidet den $|\Gamma|$-Kreis bei P_3. Die Strecke $\overline{0P_3}$ ist um die Dämpfung 0.88 zu verkleinern und führt zum Punkt P_4

$$\overline{0P_4}/\overline{0P_3} = \text{e}^{-2\alpha l} = 0.88 \; .$$

P_4 hat die Koordinaten $0.65 + \text{j}\, 0.33$, was einer Eingangsimpedanz

$$Z_i = 50 \, \Omega(0.65 + \text{j}\, 0.33) = 32.5 \, \Omega + \text{j}\, 16.5 \, \Omega$$

entspricht.

15.7 Einschwingvorgänge auf verlustfreien Leitungen

Bisher wurden die Eigenschaften von Leitungen im Frequenzbereich untersucht. Bei vielen Anwendungen aber, wie z.B. digitale Pulse, Spannungsdurchbrüche, Blitzeinschläge, ist man an abrupten Signaländerungen interessiert und es ist besser diese im Zeitbereich zu untersuchen. Dazu nehmen wir, um das Problem nicht zu schwierig zu gestalten, verlustlose Leitungen, $R' = G' = 0$, an. Der Leitungswellenwiderstand und die Ausbreitungsgeschwindigkeit sind in diesem Fall

$$R_L = \sqrt{\frac{L'}{C'}} \quad , \quad v = \frac{1}{\sqrt{L'C'}} \; . \tag{15.63}$$

Das einfachste Beispiel ist das Einschalten einer Generatorspannung, Abb. 15.10a. Der Generator hat den Innenwiderstand R_i und die Leitung ist mit R_L abgeschlossen. Im ersten Augenblick entsteht am Eingang eine Spannungsteilung

$$V(z = 0) = V_0^+ = \frac{R_L}{R_i + R_L} V_0 \; . \tag{15.64}$$

Der Spannungssprung läuft die Leitung entlang mit der Geschwindigkeit v, Abb. 15.10b. Am Leitungsende verschwindet die Reflexion (wegen des Abschlusses mit R_L) und die Leitung ist mit V_0^+ aufgeladen. Etwas komplizierter wird die Situation, wenn sowohl der Abschlusswiderstand R als auch der

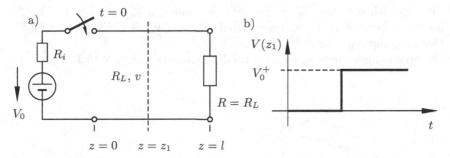

Abb. 15.10. (a) Einschalten einer Gleichspannung auf einer Leitung. (b) Spannungsverlauf an der Stelle z_1

Innenwiderstand R_i ungleich R_L sind. Jetzt entstehen an beiden Enden Reflexionen mit Γ, Γ_i. Der erste Spannungssprung wird am Ende reflektiert und läuft mit der Amplitude ΓV_0^+ rückwärts. Am Eingang wird er wieder reflektiert mit der Amplitude $\Gamma_i \Gamma V_0^+$ u.s.w.. Die Spannung am Ende der Leitung baut sich also langsam auf zu

$$V(z=l) = V_0^+(1 + \Gamma + \Gamma_i\Gamma + \Gamma_i\Gamma^2 + \Gamma_i^2\Gamma^2 + \Gamma_i^2\Gamma^3 + \dots)$$
$$= V_0^+\left(\frac{1}{1-\Gamma_i\Gamma} + \frac{\Gamma}{1-\Gamma_i\Gamma}\right) = \frac{1+\Gamma}{1-\Gamma_i\Gamma}V_0^+,$$

welches mit (15.64) und $\Gamma_i = (R_i - R_L)/(R_i + R_L)$, $\Gamma = (R - R_L)/(R + R_L)$ zu

$$V(z=l) = \frac{R(R_i + R_L)}{R_L(R + R_i)}V_0^+ = \frac{R}{R+R_i}V_0 \tag{15.65}$$

wird. Dies ist offensichtlich richtig, denn für $t \to \infty$ sind die Ausgleichsvorgänge auf der Leitung abgeklungen und es ist $V(z=0) = V(z=l)$, d.h. die Ausgangsspannung folgt dem Spannungsteiler zwischen R und $R_i + R$.

Will man die Stromsprünge auf der Leitung haben, so verwendet man

$$I^+ = \frac{V^+}{R_L} \quad , \quad I^- = -\frac{V^-}{R_L} . \tag{15.66}$$

Um den Prozess der sukzessiven Reflexionen zu formalisieren und deutlich zu machen hat sich das *Spannungs-Reflexions-Diagramm*, Abb. 15.11 bewährt. Dabei wird die Zeit nach dem Schaltvorgang über dem Weg auf der Leitung aufgetragen: Bei $t = 0$ beginnt die Spannungswelle V_0^+, von $z = 0$ ausgehend, zum Abschluss zu laufen. Die Steigung der Geraden ist $1/v$. Am Abschluss wird sie mit Γ reflektiert und läuft zum Eingang zurück (Steigung der Geraden $-1/v$), wo sie mit Γ_i reflektiert wird u.s.w.. Anhand des Diagramms kann man nun z.B. die Spannungsverteilung auf der Leitung zu einem festen Zeitpunkt t_4 bestimmen:

– Von t_4 ausgehend zieht man eine horizontale Linie zum Punkt P_4 und von da eine vertikale Linie, die die z-Achse bei z_1 schneidet.

– Zum Bereich $0 < z < z_1$ gehören die Spannungen $V_0^+ + \Gamma V_0^+ + \Gamma_i \Gamma V_0^+$
  und zum Bereich $z_1 < z < l$ die Anteile $V_0^+ + \Gamma V_0^+ + \Gamma_i \Gamma V_0^+ + \Gamma_i \Gamma^2 V_0^+$.
  Der Spannungssprung bei z_1 ist $\Gamma_i \Gamma^2 V_0^+$.
– Die Spannungsverteilung $V(z, t_4)$ auf der Leitung ist in Abb. 15.12a gezeigt.

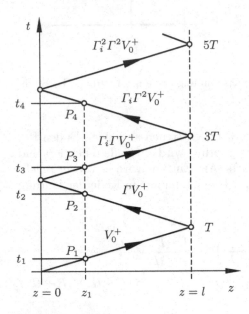

Abb. 15.11. Spannungs-Reflexions-Diagramm für die Leitung in Abb. 15.10a mit $R \neq R_L$ ($T = l/v$ Laufzeit)

Will man hingegen die Spannung an der Stelle z_1 als Funktion der Zeit haben, geht man folgendermaßen vor:

– Von z_1 ausgehend zieht man eine vertikale Linie zu den Punkten P_1, P_2, P_3, P_4 u.s.w..
– Zu jedem Punkt P_i gehört eine Zeit t_i (horizontale Linie), zu welcher eine neue Spannungswelle ankommt:

$$\begin{aligned}
0 \leq t \leq t_1 \quad & V = 0 \\
t_1 \leq t \leq t_2 \quad & = V_0^+ \\
t_2 \leq t \leq t_3 \quad & = V_0^+ + \Gamma V_0^+ \\
t_3 \leq t \leq t_4 \quad & = V_0^+ + \Gamma V_0^+ + \Gamma_i \Gamma V_0^+ \\
\vdots \quad & \quad \vdots
\end{aligned}$$

– Der Spannungsverlauf $V(z_1, t)$ ist in Abb. 15.12b zu sehen.

Bisher wurden nur reelle Abschlüsse R und R_i betrachtet, daher zeigen die reflektierten Wellen die gleichen Zeitverläufe wie die ankommenden Wellen. Das Verhältnis reflektierte zu einfallender Welle ist eine Konstante. Wenn allerdings ein Abschluss ein reaktives Element ist, eine Induktivität oder eine

a)

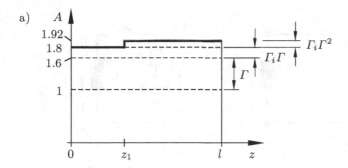

b)

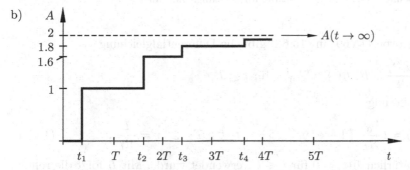

Abb. 15.12. Normierte Spannungsverläufe für die Leitung in Abb. 15.10a, $R = 4R_L$, $R_i = 2R_L$. **(a)** $A = V(z,t_4)/V_0^+$ **(b)** $A = V(z_1,t)/V_0^+$

Kapazität, dann verändert sich die Zeitabhängigkeit, da Strom und Spannung über eine Zeitableitung verbunden sind.

Als Beispiel betrachten wir eine Leitung, die mit einer Induktivität abgeschlossen ist und über einen Innenwiderstand aufgeladen wird, Abb. 15.13a. Nach dem Schaltvorgang läuft eine Spannungswelle $V_0^+ = V_0/2$ entlang der Leitung und kommt zur Zeit $t = l/v = T$ am Ende an. Dort wird sie reflektiert

$$V_l(t) = V_0^+ + V_0^-(t)$$
$$I_l(t) = \frac{1}{R_L}\left(V_0^+ - V_0^-(t)\right),\qquad(15.67)$$

wobei die reflektierte Welle jetzt zeitabhängig ist und der Zusammenhang

$$V_l(t) = L\,\frac{\mathrm{d}I_l(t)}{\mathrm{d}t}\qquad(15.68)$$

gilt. Eliminiert man V_0^- in (15.67)

$$V_l(t) = 2V_0^+ - R_L I_l(t),\qquad(15.69)$$

so erhält man das Ersatzschaltbild Abb. 15.13b am Ende der Leitung.

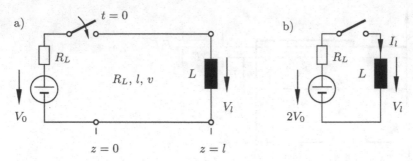

Abb. 15.13. (a) Einschalten einer Gleichspannung auf eine Leitung mit induktivem Abschluss. (b) Ersatzschaltung am Leitungsende für $t \geq T$.

Einsetzen von (15.69) in (15.68) gibt die Differentialgleichung

$$L\frac{dI_l(t)}{dt} + R_L I_l(t) = 2V_0^+ \quad \text{für } t \geq T$$

mit der Lösung

$$I_l(t) = 2\frac{V_0^+}{R_L}\left(1 - e^{-(t-T)/\tau}\right) \quad , \quad t \geq T \quad , \quad \tau = \frac{L}{R_L} , \quad (15.70)$$

wobei natürlich $I_l(t) = 0$ für $t < T$ verwendet wurde. Mit I_l folgt die reflektierte Spannungswelle aus (15.67)

$$V_0^-(t) = V_0^+ - R_L I_l(t) = 2V_0^+\left(e^{-(t-T)/\tau} - \frac{1}{2}\right) \quad , \quad t > T . \quad (15.71)$$

An einer bestimmten Stelle z_1 ist die Spannung V_0^+, bevor die reflektierte Welle ankommt, und

$$V_0^+ + V_0^-(t - \tau)$$

nach Einsetzen der reflektierten Welle. Abb. 15.14 zeigt die Spannungsverläufe für $z = l$ und $z = z_1$.

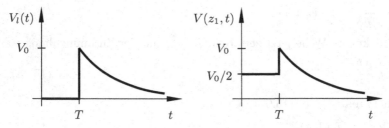

Abb. 15.14. Spannungsverläufe am Ende der Leitung und an einer Stelle z_1 für das Problem in Abb. 15.13

Zusammenfassung

Spannung/Strom auf Zweileiter-Anordnung

$$V(z,t) = \int_{P_1}^{P_2} \boldsymbol{E} \cdot \mathrm{d}\boldsymbol{l} \quad , \quad I(z,t) = \oint_{S_1} \boldsymbol{H} \cdot \mathrm{d}\boldsymbol{s}$$

Kapazität, Induktivität, Leitwert

$$C' = \frac{\varepsilon}{V} \oint_{S_1} (\boldsymbol{e}_z \times \boldsymbol{E}) \cdot \mathrm{d}\boldsymbol{s} = \frac{\varepsilon}{\kappa} G'$$

$$L' = \frac{\mu}{I} \int_{P_1}^{P_2} (\boldsymbol{H} \times \boldsymbol{e}_z) \cdot \mathrm{d}\boldsymbol{l}$$

Leitungsgleichungen

$$\frac{\partial V(z,t)}{\partial z} = -R' I(z,t) - L' \frac{\partial I(z,t)}{\partial t} \quad \rightarrow \quad -(R' + \mathrm{j}\omega L')I$$

$$\frac{\partial I(z,t)}{\partial z} = -G' V(z,t) - C' \frac{\partial V(z,t)}{\partial t} \quad \rightarrow \quad -(G' + \mathrm{j}\omega C')V$$

Ausbreitungs-, Dämpfungs-, Phasenkonstante, Leitungswellenwiderstand, Eingangsimpedanz, Reflexionsfaktor

$$\mathrm{j}k_z = \sqrt{(R' + \mathrm{j}\omega L')(G' + \mathrm{j}\omega C')} = \alpha + \mathrm{j}\beta$$

$$Z_L = R_L + \mathrm{j}X_L = \sqrt{\frac{R' + \mathrm{j}\omega L'}{G' + \mathrm{j}\omega C'}}$$

$$Z_i(\zeta) = Z_L \frac{Z + Z_L \tanh(\alpha + \mathrm{j}\beta)\zeta}{Z_L + Z \tanh(\alpha + \mathrm{j}\beta)\zeta} \quad , \quad \zeta = l - z$$

$$\Gamma = \frac{Z - Z_L}{Z + Z_L} = |\Gamma| \mathrm{e}^{\mathrm{j}\phi_r}$$

Verlustlose Leitung

$$k_z = \beta = \omega\sqrt{L'C'} \,, \quad \alpha = 0 \,, \quad v_{ph} = \frac{\omega}{\beta} = \frac{1}{\sqrt{L'C'}}$$

$$Z_L = R_L = \sqrt{\frac{L'}{C'}} \,, \quad Z_i = R_L \frac{Z + \mathrm{j}R_L \tan\beta\zeta}{R_L + \mathrm{j}Z \tan\beta\zeta}$$

SMITH-Diagramm

> Abbildung der Γ-Ebene (Polarkoordinaten)
> in den Einheitskreis (normierte z-Ebene)

Fragen zur Prüfung des Verständnisses

15.1 Was ist eine TEM-Leitung? Gib einige Beispiele an.

15.2 Warum lassen sich Spannung und Strom auf einer TEM-Leitung eindeutig definieren?

15.3 Welche Eigenschaft haben die Felder an einer festen Stelle z zu einer festen Zeit?

15.4 Warum lassen sich C', L', G' auf einer TEM-Leitung eindeutig definieren?

15.5 Sind reine TEM-Felder auf einer verlustbehafteten Leitung möglich?

15.6 Gib die Leitungsgleichungen im Frequenzbereich an.

15.7 Wie groß ist die Dämpfungskonstante auf einer verlustfreien Leitung?

15.8 Eine kurze ($\beta l \ll 1$), verlustfreie Leitung ist kurzgeschlossen. Wie groß ist der Eingangswiderstand? Wie groß ist der Eingangswiderstand, wenn der Kurzschluss in einen Leerlauf übergeht?

15.9 Kann eine kurzgeschlossene, verlustfreie Leitung einen kapazitiven Eingangswiderstand haben?

15.10 Was gibt das Stehwellenverhältnis an?

15.11 Kann man im SMITH-Diagramm für gegebenen Abschluss den Reflexionsfaktor finden?

15.12 Wie bestimmt man im SMITH-Diagramm den Reflexionsfaktor am Eingang, wenn er am Ende gegeben ist?

15.13 Kann man das SMITH-Diagramm auch für verlustbehaftete Leitungen verwenden?

15.14 Eine geschaltete, verlustfreie Leitung ist am Eingang und Ausgang mit reellen Widerständen abgeschlossen. Was lässt sich über die Form der Spannungsverläufe sagen?

15.15 Auf eine verlustfreie Leitung wird über einen Widerstand R_i am Eingang eine Spannung V_0 geschaltet. Abgeschlossen ist die Leitung mit R. Wie groß ist die Spannung am Leitungsende für $t \to \infty$?

16. Zeitlich beliebig veränderliche Felder IV (Inhomogene Wellengleichung. Strahlung)

Wir haben gesehen, wie sich Wellen im freien Raum ausbreiten, wie sie an Trennflächen reflektiert und gebrochen werden, auf Leitungen geführt und in einem Hohlraum „eingesperrt" werden. Nachfolgend wollen wir untersuchen, wie man sie erzeugen kann.

Wir betrachten den homogenen, unendlich ausgedehnten Raum mit einem linearen, verlustlosen und zeitunabhängigen Medium. Ladungen und Ströme stellen eingeprägte Quellen dar. Die entsprechenden MAXWELL'schen Gleichungen lauten:

$$
\begin{aligned}
\text{(I)} \quad & \nabla \times \boldsymbol{B} - \mu\varepsilon\frac{\partial \boldsymbol{E}}{\partial t} = \mu\boldsymbol{J} \\[2mm]
\text{(II)} \quad & \nabla \times \boldsymbol{E} + \frac{\partial \boldsymbol{B}}{\partial t} = 0 \\[2mm]
\text{(III)} \quad & \nabla \cdot \boldsymbol{E} = \frac{q_V}{\varepsilon} \\[2mm]
\text{(IV)} \quad & \nabla \cdot \boldsymbol{B} = 0
\end{aligned}
\tag{16.1}
$$

Zeitlich veränderliche Ladungen und Ströme erzeugen immer Strahlung und es stellt sich die Frage, wie entsteht Strahlung und was versteht man unter Strahlung.[1] Mit *Strahlung* bezeichnet man die Eigenschaft elektromagnetischer Wellen, wenn sie von der Quelle erzeugt sind, ins Unendliche zu laufen und dabei irreversibel Energie von der Quelle weg zu transportieren. Umschließt man die endlich ausgedehnte Quelle mit einer gedachten Kugelfläche vom Radius r, so ist die pro Zeiteinheit durch die Kugelfläche transportierte Energie

$$
P(r) = \oint_{\Omega} \boldsymbol{S} \cdot \mathrm{d}\boldsymbol{F} = \oint_{O} (\boldsymbol{E} \times \boldsymbol{H}) \cdot \mathrm{d}\boldsymbol{F} \,.
\tag{16.2}
$$

Die abgestrahlte (ins Unendliche gehende) Leistung folgt aus dem Grenzübergang

---

[1] Es gibt einige wenige Anordnungen von zeitlich veränderlichen Ladungen oder Strömen, die nicht strahlen. In diesem Fall hebt sich die Strahlung verschiedener Quellpunkte gerade auf.

H. Henke, *Elektromagnetische Felder*, https://doi.org/10.1007/978-3-662-62235-3_16

$$P_S = \lim_{r \to \infty} P(r) \,. \tag{16.3}$$

Die Kugeloberfläche ist proportional zu r^2 und der POYNTING'sche Vektor darf nicht schneller als mit r^{-2} abfallen, damit Strahlung existiert. Nach den Gesetzen von COULOMB und BIOT-SAVART nehmen elektrostatische und magnetostatische Felder aber mindestens mit r^{-2} ab und der POYNTING'sche Vektor somit mit r^{-4}, d.h. *statische und stationäre Felder strahlen nicht*. Es sind *beschleunigte* Ladungen notwendig, um Felder zu erzeugen, die mit r^{-1} abnehmen und Strahlung darstellen.

Um Strahlung zu berechnen, werden die inhomogenen MAX-WELL'schen Gleichungen gelöst. Dies führt auf die retardierten Potentiale und nach deren Ableitung auf die Felder. Beispiele sind der elektrische und magnetische Dipol, der $\lambda/2$-Dipol und als Abschluss die beliebig bewegte Punktladung.

16.1 Inhomogene Wellengleichung. Retardierte Potentiale

Wegen (16.1 IV) wählt man den Ansatz

$$\boxed{\boldsymbol{B} = \nabla \times \boldsymbol{A}} \tag{16.4}$$

und erhält nach Einsetzen in (16.1 II)

$$\nabla \times \left(\boldsymbol{E} + \frac{\partial \boldsymbol{A}}{\partial t} \right) = 0 \quad \to \quad \boxed{\boldsymbol{E} = -\nabla \phi - \frac{\partial \boldsymbol{A}}{\partial t}} \,. \tag{16.5}$$

Die Ursachen des elektrischen Feldes sind Ladungen, welche das Skalarpotential verursachen, und zeitlich veränderliche Ströme, die die Quellen des Vektorpotentials darstellen. Einsetzen von (16.4), (16.5) in (16.1 I) und (16.1 III) gibt zwei verkoppelte Gleichungen für das Skalarpotential ϕ und das Vektorpotential $\boldsymbol{A}$

$$\nabla(\nabla \cdot \boldsymbol{A}) - \nabla^2 \boldsymbol{A} + \mu\varepsilon\nabla\frac{\partial \phi}{\partial t} + \mu\varepsilon\frac{\partial^2 \boldsymbol{A}}{\partial t^2} = \mu \boldsymbol{J}$$

$$\nabla^2 \phi + \frac{\partial}{\partial t}\nabla \cdot \boldsymbol{A} = -\frac{q_V}{\varepsilon} \,. \tag{16.6}$$

Sowohl das Vektorpotential $\boldsymbol{A}$ als auch das Skalarpotential ϕ sind nicht eindeutig bestimmt, denn man kann eine Eichtransformation (siehe auch §8.6) durchführen

$$\boldsymbol{A} \to \boldsymbol{A} - \nabla\psi \quad , \quad \phi \to \phi + \frac{\partial\psi}{\partial t} \tag{16.7}$$

und erhält dieselben Felder wie vorher

$$B = \nabla \times (A - \nabla\psi) = \nabla \times A$$

$$E = -\nabla\left(\phi + \frac{\partial\psi}{\partial t}\right) - \frac{\partial}{\partial t}(A - \nabla\psi)$$

$$= -\nabla\phi - \frac{\partial A}{\partial t} \; .$$

Diesen Freiheitsgrad in der Bestimmung der Potentiale ϕ und A benutzt man, um mit der sogenannten LORENZ-*Eichung*

$$\boxed{\nabla \cdot A = -\mu\varepsilon\frac{\partial\phi}{\partial t}} \tag{16.8}$$

die Gleichungen (16.6) zu entkoppeln. Als Resultat erhält man zwei *inhomogene Wellengleichungen*

$$\boxed{\begin{array}{ll} \text{(I)} & \nabla^2 A - \mu\varepsilon\dfrac{\partial^2 A}{\partial t^2} = -\mu J \\[2mm] \text{(II)} & \nabla^2\phi - \mu\varepsilon\dfrac{\partial^2\phi}{\partial t^2} = -\dfrac{q_V}{\varepsilon} \end{array}} \tag{16.9}$$

mit der Raumladungsdichte q_V und der Stromdichte J als Anregung. Bei der LORENZ-Eichung werden ϕ und A auf symmetrische Art und Weise behandelt. Beide Potentiale haben eigene Quellen und sind nicht miteinander verknüpft, außer über eventuelle Rand- und Stetigkeitsbedingungen.

Daneben wird oft auch die COULOMB-*Eichung*

$$\nabla \cdot A = 0 \tag{16.10}$$

verwendet. Diese führt die Gleichungen (16.6) über in

$$\nabla^2 A - \mu\varepsilon\frac{\partial^2 A}{\partial t^2} = -\mu J + \mu\varepsilon\nabla\frac{\partial\phi}{\partial t}$$

$$\nabla^2\phi = -\frac{q_V}{\varepsilon} \; . \tag{16.11}$$

ϕ stellt nun das elektrostatische Potential der Momentanladung $q_V(r, t)$ dar. Weit weg von den Ladungen verschwindet ϕ, und das Feld, das sogenannte Strahlungsfeld, wird ausschließlich durch A beschrieben. Aus diesem Grund heißt die Eichung auch *Strahlungseichung*.

Die Lösung der inhomogenen Wellengleichung wird zunächst am Beispiel der skalaren Gleichung (16.9 II) erläutert. Als mathematisch abstrakter Sonderfall sei eine sich zeitlich ändernde Punktladung im Ursprung gegeben

$$q_V(r, t) = Q(t)\delta^3(r) \; , \tag{16.12}$$

wobei $\delta^3(r)$ die δ-Funktion (1.82) ist. (Physikalisch ist die zeitlich variable Punktladung nicht möglich, da sie den Satz der Ladungserhaltung verletzt.)

Ist die Lösung für eine punktförmige Anregung bekannt, kann durch Überlagerung die Lösung für jede beliebige Ladungsverteilung gefunden werden. Die punktförmige Anregung (16.12) ist kugelsymmetrisch und das Potential kann nur vom Abstand r und der Zeit t abhängen. Außerdem ist für $r > 0$ keine Raumladung vorhanden und die Wellengleichung (16.9 II) ist homogen

$$\nabla^2 \phi - \mu\varepsilon \frac{\partial^2 \phi}{\partial t^2} = \frac{1}{r^2} \frac{\partial}{\partial r} \left(r^2 \frac{\partial \phi}{\partial r} \right) - \mu\varepsilon \frac{\partial^2 \phi}{\partial t^2} = 0 \ .$$

Diese geht mit der Substitution $\phi = \psi/r$ über in die bekannte Form der Wellengleichung

$$\frac{\partial^2 \psi}{\partial r^2} - \frac{1}{c^2} \frac{\partial^2 \psi}{\partial t^2} = 0 \ , \quad c^2 = \frac{1}{\mu\varepsilon}$$

mit den D'ALEMBERT'schen Lösungen nach (14.2)

$$\psi = r\phi = f(t - r/c) + g(t + r/c) \ . \tag{16.13}$$

(Die Argumente der Funktionen sind in der Form von (14.22), in welcher die Zeit explizit auftritt und später die Interpretation erleichtert.) Die Funktion f beschreibt einen Vorgang, der vom Ursprung ausgeht und sich mit Lichtgeschwindigkeit in radiale Richtung ausbreitet. Anders ausgedrückt bedeutet dies, dass der Feldzustand, der zur Zeit t im Abstand r auftritt, zur Zeit $t - r/c$ im Ursprung erzeugt wurde. Die Zeit $t - r/c$ nennt man *retardierte Zeit* und die Funktion f ist die *retardierte Lösung*. Die mathematisch mögliche Funktion g hingegen ist unphysikalisch, da der Zustand im Abstand r und zur Zeit t schon vorhanden wäre, bevor er zur Zeit $t + r/c$ im Ursprung erzeugt wird. Die Funktion g heißt daher *avancierte Lösung*. Sie widerspricht der Kausalität und als physikalisch sinnvolle Lösung verbleibt für das Skalarpotential (16.13)

$$\phi = \frac{1}{r} f(t - r/c) \quad \text{für} \quad r > 0 \ . \tag{16.14}$$

Die zunächst noch unbekannte Funktion f findet man durch die Grenzbetrachtung $r \to 0$ in (16.9 II). Da es für jede endliche zeitliche Änderung

$$\frac{\partial^2 \phi}{\partial t^2} \neq \infty$$

immer einen Abstand $r < \varepsilon$ gibt, so dass die räumliche Ableitung viel größer ist als die zeitliche Ableitung, kann letztere vernachlässigt werden. Aus (16.9 II) wird die LAPLACE-Gleichung mit dem bekannten Momentanwert des Potentials einer Punktladung als Lösung

$$\lim_{r \to 0} \phi = \lim_{r \to 0} \frac{1}{r} f(t - r/c) = \frac{f(t)}{r} = \frac{Q(t)}{4\pi\varepsilon r} \ .$$

Wenn aber f für $r \to 0$ bekannt ist, ist es auch für alle r bekannt und die Lösung von (16.9 II) mit der rechten Seite (16.12) lautet

$$\phi(\boldsymbol{r}, t) = \frac{Q(t - r/c)}{4\pi\varepsilon r}\,. \tag{16.15}$$

Für beliebige Raumladungen erhält man das Potential durch Überlagerung von Punktladungen $q_V\,\mathrm{d}V$

$$\boxed{\phi(\boldsymbol{r}, t) = \frac{1}{4\pi\varepsilon}\int_V \frac{q_V(\boldsymbol{r}', t - R/c)}{R}\,\mathrm{d}V'} \tag{16.16}$$

mit dem Zusammenhang $R = |\boldsymbol{r} - \boldsymbol{r}'|$, siehe Abb. 3.1b. Das *retardierte Skalarpotential* (16.16) hat dieselbe Form wie das COULOMB'sche Potential (3.19) mit dem Unterschied, dass im betrachteten Quellpunkt $\boldsymbol{r}'$ diejenige Ladungsverteilung zu wählen ist, die um die *Latenzzeit* R/c früher dort vorhanden war.

Die Lösung der vektoriellen Wellengleichung (16.9 I) findet man über einen Analogieschluss zur skalaren Gleichung. Man zerlegt die vektorielle Gleichung in die drei kartesischen Komponenten

$$\nabla^2 A_i - \frac{1}{c^2}\frac{\partial^2 A_i}{\partial t^2} = -\mu J_i\,,\quad i = x, y, z\,,$$

die jeweils Lösungen der Form (16.16) besitzen, wobei lediglich q_V/ε durch μJ_i zu ersetzen ist. Anschließend setzt man aus den Komponenten A_i wieder das Vektorpotential $\boldsymbol{A}$ zusammen

$$\boxed{\boldsymbol{A}(\boldsymbol{r}, t) = \frac{\mu}{4\pi}\int_V \frac{\boldsymbol{J}(\boldsymbol{r}', t - R/c)}{R}\,\mathrm{d}V'}\,. \tag{16.17}$$

Dies ist das *retardierte Vektorpotential*. Es hat, analog zum retardierten Skalarpotential, dieselbe Form wie das Vektorpotential (8.36) der Magnetostatik mit dem Unterschied der Zeitretardierung.[2]

16.2 Elektrischer Dipolstrahler

Eine einzelne, sich zeitlich ändernde Punktladung ist auf Grund der Ladungserhaltung nicht möglich. Wenn die Ladung an einer Stelle zunimmt, muss sie an einer anderen Stelle abnehmen. Die einfachste Anordnung, die dies erfüllt, besteht aus zwei Punktladungen und einem Strom, der zwischen beiden fließt, Abb. 16.1. Der Abstand der Ladungen sei sehr klein, $\Delta z \ll r$.

---

[2] Retardierung ist nur für die Potentiale und nicht für die Felder möglich. Leitet man nämlich die inhomogene Wellengleichung für die Felder ab, treten zusätzlich zur Raumladungsdichte q_V und zur Stromdichte $\boldsymbol{J}$ Ableitungen nach der Zeit auf, die eine Retardierung verhindern (siehe z.B. [Mari] oder den nächsten Paragraphen 16.2).

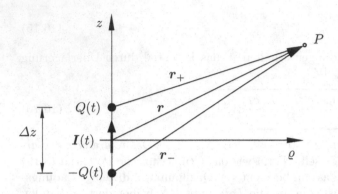

Abb. 16.1. Zeitlich veränderlicher elektrischer Dipol

Den Strom erhält man aus dem Satz der Ladungserhaltung (13.3) in Integralform

$$\oint_O \boldsymbol{J} \cdot \mathrm{d}\boldsymbol{F} = I = -\frac{\mathrm{d}}{\mathrm{d}t}(-Q) = \frac{\mathrm{d}Q}{\mathrm{d}t} = \dot{Q} \tag{16.18}$$

und das Vektorpotential (16.17) wird

$$\boldsymbol{J}(\boldsymbol{r}',t-R/c) \quad \rightarrow \quad \boldsymbol{I}(t-r/c)\Delta z\,\delta^3(\boldsymbol{r}') = \dot{Q}(t-r/c)\Delta z\,\delta^3(\boldsymbol{r}')\,\boldsymbol{e}_z$$

$$\boldsymbol{A}(\boldsymbol{r},t) = \frac{\mu\Delta z}{4\pi r}\dot{Q}(t-r/c)\left[\cos\vartheta\,\boldsymbol{e}_r - \sin\vartheta\,\boldsymbol{e}_\vartheta\right] . \tag{16.19}$$

Das Skalarpotential (16.16) wird durch die zwei Punktladungen erzeugt

$$q_V(\boldsymbol{r}',t-R/c) \quad \rightarrow$$

$$Q(t-r_+/c)\,\delta^3\left(\boldsymbol{r}' - \frac{\Delta z}{2}\,\boldsymbol{e}_z\right) - Q(t-r_-/c)\,\delta^3\left(\boldsymbol{r}' + \frac{\Delta z}{2}\,\boldsymbol{e}_z\right)$$

$$\phi(\boldsymbol{r},t) = \frac{1}{4\pi\varepsilon}\left[\frac{Q(t-r_+/c)}{r_+} - \frac{Q(t-r_-/c)}{r_-}\right] .$$

Wegen $\Delta z \ll r$ ist

$$r_\pm^2 = r^2 + \left(\frac{\Delta z}{2}\right)^2 \mp r\Delta z\cos\vartheta \approx r^2\left(1 \mp \frac{\Delta z}{r}\cos\vartheta\right)$$

$$r_\pm \approx r \mp \frac{1}{2}\Delta z\cos\vartheta \quad , \quad \frac{1}{r_\pm} \approx \frac{1}{r}\left(1 \pm \frac{1}{2}\frac{\Delta z}{r}\cos\vartheta\right)$$

$$Q(t-r_\pm/c) \approx Q\left(t-r/c \pm \frac{\Delta z}{2c}\cos\vartheta\right)$$

$$\approx Q(t-r/c) \pm \frac{\Delta z}{2c}\cos\vartheta\,\dot{Q}(t-r/c)$$

und das Skalarpotential wird zu

$$\phi(\boldsymbol{r},t) \approx \frac{1}{4\pi\varepsilon r} \left[\left(1 + \frac{\Delta z}{2r}\cos\vartheta\right)\left(Q + \frac{\Delta z}{2c}\cos\vartheta\,\dot{Q}\right) \right.$$
$$\left. - \left(1 - \frac{\Delta z}{2r}\cos\vartheta\right)\left(Q - \frac{\Delta z}{2c}\cos\vartheta\,\dot{Q}\right) \right]$$
$$\approx \frac{\Delta z}{4\pi\varepsilon}\left[\frac{Q(t-r/c)}{r^2} + \frac{\dot{Q}(t-r/c)}{rc}\right]\cos\vartheta\,. \tag{16.20}$$

Vektorpotential und Skalarpotential erfüllen die LORENZ-Eichung (16.8), wie durch Einsetzen leicht nachgewiesen werden kann. Die Felder ergeben sich schließlich zu

$$\boldsymbol{H} = \frac{1}{\mu}\nabla\times\boldsymbol{A} = \frac{1}{\mu}\frac{1}{r}\left[\frac{\partial}{\partial r}(rA_\vartheta) - \frac{\partial A_r}{\partial\vartheta}\right]\boldsymbol{e}_\varphi$$
$$= \frac{\Delta z}{4\pi}\left[\frac{\dot{Q}(t-r/c)}{r^2} + \frac{\ddot{Q}(t-r/c)}{rc}\right]\sin\vartheta\,\boldsymbol{e}_\varphi$$

$$\boldsymbol{E} = -\nabla\phi - \frac{\partial\boldsymbol{A}}{\partial t} = -\left(\frac{\partial\phi}{\partial r} + \frac{\partial A_r}{\partial t}\right)\boldsymbol{e}_r - \left(\frac{1}{r}\frac{\partial\phi}{\partial\vartheta} + \frac{\partial A_\vartheta}{\partial t}\right)\boldsymbol{e}_\vartheta$$
$$= \frac{\Delta z}{2\pi\varepsilon}\left[\frac{Q(t-r/c)}{r^3} + \frac{\dot{Q}(t-r/c)}{cr^2}\right]\cos\vartheta\,\boldsymbol{e}_r \tag{16.21}$$
$$+ \frac{\Delta z}{4\pi\varepsilon}\left[\frac{Q(t-r/c)}{r^3} + \frac{\dot{Q}(t-r/c)}{cr^2} + \frac{\ddot{Q}(t-r/c)}{c^2 r}\right]\sin\vartheta\,\boldsymbol{e}_\vartheta\,.$$

Aus den Gleichungen ist klar ersichtlich, wie für eine unendlich große Lichtgeschwindigkeit, $c \to \infty$, die Retardierung verschwindet und das elektrische Feld in das Momentanfeld des elektrostatischen Dipols (3.18) übergeht. Die Terme mit der ersten und zweiten Ableitung der Ladung Q sind von der Ordnung $Q/\Delta t$ bzw. $Q/\Delta t^2$, wobei Δt das typische Zeitintervall angibt, in welchem eine wesentliche Änderung der Ladung Q stattfindet. Diese Terme sind daher für $r \ll c\Delta t$ klein gegenüber dem „statischen" Term, der proportional zu Q/r^3 ist, und die Verwendung der LAPLACE-Gleichung bei der Herleitung von (16.15) für $r \to 0$ ist gerechtfertigt.

Allgemein lassen sich folgende Abweichungen vom elektrostatischen Dipol beobachten:

- Die Änderung der Felder an der Stelle r ist um die Latenzzeit r/c verzögert.
- Die Felder hängen nicht nur von der Ladung Q sondern auch von der ersten und zweiten Ableitung $\dot{Q}$, $\ddot{Q}$ ab.
- Die Terme proportional zur zweiten Ableitung $\ddot{Q}$ klingen nur mit der reziproken Entfernung r^{-1} ab und heißen *Strahlungsfeld* oder *Fernfeld*.
- Das Fernfeld, $r \to \infty$, hat den Charakter einer ebenen Welle, die sich in radialer Richtung ausbreitet

$$\boldsymbol{H} \sim \frac{\Delta z}{4\pi cr}\ddot{Q}(t-r/c)\sin\vartheta\,\boldsymbol{e}_\varphi \quad , \quad \boldsymbol{E} \sim \frac{\Delta z}{4\pi\varepsilon c^2 r}\ddot{Q}(t-r/c)\sin\vartheta\,\boldsymbol{e}_\vartheta$$

mit

$$\boldsymbol{E} \perp \boldsymbol{H} \quad , \quad \frac{E_\vartheta}{H_\varphi} = Z = \sqrt{\frac{\mu}{\varepsilon}} \, . \tag{16.22}$$

– Der Energiefluss durch eine Kugeloberfläche mit nach unendlich strebendem Radius, $r \to \infty$, ist

$$P_S = \lim_{r \to \infty} \oint_O (\boldsymbol{E} \times \boldsymbol{H}) \cdot \mathrm{d}\boldsymbol{F}$$

$$= Z \left(\frac{\Delta z}{4\pi c} \right)^2 \ddot{Q}^2(t - r/c) \int_0^{2\pi} \int_0^\pi \frac{1}{r^2} \sin^2 \vartheta \, r^2 \sin \vartheta \, \mathrm{d}\vartheta \, \mathrm{d}\varphi$$

$$= \frac{\Delta z^2}{6\pi c^2} Z \ddot{Q}^2(t - r/c) \, . \tag{16.23}$$

Die Fernfeldterme transportieren Energie ins Unendliche und stellen entsprechend der Definition (16.3) Strahlung dar.

– Wegen der zur ersten und zweiten Ableitung, $\dot{Q}$ und $\ddot{Q}$, proportionalen Terme ist eine Retardierung der Felder des statischen Dipols nicht möglich. Retardierung ist nur für die Potentiale (16.16), (16.17) möglich.

16.3 Hertz'scher Dipol

Von einem HERTZ'*schen Dipol* spricht man, wenn die zeitliche Änderung der Ladungen in §16.2 harmonisch ist

$$Q(t) = Q_0 \, \mathrm{e}^{\mathrm{j}\omega t}$$

und der Abstand der Ladungen Δz gegen null geht, wobei

$$p_e = \Delta z \, Q_0 = \text{const.}$$

gilt. Dann wird aus dem Stromelement (16.18)

$$I(t) = \frac{\mathrm{d}Q}{\mathrm{d}t} = \mathrm{j}\omega Q_0 \, \mathrm{e}^{\mathrm{j}\omega t} = I_0 \, \mathrm{e}^{\mathrm{j}\omega t} \tag{16.24}$$

und aus den Feldern (16.21)

$$\boxed{\begin{aligned} H_\varphi &= \mathrm{j}\omega \frac{p_e}{4\pi} \left[\frac{1}{r^2} + \mathrm{j}\frac{k}{r} \right] \sin \vartheta \, \mathrm{e}^{\mathrm{j}(\omega t - kr)} \\[2mm] E_r &= \frac{p_e}{2\pi\varepsilon} \left[\frac{1}{r^3} + \mathrm{j}\frac{k}{r^2} \right] \cos \vartheta \, \mathrm{e}^{\mathrm{j}(\omega t - kr)} \\[2mm] E_\vartheta &= \frac{p_e}{4\pi\varepsilon} \left[\frac{1}{r^3} + \mathrm{j}\frac{k}{r^2} - \frac{k^2}{r} \right] \sin \vartheta \, \mathrm{e}^{\mathrm{j}(\omega t - kr)} \end{aligned}} \tag{16.25}$$

mit $k = \omega/c$. Abb. 16.2 zeigt das Feldbild des HERTZ'schen Dipols zu verschiedenen Zeitpunkten.

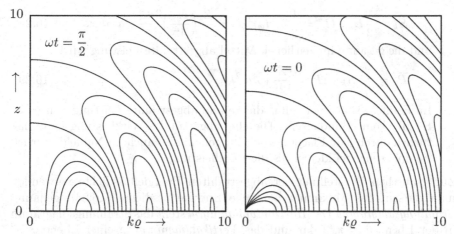

Abb. 16.2. Elektrisches Feld des HERTZ'schen Dipols

Man unterscheidet zwei Bereiche:

1. Nahfeld, $kr \ll 1$

$$H_\varphi \approx j\omega \frac{p_e}{4\pi r^2} \sin\vartheta \, e^{j\omega t}$$

$$E_r \approx \frac{p_e}{2\pi\varepsilon r^3} \cos\vartheta \, e^{j\omega t} \quad , \quad E_\vartheta \approx \frac{p_e}{4\pi\varepsilon r^3} \sin\vartheta \, e^{j\omega t} \qquad (16.26)$$

Das elektrische Feld ist bis auf den Zeitfaktor gleich dem Feld des elektrostatischen Dipols. Das Magnetfeld ist mit dem Strom $I_0 = j\omega Q_0$ in Phase, so wie es der Durchflutungssatz verlangt. Die elektrische Feldstärke **E** und die magnetische Feldstärke **H** sind um 90° außer Phase und nach dem POYNTING'schen Satz besteht in dieser Näherung die transportierte Leistung aus Blindleistung. Der Wirkleistungstransport wird durch die kleineren vernachlässigten Terme beschrieben.

2. Fernfeld, $kr \gg 1$

$$H_\varphi \approx -\frac{p_e}{4\pi} c \frac{k^2}{r} \sin\vartheta \, e^{j(\omega t - kr)}$$

$$E_r \approx 0 \quad , \quad E_\vartheta \approx -\frac{p_e}{4\pi\varepsilon} \frac{k^2}{r} \sin\vartheta \, e^{j(\omega t - kr)} = Z H_\varphi \qquad (16.27)$$

Die elektrische Feldstärke **E** und die magnetische Feldstärke **H** stehen senkrecht aufeinander und sind über den Wellenwiderstand Z miteinander verknüpft. Für große Abstände r, wenn die Krümmung der Flächen konstanter Phase $\omega t - kr = $ const. vernachlässigt werden kann, stellt das Feld lokal eine ebene Welle dar. Die Energieflussdichte ist

$$S_k = \frac{1}{2} \boldsymbol{E} \times \boldsymbol{H}^* = \frac{1}{2} Z |H_\varphi|^2 \, \boldsymbol{e}_r = \frac{Z}{2} \left(\frac{p_e c}{4\pi}\right)^2 \frac{k^4}{r^2} \sin^2 \vartheta \, \boldsymbol{e}_r \qquad (16.28)$$

und die gesamte im zeitlichen Mittel abgestrahlte Leistung wird

$$\overline{P_S^e} = \oint_O \boldsymbol{S}_k \cdot \mathrm{d}\boldsymbol{F} = \frac{Z}{12\pi} (p_e c)^2 k^4 \, . \qquad (16.29)$$

Im Fernfeld sind Energieflussdichte und abgestrahlte Leistung rein reell. Es gibt keine Blindanteile. Dieselbe abgestrahlte Wirkleistung muss natürlich durch jede Fläche $r = $ const. gehen, also auch im Nahfeld, nur ist sie dort sehr viel kleiner als die Blindleistung.

Zur grafischen Darstellung der abgestrahlten Energieflussdichte verwendet man die auf das Maximum bezogene Energieflussdichte (16.28), genannt *Strahlungsdiagramm*. Das *Horizontaldiagramm* stellt das Strahlungsdiagramm in der Ebene $\vartheta = \pi/2$ dar und das *Vertikaldiagramm* in einer Ebene $\varphi = $ const.. Üblich ist auch die Darstellung als *Richtdiagramm*, Abb. 16.3. Dieses zeigt die aktuelle Energieflussdichte an bezogen auf die Energieflussdichte eines Strahlers, der die Leistung (16.29) isotrop abstrahlt

$$D(\vartheta, \varphi) = \frac{S_k(\vartheta, \varphi)}{\overline{P_S^e}/4\pi r^2} = 1.5 \sin^2 \vartheta \, . \qquad (16.30)$$

Das Feld des HERTZ'schen Dipols stellt die einfachste E-Welle in Kugelkoordinaten dar. In der allgemeinen Felddarstellung (14.136) wählt man $n = 1$ und die Linearkombination der Zylinderfunktionen so, dass sich eine in radiale Richtung laufende Welle ergibt.

$$R_{1/2}(r) = \sqrt{\frac{2}{\pi}} \, A \, kr \, [j_0(kr) - \mathrm{j}\, y_0(kr)]$$

$$= \mathrm{j} \sqrt{\frac{2}{\pi}} \, A \, \mathrm{e}^{-\mathrm{j}kr} \qquad\qquad (16.31)$$

$$R_{3/2}(r) = \sqrt{\frac{2}{\pi}} \, A \, kr \, [j_1(kr) - \mathrm{j}\, y_1(kr)]$$

$$= -\sqrt{\frac{2}{\pi}} \, A \left[1 - \frac{\mathrm{j}}{kr}\right] \mathrm{e}^{-\mathrm{j}kr} \, .$$

Einsetzen in (14.136) ergibt

$$H_\varphi = \mathrm{j}\sqrt{\frac{2}{\pi}} \frac{A}{k} \left[\frac{1}{r^2} + \mathrm{j}\frac{k}{r}\right] \sin \vartheta \, \mathrm{e}^{-\mathrm{j}kr}$$

$$E_r = \frac{2}{\omega\varepsilon} \sqrt{\frac{2}{\pi}} \frac{A}{k} \left[\frac{1}{r^3} + \mathrm{j}\frac{k}{r^2}\right] \cos \vartheta \, \mathrm{e}^{-\mathrm{j}kr}$$

$$E_\vartheta = \frac{1}{\omega\varepsilon} \sqrt{\frac{2}{\pi}} \frac{A}{k} \left[\frac{1}{r^3} + \mathrm{j}\frac{k}{r^2} - \frac{k^2}{r}\right] \sin \vartheta \, \mathrm{e}^{-\mathrm{j}kr}$$

und mit der Wahl der Konstanten A zu

$$\sqrt{\frac{2}{\pi}\frac{A}{k}} = \omega\frac{p_e}{4\pi}$$

erhält man die Felder (16.25) des HERTZ'schen Dipols.[3]

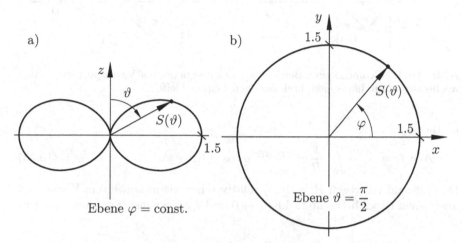

a)

b)

Ebene $\varphi = $ const.

Ebene $\vartheta = \dfrac{\pi}{2}$

Abb. 16.3. Richtdiagramm des HERTZ'schen Dipols. **(a)** Vertikaldiagramm und **(b)** Horizontaldiagramm

16.4 Magnetischer Dipolstrahler

Wir betrachten eine dünne Leiterschleife mit dem Radius a, Abb. 16.4, in welcher ein Wechselstrom fließt

$$I(t) = I_0\, e^{j\omega t}\,. \tag{16.32}$$

Die Leiterschleife sei ungeladen und das Skalarpotential (16.16) verschwindet. Das vektorielle Integral für das Vektorpotential (16.17) kann man wegen der Zylindersymmetrie der Anordnung auf ein skalares Integral zurückführen. Man legt den Aufpunkt P über die x-Achse, $\varphi = 0$, und addiert die Beiträge der Stromelemente bei φ' und $-\varphi'$. Der resultierende Beitrag zeigt in y-Richtung, Abb. 16.4b. Da für jeden Winkel φ des Aufpunktes P der Beitrag zum Vektorpotential senkrecht auf der Ebene $\varphi = $ const. steht, zeigt das Potential in φ-Richtung und mit

$$\boldsymbol{J}(\boldsymbol{r}',t - R/c)\,\mathrm{d}V' \quad \rightarrow \quad I_0\, e^{j\omega(t-R/c)} a\,\mathrm{d}\varphi'\, \boldsymbol{e}_{\varphi'}$$

---

[3] Allerdings fehlt hier der Zeitfaktor $\exp(j\omega t)$, da in (14.136) Phasoren verwendet wurden.

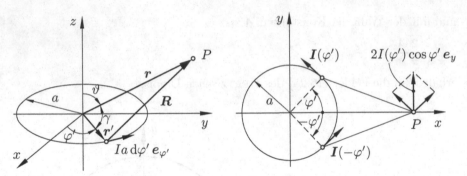

Abb. 16.4. Geometrie zur Berechnung des magnetischen Vektorpotentials einer wechselstromdurchflossenen, kreisförmigen Leiterschleife

lautet es

$$A(\boldsymbol{r},t) = \frac{2\mu I_0}{4\pi} \int_0^\pi \frac{1}{R} e^{j\omega(t-R/c)} a\cos\varphi'\,d\varphi'\,\boldsymbol{e}_\varphi \; . \tag{16.33}$$

Das Integral ist wegen $R = R(\varphi')$ relativ schwierig auszuwerten. Wenn man aber einen Dipol betrachtet, d.h. $a \to 0$ und $I_0 a^2 = \text{const.}$ annimmt, gilt (für $\varphi = 0$)

$$\begin{aligned}
\boldsymbol{r}\cdot\boldsymbol{r}' &= ra\cos\gamma \\
&= (r\sin\vartheta\,\boldsymbol{e}_x + r\cos\vartheta\,\boldsymbol{e}_z)\cdot(a\cos\varphi'\,\boldsymbol{e}_x + a\sin\varphi'\,\boldsymbol{e}_y) \\
&= ar\sin\vartheta\cos\varphi'
\end{aligned}$$

$$\begin{aligned}
R &= \sqrt{r^2 + r'^2 - 2rr'\cos\gamma} \approx r\sqrt{1 - 2\frac{a}{r}\sin\vartheta\cos\varphi'} \\
&\approx r - a\sin\vartheta\cos\varphi' \; \cdot
\end{aligned}$$

$$R^{-1} \approx \frac{1}{r}\left(1 + \frac{a}{r}\sin\vartheta\cos\varphi'\right)$$

$$\begin{aligned}
e^{j\omega(t-R/c)} &\approx e^{j(\omega t - kr)}e^{jka\sin\vartheta\cos\varphi'} \\
&\approx (1 + jka\sin\vartheta\cos\varphi')\,e^{j(\omega t - kr)} \; ,
\end{aligned}$$

wobei $a \ll r$ und $ka \ll 1$ angenommen wurde. Einsetzen in (16.33) liefert

$$\begin{aligned}
A(\boldsymbol{r},t) &= \frac{a\mu I_0}{2\pi r} e^{j(\omega t - kr)}\boldsymbol{e}_\varphi \int_0^\pi \left(1 + \frac{a}{r}\sin\vartheta\cos\varphi'\right) \\
&\qquad\qquad\qquad\qquad \cdot(1 + jka\sin\vartheta\cos\varphi')\cos\varphi'\,d\varphi' \\
&\approx \frac{a\mu I_0}{2\pi r} e^{j(\omega t - kr)}\boldsymbol{e}_\varphi \int_0^\pi \left[\cos\varphi' + \left(\frac{a}{r} + jka\right)\sin\vartheta\cos^2\varphi'\right]\,d\varphi' \\
&= \frac{\mu p_m}{4\pi}\left(\frac{1}{r^2} + j\frac{k}{r}\right)\sin\vartheta\,e^{j(\omega t - kr)}\boldsymbol{e}_\varphi \tag{16.34}
\end{aligned}$$

mit

$$p_m = \pi a^2 I_0 \ .$$

Die Felder ergeben sich zu

$$\boldsymbol{E} = -\frac{\partial \boldsymbol{A}}{\partial t} = -\mathrm{j}\omega\mu \, \frac{p_m}{4\pi} \left(\frac{1}{r^2} + \mathrm{j}\frac{k}{r} \right) \sin\vartheta \, \mathrm{e}^{\,\mathrm{j}(\omega t - kr)} \boldsymbol{e}_\varphi$$

$$-\mathrm{j}\omega\mu\boldsymbol{H} = \nabla \times \boldsymbol{E} = \frac{1}{r\sin\vartheta}\frac{\partial}{\partial\vartheta}(\sin\vartheta \, E_\varphi)\,\boldsymbol{e}_r - \frac{1}{r}\frac{\partial}{\partial r}(r E_\varphi)\,\boldsymbol{e}_\vartheta$$

$$H_r = \frac{p_m}{2\pi} \left(\frac{1}{r^3} + \mathrm{j}\frac{k}{r^2} \right) \cos\vartheta \, \mathrm{e}^{\,\mathrm{j}(\omega t - kr)}$$

$$H_\vartheta = \frac{p_m}{4\pi} \left(\frac{1}{r^3} + \mathrm{j}\frac{k}{r^2} - \frac{k^2}{r} \right) \sin\vartheta \, \mathrm{e}^{\,\mathrm{j}(\omega t - kr)} \ . \tag{16.35}$$

Ein Vergleich von (16.35) mit (16.25) zeigt den dualen Charakter der Felder des elektrischen und magnetischen Dipols. Mit den Indices e für den elektrischen Dipol und m für den magnetischen Dipol gilt die Transformation

$$\boldsymbol{E}_e \to Z\boldsymbol{H}_m \quad , \quad \boldsymbol{H}_e \to -\frac{\boldsymbol{E}_m}{Z} \quad , \quad p_e \to \frac{1}{c}p_m \ . \tag{16.36}$$

Die Transformation ist identisch mit der Transformation (14.142) (bis auf die Transformation des Dipolmomentes) und es ist unmittelbar ersichtlich, dass das Feld des magnetischen Dipols die einfachste H-Welle in Kugelkoordinaten darstellt (mit $n = 1$ für die sphärischen BESSEL-Funktionen, siehe (16.31)).

Mit Hilfe der Transformation (16.36) folgt die vom magnetischen Dipol abgestrahlte Leistung direkt aus der des elektrischen Dipols (16.29)

$$\overline{P_S^m} = \frac{Z}{12\pi}p_m^2 k^4 \ . \tag{16.37}$$

Bei vergleichbaren Abmessungen und Strömen strahlt der elektrische Dipol viel mehr Leistung ab als der magnetische Dipol. Mit $I_0 = \omega Q_0$ und $\pi a \approx \Delta z$ wird

$$p_m = \pi a^2 I_0 = a\omega p_e$$

und aus (16.29), (16.37) ergibt sich das Verhältnis

$$\frac{\overline{P_S^e}}{\overline{P_S^m}} = \left(\frac{p_e c}{p_m}\right)^2 = \left(\frac{c}{a\omega}\right)^2 - \frac{1}{(ka)^2} \gg 1 \ , \tag{10.38}$$

da $ka \ll 1$ vorausgesetzt wurde.

16.5 Dünne Drahtantenne. $\lambda/2$-Antenne

Ein HERTZ'scher Dipol wird durch einen kurzen Draht (Länge Δz, Durchmesser D) approximiert, der in der Mitte mit dem Strom $I_0 = \omega Q_0$ gespeist wird. Der Dipol hat Verluste auf dem Draht, die im Widerstand

$$R_W = \frac{\Delta z}{\pi D \kappa \delta_S} \tag{16.39}$$

auftreten, und Verluste durch Abstrahlung, die durch den *Strahlungswiderstand* R_S beschrieben werden

$$\overline{P_S^e} = \frac{1}{2} R_S I_0^2 = \frac{Z}{12\pi} (p_e c)^2 k^4 = \frac{Z}{12\pi} (\Delta z k I_0)^2$$

$$R_S = \frac{2\pi}{3} Z \left(\frac{\Delta z}{\lambda} \right)^2 . \tag{16.40}$$

Der *Wirkungsgrad* der Antenne ist das Verhältnis der abgestrahlten Leistung zur gesamten Verlustleistung

$$\eta_S = \frac{\overline{P_S}}{\overline{P_V} + \overline{P_S}} = \frac{R_S}{R_W + R_S} . \tag{16.41}$$

Als Beispiel betrachten wir einen Dipol aus Aluminium ($\kappa = 30 \cdot 10^6 \, \Omega^{-1} \mathrm{m}^{-1}$, $\Delta z = 1\,\mathrm{cm}$, $D = 2\,\mathrm{mm}$) bei 100 MHz. Die Skintiefe ist nach (12.60) $\delta_S = 9.1\,\mu\mathrm{m}$ und Draht- und Strahlungswiderstand sind

$$R_W = 5.8\,\mathrm{m\Omega} \quad , \quad R_S = 80 \frac{\pi^2}{9} \cdot 10^{-4}\,\Omega = 8.8\,\mathrm{m\Omega} .$$

Somit ist der Wirkungsgrad $\eta_S = 60\%$. Der Dipol ist ein relativ schlechter Strahler.

Wie (16.40) nahelegt, nimmt der Strahlungswiderstand mit zunehmender Länge schnell zu, allerdings nur solange der Dipol wesentlich kürzer als die Wellenlänge, $\Delta z \ll \lambda$, ist. Eine lange, dünne Antenne berechnet man näherungsweise, indem man sie in viele kurze Stücke zerlegt und die Strahlung jedes Stromelementes aufsummiert. Die Stromverteilung längs der Antenne kann in guter Näherung als cosinus-förmig angesetzt werden. Obwohl die exakte Lösung des Problems sehr schwierig ist und nur numerisch gefunden werden kann, sind die erwähnten Näherungen gut und für unsere Zwecke bei weitem ausreichend.

Eine lange Antenne ist z.B. eine $\lambda/2$-Antenne, die in der Mitte gespeist wird, Abb. 16.5. Die Stromverteilung sei

$$I(z', t) = I_0 \cos k z' \, e^{j\omega t} , \tag{16.42}$$

so dass der Strom am Speisepunkt ein Maximum hat und an den Enden verschwindet. Wir wollen, der Einfachheit halber, nur das Fernfeld, $kr \gg 1$, berechnen.

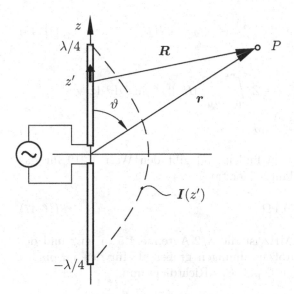

Abb. 16.5. $\lambda/2$-Antenne mit cosinus-förmiger Stromverteilung

Somit ist

$$R \approx r - z' \cos\vartheta \,,$$

was in der Phase des Vektorpotentials (16.17) berücksichtigt wird, wohingegen für den Betrag $R \approx r$ benutzt wird

$$\boldsymbol{A}(\boldsymbol{r},t) - \frac{\mu I_0}{4\pi} \int_{-\lambda/4}^{\lambda/4} \frac{1}{R}\, e^{i\omega(t-R/c)} \cos k z' \, dz' \, \boldsymbol{e}_z$$

$$\approx \frac{\mu I_0}{4\pi r}\, e^{j(\omega t - kr)} \boldsymbol{e}_z \int_{-\lambda/4}^{\lambda/4} e^{jkz'\cos\vartheta} \cos k z' \, dz' \,. \qquad (16.43)$$

Das Integral wird zu

$$\text{Int.} = \frac{1}{2k} \int_{-\pi/2}^{\pi/2} \left[e^{j(\cos\vartheta + 1)kz'} + e^{j(\cos\vartheta - 1)kz'} \right] d(kz')$$

$$= \frac{1}{k} \left[\frac{\sin\left[(\cos\vartheta + 1)\pi/2\right]}{\cos\vartheta + 1} + \frac{\sin\left[(\cos\vartheta - 1)\pi/2\right]}{\cos\vartheta - 1} \right] = 2\frac{\cos\left(\frac{\pi}{2}\cos\vartheta\right)}{k\sin^2\vartheta}$$

und man erhält für das Vektorpotential

$$\boldsymbol{A}(\boldsymbol{r},t) = \frac{\mu I_0}{2\pi k r} \frac{\cos\left(\frac{\pi}{2}\cos\vartheta\right)}{\sin^2\vartheta}\, e^{j(\omega t - kr)}(\cos\vartheta\, \boldsymbol{e}_r - \sin\vartheta\, \boldsymbol{e}_\vartheta) \,. \qquad (16.44)$$

In der Fernfeldnäherung werden bei der Berechnung der Felder nur Terme berücksichtigt welche proportional zur reziproken Entfernung r^{-1} sind und es wird

$$\mu \boldsymbol{H} = \nabla \times \boldsymbol{A} \approx \frac{1}{r}\frac{\partial}{\partial r}(r A_\vartheta)\, \boldsymbol{e}_\varphi$$

$$H_\varphi = j \, \frac{I_0}{2\pi r} \, \frac{\cos\left(\frac{\pi}{2}\cos\vartheta\right)}{\sin\vartheta} \, e^{j(\omega t - kr)} \quad , \quad E_\vartheta = Z H_\varphi \; . \tag{16.45}$$

Die abgestrahlte Leistung

$$\overline{P_S} = \frac{1}{2} \oint_O (\boldsymbol{E} \times \boldsymbol{H}^*) \cdot d\boldsymbol{F} = \frac{1}{2} Z \int_0^{2\pi} \int_0^\pi |H_\varphi|^2 r^2 \sin\vartheta \, d\vartheta \, d\varphi$$

$$= \frac{Z I_0^2}{4\pi} \int_0^\pi \frac{\cos^2\left(\frac{\pi}{2}\cos\vartheta\right)}{\sin\vartheta} \, d\vartheta \tag{16.46}$$

ist am einfachsten numerisch zu finden und gibt den Wert 1.219 für das Integral. Damit ist der Strahlungswiderstand

$$R_S = \frac{2\overline{P_S}}{I_0^2} = \frac{1.219}{2\pi} Z = 73.1\,\Omega \; . \tag{16.47}$$

Bei einer Frequenz von 100 MHz ist die $\lambda/2$-Antenne 1.5 m lang und der Strahlungswiderstand vier Größenordnungen größer als für den im obigen Beispiel gewählten 1 cm langen Dipol. Das Richtdiagramm

$$D(\vartheta,\varphi) = \frac{1}{2} \frac{Z|H_\varphi|^2}{\overline{P_S}/4\pi r^2} = 1.64 \left(\frac{\cos\left(\frac{\pi}{2}\cos\vartheta\right)}{\sin\vartheta} \right)^2 \tag{16.48}$$

ist ein Kreis in der horizontalen Ebene, wie beim HERTZ'schen Dipol in (16.30), allerdings mit einem um 10% besseren Wert von 1.64. Das vertikale Diagramm zeigt eine etwas bessere Bündelung als beim HERTZ'schen Dipol.

16.6 Äquivalenzprinzip. Magnetische Ströme

In den MAXWELL'schen Gleichungen treten die Quellen der Felder als Stromdichte und Raumladungsdichte auf. Daraus könnte man schließen, dass die Quellen durch eindeutige und wohl definierte Funktionen beschrieben werden müssen. Dies ist nicht der Fall. Sind die Felder in einem bestimmten Gebiet gesucht, so gibt es eine Vielzahl von Wahlmöglichkeiten, um die wirklichen Quellen durch äquivalente Quellen zu ersetzen und daraus die Felder zu berechnen. Eine geschickte Wahl von äquivalenten Quellen liegt dann vor, wenn sie zu einer leichteren Berechnung führt. Somit sind äquivalente Quellen immer dann nützlich, wenn auf einer bestimmten Fläche gute Schätz- oder Messwerte vorliegen. Das Prinzip der äquivalenten Quellen [4] wurde von SCHELKUNOFF bereits 1936 eingeführt und stellt eine genauere Formulierung des HUYGENS'schen Prinzips, § 17.4, dar.

Um das Äquivalenzprinzip allgemeiner zu beschreiben, betrachten wir folgende Anordnung, Abb. 16.6. In einem Gebiet V_i befinden sich Quellen $\boldsymbol{J}$,

---

[4] In vielen Lehrbüchern ist dies leider nicht sehr verständlich dargestellt. Zu empfehlen ist [Kong], § 5.1.

q_V. Das Gebiet V_i wird von einer beliebig zu wählenden Oberfläche O umschlossen, welche den gesamten Raum in den internen Bereich V_i und den externen Bereich V_e aufteilt. Die Felder sind $\boldsymbol{E}$ und $\boldsymbol{H}$.

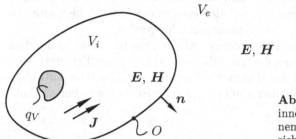

Abb. 16.6. Oberfläche O mit innerem Bereich V_i und externem Bereich V_e. In V_i befinden sich Quellen q_V, $\boldsymbol{J}$.

Das *Äquivalenzprinzip* besagt nun:

> Es gibt äquivalente Quellen auf O, die in Abwesenheit der echten Quellen im externen Gebiet V_e dieselben Felder $\boldsymbol{E}$, $\boldsymbol{H}$ erzeugen wie die echten Quellen.

Bevor wir die äquivalenten Quellen angeben, müssen noch zwei Konzepte erläutert werden. Als erstes betrachten wir das Verhalten von Feldern bei Flächenströmen. Wir gehen von den MAXWELL'schen Gleichungen in integraler Form aus

$$\oint_S \boldsymbol{H} \cdot \mathrm{d}\boldsymbol{s} - \int_F \boldsymbol{J}_F \; \mathrm{d}\boldsymbol{F} + \mathrm{j}\omega\varepsilon \int_F \boldsymbol{E} \cdot \mathrm{d}\boldsymbol{F}$$

$$\oint_S \boldsymbol{E} \cdot \mathrm{d}\boldsymbol{s} = - \int_F \boldsymbol{J}_{Fm} \cdot \mathrm{d}\boldsymbol{F} - \mathrm{j}\omega\mu \int_F \boldsymbol{H} \cdot \mathrm{d}\boldsymbol{F}, \tag{16.49}$$

wobei wir elektrische und magnetische Ströme annehmen, hier allerdings als Flächenströme. $\boldsymbol{J}_{Fm}$, die magnetische Flächenstromdichte, ist keine echte physikalische Größe, denn es gibt keine magnetischen Ladungen. Trotzdem ist es oftmals praktisch, mit fiktiven magnetischen Strömen zu rechnen. Wählt man nun einen Umlauf S entlang einer beliebig gewählten Fläche, auf welcher die Flächenströme angebracht sind, so folgt entsprechend § 14.3

$$\begin{aligned} \boldsymbol{n} \times (\boldsymbol{H}_1 - \boldsymbol{H}_2) &= \boldsymbol{J}_F \\ -\boldsymbol{n} \times (\boldsymbol{E}_1 - \boldsymbol{E}_2) &= \boldsymbol{J}_{Fm}, \end{aligned} \tag{16.50}$$

d.h. die tangentialen $\boldsymbol{H}$- und $\boldsymbol{E}$-Felder sind nicht stetig auf der Fläche, sondern springen um den Wert der Flächenströme. Dabei folgen, in (16.49), $\boldsymbol{J}_F$ und Umlaufrichtung für $\boldsymbol{H}$ der Rechtsschraubenregel und $\boldsymbol{J}_{Fm}$ und Umlauf für $\boldsymbol{E}$ einer Linksschraube.

Das zweite Konzept unterscheidet zwischen *eingeprägten* und *induzierten* *Flächenströmen*. Induzierte Flächenströme gibt es in der Oberfläche von ideal leitenden Körpern und ihre Ursache sind im Material bewegte Ladungen. Dabei lassen wir elektrisch ideal leitendes Material mit elektrischen Strömen und Ladungen zu, aber auch „magnetisch ideal leitendes Material" mit „magnetischen Strömen und Ladungen". Eingeprägte Flächenströme hingegen sitzen über der Oberfläche des Materials und sind von dieser isoliert. Eingeprägte Flächenladungen und Flächenströme induzieren in der Oberfläche Ladungen und Ströme, so dass die Randbedingungen erfüllt werden.

Nach diesen einführenden Bemerkungen wenden wir uns dem eigentlichen Problem der äquivalenten Quellen zu. Obwohl die folgenden Erläuterungen des Äquivalenzprinzips auf die allgemeine Situation in Abb. 16.6 zutreffen, wollen wir sie, der Klarheit halber, auf eine spezielle Situation beziehen, Abb. 16.7.

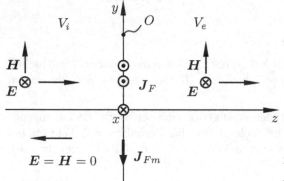

Abb. 16.7. Einfallende ebene Welle und äquivalente Flächenströme

Die Oberfläche O sei die Ebene $z = 0$, die Gebiete V_i und V_e entsprechen den Räumen $z < 0$ und $z > 0$ und die Quellen liegen bei $-\infty$ und erzeugen eine in positive z-Richtung laufende ebene Welle

$$E = E_0\, e^{-jkz}\, e_x \quad , \quad H = \frac{E_0}{Z}\, e^{-jkz}\, e_y \,. \tag{16.51}$$

Ist man z.B. nur an den Feldern im Gebiet $z > 0$ interessiert, kann man fünf verschiedene Anordnungen von äquivalenten Flächenströmen in der Fläche $z = 0$ angeben:

1. Äquivalente Flächenströme

$$J_F = n \times H = -\frac{E_0}{Z}\, e_x \quad , \quad J_{Fm} = -n \times E = -E_0\, e_y \,, \tag{16.52}$$

mit E, H den echten Feldern (16.51) in der Ebene $z = 0$. Der Flächenstrom J_F erzeugt in $\pm z$-Richtung laufende ebene Wellen, $A \exp(\mp jkz)$. Die Amplitude folgt aus (16.49) zu

$$-H_y(z = -0) + H_y(z = +0) = -J_{F,x} \quad \rightarrow \quad 2A = \frac{E_0}{Z} \,.$$

Der magnetische Flächenstrom ist mit dem elektrischen Feld verknüpft (16.49) und erzeugt ebene Wellen mit der Amplitude

$$-E_x(z=-0) + E_x(z=+0) = -J_{Fm,y} \quad \rightarrow \quad 2B = E_0$$

somit sind die durch die elektrischen Ströme erzeugten Felder

$$\boldsymbol{E} = \frac{1}{2}E_0\,\mathrm{e}^{-\mathrm{j}kz}\,\boldsymbol{e}_x \quad , \quad \boldsymbol{H} = \frac{1}{2}\frac{E_0}{Z}\,\mathrm{e}^{-\mathrm{j}kz}\,\boldsymbol{e}_y \quad \text{in } z > 0$$

$$\boldsymbol{E} = \frac{1}{2}E_0\,\mathrm{e}^{\mathrm{j}kz}\,\boldsymbol{e}_x \quad , \quad \boldsymbol{H} = -\frac{1}{2}\frac{E_0}{Z}\,\mathrm{e}^{\mathrm{j}kz}\,\boldsymbol{e}_y \quad \text{in } z < 0\,,$$

und die durch die magnetischen Ströme erzeugten Felder

$$\boldsymbol{E} = \frac{1}{2}E_0\,\mathrm{e}^{-\mathrm{j}kz}\,\boldsymbol{e}_x \quad , \quad \boldsymbol{H} = \frac{1}{2}\frac{E_0}{Z}\,\mathrm{e}^{-\mathrm{j}kz}\,\boldsymbol{e}_y \quad \text{in } z > 0$$

$$\boldsymbol{E} = -\frac{1}{2}E_0\,\mathrm{e}^{\mathrm{j}kz}\,\boldsymbol{e}_x \quad , \quad \boldsymbol{H} = \frac{1}{2}\frac{E_0}{Z}\,\mathrm{e}^{\mathrm{j}kz}\,\boldsymbol{e}_y \quad \text{in } z < 0\,.$$

Beide Flächenströme zusammen erzeugen in $z > 0$ das ursprüngliche Feld. In $z < 0$ gibt es kein Feld.

2. Äquivalente Flächenströme $\boldsymbol{J}_F = 2\boldsymbol{n} \times \boldsymbol{H} = -2\frac{E_0}{Z}\,\boldsymbol{e}_x$. Dadurch entsteht das ursprüngliche Feld im Gebiet $z > 0$ und eine ebene Welle

$$\boldsymbol{E} = E_0\,\mathrm{e}^{\mathrm{j}kz}\,\boldsymbol{e}_x \quad , \quad \boldsymbol{H} = -\frac{E_0}{Z}\,\mathrm{e}^{\mathrm{j}kz}\,\boldsymbol{e}_y \quad \text{in } z < 0\,.$$

3. Äquivalente Flächenströme $\boldsymbol{J}_{Fm} = -2\boldsymbol{n} \times \boldsymbol{E} = -2E_0\,\boldsymbol{e}_y$. Im Raumteil $z > 0$ ist das ursprüngliche Feld und in $z < 0$ die Welle

$$\boldsymbol{E} = -E_0\,\mathrm{e}^{\mathrm{j}kz}\,\boldsymbol{e}_x \quad , \quad \boldsymbol{H} = \frac{E_0}{Z}\,\mathrm{e}^{\mathrm{j}kz}\,\boldsymbol{e}_y\,.$$

4. Eingeprägte äquivalente Flächenströme wie unter 1. aber vor einem elektrisch ideal leitenden Halbraum $z < 0$. Der elektrische Flächenstrom erzeugt kein Feld, da sein Spiegelstrom entgegengesetzt gerichtet ist und sich beide zusammen gerade aufheben. Der magnetische Flächenstrom verdoppelt zusammen mit seinem Spiegelstrom seinen Wert und erzeugt, wie unter 3., in $z > 0$ das ursprüngliche Feld.

5. Eingeprägte äquivalente Flächenströme wie unter 1. aber vor einer magnetisch ideal leitenden Wand. Jetzt erzeugt der magnetische Flächenstrom kein Feld und der elektrische wird verdoppelt. In $z > 0$ ist, wie unter 2., das ursprüngliche Feld.

Wir halten fest:

- Alle fünf Anordnungen ergeben im Raum V_e, $z > 0$, das ursprüngliche Feld und sind somit der ursprünglichen Anordnung, mit Quellen bei $-\infty$, im Gebiet V_e äquivalent.
- Lösungen der äquivalenten Anordnung im Gebiet V_i, hier $z < 0$, sind nicht gültig.

– Die Anordnungen 2. und 5. bzw. 3. und 4. sind jeweils identisch für $z \geq 0$.
  In 2. ist $\boldsymbol{H}_t = 0$ auf O sowie unter 5., wohingegen in 3. $\boldsymbol{E}_t = 0$ wie unter
  4..
– Verwendet man elektrische *und* magnetische Flächenströme, Fall 1., so befinden sich diese frei im Raum und die Rechnung ist oftmals einfacher.
– In den Fällen 2. bis 5. muss man auf O immer eine Randbedingung, $\boldsymbol{E}_t = 0$
  oder $\boldsymbol{H}_t = 0$, erfüllen. Dies ist nur in wenigen Fällen wie z.B. bei ebenen
  Schirmen einfach.
– Die Aussagen, die hier für einen speziellen Fall, einfallende ebene Wellen
  und ebene Fläche O, gemacht wurden, lassen sich auf den allgemeinen Fall
  in Abb. 16.6 übertragen.

Wie oben im Fall 4 gezeigt, kann es geschickt sein, mit äquivalenten, magnetischen Flächenströmen zu arbeiten. Das dazugehörige Vektorpotential findet
man analog zur Vorgehensweise in § 16.1. Wegen

$$\nabla \cdot \boldsymbol{D} = 0$$

setzt man jetzt

$$\boldsymbol{D} = -\nabla \times \boldsymbol{A}_m \tag{16.53}$$

und erhält für die erste MAXWELL'sche Gl. (16.49) mit $\boldsymbol{J} = 0$

$$\nabla \times \left(\boldsymbol{H} + \frac{\partial \boldsymbol{A}_m}{\partial t} \right) = 0 \quad \rightarrow \quad \boldsymbol{H} = -\nabla \phi_m - \frac{\partial \boldsymbol{A}_m}{\partial t} . \tag{16.54}$$

Einsetzen in die zweite MAXWELL'sche Gl.

$$\nabla \times (\varepsilon \boldsymbol{E}) = \nabla \times \boldsymbol{D} = -\varepsilon \boldsymbol{J}_m - \varepsilon \frac{\partial \boldsymbol{B}}{\partial t}$$

$$\rightarrow \quad -\nabla(\nabla \cdot \boldsymbol{A}_m) + \nabla^2 \boldsymbol{A}_m = -\varepsilon \boldsymbol{J}_m + \mu\varepsilon\nabla\phi_m + \mu\varepsilon \frac{\partial^2 \boldsymbol{A}_m}{\partial t^2}$$

und Verwendung einer LORENZ-Eichung

$$\nabla \cdot \boldsymbol{A}_m = -\mu\varepsilon\phi_m$$

liefert die inhomogene Wellengleichung

$$\nabla^2 \boldsymbol{A}_m - \frac{1}{c^2} \frac{\partial^2 \boldsymbol{A}_m}{\partial t^2} = -\varepsilon \boldsymbol{J}_m , \tag{16.55}$$

mit der (16.7) entsprechenden Lösung

$$\boldsymbol{A}_m(\boldsymbol{r}, t) = \frac{\varepsilon}{4\pi} \int_V \frac{1}{R} \boldsymbol{J}_m(\boldsymbol{r}', t - R/c) \, \mathrm{d}V' . \tag{16.56}$$

(16.56) folgt aus (16.17), indem man $\mu\boldsymbol{J}$ durch $\varepsilon\boldsymbol{J}_m$ ersetzt.

16.7 Schelkunoff'sche Fernfeld-Näherung

In vielen technischen Anwendungen ist nur das Fernfeld interessant. Dafür hat SCHELKUNOFF die Berechnung des Vektorpotentials (16.17) vereinfacht unter Verwendung von drei Annahmen:

1. Unterschiede zwischen den Abständen r und R, Abb. 16.8, werden in der Amplitude vernachlässigt.
2. In der Phase werden für R Näherungen erster Ordnung verwendet.
3. Feldkomponenten, die schneller als mit r^{-1} abklingen, werden vernachlässigt.

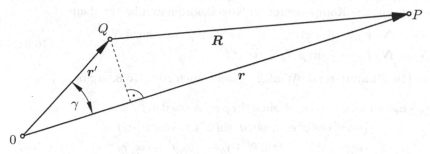

Abb. 16.8. Abstände und Winkel in der SCHELKUNOFF'schen Fernfeld-Näherung mit Aufpunkt P und Quellpunkt Q

Unter Verwendung dieser Annahmen wird für $r \gg r'$

$$R \text{ parallel zu } r \;\rightarrow\; R \approx r - r'\cos\gamma$$

$$J(r',t - R/c) = J(r')\,\mathrm{e}^{\mathrm{j}\omega(t - R/c)} \approx J(r')\,\mathrm{e}^{\mathrm{j}(\omega t - kr)}\,\mathrm{e}^{\mathrm{j}kr'\cos\gamma}$$

$$A(r,t) = \mu f(r)\,N(\vartheta,\varphi) \tag{16.57}$$

$$f(r) = \frac{1}{4\pi r}\,\mathrm{e}^{\mathrm{j}(\omega t - kr)}\,,\quad N(\vartheta,\varphi) = \int_V J(r')\,\mathrm{e}^{\mathrm{j}kr'\cos\gamma}\,\mathrm{d}V'$$

und die Felder

$$B = \nabla \times A \approx -\frac{1}{r}\frac{\partial}{\partial r}(rA_\varphi)\,e_\vartheta + \frac{1}{r}\frac{\partial}{\partial r}(rA_\vartheta)\,e_\varphi$$

$$H_\vartheta \approx +\mathrm{j}kf(r)N_\varphi$$

$$H_\varphi \approx -\mathrm{j}kf(r)N_\vartheta$$

$$E = -\frac{\partial A}{\partial t} = -\mathrm{j}\omega A \quad \text{da im Fernfeld } \phi = 0 \text{ ist} \tag{16.58}$$

$$E_\vartheta = -\mathrm{j}\omega\mu f(r)N_\vartheta = -\mathrm{j}kZf(r)N_\vartheta = ZH_\varphi$$

$$E_\varphi = -\mathrm{j}\omega\mu f(r)N_\varphi = -\mathrm{j}kZf(r)N_\varphi = -ZH_\vartheta$$

Der mittlere Wirkleistungsfluss ist

$$\operatorname{Re}\{\boldsymbol{S}_k\}_r = \frac{1}{2}\operatorname{Re}\{\boldsymbol{E}\times\boldsymbol{H}^*\}_r = \frac{1}{2}\operatorname{Re}\{E_\vartheta H_\varphi^* - E_\varphi H_\vartheta^*\}$$

$$= \frac{1}{2} Z\left(|H_\varphi|^2 + |H_\vartheta|^2\right) = \frac{1}{2}\left(\frac{k}{4\pi r}\right)^2 Z\left(|N_\varphi|^2 + |N_\vartheta|^2\right) \quad (16.59)$$

und die Strahlungsdichte sowie die gesamte abgestrahlte Leistung

$$P(\vartheta,\varphi) = r^2\operatorname{Re}\{\boldsymbol{S}_k\}_r\,,\quad \overline{P_S} = \int\limits_0^{2\pi}\int\limits_0^{\pi}\operatorname{Re}\{\boldsymbol{S}_k\}_r\, r^2\sin\vartheta\,\mathrm{d}\vartheta\,\mathrm{d}\varphi. \quad (16.60)$$

Manchmal ist es einfacher, das Vektorpotential in kartesischen Koordinaten zu berechnen. Die Komponenten in Kugelkoordinaten lauten dann

$$\begin{aligned}
N_\vartheta &= \boldsymbol{N}\cdot\boldsymbol{e}_\vartheta = \cos\vartheta\cos\varphi\,N_x + \cos\vartheta\sin\varphi\,N_y - \sin\vartheta\,N_z\\
N_\varphi &= \boldsymbol{N}\cdot\boldsymbol{e}_\varphi = -\sin\varphi\,N_x + \cos\varphi\,N_y\,.
\end{aligned} \quad (16.61)$$

Der in (16.57) auftretende Winkel γ, siehe auch Abb. 16.8, ergibt sich aus

$$\begin{aligned}
\boldsymbol{e}_r\cdot\boldsymbol{e}_{r'} &= (\sin\vartheta\cos\varphi\,\boldsymbol{e}_x + \sin\vartheta\sin\varphi\,\boldsymbol{e}_y + \cos\vartheta\,\boldsymbol{e}_z)\\
&\quad \cdot(\sin\vartheta'\cos\varphi'\,\boldsymbol{e}_x + \sin\vartheta'\sin\varphi'\,\boldsymbol{e}_y + \cos\vartheta'\,\boldsymbol{e}_z)\\
&= \cos(\varphi-\varphi')\sin\vartheta\sin\vartheta' + \cos\vartheta\cos\vartheta' = \cos\gamma\,.
\end{aligned} \quad (16.62)$$

Im Falle von magnetischen Strömen folgt das Vektorpotential $\boldsymbol{A}_m$ aus (16.57), indem μ durch ε und $\boldsymbol{J}$ durch $\boldsymbol{J}_m$ ersetzt wird. Die Felder ergeben sich aus (16.53), (16.54) zu

$$\begin{aligned}
E_\vartheta &\approx -\mathrm{j}k f(r)N_\varphi\\
E_\varphi &\approx \mathrm{j}k f(r)N_\vartheta\\
H_\vartheta &\approx -\mathrm{j}\frac{k}{Z}f(r)N_\vartheta = -\frac{1}{Z}E_\varphi\\
H_\varphi &\approx -\mathrm{j}\frac{k}{Z}f(r)N_\varphi = \frac{1}{Z}E_\vartheta
\end{aligned} \quad (16.63)$$

und der mittlere Wirkleistungsfluss lautet

$$\operatorname{Re}\{\boldsymbol{S}_k\}_r = \frac{1}{2}\left(\frac{k}{4\pi r}\right)^2\frac{1}{Z}\left(|N_\varphi|^2 + |N_\vartheta|^2\right)\,. \quad (16.64)$$

16.8 Abstrahlung aus offenem Rechteckhohlleiter

Betrachtet sei die Abstrahlung von einem offenen Rechteckhohlleiter in welchem eine H_{10}-Welle einfällt, Abb. 16.9. Zur exakten Berechnung des Feldes in einem Punkt benötigt man äquivalente Flächenströme auf einer Fläche. Dies sei die Ebene Γ und die Apertur A.

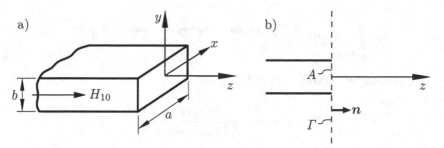

Abb. 16.9. Offener Rechteckhohlleiter. **(a)** Anordnung und **(b)** Fläche zur Berechnung der Felder

Im Normalfall sind die Feldstärken auf der Fläche unbekannt. Andererseits sind die tangentialen Feldstärken in der Apertur A oftmals mit genügender Genauigkeit durch die der einfallenden Welle gegeben. Zusätzlich macht man folgende Näherungen:

- Vernachlässigung der Reflexion im Hohlleiter.
- Vernachlässigung der Rückwärtsstrahlung außerhalb des Hohlleiters durch die Annahme einer ideal leitenden Wand für Γ.
- Vernachlässigung der Änderung der tangentialen Felder in der Apertur gegenüber den Feldern der einfallenden Welle.

Unter diesen Voraussetzungen berechnet man mit Hilfe des Äquivalenzprinzips eingeprägte Stromquellen in der Apertur und damit die Strahlungsfelder entsprechend § 16.7.

In der Apertur ist die tangentiale elektrische Feldstärke der einfallenden Welle

$$E_x = 0 , \quad E_y = E_0 \cos \frac{\pi x}{a} . \tag{16.65}$$

Verwendet man den Fall 4 in § 16.6 und obige Näherungen, so kann man die Flächen Γ und A durch eine ideal leitende Wand ersetzen. In Front der Wand, über der Fläche A, befinden sich magnetische Flächenströme, welche an der Wand gespiegelt werden und sich somit verdoppeln

$$\boldsymbol{J}_{Fm} = -2\,\boldsymbol{n} \times \boldsymbol{E} = -2\,\boldsymbol{e}_z \times E_y \boldsymbol{e}_y = 2E_0 \cos \frac{\pi x}{a} \boldsymbol{e}_x . \tag{16.66}$$

Das Fernfeld der Strahlung für $z > 0$ ergibt sich somit aus den Formeln von § 16.7 zusammen mit (16.66)

$$r' \cos \gamma = \boldsymbol{r}' \cdot \boldsymbol{e}_r$$
$$= (x'\,\boldsymbol{e}_x + y'\,\boldsymbol{e}_y) \cdot (\sin \vartheta \cos \varphi \,\boldsymbol{e}_x + \sin \vartheta \sin \varphi \,\boldsymbol{e}_y + \cos \vartheta \,\boldsymbol{e}_z)$$
$$= x' \sin \vartheta \cos \varphi + y' \sin \vartheta \sin \varphi$$

$$N_x = 2E_0 \int\limits_{-a/2}^{a/2} \int\limits_{-b/2}^{b/2} \cos \frac{\pi x'}{a} \, \mathrm{e}^{\mathrm{j}(kx' \sin \vartheta \cos \varphi + ky' \sin \vartheta \sin \varphi)} \, \mathrm{d}x' \, \mathrm{d}y' \, .$$

Das Doppelintegral zerfällt in zwei Integrale

$$I_1 = \int\limits_{-b/2}^{b/2} \mathrm{e}^{\mathrm{j}ky' \sin \vartheta \sin \varphi} \, \mathrm{d}y' = b \, \frac{\sin \left(\frac{1}{2} kb \sin \vartheta \sin \varphi \right)}{\frac{1}{2} kb \sin \vartheta \sin \varphi}$$

$$I_2 = \frac{1}{2} \int\limits_{-a/2}^{a/2} \left(\mathrm{e}^{\mathrm{j}(k \sin \vartheta \cos \varphi + \pi/a)x'} + \mathrm{e}^{\mathrm{j}(k \sin \vartheta \cos \varphi - \pi/a)x'} \right) \mathrm{d}x'$$

$$= \frac{\sin \left(\frac{1}{2} ka \sin \vartheta \cos \varphi + \frac{\pi}{2} \right)}{k \sin \vartheta \cos \varphi + \frac{\pi}{a}} + \frac{\sin \left(\frac{1}{2} ka \sin \vartheta \cos \varphi - \frac{\pi}{2} \right)}{k \sin \vartheta \cos \varphi - \frac{\pi}{a}}$$

$$= -2 \frac{\pi}{a} \frac{\cos \left(\frac{1}{2} ka \sin \vartheta \cos \varphi \right)}{(k \sin \vartheta \cos \varphi)^2 - \left(\frac{\pi}{a} \right)^2}$$

und N_x ist somit

$$N_x = -8\pi E_0 \, \frac{a}{k} \, \frac{\sin \left(\frac{1}{2} kb \sin \vartheta \sin \varphi \right)}{\sin \vartheta \sin \varphi} \, \frac{\cos \left(\frac{1}{2} ka \sin \vartheta \cos \varphi \right)}{(ka \sin \vartheta \cos \varphi)^2 - \pi^2} \, . \tag{16.67}$$

Das Vektorpotential (16.56) wird zu

$$A_{mx}(\boldsymbol{r}) = \varepsilon f(r) N_x(\vartheta, \varphi) \, , \tag{16.68}$$

wobei $f(r)$ und $N_x(\vartheta, \varphi)$ in (16.57) und (16.67) gegeben sind. Mit dem Zusammenhang zwischen den Komponenten in kartesischen und Kugelkoordinaten (1.35)

$$N_\vartheta = \cos \vartheta \cos \varphi \, N_x \, , \quad N_\varphi = -\sin \varphi \, N_x$$

wird aus den Feldern in (16.63)

$$\begin{aligned} E_\vartheta &= \mathrm{j}k \, f(r) \sin \varphi \, N_x = Z H_\varphi \\ E_\varphi &= \mathrm{j}k \, f(r) \cos \vartheta \cos \varphi \, N_x = -Z H_\vartheta \, . \end{aligned} \tag{16.69}$$

Die Strahlungsdichte (16.60) ist

$$P(\vartheta, \varphi) = r^2 \frac{1}{2} \operatorname{Re} \left\{ E_\vartheta H_\varphi^* - E_\varphi H_\vartheta^* \right\}$$

$$= \frac{1}{2Z} \left(\frac{k}{4\pi} \right)^2 (\sin^2 \varphi + \cos^2 \vartheta \cos^2 \varphi) \, N_x^2 \, .$$

Das Strahlungsdiagramm ist die auf den Maximalwert

$$P_m = \frac{2}{Z} E_0^2 a^2 \left(\frac{kb}{2\pi^2} \right)^2 \quad \text{bei } \vartheta = 0$$

bezogene Strahlungsdichte

$$R(\vartheta, \varphi) = \left(\frac{2\pi^2}{kb}\right)^2 (\sin^2\varphi + \cos^2\vartheta \cos^2\varphi)$$

$$\times \frac{\sin^2(\frac{1}{2} kb \sin\vartheta \sin\varphi)}{\sin^2\vartheta \sin^2\varphi} \frac{\cos^2(\frac{1}{2} ka \sin\vartheta \cos\varphi)}{\left[(ka \sin\vartheta \cos\varphi)^2 - \pi^2\right]^2}. \tag{16.70}$$

Abb. 16.10 zeigt das Strahlungsdiagramm in zwei verschiedenen Schnittebenen, $\varphi = 0$ (xz-Ebene) und $\varphi = \pi/2$ (yz-Ebene), sowie in 3D.

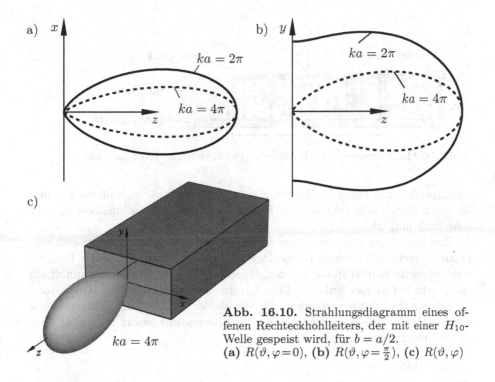

Abb. 16.10. Strahlungsdiagramm eines offenen Rechteckhohlleiters, der mit einer H_{10}-Welle gespeist wird, für $b = a/2$.
(a) $R(\vartheta, \varphi = 0)$, **(b)** $R(\vartheta, \varphi = \frac{\pi}{2})$, **(c)** $R(\vartheta, \varphi)$

In der xy-Ebene, $\vartheta = \pi/2$, ist das Diagramm auf Grund der gemachten Annahme einer ideal leitenden Wand nicht verwertbar. Hingegen sind die Werte für die Strahlung in z-Richtung, ϑ nicht zu groß, recht gut.

16.9 Microstrip Patch Antenne

Microstrip Antennen bestehen aus einer metallischen Grundplatte, einem dielektrischen Substrat und einem metallischen Patch, Abb. 16.11. Der Patch

a)

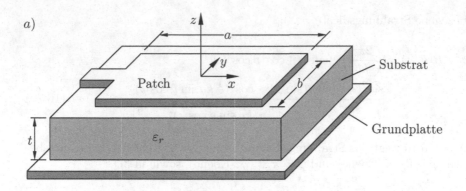

b)

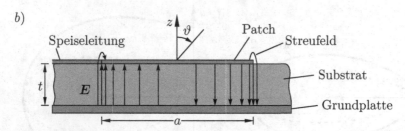

Abb. 16.11. Microstrip Patch Antenne. **(a)** Geometrie, **(b)** Längsschnitt

ist ungefähr eine halbe Wellenlänge lang und wirkt wie eine offene Leitung an deren Enden Abstrahlung stattfindet. Die Antenne ist schmalbandig aber sehr flach und leicht.

Zur Berechnung der Strahlung gehen wir von einem Resonatormodell aus. Dazu betrachten wir einen rechteckigen Patch der Länge a und der Breite b mit magnetischen Wänden an den Rändern. Die Feldverteilung innerhalb entspricht bei kleiner Substratdicke t recht gut der des offenen Resonators. Im offenen Resonator verlängern die Streufelder, 16.11b, die effektive Länge des Patches, so dass die Länge eines $\lambda/2$-Resonators etwas kürzer ist. Ein guter Erfahrungswert ist

$$L = 0.49 \, \frac{\lambda_0}{\sqrt{\varepsilon_r}} \tag{16.71}$$

mit der Freiraumwellenlänge λ_0. Die niedrigste Resonanz hat die elektrische Feldverteilung

$$E_z = -E_0 \sin \frac{\pi x}{a} \tag{16.72}$$

mit der Resonanzfrequenz

$$k = 2\pi \, \frac{f_r}{c_0} \, \sqrt{\varepsilon_r} = \frac{\pi}{a} \quad \rightarrow \quad f_r = \frac{c_0}{2\sqrt{\varepsilon_r} \, a} \, .$$

Zur Berechnung der Strahlung verwenden wir äquivalente, magnetische Flächenströme an den Kanten $x = \pm a/2$ des Patches

$$J_{Fm} = -2\,n \times E \quad \to \quad J_{Fm,y}(x = -\tfrac{a}{2}) = J_{Fm,y}(x = \tfrac{a}{2}) = -2E_0\,.$$

$$(16.73)$$

Der Faktor 2 berücksichtigt die Spiegelströme auf Grund der Grundplatte. Die äquivalenten Ströme auf den Flächen $y = \pm b/2$, $-t \leq z \leq 0$, sind außer Phase und das Strahlunsfeld hebt sich gegenseitig auf. Sie werden daher nicht berücksichtigt. Hingegen sind die Ströme auf den Flächen $x = \pm a/2$, $-t \leq z \leq 0$, in Phase und verhalten sich wie ein Array mit zwei Elementen. Wie in § 16.8 ergibt sich das Fernfeld der Strahlung für $z > 0$ aus den Formeln in § 16.7 zusammen mit (16.73)

$$\begin{aligned}
r'_\pm \cos\gamma = r'_\pm \cdot e_r &= \left(\pm\tfrac{a}{2}\,e_x + y'\,e_y + z'\,e_z\right)\\
&\quad \cdot \left(\sin\vartheta\cos\varphi\,e_x + \sin\vartheta\sin\varphi\,e_y + \cos\vartheta\,e_z\right)\\
&= \pm\tfrac{a}{2}\sin\vartheta\cos\varphi + y'\sin\vartheta\sin\varphi + z'\cos\vartheta
\end{aligned}$$

$$\begin{aligned}
N_y &= -2E_0\left(\mathrm{e}^{\mathrm{j}\frac{1}{2}\,ka\sin\vartheta\cos\varphi} + \mathrm{e}^{-\mathrm{j}\frac{1}{2}\,ka\sin\vartheta\cos\varphi}\right)\\
&\quad \times \int_{-b/2}^{b/2}\int_{-t}^{0} \mathrm{e}^{\mathrm{j}(ky'\sin\vartheta\sin\varphi + kz'\cos\vartheta)}\mathrm{d}y'\,\mathrm{d}z'\\
&= -4E_0\cos(\tfrac{1}{2}\,ka\sin\vartheta\cos\varphi)\int_{-b/2}^{b/2}\mathrm{e}^{\mathrm{j}ky'\sin\vartheta\sin\varphi}\mathrm{d}y'\int_{-t}^{0}\mathrm{e}^{\mathrm{j}kz'\cos\vartheta}\mathrm{d}z'\\
&= -4E_0\cos(\tfrac{1}{2}\,ka\sin\vartheta\cos\varphi)\,\frac{2\mathrm{j}\sin(\tfrac{1}{2}\,kb\sin\vartheta\sin\varphi)}{\mathrm{j}k\sin\vartheta\sin\varphi}\,\frac{1-\mathrm{e}^{-\mathrm{j}kt\cos\vartheta}}{\mathrm{j}k\cos\vartheta}\\
&= -4E_0\,b\,t\,\mathrm{e}^{-\mathrm{j}\frac{1}{2}\,kt\cos\vartheta}\cos(\tfrac{1}{2}\,ka\sin\vartheta\cos\varphi)\\
&\quad \times \operatorname{sinc}(\tfrac{1}{2}\,kb\sin\vartheta\sin\varphi)\operatorname{sinc}(\tfrac{1}{2}\,kt\cos\vartheta)\,.
\end{aligned}$$

$$(16.74)$$

Da normalerweise $kt = 2\pi t/\lambda \ll 1$ kann (16.74) vereinfacht werden zu

$$N_y \approx -4E_0\,b\,t\,\cos(\tfrac{1}{2}\,ka\sin\vartheta\cos\varphi)\operatorname{sinc}(\tfrac{1}{2}\,kb\sin\vartheta\sin\varphi)\,. \qquad (16.75)$$

Die Komponenten in Kugelkoordinaten erhält man aus (16.61)

$$N_\vartheta = \cos\vartheta\sin\varphi\,N_y\,, \quad N_\varphi = \cos\varphi\,N_y$$

und die Felder aus (16.63)

$$\begin{aligned}
E_\vartheta &= -\mathrm{j}kf(r)\cos\varphi N_y = ZH_\varphi\\
E_\varphi &= \mathrm{j}kf(r)\cos\vartheta\sin\varphi N_y = -ZH_\vartheta\,.
\end{aligned}$$

$$(16.76)$$

Mit der Strahlungsdichte (16.60)

$$P(\vartheta, \varphi) = r^2 \frac{1}{2} \operatorname{Re} \left\{ E_\vartheta H_\varphi^* - E_\varphi H_\vartheta^* \right\}$$

$$= \frac{1}{2Z} \left(\frac{k}{4\pi} \right)^2 \left(\cos^2 \varphi + \cos^2 \vartheta \sin^2 \varphi \right) N_y^2$$

ergibt sich das Strahlungsdiagramm zu

$$R(\vartheta, \varphi) = \left(\cos^2 \varphi + \cos^2 \vartheta \sin^2 \varphi \right) \cos^2 \left(\tfrac{1}{2} \, ka \sin \vartheta \cos \varphi \right)$$
$$\times \operatorname{sinc}^2 \left(\tfrac{1}{2} \, kb \sin \vartheta \sin \varphi \right). \tag{16.77}$$

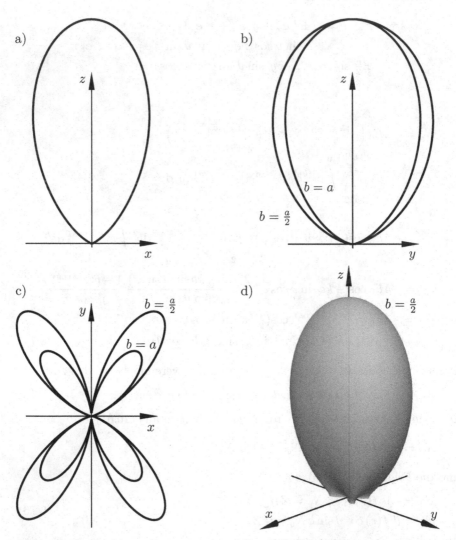

Abb. 16.12. Strahlungsdiagramm einer Microstrip Patch Antenne

Abb. 16.12 zeigt das Strahlungsdiagramm für (a) $\varphi = 0$, (b) $\varphi = \frac{\pi}{2}$, (c) $\vartheta = \frac{\pi}{2}$
und (d) dreidimensional. Hierbei ist $ka = \pi$, $b = \frac{a}{2}$ und a. Das Diagramm für
$\vartheta = \frac{\pi}{2}$ wurde um den Faktor 5 vergrößert dargestellt. In Richtung senkrecht
zum Patch, z-Richtung, zeigt die Hauptkeule, welche in y-Richtung breiter
als in x-Richtung ist und mit zunehmenden b schmaler wird.

16.10 Array

Wir betrachten eine lineare Reihe von $\lambda/2$-Antennen, genannt Array-Antenne.
Das Fernfeld eines $\lambda/2$-Strahlers ist (16.45)

$$H_\varphi = \mathrm{j}\frac{I_0}{2\pi r}\frac{\cos\left(\frac{\pi}{2}\cos\vartheta\right)}{\sin\vartheta}\,\mathrm{e}^{\mathrm{j}(\omega t - kr)}\,,\quad E_\vartheta = ZH_\varphi\,.\tag{16.78}$$

Die Strahler plazieren wir auf der y-Achse an den Stellen $y_n = nd$ und speisen
sie mit einem Strom $I_n = I_0 \mathrm{e}^{\mathrm{j}\varphi_n}$, Abb. 16.13.

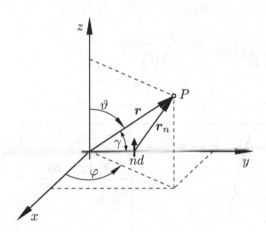

Abb. 16.13. Zur Berechnung des Strahlungsfeldes eines $\lambda/2$-Dipols an der Stelle $(0, nd, 0)$

Für $r \gg y_n$ nähern wir die Amplitude mit

$$\frac{1}{r_n} \approx \frac{1}{r}$$

und die Phase mit

$$kr_n = kr - nkd\cos\gamma$$
$$nd\cos\gamma = nd\,\boldsymbol{e}_y \cdot \boldsymbol{e}_r = nd\sin\vartheta\sin\varphi\,.$$

Das Feld dieses Strahlers wird dann

$$\boldsymbol{E}_n = \frac{I_0}{r}\,\boldsymbol{f}(\vartheta)\,\mathrm{e}^{\mathrm{j}(\varphi_n - kr + nkd\sin\vartheta\sin\varphi)}$$

$$\boldsymbol{f}(\vartheta) = \mathrm{j}\frac{Z}{2\pi}\frac{\cos\left(\frac{\pi}{2}\cos\vartheta\right)}{\sin\vartheta}\,\boldsymbol{e}_\vartheta\,.\tag{16.79}$$

Ordnet man $N+1$ solcher Strahler auf der y-Achse an und vernachlässigt die Kopplung zwischen den Strahlern, so überlagern sich die Strahlungsfelder und das Gesamtfeld wird zu

$$\boldsymbol{E} = \frac{1}{r}\,\boldsymbol{f}(\vartheta)\,\mathrm{e}^{-\mathrm{j}kr}F(\vartheta,\varphi)$$

$$F(\vartheta,\varphi) = \sum_{n=0}^{N} I_0\,\mathrm{e}^{\mathrm{j}(\varphi_n + nkd\sin\vartheta\sin\varphi)} . \tag{16.80}$$

Die Funktion $F(\vartheta,\varphi)$ heißt Arrayfaktor. Von besonderem Interesse ist der Arrayfaktor im Falle einer linear ansteigenden Phase, $\varphi_n = n\Delta\varphi$, des speisenden Stroms

$$F(\vartheta,\varphi) = I_0 \sum_{n=0}^{N} \mathrm{e}^{\mathrm{j}n(\Delta\varphi + kd\sin\vartheta\sin\varphi)} .$$

Dieser lässt sich mit Hilfe der Formel

$$\frac{1}{1-\mathrm{e}^{\mathrm{j}\varepsilon}} = 1 + \mathrm{e}^{\mathrm{j}\varepsilon} + \mathrm{e}^{\mathrm{j}2\varepsilon} + \mathrm{e}^{\mathrm{j}3\varepsilon} + \dots$$

zusammenfassen

$$\frac{F(\vartheta,\varphi)}{I_0} = \frac{1}{1-\mathrm{e}^{\mathrm{j}\varepsilon}} - \frac{\mathrm{e}^{\mathrm{j}(N+1)\varepsilon}}{1-\mathrm{e}^{\mathrm{j}\varepsilon}} = \mathrm{e}^{\mathrm{j}\frac{1}{2}N\varepsilon}\,\frac{\sin\left(\frac{1}{2}[N+1]\varepsilon\right)}{\sin\left(\frac{1}{2}\varepsilon\right)} , \tag{16.81}$$

wobei $\varepsilon = \Delta\varphi + kd\sin\vartheta\sin\varphi$ ist.

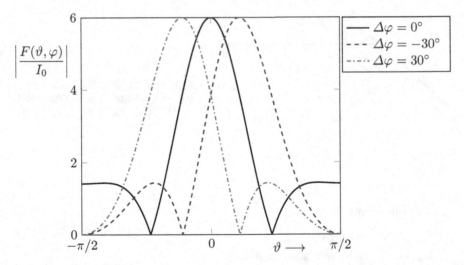

Abb. 16.14. Arrayfaktor für sechs $\lambda/2$-Dipole mit linear ansteigender Phase des anregenden Stroms

Abb. 16.14 zeigt den Betrag des Arrayfaktors in der yz-Ebene, d.h. für $\varphi = 90°$, für verschiedene $\Delta\varphi$. Gewählt wurde eine Frequenz von 300 MHz,

$\lambda_0 = 1$ m und ein Abstand zwischen den Antennen von $d = \lambda/4 = 0,25$ m, damit ist $kd = \pi/2$. Wie in Abb. 16.14 ersichtlich, kann man durch Wahl der Phasen der speisenden Ströme die Hauptkeule in positive oder negative y-Richtung ablenken. Es lässt sich also rein durch elektrische Mittel ohne den Array zu bewegen die Richtung der Strahlung einstellen.

16.11 Feld einer beliebig bewegten Punktladung

Die retardierten Potentiale erlauben die Bestimmung der Strahlungsfelder bei zeitlich veränderlichen Ladungen und Strömen. Da aber zeitlich veränderliche Ströme beschleunigte Ladung bedeuten, ist die eigentliche Ursache von Strahlung beschleunigte Ladung. Die grundlegende Frage lautet daher: Wie lauten die Felder einer beliebig bewegten Punktladung? Wir werden diese in dem vorliegenden Kapitel herleiten. Der Weg dahin ist mühselig, aber das Ergebnis lohnt die Mühen, denn es ist eine für das Verständnis grundlegende Formel, die wunderschön die verschiedenen Anteile des Feldes wiedergibt, den statischen Anteil, die bei gleichförmiger Bewegung auftretende Änderung und den durch Beschleunigung hervorgerufenen Anteil.

16.11.1 Liénard-Wiechert Potentiale

Gegeben sei eine Punktladung, die sich auf einer Trajektorie $r_0(t)$ bewegt, Abb. 16.15.

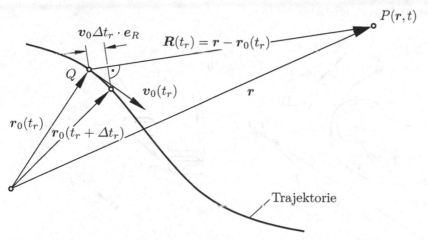

Abb. 16.15. Eine auf der Trajektorie $r_0(t)$ bewegte Punktladung

Zum Zeitpunkt t nimmt man die Ladung an der retardierten Position $r_0(t_r)$ mit der Geschwindigkeit $v_0(t_r)$, wobei die retardierte Zeit implizit gegeben ist

$$t_r = t - \frac{R(t_r)}{c} \,.$$ (16.82)

Will man nun z.B. das retardierte Skalarpotential (16.16) berechnen

$$\phi(\boldsymbol{r},t) = \frac{1}{4\pi\varepsilon} \int_V \frac{1}{R} \, q_V(\boldsymbol{r}',t_r) \, dV' \,,$$ (16.83)

tritt das Problem auf, dass bei der Auswertung des Integrals die Zeit t_r nicht fest ist, sondern vom Ort abhängt und wenn sich die Ladung bewegt das Integrationsvolumen nicht einfach zu bestimmen ist. Dies ist selbst für eine Punktladung der Fall, denn in der MAXWELL'schen Theorie, die von stetigen Ladungsdichten und stetigen Stromdichten ausgeht, muss eine Punktladung als Grenzübergang einer Ladungsverteilung in einem Volumen mit verschwindender Größe behandelt werden. Es gibt nun mehrere mathematisch formale aber aufwendige Wege dieses Problem zu lösen. Wir wollen eine intuitive Herleitung nach [Schw] wählen, die die physikalische Problematik klar macht und zugleich relativ schnell zum Ziel führt.

Das Integral in (16.83) verlangt das Aufsummieren von Ladungen mit verschiedenen Abständen R vom Aufpunkt P. Dabei müssen die Ladungen zur retardierten Zeit genommen werden und durch den Abstand R geteilt werden. Um dieses Integral einfach auswerten zu können, nehmen wir eine homogene Raumladung an, die sich mit der Geschwindigkeit $\boldsymbol{v}_0$ bewegt. Zum Zeitpunkt t soll die Ladung ihre Bewegungsrichtung umkehren und auf der ursprünglichen Trajektorie rückwärts laufen. Zugleich senden wir einen sphärischen „Messpuls" der Dauer Δt aus, der mit Lichtgeschwindigkeit vom Aufpunkt P wegläuft, Abb. 16.16a.

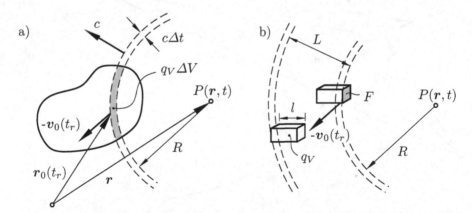

Abb. 16.16. (a) Ein sphärischer Puls der Dicke $c\Delta t$ wird zum Zeitpunkt t im Aufpunkt P erzeugt und erreicht die Ladung zur Zeit $t_r = t + R/c$. (b) Der Puls durchläuft eine Strecke L, während er die Ladungsverteilung q_V überdeckt

Der Puls erreicht die Ladung nach der Laufzeit R/c an der Position $r_0(t_r)$, d.h. an der Position, an der sich die Ladung zur retardierten Zeit $t_r = t - R/c$ ursprünglich befand. Der Puls „mißt" den gesuchten Ladungswert, den wir durch R teilen und abspeichern. Jetzt lassen wir den Puls um ein Stück $c\Delta t$ weiterlaufen, nehmen wiederum den Ladungswert, teilen ihn durch den neuen Abstand R und addieren dies zu den vorherigen Werten. Natürlich hat sich die Ladung im Intervall Δt zur Position $r_0(t_r) - v_0(t_r)\Delta t$ bewegt. Wir wiederholen die Prozedur solange bis die gesamte Ladung überdeckt ist. Der Endwert gibt das gewünschte Integral. Diese Technik wollen wir jetzt zur Berechnung der Potentiale einer bewegten Punktladung anwenden. Dazu nehmen wir die Punktladung zunächst als kleine aber endliche Ladungsverteilung an. Die Verteilung sei quaderförmig mit einer homogenen Ladungsdichte q_V, Abb. 16.16b. Wichtig ist es, die Bedeutung von „klein" genau festzulegen. Die Fläche F und die Länge l müssen so klein sein, dass zum einen der Puls über der Fläche F als ebener Puls angesehen werden kann und zum anderen die Änderung des Abstandes R während des Überstreichens der Ladung durch den Puls vernachlässigt werden kann. D.h. die Änderung des Abstandes R muss vernachlässigbar klein gegenüber dem Abstand selbst sein. Dies ist für eine Punktladung mit $F, l \to 0$ gerade der Fall. Wie wir dem Bild entnehmen, dauert es länger bis der Puls die Ladung überstrichen hat, wenn sich die Ladung vom Aufpunkt P fortbewegt, als wenn sie in Ruhe wäre. Dies bedeutet, da die Vorgänge rückwärts laufen, eine sich auf den Beobachter zu bewegende Ladung gibt einen höheren Beitrag zum Potential. Entsprechend verursacht eine sich vom Aufpunkt P fortbewegende Ladung einen kleineren Potentialbeitrag.

Bezugnehmend auf Abb. 16.16b läuft der Puls den Weg L während er die Ladung überstreicht, d.h. zwischen der ersten und letzten Überlappung. Da die Ladungsdichte homogen ist und die Änderung des Abstandes R während des Vorganges vernachlässigt werden soll, kann man das Integral (16.83) direkt ausführen

$$\phi(r,t) = \frac{q_V F L}{4\pi\varepsilon R(t_r)}$$

und erhält mit der Gesamtladung $Q = q_V F l$

$$\phi(r,t) = \frac{Q}{4\pi\varepsilon R}\frac{L}{l}\ .$$

Andererseits muss das Zeitintervall, das der Puls braucht, um die Strecke L zu durchlaufen, gleich sein dem Intervall, das die Ladung benötigt, um die Strecke $L - l$ zurückzulegen

$$\frac{L}{c} = \frac{L - l}{v_0(t_r) \cdot e_R} \quad \rightarrow \quad \frac{L}{l} = \frac{1}{1 - e_R \cdot v_0(t_r)/c}\ .$$

Einsetzen in die Gleichung für das Potential liefert

$$\boxed{(\text{I}) \quad \phi(r,t) = \frac{Q}{4\pi\varepsilon}\frac{1}{R(t_r)\left[1 - e_R(t_r) \cdot \beta_0(t_r)\right]}} \tag{16.84}$$

mit

$$\beta_0(t_r) = \frac{v_0(t_r)}{c} \, .$$

Da die Stromdichte $J = q_V v_0$ ist, erhält man ganz analog mit der Substitution $Q/\varepsilon \to \mu Q v_0$ das Vektorpotential

$$\boxed{\text{(II)} \quad A(r,t) = \frac{Q\mu c}{4\pi} \frac{\beta_0(t_r)}{R(t_r)\left[1 - e_R(t_r) \cdot \beta_0(t_r)\right]}} \, . \qquad (16.84)$$

Die Gleichungen (16.84) stellen die sogenannten LIÉNARD-WIECHERT-*Potentiale* für bewegte Punktladungen dar.

16.11.2 Herleitung der Felder

Als nächstes steht die mühselige Arbeit an, die LIÉNARD-WIECHERT-Potentiale zu differenzieren. Die Schwierigkeit liegt dabei in der Abhängigkeit der Größen von der implizit gegebenen retardierten Zeit (16.82).

Wir beginnen mit einigen Herleitungen. Wegen (16.82) ist

$$\frac{\partial t_r}{\partial t} = 1 - \frac{1}{c}\frac{\partial R}{\partial t_r}\frac{\partial t_r}{\partial t} \, ,$$

wobei entsprechend Abb. 16.15

$$\frac{\partial R}{\partial t_r} = -v_0 \cdot e_R \quad , \quad \frac{\partial \boldsymbol{R}}{\partial t_r} = \frac{\partial}{\partial t_r}\left[r - r_0(t_r)\right] = -v_0 \qquad (16.85)$$

gilt und daher

$$\frac{\partial t_r}{\partial t} = \frac{1}{\kappa} \quad \text{mit} \quad \kappa = \kappa(t_r) = 1 - e_R(t_r) \cdot \beta_0(t_r) \, . \qquad (16.86)$$

Ebenso findet man wegen (16.82)

$$c\nabla t_r = \nabla(ct - R) = -\nabla R = -\nabla R|_{t_r=\text{const.}} - \frac{\partial R}{\partial t_r}\nabla t_r$$

und da

$$\nabla R|_{t_r=\text{const.}} = e_R \qquad (16.87)$$

wird zusammen mit (16.85)

$$c\nabla t_r = -e_R + v_0 \cdot e_R \nabla t_r$$

oder

$$\nabla t_r = -\frac{e_R}{c\kappa} \, . \qquad (16.88)$$

Desweiteren benötigt man

$$\frac{\partial e_R}{\partial t_r} = \frac{\partial}{\partial t_r}\left(\frac{\boldsymbol{R}}{R}\right) = -\frac{\boldsymbol{R}}{R^2}\frac{\partial R}{\partial t_r} + \frac{1}{R}\frac{\partial \boldsymbol{R}}{\partial t_r} = \frac{1}{R}\left[(v_0 \cdot e_R)e_R - v_0\right] \qquad (16.89)$$

und die Ableitung

$$\frac{\partial}{\partial t_r}(\kappa R) = \kappa \frac{\partial R}{\partial t_r} + R \frac{\partial \kappa}{\partial t_r}$$

$$= -(\boldsymbol{v}_0 \cdot \boldsymbol{e}_R)\kappa + R \left[-\boldsymbol{\beta}_0 \cdot \frac{\partial \boldsymbol{e}_R}{\partial t_r} - \boldsymbol{e}_R \cdot \frac{\partial \boldsymbol{\beta}_0}{\partial t_r} \right]$$

$$= -\boldsymbol{v}_0 \cdot (\boldsymbol{e}_R - \boldsymbol{\beta}_0) - R(\boldsymbol{e}_R \cdot \dot{\boldsymbol{\beta}}_0) , \qquad (16.90)$$

wobei (16.85, (16.86)) und (16.89) benutzt wurden. Ferner wird mit Hilfe von (1.55) und (1.61)

$$\nabla(\boldsymbol{\beta}_0 \cdot \boldsymbol{R})|_{t_r=\text{const.}} = \boldsymbol{\beta}_0 \times (\nabla \times \boldsymbol{R}) + (\boldsymbol{\beta}_0 \cdot \nabla)\boldsymbol{R} = (\boldsymbol{\beta}_0 \cdot \nabla)\boldsymbol{R}$$

$$= \left[\beta_{0x} \frac{\partial}{\partial x} + \beta_{0y} \frac{\partial}{\partial y} + \beta_{0z} \frac{\partial}{\partial z} \right]$$

$$\cdot \left[(x - x_0)\, \boldsymbol{e}_x + (y - y_0)\, \boldsymbol{e}_y + (z - z_0)\, \boldsymbol{e}_z \right] = \boldsymbol{\beta}_0 . \qquad (16.91)$$

Nach diesen Vorarbeiten sind wir in der Lage, die Ableitungen der Potentiale zu bilden. Unter Verwendung von (16.87), (16.88), (16.90) und (16.91) lautet der Gradient des Skalarpotentials (16.84 I)

$$\nabla \phi = \nabla \phi|_{t_r=\text{const.}} + \frac{\partial \phi}{\partial t_r} \nabla t_r$$

$$= -\frac{Q}{4\pi\varepsilon} \frac{1}{R^2 \kappa^2} \left\{ [\nabla R - \nabla(\boldsymbol{R} \cdot \boldsymbol{\beta}_0)]_{t_r=\text{const.}} + \nabla t_r \frac{\partial}{\partial t_r}(\kappa R) \right\}$$

$$= -\frac{Q}{4\pi\varepsilon} \frac{1}{R^2 \kappa^2} \left\{ \boldsymbol{e}_R - \boldsymbol{\beta}_0 + \frac{\boldsymbol{e}_R}{c\kappa} \left[\boldsymbol{v}_0 \cdot (\boldsymbol{e}_R - \boldsymbol{\beta}_0) + (\boldsymbol{e}_R \cdot \dot{\boldsymbol{\beta}}_0)R \right] \right\}$$

$$= -\frac{Q}{4\pi\varepsilon} \left\{ \frac{1}{R^2 \kappa^3} \left[(1 - \beta_0^2)\, \boldsymbol{e}_R - \kappa \boldsymbol{\beta}_0 \right] + \frac{1}{cR\kappa^3}(\boldsymbol{e}_R \cdot \dot{\boldsymbol{\beta}}_0)\, \boldsymbol{e}_R \right\} .$$

$$(16.92)$$

Die Ableitung des Vektorpotentials (16.84 II) ergibt zusammen mit (16.86), (16.90)

$$\frac{\partial \boldsymbol{A}}{\partial t} = \frac{\partial \boldsymbol{A}}{\partial t_r} \frac{\partial t_r}{\partial t} = \frac{1}{\kappa} \frac{\partial \boldsymbol{A}}{\partial t_r}$$

$$= \frac{Q\mu c}{4\pi} \frac{1}{\kappa} \left\{ -\frac{\boldsymbol{\beta}_0}{R^2 \kappa^2} \frac{\partial}{\partial t_r}(\kappa R) + \frac{1}{\kappa R} \frac{\partial \boldsymbol{\beta}_0}{\partial t_r} \right\}$$

$$= \frac{Q\mu c}{4\pi} \frac{1}{\kappa} \left\{ \frac{\boldsymbol{\beta}_0}{R^2 \kappa^2} \left[\boldsymbol{v}_0 \cdot (\boldsymbol{e}_R - \boldsymbol{\beta}_0) + (\boldsymbol{e}_R \cdot \dot{\boldsymbol{\beta}}_0)R \right] + \frac{1}{\kappa R} \dot{\boldsymbol{\beta}}_0 \right\}$$

$$= \frac{Q\mu c^2}{4\pi} \left\{ \frac{1}{R^2 \kappa^3} \left[(\boldsymbol{\beta}_0 \cdot \boldsymbol{e}_R)\boldsymbol{\beta}_0 - \beta_0^2 \boldsymbol{\beta}_0 \right] \right.$$

$$\left. + \frac{1}{cR\kappa^3} \left[\dot{\boldsymbol{\beta}}_0 + (\boldsymbol{e}_R \cdot \dot{\boldsymbol{\beta}}_0)\boldsymbol{\beta}_0 - (\boldsymbol{e}_R \cdot \boldsymbol{\beta}_0)\dot{\boldsymbol{\beta}}_0 \right] \right\} . \qquad (16.93)$$

Damit erhält man für das elektrische Feld

$$E = -\nabla\phi - \frac{\partial A}{\partial t}$$

$$= \frac{Q}{4\pi\varepsilon}\left\{\frac{1-\beta_0^2}{\kappa^3 R^2}(e_R - \beta_0)\right.$$

$$\left. + \frac{1}{c\kappa^3 R}\left[(e_R \cdot \dot{\beta}_0)(e_R - \beta_0) - (e_R \cdot (e_R - \beta_0))\dot{\beta}_0\right]\right\}_{t_r}$$

$$\boxed{E = \frac{Q}{4\pi\varepsilon}\left\{\frac{1-\beta_0^2}{\kappa^3 R^2}(e_R - \beta_0) + \frac{1}{c\kappa^3 R}\, e_R \times \left[(e_R - \beta_0)\times\dot{\beta}_0\right]\right\}_{t_r}},$$

$$(16.94)$$

wobei der Index t_r an der geschweiften Klammer bedeutet, dass alle Größen zur retardierten Zeit entwickelt werden müssen. κ ist in (16.86) definiert. β_0 und $\dot{\beta}_0$ geben die auf die Lichtgeschwindigkeit normierte Geschwindigkeit bzw. Beschleunigung der Punktladung an.

Das magnetische Feld leitet sich aus dem Vektorpotential ab

$$Z\boldsymbol{H} = c\nabla \times \boldsymbol{A} = \nabla \times (\beta_0\phi) = \phi\nabla \times \beta_0 - \beta_0 \times \nabla\phi\,.$$

Man entwickelt

$$\nabla \times \beta_0\,(t_r(\boldsymbol{r})) = \begin{vmatrix} e_x & e_y & e_z \\ \dfrac{\partial t_r}{\partial x}\dfrac{\partial}{\partial t_r} & \dfrac{\partial t_r}{\partial y}\dfrac{\partial}{\partial t_r} & \dfrac{\partial t_r}{\partial z}\dfrac{\partial}{\partial t_r} \\ \beta_{0x} & \beta_{0y} & \beta_{0z} \end{vmatrix} = \begin{vmatrix} e_x & e_y & e_z \\ \dfrac{\partial t_r}{\partial x} & \dfrac{\partial t_r}{\partial y} & \dfrac{\partial t_r}{\partial z} \\ \dfrac{\partial\beta_{0x}}{\partial t_r} & \dfrac{\partial\beta_{0y}}{\partial t_r} & \dfrac{\partial\beta_{0z}}{\partial t_r} \end{vmatrix}$$

$$= \nabla t_r \times \frac{\partial\beta_0}{\partial t_r} = -\frac{\partial\beta_0}{\partial t_r}\times\nabla t_r = \frac{\dot{\beta}_0 \times e_R}{c\kappa} \qquad (16.95)$$

und erhält zusammen mit (16.84), (16.92)

$$Z\boldsymbol{H} = \frac{Q}{4\pi\varepsilon}\left\{\frac{\dot{\beta}_0 \times e_R}{c\kappa^2 R} + \frac{1}{\kappa^3 R^2}(\beta_0 \times e_R)(1-\beta_0^2)\right.$$

$$\left. + \frac{1}{c\kappa^3 R}(\beta_0 \times e_R)(e_R \cdot \dot{\beta}_0)\right\}_{t_r}$$

$$= \frac{Q}{4\pi\varepsilon}\left\{-\frac{1-\beta_0^2}{\kappa^3 R^2}(e_R \times \beta_0) + \frac{1}{c\kappa^3 R}\right. \qquad (16.96)$$

$$\left. \cdot\left[\dot{\beta}_0 \times e_R + (e_R \times \dot{\beta}_0)(e_R \cdot \beta_0) - (e_R \times \beta_0)(e_R \cdot \dot{\beta}_0)\right]\right\}_{t_r}.$$

Formt man die rechteckige Klammer um, indem der verschwindende Term $e_R\,(e_R \cdot (e_R \times \dot{\beta}_0))$ addiert wird

$$[\ldots] = e_R \left(e_R \cdot (e_R \times \dot{\boldsymbol{\beta}}_0) \right) - (e_R \times \dot{\boldsymbol{\beta}}_0)$$
$$+ e_R \times \left(\dot{\boldsymbol{\beta}}_0 (e_R \cdot \boldsymbol{\beta}_0) - \boldsymbol{\beta}_0 (e_R \cdot \dot{\boldsymbol{\beta}}_0) \right)$$
$$= e_R \times \left[e_R \times (e_R \times \dot{\boldsymbol{\beta}}_0) \right] - e_R \times \left[e_R \times (\boldsymbol{\beta}_0 \times \dot{\boldsymbol{\beta}}_0) \right]$$
$$= e_R \times \left\{ e_R \times \left[(e_R - \boldsymbol{\beta}_0) \times \dot{\boldsymbol{\beta}}_0 \right] \right\} ,$$

so findet man durch Vergleich mit (16.94)

$$\boxed{Z\boldsymbol{H} = e_R(t_r) \times \boldsymbol{E}} \ . \tag{16.97}$$

Das magnetische Feld der Punktladung steht immer senkrecht auf dem elektrischen Feld und auf dem Vektor zwischen der retardierten Position der Ladung und dem Aufpunkt.

Als nächstes wollen wir die nach längeren Mühen erhaltenen Felder (16.94) und (16.97) genauer untersuchen. Sie zerfallen jeweils in zwei Teile. Ein Teil, der proportional der Beschleunigung $\dot{\boldsymbol{\beta}}_0$ ist, nimmt mit der reziproken Entfernung R^{-1} ab. Dies ist das *Strahlungsfeld* oder *Fernfeld*, d.h. Strahlung, so wie in (16.3) definiert, gibt es nur bei beschleunigten Ladungen. Beide Strahlungsfelder, $\boldsymbol{E}$ und $\boldsymbol{H}$ stehen senkrecht auf $\boldsymbol{R}$, dem Verbindungsvektor zwischen der retardierten Position der Ladung und dem Aufpunkt. Die elektromagnetische Strahlung ist transversal.

Der andere Teil nimmt mit R^{-2} ab und stellt das COULOMB-*Feld* oder *Nahfeld* dar. Dieser Teil gibt das Feld einer ruhenden Ladung an, $\boldsymbol{\beta}_0 = 0$, $e_R = e_r$, $\kappa = 0$, und / oder das Feld einer gleichförmig bewegten Ladung, wobei $e_R - \boldsymbol{\beta}_0$ die Richtung von der aktuellen Position zum Beobachtungspunkt P angibt. Letzteres erhält man auch durch eine LORENTZ-Transformation des Feldes einer ruhenden Ladung, siehe § 21.6.

Die hier abgeleiteten Felder stellen, zusammen mit dem Überlagerungsprinzip und der LORENTZ-Kraft, die prinzipielle „Lösung" jedes elektromagnetischen Problems dar. Sie beinhalten das COULOMB-Feld einer ruhenden Ladung, das Feld einer gleichförmig bewegten Ladung und schließlich das einer beliebig bewegten Ladung. Man kann damit den HERTZ'schen Dipol, den magnetischen Dipol und Linearantennen berechnen, aber auch so wichtige Effekte wie Bremsstrahlung, Strahlungsdämpfung, Synchrotronstrahlung oder kosmische γ-Strahlung. Einige Beispiele werden wir im Folgenden behandeln.

16.11.3 Gleichförmig bewegte Punktladung

Gleichförmige Bewegung ist Bewegung ohne Beschleunigung, d.h. $\dot{\boldsymbol{\beta}}_0 = 0$. Die Trajektorie der Ladung ist eine Gerade, die der z-Achse entsprechen soll, so dass $\boldsymbol{\beta}_0 = \beta_0 e_z$. Die aktuelle Position der Ladung sei im Ursprung, die retardierte Position bei $-z_r$, Abb. 16.17a. Die retardierte Position findet man mittels der Bedingung, dass das Feld vom Punkt $-z_r$ bis P genauso lange braucht wie die Ladung von $-z_r$ bis zum Ursprung

$$\frac{R}{c} = \frac{z_r}{v_0} \quad \rightarrow \quad z_r = \beta_0 R \ .$$

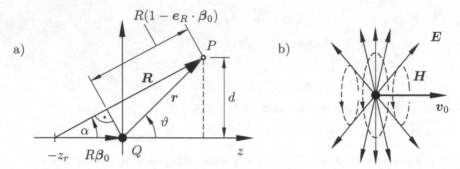

Abb. 16.17. Gleichförmig bewegte Punktladung. **(a)** Geometrischer Zusammenhang. **(b)** Feldbild

Bezugnehmend auf Abb. 16.17a gilt ferner

$$\boldsymbol{R} = R\,\boldsymbol{e}_R = R\boldsymbol{\beta}_0 + \boldsymbol{r} \quad \to \quad \boldsymbol{e}_R - \boldsymbol{\beta}_0 = \frac{\boldsymbol{r}}{R} \tag{16.98}$$

und

$$\kappa R = R - R\boldsymbol{\beta}_0 \cdot \boldsymbol{e}_R \quad , \quad (\kappa R)^2 + (R\beta_0 \sin\alpha)^2 = r^2$$

$$\sin\alpha = \frac{d}{R} \quad , \quad \sin\vartheta = \frac{d}{r} \, ,$$

woraus man nach Einsetzen erhält

$$(\kappa R)^2 = r^2 - \beta_0^2 r^2 \sin^2\vartheta \quad \to \quad \kappa R = r\sqrt{1 - \beta_0^2 \sin^2\vartheta} \, . \tag{16.99}$$

Einsetzen von $\dot{\boldsymbol{\beta}}_0 = 0$, (16.98), (16.99) in (16.94) gibt das elektrische Feld der gleichförmig bewegten Punktladung

$$\boxed{\boldsymbol{E}(\boldsymbol{r},t) = \frac{Q}{4\pi\varepsilon}\frac{1 - \beta_0^2}{[1 - (\beta_0 \sin\vartheta)^2]^{3/2}}\frac{\boldsymbol{e}_r}{r^2}} \, . \tag{16.100}$$

Das Feld zeigt von der Momentanposition zum Aufpunkt, obwohl es von der retardierten Position ausging. In Vorwärts- und Rückwärtsrichtung, $\vartheta = 0$ bzw. $\vartheta = \pi$, ist das Feld um den Faktor $1 - \beta_0^2$ verkleinert gegenüber der ruhenden Ladung und in transversaler Richtung, $\vartheta = \pi/2$, ist es um den Faktor $(1 - \beta_0^2)^{-1/2}$ vergrößert. Es erscheint senkrecht zur Ausbreitungsrichtung gequetscht, Abb. 16.17b.

Das Magnetfeld erhält man aus (16.97), (16.98) und (16.100) zu

$$Z\boldsymbol{H} = \boldsymbol{e}_R \times \boldsymbol{E} = \left(\boldsymbol{\beta}_0 + \frac{1}{R}\boldsymbol{r}\right) \times \boldsymbol{E}$$

$$\boxed{Z\boldsymbol{H} = \frac{Q}{4\pi\varepsilon}\frac{1 - \beta_0^2}{[1 - (\beta_0 \sin\vartheta)^2]^{3/2}}\frac{\beta_0}{r^2}\sin\vartheta\,\boldsymbol{e}_\varphi} \, . \tag{16.101}$$

Die Feldlinien umschließen kreisförmig die Ladung, Abb. 16.17b.

Ist die Geschwindigkeit der Ladung sehr viel kleiner als die Lichtgeschwindigkeit wird aus (16.100) das COULOMB'sche Feld der ruhenden Ladung

$$E = \frac{Q}{4\pi\varepsilon r^2}\, e_r$$

und aus (16.101) das BIOT-SAVART'sche Gesetz für eine Punktladung

$$B = \mu H = \frac{\mu Q}{4\pi r^2}(v_0 \times e_r)\,. \tag{16.102}$$

16.11.4 Schwingende Ladung (Hertz'scher Dipol)

Das zweite Beispiel ist eine um den Ursprung oszillierende Punktladung, Abb. 16.18. Aus der Position der Ladung

$$r_0(t) = \frac{\Delta z}{2}\, e^{j\omega t}\, e_z$$

erhält man ihre Geschwindigkeit und Beschleunigung zu

$$\beta_0 = \frac{1}{c}\dot{r}_0 = j\,\frac{\omega}{c}\frac{\Delta z}{2}\, e^{j\omega t}\, e_z = j\,k\frac{\Delta z}{2}\, e^{j\omega t}\, e_z\,,$$

$$\dot{\beta}_0 = \frac{1}{c}\ddot{r}_0 = -\frac{\omega^2}{c}\frac{\Delta z}{2}\, e^{j\omega t}\, e_z = -k^2 c\frac{\Delta z}{2}\, e^{j\omega t}\, e_z\,. \tag{16.103}$$

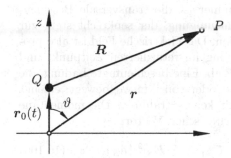

Abb. 16.18. Um den Ursprung oszillierende Punktladung

Wir wollen hier nur den Strahlungsanteil des Feldes berechnen, also den Anteil in (16.94) der proportional zu R^{-1} ist, und außerdem den Fall des Dipols annehmen, d.h. $\Delta z \to 0$, $Q\Delta z = $ const.. Dann gilt

$$R \approx r \quad \to \quad R \approx r \quad,\quad e_R \approx e_r$$

$$\kappa = 1 - e_R \cdot \beta_0 = 1 - \frac{j}{2}k\Delta z \cos\vartheta\, e^{j\omega(t-R/c)} \approx 1$$

und man erhält

$$\boldsymbol{E}_S \approx \frac{Q}{4\pi\varepsilon cr}\, \boldsymbol{e}_r \times (\boldsymbol{e}_r \times \dot{\boldsymbol{\beta}}_0) \approx -\frac{p_e}{8\pi\varepsilon r}\, k^2 \boldsymbol{e}_r \times (\boldsymbol{e}_r \times \boldsymbol{e}_z)\, \mathrm{e}^{\mathrm{j}\omega(t-r/c)}$$

$$\approx -\frac{p_e}{8\pi\varepsilon}\frac{k^2}{r} \sin\vartheta\, \mathrm{e}^{\mathrm{j}(\omega t - kr)}\, \boldsymbol{e}_\vartheta\,,$$

$$Z\boldsymbol{H}_S = \boldsymbol{e}_R \times \boldsymbol{E}_S \approx \boldsymbol{e}_r \times \boldsymbol{E}_S \quad \rightarrow \quad ZH_{S\varphi} = E_{S\vartheta}\,. \tag{16.104}$$

Dies ist das Feld des HERTZ'schen Dipols (16.27) mit Ausnahme eines zusätzlichen Faktors 1/2, der daher kommt, dass hier nur eine oszillierende Ladung angesetzt wurde statt zwei schwingende Ladungen wie im Fall des Feldes (16.27).

16.11.5 Strahlung bei nicht-relativistischer Geschwindigkeit. Strahlungsdämpfung. Thomson-Streuquerschnitt

Für nicht-relativistische Geschwindigkeiten, $v_0/c \ll 1$, wird aus (16.86)

$$\kappa = 1 - \boldsymbol{e}_R \cdot \boldsymbol{\beta}_0 \approx 1$$

und man erhält für den Strahlungsanteil des elektrischen Feldes (16.94)

$$\boldsymbol{E}_S = \frac{Q}{4\pi\varepsilon c}\left\{\frac{1}{R}\,\boldsymbol{e}_R \times (\boldsymbol{e}_R \times \dot{\boldsymbol{\beta}}_0)\right\}_{t_r}$$

$$= -\frac{ZQ}{4\pi}\left\{\frac{1}{R}\left[\dot{\boldsymbol{\beta}}_0 - (\boldsymbol{e}_R \cdot \dot{\boldsymbol{\beta}}_0)\boldsymbol{e}_R\right]\right\}_{t_r}\,. \tag{16.105}$$

Der Ausdruck in der rechteckigen Klammer ist die transversale Beschleunigung, d.h. derjenige Anteil der Beschleunigung, der senkrecht steht zur Sichtachse Beobachter-retardierte Position. Das elektrische Feld ist also proportional zur transversalen Beschleunigung im retardierten Zeitpunkt und nimmt mit dem reziproken Abstand $1/R$ ab. Eine beschleunigte Ladung, die sich direkt auf den Beobachter zubewegt oder von ihm wegbewegt, erzeugt bei nicht-relativistischer Geschwindigkeit keine Strahlung. Die momentane Strahlungsleistung folgt aus dem POYNTING'schen Vektor

$$\boldsymbol{S} = \boldsymbol{E}_S \times \boldsymbol{H}_S = \frac{1}{Z}\boldsymbol{E}_S \times \left[\{\boldsymbol{e}_R\}_{t_r} \times \boldsymbol{E}_S\right] = \frac{1}{Z}|\boldsymbol{E}_S|^2\,\{\boldsymbol{e}_R\}_{t_r} \tag{16.106}$$

zusammen mit (16.105)

$$|\boldsymbol{E}_S| = \frac{QZ}{4\pi}\left\{\frac{1}{R}\dot{\beta}_0 \sin\vartheta\right\}_{t_r}\,,$$

wobei wir die z-Achse in Richtung der Beschleunigung $\dot{\boldsymbol{\beta}}_0$ gelegt haben und ϑ den Winkel zwischen der z-Achse und dem Einheitsvektor $\boldsymbol{e}_R$ angibt. Die gesamte im Augenblick abgestrahlte Leistung besteht aus dem Integral des POYNTING'schen Vektors $\boldsymbol{S}$ über eine Kugelfläche mit dem Radius R

$$P_S(t) = \oint_O \boldsymbol{S} \cdot \mathrm{d}\boldsymbol{F} = \frac{1}{Z}\left(\frac{QZ}{4\pi}\right)^2 \left\{ \dot{\beta}_0^2 \int_0^{2\pi}\int_0^\pi \frac{1}{R^2}\sin^2\vartheta\, R^2 \sin\vartheta\,\mathrm{d}\vartheta\,\mathrm{d}\varphi \right\}_{t_r}$$

$$= \frac{Q^2}{4\pi\varepsilon}\frac{1}{2}\int_0^\pi \sin^3\vartheta\,\mathrm{d}\vartheta \left\{\frac{\dot{v}_0^2}{c^3}\right\}_{t_r} = \frac{Q^2}{4\pi\varepsilon}\frac{2}{3}\left\{\frac{\dot{v}_0^2}{c^3}\right\}_{t_r} . \tag{16.107}$$

Dies ist die pro Zeiteinheit abgestrahlte Energie gemessen im System des Beobachters. Bezieht man die abgestrahlte Energie auf die Zeiteinheit im System der Ladung, $\mathrm{d}t \to \mathrm{d}t_r$, so wird daraus die sogenannte LARMOR-*Formel*

$$P_S(t_r) = \frac{Q^2}{4\pi\varepsilon}\frac{2}{3}\frac{\dot{v}_0^2(t_r)}{c^3} , \tag{16.108}$$

welche natürlich bei den hier angenommenen langsamen Bewegungen denselben Wert wie in (16.107) ergibt. Somit ist die von einer langsam bewegten Punktladung abgestrahlte Momentanleistung proportional dem Quadrat der Beschleunigung.

Die abgestrahlte Leistung stellt für die Ladung Verlustleistung dar und muss ersetzt werden. Im Falle von schwingenden Ladungen auf Antennen sorgt dafür der Sender. Handelt es sich um schwingende Ladungen, die in einem Medium gebunden sind, so muss die abgestrahlte Energie aus der Schwingungsenergie kommen, d.h. eine einmal zum Schwingen angeregte Ladung wird durch die Strahlung gedämpft.

Wir betrachten die Bewegungsgleichung einer eindimensionalen gedämpften Schwingung

$$m_e\ddot{x} + D\dot{x} + Cx = 0 . \tag{16.109}$$

Dies ist z.B. ein gutes Modell für Elektronen der Masse m_e, die in Atomen gebunden sind und eine „Federkonstante" C haben. Die Dämpfungskraft $F_D = -D\dot{x}$ ist linear und dämpft die Schwingung mit der Zeitkonstanten $\gamma^{-1} = m_e/D$. Die Dämpfungskonstante γ lässt sich einfach aus der Verlustleistung (16.108) bestimmen.

Die Verlustleistung aufgrund der Dämpfungskraft F_D ist

$$P_D = -F_D\dot{x} = D\dot{x}^2 = m_e\gamma\dot{x}^2 .$$

Von Interesse ist nur die mittlere, über eine Periode gemittelte, Verlustleistung, die gleich der mittleren Strahlungsleistung ist

$$\overline{P_D} = m_e\gamma\overline{\dot{x}^2} = \overline{P_S} = \frac{2}{3}\frac{e^2}{4\pi\varepsilon_0 c^3}\overline{\ddot{x}^2} . \tag{16.110}$$

Aus dem Momentanwert der schwingenden Ladung (ohne Dämpfung)

$$\dot{x} = v_0\sin\omega t \quad , \quad \ddot{x} = \omega v_0\cos\omega t$$

folgen die quadratischen Mittelwerte zu

$$\overline{\dot{x}^2} = \frac{1}{2}v_0^2 \quad , \quad \overline{\ddot{x}^2} = \frac{1}{2}\omega^2 v_0^2$$

und die Dämpfungskonstante in (16.110) wird

$$\gamma = \frac{2}{3}\frac{e^2}{4\pi\varepsilon_0 m_e c^3}\frac{\overline{\ddot{x}^2}}{\overline{\dot{x}^2}} = \frac{2}{3}\frac{e^2}{4\pi\varepsilon_0 m_e c^2}\frac{\omega^2}{c} = \frac{2}{3}r_e\frac{\omega^2}{c} , \qquad (16.111)$$

wobei

$$r_e = \frac{e^2}{4\pi\varepsilon_0 m_e c^2} = 2.81 \cdot 10^{-15}\,\mathrm{m} \qquad (16.112)$$

der *klassische Elektronenradius* ist. Gleichung (16.111) gibt die Konstante an, mit welcher ein frei schwingendes Elektron durch Strahlung gedämpft wird. Der Vorgang heißt *Strahlungsdämpfung*. Die Dämpfungskonstante γ bestimmt auch die Bandbreite (Güte) einer Resonanz und somit z.B. die Linienbreite des Absorptionsspektrums des entsprechenden Mediums. Allerdings gibt es noch andere Dämpfungsmechanismen, die meist stärker sind und die Spektrallinien sind deswegen breiter als aus (16.111) folgt.

Ein anderer wichtiger Effekt, bei welchem die Strahlungsleistung eine Rolle spielt, ist die Streuung von Wellen an freien Ladungen, die sogenannte THOMSON-*Streuung*. Fällt eine Welle auf eine Ladung ein, wird diese zum Schwingen angeregt und strahlt elektromagnetische Energie ab. Die Ladung „streut" einen Teil der einfallenden Strahlung. Das Verhältnis

$$\sigma_T = \frac{\text{abgestrahlte Leistung}}{\text{einfallende Leistung pro Einheitsfläche}} \qquad (16.113)$$

hat die Dimension einer Fläche und wird THOMSON-*Streuquerschnitt* genannt. Das elektrische Feld E der einfallenden Welle beschleunigt z.B. ein Elektron

$$m_e\ddot{x} = -eE$$

und die Strahlungsleistung (16.108) wird

$$P_S = \frac{2}{3}\frac{e^4 E^2}{4\pi\varepsilon_0 m_e^2 c^3} = \frac{2}{3}r_e\frac{e^2 E^2}{m_e c} .$$

Die einfallende Welle transportiert pro Einheitsfläche die Leistung

$$|S| = EH = \frac{1}{Z}E^2$$

und der Streuquerschnitt (16.112) eines Elektrons ist

$$\sigma_T = \frac{2}{3}r_e\frac{e^2 Z}{m_e c} = \frac{8}{3}\pi r_e^2 . \qquad (16.114)$$

Bemerkenswert ist, dass der Streuquerschnitt von der Frequenz der einfallenden Welle unabhängig ist. Dies gilt aber nur bei den vorausgesetzten kleinen Geschwindigkeiten ($v_0 \ll c$).

Röntgenstrahlen haben Frequenzen, die sehr viel höher sind als die meisten Resonanzfrequenzen von Elektronen in Materie. Deswegen werden die Elektronen durch das elektrische Feld der Röntgenstrahlen nur schwach zum

Schwingen gebracht und man kann obiges Modell anwenden. Wegen des sehr viel kleineren Streuquerschnittes der Elektronen im Vergleich zur Größe des Atoms wird nur ein winziger Teil der auf ein Atom einfallenden Röntgenstrahlung absorbiert und die Materie erscheint „durchsichtig".

16.11.6   Synchrotronstrahlung. Freier-Elektronen-Laser

Stehen die Geschwindigkeit der Ladung und ihre Beschleunigung senkrecht aufeinander, wie bei einer kreisförmigen Bewegung, nennt man die entstehende Strahlung *Synchrotronstrahlung*. Sie wurde erstmals 1947 in einem ringförmigen Teilchenbeschleuniger, einem sogenannten *Synchrotron*, bei General Electric in Form von Licht beobachtet, obwohl sie lange vorher theoretisch bekannt war und berechnet wurde. Heute spielt sie in der Physik, Chemie, Biologie, Medizin und Mikromechanik eine immer größere Rolle und man baut spezielle Beschleuniger, um sie zu erzeugen. Die Gründe für ihre große Bedeutung sind eine sehr hohe Brillianz (Intensität pro Fläche und Bandbreite), ein extrem breites Frequenzspektrum (bis in den Röntgenbereich), die Möglichkeit äußerst kurze Pulse zu erzeugen (bis in den Femtosekundenbereich), Polarisation der Strahlung und die Möglichkeit zur Frequenzabstimmung. Dadurch wird Synchrotronstrahlung zu einem einmaligen wissenschaftlichen Werkzeug. Synchrotronstrahlung wird aber auch im Weltraum als kosmische Strahlung erzeugt. Geladene Teilchen, meistens Protonen, werden durch Strahlungsdruck (§14.2.3) zu sehr hohen Energien beschleunigt und durch kosmische Magnetfelder abgelenkt, wobei sie Synchrotronstrahlung abgeben.

Bei einer Kreisbewegung ist die Geschwindigkeit tangential gerichtet und die Beschleunigung radial, d.h. senkrecht zur Bewegung. Nach den Ausführungen in §16.11.5 ist die elektrische Feldstärke $\boldsymbol{E}_S$ proportional zur senkrechten Komponente der Beschleunigung und somit maximal bei Kreisbeschleunigung. Im Folgenden wollen wir nun die oben gemachte Beschränkung $v_0 \ll c$ fallen lassen. Mit dem Strahlungsfeld

$$
\begin{aligned}
\boldsymbol{E}_S &= \frac{QZ}{4\pi} \left\{ \frac{\boldsymbol{e}_R \times [(\boldsymbol{e}_R - \boldsymbol{\beta}_0) \times \dot{\boldsymbol{\beta}}_0]}{\kappa^3 R} \right\}_{t_r} \\
&= \frac{QZ}{4\pi} \left\{ \frac{(\boldsymbol{e}_R \cdot \dot{\boldsymbol{\beta}}_0)(\boldsymbol{e}_R - \boldsymbol{\beta}_0) - \kappa \dot{\boldsymbol{\beta}}_0}{\kappa^3 R} \right\}_{t_r}
\end{aligned}
$$

lautet die Komponente des POYNTING'schen Vektors (16.106) in Richtung des Einheitsvektors $\boldsymbol{e}_R$

$$
\begin{aligned}
\boldsymbol{S} \cdot \boldsymbol{e}_R &= \frac{1}{Z} \left[\boldsymbol{E}_S \times (\boldsymbol{e}_R \times \boldsymbol{E}_S) \right] \cdot \boldsymbol{e}_R = \frac{1}{Z} |\boldsymbol{E}_S|^2 \\
&= Z \left(\frac{Q}{4\pi} \right)^2 \left\{ \frac{1}{\kappa^6 R^2} \left| (\boldsymbol{e}_R \cdot \dot{\boldsymbol{\beta}}_0)(\boldsymbol{e}_R - \boldsymbol{\beta}_0) - \kappa \dot{\boldsymbol{\beta}}_0 \right|^2 \right\}_{t_r} \\
&= Z \left(\frac{Q}{4\pi} \right)^2 \left\{ \frac{1}{\kappa^6 R^2} \left(\kappa^2 \dot{\beta}_0^2 - (1 - \beta_0^2)(\boldsymbol{e}_R \cdot \dot{\boldsymbol{\beta}}_0)^2 \right) \right\}_{t_r} . \qquad (16.115)
\end{aligned}
$$

Das Integral dieses Ausdruckes über eine Kugeloberfläche $R = \text{const.}$ gibt die pro Zeiteinheit Δt durch die Kugeloberfläche transportierte Energie an. Allerdings ist dies nicht gleich der Rate, mit welcher die Ladung Energie abstrahlt. Es tritt ein ähnlicher Effekt wie beim DOPPLER-Effekt §14.2.5 auf, bei welchem die empfangene Frequenz um den Faktor

$$\left(1 + \frac{v}{c}\cos\alpha\right) \approx (1 - \boldsymbol{\beta}_0 \cdot \boldsymbol{e}_R)^{-1} = \frac{1}{\kappa}$$

höher als die Sendefrequenz ist. Im vorliegenden Fall heißt dies, dass die Rate $dW(t)/dt$, mit welcher die Energie durch die Kugeloberfläche tritt um den Faktor κ^{-1} größer ist als die Rate $dW(t_r)/dt_r$, mit welcher die Ladung Energie abstrahlt

$$P_S(t) = \frac{dW(t)}{dt} = \frac{dW(t_r)}{dt_r}\frac{dt_r}{dt} = \frac{1}{\kappa}\frac{dW(t_r)}{dt_r} = \frac{1}{\kappa}P_S(t_r) \qquad (16.116)$$

Es wurde also mit Hilfe von (16.86) die Zeiteinheit dt des Beobachters auf die Zeiteinheit dt_r der Ladung transformiert. Kombiniert man (16.115) und (16.116), so erhält man die von der Ladung abgestrahlte Leistung, die durch ein Flächenelement $R^2\sin\vartheta\,d\vartheta\,d\varphi = R^2 d\Omega$ mit dem Raumwinkel $d\Omega$ tritt, zu

$$\frac{dP_S(t_r)}{d\Omega} = (\boldsymbol{S}\cdot\boldsymbol{e}_R)\kappa R^2 = Z\left(\frac{Q}{4\pi}\right)^2\left\{\frac{\dot{\beta}_0^2}{\kappa^3} - \frac{(\boldsymbol{e}_R\cdot\dot{\boldsymbol{\beta}}_0)^2}{\gamma^2\kappa^5}\right\}_{t_r}, \qquad (16.117)$$

wobei

$$\gamma = \frac{1}{\sqrt{1-\beta_0^2}} = \frac{1}{\sqrt{1-(v_0/c)^2}} = \frac{E}{E_0} \qquad (16.118)$$

der *relativistische Faktor* ist und E und E_0 die Energie bzw. Ruheenergie der Ladung darstellen.

Am einfachsten lässt sich die auf einer Kreisbahn abgestrahlte Leistung mit Hilfe eines mitgeführten Koordinatensystems berechnen, d.h. an die retardierte Position der Ladung wird ein Koordinatensystem „angebunden", Abb. 16.19. Es gilt

$$\boldsymbol{v}_0 = v_0\,\boldsymbol{e}_z \quad \rightarrow \quad \boldsymbol{\beta}_0 = \frac{v_0}{c}\,\boldsymbol{e}_z = \beta_0\,\boldsymbol{e}_z$$

$$\dot{\boldsymbol{v}}_0 = \frac{v_0^2}{a}\,\boldsymbol{e}_x \quad \rightarrow \quad \dot{\boldsymbol{\beta}}_0 = \frac{c}{a}\beta_0^2\,\boldsymbol{e}_x = \dot{\beta}_0\,\boldsymbol{e}_x$$

$$\boldsymbol{e}_R = \sin\vartheta\cos\varphi\,\boldsymbol{e}_x + \sin\vartheta\sin\varphi\,\boldsymbol{e}_y + \cos\vartheta\,\boldsymbol{e}_z$$

$$\boldsymbol{e}_R\cdot\boldsymbol{\beta}_0 = \beta_0\cos\vartheta \quad \rightarrow \quad \kappa = 1 - \boldsymbol{e}_R\cdot\boldsymbol{\beta}_0 = 1 - \beta_0\cos\vartheta$$

$$\boldsymbol{e}_R\cdot\dot{\boldsymbol{\beta}}_0 = \dot{\beta}_0\sin\vartheta\cos\varphi \qquad (16.119)$$

und man erhält für die pro Raumwinkel abgestrahlte Leistung (16.117)

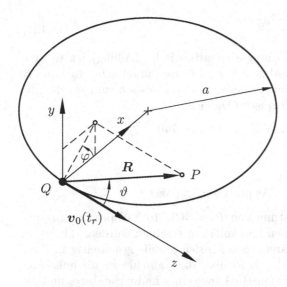

Abb. 16.19. Momentanaufnahme des mit der Ladung Q umlaufenden Koordinatensystems. Die Position der Ladung ist die retardierte Position

$$\frac{\mathrm{d}P_S(t_r)}{\mathrm{d}\Omega} = \frac{\mu Q^2}{16\pi^2 c}\dot{v}_0^2 \left[\frac{1}{(1-\beta_0\cos\vartheta)^3} - \frac{1}{\gamma^2}\frac{\sin^2\vartheta\cos^2\varphi}{(1-\beta_0\cos\vartheta)^5}\right]. \tag{16.120}$$

Die gesamte abgestrahlte Leistung erhält man durch Integration über die Einheitskugel

$$P_S(t_r) = \int_0^{2\pi}\int_0^{\pi} \frac{\mathrm{d}P_S(t_r)}{\mathrm{d}\Omega}\sin\vartheta\,\mathrm{d}\vartheta\,\mathrm{d}\varphi$$

$$= \frac{\mu Q^2}{16\pi c}\dot{v}_0^2 \int_0^{\pi}\left[\frac{2}{(1-\beta_0\cos\vartheta)^3} - \frac{1}{\gamma^2}\frac{\sin^2\vartheta}{(1-\beta_0\cos\vartheta)^5}\right]\sin\vartheta\,\mathrm{d}\vartheta.$$

Mit der Substitution

$$u = \cos\vartheta \quad , \quad \mathrm{d}u = -\sin\vartheta\,\mathrm{d}\vartheta$$

wird aus dem Integral

$$\text{Int.} = \int_{-1}^{1} \frac{2(1-\beta_0 u)^2 - (1-\beta_0^2)(1-u^2)}{(1-\beta_0 u)^5}\,\mathrm{d}u$$

und nach Zerlegen des Integranden in Partialbrüche kann die Integration durchgeführt werden

$$\text{Int.} = \frac{1}{\beta_0^2}\int_{-1}^{1}\left\{\frac{1+\beta_0^2}{(1-\beta_0 u)^3} - \frac{2(1-\beta_0^2)}{(1-\beta_0 u)^4} + \frac{(1-\beta_0^2)^2}{(1-\beta_0 u)^5}\right\}\,\mathrm{d}u$$

$$= \frac{1}{\beta_0^3}\left[\frac{1+\beta_0^2}{2(1-\beta_0 u)^2} - \frac{2(1-\beta_0^2)}{3(1-\beta_0 u)^3} + \frac{(1-\beta_0^2)^2}{4(1-\beta_0 u)^4}\right]_{-1}^{1}$$

$$= \frac{8}{3}\frac{1}{(1-\beta_0^2)^2}.$$

Somit lautet die gesamte abgestrahlte Leistung

$$P_S(t_r) = \frac{\mu Q^2}{6\pi c}\gamma^4 \dot{v}_0^2 = \frac{\mu Q^2}{6\pi c}\frac{\gamma^4 v_0^4}{a^2}\ . \tag{16.121}$$

Besitzt die Ladung eine hohe Energie (relativistische Ladung) ist $v_0 \approx c$ und die Leistung ist proportional zu γ^4/a^2, d.h. sie nimmt sehr stark mit γ zu. Moderne Synchrotronstrahlungsquellen sind Kreisbeschleuniger, die mit Elektronen betrieben werden. Typische Daten sind

$$E = 6\,\text{GeV}\quad,\quad E_{0e} = 511\,\text{keV}\quad \rightarrow\quad \gamma = 11740$$

$$a = 150\,\text{m}$$

$$Q = Ne = 10^{11}e = 1.6\cdot 10^{-8}\,\text{As pro Ladungspaket}$$

Dies würde eine Strahlungsleistung von $P_S = 3.9 \cdot 10^{14}\,\text{W}$ pro Ladungspaket ergeben, wenn die Elektronen alle kohärent strahlen würden, d.h. wenn sie alle so nahe beieinander wären, dass sie sich jeweils gegenseitig in ihrer Nahfeldzone befänden. In der Praxis ist aber die Nahfeldzone für hohe Frequenzen sehr viel kleiner als die typische Länge eines Ladungspaketes und die meisten Elektronen strahlen inkohärent ab. Die Strahlungsleistung ist dann nicht

$$P_S \sim Q^2 = N^2 e^2 \quad \text{sondern zwischen } Ne^2 \text{ und } N^2 e^2.$$

Trotzdem liegt die gesamte Strahlungsleistung von größeren Beschleunigern im Bereich von MW.

Das Richtdiagramm, entsprechend (16.30), folgt aus (16.120) und (16.121) zu

$$\begin{aligned}
D(\vartheta,\varphi) &= 4\pi \frac{\mathrm{d}P_S(t_r)/\mathrm{d}\Omega}{P_S(t_r)}\\
&= \frac{3}{2\gamma^6}\frac{(1-\beta_0\cos\vartheta)^2\gamma^2 - \sin^2\vartheta\cos^2\varphi}{(1-\beta_0\cos\vartheta)^5}\ .
\end{aligned} \tag{16.122}$$

Es ist in Abb. 16.20 für verschiedene β_0 dargestellt. In Abb. 16.21 sind zur Veranschaulichung die in Abb. 16.20 in festen Ebenen angegebenen Richtdiagramme noch einmal räumlich dargestellt worden. Mit zunehmender Geschwindigkeit v_0, oder besser zunehmender normierter Energie γ, wird die Strahlungskeule immer stärker gebündelt bis sie schließlich bei hochrelativistischen Ladungen einen Öffnungswinkel von ungefähr $1/\gamma$ hat. Tabelle 16.1 gibt das Maximum des Richtdiagramms und den Öffnungswinkel des halben Maximums für verschiedene β_0 an.

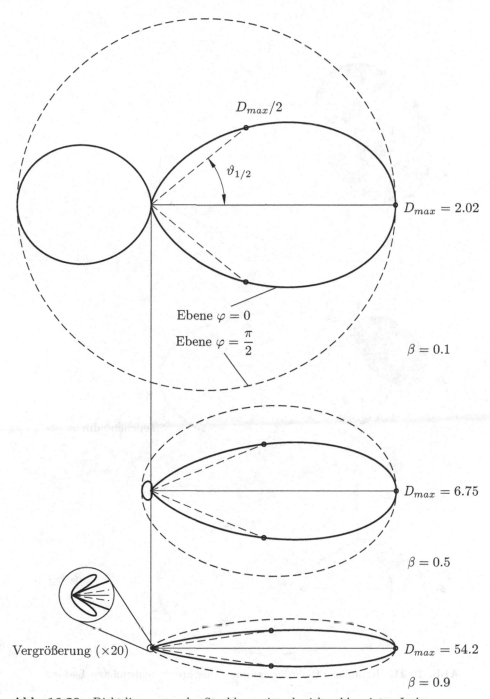

Abb. 16.20. Richtdiagramm der Strahlung einer kreisbeschleunigten Ladung

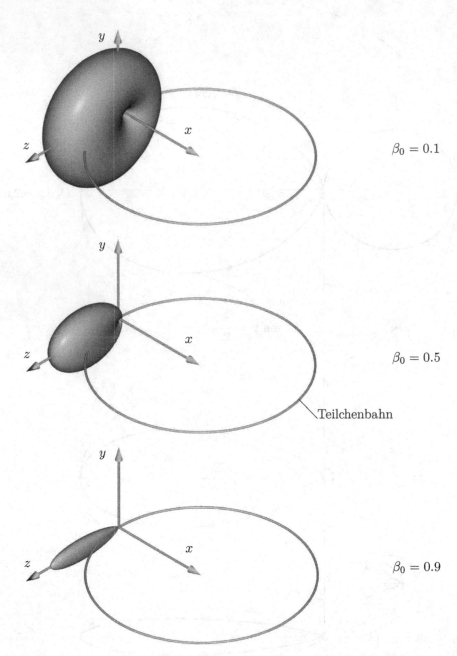

Abb. 16.21. Räumliche Richtdiagramme einer kreisbeschleunigten Ladung

Tabelle 16.1. Maximum des Richtdiagramms D_{max} und Winkel $\vartheta_{1/2}$ des halben Maximums der Strahlung einer kreisbeschleunigten Ladung in der horizontalen Ebene $\varphi = 0$

	$\beta_0 \ll 1$	$\beta_0 = 0.5$	$\beta_0 = 0.9$	$\beta_0 = 0.99999975$ $E = 1\,\text{GeV}$	$\beta_0 \to 1$
$\vartheta_{1/2}$	$45°$	$22.4°$	$8.4°$	$0.013°$	$\to 0.3/\gamma$
D_{max}	1.5	6.75	54.2	$2.4 \cdot 10^7$	$\to 12\gamma^2$

Wegen der starken Abhängigkeit der Strahlungsleistung von $\gamma = E/E_0$ ist auch eine starke Abhängigkeit von der Ruheenergie E_0 der Teilchen gegeben. Deswegen arbeiten Synchrotronstrahlungsquellen mit Elektronen und nicht mit den viel schwereren Protonen. Protonen haben eine Ruheenergie von $E_{0p} = 938\,\text{MeV}$ und Elektronen von $E_{0e} = 511\,\text{keV}$. Bei gleicher Energie E und gleichem Radius a ist die abgestrahlte Leistung von Protonen um den Faktor

$$\frac{P_{Sp}}{P_{Se}} = \left(\frac{E_{0e}}{E_{0p}}\right)^4 = \frac{1}{1836^4} = 8.8 \cdot 10^{-14} \tag{16.123}$$

kleiner als bei Elektronen.

Die Breite des Spektrums der Strahlung kann man aus der Dauer des Strahlungspulses abschätzen. Für hochrelativistische Teilchen und für $\varphi = 0$ hat das Richtdiagramm (16.122) Nullstellen bei $\vartheta = \pm 2/\gamma$. Die Strahlung ist im Wesentlichen auf einen Winkelbereich $-1/\gamma < \vartheta < 1/\gamma$ beschränkt und ein Beobachter wird nur die Strahlung empfangen, die auf dem Kreissegment zwischen den Punkten A und B von der Ladung abgegeben wurde, Abb. 16.22.

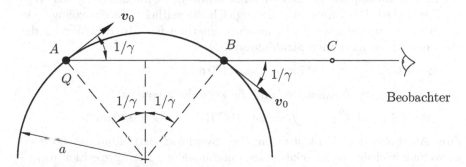

Abb. 16.22. Zur zeitlichen Dauer eines Strahlungspulses einer hochrelativistischen, kreisbeschleunigten Ladung

Die Ladung benötigt die Zeitdauer

$$\Delta t_Q = \frac{2}{\gamma} a \frac{1}{v_0}$$

um von A nach B zu fliegen. Nach dieser Zeit erreichen die ersten, im Punkt A abgegebenen, Strahlungsanteile den Punkt C und die letzten Strahlungsanteile in Richtung des Beobachters werden vom Punkt B aus abgegeben. Somit ist die Dauer des Strahlungspulses

$$\Delta t_S = \overline{BC}/c \ .$$

Mit den Geometriebeziehungen

$$\overline{BC} = \overline{AC} - \overline{AB} \quad , \quad \overline{AB} = 2a\sin\frac{1}{\gamma} \quad , \quad \overline{AC} = c\Delta t_Q = \frac{2a}{\gamma}\frac{c}{v_0}$$

und den Näherungen

$$\sin\frac{1}{\gamma} \approx \frac{1}{\gamma} - \frac{1}{6}\frac{1}{\gamma^3} \quad , \quad \beta_0 = \sqrt{1 - \frac{1}{\gamma^2}} \approx 1 - \frac{1}{2\gamma^2} \quad , \quad \frac{1}{\beta_0} \approx 1 + \frac{1}{2\gamma^2}$$

wird daraus

$$\Delta t_S = \frac{2a}{\gamma v_0} - \frac{2a}{c}\sin\frac{1}{\gamma} = \frac{2a}{\gamma c}\left[\frac{1}{\beta_0} - \gamma\sin\frac{1}{\gamma}\right]$$

$$\approx \frac{2a}{\gamma c}\left[1 + \frac{1}{2\gamma^2} - 1 + \frac{1}{6\gamma^2} - \ldots\right] \approx \frac{4}{3}\frac{a}{c}\frac{1}{\gamma^3} \ . \tag{16.124}$$

Die kritische Frequenz, bei welcher das Spektrum abklingt, ist

$$f_c = \frac{1}{\Delta t_S} = \frac{3c}{4a}\gamma^3 \ . \tag{16.125}$$

Dies ist auch die Breite des vorliegenden Linienspektrums mit Linienabstand

$$\Delta f = \frac{1}{T_U} = \frac{v_0}{2\pi a} \approx \frac{c}{2\pi a} \ , \tag{16.126}$$

da die Strahlungspulse periodisch im Abstand der Umlaufzeit T_U der Teilchen auftreten. Die Dauer Δt_S ist zugleich die zeitliche Kohärenzlänge, in welcher die Strahlung ungefähr monochromatisch ist. Mit den Werten der oben erwähnten modernen Strahlungsquelle

$$E = 6\,\text{GeV} \quad , \quad \gamma = 11740 \quad , \quad a = 150\,\text{m}$$

erhält man für die Zeitdauer t_S und die kritische Frequenz f_c

$$\Delta t_S = 4.1 \cdot 10^{-19}\,\text{s} \quad , \quad f_c = 2.4 \cdot 10^{18}\,\text{Hz} \quad , \quad \lambda_c = 0.12\,\text{nm} \ .$$

Zum Abschluss der Betrachtungen über Synchrotronstrahlung sei noch eine weitere wichtige technische Anwendung erwähnt: Der „Freie-Elektronen-Laser" (FEL). Durchfliegen die Elektronen ein sich periodisch umkehrendes Magnetfeld, Abb. 16.23, so werden sie eine schlangenförmige, einer Sinuskurve ähnliche Bewegung vollführen. Die Periodenlänge und die Feldstärke des Magneten werden so gewählt, dass der maximale Ablenkwinkel der Elektronen immer kleiner als $1/\gamma$ ist. Bezugnehmend auf die Abb. 16.22 entspricht dies einer Umkehrung der Bahnkrümmung im Punkt B, die sich periodisch fortsetzt. Die Elektronen strahlen während der Schlangenbewegung ständig in Bewegungsrichtung ab. Besitzt der Magnet N Perioden, wird die Dauer des Strahlungspulses (16.124) $2N$ mal länger und das Spektrum $2N$ mal schmaler. Die Strahlung wird kohärenter.

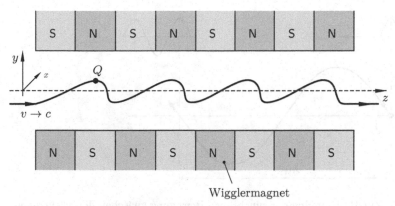

Abb. 16.23. Ladung Q fliegt durch eine lineare Magnetstruktur (Wiggler)

Man „fängt" nun die Strahlung in einem Resonator bestehend aus zwei Spiegeln, Abb. 16.24, und wählt damit aus dem Strahlungsspektrum diejenige Frequenz aus, die der Resonanzfrequenz entspricht. Als nächstes erzeugt man im Takt der Resonanzfrequenz periodisch wiederkehrende Elektronenpakete, die phasenrichtig zur Strahlung ankommen müssen. Diese verstärken die nahezu monochromatische Strahlung solange bis ein Gleichgewicht zwischen der von den Elektronen abgegebenen Leistung und der durch den halbdurchlässigen Spiegel durchgehenden Strahlungsleistung besteht.

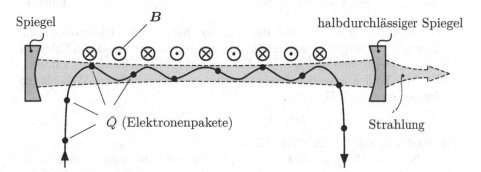

Abb. 16.24. Schema eines „Freien-Elektronen-Lasers"

Die Bedingung, dass die Elektronen phasenrichtig zur Strahlung ankommen, lässt sich mittels einer Synchronbedingung genauer beschreiben. Abb. 16.25 zeigt eine volle Schwingungslänge der Elektronen, welche gleich der Periodenlänge λ_W des Magneten ist.

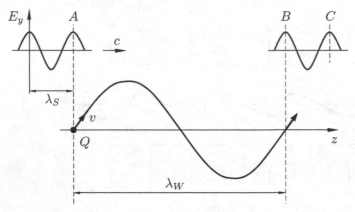

Abb. 16.25. Zur Bestimmung der synchronen Bewegung zwischen den Elektronen Q und der Strahlung

Während die Elektronen Q von A nach B fliegen, muss die Strahlung, die sich mit Lichtgeschwindigkeit ausbreitet, eine volle Wellenlänge λ_S zusätzlich zurückgelegt haben (Position C). In B sind nun Elektronen und Strahlung wieder phasenrichtig. Sie verlaufen synchron. Aus dieser Bedingung

$$\frac{\lambda_W}{\overline{v}} = \frac{\lambda_W + \lambda_S}{c}$$

folgt die Wellenlänge der Strahlung

$$\lambda_S = \left(1 - \frac{1}{\overline{v}/c}\right)\lambda_W \approx \frac{1}{2\gamma^2}\lambda_W \ , \tag{16.127}$$

wobei vorausgesetzt wurde, dass die Geschwindigkeit v der Elektronen nahe der Lichtgeschwindigkeit c ist und die projizierte, mittlere Geschwindigkeit in z-Richtung $\overline{v}$ ungefähr gleich v ist. Wie aus (16.127) ersichtlich ist, kann für große γ die Wellenlänge der Strahlung sehr viel kleiner als die Wellenlänge des Magneten sein. Z.B. ergibt

$$\lambda_W = 10 \text{ cm} \quad , \quad E = 500 \text{ MeV} \quad \to \quad \gamma \approx 10^3$$

eine Strahlung mit 50 nm Wellenlänge.

Die in Abb. 16.25 gezeigte Synchronbedingung kann man einfach interpretieren. Man nimmt eine vorhandene Strahlung mit der transversalen Feldstärke E_y an. Dann verrichten die Elektronen im Bereich A wegen der transversalen Geschwindigkeitskomponente Arbeit gegen das Feld. Die Elektronen verlieren Energie, das Feld wird verstärkt. Da sich der Vorgang nach jeder Periode λ_W wiederholt, findet eine kontinuierliche Verstärkung statt.

Die Anordnung erzeugt oder verstärkt transversale Strahlung, ohne dass die Elektronen an Atome oder Moleküle gebunden sind. Man spricht daher von einem Freien-Elektronen-Laser. Selbstverständlich verwendet man als Ladung nicht einzelne Elektronen, sondern Pakete aus sehr vielen Elektronen. Die Ladungspakete müssen kurz sein und einen Abstand $n\lambda_W$ voneinander haben. Damit lassen sich sehr hohe Strahlungsleistungen bis in den Röntgenbereich mit hohem Wirkungsgrad erreichen.

Zusammenfassung

Grundlegende Gleichungen

$$B = \nabla \times A \quad , \quad E = -\nabla\phi - \frac{\partial A}{\partial t}$$

$$\nabla^2 A - \frac{1}{c^2}\frac{\partial^2 A}{\partial t^2} = -\mu J$$

$$\nabla^2\phi - \frac{1}{c^2}\frac{\partial^2\phi}{\partial t^2} = -\frac{q_V}{\varepsilon} \quad , \quad \nabla \cdot A = -\mu\varepsilon\frac{\partial\phi}{\partial t}$$

$$\phi(r,t) = \frac{1}{4\pi\varepsilon}\int_V \frac{1}{R}\, q_V(r',t - R/c)\,\mathrm{d}V' \quad , \quad R = r - r'$$

$$A(r,t) = \frac{\mu}{4\pi}\int_V \frac{1}{R}\, J(r',t - R/c)\,\mathrm{d}V'$$

Beliebig bewegte Punktladung

$$E = \frac{Q}{4\pi\varepsilon}\left\{\frac{1 - \beta_0^2}{\kappa^3 R^2}(e_R - \beta_0) + \frac{1}{c\kappa^3 R}\, e_R \times \left[(e_R - \beta_0)\times\dot{\beta}_0\right]\right\}_{t=t_r}$$

$$Z H(r,t) = e_R(t_r) \times E \quad , \quad t_r = t - R/c$$

$$\beta_0 = v_0/c \quad , \quad \kappa = 1 - e_R \cdot \beta_0$$

Fragen zur Prüfung des Verständnisses

16.1 Was heißt Strahlung?

16.2 Warum ist Eichung möglich? Warum wählt man die LORENZ-Eichung?

16.3 Wie lautet die COULOMB-Eichung? Was hat sie für Vorteile?

16.4 Diskutiere die retardierte/avancierte Lösung der Wellengleichung.

16.5 Was sind retardierte Potentiale?

16.6 Lassen sich auch die Felder retardieren?

16.7 Welche Feldkomponenten hat der HERTZ'sche Dipol im Fernfeld, wie hängen sie zusammen und welche Abhängigkeit von r haben sie?

16.8 Diskutiere die Felder des HERTZ'schen Dipols im Nahfeld.

16.9 Vergleiche die abgestrahlte Leistung des elektrischen und magnetischen Dipols.

16.10 Diskutiere die wesentlichen Merkmale des Feldes einer beliebig bewegten Punktladung.

16.11 Zeichne das Feldbild einer gleichförmig bewegten Punktladung. Wie verändert es sich für $v \rightarrow c$?

16.12 Wodurch ist, unter anderem, die Linienbreite eines Absorptionsspektrums eines Stoffes bestimmt?

16.13 Was ist der THOMSON-Streuquerschnitt?

16.14 Gib das Richtdiagramm der Synchrotronstrahlung für hohe Geschwindigkeiten hat.

16.15 Wie hängt die Synchrotronstrahlungsleistung von der Energie, Masse und Ladung des Teilchens und dem Radius der Kreisbahn ab?

16.16 Wie hängt die Breite des Spektrums der Synchrotronstrahlung von Energie und Masse des Teilchens und dem Radius der Kreisbahn ab?

17. Streuung und Beugung von Wellen

Von Streuung spricht man, wenn eine auf einen Körper einfallende Welle reflektiert wird und die reflektierte Welle verwendet wird, um Aussagen über Position, Bewegung, Form, u.s.w. des Körpers zu machen. Anwendungen betreffen Radar, Bestimmung atmosphärischer Bedingungen, Umwelt- und Luftverschmutzung, medizinische und biologische Diagnosen, Terrainüberwachung und vieles mehr.

Beugungsprobleme gehen auf die Optik zurück. In der geometrischen Optik werden Phänomene der Lichtausbreitung durch Strahlen beschrieben, welche sich geradlinig ausbreiten. Scharfe Kanten von lichtundurchlässigen Objekten erzeugen somit scharfe Schattengrenzen. Untersucht man den Vorgang aber genauer, so dringt Licht in den Schattenbereich ein und erzeugt dort Linien verschiedener Helligkeit[1]. Diesen Vorgang nennt man Beugung.

Beides, Streuung und Beugung, sind im Allgemeinen mit großen mathematischen Schwierigkeiten verbunden, weil zwei verkoppelte vektorielle Differentialgleichungen unter Berücksichtigung von Randbedingungen gelöst werden müssen. Exakte Lösungen konnten nur für wenige einfache Probleme angegeben werden. Andererseits gibt es wesentlich einfachere skalare Theorien, die zufriedenstellende Ergebnisse liefern, wenn z.B. die Objekte sehr klein oder sehr groß im Vergleich zur Wellenlänge sind oder wenn man nur an Lösungen in einem Bereich interessiert ist, der einige Wellenlängen von dem beugenden oder streuenden Objekt entfernt ist. Selbstverständlich können mit einer skalaren Theorie auch keine Effekte beschrieben werden, die auf der Polarisation der Felder beruhen; denn Polarisation ist ein vektorielles Phänomen.

Nach Einführung einer einfachen skalaren Streutheorie wird als Beispiel für eine exakte Lösung die Streuung am leitenden Zylinder angegeben. Für die Beugung wird aufbauend auf dem HUYGENS'schen Prinzip die HELMHOLTZ-KIRCHHOFF'sche Theorie hergeleitet.

---

[1] Erstmalig wurden genauere Untersuchungen dieses Phänomens von FRANCESCO MARIA GRIMALDI (1618-1663) durchgeführt.

17.1 Fernfeldnäherung der Streuung

17.1.1 Streuquerschnitt und Streuamplitude

Eine Welle, die auf einen Körper einfällt, wird zum Teil reflektiert und absorbiert. Die einfallende Welle sei eine ebene Welle

$$E_i(r) = E_0 e^{-jk e_i \cdot r} e_0 \,, \tag{17.1}$$

die in Richtung e_0 polarisiert ist und sich in Richtung e_i ausbreitet, Abb. 17.1. Das gestreute Feld wird in Richtung e_s und im Abstand r betrachtet.

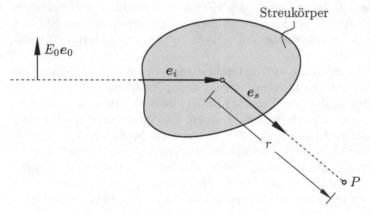

Abb. 17.1. Streuung einer auf einen Körper einfallenden ebenen Welle

In der Nähe des Körpers, $r < D^2/\lambda$, mit D einer typischen Dimension des Körpers z.B. dem Durchmesser, besteht das Feld aus vielen Teilwellen mit verschiedenen Amplituden und Phasen. Geht man jedoch weiter weg, so klingen die Teilwellen ab und das gestreute Feld besteht nur noch aus einer Kugelwelle

$$E_s(r) = f(e_s; e_i) \frac{1}{r} e^{-jkr} \quad \text{für } r > D^2/\lambda. \tag{17.2}$$

f stellt die Amplitude, Phase und Polarisation der gestreuten Welle im Fernfeld dar und heißt *Streuamplitude*. Im Allgemeinen ist f elliptisch polarisiert, selbst wenn die einfallende Welle linear polarisiert ist. Als *differentiellen Streuquerschnitt* bezeichnet man das Verhältnis des gestreuten Leistungsflusses im Abstand r und des einfallenden Leistungsflusses

$$\sigma_d(e_s; e_i) = \lim_{r \to \infty} r^2 \frac{|S_s(e_s; e_i)|}{|S_i|} \,, \tag{17.3}$$

wobei

$$S_i = \frac{1}{2}\left(E_i \times H_i^*\right) = \frac{E_0^2}{2Z_0}\, e_i \ ,$$

$$S_s = \frac{1}{2}\left(E_s \times H_s^*\right) = \frac{|E_s|^2}{2Z_0}\, e_s \quad Z_0 = \sqrt{\frac{\mu_0}{\varepsilon_0}}\ . \tag{17.4}$$

Bei Radaranwendungen wird üblicherweise der *Rückstreuquerschnitt* σ_b und der *bistatische Radarquerschnitt* σ_{bi} verwendet

$$\sigma_b = 4\pi\sigma_d(-e_i; e_i) \quad , \quad \sigma_{bi} = 4\pi\sigma_d(e_s; e_i)\ . \tag{17.5}$$

Der Faktor 4π erscheint, da σ_d pro Raumwinkel definiert ist und bei einer isotropen Streuung die Gesamtstreuung 4π mal der differentiellen ist.

Weitere gebräuchliche Größen sind der *Streuquerschnitt*, welcher die gesamte gestreute Wirkleistung auf die einfallende Leistungsdichte bezieht

$$\sigma_s = \frac{\oint_O \mathrm{Re}\{S_s\}\cdot \mathrm{d}F}{|S_i|} \tag{17.6}$$

und der *Absorptionsquerschnitt*, welcher die im Körper absorbierte Leistung auf die einfallende Leistungsdichte bezieht

$$\sigma_a = \frac{-\oint_O \mathrm{Re}\{S_s\}\cdot \mathrm{d}F}{|S_i|} = -\frac{\int_V \mathrm{Re}\left\{\nabla\cdot\left(\frac{1}{2}E\times H^*\right)\right\}\mathrm{d}V}{|S_i|}$$

$$= \frac{\int_V \frac{1}{2}E\cdot J^*\mathrm{d}V}{|S_i|} = \frac{\int_V \frac{\kappa}{2}|E|^2\mathrm{d}V}{|S_i|}$$

$$= k\,\frac{\int_V \varepsilon_r''(r)|E(r)|^2\mathrm{d}V}{E_0^2} \ , \quad k = \omega\sqrt{\mu_0\varepsilon_0}\ . \tag{17.7}$$

Bei der Herleitung von (17.7) wurden der GAUSS'sche Integralsatz, der POYNTING'sche Satz (13.17) und die komplexe Dielektrizitätskonstante (14.58) verwendet mit $\varepsilon_k = \varepsilon_0(\varepsilon_r' - \mathrm{j}\,\varepsilon_r'')$, $\kappa = \omega\varepsilon_0\varepsilon_r''$. $E(r)$ ist das Feld im Streukörper. Außerdem wurde vorausgesetzt, dass keine magnetischen Verluste auftreten. Die Fläche O ist eine beliebige Fläche, die den Streukörper voll umfasst. Schließlich ist der *Gesamtstreuquerschnitt* σ_t (extinction cross section) die Summe von Streuquerschnitt und Absorptionsquerschnitt

$$\sigma_t = \sigma_s + \sigma_a\ . \tag{17.8}$$

17.1.2 Integraldarstellung der Streuamplituden

Für einige wenige Streukörper, z.B. leitende oder dielektrische Kugeln, lassen sich exakte Streuamplituden herleiten. Im Allgemeinen aber, bei beliebiger

Form des Streukörpers, ist dies nicht möglich. Man benötigt dann eine Methode, die eine Näherung angibt. Dies geschieht durch eine Integraldarstellung der Streuamplituden und sei am Beispiel eines dielektrischen Streukörpers mit Verlusten erläutert.

Ausgehend von MAXWELL's Gleichungen

$$\nabla \times \boldsymbol{E} = -\mathrm{j}\omega\mu_0 \boldsymbol{H} \quad , \quad \nabla \times \boldsymbol{H} = \mathrm{j}\omega\varepsilon_0\varepsilon_r(\boldsymbol{r})\boldsymbol{E} \tag{17.9}$$

führt man in der zweiten Gleichung eine äquivalente Stromdichte ein

$$\nabla \times \boldsymbol{H} = \mathrm{j}\omega\varepsilon_0 \boldsymbol{E} + \boldsymbol{J}_{\text{äqu}}$$

$$\boldsymbol{J}_{\text{äqu}} = \begin{cases} \mathrm{j}\omega\varepsilon_0 \left[\varepsilon_r(\boldsymbol{r}) - 1\right] \boldsymbol{E} & \text{im Körper} \\ 0 & \text{außerhalb.} \end{cases} \tag{17.10}$$

$\boldsymbol{J}_{\text{äqu}}$ spielt hier die Rolle einer eingeprägten Stromdichte, welche das Streufeld erzeugt. Somit kann man mit (16.17) das Vektorpotential für das Streufeld bestimmen

$$\boldsymbol{A}_s(\boldsymbol{r}) = \frac{\mu_0}{4\pi} \int_V \frac{1}{R} \boldsymbol{J}_{\text{äqu}}(\boldsymbol{r}') \,\mathrm{e}^{-\mathrm{j}kR} \,\mathrm{d}V'$$

$$= \mathrm{j}\frac{\omega\varepsilon_0\mu_0}{4\pi} \int_V [\varepsilon_r(\boldsymbol{r}') - 1]\boldsymbol{E}(\boldsymbol{r}') \frac{1}{R} \,\mathrm{e}^{-\mathrm{j}kR} \,\mathrm{d}V' \tag{17.11}$$

und daraus das elektrische Feld

$$\boldsymbol{E}_s(\boldsymbol{r}) = \frac{1}{\mathrm{j}\omega\varepsilon_0} \nabla \times \boldsymbol{H}_s = \frac{1}{\mathrm{j}\omega\varepsilon_0\mu_0} \nabla \times (\nabla \times \boldsymbol{A}_s) \,. \tag{17.12}$$

Das elektrische Feld in (17.11) ist das Gesamtfeld, welches sich aus der Überlagerung der einfallenden und gestreuten Felder ergibt

$$\boldsymbol{E}(\boldsymbol{r}) = \boldsymbol{E}_i(r) + \boldsymbol{E}_s(r) \quad , \quad \boldsymbol{H}(r) = \boldsymbol{H}_i(r) + \boldsymbol{H}_s(r) \,. \tag{17.13}$$

Man beachte ferner, dass in (17.9) bis (17.13) alle Feldgrößen Phasoren sind, und dass die Exponentialfunktion in (17.11) durch die Retardierung der Zeit, $t_{\text{ret}} = t - R/c$, entstanden ist. Die verschiedenen geometrischen Größen sind in Abb. 17.2 gezeigt.

Man löst nun (17.11), (17.12) näherungsweise, indem der Beobachtungspunkt $P(\boldsymbol{r})$ ins Fernfeld gelegt wird

$$\frac{1}{R} \,\mathrm{e}^{-\mathrm{j}kR} \approx \frac{1}{r} \,\mathrm{e}^{-\mathrm{j}kr} \mathrm{e}^{\mathrm{j}k\boldsymbol{r}'\cdot\boldsymbol{e}_s} \,. \tag{17.14}$$

Bildet man jetzt die Rotation in (17.12), welche nur auf die ungestrichenen Größen wirkt,

$$\nabla \times \left(\boldsymbol{E}(\boldsymbol{r}') \frac{1}{r} \,\mathrm{e}^{-\mathrm{j}kr} \right) \approx -\mathrm{j}k \, \boldsymbol{e}_s \times \boldsymbol{E}(\boldsymbol{r}') \frac{1}{r} \,\mathrm{e}^{-\mathrm{j}kr}$$

$$\nabla \times \left(\nabla \times \boldsymbol{E}(\boldsymbol{r}') \frac{1}{r} \,\mathrm{e}^{-\mathrm{j}kr} \right) \approx -k^2 \, \boldsymbol{e}_s \times \left(\boldsymbol{e}_s \times \boldsymbol{E}(\boldsymbol{r}') \right) \frac{1}{r} \,\mathrm{e}^{-\mathrm{j}kr} \,, \tag{17.15}$$

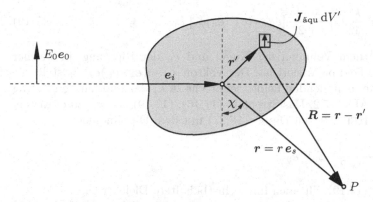

Abb. 17.2. Einfallende ebene Welle mit Streukörper, Beobachtungspunkt $P(r)$ und Integrationsvariable r'

so wird das Streufeld (17.2) zu

$$\boldsymbol{E}_s(\boldsymbol{r}) = \boldsymbol{f}(\boldsymbol{e}_s; \boldsymbol{e}_i) \frac{1}{r} \, \mathrm{e}^{-\mathrm{j}kr} \tag{17.16}$$

$$\boldsymbol{f}(\boldsymbol{e}_s; \boldsymbol{e}_i) = \frac{k^2}{4\pi} \int_V \big[\varepsilon_r(\boldsymbol{r}') - 1\big]\big[\boldsymbol{E}(\boldsymbol{r}') - (\boldsymbol{e}_s \cdot \boldsymbol{E}(\boldsymbol{r}'))\,\boldsymbol{e}_s\big]\mathrm{e}^{\mathrm{j}k\boldsymbol{r}' \cdot \boldsymbol{e}_s}\mathrm{d}V'\,,$$

wobei $\boldsymbol{e}_s \times (\boldsymbol{e}_s \times \boldsymbol{E}) = (\boldsymbol{e}_s \cdot \boldsymbol{E})\boldsymbol{e}_s - \boldsymbol{E}$ verwendet wurde. (17.16) ist die exakte Fernfeldbeschreibung des Streufeldes, wenn $\boldsymbol{E}$ innerhalb des Streukörpers bekannt ist. Dies ist natürlich nicht der Fall. Allerdings gibt es in vielen praktischen Fällen eine gute Näherung für $\boldsymbol{E}$ und somit eine gute Näherung für die Streuamplitude.

17.1.3 Streuung an einer dielektrischen Kugel. Rayleigh-Streuung

Ist der Streukörper sehr klein gegenüber der Wellenlänge, so spricht man von RAYLEIGH-*Streuung*. Dies soll am Beispiel einer dielektrischen Kugel mit konstanter Dielektrizitätskonstanten erläutert werden.

Da die Kugel als sehr klein angenommen wird, ist das elektrische Feld in der Kugel und in der unmittelbaren Umgebung gleich dem elektrostatischen Feld, siehe Beispiel auf Seite 99,

$$\boldsymbol{E}_i = \frac{3}{\varepsilon_r + 2} E_0 \, \boldsymbol{e}_0 \quad , \quad r < a \,. \tag{17.17}$$

Außerdem ist wegen $kr' \ll 1$

$$\mathrm{e}^{\mathrm{j}k\boldsymbol{r}' \cdot \boldsymbol{e}_s} \approx 1 \,. \tag{17.18}$$

Einsetzen von (17.17), (17.18) in (17.16) ergibt für die Streuamplitude

$$\boldsymbol{f}(\boldsymbol{e}_s; \boldsymbol{e}_i) = \frac{k^2}{4\pi} \frac{3(\varepsilon_r - 1)}{\varepsilon_r + 2} \left[\boldsymbol{e}_0 - (\boldsymbol{e}_s \cdot \boldsymbol{e}_0)\boldsymbol{e}_s \right] E_0 V \tag{17.19}$$

mit $V = \frac{4}{3}\pi a^3$ dem Volumen der Kugel und $\boldsymbol{e}_0$ der Richtung, in welcher das einfallende Feld polarisiert ist. Der Vektor $\left[\boldsymbol{e}_0 - (\boldsymbol{e}_s \cdot \boldsymbol{e}_0)\boldsymbol{e}_s \right] E_0$ stellt die Komponente des einfallenden Feldes senkrecht zu $\boldsymbol{e}_s$ dar und hat den Betrag $E_0 \sin\chi$, siehe Abb. 17.2. Das Streufeld (17.16), (17.19) ist, wie zu erwarten, das Feld eines HERTZ'schen Dipols (16.27) mit dem Dipolmoment

$$\boldsymbol{p}_e = \varepsilon_0 \frac{3(\varepsilon_r - 1)}{\varepsilon_r + 2} E_0 V \boldsymbol{e}_0 \,.$$

Die Gleichung (17.19) gilt auch für verlustbehaftete Dielektrika.

Mit der Streuamplitude (17.19) errechnet sich der Streuquerschnitt zu

$$\sigma_s = \frac{1}{|\boldsymbol{S}_i|} \int_0^{2\pi} \int_0^\pi |\boldsymbol{f}|^2 \sin\vartheta \, \mathrm{d}\vartheta \, \mathrm{d}\varphi$$

$$= \frac{1}{6\pi} \left(\frac{3(\varepsilon_r - 1)}{\varepsilon_r + 2} \right)^2 k^4 V^2 \sim \frac{V^2}{\lambda^4} \,. \tag{17.20}$$

Er ist proportional dem Quadrat des Kugelvolumens und umgekehrt proportional der vierten Potenz der Wellenlänge. Beide Eigenschaften wurden bereits von RAYLEIGH angegeben und man spricht daher von RAYLEIGH-Streuung.

Kleine Wellenlängen werden stärker gestreut. So ist z.B. der Himmel blau, wenn man aus der Richtung zur Sonne weggeht, und der Sonnenuntergang rot, da die langwelligen Lichtanteile dominieren. Auch verschwindet das gestreute Licht senkrecht zur Sonne, $\chi = 0^o$, 180°, und es bleibt das linear polarisierte, einfallende Licht. RAYLEIGH bemerkte auch, dass die Streuung nicht nur durch Wasser oder Eis stattfindet, sondern auch durch die Luftmoleküle selber.

Der Absorptionsquerschnitt (17.7) ist in diesem Fall

$$\sigma_a = \varepsilon_r'' \left(\frac{3}{\varepsilon_r' + 2} \right)^2 kV \sim \frac{V}{\lambda} \,. \tag{17.21}$$

17.1.4 Streuung an leitenden Körpern

Häufig, insbesondere bei Radaranwendungen, sind die Körper leitend und man ist speziell am Rückstreuquerschnitt interessiert.

Auf der Oberfläche des Körpers wird ein Flächenstrom induziert, welcher wiederum auf ein Vektorpotential führt entsprechend (16.17)

$$\boldsymbol{A}_s(\boldsymbol{r}) = \frac{\mu_0}{4\pi} \int_F \frac{1}{R} \boldsymbol{J}_F(\boldsymbol{r}') \, \mathrm{e}^{-\mathrm{j}kR} \mathrm{d}F' \,. \tag{17.22}$$

Das elektrische Fernfeld (17.16) wird unter Berücksichtigung von (17.14) und (17.15)

$$E_s(r) = \frac{1}{\mathrm{j}\omega\varepsilon_0\mu_0} \nabla \times (\nabla \times A_s)$$

$$\approx -\frac{k^2}{\mathrm{j}\omega\varepsilon_0} \frac{1}{4\pi r} \mathrm{e}^{-\mathrm{j}kr} \int_F e_s \times \left(e_s \times J_F(r')\right) \mathrm{e}^{\mathrm{j}kr'\cdot e_s} \, \mathrm{d}F' \,. \qquad (17.23)$$

Von dem rückgestreuten Signal wird meistens die Feldkomponente von der Antenne empfangen, welche die gleiche Polarisation e_0 wie das gesendete Signal hat. Der zugehörige Rückstreuquerschnitt ist dann

$$\sigma_b = \lim_{r\to\infty} 4\pi r^2 \frac{|e_0 \cdot E_s(-e_i; e_i)|^2}{E_0^2}$$

$$= \frac{k^2 Z_0^2}{4\pi} \left| \int_F \frac{1}{E_0} e_0 \cdot \left[-e_i \times \left(-e_i \times J_F(r')\right)\right] \mathrm{e}^{-\mathrm{j}kr'\cdot e_i} \mathrm{d}F' \right|^2$$

$$= \frac{k^2 Z_0^2}{4\pi} \left| \int_F \frac{e_0 \cdot J_F(r')}{E_0} \mathrm{e}^{-\mathrm{j}kr'\cdot e_i} \mathrm{d}F' \right|^2$$

$$= \frac{k^2 Z_0^2}{4\pi} \left| \int_F \frac{E_i \cdot J_F(r')}{E_0^2} \mathrm{d}F' \right|^2 \,. \qquad (17.24)$$

Obwohl die Gleichungen (17.23), (17.24) exakte Beschreibungen des Fernfeldes darstellen, sind sie natürlich von wenig Nutzen, da die Oberflächenstromdichte nicht bekannt ist. Eine gute Näherung kann die *Physikalische Optik* geben.

17.1.5 Physikalische-Optik-Näherung

Ist der Streukörper groß im Vergleich zur Wellenlänge und die Oberfläche glatt, d.h. Krümmungsradius ebenfalls $\gg \lambda$, kann die Oberflächenstromdichte gut genähert werden. Man nimmt dabei in dem betrachteten Punkt der Oberfläche des Streukörpers eine unendlich große ebene Fläche tangential zur Oberfläche an, d.h. die Oberfläche wird lokal als eben angenommen. Die induzierte Stromdichte ist dann

$$J_F(r') = 2n(r') \times H_i(r') \,. \qquad (17.25)$$

Mit

$$E_i \cdot J_F = 2E_i \cdot (n \times H_i) = -2n \cdot (E_i \times H_i)$$

$$= -\frac{2}{Z_0} n \cdot e_i E_0^2 \mathrm{e}^{-\mathrm{j}2kr'\cdot e_i}$$

erhält man für den Rückstreuquerschnitt (17.24)

$$\sigma_b = \frac{k^2}{\pi} \left| \int_F \boldsymbol{n} \cdot \boldsymbol{e}_i \, \mathrm{e}^{-\mathrm{j}2k\boldsymbol{r}' \cdot \boldsymbol{e}_i} \, \mathrm{d}F' \right|^2 . \tag{17.26}$$

Als Beispiel wird die Streuung an einer leitenden, quadratischen Platte behandelt. Die einfallende, ebene Welle erscheint unter der Richtung (ϑ, φ), Abb. 17.3,

$$-\boldsymbol{e}_i = \sin \vartheta \cos \varphi \, \boldsymbol{e}_x + \sin \vartheta \sin \varphi \, \boldsymbol{e}_y + \cos \vartheta \, \boldsymbol{e}_z$$
$$\boldsymbol{n} = \boldsymbol{e}_z .$$

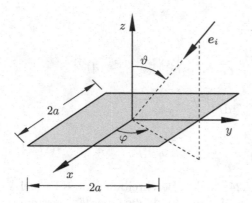

Abb. 17.3. Einfall einer ebenen Welle auf eine leitende, quadratische Platte

Der Rückstreuquerschnitt (17.24) wird damit

$$\sigma_b = \frac{k^2}{\pi} \left| \int_{-a}^{a} \int_{-a}^{a} (-\cos \vartheta) \, \mathrm{e}^{\mathrm{j}2kx \sin \vartheta \cos \varphi} \mathrm{e}^{\mathrm{j}2ky \sin \vartheta \sin \varphi} \mathrm{d}x \, \mathrm{d}y \right|^2$$

$$= \frac{4\pi}{\lambda^2} (F \cos \vartheta)^2 \left[\frac{\sin(2ka \sin \vartheta \cos \varphi)}{2ka \sin \vartheta \cos \varphi} \frac{\sin(2ka \sin \vartheta \sin \varphi)}{2ka \sin \vartheta \sin \varphi} \right]^2 \tag{17.27}$$

mit $F = 4a^2$ der Fläche der Platte.

Die Physikalische-Optik-Näherung beinhaltet die Abhängigkeit von der Wellenlänge und liefert oftmals gute Ergebnisse. Sie setzt allerdings einen großen Streukörper mit glatter Oberfläche voraus. Sie entspricht der KIRCH-HOFF'schen Näherung für die Beugung an einer Apertur, siehe §17.4.3. Für obiges Beispiel hat dies zur Folge, dass die durch die Kanten erzeugten Effekte nicht auftreten.

17.2 Streuung am leitenden Zylinder mittels Modenzerlegung

Einige Streukörper können, zumindest teilweise, durch Zylinder, Kugeln oder Kanten angenähert werden. Diese stellen Koordinatenflächen dar in Systemen, in denen die HELMHOLTZ-Gleichung separierbar ist:

- kartesische Koordinaten
- Kreiszylinderkoordinaten
- elliptische Zylinderkoordinaten
- parabolische Zylinderkoordinaten.

Die Vorgehensweise zur Berechnung der Streuung ist dabei immer sehr ähnlich. Man entwickelt die einfallende, ebene Welle und das Streufeld in Eigenwellen des entsprechenden Koordinatensystems. Die unbekannten Entwicklungskoeffizienten des Streufeldes erhält man durch Erfüllen der Rand- und Stetigkeitsbedingungen auf der Körperoberfläche. Oftmals lassen sich die Reihen auch in geschlossener Form angeben. Die so erhaltenen Lösungen sind exakt, heißen *kanonische Lösungen* und dienen als Referenz für andere Lösungsmethoden.

Hier soll nur das einfachste Beispiel behandelt werden, nämlich die Streuung ebener Wellen am leitenden Zylinder, Abb. 17.4. Das Beispiel wird dadurch einfach, dass es wegen der zweidimensionalen Geometrie in ein skalares Problem übergeht, und dass die Oberfläche des Körpers mit Koordinatenflächen übereinstimmt. So lässt sich die einfallende Welle ebenso wie die gestreute Welle nach Zylinderwellen entwickeln, und die Randbedingung $E_{tan}(\varrho = a) = 0$ ist leicht zu erfüllen.

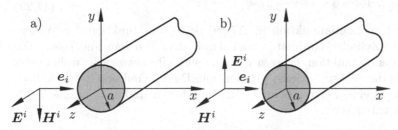

Abb. 17.4. Streuung einer ebenen Welle an einem Zylinder. **(a)** Ebene Welle parallel und **(b)** senkrecht zur Zylinderachse polarisiert

17.2.1 Entwicklung ebener Wellen nach Zylinderwellen

Eine ebene Welle breite sich in Richtung e_i aus, Abb. 17.5,

$$E = E_0 \, e^{j(\omega t - k \cdot r)} \tag{17.28}$$

mit

$$\boldsymbol{k} = k\,\boldsymbol{e}_i \quad , \quad \boldsymbol{e}_i = \sin\vartheta_0 \cos\varphi_0\,\boldsymbol{e}_x + \sin\vartheta_0 \sin\varphi_0\,\boldsymbol{e}_y + \cos\vartheta_0\,\boldsymbol{e}_z$$

$$\boldsymbol{r} = x\,\boldsymbol{e}_x + y\,\boldsymbol{e}_y + z\,\boldsymbol{e}_z \;.$$

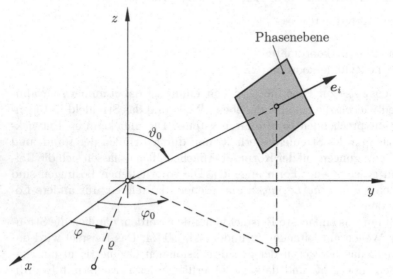

Abb. 17.5. Ausbreitungsrichtung $\boldsymbol{e}_i$ einer ebenen Welle und Phasenebene

In Zylinderkoordinaten, $x = \varrho\cos\varphi$, $y = \varrho\sin\varphi$, wird aus (17.28)

$$\boldsymbol{E} = \boldsymbol{E}_0\,\mathrm{e}^{-\mathrm{j}k\varrho\cos(\varphi-\varphi_0)\sin\vartheta_0}\,\mathrm{e}^{\mathrm{j}(\omega t - kz\cos\vartheta_0)} \;. \tag{17.29}$$

Die zweite Exponentialfunktion in (17.29) ist Lösungsfunktion der Wellengleichung in Zylinderkoordinaten und damit dem Problem angepasst. Die erste Exponentialfunktion dagegen wird in eine Reihe entwickelt, wobei jedes Reihenglied die Wellengleichung erfüllen soll. Da die Funktion 2π-periodisch ist, wird sie in einem ersten Schritt, für einen festen Radius ϱ, in eine FOURIER-Reihe entwickelt

$$f(\varrho,\varphi) = \mathrm{e}^{-\mathrm{j}k\varrho\cos(\varphi-\varphi_0)\sin\vartheta_0} = \sum_{n=-\infty}^{\infty} f_n(\alpha\varrho)\,\mathrm{e}^{\mathrm{j}n(\varphi-\varphi_0)} \;. \tag{17.30}$$

Die Koeffizienten f_n, die Funktionen von ϱ sind, bestimmt man, indem (17.29) zusammen mit (17.30) in die Wellengleichung eingesetzt wird

$$\nabla^2 \boldsymbol{E} - \frac{1}{c^2}\,\frac{\partial^2 \boldsymbol{E}}{\partial t^2} = 0 \;,$$

$$E_0 \sum_{n=-\infty}^{\infty} \left\{ \left[\frac{1}{\varrho} \frac{\partial}{\partial\varrho} \left(\varrho \frac{\partial}{\partial\varrho} \right) + \frac{1}{\varrho^2} \frac{\partial^2}{\partial\varphi^2} + \frac{\partial^2}{\partial z^2} - \frac{1}{c^2} \frac{\partial^2}{\partial t^2} \right] \right.$$

$$\left. \cdot f_n \, \mathrm{e}^{\mathrm{j}n(\varphi-\varphi_0)} \mathrm{e}^{\mathrm{j}(\omega t - kz \cos\vartheta_0)} \right\}$$

$$= E_0 \, \mathrm{e}^{\mathrm{j}(\omega t - kz \cos\vartheta_0)} \sum_{n=-\infty}^{\infty} \left[\frac{\partial^2 f_n}{\partial\varrho^2} + \frac{1}{\varrho} \frac{\partial f_n}{\partial\varrho} + \left(k^2 \sin^2\vartheta_0 - \frac{n^2}{\varrho^2} \right) f_n \right] \cdot$$

$$\cdot \mathrm{e}^{\mathrm{j}n(\varphi-\varphi_0)} = 0 \; .$$

Damit die Summe für jeden Winkel φ verschwindet, müssen die Koeffizienten einzeln verschwinden

$$\frac{\partial^2 f_n}{\partial\varrho^2} + \frac{1}{\varrho} \frac{\partial f_n}{\partial\varrho} + \left(k^2 \sin^2\vartheta_0 - \frac{n^2}{\varrho^2} \right) f_n = 0 \; ,$$

d.h. der BESSEL'schen Differentialgleichung genügen. Die Lösungen sind

$$f_n = a_n \, J_n(k\varrho \sin\vartheta_0) \; .$$

Schließlich bleibt noch die Bestimmung der Koeffizienten a_n. Man setzt f_n in (17.30) ein und wählt $\varphi = \varphi_0$

$$\mathrm{e}^{-\mathrm{j}k\varrho \sin\vartheta_0} = \sum_{n=-\infty}^{\infty} a_n \, J_n(k\varrho \sin\vartheta_0) \; .$$

Dies ist eine Entwicklung der e–Funktion nach BESSEL-Funktionen und ein Vergleich mit z.B. [Abra] zeigt, dass

$$a_n = (-\mathrm{j})^n \; .$$

Die Entwicklung der ebenen Welle (17.28) nach Zylinderwellen lautet somit

$$E = E_0 \, \mathrm{e}^{\mathrm{j}(\omega t - kz \cos\vartheta_0)} \sum_{n=-\infty}^{\infty} (-\mathrm{j})^n J_n(k\varrho \sin\vartheta_0) \, \mathrm{e}^{\mathrm{j}n(\varphi-\varphi_0)}$$

$$= E_0 \, \mathrm{e}^{\mathrm{j}(\omega t - kz \cos\vartheta_0)} \sum_{n=0}^{\infty} (2 - \delta_0^n)(-\mathrm{j})^n J_n(k\varrho \sin\vartheta_0) \, \cos n(\varphi - \varphi_0) \; ,$$

$$(17.31)$$

wobei $J_{-m} = (-1)^m J_m$, Gl. (6.32), verwendet wurde.

17.2.2 Elektrisches Feld parallel zur Zylinderachse

Eine von $x = -\infty$ kommende ebene Welle wird an einem ideal leitenden Zylinder gestreut. Das elektrische Feld ist parallel zur Zylinderachse, Abb. 17.4a. Mit $E_0 = E_0 e_z$, $\varphi_0 = 0$, $\vartheta_0 = 90°$ wird aus der einfallenden Welle (17.31)

$$E_z^i = E_0 \sum_{n=0}^{\infty} (2 - \delta_0^n)(-\mathrm{j})^n J_n(k\varrho) \, \cos n\varphi \; . \qquad (17.32)$$

Das gestreute Feld hat seinen Ursprung in $x = y = 0$, ist ebenfalls parallel polarisiert und wird, da es nach außen läuft, nach HANKEL-Funktionen entwickelt

$$E_z^s = E_0 \sum_{n=0}^{\infty} a_n (-\mathrm{j})^n H_n^{(2)}(k\varrho) \cos n\varphi \ . \tag{17.33}$$

Auf dem Zylinder $\varrho = a$ muss das gesamte tangentiale, elektrische Feld verschwinden

$$E_z^i(\varrho = a) + E_z^s(\varrho = a) = 0 \ ,$$

d.h. mit (17.32), (17.33)

$$E_0 \sum_{n=0}^{\infty} \left[(2 - \delta_0^n) J_n(ka) + a_n H_n^{(2)}(ka) \right] (-\mathrm{j})^n \cos n\varphi = 0 \ .$$

Daraus ergibt sich durch Koeffizientenvergleich

$$a_n = -(2 - \delta_0^n) \frac{J_n(ka)}{H_n^{(2)}(ka)}$$

und das Gesamtfeld lautet

$$E_z = E_0 \sum_{n=0}^{\infty} (2 - \delta_0^n)(-\mathrm{j})^n \left[J_n(k\varrho) - J_n(ka) \frac{H_n^{(2)}(k\varrho)}{H_n^{(2)}(ka)} \right] \cos n\varphi \ . \quad (17.34)$$

Das H-Feld berechnet man aus der 2. MAXWELL'schen Gleichung

$$-\mathrm{j}\omega\mu_0 H_\varphi = -\frac{\partial E_z}{\partial \varrho} \quad \rightarrow \quad H_\varphi = -\frac{\mathrm{j}}{Z_0} \frac{\partial E_z}{\partial(k\varrho)} \quad , \quad Z_0 = \sqrt{\frac{\mu_0}{\varepsilon_0}}$$

$$H_\varphi = -\mathrm{j}\frac{E_0}{Z_0} \sum_{n=0}^{\infty} (2 - \delta_0^n)(-\mathrm{j})^n \left[J_n'(k\varrho) - J_n(ka) \frac{H_n^{(2)\prime}(k\varrho)}{H_n^{(2)}(ka)} \right] \cos n\varphi \ .$$
$$\tag{17.35}$$

In (17.34), (17.35) stellen die ersten Terme in der Summe das einfallende Feld dar und die zweiten Terme das Streufeld. Physikalisch entstehen die Streufelder durch Flächenströme, welche auf der Zylinderoberfläche induziert werden. Sie errechnen sich aus $\boldsymbol{J}_F = \boldsymbol{n} \times \boldsymbol{H}$ zusammen mit (17.35) zu

$$J_{Fz} = H_\varphi(\varrho = a)$$

$$= -\mathrm{j}\frac{E_0}{Z_0} \sum_{n=0}^{\infty} (2 - \delta_0^n)(-\mathrm{j})^n \left[J_n'(ka) - J_n(ka) \frac{H_n^{(2)\prime}(ka)}{H_n^{(2)}(ka)} \right] \cos n\varphi \ .$$

Dies lässt sich mit den Formeln [Abra]

$$Z_n'(x) = -Z_{n+1}(x) + \frac{n}{x} Z_n(x)$$

$$H_n^{(2)}(x) = J_n(x) - \mathrm{j}\, N_n(x) \tag{17.36}$$

$$J_{n+1}(x)N_n(x) - J_n(x)N_{n+1}(x) = \frac{2}{\pi x}$$

vereinfachen zu

$$J_{Fz} = \frac{2}{\pi} \frac{E_0}{Z_0} \frac{1}{ka} \sum_{n=0}^{\infty} (2 - \delta_0^n)(-\mathrm{j})^n \frac{\cos n\varphi}{H_n^{(2)}(ka)} \cdot \tag{17.37}$$

Die Verteilung der Oberflächenstromdichte ist in Abb. 17.6 gezeigt. Wie aus dem Bild ersichtlich ist, ist der Strom überwiegend auf der „beleuchteten" Seite.

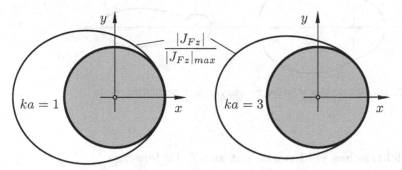

Abb. 17.6. Betrag der normierten Oberflächenstromdichte

Für das gestreute Feld ist normalerweise das Fernfeld, $k\varrho \gg 1$, von Interesse. Man ersetzt die HANKEL-Funktionen durch ihre asymptotische Entwicklung

$$H_n^{(2)}(x) \sim \sqrt{\frac{2}{\pi x}}\, \mathrm{e}^{-\mathrm{j}(x-n\pi/2-\pi/4)}$$

und erhält aus (17.34), (17.35)

$$E_z^s \sim -E_0 \sqrt{\frac{2}{\pi k\varrho}}\, \mathrm{e}^{-\mathrm{j}(k\varrho-\pi/4)} \sum_{n=0}^{\infty} (2 - \delta_0^n) \frac{J_n(ka)}{H_n^{(2)}(ka)} \cos n\varphi$$

$$H_\varphi^s \sim \frac{E_z^s}{Z_0} \cdot \tag{17.38}$$

Die Richtcharakteristik des Streukörpers ist das Diagramm der abgestrahlten Leistung im Fernfeld bezogen auf das Maximum der abgestrahlten Leistung. Im ebenen Fall, wie hier vorliegend, ist die Richtcharakteristik in einer Ebene $z = \mathrm{const.}$ gegeben und lautet

$$R^{\|}(\varphi) = \lim_{k\varrho\to\infty} \frac{\mathrm{Re}\{E_z^s H_\varphi^{s*}\}}{\mathrm{Re}\{E_z^s H_\varphi^{s*}\}_{max}} = \frac{\left|\sum_{n=0}^{\infty}(2-\delta_0^n)\dfrac{J_n(ka)}{H_n^{(2)}(ka)}\cos n\varphi\right|^2}{\left|\sum_{n=0}^{\infty}(2-\delta_0^n)\dfrac{J_n(ka)}{H_n^{(2)}(ka)}\cos n\varphi\right|^2_{max}} .$$

$$(17.39)$$

Das Diagramm ist in Abb. 17.7 gegeben. Es zeigt eine deutliche Streuung nach vorne in Richtung der einfallenden Welle, obwohl die Wandströme, Abb. 17.6, ihren wesentlichen Anteil in Rückwärtsrichtung haben.

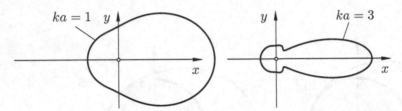

Abb. 17.7. Richtcharakteristik des Streuzylinders nach Abb. 17.4a

17.2.3 Elektrisches Feld senkrecht zur Zylinderachse

Die von $x = -\infty$ einfallende ebene Welle ist jetzt so polarisiert, dass das elektrische Feld senkrecht zur Zylinderachse steht und das Magnetfeld parallel, Abb. 17.4b. Es wird daher das Magnetfeld nach Zylinderwellen entwickelt

$$H_z^i = \frac{E_0}{Z_0}\sum_{n=0}^{\infty}(2-\delta_0^n)(-\mathrm{j})^n J_n(k\varrho)\cos n\varphi$$

$$H_z^s = \sum_{n=0}^{\infty} b_n(-\mathrm{j})^n H_n^{(2)}(k\varrho)\cos n\varphi .$$

$$(17.40)$$

Das elektrische Feld ergibt sich aus der ersten MAXWELL'schen Gleichung

$$\mathrm{j}\omega\varepsilon_0 E_\varphi = -\frac{\partial H_z}{\partial\varrho} \quad \to \quad E_\varphi = \mathrm{j}Z_0\frac{\partial H_z}{\partial(k\varrho)}$$

$$E_\varphi = \mathrm{j}Z_0\sum_{n=0}^{\infty}(-\mathrm{j})^n\left[\frac{E_0}{Z_0}(2-\delta_0^n)J_n'(k\varrho) + b_n H_n^{(2)'}(k\varrho)\right]\cos n\varphi . \quad (17.41)$$

Aus der Randbedingung $E_\varphi(\varrho = a) = 0$ erhält man dann die Koeffizienten

$$b_n = -(2-\delta_0^n)\frac{E_0}{Z_0}\frac{J_n'(ka)}{H_n^{(2)'}(ka)} . \quad (17.42)$$

Die Wandströme auf dem Zylinder

$$J_{F\varphi} = -H_z^i(\varrho = a) - H_z^s(\varrho = a)$$

lauten zusammen mit (17.40), (17.42), (17.36)

$$J_{F\varphi} = j\frac{2}{\pi}\frac{E_0}{Z_0}\frac{1}{ka}\sum_{n=0}^{\infty}(2-\delta_0^n)(-j)^n\frac{\cos n\varphi}{H_n^{(2)'}(ka)} \ . \tag{17.43}$$

Sie sind in Abb. 17.8 gezeigt.

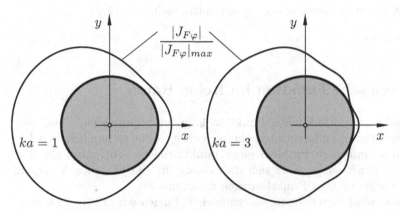

Abb. 17.8. Betrag der normierten Oberflächenstromdichte

Für das Richtdiagramm wird wieder das Streufeld im Fernfeldbereich, $k\varrho \gg 1$, benötigt

$$H_z^s = -\frac{E_0}{Z_0}\sum_{n=0}^{\infty}(2-\delta_0^n)(-j)^n J_n'(ka)\frac{H_n^{(2)}(k\varrho)}{H_n^{(2)'}(ka)}\cos n\varphi$$

$$\sim -\frac{E_0}{Z_0}\sqrt{\frac{2}{\pi k\varrho}}\,e^{-j(k\varrho - \pi/4)}\sum_{n=0}^{\infty}(2-\delta_0^n)\frac{J_n'(ka)}{H_n^{(2)'}(ka)}\cos n\varphi \tag{17.44}$$

$$E_\varphi^s = Z_0 H_z^s$$

und es wird

$$R^\perp(\varphi) = \frac{\left|\sum\limits_{n=0}^{\infty}(2-\delta_0^n)\dfrac{J_n'(ka)}{H_n^{(?)'}(ka)}\cos n\varphi\right|^2}{\left|\sum\limits_{n=0}^{\infty}(2-\delta_0^n)\dfrac{J_n'(ka)}{H_n^{(2)'}(ka)}\cos n\varphi\right|_{max}^2} \ . \tag{17.45}$$

Es zeigt für niedrige Frequenzen eine starke Rückwärtsstrahlung und erst für höhere Frequenzen ist die Streuung, wie im parallel polarisierten Fall, vorwärts gerichtet, Abb. 17.9.

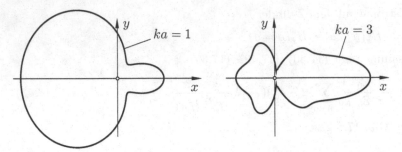

Abb. 17.9. Richtcharakteristik des Streuzylinders nach Abb. 17.4b

17.3 Green'sche Funktion im freien Raum

Die Methode der GREEN'schen Funktion kann man anwenden, wenn eine inhomogene, lineare Differentialgleichung vorliegt. Gibt es nämlich eine Lösung für das einfachere Problem einer punktförmigen Anregung, genannt GREEN'*sche Funktion*, so setzt sich die Lösung für eine verteilte Anregung durch Überlagerung aller Punktlösungen zusammen.

Um die wesentlichen Schritte klarzumachen, fangen wir mit einem bereits aus der Elektrostatik bekannten Problem an und zwar mit dem einfachst möglichen, der Bestimmung des Potentials einer Raumladung im freien Raum, Abb. 17.10.

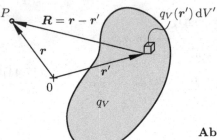

Abb. 17.10. Zur Bestimmung des Potentials einer Raumladung

Man geht vom zweiten GREEN'schen Satz aus

$$\int_V \left[\phi(\boldsymbol{r}') \, \nabla^2 \psi(\boldsymbol{r}') - \psi(\boldsymbol{r}') \, \nabla^2 \phi(\boldsymbol{r}') \right] \mathrm{d}V'$$

$$= \oint_F \left[\phi(\boldsymbol{r}') \, \frac{\partial \psi(\boldsymbol{r}')}{\partial n'} - \psi(\boldsymbol{r}') \, \frac{\partial \phi(\boldsymbol{r}')}{\partial n'} \right] \mathrm{d}F' \; . \tag{17.46}$$

Das unbekannte und gesuchte Potential ϕ genügt der POISSON-Gleichung

$$\nabla^2 \phi(\boldsymbol{r}) = -\frac{1}{\varepsilon}\, q_V(\boldsymbol{r}) \,, \tag{17.47}$$

wohingegen ψ eine beliebige Hilfsfunktion ist, die lediglich zweimal stetig differenzierbar sein muss. Man wählt nun ψ als GREEN'*sche Funktion* des freien Raumes

$$\psi = G(\boldsymbol{r}, \boldsymbol{r}') \,, \tag{17.48}$$

die dadurch definiert ist, dass sie die spezielle POISSON-Gleichung

$$\nabla^2 G(\boldsymbol{r}, \boldsymbol{r}') = -\delta^3(\boldsymbol{r} - \boldsymbol{r}') \tag{17.49}$$

erfüllt, d.h. eine Gleichung mit einer punktförmigen Anregung bei $\boldsymbol{r} = \boldsymbol{r}'$. Die Lösung von (17.49) ist bekannt. Es ist das Potential einer Punktladung bei $\boldsymbol{r} = \boldsymbol{r}'$ und mit der Ladung $Q = \varepsilon$

$$G(\boldsymbol{r}, \boldsymbol{r}') = \frac{1}{4\pi|\boldsymbol{r} - \boldsymbol{r}'|} \,. \tag{17.50}$$

Einsetzen von (17.47) bis (17.49) in (17.46) liefert

$$-\int_V \phi(\boldsymbol{r}')\, \delta^3(\boldsymbol{r} - \boldsymbol{r}')\, \mathrm{d}V' + \frac{1}{\varepsilon} \int_V G(\boldsymbol{r}, \boldsymbol{r}')\, q_V(\boldsymbol{r}')\, \mathrm{d}V'$$

$$= \oint_F \left[\phi\, \frac{\partial G}{\partial n'} - G\, \frac{\partial \phi}{\partial n'} \right]\, \mathrm{d}F' \,.$$

Da wir am Potential im gesamten Raum interessiert sind, wählen wir für F eine Kugeloberfläche mit $R = |\boldsymbol{r} - \boldsymbol{r}'| \to \infty$. Dann verschwindet das Oberflächenintegral, wegen $\phi, \psi \sim R^{-1}$ für $R \to \infty$, und es bleibt das aus der Elektrostatik bekannte COULOMB'*sche Integral*

$$\phi(\boldsymbol{r}) = \frac{1}{\varepsilon} \int_V G(\boldsymbol{r}, \boldsymbol{r}')\, q_V(\boldsymbol{r}')\, \mathrm{d}V' = \frac{1}{4\pi\varepsilon} \int_V \frac{q_V(\boldsymbol{r}')}{|\boldsymbol{r} - \boldsymbol{r}'|}\, \mathrm{d}V' \,. \tag{17.51}$$

Da die GREEN'sche Funktion die Wirkung der Quelle bei $\boldsymbol{r}'$ am Ort $\boldsymbol{r}$ angibt, muss sie wegen der Reziprozität symmetrisch sein

$$G(\boldsymbol{r}, \boldsymbol{r}') = G(\boldsymbol{r}', \boldsymbol{r}) \,. \tag{17.52}$$

Außerdem hat sie eine Unstetigkeit bei $\boldsymbol{r} = \boldsymbol{r}'$, deren Charakter vom Problem abhängt.

Im Folgenden sollen einige GREEN'sche Funktionen des freien Raumes hergeleitet werden, die der HELMHOLTZ-Gleichung genügen

$$\nabla^2 G(\boldsymbol{r}, \boldsymbol{r}') + k^2 G(\boldsymbol{r}, \boldsymbol{r}') = -\delta^3(\boldsymbol{r} - \boldsymbol{r}') \,. \tag{17.53}$$

Eindimensionaler Fall

Im eindimensionalen Fall geht man von einer flächigen Quelle bei $z = z'$ aus, die ebene Wellen in positive und negative z-Richtung anregt

$$\frac{\mathrm{d}^2}{\mathrm{d}z^2}\, G(z,z') + k^2 G(z,z') = -\delta(z-z')\,. \tag{17.54}$$

Am einfachsten konstruiert man die GREEN'sche Funktion aus der Lösung der homogenen Gleichung

$$G(z,z') = \begin{cases} A(z')\,\mathrm{e}^{-\mathrm{j}kz} & z > z' \\ & \text{für} \\ B(z')\,\mathrm{e}^{\mathrm{j}kz} & z < z'\,, \end{cases} \tag{17.55}$$

wobei angenommen wurde, dass Wellen an der Stelle $z = z'$ erzeugt werden und von da in positive und negative z-Richtung laufen. Wegen (17.52) ist G stetig bei $z = z'$

$$A\,\mathrm{e}^{-\mathrm{j}kz'} = B\,\mathrm{e}^{\mathrm{j}kz'}\,, \tag{17.56}$$

während die erste Ableitung unstetig ist. Den Wert des Sprungs der Ableitung erhält man durch Integration

$$\int\limits_{z'-\varepsilon}^{z'+\varepsilon} \left[\frac{\mathrm{d}^2}{\mathrm{d}z^2} + k^2\right] G\,\mathrm{d}z = -\int\limits_{z'-\varepsilon}^{z'+\varepsilon} \delta(z-z')\,\mathrm{d}z = -1$$

$$\frac{\mathrm{d}G}{\mathrm{d}z}\bigg|_{z'-\varepsilon}^{z'+\varepsilon} + k^2 \int\limits_{z'-\varepsilon}^{z'+\varepsilon} G\,\mathrm{d}z = -\mathrm{j}k\left[A\,\mathrm{e}^{-\mathrm{j}k(z'+\varepsilon)} + B\,\mathrm{e}^{\mathrm{j}k(z'-\varepsilon)}\right]$$

$$+ k^2 \int\limits_{z'-\varepsilon}^{z'} B\,\mathrm{e}^{\mathrm{j}kz}\,\mathrm{d}z + k^2 \int\limits_{z'}^{z'+\varepsilon} A\,\mathrm{e}^{-\mathrm{j}kz}\,\mathrm{d}z$$

$$= -\mathrm{j}k\left[A\,\mathrm{e}^{-\mathrm{j}k(z'+\varepsilon)} + B\,\mathrm{e}^{\mathrm{j}k(z'-\varepsilon)}\right]$$
$$- \mathrm{j}k\left[B\left(\mathrm{e}^{\mathrm{j}kz'} - \mathrm{e}^{\mathrm{j}k(z'-\varepsilon)}\right) - A\left(\mathrm{e}^{-\mathrm{j}k(z'+\varepsilon)} - \mathrm{e}^{-\mathrm{j}kz'}\right)\right] = -1\,,$$

oder

$$A\,\mathrm{e}^{-\mathrm{j}kz'} + B\,\mathrm{e}^{\mathrm{j}kz'} = \frac{1}{\mathrm{j}k}\,. \tag{17.57}$$

Man erhält zwei Gleichungen (17.56), (17.57) für A und B und nach Auflösung folgt für die eindimensionale GREEN'sche Funktion

$$G(z,z') = \frac{1}{\mathrm{j}2k}\,\mathrm{e}^{-\mathrm{j}k|z-z'|}\,. \tag{17.58}$$

Zweidimensionaler Fall

Im zweidimensionalen Fall nimmt man eine Linienquelle bei $\varrho = \varrho'$ an, die zylindersymmetrische Wellen anregt, welche nur von $R = |\varrho - \varrho'|$ abhängen

$$\frac{1}{R}\frac{\mathrm{d}}{\mathrm{d}R}\left[R\,\frac{\mathrm{d}}{\mathrm{d}R}\,G(R)\right] + k^2 G(R) = -\delta^2(\boldsymbol{\varrho} - \boldsymbol{\varrho}')\,. \tag{17.59}$$

Die homogene Gleichung ist die BESSEL'sche Differentialgleichung. Da man eine Lösung mit einer Singularität bei $R = 0$ benötigt, wird eine HANKEL'sche Funktion gewählt und zwar die zweiter Art, welche von $R = 0$ ausgehende Wellen beschreibt

$$G(R) = A\,H_0^{(2)}(kR)\,. \tag{17.60}$$

Den Faktor A bestimmt man aus (17.59) für $k \to 0$, d.h. aus

$$\nabla^2 G = -\delta^2(\boldsymbol{\varrho} - \boldsymbol{\varrho}')\,.$$

Integration über eine Kreisfläche mit Radius ε ergibt

$$\int_F \nabla^2 G\,\mathrm{d}F = \oint_S (\nabla G)_n\,\mathrm{d}s = \left.\frac{\mathrm{d}G}{\mathrm{d}R}\right|_{R=\varepsilon} \oint_S \mathrm{d}s = 2\pi\varepsilon\,\left.\frac{\mathrm{d}G}{\mathrm{d}R}\right|_{R=\varepsilon}$$

$$= -\int_F \delta^2(\boldsymbol{\varrho} - \boldsymbol{\varrho}')\,\mathrm{d}F = -1$$

oder

$$\frac{\mathrm{d}G(\varepsilon)}{\mathrm{d}\varepsilon} = -\frac{1}{2\pi\varepsilon} \quad \to \quad G(\varepsilon) = -\frac{1}{2\pi}\,\ln(\varepsilon/R_0)\,. \tag{17.61}$$

Andererseits lautet die asymptotische Entwicklung der HANKEL-Funktion für kleine Argumente[2]

$$A\,H_0^{(2)}(k\varepsilon) \sim -\mathrm{j}\,\frac{2}{\pi}\,A\,\ln k\varepsilon$$

und Gleichsetzen mit (17.61) ergibt für R_0 und A

$$R_0 = k^{-1} \quad,\quad A = -\mathrm{j}\,\frac{1}{4}\,.$$

Aus (17.60) wird

$$G(\boldsymbol{\varrho}, \boldsymbol{\varrho}') = -\mathrm{j}\,\frac{1}{4}\,H_0^{(2)}(k|\boldsymbol{\varrho} - \boldsymbol{\varrho}'|)\,. \tag{17.62}$$

Dreidimensionaler Fall

In dreidimensionalen Fall befindet sich eine Punktquelle an der Stelle $\boldsymbol{r} = \boldsymbol{r}'$, die in positive r-Richtung laufende Kugelwellen erzeugt, welche nur von $R = |\boldsymbol{r} - \boldsymbol{r}'|$ abhängen

$$\frac{1}{R^2}\frac{\mathrm{d}}{\mathrm{d}R}\left[R^2\,\frac{\mathrm{d}}{\mathrm{d}R}\,G(R)\right] + k^2 G(R) = -\delta^3(\boldsymbol{r} - \boldsymbol{r}')\,. \tag{17.63}$$

Für die homogene Gleichung macht man den Ansatz

---

[2] siehe z.B. [Abra] §9.1

$$G = \frac{u(R)}{R}$$

und erhält

$$\frac{\mathrm{d}^2 u(R)}{\mathrm{d}R^2} + k^2 u(R) = 0$$

mit den Lösungen $\exp(\pm \mathrm{j}kR)$. Die von $R = 0$ weglaufende Welle ist somit

$$G(R) = \frac{A}{R}\, \mathrm{e}^{-\mathrm{j}kR}\;. \tag{17.64}$$

Die Konstante A findet man, wie im zweidimensionalen Fall, für $k \to 0$ und Integration über eine Kugel mit Radius ε

$$\int_V \nabla^2 G \,\mathrm{d}V = \oint_F (\nabla G)_n \,\mathrm{d}F = \left.\frac{\mathrm{d}G}{\mathrm{d}R}\right|_{R=\varepsilon} \oint_F \mathrm{d}F$$

$$= 4\pi\varepsilon^2 \left.\frac{\mathrm{d}G}{\mathrm{d}R}\right|_{R=\varepsilon} = -\int_V \delta^3(\boldsymbol{r} - \boldsymbol{r}') \,\mathrm{d}V = -1$$

oder

$$\frac{\mathrm{d}G}{\mathrm{d}\varepsilon} = -\frac{1}{4\pi\varepsilon^2} \quad \to \quad G(\varepsilon) = \frac{1}{4\pi\varepsilon}\;. \tag{17.65}$$

Der Vergleich von (17.64) mit (17.65) bestimmt A

$$\frac{1}{4\pi\varepsilon} = \lim_{R=\varepsilon \to 0} \frac{A}{\varepsilon} \quad \to \quad A = \frac{1}{4\pi}$$

und die dreidimensionale GREEN'sche Funktion lautet

$$G(\boldsymbol{r}, \boldsymbol{r}') = \frac{\mathrm{e}^{-\mathrm{j}k|\boldsymbol{r}-\boldsymbol{r}'|}}{4\pi|\boldsymbol{r} - \boldsymbol{r}'|}\;. \tag{17.66}$$

17.4 Skalare Beugungstheorie. Huygens'sches Prinzip

Wie bei der Streuung gibt es nur eine kleine Anzahl an kanonischen Problemen mit exakter Lösung, z.B. ein zweidimensionaler Keil oder eine Kreislochblende im dünnen Schirm. Daher wird im Folgenden eine skalare Beugungstheorie entwickelt, die auf sehr groben Annahmen beruht, die aber dennoch die Effekte der Beugung und Streuung recht gut wiedergibt, wenn der Streukörper oder die beugende Apertur groß gegenüber der Wellenlänge sind, und wenn der Beobachtungspunkt mehrere Wellenlängen entfernt ist.

Wir gehen dabei vom HUYGENS'schen Prinzip aus, welches besagt, dass die Wellenfunktion in einem Punkt P die Überlagerung von Kugelwellen darstellt. Der Ursprung der Kugelwellen liegt auf einer Fläche, im allgemeinen Fall auf einer Hüllfläche F_H, welche P umschließt, Abb. 17.11.

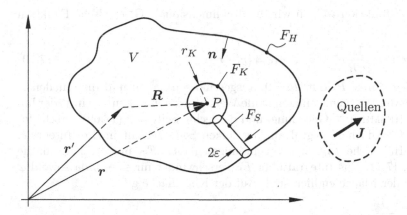

Abb. 17.11. Volumen V mit Oberfläche $F_H + F_S + F_K$ und Feldquellen J

Die Quellen des Feldes sollen außerhalb der Hüllfläche liegen. Den Aufpunkt P schließen wir zunächst durch eine kleine Kugelfläche F_K mit Radius r_K aus, um Singularitäten zu vermeiden. Damit eine geschlossene Oberfläche, welche ein einfach zusammenhängendes Volumen V umschließt, entsteht, verbinden wir F_H und F_K mit einer schlauchförmigen Fläche F_S vom Radius ε, der später gegen Null gehen soll. Wir sind nun in der Lage, die Wellenfunktion $\varphi(\boldsymbol{r})$ im Punkt P zu berechnen, wenn die Amplituden und Phasen der Kugelwellen auf der Hüllfläche F_H bekannt sind.

17.4.1 Helmholtz-Kirchhoff-Integral

Gesucht sei eine skalare Wellenfunktion

$$\phi(\boldsymbol{r},t) = \varphi(\boldsymbol{r})\,\mathrm{e}^{\mathrm{j}\omega t}\ ,\tag{17.67}$$

deren Phasor der HELMHOLTZ-Gleichung genügt

$$\nabla^2\varphi(\boldsymbol{r}) + k^2\varphi(\boldsymbol{r}) = 0\quad ,\quad k = \omega\sqrt{\mu\varepsilon}\ .\tag{17.68}$$

Damit φ durch HUYGENS'sche Quellen, Kugelwellen, die auf einer Hüllfläche F_H um P erzeugt werden, ausgedrückt werden kann, gehen wir vom zweiten GREEN'schen Satz aus

$$\oint_{F} [\varphi\nabla'\psi - \psi\nabla'\varphi]\cdot\mathrm{d}\boldsymbol{F}' = -\oint_{F} \left[\varphi\frac{\partial\psi}{\partial n'} - \psi\frac{\partial\varphi}{\partial n'}\right]\mathrm{d}F'$$
$$= \int_{V} [\varphi\nabla'^2\psi - \psi\nabla'^2\varphi]\,\mathrm{d}V'\ .\tag{17.69}$$

Hierbei ist ψ eine Hilfsfunktion, über die wir gleich verfügen werden, und die Integrationsvariablen sind durch einen $'$ gekennzeichnet. Die Normale $\boldsymbol{n}$ wurde, abweichend von der üblichen Definition, in das Volumen hineinzeigend festgelegt.

Als Hilfsfunktion wählen wir die dreidimensionale GREEN'sche Funktion (17.66)

$$\psi(\boldsymbol{r}, \boldsymbol{r}') = \frac{1}{4\pi R}\, \mathrm{e}^{-\mathrm{j}kR} \quad , \quad R = |\boldsymbol{r} - \boldsymbol{r}'| \; . \tag{17.70}$$

Da wir den Punkt P, d.h. $R = 0$, ausgeschlossen haben und die Quellen $\boldsymbol{J}$ außerhalb von V liegen, genügen beide Wellenfunktionen φ und ψ in V der homogenen HELMHOLTZ-Gleichung, und die rechte Seite von (17.69) verschwindet. Das Oberflächenintegral auf der linken Seite zerfällt in drei Integrale, über die Hüllfläche F_H, den Verbindungsschlauch F_S und die Kugelfläche F_K, Abb. 17.11. Das Integral über F_S verschwindet für $\varepsilon \to 0$, da sowohl φ wie ψ auf der Fläche endlich sind. Auf der Kugelfläche gilt

$$\frac{\partial}{\partial n'} = \frac{\partial}{\partial R}$$

und es bleibt schließlich von (17.69)

$$-\oint_{F_K} \left[\varphi\, \frac{\partial \psi}{\partial R} - \psi\, \frac{\partial \varphi}{\partial R} \right] \mathrm{d}F' = \oint_{F_H} \left[\varphi\, \frac{\partial \psi}{\partial n'} - \psi\, \frac{\partial \varphi}{\partial n'} \right] \mathrm{d}F' \; . \tag{17.71}$$

Im Integral auf der linken Seite drückt man das Oberflächenelement durch den Raumwinkel aus

$$\mathrm{d}F' = R^2\, \mathrm{d}\Omega'$$

und entwickelt den Integranden

$$\varphi\, \frac{\partial \psi}{\partial R} - \psi\, \frac{\partial \varphi}{\partial R} = -\frac{\varphi}{4\pi} \left(\frac{1}{R^2} + \mathrm{j}\, \frac{k}{R} \right) \mathrm{e}^{-\mathrm{j}kR} - \frac{1}{4\pi R}\, \mathrm{e}^{-\mathrm{j}kR}\, \frac{\partial \varphi}{\partial R} \; .$$

Im Grenzübergang $R = r_K \to 0$ wird dann aus dem Integral

$$\lim_{R \to 0}\, -\oint_{F_K} \left[\varphi\, \frac{\partial \psi}{\partial R} - \psi\, \frac{\partial \varphi}{\partial R} \right] \mathrm{d}F'$$

$$= \frac{1}{4\pi} \lim_{R \to 0} \oint_{F_K} \left(\varphi[1 + \mathrm{j}kR] + R\, \frac{\partial \varphi}{\partial R} \right) \mathrm{e}^{-\mathrm{j}kR}\, \mathrm{d}\Omega' = \varphi(\boldsymbol{r}) \; ,$$

da sowohl φ wie $\partial\varphi/\partial R$ beschränkt sind im Punkt $\boldsymbol{r}$. Die verbleibende Gleichung (17.71) ist das HELMHOLTZ-KIRCHHOFF-*Integral*

$$\varphi(\boldsymbol{r}) = \frac{1}{4\pi} \oint_{F_H} \left\{ \varphi(\boldsymbol{r}')\, \frac{\partial}{\partial n'} - \frac{\partial \varphi(\boldsymbol{r}')}{\partial n'} \right\} \left(\frac{1}{R}\, \mathrm{e}^{-\mathrm{j}kR} \right) \mathrm{d}F' \; , \tag{17.72}$$

welches die Wellenfunktion φ im Punkt $\boldsymbol{r}$ ausdrückt durch die HUYGENS'schen Quellen φ und $\partial\varphi/\partial n'$ auf einer Hüllfläche F_H. Das Integral stellt die mathematische Formulierung des HUYGENS'schen Prinzips dar.

17.4.2 Kirchhoff'sche Theorie der Beugung

Das typische Beugungsproblem ist die Beugung von Wellen an einer Apertur in einem ideal leitenden Schirm, Abb. 17.12.

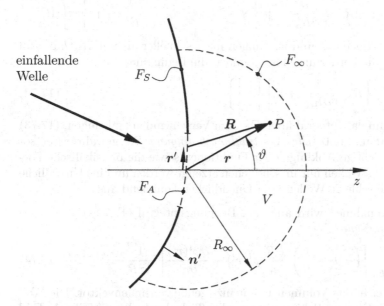

Abb. 17.12. Zur Beugung einer Welle an einem Schirm mit Apertur

Um den Aufpunkt P legt man die in (17.72) auftretende Hüllfläche F_H, welche aus drei Teilflächen besteht: Die Fläche F_A der Apertur, der Schirm mit F_S und die unendlich ferne Hülle F_∞. Wären nun φ und $\partial\varphi/\partial n'$ auf F_H gegeben, könnte man $\varphi(\boldsymbol{r})$ aus (17.72) bestimmen. Da dies aber normalerweise nicht der Fall ist, hat KIRCHHOFF folgende Näherungen angenommen:

1. In der Apertur besitzen φ und $\partial\varphi/\partial n'$ die Werte der einfallenden Welle φ^i. Das bedeutet, dass in der Nähe der Apertur der Schirm das einfallende Feld nur wenig stört. Diese Annahme scheint vernünftig, wenn die Apertur sehr viel größer als die Wellenlänge ist, und wenn man nicht zu nahe an den Schirm herangeht.

2. Auf dem Schirm verschwinden φ und $\partial\varphi/\partial n'$. Dies entspricht einem perfekt absorbierenden Schirm und stellt eine recht grobe Näherung dar. Die einzige Rechtfertigung dafür ist, dass das Ergebnis nur für kleinere Winkel ϑ gültig ist und recht gut mit Experimenten übereinstimmt.

3. Das Integral über die Hüllfläche F_∞ mit $R_\infty \to \infty$ verschwindet. Dies erscheint zunächst eine schwierige Forderung zu sein, denn das Oberflächenelement ist proportional R_∞^2 und φ darf nicht schneller als mit R_∞^{-1} abnehmen, damit das Integral über die Intensität $|\varphi|^2$ einen endlichen

Wert gibt. Dieses Problem wurde von SOMMERFELD (1912) gelöst, indem er eine Ausstrahlungsbedingung herleitete. Man erweitert den Integranden auf der rechten Seite von (17.71) und benutzt $\partial/\partial n' = -\partial/\partial R_\infty$ und $\mathrm{d}F' = R_\infty^2 \mathrm{d}\Omega'$

$$- \left[(R_\infty\varphi)R_\infty \left\{ \frac{\partial}{\partial R_\infty} + \mathrm{j}k \right\} \psi - (R_\infty\psi)R_\infty \left\{ \frac{\partial}{\partial R_\infty} + \mathrm{j}k \right\} \varphi \right] \mathrm{d}\Omega' \ .$$

Beide Funktionen, φ und ψ, klingen nicht schneller als mit R_∞^{-1} ab, und es genügt die Forderung, dass φ und ψ die Bedingung

$$\lim_{R_\infty \to \infty} \left\{ R_\infty \left[\frac{\partial}{\partial R_\infty} + \mathrm{j}k \right] \begin{bmatrix} \varphi \\ \psi \end{bmatrix} \right\} = 0 \tag{17.73}$$

erfüllen, um das Integral über F_∞ zum Verschwinden zu bringen. (17.73) heißt SOMMERFELD'*sche Ausstrahlungsbedingung.* Sie gewährleistet sowohl das richtige Abklingen der Funktionen sowie die physikalische Forderung, dass Wellen nur im Endlichen erzeugt werden und ins Unendliche laufen. Sie schließt Wellen vom Unendlichen kommend aus.

Mit obigen Annahmen wird aus dem Beugungsintegral (17.72) die KIRCHHOFF'*sche Näherung*

$$\varphi(\boldsymbol{r}) = \int_{F_A} \left[\left(-\mathrm{j}k - \frac{1}{R} \right) \frac{\partial R}{\partial n'} \varphi^i(\boldsymbol{r}') - \frac{\partial\varphi^i(\boldsymbol{r}')}{\partial n'} \right] \frac{1}{4\pi R} \, \mathrm{e}^{-\mathrm{j}kR} \, \mathrm{d}F' \ . \tag{17.74}$$

$\boldsymbol{n}'$ ist dabei der in das Volumen V hineinzeigende Normalenvektor. Die Wellenfunktion hinter dem Schirm ist ausschließlich durch das einfallende Feld in der Apertur bestimmt.

Als nächstes wollen wir einige weitere Vereinfachungen vornehmen. Der Schirm sei eben und in der Ebene $z = 0$ liegend. Die einfallende Welle sei eine ebene Welle

$$\varphi^i = \varphi_0 \, \mathrm{e}^{-\mathrm{j}kz'} \ .$$

Dann wird

$$R = \lim_{z' \to 0} \sqrt{(x-x')^2 + (y-y')^2 + (z-z')^2}$$

$$\frac{\partial R}{\partial n'} = \frac{\partial R}{\partial z'} = -\frac{z}{R}$$

$$\varphi^i(\boldsymbol{r}') = \varphi_0 \quad , \quad \frac{\partial\varphi^i}{\partial n'} = \frac{\partial\varphi^i}{\partial z'} = -\mathrm{j}k\varphi_0 \ .$$

Ferner wollen wir das Feld φ in einem genügend großen Abstand vom Schirm betrachten und gehen von einer Beugung aus, die nur in einem kleinen Winkelbereich auftritt, d.h. ϑ sei klein. Unter diesen Voraussetzungen kann man bei der Berechnung folgende Näherungen machen

$$R \approx r \approx z \quad , \quad kr \gg 1$$

und erhält aus (17.74)

$$\varphi(\boldsymbol{r}) = \mathrm{j}\,\frac{k\varphi_0}{2\pi r}\int_{F_A} \mathrm{e}^{-\mathrm{j}kR}\,\mathrm{d}F' = \mathrm{j}\,\frac{\varphi_0}{\lambda r}\int_{F_A} \mathrm{e}^{-\mathrm{j}kR}\,\mathrm{d}F'\,. \tag{17.75}$$

Zur Berechnung der Phase entwickelt man R bis zur zweiten Ordnung in x', y'

$$\begin{aligned}
R &= \sqrt{(x-x')^2 + (y-y')^2 + z^2} \\
&= \sqrt{x^2 + y^2 + z^2 - 2(xx' + yy') + (x'^2 + y'^2)} \\
&= r\sqrt{1 - \frac{2}{r^2}\,(xx' + yy') + \frac{1}{r^2}\,(x'^2 + y'^2)} \\
&\approx r - \left(\frac{x}{r}\,x' + \frac{y}{r}\,y'\right) + \frac{1}{2r}\,(x'^2 + y'^2)\,.
\end{aligned} \tag{17.76}$$

Mit dieser Näherung von R in (17.75) spricht man vom *Nahfeld* oder von FRESNEL-*Beugung*. Die Krümmung der Wellenfront, die durch den quadratischen Term entsteht, ist dabei wichtig für das Beugungsmuster. Es entsteht eine Abbildung der Apertur in der Beobachtungsebene, $z = \text{const.}$, mit Beugungsmuster an der Peripherie. In den meisten Fällen ist es unmöglich, das Integral mit dieser Näherung analytisch zu berechnen und man ist auf numerische Lösungen angewiesen.

Ist jedoch der Aufpunkt so weit entfernt, dass der quadratische Term in (17.76) vernachlässigt werden kann, d.h. wenn bei einem maximalen Durchmesser der Apertur von

$$D = 2\sqrt{x'^2 + y'^2}$$

die Phasenänderung sehr viel kleiner als 2π ist

$$\frac{k}{2r}\,(x'^2 + y'^2) = k\,\frac{D^2}{8r} \ll 2\pi \quad \text{oder} \quad r \gg \frac{D^2}{8\lambda}\,, \tag{17.77}$$

dann spricht man vom Fernfeld oder von FRAUNHOFER-*Beugung*. Mit dieser Näherung berechnet sich die Wellenfunktion aus

$$\varphi(\boldsymbol{r}) = \mathrm{j}\,\frac{\varphi_0}{\lambda r}\,\mathrm{e}^{-\mathrm{j}kr}\int_{F_A} \mathrm{e}^{\mathrm{j}k(\alpha x' + \beta y')}\,\mathrm{d}x'\,\mathrm{d}y'\,, \tag{17.78}$$

wobei $\alpha = x/r$ und $\beta = y/r$ gesetzt wurde.

Offensichtlich gibt das FRAUNHOFER-Beugungsfeld die FOURIER-Transformierte der Apertur an. Dies gilt auch, wenn die einfallende Welle φ^i keine ebene Welle ist. Dann wird die Belegung in der Apertur FOURIER transformiert. In der Antennentheorie sagt man,

dass das Strahlungsfeld einer Aperturantenne die FOURIER-Transformierte des Aperturfeldes ist.

17.4.3 Fraunhofer-Beugung an einer kreisförmigen Apertur

Gesucht ist die Beugung einer ebenen Welle an einer kreisförmigen Apertur mit Radius a. Sinnvollerweise verwendet man Zylinderkoordinaten

$$x = \varrho \cos\varphi \quad , \quad y = \varrho \sin\varphi \quad , \quad x' = \varrho' \cos\varphi' \quad , \quad y' = \varrho' \sin\varphi' \, ,$$

und es wird

$$\alpha = \frac{x}{r} = \frac{\varrho}{r} \cos\varphi = \sin\vartheta \cos\varphi$$

$$\beta = \frac{y}{r} = \frac{\varrho}{r} \sin\varphi = \sin\vartheta \sin\varphi$$

$$\alpha x' + \beta y' = \varrho' \sin\vartheta (\cos\varphi \cos\varphi' + \sin\varphi \sin\varphi') = \varrho' \sin\vartheta \cos(\varphi - \varphi') \, .$$

Einsetzen in (17.78)

$$\varphi(\boldsymbol{r}) = \mathrm{j} \frac{\varphi_0}{\lambda r} \, \mathrm{e}^{-\mathrm{j}kr} \int_0^a \int_0^{2\pi} \mathrm{e}^{\mathrm{j}k\varrho' \sin\vartheta \cos(\varphi-\varphi')} \varrho' \, \mathrm{d}\varphi' \, \mathrm{d}\varrho' \tag{17.79}$$

liefert ein Integral, welches nicht durch elementare Funktionen ausgedrückt werden kann. Aber mit der Integraldarstellung der BESSEL-Funktion, siehe [Abra],

$$J_0(x) = \frac{1}{2\pi} \int_0^{2\pi} \mathrm{e}^{\mathrm{j}x \cos\varphi'} \mathrm{d}\varphi' \quad , \quad x = k\varrho' \sin\vartheta \, ,$$

und der Wahl $\varphi = 0$, welche möglich ist wegen der Zylindersymmetrie der Anordnung, wird aus (17.79)

$$\varphi(\boldsymbol{r}) = \mathrm{j} 2\pi \frac{\varphi_0}{\lambda r} \, \mathrm{e}^{-\mathrm{j}kr} \int_0^a \varrho' J_0(k\varrho' \sin\vartheta) \, \mathrm{d}\varrho' \, .$$

Das Integral lässt sich auswerten

$$\int_0^a \varrho' J_0(k\varrho' \sin\vartheta) \, \mathrm{d}\varrho' = \frac{1}{(k\sin\vartheta)^2} \int_0^{ka\sin\vartheta} u J_0(u) \, \mathrm{d}u$$

$$= \frac{1}{(k\sin\vartheta)^2} \Big[u J_1(u) \Big]_0^{ka\sin\vartheta} = \frac{a}{k\sin\vartheta} J_1(ka\sin\vartheta)$$

und die Wellenfunktion wird zu

$$\varphi(\boldsymbol{r}) = \mathrm{j} \frac{k}{2\pi r} \, \mathrm{e}^{-\mathrm{j}kr} \, \pi a^2 \varphi_0 \, \frac{2 J_1(ka\sin\vartheta)}{ka\sin\vartheta} \, . \tag{17.80}$$

Die auf den Wert bei $\vartheta = 0$ normierte Intensität lautet[3]

$$I = \left| \frac{\varphi(r,\vartheta)}{\varphi(r,\vartheta=0)} \right|^2 = \left(\frac{2 J_1(ka\sin\vartheta)}{ka\sin\vartheta} \right)^2 \tag{17.81}$$

und ist in Abb. 17.13 gegeben. Es sind die typischen FRAUNHOFER-Ringe zu sehen, wobei die Intensität bei weiter außen auftretenden Ringen sehr stark abnimmt. Die erste Nullstelle der Intensität tritt bei

$$ka\sin\vartheta = j_{11} = 3.83 = 1.22\pi \quad \text{oder} \quad \sin\vartheta = 1.22 \frac{\lambda}{2a} \tag{17.82}$$

---

[3] Der Faktor 2 im Zähler normiert die Intensität auf 1 für $\vartheta = 0$

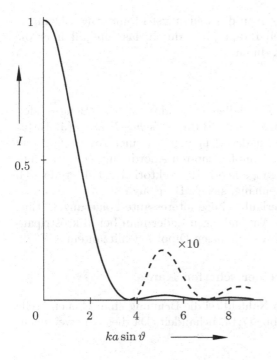

Abb. 17.13. Intensitätsverteilung des Beugungsfeldes einer runden Apertur

auf. Die Breite ist um den Faktor 1.22 mal breiter als bei einem Schlitz der Weite $2a$. Außerdem ist mehr Intensität innerhalb der ersten Nullstelle als bei einem Schlitz. Daher sind runde Blenden schlitzförmigen vorzuziehen.

Ebenso wie bei einer einfallenden, ebenen Welle gibt auch der Einfall von einer entfernten Punktquelle die FOURIER-Transformierte der Apertur. In RAYLEIGHS *Kriterium* wird diese Eigenschaft verwendet, um die Grenze der Auflösung einer runden Apertur zu bestimmen. Nach dem Kriterium ist die minimale Winkelauflösung zwischen zwei Punktquellen dann gegeben, wenn das Beugungsmaximum der einen Quelle auf die Nullstelle des Beugungsmusters der zweiten Quelle fällt

$$(\Delta\vartheta)_{min} = 1.22\,\frac{\lambda}{2a}\ .$$

Somit ist die *Auflösungsstärke* einer runden Blende durch

$$A = \frac{1}{(\Delta\vartheta)_{min}} = 0.82\,\frac{2a}{\lambda} \tag{17.83}$$

gegeben.

17.4.4 Babinet's Prinzip

Das Beugungsfeld einer Apertur im Schirm berechnet sich aus dem Integral (17.75) über die Apertur und sei mit $\varphi_1(r)$ bezeichnet. Für die komplementäre Anordnung, d.h. die Apertur wird durch eine Scheibe ersetzt und der

Schirm verschwindet, bezeichnet man das Beugungsfeld mit $\varphi_2(\boldsymbol{r})$. Dann ist offensichtlich das Feld im freien Raum $\varphi_i(\boldsymbol{r})$ durch das Integral über die unendliche Fläche gegeben, d.h. durch

$$\varphi_i(\boldsymbol{r}) = \varphi_1(\boldsymbol{r}) + \varphi_2(\boldsymbol{r}) \; . \tag{17.84}$$

Der Zusammenhang (17.84) des einfallenden Feldes mit den Beugungsfeldern komplementärer Anordnungen heißt BABINET'sches Prinzip (J. BABINET 1837). Man benötigt also nur das Beugungsfeld einer Anordnung und erhält über (17.84) dasjenige der komplementären Anordnung. Obige Formulierung gilt für die skalare Beugungstheorie. Im vektoriellen Fall ergibt sich ein etwas komplexerer Zusammenhang, siehe z.B. [Kong].

Das BABINET'sche Prinzip erlaubt einige interessante Folgerungen. Eine der am häufigsten auftretenden Anwendungen findet man bei Mikrostripantennen für die komplementären Anordnungen Dipol / Schlitzantenne.

17.4.5 Fresnel-Beugung an einer scharfen Kante

Als Beispiel für die Beugung im Nahfeld sei die Beugung einer ebenen Welle am halbunendlichen Schirm, Abb. 17.14, behandelt. Da dies ein zweidimen-

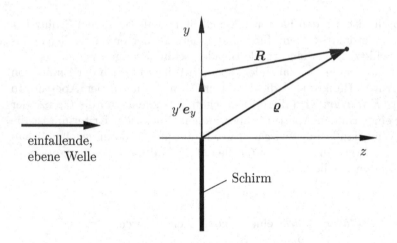

Abb. 17.14. Zur Beugung einer ebenen Welle am halbunendlichen Schirm

sionales Problem ist und die Integration über eine unendlich große Apertur erfolgt, sind natürlich die oben gemachten Näherungen nicht mehr gültig. Wir müssen also das HELMHOLTZ-KIRCHHOFF-Integral (17.72) und die nachfolgenden Näherungen für den zweidimensionalen Fall neu ableiten.

Im Zweidimensionalen ist die GREEN'sche Funktion (17.62)

$$G(\varrho, \varrho') = -\frac{j}{4} H_0^{(2)}(k|\varrho - \varrho'|) \tag{17.85}$$

und der zweite GREEN'sche Satz

$$-\oint_S \left[\varphi \frac{\partial}{\partial n'} G - G \frac{\partial \varphi}{\partial n'} \right] ds' = \int_F [\varphi \nabla'^2 G - G \nabla'^2 \varphi] \, dF' . \tag{17.86}$$

Die Anordnung von Fläche und Umlauf entsprechen dem Volumen und der Oberfläche in Abb. 17.11. Da die Quellen wiederum außerhalb von F liegen sollen, verschwindet die rechte Seite von (17.86). Das Umlaufintegral auf der linken Seite besteht aus vier Teilintegralen: Ein Integral über den äußeren Rand S_H, ein Kreisintegral über S_K und zwei antiparallel verlaufende Integrale, welche S_K und S_H verbinden und so eine einfach zusammenhängende Fläche F erzeugen. Letztere heben sich gegenseitig auf. Um das Integral über S_K zu entwickeln, verwendet man die asymptotische Näherung der HANKEL-Funktion für kleine Argumente

$$H_0^{(2)}(kR) \sim -j \frac{2}{\pi} \ln(kR) \quad , \quad R = |\varrho - \varrho'|$$

und erhält mit $\partial/\partial n' = \partial/\partial R$

$$-\oint_{S_K} \left[\varphi \frac{\partial G}{\partial R} - G \frac{\partial \varphi}{\partial R} \right] ds' = \lim_{R \to 0} \frac{1}{2\pi} \int_0^{2\pi} \left[\frac{1}{R} \varphi - \ln(kR) \frac{\partial \varphi}{\partial R} \right] R \, d\varphi' = \varphi(\varrho).$$

Schließlich verbleibt nur das Integral über S_H und aus (17.86) wird

$$\varphi(\varrho) = \oint_{S_H} \left[\varphi(\varrho') \frac{\partial G(\varrho, \varrho')}{\partial n'} - G(\varrho, \varrho') \frac{\partial \varphi(\varrho')}{\partial n'} \right] ds' . \tag{17.87}$$

(17.87) ist völlig analog zu (17.72) außer, dass das Oberflächenintegral über F_H in ein Umlaufintegral um S_H übergeht und die entsprechende zweidimensionale GREEN'sche Funktion verwendet werden muss.

Als nächstes werden die KIRCHHOFF'schen Näherungen §17.4.2 eingearbeitet. Vom Integral verbleibt nur der Teil über die Apertur, d.h. über $0 \leq y' \leq \infty$. Für die Wellenfunktion φ wird in der Apertur die einfallende ebene Welle angenommen

$$\varphi(y') = \varphi_0 \quad , \quad \frac{\partial \varphi}{\partial n'} = \frac{\partial \varphi}{\partial z'} = -jk\varphi_0 .$$

Ferner soll das Feld in genügend großem Abstand vom Schirm berechnet werden, so dass

$$kR = k|\varrho - \varrho'| \gg 1$$

gilt und die asymptotische Näherung der HANKEL-funktion verwendet werden kann

$$H_0^{(2)}(kR) \sim \sqrt{\frac{2}{\pi k R}} \, e^{-j(kR - \pi/4)} .$$

Mit

$$R = \lim_{z' \to 0} \sqrt{(y - y')^2 + (z - z')^2}$$

$$\frac{\partial R}{\partial n'} = \frac{\partial R}{\partial z'} = -\frac{z}{R}$$

wird dann aus (17.87)

$$\varphi(\varrho) = \varphi_0 \left(-\frac{j}{4} \right) \sqrt{\frac{2}{\pi k}} \, e^{j\pi/4} \int_0^\infty \left[\left(-\frac{1}{2R^{3/2}} - j\frac{k}{\sqrt{R}} \right) \left(-\frac{z}{R} \right) + j\frac{k}{\sqrt{R}} \right]$$
$$\cdot e^{-jkR} \, dy' \ .$$

Da kR als groß angenommen wurde, ist der erste Term des Integranden vernachlässigbar. Für die Näherung von R kann man zunächst nicht wie in §14.4.2 vorgehen, da y' gegen unendlich geht. Allerdings wird für große $|y - y'|$ der Beitrag zum Integral sehr klein wegen der sich schnell ändernden Phase kR in der Exponentialfunktion. Man kann daher für große z und kleine y wiederum die Näherung $\varrho \approx R \approx z$ für die Amplitude verwenden und erhält die zu (17.75) äquivalente Form im Zweidimensionalen

$$\varphi(\varrho) = \varphi_0 \sqrt{\frac{k}{2\pi z}} \, e^{j\pi/4} \int_0^\infty e^{-jkR} \, dy' \ . \tag{17.88}$$

Für R verwenden wir die FRESNEL'sche Näherung

$$R = z \sqrt{1 + \frac{(y - y')^2}{z^2}} \approx z + \frac{(y - y')^2}{2z} \ .$$

Man führt eine neue Variable ein

$$\frac{k}{2z}(y - y')^2 = \frac{\pi}{2} u^2 \quad , \quad y - y' = \sqrt{\frac{\pi z}{k}} \, u \quad , \quad dy' = -\sqrt{\frac{\pi z}{k}} \, du$$

$$y' = 0 : \quad u = u_0 = \sqrt{\frac{k}{\pi z}} \, y \quad , \quad y' \to \infty : \quad u = -\infty$$

und erhält für (17.88)

$$\varphi(\varrho) = \frac{1}{\sqrt{2}} \, \varphi_0 \, e^{-j(kz - \pi/4)} \int_{-\infty}^{u_0} e^{-j\pi u^2/2} \, du \ .$$

Die Intensität der Strahlung in einem festen Abstand z ist

$$I = \frac{1}{2} |\varphi|^2 = \frac{1}{2} I_0 \left| \int_{-\infty}^{u_0} e^{-j\pi u^2/2} \, du \right|^2 \quad , \quad I_0 = \frac{1}{2} \varphi_0^2 \ . \tag{17.89}$$

Das Integral in (17.89) lässt sich nicht nach einfachen Funktionen entwickeln. Es muss numerisch ausgewertet werden. Dazu wird es in Real- und Imaginärteil zerlegt

$$\int_{-\infty}^{u_0} e^{-j\,\pi u^2/2}\,du = \int_{-\infty}^{0} \cos\frac{\pi u^2}{2}\,du + \int_{0}^{u_0} \cos\frac{\pi u^2}{2}\,du$$

$$-j\int_{-\infty}^{0} \sin\frac{\pi u^2}{2}\,du - j\int_{0}^{u_0} \sin\frac{\pi u^2}{2}\,du$$

$$= \int_{0}^{\infty} \cos\frac{\pi u^2}{2}\,du + \int_{0}^{u_0} \cos\frac{\pi u^2}{2}\,du$$

$$-j\int_{0}^{\infty} \sin\frac{\pi u^2}{2}\,du - j\int_{0}^{u_0} \sin\frac{\pi u^2}{2}\,du$$

$$= C(\infty) + C(u_0) - j\,S(\infty) - j\,S(u_0)\,. \qquad (17.90)$$

Die Integrale

$$C(u_0) = \int_{0}^{u_0} \cos\frac{\pi u^2}{2}\,du \quad , \quad S(u_0) = \int_{0}^{u_0} \sin\frac{\pi u^2}{2}\,du$$

heißen FRESNEL'sche *Integrale*. Ihre Eigenschaften findet man z.B. in [Abra]. Insbesondere gilt

$$C(\infty) = S(\infty) = \frac{1}{2}$$

und es wird aus (17.89) zusammen mit (17.90)

$$I = \frac{1}{2} I_0 \left[\left(\frac{1}{2} + C(u_0)\right)^2 + \left(\frac{1}{2} + S(u_0)\right)^2 \right]\,. \qquad (17.91)$$

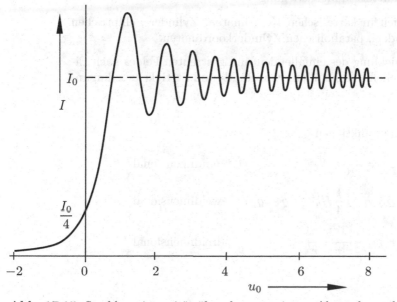

Abb. 17.15. Strahlungsintensität über dem normierten Abstand von der Kante

Abb. 17.15 zeigt die Intensität als Funktion von u_0, d.h. als Funktion von y
für festes z. Im Schattengebiet, $u_0, y < 0$, steigt die Intensität monoton an,
bis sie an der Schattengrenze, $u_0 = y = 0$, ein Viertel ihres Wertes für großes
y erreicht. Im ausgeleuchteten Gebiet, $y > 0$, zeigt die Intensität gedämpfte
Oszillationen und für $y \to \infty$ nimmt sie den Wert der einfallenden ebenen
Welle an. Trotz der teilweise recht groben Näherungen der KIRCHHOFF'schen
Theorie gibt die FRESNEL'sche Beugung an einer scharfen Kante exzellente
Ergebnisse.

Zusammenfassung

Differentieller Streuquerschnitt, Rückstreuquerschnitt, bistatischer Radarquerschnitt, Streuquerschnitt

$$\sigma_d(\boldsymbol{e}_s; \boldsymbol{e}_i) = \lim_{r \to \infty} r^2 \frac{|\boldsymbol{S}_s(\boldsymbol{e}_s; \boldsymbol{e}_i)|}{|\boldsymbol{S}_i|}$$

$$\sigma_b = 4\pi\sigma_d(-\boldsymbol{e}_i; \boldsymbol{e}_i) \quad , \quad \sigma_{bi} = 4\pi\sigma_d(\boldsymbol{e}_s; \boldsymbol{e}_i) \,.$$

$$\sigma_s = \frac{\oint_O \text{Re}\{\boldsymbol{S}_s\} \cdot \mathrm{d}\boldsymbol{F}}{|\boldsymbol{S}_i|}$$

Streuung mittels Modenzerlegung

möglich in kartesischen Koordinaten, Zylinder-, elliptischen
Zylinder-, parabolischen Zylinderkoordinaten.

Entwicklung des einfallenden und gestreuten Feldes nach Eigenwellen und Erfüllung von Rand- und Stetigkeitsbedingungen.

GREEN'sche Funktionen

$$G(z, z') = \frac{1}{\mathrm{j}2k} \, \mathrm{e}^{-\mathrm{j}k|z-z'|} \qquad \text{eindimensional}$$

$$G(\boldsymbol{\varrho}, \boldsymbol{\varrho}') = -\mathrm{j}\frac{1}{4} H_0^{(2)}(k|\boldsymbol{\varrho} - \boldsymbol{\varrho}'|) \qquad \text{zweidimensional}$$

$$G(\boldsymbol{r}, \boldsymbol{r}') = \frac{\mathrm{e}^{-\mathrm{j}k|\boldsymbol{r}-\boldsymbol{r}'|}}{4\pi|\boldsymbol{r} - \boldsymbol{r}'|} \qquad \text{dreidimensional}$$

HELMHOLTZ-KIRCHHOFF-Integral

$$\varphi(\boldsymbol{r}) = \frac{1}{4\pi} \oint_{F_H} \left\{ \varphi(\boldsymbol{r}') \frac{\partial}{\partial n'} - \frac{\partial \varphi(\boldsymbol{r}')}{\partial n'} \right\} \frac{1}{|\boldsymbol{r} - \boldsymbol{r}'|} \, \mathrm{e}^{-\mathrm{j}k|\boldsymbol{r}-\boldsymbol{r}'|} \, \mathrm{d}F'$$

FRAUNHOFER-, FRESNEL-Näherung

$$|\boldsymbol{r} - \boldsymbol{r}'| \approx r - \left(\frac{x}{r} x' + \frac{y}{r} y' \right)$$

$$|\boldsymbol{r} - \boldsymbol{r}'| \approx r - \left(\frac{x}{r} x' + \frac{y}{r} y' \right) + \frac{1}{2r} \left(x'^2 + y'^2 \right)$$

Fragen zur Prüfung des Verständnisses

17.1 Welche Näherung wird bei den Streuquerschnitten verwendet?

17.2 Was ist die Streuamplitude? Welche Annahme wird zu ihrer Berechnung gemacht?

17.3 Warum ist der Himmel blau außerhalb der Sonnenrichtung?

17.4 Was ist die Physikalische-Optik-Näherung?

17.5 Zeige den Weg zur Berechnung der Streuung am dielektrischen Zylinder.

17.6 Wie ist die Stromverteilung bei Streuung am dünnen, ideal leitenden Zylinder?

17.7 Was ist eine GREEN'sche Funktion?

17.8 Was sagt das HUYGENS'sche Prinzip?

17.9 Welche Näherungen gelten in der KIRCHHOFF'schen Theorie der Beugung?

17.10 Welche Näherungen gelten für die FRAUNHOFER- und FRESNEL-Beugung?

17.11 Warum besitzen Fotoapparate runde und nicht schlitzförmige Blenden?

17.12 Was besagt das BABINET'sche Prinzip?

18. Periodische Strukturen

Es gibt in der Mikrowellentechnik, Optik und in der Natur viele Strukturen mit räumlich periodischen Anordnungen. Dies sind Kristalle, periodisch belastete Wellenleiter oder Übertragungsleitungen, lineare Ketten von gekoppelten Resonatoren u.s.w.. Alle besitzen die spezielle Eigenschaft, dass Wellenausbreitung entlang der Struktur für manche Frequenzen möglich ist (Pass-Bänder) und für andere Frequenzen gedämpft oder gesperrt ist (Stopp-Bänder). Neben dieser Eigenschaft, die u.a. für Filter wichtig ist, spielt auch eine andere eine wichtige Rolle. Nämlich die Möglichkeit, Phasengeschwindigkeiten kleiner als die Lichtgeschwindigkeit zu erlauben. Dadurch kann eine effiziente Wechselwirkung mit langsamen Teilchenstrahlen stattfinden.

Die Grundlage für die Behandlung unendlich langer, periodischer Anordnungen bildet das FLOQUET'*sche Theorem*:

> Für eine gegebene Frequenz kann sich die Wellenfunktion einer bestimmten Eigenwelle bei Übergang von einer Periode zur nächsten nur durch eine Konstante unterscheiden.
> Anders ausgedrückt, verschiebt man die unendliche Struktur um eine Periode, so liegt wieder dieselbe unendliche Struktur vor und die Feldlösung muss bis auf eine Konstante die gleiche sein.

Endlich große, periodische Strukturen lassen sich durch endliche, lineare Gleichungssysteme beschreiben oder verhalten sich durch Anpassung an den Enden wie unendliche.

18.1 Floquet's Theorem. Dispersionsdiagramm

Wir setzen eine einfach periodische, unendlich lange Struktur voraus mit einer Periodenlänge l. Die Wellenfunktion an der Stelle z sei $f(z)$. Da die Struktur unendlich lang ist, kann sich $f(z + l)$ nur durch eine Dämpfung und eine Änderung der Phase, d.h. durch eine komplexe Konstante, von $f(z)$ unterscheiden

$$f(z + l) = e^{-jkl} f(z) , \quad k = \beta - j\,\alpha . \tag{18.1}$$

Betrachtet man eine Funktion

$$u(z) = e^{jkz} f(z) \,, \tag{18.2}$$

so ist diese periodisch

$$u(z + l) = e^{jk(z+l)} f(z + l) = e^{jkz} f(z) = u(z)$$

und kann in eine FOURIER-Reihe entwickelt werden

$$u(z) = \sum_{n=-\infty}^{+\infty} a_n\, e^{-j2\pi n z/l} \,. \tag{18.3}$$

Die Wellenfunktion f lässt sich somit schreiben als

$$f(z) = \sum_{n=-\infty}^{+\infty} a_n\, e^{-j(k+2\pi n/l)z}$$

$$= \sum_{n=-\infty}^{+\infty} a_n\, e^{-jk_n z} \,, \quad k_n = k + 2\pi\, \frac{n}{l} \,. \tag{18.4}$$

Dies ist die Darstellung einer Eigenwelle in einer periodischen Struktur in Form einer unendlichen Reihe über sogenannte *Raumharmonische*. Der n-te Term ist die n-te Raumharmonische. Die unbekannten Konstanten a_n müssen so bestimmt werden, dass die Reihe die Randbedingungen erfüllt.

Im Allgemeinen ist k_n komplex, aber in Strukturen ohne Verluste wird $k_n = \beta_n = \beta + 2\pi n/l$ reell, und die Phasengeschwindigkeit ist

$$v_{ph} = \frac{\omega}{\beta_n} = \frac{\omega}{\beta + 2\pi n/l} \,. \tag{18.5}$$

Zur Darstellung (18.4) gibt es eine Reihe allgemeiner Bemerkungen:

- Abhängig von der Frequenz existieren verschiedene Eigenwellen, jede in Form einer Reihe wie in (18.4).
- ω ist eine periodische Funktion von β mit der Periode $2\pi/l$. Erhöht man nämlich β_n um $2\pi/l$, wird daraus β_{n+1}, d.h. der Name ändert sich aber der gesamte Satz von β's bleibt ungeändert. Die Konstanten a_n müssen für die β's mit dem selben numerischen Wert wie vorher bestimmt werden und die Eigenwelle ändert sich nicht.
- ω ist eine gerade Funktion in β. Ändert man die Vorzeichen der β_n's, so laufen die Raumharmonischen in die negative z-Richtung, alle anderen Eigenschaften bleiben unverändert.

Die Eigenschaften der Wellenzahlen kann man am besten am Dispersionsdiagramm erläutern, Abb. 18.1. Jede Kurve gehört zu einer bestimmten Eigenwelle. Die Kurven sind gerade und periodisch in β. Die Steigung der Geraden vom Ursprung zu einem Punkt auf einer Kurve gibt die Phasengeschwindigkeit (18.5) und die Steigung der Kurve selber die Gruppengeschwindigkeit

$$v_g = \frac{\partial \omega}{\partial \beta} \,.$$

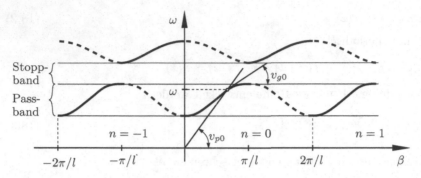

Abb. 18.1. Dispersionsdiagramm für die beiden niedrigsten Eigenwellen eines periodisch belasteten Wellenleiters

Zu einer bestimmten Frequenz gibt es eine unendliche Anzahl von Raumharmonischen, jede mit einer anderen Phasengeschwindigkeit, welche für einen großen harmonischen Index n mit n^{-1} abnimmt. Die Gruppengeschwindigkeit ist für alle Raumharmonischen betragsmäßig gleich, wechselt aber ständig das Vorzeichen. Für $2\pi n/l \leq \beta \leq 2\pi n/l + \pi/l$ ist sie positiv und für $2\pi n/l - \pi/l \leq \beta \leq 2\pi n/l$ negativ. Haben Phasen- und Gruppengeschwindigkeit unterschiedliche Vorzeichen, so wird die Leistung entgegengesetzt zur Wellenausbreitung transportiert. An den Stellen $\beta = n\pi/l$ verschwindet die Gruppengeschwindigkeit. Dies erklärt sich dadurch, dass es an jeder Inhomogenität eine reflektierte und transmittierte Welle gibt. Sind die Inhomogenitäten eine halbe Wellenlänge entfernt, so sind die reflektierten Wellen von aufeinander folgenden Inhomogenitäten in Phase und interferieren positiv. Die reflektierte Welle wird gleich der einfallenden und es entsteht eine Stehwelle ohne Energietransport.

Die Frequenzbereiche, in welchen eine Eigenwelle ausbreitungsfähig ist, heißen Pass-Bänder. Dazwischen gibt es Frequenzbereiche, genannt Stopp-Bänder, in welchen keine ausbreitungsfähigen Wellen existieren.

Im Falle von Mikrowellenröhren und Beschleunigerstrukturen benötigt man eine effiziente Wechselwirkung zwischen einem Teilchenstrom und einer Welle. Typischerweise verwendet man dazu die 0-te Raumharmonische, welche die größte ist, und wählt deren Phasengeschwindigkeit gleich der Teilchengeschwindigkeit. Die anderen Raumharmonischen besitzen eine andere Phasengeschwindigkeit und wechselwirken nur schwach mit dem Teilchenstrom. Allerdings transportieren sie auch Energie und erzeugen Verluste. Es ist also wichtig, die Raumharmonische, die synchron zum Strahl ist, mit möglichst großer Amplitude zu entwerfen.

18.2 Leiternetzwerke

18.2.1 Unendlich lange Resonatorkette

Eine häufig auftretende Anordnung ist eine lineare Kette von gekoppelten Hohlraumresonatoren. Wir simulieren die Resonatoren mittels serieller LC-Schaltungen und die Kopplung mit Shuntkapazitäten, Abb. 18.2.

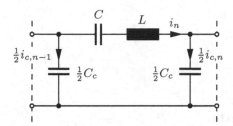

Abb. 18.2. n-te Zelle eines äquivalenten Leiternetzwerks für eine Kette von Hohlraumresonatoren

Anwendung der KIRCHHOFF'schen Maschen- und Knotenregeln gibt

$$\left(j\omega L + \frac{1}{j\omega C}\right) i_n + \frac{1}{j\omega C_c}(i_{c,n} - i_{c,n-1}) = 0$$

$$i_n - i_{c,n} - i_{n+1} = 0.$$

Nach Elimination der Ströme in den Koppelzweigen wird daraus

$$i_{n-1} + \alpha i_n + i_{n+1} = 0 \tag{18.0}$$

$$\alpha = \frac{C_c}{C}\left[\left(\frac{\omega}{\omega_r}\right)^2 - 1\right] - 2 \,, \quad \omega_r = \frac{1}{\sqrt{LC}} \,.$$

Wir wenden das FLOQUET'sche Theorem an, und da das Netzwerk verlustfrei ist, ist die Konstante k in (18.1) reell

$$i_{n+1} = e^{-j\beta l} i_n = e^{-j\varphi} i_n \,. \tag{18.7}$$

φ ist der Phasenvorschub pro Zelle. Einsetzen von (18.7) in (18.6) liefert das Dispersionsdiagramm

$$e^{j\varphi} + \alpha + e^{-j\varphi} = 2\cos\varphi + \alpha = 0$$

$$\frac{\omega}{\omega_r} = \sqrt{1 + 2\frac{C}{C_c}(1 - \cos\varphi)} \,, \tag{18.8}$$

d.h. die Frequenz in Abhängigkeit des Phasenvorschubs. Es ist periodisch in φ mit der Periode 2π und bestimmt das Pass-Band zwischen

$$\omega_1 = \omega_r \quad \text{für } \varphi = 0$$

$$\omega_2 = \omega_r\sqrt{1 + 4C/C_c} \quad \text{für } \varphi = \pi \,.$$

Die relative Bandbreite ist

$$B = \frac{\omega_2 - \omega_1}{\omega_1} = \sqrt{1 + 4\frac{C}{C_c}} - 1. \tag{18.9}$$

Normalerweise ist $4C/C_c$ eine kleine Zahl und man kann (18.8) und (18.9) annähern durch

$$B \approx 2\frac{C}{C_c}, \quad \omega \approx \omega_r \left[1 + \frac{1}{2}B(1 - \cos\varphi)\right]. \tag{18.10}$$

Phasen- und Gruppengeschwindigkeit sind

$$v_p = \frac{\omega}{\beta} = l\frac{\omega}{\beta l} = l\frac{\omega}{\varphi}$$

$$v_g = \frac{\mathrm{d}\omega}{\mathrm{d}\beta} = l\frac{\mathrm{d}\omega}{\mathrm{d}\varphi}. \tag{18.11}$$

18.2.2 Endlich lange Resonatorkette

Eine endlich lange Kette mit N Resonatoren hat bestimmte Abschlüsse an den Enden, einen Leerlauf, Kurzschluss oder einen Impedanzabschluss. Als Beispiel wählen wir einen Leerlauf als Abschluss. Das (18.6) entsprechende Gleichungssystem lautet

$$\frac{1}{2}i_{c,0} + i_1 = 0, \quad (\alpha - 1)i_1 + i_2 = 0$$

$$i_{n-1} + \alpha i_n + i_{n+1} = 0, \quad 2 \leq n \leq N-1 \tag{18.12}$$

$$i_N - \frac{1}{2}i_{c,N} = 0, \quad (\alpha - 1)i_N + i_{N-1} = 0$$

und kann in Matrizenschreibweise geschrieben werden

$$\mathsf{M} \cdot \mathbb{I} = 0 \quad \text{mit} \quad \mathsf{M} = \begin{bmatrix} \alpha - 1 & 1 & 0 & & & \\ 1 & \alpha & 1 & & & \\ 0 & 1 & \alpha & & & \\ & & & \ddots & & \\ & & & & \alpha & 1 \\ & & & & 1 & \alpha - 1 \end{bmatrix}, \quad \mathbb{I} = \begin{bmatrix} i_1 \\ i_2 \\ \vdots \\ i_N \end{bmatrix}. \tag{18.13}$$

Die Eigenwerte ω_i des homogenen Gleichungssystems ergeben sich aus den Nullstellen der Determinante von M. Dazu definieren wir zunächst eine $n \times n$ Determinante

$$p_n = \begin{vmatrix} \alpha & 1 & 0 & 0 & \\ 1 & \alpha & 1 & 0 & \\ 0 & 1 & \alpha & 1 & \\ & & & \ddots & \\ & & & & \alpha \end{vmatrix}_{n \times n} = \alpha p_{n-1} - p_{n-2} \tag{18.14}$$

und entwickeln detM nach Unterdeterminanten

$$\det M = (\alpha - 1)^2 p_{N-2} - 2(\alpha - 1)p_{N-3} + p_{N-4} \,.$$

Diese wird mit Hilfe von (18.14)

$$\det M = (\alpha - 2)p_{N-1} \,. \tag{18.15}$$

Als nächstes bleibt die Bestimmung der Determinante p_{N-1}, (18.15). Man schreibt die Rekursionsformel (18.14) im Matrizenform

$$\mathbb{P}_n = \mathbb{Q}\mathbb{P}_{n-1} = \mathbb{Q}^{n-2}\mathbb{P}_2 \,, \quad \mathbb{Q} = \begin{bmatrix} \alpha & -1 \\ 1 & 0 \end{bmatrix}, \quad \mathbb{P}_n = \begin{bmatrix} p_n \\ p_{n-1} \end{bmatrix} \tag{18.16}$$

und bestimmt die Eigenwerte der Matrix $\mathbb{Q}$ unter Verwendung von

$$\alpha = -2\cos\varphi$$

$$\begin{vmatrix} \alpha - \lambda & -1 \\ 1 & -\lambda \end{vmatrix} = \lambda^2 - \alpha\lambda + 1 = 0 \tag{18.17}$$

$$\lambda^{(1,2)} = \frac{\alpha}{2} \pm \sqrt{\left(\frac{\alpha}{2}\right)^2 - 1} = -\cos\varphi \pm \sqrt{-\sin^2\varphi} = -e^{\pm j\varphi} \,.$$

Die zugehörigen Eigenvektoren sind

$$\begin{bmatrix} \alpha - \lambda^{(i)} & -1 \\ 1 & -\lambda^{(i)} \end{bmatrix} \begin{bmatrix} x_1^{(i)} \\ x_2^{(i)} \end{bmatrix} = 0 \,, \quad i = 1, 2$$

$$\mathbb{X}^{(1)} = \begin{bmatrix} e^{j\varphi/2} \\ -e^{-j\varphi/2} \end{bmatrix}, \quad \mathbb{X}^{(2)} = \begin{bmatrix} e^{-j\varphi/2} \\ -e^{j\varphi/2} \end{bmatrix} \,. \tag{18.18}$$

Mit der Matrix $\mathbb{S}$ der Eigenvektoren kann man $\mathbb{Q}$ in Diagonalform transformieren

$$\mathbb{D} = \mathbb{S}^{-1}\mathbb{Q}\mathbb{S}$$

und Potenzen von $\mathbb{Q}$ werden zu

$$\mathbb{Q}^n = \mathbb{S}\mathbb{D}^n\mathbb{S}^{-1} = \frac{1}{\sin\varphi} \begin{bmatrix} -\sin([n+1]\varphi) & -\sin(n\varphi) \\ \sin(n\varphi) & \sin([n-1]\varphi) \end{bmatrix} \,. \tag{18.19}$$

Mit den Anfangswerten

$$p_1 = \alpha = -2\cos\varphi \,, \quad p_2 = \alpha^2 - 1 = 4\cos^2\varphi - 1$$

folgt aus (18.16)

$$\begin{bmatrix} p_n \\ p_{n-1} \end{bmatrix} = \mathbb{Q}^{n-2} \begin{bmatrix} p_2 \\ p_1 \end{bmatrix}$$

oder

$$p_n = \frac{1}{\sin\varphi} \left[-\sin([n-1)]\varphi)(4\cos^2\varphi - 1) - \sin([n-2]\varphi)(-2\cos\varphi) \right]$$

$$= -\frac{\sin([n+1]\varphi)}{\sin\varphi} . \tag{18.20}$$

Einsetzen von (18.17) und (18.20) in (18.15) gibt die Determinante von $\mathbb{M}$

$$\det\mathbb{M} = 2(1+\cos\varphi)\frac{\sin(N\varphi)}{\sin\varphi} = 2\cot\frac{\varphi}{2}\sin(N\varphi) \overset{!}{=} 0$$

mit den Nullstellen

$$\varphi_i = i\frac{\pi}{N} , \quad i = 1,2,\ldots,N . \tag{18.21}$$

Die Nullstellen (18.21) bestimmen zusammen mit (18.6) und (18.17) die Eigenfrequenzen des Netzwerks

$$\alpha_i = \frac{C_c}{C}\left[\left(\frac{\omega_i}{\omega_r}\right)^2 - 1\right] - 2 = -2\cos\varphi_i$$

$$\omega_i = \omega_r\sqrt{1 + 2\frac{C}{C_c}(1-\cos\varphi_i)} . \tag{18.22}$$

Zur Bestimmung der Eigenvektoren geht man wie bei den Eigenwerten vor. Man schreibt die Rekursionsformel für die Ströme (18.12) in Matrizenform entsprechend (18.16) und erhält

$$\mathbb{I}_n = \mathbb{R}\mathbb{I}_{n-1} = \mathbb{R}^{n-2}\mathbb{I}_2 , \quad \mathbb{R} = \begin{bmatrix} -\alpha & -1 \\ 1 & 0 \end{bmatrix} , \quad \mathbb{I}_n = \begin{bmatrix} i_n \\ i_{n-1} \end{bmatrix} , \tag{18.23}$$

mit den Anfangswerten

$$i_1 = A , \quad i_2 = -(\alpha - 1)A . \tag{18.24}$$

Die Eigenwerte von $\mathbb{R}$ lauten jetzt

$$\lambda^{(1,2)} = -\frac{\alpha}{2} \pm \sqrt{\left(\frac{\alpha}{2}\right)^2 - 1} = \cos\varphi \pm \sqrt{-\sin^2\varphi} = e^{\pm j\varphi}$$

und die Matrix der Eigenvektoren

$$\mathbb{S} = \begin{bmatrix} e^{j\varphi/2} & e^{-j\varphi/2} \\ e^{-j\varphi/2} & e^{j\varphi/2} \end{bmatrix} .$$

Mit der Diagonalform $\mathbb{D}$ von $\mathbb{R}$

$$\mathbb{D} = \mathbb{S}^{-1}\mathbb{R}\mathbb{S}$$

wird

$$\mathbb{R}^n = \mathbb{S} \mathbb{D}^n \mathbb{S}^{-1} = \frac{1}{\sin \varphi} \begin{bmatrix} \sin([n+1]\varphi) & -\sin(n\varphi) \\ \sin(n\varphi) & -\sin([n-1]\varphi) \end{bmatrix} . \qquad (18.25)$$

Einsetzen von (18.25) in (18.23) gibt die Komponenten der Stromeigenvektoren

$$i_n = \frac{A}{\sin \varphi} \Big[\sin([n-1]\varphi)\,(1 + 2\cos \varphi) - \sin([n-2]\varphi) \Big]$$

$$= \frac{A}{\sin(\varphi/2)} \sin([n-1/2]\varphi) ,$$

welche mit der Wahl $A = \sin(\varphi/2)$ zu

$$i_n^{(i)} = \sin([n-1/2]\varphi_i) , \quad i, n = 1, 2, \ldots, N \qquad (18.26)$$

werden. (18.21) und (18.26) beschreiben die Eigenlösungen der endlich langen Resonatorkette. (18.26) zeigt auch die besondere Rolle des Modes N mit einem Phasenvorschub von π, d.h. $i_n^{(N)} = (-1)^{n-1}$. Jede Zelle ist voll erregt.

18.3 Periodischer Hohlleiter

Laufwellenröhren benötigen eine Struktur, in welcher die Phasengeschwindigkeit der Welle gleich der Geschwindigkeit v_e des Elektronenstrahls ist. Da v_e normalerweise viel kleiner als die Lichtgeschwindigkeit ist, heißen solche Strukturen *slow wave circuits*. Ein einfaches Beispiel dafür ist die Parallelplattenleitung mit periodischen Gräben, Abb. 18.3.

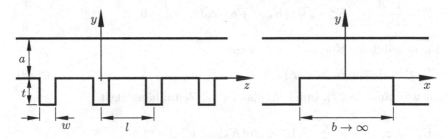

Abb. 18.3. Lineare Magnetronstruktur (b groß)

Sie ist für großes b eine Näherung für eine lineare Magnetronstruktur. Außerdem sei die Breite w der Gräben klein, so dass die Felder über die Grabenbreite w als konstant angenommen werden können. Die Struktur is zweidimensional, $\partial/\partial x = 0$, und wir verwenden E-Wellen, da ein E_z benötigt wird, um mit dem Elektronenstrahl in Wechselwirkung zu treten.

Im Raumteil $0 \leq y \leq a$ machen wir den Ansatz (14.11 II)

$$\boldsymbol{H} = \nabla \times (A \, \boldsymbol{e}_z)$$

und erhalten die Feldkomponenten

$$H_x = \frac{\partial A}{\partial y} \,, \quad E_y = \frac{1}{\mathrm{j}\omega\varepsilon} \frac{\partial^2 A}{\partial y \partial z} \,, \quad E_z = -\frac{1}{\mathrm{j}\omega\varepsilon} \frac{\partial^2 A}{\partial y^2} \,. \tag{18.27}$$

Das Vektorpotential wird nach Raumharmonischen entwickelt

$$A = \mathrm{e}^{\mathrm{j}\omega t} \sum_{n=-\infty}^{+\infty} f_n(y) \, \mathrm{e}^{-\mathrm{j}\beta_n z} \,, \quad \beta_n = \beta + 2\pi n/l \,, \tag{18.28}$$

wobei die Funktionen f_n die y-Abhängigkeit berücksichtigen. Einsetzen von A in die Wellengleichung (14.10 II)

$$\sum_{n=-\infty}^{+\infty} \left\{ \frac{\mathrm{d}^2 f_n}{\mathrm{d}y^2} + K_n^2 f_n \right\} \mathrm{e}^{-\mathrm{j}\beta_n z} = 0 \,, \quad K_n^2 = k^2 - \beta_n^2 \,, \quad k = \frac{\omega}{c} \,,$$

ergibt wegen der Forderung des Verschwindens der Koeffizienten

$$\frac{\mathrm{d}^2 f_n(y)}{\mathrm{d}y^2} + K_n^2 f_n(y) = 0$$

mit Lösungen

$$f_n(y) = a_n \sin(K_n y) + b_n \cos(K_n y) \,.$$

Für $y = a$ muss die E_z-Komponente verschwinden

$$E_z \sim \frac{\partial^2 A}{\partial y^2} \sim -K_n^2 \left[a_n \sin(K_n a) + b_n \cos(K_n a) \right] \overset{!}{=} 0 \,,$$

und man wählt die Konstanten so, dass

$$f_n(y) = A_n \sin(K_n[a - y]) \,. \tag{18.29}$$

Somit wird aus (18.27), unter Weglassen der Zeitabhängigkeit,

$$E_z^{(1)}(y, z) = \frac{1}{\mathrm{j}\omega\varepsilon} \sum_{n=-\infty}^{+\infty} A_n K_n^2 \sin(K_n[a - y]) \, \mathrm{e}^{-\mathrm{j}\beta_n z}$$

$$H_x^{(1)}(y, z) = - \sum_{n=-\infty}^{+\infty} A_n K_n \cos(K_n[a - y]) \, \mathrm{e}^{-\mathrm{j}\beta_n z} \,. \tag{18.30}$$

In den schmalen Gräben nehmen wir nur eine TEM-Welle mit einem über z konstanten Feld an

$$E_z^{(2)}(y) = E_0 \, \frac{\sin(k[t+y])}{\sin(kt)}$$

$$H_x^{(2)}(y) = -\frac{1}{j\omega\mu} \, \frac{\partial E_z^{(2)}}{\partial y} = \frac{j}{Z} \, E_0 \, \frac{\cos(k[t+y])}{\sin(kt)} \, , \quad Z = \sqrt{\frac{\mu}{\varepsilon}} \, , \tag{18.31}$$

wobei die Randbedingung $E_z^{(2)}(y = -t) = 0$ berücksichtigt ist.

In der Ebene $y = 0$ gelten die Stetigkeitsbedingungen

$$E_z^{(1)}(y = 0, z) = \begin{cases} E_z^{(2)}(y = 0) & \text{für } il - \frac{w}{2} \le z \le il + \frac{w}{2} \\ 0 & \text{sonst} \end{cases} \tag{18.32}$$

$$H_x^{(1)}(y = 0, z) = H_x^{(2)}(y = 0) \quad \text{für } il - \frac{w}{2} \le z \le il + \frac{w}{2} \, , \quad i = 1, 2, \ldots$$

Zur Erfüllung der Stetigkeit des elektrischen Feldes setzt man (18.30) in (18.32) ein und verwendet die Orthogonalität der Raumharmonischen

$$\int_{-w/2}^{w/2} E_0 \, e^{j\beta_m z} dz = \frac{1}{j\omega\varepsilon} \sum_{n=-\infty}^{+\infty} A_n K_n^2 \sin(K_n a) \int_{-l/2}^{l/2} e^{j(\beta_m - \beta_n)z} dz$$

$$E_0 w \, \frac{\sin(\beta_m w/2)}{\beta_m w/2} = \frac{l}{j\omega\varepsilon} \, A_m K_m^2 \sin(K_m a) \, . \tag{18.33}$$

Die Stetigkeit des magnetischen Feldes wird mit dem Mittelwert über den Graben, $-w/2 \le z \le w/2$, erfüllt

$$\frac{j}{Z} \, E_0 \cot(kt) \int_{-w/2}^{w/2} dz = - \sum_{n=-\infty}^{+\infty} A_n K_n \cos(K_n a) \int_{-w/2}^{w/2} e^{-j\beta_n z} dz$$

$$\frac{j}{Z} \, E_0 w \cot(kt) = - \sum_{n=-\infty}^{+\infty} A_n K_n w \cos(K_n a) \, \frac{\sin(\beta_n w/2)}{\beta_n w/2} \, . \tag{18.34}$$

In einem letzten Schritt werden die Konstanten A_m von (18.33) in (18.34) eingesetzt und man erhält die Gleichung zur Bestimmung der Ausbreitungskonstanten β als Funktion von ω.

$$\frac{1}{kw} \cot(kt) = - \sum_{n=-\infty}^{+\infty} \frac{1}{K_n l} \cot(K_n a) \left(\frac{\sin(\beta_n w/2)}{\beta_n w/2} \right)^2 , \tag{18.35}$$

wobei

$$k = \omega/c \, , \quad \beta_n = \beta + 2\pi n/l \, , \quad K_n = \sqrt{k^2 - \beta_n^2} \, .$$

Abb. 18.4 zeigt die beiden ersten Pass-Bänder von (18.35) für ein Beispiel, welches von Hutter[1] angegeben wurde. Die Parameter sind: $a/l = w/l = 0.5$,

---

[1] R. G. E. Hutter, „Beam and wave electronics in microwave tubes", §7.4, Van Nostrand Co., Princeton, N. J., 1960

$t/l = 4$, $l = 5.37$ mm. Im ersten Pass-Band gibt es keine Grenzfrequenz, da die Welle für niedrigen Phasenvorschub pro Periode in eine TEM-Welle übergeht. Die Struktur stellt einen Tiefpass dar. Zwischen 3.25 GHz und 5.66 GHz gibt es ein Stopp-Band, in welchem keine Wellenausbreitung möglich ist. Für Frequenzen oberhalb 5.66 GHz gibt es ein zweites Pass-Band, d.h. die Struktur wirkt als Bandpass.

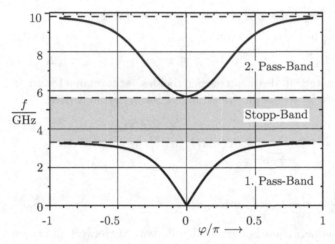

Abb. 18.4. Dispersionsdiagramm der Struktur in Abb. 18.3

18.4 Periodisch geschichtetes Medium

Periodisch geschichtete Medien kommen oft in optischen und Mikrowellen-Problemen vor. Hier soll die einfachste Anordnung untersucht werden, nämlich die Ausbreitung einer ebenen Welle in einem eindimensional geschichteten, verlustfreien Medium, Abb. 18.5. Die Ansätze für die Felder lauten für $0 \leq z \leq a$

$$E_y^{(1)} = A_1 \, \mathrm{e}^{-\mathrm{j}k_1 z} + B_1 \, \mathrm{e}^{\mathrm{j}k_1 z}$$
$$Z_1 H_x^{(1)} = -A_1 \, \mathrm{e}^{-\mathrm{j}k_1 z} + B_1 \, \mathrm{e}^{\mathrm{j}k_1 z} \,, \quad Z_1 = \sqrt{\mu_1/\varepsilon_1} \tag{18.36}$$

und für $a \leq z \leq a + b$

$$E_y^{(2)} = A_2 \, \mathrm{e}^{-\mathrm{j}k_2 (z-a)} + B_2 \, \mathrm{e}^{\mathrm{j}k_2 (z-a)}$$
$$Z_2 H_x^{(2)} = -A_2 \, \mathrm{e}^{-\mathrm{j}k_2 (z-a)} + B_2 \, \mathrm{e}^{\mathrm{j}k_2 (z-a)} \,, \quad Z_2 = \sqrt{\mu_2/\varepsilon_2} \tag{18.37}$$

Nach einer Periode $z = l = a + b$ verwendet man das FLOQUET'sche Theorem (18.1) für verlustfreie Medien. Die Stetigkeitsbedingungen an den Stellen $z = a$ und $z = a + b$ ergeben sich zu

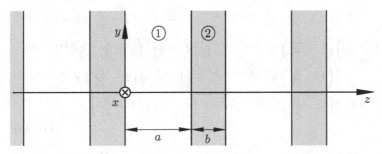

Abb. 18.5. Periodisch geschichtetes Medium mit Ausbreitungskonstanten
$k_i = \omega\sqrt{\mu_i \varepsilon_i}$, $i = 1, 2$

$$A_1 e^{-jk_1 a} + B_1 e^{jk_1 a} = A_2 + B_2$$

$$\frac{1}{Z_1}\left(-A_1 e^{-jk_1 a} + B_1 e^{jk_1 a}\right) = \frac{1}{Z_2}\left(-A_2 + B_2\right)$$

und

$$A_2 e^{-jk_2 b} + B_2 e^{jk_2 b} = e^{-j\beta l}(A_1 + B_1)$$

$$\frac{1}{Z_2}\left(-A_2 e^{-jk_2 b} + B_2 e^{jk_2 b}\right) = e^{-j\beta l}\frac{1}{Z_1}\left(-A_1 + B_1\right).$$

Es ist geschickt, diese in Matrizenform zu schreiben

$$\mathbb{M}_1 \mathfrak{a}_1 = \mathbb{M}_2 \mathfrak{a}_2, \qquad \mathbb{M}_3 \mathfrak{a}_2 = e^{-j\beta l}\mathbb{M}_2 \mathfrak{a}_1, \tag{18.38}$$

wobei

$$\mathbb{M}_1 = \begin{bmatrix} e^{-jk_1 a} & e^{jk_1 a} \\ -\dfrac{Z_2}{Z_1}e^{-jk_1 a} & \dfrac{Z_2}{Z_1}e^{jk_1 a} \end{bmatrix}, \quad \mathbb{M}_3 = \begin{bmatrix} e^{-jk_2 b} & e^{jk_2 b} \\ -\dfrac{Z_1}{Z_2}e^{-jk_2 b} & \dfrac{Z_1}{Z_2}e^{jk_2 b} \end{bmatrix}$$

$$\mathbb{M}_2 = \begin{bmatrix} 1 & 1 \\ -1 & 1 \end{bmatrix}, \quad \mathfrak{a}_i = \begin{bmatrix} A_i \\ B_i \end{bmatrix}, \quad i = 1, 2.$$

Durch gegenseitiges Einsetzen wird aus (18.38)

$$(\mathbb{T} - e^{-j\beta l}\mathbb{I})\mathfrak{a}_1 = 0 \tag{18.39}$$

mit

$$\mathbb{T} = \mathbb{M}_2^{-1}\mathbb{M}_3\mathbb{M}_2^{-1}\mathbb{M}_1 = \begin{bmatrix} T_{11} & T_{12} \\ T_{21} & T_{22} \end{bmatrix}$$

$$4T_{11} = \left(1 + \frac{Z_1}{Z_2}\right)\left(1 + \frac{Z_2}{Z_1}\right) e^{-j(k_1 a + k_2 b)} + \left(1 - \frac{Z_1}{Z_2}\right)\left(1 - \frac{Z_2}{Z_1}\right) e^{-j(k_1 a - k_2 b)}$$

$$4T_{12} = \left(1 + \frac{Z_1}{Z_2}\right)\left(1 - \frac{Z_2}{Z_1}\right) e^{j(k_1 a - k_2 b)} + \left(1 - \frac{Z_1}{Z_2}\right)\left(1 + \frac{Z_2}{Z_1}\right) e^{j(k_1 a + k_2 b)}$$

$$4T_{21} = \left(1 - \frac{Z_1}{Z_2}\right)\left(1 + \frac{Z_2}{Z_1}\right) e^{-j(k_1 a + k_2 b)} + \left(1 + \frac{Z_1}{Z_2}\right)\left(1 - \frac{Z_2}{Z_1}\right) e^{-j(k_1 a - k_2 b)}$$

$$4T_{22} = \left(1 - \frac{Z_1}{Z_2}\right)\left(1 - \frac{Z_2}{Z_1}\right) e^{j(k_1 a - k_2 b)} + \left(1 + \frac{Z_1}{Z_2}\right)\left(1 + \frac{Z_2}{Z_1}\right) e^{j(k_1 a + k_2 b)} \, .$$

$$(18.40)$$

Um die Ausbreitungskonstante β zu bestimmen, muss die Determinante in (18.39) verschwinden

$$|\mathbb{T} - e^{-j\beta l}\mathbb{1}| = T_{11}T_{22} - T_{12}T_{21} - e^{-j\beta l}(T_{11} + T_{22}) + e^{-j2\beta l} = 0 \, .$$

Für passive Systeme, wie in (18.40), gilt

$$\det \mathbb{T} = T_{11}T_{22} - T_{12}T_{21} = 1$$

und es verbleibt

$$1 + e^{-j2\beta l} - (T_{11} + T_{22}) e^{-j\beta l} = 0$$

oder

$$\cos(\beta l) = \frac{1}{2}\left(T_{11} + T_{22}\right) .$$

Nach Einsetzen von (18.40) wird daraus die Dispersionsrelation

$$2\cos(\beta l) = 2\cos(k_1 a)\cos(k_2 b) - \left(\frac{Z_1}{Z_2} + \frac{Z_2}{Z_1}\right)\sin(k_1 a)\sin(k_2 b) . \quad (18.41)$$

Für Frequenzen, bei denen

$$\left|\cos(k_1 a)\cos(k_2 b) - \frac{1}{2}\left(\frac{Z_1}{Z_2} + \frac{Z_2}{Z_1}\right)\sin(k_1 a)\sin(k_2 b)\right| < 1$$

ist, ergeben sich wiederum Pass-Bänder, für die anderen Frequenzen Stopp-Bänder. Abb. 18.6 zeigt ein Beispiel mit $\mu_1 = \mu_2 = \mu_0$, $\varepsilon_1 = \varepsilon_0$, $\varepsilon_2 = 12\varepsilon_0$. Die Breiten der Schichten a, b entsprechen gerade einer viertel Wellenlänge bei einer Frequenz von 100 GHz ($\lambda = 3$ mm)

$$a = \frac{\lambda}{4} = 0.75\,\text{mm} \, , \quad b = \frac{\lambda}{\sqrt{12}\,4} = 0.216\,\text{mm} \, .$$

Dies ergibt ein breites Stopp-Band um 100 GHz herum, von 62.8 bis 137.4 GHz. Unterhalb zeigt die Struktur Tiefpassverhalten und oberhalb Bandpassverhalten.

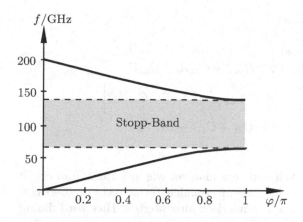

Abb. 18.6. Dispersionsdiagramm der Struktur in Abb. 18.5

Anordnungen, wie die hier beschriebene, werden in sogenannten Bragg-Wellenleitern verwendet. In diesen werden Mikrowellen oder Licht statt durch Reflexionen an metallischen Wänden mittels Reflexionen an geschichteten, dielektrischen Wänden geführt. Abb. 18.7 zeigt zwei mögliche Anordnungen für ebene und runde Wellenleiter.

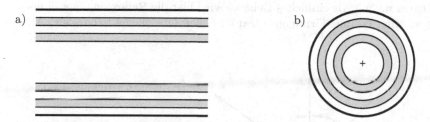

Abb. 18.7. (a) Ebener und **(b)** zylindrischer Bragg-Wellenleiter

Im Falle von periodisch geschichteten Medien endlicher Dicke gilt das FLO-QUET'sche Theorem, ebenso wie in § 18.2.2, nicht. Man geht dann genauso vor wie in § 18.2.2. Dazu führt man die Feldamplituden (18.38) über in eine Rekursionsformel. Man bezeichnet die Amplituden am Anfang der i-ten und $(i + 1)$-ten Periode mit

$$\mathbb{a}_i = \begin{bmatrix} A_i \\ B_i \end{bmatrix} , \quad \mathbb{a}_{i+1} = \begin{bmatrix} A_{i+1} \\ B_{i+1} \end{bmatrix} ,$$

wobei der Zusammenhang gegeben ist durch

$$\mathbb{M}_1 \mathbb{a}_i = \mathbb{M}_2 \mathbb{a}_2 , \quad \mathbb{M}_3 \mathbb{a}_2 = \mathbb{M}_2 \mathbb{a}_{i+1}$$

$$\mathbb{a}_{i+1} = \mathbb{M}_2^{-1} \mathbb{M}_3 \mathbb{M}_2^{-1} \mathbb{M}_1 \mathbb{a}_i = \mathbb{C} \mathbb{a}_i .$$

Die Rekursionsformel folgt aus

$$A_{i+2} = C_{11}A_{i+1} + C_{12}B_{i+1}\,, \quad A_{i+1} = C_{11}A_i + C_{12}B_i$$
$$B_{i+2} = C_{21}A_{i+1} + C_{22}B_{i+1}\,, \quad B_{i+1} = C_{21}A_i + C_{22}B_i$$

$$A_{i+2} = C_{11}A_{i+1} + C_{12}\left[C_{21}A_i + C_{22}\,\frac{1}{C_{12}}\,(A_{i+1} - C_{11}A_i)\right]$$
$$= (C_{11} + C_{22})A_{i+1} + (C_{12}C_{21} - C_{11}C_{22})A_i$$
$$= (C_{11} + C_{22})A_{i+1} - A_i\,.$$

Für B_{i+2} entsprechend. Im Weiteren geht man vor wie in § 18.2.2 und erhält die Eigenlösungen. Allerdings sind die auftretenden Terme recht unübersichtlich und daher sinnvollerweise nur numerisch auszuwerten. Hier wird darauf verzichtet.

18.5 Streuung an periodischen Oberflächen

Die Reflexion ebener Wellen an periodischen Oberflächen ist ein häufig auftretendes Problem. Beispiele sind Gitterreflektoren, optische Gitter, kristalline Strukturen u.s.w.. Als einfaches Beispiel wird hier die Reflexion einer ebenen Welle an einer cosinus-förmigen, ideal leitenden Oberfläche behandelt, Abb. 18.8.

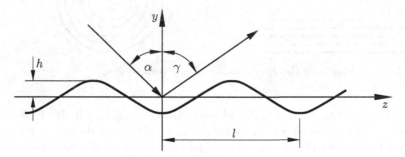

Abb. 18.8. Einfall einer ebenen Welle auf eine cosinus-förmige, leitende Oberfläche

Die einfallende Welle sei senkrecht polarisiert mit

$$E_x^i = E_0\,\mathrm{e}^{\mathrm{j}(k_y y - k_z z)}\,, \tag{18.42}$$

wobei $k_y = k\cos\alpha$, $k_z = k\sin\alpha$. Das reflektierte Feld wird nach Raumharmonischen entwickelt

$$E_x^r = \sum_{n=-\infty}^{+\infty} A_n\,\mathrm{e}^{-\mathrm{j}(q_n y + k_n z)} \tag{18.43}$$

mit

$$k_n = k_z + 2\pi n/l \,, \quad k^2 = q_n^2 + k_n^2 \,.$$

Man beachte, dass in (18.43) nur Wellen angesetzt wurden, welche in positive y-Richtung laufen. Dies ist im Gebiet $y > h$ korrekt. Im Gebiet $-h < y < h$ müssen im Allgemeinen Wellen angesetzt werden, die in positive und negative Richtung laufen. Eine Ausnahme bilden cosinus-förmige Oberflächen mit nicht zu großer Steigung, d.h. mit $2\pi h/l < 0.448$. In diesen Fällen genügt es, nur in positive y-Richtung laufende Wellen anzusetzen. Das ist die sogenannte RAYLEIGH-*Hypothese*. Unter Annahme der Gültigkeit der RAYLEIGH-Hypothese lautet die Randbedingung auf der Oberfläche

$$E_x^i + E_x^r = 0$$

und unter Berücksichtigung, dass der Faktor $\mathrm{e}^{-\mathrm{j}kz}$ in allen Termen auftritt

$$E_0 \, \mathrm{e}^{\mathrm{j}k_y\zeta} + \sum_{n=-\infty}^{+\infty} A_n \, \mathrm{e}^{-\mathrm{j}(q_n\zeta + 2\pi nz/l)} = 0 \,, \tag{18.44}$$

wobei y der Oberflächengeometrie folgt

$$y = \zeta = -h\cos(2\pi z/l) \,. \tag{18.45}$$

Zur Bestimmung der unbekannten Koeffizienten A_n multipliziert man (18.44) mit $\exp(\mathrm{j}2\pi mz/l)$ und integriert über l

$$E_0 \int_0^l \mathrm{e}^{-\mathrm{j}k_y h\cos(2\pi z/l)} \mathrm{e}^{\mathrm{j}2\pi mz/l} \mathrm{d}z$$

$$+ \sum_{n=-\infty}^{+\infty} A_n \int_0^l \mathrm{e}^{\mathrm{j}q_n h\cos(2\pi z/l) - \mathrm{j}2\pi(n-m)z/l} \mathrm{d}z = 0 \,. \tag{18.46}$$

Die Integrale lassen sich durch BESSEL-Funktionen ausdrücken. Man startet mit der generierenden Funktion[2]

$$\mathrm{e}^{\frac{z}{2}(t-1/t)} = \sum_{n=-\infty}^{+\infty} t^n \, J_n(z)$$

und erhält mit der Substitution $t = \exp(\mathrm{j}[\varphi \pm \pi/2])$

$$\mathrm{e}^{\pm \mathrm{j}z\cos\varphi} = \sum_{n=-\infty}^{+\infty} (\pm\mathrm{j})^n \, J_n(z) \, \mathrm{e}^{\mathrm{j}n\varphi} \,.$$

---

[2] M. Abramowitz, I.H. Stegun, „Handbook of mathematical functions". Dover Publications, 1965, equ. 9.1.41.

Multiplikation mit $\exp(-\mathrm{j}m\varphi)$ und Integration von 0 bis 2π führt auf

$$2\pi(\pm\mathrm{j})^m\, J_m(z) = \int\limits_0^{2\pi} \mathrm{e}^{\pm\mathrm{j}z\cos\varphi - \mathrm{j}m\varphi}\,\mathrm{d}\varphi\,. \tag{18.47}$$

Unter Verwendung von (18.47) wird aus (18.46)

$$E_0(-\mathrm{j})^{|m|}\, J_{|m|}(k_y h) + \sum_{n=-\infty}^{+\infty} A_n \mathrm{j}^{|m-n|}\, J_{|m-n|}(q_n h) = 0$$

und in Matrizenschreibweise

$$\mathsf{M}\mathfrak{a} = \mathfrak{b}\,, \quad M_{mn} = \mathrm{j}^{|m-n|}\, J_{|m-n|}(q_n h)$$

$$a_n = \frac{A_n}{E_0}\,, \quad b_m = (-\mathrm{j})^{|m|}\, J_{|m|}(k_y h)\,. \tag{18.48}$$

Wie aus (18.43) ersichtlich ist, hat jede Raumharmonische einen anderen Wert für k_n/q_n. Im Falle von reellen q_n gibt das die Richtung der reflektierten Raumharmonischen an

$$\tan\gamma = k_n/q_n\,. \tag{18.49}$$

Für die Raumharmonische nullter Ordnung, $n = 0$, ist der Reflexionswinkel γ gleich dem Einfallswinkel α. Raumharmonische höherer Ordnung haben nur dann reelle Reflexionswinkel, wenn $k > k_n$, d.h.

$$1 > |\sin\alpha + n\lambda/l|\,. \tag{18.50}$$

Da alle anderen Raumharmonischen mit y abklingen, bleiben für $y \to \infty$ nur diejenigen übrig, die der Bedingung (18.50) genügen.

Man kann jetzt die zugehörigen Magnetfelder ausrechnen und dann die Strahlungsdichten in die Richtungen (18.49)

$$-\mathrm{j}\omega\mu\boldsymbol{H} = \frac{\partial E_x}{\partial z}\,\boldsymbol{e}_y - \frac{\partial E_x}{\partial y}\,\boldsymbol{e}_z$$

$$H_{yn} = \frac{1}{Z}\, A_n\,(\sin\alpha + n\lambda/l)\,\mathrm{e}^{-\mathrm{j}(q_n y + k_n z)}$$

$$H_{zn} = -\frac{1}{Z}\, A_n\,\sqrt{1 - (\sin\alpha + n\lambda/l)^2}\,\mathrm{e}^{-\mathrm{j}(q_n y + k_n z)}$$

$$\boldsymbol{S}_n = \frac{1}{2}\left(E_{xn}H_{yn}^*\,\boldsymbol{e}_z - E_{xn}H_{zn}^*\,\boldsymbol{e}_y\right)$$

$$= \frac{1}{2Z}\,|A_n|^2\left[(\sin\alpha + n\lambda/l)\,\boldsymbol{e}_z + \sqrt{1 - (\sin\alpha + n\lambda/l)^2}\,\boldsymbol{e}_y\right]\,.$$

Der auf die einfallende Strahlungsdichte, $|\boldsymbol{S}^i| = \frac{1}{2Z}\, E_0^2$, normierte Betrag ist

$$\frac{|\boldsymbol{S}_n|}{|\boldsymbol{S}^i|} = \left|\frac{A_n}{E_0}\right|^2\,. \tag{18.51}$$

Beispiel 18.1. Reflexion an einer cosinus-förmigen Oberfläche

Die Frequenz der einfallenden Welle sei 3 GHz und die Wellenlänge $\lambda = 10$ cm. Der Einfallswinkel ist $\alpha = 45^\circ$. Die metallische Oberfläche hat eine Periodenlänge von $l = 2\lambda = 20$ cm und eine Amplitude von $h = 1$ cm. Damit ist die Bedingung der RAYLEIGH-Hypothese

$$2\pi h/l = 0.314 < 0.445$$

erfüllt. Entsprechend (18.50) gibt es 4 Raumharmonische, die ins Unendliche strahlen, nämlich die der Ordnung -3, -2, -1 und 0. Die Winkel, unter welchen sie abstrahlen, sind nach (18.49)

$$\tan \gamma_n = \frac{\sin \alpha + n\lambda/l}{\sqrt{1 - (\sin \alpha + n\lambda/l)^2}} ,$$

d.h. -52.5°, -17°, 11.9° und 45°. Die zugehörigen normierten Strahlungsdichten sind 0.0005, 0.016, 0.157 und 0.761. Die cosinus-förmige Oberfläche erzeugt Rückwärtsstrahlung. Der Reflexionswinkel der Raumharmonischen 0-ter Ordnung ist gleich dem Einfallswinkel. Die Summe der reflektierten Strahlungsdichten ist 0.934 und weicht leicht vom dem korrekten Wert 1 ab. Dies ist kein numerischer Fehler, sondern die Folge der gemachten RAYLEIGH'schen Näherung. Bei Reduktion der Profilhöhe h nimmt dieser Fehler ab.

Zusammenfassung

Floquet'sches Theorem. Für eine Wellenfunktion $f(z)$ gilt

$$f(z + l) = e^{-jkl} f(z) , \quad k = \beta - j\alpha .$$

Die Wellenfunktion einer Eigenwelle lässt sich nach Raumharmonischen entwickeln

$$f(z) = \sum_{n=-\infty}^{+\infty} a_n\, e^{-jk_n z} , \quad k_n = k + 2\pi n/l = \beta_n - j\alpha_n$$

$$\beta_n = \beta + 2\pi n/l .$$

Das Dispersionsdiagramm $\omega(\beta)$ ist gerade und periodisch in β. Die Phasengeschwindigkeiten

$$v_{pn} = \frac{\omega}{\beta_n}$$

sind für jede Raumharmonische unterschiedlich, die Gruppengeschwindigkeiten gleich

$$v_g = \frac{\partial \omega}{\partial \beta} .$$

Für jede Eigenwelle gibt es einen Frequenzbereich, in welchem Ausbreitung möglich ist (Pass-Band). Zwischen Eigenwellen sind Frequenzbereiche, in denen keine Ausbreitung möglich ist (Stopp-Band).

Fragen zur Prüfung des Verständnisses

18.1 Was sind Raumharmonische und warum lässt sich eine Eigenwelle nach Raumharmonischen entwickeln?

18.2 Wozu dienen die Konstanten in einer Entwicklung nach Raumharmonischen?

18.3 Was sind Stopp- und Pass-Bänder?

18.4 Was bedeutet eine negative Steigung der Dispersionskurve an einer Stelle $\beta > 0$?

18.5 Was sind Bragg-Wellenleiter?

18.6 Kann man bei senkrechtem Einfall auf periodisch geschichtete, dielektrische Medien Totalreflexion erreichen?

18.7 Lassen sich offene, periodische Streuprobleme, die keine geführten Eigenwellen haben, mit Hilfe von Raumharmonischen berechnen?

19. Lineare, dispersive Medien

Elementarteilchen mit Ladung und Spin (magnetisches Moment) reagieren auf elektromagnetische Felder und somit reagiert auch jedes Medium auf Felder. Aufgrund der atomaren und molekularen Struktur eines Mediums kann die Reaktion sehr unterschiedlich ausfallen. In § 4 und § 9 haben wir den Einfluss relativ schwacher, zeitlich konstanter oder nur langsam veränderlicher Felder kennengelernt. Wir haben auch gesehen, wie die Reaktionen diskreter Atome oder Moleküle durch Mittelung homogenisiert werden können und auf die kontinuierlichen, makroskopischen Größen Polarisierung und Magnetisierung führen

$$P = \varepsilon_0 \chi_e E \quad , \quad \mu_0 M = \frac{\chi_m}{1 + \chi_m} B \ . \tag{19.1}$$

Im Allgemeinen ist die Reaktion der Materie aber nicht durch diese einfache, zeitlich konstante und lineare Beziehung gegeben. Starke Felder oder starke Kopplungen zwischen Atomen, wie z.B. bei Ferromagnetismus, führen zu nichtlinearen Zusammenhängen. Obwohl diese für bestimmte Anwendungen von großem Interesse sind, wollen wir uns weiterhin auf lineare Zusammenhänge beschränken aber die verschiedenen Zeitskalen zwischen den anregenden Feldern und der Reaktion des Mediums berücksichtigen.

Die Beschränkung auf einen linearen Zusammenhang erlaubt eine sehr elegante Behandlung mittels FOURIER-Transformation und Funktionentheorie. Sie führt uns zu der Klasse der linearen, dispersiven Medien. *Dispersives* Verhalten, kurz *Dispersion*, entsteht durch die Masse (Trägheit) der Elementarteilchen oder Ionen, welche die Reaktion auf angelegte zeitvariable Felder verzögert. Auch braucht das Medium, wenn die Felder abgeschaltet sind, einige Zeit bis es wieder in Ruhe ist. Sich im Medium ausbreitende Signale werden dadurch verzerrt. Mikroskopisch lässt sich die verzögerte Reaktion des Mediums durch ein einfaches Resonatormodell beschreiben.

Da die Abhängigkeit eines Mediums von zeitvariablen magnetischen Feldern meist viel kleiner ist als die Abhängigkeit von elektrischen Feldern, werden wir uns auf letztere beschränken.

H. Henke, *Elektromagnetische Felder*, https://doi.org/10.1007/978-3-662-62235-3_19

19.1 Linearität. Kausalität

Der Begriff des linearen Mediums lässt sich weiter fassen als in (19.1) gegeben. Dies soll am Beispiel der Polarisation eines Dielektrikums ausgeführt werden. Die Polarisation des Mediums zur Zeit t hängt i.a. vom Feld zu früheren Zeitpunkten ab

$$\boldsymbol{P}(\boldsymbol{r},t) = \varepsilon_0 \int_0^\infty \chi_e(\boldsymbol{r},t') \boldsymbol{E}(\boldsymbol{r},t-t') \, \mathrm{d}t' \; . \tag{19.2}$$

Dabei wurde vorausgesetzt, dass die Polarisation am Ort $\boldsymbol{r}$ nur vom Feld am selben Ort abhängt. Man spricht von einem *räumlich lokalen* Zusammenhang. Ferner soll die Wirkung des Feldes auf das Medium *kausal* sein, d.h. ein Feld zum Zeitpunkt t kann keine Polarisation zu früheren Zeiten erzeugen

$$\chi_e(\boldsymbol{r},t) = 0 \quad \text{für } t < 0. \tag{19.3}$$

Unter dieser Voraussetzung kann man die Integration in (19.2) auch bei $t = -\infty$ anfangen lassen.

(19.2) und (19.3) definieren ein *lineares, kausales* Dielektrikum. Wird das Feld skaliert, skaliert die Polarisation im gleichen Maß, und außerdem ist das Überlagerungsprinzip gültig. Das so definierte Dielektrikum erlaubt eine Reihe wichtiger Schlussfolgerungen.

Zum einen kann man die FOURIER-Transformation von (19.2), unter Berücksichtigung von (19.3), bilden und erhält

$$\boldsymbol{P}(\boldsymbol{r},\omega) = \varepsilon_0 \chi_e(\omega) \boldsymbol{E}(\boldsymbol{r},\omega) \; . \tag{19.4}$$

Die Reaktion des Dielektrikums auf eine monochromatische Anregung ist proportional zur Anregung. Allerdings ist der Proportionalitätsfaktor frequenzabhängig.

Zum anderen ist es eine in der Systemtheorie wohlbekannte Eigenschaft, dass ein System, welches durch eine Faltung wie in (19.2) beschrieben wird, eine Bewegungsgleichung in Form einer linearen Differentialgleichung mit konstanten Koeffizienten hat. Ferner ist die Übertragungsfunktion im Frequenzbereich, in diesem Falle $\chi_e(\omega)$, eine gebrochen rationale Funktion von ω. Diese Eigenschaften werden wir in § 19.3 verwenden, um ein geeignetes Modell für das Dielektrikum zu finden.

Neben der Kausalität (19.3) gibt es noch eine weitere physikalische Forderung, nämlich dass ein reales System eine reelle Reaktion auf eine reelle Anregung zeigt, d.h. $\chi_e(t)$ muss reell sein. Aus der FOURIER-Transformierten

$$\chi_e(\omega) = \int_{-\infty}^\infty \chi_e(t) \, \mathrm{e}^{-\mathrm{j}\omega t} \, \mathrm{d}t \tag{19.5}$$

folgt somit $\chi_e^*(\omega) = \chi_e(-\omega)$ oder

$$\begin{aligned}
\mathrm{Re}\left\{\chi_e(\omega)\right\} &= \mathrm{Re}\left\{\chi_e(-\omega)\right\} \\
\mathrm{Im}\left\{\chi_e(\omega)\right\} &= -\mathrm{Im}\left\{\chi_e(-\omega)\right\} \; .
\end{aligned} \tag{19.6}$$

Auch müssen $\chi_e(t)$ und $\chi_e(\omega)$ absolut integrabel sein, damit eine Anregung zur Zeit t' eine Reaktion erzeugt, welche für große $t - t'$ monoton abklingt.

19.2 Kramers-Kronig-Relationen

Die KRAMERS-KRONIG-Relationen sind allgemein für lineare, kausale Systeme gültig. Sie stellen einen Zusammenhang zwischen dem Real- und Imaginärteil der Übertragungsfunktion her. Im vorliegenden Fall ist die Übertragungsfunktion die Suszeptibilität $\chi_e(\omega)$, und da, wie wir später sehen werden, der Realteil den Brechungsindex bestimmt und der Imaginärteil die Verluste (Absorption), stellen die KRAMERS-KRONIG-Relationen eine direkte Beziehung zwischen Brechung und Absorption her.

Wir bestimmen zunächst das Gebiet in der komplexen ω-Ebene, in welchem eine analytische Funktion $\chi_e(\omega)$ keine Pole hat. Das Integral über eine geschlossene Kontur in der unteren Halbebene, Abb. 19.1a, ergibt unter Verwendung des CAUCHY'schen Residuensatzes

$$\oint \chi_e(\omega)\,\mathrm{e}^{\mathrm{j}\omega t}\mathrm{d}\omega = -\mathrm{j}2\pi \sum_n \mathrm{e}^{\mathrm{j}\omega_n t}\mathrm{Res}\left\{\chi_e(\omega_n)\right\}\,, \qquad (19.7)$$

wobei ω_n der n-te Pol von $\chi_e(\omega)$ innerhalb der Kontur ist.

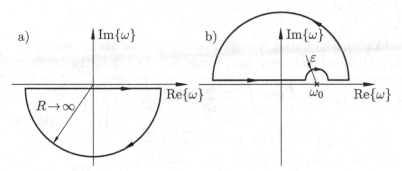

Abb. 19.1. (a) Integrationsweg in der unteren Halbebene. **(b)** Integrationsweg zur Herleitung der KRAMERS-KRONIG-Relationen

Das Integral in (19.7) wird zerlegt in ein Integral entlang der reellen Achse und ein Integral über den Halbkreis

$$\oint \chi_e(\omega)\,\mathrm{e}^{\mathrm{j}\omega t}\mathrm{d}\omega = \int\limits_{-\infty}^{\infty} \chi_e(\omega)\,\mathrm{e}^{\mathrm{j}\omega t}\mathrm{d}\omega + \lim_{R\to\infty} \int\limits_{\substack{\text{Halbkreis}\\ \text{(Radius }R)}} \chi_e(\omega)\,\mathrm{e}^{\mathrm{j}\omega t}\mathrm{d}\omega\,. \qquad (19.8)$$

Das Integral über die reelle Achse ist aber gerade die Impulsantwort $\chi_e(t)$ und verschwindet daher für $t < 0$ wegen (19.3). Für den Integranden des Integrals über den Halbkreis gilt

$$\left|\chi_e(\omega)\, \mathrm{e}^{\mathrm{j}\omega t}\right| \leq |\chi_e(\omega)|\, \mathrm{e}^{-vt} \quad \text{mit } \omega = u + \mathrm{j}v \tag{19.9}$$

und er verschwindet exponentiell für $t < 0$ und $v \to -\infty$, d.h. für $R \to \infty$. Somit verschwindet auch das Integral über den Halbkreis und das geschlossene Konturintegral $\chi_e(\omega)$ hat nach (19.7) keine Residuen und daher auch keine Pole in der unteren Halbebene.

Als nächstes wird das Integral von $\chi_e(\omega)/(\omega - \omega_0)$ entlang der Kontur nach Abb. 19.1b untersucht. Der Integrand hat keine Pole in der unteren Halbebene aber einen Pol ω_0 auf der reellen Achse. Nach Zerlegen des Konturintegrals in vier Teilintegrale und nach Anwenden des CAUCHY'schen Residuensatzes gilt

$$\int_{-\infty}^{\omega_0-\varepsilon} \frac{\chi_e(\omega)}{\omega - \omega_0}\, \mathrm{d}\omega + \int_{\omega_0+\varepsilon}^{\infty} \frac{\chi_e(\omega)}{\omega - \omega_0}\, \mathrm{d}\omega + \underset{\substack{\text{Halbkreis} \\ \text{(Radius } \varepsilon)}}{\int \frac{\chi_e(\omega)}{\omega - \omega_0}\, \mathrm{d}\omega} + \underset{\substack{\text{Halbkreis} \\ \text{(Radius } R)}}{\int \frac{\chi_e(\omega)}{\omega - \omega_0}\, \mathrm{d}\omega} = 0 \,.$$

Die beiden ersten Integrale stellen für $\varepsilon \to 0$ den Hauptwert des Integrals entlang der reellen Achse dar. Das dritte Integral über den Halbkreis mit Radius ε ergibt ein negatives halbes Residuum und das vierte Integral verschwindet für $R \to \infty$, d.h. $t > 0$, $v \to +\infty$ in (19.9). Es verbleibt

$$\mathrm{HW}\int_{-\infty}^{\infty} \frac{\chi_e(\omega)}{\omega - \omega_0}\, \mathrm{d}\omega - \mathrm{j}\pi\chi_e(\omega_0) = 0$$

und man erhält schließlich nach Aufteilen von χ_e in Real- und Imaginärteil, $\chi_e(\omega) = \mathrm{Re}\{\chi_e(\omega)\} + \mathrm{j}\,\mathrm{Im}\{\chi_e(\omega)\}$ und Verwenden der Symmetrie (19.6)

$$\boxed{\begin{aligned} \text{(I)} \quad & \mathrm{Re}\{\chi_e(\omega_0)\} = \frac{2}{\pi}\,\mathrm{HW}\int_0^{\infty} \frac{\omega\,\mathrm{Im}\{\chi_e(\omega)\}}{\omega^2 - \omega_0^2}\, \mathrm{d}\omega \\[2mm] \text{(II)} \quad & \mathrm{Im}\{\chi_e(\omega_0)\} = -\frac{2}{\pi}\,\mathrm{HW}\int_0^{\infty} \frac{\omega_0\,\mathrm{Re}\{\chi_e(\omega)\}}{\omega^2 - \omega_0^2}\, \mathrm{d}\omega \,. \end{aligned}} \tag{19.10}$$

Dies sind die wichtigen und für alle linearen und kausalen Systeme gültigen KRAMERS-KRONIG-*Relationen* (1926-1927). Sie erzwingen einen Zusammenhang zwischen Real- und Imaginärteil der Übertragungsfunktion. Da im vorliegenden Fall eines Dielektrikums der Realteil die Dispersion und der Imaginärteil die Absorption bestimmen, weist ein dispersives Dielektrikum immer Verluste auf.

Die Relationen (19.10) erlauben noch weitere, allgemeine Aussagen. Hat z.B. ein Medium Verluste in einem schmalen Frequenzband um ω_1 herum, so zeigt es dispersives Verhalten in einem breiten Frequenzbereich um ω_1 herum. Im Grenzfall, wenn $\mathrm{Im}\{\chi_e(\omega)\} = A\,\delta(\omega - \omega_1)$ gilt, folgt aus (19.10 I)

$$\mathrm{Re}\{\chi_e(\omega_0)\} = \frac{2A}{\pi}\,\mathrm{HW}\int_0^{\infty} \frac{\omega}{\omega^2 - \omega_0^2}\,\delta(\omega - \omega_1)\, \mathrm{d}\omega = \frac{2A}{\pi}\,\frac{\omega_1}{\omega_1^2 - \omega_0^2} \,, \tag{19.11}$$

mit einem Pol bei ω_1, siehe Abb. 19.2a. Hat dagegen $\mathrm{Im}\,\{\chi_e(\omega)\}$ eine endlich breite Spitze bei ω_1, so sieht der prinzipielle Verlauf wie in Abb. 19.2b aus.

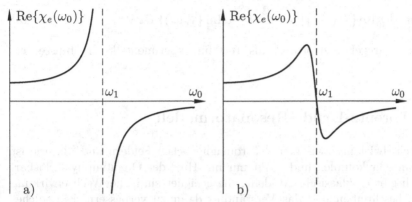

Abb. 19.2. Realteil von $\chi_e(\omega_0)$ für **(a)** $\mathrm{Im}\,\{\chi_e(\omega)\} = A\,\delta(\omega - \omega_1)$, **(b)** schmale Spitze von $\mathrm{Im}\,\{\chi_e(\omega)\}$ bei ω_1

Interessant ist auch der Fall, wenn die Verluste in einem Frequenzbereich $\omega_1 < \omega < \omega_2$ vernachlässigbar sind, d.h. wenn $\mathrm{Im}\,\{\chi_e(\omega)\} = 0$ in dem Bereich gilt. Dann folgt wiederum aus (19.10 I)

$$\mathrm{Re}\,\{\chi_e(\omega_0)\} = \frac{2}{\pi}\,\mathrm{HW}\left\{\int_0^{\omega_1} \frac{\omega\mathrm{Im}\,\{\chi_e(\omega)\}}{\omega^2 - \omega_0^2}\,\mathrm{d}\omega + \int_{\omega_2}^{\infty} \frac{\omega\mathrm{Im}\,\{\chi_e(\omega)\}}{\omega^2 - \omega_0^2}\,\mathrm{d}\omega\right\}$$

und nach Differentiation nach ω_0

$$\frac{\mathrm{d}}{\mathrm{d}\omega_0}\mathrm{Re}\,\{\chi_e(\omega_0)\} = \frac{4}{\pi}\,\omega_0\,\mathrm{HW}\left\{\int_0^{\omega_1} \frac{\omega\mathrm{Im}\,\{\chi_e(\omega)\}}{(\omega^2 - \omega_0^2)^2}\,\mathrm{d}\omega\right.$$
$$\left. + \int_{\omega_2}^{\infty} \frac{\omega\mathrm{Im}\,\{\chi_e(\omega)\}}{(\omega^2 - \omega_0^2)^2}\,\mathrm{d}\omega\right\}.$$

(19.12)

Beide Integrale auf der rechten Seite sind positiv, wenn $\mathrm{Im}\,\{\chi_e(\omega)\} > 0$, d.h. wenn das Medium außerhalb des Bereichs $\omega_1 < \omega < \omega_2$ verlustbehaftet ist. Der Realteil steigt mit der Frequenz an, man spricht von *normaler Dispersion*. Dies ist z.B. der Grund, warum die Blauanteile von sichtbarem Licht in der Athmosphäre stärker gebrochen werden als die Rotanteile. *Anomale Dispersion*, also Abnahme der Dispersion mit steigender Frequenz, kann nur in spektralen Bereichen auftreten, in denen eine starke Absorption vorliegt.

Schließlich gibt es noch die sogenannte *Summenregel*. Sie bestimmt den Grenzwert von $\mathrm{Re}\,\{\chi_e(\omega_0)\}$ für hohe Frequenzen aus der Summe (Integral) über die gesamte Absorptionseigenschaften des Mediums. Unter der Annahme, dass $\operatorname{Im}\{\chi_e(\omega)\}$ für hohe Frequenzen schneller als mit ω^{-2} abnimmt[1] kann man für $\omega_0 \gg \omega$ den Nenner $\omega^2 - \omega_0^2$ des Integranden in (19.10 I) durch $-\omega_0^2$ ersetzen und erhält die Summenregel

$$\lim_{\omega_0 \to \infty} \left[\omega_0^2 \operatorname{Re}\{\chi_e(\omega_0)\}\right] = -\frac{2}{\pi} \int_0^\infty \omega \operatorname{Im}\{\chi_e(\omega)\} \, d\omega \ . \tag{19.13}$$

Die Summenregel wird oftmals als Test für experimentelle Ergebnisse verwendet.

19.3 Lorentz-Drude-Resonatormodell

Die Wechselwirkung zwischen elektromagnetischen Feldern und Materie ist im Detail sehr komplex und exakt nur mit Hilfe der Quantenphysik lösbar. Dennoch gibt es klassische Modelle, die geeignet sind, die Wechselwirkung grob zu beschreiben und das Verständnis dafür zu verbessern. Ein solches Modell wurde von LORENTZ und DRUDE (1926) entwickelt. Es geht von einem polarisierbaren Medium aus, in welchem die Ladungen schwingungsfähige Systeme darstellen. Die Bewegungsgleichung einer Ladung q

$$m \frac{d^2 x}{dt^2} + R \frac{dx}{dt} + C\,x = q E_{lok} \tag{19.14}$$

berücksichtigt die träge Masse, einen Reibungsterm, der proportional der Geschwindigkeit ist und die Verluste beschreibt, eine Federkonstante C und schließlich das anregende lokale, elektrische Feld. Die Verluste entstehen durch Wechselwirkung mit benachbarten Atomen und durch Abstrahlung elektromagnetischer Energie. Eine Wechselwirkung mit dem Magnetfeld wurde vernachlässigt.

Das lokale Feld E_{lok} am Ort der Ladung hängt mit dem makroskopischen Feld E und der Polarisierung zusammen (4.16)

$$E_{lok} = E + \frac{\alpha}{\varepsilon_0}\,P \ , \tag{19.15}$$

wobei hier α den Einfluss der benachbarten Materie berücksichtigt. In Gasen ist α ungefähr $1/3$, wie in (4.16), in Metallen ist $\alpha = 0$, da freie Elektronen vorhanden sind. Im Allgemeinen soll hier α zunächst unbestimmt bleiben.

Durch die Verschiebung x des Ladungsschwerpunkts entsteht ein Dipolmoment. Das Medium wird polarisiert

$$P = n\langle p_e \rangle \quad \text{mit } \langle p_e \rangle = qx. \tag{19.16}$$

$\langle p_e \rangle$ stellt hierbei das mittlere Dipolmoment dar und n die Anzahl der Dipole pro Volumeneinheit. Multiplikation von (19.14) mit nq/m führt, unter Verwendung von (19.15), (19.16), auf eine Differentialgleichung für P

---

[1] Im § 19.3 erhält man aus einem einfachen Resonatormodell eine Abnahme mit ω^{-3}.

$$\frac{\mathrm{d}^2 P}{\mathrm{d}t^2} + \gamma \frac{\mathrm{d}P}{\mathrm{d}t} + (\omega_0^2 - \alpha\omega_P^2)P = \varepsilon_0 \omega_P^2 E \,, \tag{19.17}$$

mit der *Plasmafrequenz*[2]

$$\omega_P = \sqrt{\frac{nq^2}{\varepsilon_0 m}} \,. \tag{19.18}$$

Bei harmonischer Anregung sind alle Größen proportional $\exp(\mathrm{j}\omega t)$ und aus (19.17) wird

$$P(\omega) = \varepsilon_0 \chi_e(\omega)\, E = \varepsilon_0 \left[\varepsilon_r(\omega) - 1\right] E \tag{19.19}$$

mit der komplexen relativen Dielektrizitätskonstanten

$$\begin{aligned}
\varepsilon_r(\omega) &= 1 + \frac{\omega_P^2}{\omega_0^2 - \alpha\omega_P^2 - \omega^2 + \mathrm{j}\,\gamma\omega} \\
&= 1 + \frac{\omega_P^2(\omega_0^2 - \alpha\omega_P^2 - \omega^2)}{[\omega_0^2 - \alpha\omega_P^2 - \omega^2]^2 + \gamma^2\omega^2} - \mathrm{j}\,\frac{\gamma\omega\omega_P^2}{[\omega_0^2 - \alpha\omega_P^2 - \omega^2]^2 + \gamma^2\omega^2} \\
&= \varepsilon_r'(\omega) - \mathrm{j}\,\varepsilon_r''(\omega) \,. \tag{19.20}
\end{aligned}$$

Man sieht durch die elastische Bindung schwingungsfähiger Ladungen entsteht eine frequenzabhängige Dielektrizitätskonstante. Die Verluste[3], ausgedrückt durch die Reibungskonstante γ, erzeugen den Imaginärteil ε_r''. Bei der Frequenz $\omega^2 = \omega_0^2 - \alpha\omega_P^2$ tritt eine Resonanz auf, deren Breite und Höhe durch die Dämpfungskonstante γ festgelegt ist, Abb. 19.3.

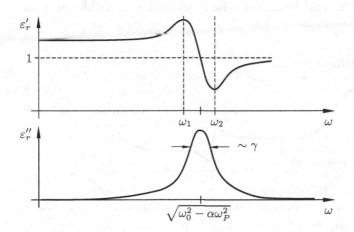

Abb. 19.3. Frequenzabhängige relative Dielektrizitätskonstante (19.20)

[2] Siehe Beispiel 3.8

[3] Später, § 19.3.2, werden wir eine andere komplexe Dielektrizitätskonstante kennenlernen, bei welcher der Imaginärteil durch die Leitfähigkeit κ von Materialien mit frei beweglichen Ladungen bestimmt wird. Die beiden Verlustmechanismen sind makroskopisch nicht zu unterscheiden.

Den Verlauf des Realteils kann man in drei Bereiche aufteilen. Für $\omega < \omega_1$ und $\omega > \omega_2$ ist die Steigung von ε_r' positiv. Es liegt *normale Dispersion* vor. Im Bereich $\omega_1 < \omega < \omega_2$ ist die Steigung negativ und die *Dispersion anomal*. Zugleich sind die Verluste groß, wie aus dem Imaginärteil ersichtlich ist, entsprechend der Diskussion in § 19.2. Für niedrige Frequenzen, $\omega \to 0$, nimmt die relative Dielektrizitätskonstante den statischen Wert für das Medium an

$$\varepsilon_r' \sim 1 + \frac{\omega_P^2}{\omega_0^2 - \alpha\omega_P^2} \quad , \quad \varepsilon_r'' \sim 0 \,. \tag{19.21}$$

Für hohe Frequenzen, $\omega \to \infty$, zeigt das Dielektrikum das Verhalten eines Plasmas (siehe § 19.3.2)

$$\varepsilon_r' \sim 1 - \left(\frac{\omega_P}{\omega}\right)^2 \quad , \quad \varepsilon_r'' \sim \gamma \frac{\omega_P^2}{\omega^3} \,. \tag{19.22}$$

Dabei nimmt der Imaginärteil stärker als mit ω^{-2} ab, so wie in der Summenregel (19.13) gefordert. Elektronische Polarisierung, d.h. Verschiebung von Elektronenwolken, tritt bei sehr hohen Frequenzen auf, typischerweise im ultravioletten Bereich. So haben z.B. Ozon und Stickstoff in diesem Bereich eine Resonanz und sind dafür verantwortlich, dass das ultraviolette Licht der Sonne in großen Höhen weitgehend absorbiert wird. Bei der ionischen Polarisierung sind die betroffenen Massen sehr viel größer und somit ist die Resonanzfrequenz entsprechend niedriger, meist im infraroten Bereich. Noch niedriger liegen die Resonanzfrequenzen von polarer Materie, da ganze Moleküle schwingen. Z.B. hat Wasserdampf seine Resonanz bei einer Wellenlänge von 1.25 cm (24 GHz) und beschränkt die Reichweite von hochfrequentem Radar.

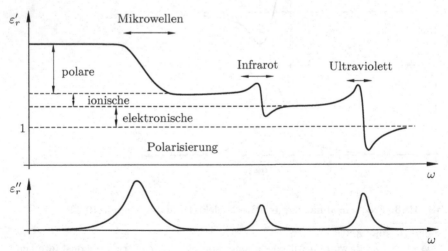

Abb. 19.4. Prinzipieller Verlauf der komplexen relativen Dielektrizitätskonstanten in Abhängigkeit von der Frequenz.

Im Allgemeinen gibt es in Stoffen viele Resonanzen mit ω_{0i}, γ_i, ω_{Pi} und aus (19.20) wird

$$\varepsilon_r(\omega) = 1 + \sum_i \frac{\omega_{Pi}^2}{\omega_{0i}^2 - \alpha\omega_{Pi}^2 - \omega^2 + j\,\gamma_i\omega} \,. \tag{19.23}$$

Abb. 19.4 zeigt Real- und Imaginärteil von ε_r für ein hypothetisches Dielektrikum mit gut separierten Resonanzen. In den meisten Materialien ist dies nicht der Fall sondern die einzelnen Resonanzen verschmelzen.

19.3.1 Dielektrika

Für Gase und einige andere Dielektrika ist das Oszillatormodell mit $\alpha = 1/3$ in (19.15) eine brauchbare Näherung. Zur Abschätzung der Größenordnung der anderen Parameter sei z.B. die Resonanz für Valenzelektronen eines unpolaren Atoms untersucht. Nach § 4.1.1 ist

$$E_{in} = -\frac{ex}{4\pi\varepsilon_0 r_0^3}$$

und somit die Rückstellkraft (19.14)

$$Cx = \frac{e^2 x}{4\pi\varepsilon_0 r_0^3}$$

und die Resonanzfrequenz

$$\omega_0^2 = \frac{C}{m_e} = \frac{e^2}{4\pi\varepsilon_0 m_e r_0^3} \,.$$

Setzt man für den Atomradius $r_0 = 2$ Å, so ist die Resonanzfrequenz $\omega_0 = 5.6 \cdot 10^{15}$ s^{-1}. Dies entspricht einer Wellenlänge von 335 nm im Vakuum. Die Plasmafrequenz (19.18) ist für $n = 0.1$ Å^{-3}

$$\omega_P = \sqrt{\frac{ne^2}{\varepsilon_0 m_e}} = 1.8 \cdot 10^{16} \text{ s}^{-1}$$

und liegt in der gleichen Größenordnung wie ω_0. Die Dämpfungskonstante γ ist wesentlich schwieriger abzuschätzen, denn Dämpfung entsteht durch elektromagnetische Strahlung der schwingenden Ladungen und durch „interne Reibungskräfte" wie z.B. Kollisionen. Normalerweise ist γ aber sehr viel kleiner als ω_0.

Besteht die schwingende Ladung aus Ionen, so ist die Resonanzfrequenz um einige hundert mal kleiner, da die Rückstellkraft ungefähr gleich der von Elektronen ist aber die Ionenmasse um vier Größenordnungen größer. Auch die Plasmafrequenz ist um einen ähnlichen Faktor kleiner. Die Dämpfungskonstante hingegen ist viel größer und liegt im Bereich $\gamma \approx 0.1\omega_0$.

In flüssigen oder festen Dielektrika mit polaren Molekülen, sie besitzen ein permanentes Dipolmoment, wird der Resonanzeffekt durch eine Relaxation ersetzt. Das Modell dafür sind Moleküle, die, als Antwort auf das angelegte Feld, in einem durch Reibungskräfte dominierten Medium rotieren. Die Rotationsbewegung erfährt ständig schwache Kollisionen, wodurch Wärme entsteht und Energie verloren geht aber keine Beschleunigung stattfindet. Die Vernachlässigung der Beschleunigung und die daraus resultierende exponentielle Dämpfung wurde von J. W. P. DEBYE vorgeschlagen und man spricht daher von DEBYE-*Relaxation* oder auch *dielektrischer Relaxation*. Aus der Differentialgleichung für die Polarisation (19.17) wird dann mit $\alpha = 0$

$$\gamma \frac{dP}{dt} + \omega_0^2 P = \varepsilon_0 \omega_P^2 E \ . \tag{19.24}$$

Deren Lösung für harmonische Anregung

$$P(\omega) = \frac{\varepsilon_0 \omega_P^2}{\omega_0^2 + \mathrm{j}\gamma\omega} \, E(\omega) = \varepsilon_0 \chi_e(\omega) E(\omega)$$

ergibt die relative Dielektrizitätskonstante

$$\varepsilon_r(\omega) = 1 + \chi_e(\omega) = \varepsilon_r'(\omega) - \mathrm{j}\varepsilon_r''(\omega) = 1 + \frac{\omega_P^2 \omega_0^2}{\omega_0^4 + \gamma^2\omega^2} - \mathrm{j} \frac{\omega_P^2 \gamma\omega}{\omega_0^4 + \gamma^2\omega^2} \ .$$
$$\tag{19.25}$$

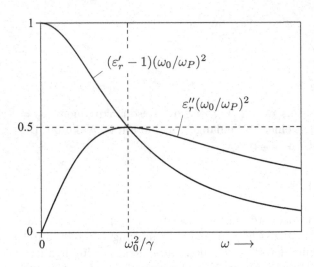

Abb. 19.5. Relative Dielektrizitätskonstante für DEBYE-Relaxation

Der Verlauf von ε_r, Abb. 19.5, ist anders als bei einer Resonanzabsorption. Er gleicht einem stark überdämpften Oszillator. Die homogene Lösung der Differentialgleichung (19.24)

$$P = P_0 \, \mathrm{e}^{-t/\tau} \quad , \quad \tau = \gamma/\omega_0^2 \tag{19.26}$$

klingt mit der *Relaxationszeit* τ ab. Für Frequenzen $\omega \ll \omega_0^2/\gamma$ oder $\omega \gg \omega_0^2/\gamma$ ist $\varepsilon_r'' \ll \varepsilon_r'$ und der Brechungsindex des Mediums ist nur durch den Realteil bestimmt $n = \sqrt{\varepsilon_r'}$.

Ein Beispiel eines polaren Mediums ist Wasser (siehe § 4.1.2). Bei einer Temperatur von $20°$ C hat es im Bereich von Mikrowellen, bis ungefähr 10 GHz, einen Wert von $\varepsilon'_r \approx 80$. Dieser nimmt bis zum optischen Bereich, $f \approx 500$ THz, stark ab auf einen Wert von ungefähr 4. Der Abfall ist mit starker Absorption (großem ε''_r) verbunden, weswegen z.B. ein Mikrowellenradar im Nebel stark behindert wird.

19.3.2 Leiter. Plasmen

In leitenden Medien, insbesondere in Metallen und in Plasmen, gibt es frei bewegliche Elektronen. Auch diese Medien lassen sich mit dem Resonatormodell beschreiben, wobei jetzt die Rückstellkraft verschwindet oder vernachlässigbar ist und außerdem das lokale elektrische Feld gleich dem mittleren Feld ist, d.h. man setzt $\omega_0 = 0$ und $\alpha = 0$ in (19.20)

$$\varepsilon_r(\omega) = \varepsilon'_r(\omega) - \mathrm{j}\varepsilon''_r(\omega) = 1 - \frac{\omega_P^2}{\omega^2 + \gamma^2} - \mathrm{j}\frac{\omega_P^2 \gamma}{(\omega^2 + \gamma^2)\omega}. \tag{19.27}$$

Da (19.27) freie ungebundene Elektronen beschreibt, lässt sich auch ein Zusammenhang mit der Leitfähigkeit herstellen. Aus (4.25) wird

$$J_{pol} = J = \frac{\partial P}{\partial t} = \mathrm{j}\omega P = \mathrm{j}\omega\varepsilon_0\chi_e E = \kappa E$$

und somit ist

$$\kappa(\omega) = \mathrm{j}\omega\varepsilon_0\chi_e(\omega) = \mathrm{j}\omega\varepsilon_0\left[\varepsilon_r(\omega) - 1\right] = \frac{\kappa_0}{1 + \mathrm{j}\omega\tau}. \tag{19.28}$$

Dabei ist $\tau = 1/\gamma$ die mittlere Zeit zwischen Kollisionen und

$$\kappa_0 = \frac{ne^2\tau}{m_e}$$

die Gleichstromleitfähigkeit. κ_0 ist bis auf den Faktor $1/2$ identisch mit (7.9). Der Faktor $1/2$, welcher von der Mittelung des sägezahnförmigen Geschwindigkeitsprofils kommt, ist natürlich in dem Resonatormodell nicht enthalten.

Bei Metallen unterscheidet man typischerweise drei Frequenzbereiche.

1. $\omega \ll \gamma \ll \omega_P$

   Aus (19.27) wird

$$\varepsilon_r(\omega) \approx -\left(\frac{\omega_P}{\gamma}\right)^2 - \mathrm{j}\frac{\omega_P^2}{\gamma\omega} \approx \frac{\kappa_0}{\mathrm{j}\omega\varepsilon_0}. \tag{19.29}$$

   ε_r ist rein imaginär. Dies entspricht der Vernachlässigung des Verschiebungsstroms gegenüber dem Leitungsstrom, § 12. Eine Welle klingt innerhalb der Skintiefe

$$\delta_S = \sqrt{\frac{2}{\omega\mu_0\kappa_0}}$$

   ab. Beim Auftreffen auf den Leiter wird sie fast vollständig reflektiert.

2. $\gamma \ll \omega \ll \omega_P$

Aus (19.27) wird

$$\varepsilon_r(\omega) \approx -\left(\frac{\omega_P}{\omega}\right)^2 - \mathrm{j}\,\frac{\omega_P^2 \gamma}{\omega^3} \approx -\left(\frac{\omega_P}{\omega}\right)^2 . \tag{19.30}$$

Eine Welle mit der Wellenzahl

$$k = \omega\sqrt{\mu_0 \varepsilon_0 \varepsilon_r} = \mathrm{j}\sqrt{\mu_0 \varepsilon_0}\,\omega_P = \mathrm{j}\,\frac{\omega_P}{c_0} = \mathrm{j}\,\frac{2\pi}{\lambda_P}$$

klingt, unabhängig von der Frequenz, innerhalb einer Plasmawellenlänge λ_P sehr schnell ab. Beim Auftreffen auf das Medium wird sie vollständig reflektiert. Bei Metallen entspricht dieser Bereich dem infraroten Gebiet.

3. $\omega \gg \gamma, \omega_P$

Aus (19.27) wird

$$\varepsilon_r(\omega) \approx 1 . \tag{19.31}$$

Das Medium ist annähernd durchsichtig. Bei Metallen wäre das im sichtbaren Gebiet gegeben, allerdings wird die Durchsichtigkeit durch Resonanzabsorption von Elektronen auf inneren atomaren Schalen überdeckt und verleiht den Metallen ihre typische Farbe.

Als Beispiel ist der komplexe Brechungsindex (19.27)

$$n = \sqrt{\varepsilon_r} = \sqrt{1 - \frac{\omega_P^2}{\omega^2 - \mathrm{j}\gamma\omega}} = \sqrt{1 - \frac{(\lambda/\lambda_P)^2}{1 - \mathrm{j}\gamma\lambda/2\pi c_0}} \tag{19.32}$$

für Kupfer ($\omega_P = 1.6 \cdot 10^{16}\ \mathrm{s^{-1}}$, $\gamma = 4 \cdot 10^{13}\ \mathrm{s^{-1}}$, $\kappa_0 = 56 \cdot 10^6\ \Omega^{-1}\mathrm{m}^{-1}$) in Abb. 19.6 gezeigt.

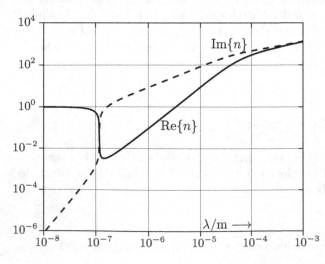

Abb. 19.6. Komplexer Brechungsindex (19.32) für Kupfer

Plasmen lassen sich ähnlich wie Metalle behandeln. Allerdings sind die Verluste normalerweise sehr klein, und man setzt für nicht allzu niedrige Frequenzen

$$\varepsilon_r(\omega) \approx 1 - \left(\frac{\omega_P}{\omega}\right)^2 . \tag{19.33}$$

Für $\omega > \omega_P$ ist ε_r positiv und das Plasma verhält sich wie ein Dielektrikum. Eine auf das Plasma einfallende Welle wird teilweise reflektiert, der größte Teil dringt in das Plasma ein. Für $\omega < \omega_P$ dagegen ist ε_r negativ und die Ausbreitungskonstante imaginär. Eine einfallende Welle wird vollständig reflektiert. Dieser Übergang von Totalreflexion zu Durchlässigkeit ist wohlbekannt im Mittelwellen-Rundfunk. Die Ionosphäre der Erde ist durch kosmische Strahlung ionisiert und stellt ein Plasma mit der Dichte $n = 10^4 - 10^5$ cm^{-3} dar. Die zugehörige Plasmafrequenz liegt im Bereich $f_P = \omega_P/2\pi = 1 - 3$ MHz. Lang- und Mittelwellen unterhalb f_P werden an der Ionosphäre reflektiert und können sich um die gesamte Erde herum ausbreiten. Oberhalb von f_P ist die Ionosphäre durchlässig und Rundfunk ist im Wesentlichen nur über Sichtweiten möglich.

19.3.3 Ideale Leiter. Supraleiter

Unter einem idealen Leiter versteht man eine idealisierte Situation, in welcher freie Elektronen vorhanden sind, die verlust- und trägheitsfrei einem elektrischen Feld folgen. Im Oszillatormodell bedeutet dies $\gamma = 0$ und $m = 0$. Im idealen Leiter existiert kein elektrisches Feld und aus MAXWELL's Gleichungen folgt, dass auch kein zeitabhängiges Magnetfeld existieren kann. Ein statisches Magnetfeld dagegen ist möglich. Dringt man den Leiter in ein statisches Magnetfeld, so muss der Leiter feldfrei bleiben. Das Einbringen des Leiters entspricht einer Änderung des Magnetfeldes $\partial \boldsymbol{B}/\partial t$, wodurch auf der Oberfläche Abschirmströme induziert werden, welche das Innere feldfrei halten. Wenn dagegen ein nicht-idealer Leiter von einem statischen Magnetfeld durchdrungen wird und man, in einem Gedankenexperiment, seine Leitfähigkeit solange erhöht bis er ein idealer Leiter ist, so bleibt das Magnetfeld im Inneren bestehen.

Dieses Bild eines idealen Leiters wurde lange Zeit als richtig angesehen für Supraleiter. Es galt als so selbstverständlich, dass es erst viel später nach der Entdeckung der Supraleitfähigkeit durch H. KAMERLINGH ONNES (1911) experimentell untersucht wurde von W. MEISSNER und R. OCHSENFELD (1933). Das experimentelle Ergebnis widersprach der alten Vorstellung. Ein Supraleiter bleibt feldfrei unabhängig davon, ob er in das Magnetfeld eingebracht wird oder ob der Leiter im Feld durch Abkühlen supraleitend wird. Dieser Effekt der Flussverdrängung heißt MEISSNER-OCHSENFELD-*Effekt*. Er ist durch die klassische Physik nicht erklärbar.

Das überraschende Ergebnis wurde 1935 von F. LONDON makroskopisch durch die LONDON'*sche Theorie* erklärt. LONDON ging von der Bewegungsgleichung für Elektronen aus

$$m_e \, \frac{\mathrm{d}\boldsymbol{v}}{\mathrm{d}t} + \nu m_e \boldsymbol{v} = -e\boldsymbol{E} \ ,$$

wobei ν die Rate angibt, mit welcher ein Elektron seinen Impuls $m_e \boldsymbol{v}$ durch Kollision verliert. Im Supraleiter nahm LONDON Kollisionsfreiheit an, $\nu = 0$, und es ergibt sich eine lineare Abhängigkeit zwischen dem elektrischen Feld und der zeitlichen Änderung der Stromdichte

$$\frac{\mathrm{d}\boldsymbol{J}}{\mathrm{d}t} = -en \, \frac{\mathrm{d}\boldsymbol{v}}{\mathrm{d}t} = \frac{e^2 n}{m_e} \, \boldsymbol{E} = \frac{1}{\mu_0 \delta_L^2} \, \boldsymbol{E} \quad , \quad \delta_L^2 = \frac{m_e}{\mu_0 e^2 n} \ . \tag{19.34}$$

n gibt wieder die Dichte der Elektronen an und δ_L heißt LONDON*'sche Eindringtiefe*. Einsetzen von (19.34) in die zweite MAXWELL'sche Gleichung

$$\nabla \times \boldsymbol{E} = \mu_0 \delta_L^2 \, \frac{\partial}{\partial t} \, \nabla \times \boldsymbol{J} = -\mu_0 \, \frac{\partial \boldsymbol{H}}{\partial t}$$

und Integration über die Zeit liefert

$$\nabla \times \boldsymbol{J} = -\frac{1}{\delta_L^2} \, \boldsymbol{H} \ . \tag{19.35}$$

Die Gleichungen (19.34), (19.35) sind die LONDON*'schen Gleichungen*. Sie führen, auch für statische Magnetfelder, zu einem Eindringen der Felder in den Supraleiter mit der Eindringtiefe δ_L. Nimmt man nämlich die Rotation des Durchflutungssatzes und verwendet (19.35) sowie die Quellenfreiheit des Magnetfeldes, so wird

$$\nabla \times (\nabla \times \boldsymbol{H}) = -\nabla^2 \boldsymbol{H} = \nabla \times \boldsymbol{J} = -\frac{1}{\delta_L^2} \, \boldsymbol{H} \ .$$

Im eindimensionalen, kartesischen Fall entspricht dies

$$\frac{\mathrm{d}^2 H}{\mathrm{d}x^2} - \frac{1}{\delta_L^2} \, H = 0$$

mit der Lösung

$$H = H_0 \, \mathrm{e}^{-x/\delta_L} \quad , \quad \delta_L = \sqrt{\frac{m_e}{\mu_0 e^2 n}} \ . \tag{19.36}$$

Jetzt ist auch die Bedeutung der LONDON'schen Eindringtiefe klar ersichtlich. Sie ist, anders als die normale Eindringtiefe, unabhängig von der Frequenz. Typische Werte sind in der Tabelle 19.1 gegeben.

Tabelle 19.1. LONDON'sche Eindringtiefe

Material	$\delta_L / \mu\mathrm{m}$
Blei	0.039
Niob	0.038
Aluminium	0.050

Normale, metallische Supraleiter müssen auf einige wenige Grad Kelvin abgekühlt werden. Die neuen Hochtemperatur-Supraleiter arbeiten im Bereich bis zu 100° K. Für beide Typen ist die oben abgeleitete Eindringtiefe nur näherungsweise gültig. Das Phänomen der Supraleitung ist recht kompliziert und basiert auf quantenmechanischen Effekten. Der interessierte Leser kann die Theorie in einem der vielen guten, einführenden Bücher nachlesen, z.B. in [Tink].

19.4 Ebene Wellen in dispersiven Medien

Eine ebene Welle breite sich in z-Richtung aus, z.B.

$$E_y(z,t) = E_0 \, \mathrm{e}^{\mathrm{j}(\omega t - kz)} \; . \tag{19.37}$$

Im Allgemeinen sind μ und ε komplex und frequenzabhängig und damit sind auch die Wellenzahl k und der Brechungsindex n komplex und frequenzabhängig und erfüllen die Dispersionsrelation

$$k^2(\omega) = \omega^2 \mu(\omega)\varepsilon(\omega) = k_0^2 n^2(\omega)$$
$$k(\omega) = \beta(\omega) - \mathrm{j}\alpha(\omega) = k_0 n'(\omega) - \mathrm{j}k_0 n''(\omega) \; . \tag{19.38}$$

Mit Hilfe des komplexen POYNTING'schen Vektors

$$\boldsymbol{S}_k = \frac{1}{2}\,\boldsymbol{E} \times \boldsymbol{H}^* = \frac{1}{2Z}|\boldsymbol{E}|^2 = \frac{E_0^2}{2Z}\,\mathrm{e}^{-2\alpha z}$$

ist ersichtlich, dass der Imaginärteil von k

$$\alpha(\omega) = k_0 n''(\omega) \tag{19.39}$$

die Dämpfung der Felder angibt. Der Realteil

$$\beta(\omega) = k_0 n'(\omega)$$

bestimmt die Phasengeschwindigkeit

$$v_{ph} = \frac{\omega}{\beta(\omega)} = \frac{c_0}{n'(\omega)} \; . \tag{19.40}$$

Im Falle von Dielektrika, $\mu = \mu_0$, lauten α und β

$$\alpha = k_0 \sqrt{\frac{1}{2}\left(-\varepsilon_r' + \sqrt{\varepsilon_r'^2 + \varepsilon_r''^2}\right)}$$
$$\beta = k_0 \sqrt{\frac{1}{2}\left(\varepsilon_r' + \sqrt{\varepsilon_r'^2 + \varepsilon_r''^2}\right)} \; . \tag{19.41}$$

Bei verschwindendem ε_r'' ist $\alpha = 0$, $\beta = k_0 \sqrt{\varepsilon_r'}$. Die Welle ist ungedämpft. Sind die Verluste klein, $\varepsilon_r'' \ll \varepsilon_r'$, gilt

$$\alpha \approx k_0 \sqrt{\varepsilon_r'}\,\frac{1}{2}\frac{\varepsilon_r''}{\varepsilon_r'} \quad , \quad \beta \approx k_0 \sqrt{\varepsilon_r'}\left[1 + \frac{1}{8}\left(\frac{\varepsilon_r''}{\varepsilon_r'}\right)^2\right] \; . \tag{19.42}$$

Wie in § 19.2 erwähnt, bestimmt im Wesentlichen ε_r'' die Verluste (Absorption) und ε_r' die Phasenkonstante und damit den reellen Brechungsindex n'. Da n' von ω abhängt, haben Wellen mit verschiedenen Frequenzen verschiedene Phasengeschwindigkeiten. Dieses Phänomen ist u.a. zuständig für die Zerlegung von weißem Licht in seine Spektralfarben in einem Prisma und erzeugt Farbfehler in einer Linse.

Im Folgenden soll die Wirkung der Dispersion auf ein Wellenpaket untersucht werden. Der Einfachheit halber nehmen wir ein verlustfreies Dielektrikum an. Ein Wellenpaket besteht aus der Überlagerung vieler Wellen mit verschiedener Wellenzahl. Z.B. gilt für die ebene Welle in (19.37)

$$E_y(z,t) = \int_{-\infty}^{\infty} E_0(k)\,e^{j[\omega(k)t - kz]}\,dk \ . \tag{19.43}$$

Jede Komponente mit der spektralen Amplitude $E_0(k)$ hat eine bestimmte Phasengeschwindigkeit $v_{ph} = \omega(k)/k$. Zum Zeitpunkt $t = 0$ hat das Wellenpaket die Form

$$E_y(z,0) = \int_{-\infty}^{\infty} E_0(k)\,e^{-jkz}\,dk = E_0(z) \tag{19.44}$$

und stellt die FOURIER-Transformierte von $E_0(k)$ dar. Als Beispiel sei ein GAUSS'sches Wellenpaket betrachtet, welches bei $k = k_0$ lokalisiert ist

$$E_0(k) = E_0\,e^{-\gamma(k-k_0)^2} \ . \tag{19.45}$$

Die Spektralfunktion und der Realteil ihrer FOURIER-Transformierten sind in Abb. 19.7 gezeigt.

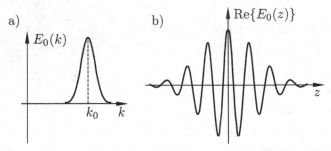

Abb. 19.7. (a) Spektralfunktion (19.45). **(b)** Realteil der FOURIER-transformierten Spektralfunktion (19.44)

Wegen der Lokalisierung der Spektralfunktion um k_0 ist es sinnvoll, die Dispersionsrelation $\omega(k)$ in eine TAYLOR-Reihe um k_0 zu entwickeln

$$\omega(k) = \omega(k_0) + \left.\frac{d\omega}{dk}\right|_{k_0}(k - k_0) + \frac{1}{2}\left.\frac{d^2\omega}{dk^2}\right|_{k_0}(k - k_0)^2 + \ldots$$
$$= \omega_0 + v_g(k - k_0) + D(k - k_0)^2 + \ldots \tag{19.46}$$

Der Koeffizient des linearen Terms

$$v_g = \left. \frac{\mathrm{d}\omega}{\mathrm{d}k} \right|_{k_0} \tag{19.47}$$

gibt die *Gruppengeschwindigkeit* an. Der Koeffizient des quadratischen Terms

$$D = \frac{1}{2} \left. \frac{\mathrm{d}^2\omega}{\mathrm{d}k^2} \right|_{k_0} \tag{19.48}$$

heißt *Dispersionsparameter*.

Bei einer Näherung erster Ordnung wird die Reihe (19.46) nach dem zweiten linearen Term abgebrochen und aus (19.43) wird

$$E_y(z,t) \approx \mathrm{e}^{\mathrm{j}(\omega_0 - v_g k_0)t} \int_{-\infty}^{\infty} E_0(k)\, \mathrm{e}^{-\mathrm{j}k(z - v_g t)}\, \mathrm{d}k$$

$$= \mathrm{e}^{\mathrm{j}(\omega_0 - v_g k_0)t}\, E_0(z - v_g t)\,. \tag{19.49}$$

Die Intensität der Welle ist

$$|E_y(z,t)|^2 = |E_0(z - v_g t)|^2\,, \tag{19.50}$$

d.h. das Wellenpaket ändert in dieser Näherung seine Form nicht, sondern wird lediglich in z-Richtung verschoben, wie bei fehlender Dispersion. Die Geschwindigkeit, mit welcher sich das Paket verschiebt, ist die Gruppengeschwindigkeit. Sie ist die Geschwindigkeit, mit welcher sich Signale und Energie ausbreiten.

Bei einer Näherung zweiter Ordnung wird die Reihe (19.46) nach dem quadratischen Term abgebrochen. Einsetzen in (19.43) und Verwendung von (19.45) liefert

$$E_y(z,t) \approx E_0 \int_{-\infty}^{\infty} \mathrm{e}^{-\gamma(k-k_0)^2}\, \mathrm{e}^{\mathrm{j}[\omega_0 + v_g(k-k_0) + D(k-k_0)^2]t}\, \mathrm{e}^{-\mathrm{j}kz}\, \mathrm{d}k$$

$$= E_0\, \mathrm{e}^{\mathrm{j}(\omega_0 t - k_0 z)} \int_{-\infty}^{\infty} \mathrm{e}^{-(\gamma - \mathrm{j}Dt)(k-k_0)^2}\, \mathrm{e}^{-\mathrm{j}(z - v_g t)(k-k_0)}\, \mathrm{d}k$$

$$= E_0\, \mathrm{e}^{\mathrm{j}(\omega_0 t - k_0 z)} \int_{-\infty}^{\infty} \mathrm{e}^{-(\gamma - \mathrm{j}Dt)k^2}\, \mathrm{e}^{-\mathrm{j}(z - v_g t)k}\, \mathrm{d}k\,.$$

Mit den Substitutionen

$$K = \sqrt{\gamma - \mathrm{j}Dt}\, k \quad, \quad \zeta = \frac{z - v_g t}{\sqrt{\gamma - \mathrm{j}Dt}}$$

wird daraus

$$E_y(z,t) \approx \frac{E_0}{\sqrt{\gamma - \mathrm{j}Dt}}\, \mathrm{e}^{\mathrm{j}(\omega_0 t - k_0 z)} \int_{-\infty}^{\infty} \mathrm{e}^{-K^2}\, \mathrm{e}^{-\mathrm{j}K\zeta}\, \mathrm{d}K$$

$$= \frac{E_0}{\sqrt{\gamma - \mathrm{j}Dt}}\, \mathrm{e}^{\mathrm{j}(\omega_0 t - k_0 z)} \sqrt{\pi}\, \mathrm{e}^{-\zeta^2/4}$$

$$= \frac{\sqrt{\pi}\, E_0}{\sqrt{\gamma - \mathrm{j}Dt}}\, \mathrm{e}^{\mathrm{j}(\omega_0 t - k_0 z)}\, \mathrm{e}^{-(z - v_g t)^2/[4(\gamma - \mathrm{j}Dt)]}\,. \tag{19.51}$$

Die Intensität des Wellenpakets ist jetzt

$$|E_y(z,t)|^2 \approx \frac{\pi E_0^2}{\sqrt{\gamma^2 + D^2 t^2}}\, e^{-\frac{\gamma}{2}(z - v_g t)^2/(\gamma^2 + D^2 t^2)} . \tag{19.52}$$

Das Paket bewegt sich wiederum mit der Geschwindigkeit v_g in z-Richtung. Zugleich wird es aber breiter, denn die Standardabweichung der Intensität ist

$$\sigma = \sqrt{\frac{1}{\gamma}\left(\gamma^2 + D^2 t^2\right)} \sim t \quad \text{für große } t.$$

Ferner nimmt das Maximum der Intensität ab mit

$$\frac{1}{\sqrt{\gamma^2 + D^2 t^2}} \sim \frac{1}{t} \quad \text{für große } t.$$

Dieses typische Verhalten von Signalen, die einer Dispersion unterliegen, ist in Abb. 19.8 dargestellt.

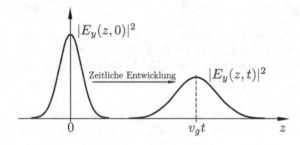

Abb. 19.8. Zeitlicher Verlauf der Intensität eines Wellenpakets in einer verlustfreien, dispersiven Übertragungsstrecke

Zusammenfassung

Kausales, lineares Dielektrikum

$$\boldsymbol{P}(\boldsymbol{r},t) = \varepsilon_0 \int_0^\infty \chi_e(\boldsymbol{r},t')\boldsymbol{E}(\boldsymbol{r}, t - t')\, \mathrm{d}t'$$

$$\chi_e(\boldsymbol{r},t) = 0 \quad \text{für } t < 0$$

$$\chi_e^*(\omega) = \chi_e(-\omega)$$

KRAMERS-KRONIG-Relationen

$$\mathrm{Re}\left\{\chi_e(\omega_0)\right\} = \frac{2}{\pi}\,\mathrm{HW} \int_0^\infty \frac{\omega \mathrm{Im}\left\{\chi_e(\omega)\right\}}{\omega^2 - \omega_0^2}\, \mathrm{d}\omega$$

$$\mathrm{Im}\left\{\chi_e(\omega_0)\right\} = -\frac{2}{\pi}\,\mathrm{HW} \int_0^\infty \frac{\omega_0 \mathrm{Re}\left\{\chi_e(\omega)\right\}}{\omega^2 - \omega_0^2}\, \mathrm{d}\omega$$

LORENTZ-DRUDE-Resonatormodell

$$\varepsilon_r(\omega) = 1 + \sum_i \frac{\omega_{Pi}^2}{\omega_{0i}^2 - \alpha\omega_{Pi}^2 - \omega^2 + j\,\gamma_i\omega}$$

LONDON'sche Gleichungen für Supraleiter

$$\mu_0\,\frac{\mathrm{d}\boldsymbol{J}}{\mathrm{d}t} = \frac{1}{\delta_L^2}\,\boldsymbol{E} \quad , \quad \delta_L^2 = \frac{m_e}{\mu_0 e^2 n}$$

$$\nabla \times \boldsymbol{J} = -\frac{1}{\delta_L^2}\,\boldsymbol{H}$$

Dispersionsrelation

$$\omega(k) = \omega_0 + v_g(k - k_0) + D(k - k_0)^2 + \dots$$

Fragen zur Prüfung des Verständnisses

19.1 Ist ein Medium, dessen Eigenschaften von der Vergangenheit abhängen, linear?

19.2 Wie verläuft $\mathrm{Re}\,\{\varepsilon_r(\omega) - 1\}$ für ein Dielektrikum, welches Verluste in einem schmalen Band um ω_1 herum hat?

19.3 Wann spricht man von normaler / anomaler Dispersion?

19.4 Wie verhält sich eine Welle bei Einfall auf Metall bei verschiedenen Frequenzen?

19.5 Was ist DEBYE-Relaxation?

19.6 Was unterscheidet einen Supraleiter von einem idealen Leiter?

19.7 Skizziere den Verlauf eines Pulses in einem dispersiven Medium.

20. Anisotrope Medien

Neben Materialien, die durch eine skalare Dielektrizitäts- und Permeabilitätskonstante beschrieben werden, d.h. in welchen Polarisierung und Magnetisierung unabhängig von der Richtung der Felder sind, gibt es Materialien, deren Struktur in verschiedenen Raumrichtungen unterschiedlich ist. Somit wird auch die Polarisierung und/ oder Magnetisierung in verschiedenen Raumrichtungen unterschiedlich groß sein. In diesen Materialien sind die Zusammenhänge zwischen D und E und zwischen B und H nicht mehr durch eine skalare sondern durch eine tensorielle Beziehung gegeben.

Bevor wir anisotrope Medien analysieren, wollen wir Anisotropie durch ein einfaches Modell plausibel machen. Gegeben seien zwei Plattenkondensatoren mit verschieden geschichteten Dielektrika, Abb. 20.1.

a)
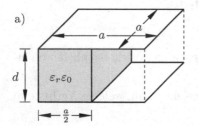

b)
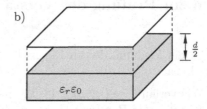

c)
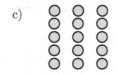

Abb. 20.1. Plattenkondensator mit **(a)** vertikaler und **(b)** horizontaler Schichtung. **(c)** Inhomogene Anordnung von Atomen im Kristall

Der Kondensator mit vertikaler Schichtung hat die Kapazität

$$
C_v = \varepsilon_r \varepsilon_0 \frac{a^2}{2d} + \varepsilon_0 \frac{a^2}{2d} = \varepsilon_{\text{eff}}^v \frac{a^2}{d} \quad , \quad \varepsilon_{\text{eff}}^v = \frac{\varepsilon_r + 1}{2} \varepsilon_0
$$

und der Kondensator mit horizontaler Schichtung

$$C_h = \left[\left(\frac{\varepsilon_r \varepsilon_0 a^2}{d/2} \right)^{-1} + \left(\frac{\varepsilon_0 a^2}{d/2} \right)^{-1} \right]^{-1}$$

$$= \frac{2\varepsilon_r \varepsilon_0}{\varepsilon_r + 1} \frac{a^2}{d} = \varepsilon_{\text{eff}}^h \frac{a^2}{d} \quad , \quad \varepsilon_{\text{eff}}^h = 2 \frac{\varepsilon_r \varepsilon_0}{\varepsilon_r + 1} .$$

Für $\varepsilon_r \gg 1$ ist $\varepsilon_{\text{eff}}^v / \varepsilon_{\text{eff}}^h \approx \varepsilon_r / 4$, d.h. das effektive ε ist für den vertikal geschichteten Fall viel größer als für den horizontal geschichteten. In einem Kristall, in dem die Atome vertikal kompakter angeordnet sind als horizontal, Abb. 20.1c, kann man also erwarten, dass $\varepsilon^v > \varepsilon^h$.

Anisotropie kann viele Ursachen haben und überraschende Effekte zeigen. Als Beispiel wird im Folgenden gezeigt, wie sich eine ebene Welle in einem anisotropen Kristall in zwei Wellen aufteilt. Es werden die optischen Achsen hergeleitet und das Phänomen der Doppelbrechung gezeigt. Von besonderer Bedeutung sind sogenannte gyrotrope Medien, in welchen sich eine ebene Welle in links- und rechtszirkular polarisierte Wellen aufspaltet. Diese sind z.B. ein magnetisch vorgespanntes Plasma und gesättigte Ferrite.

20.1 Verlustfreie Dielektrika

Bei verlustarmen, anisotropen Dielektrika handelt es sich typischerweise um kristalline Materialien. Beschränkt man sich ferner auf einen linearen Zusammenhang zwischen $\boldsymbol{D}$ und $\boldsymbol{E}$, so lautet dieser

$$
\begin{aligned}
D_x &= \varepsilon_{11} E_x + \varepsilon_{12} E_y + \varepsilon_{13} E_z \\
D_y &= \varepsilon_{21} E_x + \varepsilon_{22} E_y + \varepsilon_{23} E_z \\
D_z &= \varepsilon_{31} E_x + \varepsilon_{32} E_y + \varepsilon_{33} E_z ,
\end{aligned}
\tag{20.1}
$$

oder in Matrixschreibweise

$$\boldsymbol{D} = \boldsymbol{\varepsilon} \boldsymbol{E} . \tag{20.2}$$

In real existierenden Dielektrika muss die $\boldsymbol{\varepsilon}$-Matrix symmetrisch sein; denn setzt man die Gültigkeit des POYNTING'schen Satzes voraus

$$-\nabla \cdot (\boldsymbol{E} \times \boldsymbol{H}) = \boldsymbol{E} \cdot \frac{\partial \boldsymbol{D}}{\partial t} + \boldsymbol{H} \cdot \frac{\partial \boldsymbol{B}}{\partial t} = \frac{\partial}{\partial t} (w_e + w_m) , \tag{20.3}$$

dann stellt der erste Term auf der rechten Seite nur dann die zeitliche Änderung der elektrischen Energiedichte dar, wenn

$$\boldsymbol{E} \cdot \frac{\partial \boldsymbol{D}}{\partial t} = \sum_i \sum_j E_i \varepsilon_{ij} \frac{\partial E_j}{\partial t} = \frac{\partial}{\partial t} \left(\frac{1}{2} \boldsymbol{E} \cdot \boldsymbol{D} \right) = \frac{1}{2} \boldsymbol{E} \cdot \frac{\partial \boldsymbol{D}}{\partial t} + \frac{1}{2} \frac{\partial \boldsymbol{E}}{\partial t} \cdot \boldsymbol{D}$$

$$= \sum_i \sum_j \frac{1}{2} \left(E_i \varepsilon_{ij} \frac{\partial E_j}{\partial t} + \frac{\partial E_i}{\partial t} \varepsilon_{ij} E_j \right) .$$

Dabei laufen i, j über x, y, z und die Summen verändern sich nicht, wenn die Summationsreihenfolge vertauscht wird. Somit erhält man

$$\frac{1}{2}\sum_i \sum_j E_i \varepsilon_{ij} \frac{\partial E_j}{\partial t} - \frac{1}{2}\sum_i \sum_j \frac{\partial E_i}{\partial t} \varepsilon_{ij} E_j = \frac{1}{2}\sum_i \sum_j E_i(\varepsilon_{ij} - \varepsilon_{ji})\frac{\partial E_j}{\partial t} = 0 \,,$$

was für alle Felder $\boldsymbol{E}$ gelten muss und daher

$$\varepsilon_{ij} = \varepsilon_{ji} \tag{20.4}$$

erfordert. Da wir ferner Verlustfreiheit angenommen haben, sind die ε_{ij} reell. Eine reelle, symmetrische Matrix aber kann mittels einer Basistransformation, welche einer dreifachen Rotation um die Koordinatenachsen entspricht, in Diagonalform überführt werden

$$\boldsymbol{\varepsilon} = \begin{bmatrix} \varepsilon_I & 0 & 0 \\ 0 & \varepsilon_{II} & 0 \\ 0 & 0 & \varepsilon_{III} \end{bmatrix} = \varepsilon_0 \begin{bmatrix} \varepsilon_{rI} & 0 & 0 \\ 0 & \varepsilon_{rII} & 0 \\ 0 & 0 & \varepsilon_{rIII} \end{bmatrix}. \tag{20.5}$$

Die neuen Koordinatenachsen stellen die *Hauptachsen* des Mediums dar und die ε_i, $i = I, II, III$ heißen *Hauptdielektrizitätskonstanten*.

Ausgehend von der auf die Hauptachsen transformierten Darstellung der ε-Matrix lässt sich eine geometrische Interpretation herleiten. In dem Ausdruck für die mittlere elektrische Energiedichte

$$\overline{w}_e = \frac{1}{4}\,\boldsymbol{E}\cdot\boldsymbol{D}^* = \frac{1}{4}\,(\boldsymbol{\varepsilon}^{-1}\boldsymbol{D})\cdot\boldsymbol{D}^* = \frac{D_x^2}{4\varepsilon_0\varepsilon_{rI}} + \frac{D_y^2}{4\varepsilon_0\varepsilon_{rII}} + \frac{D_z^2}{4\varepsilon_0\varepsilon_{rIII}}$$

führt man neue Koordinaten ein

$$X = \frac{D_x}{2\sqrt{\varepsilon_0\overline{w}_e}} \quad,\quad Y = \frac{D_y}{2\sqrt{\varepsilon_0\overline{w}_e}} \quad,\quad Z = \frac{D_z}{2\sqrt{\varepsilon_0\overline{w}_e}}$$

und erhält

$$\frac{X^2}{n_I^2} + \frac{Y^2}{n_{II}^2} + \frac{Z^2}{n_{III}^2} = 1 \quad,\quad n_i = \sqrt{\varepsilon_{ri}} \quad,\quad i = I, II, III \,. \tag{20.6}$$

Dies ist die Gleichung eines Ellipsoids, genannt *Indexellipsoid*, dessen Achsen die *Hauptbrechungsindizes* n_i darstellen, Abb. 20.2. Die Form des Ellipsoids hängt von der Polarisierbarkeit des Dielektrikums ab. Man unterscheidet dabei drei Typen:

Typ 1: Materialien mit kubischer Kristallstruktur. Alle drei Raumrichtungen sind gleichwertig, $n_I = n_{II} = n_{III}$, das Material ist isotrop. Beispiele sind Silizium, Galliumarsenid und Kadmiumtellurid.

Typ 2: Materialien mit trigonaler, tetragonaler oder hexagonaler Kristallstruktur, welche eine Symmetrieachse besitzen. Der Ellipsoid wird zu einem Rotationsellipsoid (Sphäroid) um die Symmetrieachse, z.B. $n_I = n_{II} \neq n_{III}$. Diese Materialien heißen *uniaxial*. Beispiele sind Kalziumkarbonat, Quartz, Lithiumniobat und Kadmiumsulfit.

Typ 3: Materialien mit orthorhombischer, monoklinischer oder triklinischer Kristallstruktur. Die Brechungsindizes sind in allen drei Raumrichtungen unterschiedlich. Diese Materialien heißen *biachsial*. Beispiele sind Feldspat, Topas und Yttriumaluminiumoxyd.

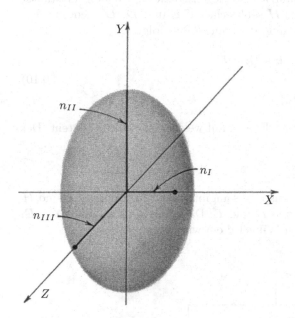

Abb. 20.2. Indexellipsoid

20.1.1 Ausbreitung ebener Wellen

Eine ebene Welle, die sich in Richtung e_a ausbreitet, habe den Phasor

$$E = E_0\, \mathrm{e}^{-\mathrm{j}k\cdot r}\,, \tag{20.7}$$

wobei $k = k\,e_a$ der Wellenvektor (Wellennormale) und r der Ortsvektor sind. Mit dem Gradienten

$$\nabla\, \mathrm{e}^{-\mathrm{j}k\cdot r} = -\mathrm{j}k\, \mathrm{e}^{-\mathrm{j}k\cdot r} \tag{20.8}$$

lassen sich die MAXWELL'schen Gleichungen umformen zu

$$
\begin{aligned}
\nabla \times E &= (\nabla\, \mathrm{e}^{-\mathrm{j}k\cdot r}) \times E_0 + \mathrm{e}^{-\mathrm{j}k\cdot r}\nabla \times E_0\\
&= -\mathrm{j}k \times E = -\mathrm{j}\omega\mu_0 H\,,\\
\nabla \times H &= \frac{1}{\omega\mu_0}\nabla \times (k \times E) = \frac{1}{\omega\mu_0}(\nabla\, \mathrm{e}^{-\mathrm{j}k\cdot r}) \times (k \times E_0)\\
&= -\frac{\mathrm{j}}{\omega\mu_0}k \times (k \times E) = -\mathrm{j}k \times H = \mathrm{j}\omega D\\
\nabla \cdot D &= (\nabla\, \mathrm{e}^{-\mathrm{j}k\cdot r}) \cdot D_0 = -\mathrm{j}k \cdot D = 0\\
\nabla \cdot B &= -\mathrm{j}k \cdot B = 0
\end{aligned}
$$

oder

$$\begin{aligned}
\boldsymbol{k} \times \boldsymbol{E} = \omega\mu_0 \boldsymbol{H} \quad &, \quad -\boldsymbol{k} \times \boldsymbol{H} = \omega \boldsymbol{D} \\
\boldsymbol{k} \cdot \boldsymbol{D} = 0 \quad &, \quad \boldsymbol{k} \cdot \boldsymbol{B} = 0 \, .
\end{aligned} \tag{20.9}$$

$\boldsymbol{D}$ und $\boldsymbol{B}$ stehen senkrecht auf $\boldsymbol{k}$ und liegen somit in Ebenen konstanter Phase, Abb. 20.3. Ferner steht $\boldsymbol{H}$ senkrecht auf $\boldsymbol{E}$ und $\boldsymbol{D}$. $\boldsymbol{D}$ wiederum hat eine von $\boldsymbol{E}$ abweichende Richtung, denn aus (20.9) folgt

$$\begin{aligned}
\boldsymbol{D} &= -\frac{1}{\omega} \boldsymbol{k} \times \boldsymbol{H} = -\frac{1}{\omega^2 \mu_0} \boldsymbol{k} \times (\boldsymbol{k} \times \boldsymbol{E}) \\
&= \frac{k^2}{\omega^2 \mu_0} \left[\boldsymbol{E} - (\boldsymbol{e}_a \cdot \boldsymbol{E}) \boldsymbol{e}_a \right] \, ,
\end{aligned} \tag{20.10}$$

d.h. $\boldsymbol{D}$, $\boldsymbol{E}$ und $\boldsymbol{e}_a$ liegen in einer Ebene, auf welcher $\boldsymbol{H}$ senkrecht steht. Der POYNTING'sche Vektor

$$\boldsymbol{S}_k = \frac{1}{2} \boldsymbol{E} \times \boldsymbol{H}^* \, ,$$

der die Richtung des Energietransportes angibt, steht senkrecht auf $\boldsymbol{E}$ und $\boldsymbol{H}$ und liegt in derselben Ebene wie $\boldsymbol{D}$ und $\boldsymbol{E}$. Da ferner $\boldsymbol{D} \perp \boldsymbol{e}_a$ und $\boldsymbol{S}_k \perp \boldsymbol{E}$, schließen $\boldsymbol{S}_k$ und $\boldsymbol{e}_a$ denselben Winkel ϑ ein wie $\boldsymbol{D}$ und $\boldsymbol{E}$.

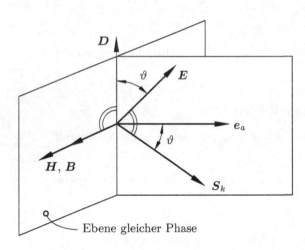

Ebene gleicher Phase

Abb. 20.3. Zusammenhang der elektromagnetischen Vektoren einer ebenen Welle

Als nächstes soll die Gleichung zur Bestimmung der Phasengeschwindigkeit abgeleitet werden. Dazu führt man die gesuchte Phasengeschwindigkeit

$$v_p = \frac{\omega}{k} \tag{20.11}$$

ein, sowie die gegebenen *Hauptphasengeschwindigkeiten*

$$v_i = \frac{1}{\sqrt{\mu_0 \varepsilon_i}} \quad , \quad i = I, II, III \tag{20.12}$$

und die Richtungskosini der Ausbreitungsrichtung

$$\cos\alpha_i = e_a \cdot e_i \quad , \quad i = I, II, III \,. \tag{20.13}$$

Einsetzen von (20.11) bis (20.13) in (20.10) liefert ein homogenes, lineares Gleichungssystem

$$(v_p^2 - v_i^2)D_i = -\left(\sum_{j=I}^{III} v_j^2 D_j \cos\alpha_j\right)\cos\alpha_i \,. \tag{20.14}$$

Die Eigenwerte von (20.14) sind die möglichen Phasengeschwindigkeiten und die zugehörigen Eigenvektoren geben die sich einstellende Richtung von D an. Da das Gleichungssystem für $v_I^2 D_1$, $v_{II}^2 D_2$, $v_{III}^2 D_3$ symmetrisch ist und reelle Koeffizienten hat, sind auch die Eigenwerte reell und die Eigenvektoren reell und orthogonal.

Zur Bestimmung der Eigenwerte setzt man üblicherweise D_i von (20.14) in (20.9) ein

$$e_a \cdot D = \sum_i D_i \cos\alpha_i = 0$$

und erhält die FRESNEL'*sche Gleichung der Wellennormalen*

$$\sum_i \frac{\cos^2\alpha_i}{v_p^2 - v_i^2} = 0 \,. \tag{20.15}$$

Dies ist eine quadratische Gleichung in v_p^2 und liefert für eine gegebene Ausbreitungsrichtung e_a zwei Werte für v_p^2. Die beiden Lösungen $\pm v_p$, die zu einem v_p^2 gehören, entsprechen Wellen in entgegengesetzten Richtungen.

Die zugehörigen Eigenvektoren D stehen senkrecht auf e_a und sind zueinander orthogonal. Ihre Richtung erhält man, indem die Komponenten aus (20.14) ins Verhältnis gesetzt werden

$$D_I : D_{II} : D_{III} = \frac{\cos\alpha_I}{v_p^2 - v_I^2} : \frac{\cos\alpha_{II}}{v_p^2 - v_{II}^2} : \frac{\cos\alpha_{III}}{v_p^2 - v_{III}^2} \,. \tag{20.16}$$

Mit Hilfe von (20.9)

$$k \times (k \times H) = -k^2 H = -\omega k \times D \ \rightarrow \ H = v_p e_a \times D$$

lässt sich zeigen, dass auch die zu den beiden Eigenwerten gehörenden H-Felder senkrecht aufeinander stehen

$$H^{(1)} \cdot H^{(2)} = v_{p1}v_{p2}(e_a \times D^{(1)}) \cdot (e_a \times D^{(2)})$$
$$= v_{p1}v_{p2}\left[D^{(1)} \cdot D^{(2)} - (e_a \cdot D^{(1)})(e_a \cdot D^{(2)})\right] = 0 \,, \tag{20.17}$$

nicht jedoch die E-Felder; denn mit (20.10)

$$E = \mu_0 v_p^2 D + (e_a \cdot E)e_a$$

folgt

$$
\begin{aligned}
\boldsymbol{E}^{(1)} \cdot \boldsymbol{E}^{(2)} &= \mu_0^2 v_{p1}^2 v_{p2}^2 \boldsymbol{D}^{(1)} \cdot \boldsymbol{D}^{(2)} + \mu_0 v_{p1}^2 (\boldsymbol{e}_a \cdot \boldsymbol{E}^{(2)})(\boldsymbol{D}^{(1)} \cdot \boldsymbol{e}_a) \\
&\quad + \mu_0 v_{p2}^2 (\boldsymbol{e}_a \cdot \boldsymbol{E}^{(1)})(\boldsymbol{e}_a \cdot \boldsymbol{D}^{(2)}) + (\boldsymbol{e}_a \cdot \boldsymbol{E}^{(1)})(\boldsymbol{e}_a \cdot \boldsymbol{E}^{(2)}) \\
&= (\boldsymbol{e}_a \cdot \boldsymbol{E}^{(1)})(\boldsymbol{e}_a \cdot \boldsymbol{E}^{(2)}) \neq 0 \,.
\end{aligned}
\tag{20.18}
$$

Somit ergeben sich zwei verschiedene Richtungen für den POYNTING-Vektor, d.h. für den Energiefluss.

20.1.2 Optische Achsen

Wie in §20.1.1 gefunden, gehören zu jeder Ausbreitungsrichtung zwei monochromatische, linear polarisierte und zueinander orthogonale Wellen mit verschiedenen Phasengeschwindigkeiten und verschiedenen Richtungen des Energieflusses. Nun gibt es aber zwei Vorzugsrichtungen, in denen die Phasengeschwindigkeiten gleich sind unabhängig von der Polarisation der Felder. Diese Vorzugsrichtungen stellen die *optischen Achsen* dar. Wir wollen nun versuchen, die Lösungen der Gleichung der Wellennormalen (20.15) zu visualisieren und die optischen Achsen zu finden.

Ohne Einschränkung der Allgemeinheit orientiert man das Koordinatenkreuz so, dass

$$
\varepsilon_I < \varepsilon_{II} < \varepsilon_{III} \quad , \quad \text{d.h.} \quad v_I > v_{II} > v_{III}
\tag{20.19}
$$

gilt. Mit den neuen Koordinaten

$$
\xi_i = v_p \cos \alpha_i \quad , \quad \sum_i \xi_i^2 = v_p^2
\tag{20.20}
$$

wird dann aus (20.15)

$$
\begin{aligned}
(v_p^2 - v_{II}^2)(v_p^2 - v_{III}^2)\xi_I^2 + (v_p^2 - v_I^2)(v_p^2 - v_{III}^2)\xi_{II}^2 \\
+ (v_p^2 - v_I^2)(v_p^2 - v_{II}^2)\xi_{III}^2 = 0 \,.
\end{aligned}
\tag{20.21}
$$

Dies beschreibt nach Einsetzen der Koordinaten (20.20) eine zweiblättrige in sich geschlossene Fläche 6-ter Ordnung. Zur Visualisierung ist es besser, zunächst ihre Schnitte mit den Ebenen $\xi_i = 0$, d.h. mit den Koordinatenebenen des Hauptachsensystems darzustellen.

In der Ebene $\xi_I = 0$, d.h. in der (ξ_{II}, ξ_{III})-Ebene wird aus (20.21)

$$
(v_p^2 - v_I^2) \left[(v_p^2 - v_{III}^2)\xi_{II}^2 + (v_p^2 - v_{II}^2)\xi_{III}^2 \right] = 0
$$

mit den beiden Lösungen

$$
v_p^2 = v_I^2 \,, \ v_p^2(\xi_{II}^2 + \xi_{III}^2) = v_{III}^2 \xi_{II}^2 + v_{II}^2 \xi_{III}^2 \,.
$$

Unter Verwendung von (20.20), $v_p^2 = \xi_{II}^2 + \xi_{III}^2$, stellen die Lösungen eine Kreisgleichung mit Radius v_I

$$
\xi_{II}^2 + \xi_{III}^2 = v_I^2
$$

und ein Oval mit den Halbachsen $\xi_{II} = v_{III} < v_I$ und $\xi_{III} = v_{II} < v_I$ dar

$$\left(\xi_{II}^2 + \xi_{III}^2\right)^2 = v_{III}^2\xi_{II}^2 + v_{II}^2\xi_{III}^2 \; .$$

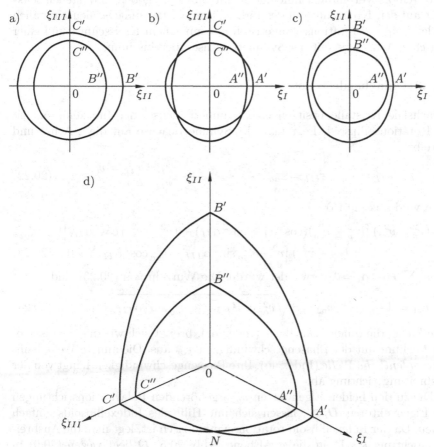

Abb. 20.4. Schnittkurven der Gleichung der Wellennormalen in den Ebenen **(a)** $\xi_I = 0$, **(b)** $\xi_{II} = 0$, **(c)** $\xi_{III} = 0$. **(d)** Schnittkurven im Oktant $\xi_I, \xi_{II}, \xi_{III} > 0$

Das Oval liegt innerhalb des Kreises, Abb. 20.4a. Entsprechend erhält man in der Ebene $\xi_{III} = 0$ ein Oval, welches größer als der Kreis ist, Abb. 20.4c. In der Ebene $\xi_{II} = 0$ schließlich lauten die Lösungen

$$\xi_I^2 + \xi_{III}^2 = v_{II}^2 \quad , \quad \left(\xi_I^2 + \xi_{III}^2\right)^2 = v_{III}^2\xi_I^2 + v_I^2\xi_{III}^2 \; .$$

Das Oval mit den Halbachsen $\xi_I = v_{III} < v_{II}$ und $\xi_{III} = v_I > v_{II}$ schneidet den Kreis in vier Punkten, Abb. 20.4b. Verbindet man die Schnittpunkte paarweise mit Linien, die durch den Ursprung gehen, so stellen diese Linien die optischen Achsen dar, da in den Schnittpunkten die Phasengeschwindigkeiten gleich sind. Ein Oktant der Normalenfläche (20.21) ist in Abb. 20.4d gezeigt. Die beiden Flächen, die durch die Kurven $NA'B'C'N$ und $NA''B''C''N$

aufgespannt werden, berühren sich im Punkt N. Die zweiblättrige Fläche 6-ter Ordnung berührt sich insgesamt in vier Punkten. Die optischen Achsen, die durch die Verbindungslinie der Schnittpunkte gegeben sind, stehen senkrecht auf den Kreisschnitten des Indexellipsoids. Bei uniachsialen Kristallen ist der Ellipsoid rotationssymmetrisch mit nur einem Kreisschnitt und einer optischen Achse, die mit der Symmetrieachse übereinstimmt.

20.1.3 Uniachsiale Kristalle

Uniachsiale Kristalle besitzen eine Symmetrieachse, der Indexellipsoid ist ein Rotationsellipsoid. Legt man die Symmetrieachse auf die z-Achse und schreibt

$$\varepsilon_I = \varepsilon_{II} = \varepsilon_{or} \, , \; \varepsilon_{III} = \varepsilon_{ao} \, , \; \varepsilon_{or} < \varepsilon_{ao} \; \rightarrow \; \begin{array}{l} v_I = v_{II} = v_{or} \\ v_{III} = v_{ao} < v_{or} \, , \end{array} \qquad (20.22)$$

dann wird aus (20.15)

$$(v_p^2 - v_{or}^2) \left[(v_p^2 - v_{ao}^2)(\cos^2\alpha_I + \cos^2\alpha_{II}) + (v_p^2 - v_{or}^2)\cos^2\alpha_{III} \right]$$
$$= (v_p^2 - v_{or}^2) \left[v_p^2 - v_{ao}^2 \sin^2\alpha_{III} - v_{or}^2 \cos^2\alpha_{III} \right] = 0 \, , \quad (20.23)$$

wobei $\sum_i \cos^2\alpha_i = 1$ verwendet wurde. Die Wurzeln von (20.23) sind

$$v_{p1} = \pm v_{or} \quad , \quad v_{p2} = \pm \sqrt{v_{or}^2 \cos^2\alpha_{III} + v_{ao}^2 \sin^2\alpha_{III}} \, . \qquad (20.24)$$

Eine Welle, die *ordentliche Welle* (Index or), breitet sich wie in einem isotropen Medium mit der Phasengeschwindigkeit v_{or} aus. Die andere Welle heißt *außerordentliche Welle* (Index ao). Ihre Phasengeschwindigkeit hängt von der Ausbreitungsrichtung ab.

Die zu den beiden Eigenwerten $v_{p1,2}$ gehörenden Polarisationsrichtungen der Eigenvektoren $\boldsymbol{D}_{or,ao}$ lassen sich mit Hilfe des Indexellipsoids einfach finden. Da der Indexellipsoid rotationssymmetrisch ist, legt man die Ausbreitungsrichtung $\boldsymbol{k}$ z.B. in die x, z-Ebene, Abb. 20.5. $\boldsymbol{D}$ liegt wegen (20.9) in einer Ebene senkrecht zu $\boldsymbol{k}$. Diese Ebene schneidet den Ellipsoid und erzeugt eine Schnittellipse. $\boldsymbol{D}_{or}$ der ordentlichen Welle liegt auf der kleinen Halbachse der Schnittellipse und $\boldsymbol{D}_{ao}$ der außerordentlichen Welle auf der großen Halbachse; denn für

$$\alpha_{II} = 90^o \quad , \quad v_{p1} = v_{or}$$

wird aus (20.14)

$$0 = v_{or}^2 D_I \cos\alpha_I + v_{ao}^2 D_{III} \cos\alpha_{III}$$

$$(v_{or}^2 - v_{ao}^2)D_{III} = -(v_{or}^2 D_I \cos\alpha_I + v_{ao}^2 D_{III}\cos\alpha_{III})\cos\alpha_{III} = 0 \, .$$

Somit ist $D_I = D_{III} = 0$ und es verbleibt nur D_{II}, welches offensichtlich auf der kleineren Halbachse der Schnittellipse liegt, Abb. 20.5, und auch von der Ausbreitungsrichtung unabhängig ist.

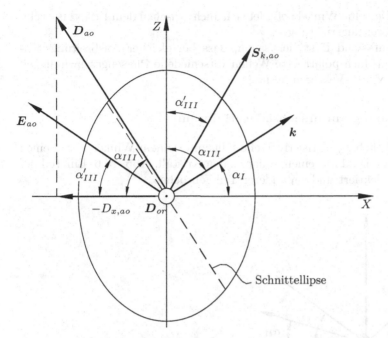

Abb. 20.5. Indexellipsoid und Feldrichtungen der ordentlichen und außerordentlichen Welle

Für die außerordentliche Welle

$$\alpha_{II} = 90^\circ \,,\; v_{p2} = \sqrt{v_{or}^2 \cos^2 \alpha_{III} + v_{ao}^2 \sin^2 \alpha_{III}}$$

wird aus (20.14)

$$(v_{ao}^2 - v_{or}^2) \sin^2 \alpha_{III} \, D_I = -(v_{or}^2 D_I \cos \alpha_I + v_{ao}^2 D_{III} \cos \alpha_{III}) \cos \alpha_I$$
$$(v_{ao}^2 - v_{or}^2) \sin^2 \alpha_{III} \, D_{II} = 0$$
$$(v_{or}^2 - v_{ao}^2) \cos^2 \alpha_{III} \, D_{III} = -(v_{or}^2 D_I \cos \alpha_I + v_{ao}^2 D_{III} \cos \alpha_{III}) \cos \alpha_{III} \,,$$

mit der Lösung

$$D_{II} = 0 \,, \quad -\frac{D_{III}}{D_I} = \frac{\cos \alpha_{III} \sin^2 \alpha_{III}}{\cos \alpha_I \cos^2 \alpha_{III}} = \tan \alpha_{III} \,, \qquad (20.25)$$

wobei $\alpha_I + \alpha_{III} = \pi/2$ verwendet wurde. $\boldsymbol{D}_{ao}$ liegt, wie aus Abb. 20.5 ersichtlich, auf der großen Halbachse der Schnittellipse mit dem Winkel α_{III} zur negativen x-Achse. Bei der ordentlichen Welle sind $\boldsymbol{E}_{or}$ und $\boldsymbol{D}_{or}$ parallel und der POYNTING-Vektor zeigt in Richtung $\boldsymbol{k}$. Bei der außerordentlichen Welle haben $\boldsymbol{E}_{ao}$ und $\boldsymbol{D}_{ao}$ einen Winkel $\alpha_{III} - \alpha'_{III}$ zueinander, wobei α'_{III} durch

$$\tan \alpha'_{III} = -\frac{E_{III}}{E_I} = -\frac{\varepsilon_{or}}{\varepsilon_{ao}} \frac{D_{III}}{D_I} = \frac{\varepsilon_{or}}{\varepsilon_{ao}} \tan \alpha_{III} \qquad (20.26)$$

gegeben ist. Derselbe Winkel befindet sich auch zwischen dem POYNTINGvektor und der Ausbreitungsrichtung.

Zusammenfassend lässt sich sagen, dass bei gleicher Ausbreitungsrichtung unterschiedlich polarisierte Wellen verschiedene Phasengeschwindigkeiten und POYNTING-Vektoren besitzen.

20.1.4 Brechung am uniachsialen Halbraum

Eine ebene, beliebig polarisierte Welle fällt unter einem Winkel α_e auf einen Halbraum bestehend aus einem uniachsialen Kristall, Abb. 20.6. Ein Teil der Welle wird reflektiert und ein anderer Teil gebrochen.

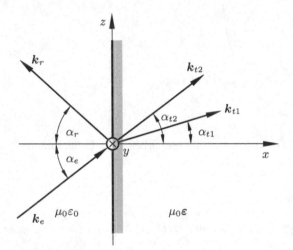

Abb. 20.6. Reflexion und Brechung ebener Wellen am uniachsialen Halbraum

Im Allgemeinen wird die gebrochene Welle in zwei Wellen mit verschiedenen Phasengeschwindigkeiten und verschiedenen Richtungen aufgespalten. Dies nennt man *Doppelbrechung*. Die Berechnung der Richtungen der gebrochenen Strahlen wird dadurch kompliziert, dass die Phasengeschwindigkeiten von der Richtung abhängen.

Entsprechend dem vorstehenden Paragraphen sei die z-Achse die Symmetrieachse des Kristalls und die Einfallsebene die x, z-Ebene. Ferner seien die Dielektrizitätskonstanten wie in (20.22) angenommen. Die Phasoren der Felder lauten

$$E = E_0 \, e^{-j \boldsymbol{k} \cdot \boldsymbol{r}} \quad , \quad \omega \mu_0 H = \boldsymbol{k} \times \boldsymbol{E} \; .$$

In der Trennebene, $x = 0$, sind die tangentialen Feldkomponenten für alle Zeiten und alle Punkte $\boldsymbol{r}' = y' \boldsymbol{e}_y + z' \boldsymbol{e}_z$ stetig, d.h. die Phasen der einfallenden, reflektierten und transmittierten Wellen müssen gleich sein

$$\boldsymbol{k}_e \cdot \boldsymbol{r}' = \boldsymbol{k}_r \cdot \boldsymbol{r}' = \boldsymbol{k}_{ti} \cdot \boldsymbol{r}' \quad , \quad i = 1, 2 \; . \tag{20.27}$$

Wie bei der Brechung am isotropen Halbraum folgt daraus die Gleichheit des Einfalls- und Reflexionswinkels, denn es gilt

$$\boldsymbol{k}_e \cdot \boldsymbol{r}' = \frac{\omega}{c_0}\, r' \cos\left(\frac{\pi}{2} - \alpha_e\right) = \boldsymbol{k}_r \cdot \boldsymbol{r}' = \frac{\omega}{c_0}\, r' \cos\left(\frac{\pi}{2} - \alpha_r\right)$$

oder

$$\alpha_e = \alpha_r \ . \tag{20.28}$$

Für die transmittierten Wellen schreibt man

$$(\boldsymbol{k}_e - \boldsymbol{k}_{ti}) \cdot \boldsymbol{r}' = \left(\frac{\omega}{c_0}\, \boldsymbol{e}_e - k_i\, \boldsymbol{e}_{ti}\right) \cdot \boldsymbol{r}' = 0 \quad , \quad i = 1, 2 \ . \tag{20.29}$$

Offensichtlich stehen die Vektoren $(\omega/c_0)\, \boldsymbol{e}_e - k_i\, \boldsymbol{e}_{ti}$ senkrecht auf der Trennebene $x = 0$ und da außerdem $\boldsymbol{e}_e$ in der Einfallsebene liegt, müssen auch die Vektoren $\boldsymbol{e}_{ti}$ in der Einfallsebene liegen. Die Endpunkte der Ortsvektoren $(\omega/c_0)\, \boldsymbol{e}_e$ und $k_i\, \boldsymbol{e}_{ti}$ liegen somit auf einer Geraden g parallel zur x-Achse, Abb. 20.7.

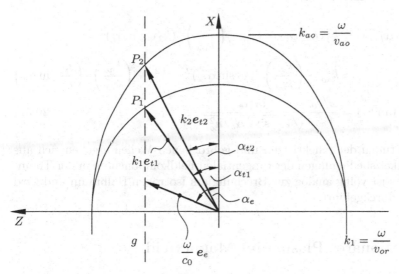

Abb. 20.7. Konstruktion der Wellennormalen

Die Phasengeschwindigkeiten der transmittierten Wellen sind in (20.24) gegeben. Daraus wird ersichtlich, dass die ordentliche Welle den senkrecht polarisierten Teil der Welle darstellt und im Kristall die Phasengeschwindigkeit $v_{p1} = v_{or}$ besitzt. Die Richtung des transmittierten Strahls folgt aus dem Schnittpunkt P_1 der Geraden g mit dem Kreis, dessen Radius durch den Betrag des Vektors $k_1\, \boldsymbol{e}_{t1}$ gegeben ist

$$k_1 = \frac{\omega}{v_{p1}} = \frac{\omega}{v_{or}} \ .$$

Die außerordentliche Welle stellt den parallel polarisierten Teil der Welle dar. Aus ihrer Phasengeschwindigkeit erhält man den Betrag der Wellennormalen

$$v_{p2}^2 k_2^2 = (v_{or}^2 \cos^2 \alpha_{III} + v_{ao}^2 \sin^2 \alpha_{III}) k_2^2 = \omega^2 \ .$$

Nach Umformen wird daraus eine Ellipsengleichung

$$\frac{(k_2 \sin \alpha_{III})^2}{k_{ao}^2} + \frac{(k_2 \cos \alpha_{III})^2}{k_{or}^2} = 1 \ , \tag{20.30}$$

deren Schnittpunkt P_2 mit der Geraden g die Richtung der transmittierten, parallel polarisierten Welle angibt. Über die geometrischen Beziehungen in Abb. 20.7 erhält man die sich einstellenden Winkel zu

$$\sin \alpha_{t1} = \frac{(\omega/c_0) \sin \alpha_e}{\omega/v_{or}} = \frac{\sin \alpha_e}{n_{or}}$$

$$\sin \alpha_{t2} = \frac{(\omega/c_0) \sin \alpha_e}{k_2} \tag{20.31}$$

und zusammen mit (20.30)

$$(k_2 \sin \alpha_{III})^2 = k_2^2 \cos^2 \alpha_{t2} = k_{ao}^2 - \left(\frac{k_{ao}}{k_{or}}\right)^2 (k_2 \cos \alpha_{III})^2$$

$$= k_{ao}^2 - \left(\frac{k_{ao}}{k_{or}}\right)^2 (k_2 \sin \alpha_{t2})^2 = k_{ao}^2 - \left(\frac{k_{ao}}{k_{or}}\right)^2 \left(\frac{\omega}{c_0} \sin \alpha_e\right)^2$$

$$\tan \alpha_{t2} = \frac{\omega/c_0}{k_{ao}} \frac{\sin \alpha_e}{\sqrt{1 - \sin^2 \alpha_e / n_{or}^2}} \ . \tag{20.32}$$

Die Amplituden der reflektierten und gebrochenen Wellen ergeben sich aus den Stetigkeitsbedingungen der tangentialen Feldkomponenten in der Trennebene. Dies ist völlig analog zur Brechung am isotropen Halbraum und wird hier nicht durchgeführt.

20.2 Stationäres Plasma im Magnetfeld

Elektromagnetische Wellen verursachen in einem ionisierten Gas (Plasma) Konvektionsströme aufgrund der Bewegung der Elektronen und eventuell auch der sehr viel schwereren und damit trägeren Ionen. Setzt man das Plasma einem magnetischen Gleichfeld $\boldsymbol{B}_0$ aus (z.B. die Ionosphäre im Erdmagnetfeld), so hängen die Konvektionsströme tensoriell mit dem elektrischen Feld zusammen und es lässt sich ein $\boldsymbol{\varepsilon}$-Tensor ableiten.

Im folgenden werden die Ionen als ruhend angenommen und die Welle sei eine ebene Welle. Dann erhält man für die Bewegungsgleichung der Elektronen

$$m_e \frac{d\boldsymbol{v}}{dt} = -e\boldsymbol{E} - e\boldsymbol{v} \times (\boldsymbol{B} + \boldsymbol{B}_0) - m_e \boldsymbol{v} \, \nu \ ,$$

wobei angenommen wurde, dass bei Kollisionen der gesamte Impuls $m_e v$ verloren geht und die mittlere Zeitdauer zwischen Kollisionen $1/\nu$ ist. Bei hochfrequenten Feldern ist ferner im Normalfall die Geschwindigkeit der Elektronen sehr viel kleiner als die Lichtgeschwindigkeit und die vom Magnetfeld ausgeübte Kraft $e v \times B$ kann gegenüber der vom elektrischen Feld ausgeübten Kraft $e E$ vernachlässigt werden. Nimmt man ferner zeitharmonische Vorgänge an, vereinfacht sich die Bewegungsgleichung zu

$$(j\omega + \nu)v + \frac{e}{m_e} v \times B_0 = -\frac{e}{m_e} E \ . \tag{20.33}$$

In Komponentenschreibweise und mit dem Magnetfeld in z-Richtung wird daraus

$$\begin{bmatrix} j\omega + \nu & \omega_Z & 0 \\ -\omega_Z & j\omega + \nu & 0 \\ 0 & 0 & j\omega + \nu \end{bmatrix} \begin{bmatrix} v_x \\ v_y \\ v_z \end{bmatrix} = -\frac{e}{m_e} \begin{bmatrix} E_x \\ E_y \\ E_z \end{bmatrix} \ . \tag{20.34}$$

Die Abkürzung

$$\omega_Z = \frac{e}{m_e} B_0 \tag{20.35}$$

heißt *Zyklotronfrequenz*. Sie stellt die Umlauffrequenz eines Elektrons auf einer kreisförmigem Trajektorie in einer Ebene senkrecht zu B_0 dar und erstaunlicherweise ist sie unabhängig von der Elektronengeschwindigkeit. Vielmehr stellt sich bei gegebener Geschwindigkeit der Radius der Trajektorie so ein, dass die Umlauffrequenz ω_Z ist. Ihr Wert folgt aus dem Gleichgewicht zwischen Zentrifugalkraft und magnetischer Ablenkkraft

$$m_e \frac{v^2}{R} = evB_0 \quad \rightarrow \quad \omega_Z = \frac{2\pi}{T} = \frac{2\pi}{2\pi R/v} = \frac{v}{R} = \frac{e}{m_e} B_0 \ .$$

Beispielsweise beträgt sie im Erdmagnetfeld, $B_0 = 1\,\text{G}$, $f_Z = 2.8\,\text{MHz}$.

Invertieren des Gleichungssystems (20.34) führt auf die Elektronengeschwindigkeit als Funktion des Feldes E und man erhält nach Einsetzen in die Stromdichte $J = -en_e v$ und in das Durchflutungsgesetz

$$\nabla \times H = J + j\omega\varepsilon_0 E = j\omega\varepsilon_0\varepsilon_r E$$

den Tensor der relativen Dielektrizitätskonstanten

$$\varepsilon_r = \begin{bmatrix} \varepsilon_{11} & ja & 0 \\ -ja & \varepsilon_{11} & 0 \\ 0 & 0 & \varepsilon_{33} \end{bmatrix} \tag{20.36}$$

mit

$$\varepsilon_{11} = 1 - \frac{1 - j\nu/\omega}{(1 - j\nu/\omega)^2 - (\omega_Z/\omega)^2} \left(\frac{\omega_P}{\omega}\right)^2$$

$$\varepsilon_{33} = 1 - \frac{1}{1 - j\nu/\omega} \left(\frac{\omega_P}{\omega}\right)^2$$

$$a = -\frac{\omega_Z/\omega}{(1 - j\nu/\omega)^2 - (\omega_Z/\omega)^2} \left(\frac{\omega_P}{\omega}\right)^2$$

und der bereits im Beispiel auf Seite 70 eingeführten Plasmafrequenz

$$\omega_P = \sqrt{\frac{e^2 n_e}{m_e \varepsilon_0}} \quad , \quad n_e = \text{Elektronendichte} . \tag{20.37}$$

Wie aus (20.36) ersichtlich ist, wird das Plasma durch das magnetische Gleichfeld anisotrop, denn es ist $\omega_Z \sim B_0$ und für $B_0 = 0$ wird $\varepsilon_{11} = \varepsilon_{33}$, $a = 0$. Eine Richtungsumkehr von $\boldsymbol{B}_0$ bedeutet eine Transponierung des $\boldsymbol{\varepsilon}_r$-Tensors. Im verlustfreien Fall, $\nu = 0$, hat der Tensor eine Singularität bei $\omega = \omega_Z$, die Welle pumpt kontinuierlich Energie in die Elektronenbewegung und diese wächst über alle Grenzen an. Mit Verlusten gibt es lediglich eine Resonanzüberhöhung.

Medien mit der speziellen Form (20.36) des $\boldsymbol{\varepsilon}$-Tensors heißen *gyrotrop*, da in ihnen zirkular polarisierte ebene Wellen möglich sind.

Wir wollen uns hier auf die Ausbreitung ebener Wellen parallel zum Magnetfeld $\boldsymbol{B}_0$ beschränken, d.h. $\boldsymbol{k} = k\,\boldsymbol{e}_z$. Die in (20.10) gegebene Eigenwertgleichung wird für $\boldsymbol{E}$ umgeschrieben

$$\boldsymbol{k}(\boldsymbol{k} \cdot \boldsymbol{E}) - k^2 \boldsymbol{E} + k_0^2 \boldsymbol{\varepsilon}_r \boldsymbol{E} = 0 ,$$

und lautet in Komponentenschreibweise

$$\begin{bmatrix} k_0^2 \varepsilon_{11} - k^2 & jk_0^2 a & 0 \\ -jk_0^2 a & k_0^2 \varepsilon_{11} - k^2 & 0 \\ 0 & 0 & k_0^2 \varepsilon_{33} \end{bmatrix} \begin{bmatrix} E_x \\ E_y \\ E_z \end{bmatrix} = 0 . \tag{20.38}$$

Die Eigenwerte (Wellenzahlen k) ergeben sich aus den Nullstellen der Determinante

$$(k_0^2 \varepsilon_{11} - k^2)^2 - (k_0^2 a)^2 = 0$$

zu

$$k_{1,2} = k_0 \sqrt{\varepsilon_{11} \pm a} . \tag{20.39}$$

Hierbei sind selbstverständlich auch negative Werte möglich und geben Wellen in negative z-Richtung an. Die zugehörigen Eigenvektoren erhält man durch Einsetzen von (20.39) in (20.38)

$$\boldsymbol{E}^{(1),(2)} = E_0(\boldsymbol{e}_x \mp j\,\boldsymbol{e}_y) . \tag{20.40}$$

Zu dem Eigenwert k_1 (oberes Vorzeichen) gehört eine rechts zirkular polarisierte Welle, zu dem Eigenwert k_2 (unteres Vorzeichen) eine links zirkular polarisierte Welle. Bei Ausbreitung in die negative z-Richtung kehrt sich die Zuordnung um, d.h. k_1 gehört zur links und k_2 zur rechts zirkular polarisierten Welle.

Zur Verdeutlichung des Verlaufs von $\varepsilon_{11} \pm a$ über der Frequenz sind sie für den Fall eines Plasmas niedriger Dichte, in welchem die Kollisionen vernachlässigbar sind, $\nu = 0$, in Abb. 20.8 aufgetragen.

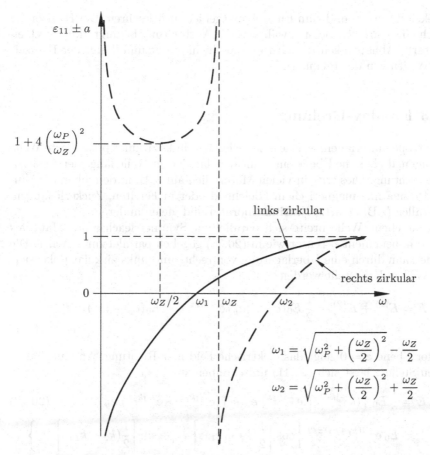

Abb. 20.8. Relative Dielektrizitätskonstanten $\varepsilon_{11} \pm a$ für rechts und links zirkular polarisierte Wellen im verlustfreien Plasma mit Magnetfeld

Wie aus der Abbildung ersichtlich ist, zeigt die Dielektrizitätskonstante der links zirkular polarisierten Welle einen regulären Verlauf ähnlich dem Verlauf in einem isotropen Plasma. Für $\omega < \omega_1$ ist die Welle nicht ausbreitungsfähig, wohingegen in einem isotropen Plasma die Grenze bei ω_P liegt. Die Welle heißt daher *ordentliche Welle*. Die rechts zirkular polarisierte Welle zeigt ein sehr verschiedenes Verhalten und wird *außerordentliche Welle* genannt. Sie ist ausbreitungsfähig in den Bereichen $0 < \omega < \omega_Z$ und $\omega > \omega_2$, d.h. wegen des Magnetfeldes können diese Wellen auch für $\omega < \omega_P$ in das Plasma eindringen. Dies ist z.B. in der Ionosphäre mit dem Erdmagnetfeld der Fall und führt zu Heul- und Pfeifstörungen im Audiobereich (1-20 kHz). Die Störungen sind niederfrequente Wellen von elektromagnetischen Pulsen, die durch Blitzentladungen entstehen. Die Wellen breiten sich in der Ionosphäre entlang des Magnetfeldes aus bis sie irgendwo auf die Erdoberfläche treffen dort reflektiert werden und zum Entstehungsgebiet zurückkehren. Der Heulton ist durch eine starke Dispersion während der Ausbreitung bedingt, d.h. durch eine starke Abhängigkeit der Gruppengeschwindigkeit und damit der Laufzeit der Wellen von der Frequenz.

20.3 Faraday-Drehung

Gyrotrope Materialien, welche eine rechts und links zirkular polarisierte Welle erzeugen, drehen die Ebene einer linear polarisierten Welle längs der Ausbreitungsrichtung. Dies tritt in vielen Materialien auf, z.B. in dem oben erwähnten Plasma mit magnetischem Gleichfeld oder in Ferriten, Zuckerlösungen, Kristallen (z.B. Quartz, Natriumchlorate) und vielen anderen.

Eine ebene Welle breite sich parallel zur Symmetrieachse des Materials aus, d.h. bei einem ε-Tensor wie in (20.36) gegeben parallel zur z-Achse. Die Welle kann durch eine Überlagerung von rechts und links zirkular polarisierten Wellen dargestellt werden

$$\boldsymbol{E} = \boldsymbol{E}^{(1)} + \boldsymbol{E}^{(2)} = \frac{1}{2}\,E_0(\boldsymbol{e}_x - \mathrm{j}\boldsymbol{e}_y)\,\mathrm{e}^{-\mathrm{j}k_1 z} + \frac{1}{2}\,E_0(\boldsymbol{e}_x + \mathrm{j}\boldsymbol{e}_y)\,\mathrm{e}^{-\mathrm{j}k_2 z}\;.$$

$$(20.41)$$

In der Ebene $z = 0$ zeigt das elektrische Feld in x-Richtung. An einer beliebigen Stelle z lässt sich (20.41) umschreiben zu

$$\boldsymbol{E} = \frac{1}{2}\,E_0 \left\{ \left(\mathrm{e}^{-\mathrm{j}k_1 z} + \mathrm{e}^{-\mathrm{j}k_2 z}\right)\boldsymbol{e}_x - \mathrm{j}\left(\mathrm{e}^{-\mathrm{j}k_1 z} - \mathrm{e}^{-\mathrm{j}k_2 z}\right)\boldsymbol{e}_y \right\} \qquad (20.42)$$

$$= E_0\,\mathrm{e}^{-\mathrm{j}(k_1 + k_2)z/2} \left\{ \cos\left[\frac{1}{2}(k_2 - k_1)z\right]\boldsymbol{e}_x + \sin\left[\frac{1}{2}(k_2 - k_1)z\right]\boldsymbol{e}_y \right\}\;.$$

Die Welle bleibt linear polarisiert, da kein Phasenunterschied zwischen der x- und y-Komponente besteht. Allerdings dreht sich die Polarisationsebene entsprechend

$$\tan\varphi(z) = \frac{E_y}{E_x} = \tan\left[\frac{1}{2}(k_2 - k_1)z\right]\;. \qquad (20.43)$$

Der Winkel $\varphi(z)$ der Polarisationsebene nimmt linear mit z zu. Bei einer rückwärts laufenden Welle vertauschen k_1 und k_2 ihre Rolle (siehe §20.2) und die Drehrichtung der Polarisationsebene bleibt gleich. Wird also eine einfallende Welle reflektiert, so addieren sich die Drehwinkel des hin- und rücklaufenden Weges. Dies ist eine wichtige Eigenschaft von gyrotropen Medien. Sie steht im Gegensatz zur natürlichen Drehung der Polarisationsebene, wie z.B. in Zuckerlösung, in welcher sich die Drehung der vor- und rücklaufenden Welle auslöschen. Die Phasenkonstante der linear polarisierten Welle ist der Mittelwert aus k_1 und k_2.

Die Drehung der Polarisationsebene wurde das erste Mal von MICHAEL FARADAY (1845) bei Licht beobachtet und heißt daher FARADAY-*Drehung*.

Sie hat besondere Bedeutung in der Optik und Mikrowellentechnik erlangt und wird benutzt, um nichtreziproke Bauelemente zu realisieren.

20.4 Gesättigte Ferrite

Seit der Entwicklung von Ferriten mit niedrigen Verlusten Mitte bis Ende der vierziger Jahre spielt die FARADAY-Drehung eine große Rolle in der Mikrowellentechnik. Ferrite sind Stoffe mit einem starken magnetischen Effekt, der anisotrop wird, sobald das Material einem magnetischen Gleichfeld ausgesetzt wird. Außerdem besitzen sie eine relativ große Dielektrizitätskonstante von ungefähr $\varepsilon_r = 15$.

Der magnetische Effekt kommt im wesentlichen vom Spin der Elektronen und einer starken Kopplung zwischen den Spins. Das Material besteht aus Domänen, in welchen die Spins ausgerichtet sind. Die Domänen selber sind irregulär und statistisch verteilt, so dass sich minimale Energie einstellt. Durch Anlegen eines starken konstanten Magnetfelds $\boldsymbol{B}_0$ werden auch die Domänen ausgerichtet. Das Material geht in die Sättigung.

Mit dem einfachen klassischen Modell eines frei beweglichen magnetischen Dipols wollen wir nun den Permeabilitätstensor herleiten. Dazu benutzen wir ein schwaches hochfrequentes Feld, welches die Dipole zu einer Präzessionsbewegung um die Richtung von $\boldsymbol{B}_0$ anregt.

Das magnetische Dipolmoment eines Elektrons ist proportional dem Spin $\boldsymbol{S}$ (Drehimpuls)

$$\boldsymbol{p}_m = g\,\boldsymbol{S}\,, \tag{20.44}$$

mit dem *gyromagnetischen Verhältnis*

$$g = -\frac{e}{m_e} = -1.76\cdot 10^{11}\,\frac{\text{m}^2}{\text{Vs}^2}$$

als Proportionalitätskonstante. Wird der Dipol einem Feld $\boldsymbol{B}$ ausgesetzt, so entsteht ein Drehmoment $\boldsymbol{T}$ proportional der zeitlichen Änderung des Drehimpulses

$$\boldsymbol{T} = \frac{\mathrm{d}\boldsymbol{S}}{\mathrm{d}t} = \boldsymbol{p}_m \times \boldsymbol{B}\,.$$

Einsetzen von (20.44) zeigt, dass die Änderung des Dipolmoments senkrecht auf $\boldsymbol{p}_m$ und $\boldsymbol{B}$ steht

$$\frac{\mathrm{d}\boldsymbol{p}_m}{\mathrm{d}t} = g\,\boldsymbol{p}_m \times \boldsymbol{B} = \boldsymbol{\omega}_L \times \boldsymbol{p}_m\,. \tag{20.45}$$

Der Dipol präzessiert mit der LARMOR-*Frequenz*

$$\boldsymbol{\omega}_L = -g\,\boldsymbol{B}\,. \tag{20.46}$$

Da Sättigung vorausgesetzt wurde, sind alle N Dipole pro Einheitsvolumen ausgerichtet und die Magnetisierung ist

$$M = N\,p_m\,.\tag{20.47}$$

Einsetzen von (20.47) und der magnetischen Induktion

$$B = \mu_0(H + M)$$

in (20.45) führt auf einen Zusammenhang zwischen M und H

$$\frac{\mathrm{d}M}{\mathrm{d}t} = g\,M \times B = \mu_0 g\,M \times (H + M) = \mu_0 g\,M \times H\,.\tag{20.48}$$

H ist hierbei die über viele Atome (Moleküle) gemittelte Feldstärke. Ihr Wert hängt von dem externen angelegten Feld und von der Form des Körpers ab.

H und somit auch M werden nun als Überlagerung eines starken statischen Feldes mit einem schwachen HF-Feld dargestellt

$$\begin{aligned} H &= H_0\,e_z + H_1\,\mathrm{e}^{\mathrm{j}\omega t} \quad,\quad H_0 \gg H_1 \\ M &= M_0\,e_z + M_1\,\mathrm{e}^{\mathrm{j}\omega t} \quad,\quad M_0 \gg M_1\,. \end{aligned}\tag{20.49}$$

Einsetzen von (20.49) in (20.48) und Vernachlässigen von quadratisch kleinen Termen führt auf

$$\begin{aligned} \mathrm{j}\omega M_{1x} &= \mu_0 g(H_0 M_{1y} - M_0 H_{1y}) \\ \mathrm{j}\omega M_{1y} &= \mu_0 g(M_0 H_{1x} - H_0 M_{1x}) \\ \mathrm{j}\omega M_{1z} &= 0\,. \end{aligned}$$

Durch gegenseitiges Einsetzen lässt sich M auf der rechten Seite eliminieren, so dass

$$M_1 = \chi H_1$$

und schließlich

$$B_1 = \mu_0(H_1 + M_1) = \mu_0(1 + \chi)H_1 = \mu_0 \mu_r H_1\,.\tag{20.50}$$

Dabei ist der relative Permeabilitätstensor

$$\mu_r = \begin{bmatrix} \mu_{11} & \mathrm{j}a & 0 \\ -\mathrm{j}a & \mu_{11} & 0 \\ 0 & 0 & 1 \end{bmatrix}\,,\tag{20.51}$$

mit

$$a = -\frac{\omega_M \omega}{\omega^2 - \omega_G^2} \quad,\quad \mu_{11} = 1 + a\,\frac{\omega_G}{\omega}\,,$$

und

$$\omega_G = -\mu_0 g H_0\,,\tag{20.52}$$

der sogenannten *gyromagnetischen Frequenz*[1] und

---

[1] Wir kennen jetzt drei, beinahe gleichlautende Frequenzen, die Zyklotronfrequenz (20.35), LARMOR-Frequenz (20.46) und die gyromagnetische Frequenz (20.52). Die Unterschiede liegen in den Situationen. In den beiden ersten Fällen handelt es sich um freie Elektronen bzw. freie Dipole im homogenen Feld, im letzten Fall um eine Resonanzfrequenz.

$$\omega_M = -\mu_0 g M_0 \tag{20.53}$$

der *Sättigungsmagnetisierungsfrequenz.*

Wie aus (20.51) ersichtlich, wird ein Ferrit durch ein magnetisches Gleichfeld anisotrop mit einem μ-Tensor von derselben Struktur wie der ε-Tensor (20.36) des vorgespannten Plasmas. Somit gibt es auch rechts und links zirkular polarisierte Wellen und das Medium heißt *gyromagnetisch.* Im obigen Fall ist es verlustfrei, da frei schwingende Dipole ohne jeden Verlustmechanismus angenommen wurden. In Realität, bei Verlusten, hat natürlich μ keine Singularität bei $\omega = \omega_G$ sondern lediglich eine Resonanz bestimmter Güte, genannt *gyromagnetische Resonanz.*

Zur Berechnung der zirkular polarisierten Wellen nehmen wir, wie in Paragraph 20.2, Wellenausbreitung in z-Richtung an, $\boldsymbol{k} = k\,\boldsymbol{e}_z$. Die Eigenwertgleichung leiten wir aus (20.9)

$$\boldsymbol{k} \times \boldsymbol{E} = \omega\mu_0\mu_r\boldsymbol{H} \quad, \quad -\boldsymbol{k} \times \boldsymbol{H} = \omega\varepsilon_0\varepsilon_r\boldsymbol{E}$$

durch Einsetzen ab

$$\boldsymbol{k}(\boldsymbol{k} \cdot \boldsymbol{H}) - k^2\boldsymbol{H} + k_0^2\varepsilon_r\mu_r\boldsymbol{H} = 0 \, .$$

In Komponenten lautet sie

$$\begin{bmatrix} k_0^2\varepsilon_r\mu_{11} - k^2 & jk_0^2\varepsilon_r a & 0 \\ -jk_0^2\varepsilon_r a & k_0^2\varepsilon_r\mu_{11} - k^2 & 0 \\ 0 & 0 & k_0^2\varepsilon_r \end{bmatrix} \begin{bmatrix} H_x \\ H_y \\ H_z \end{bmatrix} = 0 \, , \tag{20.54}$$

mit den Nullstellen der Determinante als Eigenwerte

$$(k_0^2\varepsilon_r\mu_{11} - k^2)^2 - (k_0^2\varepsilon_r a)^2 = 0$$

$$k_{1,2} = k_0\sqrt{\varepsilon_r(\mu_{11} \pm a)} \, . \tag{20.55}$$

Die zugehörigen Eigenvektoren erhält man durch Einsetzen von (20.55) in (20.54) zu

$$\boldsymbol{H}^{(1),(2)} = H_0(\boldsymbol{e}_x \mp j\,\boldsymbol{e}_y) \, . \tag{20.56}$$

Das obere Vorzeichen gehört zur rechts und das untere Vorzeichen zur links zirkular polarisierten Welle.

Der Verlauf der relativen Permeabilitätskonstanten $\mu_{11} \pm a$ ist in Abb. 20.9 dargestellt. Die links zirkular polarisierte Welle ist für alle Frequenzen ausbreitungsfähig. Hingegen hat die rechts zirkular polarisierte Welle im Bereich $\omega_G < \omega < \omega_G + \omega_M$ ein Stoppband und eine Resonanz bei $\omega = \omega_G$. In den Bereichen $0 < \omega < \omega_G$ und $\omega > \omega_G + \omega_M$ können die Unterschiede in der Ausbreitungskonstanten für FARADAY-Drehung verwendet werden.

FARADAY-Drehung ist möglich bei Frequenzen, bei denen beide Wellen ausbreitungsfähig sind. Von besonderem Interesse ist dabei der hochfrequente Bereich. Der Drehwinkel der Polarisationsebene (20.43) ist wegen (20.55), (20.51)

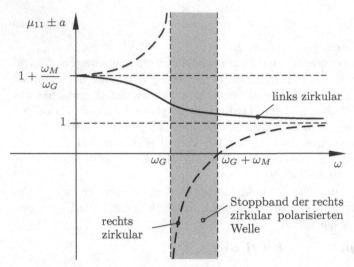

Abb. 20.9. Relative Permeabilitätskonstanten $\mu_{11} \pm a$ für rechts und links zirkular polarisierte Wellen in gesättigten Ferriten

$$\varphi(z) = \frac{1}{2}\,(k_2 - k_1)z = \frac{1}{2}\,k_0\sqrt{\varepsilon_r}(\sqrt{\mu_{11} - a} - \sqrt{\mu_{11} + a})z$$

$$= \frac{1}{2}\,k_0\sqrt{\varepsilon_r}\left[\sqrt{1 + \frac{\omega_M}{\omega + \omega_G}} - \sqrt{1 - \frac{\omega_M}{\omega - \omega_G}}\,\right] z\;.$$

Für $\omega \gg \omega_M, \omega_G$ wird daraus

$$\varphi(z) \approx \frac{1}{2}\,k_0\sqrt{\varepsilon_r}\left[1 + \frac{\omega_M}{2\omega}\left(1 - \frac{\omega_G}{\omega}\right) - 1 + \frac{\omega_M}{2\omega}\left(1 + \frac{\omega_G}{\omega}\right)\right] z$$

$$= \frac{1}{2}\,\omega_M\sqrt{\varepsilon_r\varepsilon_0\mu_0}\;z\;.$$

Der Drehwinkel ist unabhängig von der Frequenz und auf FARADAY-Drehung basierende Bauelemente können in einem weiten Bereich von Millimeterwellen bis Mikrowellen benutzt werden.

20.5 Einige Mikrowellenkomponenten mit Ferriten

Mit Hilfe von Ferriten können nichtreziproke Bauteile für Mikrowellen realisiert werden. Solche Bauteile existieren in Hohlleitertechnik aber auch in Striplinetechnik. Dabei werden zwei verschiedene Phänomene ausgenutzt. Zum einen benutzt man die FARADAY-Drehung bei Wellenausbreitung parallel zum Magnetfeld, zum anderen verwendet man nicht ebene, zirkular polarisierte Wellen mit einer Ausbreitungsrichtung senkrecht zum Magnetfeld. Beide Effekte dienen dazu, nichtreziproke Bauelemente herzustellen, wie z.B.

Isolatoren, Zirkulatoren, Gyratoren u.s.w.. Außerdem kann die Wechselwirkung durch Regelung des Magnetfelds B_0 beeinflusst werden und so zur Realisierung von Phasenschiebern, Schaltern, abstimmbaren Resonatoren und Filtern benutzt werden.

Eine nichtreziproke Anordnung in Hohlleitertechnik ist z.B. in Abb. 20.10 gezeigt. Ein Rechteckhohlleiter, in welchem eine H_{10}-Welle ausbreitungsfähig ist, wird zunächst um 90° verdrillt um anschließend in einen Rundhohlleiter mit einer H_{11}-Welle überzugehen. Im Rundhohlleiter befindet sich ein Ferrit, der durch ein achsiales Magnetfeld gesättigt wird. Die Länge des Ferrits und das Magnetfeld sind so ausgelegt, dass die Polarisationsebene der Welle nochmals um 90° gedreht wird. Eine von links einfallende Welle erfährt somit eine gesamte Phasenänderung von 180°, während für eine von rechts einfallende Welle keine Änderung der Phase auftritt, Abb. 20.10c. Schematisch wird ein solches Bauelement durch das Symbol in Abb. 20.10b dargestellt. In Richtung des Pfeils erfährt eine Welle eine Phasenänderung von 180°, entgegen dem Pfeil keine Änderung.

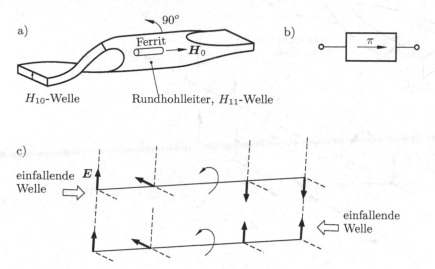

Abb. 20.10. Nichtreziproker 180°-Phasenschieber; **(a)** schematischer Aufbau, **(b)** Symbol, **(c)** Polarisationsrichtungen entlang der Anordnung

Mittels der FARADAY-Drehung lassen sich auch Einwegleitungen (Isolatoren) herstellen, Abb. 20.11. Der Rechteckhohlleiter ist in diesem Fall nur um 45° verdrillt und trägt im Ein- und Ausgang dünne verlustbehaftete Plättchen parallel zur Breitseite. Eine von links einfallende H_{10}-Welle, mit dem elektrischen Feld senkrecht zum ersten Plättchen, wird nur wenig gedämpft, dreht ihre Polarisationsrichtung anschließend um 45° und im Ferrit um −45°. Beim zweiten Plättchen steht das Feld wieder senkrecht und die Welle tritt ohne Phasenänderung und nur schwach gedämpft (ungefähr 0.5 dB) aus, Abb.

20.11b. Fällt die Welle dagegen von rechts ein, so addieren sich die Phasendrehungen des Ferrits und des Hohlleitertwists und das elektrische Feld ist parallel zum ersten Plättchen. Zusätzlich ist der Hohlleiter für diese Polarisationsrichtung unterhalb der Grenzfrequenz. Die Welle wird reflektiert und stark gedämpft, typischerweise -30 dB. Das zweite Plättchen soll lediglich ungewünschte interne Reflexionen oder Drehfehler, die durch nichtperfektes H_0 entstehen, unterdrücken.

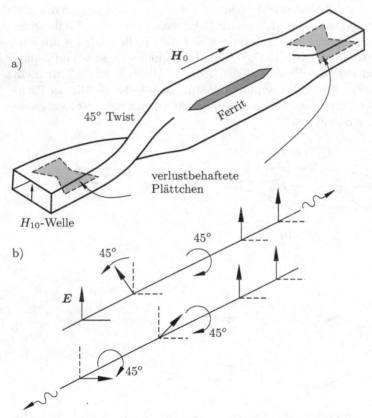

Abb. 20.11. Einwegleitung; **(a)** schematischer Aufbau, **(b)** Polarisationsrichtungen entlang der Anordnung

Andere Bauteile beruhen auf *Resonanzabsorption*. Nimmt man z.B. das Magnetfeld einer H_{10}-Welle im Rechteckhohlleiter (14.100)

$$\boldsymbol{H}_{10}^H = -\frac{A_{10}^H}{\omega\mu}\frac{\pi}{a}\left[\pm k_{z10}\sin\frac{\pi x}{a}\,\boldsymbol{e}_x - \mathrm{j}\frac{\pi}{a}\cos\frac{\pi x}{a}\,\boldsymbol{e}_z\right],$$

so ist dieses an einer bestimmten Stelle x_0 für

$$k_{z10}\sin\frac{\pi x_0}{a} = \frac{\pi}{a}\cos\frac{\pi x_0}{a}$$

zirkular polarisiert. Für eine in $+z$-Richtung laufende Welle dreht sich der H-Vektor links herum, d.h. von der x in die $-z$-Richtung, und für eine in $-z$-Richtung laufende Welle dreht er sich rechts herum.

Bringt man nun ein Ferritplättchen an der Stelle x_0 auf der Breitseite eines Rechteckhohlleiters an, Abb. 20.12, so werden die Elektronenspins durch Anlegen eines äußeren Magnetfelds zu einer Präzessionsbewegung gebracht. Die Richtung der Präzession hängt von der Richtung des Magnetfeldes ab. Das zirkular polarisierte Feld der Welle wird abhängig von der Ausbreitungsrichtung einmal die Präzessionsbewegung stark anregen und im anderen Fall nur schwach, d.h. die Welle wird in einer Richtung stark gedämpft und in Gegenrichtung nur schwach. Dieses Prinzip kann in einem Isolator verwendet werden oder auch zur Modulation der Welle durch ein zeitlich abhängiges Magnetfeld $H_0(t)$.

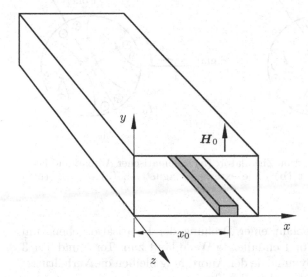

Abb. 20.12. Ferritplättchen im Rechteckhohlleiter als Resonanzabsorber

Als letztes Beispiel sei noch der Y-Junction Zirkulator in Striplinetechnik erwähnt. Zwei Ferritscheiben liegen zwischen einer metallischen Scheibe und den Erdplatten. Die metallische Scheibe ist mit drei Striplines, die jeweils unter 120° angebracht sind, verbunden. Senkrecht dazu befindet sich ein externes Magnetfeld, siehe Abb. 20.13. Die Ferritscheiben bilden einen Resonator, dessen Grundmod eine E_{110}-Resonanz darstellt. Ohne externes Magnetfeld wird die Resonanz von einer der drei Striplines symmetrisch angeregt und an den beiden anderen Toren wird die Leistung jeweils zur Hälfte ausgekoppelt, Abb. 20.13b. Bei Anlegen des Magnetfeldes zerfällt die Stehwelle in zwei gegenläufig zirkular polarisierte Wellen mit verschiedenen Phasenkonstanten. Die Resonanz splittet sich auf in zwei Resonanzen mit leicht unterschiedlichen Frequenzen. Bei richtiger Wahl der Parameter überlagern sich die beiden Resonanzfelder so, dass sie sich an einem Tor auslöschen und am anderen ad-

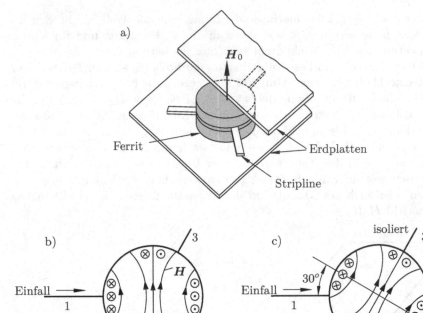

Abb. 20.13. Stripline Y-Junction Zirkulator; **(a)** schematischer Aufbau und Feldbilder der Resonanz im Ferrit **(b)** ohne externes Magnetfeld, **(c)** mit externem Magnetfeld

dieren. Dies entspricht ungefähr einer Drehung der Polarisationsebene um $30°$, Abb. 20.13c. Die im Tor 1 einfallende Welle läuft zum Tor 2 und Tor 3 ist entkoppelt. Wegen der Symmetrie der Anordnung bleiben die Verhältnisse erhalten bei zyklischem Vertauschen der Tore.

Zusammenfassung

Anisotropes, lineares und verlustfreies Dielektrikum

$$D = \begin{bmatrix} \varepsilon_{11} & \varepsilon_{12} & \varepsilon_{13} \\ \varepsilon_{12} & \varepsilon_{22} & \varepsilon_{23} \\ \varepsilon_{13} & \varepsilon_{23} & \varepsilon_{33} \end{bmatrix} E \quad \rightarrow \quad \varepsilon = \varepsilon_0 \begin{bmatrix} \varepsilon_{rI} & 0 & 0 \\ 0 & \varepsilon_{rII} & 0 \\ 0 & 0 & \varepsilon_{rIII} \end{bmatrix}$$

$\varepsilon_{ri},\ i = I, II, III$ Hauptdielektrizitätskonstanten

Indexellipsoid

$$\frac{X^2}{n_I^2} + \frac{Y^2}{n_{II}^2} + \frac{Z^2}{n_{III}^2} = 1 \quad , \quad n_i = \sqrt{\varepsilon_{ri}}$$

Ebene Welle im anisotropen Dielektrikum

$$
\begin{aligned}
k \times E &= \omega\mu_0 H \\
k \times H &= -\omega D \\
k \cdot D &= k \cdot B = 0
\end{aligned}
\qquad \rightarrow \quad \omega^2\mu_0 D = k^2 E - (k \cdot E)k
$$

$$\sum_i \frac{\cos^2\alpha_i}{v_p^2 - v_i^2} = 0 \quad , \quad i = I, II, III$$

Uniachsiales Dielektrikum

$$\varepsilon_I = \varepsilon_{II} = \varepsilon_0 \quad , \quad \varepsilon_{III} = \varepsilon_{ao}$$

$$v_{p1} = \pm v_{or} \quad , \quad v_{p2} = \pm\sqrt{v_{or}^2\cos^2\alpha_{III} + v_{ao}^2\sin^2\alpha_{III}}$$

Gyrotropes/ gyromagnetisches Medium

$$\varepsilon_r = \begin{bmatrix} \varepsilon_{11} & ja & 0 \\ -ja & \varepsilon_{11} & 0 \\ 0 & 0 & \varepsilon_{33} \end{bmatrix} \quad , \quad \mu_r = \begin{bmatrix} \mu_{11} & ja & 0 \\ -ja & \mu_{11} & 0 \\ 0 & 0 & 1 \end{bmatrix}$$

Ebene Wellen spalten sich in rechts / links zirkular polarisierte Wellen auf.

FARADAY-Drehung $\quad \tan\varphi(z) = \tan\left[\frac{1}{2}(k_2 - k_1)z\right]$

Fragen zur Prüfung des Verständnisses

20.1 Welche Form hat der Dielektrizitätstensor?

20.2 Was sind die Hauptachsen?

20.3 Was stellt der Indexellipsoid dar?

20.4 Wie stehen E, D, Ausbreitungsrichtung und POYNTING-Vektor zueinander?

20.5 Ist die Phasengeschwindigkeit ebener Wellen von der Polarisations-richtung abhängig?

20.6 Was sind die optischen Achsen?

20.7 Was ist Doppelbrechung?

20.8 Wie verhalten sich ebene Wellen in gyrotropen Medien?

20.9 Was ist FARADAY-Drehung?

20.10 Eine ebene Welle mit $\omega <$Plasmafrequenz dringt nicht in ein Plasma ein. Was passiert, wenn das Plasma mit einem Magnetfeld vorgespannt wird?

20.11 In welchem Frequenzbereich und warum ist FARADAY-Drehung für Mikrowellen interessant?

21. Spezielle Relativitätstheorie

Nachdem MAXWELL (1862) seine Gleichungen veröffentlicht hatte, wurden sie in den folgenden Jahren durch viele Experimente, insbesondere von HEINRICH HERTZ, auf brilliante Art und Weise bestätigt. Ihre mathematische Struktur jedoch verursachte eine Reihe von Fragen.

Z.B. glaubte man zur damaligen Zeit, dass eine Welle immer ein tragendes Medium benötigt (Schallwellen in Luft, Druck- und Scherkraftwellen in Flüssigkeiten und Festkörpern). Auch MAXWELL nahm ein noch unbekanntes Medium an und nannte es Äther. Dadurch ergab sich allerdings ein anderes Problem mit dem tief verwurzelten Konzept der Relativität. Dieses Konzept, von GALILEI und NEWTON begründet, ging von der Annahme aus, dass Raum und Zeit voneinander unabhängig sind und die Zeit eine absolute Größe ist. Daraus folgte, dass die damals bekannten physikalischen Gesetze in jedem Inertialsystem[1] gleich sind. Anders ausgedrückt bedeutet dies die physikalischen Gesetze verändern sich nicht beim Übergang von einem Referenzsystem S zu einem anderen System S', welches sich mit konstanter Geschwindigkeit v gegenüber S bewegt (Abb. 21.1).

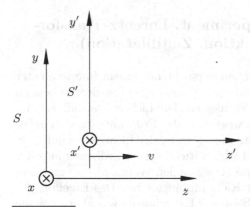

Abb. 21.1. Zwei relativ zueinander gleichförmig bewegte Referenzsysteme S und S'

---

[1] Koordinatensysteme, welche nicht beschleunigt sind, d.h. sich gleichförmig bewegen.

H. Henke, *Elektromagnetische Felder*, https://doi.org/10.1007/978-3-662-62235-3_21

Mathematisch wird diese Koordinatentransformation durch die GALILEI-
Transformation (G-T) beschrieben

$$x' = x \quad , \quad y' = y \quad , \quad z' = z - vt \quad , \quad t' = t \quad . \tag{21.1}$$

Die NEWTON'schen Gesetze sind invariant gegenüber einer G-T und es ist
unmöglich die absolute Geschwindigkeit eines Referenzsystems durch ein me-
chanisches Experiment zu bestimmen.

Gäbe es nun ein Äther, welches elektromagnetische Wellen tragen würde,
so wäre dieses Prinzip verletzt, denn das Referenzsystem, in welchem das
Äther ruht, wäre ein ausgezeichnetes System, in welchem die Ausbreitungsgeschwindigkeit der Wellen anders sein müsste als in den übrigen Referenzsystemen. Die MAXWELL'schen Gleichungen hingegen erfordern gleiche Geschwindigkeit in allen Referenzsystemen. Sie sind *nicht* invariant gegenüber
einer G-T. In unzähligen Experimenten wurde daher immer wieder versucht,
die MAXWELL'schen Gleichungen zu widerlegen. Alle schlugen fehl, und man
musste sich langsam mit dem Gedanken anfreunden, dass der von GALILEI
und NEWTON gegründete Raum-Zeit Begriff geändert werden muss. Den ent-
scheidenden Todesstoß gab dabei das MICHELSON-MORLEY-Experiment.

> Als Ergebnis entstand die spezielle Relativitätstheorie. Raum und
> Zeit sind miteinander verknüpft und stellen einen vierdimensiona-
> len „Raum" dar. Anstelle der GALILEI-Transformation tritt die
> LORENTZ-Transformation. Sie erlaubt die Berechnung mechanischer
> und elektromagnetischer Größen beim Übergang von einem Inertial-
> system zum anderen.

21.1 Michelson-Morley-Experiment. Lorentz-Transfor-
mation (Längenkontraktion. Zeitdilatation)

MICHELSON und MORLEY (1887) haben versucht mit einem Interferometer
die Lichtgeschwindigkeit in einem mit der Erde gegenüber dem ruhenden
Äther mitbewegten Referenzsystem zu messen. Die Lichtgeschwindigkeit im
Äther wurde als c angenommen. Bewegt sich die Erde mit der Geschwindigkeit v durch den Äther, dann sollte die Messung der Lichtgeschwindigkeit
$c \mp v$ ergeben, je nachdem ob sich das Licht in Richtung der Erdbewegung oder
entgegen der Richtung ausbreitet, und sie sollte den Wert $\sqrt{c^2 - v^2}$ ergeben,
wenn sich das Licht in transversaler Richtung ausbreitet. Das Ergebnis des
Experiments und vieler anderer, verbesserter Experimente war aber, dass die
Lichtgeschwindigkeit in allen Richtungen gleich c war. Dieses Ergebnis hat
nicht nur das Ende der Äthertheorie bedingt sondern auch eine revolutionäre
neue Sicht auf die Struktur von Raum und Zeit eingeleitet.

Der prinzipielle Aufbau des MICHELSON-MORLEY-Experiments ist in
Abb. (21.2) gezeigt. Der Strahl einer Lichtquelle A wird in einer halbdurch-

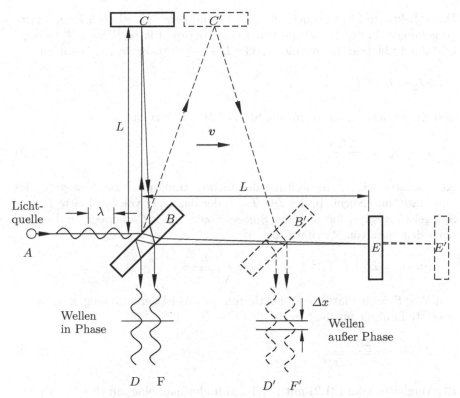

Abb. 21.2. Prinzipieller Aufbau des MICHELSON-MORLEY-Experiments

lässigen Platte B in zwei Strahlen aufgeteilt, die in zwei senkrecht zueinander angebrachten Spiegeln E und C mit gleichem Abstand L von B reflektiert werden. Die reflektierten Strahlen werden von der Platte B wieder rekombiniert zu zwei überlagerten Strahlen D und F. Wenn das Licht für den Weg $B-E-B$ genauso lange braucht wie für den Weg $B-C-B$, dann werden die Strahlen D, F in Phase sein und sich gegenseitig verstärken. Wenn aber die Laufzeiten leicht unterschiedlich sind, werden die Strahlen D, F verschiedene Phasen haben und sich, zumindest teilweise, auslöschen. Ruht der Apparat im Äther, so sollten die Laufzeiten exakt gleich sein, bewegt er sich aber z.B. mit der Geschwindigkeit v im Ruhesystem S des Äthers, so sollten die Zeiten unterschiedlich sein.

Zunächst sei die Ausbreitung des Lichtes parallel zur Geschwindigkeit des Apparates betrachtet. Während der Zeit T_1, in der das Licht von B nach E fliegt, bewegt sich der Spiegel E nach E'. Das Licht muss also die Strecke $L + vT_1$ zurücklegen und es gilt

$$cT_1 = L + vT_1 \quad \rightarrow \quad T_1 = \frac{L}{c-v} \,.$$

Das reflektierte Licht braucht die Zeit T_2, um vom Spiegel zurück zur Platte zu gelangen. In der Zwischenzeit hat sich aber die Platte B nach B' bewegt, und das Licht braucht nur die Strecke $L - vT_2$ zurückzulegen. Somit gilt

$$cT_2 = L - vT_2 \quad \rightarrow \quad T_2 = \frac{L}{c + v} \,,$$

und die gesuchte Laufzeit für die Strecke $B - E - B$ ist

$$T_1 + T_2 = \frac{2L/c}{1 - (v/c)^2} \,. \tag{21.2}$$

Als nächstes sei die Ausbreitung des Lichtes transversal zur Bewegung des Apparates untersucht. In der Zeit T_3, in der das Licht von der Platte B zum Spiegel C gelangt, hat sich der Spiegel von C nach C' bewegt, und es gilt nach dem Satz von PYTHAGORAS

$$(cT_3)^2 = L^2 + (vT_3)^2 \quad \rightarrow \quad T_3 = \frac{L}{\sqrt{c^2 - v^2}} \,.$$

Der Weg Spiegel-Platte des reflektierten Strahls ist genauso lang, so dass die gesamte Laufzeit für die Strecke $B - C - B$

$$2T_3 = \frac{2L/c}{\sqrt{1 - (v/c)^2}} \tag{21.3}$$

ist. Vergleicht man (21.2) mit (21.3), so findet man eine um $[1 - (v/c)^2]^{-1/2}$ längere Laufzeit in Richtung der Bewegung des Apparates als senkrecht dazu, und es müsste sich Interferenz zwischen den Strahlen D und F ergeben. Das Ergebnis des Experiments ergab aber immer eine positive Überlagerung.

Als Ausweg wurde von FITZGERALD und LORENTZ (1892) unter Beibehaltung der Äthertheorie vorgeschlagen, dass sich alle materiellen Objekte in Bewegungsrichtung verkürzen nicht aber senkrecht dazu. Das Gesetz, welches die Verkürzung angibt, folgt aus dem Vergleich zwischen (21.2) und (21.3) zu

$$L = L'\sqrt{1 - (v/c)^2} \,, \tag{21.4}$$

wobei jetzt L' die Entfernung zwischen der Platte B und dem Spiegel E ist und zwar im Ruhesystem S' des Apparates. Die Länge L stellt dann die gemessene Länge im Ruhesystem S des Äthers dar. Senkrecht zur Bewegungsrichtung mißt man in beiden Systemen, S und S', dieselbe Länge $L = L'$ für den Abstand $B - C$. Obwohl dieser Vorschlag das Ergebnis des MICHELSON-MORLEY-Experiments erklärt und obwohl auch bewegte Körper sich tatsächlich nach dem Gesetz (21.4) kontrahieren, so stellte sich doch später heraus, dass die eigentliche Erklärung in einer neuartigen Raum-Zeit Struktur liegt.

Im Laufe dieser Arbeiten fand A. LORENTZ (1904) das seltsame Ergebnis, dass sich die MAXWELL'schen Gleichungen unter der Transformation

$$\boxed{\begin{aligned} &x' = x\,, \\ &y' = y\,, \\ &z' = \gamma(z - \beta ct)\,, \\ &ct' = \gamma(ct - \beta z)\,, \ \beta = v/c\,, \ \gamma = 1/\sqrt{1 - \beta^2} \end{aligned}}$$

(21.5)

nicht verändern, vorausgesetzt man transformiert ebenfalls die Felder. Die Transformation (21.5) heißt LORENTZ-*Transformation* (L-T). β ist die auf die Lichtgeschwindigkeit normierte Geschwindigkeit und γ heißt *relativistischer Faktor*. Die zu (21.5) inverse Transformation folgt aus einer einfachen Überlegung. Da sich das System S' mit der Geschwindigkeit v bezüglich des Systems S bewegt, bewegt sich S mit $-v$ bezüglich S' und die Inversion erfolgt durch Vertauschen der gestrichenen und ungestrichenen Größen und durch Ersetzen von v durch $-v$

$$x = x'\,, \ y = y'\,, \\ z = \gamma(z' + \beta ct')\,, \ ct = \gamma(ct' + \beta z')\,.$$

(21.6)

Aus der L-T folgt direkt die Verkürzung von Körpern in Bewegungsrichtung. Man legt z.B. einen Maßstab der Länge L' auf die z'-Achse, so dass das linke Ende an der Stelle z'_l und das rechte Ende an der Stelle z'_r liegt. Im System S müssen die Positionen des linken und rechten Endes zum selben Zeitpunkt $t_r = t_l$ gemessen werden. Damit folgt aus (21.5) und (21.6)

$$\begin{aligned} L = z_r - z_l &= \gamma(z'_r + \beta ct'_r) - \gamma(z'_l + \beta ct'_l) \\ &= \gamma(z'_r - z'_l) + \beta\gamma^2\,(ct_r - \beta z_r) - \beta\gamma^2\,(ct_l - \beta z_l) \\ &= \gamma L' - \beta^2\gamma^2 L \end{aligned}$$

oder

$$\boxed{L = L'/\gamma}\,.$$

(21.7)

Die Länge L' erscheint in S um den Faktor $1/\gamma$ verkürzt (*Längenkontraktion*). Umgekehrt gilt auch, dass eine Länge L in S im System S' um den Faktor $1/\gamma$ kontrahiert erscheint, denn S bewegt sich bezüglich S' mit $-v$ und der Kontraktionsfaktor $1/\gamma$ hängt quadratisch von v ab. Senkrecht zur Bewegungsrichtung findet keine Längenänderung statt, wie die beiden ersten Gleichungen in (21.5) zeigen.

Neben der Länge werden aber auch Zeitintervalle in verschiedenen Referenzsystemen verschieden lang empfunden. Z.B. ereigne sich an der Stelle z'_0 im System S' ein Zeitvorgang, welcher bei t'_1 beginnt und bei t'_2 endet. Da der Ort z'_0 festliegt, muss man jetzt (21.6) verwenden und erhält

$$T = t_2 - t_1 = \gamma\left(t'_2 + \beta\,\frac{z'_0}{c}\right) - \gamma\left(t'_1 + \beta\,\frac{z'_0}{c}\right) = \gamma(t'_2 - t'_1) = \gamma T'\,,$$

d.h. das Intervall T' im bewegten System erscheint im ruhenden System länger

$$\boxed{T = \gamma T'}\ .$$
(21.8)

Man spricht von *Zeitdilatation*. Da γ von v^2 abhängt, erscheinen Zeitintervalle immer dilatiert unabhängig davon, ob sie in S oder S' stattfinden, wenn sie im dazu bewegten System beobachtet werden, genauso wie Längen immer kontrahiert erscheinen.

> Bei der Verwendung der beiden Gleichungen (21.7) und (21.8) ist Vorsicht geboten. Auf der rechten Seite stehen Länge bzw. Zeitintervall gemessen von einem in S' ruhenden Beobachter. Auf der linken Seite stehen die entsprechenden Größen gemessen in einem anderen Referenzsystem, hier S. Man kann die Gleichungen nicht nach den gestrichenen Größen auflösen und sozusagen von „rechts nach links" lesen.

Mit der Längenkontraktion und Zeitdilatation deutet sich erstmals eine neue Raum-Zeit Struktur an. Wir werden darauf im nächsten Kapitel noch genauer eingehen. Hier soll nur ein weiteres, wohl nicht mehr ganz überraschendes Phänomen erwähnt werden. Nachdem sich Längen und Zeiten ändern, erscheint es konsequent, dass sich auch Geschwindigkeiten ändern. Man wendet wiederum die L-T (21.5) an

$$v_{x'} = \frac{dx'}{dt'} = \frac{dx}{dt'} = \frac{dx}{dt}\frac{dt}{dt'} = v_x\frac{dt}{dt'}$$

$$v_{y'} = \frac{dy'}{dt'} = \frac{dy}{dt'} = \frac{dy}{dt}\frac{dt}{dt'} = v_y\frac{dt}{dt'}$$

$$v_{z'} = \frac{dz'}{dt'} = \gamma\frac{d}{dt'}(z - vt) = \gamma\frac{dz}{dt}\frac{dt}{dt'} - \gamma v\frac{dt}{dt'} =$$

$$= \gamma(v_z - v)\frac{dt}{dt'}$$

$$\frac{dt'}{dt} = \gamma\frac{d}{dt}\left(t - \frac{\beta}{c}z\right) = \gamma\left(1 - \frac{\beta}{c}v_z\right)$$

und erhält schließlich die Transformation der Geschwindigkeiten

$$v_{x'} = \frac{v_x}{\gamma(1 - vv_z/c^2)}$$

$$v_{y'} = \frac{v_y}{\gamma(1 - vv_z/c^2)}$$
(21.9)

$$v_{z'} = \frac{v_z - v}{1 - vv_z/c^2}\ .$$

Auch in diesem Fall folgt die invertierte Transformation durch Vertauschen der gestrichenen und ungestrichenen Größen und durch gleichzeitiges Ersetzen von v durch $-v$.

Von besonderem Interesse erscheint die letzte Gleichung in (21.9). Würden die Voraussetzungen der G-T (21.1) gelten, wäre

$$\frac{dz'}{dt} = v_{z'} = \frac{dz}{dt} - v = v_z - v \quad \rightarrow \quad v_z = v + v_{z'}\ .$$

Eine Bewegung mit der Geschwindigkeit $v_{z'}$ im System S' erscheint in S mit der überlagerten Geschwindigkeit $v + v_{z'}$. Z.B. würde eine Person, die mit der Geschwindigkeit $v_{z'}$ in einem fahrenden Zug (Geschwindigkeit v) läuft, sich mit $v + v_{z'}$ gegenüber der Erde fortbewegen. Die L-T lehrt uns, dass dies nicht so ist. Die invertierte letzte Gleichung in (21.9)

$$v_z = \frac{v_{z'} + v}{1 + vv_{z'}/c^2}$$

ergibt mit nichten eine Geschwindigkeitsüberlagerung. Ist z.B. $v = v_{z'} = 0.9\,c$, so würde die G-T eine überlagerte Geschwindigkeit $v_z = 1.8\,c$ ergeben, welche größer als die Lichtgeschwindigkeit ist. Aus der L-T hingegen erhält man den korrekten Wert

$$v_z = \frac{1.8\,c}{1 + 0.9^2} = 0.9945\,c\,,$$

welcher auch für $v, v_{z'} \to c$ niemals größer als c wird.

21.2 Lorentz-Transformation als Orthogonaltransformation. Minkowskischer Raum. Vierervektoren

Aufbauend auf den Arbeiten von LORENTZ haben zunächst POINCARÉ und dann vor allem EINSTEIN die *spezielle Relativitätstheorie* entwickelt, so wie sie heute vorliegt. Diese baut auf zwei Postulaten auf:

1. Das relativistische Prinzip besagt, dass es unmöglich ist, durch irgendein physikalisches Experiment in einem Inertialsystem zu entscheiden, ob das System in Ruhe ist oder nicht. Die Naturgesetze sind in allen Inertialsystemen gleich.
2. Die Lichtgeschwindigkeit ist in allen Inertialsystemen gleich.

Aus dem ersten Postulat folgt, dass die LORENTZ-Transformation und ihre Inverse dieselbe Form haben müssen. Man spricht von *Forminvarianz*. Der Raum muss isotrop sein (alle Richtungen sind gleich) und homogen (alle Punkte sind gleich). Das zweite Postulat verknüpft Raum und Zeit. Mathematisch ist dies nur mit einer linearen Transformation möglich

$$x' = a_{00}x + a_{01}y + a_{02}z + a_{03}ct$$
$$y' = a_{10}x + a_{11}y + a_{12}z + a_{13}ct$$
$$z' = a_{20}x + a_{21}y + a_{22}z + a_{23}ct$$
$$ct' = a_{30}x + a_{31}y + a_{32}z + a_{33}ct\,.$$

Die Isotropie des Raumes verlangt

$$a_{30} = a_{31} = 0\,,$$

ansonsten würden symmetrische Ereignisse an Stellen $x = \pm x_0$ oder $y = \pm y_0$ zu verschiedenen Zeiten in S' erscheinen. Ebenso gilt

$$a_{03} = a_{13} = 0\,,$$

damit z.B. der Ursprung $x = y = z = 0$ immer auf der z'-Achse bleibt. Auch sollen die x-, y- und z-Achsen parallel zu den x'-, y'- und z'-Achsen bleiben und es muss gelten

$$a_{01} = a_{02} = a_{10} = a_{12} = a_{20} = a_{21} = 0\,.$$

Schließlich bleibt

$$x' = a_{00}x \quad,\quad y' = a_{11}y \quad,\quad z' = a_{22}z + a_{23}ct \quad,\quad ct' = a_{32}z + a_{33}ct\,.$$

Die Konstanten a_{00}, a_{11} sind gleich eins, wenn zum Zeitpunkt $t = t' = 0$ die beiden Systeme übereinander liegen und $x = x'$, $y = y'$ gilt. Die verbleibenden Konstanten bestimmt man durch ein Gedankenexperiment.

Eine Lichtquelle wird im Ursprung des Systems S' zum Zeitpunkt $t' = 0$ eingeschaltet. Zu einer Zeit t' später stellt die Lichtfront eine Kugeloberfläche mit Radius $r' = ct'$ dar. Wird dasselbe Ereignis von einem System S aus beobachtet, so erscheint wiederum eine expandierende Lichtkugel mit dem Mittelpunkt im Ursprung von S, obwohl dieser nur für $t = t' = 0$ mit dem Ursprung von S' übereinstimmt. Mathematisch folgt dies aus dem Radius

$$r'^2 = (ct')^2 = x'^2 + y'^2 + z'^2\,,$$

welcher sich mit (21.5) transformiert zu

$$x^2 + y^2 + \gamma^2(z - \beta ct)^2 = \gamma^2\left(ct - \beta z\right)^2$$

oder

$$x^2 + y^2 + \gamma^2\left(z^2 - \beta^2 z^2\right) = x^2 + y^2 + z^2 = r^2$$
$$= -\gamma^2\beta^2(ct)^2 + \gamma^2(ct)^2 = (ct)^2\,.$$

Dieses Ergebnis, welches dem „gesunden Menschenverstand" widerspricht, hat mit der Relativität von Gleichzeitigkeit zu tun. Punkte, die man in S' zu gleicher Zeit mißt und die die Lichtkugel ergeben, erscheinen in S zu verschiedenen Zeiten. Nimmt man aber in S gleichzeitig gemessene Punkte der Lichtfront, so liegen diese wieder auf einer Kugeloberfläche.

Nach dieser Vorbemerkung soll nun der Begriff des „Abstandes" (*Raum-Zeit-Intervall*), so wie er bei der L-T auftritt, genauer untersucht werden. Wie aus dem obigen Beispiel mit der Lichtquelle ersichtlich ist, und wie durch Einsetzen von (21.5) leicht nachgewiesen werden kann, ist die Größe

$$x^2 + y^2 + z^2 - (ct)^2 = x'^2 + y'^2 + z'^2 - (ct')^2 \tag{21.10}$$

invariant gegenüber einer L-T. Wir werden auf diesen Ausdruck noch zurück kommen. Zunächst aber sollen die oben verbliebenen Konstanten bestimmt werden. Da $x' = x$, $y' = y$, wird aus (21.10)

$$z'^2 - (ct')^2 = z^2 - (ct)^2$$

und nach Einsetzen von z', ct'

$$z^2(1 - a_{22}^2 + a_{32}^2) - 2(a_{22}a_{23} - a_{32}a_{33})z\,ct - (ct)^2(1 + a_{23}^2 - a_{33}^2) = 0\,.$$

Ein Koeffizientenvergleich ergibt drei Gleichungen für vier Unbekannte. Die vierte Gleichung folgt aus der Bewegung des Ursprungs des S-Systems gemessen in S'

$$z' = -vt' \quad \rightarrow \quad a_{23}ct = -\beta a_{33}ct\,.$$

Die Lösung der vier Gleichungen ist

$$a_{22} = a_{33} = \gamma \quad , \quad a_{23} = a_{32} = -\beta\gamma\,,$$

und man erhält die L-T (21.5).

Wie oben, (21.10), erwähnt, gibt es ein Raum-Zeit-Intervall, welches invariant gegenüber einer L-T ist.

Führt man nun neue Koordinaten ein

$$x_1 = x \quad , \quad x_2 = y \quad , \quad x_3 = z \quad , \quad x_4 = \mathrm{j}ct\,, \tag{21.11}$$

dann stellt die Größe den invarianten Betrag des Ortsvektors

$$R^2 = x_1^2 + x_2^2 + x_3^2 + x_4^2 = R'^2 \tag{21.12}$$

in einem vierdimensionalen EUKLIDischen Raum dar. Der Übergang von einem Referenzsystem S auf ein System S', d.h. also eine L-T, entspricht einer Drehung des Koordinatensystems.

Dies sei am Beispiel eines zweidimensionalen EUKLIDischen Raumes erläutert. Ein Punkt P habe die Koordinaten x_1, x_2 (Abb. 21.3). In einem um φ gedrehten Koordinatensystem lauten seine Koordinaten

$$x_1' = \quad \cos\varphi\, x_1 + \sin\varphi\, x_2$$
$$x_2' = -\sin\varphi\, x_1 + \cos\varphi\, x_2\,.$$

Dies lässt sich als *lineare, orthogonale Transformation* schreiben

$$x_\mu' = \sum_{\nu=1}^{2} \lambda_{\mu\nu} x_\nu \quad , \quad \mu = 1, 2$$

mit der orthogonalen Matrix

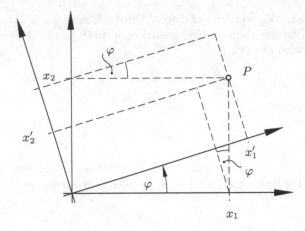

Abb. 21.3. Ein Punkt P im Koordinatensystem (x_1, x_2) und einem um φ gedrehten System (x'_1, x'_2)

$$\Lambda = \begin{bmatrix} \cos\varphi & \sin\varphi \\ -\sin\varphi & \cos\varphi \end{bmatrix} \quad , \quad \Lambda^{-1} = \Lambda^t .$$

Der Abstand des Punktes vom Ursprung bleibt bei der Drehung erhalten.

Analog lässt sich die L-T (21.5) als lineare, orthogonale Transformation im vierdimensionalen EUKLIDischen Raum schreiben

$$x'_\mu = \sum_{\nu=1}^{4} \lambda_{\mu\nu} x_\nu \quad , \quad \mu = 1, 2, 3, 4 \tag{21.13}$$

mit

$$\Lambda = \begin{bmatrix} 1 & 0 & 0 & 0 \\ 0 & 1 & 0 & 0 \\ 0 & 0 & \gamma & \mathrm{j}\gamma\beta \\ 0 & 0 & -\mathrm{j}\gamma\beta & \gamma \end{bmatrix} \quad , \quad \Lambda^t = \Lambda^{-1} .$$

Der durch (21.11) definierte Raum heißt MINKOWSKI-*Raum* und sein Ortsvektor

$$\mathcal{X} = (x, y, z, \mathrm{j}ct) = (\boldsymbol{r}, \mathrm{j}ct) \tag{21.14}$$

ist ein *Vierervektor*.

| Jeder Satz von vier Größen, welcher wie (21.13) transformiert, ist ein Vierervektor.

An dieser Stelle sind zwei Bemerkungen angebracht. Meistens wird der vierdimensionale MINKOWSKI'sche Raum in der Literatur nicht wie in (21.11) eingeführt, sondern über zwei Vektoren, sogenannte kovariante und kontravariante Vektoren. Hier wurde die Schreibweise mit der imaginären Einheit vorgezogen, da sie weniger Formalismus erfordert und für Ingenieure angebrachter erscheint.

Eine wichtige und sehr praktische Eigenschaft ist die Invarianz des Skalarproduktes zweier beliebiger Vierervektoren

$$\mathcal{A} \cdot \mathcal{B} = \mathcal{A}' \cdot \mathcal{B}'\,.$$

Man kann damit oftmals die Komponenten in einem gesuchten Bezugssystem einfacher ausrechnen, indem man von Systemen ausgeht, in welchen die Vierervektoren einfacher sind, z.B. verschwindende Komponenten haben.

21.3 Geschwindigkeit. Impuls. Kraft

Aus dem Vierervektor (21.14) des Ortsvektors im MINKOWSKI'schen Raum lässt sich der Vierervektor der Geschwindigkeit herleiten. Allerdings geht das nicht durch einfaches Differenzieren nach der Zeit, da dt nicht invariant ist. Man bildet daher zunächst den differentiellen Vierervektor

$$\mathrm{d}\mathcal{X} = (\mathrm{d}x, \mathrm{d}y, \mathrm{d}z, \mathrm{j}c\,\mathrm{d}t) \tag{21.15}$$

und sucht eine invariante Größe mit der Dimension einer Zeit.

Da d$\mathcal{X}$ ein Vierervektor ist, ist das Wegelement

$$\mathrm{d}s = \sqrt{\mathrm{d}\mathcal{X} \cdot \mathrm{d}\mathcal{X}} = \sqrt{\mathrm{d}x^2 + \mathrm{d}y^2 + \mathrm{d}z^2 - c^2\mathrm{d}t^2}$$

invariant, und die daraus abgeleitete Zeitgröße

$$\mathrm{d}\tau = \sqrt{\mathrm{d}t^2 - \frac{1}{c^2}\left(\mathrm{d}x^2 + \mathrm{d}y^2 + \mathrm{d}z^2\right)} = -\frac{\mathrm{j}}{c}\,\mathrm{d}s$$

stellt ebenfalls eine Invariante dar, nachdem ds lediglich mit einer Konstanten multipliziert wurde[2]. Diese Größe heißt *Eigenzeit*. Um das Konzept der Eigenzeit an dieser Stelle besser zu verstehen, kann man sich z.B. ein Teilchen vorstellen, welches sich mit der Geschwindigkeit

$$\boldsymbol{u} = \left(\frac{\mathrm{d}x}{\mathrm{d}t}, \frac{\mathrm{d}y}{\mathrm{d}t}, \frac{\mathrm{d}z}{\mathrm{d}t}\right)$$

im Laborsystem bewegt. Man schreibt dτ um

$$\mathrm{d}\tau = \sqrt{1 - \frac{1}{c^2}\left[\left(\frac{\mathrm{d}x}{\mathrm{d}t}\right)^2 + \left(\frac{\mathrm{d}y}{\mathrm{d}t}\right)^2 + \left(\frac{\mathrm{d}z}{\mathrm{d}t}\right)^2\right]}\,\mathrm{d}t$$

$$= \sqrt{1 - \left(\frac{u}{c}\right)^2}\,\mathrm{d}t = \frac{\mathrm{d}t}{\gamma_u} \tag{21.16}$$

und identifiziert dτ als die dem Ruhesystem des Teilchens zugeordnete Zeiteinheit. Im Laborsystem scheint sie um den Faktor

---

[2] Die invarianten Skalare, wie z.B. ds und dτ, nennt man auch LORENTZ-Skalare.

$$\gamma_u = \frac{1}{\sqrt{1 - (u/c)^2}} \tag{21.17}$$

dilatiert.

Mit Hilfe des Vierervektors (21.15) und der invarianten Eigenzeit (21.16) lässt sich nun ein Vierervektor für die Geschwindigkeit konstruieren

$$\mathcal{V} = \frac{\mathrm{d}\mathcal{X}}{\mathrm{d}\tau} = \left(\frac{\mathrm{d}x}{\mathrm{d}\tau}, \frac{\mathrm{d}y}{\mathrm{d}\tau}, \frac{\mathrm{d}z}{\mathrm{d}\tau}, \mathrm{j}c\,\frac{\mathrm{d}t}{\mathrm{d}\tau} \right) = \frac{\mathrm{d}t}{\mathrm{d}\tau} \left(\frac{\mathrm{d}x}{\mathrm{d}t}, \frac{\mathrm{d}y}{\mathrm{d}t}, \frac{\mathrm{d}z}{\mathrm{d}t}, \mathrm{j}c \right) = \gamma_u(\boldsymbol{u}, \mathrm{j}c) \ .$$

$$\tag{21.18}$$

Dabei ist die besondere Definition der Geschwindigkeit zu beachten, denn es geht die Eigenzeit des Teilchens ein und nicht die Zeiteinheit im System S.

Den Unterschied der hier benutzten Geschwindigkeit zur üblichen Definition erklären wir am Beispiel eines Flugzeuges. Normalerweise meint man mit der Geschwindigkeit des Flugzeuges die Geschwindigkeit bezüglich des Bodens

$$\boldsymbol{u} = \frac{\mathrm{d}\boldsymbol{r}}{\mathrm{d}t} \ .$$

Daraus lässt sich z.B. die Ankunftszeit an einem bestimmten Ort berechnen. Wenn man aber wissen will, wie lange man noch im Flugzeug sitzen wird bis zur Ankunft, dann ist die interessierende Geschwindigkeit gegeben durch Wegelement pro Zeiteinheit der Eigenzeit

$$\boldsymbol{u}_\tau = \frac{\mathrm{d}\boldsymbol{r}}{\mathrm{d}\tau} \ .$$

Beide Geschwindigkeiten, $\boldsymbol{u}$ und $\boldsymbol{u}_\tau$, sind bei relativistischen Geschwindigkeiten verschieden.

Obiger Formalismus gibt diese hybride Geschwindigkeit, zurückgelegter Weg über dem Boden pro Eigenzeiteinheit, als Vierervektor an, welcher nach der Vorschrift (21.13) transformiert wird. Z.B. erhält man im System S' bei einer Geschwindigkeit $\boldsymbol{u} = (0, 0, u_z)$ im System S

$$\mathcal{V}_3' = \gamma\,\mathcal{V}_3 + \mathrm{j}\beta\gamma\,\mathcal{V}_4 = \gamma\gamma_u(u_z - \beta c)$$

und nach Einsetzen von (21.18) und β, γ aus (21.5)

$$\frac{u_{z'}}{\sqrt{1 - (u_{z'}/c)^2}} = \frac{1}{\sqrt{1 - (v/c)^2}} \, \frac{1}{\sqrt{1 - (u_z/c)^2}} \left(u_z + \mathrm{j}\,\frac{v}{c}\,\mathrm{j}c \right) \ ,$$

woraus nach Umformen und Auflösen nach $u_{z'}$ die dritte Gleichung von (21.9) wird.

Nachdem Ortsvektor und Geschwindigkeit für die relativistische Mechanik hergeleitet wurden, soll auch der Impuls angegeben werden, welcher wie in der NEWTON'schen Mechanik das Produkt von Masse mal Geschwindigkeit darstellt. Als Masse erscheint dabei die *Eigenmasse* des Teilchens, so wie sie in seinem Ruhesystem gegeben ist. Diese heißt daher auch *Ruhemasse* und wird üblicherweise mit m_0 bezeichnet. Somit lautet der Vierervektor des Impulses

$$\mathcal{P} = m_0 \mathcal{V} = m_0 \gamma_u (\boldsymbol{u}, \mathrm{j}c) \ . \tag{21.19}$$

Definiert man die bewegte Masse eines Teilchens als

$$m = \gamma_u m_0 = \frac{m_0}{\sqrt{1 - (u/c)^2}} \ , \tag{21.20}$$

so ergeben die Raumkomponenten von $\mathcal{P}$ gerade den gewöhnlichen Impuls

$$\boldsymbol{p} = m\boldsymbol{u} \ . \tag{21.21}$$

Will man also den Impuls eines Teilchens im üblichen Sinne interpretieren, so ist seine Masse nicht mehr konstant, sondern hängt von dem jeweiligen Referenzsystem ab.

Üblicherweise wird der Vierervektor des Impulses (21.19) mit Hilfe von (21.21) und der EINSTEIN'schen Formel für die Energie einer Masse

$$E = mc^2 \tag{21.22}$$

umgeschrieben zu

$$\mathcal{P} = \left(\boldsymbol{p}, \mathrm{j}\frac{E}{c}\right) \ . \tag{21.23}$$

D.h. in der relativistischen Mechanik sind Impuls und Energie in ähnlicher Weise verknüpft wie Raum und Zeit.

Als letztes soll der Vierervektor der Kraft angegeben werden. Er ist, analog zum nicht-relativistischen Fall, die Ableitung des Impulses nach der Zeit. Allerdings ist auch hier die Eigenzeit zu verwenden, denn es soll ja die Kraft auf unser hypothetisches, mit $\boldsymbol{u}$ bewegtes Teilchen bestimmt werden

$$\mathcal{K} = \frac{\mathrm{d}\mathcal{P}}{\mathrm{d}\tau} = \left(\frac{\mathrm{d}\boldsymbol{p}}{\mathrm{d}\tau}, \frac{\mathrm{j}}{c}\frac{\mathrm{d}E}{\mathrm{d}\tau}\right) = \left(\frac{\mathrm{d}\boldsymbol{p}}{\mathrm{d}t}, \frac{\mathrm{j}}{c}\frac{\mathrm{d}E}{\mathrm{d}t}\right)\frac{\mathrm{d}t}{\mathrm{d}\tau} = \gamma_u \left(\boldsymbol{K}, \frac{\mathrm{j}}{c}\frac{\mathrm{d}E}{\mathrm{d}t}\right) \ . \tag{21.24}$$

Die Energie E besteht aus der Ruheenergie E_0 plus der kinetischen Energie E_{kin}. Somit ist die Änderung der Energie gleich der Änderung der kinetischen Energie und diese ist Kraft mal Geschwindigkeit

$$\frac{\mathrm{d}E}{\mathrm{d}t} = \frac{\mathrm{d}E_{kin}}{\mathrm{d}t} = \boldsymbol{K} \cdot \frac{\mathrm{d}\boldsymbol{s}}{\mathrm{d}t} = \boldsymbol{K} \cdot \boldsymbol{u} \ . \tag{21.25}$$

Einsetzen von (21.25) in (21.24) ergibt für den Vierervektor der Kraft

$$\mathcal{K} = \gamma_u \left(\boldsymbol{K}, \frac{\mathrm{j}}{c}\boldsymbol{K} \cdot \boldsymbol{u}\right) \ . \tag{21.26}$$

Für eine mit $\boldsymbol{u}$ bewegte Ladung Q im elektromagnetischen Feld wird daraus mit $\boldsymbol{K} = Q\boldsymbol{E} + Q\boldsymbol{u} \times \boldsymbol{B}$

$$\mathcal{K} = Q\gamma_u \left(\boldsymbol{E} + \boldsymbol{u} \times \boldsymbol{B}, \frac{\mathrm{j}}{c}\boldsymbol{E} \cdot \boldsymbol{u}\right) \ . \tag{21.27}$$

21.4 Elektromagnetische Vierervektoren

Die Erhaltung der Ladung wird durch die Kontinuitätsgleichung (13.3)

$$\nabla \cdot \boldsymbol{J} + \frac{\partial q_V}{\partial t} = 0 \tag{21.28}$$

ausgedrückt. Offensichtlich müssen dabei Ladungs- und Stromdichte in der Relativitätstheorie verknüpft sein, denn eine in einem System ruhende Ladung ergibt in einem dazu bewegten System einen Strom. Da im nichtrelativistischen Fall die Verknüpfung

$$\boldsymbol{J} = q_V \boldsymbol{u}$$

lautet, wird als Ansatz für einen Vierervektor der Stromdichte der analoge Ausdruck gemacht

$$\boxed{\mathcal{J} = q_{V0}\mathcal{V} = (q_V \boldsymbol{u}, \mathrm{j}cq_V) = (\boldsymbol{J}, \mathrm{j}cq_V)\,,\ q_V = \gamma_u q_{V0}}\,, \tag{21.29}$$

wobei q_{V0} die Ladungsdichte im Ruhesystem der Ladung ist und q_V die Ladungsdichte in dem System, in welchem der Strom gemessen wird.

Die in (21.29) definierte Stromdichte ist ein Vierervektor, denn der Geschwindigkeitsvierervektor wird nur mit einer Konstanten multipliziert. Als nächstes muss geprüft werden, ob der Zusammenhang $q_V = \gamma_u q_{V0}$ die Ladung erhält. Man betrachtet zu diesem Zweck eine differentielle Ladungsmenge dQ, die im Laborsystem S ruht. Die gleiche Ladungsmenge muss ein Beobachter in irgendeinem anderen Referenzsystem feststellen, da Ladung erhalten bleibt. D.h. in einem mit v' bewegten System S' und in einem mit v'' bewegten System S'' gilt

$$dQ = q_V'\,dx'\,dy'\,dz' = q_V''\,dx''\,dy''\,dz''\,. \tag{21.30}$$

Ohne Einschränkung der Allgemeinheit nimmt man die Bewegungen von S' und S'' entlang der z-Achse an, und es gilt mit (21.5), (21.7)

$$dx' = dx'' = dx\quad,\quad dy' = dy'' = dy\quad,\quad dz' = dz/\gamma'\quad,\quad dz'' = dz/\gamma''\,.$$

Einsetzen in (21.30) liefert die invariante Größe q_V/γ

$$q_V'/\gamma' = q_V''/\gamma''\,. \tag{21.31}$$

Insbesondere gilt für eine Ladungsdichte im Ruhesystem $S = S''$, d.h. $v'' = 0$, $q_V'' = q_{V0}$

$$\boxed{q_V' = \gamma' q_{V0} = \frac{q_{V0}}{\sqrt{1 - (v'/c)^2}}}\,. \tag{21.32}$$

Eine ruhende Ladungsdichte q_{V0} erscheint in einem mit v' bewegten System um den Wert γ' vergrößert.

Man hält fest, die in (21.29) definierte Stromdichte ist ein Vierervektor und sie berücksichtigt die Erhaltung der Ladung.

Auch für die elektromagnetischen Potentiale kann ein Vierervektor erstellt werden. Einsetzen der üblichen Ausdrücke für die Felder

$$\boldsymbol{B} = \nabla \times \boldsymbol{A}$$
$$\boldsymbol{E} = -\nabla\phi - \frac{\partial \boldsymbol{A}}{\partial t} \tag{21.33}$$

in die MAXWELL'schen Gleichungen liefert unter Verwendung der LORENZ-Eichung (16.8)

$$\nabla \cdot \boldsymbol{A} = -\mu\varepsilon \frac{\partial\phi}{\partial t} \tag{21.34}$$

die bekannten Wellengleichungen für die Potentiale (16.9)

$$\text{(I)} \quad \nabla^2 \boldsymbol{A} - \frac{1}{c^2}\frac{\partial^2 \boldsymbol{A}}{\partial t^2} = -\mu\boldsymbol{J}$$

$$\text{(II)} \quad \nabla^2 \phi - \frac{1}{c^2}\frac{\partial^2 \phi}{\partial t^2} = -q_V/\varepsilon \; . \tag{21.35}$$

Multipliziert man die zweite Gleichung mit j/c, so wird aus deren rechter Seite $-\mu\,\mathrm{j}cq_V$. Es liegt also nahe, die beiden Gleichungen zusammenzufassen zu

$$\left\{ \nabla^2 - \frac{1}{c^2}\frac{\partial^2}{\partial t^2} \right\} \left(\boldsymbol{A}, \mathrm{j}\,\frac{\phi}{c} \right) = -\mu\,(\boldsymbol{J}, \mathrm{j}cq_V) \; .$$

Definiert man nun einen vierdimensionalen LAPLACE-Operator

$$\Box^2 = \nabla^2 - \frac{1}{c^2}\frac{\partial^2}{\partial t^2} = \sum_{\nu=1}^{4} \frac{\partial^2}{\partial x_\nu^2} \tag{21.36}$$

und macht einen Ansatz

$$\boxed{\mathcal{A} = \left(\boldsymbol{A}, \mathrm{j}\,\frac{\phi}{c} \right)} \; , \tag{21.37}$$

so wird daraus

$$\boxed{\Box^2 \mathcal{A} = -\mu\mathcal{J}} \; . \tag{21.38}$$

Die rechte Seite von (21.38) ist der Vierervektor der Stromdichte mal einer Konstanten und ist somit ein Vierervektor. Der vierdimensionale LAPLACE-Operator ist ein LORENTZ-Skalar (Beweis siehe unten). Somit muss $\mathcal{A}$ der Vierervektor der elektromagnetischen Potentiale sein.

Beweis: Die inverse Transformation von (21.13) erhält man wegen

$$\boldsymbol{\Lambda}^t = \boldsymbol{\Lambda}^{-1} \tag{21.39}$$

zu

$$x_\nu = \sum_{\mu=1}^{4} \lambda_{\mu\nu} x'_\mu \,, \tag{21.40}$$

und die Ableitung eines LORENTZ-Skalars, $\psi' = \psi$, gibt einen Vierervektor

$$\frac{\partial \psi'}{\partial x'_\mu} = \sum_{\nu=1}^{4} \frac{\partial \psi}{\partial x_\nu} \frac{\partial x_\nu}{\partial x'_\mu} = \sum_{\nu=1}^{4} \lambda_{\mu\nu} \frac{\partial \psi}{\partial x_\nu} \,, \tag{21.41}$$

da sie wie (21.13) transformiert wird. Sie stellt einen invarianten Vierergradienten dar

$$\Box \psi = \left(\frac{\partial \psi}{\partial x_1}, \frac{\partial \psi}{\partial x_2}, \frac{\partial \psi}{\partial x_3}, \frac{\partial \psi}{\partial x_4} \right) = \Box' \psi' \,. \tag{21.42}$$

Auf ähnliche Art und Weise kann gezeigt werden, dass die Viererdivergenz eines Vierervektors $\mathcal{B}$ LORENTZ invariant ist. Es gilt

$$\frac{\partial \mathcal{B}'_\mu}{\partial x'_\mu} = \sum_{\nu=1}^{4} \frac{\partial \mathcal{B}'_\mu}{\partial x_\nu} \frac{\partial x_\nu}{\partial x'_\mu} = \sum_{\nu=1}^{4} \lambda_{\mu\nu} \frac{\partial \mathcal{B}'_\mu}{\partial x_\nu}$$

$$= \sum_{\nu=1}^{4} \sum_{\alpha=1}^{4} \lambda_{\mu\nu} \lambda_{\mu\alpha} \frac{\partial \mathcal{B}_\alpha}{\partial x_\nu}$$

und die Viererdivergenz lautet

$$\sum_{\mu=1}^{4} \frac{\partial \mathcal{B}'_\mu}{\partial x'_\mu} = \sum_{\nu=1}^{4} \sum_{\alpha=1}^{4} \frac{\partial \mathcal{B}_\alpha}{\partial x_\nu} \sum_{\mu=1}^{4} \lambda_{\mu\nu} \lambda_{\mu\alpha} \,.$$

Wegen (21.39) ist

$$\sum_{\mu=1}^{4} \lambda_{\mu\nu} \lambda_{\mu\alpha} = \delta_\nu^\alpha \,,$$

und aus der Viererdivergenz wird

$$\Box' \cdot \mathcal{B}' = \sum_{\mu=1}^{4} \frac{\partial \mathcal{B}'_\mu}{\partial x'_\mu} = \sum_{\nu=1}^{4} \frac{\partial \mathcal{B}_\nu}{\partial x_\nu} \,. \tag{21.43}$$

Nun setzt man

$$\mathcal{B}'_\mu = \frac{\partial \psi}{\partial x'_\mu} \quad , \quad \mathcal{B}_\nu = \frac{\partial \psi}{\partial x_\nu}$$

und der vierdimensionale LAPLACE-Operator ist offensichtlich invariant gegen eine L-T

$$\sum_{\mu=1}^{4} \frac{\partial^2 \psi}{\partial x'^2_\mu} = \Box'^2 \psi = \sum_{\nu=1}^{4} \frac{\partial^2 \psi}{\partial x^2_\nu} = \Box^2 \psi \, . \tag{21.44}$$

Wirkt $\Box^2$ auf irgendeine andere Größe z.B. auf einen Vierervektor, so bleiben die Transformationseigenschaften erhalten, und die resultierende Größe ist wieder ein Vierervektor.

Somit ist bewiesen, dass $\mathcal{A}$ in (21.38) mit der Definition (21.37) der Vierervektor der elektromagnetischen Potentiale ist.

Gl. (21.38) fasst die bisherigen Ergebnisse in einer einzigen Gleichung für Vierervektoren zusammen. Sie stellt zusammen mit der LORENZ-Eichung (21.34), die ebenfalls als Viererdivergenz geschrieben werden kann

$$\boxed{\Box \cdot \mathcal{A} = \sum_{\mu=1}^{4} \frac{\partial \mathcal{A}_\mu}{\partial x_\mu} = 0} \, , \tag{21.45}$$

die einfachste und eleganteste Formulierung der MAXWELL'schen Gleichungen dar.

21.5 Transformation elektromagnetischer Felder

Elektrisches Feld und magnetische Induktion formen keinen Vierervektor, sondern nur die Potentiale. Wir werden daher für die Transformation einen Umweg über die Transformation des Kraft-Vierervektors gehen. Der Kraftvektor auf eine mit $\boldsymbol{u}$ bewegte Punktladung Q ist

$$\mathcal{K} = Q\gamma_u \left(\boldsymbol{E} + \boldsymbol{u} \times \boldsymbol{B}, \frac{\mathrm{j}}{c} \boldsymbol{E} \cdot \boldsymbol{u} \right)$$

$$= Q\gamma_u \Big[E_x + B_z u_y - B_y u_z, E_y - B_z u_x + B_x u_z, E_z + B_y u_x - B_x u_y,$$

$$\frac{\mathrm{j}}{c} (E_x u_x + E_y u_y + E_z u_z) \Big]$$

$$= \frac{Q}{c} \begin{bmatrix} 0 & cB_z & -cB_y & -\mathrm{j}E_x \\ -cB_z & 0 & cB_x & -\mathrm{j}E_y \\ cB_y & -cB_x & 0 & -\mathrm{j}E_z \\ \mathrm{j}E_x & \mathrm{j}E_y & \mathrm{j}E_z & 0 \end{bmatrix} \begin{bmatrix} \gamma_u u_x \\ \gamma_u u_y \\ \gamma_u u_z \\ \mathrm{j}\gamma_u c \end{bmatrix} = \frac{Q}{c} \mathcal{T}\mathcal{V} \, . \tag{21.46}$$

Da $\mathcal{K}$ ein Vierervektor ist, kann dieser transformiert werden

$$\mathcal{K}' = \Lambda\mathcal{K} = \frac{Q}{c}\,\Lambda\mathsf{T}\mathcal{V} = \frac{Q}{c}\,\Lambda\mathsf{T}\Lambda^{-1}\mathcal{V}' = \frac{Q}{c}\,\mathsf{T}'\mathcal{V}'\,.$$

Die transformierte Matrix

$$\mathsf{T}' = \begin{bmatrix} 0 & cB_z' & -cB_y' & -\mathrm{j}E_x' \\ -cB_z' & 0 & cB_x' & -\mathrm{j}E_y' \\ cB_y' & -cB_x' & 0 & -\mathrm{j}E_z' \\ \mathrm{j}E_x' & \mathrm{j}E_y' & \mathrm{j}E_z' & 0 \end{bmatrix} = \Lambda\mathsf{T}\Lambda^{-1} \tag{21.47}$$

wird unter Verwendung von $\boldsymbol{\Lambda}$ in (21.13) zu

$$\mathsf{T}' = \begin{bmatrix} 0 & cB_z & -\gamma(cB_y - \beta E_x) & -\mathrm{j}\gamma(E_x - vB_y) \\ -cB_x & 0 & \gamma(cB_x + \beta E_y) & -\mathrm{j}\gamma(E_y + vB_x) \\ \gamma(cB_y - \beta E_x) & -\gamma(cB_x + \beta E_y) & 0 & -\mathrm{j}E_z \\ \mathrm{j}\gamma(E_x - vB_y) & \mathrm{j}\gamma(E_y + vB_x) & \mathrm{j}E_z & 0 \end{bmatrix}. \tag{21.48}$$

Die Matrizen T und T' sind bis auf einen Faktor $1/c$ mit dem MAXWELL'schen Feldstärketensor identisch.

Vergleicht man (21.48) mit (21.47), so wird deutlich, dass die Feldkomponenten parallel zur Bewegungsrichtung unverändert bleiben

$$\boxed{\boldsymbol{E}_{\parallel}' = \boldsymbol{E}_{\parallel}\ ,\quad \boldsymbol{B}_{\parallel}' = \boldsymbol{B}_{\parallel}} \tag{21.49}$$

und dass sich die Komponenten senkrecht zur Bewegungsrichtung transformieren wie

$$
\begin{aligned}
E_x' &= \gamma(E_x - vB_y) \\
E_y' &= \gamma(E_y + vB_x)
\end{aligned}
\quad \rightarrow \quad
\boxed{\boldsymbol{E}_{\perp}' = \gamma(\boldsymbol{E}_{\perp} + \boldsymbol{v} \times \boldsymbol{B}_{\perp})}
$$

$$
\begin{aligned}
B_x' &= \gamma\left(B_x + \tfrac{v}{c^2}E_y\right) \\
B_y' &= \gamma\left(B_y - \tfrac{v}{c^2}E_x\right)
\end{aligned}
\quad \rightarrow \quad
\boxed{\boldsymbol{B}_{\perp}' = \gamma\left(\boldsymbol{B}_{\perp} - \frac{1}{c^2}\,\boldsymbol{v} \times \boldsymbol{E}_{\perp}\right)}
\tag{21.50}
$$

Die inverse Transformation folgt durch Vertauschen der gestrichenen und ungestrichenen Größen und durch Ersetzen von v durch $-v$.

Elektrische und magnetische Felder existieren nicht mehr unabhängig voneinander. Ein reines elektrisches oder magnetisches Feld in S ergibt eine Mischung aus elektrischem und magnetischem Feld in S'. Es ist auch nicht möglich, z.B. ein elektrostatisches Feld in S in ein reines magnetostatisches Feld in einem anderen Referenzsystem zu transformieren.

Jetzt lässt sich auch die Gleichung (12.10) besser erklären. Es wurden langsam bewegte Systeme, $v \ll c$, vorausgesetzt, d.h. es ist $\gamma \approx 1$. Dann ergibt (21.49) zusammen mit (21.50)

$$\boldsymbol{E}' \approx \boldsymbol{E} + \boldsymbol{v} \times \boldsymbol{B} \quad , \quad \boldsymbol{B}' \approx \boldsymbol{B} \, ,$$

also genau das, was früher aus dem Induktionsgesetz abgeleitet wurde.

21.6 Feld einer gleichförmig bewegten Punktladung

Eine Punktladung ruhe im Koordinatenursprung des Systems S'. Ihr elektrisches Feld hat die Komponenten

$$\boldsymbol{E}'_{\|} = E'_r \cos \vartheta' \, \boldsymbol{e}_{z'} = \frac{Q}{4\pi\varepsilon} \frac{z'}{(\varrho'^2 + z'^2)^{3/2}} \, \boldsymbol{e}_{z'} \, ,$$

$$\boldsymbol{E}'_{\perp} = E'_r \sin \vartheta' \, \boldsymbol{e}_{\varrho'} = \frac{Q}{4\pi\varepsilon} \frac{\varrho'}{(\varrho'^2 + z'^2)^{3/2}} \, \boldsymbol{e}_{\varrho'} \quad , \quad \varrho'^2 = x'^2 + y'^2 \, .$$

Im System S bewegt sich die Ladung mit der Geschwindigkeit v und es muss ein Magnetfeld auftreten und ein verändertes elektrisches Feld. Diese erhält man aus der inversen Transformation von (21.49) und (21.50) und nach Transformation der Koordinaten

$$\varrho' = \varrho \quad , \quad z = z'/\gamma \quad , \quad \varrho^2 = x^2 + y^2$$

zu

$$\boldsymbol{E}_{\|} = \boldsymbol{E}'_{\|} = \frac{Q}{4\pi\varepsilon} \frac{\gamma z}{(\varrho^2 + \gamma^2 z^2)^{3/2}} \, \boldsymbol{e}_z \quad , \quad \boldsymbol{B}_{\|} = 0$$

$$\boldsymbol{E}_{\perp} = \gamma \boldsymbol{E}'_{\perp} = \frac{Q}{4\pi\varepsilon} \frac{\gamma \varrho}{(\varrho^2 + \gamma^2 z^2)^{3/2}} \, \boldsymbol{e}_{\varrho} \qquad\qquad (21.51)$$

$$c\boldsymbol{B}_{\perp} = \frac{\gamma}{c} \, \boldsymbol{v} \times \boldsymbol{E}'_{\perp} = \boldsymbol{\beta} \times \boldsymbol{E}_{\perp} = \frac{Q}{4\pi\varepsilon} \frac{\gamma\beta\varrho}{(\varrho^2 + \gamma^2 z^2)^{3/2}} \, \boldsymbol{e}_{\varphi} \, .$$

Dies ist das Feld zum Zeitpunkt $t = t' = 0$. Da es unabhängig von φ ist, bietet sich eine Darstellung mit einer radialen Komponente an

$$E_r^2 = E_z^2 + E_\varrho^2 = \left(\frac{Q\gamma}{4\pi\varepsilon}\right)^2 \frac{z^2 + \varrho^2}{(\varrho^2 + \gamma^2 z^2)^3} = \left(\frac{Q\gamma}{4\pi\varepsilon}\right)^2 \frac{r^2(1 - \beta^2)^3}{(r^2 - \beta^2 \varrho^2)^3}$$

$$= \left(\frac{Q}{4\pi\varepsilon\gamma^2 r^2}\right)^2 \frac{1}{(1 - \beta^2 \sin^2 \vartheta)^3} \quad \text{mit} \quad \sin \vartheta = \varrho/r \, ,$$

$$E_r = \frac{Q}{4\pi\varepsilon r^2} \frac{1}{\gamma^2(1 - \beta^2 \sin^2 \vartheta)^{3/2}} \, . \qquad\qquad (21.52)$$

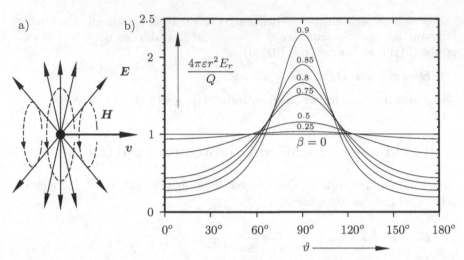

Abb. 21.4. Gleichförmig bewegte Punktladung. **(a)** Feldbild. **(b)** Betrag der radialen elektrischen Feldkomponente in Abhängigkeit des Winkels ϑ zur Bewegungsrichtung

Das kugelsymmetrische Feld der ruhenden Ladung wird in transversaler Richtung, $\vartheta \approx 90^o$, verstärkt und in longitudinaler Richtung, $\vartheta \approx 0^o, 180^o$, abgeschwächt. Das B-Feld ist rein azimutal, Abb. 21.4. Mit zunehmender Geschwindigkeit wird die Konzentration um $\vartheta = 90^o$ herum immer ausgeprägter. Setzt man $\beta \approx 1$, $\gamma \gg 1$, $\vartheta = 90^o + \Delta$, $\sin^2 \vartheta = \cos^2 \Delta \approx 1 - \Delta^2$, so wird

$$
\begin{aligned}
E_r &\approx \frac{Q}{4\pi\varepsilon r^2} \frac{1}{\gamma^2(1 - \beta^2 + \beta^2\Delta^2)^{3/2}} \approx \frac{Q}{4\pi\varepsilon r^2} \frac{\gamma}{(1 + \gamma^2\Delta^2)^{3/2}} \\
cB_\varphi &\approx \frac{Q}{4\pi\varepsilon r^2} \frac{\gamma}{(1 + \gamma^2\Delta^2)^{3/2}} \, .
\end{aligned}
\tag{21.53}
$$

Das Feld ist in einem Winkelbereich $2\Delta \approx 2/\gamma$ senkrecht zur Flugrichtung konzentriert[3]. Ist dagegen die Geschwindigkeit sehr viel kleiner als die Lichtgeschwindigkeit, $v \ll c$, $\gamma \approx 1$, so erhält man das elektrische Feld der ruhenden Ladung und die magnetische Induktion

$$
\boldsymbol{B} = \frac{Q}{4\pi\varepsilon c^2} \frac{v\varrho}{r^3} \, \boldsymbol{e}_\varphi = \frac{\mu Q}{4\pi r^2} \, v \sin\vartheta \, \boldsymbol{e}_\varphi \, ,
\tag{21.55}
$$

---

[3] Wegen (21.20), $m = \gamma m_0$, gibt γ das Verhältnis von Gesamt- zu Ruheenergie eines Teilchens an

$$
\gamma = \frac{m}{m_0} = \frac{mc^2}{m_0 c^2} = \frac{E}{E_0} \, .
\tag{21.54}
$$

Moderne Großbeschleuniger erreichen Elektronenenergien von 50 GeV (Ruheenergie 511 keV) und das Feld ist in einem Winkelbereich von $2\Delta \approx 2E_0/E \approx 2 \cdot 10^{-5}$ rad $\approx 0.001^o$ konzentriert.

so wie sie aus dem BIOT-SAVART'schen Gesetz (8.16) folgt

$$B = \frac{\mu}{4\pi} \int_V \frac{J(r') \times (r - r')}{|r - r'|^3} \, dV' \quad \rightarrow \quad \frac{\mu Q}{4\pi} \frac{v(r') \times (r - r')}{|r - r'|^3}$$

und für $r' = 0$

$$B = \frac{\mu Q}{4\pi} \frac{v \times r}{r^3} = \frac{\mu Q}{4\pi r^2} v \sin \vartheta \, e_\varphi .$$

21.7 Ebene Welle. Doppler-Effekt. Lichtaberration

Transformiert man eine ebene Welle, so ergibt dies wieder eine ebene Welle. Beispiel sei eine sich in z-Richtung ausbreitende, ebene Welle mit den Komponenten

$$E_x = Z H_y = c B_y .$$

Mit (21.49), (21.50) transformiert diese zu

$$E_z' = B_z' = 0$$
$$E_\perp' = \gamma(E_x \, e_x + v \, e_z \times B_y \, e_y) = \gamma(1 - \beta) E_x \, e_x$$
$$B_\perp' = \gamma(B_y \, e_y - \frac{v}{c^2} \, e_z \times E_x \, e_x) = \gamma(1 - \beta) B_y \, e_y$$

oder

$$E_y' = E_z' = B_x' = B_z' = 0$$

$$E_x' = \sqrt{\frac{1 - \beta}{1 + \beta}} \, E_x \quad , \quad B_y' = \sqrt{\frac{1 - \beta}{1 + \beta}} \, B_y . \tag{21.56}$$

Offensichtlich müssen auch die Phasen beim Übergang von S nach S' invariant sein

$$k' \cdot r' - \omega' t' = k \cdot r - \omega t . \tag{21.57}$$

Schreibt man nun den Phasenterm als Skalarprodukt

$$\left(k, j \frac{\omega}{c} \right) \cdot (r, j c t) = k \cdot r - \omega t ,$$

so ist dieses invariant, und da $(r, j c t)$ der Viererortsvektor ist, muss

$$\mathcal{W} = \left(k, j \frac{\omega}{c} \right) \tag{21.58}$$

den Vierervektor der Wellenzahl darstellen.

Mit Hilfe der Transformation des Vierervektors der Wellenzahl lassen sich zwei wichtige Phänomene herleiten.

Ein Transmitter T_x in einem bewegten System S' strahlt eine ebene Welle der Frequenz ω' unter einem Winkel ϑ' ab, Abb. 21.5. Im ruhenden Laborsystem S misst ein Receiver R_x die Frequenz ω und den Ausbreitungswinkel ϑ.

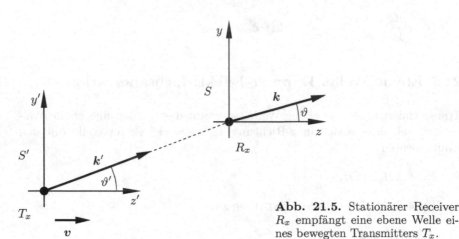

Abb. 21.5. Stationärer Receiver R_x empfängt eine ebene Welle eines bewegten Transmitters T_x.

Die Vierervektoren der Wellenzahlen sind

$$\mathcal{W}' = \left(0, k' \sin \vartheta', k' \cos \vartheta', \mathrm{j}\,\frac{\omega'}{c}\right) \ , \quad k' = \frac{\omega'}{c}$$

$$\mathcal{W} = \left(0, k \sin \vartheta, k \cos \vartheta, \mathrm{j}\,\frac{\omega}{c}\right) \ , \qquad k = \frac{\omega}{c} \ .$$

Sie sind über eine L-T miteinander verbunden

$$\mathcal{W}'_\mu = \sum_{\nu=1}^{4} \lambda_{\mu\nu} \mathcal{W}_\nu \quad \rightarrow \quad k' \sin \vartheta' = k \sin \vartheta \tag{21.59}$$

$$k' \cos \vartheta' = \gamma(\cos \vartheta - \beta)k$$

$$\frac{\omega'}{c} = \gamma(1 - \beta \cos \vartheta)\,\frac{\omega}{c} \ .$$

Die dritte Gleichung gibt die von R_x empfangene Frequenz an

$$\omega = \frac{\omega'}{\gamma(1 - \beta \cos \vartheta)} = \sqrt{\frac{1 - \beta^2}{(1 - \beta \cos \vartheta)^2}}\ \omega' \ . \tag{21.60}$$

Sie ist für $-\pi/2 < \vartheta < \pi/2$ erhöht, da die Welle in Bewegungsrichtung abgestrahlt wird, und für $\pi/2 < \vartheta < 3\pi/2$ erniedrigt, da sie gegen die Bewegungsrichtung läuft. Dies ist der bekannte DOPPLER-*Effekt* (nach C. DOPPLER 1803-1853) in relativistischer Formulierung. Nach (21.60) gibt es abweichend vom nichtrelativistischen Fall (14.43) auch einen DOPPLER-Effekt bei Ausbreitung senkrecht zur Bewegungsrichtung, d.h. $\vartheta = 90^\circ$.

Neben der veränderten Frequenz erscheint die Welle in S auch unter einer anderen Richtung. Man teilt die erste Gleichung von (21.59) durch die Summe der zweiten und dritten

$$\frac{\sin \vartheta'}{1 + \cos \vartheta'} = \frac{\sin \vartheta}{\gamma(1 - \beta)(1 + \cos \vartheta)}$$

und erhält unter Verwendung von

$$\tan \frac{\alpha}{2} = \frac{\sin \alpha}{1 + \cos \alpha}$$

den Winkel ϑ im System S

$$\tan \frac{\vartheta}{2} = \gamma(1 - \beta) \tan \frac{\vartheta'}{2} = \sqrt{\frac{1 - \beta}{1 + \beta}} \tan \frac{\vartheta'}{2} . \tag{21.61}$$

Die Welle erscheint in S unter einem kleineren Winkel als in S'. Dieses Phänomen heißt *Lichtaberration*, da natürlich auch Lichtstrahlen unter einem anderen Winkel erscheinen.

21.8 Magnetismus als relativistisches Phänomen

Die MAXWELL'schen Gleichungen und die LORENTZ-Kraft sind relativistisch korrekt. Sie sind in jedem Referenzsystem gültig, obwohl Beobachter verschiedene Felder feststellen mögen. So mißt z.B. ein Beobachter in S nur ein elektrisches Feld, während ein Beobachter in S' ein elektrisches und magnetisches Feld feststellen wird. Die sich daraus ergebende Bewegung eines geladenen Teilchens jedoch ist in beiden Fällen gleich. Im Folgenden soll an einem Beispiel gezeigt werden, warum ein magnetischer Effekt (Magnetfeld) notwendig ist, wenn man die Relativität mit der Elektrostatik verbindet.

Wir betrachten die Bewegung einer Punktladung Q parallel zu einem stromführenden Draht, Abb. 21.6. Der stromführende Draht wird durch zwei Linienladungen simuliert, eine positive, die sich mit der mittleren Driftgeschwindigkeit v_e der Elektronen nach rechts bewegt und eine negative Linienladung, die sich mit v_e nach links bewegt. Im Ruhesystem S des Drahtes erscheinen die Linienladungen negativ gleich groß. Der Draht ist ungeladen und übt keine *elektrische* Kraftwirkung auf die Punktladung aus. Andererseits ergeben die Linienladungen einen nach rechts gerichteten Strom

$$I = 2q_L v_e , \tag{21.62}$$

der eine magnetische Induktion

$$B_\varphi = \frac{\mu I}{2\pi \varrho}$$

erzeugt und eine *magnetische* Kraft

$$\boldsymbol{K}_m = Q\,\boldsymbol{v} \times \boldsymbol{B} = \frac{Q\mu I v}{2\pi\varrho}\,\boldsymbol{e}_y \tag{21.63}$$

auf die Ladung ausübt.

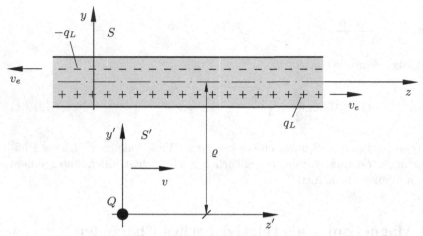

Abb. 21.6. Punktladung in gleichförmiger Bewegung parallel zu einem stromführenden Draht

Die gleiche Kraft erhält man, wenn ausschließlich die elektrostatischen Felder und die Relativität berücksichtigt werden. Dazu werden die Felder im Ruhesystem S' der Ladung benötigt.

Nach dem Gesetz der Addition von Geschwindigkeiten (21.9) erscheint die Geschwindigkeit der positiven bzw. negativen Linienladung als

$$v'_\pm = \frac{\pm v_e - v}{1 \mp \dfrac{vv_e}{c^2}} = \frac{\pm\beta_e - \beta}{1 \mp \beta\beta_e}\,c \quad , \quad \beta = \frac{v}{c} \quad , \quad \beta_e = \frac{v_e}{c}$$

im System S'. Da die Geschwindigkeiten verschieden groß sind, werden auch die transformieren Linienladungen, entsprechend (21.32),

$$q_L^{+\,\prime} = \gamma_+ \tilde{q}_L \quad , \quad q_L^{-\,\prime} = -\gamma_- \tilde{q}_L \tag{21.64}$$

verschieden groß sein. Dabei ist

$$\gamma_\pm = \frac{1}{\sqrt{1 - (v'_\pm/c)^2}} = \frac{1 \mp \beta\beta_e}{\sqrt{(1 \mp \beta\beta_e)^2 - (\pm\beta_e - \beta)^2}} = \gamma\gamma_e(1 \mp \beta\beta_e)$$

$$\gamma = (1 - \beta^2)^{-1/2} \quad , \quad \gamma_e = (1 - \beta_e^2)^{-1/2} \,,$$

und die Linienladung $\tilde{q}_L$ im Referenzsystem $\tilde{S}$, welches sich mit v_e bezüglich S bewegt, ist

$$\tilde{q}_L = q_L / \gamma_e \,.$$

Sukzessives Einsetzen in (21.64) ergibt schließlich die Gesamtladung in S'

$$q'_L = q_L^{+'} + q_L^{-'} = \left(\frac{\gamma_+}{\gamma_e} - \frac{\gamma_-}{\gamma_e} \right) q_L = -2\beta\beta_e\gamma q_L \,. \tag{21.65}$$

Der Draht ist vom System S' aus gesehen nicht mehr ungeladen und erzeugt ein elektrisches Feld

$$E'_y = \frac{2\beta\beta_e\gamma q_L}{2\pi\varepsilon\varrho'} = \frac{Iv\gamma}{2\pi\varepsilon c^2\varrho'} = \frac{\mu Iv}{2\pi\varrho'}\,\gamma \,.$$

Dieses übt eine elektrische Kraft auf die in S' ruhende Ladung aus

$$\boldsymbol{K}'_e = Q\,\boldsymbol{E}' = \frac{Q\mu Iv}{2\pi\varrho'}\,\gamma\,\boldsymbol{e}_{y'} \,. \tag{21.66}$$

Die Kraft $\boldsymbol{K}'$ in S' ergibt eine Kraft im Laborsystem S, welche am einfachsten durch Transformation des Kraftvierervektors (21.26) berechnet wird. Aus der Transformationsvorschrift

$$\mathcal{K}_\mu = \sum_\nu \lambda_{\nu\mu}\mathcal{K}'_\nu$$

folgt

$$\mathcal{K}_2 = \mathcal{K}'_2 \quad \text{oder} \quad \gamma K_y = K'_y$$

und somit mit $\varrho' = \varrho$

$$K_y = \frac{1}{\gamma}\,K'_y = \frac{Q\mu Iv}{2\pi\varrho} \,. \tag{21.67}$$

Die rein elektrostatische Kraft in S' führt unter Berücksichtigung relativistischer Effekte auf eine Kraft in S, die genau der magnetischen Kraft (21.63) entspricht. Dieser relativistische Effekt wird in MAXWELL's Gleichungen durch das Magnetfeld beschrieben. Damit sind die Gleichungen relativistisch korrekt im Gegensatz zu NEWTON's Gleichungen. Der Grund, warum experimentell die korrekten Zusammenhänge gefunden wurden, liegt in der großen Anzahl von Ladungen bei üblichen Strömen. So wurde der bei einer einzigen Elementarladung winzige Effekt zu einer messbaren Größe. Zusammenfassend lässt sich sagen:

Da keine magnetischen Ladungen als Quellen für das Magnetfeld existieren, muss sich die vom Magnetfeld ausgeübte Kraft durch andere, bekannte Kräfte, d.h. durch die elektrische Kraft, erklären lassen. Magnetismus erscheint als relativistischer Effekt.

Beispiel 21.1.

Gegeben ist ein Kupferdraht mit $1\,\mathrm{mm}^2$ Querschnitt und einem Strom von 1 A. Ein Elektron der Energie 10 keV fliegt parallel zum Draht im Abstand von 1cm. Kupfer hat 10^{23} Atome pro cm^3 und ein Leitungselektron pro Atom. 1 m Draht enthält somit $1.6 \cdot 10^4$ As Ladung in den Leitungselektronen und die Linienladung wird $q_L = 0.8 \cdot 10^4$ As/m. Die Driftgeschwindigkeit der Elektronen ergibt sich zu $v_e \approx 6.2 \cdot 10^{-5}\,\mathrm{m/s}$, $\beta_e = 2.1 \cdot 10^{-13}$ für 1 A und die Geschwindigkeit des Elektrons mit $E_{kin} = 10$ keV ist

$$\frac{v}{c} = \sqrt{\frac{2E_{kin}}{E_0}} = \beta = 0.198\ ,$$

und somit $\gamma = 1.02$. Die Kraft (21.63) auf das Elektron ist somit

$$K_m = 1.9 \cdot 10^{-16}\,\mathrm{VAs/m} = 1.9 \cdot 10^{-16}\,\mathrm{N}\ .$$

Würde nur die positive Linienladung auf das Elektron wirken, so ergäbe sich eine elektrostatische Kraft

$$K_e^+ = \frac{q_L Q}{2\pi\varepsilon\varrho}\,(1 - \beta\beta_e) = 2.3 \cdot 10^{-3}(1 - 0.4 \cdot 10^{-13})\,\mathrm{N}\ ,$$

welche um 13 Größenordnungen größer ist. Diese wird aber durch die elektrostatische Kraft der negativen Linienladung um diese 13 Größenordnungen kompensiert. Der durch die Relativität der Geschwindigkeiten der beiden Linienladungen erzeugte Unterschied in der Kraft ist $2\beta\beta_e = 0.8 \cdot 10^{-13}$.

Zusammenfassung

Vierdimensionaler MINKOWSKI-Raum

$$x_1 = x \quad , \quad x_2 = y \quad , \quad x_3 = z \quad , \quad x_4 = \mathrm{j}ct$$

LORENTZ-Transformation bei gleichförmiger Bewegung in z-Richtung mit Geschwindigkeit v

$$x'_\mu = \sum_{\nu=1}^{4} \lambda_{\mu\nu} x_\nu \quad , \quad \mu = 1, 2, 3, 4$$

$$\Lambda = \begin{bmatrix} 1 & 0 & 0 & 0 \\ 0 & 1 & 0 & 0 \\ 0 & 0 & \gamma & \mathrm{j}\gamma\beta \\ 0 & 0 & -\mathrm{j}\gamma\beta & \gamma \end{bmatrix} \quad , \quad \beta = \frac{v}{c} \quad , \quad \gamma = \frac{1}{\sqrt{1-\beta^2}}$$

Vierervektoren: Ortsvektor $\mathcal{X}$, Geschwindigkeitsvektor $\mathcal{V}$, Impulsvektor $\mathcal{P}$, Stromdichtevektor $\mathcal{J}$, Potential $\mathcal{A}$, Wellenzahl $\mathcal{W}$

$$\mathcal{X} = (x, y, z, \mathrm{j}ct) = (\boldsymbol{r}, \mathrm{j}ct)$$

$$\mathcal{V} = \left(\frac{\mathrm{d}x}{\mathrm{d}\tau}, \frac{\mathrm{d}y}{\mathrm{d}\tau}, \frac{\mathrm{d}z}{\mathrm{d}\tau}, \mathrm{j}c\frac{\mathrm{d}t}{\mathrm{d}\tau} \right) = \gamma_u(\boldsymbol{u}, \mathrm{j}c) \ , \ \mathrm{d}t = \gamma_u \mathrm{d}\tau \ , \ \gamma_u = \frac{1}{\sqrt{1-(u/c)^2}}$$

$$\mathcal{P} = m_0 \gamma_u (\boldsymbol{u}, \mathrm{j}c) = (m\boldsymbol{u}, \mathrm{j}m_0 c\gamma_u) = \left(\boldsymbol{p}, \mathrm{j}\frac{E}{c} \right) \quad , \quad m = \gamma_u m_0$$

$$\mathcal{J} = q_{V0} \mathcal{V} = (q_V \boldsymbol{u}, \mathrm{j}cq_V) = (\boldsymbol{J}, \mathrm{j}cq_V) \quad , \quad q_V = \gamma_u q_{V0}$$

$$\mathcal{A} = \left(\boldsymbol{A}, \mathrm{j}\frac{\phi}{c} \right)$$

$$\mathcal{W} = \left(\boldsymbol{k}, \mathrm{j}\frac{\omega}{c} \right)$$

Transformation der Felder bei gleichförmiger Bewegung in z-Richtung

$$\boldsymbol{E}'_\parallel = \boldsymbol{E}_\parallel \quad , \quad \boldsymbol{B}'_\parallel = \boldsymbol{B}_\parallel$$

$$\boldsymbol{E}'_\perp = \gamma(\boldsymbol{E}_\perp + \boldsymbol{v} \times \boldsymbol{B}_\perp) \quad , \quad \boldsymbol{B}'_\perp = \gamma\left(\boldsymbol{B}_\perp - \frac{1}{c^2}\boldsymbol{v} \times \boldsymbol{E}_\perp \right)$$

Fragen zur Prüfung des Verständnisses

21.1 Eine Person läuft mit der Geschwindigkeit v_z in einem Zug, der die Geschwindigkeit v hat. Wie schnell erscheint die Person dem Schaffner auf dem Bahnsteig, wenn dieser im GALILEI- NEWTON'schen Raum-Zeit-Konzept denkt?

21.2 Wie schnell erscheint die Person in 21.1 dem Schaffner, wenn er sich im MINKOWSKI'schen Raum befindet?

21.3 Der Zug in 21.1 hat eine Gesamtlänge L. Wie lang ist er vom Bahnsteig aus gemessen?

21.4 Die Person in 21.1 zündet ein Feuerzeug für genau 1 Sekunde an. Der Schaffner beobachtet die Szene und stoppt die Zeit. Welche Dauer mißt er?

21.5 An seinem 20-ten Geburtstag fliegt Hans mit einem Raumschiff mit der Geschwindigkeit $12c/13$ von der Erde weg. Nach 5 Jahren kehrt er zurück und trifft seinen Zwillingsbruder Fritz. Ist Fritz jetzt ebenfalls 25 Jahre alt? Kann man zur Berechnung seines Alters die spezielle Relativitätstheorie verwenden?

21.6 Was ist ein Vierervektor?

21.7 Was versteht man unter Eigenzeit?

21.8 Ein Raum-Zeit-Intervall habe die Größe R. Wie groß erscheint dieses einem mit v bewegten Beobachter?

21.9 Erkläre die Bedeutung des Geschwindigkeitsvierervektors.

21.10 Die Gleichungen der NEWTON'schen Mechanik sind invariant gegen Translation und Rotation des Koordinatensystems. Gilt dies auch bei schnell bewegten Körpern?

21.11 Wie hängen eine ruhende und eine mit v bewegte Raumladungsdichte zusammen? Gib eine Erklärung für den Unterschied an. Ist die Gesamtladung auch unterschiedlich?

21.12 Im Laborsystem existieren statische elektrische und magnetische Felder, $\boldsymbol{E}_0$ und $\boldsymbol{B}_0$. Was mißt ein mit v bewegter Beobachter, wenn i) v sehr klein ist, $v \lll c$, ii) v klein ist, $v \ll c$ und iii) $v \lesssim c$ ist?

21.13 Zeichne die Feldbilder einer ruhenden und einer mit v bewegten Punktladung.

21.14 Eine in S ruhende Flächenladung q_F habe die Gesamtladung Q und eine Ausdehnung $a \times a$. Welche Werte Q', q'_F, a' mißt ein mit v bewegter Beobachter?

21.15 Erkläre den Begriff DOPPLER-Effekt.

21.16 Was ist Lichtaberration?

21.17 Wie kann man die Geschwindigkeit weit entfernter Galaxien bestimmen?

22. Numerische Simulation (Einführung)

Modelle von physikalischen Vorgängen erlauben diese besser zu verstehen und zu erklären und auch zukünftiges Verhalten zu extrapolieren. Die MAX-WELL'schen Gleichungen sind ein wunderbares Beispiel für eine erfolgreiche Modellbildung klassischer elektrodynamischer Vorgänge. Die Verwendung des Modells, um Beobachtungen zu bestätigen und / oder zukünftiges Verhalten vorherzusagen, nennt man Simulation. Bisher haben wir also fast ausschließlich Simulation mit analytischen Mitteln betrieben. Nur an einigen Stellen wurden einfache Beispiele mit numerischer Simulation vorgeführt. Benötigt man aber genaue Werte und das präzise Verhalten eines Modells, nicht nur den prinzipiellen Verlauf und die ungefähre Größe, so ist man normalerweise auf die numerische Simulation angewiesen.

> Das folgende Kapitel soll eine etwas systematischere Einführung in die am meisten verwendeten numerischen Methoden geben. Wir werden uns dabei auf das Wesentliche konzentrieren, um das Verständnis zu wecken. Eine Behandlung, die uns in die Lage versetzt numerische Simulationsprogramme selber zu schreiben, wird nicht angestrebt.

Zur genaueren Behandlung wird auf die zahlreiche Literatur verwiesen wie z.B. die Einführung in numerische Modellbildung von [Coga] oder die umfangreichen Bücher über numerische Methoden von [Boot] und [Sadi]. Eine schöne Übersicht mit vor allem vielen anwendungsorientierten Ergebnissen findet man auch in [Swan].

> Numerische Simulation ist immer die Approximation einer unbekannten Funktion f durch eine Summe über bekannte *Probefunktionen*, auch Basisfunktionen genannt,
>
> $$f(\boldsymbol{r}) \approx \sum_{n=1}^{N} c_n f_n(\boldsymbol{r}) \,. \tag{22.1}$$
>
> Die Wahl der Probefunktionen und die Bestimmung der Koeffizienten c_n hat so zu erfolgen, dass die ursprüngliche Gleichung (hier die MAXWELL'schen Gleichungen) und alle Rand-, Stetigkeits- und Anfangswerte möglichst gut erfüllt werden und dass die Summe schnell und gegen den richtigen Wert konvergiert. In der Art und Weise, wie diese Anforderungen erfüllt werden, unterscheiden sich die verschiedenen numerischen Methoden.

Bei allgemeinen, nicht problemorientierten, numerischen Methoden sind die Probefunktionen jeweils nur in einem kleinen Bereich des Lösungsgebiets von null verschieden und sind möglichst einfache Funktionen. Beispiele sind in Abb. 22.1 für den eindimensionalen Fall gezeigt. Die Finite-Differenzen-Methode (FDM) verwendet Pulsfunktionen als Probefunktionen, welches zu einer Stufenapproximation der Lösung führt. Die Höhe jedes Pulses ist gleich dem Koeffizienten der Reihe. Die Finite-Elemente-Methode (FEM) hingegen verwendet stückweise lineare Funktionen und approximiert die Lösung durch einen Polygonzug. Die Koeffizienten sind im Wesentlichen durch die Werte der Lösungsfunktion an den Elementknoten gegeben. Das dritte Beispiel, die Point-Matching-Methode (PMM), tastet die Lösung an diskreten Punkten ab und die Koeffizienten sind die Funktionswerte in diesen Punkten.

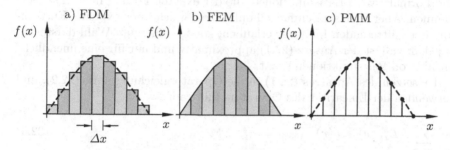

Abb. 22.1. Unterbereiche Δx mit den einfachsten Probefunktionen zur Approximation von $f(x)$. **(a)** Pulsfunktionen (FDM), **(b)** stückweise lineare Funktionen (FEM), **(c)** Deltafunktionen (PMM)

22.1 Momentenmethode

Die Momentenmethode sei hier kurz erwähnt, weil sich jede diskretisierende Lösungsmethode auf sie zurückführen lässt. Der zugehörige mathematische Rahmen ist die Funktionalanalysis, auf die wir allerdings nicht eingehen wollen, sondern statt dessen auf die Literatur verweisen, z.B. [Zhou]. Im Prinzip geht man folgendermaßen vor. Man verwendet für die Gleichung, die das Problem beschreibt, die Operatorschreibweise

$$\mathcal{L}f(\boldsymbol{r}) = g(\boldsymbol{r}) \,, \tag{22.2}$$

wobei z.B. im Falle der POISSON-Gleichung der Operator $-\nabla^2$ ist, $g(\boldsymbol{r})$ die Quelle $q_V(\boldsymbol{r})/\varepsilon$ des Feldes und $f(\boldsymbol{r})$ das Potential $\phi(\boldsymbol{r})$ darstellen. Zusätzlich sind entsprechende Randbedingungen zu erfüllen. Man kann dasselbe Problem aber auch mit dem inversen Operator, dem Integraloperator

$$\mathcal{L}^{-1}g(\boldsymbol{r}') = f(\boldsymbol{r}) \tag{22.3}$$

formulieren, d.h. im obigen Fall der POISSON-Gleichung mit

$$\mathcal{L}^{-1} = \frac{1}{4\pi} \int_V \frac{\cdots}{|\boldsymbol{r} - \boldsymbol{r}'|} \, \mathrm{d}V' \ .$$

Dann sind Nebenbedingungen, hier die Fernfeldbedingung, bereits im Operator berücksichtigt. Allerdings ist die analytische Herleitung des inversen Operators oftmals recht schwierig. Eine entscheidende Eigenschaft beider Operatoren (22.2) und (22.3) ist ihre Linearität, auf die wir gleich zurückgreifen werden.

In einem nächsten Schritt wird die unbekannte Wirkungsfunktion f durch N Basisfunktionen, wie in (22.1), approximiert. Je nach Methode sind die Basisfunktionen im gesamten Lösungsgebiet definiert oder nur in Untergebieten wie in Abb. 22.1. Die Wahl der Basisfunktionen ist beliebig. Eine gute Wahl sind normalerweise Basisfunktionen, die der exakten Lösung möglichst nahe kommen. Aber auch sehr einfache Funktionen, welche eine explizite Entwicklung der auftretenden Integrale erlauben, können eine gute Wahl darstellen. In jedem Fall ist der Ansatz (22.1) approximativ und nur für eine unendliche Anzahl von Basisfunktionen exakt.

Einsetzen des Ansatzes (22.1) in die Operatorgleichung, z.B. (22.2), und Verwenden der Linearität des Operators führt auf

$$\sum_{n=1}^{N} c_n \mathcal{L} f_n(\boldsymbol{r}) \approx g(\boldsymbol{r}) \ , \tag{22.4}$$

mit der Aufgabe, die unbekannten Koeffizienten so zu bestimmen, dass die Ansatzfunktion (22.1) der exakten Lösung möglichst nahe kommt. Die allgemeinste Methode hierfür ist die approximative Projektion. Diese soll am Beispiel eines Vektors $\boldsymbol{A}$ im dreidimensionalen EUKLIDischen Raum beschrieben werden. Die Koordinatenrichtungen sind durch die Basisvektoren festgelegt und der Vektor selber durch seine Komponenten, d.h. durch seine Projektionen auf die Basisvektoren $A_i = \boldsymbol{A} \cdot \boldsymbol{e}_i$, $i = x, y, z$. Zwei Vektoren sind identisch, wenn ihre Projektionen identisch sind. Dies kann man verallgemeinern für einen Vektor im n-dimensionalen Raum. Analog kann man sich auch einen abstrakten Funktionenraum vorstellen, der durch Basisfunktionen aufgespannt wird. Jede Funktion f in diesem Raum lässt sich durch ihre Projektionen auf die Basisfunktionen f_n bestimmen

$$\langle f(\boldsymbol{r}), f_n(\boldsymbol{r}) \rangle = \int_V f(\boldsymbol{r}) f_n(\boldsymbol{r}) \, \mathrm{d}V \ . \tag{22.5}$$

Auch hier gilt: Zwei Funktionen sind identisch, wenn ihre Projektionen identisch sind. Man kann also eine Funktion genauso in ihre Projektionen entlang der Basisfunktionen zerlegen, wie man einen Vektor in seine Komponenten in Richtung der Basisvektoren zerlegt. Diese Eigenschaft wird nun zur Bestimmung der Koeffizienten in (22.4) verwendet. Wir gehen von einem Funktionenraum aus, der von Funktionen $w_n(\boldsymbol{r})$ aufgespannt wird. Die Funktionen nennen wir *Gewichtsfunktionen*, da der Name Basisfunktionen bereits für die

Entwicklungsfunktionen f_n verwendet wurde. Die Projektion beider Seiten von (22.4) auf die Gewichtsfunktionen führt auf ein lineares Gleichungssystem für die Koeffizienten c_n

$$\sum_{n=1}^{N} c_n \langle w_m, \mathcal{L}f_n \rangle = \langle w_m, g \rangle \,. \tag{22.6}$$

Bei gleicher Anzahl von Basis- und Gewichtsfunktionen ist das Gleichungssystem quadratisch der Ordnung $N \times N$. Die Lösung des Systems ergibt die Koeffizienten für die Näherungslösung (22.1).

In der Wahl der Basis- und Gewichtsfunktionen unterscheiden sich die verschiedenen numerischen Methoden. Wählt man $w_n = f_n$, so spricht man von der *Methode nach* GALERKIN. Werden für die Gewichtsfunktionen Deltafunktionen gewählt $w_n(r) = \delta(r - r_n)$, so führt dies zum Point-Matching-Verfahren. Sogar die FDM, § 6.4.2, kann man als Sonderfall der Momentenmethode interpretieren, wenn als Basis- und Gewichtsfunktionen Pulsfunktionen gewählt werden.

Diese allgemeine Formulierung der Momentenmethode geht auf HARRINGTON [Harr] zurück. Der Name der von der Bildung von Momenten (22.5) kommt, wurde ursprünglich von KANTOROVITCH und KRYLOV verwendet. Natürlich kann die hier gegebene kurze Übersicht nicht der großen Bedeutung der Momentenmethode gerecht werden. Sie dient nur dazu, die prinzipielle Vorgehensweise kennenzulernen und ein Gerüst für die verschiedenen numerischen Verfahren vorzufinden.

22.2 Finite-Elemente-Methode

Die bisher erwähnten numerischen Methoden gingen von der Formulierung des Problems in Form einer Differential- oder Integralgleichung aus. Es gibt aber auch die Möglichkeit, das Problem als Variationsproblem zu formulieren, welches einen Ausdruck, ein sogenanntes *Funktional*, minimiert. Dieses Funktional ist nicht immer einfach zu finden, lässt sich aber oft als der Energieinhalt der Anordnung interpretieren.

Die grundlegende Idee der Finiten-Elemente-Methode (FEM) besteht darin, das Lösungsgebiet in kleine, diskrete Elemente aufzuteilen, Abb. 22.2. Form, Größe und Dichte der Elemente sind beliebig, so dass eine große Flexibilität besteht, um die Form des Randes des Lösungsgebiets wiederzugeben und / oder in Bereichen starker Feldänderung mehr Elemente zu verwenden als in Bereichen mit schwacher Feldänderung. Die FEM ist daher gut geeignet für komplizierte Geometrien und Materialverteilungen. In jedem diskreten Element (finitem Element) wird ein Ansatz für die enthaltene „Energie" gemacht, der unbekannte Parameter enthält. Die Minimierung der „Energie" des gesamten Lösungsgebietes führt auf ein lineares Gleichungssystem für die unbekannten Parameter.

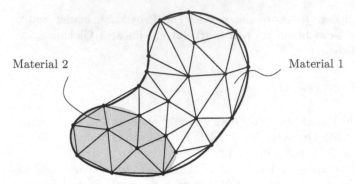

Abb. 22.2. Diskretisierung mit Dreieckselementen in zwei Dimensionen

Die FEM wurde ursprünglich entwickelt, um Materialspannungen in der Mechanik zu berechnen. Dabei war es sehr wichtig, eine „glatte" Annäherung von Rändern zu erhalten und Spannungsspitzen durch eine höhere Dichte von Elementen aufzulösen. Erst relativ spät, um 1970, wurde die FEM für elektromagnetische Probleme angewandt. Eine gute Einführung ist in [Kost] zu finden. Die wesentlichen Schritte lassen sich zusammenfassen zu:

1. Unterteilung des Lösungsgebiets in kleine Elemente.
2. Einführung von einfachen Näherungsfunktionen mit freien Parametern in den Elementen.
3. Ausdrücken der freien Parameter durch die Funktionswerte auf den Elementknoten.
4. Aufstellen eines Funktionals („Energieinhalt" der Anordnung).
5. Minimierung des Funktionals führt auf ein lineares Gleichungssystem für die unbekannten Funktionswerte.
6. Lösung des Gleichungssystems.

Bevor wir die einzelnen Schritte erläutern, wollen wir einen kurzen Einblick in die Variationsrechnung geben.

22.2.1 Funktionale. Variation von Funktionalen

Eine Funktion $f(x)$ bildet eine Variable x auf einen Wert f ab. Ein Funktional $I(f)$ hingegen bildet einen gesamten Funktionsverlauf in bestimmten Grenzen auf einen Wert I ab

$$I(f) = \int_{x_a}^{x_b} F(x, f, f') \, \mathrm{d}x . \tag{22.7}$$

Der Integrand F ist dabei im Allgemeinen eine Funktion von f, ihrer Ableitung f' und der Variablen x. Selbstverständlich kann die Funktion f auch von mehreren Variablen abhängen. Dann ist F auch von den verschiedenen partiellen Ableitungen abhängig und ist über das gesamte Gebiet zu integrieren.

Ein Beispiel eines eindimensionalen Funktionals ist die Länge L einer Kurve $f(x)$ zwischen den Punkten a und b, Abb. 22.3,

$$L(f) = \int_a^b \sqrt{1 + (\mathrm{d}f/\mathrm{d}x)^2}\,\mathrm{d}x\ .\tag{22.8}$$

Das Funktional L bildet den Verlauf der Funktion f auf einen skalaren Wert, die Länge der Kurve, ab.

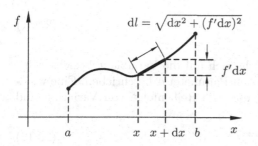

Abb. 22.3. Zur Berechnung der Länge einer Kurve (22.8)

Extremalwerte von einer Funktion findet man, indem man einen stationären Punkt x_s sucht, d.h. einen Punkt, in dem die Ableitung verschwindet

$$\lim_{\alpha \to 0} \frac{f(x_s + \alpha) - f(x_s)}{\alpha} = \lim_{\alpha \to 0} \left\{ \left.\frac{\mathrm{d}f}{\mathrm{d}x}\right|_{x_s} + O(\alpha) \right\} = \left.\frac{\mathrm{d}f}{\mathrm{d}x}\right|_{x_s} = 0\ .$$

Analog nimmt ein Funktional Extremwerte an, wenn es stationär ist, man sagt, wenn die *Variation des Funktionals* verschwindet. Mathematisch variiert man eine Funktion $f(x)$, indem eine Abweichung $\alpha g(x)$ addiert wird

$$f(x) \to f(x) + \alpha g(x)\ ,\tag{22.9}$$

mit einem skalaren Parameter α und einer Funktion g, die homogene Randbedingungen erfüllt. Dann ist das Funktional stationär, wenn es sich bei kleinen Abweichungen αg nicht ändert

$$\lim_{\alpha \to 0} \frac{I(f + \alpha g) - I(f)}{\alpha} = \left.\frac{\mathrm{d}}{\mathrm{d}\alpha} I(f + \alpha g)\right|_{\alpha=0} = 0\ .\tag{22.10}$$

Für die Variation einer Funktion wird normalerweise das Symbol δ verwendet und man schreibt $\delta f = \alpha g$. Die Variation eines Funktionals ist dann

$$I(f + \delta f) - I(f) = \int\limits_{x_a}^{x_b} F(f + \delta f)\,\mathrm{d}x - \int\limits_{x_a}^{x_b} F(f)\,\mathrm{d}x$$

$$= \int\limits_{x_a}^{x_b} \frac{\partial F}{\partial f}\,\delta f\,\mathrm{d}x + \frac{1}{2}\int\limits_{x_a}^{x_b} \frac{\partial^2 F}{\partial f^2}\,(\delta f)^2\,\mathrm{d}x + \dots$$

$$= \delta\,I(f) + \frac{1}{2}\,\delta^2\,I(f) + \dots$$

und somit die Variation erster Ordnung

$$\delta I(f) = \int\limits_{x_a}^{x_b} \frac{\partial F}{\partial f}\,\delta f\,\mathrm{d}x\,. \tag{22.11}$$

Im Unterschied zur Ableitung, welche sich auf die Variable x bezieht, wird die Variation einer Funktion durch den Parameter α beschrieben. Eine wichtige Eigenschaft der Variation ist, dass die Reihenfolge von Variation und Ableitung vertauscht werden kann

$$\delta(\mathrm{d}f) = \mathrm{d}(\delta f)\,, \tag{22.12}$$

denn es gilt

$$\delta\left(\frac{\mathrm{d}f}{\mathrm{d}x}\right) = \frac{\mathrm{d}}{\mathrm{d}x}\,(f + \delta f) - \frac{\mathrm{d}}{\mathrm{d}x}\,f = \frac{\mathrm{d}}{\mathrm{d}x}\,\delta f\,.$$

Das Auffinden eines Funktionals für ein bestimmtes elektromagnetisches Problem ist nicht immer einfach und erfordert einige Erfahrung. Wir wollen dies hier am Beispiel der POISSON-Gleichung mit gegebener Raumladung und DIRICHLET'scher Randbedingung vorführen

$$\nabla^2\phi = -\frac{q_V}{\varepsilon} \quad \text{im Gebiet } V\,, \tag{22.13}$$

$$\phi = \phi_0 \quad \text{auf der Oberfläche } O\,.$$

Wir multiplizieren (22.13) mit der ersten Variation von ϕ und integrieren über V

$$\int_V \delta\phi(\varepsilon\nabla^2\phi + q_V)\,\mathrm{d}V = 0\,. \tag{22.14}$$

Als nächstes wird der Integrand so verändert, dass der Variationsoperator δ vor dem gesamten Integranden steht und somit vor das Integral gezogen werden kann. Dazu verwenden wir die Vektoridentität

$$\nabla \cdot (\delta\phi\nabla\phi) = \nabla\delta\phi \cdot \nabla\phi - \delta\phi\nabla^2\phi$$

und erhalten für (22.14)

$$\int_V [\varepsilon\nabla \cdot (\delta\phi\nabla\phi) - \varepsilon\nabla\delta\phi \cdot \nabla\phi + \delta\phi\,q_V] = 0\,.$$

Das erste Integral wird mit Hilfe des GAUSS'schen Satzes in ein Oberflächenintegral überführt und im zweiten Integral verwendet man

$$\nabla \delta \phi \cdot \nabla \phi = \frac{1}{2} \delta (\nabla \phi)^2,$$

so dass

$$\varepsilon \oint_O \delta \phi \nabla \phi \cdot \mathrm{d}\boldsymbol{F} - \int_V \cdot \left[\frac{\varepsilon}{2} \delta (\nabla \phi)^2 - \delta \phi \, q_V \right] \mathrm{d}V = 0 \ .$$

Auf der Oberfläche ist aber ϕ konstant und daher $\delta \phi = 0$. Außerdem ist q_V fest vorgegeben und es gilt $\delta (\phi q_V) = \delta \phi \, q_V$. Somit wird schließlich

$$\int_V \delta \left[\frac{\varepsilon}{2} (\nabla \phi)^2 - \phi q_V \right] \mathrm{d}V = \delta \int_V \left[\frac{\varepsilon}{2} (\nabla \phi)^2 - \phi q_V \right] \mathrm{d}V = 0 \ ,$$

welches die Bedingung für ein stationäres Funktional

$$I(\phi) = \int_V \left[\frac{\varepsilon}{2} (\nabla \phi)^2 - \phi q_V \right] \mathrm{d}V \tag{22.15}$$

darstellt. Geht man den Weg rückwärts, d.h. bildet man die erste Variation des Funktionals und fordert Stationarität, so erhält man die POISSON-Gleichung (22.13).

Erwähnenswert ist an dieser Stelle das Auftreten nur der ersten Ableitung von ϕ im Funktional (22.15), wohingegen in der Differentialgleichung (22.13) die zweite Ableitung auftritt. Dies erlaubt uns als Probefunktionen in den finiten Elementen lineare Funktionen zu verwenden, welche das Vorgehen erheblich einfacher gestalten als Funktionen höherer Ordnung.

22.2.2 Finite Elemente in einer Dimension

Die einzelnen Schritte der FEM lassen sich am einfachsten in einer Dimension erläutern. Dazu betrachten wir einen großen Plattenkondensator, in welchem die Randeffekte vernachlässigt werden können und das Potential nur von der Koordinate x abhängt, Abb. 22.4.

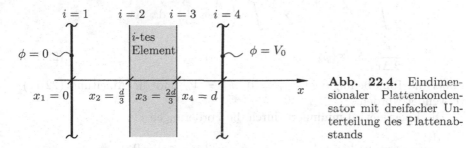

Abb. 22.4. Eindimensionaler Plattenkondensator mit dreifacher Unterteilung des Plattenabstands

Der erste Schritt besteht in der Unterteilung des Lösungsgebiets, d.h. des Gebiets zwischen den Platten, in Untergebiete, in diesem Beispiel drei. Für jedes Untergebiet i (Element) wählen wir eine Probefunktion, die das Potential in dem Element annähern soll. Die einfachst möglichen Funktionen, die in dem später auftretenden Funktional verwendet werden können, sind lineare Funktionen

$$\phi^{(i)} = a^{(i)} + b^{(i)}x \ . \tag{22.16}$$

Da ϕ stetig zwischen den Elementen übergehen muss, ist es besser die Konstanten a, b durch die Werte von ϕ an den Grenzen der Elemente auszudrücken

$$\phi^{(i)}(x_i) = \phi_i = a^{(i)} + b^{(i)}x_i \ ,$$

$$\phi^{(i)}(x_{i+1}) = \phi_{i+1} = a^{(i)} + b^{(i)}x_{i+1}$$

und somit

$$b^{(i)} = \frac{\phi_{i+1} - \phi_i}{x_{i+1} - x_i} \quad , \quad a^{(i)} = \phi_i - \frac{\phi_{i+1} - \phi_i}{x_{i+1} - x_i}x_i \ .$$

Bei gleichen Schrittweiten $x_{i+1} - x_i = \Delta x$ lautet dann der Potentialansatz (22.16)

$$\phi^{(i)} = \phi_i + (\phi_{i+1} - \phi_i)\frac{x - x_i}{\Delta x} \ ,$$

$$\frac{\mathrm{d}}{\mathrm{d}x}\phi^{(i)} = \frac{\phi_{i+1} - \phi_i}{\Delta x} \ . \tag{22.17}$$

Als nächstes benötigen wir ein Funktional. Da das Potential der LAPLACEgleichung genügt, können wir das Funktional (22.15) mit $q_V = 0$ verwenden. Es stellt die elektrostatische Energie im Kondensator dar

$$I(\phi) = \frac{\varepsilon}{2}\int_V (\nabla\phi)^2 \, \mathrm{d}V = \frac{1}{2}\int_V \boldsymbol{E} \cdot \boldsymbol{D}\, \mathrm{d}V = W_e \ .$$

Im vorliegenden eindimensionalen Fall ist es die Energie pro Einheitsfläche des Kondensators

$$W_e'' = \frac{\varepsilon}{2}\int_0^d (\nabla\phi)^2 \, \mathrm{d}x = \frac{\varepsilon}{2}\sum_{i=1}^{3}\int_{x_i}^{x_i+\Delta x}\left(\frac{\mathrm{d}}{\mathrm{d}x}\phi^{(i)}\right)^2 \, \mathrm{d}x$$

$$= \frac{\varepsilon}{2\Delta x}\left[\phi_2^2 + (\phi_3 - \phi_2)^2 + (V_0 - \phi_3)^2\right] \ , \tag{22.18}$$

wobei die Randbedingungen $\phi_1 = 0$, $\phi_4 = V_0$ und die Ableitung (22.17) verwendet wurden.

Die Energie wird minimiert durch die Forderungen

$$\frac{\mathrm{d}W_e''}{\mathrm{d}\phi_2} = \frac{\varepsilon}{2\Delta x}\left[2\phi_2 - 2(\phi_3 - \phi_2)\right] = \frac{\varepsilon}{\Delta x}[2\phi_2 - \phi_3] = 0 \ ,$$

$$\frac{\mathrm{d}W_e''}{\mathrm{d}\phi_3} = \frac{\varepsilon}{2\Delta x}\left[2(\phi_3 - \phi_2) - 2(V_0 - \phi_3)\right] = \frac{\varepsilon}{\Delta x}[2\phi_3 - \phi_2 - V_0] = 0 \ ,$$

d.h, wenn $\phi_2 = V_0/3$, $\phi_3 = 2V_0/3$.

Die exakte Lösung der LAPLACE-Gleichung

$$\frac{d^2\phi}{dx^2} = 0 \quad \rightarrow \quad \phi = c_1 + c_2 x = V_0\,\frac{x}{d}$$

ergibt $\phi(x = d/3) = V_0/3$, $\phi(x = 2d/3) = 2V_0/3$ und stimmt mit der numerisch gefundenen Lösung genau überein. Dies ist hier allerdings ein Sonderfall, da beide Lösungen lineare Funktionen von x sind. Im allgemeinen wird die exakte Lösung durch die numerische nur angenähert.

22.2.3 Finite Elemente in zwei Dimensionen

Die Erweiterung der FEM auf zwei Dimensionen ist einfach und wir werden sie wiederum am Beispiel eines elektrostatischen Potentials erläutern. Als finite Elemente wählen wir allgemeine Dreiecke, Abb. 22.5, die einfachste geometrische Form, die eine Fläche lückenlos überdeckt.

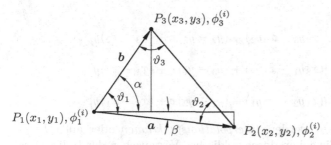

Abb. 22.5. Allgemeines Dreieck als zweidimensionales Element i

Für das Potential im Element machen wir einen linearen Ansatz

$$\phi^{(i)} = a^{(i)} + b^{(i)}x + c^{(i)}y \tag{22.19}$$

und drücken die Konstanten durch die Potentialwerte an den Ecken aus

$$\begin{bmatrix} \phi_1^{(i)} \\ \phi_2^{(i)} \\ \phi_3^{(i)} \end{bmatrix} = \begin{bmatrix} 1 & x_1 & y_1 \\ 1 & x_2 & y_2 \\ 1 & x_3 & y_3 \end{bmatrix} \begin{bmatrix} a^{(i)} \\ b^{(i)} \\ c^{(i)} \end{bmatrix} . \tag{22.20}$$

Die Determinante der Systemmatrix ist gleich der doppelten Fläche $F^{(i)}$ des Dreiecks[1]

---

[1] Bezugnehmend auf Abb. 22.5 und die Definition des Kreuzproduktes gilt für die Fläche des Dreiecks

$$\boldsymbol{F}^{(i)} = \frac{1}{2}\,\boldsymbol{a} \times \boldsymbol{b} = \frac{1}{2}\,[(x_2 - x_1)\boldsymbol{e}_x + (y_2 - y_1)\boldsymbol{e}_y] \times [(x_3 - x_1)\boldsymbol{e}_x + (y_3 - y_1)\boldsymbol{e}_y]$$

$$= \frac{1}{2}\,[(x_2 - x_1)(y_3 - y_1) - (x_3 - x_1)(y_2 - y_1)]\,\boldsymbol{e}_z .$$

$$\begin{vmatrix} 1 & x_1 & y_1 \\ 1 & x_2 & y_2 \\ 1 & x_3 & y_3 \end{vmatrix} = (x_2 - x_1)(y_3 - y_1) - (x_3 - x_1)(y_2 - y_1) = 2F^{(i)} \;,$$

$$(22.21)$$

wobei $F^{(i)}$ positiv ist, wenn die Nummerierung der Ecken gegen den Uhrzeigersinn verläuft. Ist das Dreieck nicht entartet und die Determinante von null verschieden, kann das Gleichungssystem (22.20) gelöst werden. Dann ergibt sich

$$\phi^{(i)}(x,y) = [1,\, x,\, y] \begin{bmatrix} a^{(i)} \\ b^{(i)} \\ c^{(i)} \end{bmatrix} = [1,\, x,\, y] \begin{bmatrix} 1 & x_1 & y_1 \\ 1 & x_2 & y_2 \\ 1 & x_3 & y_3 \end{bmatrix}^{-1} \begin{bmatrix} \phi_1^{(i)} \\ \phi_2^{(i)} \\ \phi_3^{(i)} \end{bmatrix}$$

$$= \left[\alpha_1^{(i)}(x,y),\, \alpha_2^{(i)}(x,y),\, \alpha_3^{(i)}(x,y) \right] \begin{bmatrix} \phi_1^{(i)} \\ \phi_2^{(i)} \\ \phi_3^{(i)} \end{bmatrix} \;, \qquad (22.22)$$

mit

$$\alpha_1^{(i)}(x,y) = \frac{1}{2F^{(i)}} \left[(x_2 y_3 - x_3 y_2) + (y_2 - y_3)x + (x_3 - x_2)y \right] \;,$$

$$\alpha_2^{(i)}(x,y) = \frac{1}{2F^{(i)}} \left[(x_3 y_1 - x_1 y_3) + (y_3 - y_1)x + (x_1 - x_3)y \right] \;,$$

$$\alpha_3^{(i)}(x,y) = \frac{1}{2F^{(i)}} \left[(x_1 y_2 - x_2 y_1) + (y_1 - y_2)x + (x_2 - x_1)y \right] \;.$$

Die Funktionen $\alpha_i(x,y)$ werden *Interpolationsfunktionen* oder auch *Formfunktionen* genannt. Sie gehen durch zyklisches Vertauschen der Indices auseinander hervor. An den Dreiecksecken gilt

$$\alpha_j^{(i)}(x_k, y_k) = \delta_j^k \;. \qquad (22.23)$$

Innerhalb des Dreiecks sind sie lineare Funktionen wie in Abb. 22.6 gezeigt.

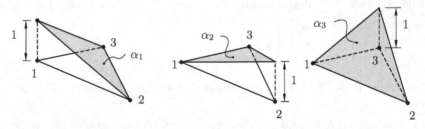

Abb. 22.6. Grafische Darstellung der Interpolationsfunktionen

Als nächstes stellen wir das Funktional, d.h. die elektrostatische Energie im Element i auf

$$W_e^{(i)'} = \frac{\varepsilon}{2} \int\limits_{F^{(i)}} (\nabla \phi^{(i)})^2 \, \mathrm{d}F \,,$$

welche nach Einsetzen von (22.22) lautet

$$W_e^{(i)'} = \frac{\varepsilon}{2} \int\limits_{F^{(i)}} \left(\nabla \sum_{j=1}^{3} \alpha_j^{(i)}(x,y)\phi_j^{(i)} \right)^2 \mathrm{d}F$$

$$= \frac{\varepsilon}{2} \sum_{j=1}^{3} \sum_{k=1}^{3} \phi_j^{(i)} \phi_k^{(i)} \int\limits_{F^{(i)}} \nabla \alpha_j^{(i)} \cdot \nabla \alpha_k^{(i)} \, \mathrm{d}F$$

$$= \frac{\varepsilon}{2} \sum_{j=1}^{3} \sum_{k=1}^{3} \phi_j^{(i)} C_{jk}^{(i)} \phi_k^{(i)} \,. \qquad (22.24)$$

Die Elemente der *lokalen Koeffizientenmatrix*

$$C_{jk}^{(i)} = \int\limits_{F^{(i)}} \nabla \alpha_j^{(i)} \cdot \nabla \alpha_k^{(i)} \, \mathrm{d}F \qquad (22.25)$$

kann man als Verknüpfung der Knoten j und k auffassen. Z.B. ist mit (22.21), (22.22) und Abb. 22.5

$$C_{23}^{(i)} = \frac{1}{4F^{(i)2}} \left[(y_3 - y_1)(y_1 - y_2) + (x_1 - x_3)(x_2 - x_1) \right] F^{(i)}$$

$$= \frac{1}{2} \frac{(y_3 - y_1)(y_1 - y_2) + (x_1 - x_3)(x_2 - x_1)}{(x_2 - x_1)(y_3 - y_1) + (x_3 - x_1)(y_2 - y_1)}$$

$$= -\frac{1}{2} \frac{\frac{y_3 - y_1}{x_3 - x_1} \frac{y_1 - y_2}{x_2 - x_1} - 1}{\frac{y_3 - y_1}{x_3 - x_1} + \frac{y_1 - y_2}{x_2 - x_1}} = -\frac{1}{2} \frac{\cot \alpha \cot \beta - 1}{\cot \alpha + \cot \beta} = -\frac{1}{2} \cot(\alpha + \beta)$$

$$= -\frac{1}{2} \cot \vartheta_1 \,,$$

d.h. der Winkel ϑ_1 verknüpft die Knoten 2 und 3. Die anderen Elemente der Koeffizientenmatrix findet man auf ähnliche Weise und die gesamte lokale Koeffizientenmatrix lautet

$$C^{(i)} = \frac{1}{2} \begin{bmatrix} \cot \vartheta_2 + \cot \vartheta_3 & -\cot \vartheta_3 & -\cot \vartheta_2 \\ -\cot \vartheta_3 & \cot \vartheta_1 + \cot \vartheta_3 & -\cot \vartheta_1 \\ -\cot \vartheta_2 & -\cot \vartheta_1 & \cot \vartheta_1 + \cot \vartheta_2 \end{bmatrix} \,. \qquad (22.26)$$

Nachdem das Funktional (22.24), d.h. die elektrostatische Energie für das Element i aufgestellt ist, muss die Gesamtenergie berechnet werden. Das geschieht durch Summieren über alle Elemente

$$W_e' = \sum_{i=1}^{I} W_e^{(i)'} = \frac{\varepsilon}{2} \sum_{i=1}^{I} \sum_{j=1}^{3} \sum_{k=1}^{3} \phi_j^{(i)} C_{jk}^{(i)} \phi_k^{(i)} \,. \qquad (22.27)$$

Hierbei laufen die Indices j, k über die lokale Nummerierung für jedes Element i. Was man jedoch möchte, ist eine globale Nummerierung mit Knotennummern 1 bis N, so dass die Energie (22.27) als

$$W_e' = \frac{\varepsilon}{2} \sum_{m=1}^{N} \sum_{n=1}^{N} \phi_m C_{mn} \phi_n \qquad (22.28)$$

geschrieben werden kann. Der Übergang von der lokalen Koeffizientenmatrix $C^{(i)}$ auf die *globale Koeffizientenmatrix* C ist am besten an einem Beispiel zu veranschaulichen. Dazu betrachten wir ein Netz mit $I = 3$ Dreiecken und $N = 5$ Knoten wie in Abb. 22.7.

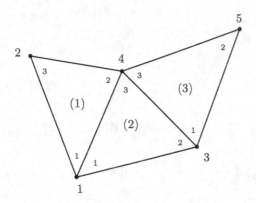

Abb. 22.7. Beispiel mit 3 Elementen und 5 Knoten (lokale Knotennummerierung innerhalb der Elemente, globale Knotennummerierung außerhalb)

Das Element $(1, 1)$ der globalen Koeffizientenmatrix verbindet die lokalen Knoten 1 der Dreiecke (1) und (2), d.h. die Terme $\phi_1^{(1)} C_{11}^{(1)} \phi_1^{(1)}$ und $\phi_1^{(2)} C_{11}^{(2)} \phi_1^{(2)}$. Es ist aber $\phi_1^{(1)} = \phi_1^{(2)} = \phi_1$ und daher wird

$$C_{11} = C_{11}^{(1)} + C_{11}^{(2)} .$$

Das Element $(2, 2)$ besteht nur aus dem lokalen Knoten 3 des Dreiecks (1), $\phi_3^{(1)} C_{33}^{(1)} \phi_3^{(1)}$, und da $\phi_3^{(1)} = \phi_2$ wird

$$C_{22} = C_{33}^{(1)} .$$

C_{13} bildet eine Verknüpfung zwischen den lokalen Knoten 1 und 3 des Dreiecks (2), $\phi_1^{(2)} C_{12}^{(2)} \phi_2^{(2)}$, und es wird mit $\phi_1^{(2)} = \phi_1$, $\phi_2^{(2)} = \phi_3$

$$C_{13} = C_{12}^{(2)} .$$

Zwischen den globalen Knoten 2 und 3 besteht keine Verknüpfung und somit ist $C_{23} = C_{32} = 0$, u.s.w.. Die gesamte globale Koeffizientenmatrix lautet

$$
C = \begin{bmatrix}
C_{11}^{(1)} + C_{11}^{(2)} & C_{13}^{(1)} & C_{12}^{(2)} & C_{12}^{(1)} + C_{13}^{(2)} & 0 \\
C_{31}^{(1)} & C_{33}^{(1)} & 0 & C_{32}^{(1)} & 0 \\
C_{21}^{(2)} & 0 & C_{22}^{(2)} + C_{11}^{(3)} & C_{23}^{(2)} + C_{13}^{(3)} & C_{12}^{(3)} \\
C_{21}^{(1)} + C_{31}^{(2)} & C_{23}^{(1)} & C_{32}^{(2)} + C_{31}^{(3)} & C_{22}^{(1)} + C_{33}^{(2)} + C_{33}^{(3)} & C_{32}^{(3)} \\
0 & 0 & C_{21}^{(3)} & C_{23}^{(3)} & C_{22}^{(3)}
\end{bmatrix} .
$$

$$(22.29)$$

Nachdem mit der Koeffizientenmatrix (22.29) ein Ausdruck für die Energie (22.28) gefunden wurde, welcher die unbekannten, global nummerierten Potentialwerte ϕ_m beinhaltet, muss die Gesamtenergie minimiert werden

$$
\frac{\mathrm{d}W_e'}{\mathrm{d}\phi_m} = 0 \quad \text{für} \quad 1 \le m \le N .
$$

Dies führt auf ein lineares Gleichungssystem für die Potentialwerte

$$
\sum_{n=1}^{N} C_{mn}\phi_n = 0 \quad \text{mit} \quad m = 1, 2, \ldots, N . \tag{22.30}
$$

In großen Netzen sind die meisten Knoten nicht miteinander verknüpft und die globale Koeffizientenmatrix hat viele Nullelemente. Sie ist dünn besetzt und bandförmig. Für die Lösung solcher Gleichungssysteme eignen sich besonders iterative Verfahren wie in § 6.4.2. Sie sind schnell und die Matrix muss nicht gespeichert werden, wodurch der Speicherbedarf des Rechners erheblich reduziert ist.

22.2.4 Allgemeine Bemerkungen

In den vorherigen Paragraphen haben wir die prinzipielle Vorgehensweise der FEM kennengelernt. Allerdings haben wir uns dabei auf zweidimensionale elektrostatische Probleme beschränkt. Dennoch ist die Methode bei allgemeineren Problemen sehr ähnlich.

Das entsprechende Funktional wird normalerweise auf dieselbe Art und Weise gefunden wie für die Elektrostatik. Man geht von den zugehörigen Differentialgleichungen aus und formt diese unter Verwendung allgemeiner Eigenschaften des Differentialoperators solange um, bis ein geeignetes Funktional gefunden ist. Beispiele findet man in [Zhou] und [Sadi]. Manchmal kann man das Funktional auch direkt aus der physikalischen Eigenschaft des Problems herleiten.

Im Dreidimensionalen ist das einfachste Element, welches den Raum lückenlos überdeckt, ein Tetraeder mit vier Knoten, Abb. 22.8. Für die unbekannte Funktion macht man wiederum einen linearen Ansatz im Element i

$$
f^{(i)}(x, y, z) = a^{(i)} + b^{(i)}x + c^{(i)}y + d^{(i)}z .
$$

Die weitere Vorgehensweise ist wie im zweidimensionalen Fall. Man drückt die Konstanten a, b, c, d durch die Funktionswerte in den Elementknoten aus und setzt $f^{(i)}$ in das Funktional ein. Summation über alle finiten Elemente und anschließende Minimierung des Funktionals ergibt ein lineares Gleichungssystem für die unbekannten Funktionswerte in den Knoten.

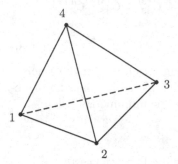

Abb. 22.8. Tetraeder als dreidimensionales finites Element

Tiefergehende Fragestellungen wie die Wahl der Diskretisierung und ihre Verfeinerung, Erfüllung verschiedener Randbedingungen, Fehlerabschätzungen u.s.w. sollen hier nicht erörtert werden. Man findet sie z.B. in [Kost] und [Sadi].

22.3 Finite-Differenzen-Methode. Zeitbereich

Das Prinzip der Finite-Differenzen-Methode (FDM) wurde bereits in §6.4.2 erläutert. Als Beispiele dienten die Berechnung des Potentials eines Plattenkondensators und die Eigenwellen einer Parallelplattenleitung in §14.7. Die FDM ist die einfachste und allgemeinste numerische Methode. Komplizierte und inhomogene Materialverteilungen sind einfach zu implementieren, ebenso wie Anregungsprobleme. Eine Fehlerabschätzung ist leicht vorzunehmen und für die auftretenden Gleichungen gibt es schnelle, iterative Lösungsmethoden. Große Matrizen müssen weder gespeichert noch invertiert werden. Dadurch ist der Speicherbedarf mäßig und die Behandlung von Problemen selbst mit vielen Millionen Gitterpunkten ist möglich. Die Rechenzeit skaliert nahezu linear mit der Anzahl der Unbekannten. Nachteilig wirkt sich das erforderliche regelmäßige, topologische Gitter aus. Es erlaubt nur eine unbefriedigende Gitterverfeinerung und eine adaptive Netzgenerierung ist kaum möglich. Auch ist die Genauigkeit typischerweise eine Größenordnung schlechter als bei anderen Methoden. Dennoch hat sich die FDM zur Lösung von elektromagnetischen Problemen durchgesetzt. Die Gründe dafür sind neben den oben genannten Vorteilen vor allem die Möglichkeit, auf einfache Art und Weise Lösungen im Zeitbereich zu erhalten. Lösungen im Zeitbereich haben viele Vorteile. Man erhält mit einer einzigen Simulation breitbandige Frequenzantworten. Das Einschwingverhalten von komplizierten Anordnungen und Schaltkreisen kann untersucht werden. Mit Zeitbereichsreflektometrie können Positionen und Größe von Unstetigkeiten bestimmt werden. Da die Feldgrößen überall im Raum und zu jedem Zeitpunkt bekannt sind, können Nichtlinearitäten, abhängig von der aktuellen Feldgröße, berücksichtigt werden. Auch bei der Implementierung gibt es Vorteile. Da das zeitliche „Updaten" der Feldgrößen lokal geschieht, kann man bestimmte Gruppen von Gitterpunkten jeweils einem Prozessor zuordnen. Eine Parallelrechnung liegt auf der Hand und ist relativ einfach durchzuführen.

22.3.1 Eindimensionale Wellengleichung. Stabilität. Genauigkeit. Gitterdispersion

Eine erste Zeitbereichslösung sei am Beispiel der eindimensionalen Wellengleichung vorgeführt

$$\frac{\partial^2 E}{\partial t^2} = c^2 \frac{\partial^2 E}{\partial x^2} \ . \tag{22.31}$$

Der Lösungsbereich sei $x \in [0, a]$ mit Randbedingungen

$$E(0, t) = E(a, t) = 0 \tag{22.32}$$

und Anfangsbedingungen

$$E(x, 0) = f(x) \quad , \quad \frac{\partial}{\partial t} E(x, t)\Big|_{t=0} = g(x) \ . \tag{22.33}$$

Um das Problem zu diskretisieren, verwenden wir die zentrale Differenz (6.92). Der Index i wird für die räumliche Diskretisierung $i\Delta x$ benutzt und der Index k für die zeitliche Diskretisierung $k\Delta t$. Damit wird aus (22.31)

$$\frac{1}{\Delta t^2} \left(E_i^{k+1} - 2E_i^k + E_i^{k-1} \right) = \frac{c^2}{\Delta x^2} \left(E_{i+1}^k - 2E_i^k + E_{i-1}^k \right)$$

oder

$$E_i^{k+1} = 2 \left[1 - \left(c\frac{\Delta t}{\Delta x} \right)^2 \right] E_i^k - E_i^{k-1} + \left(c\frac{\Delta t}{\Delta x} \right)^2 \left(E_{i+1}^k + E_{i-1}^k \right) \ .$$

$$\tag{22.34}$$

Aus den Rand- und Anfangsbedingungen (22.32), (22.33) wird

$$E_0^k = E_I^k = 0 \quad , \quad E_i^0 = f_i \quad , \quad \frac{\partial}{\partial t} E(i\Delta x, t)\Big|_{t=0} = g_i \ . \tag{22.35}$$

In der letzten Gleichung tritt noch die Differentiation nach der Zeit auf. Diese wird allerdings nicht direkt benötigt, sondern wir verwenden sie, um mit Hilfe der TAYLOR-Entwicklung und der Wellengleichung (22.31) das Feld zum Zeitpunkt $k = 1$ herzuleiten. Es ist nämlich

$$E(x, \Delta t) = E(x,0) + \frac{\partial}{\partial t} E(x,t)\bigg|_{t=0} \Delta t + \frac{1}{2} \frac{\partial^2}{\partial t^2} E(x,t)\bigg|_{t=0} \Delta t^2 + O(\Delta t^3)$$

$$= f(x) + g(x)\,\Delta t + \frac{1}{2}\, c^2 \Delta t^2 \frac{\partial^2}{\partial x^2} E(x,0) + O(\Delta t^3)$$

und nach räumlicher Diskretisierung

$$E_i^1 = f_i + g_i \Delta t + \frac{1}{2} \left(c\, \frac{\Delta t}{\Delta x} \right)^2 (f_{i+1} - 2f_i + f_{i-1}) + O(\Delta t^3)$$

$$\approx \left[1 - \left(c\, \frac{\Delta t}{\Delta x} \right)^2 \right] f_i + \Delta t\, g_i + \frac{1}{2} \left(c\, \frac{\Delta t}{\Delta x} \right)^2 (f_{i+1} + f_{i-1}) , \quad (22.36)$$

d.h. E_i^1 ist vollständig aus den Anfangsbedingungen berechenbar. Somit ist mit (22.34) auch das Feld für alle Zeiten $t_k = k\Delta t$, $k > 1$, berechenbar.

Eine wichtige Frage ist, ob die iterative Lösung (22.34) stabil ist und wie genau sie ist. Die Stabilität wird gewährleistet durch die COURANT'sche *Stabilitätsgrenze*. Ihre physikalische Interpretation sagt, dass der Zeitschritt Δt kleiner als die Zeit sein muss, die das Feld benötigt, um durch eine Zelle zu laufen. Im Eindimensionalen heißt dies

$$\Delta t \le \frac{\Delta x}{c} . \tag{22.37}$$

Daraus folgt, dass bei einer Verfeinerung des Gitters auch die Zeitschrittweite verkleinert werden muss und der Rechenaufwand entsprechend steigt, und dass bei einem ungleichmäßigen Gitter die kleinste Zelle die Zeitschrittweite bestimmt.

Die Frage nach der Genauigkeit der Lösung versuchen wir wieder an einem Beispiel zu untersuchen. Dazu betrachten wir die exakte Lösung der Wellengleichung (22.31) mit den Randwerten (22.32)

$$E(x,t) = \sin(k_x x - \omega t) \quad , \quad k_x = \frac{2\pi}{\lambda_x} = \frac{\pi}{a} . \tag{22.38}$$

Deren zweite Ableitung ist

$$\frac{\partial^2 E}{\partial x^2} = -k_x^2 \sin(k_x x - \omega t) . \tag{22.39}$$

Die Diskretisierung der exakten Lösung (22.38)

$$E_i^k = \sin(k_x i \Delta x - \omega k \Delta t)$$

ergibt für die zweite Ableitung

$$\frac{1}{\Delta x^2} \left[E_{i+1}^k - 2E_i^k + E_{i-1}^k \right] = \frac{1}{\Delta x^2} \Big[\sin(k_x i \Delta x + k_x \Delta x - \omega k \Delta t)$$

$$- 2\sin(k_x i \Delta x - \omega k \Delta t) + \sin(k_x i \Delta x - k_x \Delta x - \omega k \Delta t) \Big]$$

$$= \frac{1}{\Delta x^2} \left[2\sin(k_x i \Delta x - \omega k \Delta t) \cos(k_x \Delta x) - 2\sin(k_x i \Delta x - \omega k \Delta t) \right]$$

$$= \frac{2}{\Delta x^2} \left[\cos(k_x \Delta x) - 1 \right] \sin(k_x i \Delta x - \omega k \Delta t)$$

$$= \frac{2}{\Delta x^2} \left[\cos(k_x \Delta x) - 1 \right] \sin(k_x x - \omega t) \;. \tag{22.40}$$

Vergleicht man die durch Diskretisierung entstandene Näherung (22.40) mit der exakten Lösung (22.39), so liegt offenbar eine gute Näherung vor, wenn

$$-k_x^2 \approx \frac{2}{\Delta x^2} \left[\cos(k_x \Delta x) - 1 \right]$$

oder

$$-\frac{1}{2} \left(k_x \Delta x \right)^2 \approx \cos(k_x \Delta x) - 1 \;. \tag{22.41}$$

Eine Aussage über die zulässige Schrittweite bei gegebenem Fehler folgt aus der Forderung, dass der relative Fehler der Näherung kleiner gleich ε sein soll

$$\left| \frac{[\cos(k_x \Delta x) - 1] - [-\frac{1}{2} k_x^2 \Delta x^2]}{[-\frac{1}{2} k_x^2 \Delta x^2]} \right| \leq \varepsilon$$

und nach Verwendung der Reihenentwicklung des Kosinus

$$\frac{1}{4!} (k_x \Delta x)^4 \bigg/ \frac{1}{2} (k_x \Delta x)^2 = \frac{1}{12} (k_x \Delta x)^2 \lesssim \varepsilon \;.$$

Sinnvollerweise drückt man die Schrittweite als Bruchteil der Wellenlänge aus und man erhält schließlich

$$k_x \Delta x = 2\pi \frac{\Delta x}{\lambda_x} \leq \sqrt{12\varepsilon} \quad \rightarrow \quad \frac{\Delta x}{\lambda_x} \lesssim \frac{\sqrt{\varepsilon}}{1.8} \;. \tag{22.42}$$

Eine völlig analoge Rechnung kann für die zweite Zeitableitung gemacht werden und führt auf

$$\omega \Delta t = \frac{\omega}{c} \left(c \frac{\Delta t}{\Delta x} \right) \Delta x = \left(c \frac{\Delta t}{\Delta x} \right) k_x \Delta x \lesssim \sqrt{12\varepsilon} \;. \tag{22.43}$$

Da die Stabilitätsgrenze (22.37) bei $c\Delta t/\Delta x = 1$ liegt, ist (22.43) automatisch erfüllt, wenn (22.42) erfüllt ist. Will man also Felder der Frequenz f und der Wellenlänge λ_x mit einem Fehler von ungefähr 1% berechnen, so müssen räumliche und zeitliche Schrittweiten bei

$$\Delta x \approx \lambda_x/18 \quad , \quad \Delta t = \Delta x/c \approx 1/18f = T/18 \tag{22.44}$$

liegen.

Obige Betrachtungen über die Genauigkeit der Lösung lassen sich auch anders interpretieren. Wir gehen wiederum von der exakten Lösung (22.38) aus und setzen sie in die diskretisierte Wellengleichung ein. Mit (22.40) und dem entsprechenden Ausdruck für die zweite Zeitableitung wird

$$\frac{2}{\Delta x^2}\left[\cos(k_x\Delta x)-1\right]\sin(k_x i\Delta x-\omega k\Delta t)$$

$$=\frac{2}{c^2\Delta t^2}\left[\cos(\omega\Delta t)-1\right]\sin(k_x i\Delta x-\omega k\Delta t)$$

oder

$$\cos(\omega\Delta t)-1=\left(c\frac{\Delta t}{\Delta x}\right)^2\left[\cos(k_x\Delta x)-1\right].$$

Nach Verwendung von $1-\cos 2x=2\sin^2 x$ wird daraus

$$\sin\left(\frac{1}{2}\omega\Delta t\right)=c\frac{\Delta t}{\Delta x}\sin\left(\frac{1}{2}k_x\Delta x\right).$$

Dies schreiben wir etwas um und benutzen dabei die Phasengeschwindigkeit der Welle

$$v_{ph}=\frac{\omega}{k_x},$$

das Stabilitätskriterium (22.37)

$$\Delta t=\alpha\frac{\Delta x}{c}\quad,\quad \alpha\le 1$$

und die Wellenzahl des freien Raumes $k=\omega/c=2\pi/\lambda_0$

$$\sin\left(\alpha\pi\frac{\Delta x}{\lambda_0}\right)=\alpha\sin\left(\frac{\pi}{v_{ph}/c}\frac{\Delta x}{\lambda_0}\right),$$

nach v_{ph}/c aufgelöst

$$\frac{v_{ph}}{c}=\frac{\pi\Delta x/\lambda_0}{\arcsin\left(\frac{1}{\alpha}\sin(\alpha\pi\Delta x/\lambda_0)\right)}.\tag{22.45}$$

Die Phasengeschwindigkeit der Welle hängt vom Verhältnis der räumlichen Schrittweite zur Wellenlänge ab. Zu jeder Frequenz gehört eine andere Phasengeschwindigkeit. Der diskretisierte Raum zeigt immer eine Dispersion. Man spricht in diesem Fall von *Gitterdispersion*. Zusätzlich hängt die Phasengeschwindigkeit auch noch von der Zeitschrittweite, d.h. α, ab. Abb. 22.9 zeigt v_{ph}/c über $\Delta x/\lambda_0$ für verschiedene α.

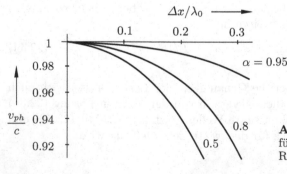

Abb. 22.9. Gitterdispersion für eine ebene Welle im freien Raum. $\Delta t=\alpha\Delta x/c$

Offensichtlich nimmt die Dispersion für kleine Zeitschrittweiten zu. Man wird daher in der Praxis, auch aus Gründen der Rechenzeit, möglichst große Zeitschrittweiten wählen, die allerdings das Stabilitätskriterium (22.37) erfüllen müssen.

Nun wird klar, wie man den Fehler der numerischen Lösung (22.34) interpretieren kann als einen Fehler in der Phasengeschwindigkeit der Welle. Die im Lösungsbereich $x \in [0, a]$ stehende Welle besteht aus vorwärts und rückwärts laufenden ebenen Wellen, die an den Rändern ständig reflektiert werden. Durch die etwas zu niedrige Phasengeschwindigkeit ist der Phasenvorschub zwischen den Rändern zu groß und die gefundene Resonanzfrequenz zu niedrig. Genau dies ist der Fall bei der numerischen Lösung von (22.31), (22.32). Je kleiner die räumliche Schrittweite gewählt wird, desto kleiner ist der Fehler in der Phasengeschwindigkeit und desto genauer wird die Resonanzfrequenz.

22.3.2 Diskretisierung der Maxwell'schen Gleichungen

Am einfachsten und allgemeinsten ist die FDM, wenn die MAXWELLschen Gleichungen direkt diskretisiert werden. Man spricht dann von der *Finite-Differenzen-Time-Domain* (FDTD) Methode. Dies hat Vorteile bei der Implementierung von Randbedingungen und Stetigkeitsbedingungen zwischen unterschiedlichen Materialien sowie bei Anregungsproblemen. Von Vorteil ist auch, dass bei der Auswertung von Ergebnissen keine die Genauigkeit reduzierende Differentiation durchgeführt werden muss, wie z.B. die Ableitung des elektrischen Feldes aus dem Potential.

Durchgesetzt hat sich dabei die Methode von YEE [Yec], bei welcher das elektrische Feld einem Primärgitter zugeordnet ist und das magnetische Feld einem, um eine halbe Gitterschrittweite versetzten, dualen Gitter. Eine äquivalente Diskretisierung wurde später von WEILAND [Weil] als finite Integration vorgestellt. Da sie vom Verständnis her einfacher ist als die YEE'sche Ableitung, wollen wir mit ihrer Hilfe die FDTD Gleichungen herleiten.

In einem isotropen Medium lauten die beiden ersten MAXWELLschen Gleichungen in integraler Form

$$\oint_S \boldsymbol{B} \cdot \mathrm{d}\boldsymbol{s} = \int_F \mu\kappa\boldsymbol{E} \cdot \mathrm{d}\boldsymbol{F} + \int_F \mu\varepsilon\,\frac{\partial \boldsymbol{E}}{\partial t} \cdot \mathrm{d}\boldsymbol{F}\,,$$

$$\oint_S \boldsymbol{E} \cdot \mathrm{d}\boldsymbol{s} = -\int_F \frac{\partial \boldsymbol{B}}{\partial t} \cdot \mathrm{d}\boldsymbol{F}\,. \tag{22.46}$$

Sie stellen in kartesischen Koordinaten ein System von sechs skalaren Gleichungen dar. Man überzieht nun das Rechengebiet mit einem rechtwinkligen Gitter, dem primären Gitter, so dass als Elementarzellen Quader entstehen. Auf den Kanten der Quader nimmt man konstante elektrische Feldkomponenten an. Auf den Kanten eines zweiten, dualen Gitters, welches gegenüber dem Primärgitter um eine halbe Gitterschrittweite verschoben ist, legt man

konstante Komponenten der magnetischen Induktion. Bei einer solchen Anordnung sind die elektrischen Feldkomponenten tangential zu den Kanten
des Primärgitters und die magnetische Induktion steht senkrecht auf den
Flächen eines Primärquaders. Bezüglich des dualen Gitters sind die magnetischen Feldkomponenten tangential und die elektrischen normal. Auf die
Oberfläche der Elementarquader wendet man nun die Gleichungen (22.46)
an. Dies wird anhand der Abb. 22.10 klar.

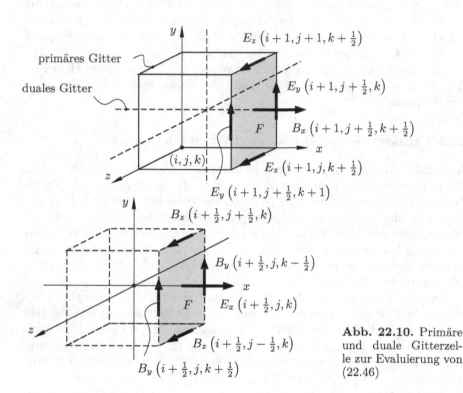

Abb. 22.10. Primäre und duale Gitterzelle zur Evaluierung von (22.46)

So erhält man z.B. für die Fläche F einer dualen und primären Gitterzelle

$$\left[B_y\left(i+\tfrac{1}{2},j,k-\tfrac{1}{2}\right) - B_y\left(i+\tfrac{1}{2},j,k+\tfrac{1}{2}\right)\right]\Delta y +$$
$$+ \left[B_z\left(i+\tfrac{1}{2},j+\tfrac{1}{2},k\right) - B_z\left(i+\tfrac{1}{2},j-\tfrac{1}{2},k\right)\right]\Delta z =$$
$$= \mu\left[\kappa E_x\left(i+\tfrac{1}{2},j,k\right) + \varepsilon\frac{\partial}{\partial t}E_x\left(i+\tfrac{1}{2},j,k\right)\right]\Delta y\Delta z$$

$$\left[E_y\left(i+1,j+\tfrac{1}{2},k\right) - E_y\left(i+1,j+\tfrac{1}{2},k+1\right)\right]\Delta y +$$
$$+ \left[E_z\left(i+1,j+1,k+\tfrac{1}{2}\right) - E_z\left(i+1,j,k+\tfrac{1}{2}\right)\right]\Delta z =$$
$$= -\frac{\partial}{\partial t}B_x\left(i+1,j+\tfrac{1}{2},k+\tfrac{1}{2}\right)\Delta y\Delta z \ . \tag{22.47}$$

Die noch verbleibende Differentiation nach der Zeit wird ebenfalls durch eine zentrale Differenz ausgedrückt, wobei das B-Feld zu Zeitpunkten $\left(n + \frac{1}{2}\right) \Delta t$ und das E-Feld zu Zeitpunkten $n\Delta t$ verwendet wird. Auf diese Art und Weise lassen sich die Gleichungen iterativ lösen. Dann wird aus den Beispielen (22.47)

$$B_x^{n+\frac{1}{2}}\left(i+1, j+\tfrac{1}{2}, k+\tfrac{1}{2}\right) = B_x^{n-\frac{1}{2}}\left(i+1, j+\tfrac{1}{2}, k+\tfrac{1}{2}\right)$$

$$-\frac{\Delta t}{\Delta z}\left[E_y^n\left(i+1, j+\tfrac{1}{2}, k\right) - E_y^n\left(i+1, j+\tfrac{1}{2}, k+1\right)\right]$$

$$-\frac{\Delta t}{\Delta y}\left[E_z^n\left(i+1, j+1, k+\tfrac{1}{2}\right) - E_z^n\left(i+1, j, k+\tfrac{1}{2}\right)\right]$$

$$E_x^{n+1}\left(i+\tfrac{1}{2}, j, k\right) = \left[1 - \frac{\kappa}{\varepsilon}\,\Delta t\right] E_x^n\left(i+\tfrac{1}{2}, j, k\right)$$

$$+\frac{\Delta t}{\mu\varepsilon\Delta z}\left[B_y^{n+\frac{1}{2}}\left(i+\tfrac{1}{2}, j, k-\tfrac{1}{2}\right) - B_y^{n+\frac{1}{2}}\left(i+\tfrac{1}{2}, j, k+\tfrac{1}{2}\right)\right]$$

$$+\frac{\Delta t}{\mu\varepsilon\Delta y}\left[B_z^{n+\frac{1}{2}}\left(i+\tfrac{1}{2}, j+\tfrac{1}{2}, k\right) - B_z^{n+\frac{1}{2}}\left(i+\tfrac{1}{2}, j-\tfrac{1}{2}, k\right)\right] . \quad (22.48)$$

Entsprechende Gleichungen folgen für die anderen Flächen der Elementarquader.

Aus den Anfangswerten $\boldsymbol{E}^1$, $\boldsymbol{B}^{\frac{1}{2}}$ berechnet man $\boldsymbol{B}^{\frac{3}{2}}$, anschließend aus $\boldsymbol{E}^1$, $\boldsymbol{B}^{\frac{3}{2}}$ das Feld $\boldsymbol{E}^2$ u.s.w.. Selbstverständlich gibt es verschiedene Wege, um die Nummerierung der Positionen, an denen die Felder benötigt werden, durchzuführen. Hier haben wir eine Nummerierung gewählt, die der räumlichen Position entspricht. In einem Programm wird man eine Nummerierung wählen mit einem Minimum an notwendigen Rechenoperationen.

Die beschriebene Vorgehensweise für die FDTD hat einige gewichtige Vorteile. Erstens sind die beiden MAXWELLschen Divergenzgleichungen automatisch erfüllt. Es können sich, außer innerhalb der Rechengenauigkeit, keine Restladungen auf den Gitterknoten ansammeln. Die Erfüllung der Divergenzfreiheit ist ein gutes Maß für die Qualität der Lösung. Zweitens sind Randbedingungen, die normalerweise entweder das tangentiale elektrische oder magnetische Feld vorschreiben, einfach auf den Quaderoberflächen zu erfüllen. Drittens gibt sie einen direkten Hinweis, wie Ränder besser als durch Stufen approximiert werden können. Abb. (22.11) zeigt die prinzipielle Vorgehensweise im zweidimensionalen Fall. Bei der Ausführung des Umlaufintegrals über $\boldsymbol{E}$ z.B. wird die Komponente E_2 nur auf dem Stück $\Delta y'$ und die Komponente E_3 nur auf $\Delta x'$ berücksichtigt. Auf der Schrägen muss die tangentiale Feldstärke verschwinden, was zu einer Verknüpfung zwischen E_2 und E_3 führt

$$E_3 \cos\alpha - E_2 \sin\alpha = 0 .$$

Das Flächenintegral geht nur über die schraffierte Fläche. Schließlich ist das Verfahren auch gut geeignet, um unterschiedliche Materialfüllungen zu behandeln.

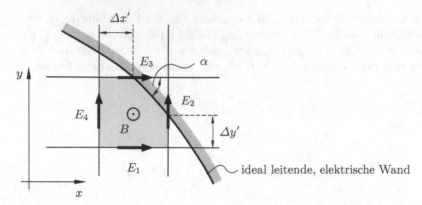

Abb. 22.11. Annäherung des Randes durch einen Polygonzug in zwei Dimensionen

Wie in dem zweidimensionalen Beispiel in Abb. 22.12 ersichtlich ist, sind die E-Felder tangential zu den Flächen der Zellen und die B-Felder normal. Die Stetigkeitsbedingungen sind automatisch erfüllt. Für die duale Gitterzelle erhält man z.B.

$$(B_1 + B_2 - B_3 - B_4)\Delta s = \left(\frac{1}{4}\,\mu_1\varepsilon_1 + \frac{3}{4}\,\mu_2\varepsilon_2\right)\frac{\partial E}{\partial t}\,\Delta s^2 .$$

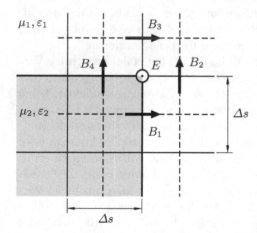

Abb. 22.12. Inhomogene Materialfüllung in zwei Dimensionen

Abschließend sei noch erwähnt, dass die FDM, ebenso wie die FEM, im Prinzip endliche Rechengebiete voraussetzt. Probleme mit unbegrenzten Gebieten, wie Antennen, die ins Unendliche strahlen, benötigen ein unendlich ausgedehntes Gitter, was natürlich nicht möglich ist. Abhilfe können in diesen Fällen sogenannte *absorbierende Randbedingungen* schaffen, die auf einer die

Quellen umfassenden Hüllfläche implementiert werden und den unbegrenzten Raum modellieren.

Fragen zur Prüfung des Verständnisses

22.1 Wie ist die allgemeine Vorgehensweise bei nicht problemorientierten Methoden?

22.2 Skizziere die generelle Vorgehensweise der Momentenmethode.

22.3 Was ist eine approximative Projektion?

22.4 Was ist ein Funktional?

22.5 Bilde die Variation eines Funktionals.

22.6 Gib ein Funktional für die Elektrostatik an.

22.7 Gibt es einen Zusammenhang zwischen Zeit- und Raumschrittweite in der FDM?

22.8 Was ist Gitterdispersion?

22.9 Zeichne das Gitter für die Methode der finiten Integration.

22.10 Führe auf einer Gitterfläche eine finite Integration aus.

Animationen im Internet

Zu einigen Kapiteln dieses Lehrbuches wurden zur Veranschaulichung des Stoffes Animationen erstellt, die der Leser im Internet auf der Seite

https://www.tet.tu-berlin.de/fileadmin/fg277/Animationen/

einsehen kann. Die folgende Auflistung gibt einen Überblick über die zur Zeit verfügbaren Animationen mit Hinweis auf das entsprechende Kapitel im Buch.

Dielektrische Kugel im homogenen Feld	(§ 4.3)
Zweidimensionale FOURIER-Entwicklung	(§ 6.2.1)
Randwertaufgabe in kartesischen Koordinaten	(§ 6.2.1)
Randwertaufgabe in Polarkoordinaten	(§ 6.2.3)
FOURIER-BESSEL-Entwicklung	(§ 6.2.4)
Geladener Rechteckleiter, Integralmethode	(§ 6.4.1)
Plattenkondensator, FDM	(§ 6.4.2)
Diffusion im Quader	(§ 12.5.1)
Diffusion im Zylinder	(§ 12.5.2)
Diffusionswelle	(§ 12.7)
Skineffekt im Rechteckleiter	(§ 12.8)
Magnetschwebebahn, Linearmotor	(§ 12.10)
Ebene Welle	(§ 14.2)
Rechteckhohlleiter	(§ 14.5.1)
Rechteckresonator	(§ 14.5.1)
HERTZ'scher Dipol	(§ 16.3)
Feld einer bewegten Punktladung	(§ 16.11)

Weitere Animationen sind in Arbeit.

© Der/die Autor(en), exklusiv lizenziert durch Springer-Verlag GmbH, DE, ein Teil von Springer Nature 2020
H. Henke, *Elektromagnetische Felder*, https://doi.org/10.1007/978-3-662-62235-3

Übersicht über Symbole und Einheiten

Symbol	physikalische Größe	Einheit
A	Arbeit	$\mathrm{J = VAs = Ws}$
$\boldsymbol{A}$	magnetisches Vektorpotential	$\mathrm{Vsm^{-1}}$ $(\boldsymbol{B}=\nabla\times\boldsymbol{A})$
		A $\qquad(\boldsymbol{H}=\nabla\times\boldsymbol{A})$
$\boldsymbol{B}$	magnetische Induktion	$\mathrm{T = Vsm^{-2}}$
C	Kapazität	$\mathrm{F = AsV^{-1}}$
$\boldsymbol{D}$	dielektrische Verschiebung	$\mathrm{Asm^{-2}}$
e	Elementarladung	$\mathrm{C = As}$
$\boldsymbol{E}$	elektrische Feldstärke	$\mathrm{Vm^{-1}}$
f	Frequenz	$\mathrm{Hz = s^{-1}}$
F	Fläche	$\mathrm{m^2}$
$\boldsymbol{H}$	magnetische Feldstärke	$\mathrm{Am^{-1}}$
i, I	Stromstärke	A
$\boldsymbol{J}, \boldsymbol{J}_{mag}$	Stromdichte	$\mathrm{Am^{-2}}$
$\boldsymbol{J}_F, \boldsymbol{J}_{Fmag}$	Flächenstromdichte	$\mathrm{Am^{-1}}$
$\boldsymbol{k}$	Kraftdichte	$\mathrm{Nm^{-3}}$
$\boldsymbol{K}$	Kraft	$\mathrm{N = VAsm^{-1}}$
L	Induktivität	$\mathrm{H = VsA^{-1}}$
m	Masse	$\mathrm{kg = VAs^3m^{-2}}$
$\boldsymbol{M}$	Magnetisierung	$\mathrm{Am^{-1}}$
O	Oberfläche	$\mathrm{m^2}$
$\boldsymbol{P}$	elektrische Polarisation	$\mathrm{Asm^{-2}}$
$\boldsymbol{p}_e$	elektrisches Dipolmoment	Asm
$\boldsymbol{p}_m$	magnetisches Dipolmoment	$\mathrm{Am^2}$
p_V	Verlustleistungsdichte	$\mathrm{Wm^{-3} = AVm^{-3}}$
P_V	Verlustleistung	$\mathrm{W = AV}$
q, Q	Ladung	$\mathrm{C = As}$

H. Henke, *Elektromagnetische Felder*, https://doi.org/10.1007/978-3-662-62235-3

Symbol	physikalische Größe	Einheit
q_L	Linienladungsdichte	Asm^{-1}
q_F, q_{Fpol}	Flächenladungsdichte	Asm^{-2}
q_V, q_{Vpol}	Raumladungsdichte	Asm^{-3}
R	elektrischer Widerstand	$\Omega = \mathrm{VA}^{-1}$
R_m	magnetischer Widerstand	$\mathrm{Ss}^{-1} = \mathrm{AV}^{-1}\mathrm{s}^{-1}$
s	Weg	m
$\boldsymbol{S}$, $\boldsymbol{S}_k$	POYNTING'scher Vektor	$\mathrm{Wm}^{-2} = \mathrm{VAm}^{-2}$
$\boldsymbol{T}$	Drehmoment	$\mathrm{J} = \mathrm{Nm} = \mathrm{VAs}$
T	MAXWELL'scher Spannungstensor	$\mathrm{Nm}^{-2} = \mathrm{VAsm}^{-3}$
u, U	elektrische Spannung	V
V	Volumen	m^3
$\boldsymbol{v}$	Geschwindigkeit	ms^{-1}
w_e, w_m	Energiedichte	$\mathrm{Jm}^{-3} = \mathrm{AVsm}^{-3}$
W_e, W_m	Energie	$\mathrm{J} = \mathrm{AVs}$
Z, Z_L	Wellenwiderstand	$\Omega = \mathrm{VA}^{-1}$
δ_S	Eindringtiefe	m
ε	Dielektrizitätskonstante	$\mathrm{AsV}^{-1}\mathrm{m}^{-1}$
ϕ	elektrisches Skalarpotential	V
ϕ_m	magnetisches Skalarpotential	A
κ	elektrische Leitfähigkeit	$\mathrm{Sm}^{-1} = \mathrm{AV}^{-1}\mathrm{m}^{-1}$
λ	Wellenlänge	m
μ	Permeabilitätskonstante	$\mathrm{VsA}^{-1}\mathrm{m}^{-1}$
τ_r	Relaxationszeit	s
ω	Kreisfrequenz	s^{-1}
$\boldsymbol{\omega}$	Winkelgeschwindigkeit	s^{-1}
ψ_e	elektrischer Fluss	$\mathrm{C} = \mathrm{As}$
ψ_m, Ψ_m	magnetischer Fluss	$\mathrm{Wb} = \mathrm{Tm}^2$

A=Ampere, C=Coulomb, F=Farad, H=Hertz, J=Joule, kg=Kilogramm, m=Meter, N=Newton, s=Sekunde, S=Siemens, T=Tesla, V=Volt, W=Watt, Wb=Weber, Ω=Ohm

Literaturverzeichnis

Mathematische Grundlagen

[Abra] Abramowitz, M., Stegun, I. A.: Handbook of mathematical functions. Dover Publications, New York, 1972.

[Moon] Moon, P., Spencer, D.E.: Field theory handbook. Springer, Berlin 1988. Krummlinige Koordinaten. Funktionen. Separation partieller Differentialgleichungen.

[Spie] Spiegel, M.R.: Vector analysis. Schaum Publishing Company, New York. Gute Einführung in Vektoranalysis mit vielen Übungen.

Physikalische Grundlagen. Historie

[Elli] Elliot, R.S.: Electromagnetics. History, Theory and Application. IEEE Press, Piscataway, 1993.
Gute historische Übersicht und Erklärung.

[Feyn] Feynman, R.P., Leighton, R.B., Sands, M.: Vorlesungen über Physik Teil 2, Elektromagnetismus und Materie. R. Oldenbourg, München.
Didaktisch hervorragende Behandlung der Physik des Elektromagnetismus.

[Purc] Purcell, E.M.: Elektrizität und Magnetismus. Berkeley Physik Kurs 2. Vieweg, Braunschweig.
Ausführliche und gründliche Erklärung der wesentlichen elektromagnetischen Phänomene.

[Somm] Sommerfeld, A.: Vorlesungen über Theoretische Physik, Band III Elektrodynamik. Verlag Harri Deutsch, 1988.

[Tink] Tinkham, M.: Introduction to superconductivity, 2. Auflage. Dover Books on Physics, 2004.

Umfassende Lehrbücher über die elektromagnetische Theorie

[Kong] Kong, J. A.: Electromagnetic wave theory. Wiley & Sons, New York, 1986.

[Jack] Jackson, J.D.: Klassische Elektrodynamik. 3.Auflage, De Gruyter, 2002.

[Simo] Simonyi, K.: Theoretische Elektrotechnik. J.A. Barth, Leipzig, 1993.

Elektromagnetische Theorie

[Chen] Cheng, D.K.: Field and wave electromagnetics. Addison-Wesley, Reading, 1990.

[Grif] Griffiths, D.J.: Introduction to electrodynamics. Prentice Hall, Upper-Saddle River, 1999.

[Krög] Kröger, R., Unbehauen, R.: Elektrodynamik. Teubner, Stuttgart, 1993.

[Lehn] Lehner, G.: Elektromagnetische Feldtheorie für Ingenieure und Physiker. Springer, Berlin, 1994.

© Der/die Autor(en), exklusiv lizenziert durch Springer-Verlag GmbH, DE, ein Teil von Springer Nature 2020
H. Henke, *Elektromagnetische Felder*, https://doi.org/10.1007/978-3-662-62235-3

[Mari] Marion, J.B., Heald, M.A.: Classical electromagnetic radiation. Academic Press Inc., Orlando, 1980.

[Nolt] Nolting, W.: Grundkurs Theoretische Physik 3, Elektrodynamik. Zimmermann-Neufang, Ulmen, 1990.

[Schw] Schwartz, M.: Principles of electrodynamics. Dover Publications, New York, 1972.

[Wolf] Wolff, I.: Maxwell'sche Theorie. Springer, Berlin, 1997.

Einführung in numerische Simulation

[Coga] De Cogan, D., De Cogan, A.: Applied numerical modelling for engineers. Oxford University Press, New York, 1997.

Numerische Feldberechnung

[Boot] Booton, C.: Computational methods for electromagnetics and microwaves. Wiley, New York, 1992.

[Harr] Harrington, R.F.: Field computation by moment methods. Macmillan, New York, 1968.

[Kost] Kost, A.: Numerische Methoden in der Berechnung elektromagnetischer Felder. Springer, Berlin, 1994.

[Sadi] Sadiku, M. N. O.: Numerical techniques in electromagnetics. CRC Press, Boca Raton, 1992.

[Swan] Swanson, D. G., Hoefer, W. J. R.: Microwave circuit modelling using electromagnetic field simulation. Artech House, Norwood, 2003.

[Weil] Weiland, T.: A discretization method for the solution of Maxwell's equations for six-component fields. Electronics and Communication (AEU), Vol. 31, 1977, pp. 116.

[Yee] Yee, K. S.: Numerical solution of initial boundary-value problems involving Maxwell's equations in isotropic media. IEEE Trans. Ant. Prop., Vol. AP-14, No. 5, 1996, pp 302-307.

[Zhou] Zhou, Pei-bai: Numerical analysis of electromagnetic fields. Springer, Berlin, 1993.

Sachverzeichnis

© Der/die Autor(en), exklusiv lizenziert durch Springer-Verlag GmbH, DE,
ein Teil von Springer Nature 2020
H. Henke, *Elektromagnetische Felder*, https://doi.org/10.1007/978-3-662-62235-3

Wichtige Formeln

Vektoridentitäten

Dreifachprodukte

$$(A \times B) \cdot C = (C \times A) \cdot B = (B \times C) \cdot A$$

$$A \times (B \times C) = B(A \cdot C) - C(A \cdot B)$$

$$(A \times B) \cdot (C \times D) = (A \cdot C)(B \cdot D) - (A \cdot D)(B \cdot C) \,.$$

Einfache Ableitungen

$$\nabla(\phi\psi) = \psi\nabla\phi + \phi\nabla\psi$$

$$\nabla(A \cdot B) = A \times (\nabla \times B) + B \times (\nabla \times A) + (A \cdot \nabla)B + (B \cdot \nabla)A$$

$$\nabla \cdot (\phi A) = A \cdot \nabla\phi + \phi\nabla \cdot A$$

$$\nabla \cdot (A \times B) = B \cdot (\nabla \times A) - A \cdot (\nabla \times B)$$

$$\nabla \times (\phi A) = \nabla\phi \times A + \phi\nabla \times A$$

$$\nabla \times (A \times B) = (B \cdot \nabla)A - B(\nabla \cdot A) + A(\nabla \cdot B) - (A \cdot \nabla)B$$

Zweifache Ableitungen

$$\nabla \cdot (\nabla \times A) = 0 \quad , \quad \nabla \times (\nabla\phi) = 0$$

$$\nabla \times (\nabla \times A) = \nabla(\nabla \cdot A) - \nabla^2 A$$

Integralsätze

GAUSS
$$\int_V \nabla \cdot \boldsymbol{A} \, dV = \oint_O \boldsymbol{A} \cdot d\boldsymbol{F}$$

$$\int_V \nabla \phi \, dV = \oint_O \phi \, d\boldsymbol{F}$$

$$\int_V \nabla \times \boldsymbol{B} \, dV = -\oint_O \boldsymbol{B} \times d\boldsymbol{F}$$

GREEN
$$\int_V [\phi \nabla^2 \psi + \nabla \phi \cdot \nabla \psi] \, dV = \oint_O \phi \nabla \psi \cdot d\boldsymbol{F}$$

$$\int_V [\phi \nabla^2 \psi - \psi \nabla^2 \phi] \, dV = \oint_O [\phi \nabla \psi - \psi \nabla \phi] \cdot d\boldsymbol{F}$$

STOKES
$$\int_F (\nabla \times \boldsymbol{A}) \cdot d\boldsymbol{F} = \oint_S \boldsymbol{A} \cdot d\boldsymbol{s}$$

$$\int_F \nabla \phi \times d\boldsymbol{F} = -\oint_S \phi \, d\boldsymbol{s}$$

Differentialoperatoren in verschiedenen Koordinaten

Kartesische Koordinaten (x, y, z)

$$d\boldsymbol{s} = dx \, \boldsymbol{e}_x + dy \, \boldsymbol{e}_y + dz \, \boldsymbol{e}_z \quad , \quad dV = dx \, dy \, dz$$

$$\nabla \phi = \frac{\partial \phi}{\partial x} \boldsymbol{e}_x + \frac{\partial \phi}{\partial y} \boldsymbol{e}_y + \frac{\partial \phi}{\partial z} \boldsymbol{e}_z$$

$$\nabla \cdot \boldsymbol{A} = \frac{\partial A_x}{\partial x} + \frac{\partial A_y}{\partial y} + \frac{\partial A_z}{\partial z}$$

$$\nabla \times \boldsymbol{A} = \left(\frac{\partial A_z}{\partial y} - \frac{\partial A_y}{\partial z} \right) \boldsymbol{e}_x + \left(\frac{\partial A_x}{\partial z} - \frac{\partial A_z}{\partial x} \right) \boldsymbol{e}_y +$$

$$+ \left(\frac{\partial A_y}{\partial x} - \frac{\partial A_x}{\partial y} \right) \boldsymbol{e}_z$$

$$\nabla^2 \phi = \frac{\partial^2 \phi}{\partial x^2} + \frac{\partial^2 \phi}{\partial y^2} + \frac{\partial^2 \phi}{\partial z^2}$$

Zylinderkoordinaten (ϱ, φ, z)

$$x = \varrho \cos \varphi \quad , \quad y = \varrho \sin \varphi$$

$$d\boldsymbol{s} = d\varrho \, \boldsymbol{e}_\varrho + \varrho \, d\varphi \, \boldsymbol{e}_\varphi + dz \, \boldsymbol{e}_z \quad , \quad dV = \varrho \, d\varrho \, d\varphi \, dz$$

$$\nabla \phi = \frac{\partial \phi}{\partial \varrho} \, \boldsymbol{e}_\varrho + \frac{1}{\varrho} \frac{\partial \phi}{\partial \varphi} \, \boldsymbol{e}_\varphi + \frac{\partial \phi}{\partial z} \, \boldsymbol{e}_z$$

$$\nabla \cdot \boldsymbol{A} = \frac{1}{\varrho} \frac{\partial (\varrho A_\varrho)}{\partial \varrho} + \frac{1}{\varrho} \frac{\partial A_\varphi}{\partial \varphi} + \frac{\partial A_z}{\partial z}$$

$$\nabla \times \boldsymbol{A} = \left(\frac{1}{\varrho} \frac{\partial A_z}{\partial \varphi} - \frac{\partial A_\varphi}{\partial z} \right) \boldsymbol{e}_\varrho + \left(\frac{\partial A_\varrho}{\partial z} - \frac{\partial A_z}{\partial \varrho} \right) \boldsymbol{e}_\varphi +$$
$$+ \frac{1}{\varrho} \left(\frac{\partial (\varrho A_\varphi)}{\partial \varrho} - \frac{\partial A_\varrho}{\partial \varphi} \right) \boldsymbol{e}_z$$

$$\nabla^2 \phi = \frac{1}{\varrho} \frac{\partial}{\partial \varrho} \left(\varrho \frac{\partial \phi}{\partial \varrho} \right) + \frac{1}{\varrho^2} \frac{\partial^2 \phi}{\partial \varphi^2} + \frac{\partial^2 \phi}{\partial z^2}$$

Kugelkoordinaten (r, ϑ, φ)

$$x = r \sin \vartheta \cos \varphi \quad , \quad y = r \sin \vartheta \sin \varphi \quad , \quad z = r \cos \vartheta$$

$$d\boldsymbol{s} = dr \, \boldsymbol{e}_r + r \, d\vartheta \, \boldsymbol{e}_\vartheta + r \sin \vartheta \, d\varphi \, \boldsymbol{e}_\varphi \quad , \quad dV = r^2 \sin \vartheta \, dr \, d\vartheta \, d\varphi$$

$$\nabla \phi = \frac{\partial \phi}{\partial r} \, \boldsymbol{e}_r + \frac{1}{r} \frac{\partial \phi}{\partial \vartheta} \, \boldsymbol{e}_\vartheta + \frac{1}{r \sin \vartheta} \frac{\partial \phi}{\partial \varphi} \, \boldsymbol{e}_\varphi$$

$$\nabla \cdot \boldsymbol{A} = \frac{1}{r^2} \frac{\partial (r^2 A_r)}{\partial r} + \frac{1}{r \sin \vartheta} \frac{\partial (A_\vartheta \sin \vartheta)}{\partial \vartheta} + \frac{1}{r \sin \vartheta} \frac{\partial A_\varphi}{\partial \varphi}$$

$$\nabla \times \boldsymbol{A} = \frac{1}{r \sin \vartheta} \left(\frac{\partial (A_\varphi \sin \vartheta)}{\partial \vartheta} - \frac{\partial A_\vartheta}{\partial \varphi} \right) \boldsymbol{e}_r +$$
$$+ \frac{1}{r} \left(\frac{1}{\sin \vartheta} \frac{\partial A_r}{\partial \varphi} - \frac{\partial (r A_\varphi)}{\partial r} \right) \boldsymbol{e}_\vartheta +$$
$$+ \frac{1}{r} \left(\frac{\partial (r A_\vartheta)}{\partial r} - \frac{\partial A_r}{\partial \vartheta} \right) \boldsymbol{e}_\varphi$$

$$\nabla^2 \phi = \frac{1}{r^2} \frac{\partial}{\partial r} \left(r^2 \frac{\partial \phi}{\partial r} \right) + \frac{1}{r^2 \sin \vartheta} \frac{\partial}{\partial \vartheta} \left(\sin \vartheta \frac{\partial \phi}{\partial \vartheta} \right) + \frac{1}{r^2 \sin^2 \vartheta} \frac{\partial^2 \phi}{\partial \varphi^2}$$

Formeln der Elektrodynamik

Maxwell'sche Gleichungen

$$\nabla \times \boldsymbol{H} = \boldsymbol{J} + \frac{\partial \boldsymbol{D}}{\partial t} \quad , \quad \nabla \times \boldsymbol{E} = -\frac{\partial \boldsymbol{B}}{\partial t}$$

$$\nabla \cdot \boldsymbol{D} = q_V \quad , \quad \nabla \cdot \boldsymbol{B} = 0$$

Materialgleichungen

$$\boldsymbol{D} = \varepsilon_0 \boldsymbol{E} + \boldsymbol{P} \quad , \quad \boldsymbol{B} = \mu_0 (\boldsymbol{H} + \boldsymbol{M})$$

lineare Medien: $\quad \begin{aligned} \boldsymbol{P} &= \varepsilon_0 \chi_e \boldsymbol{E} \\ \boldsymbol{D} &= \varepsilon \boldsymbol{E} \end{aligned} \quad , \quad \begin{aligned} \boldsymbol{M} &= \chi_m \boldsymbol{H} \\ \boldsymbol{B} &= \mu \boldsymbol{H} \end{aligned} \quad , \quad \boldsymbol{J} = \kappa \boldsymbol{E}$

Potentiale $\qquad\qquad \boldsymbol{E} = -\nabla \phi - \dfrac{\partial \boldsymbol{A}}{\partial t}$

$$\boldsymbol{B} = \nabla \times \boldsymbol{A}$$

Lorentz-Kraft $\qquad\quad \boldsymbol{K} = Q(\boldsymbol{E} + \boldsymbol{v} \times \boldsymbol{B})$

Energiedichte $\qquad\quad w = \dfrac{1}{2} \boldsymbol{E} \cdot \boldsymbol{D} + \dfrac{1}{2} \boldsymbol{H} \cdot \boldsymbol{B}$

$$\overline{w} = \frac{1}{4} \boldsymbol{E} \cdot \boldsymbol{D}^* + \frac{1}{4} \boldsymbol{H} \cdot \boldsymbol{B}^*$$

Poynting'scher Vektor $\quad \boldsymbol{S} = \boldsymbol{E} \times \boldsymbol{H}$

$$\boldsymbol{S}_k = \frac{1}{2} \boldsymbol{E} \times \boldsymbol{H}^*$$

Impulsdichte im Vakuum $\quad \boldsymbol{p}_{em} = \mu_0 \varepsilon_0 \boldsymbol{S}$

Konstanten

Vakuum

Dielektrizitätskonstante	$\varepsilon_0 = 8.854 \cdot 10^{-12}$ As/Vm
Permeabilitätskonstante	$\mu_0 = 4\pi \cdot 10^{-7}$ Vs/Am
Lichtgeschwindigkeit	$c_0 = 1/\sqrt{\mu_0 \varepsilon_0} = 2.9979 \cdot 10^8$ m/s
Wellenwiderstand	$Z_0 = \sqrt{\mu_0/\varepsilon_0} = 376.7\,\Omega$
Elektronenladung	$e = 1.602 \cdot 10^{-19}$ As
Elektronenmasse	$m_e = 9.11 \cdot 10^{-31}$ kg
Protonenmasse	$m_p = 1.67 \cdot 10^{-27}$ kg

Printed in the United States
By Bookmasters